国外计算机科学教材系列

数值方法

(MATLAB版)(第四版)

Numerical Methods Using MATLAB

Fourth Edition

[美] John. H. Mathews
Kurtis D. Fink 著

周 璐 陈 渝 钱 方 等译

李晓梅 审校

U0521240

電子工業出版社
Publishing House of Electronics Industry
北京·BEIJING

内容简介

本书介绍了数值方法的理论及实用知识，并讲述了如何利用 MATLAB 软件实现各种数值算法，以便为读者今后的学习打下坚实的数值分析与科学计算基础。教师可以根据不同的学习对象和学习目的选择相应章节，形成理论与实践相结合的学习策略。书中每个概念均以实例说明，同时还包含大量习题，范围涉及多个不同领域。通过这些实例进一步说明数值方法的实际应用。本书强调利用 MATLAB 进行数值方法的程序设计，可提高读者的实践能力并加深对数值方法理论的理解。

本书适合作为大专院校计算机、工程和应用数学专业的教材和参考书。

图书在版编目(CIP)数据

数值方法：MATLAB 版：第四版/(美)约翰·H. 马修斯(John H. Mathews)，(美)柯蒂斯·D. 芬克(Kurtis D. Fink)著；周璐等译. —北京：电子工业出版社，2017.7

书名原文：Numerical Methods Using MATLAB, Fourth Edition

国外计算机科学教材系列

ISBN 978-7-121-31499-5

I. ①数…　II. ①约… ②柯… ③周…　III. ①算法语言-程序设计-高等学校-教材　IV. ①TP312

中国版本图书馆 CIP 数据核字(2017)第 105129 号

策划编辑：马　岚
责任编辑：马　岚
印　　刷：三河市鑫金马印装有限公司
装　　订：三河市鑫金马印装有限公司
出版发行：电子工业出版社
　　　　　北京市海淀区万寿路 173 信箱　邮编　100036
开　　本：787×1092　1/16　　印张：30.25　　字数：774 千字
版　　次：2002 年 7 月第 1 版(原著第 3 版)
　　　　　2017 年 7 月第 2 版(原著第 4 版)
印　　次：2022 年11月第 6 次印刷
定　　价：79.00 元

凡所购买电子工业出版社图书有缺损问题，请向购买书店调换。若书店售缺，请与本社发行部联系，联系及邮购电话：(010)88254888，88258888。

质量投诉请发邮件至 zlts@phei.com.cn，盗版侵权举报请发邮件至 dbqq@phei.com.cn。

本书咨询联系方式：classic-series-info@phei.com.cn。

前　言[①]

本书主要介绍数值分析方面的基础知识，适用于数学、计算机、物理及工程专业的本科生。本书要求读者熟悉微积分知识，并接受过结构化编程的训练。本书提供了丰富的教学内容，可以满足一个学期甚至一个学年的课程量，教师们可以根据自己的需要对内容进行适当的剪裁。

对于各个专业领域的学生而言，数值方法都是非常有用的。这一指导思想贯穿于本书的各个章节中，因此本书提供了丰富的范例与典型问题，帮助读者从理论与实践两方面提高数值分析的技能。本书尽可能地以图形和图表形式显示计算结果，以便读者更好地了解数值逼近的效果。本书利用 MATLAB 程序实现数值算法。

本书的重点在于帮助读者理解数值方法如何工作以及有哪些限制。由于需要兼顾理论、误差分析以及可读性，达到这个目标并不容易。在本书中，对每种方法都给出了以微积分基本结论为基础的推导，并进行了适当的误差分析，以使读者易于理解。通过这些学习，读者能够更好地理解微积分知识。采用 MATLAB 编程的计算机习题，为学生提供了锻炼科学计算编程能力的机会。

在本书中，简单的数值练习题可以用计算器或者掌上电脑完成，而较复杂的习题需要借助于 MATLAB 子程序。如何指导学生上机进行数值计算由各个教师完成，他们可以根据现有的计算机资源布置适当的教学任务。本书鼓励使用 MATLAB 子程序库，它们可以帮助学生实现计算机实验题中的数值分析组件。

本书的这个版本在第 5 章最后增加了一节，讨论贝塞尔曲线。对讨论数值优化的第 8 章也进行了扩充，介绍了单变量和多变量最优函数的直接方法和基于导数的方法。

笔者以前认为，无论使用哪种编程语言都可以学习这门课程。但后来笔者发现大多数学生（除计算机专业的学生外）都需要学习新的编程语言。MATLAB 现在已经成为工程和应用数学必不可少的工具，它的最新版本也加强了编程方面的功能。因此笔者希望本书的 MATLAB 程序能使书中的内容更易掌握，使学习更为有效。

致谢

笔者对参与编辑、出版本书各个版本的所有人员表示感谢！笔者（John Mathews）首先要感谢加利福尼亚州立大学富勒顿分校的学生们。同时，感谢我的同事 Stephen Goode，Mathew Koshy，Edward Sabotka，Harris Schultz 和 Soo Tang Tan 在本书第一版中给予的支持；感谢 Russell Egbert，William Gearhart，Ronald Miller 和 Greg Pierce 对本书第二版的建议。笔者还要感谢加

① 本书由周璐、陈渝、钱方、都志辉、甘四清、周健、谢劲松和王月龙等人翻译。全书由李晓梅教授审校。根据作者在网站上公布的勘误表，中译本已做了相应修改。采用本书作为教材的教师，可联系 te_service@ phei. com. cn 获取相关教辅资料。——编者注

利福尼亚州立大学富勒顿分校数学系主任 James Friel 的鼓励。

许多评阅人对本书第一版提出了有效建议,包括兰德学院的 Walter M. Patterson, III,中康涅狄格州立大学的 George B. Miller,阿克伦大学的 Peter J. Gingo,阿拉斯加大学费尔班克斯分校的 Michael A. Freedman,加利福尼亚大学洛杉矶分校的 Kenneth P. Bube。对于本书的第二版,笔者向罗格斯大学的 Richard Bumby,美国陆军的 Robert L. Curry,佛罗里达大学的 Bruce Edwards 以及坦普尔大学的 David R. Hill 致谢。

关于本书的第三版,笔者向乔治梅森大学的 Tim Sauer,俄克拉荷马大学的 Gerald M. Pitstick和 Victor De Brunner,西弗吉尼亚大学的 George Trapp,阿拉巴马大学亨茨维尔分校的 Tad Jarik,北卡罗莱纳州立大学的 Jeffrey S. Scroggs,科罗拉多州立大学的 Kurt Georg 以及南伊利诺伊大学卡本代尔分校的 James N. Craddock 表示感谢。

本书第四版的评阅人是阿克伦大学的 Kevin Kreider,华盛顿大学圣路易斯分校的 Demetrio Labate,弗吉尼亚理工学院的 Lee Johnson 和路易斯安娜大学拉法叶分校的 Azmy Ackleh。笔者对这些评阅人所付出的努力和提出的建议,表示深深的感谢。

恳请读者对本书不吝赐教,联系地址如下:

John H. Mathews
Mathematics Department
California State University
Fullerton, CA 92634
mathews@ fullerton. edu

Kurtis D. Fink
Department of Mathematics
Northwest Missouri State University
Maryville, MO 64468
kfink@ mail. nwmissouri. edu

目　　录

第1章　预备知识

假设函数$f(x)=\cos(x)$，则它的导数$f'(x)=-\sin(x)$，不定积分为$F(x)=\sin(x)+C$。在微积分学中可以学到这些公式，前者确定函数曲线$y=f(x)$在点$(x_0,f(x_0))$的斜率$m=f'(x_0)$，后者可计算出函数曲线在$a\leqslant x\leqslant b$范围下的面积。

曲线y在点$(\pi/2,0)$的斜率$m=f'(\pi/2)=-1$，通过它可找到在这一点的切线[见图1.1(a)]：

$$y_{\tan}=m\left(x-\frac{\pi}{2}\right)+0=f'\left(\frac{\pi}{2}\right)\left(x-\frac{\pi}{2}\right)=-x+\frac{\pi}{2}$$

通过积分方法可以计算曲线y在$0\leqslant x\leqslant\pi/2$范围下的面积为[见图1.1(b)]：

$$面积=\int_0^{\pi/2}\cos(x)\,dx=F\left(\frac{\pi}{2}\right)-F(0)=\sin\left(\frac{\pi}{2}\right)-0=1$$

这是在微积分学中需要用到的一些结果。

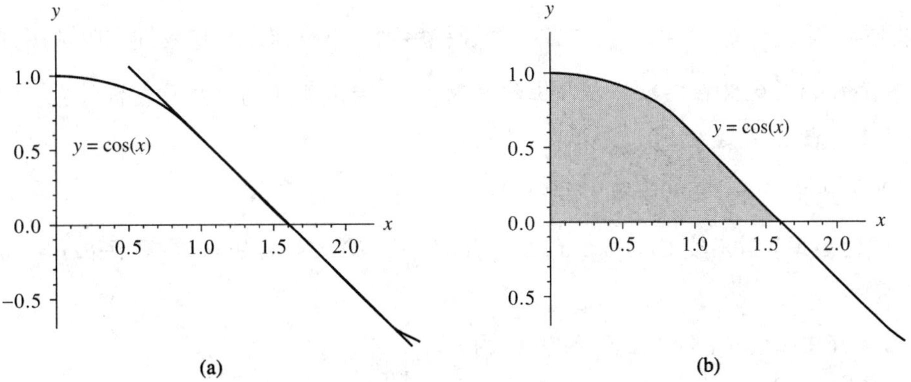

(a) 函数曲线$y=\cos(x)$在点$(\pi/2,0)$的切线；(b) 函数曲线$y=\cos(x)$在区间$[0,\pi/2]$下的区域

1.1　微积分回顾

本书假定读者具有大学本科的微积分知识，即熟悉极限、连续性、求导、积分、序列和级数等微积分知识。下面回顾了本书中引用的微积分知识。

1.1.1　极限和连续性

定义1.1　设$f(x)$为定义在包含$x=x_0$的开区间上的函数，可能在$x=x_0$处无定义。如果对于任意给定的$\epsilon>0$，总存在$\delta>0$，使得当$0<|x-x_0|<\delta$时有$|f(x)-L|<\epsilon$，则称函数f在$x=x_0$处具有**极限**L，表示为

$$\lim_{x\to x_0}f(x)=L \tag{1}$$

当采用h增量表达式$x=x_0+h$时，上式可以表示为

$$\lim_{h\to 0}f(x_0+h)=L \tag{2}$$

▲

定义 1.2 设$f(x)$为定义在包含$x=x_0$的开区间上的函数,如果

$$\lim_{x\to x_0} f(x) = f(x_0) \tag{3}$$

则称函数f**在点 $x=x_0$ 处连续**。

如果函数f在所有$x\in S$上连续,则称函数f在集合S上连续。符号$C^n(S)$表示函数f自身和它的前n阶导数在集合S上连续的所有函数f的集合。当S为区间$[a,b]$时,则可以用符号$C^n[a,b]$来表示。例如,若有函数$f(x)=x^{4/3}$,其定义域为$[-1,1]$,则显然$f(x)$和$f'(x)=(4/3)x^{1/3}$在区间$[-1,1]$上连续,但$f''(x)=(4/9)x^{-2/3}$在$x=0$处不连续。▲

定义 1.3 设$\{x_n\}_{n=1}^{\infty}$为一个无限序列。如果对于任意给定的$\epsilon>0$,总存在一个正整数$N=N(\epsilon)$,使得当$n>N$时有$|x_n-L|<\epsilon$,则称序列$\{x_n\}_{n=1}^{\infty}$具有**极限**L,记为

$$\lim_{n\to\infty} x_n = L \tag{4}$$

▲

当序列有极限时,则称其为**收敛序列**。另一个通常使用的表示形式为"当$n\to\infty$时有$x_n\to L$"。上式等价于

$$\lim_{n\to\infty} (x_n - L) = 0 \tag{5}$$

这样,可将序列$\{\epsilon_n\}_{n=1}^{\infty}=\{x_n-L\}_{n=1}^{\infty}$看成一个**误差序列**。下列定理与连续性和收敛序列有关。

定理 1.1 设$f(x)$为定义在实数集合S上的函数,且$x_0\in S$,则下列命题是等价的:

(a) 函数f在x_0处连续。

(b) 如果$\lim\limits_{n\to\infty}x_n=x_0$,则$\lim\limits_{n\to\infty}f(x_n)=f(x_0)$。 (6)

定理 1.2(中值定理) 若$f\in C[a,b]$,且L为$f(a)$与$f(b)$之间的任意值,则存在$c\in(a,b)$,使得$f(c)=L$。

例 1.1 函数$f(x)=\cos(x-1)$在区间$[0,1]$内连续,且常量$L=0.8\in(\cos(0),\cos(1))$。函数$f(x)=0.8$在区间$[0,1]$的解为$c_1=0.356499$。同样,函数$f(x)$在区间$[1,2.5]$内连续,且$L=0.8\in(\cos(2.5),\cos(1))$。函数$f(x)=0.8$在区间$[1,2.5]$的解为$c_2=1.643502$。这两种情况如图1.2所示。■

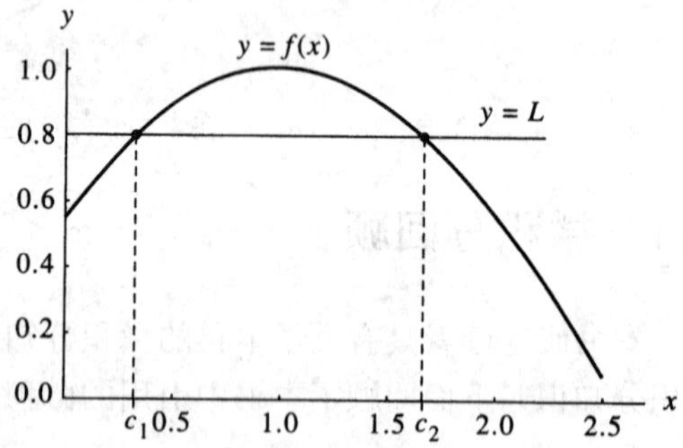

图 1.2 将中值定理运用在函数$f(x)=\cos(x-1)$上,区间分别为$[0,1]$和$[1,2.5]$

定理 1.3(连续函数的极值定理) 设$f\in C[a,b]$,则存在下界M_1和上界M_2,以及$x_1,x_2\in[a,b]$,满足

$$\text{当 } x\in[a,b] \text{ 时}, M_1=f(x_1)\leqslant f(x)\leqslant f(x_2)=M_2 \tag{7}$$

有时也可以将其表示为

$$M_1 = f(x_1) = \min_{a\leqslant x\leqslant b}\{f(x)\} \quad \text{和} \quad M_2 = f(x_2) = \max_{a\leqslant x\leqslant b}\{f(x)\} \tag{8}$$

1.1.2 可微函数

定义 1.4 设$f(x)$在一个包含x_0的开区间内有定义。如果

$$\lim_{x\to x_0}\frac{f(x)-f(x_0)}{x-x_0} \tag{9}$$

存在,则称函数 f 在点 x_0 处**可微**。如果此极限存在,则记为 $f'(x_0)$,并称之为 f 在点 x_0 处的**导数**。也可以采用 h 增量表达式来表示此极限:

$$\lim_{h\to 0}\frac{f(x_0+h)-f(x_0)}{h}=f'(x_0) \tag{10}$$

如果函数在集合 S 上的每一点都存在导数,则称函数在集合 S 上**可微**。要注意的是,数 $m=f'(x_0)$ 是函数曲线 $y=f(x)$ 在点 $(x_0,f(x_0))$ 的切线斜率。▲

定理 1.4 如果函数 $f(x)$ 在点 $x=x_0$ 处可微,则 $f(x)$ 在点 $x=x_0$ 处连续。

根据定理 1.3,如果函数 f 在闭区间 $[a,b]$ 内可微,则函数 f 的极值在闭区间的端点,或在开区间 (a,b) 的临界点,即在 $f'(x)=0$ 的解处取得。

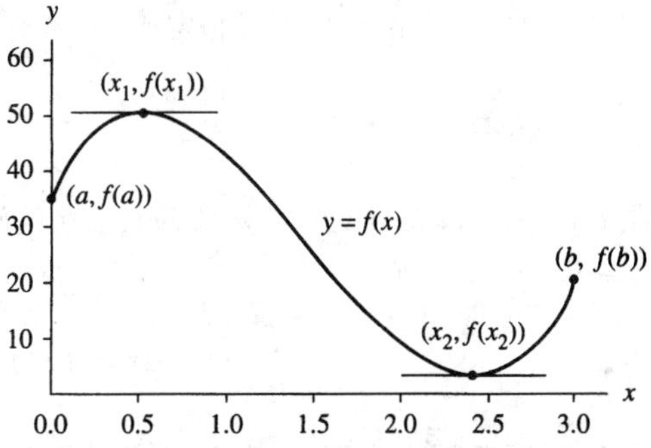

图 1.3 将极值定理运用在函数 $f(x)=35+59.5x-66.5x^2+15x^3$ 上,区间为 $[0,3]$

例 1.2 函数 $f(x)=15x^3-66.5x^2+59.5x+35$ 在区间 $[0,3]$ 内可微。$f'(x)=45x^2-123x+59.5=0$ 的解为 $x_1=0.54955$ 和 $x_2=2.40601$。如图 1.3 所示,函数 f 在区间 $[0,3]$ 内的极小值和极大值分别为

$$\min\{f(0),f(3),f(x_1),f(x_2)\}=\min\{35,20,50.10438,2.11850\}=2.11850$$

和

$$\max\{f(0),f(3),f(x_1),f(x_2)\}=\max\{35,20,50.10438,2.11850\}=50.10438$$ ■

定理 1.5[罗尔(Rolle)定理] 设 $f\in C[a,b]$,且对于所有 $x\in(a,b)$,存在导数 $f'(x)$,如果 $f(a)=f(b)=0$,则至少存在一点 $c\in(a,b)$,满足 $f'(c)=0$。

定理 1.6(均值定理) 如果 $f\in C[a,b]$,且对于所有 $x\in(a,b)$,存在导数 $f'(x)$,则至少存在一点 $c\in(a,b)$,使得下式成立:

$$f'(c)=\frac{f(b)-f(a)}{b-a} \tag{11}$$

均值定理的几何意义是:函数曲线 $y=f(x)$ 至少存在一点 $(c,f(c))$,其中 $c\in(a,b)$,该点上的切线斜率等于过点 $(a,f(a))$ 和点 $(b,f(b))$ 的割线的斜率。

例 1.3 函数 $f(x)=\sin(x)$ 在闭区间 $[0.1,2.1]$ 内连续,且在开区间 $(0.1,2.1)$ 内可微,则根据均值定理,至少存在 c,满足

$$f'(c)=\frac{f(2.1)-f(0.1)}{2.1-0.1}=\frac{0.863209-0.099833}{2.1-0.1}=0.381688$$

$f'(c)=\cos(c)=0.381688$ 在区间 $(0.1,2.1)$ 上的解为 $c=1.179174$。函数曲线 $f(x)$、割线 $y=0.381688x+0.099833$ 和切线 $y=0.381688x+0.474215$ 如图 1.4 所示。■

定理 1.7(广义罗尔定理) 设 $f\in C[a,b]$,$f'(x),f''(x),\cdots,f^{(n)}(x)$ 在开区间 (a,b) 内存在,且 $x_0,x_1,\cdots,x_n\in[a,b]$。如果当 $j=0,1,\cdots,n$ 时有 $f(x_j)=0$,则至少存在一点 $c\in(a,b)$,满足 $f^{(n)}(c)=0$。

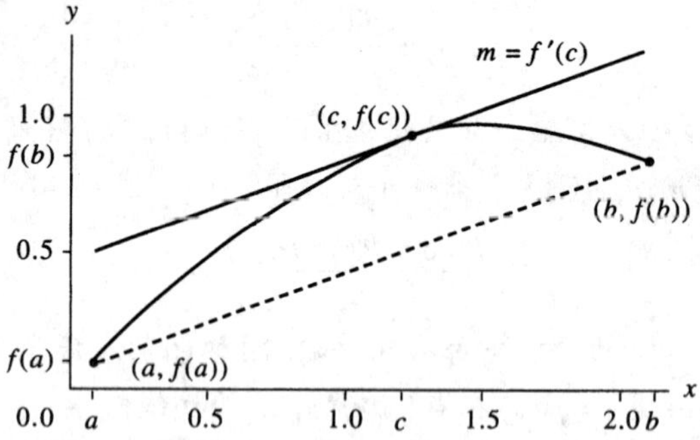

图 1.4 将均值定理运用于函数 $f(x)=\sin(x)$ 上,区间为 $[0.1,2.1]$

1.1.3 积分

定理 1.8(第一基本定理) 如果函数 f 在区间 $[a,b]$ 内连续,且函数 F 是 f 在区间 $[a,b]$ 内的任一积分函数,则

$$\int_a^b f(x)\,\mathrm{d}x = F(b) - F(a), \qquad \text{其中 } F'(x) = f(x) \tag{12}$$

定理 1.9(第二基本定理) 如果函数 f 在区间 $[a,b]$ 内连续,且 $x\in(a,b)$,则

$$\frac{\mathrm{d}}{\mathrm{d}x}\int_a^x f(t)\,\mathrm{d}t = f(x) \tag{13}$$

例 1.4 函数 $f(x)=\cos(x)$ 在区间 $[0,\pi/2]$ 内满足定理 1.9 的假设,则根据定理的结论可得

$$\frac{\mathrm{d}}{\mathrm{d}x}\int_0^{x^2}\cos(t)\,\mathrm{d}t = \cos(x^2)(x^2)' = 2x\cos(x^2)$$

■

定理 1.10(积分均值定理) 若 $f\in C[a,b]$,则至少存在一点 $c\in(a,b)$,满足

$$\frac{1}{b-a}\int_a^b f(x)\,\mathrm{d}x = f(c)$$

$f(c)$ 是函数 f 在区间 $[a,b]$ 内的平均值。

例 1.5 函数 $f(x)=\sin(x)+\frac{1}{3}\sin(3x)$ 在区间 $[0,2.5]$ 内满足定理 1.10 的假设。函数 $f(x)$ 的一个积分函数为 $F(x)=-\cos(x)-\frac{1}{9}\cos(3x)$,则函数 $f(x)$ 在区间 $[0,2.5]$ 内的平均值为

$$\begin{aligned}\frac{1}{2.5-0}\int_0^{2.5} f(x)\,\mathrm{d}x &= \frac{F(2.5)-F(0)}{2.5} = \frac{0.762629-(-1.111111)}{2.5}\\ &= \frac{1.873740}{2.5} = 0.749496\end{aligned}$$

方程 $f(c)=0.749496$ 在区间 $[0,2.5]$ 内有 3 个解:$c_1=0.440566$,$c_2=1.268010$ 和 $c_3=1.873583$。长为 $b-a=2.5$,高为 $f(c_j)=0.749496$ 的矩形区域面积为 $f(c_j)(b-a)=1.873740$。此矩形区域面积值与函数 $f(x)$ 在区间 $[0,2.5]$ 内的积分值相同。两者区域的比较如图 1.5 所示。 ■

定理 1.11(加权积分均值定理) 若 $f,g\in C[a,b]$,且当 $x\in[a,b]$ 时有 $g(x)\geqslant 0$,则至少存在一点 $c\in(a,b)$,满足

$$\int_a^b f(x)g(x)\,\mathrm{d}x = f(c)\int_a^b g(x)\,\mathrm{d}x \quad (14)$$

例1.6 函数$f(x)=\sin(x)$和函数$g(x)=x^2$在区间$[0,\pi/2]$内满足定理1.11的假设，则至少存在一点c，满足

$$\sin(c) = \frac{\int_0^{\pi/2} x^2\sin(x)\,\mathrm{d}x}{\int_0^{\pi/2} x^2\,\mathrm{d}x} = \frac{1.14159}{1.29193} = 0.883631$$

或$c=\arcsin(0.883631)=1.08356$。 ■

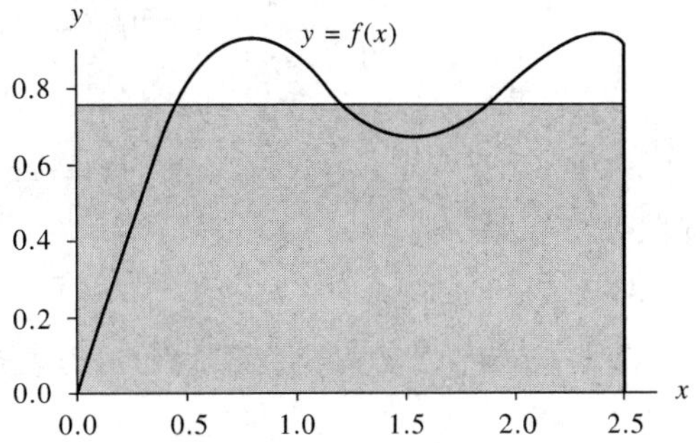

图1.5 将积分均值定理运用在$f(x)=\sin(x)+\frac{1}{3}\sin(3x)$上，区间为$[0,2.5]$

1.1.4 级数

定义1.5 设有序列$\{a_n\}_{n=1}^{\infty}$，则$\sum_{n=1}^{\infty}a_n$为一个无穷级数，且第n个部分和为$S_n=\sum_{k=1}^{n}a_k$。无穷级数**收敛**当且仅当序列$\{S_n\}_{n=1}^{\infty}$收敛于极限S，可表示为

$$\lim_{n\to\infty} S_n = \lim_{n\to\infty}\sum_{k=1}^{n} a_k = S \quad (15)$$

如果级数不收敛，则称之为级数**发散**。 ▲

例1.7 已知无穷序列$\{a_n\}_{n=1}^{\infty}=\left\{\frac{1}{n(n+1)}\right\}_{n=1}^{\infty}$，则第$n$个部分和为

$$S_n = \sum_{k=1}^{n}\frac{1}{k(k+1)} = \sum_{k=1}^{n}\left(\frac{1}{k}-\frac{1}{k+1}\right) = 1-\frac{1}{n+1}$$

因此，无穷级数的**和**为

$$S = \lim_{n\to\infty} S_n = \lim_{n\to\infty}\left(1-\frac{1}{n+1}\right) = 1$$ ■

定理1.12(泰勒定理) 若函数$f\in C^{n+1}[a,b]$，且$x_0\in[a,b]$，则对任意$x\in(a,b)$，都存在$c=c(x)$（c依赖于x）位于x_0和x之间，满足

$$f(x) = P_n(x) + R_n(x) \quad (16)$$

其中

$$P_n(x) = \sum_{k=0}^{n}\frac{f^{(k)}(x_0)}{k!}(x-x_0)^k \quad (17)$$

且

$$R_n(x) = \frac{f^{(n+1)}(c)}{(n+1)!}(x-x_0)^{n+1} \quad (18)$$

例1.8 函数$f(x)=\sin(x)$满足定理1.12的假设，则通过将函数$f(x)$在$x=0$处的各阶导数值代入式(17)，可得到在$x_0=0$处$n=9$的n阶泰勒多项式$P_n(x)$：

$$\begin{aligned} f(x) &= \sin(x), & f(0) &= 0,\\ f'(x) &= \cos(x), & f'(0) &= 1,\\ f''(x) &= -\sin(x), & f''(0) &= 0, \end{aligned}$$

$$f^{(3)}(x) = -\cos(x), \qquad f^{(3)}(0) = -1,$$

$$\vdots \qquad\qquad \vdots$$

$$f^{(9)}(x) = \cos(x), \qquad f^{(9)}(0) = 1,$$

$$P_9(x) = x - \frac{x^3}{3!} + \frac{x^5}{5!} - \frac{x^7}{7!} + \frac{x^9}{9!}$$

函数 f 和 P_9 在区间 $[0,2\pi]$ 内的图形表示如图 1.6 所示。 ■

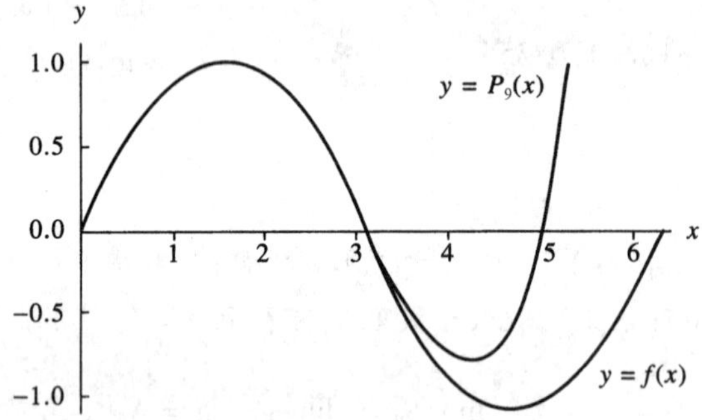

图 1.6 函数 $f(x)=\sin(x)$ 和泰勒多项式 $P_9(x)=x-x^3/3!+x^5/5!-x^7/7!+x^9/9!$ 的图形表示

推论 1.1 如果 $P_n(x)$ 是定理 1.12 中的 n 阶泰勒多项式，则

$$P_n^{(k)}(x_0) = f^{(k)}(x_0), \quad k = 0,\ 1,\ \cdots,\ n \tag{19}$$

1.1.5 多项式求值

设 n 阶多项式 $P(x)$ 有如下形式：

$$P(x) = a_n x^n + a_{n-1}x^{n-1} + \cdots + a_2 x^2 + a_1 x + a_0 \tag{20}$$

霍纳(Horner)方法①或**综合除法**是计算多项式的一种方法，可将其看成一种嵌套乘法。例如，一个 5 阶多项式可改写为如下嵌套乘法的形式：

$$P_5(x) = ((((a_5 x + a_4)x + a_3)x + a_2)x + a_1)x + a_0$$

定理 1.13(用于多项式计算的霍纳方法) 设 $P(x)$ 是按式(20)给出的多项式，且 $x=c$ 是用于计算 $P(c)$ 的数。

设 $b_n = a_n$，并计算

$$b_k = a_k + c b_{k+1}, \quad k = n-1,\ n-2,\ \cdots,\ 1,\ 0 \tag{21}$$

则 $b_0 = P(c)$。进一步考虑，如果

$$Q_0(x) = b_n x^{n-1} + b_{n-1}x^{n-2} + \cdots + b_3 x^2 + b_2 x + b_1 \tag{22}$$

则

$$P(x) = (x-c)Q_0(x) + R_0 \tag{23}$$

其中 $Q_0(x)$ 是 $n-1$ 阶多项式的商，$R_0 = b_0 = P(c)$ 是余数。

---

① 秦九韶于 1247 年提出此方法，而霍纳于 1819 年提出同样的方法。——译者注

证明： 在式(23)中，用式(22)的右边替换 $Q_0(x)$，用 b_0 替换 R_0，则可得到

$$\begin{aligned} P(x) &= (x-c)(b_n x^{n-1} + b_{n-1}x^{n-2} + \cdots + b_3x^2 + b_2x + b_1) + b_0 \\ &= b_n x^n + (b_{n-1} - cb_n)x^{n-1} + \cdots + (b_2 - cb_3)x^2 \\ &\quad + (b_1 - cb_2)x + (b_0 - cb_1) \end{aligned} \tag{24}$$

通过比较式(20)和式(24)中 x^k 的系数，可以确定 b_k 的值，如表 1.1 所示。

表 1.1　用于霍纳方法的系数 b_k

x^k	对比式(20)和式(24)	求解 b_k
x^n	$a_n = b_n$	$b_n = a_n$
x^{n-1}	$a_{n-1} = b_{n-1} - cb_n$	$b_{n-1} = a_{n-1} + cb_n$
$\vdots$	$\vdots$	$\vdots$
x^k	$a_k = b_k - cb_{k+1}$	$b_k = a_k + cb_{k+1}$
$\vdots$	$\vdots$	$\vdots$
x^0	$a_0 = b_0 - cb_1$	$b_0 = a_0 + cb_1$

将 $x = c$ 替换入式(22)，由于 $R_0 = b_0$，很容易得出结论 $P(c) = b_0$，如下所示：

$$P(c) = (c-c)Q_0(c) + R_0 = b_0 \tag{25}$$

●

借助于计算机，可以很容易地实现式(21)中计算 b_k 的递归公式。一个简单的算法如下：

```
b(n) = a(n);
for k = n - 1: -1: 0
   b(k) = a(k) + c * b(k + 1);
end
```

当手工计算霍纳方法时，将 $P(x)$ 的系数写在一行，在 a_k 所处的列下方计算 $b_k = a_k + cb_{k+1}$ 则更方便。这一处理过程如表 1.2 所示。

表 1.2　用于综合除法过程的霍纳表

输入	a_n	a_{n-1}	a_{n-2}	$\cdots$	a_k	$\cdots$	a_2	a_1	a_0
c		xb_n	xb_{n-1}	$\cdots$	xb_{k+1}	$\cdots$	xb_3	xb_2	xb_1
	b_n	b_{n-1}	b_{n-2}	$\cdots$	b_k	$\cdots$	b_2	b_1	$b_0 = P(c)$
									输出

例 1.9　利用综合除法(霍纳方法)求 $P(3)$，其中多项式

$$P(x) = x^5 - 6x^4 + 8x^3 + 8x^2 + 4x - 40$$

	a_5	a_4	a_3	a_2	a_1	a_0
输入	1	−6	8	8	4	−40
$c = 3$		3	−9	−3	15	57
	1	−3	−1	5	19	$17 = P(3) = b_0$
	b_5	b_4	b_3	b_2	b_1	输出

因此，$P(3) = 17$。 ■

1.1.6　习题

1. (a) 求解 $L = \lim_{n\to\infty}(4n+1)/(2n+1)$，确定 $\{\epsilon_n\} = \{L - x_n\}$ 并求解 $\lim_{n\to\infty}\epsilon_n$。

(b) 求解 $L=\lim_{n\to\infty}(2n^2+6n-1)/(4n^2+2n+1)$,确定$\{\epsilon_n\}=\{L-x_n\}$并求解 $\lim_{n\to\infty}\epsilon_n$。

2. 设$\{x_n\}_{n=1}^{\infty}$是满足 $\lim_{n\to\infty}x_n=2$ 的序列。

(a) 求解式 $\lim_{n\to\infty}\sin(x_n)$。

(b) 求解 $\lim_{n\to\infty}\ln(x_n^2)$。

3. 根据中值定理,求解下列函数在指定区间内满足值 L 的数 c。

(a) $f(x)=-x^2+2x+3$,区间为$[-1,0]$,$L=2$。

(b) $f(x)=\sqrt{x^2-5x-2}$,区间为$[6,8]$,$L=3$。

4. 根据极值定理,求解下列函数在指定区间内的上界和下界。

(a) $f(x)=x^2-3x+1$,区间为$[-1,2]$。

(b) $f(x)=\cos^2(x)-\sin(x)$,区间为$[0,2\pi]$。

5. 根据罗尔定理,求解下列函数在指定区间内的 c 值。

(a) $f(x)=x^4-4x^2$,区间为$[-2,2]$。

(b) $f(x)=\sin(x)+\sin(2x)$,区间为$[0,2\pi]$。

6. 根据均值定理,求解下列函数在指定区间内的 c 值。

(a) $f(x)=\sqrt{x}$,区间为$[0,4]$。

(b) $f(x)=\dfrac{x^2}{x+1}$,区间为$[0,1]$。

7. 给定区间$[0,3]$,将广义罗尔定理应用于函数$f(x)=x(x-1)(x-3)$。

8. 将第一基本定理应用于下列指定区间内的函数。

(a) $f(x)=xe^x$,区间为$[0,2]$。

(b) $f(x)=\dfrac{3x}{x^2+1}$,区间为$[-1,1]$。

9. 将第二基本定理应用于下列函数。

(a) $\frac{d}{dx}\int_0^x t^2\cos(t)\,dt$　　(b) $\frac{d}{dx}\int_1^{x^3} e^{t^2}\,dt$

10. 根据积分均值定理,求解下列函数在指定区间内的 c 值。

(a) $f(x)=6x^2$,区间为$[-3,4]$。

(b) $f(x)=x\cos(x)$,区间为$[0,3\pi/2]$。

11. 求解下列序列或级数的和。

(a) $\left\{\dfrac{1}{2^n}\right\}_{n=0}^{\infty}$　　(b) $\left\{\dfrac{2}{3^n}\right\}_{n=1}^{\infty}$　　(c) $\displaystyle\sum_{n=1}^{\infty}\frac{3}{n(n+1)}$　　(d) $\displaystyle\sum_{k=1}^{\infty}\frac{1}{4k^2-1}$

12. 求解下列函数在 x_0 处的 4 阶泰勒多项式。

(a) $f(x)=\sqrt{x}$,$x_0=1$

(b) $f(x)=x^5+4x^2+3x+1$,$x_0=0$

(c) $f(x)=\cos(x)$,$x_0=0$

13. 设$f(x)=\sin(x)$,且 $P(x)=x-x^3/3!+x^5/5!-x^7/7!+x^9/9!$。证明 $P^{(k)}(0)=f^{(k)}(0)$,$k=1,2,\cdots,9$。

14. 利用综合除法(霍纳方法)求解 $P(c)$。

(a) $P(x)=x^4+x^3-13x^2-x-12$, $c=3$

(b) $P(x)=2x^7+x^6+x^5-2x^4-x+23$, $c=-1$

15. 求解中心位于原点，半径在 1 到 3 之间的所有圆的平均面积。
16. 设多项式 $P(x)$ 在区间 $[a,b]$ 内有 n 个实根，证明 $P^{(n-1)}(x)$ 在区间 $[a,b]$ 内至少有 1 个实根。
17. 设 f,f' 和 f'' 在区间 $[a,b]$ 内有定义，且 $f(a)=f(b)=0$，当 $c\in(a,b)$ 时有 $f(c)>0$。证明存在数 $d\in(a,b)$，满足 $f''(d)<0$。

1.2　二进制数

在日常生活中，人们通常使用十进制数进行计算，但大多数计算机内部通常采用二进制数。虽然从表面上看，计算机的通信（输入、输出操作）是基于十进制数的，但这并不表示计算机内部采用的是十进制数。事实上，计算机首先将输入的十进制数转换成二进制数，然后进行二进制运算，最后将答案再转换成十进制数显示出来。可以通过下述实验对此进行验证。例如，某计算机的最高精度为 9 位十进制数，则计算下述公式的结果为

$$\sum_{k=1}^{100000} \frac{1}{10} = 9999.99447 \tag{1}$$

式(1)将数 $\frac{1}{10}$ 进行 100000 次累加，而它的算术精确值应当是 10000。通过上述分析，说明计算机的计算过程存在明显误差。本节最后将具体描述当计算机将十进制小数 $\frac{1}{10}$ 转换成二进制数时，误差是如何产生的。

1.2.1　二进制数

大多数数学计算都采用十进制数。例如，十进制数 1563 的**展开式**为

$$1563 = (1\times 10^3) + (5\times 10^2) + (6\times 10^1) + (3\times 10^0)$$

通常，若 N 为一个正整数，则存在数 $a_0,a_1,\cdots,a_k$，使得 N 的十进制扩展表达式为

$$N = (a_k\times 10^k) + (a_{k-1}\times 10^{k-1}) + \cdots + (a_1\times 10^1) + (a_0\times 10^0)$$

其中数 a_k 的取值范围为 $\{0,1,\cdots,8,9\}$，则 N 的十进制表示为

$$N = a_k a_{k-1}\cdots a_2 a_1 a_{0_{10}} \qquad (\text{十进制}) \tag{2}$$

如果已知该数为十进制数，则可以表示为

$$N = a_k a_{k-1}\cdots a_2 a_1 a_0$$

例如，$1563 = 1563_{10}$。

若用 2 的幂表示，则十进制数 1563 可以表示为：

$$\begin{aligned}1563 = {} & (1\times 2^{10}) + (1\times 2^9) + (0\times 2^8) + (0\times 2^7) + (0\times 2^6) \\ & + (0\times 2^5) + (1\times 2^4) + (1\times 2^3) + (0\times 2^2) + (1\times 2^1) \\ & + (1\times 2^0)\end{aligned} \tag{3}$$

可以通过如下计算进行验证：

$$1563 = 1024 + 512 + 16 + 8 + 2 + 1$$

通常，若 N 为一个正整数，则存在数 $b_0,b_1,\cdots,b_J$，使得 N 的二进制扩展表达式为

$$N = (b_J\times 2^J) + (b_{J-1}\times 2^{J-1}) + \cdots + (b_1\times 2^1) + (b_0\times 2^0) \tag{4}$$

其中数 b_j 为 0 或 1，则 N 的二进制表示为

$$N = b_J b_{J-1}\cdots b_2 b_1 b_{0_2} \qquad (\text{二进制}) \tag{5}$$

利用上式可将式(3)表示为

$$1563 = 11000011011_2$$

批注 2 作为下标总出现在二进制数的末尾,以便读者区分十进制数和二进制数。因此,111 表示数一百一十一,而 111_2 表示数七。

通常,由于 2 的幂的增长小于 10 的幂的增长,因此数 N 的二进制表示位数远大于它的十进制表示位数。

通过式(4)可以得到一个计算 N 的二进制表示的有效算法。将式(4)的两边同除以 2 可得

$$\frac{N}{2} = (b_J \times 2^{J-1}) + (b_{J-1} \times 2^{J-2}) + \cdots + (b_1 \times 2^0) + \frac{b_0}{2} \tag{6}$$

这样,N 除以 2 的余数是 b_0。下面来计算 b_1。如果式(6)表示为 $N/2 = Q_0 + b_0/2$,则有

$$Q_0 = (b_J \times 2^{J-1}) + (b_{J-1} \times 2^{J-2}) + \cdots + (b_2 \times 2^1) + (b_1 \times 2^0) \tag{7}$$

将式(7)的两边同除以 2 可得

$$\frac{Q_0}{2} = (b_J \times 2^{J-2}) + (b_{J-1} \times 2^{J-3}) + \cdots + (b_2 \times 2^0) + \frac{b_1}{2}$$

这样,Q_0 除以 2 的余数是 b_1。将这个计算过程持续下去,可分别得到商序列 $\{Q_k\}$ 和余数序列 $\{b_k\}$。当找到整数 J,满足 $Q_J = 0$ 时,计算过程停止。这些序列符合下式:

$$\begin{aligned} N &= 2Q_0 + b_0 \\ Q_0 &= 2Q_1 + b_1 \\ &\vdots \\ Q_{J-2} &= 2Q_{J-1} + b_{J-1} \\ Q_{J-1} &= 2Q_J + b_J \qquad (Q_J = 0) \end{aligned} \tag{8}$$

例 1.10 完成 $1563 = 11000011011_2$ 的计算过程。

根据式(8),从 $N = 1536$ 开始,构造商序列和余数序列:

$$\begin{aligned} 1563 &= 2 \times 781 + 1, & b_0 &= 1 \\ 781 &= 2 \times 390 + 1, & b_1 &= 1 \\ 390 &= 2 \times 195 + 0, & b_2 &= 0 \\ 195 &= 2 \times 97 + 1, & b_3 &= 1 \\ 97 &= 2 \times 48 + 1, & b_4 &= 1 \\ 48 &= 2 \times 24 + 0, & b_5 &= 0 \\ 24 &= 2 \times 12 + 0, & b_6 &= 0 \\ 12 &= 2 \times 6 + 0, & b_7 &= 0 \\ 6 &= 2 \times 3 + 0, & b_8 &= 0 \\ 3 &= 2 \times 1 + 1, & b_9 &= 1 \\ 1 &= 2 \times 0 + 1, & b_{10} &= 1 \end{aligned}$$

则 1563 的二进制表示为

$$1563 = b_{10}b_9b_8 \cdots b_2b_1b_{0_2} = 11000011011_2$$

■

1.2.2 序列与级数

当有理数表示成小数形式时,可能需要无穷多的位数。下面是一个常见的例子:

$$\frac{1}{3} = 0.\overline{3} \tag{9}$$

其中的符号 $\overline{3}$ 表示数 3 重复无穷次,形成无穷循环小数。式(9)的基为 10,而且从数学意义上讲,式(9)是式(10)的一种简化表示。

$$\begin{aligned} S &= (3\times 10^{-1}) + (3\times 10^{-2}) + \cdots + (3\times 10^{-n}) + \cdots \\ &= \sum_{k=1}^{\infty} 3(10)^{-k} = \frac{1}{3} \end{aligned} \tag{10}$$

如果只显示有限位数,则可得到$\frac{1}{3}$的近似值。例如,$\frac{1}{3}\approx 0.333 = 333/1000$。近似值的误差为$\frac{1}{3000}$。根据式(10),可验证$\frac{1}{3} = 0.333 + \frac{1}{3000}$。

理解式(10)的扩展表示是非常重要的。一种基本方法是在两边都乘以 10,再相减,如下所示:

$$\begin{array}{r} 10S = 3 + (3\times 10^{-1}) + (3\times 10^{-2}) + \cdots + (3\times 10^{-n}) + \cdots \\ -S = \quad - (3\times 10^{-1}) - (3\times 10^{-2}) - \cdots - (3\times 10^{-n}) - \cdots \\ \hline 9S = 3 + (0\times 10^{-1}) + (0\times 10^{-2}) + \cdots + (0\times 10^{-n}) + \cdots \end{array}$$

这样可以得到 $S = \frac{3}{9} = \frac{1}{3}$。在许多有关微积分的书中都可以找到证明两个无穷级数的差别的相关定理。下面将介绍一些基本概念,更详细的内容可参见与微积分相关的教材。

定义 1.6　无穷级数

$$\sum_{n=0}^{\infty} cr^n = c + cr + cr^2 + \cdots + cr^n + \cdots \tag{11}$$

称为比率为 r 的**几何级数**,其中 $c\neq 0$,且 $r\neq 0$。 ▲

定理 1.14(几何级数)　几何级数有如下性质:

$$\text{如果 } |r|<1, \text{则 } \sum_{n=0}^{\infty} cr^n = \frac{c}{1-r} \tag{12}$$

$$\text{如果 } |r|>1, \text{则级数发散} \tag{13}$$

证明:有限几何级数的和可以表示为

$$S_n = c + cr + cr^2 + \cdots + cr^n = \frac{c(1-r^{n+1})}{1-r}, \quad r\neq 1 \tag{14}$$

为了建立式(12),可以看到

$$|r|<1 \qquad \text{意味着} \quad \lim_{n\to\infty} r^{n+1} = 0 \tag{15}$$

这样,当 $n\to\infty$ 时,根据式(14)和式(15)可得

$$\lim_{n\to\infty} S_n = \frac{c}{1-r}\left(1 - \lim_{n\to\infty} r^{n+1}\right) = \frac{c}{1-r}$$

根据 1.1 节的式(15),可以证明式(12)成立。

如果 $|r|\geqslant 1$,则序列 $\{r^{n+1}\}$ 不收敛,因此式(14)中的序列 $\{S_n\}$ 不存在极限。这样,可以证明式(13)成立。 ●

根据定理 1.14 中的式(12),可以得到一个将无穷循环小数转换成分数的有效方法。

例 1.11

$$\begin{aligned} 0.\overline{3} = \sum_{k=1}^{\infty} 3(10)^{-k} &= -3 + \sum_{k=0}^{\infty} 3(10)^{-k} \\ &= -3 + \frac{3}{1-\frac{1}{10}} = -3 + \frac{10}{3} = \frac{1}{3} \end{aligned}$$

■

1.2.3 二进制分数

二进制(基数为 2)分数可以表示为 2 的负幂之和。如果 R 是一个实数,且 $0<R<1$,则存在 $d_1,d_2,\cdots,d_n,\cdots$,满足

$$R=(d_1\times 2^{-1})+(d_2\times 2^{-2})+\cdots+(d_n\times 2^{-n})+\cdots \tag{16}$$

其中 $d_j\in\{0,1\}$。式(16)右边的值通常可以表示成二进制分数形式,如下所示:

$$R=0.d_1d_2\cdots d_n\cdots{}_2 \tag{17}$$

许多实数的二进制表示有无穷位。分数$\frac{7}{10}$的十进制表示为 0.7,但它的二进制表示有无穷位:

$$\frac{7}{10}=0.1\overline{0110}_2 \tag{18}$$

式(18)中的二进制小数表示有无穷位,由 0110 这 4 个数重复循环构成。

现在可以开发一个求二进制表示的有效算法。如果式(16)的两边都乘以 2,则结果为

$$2R=d_1+((d_2\times 2^{-1})+\cdots+(d_n\times 2^{-n+1})+\cdots) \tag{19}$$

式(19)右边的括号中的值是一个小于 1 的正数。因此 d_1 是 $2R$ 的整数部分,即 $d_1=\mathrm{int}(2R)$。继续上述步骤,可得到式(19)的小数部分,表示为

$$F_1=\mathrm{frac}(2R)=(d_2\times 2^{-1})+\cdots+(d_n\times 2^{-n+1})+\cdots \tag{20}$$

其中 $\mathrm{frac}(2R)$是实数 $2R$ 的小数部分。在式(20)两边乘以 2,可以得到

$$2F_1=d_2+((d_3\times 2^{-1})+\cdots+(d_n\times 2^{-n+2})+\cdots) \tag{21}$$

根据式(21)的整数部分可以得到 $d_2=\mathrm{int}(2F_1)$。

如果继续上述过程,无限执行下去(如果 R 是一个无限不重复的二进制表示),则可以递归地得到序列$\{d_k\}$和$\{F_k\}$:

$$\begin{aligned} d_k&=\mathrm{int}(2F_{k-1})\\ F_k&=\mathrm{frac}(2F_{k-1}) \end{aligned} \tag{22}$$

其中 $d_1=\mathrm{int}(2R)$,且 $F_1=\mathrm{frac}(2R)$。通过下列收敛的几何级数:

$$R=\sum_{j=1}^{\infty}d_j(2)^{-j}$$

可描述出 R 的二进制小数表示。

例 1.12 通过式(22)可计算出式(18)中$\frac{7}{10}$的二进制小数表示。设 $R=\frac{7}{10}=0.7$,则

$$\begin{array}{lll}
2R=1.4 & d_1=\mathrm{int}(1.4)=1 & F_1=\mathrm{frac}(1.4)=0.4\\
2F_1=0.8 & d_2=\mathrm{int}(0.8)=0 & F_2=\mathrm{frac}(0.8)=0.8\\
2F_2=1.6 & d_3=\mathrm{int}(1.6)=1 & F_3=\mathrm{frac}(1.6)=0.6\\
2F_3=1.2 & d_4=\mathrm{int}(1.2)=1 & F_4=\mathrm{frac}(1.2)=0.2\\
2F_4=0.4 & d_5=\mathrm{int}(0.4)=0 & F_5=\mathrm{frac}(0.4)=0.4\\
2F_5=0.8 & d_6=\mathrm{int}(0.8)=0 & F_6=\mathrm{frac}(0.8)=0.8\\
2F_6=1.6 & d_7=\mathrm{int}(1.6)=1 & F_7=\mathrm{frac}(1.6)=0.6
\end{array}$$

注意，$2F_2=1.6=2F_6$。当 $k=2,3,4,\cdots$ 时，可得到模式 $d_k=d_{k+4}$ 和 $F_k=F_{k+4}$，因此有 $\frac{7}{10}=0.1\overline{0110}_2$。 ■

通过几何级数可以找到二进制有理数的十进制形式。

例 1.13 求解二进制有理数 $0.\overline{01}_2$ 的十进制形式。根据展开式有

$$\begin{aligned}0.\overline{01}_2 &= (0\times 2^{-1})+(1\times 2^{-2})+(0\times 2^{-3})+(1\times 2^{-4})+\cdots\\ &=\sum_{k=1}^{\infty}(2^{-2})^k=-1+\sum_{k=0}^{\infty}(2^{-2})^k\\ &=-1+\frac{1}{1-\frac{1}{4}}=-1+\frac{4}{3}=\frac{1}{3}\end{aligned}$$ ■

1.2.4 二进制移位

可以通过移位操作，简化求解无穷循环的二进制有理数的过程。例如，S 为

$$S=0.00000\overline{11000}_2 \tag{23}$$

在式(23)的两边乘以 2^5，将小数点右移 5 位，得到 $32S$，即

$$32S=0.\overline{11000}_2 \tag{24}$$

同样，在式(23)两边乘以 2^{10}，将小数点右移 10 位，得到 $1024S$，即

$$1024S=11000.\overline{11000}_2 \tag{25}$$

式(25)的左右两边减去式(24)的左右两边，可以得到 $992S=11000_2$，或根据 $11000_2=24$ 得到 $992S=24$，因此 $S=8/124$。

1.2.5 科学计数法

将十进制小数点移位并乘以 10 的幂，是表示实数的标准方法之一，通常称之为**科学计数法**。例如，

$$\begin{aligned}0.0000747&=7.47\times 10^{-5}\\ 31.4159265&=3.14159265\times 10\\ 9700000000&=9.7\times 10^{9}\end{aligned}$$

在化学领域中，阿伏伽德罗(Avogadro)数是一个重要的常量，可表示为 6.02252×10^{23}。它是单个分子的克原子重量下的原子个数。在计算机科学中，$1\text{K}=1.024\times 10^{3}$。

1.2.6 机器数

计算机使用规格化浮点二进制数表示实数。这意味着实数 x 的算术值并没有实际存放在计算机中，计算机中实际存放的是 x 的近似值，

$$x\approx \pm q\times 2^n \tag{26}$$

其中数 q 称为**尾数**，它是一个有限的二进制数，满足不等式 $1/2\leqslant q<1$。整数 n 称为**阶码**。

在计算机中，只使用了实数系统的一小部分子集。典型的子集一般只包含式(26)表示的一部分。二进制数的个数受 q 和 n 的严格限制。例如，考虑下述正实数集合中的所有实数：

$$0.d_1d_2d_3d_{4_2}\times 2^n \tag{27}$$

其中,$d_1=1$,而 d_2,d_3 和 d_4 为 0 或 1,而且 $n\in\{-3,-2,-1,0,1,2,3,4\}$。在式(27)中,尾数和阶码各有 8 种选择,可以产生 64 个数的集合:

$$\{0.1000_2\times 2^{-3},0.1001_2\times 2^{-3},\cdots,0.1110_2\times 2^4,0.1111_2\times 2^4\} \tag{28}$$

这 64 个数的十进制形式如表 1.3 所示。当式(27)中的尾数和阶码受限时,计算机只能选用有限的数存储实数 x 的近似值。

表 1.3 尾数为 4 比特(bit),阶码为 $n=-3,-2,\cdots,3,4$ 的二进制数集合的十进制表示

尾数	阶码							
	$n=-3$	$n=-2$	$n=-1$	$n=0$	$n=1$	$n=2$	$n=3$	$n=4$
0.1000_2	0.0625	0.125	0.25	0.5	1	2	4	8
0.1001_2	0.0703125	0.140625	0.28125	0.5625	1.125	2.25	4.5	9
0.1010_2	0.078125	0.15625	0.3125	0.625	1.25	2.5	5	10
0.1011_2	0.0859375	0.171875	0.34375	0.6875	1.375	2.75	5.5	11
0.1100_2	0.09375	0.1875	0.375	0.75	1.5	3	6	12
0.1101_2	0.1015625	0.203125	0.40625	0.8125	1.625	3.25	6.5	13
0.1110_2	0.109375	0.21875	0.4375	0.875	1.75	3.5	7	14
0.1111_2	0.1171875	0.234375	0.46875	0.9375	1.875	3.75	7.5	15

如果计算机的尾数为 4 比特,如何计算$(\frac{1}{10}+\frac{1}{5})+\frac{1}{6}$?假定计算机将实数四舍五入为表 1.3 中的二进制数,读者可根据表 1.3 查找各个实数所对应的最佳近似值。

$$\begin{array}{rcll}\frac{1}{10} & \approx 0.1101_2\times 2^{-3} & = & 0.01101_2\times 2^{-2}\\ \frac{1}{5} & \approx 0.1101_2\times 2^{-2} & = & 0.1101_2\ \ \times 2^{-2}\\ \hline \frac{3}{10} & & & 1.00111_2\times 2^{-2}\end{array} \tag{29}$$

计算机必须确定如何存储数 $1.00111_2\times 2^{-2}$。若数被四舍五入为 $0.1010_2\times 2^{-1}$,则下一步是

$$\begin{array}{rcll}\frac{3}{10} & \approx 0.1010_2\times 2^{-1} & = & 0.1010_2\ \ \times 2^{-1}\\ \frac{1}{6} & \approx 0.1011_2\times 2^{-2} & = & 0.01011_2\times 2^{-1}\\ \hline \frac{7}{15} & & & 0.11111_2\times 2^{-1}\end{array} \tag{30}$$

计算机必须确定如何存储数 $0.11111_2\times 2^{-1}$。由于假定数被四舍五入,则数被存储为 $0.10000_2\times 2^0$。因此,加法问题的计算机解为

$$\frac{7}{15}\approx 0.10000_2\times 2^0 \tag{31}$$

计算机的计算误差为

$$\frac{7}{15}-0.10000_2\approx 0.466667-0.500000\approx 0.033333 \tag{32}$$

如果用$\frac{7}{15}$的百分比来表示误差,则误差为 7.14%。

1.2.7 计算机精度

为了精确地存储数值,计算机必须使用二进制浮点数。其中,要表示 7 位十进制数,至少需要 24 比特的尾数;如果使用 32 比特的尾数,则可以存储 9 位十进制数。现在重新考虑在本节开始的式(1)中遇到的困难,即计算机累加$\frac{1}{10}$出现的误差。

设式(26)中的尾数 q 的位数为32。根据条件 $\frac{1}{2}\leqslant q$,可得到第一个数 $d_1=1$。因此,q 有如下形式:

$$q = 0.1d_2d_3\cdots d_{31}d_{32\,2} \tag{33}$$

当把小数部分用二进制形式表示时,通常是无限循环小数。例如,表达式

$$\frac{1}{10} = 0.0\overline{0011}_2 \tag{34}$$

当使用32位尾数时,计算机对数进行截断后的内在近似值为

$$\frac{1}{10} \approx 0.11001100110011001100110011001100_2 \times 2^{-3} \tag{35}$$

式(35)中近似值的误差,即式(35)与式(34)的差值为

$$0.\overline{1100}_2 \times 2^{-35} \approx 2.328306437 \times 10^{-11} \tag{36}$$

由于式(36)的存在,计算机对式(1)中的 $\frac{1}{10}$ 进行100000次累加后,必然存在误差。误差大于 $100000\times2.328306437\times10^{-11}=2.328306437\times10^{-6}$。实际上,在计算过程中还存在着更大的误差。原因是部分和可能随时会被四舍五入,而且随着和的增加,$\frac{1}{10}$ 的后一个加数远小于逐渐增加的累加和,它在计算中的影响会被舍弃。这样,各种误差带来的组合效应使得实际产生的误差为 $10000-9999.99447=5.53\times10^{-3}$。

1.2.8 计算机浮点数

计算机采用整数模式和浮点模式来表示数。整数模式主要用来进行整数计算,在数值分析中的作用有限,而科学工程应用中主要采用浮点数。必须要明确如下事实:在式(26)的任何计算机实现中,尾数 q 的位数是有限的,而且阶码 n 的范围也肯定是有限的。

在以32位表示单精度实数的计算机中,阶码用8位表示,尾数用24位表示,因此可以表示的实数范围是

$$2.938736\text{E}-39 \quad 到 \quad 1.701412\text{E}+38$$

即 2^{-128} 到 2^{127},有6位十进制数值精度,例如,$2^{-23}=1.2\times10^{-7}$。

在以48位表示单精度实数的计算机中,阶码用8位表示,尾数用40位表示,因此可以表示的实数范围是

$$2.9387358771\text{E}-39 \quad 到 \quad 1.7014118346\text{E}+38$$

即 2^{-128} 到 2^{127},有11位十进制数值精度,例如,$2^{-39}=1.8\times10^{-12}$。

对于以64位表示双精度实数的计算机,可能会用11位表示阶码,用53位表示尾数,因此可以表示的实数范围是

$$5.562684646268003\text{E}-309 \quad 到 \quad 8.988465674311580\text{E}+307$$

即 2^{-1024} 到 2^{1023},有16位十进制数值精度,例如,$2^{-52}=2.2\times10^{-16}$。

1.2.9 习题

1. 利用计算机求解下列表达式。提示:目的是让计算机重复执行减法计算,不要借助于乘法计算。

   (a) $10000-\sum_{k=1}^{100000}0.1$　　　　(b) $10000-\sum_{k=1}^{80000}0.125$

2. 利用式(4)和式(5),将下列二进制数转换成十进制形式。

(a) 10101_2　　(b) 111000_2

(c) 11111110_2　　(d) 1000000111_2

3. 利用式(16)和式(17),将下列二进制小数转换成十进制形式。

(a) 0.11011_2　　(b) 0.10101_2

(c) 0.1010101_2　　(d) 0.110110110_2

4. 将下列二进制数转换成十进制形式。

(a) 1.0110101_2　　(b) 11.0010010001_2

5. 习题 4 中的数是$\sqrt{2}$和π的近似值。求解近似值的误差,即计算下列值:

(a) $\sqrt{2}-1.0110101_2$　　(利用$\sqrt{2}=1.41421356237309\cdots$)

(b) $\pi-11.0010010001_2$　　(利用$\pi=3.14159265358979\cdots$)

6. 参照例 1.10,将下列十进制数转换成二进制形式。

(a) 23　　(b) 87　　(c) 378　　(d) 2388

7. 参照例 1.12,将下列十进制数转换成如 $0.d_1d_2\cdots d_{n2}$形式的二进制小数。

(a) 7/16　　(b) 13/16　　(c) 23/32　　(d) 75/128

8. 参照例 1.12,将下列十进制数转换成二进制无限循环小数。

(a) 1/10　　(b) 1/3　　(c) 1/7

9. 求解下列具有 7 位有效数字的二进制近似值的误差 $R-0.d_1d_2d_3d_4d_5d_6d_{72}$。

(a) $1/10\approx0.0001100_2$　　(b) $1/7\approx0.0010010_2$

10. 证明二进制展开式 $1/7=0.\overline{001}_2$ 与$\dfrac{1}{7}=\dfrac{1}{8}+\dfrac{1}{64}+\dfrac{1}{512}+\cdots$等价。利用定理 1.14 来建立这个展开式。

11. 证明二进制展开式 $1/5=0.\overline{0011}_2$ 与$\dfrac{1}{5}=\dfrac{3}{16}+\dfrac{3}{256}+\dfrac{3}{4096}+\cdots$等价。利用定理 1.14 来建立这个展开式。

12. 证明对于任意的数 2^{-N},其中 N 是正整数,可以表示为 N 位十进制数,即 $2^{-N}=0.d_1d_2d_3\cdots d_N$。提示:1/2 = 0.5, 1/4 = 0.25, …。

13. 根据表 1.3 来判断当用有 4 位尾数的计算机执行下列计算时,会得到什么结果。

(a) $\left(\frac{1}{3}+\frac{1}{5}\right)+\frac{1}{6}$　　(b) $\left(\frac{1}{10}+\frac{1}{3}\right)+\frac{1}{5}$

(c) $\left(\frac{3}{17}+\frac{1}{9}\right)+\frac{1}{7}$　　(d) $\left(\frac{7}{10}+\frac{1}{9}\right)+\frac{1}{7}$

14. 证明当将本节的式(8)中所有的 2 替换为 3 时,可得到一个求解正整数的三进制表示形式的方法,并求解下列整数的三进制表示形式。

(a) 10　　(b) 23　　(c) 421　　(d) 1784

15. 证明当将本节的式(22)中所有的 2 替换为 3 时,可得到一个求解正数 $R(0<R<1)$的三进制表示形式的方法,并求解下列正数的三进制表示形式。

(a) 1/3　　(b) 1/2　　(c) 1/10　　(d) 11/27

16. 证明当将本节的式(8)中所有的 2 替换为 5 时,可得到一个求解正整数的五进制表示形式的方法,并求解下列整数的五进制表示形式。

(a) 10　　(b) 35　　(c) 721　　(d) 734

17. 证明当将本节的式(22)中所有的 2 替换为 5 时,可得到一个求解正数 $R(0<R<1)$ 的五进制表示形式的方法,并求解下列正数的五进制表示形式。

(a) 1/3　(b) 1/2　(c) 1/10　(d) 154/625

1.3　误差分析

读者将从数值分析的练习中学习到非常重要的一点,即认识到计算结果并不确切地等于数学结果,因为存在不少隐含方法会破坏数值结果的精度。对这一点的理解将有助于研究人员实现和开发正确的数值算法。

定义 1.7　设 $\widehat{p}$ 是 p 的近似值,则**绝对误差**是 $E_p=|p-\widehat{p}|$,简称误差。**相对误差**是 $R_p=|p-\widehat{p}|/|p|$,其中 $p\neq0$。 ▲

误差仅仅是真实值与近似值之间的差,而相对误差在很大程度上取决于真实值。

例 1.14　找出下面 3 种情况下的误差和相对误差。设 $x=3.141592$, $\widehat{x}=3.14$,则误差为

$$E_x=|x-\widehat{x}|=|3.141592-3.14|=0.001592 \tag{1a}$$

相对误差为

$$R_x=\frac{|x-\widehat{x}|}{|x|}=\frac{0.001592}{3.141592}=0.00507$$

设 $y=1000000$, $\widehat{y}=999996$,则误差为

$$E_y=|y-\widehat{y}|=|1000000-999996|=4 \tag{1b}$$

相对误差为

$$R_y=\frac{|y-\widehat{y}|}{|y|}=\frac{4}{1000000}=0.000004$$

设 $z=0.000012$, $\widehat{z}=0.000009$,则误差为

$$E_z=|z-\widehat{z}|=|0.000012-0.000009|=0.000003 \tag{1c}$$

相对误差为

$$R_z=\frac{|z-\widehat{z}|}{|z|}=\frac{0.000003}{0.000012}=0.25$$ ■

在式(1a)中,E_x 和 R_x 之间没有太大差别,都可以用来判别 $\widehat{x}$ 的精度。在式(1b)中,y 值的数量级为 10^6,误差 E_y 很大,相对误差很小。在这种情况下,可以认为 $\widehat{y}$ 是 y 的好的近似值。在式(1c)中,z 值的数量级为 10^{-6},误差 E_z 是 3 种情况中最小的,但相对误差是最大的。如果用百分数形式来表示,相对误差为 25%,这样 $\widehat{z}$ 是 z 的不良近似值。当 $|p|$ 远离 1 时(大于或小于),相对误差 R_p 比误差 E_p 能更好地表示近似值的精确程度。由于相对误差直接处理尾数,所以浮点表示主要采用相对误差。

定义 1.8　如果 d 是满足下列不等式的最大正整数,则称数 $\widehat{p}$ 近似 p 时具有 d 位**有效数字**。

$$\frac{|p-\widehat{p}|}{|p|}<\frac{10^{1-d}}{2} \tag{2}$$

▲

例 1.15　判断例 1.14 中近似值的有效数字。

(3a) 如果 $x=3.141592$, $\widehat{x}=3.14$，则 $|x-\widehat{x}|/|x|=0.000507<10^{-2}/2$。因此，$\widehat{x}$ 近似 x 时具有 3 位有效数字。

(3b) 如果 $y=1000000$, $\widehat{y}=999996$，则 $|y-\widehat{y}|/|y|=0.000004<10^{-5}/2$。因此，$\widehat{y}$ 近似 y 时具有 6 位有效数字。

(3c) 如果 $z=0.000012$, $\widehat{z}=0.000009$，则 $|z-\widehat{z}|/|z|=0.25<10^{-0}/2$。因此，$\widehat{z}$ 近似 z 时具有 1 位有效数字。 ■

1.3.1 截断误差

截断误差通常指的是，用一个基本表达式替换一个相当复杂的算术表达式时所引入的误差。这个术语从用截断泰勒级数替换一个复杂表达式的技术中衍生而来。例如，无穷泰勒级数

$$e^{x^2}=1+x^2+\frac{x^4}{2!}+\frac{x^6}{3!}+\frac{x^8}{4!}+\cdots+\frac{x^{2n}}{n!}+\cdots$$

可以用它的前 5 项 $1+x^2+\frac{x^4}{2!}+\frac{x^6}{3!}+\frac{x^8}{4!}$ 来替代，这样就可以求数值积分的近似值。

例 1.16 设有 $\int_0^{1/2}e^{x^2}dx=0.544987104184=p$，当用截断泰勒级数 $P_8(x)=1+x^2+\frac{x^4}{2!}+\frac{x^6}{3!}+\frac{x^8}{4!}$ 替代被积函数 $f(x)=e^{x^2}$ 时，确定积分近似值的精度。

解：替换后的积分近似值为

$$\begin{aligned}\int_0^{1/2}\left(1+x^2+\frac{x^4}{2!}+\frac{x^6}{3!}+\frac{x^8}{4!}\right)dx&=\left(x+\frac{x^3}{3}+\frac{x^5}{5(2!)}+\frac{x^7}{7(3!)}+\frac{x^9}{9(4!)}\right)\Bigg|_{x=0}^{x=1/2}\\&=\frac{1}{2}+\frac{1}{24}+\frac{1}{320}+\frac{1}{5376}+\frac{1}{110592}\\&=\frac{2109491}{3870720}=0.544986720817=\widehat{p}\end{aligned}$$

因为

$$10^{-5}/2>|p-\widehat{p}|/|p|=7.03442\times10^{-7}>10^{-6}/2$$

近似值 $\widehat{p}$ 近似真实值 $p=0.544987104184$ 时有 6 位有效数字。$y=f(x)=e^{x^2}$, $y=P_8(x)$ 的曲线图以及当 $0\leqslant x\leqslant\frac{1}{2}$ 时曲线下的区域面积如图 1.7 所示。 ■

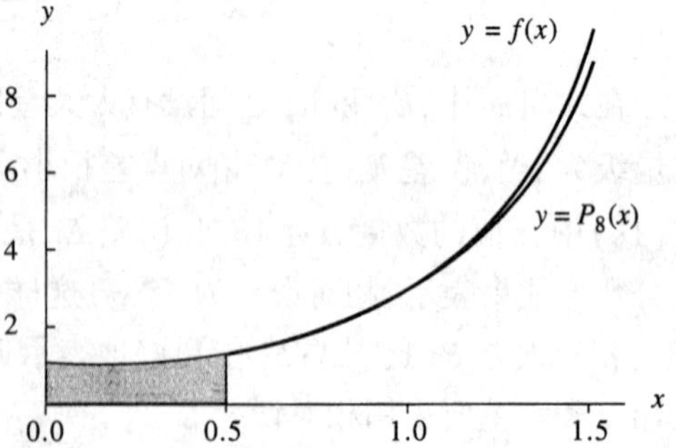

图 1.7 $y=f(x)=e^{x^2}$, $y=P_8(x)$ 的函数曲线图以及当 $0\leqslant x\leqslant\frac{1}{2}$ 时曲线下的区域面积

1.3.2 舍入误差

计算机表示的实数受限于尾数的固定精度，因此有时并不能确切地表示真实值，这一类型的误差称为**舍入误差**。在上一节中，计算机对存储的实数 $\frac{1}{10}=0.0\overline{0011}_2$ 进行了截断，对实际存储在计算机中的数的最后一位进行了四舍五入。综上所述，由于计算机硬件只支持有限位机器数的运算，导致舍入误差在计算中被引入和传播。

1.3.3　舍去和舍入

设任意实数 p 的**规格化浮点表示形式**为

$$p = \pm 0.d_1 d_2 d_3 \cdots d_k d_{k+1} \cdots \times 10^n \tag{4}$$

其中当 $j>1$ 时,有 $1 \leqslant d_1 \leqslant 9$ 和 $0 \leqslant d_j \leqslant 9$。设 k 是计算机浮点计算中浮点数的最大位数,则实数 p 表示为 $fl_{chop}(p)$,有

$$fl_{chop}(p) = \pm 0.d_1 d_2 d_3 \cdots d_k \times 10^n \tag{5}$$

其中当 $1<j \leqslant k$ 时,有 $1 \leqslant d_1 \leqslant 9$ 和 $0 \leqslant d_j \leqslant 9$。数 $fl_{chop}(p)$ 称为 p 的**舍去浮点表示**(chopped floating-point representation)。在这种情况下,$fl_{chop}(p)$ 的第 k 位数与 p 的第 k 位数相同。另一种 k 位表示法是**舍入浮点表示**(rounded floating-point representation)$fl_{round}(p)$,表示为

$$fl_{round}(p) = \pm 0.d_1 d_2 d_3 \cdots r_k \times 10^n \tag{6}$$

其中当 $1<j<k$ 时,有 $1 \leqslant d_1 \leqslant 9$ 和 $0 \leqslant d_j \leqslant 9$,而且最后一位数 r_k 是最逼近 $d_k.\, d_{k+1} d_{k+2} \cdots$ 的整数。例如,有实数

$$p = \frac{22}{7} = 3.142857142857142857\cdots$$

则有如下有 6 位有效数字的表示形式:

$$fl_{chop}(p) = 0.314285 \times 10^1$$
$$fl_{round}(p) = 0.314286 \times 10^1$$

通常,p 的舍去表示和舍入表示可分别写成 3.14285 和 3.14286。读者必须从根本上了解和注意计算机使用的各种舍入浮点表示法。

1.3.4　精度损失

设有两个数 $p=3.1415926536$ 和 $q=3.1415957341$,两者几乎相等,而且都有 11 位有效数字精度。它们的差为:$p-q=-0.0000030805$。由于 p 和 q 的前 6 位数相等,所以它们的差别只有 5 位数字精度。这种现象称为**精度损失**(loss of significance)或**差额抵消**(subtractive cancellation)。如果不注意这一点,最终计算结果的精度可能会逐渐减少。

例 1.17　设 $f(x)=x(\sqrt{x+1}-\sqrt{x})$,$g(x)=\dfrac{x}{\sqrt{x+1}+\sqrt{x}}$。用 6 位有效数字和舍入法比较 $f(500)$ 和 $g(500)$ 的计算结果。

解:先考虑第一个函数

$$f(500) = 500\left(\sqrt{501}-\sqrt{500}\right)$$
$$= 500(22.3830-22.3607) = 500(0.0223) = 11.1500$$

对于 $g(x)$,有

$$g(500) = \frac{500}{\sqrt{501}+\sqrt{500}}$$
$$= \frac{500}{22.3830+22.3607} = \frac{500}{44.7437} = 11.1748$$

从数学意义上讲,第二个函数 $g(x)$ 等价于 $f(x)$,其推导过程如下所示:

$$f(x)=\frac{x\left(\sqrt{x+1}-\sqrt{x}\right)\left(\sqrt{x+1}+\sqrt{x}\right)}{\sqrt{x+1}+\sqrt{x}}$$
$$=\frac{x\left(\left(\sqrt{x+1}\right)^2-\left(\sqrt{x}\right)^2\right)}{\sqrt{x+1}+\sqrt{x}}$$
$$=\frac{x}{\sqrt{x+1}+\sqrt{x}}$$

因此 $g(500)=11.1748$ 这个结果存在较少的误差,当真实值 11.174755300747198…舍入到 6 位数时,与 $g(500)$ 的值相同。■

读者可以通过本节的习题 12 来研究如何避免在二次根公式中的精度损失。下例显示了截断泰勒级数有时有助于避免精度损失造成的误差。

例 1.18 设

$$f(x)=\frac{e^x-1-x}{x^2},\qquad P(x)=\frac{1}{2}+\frac{x}{6}+\frac{x^2}{24}$$

用舍入法和 6 位有效数字比较 $f(0.01)$ 和 $P(0.01)$ 的计算结果。函数 $P(x)$ 是 $f(x)$ 在 $x=0$ 处的扩展二阶泰勒多项式。

解: 对于第一个函数有

$$f(0.01)=\frac{e^{0.01}-1-0.01}{(0.01)^2}=\frac{1.010050-1-0.01}{0.001}=0.5$$

对于第二个函数有

$$P(0.01)=\frac{1}{2}+\frac{0.01}{6}+\frac{0.001}{24}$$
$$=0.5+0.001667+0.000004=0.501671$$

结果 $P(0.01)=0.501671$ 存在较少的误差,当真实值 0.50167084168057542…舍入到 6 位数时,与 $g(500)$ 的值相同。■

对于多项式求值计算,有时可以通过将表达式重新表示为嵌套乘的形式,获得较为理想的结果。

例 1.19 设 $P(x)=x^3-3x^2+3x-1$ 和 $Q(x)=((x-3)x+3)x-1$。用 3 位舍入算法计算 $P(2.19)$ 和 $Q(2.19)$ 的近似值,并与真实值 $P(2.19)=Q(2.19)=1.685159$ 进行比较。

解:

$$P(2.19)\approx(2.19)^3-3(2.19)^2+3(2.19)-1$$
$$=10.5-14.4+6.57-1=1.67$$
$$Q(2.19)\approx((2.19-3)2.19+3)2.19-1=1.69$$

误差分别为 0.015159 和 −0.004841,因此近似值 $Q(2.19)\approx1.69$ 的误差较小。本节的习题 6 探讨了当接近多项式根时的求解情况。■

1.3.5 $O(h^n)$ 阶逼近

序列 $\left\{\frac{1}{n^2}\right\}_{n=1}^{\infty}$ 和 $\left\{\frac{1}{n}\right\}_{n=1}^{\infty}$ 都明显地收敛到 0,而且第一个序列比第二个序列收敛得快。在接下来的章节中会使用一些特殊术语和表示来描述序列如何快速收敛。

定义1.9 设有函数$f(h)$和$g(h)$，如果存在常数C和c，使得对于任意$h \leqslant c$，有

$$|f(h)| \leqslant C|g(h)| \qquad \text{当} h \leqslant c \text{时} \tag{7}$$

则称函数$f(h)$为函数$g(h)$的big Oh函数，表示为$f(h)=\boldsymbol{O}(g(h))$。▲

例1.20 设有函数$f(x)=x^2+1$和$g(x)=x^3$，由于当$x \geqslant 1$时，有$x^2 \leqslant x^3$且$1 \leqslant x^3$，因此可以推导出当$x \geqslant 1$时，有$x^2+1 \leqslant 2x^3$。因此，$f(x)=\boldsymbol{O}(g(x))$。■

对于常见的基本函数（x^n，$x^{1/n}$，a^x和$\log_a x$等），符号表示"big Oh"提供了一个描述函数增长率的有效方法。

用类似的方法也可以描述序列的收敛率。

定义1.10 设有两个序列$\{x_n\}_{n=1}^{\infty}$和$\{y_n\}_{n=1}^{\infty}$。如果存在常数C和N，使得

$$\text{对于任意} n \geqslant N, \quad \text{有} |x_n| \leqslant C|y_n| \tag{8}$$

则称序列$\{x_n\}$以序列$\{y_n\}$为上界，表示为$x_n=\boldsymbol{O}(y_n)$。▲

例1.21 因为对于任意$n \geqslant 1$，有$\dfrac{n^2-1}{n^3} \leqslant \dfrac{n^2}{n^3}=\dfrac{1}{n}$，所以$\dfrac{n^2-1}{n^3}=\boldsymbol{O}\left(\dfrac{1}{n}\right)$。■

通常用函数$p(h)$近似函数$f(h)$，且误差界表示为$M|h^n|$，这样就引出了下面的定义。

定义1.11 设函数$f(h)$的近似函数为$p(h)$，且存在实常数$M>0$和正整数n，满足

$$\frac{|f(h)-p(h)|}{|h^n|} \leqslant M, \quad \text{对于足够小的} h \tag{9}$$

则称$p(h)$以近似阶$\boldsymbol{O}(h^n)$来近似$f(h)$，表示为

$$f(h)=p(h)+\boldsymbol{O}(h^n) \tag{10}$$

▲

当将式(9)重写为$|f(h)-p(h)| \leqslant M|h^n|$时，可以看到符号$\boldsymbol{O}(h^n)$代表误差界$M|h^n|$。接下来的结论可以用来定义两个函数的四则运算。

定理1.15 设$f(h)=p(h)+\boldsymbol{O}(h^n)$，$g(h)=q(h)+\boldsymbol{O}(h^m)$，且$r=\min\{m,n\}$，则

$$f(h)+g(h)=p(h)+q(h)+\boldsymbol{O}(h^r) \tag{11}$$

$$f(h)g(h)=p(h)q(h)+\boldsymbol{O}(h^r) \tag{12}$$

而且

$$\frac{f(h)}{g(h)}=\frac{p(h)}{q(h)}+\boldsymbol{O}(h^r), \quad \text{假设 } g(h) \neq 0 \text{ 且 } q(h) \neq 0 \tag{13}$$

当将$p(x)$看成$f(x)$的第n个泰勒多项式近似值时，余项可指定为$\boldsymbol{O}(h^{n+1})$，代表被忽略的从幂h^{n+1}开始的项。余项收敛到零的速度与h^{n+1}收敛到零的速度一样，它们的关系可以表示为

$$\boldsymbol{O}(h^{n+1}) \approx Mh^{n+1} \approx \frac{f^{(n+1)}(c)}{(n+1)!}h^{n+1} \tag{14}$$

其中h要足够小。因此，符号$\boldsymbol{O}(h^{n+1})$可用Mh^{n+1}表示，其中M是一个常数，或"可理解为常数"。

定理1.16（泰勒定理） 设$f \in C^{n+1}[a,b]$，如果x_0和$x=x_0+h$都在区间$[a,b]$内，则

$$f(x_0+h)=\sum_{k=0}^{n}\frac{f^{(k)}(x_0)}{k!}h^k+\boldsymbol{O}(h^{n+1}) \tag{15}$$

下面的例子阐明了上述定理。计算过程使用了加法性质(i)$\boldsymbol{O}(h^p)+\boldsymbol{O}(h^p)=\boldsymbol{O}(h^p)$和(ii)$\boldsymbol{O}(h^p)+\boldsymbol{O}(h^q)=\boldsymbol{O}(h^r)$,其中$r=\min\{p,q\}$,还使用了乘法性质(iii)$\boldsymbol{O}(h^p)\boldsymbol{O}(h^q)=\boldsymbol{O}(h^s)$,其中$s=p+q$。

例 1.22 考虑如下泰勒多项式的展开:

$$e^h=1+h+\frac{h^2}{2!}+\frac{h^3}{3!}+\boldsymbol{O}(h^4),\qquad \cos(h)=1-\frac{h^2}{2!}+\frac{h^4}{4!}+\boldsymbol{O}(h^6)$$

确定它们的和与积的近似阶。

解:对于求和,有

$$\begin{aligned}e^h+\cos(h)&=1+h+\frac{h^2}{2!}+\frac{h^3}{3!}+\boldsymbol{O}(h^4)+1-\frac{h^2}{2!}+\frac{h^4}{4!}+\boldsymbol{O}(h^6)\\&=2+h+\frac{h^3}{3!}+\boldsymbol{O}(h^4)+\frac{h^4}{4!}+\boldsymbol{O}(h^6)\end{aligned}$$

因为$\boldsymbol{O}(h^4)+\frac{h^4}{4!}=\boldsymbol{O}(h^4)$和$\boldsymbol{O}(h^4)+\boldsymbol{O}(h^6)=\boldsymbol{O}(h^4)$,上式可简化为

$$e^h+\cos(h)=2+h+\frac{h^3}{3!}+\boldsymbol{O}(h^4)$$

近似阶为$\boldsymbol{O}(h^4)$。

对于乘积的处理,与求和是类似的,如下所示:

$$\begin{aligned}e^h\cos(h)&=\left(1+h+\frac{h^2}{2!}+\frac{h^3}{3!}+\boldsymbol{O}(h^4)\right)\left(1-\frac{h^2}{2!}+\frac{h^4}{4!}+\boldsymbol{O}(h^6)\right)\\&=\left(1+h+\frac{h^2}{2!}+\frac{h^3}{3!}\right)\left(1-\frac{h^2}{2!}+\frac{h^4}{4!}\right)\\&\quad+\left(1+h+\frac{h^2}{2!}+\frac{h^3}{3!}\right)\boldsymbol{O}(h^6)+\left(1-\frac{h^2}{2!}+\frac{h^4}{4!}\right)\boldsymbol{O}(h^4)\\&\quad+\boldsymbol{O}(h^4)\boldsymbol{O}(h^6)\\&=1+h-\frac{h^3}{3}-\frac{5h^4}{24}-\frac{h^5}{24}+\frac{h^6}{48}+\frac{h^7}{144}\\&\quad+\boldsymbol{O}(h^6)+\boldsymbol{O}(h^4)+\boldsymbol{O}(h^4)\boldsymbol{O}(h^6)\end{aligned}$$

由于$\boldsymbol{O}(h^4)\boldsymbol{O}(h^6)=\boldsymbol{O}(h^{10})$,且

$$-\frac{5h^4}{24}-\frac{h^5}{24}+\frac{h^6}{48}+\frac{h^7}{144}+\boldsymbol{O}(h^6)+\boldsymbol{O}(h^4)+\boldsymbol{O}(h^{10})=\boldsymbol{O}(h^4)$$

上述表达式可以简化为

$$e^h\cos(h)=1+h-\frac{h^3}{3}+\boldsymbol{O}(h^4)$$

这样,近似阶为$\boldsymbol{O}(h^4)$。 ■

1.3.6　序列的收敛阶

通过计算一系列逐渐接近需求解的近似值，可以进行数值逼近。定义 1.10 中给出了针对序列的 big Oh 的定义，而序列收敛阶的定义与函数的近似阶的定义 1.11 类似。

定义 1.12　设 $\lim_{n\to\infty} x_n = x$，有序列 $\{r_n\}_{n=1}^{\infty}$，且 $\lim_{n\to\infty} r_n = 0$。如果存在常量 $K>0$，满足

$$\frac{|x_n - x|}{|r_n|} \leqslant K, \quad n \text{ 足够大}$$

则称 $\{x_n\}_{n=1}^{\infty}$ 以收敛阶 $\boldsymbol{O}(r_n)$ **收敛**于 x。

可以将其表示为 $x_n = x + \boldsymbol{O}(r_n)$，或表示为 $x_n \to x$，收敛阶为 $\boldsymbol{O}(r_n)$。▲

例 1.23　设有 $x_n = \cos(n)/n^2$ 和 $r_n = 1/n^2$，则 $\lim_{n\to\infty} x_n = 0$，收敛阶为 $\boldsymbol{O}(1/n^2)$。根据如下关系式立即可以推导出上述结论：

$$\frac{|\cos(n)/n^2|}{|1/n^2|} = |\cos(n)| \leqslant 1, \quad \text{对于所有的 } n$$ ■

1.3.7　误差传播

下面研究在连续计算过程中误差是如何传播的。考虑数 p 和 q（真实值）的加法运算，它们的近似值分别为 $\widehat{p}$ 和 $\widehat{q}$，误差分别为 ϵ_p 和 ϵ_q。从 $p = \widehat{p} + \epsilon_p$ 和 $q = \widehat{q} + \epsilon_q$ 开始，它们的和为

$$p + q = (\widehat{p} + \epsilon_p) + (\widehat{q} + \epsilon_q) = (\widehat{p} + \widehat{q}) + (\epsilon_p + \epsilon_q) \tag{16}$$

因此对于加法运算，和的误差是每个加数的误差的和。

在乘积计算过程中，误差的传播将更为复杂。乘积表达式如下所示：

$$pq = (\widehat{p} + \epsilon_p)(\widehat{q} + \epsilon_q) = \widehat{p}\widehat{q} + \widehat{p}\epsilon_q + \widehat{q}\epsilon_p + \epsilon_p\epsilon_q \tag{17}$$

因此，如果 $\widehat{p}$ 和 $\widehat{q}$ 的绝对值大于 1，则原来的误差 ϵ_p 和 ϵ_q 会被放大成 $\widehat{p}\,\epsilon_q$ 和 $\widehat{q}\,\epsilon_p$。如果观察相对误差，可以得到更深入的了解。重新排列式(17)中的项即可得到

$$pq - \widehat{p}\widehat{q} = \widehat{p}\epsilon_q + \widehat{q}\epsilon_p + \epsilon_p\epsilon_q \tag{18}$$

假定 $p \neq 0$，且 $q \neq 0$，则式(18)除以 pq 可得 pq 乘积的相对误差

$$R_{pq} = \frac{pq - \widehat{p}\widehat{q}}{pq} = \frac{\widehat{p}\epsilon_q + \widehat{q}\epsilon_p + \epsilon_p\epsilon_q}{pq} = \frac{\widehat{p}\epsilon_q}{pq} + \frac{\widehat{q}\epsilon_p}{pq} + \frac{\epsilon_p\epsilon_q}{pq} \tag{19}$$

进一步假设 $\widehat{p}$ 和 $\widehat{q}$ 是 p 和 q 的好的近似，则 $\widehat{p}/p \approx 1$，$\widehat{q}/q \approx 1$，且 $R_p R_q = (\epsilon_p/p)(\epsilon_q/q) \approx 0$。$R_p$ 和 R_q 是近似值 $\widehat{p}$ 和 $\widehat{q}$ 的相对误差。将它们替换到式(19)中，可以得到如下简化关系式：

$$R_{pq} = \frac{pq - \widehat{p}\widehat{q}}{pq} \approx \frac{\epsilon_q}{q} + \frac{\epsilon_p}{p} + 0 = R_q + R_p \tag{20}$$

这表明乘积 pq 的相对误差大致等于 $\widehat{p}$ 和 $\widehat{q}$ 的相对误差的和。

初始误差通常通过一系列的计算进行传播。对于任何数值计算而言，都要尽量减少初始误差，因为初始条件下的小误差对最终结果产生的影响较小。这样的算法称为**稳定算法**，否则称为**不稳定算法**。在数值分析中，应当尽量选用稳定算法。下述定义将用来描述误差的传播。

定义 1.13　设 ϵ 表示初始误差，$\epsilon(n)$ 表示第 n 步计算后的误差增长。如果 $|\epsilon(n)| \approx n\,\epsilon$，则称误差呈**线性**增长。如果 $|\epsilon(n)| \approx K^n\,\epsilon$，则称误差呈**指数**增长。如果 $K>1$，则当 $n\to\infty$ 时，指数误差的增长无界；如果 $0<K<1$，则当 $n\to\infty$ 时，指数误差的增长趋于零。▲

下面的两个例子显示了初始误差可稳定传播或不稳定传播。在第一个例子中,介绍了 3 个算法。每个算法递归生成同一序列。在第二个例子中,将对初始条件进行小的改变,同时对误差传播进行分析。

例 1.24 用无限精度算法结合下列 3 个方案可递归生成序列 $\{1/3^n\}_{n=0}^{\infty}$ 中的各项值。

$$r_0 = 1, \qquad r_n = \frac{1}{3}r_{n-1}, \qquad n = 1, 2, \cdots \tag{21a}$$

$$p_0 = 1, p_1 = \frac{1}{3}, \qquad p_n = \frac{4}{3}p_{n-1} - \frac{1}{3}p_{n-2}, \quad n = 2, 3, \cdots \tag{21b}$$

$$q_0 = 1, q_1 = \frac{1}{3}, \qquad q_n = \frac{10}{3}q_{n-1} - q_{n-2}, \quad n = 2, 3, \cdots \tag{21c}$$

式(21a)的意义很显然。在式(21b)中,差分方程的通解是 $p_n = A(1/3^n) + B$。这可以通过直接替换方法进行验证:

$$\begin{aligned}\frac{4}{3}p_{n-1} - \frac{1}{3}p_{n-2} &= \frac{4}{3}\left(\frac{A}{3^{n-1}} + B\right) - \frac{1}{3}\left(\frac{A}{3^{n-2}} + B\right)\\ &= \left(\frac{4}{3^n} - \frac{3}{3^n}\right)A + \left(\frac{4}{3} - \frac{1}{3}\right)B = A\frac{1}{3^n} + B = p_n\end{aligned}$$

设 $A=1$ 且 $B=0$,则可得到期望的序列。在式(21c)中,差分方程的通解是 $q_n = A(1/3^n) + B3^n$。同样可通过直接替换方法进行验证:

$$\begin{aligned}\frac{10}{3}q_{n-1} - q_{n-2} &= \frac{10}{3}\left(\frac{A}{3^{n-1}} + B3^{n-1}\right) - \left(\frac{A}{3^{n-2}} + B3^{n-2}\right)\\ &= \left(\frac{10}{3^n} - \frac{9}{3^n}\right)A + (10-1)3^{n-2}B\\ &= A\frac{1}{3^n} + B3^n = q_n\end{aligned}$$

设 $A=1$ 且 $B=0$,则可得到期望的序列。 ■

例 1.25 用下列方法求出序列 $\{x_n\} = \{1/3^n\}$ 的近似值。

$$r_0 = 0.99996, \qquad r_n = \frac{1}{3}r_{n-1}, \qquad n = 1,\ 2,\ \cdots \tag{22a}$$

$$p_0 = 1, p_1 = 0.33332, \qquad p_n = \frac{4}{3}p_{n-1} - \frac{1}{3}p_{n-2}, \quad n = 2,\ 3,\ \cdots \tag{22b}$$

$$q_0 = 1, q_1 = 0.33332, \qquad q_n = \frac{10}{3}q_{n-1} - q_{n-2}, \quad n = 2,\ 3,\ \cdots \tag{22c}$$

在式(22a)中,初始误差 $r_0 = 0.00004$,在式(22b)和式(22c)中,p_1 和 q_1 的初始误差为 $0.00001\overline{3}$。试研究每个算法的误差传播情况。

表 1.4 给出了每个序列的前 10 个数值近似解,表 1.5 给出了每个算法的误差。$\{r_n\}$ 的误差是稳定的,且按指数级递减。$\{p_n\}$ 的误差是稳定的。$\{q_n\}$ 的误差是不稳定的,且按指数级增长。尽管 $\{p_n\}$ 的误差是稳定的,但由于当 $n\to\infty$ 时有 $p_n\to 0$,所以误差在结果中最终占支配地位,p_8 之后的项无有效数字。图 1.8 至图 1.10 分别显示了 $\{r_n\}$,$\{p_n\}$ 和 $\{q_n\}$ 的误差。 ■

表 1.4　序列 $\{x_n\}=\{1/3^n\}$ 以及近似值 $\{r_n\}$, $\{p_n\}$ 和 $\{q_n\}$

n	x_n	r_n	p_n	q_n
0	$1=1.0000000000$	0.9999600000	1.0000000000	1.0000000000
1	$\frac{1}{3}=0.3333333333$	0.3333200000	0.3333200000	0.3333200000
2	$\frac{1}{9}=0.1111111111$	0.1111066667	0.1110933330	0.1110666667
3	$\frac{1}{27}=0.0370370370$	0.0370355556	0.0370177778	0.0369022222
4	$\frac{1}{81}=0.0123456790$	0.0123451852	0.0123259259	0.0119407407
5	$\frac{1}{243}=0.0041152263$	0.0041150617	0.0040953086	0.0029002469
6	$\frac{1}{729}=0.0013717421$	0.0013716872	0.0013517695	−0.0022732510
7	$\frac{1}{2187}=0.0004572474$	0.0004572291	0.0004372565	−0.0104777503
8	$\frac{1}{6561}=0.0001524158$	0.0001524097	0.0001324188	−0.0326525834
9	$\frac{1}{19683}=0.0000508053$	0.0000508032	0.0000308063	−0.0983641945
10	$\frac{1}{59049}=0.0000169351$	0.0000169344	−0.0000030646	−0.2952280648

表 1.5　误差序列 $\{x_n-r_n\}$, $\{x_n-p_n\}$ 和 $\{x_n-q_n\}$

n	x_n-r_n	x_n-p_n	x_n-q_n
0	0.0000400000	0.0000000000	0.0000000000
1	0.0000133333	0.0000133333	0.0000013333
2	0.0000044444	0.0000177778	0.0000444444
3	0.0000014815	0.0000192593	0.0001348148
4	0.0000004938	0.0000197531	0.0004049383
5	0.0000001646	0.0000199177	0.0012149794
6	0.0000000549	0.0000199726	0.0036449931
7	0.0000000183	0.0000199909	0.0109349977
8	0.0000000061	0.0000199970	0.0328049992
9	0.0000000020	0.0000199990	0.0984149998
10	0.0000000007	0.0000199997	0.2952449999

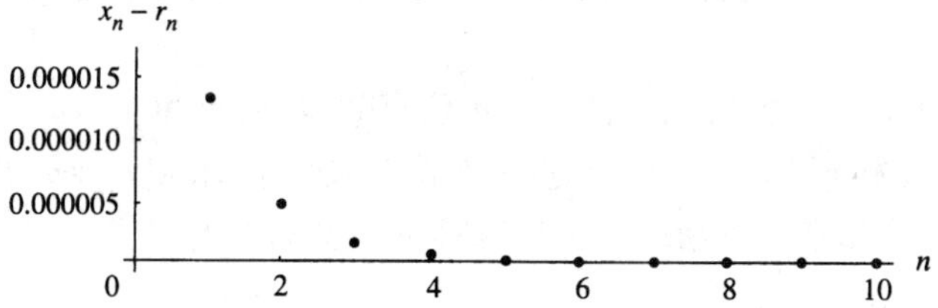

图 1.8　稳定递减的误差序列 $\{x_n-r_n\}$

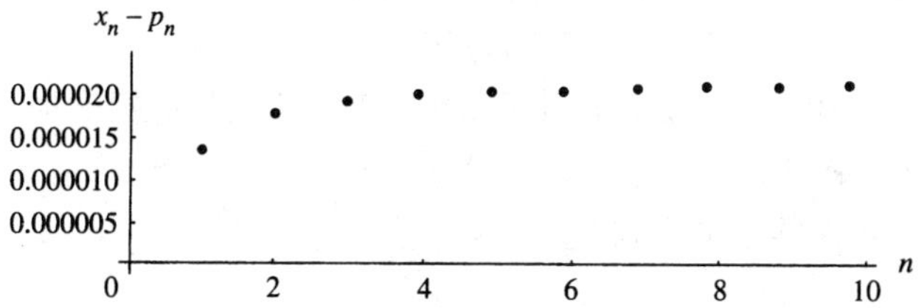

图 1.9　稳定的误差序列 $\{x_n-p_n\}$

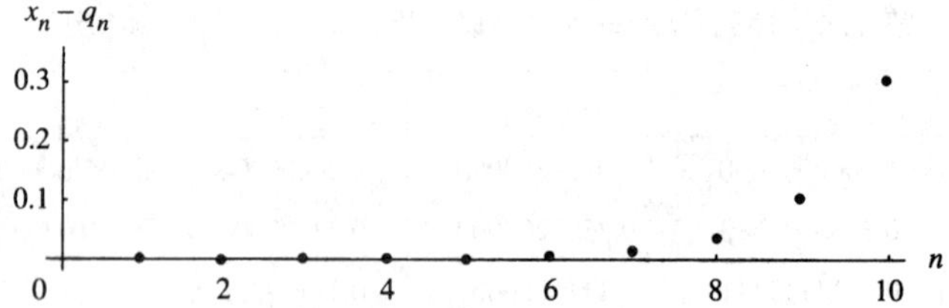

图 1.10 不稳定的误差序列$\{x_n - q_n\}$

1.3.8 数据的不确定性

从真实世界中得到的数据包含一定的不确定性和误差,这一类型的误差被称为噪声,它将影响所有数值计算的精度。采用有噪声的数据进行连续计算并不能提高精度。因此,如果初始数据有 d 位有效数字的精度,则计算结果也只具有 d 位有效数字的精度。例如,设数据 $p_1 = 4.152$ 和 $p_2 = 0.07931$ 都有 4 位有效数字的精度,则从计算器上得出的结果($p_1 + p_2 = 4.23131$)将被忽略。因为,从有噪声的数据得出的结果不可能比初始数据具有更多有效数字位数,因此正确的答案应该是 $p_1 + p_2 = 4.231$。

1.3.9 习题

1. 求解误差 E_x 和相对误差 R_x,并判定近似值的有效数字的位数。

   (a) $x = 2.71828182$, $\widehat{x} = 2.7182$

   (b) $y = 98350$, $\widehat{y} = 98000$

   (c) $z = 0.000068$, $\widehat{z} = 0.00006$

2. 完成下列计算:

$$\int_0^{1/4} e^{x^2}\,dx \approx \int_0^{1/4}\left(1 + x^2 + \frac{x^2}{2!} + \frac{x^6}{3!}\right)dx = \widehat{p}$$

   指出在这种情况下会出现哪种类型的误差,并将计算结果与真实值 $p = 0.2553074606$ 进行比较。

3. (a) 设 $p_1 = 1.414$ 和 $p_2 = 0.09125$,精度为 4 位有效数字,求和 $p_1 + p_2$ 与积 p_1p_2 的合适解。

   (b) 设 $p_1 = 31.415$ 和 $p_2 = 0.027182$,精度为 5 位有效数字,求和 $p_1 + p_2$ 与积 p_1p_2 的合适解。

4. 完成下列计算,并指出在这种情况下会出现哪种类型的误差。

   (a) $\dfrac{\sin\left(\frac{\pi}{4} + 0.00001\right) - \sin\left(\frac{\pi}{4}\right)}{0.00001} = \dfrac{0.70711385222 - 0.70710678119}{0.00001} = \cdots$

   (b) $\dfrac{\ln(2 + 0.00005) - \ln(2)}{0.00005} = \dfrac{0.69317218025 - 0.69314718056}{0.00005} = \cdots$

5. 有时利用三角或代数恒等式,重新排列函数中的项,可以避免精度损失。求下列函数的等价公式,以避免精度损失。

   (a) $\ln(x + 1) - \ln(x)$,其中 x 较大。

   (b) $\sqrt{x^2 + 1} - x$,其中 x 较大。

   (c) $\cos^2(x) - \sin^2(x)$,其中 $x \approx \pi/4$。

   (d) $\sqrt{\dfrac{1 + \cos(x)}{2}}$,其中 $x \approx \pi$。

6. **多项式求值**。设 $P(x)=x^3-3x^2+3x-1$，$Q(x)=((x-3)x+3)x-1$，$R(x)=(x-1)^3$。
   (a) 用 4 位舍入计算 $P(2.72)$，$Q(2.72)$ 和 $R(2.72)$。在计算 $P(x)$ 时，设 $(2.72)^3=20.12$ 和 $(2.72)^2=7.398$。
   (b) 用 4 位舍入计算 $P(0.975)$，$Q(0.975)$ 和 $R(0.975)$。在计算 $P(x)$ 时，设 $(0.975)^3=0.9268$ 和 $(0.975)^2=0.9506$。
7. 用 3 位舍入计算下列和（按给定的顺序求和）：
   (a) $\sum_{k=1}^{6}\frac{1}{3^k}$　　(b) $\sum_{k=1}^{6}\frac{1}{3^{7-k}}$
8. 讨论下列计算过程中的误差传播：
   (a) 三个数的和：
$$p+q+r=(\widehat{p}+\epsilon_p)+(\widehat{q}+\epsilon_q)+(\widehat{r}+\epsilon_r)$$
   (b) 两个数的商：$\frac{p}{q}=\frac{\widehat{p}+\epsilon_p}{\widehat{q}+\epsilon_q}$
   (c) 三个数的积：
$$pqr=(\widehat{p}+\epsilon_p)(\widehat{q}+\epsilon_q)(\widehat{r}+\epsilon_r)$$
9. 设有泰勒展开式
$$\frac{1}{1-h}=1+h+h^2+h^3+\boldsymbol{O}(h^4)$$
   和
$$\cos(h)=1-\frac{h^2}{2!}+\frac{h^4}{4!}+\boldsymbol{O}(h^6)$$
   判定它们的和与积的近似阶。
10. 设有泰勒展开式
$$e^h=1+h+\frac{h^2}{2!}+\frac{h^3}{3!}+\frac{h^4}{4!}+\boldsymbol{O}(h^5)$$
   和
$$\sin(h)=h-\frac{h^3}{3!}+\boldsymbol{O}(h^5)$$
   判定它们的和与积的近似阶。
11. 设有泰勒展开式
$$\cos(h)=1-\frac{h^2}{2!}+\frac{h^4}{4!}+\boldsymbol{O}(h^6)$$
   和
$$\sin(h)=h-\frac{h^3}{3!}+\frac{h^5}{5!}+\boldsymbol{O}(h^7)$$
   判定它们的和与积的近似阶。
12. 改进二次根公式。设 $a\neq0$，$b^2-4ac>0$，且有方程 $ax^2+bx+c=0$。通过如下二次根公式可解出方程的根：
$$x_1=\frac{-b+\sqrt{b^2-4ac}}{2a},\qquad x_2=\frac{-b-\sqrt{b^2-4ac}}{2a}\tag{1}$$
   证明这些根可通过下列等价公式解出：

$$x_1 = \frac{-2c}{b+\sqrt{b^2-4ac}}, \qquad x_2 = \frac{-2c}{b-\sqrt{b^2-4ac}} \tag{2}$$

提示:可对式(1)中的分子进行有理化。

批注 当$|b| \approx \sqrt{b^2-4ac}$时,必须小心处理,以避免其值过小引起巨量消失(catastrophic cancellation)而带来精度损失。如果 $b>0$,应该用式(2)计算 x_1,用式(1)计算 x_2。如果 $b<0$,应该用式(1)计算 x_1,用式(2)计算 x_2。

13. 利用习题 12 中求解 x_1 和 x_2 的适当公式,计算下列二次方程的根。

(a) $x^2 - 1000.001x + 1 = 0$

(b) $x^2 - 10000.0001x + 1 = 0$

(c) $x^2 - 100000.00001x + 1 = 0$

(d) $x^2 - 1000000.000001x + 1 = 0$

1.3.10 算法与程序

1. 根据习题 12 和习题 13 构造算法和 MATLAB 程序,以便精确计算所有情况下的二次方程的根,包括$|b| \approx \sqrt{b^2-4ac}$的情况。
2. 参照例 1.25,对下列 3 个差分方程计算出前 10 个数值近似值。在每种情况下引入一个小的初始误差。如果没有初始误差,则每个差分方程将生成序列$\{1/2^n\}_{n=1}^{\infty}$。构造类似表 1.4、表 1.5 以及图 1.8 至图 1.10 的输出。

(a) $r_0 = 0.994, r_n = \frac{1}{2}r_{n-1}, n = 1, 2, \cdots$

(b) $p_0 = 1, p_1 = 0.497, p_n = \frac{3}{2}p_{n-1} - \frac{1}{2}p_{n-2}, n = 2, 3, \cdots$

(c) $q_0 = 1, q_1 = 0.497, q_n = \frac{5}{2}q_{n-1} - q_{n-2}, n = 2, 3, \cdots$

第 2 章　非线性方程 $f(x)=0$ 的解法

考虑一个涉及球体的物理问题，球体的半径为 r，并浸入水中，深度为 d（见图 2.1）。假设这个球由一种密度 $\rho=0.638$ 的长叶松构成，且它的半径 $r=10$ cm。当球浸入水中时，它的浸入水中的质量为多少？

当一个球体以深度 d 浸入水中时，所排开水的质量 M_w 为

$$M_w=\int_0^d \pi(r^2-(x-r)^2)\,\mathrm{d}x=\frac{\pi d^2(3r-d)}{3}$$

而球的质量为 $M_b=4\pi r^3\rho/3$。根据阿基米德（Archimedes）定律，有 $M_w=M_b$，则产生需要求解的方程如下：

$$\frac{\pi(d^3-3d^2r+4r^3\rho)}{3}=0$$

在下述例子中（$r=10,\rho=0.638$），方程变为

$$\frac{\pi(2552-30d^2+d^3)}{3}=0$$

三次多项式 $y=2552-30d^2+d^3$ 的形状如图 2.2 所示，而且据此图可发现解在 $d=12$ 附近。

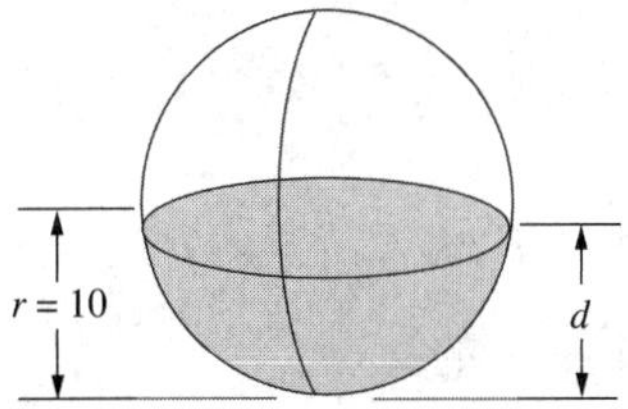

图 2.1　浸入水中深度为 d，半径为 r 的球体部分

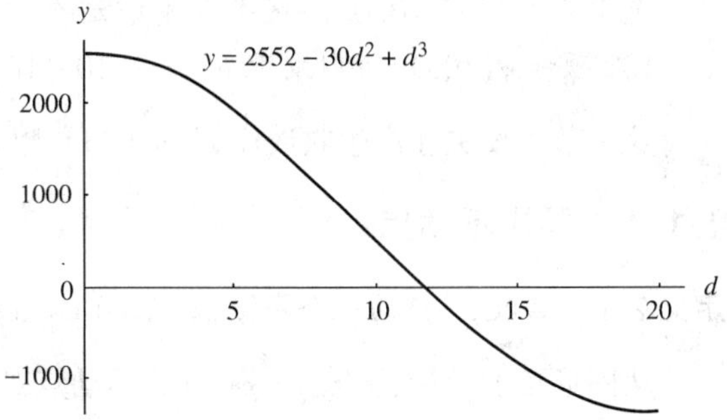

图 2.2　三次多项式 $y=2552-30d^2+d^3$

这一章的目标是研究求解方程根的各种方法。例如，采用对分法可得到上述方程的 3 个根 $d_1=-8.17607212$，$d_2=11.86150151$ 和 $d_3=26.31457061$。第一个根不是此问题的可行解，因为它是负数。第三个根大于球体直径，也不是需要的解。根 $d_2=11.86150151$ 位于区间 $[0,20]$ 内，是合适的解。它的大小是合适的，因为球体的一多半一定是浸入水中的。

2.1　求解 $x=g(x)$ 的迭代法

计算机科学中的一个基本要素是**迭代**（iteration）。正如其名字所表示的含义，迭代是指重复执行一个计算过程，直到找到答案。迭代技术用来求解方程的根、线性和非线性方程组的解以及微分方程的解。这一节主要研究重复替换的迭代处理过程。

首先需要有一个用于逐项计算的规则或函数 $g(x)$,并且有一个起始点 p_0。然后,通过利用迭代规则 $p_{k+1}=g(p_k)$,可得到序列值 $\{p_k\}$。此序列有如下模式:

$$
\begin{aligned}
&p_0 && \text{(初始值)}\\
p_1 &= g(p_0)\\
p_2 &= g(p_1)\\
&\vdots\\
p_k &= g(p_{k-1})\\
p_{k+1} &= g(p_k)\\
&\vdots
\end{aligned}
\tag{1}
$$

从一个数的无限序列可以得到什么呢?如果这些数趋向一个极限,则达到了求解目的。但如果这些数发散或周期性重复呢?下面的例子给出了这种情况。

例 2.1 迭代规则为 $p_0=1$,且 $p_{k+1}=1.001p_k$,其中 $k=0,1,\cdots$。它产生一个发散序列,前 100 项为

$$
\begin{aligned}
p_1 &= 1.001p_0 &&= 1.001\times1.000000 &&= 1.001000\\
p_2 &= 1.001p_1 &&= 1.001\times1.001000 &&= 1.002001\\
p_3 &= 1.001p_2 &&= 1.001\times1.002001 &&= 1.003003\\
&\vdots && \vdots && \vdots\\
p_{100} &= 1.001p_{99} &&= 1.001\times1.104012 &&= 1.105116
\end{aligned}
$$

这个过程可无限持续下去,而且很容易看到 $\lim_{n\to\infty}p_n=+\infty$。在第 9 章中将看到序列 $\{p_k\}$ 是微分方程 $y'=0.001y$ 的数值解。这个解为 $y(x)=e^{0.001x}$。实际上,如果比较序列中的第 100 项和 $y(100)$,可以发现 $p_{100}=1.105116\approx1.105171=e^{0.1}=y(100)$。 ■

这一节主要关注产生收敛序列 $\{p_k\}$ 的函数 $g(x)$ 的类型。

2.1.1 寻找不动点

定义 2.1 函数 $g(x)$ 的一个**不动点**(fixed point)是指一个实数 P,满足 $P=g(P)$。 ▲

从图形角度分析,函数 $y=g(x)$ 的不动点是 $y=g(x)$ 和 $y=x$ 的交点。

定义 2.2 迭代 $p_{n+1}=g(p_n)$,其中 $n=0,1,\cdots$ 称为**不动点迭代**。 ▲

定理 2.1 设 g 是一个连续函数,且 $\{p_n\}_{n=0}^{\infty}$ 是由不动点迭代生成的序列。如果 $\lim_{n\to\infty}p_n=P$,则 P 是 $g(x)$ 的不动点。

证明:如果 $\lim_{n\to\infty}p_n=P$,则 $\lim_{n\to\infty}p_{n+1}=P$。根据这个结论,$g$ 的连续性和 $p_{n+1}=g(p_n)$ 存在如下关系:

$$g(P)=g\left(\lim_{n\to\infty}p_n\right)=\lim_{n\to\infty}g(p_n)=\lim_{n\to\infty}p_{n+1}=P \tag{2}$$

因此,P 是 $g(x)$ 的不动点。 ●

例 2.2 设有收敛迭代

$$p_0=0.5,\qquad p_{k+1}=e^{-p_k},\quad k=0,1,\cdots$$

前 10 项的计算结果如下所示:

$$p_1 = e^{-0.500000} = 0.606531$$
$$p_2 = e^{-0.606531} = 0.545239$$
$$p_3 = e^{-0.545239} = 0.579703$$
$$\vdots \qquad \vdots$$
$$p_9 = e^{-0.566409} = 0.567560$$
$$p_{10} = e^{-0.567560} = 0.566907$$

这个序列是收敛的，且进一步计算可发现

$$\lim_{n\to\infty} p_n = 0.567143\cdots$$

这样，可找到函数 $y=e^{-x}$ 的不动点近似值。■

下列两个定理建立了不动点存在性条件，以及寻找不动点的不动点迭代过程的收敛性条件。

定理 2.2　设函数 $g\in C[a,b]$。

如果对于所有 $x\in[a,b]$，映射 $y=g(x)$ 的范围满足 $y\in[a,b]$，则函数 g 在 $[a,b]$ 内有一个不动点。(3)

此外，设 $g'(x)$ 定义在 (a,b) 内，且对于所有 $x\in(a,b)$，存在正常数 $K<1$，使得 $|g'(x)|\leqslant K<1$，则函数 g 在 $[a,b]$ 内有唯一的不动点 P。(4)

对(3)的证明： 如果 $g(a)=a$ 或 $g(b)=b$，则断言为真；否则 $g(a)$ 必须满足 $g(a)\in(a,b]$，$g(b)$ 的值必须满足 $g(b)\in[a,b)$。表达式 $f(x)\equiv x-g(x)$ 有如下特性：

$$f(a)=a-g(a)<0 \text{ 且 } f(b)=b-g(b)>0$$

对 $f(x)$ 应用定理 1.2（中值定理），而且由于常量 $L=0$，可推断出存在数 P，且 $P\in(a,b)$，满足 $f(P)=0$。因此，$P=g(P)$，且 P 是 $g(x)$ 的不动点。

对(4)的证明： 必须证明结果是唯一的。采用反证法，设存在两个不动点 P_1 和 P_2。根据定理 1.6（均值定理），可推断出存在数 $d\in(a,b)$，满足

$$g'(d)=\frac{g(P_2)-g(P_1)}{P_2-P_1} \tag{5}$$

根据假设，有 $g(P_1)=P_1$ 且 $g(P_2)=P_2$，对式(5)的右边进行简化可得

$$g'(d)=\frac{P_2-P_1}{P_2-P_1}=1$$

但这与式(4)中假设在 (a,b) 内有 $|g'(x)|<1$ 矛盾，因此不可能存在两个不动点。所以，在式(4)的假设条件下，$g(x)$ 在 $[a,b]$ 内有一个唯一的不动点 P。●

例 2.3　根据定理 2.2，严格地证明 $g(x)=\cos(x)$ 在 $[0,1]$ 内有唯一的不动点。

证明： 显然，$g\in C[0,1]$。其次，$g(x)=\cos(x)$ 在 $[0,1]$ 内是递减函数，因此它在 $[0,1]$ 内的范围是 $[\cos(1),1]\subseteq[0,1]$。这样可满足定理 2.2 的条件(3)，且 g 在 $[0,1]$ 内有一个不动点。最后，如果 $x\in(0,1)$，则 $|g'(x)|=|-\sin(x)|=\sin(x)\leqslant\sin(1)<0.8415<1$。这样 $K=\sin(1)<1$，可满足定理 2.2 的条件(4)，所以 g 在 $[0,1]$ 内有唯一的不动点。■

现在可指定一个定理来判断序列(1)中给出的不动点迭代过程算法是否将产生一个收敛序列或发散序列。

定理 2.3(不动点定理) 设有(i) $g,g' \in C[a,b]$,(ii) K 是一个正常数,(iii) $p_0 \in (a,b)$,(iv) 对于所有 $x \in [a,b]$,有 $g(x) \in [a,b]$。

如果对于所有 $x \in [a,b]$,有 $|g'(x)| \leqslant K < 1$,则迭代 $p_n = g(p_{n-1})$ 将收敛到唯一的不动点 $P \in [a,b]$。在这种情况下,P 称为吸引(attractive)不动点。 (6)

如果对于所有 $x \in [a,b]$,有 $|g'(x)| > 1$,则迭代 $p_n = g(p_{n-1})$ 将不会收敛到 P。在这种情况下,P 称为排斥(repelling)不动点,而且迭代显示出局部发散性。 (7)

批注 1 在命题(7)中假设 $p_0 \neq P$。

批注 2 因为函数 g 在包含 P 的一段间隔中是连续的,可在命题(6)和命题(7)中分别利用更简单的判别条件 $|g'(P)| \leqslant K < 1$ 和 $|g'(P)| > 1$。

证明:首先要证明点 $\{p_n\}_{n=0}^{\infty}$ 都位于 (a,b) 内。从 p_0 开始,根据定理 1.6(均值定理),可推导出存在一个值 $c_0 \in (a,b)$ 满足

$$\begin{aligned}|P-p_1| &= |g(P)-g(p_0)| = |g'(c_0)(P-p_0)| \\ &= |g'(c_0)||P-p_0| \leqslant K|P-p_0| < |P-p_0|\end{aligned} \tag{8}$$

因此,p_1 比 p_0 更接近 P,且 $p_1 \in (a,b)$(见图 2.3)。一般情况下,设 $p_{n-1} \in (a,b)$,则

$$\begin{aligned}|P-p_n| &= |g(P)-g(p_{n-1})| = |g'(c_{n-1})(P-p_{n-1})| \\ &= |g'(c_{n-1})||P-p_{n-1}| \leqslant K|P-p_{n-1}| < |P-p_{n-1}|\end{aligned} \tag{9}$$

因此,$p_n \in (a,b)$,而且可归纳出所有的点 $\{p_n\}_{n=0}^{\infty}$ 位于 (a,b) 内。

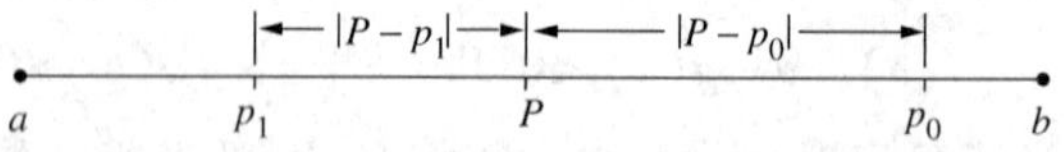

图 2.3 $P, p_0, p_1, |P-p_0|$ 和 $|P-p_1|$ 之间的关系

为完成命题(6)的证明,需要证明如下表达式成立:

$$\lim_{n\to\infty} |P-p_n| = 0 \tag{10}$$

首先,用归纳法的证明可建立如下不等式:

$$|P-p_n| \leqslant K^n|P-p_0| \tag{11}$$

当 $n=1$ 时满足关系(8)。利用归纳假设 $|P-p_{n-1}| \leqslant K^{n-1}|P-p_0|$ 和式(9)中的思路,可得到

$$|P-p_n| \leqslant K|P-p_{n-1}| \leqslant K K^{n-1}|P-p_0| = K^n|P-p_0|$$

这样,通过归纳法可以得出,所有的 n 满足不等式(11)。由于 $0<K<1$,所以当 n 趋于无穷大时,项 K^n 趋于零。因此

$$0 \leqslant \lim_{n\to\infty} |P-p_n| \leqslant \lim_{n\to\infty} K^n|P-p_0| = 0 \tag{12}$$

$|P-p_n|$ 的极限压缩在左右两边的 0 之间,所以可得出 $\lim_{n\to\infty}|P-p_n| = 0$。这样 $\lim_{n\to\infty} p_n = P$,且根据定理 2.1,迭代 $p_n = g(p_{n-1})$ 收敛到不动点 P。因此定理 2.3 的命题(6)得证。读者可自行研究命题(7)。 ●

推论 2.1 设函数 g 满足定理 2.3 中命题(6)给出的假设。当用 p_n 去近似 P 时,引入的误差的边界如下所示:

$$|P-p_n| \leqslant K^n|P-p_0|, \quad n \geqslant 1 \tag{13}$$

且

$$|P-p_n|\leqslant\frac{K^n|p_1-p_0|}{1-K},\quad n\geqslant 1 \tag{14}$$

2.1.2　不动点迭代的图形解释

由于需要寻找 $g(x)$ 的不动点 P，曲线 $y=g(x)$ 和直线 $y=x$ 必须相交在点 (P,P)。两种类型的收敛迭代，即单调收敛迭代和振荡收敛迭代，分别如图 2.4(a)和图 2.4(b)所示。

为了直观地描述迭代过程，从 x 轴的 p_0 开始，首先纵向移动到曲线 $y=g(x)$ 上的点 $(p_0,p_1)=(p_0,g(p_0))$。然后从 (p_0,p_1) 横向移动到直线 $y=x$ 上的点 (p_1,p_1)。最后，纵向向下移动到 x 轴上的 p_1。利用递归式 $p_{n+1}=g(p_n)$ 构造图中的点 (p_n,p_{n+1})，然后横向移动定位到直线 $y=x$ 上的点 (p_{n+1},p_{n+1})，接着纵向移动到 x 轴上的点 p_{n+1}。整个过程如图 2.4 所示。

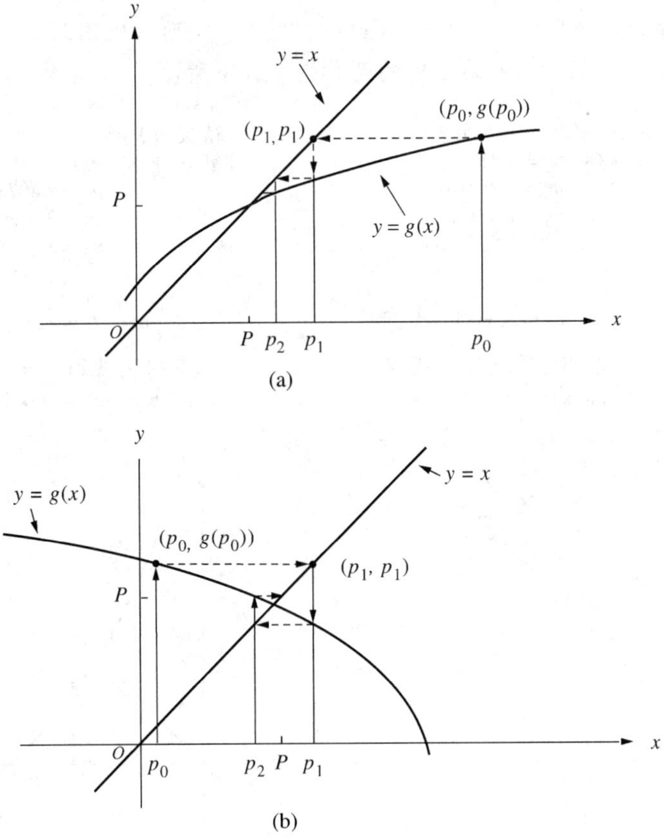

图 2.4　(a) 当 $0<g'(P)<1$ 时单调收敛；(b) 当 $-1<g'(P)<0$ 时振荡收敛

如果 $|g'(P)|>1$，则迭代 $p_{n+1}=g(p_n)$ 产生的序列对 P 发散。两种简单类型的发散迭代，即单调发散迭代和振荡发散迭代，分别如图 2.5(a)和图 2.5(b)所示。

例 2.4　当使用函数 $g(x)=1+x-x^2/4$ 时，设迭代 $p_{n+1}=g(p_n)$。通过求解方程 $x=g(x)$ 可找到不动点。两个解(函数 g 的不动点)分别为 $x=-2$ 和 $x=2$。函数的导数是 $g'(x)=1-x/2$，这里只需要考虑两种情况。

情况 (i)：$P=-2$
从 $p_0=-2.05$ 开始
然后得到 $p_1=-2.100625$
$p_2=-2.20378135$
$p_3=-2.41794441$
$\vdots$
$\lim\limits_{n\to\infty} p_n=-\infty$
因为在 $[-3,-1]$ 中，$|g'(x)|\geqslant \frac{3}{2}$，根据定理2.3，序列不会收敛到 $P=-2$

情况 (ii)：$P=2$
从 $p_0=1.6$ 开始
然后得到 $p_1=1.96$
$p_2=1.9996$
$p_3=1.99999996$
$\vdots$
$\lim\limits_{n\to\infty} p_n=2$
因为在 $[1,3]$ 中，$|g'(x)|\leqslant \frac{1}{2}$，根据定理2.3，序列将收敛到 $P=2$ ■

定理 2.3 没有指出当 $g'(P)=1$ 时将发生什么情况。下面的例子专门构造出这种情况，这样只要 $p_0>P$，序列 $\{p_n\}$ 就会收敛，而如果 $p_0<P$，序列 $\{p_n\}$ 就会发散。

例 2.5 当使用函数 $g(x)=2(x-1)^{1/2}$ 且 $x\geqslant 1$ 时，设迭代 $p_{n+1}=g(p_n)$。这样只有一个不动点 $P=2$ 存在。函数的导数为 $g'(x)=1/(x-1)^{1/2}$，且 $g'(2)=1$，因此不能应用定理 2.3。当起始值位于点 $P=2$ 的左边和右边时的两种情况如下所示：

情况 (i)：从 $p_0=1.5$ 开始
然后得到 $p_1=1.41421356$
$p_2=1.28718851$
$p_3=1.07179943$
$p_4=0.53590832$
$\vdots$
$p_5=2(-0.46409168)^{1/2}$
由于 p_4 在 $g(x)$ 的域外，所以不能计算项 p_5

情况 (ii)：从 $p_0=2.5$ 开始
然后得到 $p_1=2.44948974$
$p_2=2.40789513$
$p_3=2.37309514$
$p_4=2.34358284$
$\vdots$
$\lim\limits_{n\to\infty} p_n=2$
此序列收敛到 $P=2$ 太慢，实际上 $P_{1000}=2.00398714$ ■

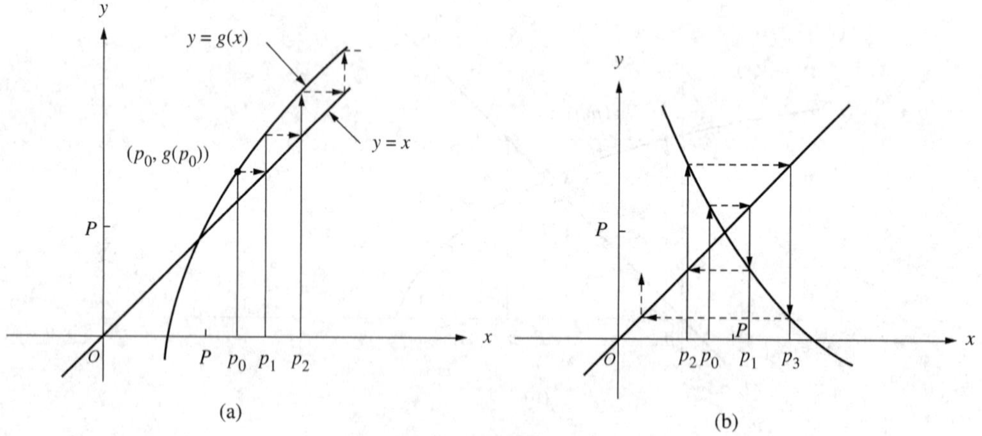

图 2.5 (a) 当 $1<g'(P)$ 时单调发散；(b) 当 $g'(P)<-1$ 时振荡发散

2.1.3 考虑绝对误差和相对误差

在例 2.5 的情况(ii)中，序列收敛很慢，1000 次迭代后 3 个连续项为

$$p_{1000}=2.00398714,\quad p_{1001}=2.00398317,\quad p_{1002}=2.00397921$$

这不会产生混淆，因为可以通过计算更多的项寻找到更好的近似值！但终止迭代的判别条件是什么呢？注意，如果使用连续项的差，

$$|p_{1001}-p_{1002}|=|2.00398317-2.00397921|=0.00000396$$

然而近似值 p_{1000} 的绝对误差是

$$|P-p_{1000}|=|2.00000000-2.00398714|=0.00398714$$

这比 $|p_{1001}-p_{1002}|$ 大 1000 倍，这种情况说明了连续项的相近并不能保证精度。但通常连续项的差异比较是终止迭代过程的唯一判别条件。

程序 2.1（不动点迭代） 求解方程 $x=g(x)$ 的近似值，起始值为 p_0，迭代式为 $p_{n+1}=g(p_n)$。

```
function [k,p,err,P]=fixpt(g,p0,tol,max1)
% Input - g is the iteration function input as a string 'g'
%       - p0 is the initial guess for the fixed point
%       - tol is the tolerance
%       - max1 is the maximum number of iterations
%Output - k is the number of iterations that were carried out
%       - p is the approximation to the fixed point
%       - err is the error in the approximation
%       - P contains the sequence {pn}
P(1)= p0;
for k=2:max1
    P(k)=feval(g,P(k-1));
    err=abs(P(k)-P(k-1));
    relerr=err/(abs(P(k))+eps);
    p=P(k);
    if (err<tol) | (relerr<tol),break;end
end
if k == max1
    disp('maximum number of iterations exceeded')
end
P=P';
```

批注　当使用用户定义的函数 fixpt 时，需要将 M 文件 g.m 作为串'g'输入（见附录 A）。

2.1.4　习题

1. 在给定的区间间隔内，判定下列每个函数是否有唯一的不动点（见例 2.3）。
   (a) $g(x)=1-x^2/4$ 在区间[0,1]内。
   (b) $g(x)=2^{-x}$ 在区间[0,1]内。
   (c) $g(x)=1/x$ 在区间[0.5,5.2]内。
2. 当

$$g(x)=-4+4x-\frac{1}{2}x^2$$

   时，研究不动点迭代的性质。
   (a) 求解 $g(x)=x$，且证明 $P=2$ 和 $P=4$ 是不动点。
   (b) 用起始值 $p_0=1.9$ 计算 p_1,p_2 和 p_3。
   (c) 用起始值 $p_0=3.8$ 计算 p_1,p_2 和 p_3。
   (d) 对于(b)和(c)中的 p_k，寻找误差 E_k 和相对误差 R_k。
   (e) 从定理 2.3 中可得出什么结论？
3. 在同一坐标内对 $g(x)$、直线 $y=x$ 和给定的不动点 P 画图。使用给定的起始值 p_0，计算 p_1

和 p_2。构造如图 2.4 和图 2.5 所示的图形。根据构造的图形,从图形的角度判断不动点迭代是否收敛。

(a) $g(x)=(6+x)^{1/2}$, $P=3$, $p_0=7$

(b) $g(x)=1+2/x$, $P=2$, $p_0=4$

(c) $g(x)=x^2/3$, $P=3$, $p_0=3.5$

(d) $g(x)=-x^2+2x+2$, $P=2$, $p_0=2.5$

4. 设 $g(x)=x^2+x-4$,能否利用不动点迭代求解方程 $x=g(x)$? 为什么?
5. 设 $g(x)=x\cos(x)$,求解 $x=g(x)$,且寻找函数 g 的所有不动点(为有限个)。能否利用不动点迭代求解方程 $x=g(x)$? 为什么?
6. 设 $g(x)$ 和 $g'(x)$ 在区间 (a,b) 上有定义且连续,$p_0,p_1,p_2\in(a,b)$,且 $p_1=g(p_0)$,$p_2=g(p_1)$。假设存在常量 K 满足 $|g'(x)|<K$,试证明 $|p_2-p_1|<K|p_1-p_0|$。提示:利用均值定理。
7. 设 $g(x)$ 和 $g'(x)$ 在区间 (a,b) 上连续,且在此区间内 $|g'(x)|>1$。如果不动点 P 和初始近似值 p_0,p_1 位于区间 (a,b) 内,试证明 $p_1=g(p_0)$ 意味着 $|E_1|=|P-p_1|>|P-p_0|=|E_0|$,因此可建立定理 2.3 中的命题(7)(局部发散)。
8. 设 $g(x)=-0.0001x^2+x$,且 $p_0=1$,考虑不动点迭代。

   (a) 证明 $p_0>p_1>\cdots>p_n>p_{n+1}>\cdots$。

   (b) 证明对于所有 n,有 $p_n>0$。

   (c) 由于序列 $\{p_n\}$ 递减,有下界,所以它有一个极限。这个极限是什么?
9. 设 $g(x)=0.5x+1.5$,且 $p_0=4$,考虑不动点迭代。

   (a) 证明不动点为 $P=3$。

   (b) 证明 $|P-p_n|=|P-p_{n-1}|/2,n=1,2,3,\cdots$。

   (c) 证明 $|P-p_n|=|P-p_0|/2^n,n=1,2,3,\cdots$。
10. 设 $g(x)=x/2$,考虑不动点迭代。

    (a) 求值 $|p_{k+1}-p_k|/|p_{k+1}|$。

    (b) 如果只利用程序 2.1 中的相对误差作为终止判别的条件,将发生什么情况?
11. 为什么当 $g'(P)\approx0$ 时,对于不动点迭代过程有优势?

2.1.5 算法与程序

1. 使用程序 2.1 求解下面每个函数的不动点(尽可能多)近似值,答案精确到小数点后 12 位。同时,构造每个函数的图和直线 $y=x$ 来显示所有不动点。

   (a) $g(x)=x^5-3x^3-2x^2+2$

   (b) $g(x)=\cos(\sin(x))$

   (c) $g(x)=x^2-\sin(x+0.15)$

   (d) $g(x)=x^{x-\cos(x)}$

2.2 定位一个根的分类方法

考虑一个与利息相关的题目。假设每个月存钱 P,且年利率为 I。存了 N 次后,钱的总数是

$$A=P+P\left(1+\frac{I}{12}\right)+P\left(1+\frac{I}{12}\right)^2+\cdots+P\left(1+\frac{I}{12}\right)^{N-1} \tag{1}$$

方程右边的第一项是最近的钱数。得到一次利息的第一次报酬是 $P(1+I/12)$。得到两次利息的第二次报酬是 $P(1+I/12)^2$，依次类推。最后，得到 $N-1$ 次利息的最近的报酬是 $P(1+I/12)^{N-1}$。求解 N 项几何级数和的公式是

$$1+r+r^2+r^3+\cdots+r^{N-1}=\frac{1-r^N}{1-r} \tag{2}$$

可将式(1)写成如下形式：

$$A=P\left(1+\left(1+\frac{I}{12}\right)+\left(1+\frac{I}{12}\right)^2+\cdots+\left(1+\frac{I}{12}\right)^{N-1}\right)$$

而且在式(2)中用 $r=(1+I/12)$ 进行替换可得

$$A=P\frac{1-(1+\frac{I}{12})^N}{1-(1+\frac{I}{12})}$$

这样即可简化得到应付年金的方程

$$A=\frac{P}{I/12}\left(\left(1+\frac{I}{12}\right)^N-1\right) \tag{3}$$

下面的例子使用了应付年金的方程，而且需要一系列的重复计算来得到答案。

例 2.6　每个月存 250 美元，并持续 20 年，希望在 20 年后本金和利息的总值达到 250000 美元。利率 I 为多少时可满足需求？

解：如果 $N=240$，则 A 只是 I 的函数，即 $A=A(I)$。起始假设 $I_0=0.12$ 和 $I_1=0.13$，执行一系列的计算来逼近最终答案。从 $I_0=0.12$ 开始可得

$$A(0.12)=\frac{250}{0.12/12}\left(\left(1+\frac{0.12}{12}\right)^{240}-1\right)=247314$$

由于此结果比目标小，接下来试验 $I_1=0.13$，计算如下：

$$A(0.13)=\frac{250}{0.13/12}\left(\left(1+\frac{0.13}{12}\right)^{240}-1\right)=282311$$

结果又有些高，因此取中间值 $I_2=0.125$，计算如下：

$$A(0.125)=\frac{250}{0.125/12}\left(\left(1+\frac{0.125}{12}\right)^{240}-1\right)=264623$$

这个结果还有点高，这样可得出期望的利率在区间[0.12,0.125]内。下一个猜想值是中间点 $I_3=0.1225$，计算如下：

$$A(0.1225)=\frac{250}{0.1225/12}\left(\left(1+\frac{0.1225}{12}\right)^{240}-1\right)=255803$$

这个结果还是有点高，并且区间压缩到[0.12,0.1225]内。最后使用中间点 $I_4=0.12125$ 进行计算，计算如下：

$$A(0.12125)=\frac{250}{0.12125/12}\left(\left(1+\frac{0.12125}{12}\right)^{240}-1\right)=251518$$

如果需要更多的有效位数,可进行进一步的迭代。这个例子的目的是对特定的 L 寻找 I,使得 $A(I)=L$。将常量 L 放在左边并求解 $A(I)-L=0$ 是一个标准的方法。 ■

定义 2.3(方程的根,函数的零点) 设 $f(x)$ 是连续函数。满足 $f(r)=0$ 的任意 r 成为方程 $f(x)=0$的一个根。也称 r 为函数 $f(x)$ 的零点。 ▲

例如,方程 $2x^2+5x-3$ 有两个实根 $r_1=0.5$ 和 $r_2=-3$,而且对应的函数 $f(x)=2x^2+5x-3=(2x-1)(x+3)$ 有两个实零点 $r_1=0.5$ 和 $r_2=-3$。

2.2.1 波尔查诺二分法

这一节将开发第一个分类试值法来寻找连续函数的零点。起始区间 $[a,b]$ 必须满足 $f(a)$ 与 $f(b)$ 的符号相反的条件。由于连续函数 $y=f(x)$ 的图形无间断,所以它会在零点 $x=r$ 处跨过 x 轴,且 r 在区间内(见图2.6)。通过二分法可将区间内的端点逐步逼近零点,直到得到一个任意小的包含零点的间隔。二分法判定过程的第一步是选择中点 $c=(a+b)/2$,然后分析可能存在的3种情况:

如果 $f(a)$ 和 $f(c)$ 符号相反,则在区间 $[a,c]$ 内存在零点。 (4)

如果 $f(c)$ 和 $f(b)$ 符号相反,则在区间 $[c,b]$ 内存在零点。 (5)

如果 $f(c)=0$,则 c 是零点。 (6)

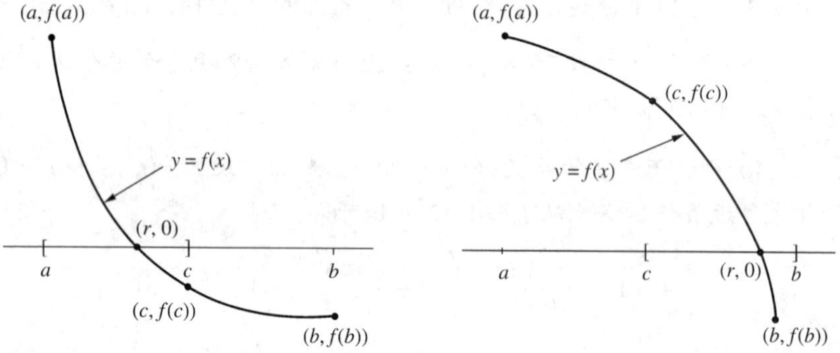

(a) 如果 $f(a)$ 和 $f(c)$ 的符号相反,则向左边弯曲

(b) 如果 $f(c)$ 和 $f(b)$ 的符号相反,则向右边弯曲

图2.6 二分法的判定过程

如果情况(4)或情况(5)发生,则表示找到了一个比原先区间范围小一半的区间,它包含根,并称之为对区间进行压缩(见图2.6)。为了持续此过程,需要对新的更小区间 $[a,b]$ 进行重新标号,重复执行直到区间足够小。由于二分法过程包括嵌套区间间隔和它们的中点,所以将采用如下表示方法来明晰过程的细节:

① $[a_0,b_0]$ 是起始区间,$c_0=(a_0+b_0)/2$ 是中点。

② $[a_1,b_1]$ 是第二个区间,它包含零点 r,同时 c_1 是中点,区间的宽度范围是 $[a_0,b_0]$ 的一半。 (7)

③ 得到第 n 个区间 $[a_n,b_n]$(包含 r,并有中点 c_n)后,可构造出 $[a_{n+1},b_{n+1}]$,它也包括 r,宽度范围是 $[a_n,b_n]$ 的一半。

留一个练习给读者：如何证明左端点是递增的，右端点是递减的，即

$$a_0 \leqslant a_1 \leqslant \cdots \leqslant a_n \leqslant \cdots \leqslant r \leqslant \cdots \leqslant b_n \leqslant \cdots \leqslant b_1 \leqslant b_0 \tag{8}$$

其中 $c_n=(a_n+b_n)/2$，且如果$f(a_{n+1})f(b_{n+1})<0$，则对于所有的 n，

$$[a_{n+1}, b_{n+1}] = [a_n, c_n] \quad 或 \quad [a_{n+1}, b_{n+1}] = [c_n, b_n] \tag{9}$$

定理 2.4（二分法定理）　设$f\in C(a,b)$，且存在数 $r\in[a,b]$满足$f(r)=0$。如果$f(a)$和$f(b)$的符号相反，且$\{c_n\}_{n=0}^{\infty}$表示式(8)和式(9)中的二分法生成的中点序列，则

$$|r - c_n| \leqslant \frac{b-a}{2^{n+1}}, \quad n = 0,\ 1,\ \cdots \tag{10}$$

这样，序列$\{c_n\}_{n=0}^{\infty}$收敛到零点 $x=r$ 即可表示为

$$\lim_{n\to\infty} c_n = r \tag{11}$$

证明： 由于零点 r 和中点 c_n 都位于区间$[a_n,b_n]$内，c_n 与 r 之间的距离不会比这个区间的一半宽度范围大（见图 2.7）。这样，对于所有的 n，

$$|r - c_n| \leqslant \frac{b_n - a_n}{2} \tag{12}$$

观察连续的区间宽度范围，可得到如下模式：

$$b_1 - a_1 = \frac{b_0 - a_0}{2^1}$$

$$b_2 - a_2 = \frac{b_1 - a_1}{2} = \frac{b_0 - a_0}{2^2}$$

留一个练习给读者：使用数学归纳法证明

$$b_n - a_n = \frac{b_0 - a_0}{2^n} \tag{13}$$

结合式(12)和式(13)可得到，对于所有的 n 有

$$|r - c_n| \leqslant \frac{b_0 - a_0}{2^{n+1}} \tag{14}$$

现在可利用定理 2.3 中的一个类似论点来证明式(14)意味着序列$\{c_n\}_{n=0}^{\infty}$收敛到 r，定理得证。●

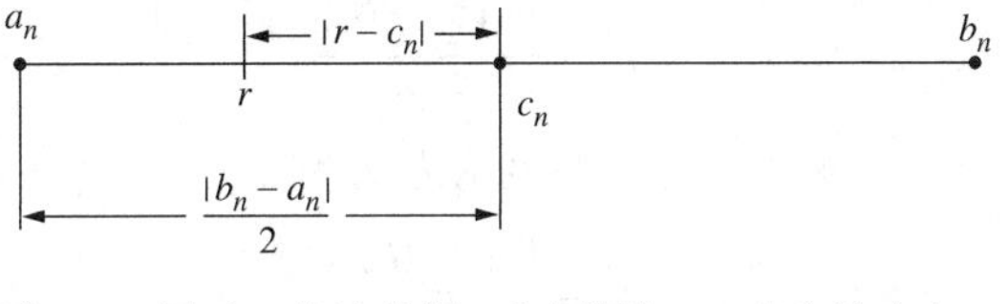

图 2.7　用于二分法的根 r 和区间$[a_n,b_n]$内的中点 c_n

例 2.7　在无阻尼强迫振荡的研究中会遇到函数 $h(x)=x\sin(x)$。寻找在区间$[0,2]$内的值 x，满足 $h(x)=1$。函数 $\sin(x)$用弧度计算。

解： 利用二分法寻找函数$f(x)=x\sin(x)-1$ 的零点。起始值 $a_0=0, b_0=2$。计算

$$f(0) = -1.000000, \qquad f(2) = 0.818595$$

因此$f(x)=0$ 的一个根位于$[0,2]$内。在中点 $c_0=1$，可发现$f(1)=-0.158529$，因此区间改变为$[c_0,b_0]=[1,2]$。

接下来从左边压缩,使得 $a_1 = c_0$ 且 $b_1 = b_0$。中点为 $c_1 = 1.5$ 且 $f(c_1) = 0.496242$。现在$f(1) = -0.158529$ 且 $f(1.5) = 0.496242$,这表示根位于区间$[a_1, c_1] = [1.0, 1.5]$。下面从右边压缩使得 $a_2 = a_1$ 且 $b_2 = c_1$。按这样的方法,可得到序列$\{c_k\}$,它收敛到 $r \approx 1.11415714$。表 2.1 给出了一个计算样本。 ■

表 2.1 用二分法求解 $x\sin(x) - 1 = 0$

k	左端点, a_k	中点, c_k	右端点, b_k	函数值, $f(c_k)$
0	0	1.	2.	−0.158529
1	1.0	1.5	2.0	0.496242
2	1.00	1.25	1.50	0.186231
3	1.000	1.125	1.250	0.015051
4	1.0000	1.0625	1.1250	−0.071827
5	1.06250	1.09375	1.12500	−0.028362
6	1.093750	1.109375	1.125000	−0.006643
7	1.1093750	1.1171875	1.1250000	0.004208
8	1.10937500	1.11328125	1.11718750	−0.001216
⋮	⋮	⋮	⋮	⋮

二分法的优点是式(10)提供了一个对计算结果精度的预先估计。在例 2.7 中,起始区间宽度为 $b_0 - a_0 = 2$。假设表 2.1 继续执行到第 31 个迭代,则根据式(10),误差边界为$|E_{31}| \leq (2-0)/2^{32} \approx 4.656613 \times 10^{-10}$。因此 c_{31}是 r 的近似值,精度为小数点后 9 位。重复二分法中的数 N 需要保证第 N 个中点 c_N 是零点的近似值,且误差不小于预定值 δ,

$$N = \text{int}\left(\frac{\ln(b-a) - \ln(\delta)}{\ln(2)}\right) \tag{15}$$

公式的证明作为练习留给读者。

另一个常用的算法是**试值法**(method of false position),又称**试位法**(regula falsi method)。由于二分法收敛速度相对较慢,因此试值法对它进行了改进。与上述条件一样,假设 $f(a)$ 和 $f(b)$ 符号相反。二分法使用区间$[a,b]$的中点进行下一次迭代。如果找到经过点$(a,f(a))$和$(b,f(b))$的割线 L 与 x 轴的交点$(c,0)$(见图 2.8),则可得到一个更好的近似值。为了寻找值 c,定义了线 L 的斜率 m 的两种表示方法,一种表示方法为

$$m = \frac{f(b) - f(a)}{b - a} \tag{16}$$

这里使用了点$(a,f(a))$和$(b,f(b))$。另一种表示方法为

$$m = \frac{0 - f(b)}{c - b} \tag{17}$$

这里使用了点$(c,0)$和$(b,f(b))$。

使式(16)和式(17)的斜率相等,则有

$$\frac{f(b) - f(a)}{b - a} = \frac{0 - f(b)}{c - b}$$

为了更容易求解 c,可进一步表示为

$$c = b - \frac{f(b)(b-a)}{f(b) - f(a)} \tag{18}$$

这样会出现 3 种与前面类似的可能性:

如果 $f(a)$ 和 $f(c)$ 的符号相反,则在 $[a,c]$ 内有一个零点。 (19)

如果 $f(c)$ 和 $f(b)$ 的符号相反,则在 $[c,b]$ 内有一个零点。 (20)

如果 $f(c)=0$,则 c 是零点。 (21)

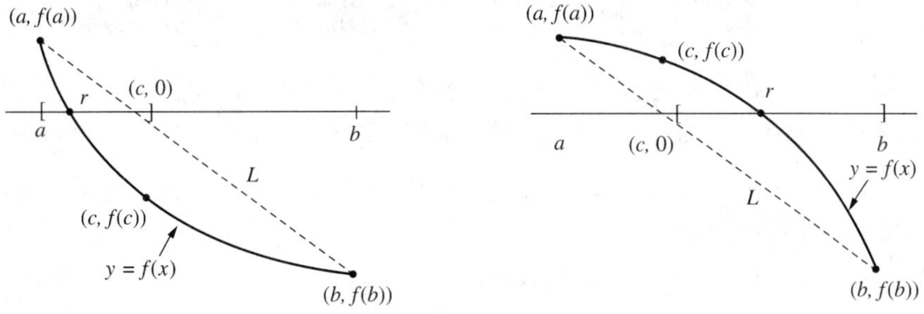

(a) 如果 $f(a)$ 和 $f(b)$ 符号相反,则从右边压缩　(b) 如果 $f(c)$ 和 $f(b)$ 符号相反,则从左边压缩

图 2.8　试值法的判定过程

2.2.2　试值法的收敛性

结合式(18),用条件(19)和条件(20)表示的判定过程可构造 $\{[a_n,b_n]\}$ 区间序列,其中的每个序列包含零点。在每一步中,零点 r 的近似值为

$$c_n = b_n - \frac{f(b_n)(b_n-a_n)}{f(b_n)-f(a_n)} \tag{22}$$

而且可以证明序列 $\{c_n\}$ 将收敛到 r。但要注意,尽管区间宽度 b_n-a_n 越来越小,但它可能不趋近于零。例如,曲线函数 $y=f(x)$ 在靠近点 $(r,0)$ 处是凹形,一个端点是固定的,另一个点逼近解,但区间不趋近于零(见图 2.9)。

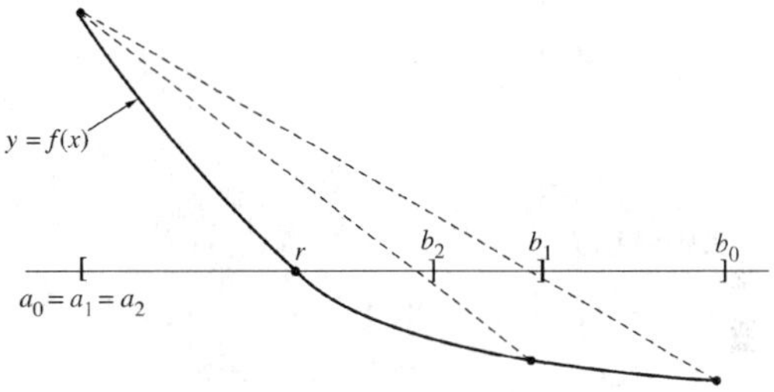

图 2.9　在试值法中的不动点

现在用试值法求解 $x\sin(x)-1=0$ 并观察它是否比二分法收敛得快。同时也要注意 $\{b_n-a_n\}_{n=0}^{\infty}$ 并不趋近于零。

例 2.8　利用试值法寻找 $x\sin(x)-1=0$ 在区间 $[0,2]$ 内的根,函数 $\sin(x)$ 用弧度计算。

解: 根据初始值 $a_0=0$ 和 $b_0=2$,可得到 $f(0)=-1.00000000$ 和 $f(2)=0.81859485$,因此在区间 $[0,2]$ 内有一个根。利用式(22),可得到

$$c_0 = 2-\frac{0.81859485(2-0)}{0.81859485-(-1)} = 1.09975017, \qquad f(c_0) = -0.02001921$$

函数在区间 $[c_0,b_0]=[1.09975017,2]$ 内改变符号,因此从左边压缩,设 $a_1=c_0$ 且 $b_1=b_0$。根据式(22)可得到下一个近似值:

$$c_1 = 2-\frac{0.81859485(2-1.09975017)}{0.81859485-(-0.02001921)} = 1.12124074$$

和

$$f(c_1) = 0.00983461$$

接下来,$f(x)$ 在区间 $[a_1,c_1]=[1.09975017,1.12124074]$ 内改变符号,下一个判定是从右边压缩,设 $a_2=a_1$ 且 $b_2=c_1$。整个计算过程如表 2.2 所示。 ■

表 2.2 用试值法求解 $x\sin(x)-1=0$

k	左端点 a_k	中点 c_k	右端点 b_k	函数值 $f(c_k)$
0	0.00000000	1.09975017	2.00000000	−0.02001921
1	1.09975017	1.12124074	2.00000000	0.00983461
2	1.09975017	1.11416120	1.12124074	0.00000563
3	1.09975017	1.11415714	1.11416120	0.00000000

二分法的终止判别条件不适用于试值法,否则可能导致无穷循环。连续迭代的封闭性和 $|f(c_n)|$ 的值同时用来作为程序 2.3 的终止判别条件。2.3 节将讨论这种选择的原因。

程序 2.2(二分法) 求解方程 $f(x)=0$ 在区间 $[a,b]$ 内的一个根。前提条件是 $f(x)$ 是连续的,且 $f(a)$ 与 $f(b)$ 的符号相反。

```
function [c,err,yc]=bisect(f,a,b,delta)
%Input  - f is the function input as a string 'f'
%       - a and b are the left and right end points
%       - delta is the tolerance
%Output - c is the zero
%       - yc=f(c)
%       - err is the error estimate for c
ya=feval(f,a);
yb=feval(f,b);
if ya*yb>0,break,end
max1=1+round((log(b-a)-log(delta))/log(2));
for k=1:max1
    c=(a+b)/2;
    yc=feval(f,c);
    if yc==0
       a=c;
       b=c;
elseif yb*yc>0
      b=c;
      yb=yc;
   else
      a=c;
      ya=yc;
   end
   if b-a < delta, break,end
end
c=(a+b)/2;
err=abs(b-a);
yc=feval(f,c);
```

程序 2.3(试值法或试位法) 求解方程 $f(x)=0$ 在区间 $[a,b]$ 内的根。前提条件是 $f(x)$ 是连续的,且 $f(a)$ 与 $f(b)$ 的符号相反。

```
function [c,err,yc]=regula(f,a,b,delta,epsilon,max1)
%Input  - f is the function input as a string 'f'
%       - a and b are the left and right end points
%       - delta is the tolerance for the zero
%       - epsilon is the tolerance for the value of f at the zero
%       - max1 is the maximum number of iterations
%Output - c is the zero
%       - yc=f(c)
%       - err is the error estimate for c
```

```
ya=feval(f,a);
yb=feval(f,b);
if ya*yb>0
   disp('Note: f(a)*f(b)>0'),
   break,
end
for k=1:max1
   dx=yb*(b-a)/(yb-ya);
   c=b-dx;
   ac=c-a;
   yc=feval(f,c);
   if yc==0,break;
   elseif yb*yc>0
      b=c;
      yb=yc;
   else
      a=c;
      ya=yc;
   end
   dx=min(abs(dx),ac);
   if abs(dx)<delta,break,end
   if abs(yc)<epsilon,break,end
end
c;
err=abs(b-a)/2;
yc=feval(f,c);
```

2.2.3 习题

在习题 1 和习题 2 中,如果在 240 个月内每月付款 P,求解满足全部年金 A 的利率 I。采用二分法和 I 的两个初始值计算下列 I 的 3 个近似值。

1. $P=\$275,\ A=\$250000,\ I_0=0.11,\ I_1=0.12$
2. $P=\$325,\ A=\$400000,\ I_0=0.13,\ I_1=0.14$
3. 对下面每个函数寻找一个区间$[a,b]$,使得$f(a)$和$f(b)$的符号相反。
   (a) $f(x)=e^x-2-x$
   (b) $f(x)=\cos(x)+1-x$
   (c) $f(x)=\ln(x)-5+x$
   (d) $f(x)=x^2-10x+23$

在习题 4 到习题 7 中,利用试值法在区间$[a_0,b_0]$内计算 c_0,c_1,c_2 和 c_3。

4. $e^x-2-x=0,\ [a_0,b_0]=[-2.4,-1.6]$
5. $\cos(x)+1-x=0,\ [a_0,b_0]=[0.8,1.6]$
6. $\ln(x)-5+x=0,\ [a_0,b_0]=[3.2,4.0]$
7. $x^2-10x+23=0,\ [a_0,b_0]=[6.0,6.8]$
8. 用$[a_0,b_0],[a_1,b_1],\cdots,[a_n,b_n]$表示二分法产生的区间。
   (a) 试证明 $a_0\leqslant a_1\leqslant\cdots\leqslant a_n\leqslant\cdots$和$\cdots\leqslant b_n\leqslant\cdots\leqslant b_1\leqslant b_0$。
   (b) 试证明 $b_n-a_n=(b_0-a_0)/2^n$。
   (c) 设每个区间的中点为 $c_n=(a_n+b_n)/2$,试证明。

$$\lim_{n\to\infty} a_n = \lim_{n\to\infty} c_n = \lim_{n\to\infty} b_n$$

提示:回顾微积分相关书籍中单调序列的收敛性。

9. 如果用二分法求解函数 $f(x)=1/(x-2)$ 的零点,在下列范围时情况如何:
   (a) 区间为[3,7]。 (b) 区间为[1,7]。
10. 如果用二分法求解函数 $f(x)=\tan(x)$ 的零点,在下列范围时情况如何:
   (a) 区间为[3,4]。 (b) 区间为[1,3]。
11. 假设用二分法寻找函数 $f(x)$ 在区间[2,7]内的零点。执行多少次后可以使近似值 c_N 的精度达到 5×10^{-9}?
12. 试证明用于试值法的式(22)在代数上等价于

$$c_n = \frac{a_n f(b_n) - b_n f(a_n)}{f(b_n) - f(a_n)}$$

13. 构造用来确定二分法需要的迭代次数的公式(15)。提示:用 $|b-a|/2^{n+1}<\delta$ 和对数计算。
14. 多项式 $f(x)=(x-1)^3(x-2)(x-3)$ 有 3 个零点:3 个重根 $x=1$ 和单重根 $x=2$ 和 $x=3$。如果 a_0 和 b_0 是任意两个实数,满足 $a_0<1$ 和 $b_0>3$,则 $f(a_0)f(b_0)<0$。这样,在区间$[a_0, b_0]$内,二分法将收敛到 3 个零点之一。如果选择 $a_0<1$ 和 $b_0>3$,而且对任意 $n\geqslant0$,有 $c_n=(a_n+b_n)/2$ 不等于 1,2 或 3,则二分法一定不会收敛到哪个零点?为什么?
15. 如果多项式 $f(x)$ 在区间$[a_0,b_0]$内有奇数个实零点,每个零点有奇数重根,则 $f(a_0)f(b_0)<0$,且利用二分法将收敛到其中一个零点。如果选定了 a_0 和 b_0,使得 $f(x)$ 的零点存在于区间$[a_0,b_0]$内,并且对于任意 $n\geqslant0$,有 $c_n=(a_n+b_n)/2$ 不等于 $f(x)$ 的任意一个零点,则二分法一定不会收敛到哪个零点?为什么?

2.2.4 算法与程序

1. 如果在 240 个月内每月付款 300 美元,求解满足全部年金 A 为 500000 美元的利率 I 的近似值(精确到小数点后 10 位)。
2. 设圆球由一种白橡树构成,密度 $r=15$ cm,半径 $\rho=0.710$。将它放入水中,球浸入水中部分的质量(精确到小数点后 8 位)是多少?
3. 修改程序 2.2 和程序 2.3,使得输出分别类似于表 2.1 和表 2.2 的矩阵(即矩阵的第一行应当为$[0 \quad a_0 \quad c_0 \quad b_0 \quad f(c_0)]$)。
4. 使用为求解上题编写的程序,求解函数 $x=\tan(x)$ 的 3 个最小正根的近似值。
5. 一个单位球体被平面切成两部分,其中一部分的体积是另一部分的 3 倍。确定从球中心到平面的距离 x(精确到小数点后 10 位)。

2.3 初始近似值和收敛判定准则

分类方法依赖于寻找区间$[a,b]$,满足 $f(a)$ 与 $f(b)$ 的符号相反。一旦找到这个区间,无论区间有多大,通过迭代总会找到一个根,因此这些方法称为**全局收敛法**(globally convergent)。然而,如果 $f(x)=0$ 在区间$[a,b]$内有多个根,则必须使用不同的起始区间来寻找每个根。要寻找 $f(x)$ 变号的这些小区间并不容易。

2.4 节将会研究牛顿-拉夫森(Newton-Raphson)法和割线法,以求解 $f(x)=0$。这两种方法要求给定一个接近根的近似值以保证收敛性。因此这些方法称为**局部收敛法**(locally convergent),局部收敛的速度远大于全局收敛的速度。一些混合方法首先采用全局收敛法,当迭代逼近根后再切换到局部收敛法。

如果根的计算过程属于一个非常庞大的工程,那么可以采用一个较为简便的办法,即首先将函数画出来。通过对图 $y=f(x)$ 进行观察,并根据它的形状(凹性、斜率、振荡性、局部极值和拐点等)做出重要的判断。更重要的是,如果图中对应的点存在,它们可以被分析并用来决定根的近似值位置。这些近似值可作为求根算法的起始值。

求解过程必须非常仔细,计算机软件包中有各种复杂的图形软件。假设利用计算机对区间 $[a,b]$ 内的函数 $y=f(x)$ 进行绘图,通常将区间划分为 $N+1$ 个等距点:$a=x_0<x_1<\cdots<x_N=b$,并计算函数值 $y_k=f(x_k)$。然后,或者使用线段,或者利用"拟合曲线"在连续点 (x_{k-1},y_{k-1}) 和 (x_k,y_k) 之间进行绘图,其中 $k=1,2,\cdots,N$。必须确保有足够的点,才能保证当函数变化很快时曲线部分不丢失根。如果 $f(x)$ 连续,且邻接的两个连续点 (x_{k-1},y_{k-1}) 和 (x_k,y_k) 位于 x 轴的两边,则根据中值定理,在区间 $[x_{k-1},x_k]$ 内至少有一个根。但如果在区间 $[x_{k-1},x_k]$ 内有一个或多个靠得很近的根,且邻接的两点 (x_{k-1},y_{k-1}) 和 (x_k,y_k) 位于 x 轴的同一边,则计算机生成的函数 f 的图形不能指示出适合中值定理的位置,即计算机产生的图形并不是函数 f 实际图形的真实表示。当然,函数有非常接近的根并不常见;在这种情况下,图形包含根的区域没有跨过 x 轴,或者根在纵向渐近线附近。当利用任何数值求根算法时,需要考虑到函数的这些特性。

最后,在两个非常接近的根或一个双重根附近,计算机生成的在 (x_{k-1},y_{k-1}) 和 (x_k,y_k) 之间的曲线可能不跨过或接触 x 轴。如果 $|f(x_k)|$ 小于预定义值 ϵ,即 $f(x_k)\approx 0$,则 x_k 是暂时的根的近似值。但在图中 x_k 附近有许多值接近 0,这样 x_k 可能并不接近实际的根。因此,必须增加要求:斜率在 (x_k,y_k) 附近改变符号,也就是说,保证 $m_{k-1}=\dfrac{y_k-y_{k-1}}{x_k-x_{k-1}}$ 和 $m_k=\dfrac{y_{k+1}-y_k}{x_{k+1}-x_k}$ 的符号一定相反。由于 $x_k-x_{k-1}>0$ 且 $x_{k+1}-x_k>0$,因此没有必要使用差商,通过检查 y_k-y_{k-1} 的差和 $y_{k+1}-y_k$ 的差符号是否相反就足够了。在这种情况下,x_k 是根的近似值。然而,不能保证这个起始值将一定会产生一个收敛序列。如果在 $y=f(x)$ 的图形中有一个局部最小(或最大)值趋近于 0,则当 $f(x_k)\approx 0$ 时,尽管 x_k 并不趋近一个根,仍将 x_k 作为根的近似值。

例 2.9　在区间 $[-1.2,1.2]$ 内寻找方程 $x^3-x^2-x+1=0$ 的根的近似值位置。为了说明情况,选择 $N=8$,并参见表 2.3。

表 2.3　寻找根的近似值位置

x_k	函数值 y_{k-1}	函数值 y_k	y 的差 y_k-y_{k-1}	y 的差 $y_{k+1}-y_k$	$f(x)$ 或 $f'(x)$ 的符号变化
−1.2	−3.125	−0.968	2.157	1.329	
−0.9	−0.968	0.361	1.329	0.663	f 在 $[x_{k-1},x_k]$ 区间变号
−0.6	0.361	1.024	0.663	0.159	
−0.3	1.024	1.183	0.159	−0.183	f' 在 x_k 附近变号
0.0	1.183	1.000	−0.183	−0.363	
0.3	1.000	0.637	−0.363	−0.381	
0.6	0.637	0.256	−0.381	−0.237	
0.9	0.256	0.019	−0.237	0.069	f' 在 x_k 附近变号
1.2	0.019	0.088	0.069	0.537	

解:考虑 3 个横坐标 -1.05, -0.3 和 0.9。因为 $f(x)$ 在区间 $[-1.2,-0.9]$ 内改变符号,

所以值 -1.05 是一个根的近似值;事实上,$f(-1.05) = -0.210$。

尽管在横坐标 -0.3 附近斜率改变符号,但 $f(-0.3) = 1.183$,因此 -0.3 不在根附近。最后,函数的斜率在横坐标 0.9 附近改变符号,而且 $f(0.9) = 0.019$,因此 0.9 是一个根的近似值(见图 2.10)。■

2.3.1　检测收敛性

利用图形只能观察根的近似位置,必须用算法计算出计算机可接受的真正解 p_n。通常利用迭代产生序列 $\{p_k\}$ 来逼近根 p,但必须提前设定终止迭代的判别条件或策略。使得计算机求出一个较精确的近似值后,可以停止计算。由于目标是求解 $f(x) = 0$,所以最终值 p_n 应当满足 $|f(p_n)| < \epsilon$。

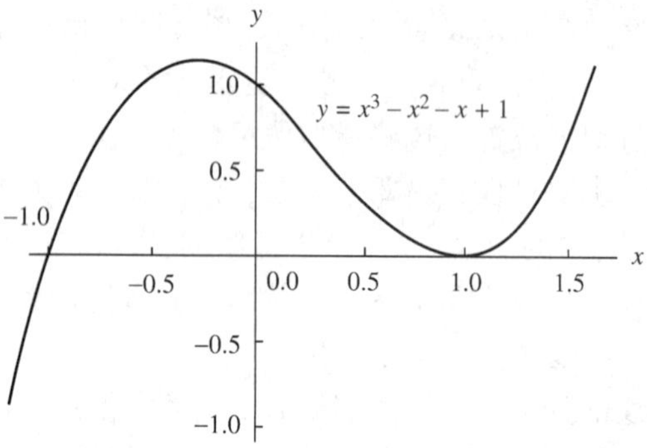

图 2.10　三次多项式 $y = x^3 - x^2 - x + 1$ 的图形

用户可提供 $|f(p_n)|$ 的允许误差 ϵ,然后通过迭代过程产生点 $P_k = (p_k, f(p_k))$,直到最后的点 P_n 位于直线 $y = +\epsilon$ 和 $y = -\epsilon$ 之间的水平区域,如图 2.11(a) 所示。当用户求解 $h(x) = L$ 时,如果利用求根的算法求解 $f(x) = h(x) - L$,则此判定条件非常有用。

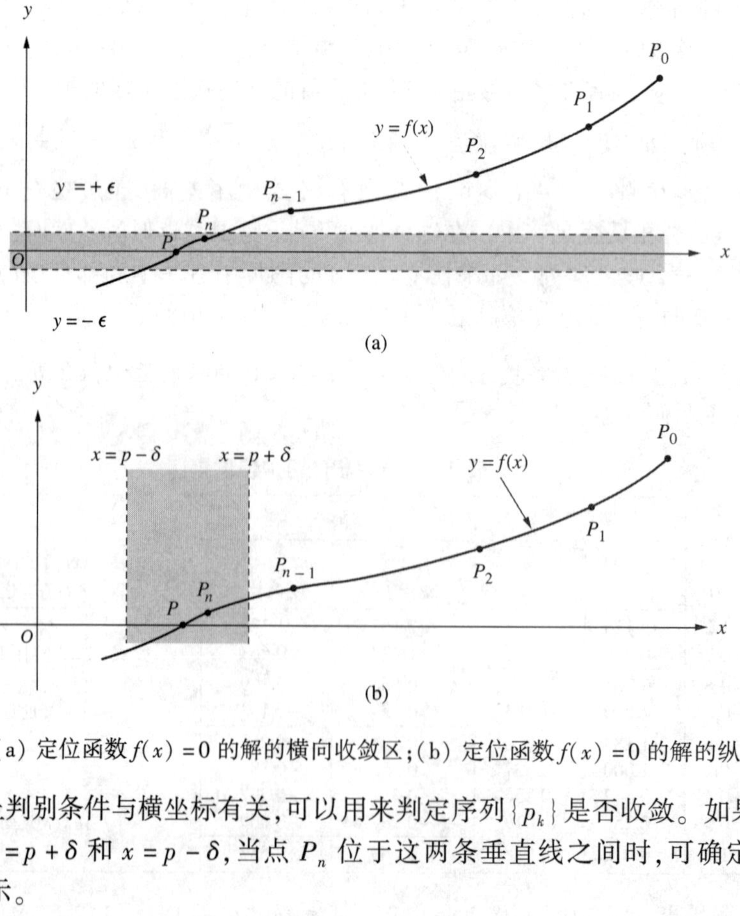

图 2.11　(a) 定位函数 $f(x) = 0$ 的解的横向收敛区;(b) 定位函数 $f(x) = 0$ 的解的纵向收敛区

另一个终止判别条件与横坐标有关,可以用来判定序列 $\{p_k\}$ 是否收敛。如果在 $x = p$ 的两边画出垂直线 $x = p + \delta$ 和 $x = p - \delta$,当点 P_n 位于这两条垂直线之间时,可确定停止迭代,如图 2.11(b) 所示。

相比而言,后一个判别条件更能满足要求,但它因为包含未知解 p,所以实现起来较为困难。可以对这个思路进行改进,即当连续迭代 p_{n-1} 和 p_n 足够接近,或者它们有 M 位有效数字时,停止进一步计算。

某些时候当 $p_n \approx p_{n-1}$ 或者 $f(p_n)\approx 0$ 时,就可以满足用户的算法。理解这一结论,需要借助于正确的逻辑推理。如果要求 $|p_n - p| < \delta$ **且** $|f(p_n)| < \epsilon$,则点 P_n 位于包含根 $(p,0)$ 的一个矩形区域内,如图 2.12(a) 所示。如果规定 $|p_n - p| < \delta$ **或** $|f(p_n)| < \epsilon$,则点 P_n 位于水平方向与垂直方向的并集区域内,如图 2.12(b) 所示。

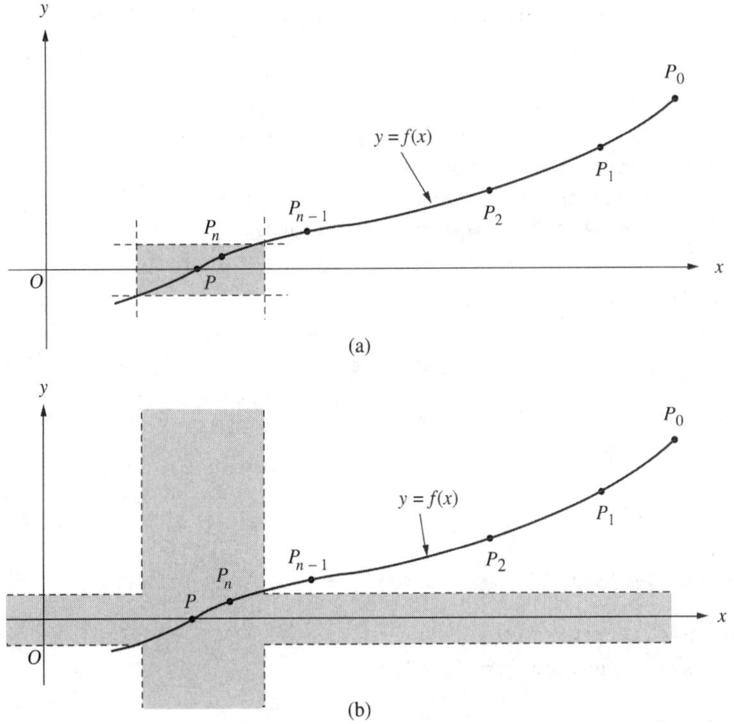

图 2.12　(a) 由 $|x-p| < \delta$ **且** $|y| < \epsilon$ 定义的矩形区域;
(b) 由 $|x-p| < \delta$ **或** $|y| < \epsilon$ 定义的无边界区域

所允许误差 δ 和 ϵ 的大小很关键。如果允许的误差选得太小,则迭代可能永久执行下去。它们应当选得大约比 10^{-M} 大 100 倍,这里 M 是计算机浮点数的小数位数。横坐标的封闭性可用如下判别条件检测:

$$|p_n - p_{n-1}| < \delta \qquad \text{(评价绝对误差)}$$

或

$$\frac{2|p_n - p_{n-1}|}{|p_n| + |p_{n-1}|} < \delta \qquad \text{(评价相对误差)}$$

纵坐标的封闭性通常通过 $|f(p_n)| < \epsilon$ 来检查。

2.3.2　有问题的函数

由于截断误差和计算中的不稳定性,导致用计算机求解 $f(x)=0$ 总会有误差。如果图 $y=f(x)$ 很陡地逼近根 $(p,0)$,则求根问题是良态的(well conditioned),也就是说,很容易得到具有多位有效数字的解。如果图 $y=f(x)$ 非常平缓地逼近根$(p,0)$,则求根问题是病态的(ill conditioned),也就是说,只能得到带少量有效数字的解。这种情况发生在$f(x)$在 p 处有多个根的时候(下一节会进一步讨论)。

程序 2.4(求解根近似值位置) 为了粗略估算方程$f(x)=0$ 在区间$[a,b]$的根的位置,使用等间隔采样点$(x_k,f(x_k))$和如下的评定准则:

(i) $(y_{k-1})(y_k)<0$,或

(ii) $|y_k|<\epsilon$且$(y_k-y_{k-1})(y_{k+1}-y_k)<0$。

这样,或者$f(x_{k-1})$与$f(x_k)$符号相反,或者$|f(x_k)|$足够小且曲线 $y=f(x)$ 的斜率在$(x_k,f(x_k))$附近改变符号。

```
function R = approot (X,epsilon)

% Input  - f is the object function saved as an M-file named f.m
%        - X is the vector of abscissas
%        - epsilon is the tolerance
% Output - R is the vector of approximate roots

Y=f(X);
yrange = max(Y)-min(Y);
epsilon2 = yrange*epsilon;
n=length(X);
m=0;
X(n+1)=X(n);
Y(n+1)=Y(n);

for k=2:n,
   if Y(k-1)*Y(k)<=0,
      m=m+1;
      R(m)=(X(k-1)+X(k))/2;
   end
   s=(Y(k)-Y(k-1))*(Y(k+1)-Y(k));
   if (abs(Y(k)) < epsilon2) & (s<=0),
      m=m+1;
      R(m)=X(k);
   end
end
```

例 2.10 使用程序 approot 求解函数$f(x)=\sin(\cos(x^3))$在区间$[-2,2]$内根的近似位置。首先将f保存为 M 文件,命名为 f.m。由于结果被求根算法作为初始值,所以构造 X,使得近似值精确到小数点后 4 位。

```
>>X=-2:.001:2;

>>approot (X,0.00001)

ans=

-1.9875 -1.6765 -1.1625 1.1625 1.6765 1.9875
```

通过将结果与函数f的图形进行比较,可以得到一个好的初始近似值,以用于求根算法。 ■

2.3.3 习题

在习题 1 到习题 6 中,使用计算机或图形计算器,通过图形来确定函数$f(x)=0$ 的根的近似位置。在每种情况下,确定区间$[a,b]$,以便利用程序 2.2 和程序 2.3 求解根,即$f(a)f(b)<0$。

1. $f(x)=x^2-e^x$, $-2\leqslant x\leqslant 2$

2. $f(x)=x-\cos(x)$, $-2\leqslant x\leqslant 2$
3. $f(x)=\sin(x)-2\cos(x)$, $-2\leqslant x\leqslant 2$
4. $f(x)=\cos(x)+(1+x^2)^{-1}$, $-2\leqslant x\leqslant 2$
5. $f(x)=(x-2)^2-\ln(x)$, $0.5\leqslant x\leqslant 4.5$
6. $f(x)=2x-\tan(x)$, $-1.4\leqslant x\leqslant 1.4$

2.3.4　算法与程序

在下面的第 1 题和第 2 题中,使用计算机或图形计算器,在给定的区间内,通过程序 2.4 求解实根的近似值,精确到小数点后 4 位。然后利用程序 2.2 和程序 2.3,求解精确到小数点后 12 位的根的近似值。

1. $f(x)=1000000x^3-111000x^2+1110x-1$, $-2\leqslant x\leqslant 2$
2. $f(x)=5x^{10}-38x^9+21x^8-5\pi x^6-3\pi x^5-5x^2+8x-3$, $-15\leqslant x\leqslant 15$
3. 一个计算机程序使用点 (x_0,y_0), (x_1,y_1) 和 (x_N,y_N) 可画出函数 $y=f(x)$ 的图形,通常还标记出图形的纵向高度,而且必须写出一个子程序来确定函数 f 在区间 $[a,b]$ 内的最大值和最小值。
   (a) 构造一个算法寻找值 $Y_{\max}=\max_k\{y_k\}$ 和 $Y_{\min}=\min_k\{y_k\}$。
   (b) 写一个 MATLAB 程序寻找函数 $f(x)$ 在区间 $[a,b]$ 内根的近似位置和极值。
   (c) 使用(b)中的程序寻找第 1 题和第 2 题中根的位置和极值,并用真实值进行比较。

2.4　牛顿-拉夫森法和割线法

2.4.1　求根的斜率法

如果 $f(x)$, $f'(x)$ 和 $f''(x)$ 在根 p 附近连续,则可将它作为 $f(x)$ 的特性,用于开发产生收敛到根 p 的序列 $\{p_k\}$ 的算法。而且,这种算法比二分法和试值法产生序列 $\{p_k\}$ 的速度快。牛顿-拉夫森(Newton-Raphson)法依赖 $f'(x)$ 和 $f''(x)$ 的连续性,简称牛顿法,是这类方法中已知的最有用和最好的方法之一。本节首先通过图形方式对牛顿法进行介绍,然后用泰勒多项式对其进行更严格的分析。

设初始值 p_0 在根 p 附近。则函数 $y=f(x)$ 的图形与 x 轴相交于点 $(p,0)$,而且点 $(p_0,f(p_0))$ 位于靠近点 $(p,0)$ 的曲线上(见图 2.13)。将 p_1 定义为曲线在点 $(p_0,f(p_0))$ 的切线与 x 轴的交点,通过图 2.13 的显示则可以看到 p_1 比 p_0 更靠近 p。如果写出切线 L 的两种表达式,则可得到与 p_1 和 p_0 相关的方程,如下所示:

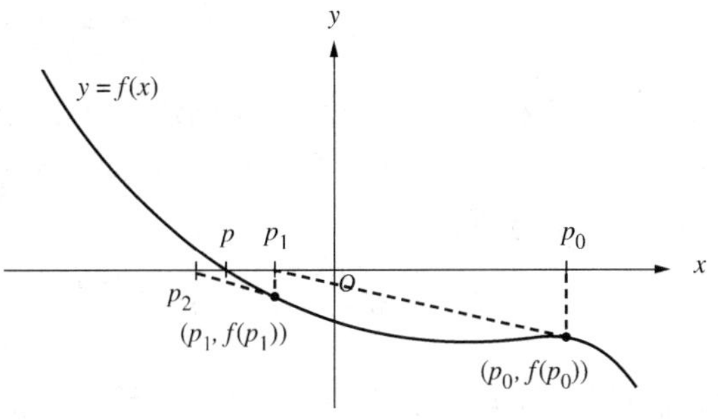

图 2.13　用于牛顿-拉夫森法的 p_1 和 p_2 的几何结构

$$m=\frac{0-f(p_0)}{p_1-p_0} \tag{1}$$

上式是经过点 $(p_1,0)$ 和点 $(p_0,f(p_0))$ 的直线斜率,和

$$m=f'(p_0) \tag{2}$$

上式是点 $(p_0,f(p_0))$ 处的曲线斜率。式(1)和式(2)的斜率 m 相等,则求解 p_1 可得

$$p_1 = p_0 - \frac{f(p_0)}{f'(p_0)} \tag{3}$$

重复上述过程可得到序列$\{p_k\}$收敛到p。下面将精确定义上述计算过程。

定理2.5(牛顿-拉夫森定理) 设$f \in C^2[a,b]$,且存在数$p \in [a,b]$,满足$f(p)=0$。如果$f'(p) \neq 0$,则存在一个数$\delta>0$,对任意初始近似值$p_0 \in [p-\delta, p+\delta]$,使得由如下迭代定义的序列$\{p_k\}_{k=0}^{\infty}$收敛到$p$:

$$p_k = g(p_{k-1}) = p_{k-1} - \frac{f(p_{k-1})}{f'(p_{k-1})}, \quad k=1,\ 2,\ \cdots \tag{4}$$

批注 函数$g(x)$由如下公式定义:

$$g(x) = x - \frac{f(x)}{f'(x)} \tag{5}$$

并被称为**牛顿-拉夫森迭代函数**。由于$f(p)=0$,显然$g(p)=p$。这样,通过寻找函数$g(x)$的不动点,可以实现寻找方程$f(x)=0$的根的牛顿-拉夫森迭代。

证明:如图2.13所示的点p_1的几何结构不能帮助理解为什么p_0需要靠近p,或为什么$f''(x)$的连续性是必要的。这需要从1阶泰勒多项式和它的余项开始分析:

$$f(x) = f(p_0) + f'(p_0)(x-p_0) + \frac{f''(c)(x-p_0)^2}{2!} \tag{6}$$

这里,c位于p_0和x之间。用$x=p$代入方程(6),并利用$f(p)=0$,可得

$$0 = f(p_0) + f'(p_0)(p-p_0) + \frac{f''(c)(p-p_0)^2}{2!} \tag{7}$$

如果p_0足够逼近p,式(7)右边的最后一项比前两项的和小。因此最后一项可被忽略,而且可利用如下近似表达式:

$$0 \approx f(p_0) + f'(p_0)(p-p_0) \tag{8}$$

求解方程(8)中的p,得到$p \approx p_0 - f(p_0)/f'(p_0)$。这可以用来定义下一个根的近似值$p_1$

$$p_1 = p_0 - \frac{f(p_0)}{f'(p_0)} \tag{9}$$

当p_{k-1}用在方程(9)的p_0位置上时,就可以建立一般规律(4)。对大多数应用而言,这是需要理解的全部内容。但是,为了全面理解发生的情况,需要考虑不动点迭代和应用定理2.2。关键是对$g'(x)$的分析:

$$g'(x) = 1 - \frac{f'(x)f'(x) - f(x)f''(x)}{(f'(x))^2} = \frac{f(x)f''(x)}{(f'(x))^2}$$

根据假设,$f(p)=0$,这样$g'(p)=0$。由于$g'(p)=0$,而且$g'(x)$是连续的,所以可能找到一个数$\delta>0$,在区间$|g'(x)|<1$内满足定理2.2中的假设$(p-\delta, p+\delta)$。因此,用p_0初始化收敛序列$\{p_k\}_{k=0}^{\infty}$,其收敛到$f(x)=0$的一个根的充分条件是$p_0 \in (p-\delta, p+\delta)$,且$\delta$满足对于所有的$x \in (p-\delta, p+\delta)$,有

$$\frac{|f(x)f''(x)|}{|f'(x)|^2} < 1 \tag{10}$$

●

推论 2.2（求平方根的牛顿迭代） 设 A 为实数，且 $A>0$，而且令 $p_0>0$ 为 $\sqrt{A}$ 的初始近似值。使用下列递归规则

$$p_k=\frac{p_{k-1}+\dfrac{A}{p_{k-1}}}{2},\qquad k=1,\ 2,\ \cdots \tag{11}$$

定义序列 $\{p_k\}_{k=0}^{\infty}$，则序列 $\{p_k\}_{k=0}^{\infty}$ 收敛到 $\sqrt{A}$，也可表示为 $\lim_{n\to\infty}p_k=\sqrt{A}$。

简要证明： 从函数 $f(x)=x^2-A$ 开始，方程 $x^2-A=0$ 的根为 $\pm\sqrt{A}$。现在利用式(5)中的 $f(x)$ 和导数 $f'(x)$，可写出牛顿-拉夫森迭代公式

$$g(x)=x-\frac{f(x)}{f'(x)}=x-\frac{x^2-A}{2x} \tag{12}$$

此公式可简化为

$$g(x)=\frac{x+\frac{A}{x}}{2} \tag{13}$$

当用式(13)中的 $g(x)$ 定义式(4)中的递归迭代时，结果就是式(11)。可以证明对任意起始值 $p_0>0$，式(11)中生成的序列将收敛。细节留给读者作为练习。 ●

在推论 2.2 中，非常重要的一点是迭代函数 $g(x)$ 只包含算术符号 +，－，× 和/。如果 $g(x)$ 包含关于平方根的计算，则会陷入循环推理中，即为了能计算平方根，允许递归定义一个序列最终收敛到 $\sqrt{A}$。由于这个原因，选择了 $f(x)=x^2-A$，因为它只包含了算术操作。

例 2.11 用牛顿平方根算法求 $\sqrt{5}$ 的近似值。从 $p_0=2$ 开始，使用式(11)计算

$$\begin{aligned}
p_1&=\frac{2+5/2}{2}=2.25\\
p_2&=\frac{2.25+5/2.25}{2}=2.236111111\\
p_3&=\frac{2.236111111+5/2.236111111}{2}=2.236067978\\
p_4&=\frac{2.36067978+5/2.236067978}{2}=2.236067978
\end{aligned}$$

进一步迭代可得到 $p_k\approx 2.236067978$，其中 $k>4$，收敛精度精确到小数点后 9 位。 ■

现在通过分析基础物理中的一个大家都很熟悉的问题，分析为什么确定根的位置非常重要。设一个投射体从原点发射，仰角为 b_0，初始速度为 v_0。忽略空气阻力，如果用英尺(ft)为单位进行测量，则飞行高度 $y=y(t)$ 和飞行水平行程 $x=x(t)$ 符合如下规则：

$$y=v_yt-16t^2,\qquad x=v_xt \tag{14}$$

这里，初始速度的水平分量为 $v_x=v_0\cos(b_0)$，垂直分量为 $v_y=v_0\sin(b_0)$。规则(14)表示的数学模型很容易用于求解投射体的飞行路径，但得出的飞行高度和飞行距离均高于实际值。如果考虑到空气阻力与速度成一定比例，则运动方程变为

$$y=f(t)=(Cv_y+32C^2)\left(1-\mathrm{e}^{-t/C}\right)-32Ct \tag{15}$$

和

$$x=r(t)=Cv_x\left(1-\mathrm{e}^{-t/C}\right) \tag{16}$$

其中 $C=m/k$，k 是空气阻力的系数，m 是投射体的质量。如果 C 的值增大，则可得到投射体更高的最高飞行高度和更远的飞行行程。考虑了空气阻力的投射体飞行轨迹如图 2.14 所示。改进的模型更符合实际，但需要用求根算法求解 $f(t)=0$，以确定当投射体击中地面时经过的时间。式(14)中的基本模型不需要复杂的计算来求解飞行时间。

例 2.12 一个投射体发射的仰角 $b_0=45°$，$v_y=v_x=160$ ft/s 和 $C=10$。求撞击地面后的飞行时间和飞行水平行程。

解：利用式(15)和式(16)，运动方程为 $y=f(t)=4800(1-e^{-t/10})-320t$ 和 $x=r(t)=1600(1-e^{-t/10})$。由于 $f(8)=83.220972$ 和 $f(9)=-31.534367$，使用假定的初值 $p_0=8$。导数为 $f'(t)=480e^{-t/10}-320$，而且将 $f'(p_0)=f'(8)=-104.3220972$ 代入式(4)可得

$$p_1=8-\frac{83.22097200}{-104.3220972}=8.797731010$$

计算结果如表 2.4 所示。

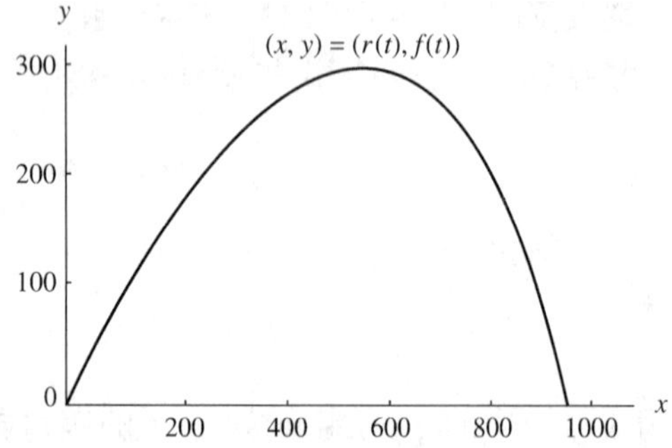

图 2.14 考虑了空气阻力的投射体飞行轨迹

值 p_4 的精度为小数点后 8 位，飞行时间为 $t\approx 8.74217466$ s。飞行水平行程可用 $r(t)$ 计算，结果为

$$r(8.74217466)=1600\left(1-e^{-0.874217466}\right)=932.4986302\text{ ft}$$

■

表 2.4 当高度 $f(t)$ 为 0 时求飞行时间

k	时间 p_k	$p_{k+1}-p_k$	高度 $f(p_k)$
0	8.00000000	0.79773101	83.22097200
1	8.79773101	−0.05530160	−6.68369700
2	8.74242941	−0.00025475	−0.03050700
3	8.74217467	−0.00000001	−0.00000100
4	8.74217466	0.00000000	0.00000000

2.4.2 被零除错误

牛顿-拉夫森法的一个明显缺陷是在式(4)中，如果 $f'(p_{k-1})=0$，则可能存在被零除错误。程序 2.5 有一个函数检查这种情况，但在这种情况下，如何处理最后计算的近似值 p_{k-1} 呢？很可能 $f(p_{k-1})$ 足够接近零，这样 p_{k-1} 是根的一个可接受的近似值。下面将研究这种情况，并将发现一个有趣的事实，即迭代收敛的速度有多快。

定义 2.4 设 $f(x)$ 和它的导数 $f'(x),\cdots,f^{(M)}(x)$ 在包含 $x=p$ 的某区间内有定义且连续，则称 $f(x)=0$ 在 $x=p$ 处**根的阶**为 M，当且仅当

$$f(p)=0,\quad f'(p)=0,\quad \cdots,\quad f^{(M-1)}(p)=0,\quad f^{(M)}(p)\neq 0 \tag{17}$$

如果一个根的阶 $M=1$，则称此根为单根；如果一个根的阶 $M>1$，则称此根为重根。如果一个根的阶 $M=2$，则称此根为二重根，依次类推。下面的结论将说明这些概念。▲

引理 2.1 如果方程 $f(x)=0$ 在 $x=p$ 处有 M 重根，则存在连续函数 $h(x)$，使得 $f(x)$ 可表示为

$$f(x)=(x-p)^M h(x),\qquad 其中\ h(p)\neq 0 \tag{18}$$

例 2.13　函数 $f(x)=x^3-3x+2$ 在 $p=-2$ 处有单根，在 $p=1$ 处有二重根。根据导数 $f'(x)=3x^2-3$ 和 $f''(x)=6x$，可对其进行验证。当 $p=-2$ 时，可得到 $f(-2)=0$ 和 $f'(-2)=9$，因此定义 2.4 中的 $M=1$，所以 $p=-2$ 是单根。当 $p=1$ 时，可得到 $f(1)=0$，$f'(1)=0$ 和 $f''(1)=6$，因此定义 2.4 中的 $M=2$，所以 $p=1$ 是二重根。也可注意到，$f(x)$ 可因式分解为 $f(x)=(x+2)(x-1)^2$。■

2.4.3　收敛速度

一个显著的性质是：如果 p 是 $f(x)=0$ 的单根，则牛顿法收敛很快，而且每次迭代结果的小数点后的精确位数大致会翻倍；另一方面，如果 p 是重根，每个连续的近似值误差是前一个误差的一小部分。为了使上述性质描述得更精确，可以通过定义**收敛阶**，测量序列的收敛速度。

定义 2.5（收敛阶）　设序列 $\{p_n\}_{n=0}^{\infty}$ 收敛到 p，并令 $E_n=p-p_n$，$n\geqslant 0$。如果两个常量 $A\neq 0$ 和 $R>0$ 存在，而且

$$\lim_{n\to\infty}\frac{|p-p_{n+1}|}{|p-p_n|^R}=\lim_{n\to\infty}\frac{|E_{n+1}|}{|E_n|^R}=A \tag{19}$$

则该序列称为以**收敛阶 R** 收敛到 p，数 A 称为**渐进误差常数**（asymptotic error constant）。$R=1,2$ 的情况为特殊情况。

$$\begin{aligned}&\text{如果 } R=1\text{，则称序列 } \{p_n\}_{n=0}^{\infty} \text{ 的收敛性为}\textbf{线性收敛}。\\&\text{如果 } R=2\text{，则称序列 } \{p_n\}_{n=0}^{\infty} \text{ 的收敛性为}\textbf{二次收敛}。\end{aligned} \tag{20}$$

▲

如果 R 很大，则序列 $\{p_n\}$ 很快收敛到 p；这意味着，关系式(19)中对于大的值 n，有近似值 $|E_{n+1}|\approx A|E_n|^R$。例如，设 $R=2$ 且 $|E_n|\approx 10^{-2}$，则 $|E_{n+1}|\approx A\times 10^{-4}$。

一些序列的收敛率不是整数，下面将看到割线法中的收敛阶是 $R=(1+\sqrt{5})/2\approx 1.618033989$。

例 2.14（单根的二次收敛）　从 $p_0=-2.4$ 开始，用牛顿-拉夫森迭代求多项式 $f(x)=x^3-3x+2$ 的根 $p=-2$。计算 $\{p_k\}$ 的迭代公式是

$$p_k=g(p_{k-1})=\frac{2p_{k-1}^3-2}{3p_{k-1}^2-3} \tag{21}$$

解： 用 $R=2$ 并利用式(19)检查二次收敛，可得到表 2.5 中的值。■

表 2.5　在一单根处牛顿法收敛 2 次

k	p_k	$p_{k+1}-p_k$	$E_k=p-p_k$	$\frac{\|E_{k+1}\|}{\|E_k\|^2}$
0	−2.400000000	0.323809524	0.400000000	0.476190475
1	−2.076190476	0.072594465	0.076190476	0.619469086
2	−2.003596011	0.003587422	0.003596011	0.664202613
3	−2.000008589	0.000008589	0.000008589	
4	−2.000000000	0.000000000	0.000000000	

通过更详细地分析例 2.14 中的收敛速度，可发现每个连续迭代的误差是前一个迭代误差的一小部分，即

$$|p - p_{k+1}| \approx A|p - p_k|^2$$

其中 $A \approx 2/3$。为了检查上式,利用

$$|p - p_3| = 0.000008589 \quad 和 \quad |p - p_2|^2 = |0.003596011|^2 = 0.000012931$$

而且很容易看出

$$|p - p_3| = 0.000008589 \approx 0.000008621 = \frac{2}{3}|p - p_2|^2$$

例 2.15(在二重根处线性收敛) 从 $p_0 = 1.2$ 开始,用牛顿-拉夫森迭代求多项式 $f(x) = x^3 - 3x + 2$ 的二重根 $p = 1$。用公式(20)检查线性收敛,可得到表 2.6 中的值。■

表 2.6 在二重根处牛顿法线性收敛

k	p_k	$p_{k+1} - p_k$	$E_k = p - p_k$	$\frac{\|E_{k+1}\|}{\|E_k\|}$
0	1.200000000	−0.096969697	−0.200000000	0.515151515
1	1.103030303	−0.050673883	−0.103030303	0.508165253
2	1.052356420	−0.025955609	−0.052356420	0.496751115
3	1.026400811	−0.013143081	−0.026400811	0.509753688
4	1.013257730	−0.006614311	−0.013257730	0.501097775
5	1.006643419	−0.003318055	−0.006643419	0.500550093
⋮	⋮	⋮	⋮	⋮

可以看出,牛顿-拉夫森法收敛到二重根,但收敛速度慢。$f(p_k)$ 的值比 $f'(p_k)$ 的值趋近于零更快(见例 2.15),因此当 $p_k \neq p$ 时,式(4)中的商 $f(p_k)/f'(p_k)$ 有定义。序列线性收敛,而且在每次迭代后,误差以 1/2 的比例下降。接下来的定理总结了牛顿法在单根和二重根上的性能。

定理 2.6(牛顿-拉夫森迭代的收敛速度) 设牛顿-拉夫森迭代产生序列 $\{p_n\}_{n=0}^{\infty}$,收敛到函数 $f(x)$ 的根 p。如果 p 是单根,则是二次收敛的,而且对于足够大的 n 有

$$|E_{n+1}| \approx \frac{|f''(p)|}{2|f'(p)|}|E_n|^2 \tag{22}$$

如果 p 是 M 阶多重根,则是线性收敛的,而且对于足够大的 n 有

$$|E_{n+1}| \approx \frac{M-1}{M}|E_n| \tag{23}$$

2.4.4 缺陷

被零除的错误很容易被预见,但另一种错误则不是那么容易被发现。设有函数 $f(x) = x^2 - 4x + 5$,则由公式(4)生成的实数序列 $\{p_k\}$ 将从左向右来回漂移,不会收敛。通过简单分析可发现 $f(x) > 0$,且无实根。

有时初始近似值 p_0 离要求的根太远,使得序列 $\{p_k\}$ 收敛到其他根上。当斜率 $f'(p_0)$ 很小,而且曲线 $y = f(x)$ 的切线接近垂直时,通常会发生这种情况。例如,如果 $f(x) = \cos(x)$ 而且求根 $p = \pi/2$,从 $p_0 = 3$ 开始,计算显示 $p_1 = -4.01525255$, $p_2 = -4.85265757$, …,而且 $\{p_k\}$ 将收敛到另一个根 $-3\pi/2 \approx -4.71238898$。

设 $f(x)$ 为正,在无限区间 $[a, \infty)$ 内单调递减,而且 $p_0 > a$,则序列 $\{p_k\}$ 可能发散到 $+\infty$。例如,如果 $f(x) = xe^{-x}$,而且 $p_0 = 2.0$,则

$$p_1 = 4.0, \quad p_2 = 5.333333333, \quad \cdots, \quad p_{15} = 19.723549434, \quad \cdots$$

而且 $\{p_k\}$ 缓慢发散到 $+\infty$，如图 2.15(a) 所示。这个特殊的函数还有另一个令人惊讶的问题。当 x 变大时，$f(x)$ 的值迅速趋近于零，例如，$f(p_{15})=0.0000000536$，有可能错误地将 p_{15} 作为根。由于这个原因，需要设计程序 2.5 中的终止评定条件，其中包含相对误差 $2|p_{k+1}-p_k|/(|p_k|+10^{-6})$。当 $k=15$ 时，相对误差是 0.106817，因此允许误差 $\delta=10^{-6}$ 有助于保证不会产生一个错误的根。

另一个现象是**循环**(cycling)，当序列 $\{p_k\}$ 中的项趋于重复或基本重复时，会发生这种现象。例如，如果 $f(x)=x^3-x-3$，而且初始近似值 $p_0=0$，则序列为

$$p_1=-3.000000,\quad p_2=-1.961538,\quad p_3=-1.147176,\quad p_4=-0.006579,$$
$$p_5=-3.000389,\quad p_6=-1.961818,\quad p_7=-1.147430,\quad \ldots$$

这里，我们陷入一个循环中，即当 $k=0,1,\cdots$ 时有 $p_{k+4}\approx p_k$，如图 2.15(b) 所示。但如果起始值 p_0 足够逼近根 $p\approx1.671699881$，则序列 $\{p_k\}$ 收敛。如果 $p_0=2$，则序列收敛为：$p_1=1.72727272$，$p_2=1.67369173$，$p_3=1.671702570$ 和 $p_4=1.671699881$。

当 $|g'(x)|\geqslant1$ 在一个包含根 p 的区间内时，有可能发生离散振荡。例如，设 $f(x)=\arctan(x)$，则牛顿-拉夫森迭代函数是 $g(x)=x-(1+x^2)\arctan(x)$ 和 $g'(x)=-2x\arctan(x)$。如果起始值 $p_0=1.45$，则

$$p_1=-1.550263297,\quad p_2=1.845931751,\quad p_3=-2.889109054$$

等，如图 2.15(c) 所示。如果起始值足够逼近根 $p=0$，则可得到一个收敛序列。如果 $p_0=0.5$，则

$$p_1=-0.079559511,\quad p_2=0.000335302,\quad p_3=0.000000000$$

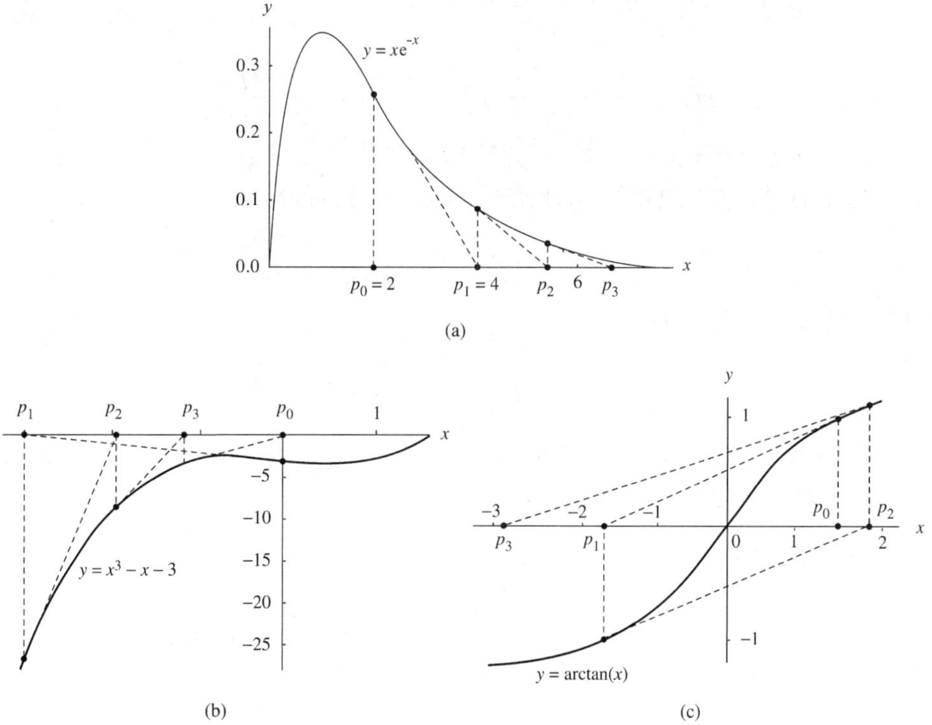

图 2.15　(a) 求解 $f(x)=xe^{-x}$ 的牛顿-拉夫森迭代产生发散序列；(b) 求解函数 $f(x)=x^3-x-3$ 的牛顿-拉夫森迭代产生一个循环序列；(c) 求解函数 $f(x)=\arctan(x)$ 的牛顿-拉夫森迭代产生一个发散振荡序列

上述情况表明,必须按照真实情况说明结果:有时序列不会收敛,因为并不可能在 N 次迭代后总能找到结果。当求根算法没有找到根时需要发出警告。如果能借助于其他与问题相关的信息,则找到错误根的可能性会减少。有时 $f(x)$ 的根只在一个明确的区间内有意义。如果可以利用函数的行为知识或一个"精确"的图形,则能更容易地选择 p_0。

2.4.5 割线法

在牛顿–拉夫森算法中每个迭代需要计算两个函数:$f(p_{k-1})$ 和 $f'(p_{k-1})$。以前计算基本函数的导数非常费时,但在现代计算机代数软件包的帮助下,这已不成问题。还有许多函数具有非基本项(累积、求和等),因此更需要一种与牛顿法的收敛速度一样快的方法,而且只计算 $f(x)$,不计算 $f'(x)$。割线法每步只计算一次 $f(x)$,而且在单根上的收敛阶 $R\approx 1.618033989$。割线法与牛顿法差不多一样快,牛顿法的收敛阶为 2。

割线法包含的公式与试值法的公式一样,只是在关于如何定义每个后续项的逻辑判定上不一样。需要两个靠近点 $(p,0)$ 的初始点 $(p_0,f(p_0))$ 和 $(p_1,f(p_1))$,如图 2.16 所示。定义 p_2 为经过两个初始点的直线与 x 轴的交点的横坐标,则图 2.16 显示出 p_2 比 p_0 或 p_1 更接近 p。与 p_2,p_1 和 p_0 相关的表示斜率的方程如下:

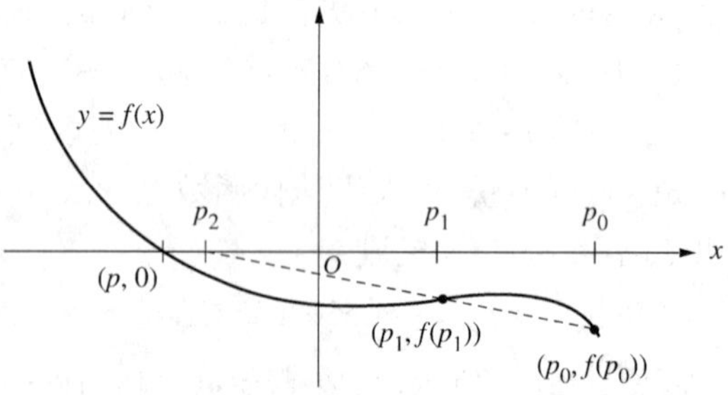

图 2.16 利用割线法时 p_2 的几何结构

$$m=\frac{f(p_1)-f(p_0)}{p_1-p_0},\qquad m=\frac{0-f(p_1)}{p_2-p_1} \tag{24}$$

式(25)中的 m 值分别是经过两个初始点的割线的斜率和经过 $(p_1,f(p_1))$ 与 $(p_2,0)$ 的直线的斜率。设式(24)中的两式的右边相等,并求解 $p_2=g(p_1,p_0)$,可得

$$p_2=g(p_1,p_0)=p_1-\frac{f(p_1)(p_1-p_0)}{f(p_1)-f(p_0)} \tag{25}$$

根据两点迭代公式可得到一般项为

$$p_{k+1}=g(p_k,p_{k-1})=p_k-\frac{f(p_k)(p_k-p_{k-1})}{f(p_k)-f(p_{k-1})} \tag{26}$$

例 2.16(单根上的割线法) 从 $p_0=-2.6$ 和 $p_1=-2.4$ 开始,利用割线法求多项式函数 $f(x)=x^3-3x+2$ 的根 $p=-2$。

解:在此例中,迭代公式是

$$p_{k+1}=g(p_k,p_{k-1})=p_k-\frac{(p_k^3-3p_k+2)(p_k-p_{k-1})}{p_k^3-p_{k-1}^3-3p_k+3p_{k-1}} \tag{27}$$

该式可进一步简化为

$$p_{k+1}=g(p_k,p_{k-1})=\frac{p_k^2p_{k-1}+p_kp_{k-1}^2-2}{p_k^2+p_kp_{k-1}+p_{k-1}^2-3} \tag{28}$$

迭代序列如表 2.7 所示。 ■

表 2.7　在单根上割线法的收敛性

k	p_k	$p_{k+1}-p_k$	$E_k=p-p_k$	$\frac{\lvert E_{k+1}\rvert}{\lvert E_k\rvert^{1.618}}$
0	−2.600000000	0.200000000	0.600000000	0.914152831
1	−2.400000000	0.293401015	0.400000000	0.469497765
2	−2.106598985	0.083957573	0.106598985	0.847290012
3	−2.022641412	0.021130314	0.022641412	0.693608922
4	−2.001511098	0.001488561	0.001511098	0.825841116
5	−2.000022537	0.000022515	0.000022537	0.727100987
6	−2.000000022	0.000000022	0.000000022	
7	−2.000000000	0.000000000	0.000000000	

割线法和牛顿法之间有一定的关系。对于多项式函数 $f(x)$，如果用 p_{k-1} 代替 p_k，则割线法的两点公式 $p_{k+1}=g(p_k,p_{k-1})$ 可归纳为牛顿法的一点公式 $p_{k+1}=g(p_k)$。事实上，如果在式(28)中用 p_{k-1} 替代 p_k，则式(28)的右边与例 2.14 中式(21)的右边一致。

有关割线法收敛速度的证明可参见更高级的数值积分教程。误差项满足关系式

$$|E_{k+1}|\approx|E_k|^{1.618}\left|\frac{f''(p)}{2f'(p)}\right|^{0.618} \tag{29}$$

其中收敛阶 $R=(1+\sqrt{5})/2\approx1.618$，而且式(29)中的关系式只在单根情况下正确。

为了检验上述关系式，使用例 2.16 和特定值

$$|p-p_5|=0.000022537$$
$$|p-p_4|^{1.618}=0.001511098^{1.618}=0.000027296$$

以及

$$A=|f''(-2)/2f'(-2)|^{0.618}=(2/3)^{0.618}=0.778351205$$

结合这些值，显然

$$|p-p_5|=0.000022537\approx0.000021246=A|p-p_4|^{1.618}$$

2.4.6　加速收敛

当 p 是一个 M 阶根时，需要更好的求根技术，以获得比线性收敛更快的速度。最终结果显示，通过对牛顿法进行改进，可使其在多重根情况下的收敛阶为 2。

定理 2.7（牛顿-拉夫森迭代的加速收敛）　设牛顿-拉夫森算法产生的序列线性收敛到 M 阶根 $x=p$，其中 $M>1$，则牛顿-拉夫森迭代公式

$$p_k=p_{k-1}-\frac{Mf(p_{k-1})}{f'(p_{k-1})} \tag{30}$$

将产生一个收敛序列 $\{p_k\}_{k=0}^{\infty}$ 二次收敛到 p。

例 2.17（二重根情况下的加速收敛）　从 $p_0=1.2$ 开始，使用加速牛顿-拉夫森迭代求函数 $f(x)=x^3-3x+2$ 的二重根 $p=1$。

解： 由于 $M=2$，加速公式(31)变成

$$p_k=p_{k-1}-2\frac{f(p_{k-1})}{f'(p_{k-1})}=\frac{p_{k-1}^3+3p_{k-1}-4}{3p_{k-1}^2-3}$$

这样可得到表 2.8 中的值。　■

表 2.8 二重根情况下的加速收敛

k	p_k	$p_{k+1}-p_k$	$E_k=p-p_k$	$\frac{\vert E_{k+1}\vert}{\vert E_k\vert^2}$
0	1.200000000	−0.193939394	−0.200000000	0.151515150
1	1.006060606	−0.006054519	−0.006060606	0.165718578
2	1.000006087	−0.000006087	−0.000006087	
3	1.000000000	0.000000000	0.000000000	

表 2.9 对各种求根方法的收敛速度进行了比较,其中各个方法的常量 A 是不一样的。

表 2.9 收敛速度的比较

方法	特殊考虑	连续误差项之间的关系
二分法		$E_{k+1}\approx\frac{1}{2}\vert E_k\vert$
试位法		$E_{k+1}\approx A\vert E_k\vert$
割线法	多重根	$E_{k+1}\approx A\vert E_k\vert$
牛顿-拉夫森法	多重根	$E_{k+1}\approx A\vert E_k\vert$
割线法	单根	$E_{k+1}\approx A\vert E_k\vert^{1.618}$
牛顿-拉夫森法	单根	$E_{k+1}\approx A\vert E_k\vert^2$
加速牛顿-拉夫森法	多重根	$E_{k+1}\approx A\vert E_k\vert^2$
加速牛顿-拉夫森法		

程序 2.5(牛顿-拉夫森迭代) 使用初始近似值 p_0,利用迭代

$$p_k=p_{k-1}-\frac{f(p_{k-1})}{f'(p_{k-1})},\quad k=1,\ 2,\ \cdots$$

计算函数 $f(x)=0$ 的根的近似值。

```
function [p0,err,k,y]=newton(f,df,p0,delta,epsilon,max1)
%Input  - f is the object function input as a string 'f'
%       - df is the derivative of f input as a string 'df'
%       - p0 is the initial approximation to a zero of f
%       - delta is the tolerance for p0
%       - epsilon is the tolerance for the function values y
%       - max1 is the maximum number of iterations
%Output - p0 is the Newton-Raphson approximation to the zero
%       - err is the error estimate for p0
%       - k is the number of iterations
%       - y is the function value f(p0)
for k=1:max1
   p1=p0-feval(f,p0)/feval(df,p0);
   err=abs(p1-p0);
   relerr=2*err/(abs(p1)+delta);
   p0=p1;
   y=feval(f,p0);
   if (err<delta)|(relerr<delta)|(abs(y)<epsilon),break,end
end
```

程序 2.6(割线法) 使用初始近似值 p_0 和 p_1,利用迭代

$$p_{k+1}=p_k-\frac{f(p_k)(p_k-p_{k-1})}{f(p_k)-f(p_{k-1})},\quad k=1,\ 2,\ \cdots$$

计算函数 $f(x)=0$ 的根的近似值。

```
function [p1,err,k,y]=secant(f,p0,p1,delta,epsilon,max1)
%Input  - f is the object function input as a string 'f'
%       - p0 and p1 are the initial approximations to a zero
%       - delta is the tolerance for p1
%       - epsilon is the tolerance for the function values y
%       - max1 is the maximum number of iterations
%Output - p1 is the secant method approximation to the zero
%       - err is the error estimate for p1
%       - k is the number of iterations
%       - y is the function value f(p1)
for k=1:max1
   p2=p1-feval(f,p1)*(p1-p0)/(feval(f,p1)-feval(f,p0));
   err=abs(p2-p1);
   relerr=2*err/(abs(p2)+delta);
   p0=p1;
   p1=p2;
   y=feval(f,p1);
   if (err<delta)|(relerr<delta)|(abs(y)<epsilon),break,end
end
```

2.4.7 习题

对于某些需要计算的问题,可借助于计算器或计算机。

1. 设 $f(x)=x^2-x+2$。
   (a) 求出牛顿-拉夫森公式 $p_k=g(p_{k-1})$。
   (b) 从 $p_0=-1.5$ 开始,求 p_1,p_2 和 p_3。
2. 设 $f(x)=x^2-x-3$。
   (a) 求出牛顿-拉夫森公式 $p_k=g(p_{k-1})$。
   (b) 从 $p_0=1.6$ 开始,求 p_1,p_2 和 p_3。
   (c) 从 $p_0=0.0$ 开始,求 p_1,p_2,p_3 和 p_4。从这个序列可推测出什么?
3. 设 $f(x)=(x-2)^4$。
   (a) 求出牛顿-拉夫森公式 $p_k=g(p_{k-1})$。
   (b) 从 $p_0=2.1$ 开始,求 p_1,p_2,p_3 和 p_4。
   (c) 序列是二次收敛的还是线性收敛的?
4. 设 $f(x)=x^3-3x-2$。
   (a) 求出牛顿-拉夫森公式 $p_k=g(p_{k-1})$。
   (b) 从 $p_0=2.1$ 开始,求 p_1,p_2,p_3 和 p_4。
   (c) 序列是二次收敛的还是线性收敛的?
5. 设函数 $f(x)=\cos(x)$。
   (a) 求出牛顿-拉夫森公式 $p_k=g(p_{k-1})$。
   (b) 为了求根 $p=3\pi/2$,是否可采用 $p_0=3$? 为什么?
   (c) 为了求根 $p=3\pi/2$,是否可采用 $p_0=5$? 为什么?
6. 设函数 $f(x)=\arctan(x)$。
   (a) 求出牛顿-拉夫森公式 $p_k=g(p_{k-1})$。
   (b) 如果 $p_0=1.0$,则求 p_1,p_2,p_3 和 p_4。$\lim_{n\to\infty}p_k$ 是什么?
   (c) 如果 $p_0=2.0$,则求 p_1,p_2,p_3 和 p_4。$\lim_{n\to\infty}p_k$ 是什么?

7. 设函数 $f(x)=xe^{-x}$。
   (a) 求出牛顿-拉夫森公式 $p_k=g(p_{k-1})$。
   (b) 如果 $p_0=0.2$,则求 p_1,p_2,p_3 和 p_4。$\lim_{n\to\infty}p_k$ 是什么?
   (c) 如果 $p_0=20$,则求 p_1,p_2,p_3 和 p_4。$\lim_{n\to\infty}p_k$ 是什么?
   (d) (c)中的 $f(p_4)$ 的值是多少?

在习题 8 到习题 10 中,利用割线法和式(27)计算接下来的两个迭代 p_2 和 p_3。

8. 设 $f(x)=x^2-2x-1$,初始近似值 $p_0=2.6$,$p_1=2.5$。
9. 设 $f(x)=x^2-x-3$,初始近似值 $p_0=1.7$,$p_1=1.67$。
10. 设 $f(x)=x^3-x+2$,初始近似值 $p_0=-1.5$,$p_1=-1.52$。
11. **立方根算法**(cube-root algorithm)。函数为 $f(x)=x^3-A$。假定 A 是任意实数,推导递归公式

$$p_k=\frac{2p_{k-1}+A/p_{k-1}^2}{3},\quad k=1,\ 2,\ \cdots$$

12. 设 $f(x)=x^N-A$,其中 N 是正整数。
   (a) 对于不同的 N 和 A,方程 $f(x)=0$ 的实数解是什么?
   (b) 推导寻找 A 的第 N 个根的递归公式

$$p_k=\frac{(N-1)p_{k-1}+A/p_{k-1}^{N-1}}{N},\quad k=1,\ 2,\ \cdots$$

13. 如果 $f(x)=0$,$f(x)=x^2-14x+50$,能否用牛顿-拉夫森迭代求解 $f(x)=0$? 为什么?
14. 如果 $f(x)=0$,$f(x)=x^{1/3}$,能否用牛顿-拉夫森迭代求解 $f(x)=0$? 为什么?
15. 如果 $f(x)=0$,$f(x)=(x-3)^{1/2}$ 而且初始值 $p_0=4$,能否用牛顿-拉夫森迭代求解 $f(x)=0$? 为什么?
16. 试推导出式(11)中序列的极限。
17. 证明定理 2.5 的式(4)中的序列 $\{p_k\}$ 收敛到 p。用如下步骤。
   (a) 证明如果 p 是式(5)中 $g(x)$ 的不动点,则 p 是 $f(x)$ 的零点。
   (b) 如果 p 是 $f(x)$ 的零点而且 $f'(p)\neq 0$,证明 $g'(p)=0$。利用这个结论和定理 2.3,证明式(4)中的序列 $\{p_k\}$ 收敛到 p。
18. 使用如下步骤证明定理 2.6 中的式(23)。根据定理 1.11,在 $x=p_k$ 处可扩展 $f(x)$ 得到

$$f(x)=f(p_k)+f'(p_k)(x-p_k)+\frac{1}{2}f''(c_k)(x-p_k)^2$$

由于 p 是 $f(x)$ 的零点,设 $x=p$ 可得到

$$0=f(p_k)+f'(p_k)(p-p_k)+\frac{1}{2}f''(c_k)(p-p_k)^2$$

   (a) 假设对于靠近根 p 的所有 x 有 $f'(x)\neq 0$。利用上述事实和 $f'(p_k)\neq 0$,证明

$$p-p_k+\frac{f(p_k)}{f'(p_k)}=\frac{-f''(c_k)}{2f'(p_k)}(p-p_k)^2$$

   (b) 设 $f'(x)$ 和 $f''(x)$ 变化的速度不快,所以可用近似值 $f'(p_k)\approx f'(p)$ 和 $f''(c_k)\approx f''(p)$。利用(a)可得到

$$E_{k+1}\approx\frac{-f''(p)}{2f'(p)}E_k^2$$

19. 设 A 为正实数。

(a) 证明 A 可表达为 $A=q\times 2^{2m}$,其中 $1/4\leqslant q<1$,且 m 为整数。

(b) 利用(a)证明平方根是 $A^{1/2}=q^{1/2}\times 2^{m}$。

批注　让 $p_0=(2q+1)/3$,其中 $1/4\leqslant q<1$,并利用牛顿法的公式(11)。经过三个迭代,p_3 是 $q^{1/2}$ 的近似值,精度为二进制小数点后 24 位。这是计算机硬件计算平方根的常用算法。

20. (a) 证明割线法的公式(27)在算术上等价于

$$p_{k+1}=\frac{p_{k-1}f(p_k)-p_k f(p_{k-1})}{f(p_k)-f(p_{k-1})}$$

(b) 试解释为什么上式中减法导致精度丧失,使得此公式在数值计算上弱于公式(27)。

21. 设 p 是函数 $f(x)=0$ 的根,p 的阶 $M=2$。证明加速牛顿-拉夫森迭代

$$p_k=p_{k-1}-\frac{2f(p_{k-1})}{f'(p_{k-1})}$$

二次收敛(见习题 18)。

22. **哈利(Halley)法**是加速牛顿法收敛的另一个途径。哈利迭代公式是

$$g(x)=x-\frac{f(x)}{f'(x)}\left(1-\frac{f(x)f''(x)}{2(f'(x))^2}\right)^{-1}$$

括号中的项是对牛顿-拉夫森公式的改进。哈利法在 $f(x)$ 的单根情况下可达到三次收敛($R=3$)。

(a) 设函数 $f(x)=x^2-A$,试求出哈利迭代公式 $g(x)$,以便求解 $\sqrt{A}$。用 $p_0=2$ 来近似 $\sqrt{5}$,并计算 p_1,p_2 和 p_3。

(b) 设函数 $f(x)=x^3-3x+2$,求哈利迭代公式 $g(x)$。利用 $p_0=-2.4$ 计算 p_1,p_2 和 p_3。

23. **用于重根情况的改进牛顿-拉夫森法**。如果 p 是 M 阶重根,则 $f(x)=(x-p)^M q(x)$,其中 $q(p)\neq 0$。

(a) 证明 $h(x)=f(x)/f'(x)$ 在 p 处有单根。

(b) 证明当用牛顿-拉夫森法求 $h(x)$ 的根时,$g(x)=x-h(x)/h'(x)$ 变成

$$g(x)=x-\frac{f(x)f'(x)}{(f'(x))^2-f(x)f''(x)}$$

(c) (b)中利用 $g(x)$ 的迭代二次收敛到 p。解释为何发生这种情况。

(d) 0 是函数 $f(x)=\sin(x^3)$ 的三重根。从 $p_0=1$ 开始,利用改进牛顿-拉夫森法计算 p_1,p_2 和 p_3。

24. 设一种求解 $f(x)=0$ 的迭代方法产生如下 4 个连续误差项(见例 2.14):$E_0=0.400000$,$E_1=0.043797$,$E_2=0.000062$ 和 $E_3=0.000000$。估算由迭代法生成的渐进误差常数 A 和序列的收敛阶 R。

2.4.8　算法与程序

1. 修改程序 2.5 和程序 2.6,使得程序在下列情况下能够适当地显示错误信息:

(a) 在式(4)或式(27)中分别发生被零除。

(b) 超过迭代次数 `max1`。

2. 显示由式(4)和式(27)生成的序列中的项,通常很具有启发性(如表 2.4 中的第二列)。修

改程序 2.5 和程序 2.6,使其能够分别显示由式(4)和式(27)生成的序列。

3. 利用牛顿平方根算法修改程序 2.5,并用其近似下列每个平方根到小数点后 10 位。

 (a) $p_0=3$,求$\sqrt{8}$的近似值。

 (b) $p_0=10$,求 $\sqrt{91}$的近似值。

 (c) $p_0=-3$,求$-\sqrt{8}$的近似值。

4. 用习题 11 中的立方根算法修改程序 2.5,并用其近似下列每个立方根到小数点后 10 位。

 (a) $p_0=2$,求 $7^{1/3}$的近似值。

 (b) $p_0=6$,求 $200^{1/3}$的近似值。

 (c) $p_0=-2$,求$(-7)^{1/3}$的近似值。

5. 利用定理 2.7 中的加速牛顿-拉夫森算法修改程序 2.5,并用其求下列函数的 M 阶根 p 的近似值。

 (a) $f(x)=(x-2)^5$, $M=5$, $p=2$,初始值 $p_0=1$。

 (b) $f(x)=\sin(x^3)$, $M=3$, $p=0$,初始值 $p_0=1$。

 (c) $f(x)=(x-1)\ln(x)$, $M=2$, $p=1$,初始值 $p_0=2$。

6. 利用习题 22 中的哈利法修改程序 2.5,并用其求解函数 $f(x)=x^3-3x+2$ 的单根,$p_0=-2.4$。

7. 设投射体的运动方程为

$$y=f(t)=9600(1-\mathrm{e}^{-t/15})-480t$$
$$x=r(t)=2400(1-\mathrm{e}^{-t/15})$$

 (a) 求当撞击地面时经过的时间,精确到小数点后 10 位。

 (b) 求水平飞行行程,精确到小数点后 10 位。

8. (a) 求最接近点(3,1)的抛物线 $y=x^2$ 上的点,精确到小数点后 10 位。

 (b) 求最接近点(2.1,0.5)的曲线函数 $y=\sin(x-\sin(x))$上的点,精确到小数点后 10 位。

 (c) 求曲线函数 $f(x)=x^2+2$ 与曲线函数 $g(x)=(x/5)-\sin(x)$之间的最小垂直距离处的 x 值,精确到小数点后 10 位。

9. 一个敞口盒由 10 英寸 ×16 英寸的长方形金属片构成。如果要求盒子的容积为 100 立方英寸,则需要从盒子的边角处砍去多大尺寸的正方形(精确到 0.000000001 英寸)。

10. 悬链线由悬挂的绳索构成。设最低点为(0,0),则悬链线的公式为 $y=C\cosh(x/C)-C$。为确定经过$(\pm a,b)$的悬链线,需要求解方程 $b=C\cosh(a/C)-C$ 得到 C。

 (a) 证明经过$(\pm 10,6)$的悬链线上 $y=9.1889\cosh(x/9.1889)-9.1889$。

 (b) 求解经过$(\pm 12,5)$的悬链线。

2.5 埃特金过程、斯蒂芬森法和米勒法(选读)

在 2.4 节中可看到在重根情况下牛顿法收敛很慢,而且迭代序列$\{p_k\}$是线性收敛。定理 2.7 显示了如何加速收敛,但需要预先知道根的阶。

2.5.1 埃特金过程

一种称为**埃特金(Aitken)$\boldsymbol{\Delta}^2$ 过程**的技术可加速任何线性收敛的序列。为此,有如下定义。

定义 2.6　设有序列 $\{p_n\}_{n=0}^{\infty}$，用如下表达式定义前向微分 Δp_n：

$$\Delta p_n = p_{n+1} - p_n,\quad n \geqslant 0 \tag{1}$$

高阶 $\Delta^k p_n$ 可递归定义为

$$\Delta^k p_n = \Delta^{k-1}(\Delta p_n),\quad k \geqslant 2 \tag{2}$$

▲

定理 2.8（埃特金加速）　设序列 $\{p_n\}_{n=0}^{\infty}$ 线性收敛到极限 p，而且对所有 $n \geqslant 0$，有 $p - p_n \neq 0$。如果存在实数 A，且 $|A| < 1$，满足

$$\lim_{n\to\infty} \frac{p - p_{n+1}}{p - p_n} = A \tag{3}$$

则定义为

$$q_n = p_n - \frac{(\Delta p_n)^2}{\Delta^2 p_n} = p_n - \frac{(p_{n+1} - p_n)^2}{p_{n+2} - 2p_{n+1} + p_n} \tag{4}$$

的序列 $\{q_n\}_{n=0}^{\infty}$ 收敛到 p，且比 $\{p_n\}_{n=0}^{\infty}$ 快，而且

$$\lim_{n\to\infty} \left| \frac{p - q_n}{p - p_n} \right| = 0 \tag{5}$$

证明：下面将证明如何得到式(4)，并把对式(5)的证明作为习题。由于式(3)中的项逼近一个极限，当 n 值很大时可写成

$$\frac{p - p_{n+1}}{p - p_n} \approx A,\qquad \frac{p - p_{n+2}}{p - p_{n+1}} \approx A \tag{6}$$

则根据关系式(6)可得到

$$(p - p_{n+1})^2 \approx (p - p_{n+2})(p - p_n) \tag{7}$$

当式(7)的两边展开并消除 p^2，可得到

$$p \approx \frac{p_{n+2}p_n - p_{n+1}^2}{p_{n+2} - 2p_{n+1} + p_n} = q_n,\quad n = 0,\ 1,\ \cdots \tag{8}$$

式(8)可用来定义项 q_n。重新对其变换可得到式(4)，使得用计算机计算时可得到更小的误差传播。●

例 2.18　证明例 2.2 中的序列 $\{p_n\}$ 是线性收敛的。同时证明由埃特金 Δ^2 过程得到的序列 $\{q_n\}$ 收敛得更快。

解：使用函数 $g(x) = e^{-x}$，从 $p_0 = 0.5$ 开始，通过不动点迭代可得到序列 $\{p_n\}$。收敛后的极限为 $P \approx 0.567143290$。p_n 和 q_n 的值如表 2.10 和表 2.11 所示。例如，q_1 的值的计算过程如下：

$$\begin{aligned} q_1 &= p_1 - \frac{(p_2 - p_1)^2}{p_3 - 2p_2 + p_1} \\ &= 0.606530660 - \frac{(-0.061291448)^2}{0.095755331} = 0.567298989 \end{aligned}$$

■

尽管表 2.11 中的序列 $\{q_n\}$ 为线性收敛的，根据定理 2.8，它比 $\{p_n\}$ 收敛得快。而通常通过埃特金方法的改进，收敛速度甚至比它更快。把不动点迭代和埃特金过程结合起来的方法，称为**斯蒂芬森(Steffensen)加速**。在程序 2.7 和习题中有更详细的描述。

表 2.10 线性收敛序列 $\{p_n\}$

n	p_n	$E_n = p_n - p$	$A_n = \dfrac{E_n}{E_{n-1}}$
1	0.606530660	0.039387369	−0.586616609
2	0.545239212	−0.021904079	−0.556119357
3	0.579703095	0.012559805	−0.573400269
4	0.560064628	−0.007078663	−0.563596551
5	0.571172149	0.004028859	−0.569155345
6	0.564862947	−0.002280343	−0.566002341

表 2.11 用埃特金 Δ^2 过程得到的序列 $\{q_n\}$

n	q_n	$q_n - p$
1	0.567298989	0.000155699
2	0.567193142	0.000049852
3	0.567159364	0.000016074
4	0.567148453	0.000005163
5	0.567144952	0.000001662
6	0.567143825	0.000000534

2.5.2 米勒法

由于米勒(Muller)法不需要计算函数的导数,可把米勒法看成割线法的广义形式。米勒法是一种迭代方法,需要 3 个初始点$(p_0, f(p_0))$,$(p_1, f(p_1))$和$(p_2, f(p_2))$。构造一个抛物线经过这 3 点,然后利用二次函数求下一个近似值的二次根。可以证明当接近一个单根时,米勒法比割线法收敛得快,而且基本上与牛顿法一样快。此方法可用来求函数的实数零点和复数零点,而且可利用复数算术。

不失一般性,设 p_2 是根的最佳近似值,并设一个抛物线经过 3 个初始点,如图 2.17 所示。改变变量

$$t = x - p_2 \tag{9}$$

使用的差分为

$$h_0 = p_0 - p_2, \qquad h_1 = p_1 - p_2 \tag{10}$$

设包含变量 t 的二次多项式为

$$y = at^2 + bt + c \tag{11}$$

根据每一点可得到一个包含 a,b 和 c 的方程:

$$\begin{aligned} t = h_0: &\quad ah_0^2 + bh_0 + c = f_0 \\ t = h_1: &\quad ah_1^2 + bh_1 + c = f_1 \\ t = 0: &\quad a0^2 + b0 \ + c = f_2 \end{aligned} \tag{12}$$

从方程组(12)中的第三个方程,可看到

$$c = f_2 \tag{13}$$

将方程(13)代入方程组(12)中的前两个方程,并利用定义 $e_0 = f_0 - c$ 和 $e_1 = f_1 - c$,可得到线性方程组

$$\begin{aligned} ah_0^2 + bh_0 &= f_0 - c = e_0 \\ ah_1^2 + bh_1 &= f_1 - c = e_1 \end{aligned} \tag{14}$$

求解线性方程组可得

$$\begin{aligned} a &= \frac{e_0 h_1 - e_1 h_0}{h_1 h_0^2 - h_0 h_1^2} \\ b &= \frac{e_1 h_0^2 - e_0 h_1^2}{h_1 h_0^2 - h_0 h_1^2} \end{aligned} \tag{15}$$

下列二次式用来求解方程(11)的根 $t = z_1, z_2$:

$$z = \frac{-2c}{b \pm \sqrt{b^2 - 4ac}} \tag{16}$$

式(16)等价于求二次根的标准公式,而且由于 $c = f_2$,所以它更好。

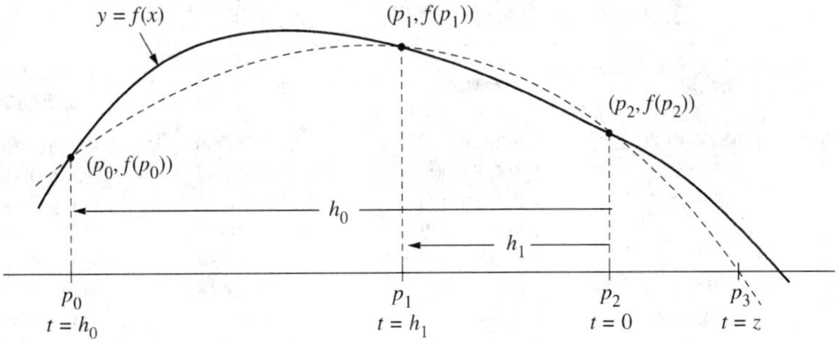

图 2.17　采用米勒法的初始近似值 p_0,p_1 和 p_2,以及差分 h_0 和 h_1

为了确保方法的稳定性,需要选择式(16)中绝对值最小的根。如果 $b>0$,使用带正号的根;如果 $b<0$,使用带负号的根。则 p_3 如图 2.17 所示,表示为

$$p_3 = p_2 + z \tag{17}$$

为了更新迭代,需要从$\{p_0,p_1,p_2\}$中选择最靠近 p_3 的两点为新的 p_0 和 p_1(即放弃离 p_3 最远的一点)。然后使新的 p_2 为老的 p_3。尽管在米勒法中有许多辅助计算,但它的每个迭代只需要计算一个函数。

如果利用米勒法求方程 $f(x)=0$ 的实数根,可能会遇到复数近似值,因为式(16)中的平方根可能是复数(虚部为零)。在这些情况下,虚部很小,可设为零,使得只需对实数进行计算。

2.5.3　方法之间的比较

斯蒂芬森法可与牛顿-拉夫森不动点函数 $g(x)=x-f(x)/f'(x)$ 一起使用。在下面的两个例子中,对多项式 $f(x)=x^3-3x+2$ 求根。牛顿-拉夫森函数是 $g(x)=(2x^3-2)/(3x^2-3)$。当在程序 2.7 中使用这个函数时,可得到在表 2.12 和表 2.13 中"结合牛顿法的斯蒂芬森法"栏目下的计算结果。例如,从 $p_0=-2.4$ 开始,通过计算可得

$$p_1 = g(p_0) = -2.076190476 \tag{18}$$

和

$$p_2 = g(p_1) = -2.003596011 \tag{19}$$

则通过埃特金法可得 $p_3=-1.982618143$。

表 2.12　比较靠近单根处不同方法的收敛性

k	割线法	米勒法	牛顿法	结合牛顿法的斯蒂芬森法
0	−2.600000000	−2.600000000	−2.400000000	−2.400000000
1	−2.400000000	−2.500000000	−2.076190476	−2.076190476
2	−2.106598985	−2.400000000	−2.003596011	−2.003596011
3	−2.022641412	−1.985275287	−2.000008589	−1.982618143
4	−2.001511098	−2.000334062	−2.000000000	−2.000204982
5	−2.000022537	−2.000000218		−2.000000028
6	−2.000000022	−2.000000000		−2.000002389
7	−2.000000000			−2.000000000

例 2.19(靠近单根处的收敛性)　当函数 $f(x)=x^3-3x+2$ 靠近单根 $p=-2$ 处时,对各种方法进行比较。

解:求此函数根的牛顿法和割线法,分别如例 2.14 和例 2.16 所示。表 2.12 对不同方法的计算结果进行了总结。■

表 2.13 比较靠近二重根处不同方法的收敛性

k	割线法	米勒法	牛顿法	结合牛顿法的斯蒂芬森法
0	1.400000000	1.400000000	1.200000000	1.200000000
1	1.200000000	1.300000000	1.103030303	1.103030303
2	1.138461538	1.200000000	1.052356417	1.052356417
3	1.083873738	1.003076923	1.026400814	0.996890433
4	1.053093854	1.003838922	1.013257734	0.998446023
5	1.032853156	1.000027140	1.006643418	0.999223213
6	1.020429426	0.999997914	1.003325375	0.999999193
7	1.012648627	0.999999747	1.001663607	0.999999597
8	1.007832124	1.000000000	1.000832034	0.999999798
9	1.004844757		1.000416075	0.999999999
	⋮		⋮	

例 2.20(靠近二重根处的收敛性) 当函数 $f(x)=x^3-3x+2$ 靠近二重根 $p=1$ 处时,对各种方法进行比较。表 2.13 给出了各种计算结果的汇总。 ■

牛顿法是求解单根的最好选择(见表 2.12)。对于二重根情况,米勒法或结合牛顿-拉夫森公式的斯蒂芬森法是好的选择(见表 2.13)。需要注意,当序列 $\{p_k\}$ 收敛时,在埃特金加速公式(4)中可能发生被零除。在这种情况下,最后计算出的近似值可作为函数零点的近似值。

在下面的程序中,由结合牛顿-拉夫森公式的斯蒂芬森法生成的序列 $\{p_k\}$ 存储在矩阵 $\boldsymbol{Q}$ 中,矩阵 $\boldsymbol{Q}$ 有 max1 行 3 列。$\boldsymbol{Q}$ 的第一列包含根的初始近似值 p_0 和由埃特金加速法(4)生成的项 $p_3, p_6, \cdots, p_{3k}, \cdots$。$\boldsymbol{Q}$ 的第二列和第三列包含由牛顿法生成的项。程序的终止判别条件是基于 $\boldsymbol{Q}$ 的第一列中的连续项的差值。

程序 2.7(斯蒂芬森加速法) 给定初始近似值 p_0,快速寻找不动点方程 $x=g(x)$ 的解,假设 $g(x)$ 和 $g'(x)$ 是连续的,而且 $|g'(x)|<1$,通常的不动点迭代缓慢(线性)收敛到 p。

```
function [p,Q]=steff(f,df,p0,delta,epsilon,max1)
%Input  - f is the object function input as a string 'f'
%       - df is the derivative of f input as a string 'df'
%       - p0 is the initial approximation to a zero of f
%       - delta is the tolerance for p0
%       - epsilon is the tolerance for the function values y
%       - max1 is the maximum number of iterations
%Output - p is the Steffensen approximation to the zero
%       - Q is the matrix containing the Steffensen sequence

%Initialize the matrix R
R=zeros(max1,3);
R(1,1)=p0;
for k=1:max1
   for j=2:3
      %Denominator in Newton-Raphson method is calculated
      nrdenom=feval(df,R(k,j-1));

      %Calculate Newton-Raphson approximations
      if nrdenom==0
         'division by zero in Newton-Raphson method'
         break
      else
```

```
            R(k,j)=R(k,j-1)-feval(f,R(k,j-1))/nrdenom;
        end

        %Denominator in Aitken's Acceleration process calculated
        aadenom=R(k,3)-2*R(k,2)+R(k,1);

        %Calculate Aitken's Acceleration approximations
        if aadenom==0
            'division by zero in Aitken's Acceleration'
            break
        else
            R(k+1,1)=R(k,1)-(R(k,2)-R(k,1))^2/aadenom;
        end

    end

    %End program if division by zero occurred
    if (nrdenom==0)|(aadenom==0)
        break
    end

    %Stopping criteria are evaluated
    err=abs(R(k,1)-R(k+1,1));
    relerr=err/(abs(R(k+1,1))+delta);
    y=feval(f,R(k+1,1));
    if (err<delta)|(relerr<delta)|(y<epsilon)
        % p and the matrix Q are determined
        p=R(k+1,1);
        Q=R(1:k+1,:);
        break
    end

end
```

程序 2.8(米勒法)　给定 3 个初始近似值 p_0,p_1 和 p_2,求方程 $f(x)=0$ 的根。

```
function [p,y,err]=muller(f,p0,p1,p2,delta epsilon,max1)
%Input  - f is the object function input as a string 'f'
%       - p0, p1, and p2 are the initial approximations
%       - delta is the tolerance for p0, p1, and p2
%       - epsilon the the tolerance for the function values y
%       - max1 is the maximum number of iterations
%Output - p is the Muller approximation to the zero of f
%       - y is the function value y = f(p)
%       - err is the error in the approximation of p.
%Initialize the matrices P and Y
P=[p0 p1 p2];
Y=feval(f,P);
%Calculate a and b in formula (15)
for k=1:max1
   h0=P(1)-P(3);h1=P(2)-P(3);e0=Y(1)-Y(3);e1=Y(2)-Y(3);c=Y(3);
   denom=h1*h0^2-h0*h1^2;
```

```
    a=(e0*h1-e1*h0)/denom;
    b=(e1*h0^2-e0*h1^2)/denom;
    %Suppress any complex roots
    if b^2-4*a*c > 0
       disc=sqrt(b^2-4*a*c);
    else
       disc=0;
    end
    %Find the smallest root of (17)
    if b < 0
       disc=-disc;
    end
    z=-2*c/(b+disc);
    p=P(3)+z;
    %Sort the entries of P to find the two closest to p
    if abs(p-P(2))<abs(p-P(1))
       Q=[P(2) P(1) P(3)];
       P=Q;
       Y=feval(f,P);
    end
    if abs(p-P(3))<abs(p-P(2))
       R=[P(1) P(3) P(2)];
       P=R;
       Y=feval(f,P);
    end
    %Replace the entry of P that was farthest from p with p
    P(3)=p;
    Y(3) = feval(f,P(3));
    y=Y(3);
    %Determine stopping criteria
    err=abs(z);
    relerr=err/(abs(p)+delta);
    if (err<delta)|(relerr<delta)|(abs(y)<epsilon)
       break
    end
end
```

2.5.4 习题

1. 求 Δp_n,其中

   (a) $p_n = 5$　　(b) $p_n = 6n + 2$　　(c) $p_n = n(n+1)$

2. 设 $p_n = 2n^2 + 1$,求 $\Delta^k p_n$,其中

   (a) $k = 2$　　(b) $k = 3$　　(c) $k = 4$

3. 设 $p_n = 1/2^n$。证明对所有 n 有 $q_n = 0$,其中 q_n 由公式(4)给出。
4. 设 $p_n = 1/n$。证明对所有 n 有 $q_n = 1/(2n+2)$,而且收敛性基本没有加速。是否 $\{p_n\}$ 线性收敛到零?为什么?
5. 设 $p_n = 1/(2^n - 1)$。证明对所有 n 有 $q_n = 1/(4^{n+1} - 1)$。
6. 序列 $p_n = 1/(4^n + 4^{-n})$ 线性收敛到零。利用埃特金公式(4)求 q_1, q_2 和 q_3,从而加速收敛。

n	p_n	q_n
0	0.5	−0.26437542
1	0.23529412	
2	0.06225681	
3	0.01562119	
4	0.00390619	
5	0.00097656	

7. 从 $p_0=2.5$ 开始，使用函数 $g(x)=(6+x)^{1/2}$，由不动点迭代生成的序列 $\{p_n\}$ 线性收敛到 $p=3$。利用埃特金公式(4)求解 q_1, q_2 和 q_3，从而加速收敛。
8. 从 $p_0=3.14$ 开始，使用函数 $g(x)=\ln(x)+2$，由不动点迭代生成的序列 $\{p_n\}$ 线性收敛到 $p\approx3.1419322$。利用埃特金公式(4)求解 q_1, q_2 和 q_3，从而加速收敛。
9. 对于方程 $\cos(x)-1=0$，牛顿-拉夫森函数是 $g(x)=x-(1-\cos(x))/\sin(x)=x-\tan(x/2)$。从 $p_0=0.5$ 开始，利用结合 $g(x)$ 的斯蒂芬森法，求解 p_1, p_2 和 p_3，再求解 p_4, p_5 和 p_6。
10. **序列的收敛性**。埃特金法可用来加速序列的收敛性。如果序列的第 n 个部分和是

$$S_n=\sum_{k=1}^{n}A_k$$

证明利用埃特金法导出的序列为

$$T_n=S_n+\frac{A_{n+1}^2}{A_{n+1}-A_{n+2}}$$

在习题 11 到习题 14 中，利用埃特金法和习题 10 的结果加速序列的收敛。

11. $S_n=\sum_{k=1}^{n}(0.99)^k$
12. $S_n=\sum_{k=1}^{n}\frac{1}{4^k+4^{-k}}$
13. $S_n=\sum_{k=1}^{n}\frac{k}{2^{k-1}}$
14. $S_n=\sum_{k=1}^{n}\frac{1}{2^k k}$
15. 利用米勒法求方程 $f(x)=x^3-x-2$ 的根。从 $p_0=1.0, p_1=1.2$ 和 $p_2=1.4$ 开始，求 p_3, p_4 和 p_5。
16. 利用米勒法求方程 $f(x)=4x^2-e^x$ 的根。从 $p_0=4.0, p_1=4.1$ 和 $p_2=4.2$ 开始，求 p_3, p_4 和 p_5。
17. 设 $\{p_n\}$ 和 $\{q_n\}$ 是任意两个实数序列。证明
    (a) $\Delta(p_n+q_n)=\Delta p_n+\Delta q_n$
    (b) $\Delta(p_nq_n)=p_{n+1}\Delta q_n+q_n\Delta p_n$
18. 对公式(8)右边增加项 p_{n+2} 和 $-p_{n+2}$，证明下列公式与其等价：

$$p\approx p_{n+2}-\frac{(p_{n+2}-p_{n+1})^2}{p_{n+2}-2p_{n+1}+p_n}=q_n$$

19. 设迭代过程中的误差满足关系式 $E_{n+1}=KE_n$，其中 K 是某些常量，而且 $|K|<1$。
    (a) 求 E_n 的表达式，其中包含 E_0, K 和 n。
    (b) 求最小整数 N 的表达式，满足 $|E_N|<10^{-8}$。

2.5.5 算法与程序

1. 利用斯蒂芬森法,初始近似值 $p_0=0.5$,求解 $f(x)=x-\sin(x)$ 的零点近似值,精确到小数点后 10 位。
2. 利用斯蒂芬森法,初始近似值 $p_0=0.5$,求解 $f(x)=\sin(x^3)$ 的最接近 0.5 的零点近似值,精确到小数点后 10 位。
3. 利用米勒法,初始近似值 $p_0=1.5$,$p_1=1.4$,$p_2=1.3$,求解 $f(x)=1+2x-\tan(x)$ 的零点,精确到小数点后 12 位。
4. 在程序 2.8(米勒法)中,用 p_0,p_1 和 p_2 初始化一个 1×3 矩阵 $\boldsymbol{P}$。在循环结尾处,p_0,p_1 或 p_2 中的一个被新的零点近似值替换。这个过程一直持续到满足终止判别条件 $k=K$ 为止。修改程序 2.8,使得除了 p 和 err 外,还将产生一个 $(K+1)\times 3$ 矩阵 $\boldsymbol{Q}$,$\boldsymbol{Q}$ 的第一行包含 1×3 矩阵 $\boldsymbol{P}$,$\boldsymbol{P}$ 中的值为零点的初始近似值。$\boldsymbol{Q}$ 的第 k 行包含由 3 个零点近似值构成的第 k 个集合。

   使用修改过的程序 2.8 和初始近似值 $p_0=2.4$,$p_1=2.3$,$p_2=2.2$,求解 $f(x)=3\cos(x)+2\sin(x)$ 的零点,精确到小数点后 8 位。

第 3 章　线性方程组 $AX = B$ 的数值解法

在第一卦限(octant)内,3 个平面(plane)形成一个立体的边,如图 3.1 所示。设 3 个平面的方程为

$$5x + y + z = 5$$
$$x + 4y + z = 4$$
$$x + y + 3z = 3$$

3 个平面的交点坐标是什么？可用高斯消去法求出线性方程组的解

$$x = 0.76, \quad y = 0.68, \quad z = 0.52$$

在这一章中,主要研究求解线性方程组的数值解法。

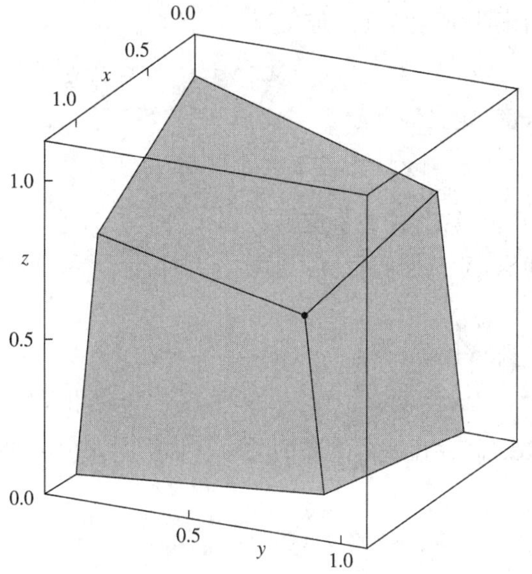

图 3.1　3 个平面的交

3.1　向量和矩阵简介

一个 N 维实数向量 $\boldsymbol{X}$ 是 N 个实数的有序集合,通常写成坐标形式

$$\boldsymbol{X} = (x_1, x_2, \cdots, x_N) \tag{1}$$

其中数 $x_1, x_2, \cdots$,和 x_N 称为 $\boldsymbol{X}$ **的坐标或分量**。包含所有 N 维向量的集合称为 **N 维空间**。当一个向量用来表示空间中的一点或位置时,称为**位置向量(position vector)**。当它用来表示空间两点的移动时,则称为**偏移向量(displacement vector)**。

设另一个向量为 $\boldsymbol{Y} = (y_1, y_2, \cdots, y_N)$。两个向量 $\boldsymbol{X}$ 和 $\boldsymbol{Y}$ 相等当且仅当它们对应的分量相等,表示为

$$\boldsymbol{X} = \boldsymbol{Y} \quad \text{当且仅当} \quad x_j = y_j, \quad j = 1, 2, \cdots, N \tag{2}$$

向量 $\boldsymbol{X}$ 与 $\boldsymbol{Y}$ 的和是它们的对应分量分别相加得到的向量,表示为

$$\boldsymbol{X}+\boldsymbol{Y}=(x_1+y_1, x_2+y_2, \cdots, x_N+y_N) \tag{3}$$

向量 $\boldsymbol{X}$ 的取负可通过将它的所有分量取负得到,表示为

$$-\boldsymbol{X}=(-x_1, -x_2, \cdots, -x_N) \tag{4}$$

$\boldsymbol{Y}-\boldsymbol{X}$ 的差可通过将它们的对应分量相减得到,表示为

$$\boldsymbol{Y}-\boldsymbol{X}=(y_1-x_1, y_2-x_2, \cdots, y_N-x_N) \tag{5}$$

N 维空间服从代数性质

$$\boldsymbol{Y}-\boldsymbol{X}=\boldsymbol{Y}+(-\boldsymbol{X}) \tag{6}$$

如果 c 是实数(标量),则定义**标量乘积** $c\boldsymbol{X}$ 为

$$c\boldsymbol{X}=(cx_1, cx_2, \cdots, cx_N) \tag{7}$$

如果 c 和 d 是标量,则加权和 $c\boldsymbol{X}+d\boldsymbol{Y}$ 称为 $\boldsymbol{X}$ 和 $\boldsymbol{Y}$ 的**线性组合**,表示为

$$c\boldsymbol{X}+d\boldsymbol{Y}=(cx_1+dy_1, cx_2+dy_2, \cdots, cx_N+dy_N) \tag{8}$$

$\boldsymbol{X}$ 和 $\boldsymbol{Y}$ 的**点积**是一个标量值(实数),定义为

$$\boldsymbol{X}\cdot\boldsymbol{Y}=x_1y_1+x_2y_2+\cdots+x_Ny_N \tag{9}$$

向量 $\boldsymbol{X}$ 的**范数**(或**长度**)定义为

$$\|\boldsymbol{X}\|=(x_1^2+x_2^2+\cdots+x_N^2)^{1/2} \tag{10}$$

式(10)称为向量 X 的**欧几里得范数**(或**长度**)。

当 $|c|>1$ 时,标量乘积 $c\boldsymbol{X}$ 拉伸向量 $\boldsymbol{X}$;当 $|c|<1$ 时,标量乘积 $c\boldsymbol{X}$ 压缩向量 $\boldsymbol{X}$。这可通过式(10)看出:

$$\begin{aligned}\|c\boldsymbol{X}\|&=(c^2x_1^2+c^2x_2^2+\cdots+c^2x_N^2)^{1/2}\\&=|c|(x_1^2+x_2^2+\cdots+x_N^2)^{1/2}=|c|\|\boldsymbol{X}\|\end{aligned} \tag{11}$$

在点积和向量的范数之间存在一个重要的关系。如果对式(10)两边平方,并在式(9)中用 $\boldsymbol{X}$ 替换 $\boldsymbol{Y}$,可得

$$\|\boldsymbol{X}\|^2=x_1^2+x_2^2+\cdots+x_N^2=\boldsymbol{X}\cdot\boldsymbol{X} \tag{12}$$

如果 $\boldsymbol{X}$ 和 $\boldsymbol{Y}$ 是位置向量,位于 N 维空间中的点 $(x_1, x_2, \cdots, x_N)$ 和 $(y_1, y_2, \cdots, y_N)$,则从 $\boldsymbol{X}$ 到 $\boldsymbol{Y}$ 的**偏移向量**是它们的差

$$\boldsymbol{Y}-\boldsymbol{X} \qquad (\text{从位置 } \boldsymbol{X} \text{ 到位置 } \boldsymbol{Y} \text{ 的偏移}) \tag{13}$$

注意,如果一个粒子从位置 $\boldsymbol{X}$ 开始,沿偏移 $\boldsymbol{Y}-\boldsymbol{X}$ 移动,则它的新位置为 $\boldsymbol{Y}$。这可通过如下的向量和得到:

$$\boldsymbol{Y}=\boldsymbol{X}+(\boldsymbol{Y}-\boldsymbol{X}) \tag{14}$$

利用式(10)和式(13),可得到 N 维空间中两点的距离公式。

$$\|\boldsymbol{Y}-\boldsymbol{X}\|=\left((y_1-x_1)^2+(y_2-x_2)^2+\cdots+(y_N-x_N)^2\right)^{1/2} \tag{15}$$

当用式(15)计算两点间的距离时,称这些点位于 **N 维欧几里得空间**。

例 3.1 设 $\boldsymbol{X}=(2, -3, 5, -1)$ 和 $\boldsymbol{Y}=(6, 1, 2, -4)$。上述概念可用下列 4 维空间的向量计算表示。

和	$\boldsymbol{X}+\boldsymbol{Y}=(8,-2,7,-5)$
差	$\boldsymbol{X}-\boldsymbol{Y}=(-4,-4,3,3)$
标量乘	$3\boldsymbol{X}=(6,-9,15,-3)$
长度	$\Vert\boldsymbol{X}\Vert=(4+9+25+1)^{1/2}=39^{1/2}$
点积	$\boldsymbol{X}\cdot\boldsymbol{Y}=12-3+10+4=23$
从 $\boldsymbol{X}$ 到 $\boldsymbol{Y}$ 的偏移	$\boldsymbol{Y}-\boldsymbol{X}=(4,4,-3,-3)$
从 $\boldsymbol{X}$ 到 $\boldsymbol{Y}$ 的距离	$\Vert\boldsymbol{Y}-\boldsymbol{X}\Vert=(16+16+9+9)^{1/2}=50^{1/2}$ ■

有时将行向量写成列向量更有用，例如

$$\boldsymbol{X}=\begin{bmatrix}x_1\\x_2\\\vdots\\x_N\end{bmatrix}\quad\text{和}\quad\boldsymbol{Y}=\begin{bmatrix}y_1\\y_2\\\vdots\\y_N\end{bmatrix}\tag{16}$$

则线性组合 $c\boldsymbol{X}+d\boldsymbol{Y}$ 可表示为

$$c\boldsymbol{X}+d\boldsymbol{Y}=\begin{bmatrix}cx_1+dy_1\\cx_2+dy_2\\\vdots\\cx_N+dy_N\end{bmatrix}\tag{17}$$

在式(17)中，通过适当选择 c 和 d，可得到和 $1\boldsymbol{X}+1\boldsymbol{Y}$，差 $1\boldsymbol{X}-1\boldsymbol{Y}$ 以及标量乘积 $c\boldsymbol{X}+0\boldsymbol{Y}$。使用上标“$'$”表示向量的转置，即行向量变成列向量，反之亦然。

$$(x_1,x_2,\cdots,x_N)'=\begin{bmatrix}x_1\\x_2\\\vdots\\x_N\end{bmatrix}\quad\text{和}\quad\begin{bmatrix}x_1\\x_2\\\vdots\\x_N\end{bmatrix}'=(x_1,x_2,\cdots,x_N)\tag{18}$$

向量的集合有零元素 $\boldsymbol{0}$，定义为

$$\boldsymbol{0}=(0,0,\cdots,0)\tag{19}$$

定理 3.1（向量代数） 设 $\boldsymbol{X},\boldsymbol{Y}$ 和 $\boldsymbol{Z}$ 是 N 维向量，a 和 b 是标量（实数）。向量加和标量乘积有如下性质：

$\boldsymbol{Y}+\boldsymbol{X}=\boldsymbol{X}+\boldsymbol{Y}$	交换律	(20)
$\boldsymbol{0}+\boldsymbol{X}=\boldsymbol{X}=\boldsymbol{X}+\boldsymbol{0}$	加法单位元	(21)
$\boldsymbol{X}-\boldsymbol{X}=\boldsymbol{X}+(-\boldsymbol{X})=\boldsymbol{0}$	加法逆元	(22)
$(\boldsymbol{X}+\boldsymbol{Y})+\boldsymbol{Z}=\boldsymbol{X}+(\boldsymbol{Y}+\boldsymbol{Z})$	结合律	(23)
$(a+b)\boldsymbol{X}=a\boldsymbol{X}+b\boldsymbol{X}$	标量分配律	(24)
$a(\boldsymbol{X}+\boldsymbol{Y})=a\boldsymbol{X}+a\boldsymbol{Y}$	向量分配律	(25)
$a(b\boldsymbol{X})=(ab)\boldsymbol{X}$	标量结合律	(26)

3.1.1　矩阵和二维数组

一个矩阵是数字按行列分布的矩形数组。一个矩阵有 M 行和 N 列，称为 $M\times N$ 矩阵。大写字母 $\boldsymbol{A}$ 表示矩阵，小写带下标字母 a_{ij} 表示构成矩阵的一个数。矩阵可表示为

$$\boldsymbol{A}=[a_{ij}]_{M\times N},\quad 1\leqslant i\leqslant M,1\leqslant j\leqslant N\tag{27}$$

这里 a_{ij} 是位于 (i,j)（即存储在矩阵的第 i 行和第 j 列上）的数。将 a_{ij} 作为位于 (i,j) 的元素。其

扩展形式为

$$行\ i \to \begin{bmatrix} a_{11} & a_{12} & \cdots & a_{1j} & \cdots & a_{1N} \\ a_{21} & a_{22} & \cdots & a_{2j} & \cdots & a_{2N} \\ \vdots & \vdots & & \vdots & & \vdots \\ a_{i1} & a_{i2} & \cdots & a_{ij} & \cdots & a_{iN} \\ \vdots & \vdots & & \vdots & & \vdots \\ a_{M1} & a_{M2} & \cdots & a_{Mj} & \cdots & a_{MN} \end{bmatrix} = A \qquad (28)$$

$$\uparrow 列\ j$$

$M \times N$ 矩阵 A 的行是 N 维向量：

$$V_i = (a_{i1}, a_{i2}, \cdots, a_{iN}), \quad i = 1, 2, \cdots, M \qquad (29)$$

式(29)中的行向量也可看成 $1 \times N$ 矩阵。将 $M \times N$ 矩阵 A 分解成 M 块(子矩阵)即形成 $1 \times N$ 矩阵。

在这种情况下，可将 A 表示为一个 $M \times 1$ 矩阵，而矩阵包含 $1 \times N$ 行矩阵 V_i，即

$$A = \begin{bmatrix} V_1 \\ V_2 \\ \vdots \\ V_i \\ \vdots \\ V_M \end{bmatrix} = \begin{bmatrix} V_1 & V_2 & \cdots & V_i & \cdots & V_M \end{bmatrix}' \qquad (30)$$

同理，$M \times N$ 矩阵 A 的列形成 $M \times 1$ 矩阵：

$$C_1 = \begin{bmatrix} a_{11} \\ a_{21} \\ \vdots \\ a_{i1} \\ \vdots \\ a_{M1} \end{bmatrix}, \quad \ldots, \quad C_j = \begin{bmatrix} a_{1j} \\ a_{2j} \\ \vdots \\ a_{ij} \\ \vdots \\ a_{Mj} \end{bmatrix}, \quad \ldots, \quad C_N = \begin{bmatrix} a_{1N} \\ a_{2N} \\ \vdots \\ a_{iN} \\ \vdots \\ a_{MN} \end{bmatrix} \qquad (31)$$

在这种情况下，可将 A 表示成由 $M \times 1$ 列矩阵 C_j 构成的 $1 \times N$ 矩阵：

$$A = \begin{bmatrix} C_1 & C_2 & \cdots & C_j & \cdots & C_N \end{bmatrix} \qquad (32)$$

例3.2 标识下列 4×3 矩阵的行矩阵和列矩阵：

$$A = \begin{bmatrix} -2 & 4 & 9 \\ 5 & -7 & 1 \\ 0 & -3 & 8 \\ -4 & 6 & -5 \end{bmatrix}$$

4 个行矩阵为 $V_1 = \begin{bmatrix} -2 & 4 & 9 \end{bmatrix}, V_2 = \begin{bmatrix} 5 & -7 & 1 \end{bmatrix}, V_3 = \begin{bmatrix} 0 & -3 & 8 \end{bmatrix}$ 和 $V_4 = \begin{bmatrix} -4 & 6 & -5 \end{bmatrix}$。3 个列矩阵为

$$C_1 = \begin{bmatrix} -2 \\ 5 \\ 0 \\ -4 \end{bmatrix}, \quad C_2 = \begin{bmatrix} 4 \\ -7 \\ -3 \\ 6 \end{bmatrix}, \quad C_3 = \begin{bmatrix} 9 \\ 1 \\ 8 \\ -5 \end{bmatrix}$$

A 可用这些矩阵进行表示：

$$\boldsymbol{A}=\begin{bmatrix}\boldsymbol{V}_1\\\boldsymbol{V}_2\\\boldsymbol{V}_3\\\boldsymbol{V}_4\end{bmatrix}=[\boldsymbol{C}_1\quad \boldsymbol{C}_2\quad \boldsymbol{C}_3]$$ ■

设 $\boldsymbol{A}=[a_{ij}]_{M\times N}$ 和 $\boldsymbol{B}=[b_{ij}]_{M\times N}$ 为两个同维矩阵。$\boldsymbol{A}$ 与 $\boldsymbol{B}$ 相等当且仅当两者每个对应元素相等，即

$$\boldsymbol{A}=\boldsymbol{B}\quad \text{当且仅当}\quad a_{ij}=b_{ij},\quad 1\leqslant i\leqslant M,\ 1\leqslant j\leqslant N \tag{33}$$

两个 $M\times N$ 矩阵 $\boldsymbol{A}$ 与 $\boldsymbol{B}$ 的和的定义如下：

$$\boldsymbol{A}+\boldsymbol{B}=[a_{ij}+b_{ij}]_{M\times N},\quad 1\leqslant i\leqslant M,\ 1\leqslant j\leqslant N \tag{34}$$

矩阵 $\boldsymbol{A}$ 取负可通过对 $\boldsymbol{A}$ 中每个元素取负得到：

$$-\boldsymbol{A}=[-a_{ij}]_{M\times N},\quad 1\leqslant i\leqslant M,\ 1\leqslant j\leqslant N \tag{35}$$

$\boldsymbol{A}-\boldsymbol{B}$ 可通过求对应分量的差得到：

$$\boldsymbol{A}-\boldsymbol{B}=[a_{ij}-b_{ij}]_{M\times N},\quad 1\leqslant i\leqslant M,\ 1\leqslant j\leqslant N \tag{36}$$

如果 c 是实数(标量)，可定义标量乘积 $c\boldsymbol{A}$ 为：

$$c\boldsymbol{A}=[ca_{ij}]_{M\times N},\quad 1\leqslant i\leqslant M,\ 1\leqslant j\leqslant N \tag{37}$$

如果 p 和 q 是标量，加权和 $p\boldsymbol{A}+q\boldsymbol{B}$ 称为矩阵 $\boldsymbol{A}$ 和 $\boldsymbol{B}$ 的线性组合，表示为

$$p\boldsymbol{A}+q\boldsymbol{B}=[pa_{ij}+qb_{ij}]_{M\times N},\quad 1\leqslant i\leqslant M,\ 1\leqslant j\leqslant N \tag{38}$$

$M\times N$ 零矩阵由零元素构成：

$$\boldsymbol{0}=[0]_{M\times N} \tag{39}$$

例 3.3　求矩阵乘 $2\boldsymbol{A}$ 和 $3\boldsymbol{B}$，以及线性组合 $2\boldsymbol{A}-3\boldsymbol{B}$，$\boldsymbol{A}$ 和 $\boldsymbol{B}$ 的值如下所示：

$$\boldsymbol{A}=\begin{bmatrix}-1&2\\7&5\\3&-4\end{bmatrix}\qquad \boldsymbol{B}=\begin{bmatrix}-2&3\\1&-4\\-9&7\end{bmatrix}$$

利用式(37)，可得

$$2\boldsymbol{A}=\begin{bmatrix}-2&4\\14&10\\6&-8\end{bmatrix}\qquad 3\boldsymbol{B}=\begin{bmatrix}-6&9\\3&-12\\-27&21\end{bmatrix}$$

线性组合 $2\boldsymbol{A}-3\boldsymbol{B}$ 为

$$2\boldsymbol{A}-3\boldsymbol{B}=\begin{bmatrix}-2+6&4-9\\14-3&10+12\\6+27&-8-21\end{bmatrix}=\begin{bmatrix}4&-5\\11&22\\33&-29\end{bmatrix}$$ ■

定理 3.2(矩阵加)　设 $\boldsymbol{A}$，$\boldsymbol{B}$ 和 $\boldsymbol{C}$ 是 $M\times N$ 矩阵，p 和 q 为标量。矩阵加和标量乘积有如下性质：

$$\boldsymbol{B}+\boldsymbol{A}=\boldsymbol{A}+\boldsymbol{B}\qquad \text{交换律} \tag{40}$$

$$\boldsymbol{0}+\boldsymbol{A}=\boldsymbol{A}=\boldsymbol{A}+\boldsymbol{0}\qquad \text{加法单位元} \tag{41}$$

$$\boldsymbol{A}-\boldsymbol{A}=\boldsymbol{A}+(-\boldsymbol{A})=\boldsymbol{0}\qquad \text{加法逆元} \tag{42}$$

$$(\boldsymbol{A}+\boldsymbol{B})+\boldsymbol{C}=\boldsymbol{A}+(\boldsymbol{B}+\boldsymbol{C})\qquad \text{结合律} \tag{43}$$

$$(p+q)\boldsymbol{A}=p\boldsymbol{A}+q\boldsymbol{A}\qquad \text{标量分配律} \tag{44}$$

$$p(\boldsymbol{A}+\boldsymbol{B})=p\boldsymbol{A}+p\boldsymbol{B}\qquad \text{矩阵分配律} \tag{45}$$

$$p(q\boldsymbol{A})=(pq)\boldsymbol{A}\qquad \text{标量结合律} \tag{46}$$

3.1.2 习题

鼓励读者手工计算或用 MATLAB 进行下面的练习。

1. 给定如下向量 $\boldsymbol{X}$ 和 $\boldsymbol{Y}$,求解(a) $\boldsymbol{X}+\boldsymbol{Y}$;(b) $\boldsymbol{X}-\boldsymbol{Y}$;(c) $3\boldsymbol{X}$;(d) $\|\boldsymbol{X}\|$;(e) $7\boldsymbol{Y}-4\boldsymbol{X}$;(f) $\boldsymbol{X}\cdot\boldsymbol{Y}$ 和(g) $\|7\boldsymbol{Y}-4\boldsymbol{X}\|$。
   (i) $\boldsymbol{X}=(3,-4)$ 和 $\boldsymbol{Y}=(-2,8)$
   (ii) $\boldsymbol{X}=(-6,3,2)$ 和 $\boldsymbol{Y}=(-8,5,1)$
   (iii) $\boldsymbol{X}=(4,-8,1)$ 和 $\boldsymbol{Y}=(1,-12,-11)$
   (iv) $\boldsymbol{X}=(1,-2,4,2)$ 和 $\boldsymbol{Y}=(3,-5,-4,0)$
2. 利用余弦定律,可证明两个向量 $\boldsymbol{X}$ 和 $\boldsymbol{Y}$ 之间的角度 θ 可用如下关系式表示:
$$\cos(\theta)=\frac{\boldsymbol{X}\cdot\boldsymbol{Y}}{\|\boldsymbol{X}\|\,\|\boldsymbol{Y}\|}$$
   使用下列向量,求向量间的角度(用弧度单位)。
   (a) $\boldsymbol{X}=(-6,3,2)$ 和 $\boldsymbol{Y}=(2,-2,1)$
   (b) $\boldsymbol{X}=(4,-8,1)$ 和 $\boldsymbol{Y}=(3,4,12)$
3. 如果两个向量 $\boldsymbol{X}$ 和 $\boldsymbol{Y}$ 之间的角度为 $\pi/2$,则称这两个向量正交(垂直)。
   (a) 证明 $\boldsymbol{X}$ 和 $\boldsymbol{Y}$ 正交,当且仅当 $\boldsymbol{X}\cdot\boldsymbol{Y}=0$。
   利用(a)的结论判定下列向量是否正交。
   (b) $\boldsymbol{X}=(-6,4,2)$ 和 $\boldsymbol{Y}=(6,5,8)$
   (c) $\boldsymbol{X}=(-4,8,3)$ 和 $\boldsymbol{Y}=(2,5,16)$
   (d) $\boldsymbol{X}=(-5,7,2)$ 和 $\boldsymbol{Y}=(4,1,6)$
   (e) 求与向量 $\boldsymbol{X}=(1,2,-5)$ 正交的两个不同向量。
4. 对下列矩阵,求解(a) $\boldsymbol{A}+\boldsymbol{B}$;(b) $\boldsymbol{A}-\boldsymbol{B}$ 和(c) $3\boldsymbol{A}-2\boldsymbol{B}$。
$$\boldsymbol{A}=\begin{bmatrix}-1&9&4\\2&-3&-6\\0&5&7\end{bmatrix},\quad \boldsymbol{B}=\begin{bmatrix}-4&9&2\\3&-5&7\\8&1&-6\end{bmatrix}$$
5. $M\times N$ 矩阵 $\boldsymbol{A}$ 的**转置**表示为 $\boldsymbol{A}'$,通过将 A 的行变成 $\boldsymbol{A}'$ 的列构成 $N\times M$ 矩阵。也就是说,如果 $\boldsymbol{A}=[a_{ij}]_{M\times N}$ 且 $\boldsymbol{A}'=[b_{ij}]_{N\times M}$,则相应元素满足关系式
$$b_{ji}=a_{ij},\quad 1\leqslant i\leqslant M, 1\leqslant j\leqslant N$$
   求下列矩阵的转置。
$$\text{(a)}\begin{bmatrix}-2&5&12\\1&4&-1\\7&0&6\\11&-3&8\end{bmatrix}\qquad \text{(b)}\begin{bmatrix}4&9&2\\3&5&7\\8&1&6\end{bmatrix}$$
6. 如果 $N\times N$ 方阵 $\boldsymbol{A}$ 满足 $\boldsymbol{A}=\boldsymbol{A}'$(参见习题 5 中对 $\boldsymbol{A}'$ 的定义),则称 $\boldsymbol{A}$ 为对称矩阵。判断下列方阵是否对称。
$$\text{(a)}\begin{bmatrix}1&-7&4\\-7&2&0\\4&0&3\end{bmatrix}\qquad \text{(b)}\begin{bmatrix}4&-7&1\\0&2&-7\\3&0&4\end{bmatrix}$$
   (c) $\boldsymbol{A}=[a_{ij}]_{N\times N},\quad a_{ij}=\begin{cases}ij, & i=j\\ i-ij+j, & i\neq j\end{cases}$

(d) $\boldsymbol{A}=[a_{ij}]_{N\times N}$，其中 $a_{ij}=\begin{cases}\cos(ij), & i=j\\ i-ij-j, & i\neq j\end{cases}$

7. 证明定理 3.1 中的命题(20)，命题(24)和命题(25)。

3.2　向量和矩阵的性质

变量 $x_1,x_2,\cdots,x_N$ 的线性组合为

$$a_1x_1+a_2x_2+\cdots+a_Nx_N \tag{1}$$

其中 a_k 是 x_k 的系数，$k=1,2,\cdots,N$。

将线性组合(1)赋一个给定值 b 可得到关于 $x_1,x_2,\cdots,x_N$ 的线性方程，表示为

$$a_1x_1+a_2x_2+\cdots+a_Nx_N=b \tag{2}$$

线性方程组经常出现，而且如果有 M 个方程，N 个未知数，则它可表示为

$$\begin{matrix} a_{11}x_1 & +a_{12}x_2 & +\cdots+a_{1N}x_N & =b_1\\ a_{21}x_1 & +a_{22}x_2 & +\cdots+a_{2N}x_N & =b_2\\ \vdots & \vdots & \vdots & \vdots\\ a_{k1}x_1 & +a_{k2}x_2 & +\cdots+a_{kN}x_N & =b_k\\ \vdots & \vdots & \vdots & \vdots\\ a_{M1}x_1 & +a_{M2}x_2 & +\cdots+a_{MN}x_N & =b_M \end{matrix} \tag{3}$$

为了清楚地表示每个方程的不同系数，必须使用两个下标(k,j)。第一个下标定位方程 k，第二个下标定位变量 x_j。

线性方程组(3)的解是同时满足方程组中所有方程的一组数值 $x_1,x_2,\cdots,x_N$，因此可将解表示为 N 维向量：

$$\boldsymbol{X}=(x_1,x_2,\cdots,x_N) \tag{4}$$

例 3.4　混凝土是水泥、沙子和砂砾构成的混合物。发行商给承包人有三批选择。第一批所包含的水泥、沙子和砂砾的比例为 1/8，3/8，4/8；第二批的比例是 2/10，5/10，3/10；第三批的比例是 2/5，3/5，0/5。

解：设 x_1,x_2,x_3 表示每批中原料的数量，单位为立方码①，它们的总量为 10 立方码。水泥、沙子和砂砾的数量分别为 $b_1=2.3,b_2=4.8,b_3=2.9$。则关于这三种成分的线性方程组为

$$\begin{aligned} 0.125x_1+0.200x_2+0.400x_3&=2.3 \quad (\text{水泥})\\ 0.375x_1+0.500x_2+0.600x_3&=4.8 \quad (\text{沙子})\\ 0.500x_1+0.300x_2+0.000x_3&=2.9 \quad (\text{砂砾}) \end{aligned} \tag{5}$$

线性方程组(5)的解为 $x_1=4,x_2=3,x_3=3$。可将它们直接代入方程组中进行检验：

$$\begin{aligned} (0.125)(4)+(0.200)(3)+(0.400)(3)&=2.3\\ (0.375)(4)+(0.500)(3)+(0.600)(3)&=4.8\\ (0.500)(4)+(0.300)(3)+(0.000)(3)&=2.9 \end{aligned}$$

■

① 1 码(yard)＝0.9144 m。——编者注

3.2.1 矩阵乘

定义 3.1 如果 $\boldsymbol{A}=[a_{ik}]_{M\times N}$ 和 $\boldsymbol{B}=[b_{kj}]_{N\times P}$，$\boldsymbol{A}$ 的列数和 $\boldsymbol{B}$ 的行数相等，则**矩阵乘积** $\boldsymbol{AB}$ 为 $M\times P$ 矩阵 $\boldsymbol{C}$：

$$\boldsymbol{AB}=\boldsymbol{C}=[c_{ij}]_{M\times P} \tag{6}$$

其中 $\boldsymbol{C}$ 的元素 c_{ij} 是 $\boldsymbol{A}$ 的第 i 行与 $\boldsymbol{B}$ 的第 j 列的点积，

$$c_{ij}=\sum_{k=1}^{N}a_{ik}b_{kj}=a_{i1}b_{1j}+a_{i2}b_{2j}+\cdots+a_{iN}b_{Nj} \tag{7}$$

其中 $i=1,2,\cdots,M$ 且 $j=1,2,\cdots,P$。 ▲

例 3.5 使用下列矩阵求解矩阵乘积 $\boldsymbol{C}=\boldsymbol{AB}$，说明为何 $\boldsymbol{BA}$ 无定义。

$$\boldsymbol{A}=\begin{bmatrix}2&3\\-1&4\end{bmatrix},\qquad \boldsymbol{B}=\begin{bmatrix}5&-2&1\\3&8&-6\end{bmatrix}$$

矩阵 $\boldsymbol{A}$ 有两列，矩阵 $\boldsymbol{B}$ 有两行，所以矩阵乘积 $\boldsymbol{AB}$ 有定义。2×2 矩阵和 2×3 矩阵的乘积是 2×3 矩阵。计算过程如下：

$$\begin{aligned}\boldsymbol{AB}&=\begin{bmatrix}2&3\\-1&4\end{bmatrix}\begin{bmatrix}5&-2&1\\3&8&-6\end{bmatrix}\\&=\begin{bmatrix}10+9&-4+24&2-18\\-5+12&2+32&-1-24\end{bmatrix}=\begin{bmatrix}19&20&-16\\7&34&-25\end{bmatrix}=\boldsymbol{C}\end{aligned}$$

当试图计算矩阵乘积 $\boldsymbol{BA}$ 时，会发现两者不匹配，因为 $\boldsymbol{B}$ 的行是 3 维向量，而 $\boldsymbol{A}$ 的列是 2 维向量。因此 $\boldsymbol{B}$ 的第 j 行与 $\boldsymbol{A}$ 的第 k 列的点积没有定义。 ■

如果 $\boldsymbol{AB}=\boldsymbol{BA}$，则称 $\boldsymbol{A}$ 与 $\boldsymbol{B}$ 可交换。而且即使 $\boldsymbol{AB}$ 与 $\boldsymbol{BA}$ 都有定义，它们的乘积也未必一样。

现在讨论怎样使用矩阵表示一个线性方程组。线性方程组(3)中的线性方程可写成一个矩阵乘积。系数 a_{kj} 保存在 $M\times N$ 矩阵 $\boldsymbol{A}$（称为**系数矩阵**）中，而未知数 x_j 保存在 $N\times1$ 矩阵 $\boldsymbol{X}$ 中。常数 b_k 存储在 $M\times1$ 矩阵 $\boldsymbol{B}$ 中。根据惯例，使用列矩阵表示 $\boldsymbol{X}$ 和 $\boldsymbol{B}$，表示为

$$\boldsymbol{AX}=\begin{bmatrix}a_{11}&a_{12}&\cdots&a_{1j}&\cdots&a_{1N}\\a_{21}&a_{22}&\cdots&a_{2j}&\cdots&a_{2N}\\\vdots&\vdots&&\vdots&&\vdots\\a_{k1}&a_{k2}&\cdots&a_{kj}&\cdots&a_{kN}\\\vdots&\vdots&&\vdots&&\vdots\\a_{M1}&a_{M2}&\cdots&a_{Mj}&\cdots&a_{MN}\end{bmatrix}\begin{bmatrix}x_1\\x_2\\\vdots\\x_j\\\vdots\\x_N\end{bmatrix}=\begin{bmatrix}b_1\\b_2\\\vdots\\b_j\\\vdots\\b_M\end{bmatrix}=\boldsymbol{B} \tag{8}$$

上式中的矩阵乘 $\boldsymbol{AX}=\boldsymbol{B}$ 类似于通常向量的点积，因为 $\boldsymbol{B}$ 中的每个元素 b_k 通过矩阵 $\boldsymbol{A}$ 的第 k 行与列矩阵 $\boldsymbol{X}$ 的点积得到。

例 3.6 将例 3.4 中的线性方程组(5)用如下矩阵乘积表示，使用它来验证[4 3 3]′是线性方程组(5)的解：

$$\begin{bmatrix}0.125&0.200&0.400\\0.375&0.500&0.600\\0.500&0.300&0.000\end{bmatrix}\begin{bmatrix}x_1\\x_2\\x_3\end{bmatrix}=\begin{bmatrix}2.3\\4.8\\2.9\end{bmatrix} \tag{9}$$

为了验证[4 3 3]′是线性方程组(5)的解，必须证明 $\boldsymbol{A}$[4 3 3]′ = [2.3 4.8 2.9]′：

$$\begin{bmatrix}0.125&0.200&0.400\\0.375&0.500&0.600\\0.500&0.300&0.000\end{bmatrix}\begin{bmatrix}4\\3\\3\end{bmatrix}=\begin{bmatrix}0.5+0.6+1.2\\1.5+1.5+1.8\\2.0+0.9+0.0\end{bmatrix}=\begin{bmatrix}2.3\\4.8\\2.9\end{bmatrix}$$

■

3.2.2 特殊矩阵

元素全为零的 $M \times N$ 矩阵称为 $M \times N$ 零矩阵，表示为

$$\mathbf{0} = [0]_{M \times N} \tag{10}$$

当矩阵维数明确时，可使用 $\mathbf{0}$ 表示**零矩阵**。

N 阶单位矩阵是方阵，表示为

$$\boldsymbol{I}_N = [\delta_{ij}]_{N \times N}, \qquad \delta_{ij} = \begin{cases} 1, & i = j \\ 0, & i \neq j \end{cases} \tag{11}$$

它是乘积单位矩阵，通过下例可以看出。

例 3.7　设 $\boldsymbol{A}$ 是 2×3 矩阵，则 $\boldsymbol{I}_2\boldsymbol{A} = \boldsymbol{A}\boldsymbol{I}_3 = \boldsymbol{A}$。$\boldsymbol{A}$ 左乘 $\boldsymbol{I}_2$ 的结果为

$$\begin{bmatrix} 1 & 0 \\ 0 & 1 \end{bmatrix} \begin{bmatrix} a_{11} & a_{12} & a_{13} \\ a_{21} & a_{22} & a_{23} \end{bmatrix} = \begin{bmatrix} a_{11}+0 & a_{12}+0 & a_{13}+0 \\ a_{21}+0 & a_{22}+0 & a_{23}+0 \end{bmatrix} = \boldsymbol{A}$$

$\boldsymbol{A}$ 右乘 $\boldsymbol{I}_3$ 的结果为

$$\begin{bmatrix} a_{11} & a_{12} & a_{13} \\ a_{21} & a_{22} & a_{23} \end{bmatrix} \begin{bmatrix} 1 & 0 & 0 \\ 0 & 1 & 0 \\ 0 & 0 & 1 \end{bmatrix} = \begin{bmatrix} a_{11}+0+0 & 0+a_{12}+0 & 0+0+a_{13} \\ a_{21}+0+0 & 0+a_{22}+0 & 0+0+a_{23} \end{bmatrix} = \boldsymbol{A}$$ ■

下面的定理给出了矩阵乘的一些性质。

定理 3.3(矩阵乘)　设 c 是一个标量，$\boldsymbol{A}$，$\boldsymbol{B}$ 和 $\boldsymbol{C}$ 是矩阵，而且对应的矩阵加法和乘法有定义，则

$$(\boldsymbol{AB})\boldsymbol{C} = \boldsymbol{A}(\boldsymbol{BC}) \qquad \text{矩阵乘的结合律} \tag{12}$$

$$\boldsymbol{IA} = \boldsymbol{AI} = \boldsymbol{A} \qquad \text{单位矩阵} \tag{13}$$

$$\boldsymbol{A}(\boldsymbol{B}+\boldsymbol{C}) = \boldsymbol{AB} + \boldsymbol{AC} \qquad \text{左分配律} \tag{14}$$

$$(\boldsymbol{A}+\boldsymbol{B})\boldsymbol{C} = \boldsymbol{AC} + \boldsymbol{BC} \qquad \text{右分配律} \tag{15}$$

$$c(\boldsymbol{AB}) = (c\boldsymbol{A})\boldsymbol{B} = \boldsymbol{A}(c\boldsymbol{B}) \qquad \text{标量结合律} \tag{16}$$

3.2.3 非奇异矩阵的逆

矩阵的逆的存在需要特殊条件。如果存在一个 $N \times N$ 矩阵 $\boldsymbol{B}$ 满足

$$\boldsymbol{AB} = \boldsymbol{BA} = \boldsymbol{I} \tag{17}$$

则称 $N \times N$ 矩阵 $\boldsymbol{A}$ 是**非奇异**的或**可逆**的。

如果矩阵 $\boldsymbol{B}$ 不存在，则称 $\boldsymbol{A}$ 是**奇异矩阵**。当存在 $\boldsymbol{B}$ 且满足关系式(17)，则称 $\boldsymbol{B}$ 是 $\boldsymbol{A}$ 的逆，通常表示为 $\boldsymbol{B} = \boldsymbol{A}^{-1}$，并使用相似的关系式：

$$\boldsymbol{AA}^{-1} = \boldsymbol{A}^{-1}\boldsymbol{A} \qquad \text{如果}\ \boldsymbol{A}\ \text{是非奇异矩阵} \tag{18}$$

显而易见，至少存在一个矩阵 $\boldsymbol{B}$ 可满足关系式(17)。设 $\boldsymbol{C}$ 是 $\boldsymbol{A}$ 的一个逆(即 $\boldsymbol{AC} = \boldsymbol{CA} = \boldsymbol{I}$)，则根据性质(12)和性质(13)，有

$$\boldsymbol{C} = \boldsymbol{IC} = (\boldsymbol{BA})\boldsymbol{C} = \boldsymbol{B}(\boldsymbol{AC}) = \boldsymbol{BI} = \boldsymbol{B}$$

3.2.4 行列式

方阵 $\boldsymbol{A}$ 的行列式是一个标量值(实数)，表示为 $\det(\boldsymbol{A})$ 或 $|\boldsymbol{A}|$。如果 $\boldsymbol{A}$ 是 $N \times N$ 矩阵

$$\boldsymbol{A} = \begin{bmatrix} a_{11} & a_{12} & \cdots & a_{1N} \\ a_{21} & a_{22} & \cdots & a_{2N} \\ \vdots & \vdots & & \vdots \\ a_{N1} & a_{N2} & \cdots & a_{NN} \end{bmatrix}$$

则 $\boldsymbol{A}$ 的行列式表示为

$$\det(\boldsymbol{A}) = \begin{vmatrix} a_{11} & a_{12} & \cdots & a_{1N} \\ a_{21} & a_{22} & \cdots & a_{2N} \\ \vdots & \vdots & & \vdots \\ a_{N1} & a_{N2} & \cdots & a_{NN} \end{vmatrix}$$

尽管行列式的表示看起来像一个矩阵,但它的性质完全不同,行列式是一个标量值(实数)。当 $N>3$ 时,根据大多数线性代数教材中定义的行列式 $\det(\boldsymbol{A})$,不易计算它的值。下面将回顾如何利用代数余子式扩展法计算行列式的值。计算高阶行列式可利用高斯消去法,参见程序 3.3。

如果 $\boldsymbol{A}=[a_{ij}]$ 是 1×1 矩阵,定义 $\det(\boldsymbol{A})=a_{11}$。如果 $\boldsymbol{A}=[a_{ij}]_{N\times N}$,其中 $N\geqslant 2$,则让 $\boldsymbol{M}_{ij}$ 为 $\boldsymbol{A}$ 的 $(N-1)\times(N-1)$ 子矩阵的行列式,子矩阵是通过去掉矩阵 $\boldsymbol{A}$ 的第 i 行和第 j 列构成的。行列式 $\boldsymbol{M}_{ij}$ 称为 a_{ij} 的**余子式**。$\boldsymbol{A}_{ij}$ 定义为 $\boldsymbol{A}_{ij}=(-1)^{i+j}\boldsymbol{M}_{ij}$,称为 a_{ij} 的代数余子式。这样 $N\times N$ 矩阵 $\boldsymbol{A}$ 的行列式表示为

$$\det(\boldsymbol{A}) = \sum_{j=1}^{N} a_{ij}A_{ij} \qquad (\text{第 } i \text{ 行扩展}) \tag{19}$$

或

$$\det(\boldsymbol{A}) = \sum_{i=1}^{N} a_{ij}A_{ij} \qquad (\text{第 } j \text{ 列扩展}) \tag{20}$$

让 $i=1$,对下面的 2×2 矩阵 $\boldsymbol{A}$ 利用公式(19)

$$\boldsymbol{A} = \begin{bmatrix} a_{11} & a_{12} \\ a_{21} & a_{22} \end{bmatrix}$$

可得到 $\det(\boldsymbol{A})=a_{11}a_{22}-a_{12}a_{21}$。下面的例子显示如何利用式(19)和式(20)递归地将计算 $N\times N$ 矩阵的行列式简化为计算一系列的 2×2 行列式。

例 3.8 设 $i=1$,利用式(19)计算矩阵 $\boldsymbol{A}$ 的行列式,然后设 $j=2$,利用式(20)计算矩阵 $\boldsymbol{A}$ 的行列式。

$$\boldsymbol{A} = \begin{bmatrix} 2 & 3 & 8 \\ -4 & 5 & -1 \\ 7 & -6 & 9 \end{bmatrix}$$

当 $i=1$ 时,利用式(19)可得

$$\begin{aligned} \det \boldsymbol{A} &= (2)\begin{vmatrix} 5 & -1 \\ -6 & 9 \end{vmatrix} - (3)\begin{vmatrix} -4 & -1 \\ 7 & 9 \end{vmatrix} + (8)\begin{vmatrix} -4 & 5 \\ 7 & -6 \end{vmatrix} \\ &= (2)(45-6) - (3)(-36+7) + (8)(24-35) \\ &= 77 \end{aligned}$$

当 $j=2$ 时,利用式(20)可得

$$\begin{aligned} \det(\boldsymbol{A}) &= -(3)\begin{vmatrix} -4 & -1 \\ 7 & 9 \end{vmatrix} + (5)\begin{vmatrix} 2 & 8 \\ 7 & 9 \end{vmatrix} - (-6)\begin{vmatrix} 2 & 8 \\ -4 & -1 \end{vmatrix} \\ &= 77 \end{aligned}$$

■

下面的定理给出了当 $\boldsymbol{A}$ 为方阵时,线性方程组 $\boldsymbol{AX}=\boldsymbol{B}$ 的解的存在性和唯一性的充分条件。

定理 3.4 设 $\boldsymbol{A}$ 是 $N\times N$ 方阵,下列命题是等价的。

给定任意 $N\times 1$ 矩阵 $\boldsymbol{B}$，线性方程组 $\boldsymbol{AX}=\boldsymbol{B}$ 有唯一解。　(21)

矩阵 $\boldsymbol{A}$ 是非奇异的(即 $\boldsymbol{A}^{-1}$ 存在)。　(22)

方程组 $\boldsymbol{AX}=\boldsymbol{0}$ 有唯一解 $\boldsymbol{X}=\boldsymbol{0}$。　(23)

$\det(\boldsymbol{A})\neq 0$。　(24)

定理3.3 和定理3.4 有助于将矩阵代数与普通代数联系起来。如果命题(21)为真，则命题(22)结合性质(12)和性质(13)可得出如下推论：

$$\boldsymbol{AX}=\boldsymbol{B}\qquad \boldsymbol{A}^{-1}\boldsymbol{AX}=\boldsymbol{A}^{-1}\boldsymbol{B}\qquad \boldsymbol{X}=\boldsymbol{A}^{-1}\boldsymbol{B} \tag{25}$$

例 3.9　使用逆矩阵

$$\boldsymbol{A}^{-1}=\frac{1}{5}\begin{bmatrix}4 & -1\\ -7 & 3\end{bmatrix}$$

和推论(25)求解线性方程组 $\boldsymbol{AX}=\boldsymbol{B}$：

$$\boldsymbol{AX}=\begin{bmatrix}3 & 1\\ 7 & 4\end{bmatrix}\begin{bmatrix}x_1\\ x_2\end{bmatrix}=\begin{bmatrix}2\\ 5\end{bmatrix}=\boldsymbol{B}$$

解：利用推论(25)，可得到

$$\boldsymbol{X}=\boldsymbol{A}^{-1}\boldsymbol{B}=\frac{1}{5}\begin{bmatrix}4 & -1\\ -7 & 3\end{bmatrix}\begin{bmatrix}2\\ 5\end{bmatrix}=\frac{1}{5}\begin{bmatrix}3\\ 1\end{bmatrix}=\begin{bmatrix}0.6\\ 0.2\end{bmatrix}$$ ■

批注　在实际计算中，从来不对非奇异矩阵的逆或方阵的行列式进行数值计算。这些概念主要用来建立解的存在性和唯一性的理论“工具”，或作为表示线性方程组的解的数学手段(见例3.9)。

3.2.5　平面旋转

设 $\boldsymbol{A}$ 是 3×3 矩阵，$\boldsymbol{U}=[x\quad y\quad z]'$ 是 3×1 矩阵，则乘积 $\boldsymbol{V}=\boldsymbol{AU}$ 是另一个 3×1 矩阵。这是一个线性变换的例子，这可以在计算机图形学领域中找到相应的应用。矩阵 $\boldsymbol{U}$ 等价于位置向量 $\boldsymbol{U}=(x,y,z)$，表示在三维空间中一个点的位置。考虑下面 3 个特殊矩阵：

$$\boldsymbol{R}_x(\alpha)=\begin{bmatrix}1 & 0 & 0\\ 0 & \cos(\alpha) & -\sin(\alpha)\\ 0 & \sin(\alpha) & \cos(\alpha)\end{bmatrix} \tag{26}$$

$$\boldsymbol{R}_y(\beta)=\begin{bmatrix}\cos(\beta) & 0 & \sin(\beta)\\ 0 & 1 & 0\\ -\sin(\beta) & 0 & \cos(\beta)\end{bmatrix} \tag{27}$$

$$\boldsymbol{R}_z(\gamma)=\begin{bmatrix}\cos(\gamma) & -\sin(\gamma) & 0\\ \sin(\gamma) & \cos(\gamma) & 0\\ 0 & 0 & 1\end{bmatrix} \tag{28}$$

表 3.1　连续旋转情况下立方体的顶点坐标

U	$V=R_z\left(\frac{\pi}{4}\right)U$	$W=R_y\left(\frac{\pi}{6}\right)R_z\left(\frac{\pi}{4}\right)U$
(0, 0, 0)′	(0.000000, 0.000000, 0)′	(0.000000, 0.000000, 0.000000)′
(1, 0, 0)′	(0.707107, 0.707107, 0)′	(0.612372, 0.707107, −0.353553)′
(0, 1, 0)′	(−0.707107, 0.707107, 0)′	(−0.612372, 0.707107, 0.353553)′
(0, 0, 1)′	(0.000000, 0.000000, 1)′	(0.500000, 0.000000, 0.866025)′
(1, 1, 0)′	(0.000000, 1.414214, 0)′	(0.000000, 1.414214, 0.000000)′
(1, 0, 1)′	(0.707107, 0.707107, 1)′	(1.112372, 0.707107, 0.512472)′
(0, 1, 1)′	(−0.707107, 0.707107, 1)′	(−0.112372, 0.707107, 1.219579)′
(1, 1, 1)′	(0.000000, 1.414214, 1)′	(0.500000, 1.414214, 0.866025)′

矩阵 $\boldsymbol{R}_x(\alpha)$,$\boldsymbol{R}_y(\beta)$和 $\boldsymbol{R}_z(\gamma)$分别用来以角度 α,β 和 γ 绕 x 轴、y 轴和 z 轴旋转。它们的反相为 $\boldsymbol{R}_x(-\alpha)$,$\boldsymbol{R}_y(-\beta)$和 $\boldsymbol{R}_z(-\gamma)$,在 x 轴、y 轴和 z 轴上旋转的角度分别为 $-\alpha$, $-\beta$ 和 $-\gamma$。下面的例子描述了这些情况,读者可做进一步研究。

例 3.10 一个单位立方体位于第一卦限,一个顶点位于坐标原点。首先在 z 轴上旋转立方体,旋转角度为$\frac{\pi}{4}$;然后以$\frac{\pi}{6}$在 y 轴上旋转。求旋转后立方体的形状。

解: 第一次旋转的变换矩阵如下所示:

$$\boldsymbol{V}=\boldsymbol{R}_z\left(\frac{\pi}{4}\right)\boldsymbol{U}=\begin{bmatrix}\cos(\frac{\pi}{4}) & -\sin(\frac{\pi}{4}) & 0\\ \sin(\frac{\pi}{4}) & \cos(\frac{\pi}{4}) & 0\\ 0 & 0 & 1\end{bmatrix}\begin{bmatrix}x\\ y\\ z\end{bmatrix}$$

$$=\begin{bmatrix}0.707107 & -0.707107 & 0.000000\\ 0.707107 & 0.707107 & 0.000000\\ 0.000000 & 0.000000 & 1.000000\end{bmatrix}\begin{bmatrix}x\\ y\\ z\end{bmatrix}$$

第二次旋转的变换矩阵如下所示:

$$\boldsymbol{W}=\boldsymbol{R}_y\left(\frac{\pi}{6}\right)\boldsymbol{V}=\begin{bmatrix}\cos(\frac{\pi}{6}) & 0 & \sin(\frac{\pi}{6})\\ 0 & 1 & 0\\ -\sin(\frac{\pi}{6}) & 0 & \cos(\frac{\pi}{6})\end{bmatrix}\boldsymbol{V}$$

$$=\begin{bmatrix}0.866025 & 0.000000 & 0.500000\\ 0.000000 & 1.000000 & 0.000000\\ -0.500000 & 0.000000 & 0.866025\end{bmatrix}\boldsymbol{V}$$

将二者结合起来,可得

$$\boldsymbol{W}=\boldsymbol{R}_y\left(\frac{\pi}{6}\right)\boldsymbol{R}_z\left(\frac{\pi}{4}\right)\boldsymbol{U}=\begin{bmatrix}0.612372 & -0.612372 & 0.500000\\ 0.707107 & 0.707107 & 0.000000\\ -0.353553 & 0.353553 & 0.866025\end{bmatrix}\begin{bmatrix}x\\ y\\ z\end{bmatrix}$$

立方体的顶点坐标的计算结果(表示为位置向量)如表 3.1 所示,变换过程中的立方体形状如图 3.2(a)到图 3.2(c)所示。 ■

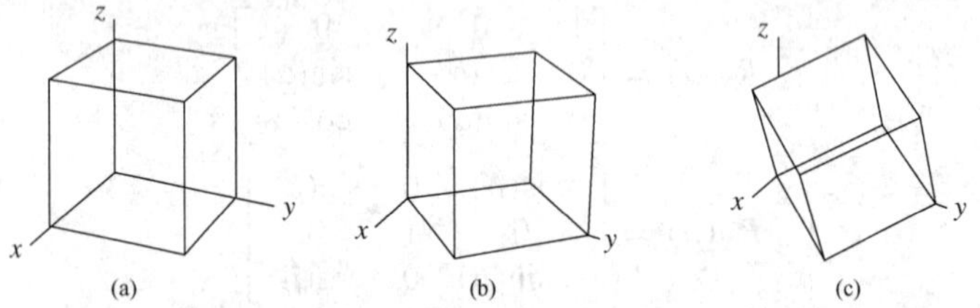

图 3.2 (a) 立方体的初始形状;(b) 绕 z 轴进行 $\boldsymbol{V}=\boldsymbol{R}_z(\frac{\pi}{4})\boldsymbol{U}$ 旋转变换后的形状;(c) 绕 y 轴进行 $\boldsymbol{W}=\boldsymbol{R}_y(\frac{\pi}{6})\boldsymbol{V}$ 旋转变换后的形状

3.2.6 MATLAB 实现

MATLAB 函数 `det(A)` 和 `inv(A)` 分别用来计算方阵 $\boldsymbol{A}$ 的行列式和逆(如果 $\boldsymbol{A}$ 是可逆的)。

例 3.11 使用 MATLAB 和推论(25)中的逆矩阵法,分别求解例 3.6 中的线性方程组。

解: 首先通过证明 $\det(\boldsymbol{A})\neq 0$(见定理 3.4),验证 $\boldsymbol{A}$ 是非奇异矩阵。

```
>>A=[0.125 0.200 0.400;0.375 0.500 0.600;0.500 0.300 0.000];
>>det(A)
ans=
   -0.0175
```

然后根据推论(25)，可得到 $AX=B$ 的解是 $AX=B, X=A^{-1}B$。

```
>>X=inv(A)*[2.3 4.8 2.9]'
X=
    4.0000
    3.0000
    3.0000
```

可通过检查 $AX=B$ 来验证此结果。

```
>>B=A*X
B=
    2.3000
    4.8000
    2.9000
```

■

3.2.7　习题

鼓励读者手工计算和使用 MATLAB 来做下面的习题。

1. 根据下列矩阵求解 AB 和 BA：

$$A=\begin{bmatrix}-3 & 2\\ 1 & 4\end{bmatrix},\quad B=\begin{bmatrix}5 & 0\\ 2 & -6\end{bmatrix}$$

2. 根据下列矩阵求解 AB 和 BA：

$$A=\begin{bmatrix}1 & -2 & 3\\ 2 & 0 & 5\end{bmatrix},\quad B=\begin{bmatrix}3 & 0\\ -1 & 5\\ 3 & -2\end{bmatrix}$$

3. A, B 和 C 分别为

$$A=\begin{bmatrix}3 & 1\\ 0 & 4\end{bmatrix},\quad B=\begin{bmatrix}1 & 2\\ -2 & -6\end{bmatrix},\quad C=\begin{bmatrix}2 & -5\\ 3 & 4\end{bmatrix}$$

(a) 求解 $(AB)C$ 和 $A(BC)$。

(b) 求解 $A(B+C)$ 和 $AB+AC$。

(c) 求解 $(A+B)C$ 和 $AC+BC$。

(d) 求解 $(AB)'$ 和 $B'A'$。

4. 设 $A^2=AA$。使用下列矩阵求解 A^2 和 B^2。

$$A=\begin{bmatrix}-1 & -7\\ 5 & 2\end{bmatrix},\quad B=\begin{bmatrix}2 & 0 & 6\\ -1 & 5 & -4\\ 3 & -5 & 2\end{bmatrix}$$

5. 如果下列矩阵的行列式存在，试求之。

(a) $\begin{bmatrix}-1 & -7\\ 5 & 2\end{bmatrix}$　(b) $\begin{bmatrix}2 & 0 & 6\\ -1 & 5 & -4\\ 3 & -5 & 2\end{bmatrix}$

(c) $\begin{bmatrix}1 & 2\\ 3 & 4\\ 0 & 0\end{bmatrix}$　(d) $\begin{bmatrix}1 & 2 & 3 & 4\\ 0 & 2 & 4 & 6\\ 0 & 0 & 5 & 4\\ 0 & 0 & 0 & 7\end{bmatrix}$

6. 使用 $R_x(\alpha)$ 和 $R_x(-\alpha)$ 的矩阵乘证明 $R_x(\alpha)R_x(-\alpha)=I$，参见式(26)。

7. (a) 证明

$$\boldsymbol{R}_x(\alpha)\boldsymbol{R}_y(\beta)=\begin{bmatrix}\cos(\beta) & 0 & \sin(\beta)\\ \sin(\beta)\sin(\alpha) & \cos(\alpha) & -\cos(\beta)\sin(\alpha)\\ -\cos(\alpha)\sin(\beta) & \sin(\alpha) & \cos(\beta)\cos(\alpha)\end{bmatrix}$$

参见式(26)和式(27)。

(b) 证明

$$\boldsymbol{R}_y(\beta)\boldsymbol{R}_x(\alpha)=\begin{bmatrix}\cos(\beta) & \sin(\beta)\sin(\alpha) & \cos(\alpha)\sin(\beta)\\ 0 & \cos(\alpha) & -\sin(\alpha)\\ -\sin(\alpha) & \cos(\beta)\sin(\alpha) & \cos(\beta)\cos(\alpha)\end{bmatrix}$$

8. 如果 $\boldsymbol{A}$ 和 $\boldsymbol{B}$ 为非奇异 $N\times N$ 矩阵，而且 $\boldsymbol{C}=\boldsymbol{AB}$，证明 $\boldsymbol{C}^{-1}=\boldsymbol{B}^{-1}\boldsymbol{A}^{-1}$。提示：利用矩阵乘的结合律。
9. 证明定理3.3的命题(13)和命题(16)。
10. 设 $\boldsymbol{A}$ 为 $M\times N$ 矩阵，$\boldsymbol{X}$ 为 $N\times 1$ 矩阵。
    (a) 计算 $\boldsymbol{AX}$ 需要多少次乘法？
    (b) 计算 $\boldsymbol{AX}$ 需要多少次加法？
11. 设 $\boldsymbol{A}$ 为 $M\times N$ 矩阵，$\boldsymbol{B}$ 和 $\boldsymbol{C}$ 为 $N\times P$ 矩阵。证明矩阵乘的左分配律：$\boldsymbol{A}(\boldsymbol{B}+\boldsymbol{C})=\boldsymbol{AB}+\boldsymbol{AC}$。
12. 设 $\boldsymbol{A}$ 和 $\boldsymbol{B}$ 为 $M\times N$ 矩阵，$\boldsymbol{C}$ 为 $N\times P$ 矩阵。证明矩阵乘的右分配律：$(\boldsymbol{A}+\boldsymbol{B})\boldsymbol{C}=\boldsymbol{AC}+\boldsymbol{BC}$。
13. 设 $\boldsymbol{X}=[1\quad -1\quad 2]$，求解 $\boldsymbol{XX}'$ 和 $\boldsymbol{X}'\boldsymbol{X}$。注意：$\boldsymbol{X}'$ 是 $\boldsymbol{X}$ 的转置。
14. 设 $\boldsymbol{A}$ 为 $M\times N$ 矩阵，$\boldsymbol{B}$ 为 $N\times P$ 矩阵。证明 $(\boldsymbol{AB})'=\boldsymbol{B}'\boldsymbol{A}'$。提示。令 $\boldsymbol{C}=\boldsymbol{AB}$，并使用矩阵乘的定义进行证明，即 $\boldsymbol{C}'$ 中的第 (i,j) 项等于 $\boldsymbol{B}'\boldsymbol{A}'$ 中的第 (i,j) 项。
15. 利用习题14中的结论和矩阵乘的结合律证明 $(\boldsymbol{ABC})'=\boldsymbol{C}'\boldsymbol{B}'\boldsymbol{A}'$。

3.2.8 算法与程序

表3.1的第一列包含变换单位立方体的顶点坐标，单位立方体位于第一卦限，一个顶点在原点。8个顶点坐标可用一个 8×3 的矩阵 $\boldsymbol{U}$ 表示，每一行表示一个顶点的坐标。参照习题14，矩阵 $\boldsymbol{U}$ 与矩阵 $\boldsymbol{R}_z(\frac{\pi}{4})$ 的转置相乘可得到一个 8×3 矩阵(如表3.1的第二列所示，每一行表示 $\boldsymbol{U}$ 中对应行的变换结果)。结合习题15的思想，可认为进行任意次数连续旋转后的立方体顶点坐标可用一个矩阵乘表示。

1. 单位立方体位于第一卦限，一个顶点在原点。首先，以角度 $\frac{\pi}{6}$ 沿 y 轴旋转立方体，然后再以角度 $\frac{\pi}{4}$ 沿 z 轴旋转立方体。求旋转后立方体的8个顶点的坐标，并与例3.10的结果进行比较。它们的区别是什么？试通过矩阵乘一般不满足交换律的事实对其进行解释，如图3.3(a)至图3.3(c)所示。使用 `plot3` 命令画出3个图形。

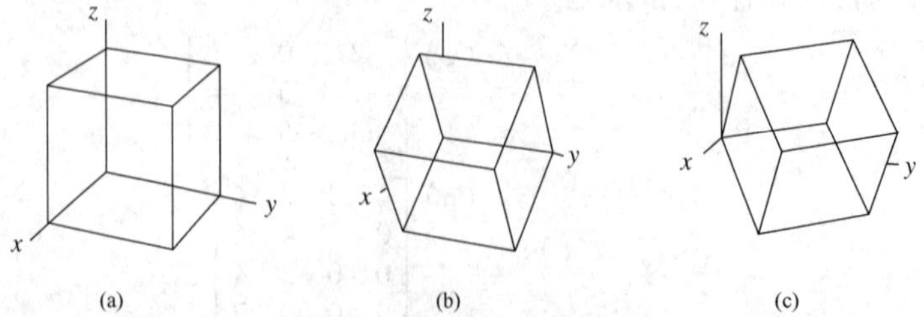

图3.3 (a) 初始立方体；(b) $\boldsymbol{V}=\boldsymbol{R}_y(\frac{\pi}{6})\boldsymbol{U}$，沿 y 轴旋转；(c) $\boldsymbol{W}=\boldsymbol{R}_z(\frac{\pi}{4})\boldsymbol{V}$，沿 z 轴旋转

2. 设单位立方体位于第一卦限,其中一个顶点位于坐标原点。首先以角度$\frac{\pi}{12}$沿 x 轴旋转立方体,然后再以角度$\frac{\pi}{6}$沿 z 轴旋转立方体。求旋转后立方体的 8 个顶点的坐标。使用 `plot3` 画出这 3 个立方体。
3. 四面体的坐标为(0,0,0),(1,0,0),(0,1,0),(0,0,1)。首先以弧度 0.15 沿 y 轴旋转,然后再以弧度 -1.5 沿 z 轴旋转,最后以弧度 2.7 沿 x 轴旋转。求旋转后的顶点坐标。使用 `plot3` 画出这 4 个立方体。

3.3　上三角线性方程组

现在研究**回代算法**,它对于由上三角系数矩阵构成的线性方程组的求解很有帮助。这个算法是 3.4 节求解一般线性方程组的算法的一部分。

定义 3.2　$N\times N$ 矩阵 $\boldsymbol{A}=[a_{ij}]$ 中的元素满足对所有 $i>j$,有 $a_{ij}=0$,则称矩阵 $\boldsymbol{A}$ 为**上三角矩阵**。如果 $\boldsymbol{A}$ 中的元素满足对所有 $i<j$,有 $a_{ij}=0$,则称矩阵 $\boldsymbol{A}$ 为**下三角矩阵**。▲

下面将介绍一种算法来构造上三角线性方程组的解,而将下三角线性方程组的求解留给读者。如果 $\boldsymbol{A}$ 是上三角矩阵,则 $\boldsymbol{AX}=\boldsymbol{B}$ 称为**上三角线性方程组**,表示为

$$\begin{array}{rrrrr}
a_{11}x_1+a_{12}x_2+ & a_{13}x_3+\cdots+ & a_{1N-1}x_{N-1}+ & a_{1N}x_N & =b_1\\
a_{22}x_2+ & a_{23}x_3+\cdots+ & a_{2N-1}x_{N-1}+ & a_{2N}x_N & =b_2\\
 & a_{33}x_3+\cdots+ & a_{3N-1}x_{N-1}+ & a_{3N}x_N & =b_3\\
 & & \vdots & & \vdots\\
 & & a_{N-1N-1}x_{N-1}+ & a_{N-1N}x_N & =b_{N-1}\\
 & & & a_{NN}x_N & =b_N
\end{array}\tag{1}$$

定理 3.5 (回代)　设 $\boldsymbol{AX}=\boldsymbol{B}$ 是上三角线方程组(1)。如果

$$a_{kk}\neq 0,\quad k=1,\ 2,\ \cdots,\ N\tag{2}$$

则该方程组存在唯一解。

证明:用**构造法证明**。最后一个方程只包含 x_N,因此首先求解这个方程:

$$x_N=\frac{b_N}{a_{NN}}\tag{3}$$

现在 x_N 已知,将它代入上一个方程可得

$$x_{N-1}=\frac{b_{N-1}-a_{N-1N}x_N}{a_{N-1N-1}}\tag{4}$$

现在可用 x_N 和 x_{N-1}求解 x_{N-2}:

$$x_{N-2}=\frac{b_{N-2}-a_{N-2N-1}x_{N-1}-a_{N-2N}x_N}{a_{N-2N-2}}\tag{5}$$

当 $x_N,x_{N-1},\cdots,x_{k+1}$都求出后,则可得到一般步骤:

$$x_k=\frac{b_k-\sum_{j=k+1}^{N}a_{kj}x_j}{a_{kk}},\quad k=N-1,\ N-2,\ \cdots,\ 1\tag{6}$$

可以很容易看出解的唯一性。根据第 N 个方程可推导出 b_N/a_{NN}是 x_N 的唯一可能值。然后可用有限数学归纳法证明 $x_{N-1},x_{N-2},\cdots,x_1$ 是唯一的。●

例 3.12 利用回代法求解线性方程组

$$\begin{aligned} 4x_1 - x_2 + 2x_3 + 3x_4 &= 20 \\ -2x_2 + 7x_3 - 4x_4 &= -7 \\ 6x_3 + 5x_4 &= 4 \\ 3x_4 &= 6 \end{aligned}$$

解:求解最后一个方程中的 x_4 可得

$$x_4 = \frac{6}{3} = 2$$

将 $x_4 = 2$ 代入第三个方程,可得

$$x_3 = \frac{4-5\times2}{6} = -1$$

现在将 $x_3 = -1$ 和 $x_4 = 2$ 代入第二个方程,可得

$$x_2 = \frac{-7-7\times(-1)+4\times2}{-2} = -4$$

最后,求解第一个方程中的 x_1 可得

$$x_1 = \frac{20+1\times(-4)-2\times(-1)-3\times2}{4} = 3$$

■

条件 $a_{kk} \neq 0$ 非常重要,因为方程(6)包含对 a_{kk} 的除法。如果条件不满足,则可能无解或有无穷解。

例 3.13 证明下列线性方程组无解。

$$\begin{aligned} 4x_1 - x_2 + 2x_3 + 3x_4 &= 20 \\ 0x_2 + 7x_3 - 4x_4 &= -7 \\ 6x_3 + 5x_4 &= 4 \\ 3x_4 &= 6 \end{aligned} \tag{7}$$

证明:求解最后一个方程可得 $x_4 = 2$,将它代入第二个和第三个方程可得

$$\begin{aligned} 7x_3 - 8 &= -7 \\ 6x_3 + 10 &= 4 \end{aligned} \tag{8}$$

求解上述第一个方程可得 $x_3 = \frac{1}{7}$,而求解第二个方程可得 $x_3 = -1$。两者矛盾,所以线性方程组(7)无解。 ■

例 3.14 证明下列线性方程组有无穷解。

$$\begin{aligned} 4x_1 - x_2 + 2x_3 + 3x_4 &= 20 \\ 0x_2 + 7x_3 + 0x_4 &= -7 \\ 6x_3 + 5x_4 &= 4 \\ 3x_4 &= 6 \end{aligned} \tag{9}$$

证明:求解最后一个方程可得 $x_4 = 2$,将它代入第二个和第三个方程可得 $x_3 = -1$,但从第二个到第四个方程的求解中,只能得到两个解 x_3 和 x_4。当将它们代入上式第一个方程时可得

$$x_2 = 4x_1 - 16 \tag{10}$$

而上式有无穷解,因此方程组(9)也有无穷解。如果对式(10)中的 x_1 选定一个值,则 x_2 的值唯一。例如,在方程组(9)中增加一个方程 $x_1 = 2$,则根据式(10)可计算出 $x_2 = -8$。 ■

定理 3.4 指出，设 $\boldsymbol{A}$ 为 $N \times N$ 矩阵，线性方程组 $\boldsymbol{AX} = \boldsymbol{B}$ 有唯一解当且仅当 $\det(\boldsymbol{A}) \neq 0$。下面的定理指出，如果上三角矩阵或下三角矩阵中主对角线的任一元素为零，则 $\det(\boldsymbol{A}) = 0$。这样，观察前面 3 个线性方程组，可清楚地发现例 3.12 有唯一解，而例 3.13 和例 3.14 没有唯一解。定理 3.6 的证明可在大多数线性代数教材中找到。

定理 3.6　如果 $N \times N$ 矩阵 $\boldsymbol{A} = [a_{ij}]$ 是上三角矩阵或下三角矩阵，则

$$\det(\boldsymbol{A}) = a_{11}a_{22}\cdots a_{NN} = \prod_{i=1}^{N} a_{ii} \tag{11}$$

例 3.12 中系数矩阵的行列式值为 $\det(\boldsymbol{A}) = 4 \times (-2) \times 6 \times 3 = -144$。例 3.13 和例 3.14 中系数矩阵的行列式值都为 $4 \times 0 \times 6 \times 3 = 0$。

下面的程序利用回代法求解上三角线性方程组(1)的解，设 $a_{kk} \neq 0, k = 1, 2, \cdots, N$。

程序 3.1(回代)　用回代法求解上三角线性方程组 $\boldsymbol{AX} = \boldsymbol{B}$，必须满足系数矩阵的对角元素非零。首先计算 $x_N = b_N / a_{NN}$，然后利用如下表达式：

$$x_k = \frac{b_k - \sum_{j=k+1}^{N} a_{kj}x_j}{a_{kk}}, \quad k = N-1,\ N-2,\ \cdots,\ 1$$

```
function X=backsub(A,B)
%Input  - A is an n x n upper-triangular nonsingular matrix
%       - B is an n x 1 matrix
%Output - X is the solution to the linear system AX = B
%Find the dimension of B and initialize X
n=length(B);
X=zeros(n,1);
X(n)=B(n)/A(n,n);
for k=n-1:-1:1
   X(k)=(B(k)-A(k,k+1:n)*X(k+1:n))/A(k,k);
end
```

3.3.1　习题

在习题 1 到习题 3 中，求解上三角线性方程组，并求解系数矩阵的行列式值。

1. $$\begin{aligned} 3x_1 - 2x_2 + x_3 - x_4 &= 8 \\ 4x_2 - x_3 + 2x_4 &= -3 \\ 2x_3 + 3x_4 &= 11 \\ 5x_4 &= 15 \end{aligned}$$

2. $$\begin{aligned} 5x_1 - 3x_2 - 7x_3 + x_4 &= -14 \\ 11x_2 + 9x_3 + 5x_4 &= 22 \\ 3x_3 - 13x_4 &= -11 \\ 7x_4 &= 14 \end{aligned}$$

3. $$\begin{aligned} 4x_1 - x_2 + 2x_3 + 2x_4 - x_5 &= 4 \\ -2x_2 + 6x_3 + 2x_4 + 7x_5 &= 0 \\ x_3 - x_4 - 2x_5 &= 3 \\ -2x_4 - x_5 &= 10 \\ 3x_5 &= 6 \end{aligned}$$

4. (a) 设有两个上三角矩阵

$$\boldsymbol{A} = \begin{bmatrix} a_{11} & a_{12} & a_{13} \\ 0 & a_{22} & a_{23} \\ 0 & 0 & a_{33} \end{bmatrix} \qquad \boldsymbol{B} = \begin{bmatrix} b_{11} & b_{12} & b_{13} \\ 0 & b_{22} & b_{23} \\ 0 & 0 & b_{33} \end{bmatrix}$$

证明它们的乘积 $\boldsymbol{C}=\boldsymbol{AB}$ 是上三角矩阵。

(b) 设 $\boldsymbol{A}$ 和 $\boldsymbol{B}$ 为两个 $N\times N$ 上三角矩阵,证明它们的乘积为上三角矩阵。

5. 求解下三角线性方程组 $\boldsymbol{AX}=\boldsymbol{B}$,并求解 $\det(\boldsymbol{A})$。

$$\begin{aligned}
2x_1 \qquad\qquad\qquad\quad &= 6\\
-x_1+4x_2 \qquad\qquad &= 5\\
3x_1-2x_2-x_3 \qquad &= 4\\
x_1-2x_2+6x_3+3x_4 &= 2
\end{aligned}$$

6. 求解下三角线性方程组 $\boldsymbol{AX}=\boldsymbol{B}$,并求解 $\det(\boldsymbol{A})$。

$$\begin{aligned}
5x_1 \qquad\qquad\qquad\quad &= -10\\
x_1+3x_2 \qquad\qquad &= \quad 4\\
3x_1+4x_2+2x_3 \qquad &= \quad 2\\
-x_1+3x_2-6x_3-x_4 &= \quad 5
\end{aligned}$$

7. 证明回代法需要 N 次除法、$(N^2-N)/2$ 次乘法和 $(N^2-N)/2$ 次加法或减法。提示:可利用下列公式:

$$\sum_{k=1}^{M} k = M(M+1)/2$$

3.3.2 算法与程序

1. 使用程序 3.1 求解方程组 $\boldsymbol{UX}=\boldsymbol{B}$,表示如下:

$$\boldsymbol{U}=[u_{ij}]_{10\times 10}, \qquad u_{ij}=\begin{cases}\cos(ij), & i\leqslant j\\ 0, & i>j\end{cases}$$

而且 $\boldsymbol{B}=[b_{i1}]_{10\times 1}$,$b_{i1}=\tan(i)$。

2. **前向替换算法**。线性方程组 $\boldsymbol{AX}=\boldsymbol{B}$ 如果满足当 $i<j$ 时,$a_{ij}=0$,则称其为下三角线性方程组。构造类似程序 3.1 的程序 `forsub`,用其求解下列下三角线性方程组。

批注 此程序将在 3.5 节中使用。

$$\begin{array}{llllll}
a_{11}x_1 & & & & & = b_1\\
a_{21}x_1 + & a_{22}x_2 & & & & = b_2\\
a_{31}x_1 + & a_{32}x_2 + & a_{33}x_3 & & & = b_3\\
\vdots & \vdots & \vdots & & & \vdots\\
a_{N-1\,1}x_1 + & a_{N-1\,2}x_2 + & a_{N-1\,3}x_3 + \cdots + & a_{N-1\,N-1}x_{N-1} & & = b_{N-1}\\
a_{N\,1}x_1 + & a_{N\,2}x_2 + & a_{N\,3}x_3 + \cdots + & a_{N\,N-1}x_{N-1} + & a_{NN}x_N & = b_N
\end{array}$$

3. 使用 `forsub` 求解方程组 $\boldsymbol{LX}=\boldsymbol{B}$,其中

$$\boldsymbol{L}=[l_{ij}]_{20\times 20}, \qquad l_{ij}=\begin{cases}i+j, & i\geqslant j\\ 0, & i<j\end{cases} \qquad \boldsymbol{B}=[b_{i1}]_{20\times 1}, \qquad b_{i1}=i$$

3.4 高斯消去法和选主元

这一节将研究求解有 N 个方程和 N 个未知数的一般方程组 $\boldsymbol{AX}=\boldsymbol{B}$,目标是构造一个等价的上三角方程组 $\boldsymbol{UX}=\boldsymbol{Y}$,这样可以利用 3.3 节中的方法进行求解。

如果两个 $N\times N$ 线性方程组的解相同,则称二者**等价**。根据线性代数中的定理可知,对一个给定方程组进行一定的变换,不会改变它的解。

定理 3.7 (初等变换)　下面 3 种变换可使一个线性方程组变换成另一个等价的线性方程组:

Interchanges(交换)变换:　对调方程组的两行。　(1)

Scaling(比例)变换:　用非零常数乘以方程组的某一行。　(2)

Replacement(置换)变换:　将方程组的某一行乘以一个非零常数,再加到另一行上。　(3)

通常利用变换(3),即用一个方程乘以一个常数,再减去另一个方程来置换另一个方程。这些概念如下面的例子所示。

例 3.15　求抛物线 $y=A+Bx+Cx^2$,它经过三点(1,1),(2,−1),(3,1)。

解:对每个点,可得到一个方程,并形成线性方程组

$$\begin{aligned} A+\ B+\ C&=\ \ 1 \quad \text{在点 }(1,1)\text{ 处}\\ A+2B+4C&=-1 \quad \text{在点 }(2,-1)\text{ 处}\\ A+3B+9C&=\ \ 1 \quad \text{在点 }(3,1)\text{ 处}\end{aligned} \tag{4}$$

通过从第二个方程和第三个方程中减去第一个方程可消去变量 A。这是利用 Replacement 变换(3)。等价的线性方程组如下:

$$\begin{aligned} A+B+\ C&=\ \ 1\\ B+3C&=-2\\ 2B+8C&=\ \ 0\end{aligned} \tag{5}$$

通过用方程组(5)中的第三个方程减去第二个方程的 2 倍可消去变量 B。等价的上三角线性方程组为

$$\begin{aligned} A+B+\ C&=\ \ 1\\ B+3C&=-2\\ 2C&=\ \ 4\end{aligned} \tag{6}$$

现在可以利用回代法求出系数 $C=4/2=2$,$B=-2-3\times2=-8$ 和 $A=1-(-8)-2=7$,这样抛物线方程为 $y=7-8x+2x^2$。■

将线性方程组 $\boldsymbol{AX}=\boldsymbol{B}$ 的系数保存在一个 $N\times(N+1)$ 的数组中非常有效。$\boldsymbol{B}$ 的系数保存在这个数组的 $N+1$ 列中(即 $a_{kN+1}=b_k$)。这样每一行包含线性方程组中的每个方程的系数。**增广矩阵**表示为$[\boldsymbol{A}|\boldsymbol{B}]$,而且线性方程组可表示为

$$[\boldsymbol{A}|\boldsymbol{B}]=\left[\begin{array}{cccc|c} a_{11} & a_{12} & \cdots & a_{1N} & b_1\\ a_{21} & a_{22} & \cdots & a_{2N} & b_2\\ \vdots & \vdots & & \vdots & \vdots\\ a_{N1} & a_{N2} & \cdots & a_{NN} & b_N\end{array}\right] \tag{7}$$

方程组 $\boldsymbol{AX}=\boldsymbol{B}$ 的增广矩阵如上式所示,可通过对增广矩阵$[\boldsymbol{A}|\boldsymbol{B}]$进行行变换求解方程。变量 x_k 是系数的占位符,在计算结束之前可以忽略。

定理 3.8 (初等行变换)　对增广矩阵(7)进行如下变换可得到一个等价的线性方程组。

Interchanges(交换)行变换:　对调矩阵的两行。　(8)

Scaling(比例)行变换:　用非零常数乘矩阵某一行的所有元素。　(9)

Replacement(置换)行变换： 将矩阵的某一行的所有元素乘以一个常数,再加到另一行。对应的元素上,即 $\text{row}_r = \text{row}_r - m_{rp} \times \text{row}_p$。 (10)

通常利用式(10),即用矩阵的一行乘以一个常数,再减去另一行来替换另一行。

定义 3.3 系数矩阵 $\boldsymbol{A}$ 中的元素 a_{rr} 用来消去 a_{kr},其中 $k=r+1, r+2, \cdots, N$,这里称 a_{rr} 为第 r 个**主元**(pivotal element),第 r 行称为**主元行**(pivot row)。 ▲

下列例子显示了如何利用定理 3.8 中的变换从线性方程组 $\boldsymbol{AX}=\boldsymbol{B}$ 得到一个等价的上三角线性方程组 $\boldsymbol{UX}=\boldsymbol{Y}$,这里 $\boldsymbol{A}$ 为 $N \times N$ 矩阵。

例 3.16 用增广矩阵表示下列线性方程组,并求等价的上三角线性方程组和方程组的解。

$$\begin{aligned} x_1 + 2x_2 + x_3 + 4x_4 &= 13 \\ 2x_1 + 0x_2 + 4x_3 + 3x_4 &= 28 \\ 4x_1 + 2x_2 + 2x_3 + x_4 &= 20 \\ -3x_1 + x_2 + 3x_3 + 2x_4 &= 6 \end{aligned}$$

解:增广矩阵为

$$\begin{matrix} \text{pivot} \to \\ m_{21}=2 \\ m_{31}=4 \\ m_{41}=-3 \end{matrix} \left[\begin{array}{rrrr|r} \underline{1} & 2 & 1 & 4 & 13 \\ 2 & 0 & 4 & 3 & 28 \\ 4 & 2 & 2 & 1 & 20 \\ -3 & 1 & 3 & 2 & 6 \end{array}\right]$$

用行 1 消去列 1 中对角线下的元素。将行 1 作为**主元行**,元素 $a_{11}=1$ 作为**主元**。用行 1 乘以常数 m_{k1},再被行 k 减,$k=2,3,4$。结果如下:

$$\begin{matrix} \\ \text{pivot} \to \\ m_{32}=1.5 \\ m_{42}=-1.75 \end{matrix} \left[\begin{array}{rrrr|r} 1 & 2 & 1 & 4 & 13 \\ 0 & \underline{-4} & 2 & -5 & 2 \\ 0 & -6 & -2 & -15 & -32 \\ 0 & 7 & 6 & 14 & 45 \end{array}\right]$$

用行 2 消去列 2 中对角线下的元素。将行 2 作为主元行,用行 2 乘以常数 m_{k2},再被行 k 减,$k=3,4$。结果如下:

$$\begin{matrix} \\ \\ \text{pivot} \to \\ m_{43}=-1.9 \end{matrix} \left[\begin{array}{rrrr|r} 1 & 2 & 1 & 4 & 13 \\ 0 & -4 & 2 & -5 & 2 \\ 0 & 0 & \underline{-5} & -7.5 & -35 \\ 0 & 0 & 9.5 & 5.25 & 48.5 \end{array}\right]$$

最后用行 3 乘以常数 $m_{43}=-1.9$,再被行 4 减,结果是上三角线性方程组的增广矩阵,表示如下:

$$\left[\begin{array}{rrrr|r} 1 & 2 & 1 & 4 & 13 \\ 0 & -4 & 2 & -5 & 2 \\ 0 & 0 & -5 & -7.5 & -35 \\ 0 & 0 & 0 & -9 & -18 \end{array}\right] \tag{11}$$

用回代法求解矩阵(11),可得到

$$x_4 = 2, \quad x_3 = 4, \quad x_2 = -1, \quad x_1 = 3$$ ■

上述过程称为**高斯消去法**(Gaussian elimination),但必须对其进行改进,以适用于大多数情况。如果 $a_{kk}=0$,则不能使用第 k 行消除第 k 列的元素,而需要将第 k 行与对角线下的某行进行交换,以得到一个非零主元。如果不能找到非零主元,则线性方程组的系数矩阵是奇异的,因此线性方程组不存在唯一解。

定理 3.9（有回代的高斯消去法） 如果 $\boldsymbol{A}$ 是 $N\times N$ 非奇异矩阵，则存在线性方程组 $\boldsymbol{UX}=\boldsymbol{Y}$ 与线性方程组 $\boldsymbol{AX}=\boldsymbol{B}$ 等价，这里 $\boldsymbol{U}$ 是上三角矩阵，并且 $u_{kk}\neq 0$。当构造出 $\boldsymbol{U}$ 和 $\boldsymbol{Y}$ 后，可用回代法求解 $\boldsymbol{UX}=\boldsymbol{Y}$，并得到方程组的解 $\boldsymbol{X}$。

证明：首先使用带 $N+1$ 列矩阵 $\boldsymbol{B}$ 的增广矩阵：

$$\boldsymbol{AX}=\begin{bmatrix} a_{11}^{(1)} & a_{12}^{(1)} & a_{13}^{(1)} & \cdots & a_{1N}^{(1)} \\ a_{21}^{(1)} & a_{22}^{(1)} & a_{23}^{(1)} & \cdots & a_{2N}^{(1)} \\ a_{31}^{(1)} & a_{32}^{(1)} & a_{33}^{(1)} & \cdots & a_{3N}^{(1)} \\ \vdots & \vdots & \vdots & & \vdots \\ a_{N1}^{(1)} & a_{N2}^{(1)} & a_{N3}^{(1)} & \cdots & a_{NN}^{(1)} \end{bmatrix}\begin{bmatrix} x_1 \\ x_2 \\ x_3 \\ \vdots \\ x_N \end{bmatrix}=\begin{bmatrix} a_{1\,N+1}^{(1)} \\ a_{2\,N+1}^{(1)} \\ a_{3\,N+1}^{(1)} \\ \vdots \\ a_{N\,N+1}^{(1)} \end{bmatrix}=\boldsymbol{B}$$

然后构造等价的上三角线性方程组 $\boldsymbol{UX}=\boldsymbol{Y}$：

$$\boldsymbol{UX}=\begin{bmatrix} a_{11}^{(1)} & a_{12}^{(1)} & a_{13}^{(1)} & \cdots & a_{1N}^{(1)} \\ 0 & a_{22}^{(2)} & a_{23}^{(2)} & \cdots & a_{2N}^{(2)} \\ 0 & 0 & a_{33}^{(3)} & \cdots & a_{3N}^{(3)} \\ \vdots & \vdots & \vdots & & \vdots \\ 0 & 0 & 0 & \cdots & a_{NN}^{(N)} \end{bmatrix}\begin{bmatrix} x_1 \\ x_2 \\ x_3 \\ \vdots \\ x_N \end{bmatrix}=\begin{bmatrix} a_{1\,N+1}^{(1)} \\ a_{2\,N+1}^{(2)} \\ a_{3\,N+1}^{(3)} \\ \vdots \\ a_{N\,N+1}^{(N)} \end{bmatrix}=\boldsymbol{Y}$$

第 1 步：将系数保存在增广矩阵中。$a_{rc}^{(1)}$ 的上标表示第一次保存在位置 (r,c) 中的元素：

$$\left[\begin{array}{ccccc|c} a_{11}^{(1)} & a_{12}^{(1)} & a_{13}^{(1)} & \cdots & a_{1N}^{(1)} & a_{1\,N+1}^{(1)} \\ a_{21}^{(1)} & a_{22}^{(1)} & a_{23}^{(1)} & \cdots & a_{2N}^{(1)} & a_{2\,N+1}^{(1)} \\ a_{31}^{(1)} & a_{32}^{(1)} & a_{33}^{(1)} & \cdots & a_{3N}^{(1)} & a_{3\,N+1}^{(1)} \\ \vdots & \vdots & \vdots & & \vdots & \vdots \\ a_{N1}^{(1)} & a_{N2}^{(1)} & a_{N3}^{(1)} & \cdots & a_{NN}^{(1)} & a_{N\,N+1}^{(1)} \end{array}\right].$$

第 2 步：如果有必要，交换行使得 $a_{11}^{(1)}\neq 0$；然后消去从第 2 行到第 N 行的 x_1。在这个过程中，m_{r1} 是被第 r 行减去的第 1 行的倍数。

$$\begin{aligned} &\text{for } r=2:N \\ &\quad m_{r1}=a_{r1}^{(1)}/a_{11}^{(1)}; \\ &\quad a_{r1}^{(2)}=0; \\ &\quad \text{for } c=2:N+1 \\ &\qquad a_{rc}^{(2)}=a_{rc}^{(1)}-m_{r1}*a_{1c}^{(1)}; \\ &\quad \text{end} \\ &\text{end} \end{aligned}$$

新的元素表示为 $a_{rc}^{(2)}$，它表示第二次保存在矩阵中，位置为 (r,c) 的元素。执行第 2 步后的结果为

$$\left[\begin{array}{ccccc|c} a_{11}^{(1)} & a_{12}^{(1)} & a_{13}^{(1)} & \cdots & a_{1N}^{(1)} & a_{1\,N+1}^{(1)} \\ 0 & a_{22}^{(2)} & a_{23}^{(2)} & \cdots & a_{2N}^{(2)} & a_{2\,N+1}^{(2)} \\ 0 & a_{32}^{(2)} & a_{33}^{(2)} & \cdots & a_{3N}^{(2)} & a_{3\,N+1}^{(2)} \\ \vdots & \vdots & \vdots & & \vdots & \vdots \\ 0 & a_{N2}^{(2)} & a_{N3}^{(2)} & \cdots & a_{NN}^{(2)} & a_{N\,N+1}^{(2)} \end{array}\right]$$

第 3 步:如果有必要,将第 2 行与它下面的某行进行交换,使得 $a_{22}^{(2)} \neq 0$;然后消去第 3 行到第 N 行中的 x_2。在这个过程中,m_{r2}是被第 r 行减去的第 2 行的倍数。

$$\begin{aligned}
&\text{for } r = 3 : N \\
&\quad m_{r2} = a_{r2}^{(2)} / a_{22}^{(2)}; \\
&\quad a_{r2}^{(3)} = 0; \\
&\quad \text{for } c = 3 : N+1 \\
&\quad\quad a_{rc}^{(3)} = a_{rc}^{(2)} - m_{r2} * a_{2c}^{(2)}; \\
&\quad \text{end} \\
&\text{end}
\end{aligned}$$

新的元素表示为 $a_{rc}^{(3)}$,它表示第 3 次保存在矩阵中,位置为(r,c)的元素。执行第 3 步后的结果为

$$\left[\begin{array}{ccccc|c} a_{11}^{(1)} & a_{12}^{(1)} & a_{13}^{(1)} & \cdots & a_{1N}^{(1)} & a_{1\,N+1}^{(1)} \\ 0 & a_{22}^{(2)} & a_{23}^{(2)} & \cdots & a_{2N}^{(2)} & a_{2\,N+1}^{(2)} \\ 0 & 0 & a_{33}^{(3)} & \cdots & a_{3N}^{(3)} & a_{3\,N+1}^{(3)} \\ \vdots & \vdots & \vdots & & \vdots & \vdots \\ 0 & 0 & a_{N3}^{(3)} & \cdots & a_{NN}^{(3)} & a_{N\,N+1}^{(3)} \end{array}\right]$$

第 $p+1$ 步:这是一般步骤。如果有必要,将第 p 行与它下面的某行进行交换,使得 $a_{pp}^{(p)} \neq 0$;然后消去第 $p+1$ 行到第 N 行中的 x_p。在这个过程中,m_{rp}是被第 r 行减去的第 p 行的倍数。

$$\begin{aligned}
&\text{for } r = p+1 : N \\
&\quad m_{rp} = a_{rp}^{(p)} / a_{pp}^{(p)}; \\
&\quad a_{rp}^{(p+1)} = 0; \\
&\quad \text{for } c = p+1 : N+1 \\
&\quad\quad a_{rc}^{(p+1)} = a_{rc}^{(p)} - m_{rp} * a_{pc}^{(p)}; \\
&\quad \text{end} \\
&\text{end}
\end{aligned}$$

当第 N 行中的 x_{N-1} 被消去后,结果为

$$\left[\begin{array}{ccccc|c} a_{11}^{(1)} & a_{12}^{(1)} & a_{13}^{(1)} & \cdots & a_{1N}^{(1)} & a_{1\,N+1}^{(1)} \\ 0 & a_{22}^{(2)} & a_{23}^{(2)} & \cdots & a_{2N}^{(2)} & a_{2\,N+1}^{(2)} \\ 0 & 0 & a_{33}^{(3)} & \cdots & a_{3N}^{(3)} & a_{3\,N+1}^{(3)} \\ \vdots & \vdots & \vdots & & \vdots & \vdots \\ 0 & 0 & 0 & \cdots & a_{NN}^{(N)} & a_{N\,N+1}^{(N)} \end{array}\right]$$

上三角矩阵构造过程执行完毕。

由于 $\boldsymbol{A}$ 是非奇异的,所以当执行完行变换后的矩阵仍是非奇异的。这保证了在构造过程中,对所有的 k,有 $a_{kk}^{(k)}\neq 0$,因此可利用回代法求 $\boldsymbol{UX}=\boldsymbol{Y}$ 的解 $\boldsymbol{X}$。定理得证。●

3.4.1　选主元以避免 $a_{pp}^{(p)}=0$

如果 $a_{pp}^{(p)}=0$,则不能使用第 p 行消去主对角线下第 p 列的元素。有必要寻找第 k 行,满足 $a_{kp}^{(p)}\neq 0$ 而且 $k>p$,然后交换第 k 行和第 p 行,使得主元非零,这个过程称为选主元,选择行的判定条件称为**选主元策略**。**平凡选主元**策略(trivial pivoting strategy)是:如果 $a_{pp}^{(p)}\neq 0$,不交换行;如果 $a_{pp}^{(p)}=0$,寻找第 p 行下满足 $a_{kp}^{(p)}\neq 0$ 的第 1 行,设行数为 k,然后交换第 k 行和第 p 行。这样就导致新元素 $a_{pp}^{(p)}\neq 0$ 是非零主元。

3.4.2　选主元以减少误差

由于计算机使用固定精度计算,这样在每次算术计算中可能引入微小的误差。下面的例子表明了在采用高斯消去法求解线性方程组时,使用平凡选主元策略怎样导致巨大的误差。

例 3.17　值 $x_1=x_2=1.000$ 是如下方程组的解:

$$\begin{aligned}1.133x_1+5.281x_2&=6.414\\24.14x_1-1.210x_2&=22.93\end{aligned}\tag{12}$$

使用 4 位有效数字精度计算(见 1.3 节的习题 6 和习题 7)和采用平凡选主元策略的高斯消去法求上述线性方程组解的近似值。

解:第 2 行减去第 1 行乘以倍数 $m_{21}=24.14/1.133=21.31$,得到上三角线性方程组。使用 4 位有效数字精度计算,可得到新的系数,如下所示:

$$\begin{aligned}a_{22}^{(2)}&=-1.210-21.31\times 5.281=-1.210-112.5=-113.7\\a_{23}^{(2)}&=\ \ 22.93-21.31\times 6.414=\ \ 22.93-136.7=-113.8\end{aligned}$$

计算后的上三角线性方程组为

$$\begin{aligned}1.133x_1+5.281x_2&=\ \ 6.414\\-113.7x_2&=-113.8\end{aligned}$$

利用回代法可得 $x_2=-113.8/(-113.7)=1.001$ 和 $x_1=(6.414-5.28\times 1.001)/(1.133)=(6.414-5.286)/1.133=0.9956$。■

线性方程组(12)的解的误差是由于倍数 $m_{21}=21.31$ 的值。在下一个例子中,通过交换线性方程组(12)中第 1 行和第 2 行来减少倍数 m_{21} 的值,然后利用平凡选主元策略的高斯消去法求解线性方程组。

例 3.18　使用 4 位有效数字精度计算和平凡选主元策略的高斯消去法求解线性方程组

$$\begin{aligned}24.14x_1-1.210x_2&=22.93\\1.133x_1+5.281x_2&=6.414\end{aligned}$$

解:这次用第 2 行减去第 1 行乘以倍数 $m_{21}=1.133/24.14=0.04693$。新的系数为

$$\begin{aligned}a_{22}^{(2)}&=5.281-0.04693\times(-1.210)=5.281+0.05679=5.338\\a_{23}^{(2)}&=6.414-0.04693\times 22.93=6.414-1.076\quad=5.338\end{aligned}$$

计算后的上三角线性方程组为

$$24.14x_1 - 1.210x_2 = 22.93$$
$$5.338x_2 = 5.338$$

利用回代法可得 $x_2 = 5.338/5.338 = 1.000$ 和 $x_1 = (22.93 + 1.210 \times 1.000)/24.14 = 1.000$。■

选主元策略的目的在于将元素中的最大绝对值移到主对角线上，然后用其消去列中的剩余元素。如果在第 p 列中存在多个非零元素，则要从中选择一个进行行交换。例 3.18 中的**偏序选主元**(partial pivoting)策略是最常用的一个，而且用在程序 3.2 中。为了减少误差的传播，偏序选主元策略首先检查位于主对角线或主对角线下方第 p 列的所有元素，确定行 k，它的元素的绝对值最大，即

$$|a_{kp}| = \max\{|a_{pp}|, |a_{p+1\,p}|, \cdots, |a_{N-1\,p}|, |a_{Np}|\}$$

然后如果 $k > p$，则交换第 k 行和第 p 行。现在，每个倍数 m_{rp} 的绝对值，$r = p + 1$，将小于或等于 1。这样就保证了定理 3.9 中的矩阵 $\boldsymbol{U}$ 与初始系数矩阵 $\boldsymbol{A}$ 的对应元素的相对大小一致。在偏序选主元策略中，通常选择更大的主元元素会导致更小的传播误差。

在 3.5 节中，可以看到求解 $N \times N$ 线性方程组需要总共 $(4N^3 + 9N^2 - 7N)/6$ 次算术操作。当 $N = 20$ 时，总的算术操作次数为 5910，在计算过程中的误差传播将导致错误的结果。**按比例偏序选主元**(scaled partial pivoting)策略或**平衡**(equilibrating)策略可用来进一步减少误差传播。在按比例偏序选主元法中，搜索位于主对角线或主对角线下方第 p 列的元素，此元素满足在所在行中其绝对值相对最大。首先搜索第 p 行到第 N 行中绝对值最大的元素，称为 s_r：

$$s_r = \max\{|a_{rp}|, |a_{rp+1}|, \cdots, |a_{rN}|\}, \quad r = p,\ p+1,\ \cdots,\ N \tag{13}$$

通过求下式确定第 k 行：

$$\frac{|a_{kp}|}{s_k} = \max\left\{\frac{|a_{pp}|}{s_p}, \frac{|a_{p+1\,p}|}{s_{p+1}}, \cdots, \frac{|a_{Np}|}{s_N}\right\} \tag{14}$$

现在交换第 p 行和第 k 行，除非 $p = k$。这样也是为了保证定理 3.9 中的矩阵 $\boldsymbol{U}$ 与初始系数矩阵 $\boldsymbol{A}$ 的对应元素的相对大小一致。

3.4.3 病态情况

如果存在矩阵 $\boldsymbol{B}$，当矩阵 $\boldsymbol{B}$ 和矩阵 $\boldsymbol{A}$ 中系数元素的微小变化使得 $\boldsymbol{X} = \boldsymbol{A}^{-1}\boldsymbol{B}$ 变化很大时，则称矩阵 $\boldsymbol{A}$ 为**病态矩阵**(ill conditioned)。如果矩阵 $\boldsymbol{A}$ 为病态矩阵，则称方程组 $\boldsymbol{AX} = \boldsymbol{B}$ 为病态方程组。在这种情况下，计算解的近似值的数值方法被证明会产生很大的误差。

当 $\boldsymbol{A}$ 近似于奇异而且它的行列式接近 0 时，可能发生病态情况。当两个方程表示的直线接近平行(或 3 个方程表示的 3 个平面接近平行)时，它们组成的方程组也可能是病态的。病态情况的发生可能导致错误解。例如，设有下面两个方程

$$\begin{aligned} x + 2y - 2.00 &= 0 \\ 2x + 3y - 3.40 &= 0 \end{aligned} \tag{15}$$

将 $x_0 = 1.00$ 和 $y_0 = 0.48$ 代入这些"几乎等于零"的方程得到

$$1 + 2 \times (0.48) - 2.00 = 1.96 - 2.00 = -0.04 \approx 0$$
$$2 + 3 \times (0.48) - 3.40 = 3.44 - 3.40 = \ \ 0.04 \approx 0$$

这里结果与 0 的偏差只有 ± 0.04，而线性方程组解的真实值为 $x = 0.8$ 和 $y = 0.6$，因此近似值解的误差为 $x - x_0 = 0.80 - 1.00 = -0.20$ 和 $y - y_0 = 0.60 - 0.48 = 0.12$。所以仅仅将值代入方程组中不是很可靠的测试方法。图 3.4 中的菱形区间 R 表示"几乎满足"方程(15)的近似值集合：

$$R = \{(x, y) : |x + 2y - 2.00| < 0.1, \quad |2x + 3y - 3.40| < 0.2\}$$

在区间 R 中某些点远离解(0.8,0.6),但代入方程(15)后,结果值很小。如果怀疑一个线性方程组是病态的,则应该用多精度算术计算。有兴趣的读者可研究有关矩阵的条件数的主题,能了解这方面的更多信息。

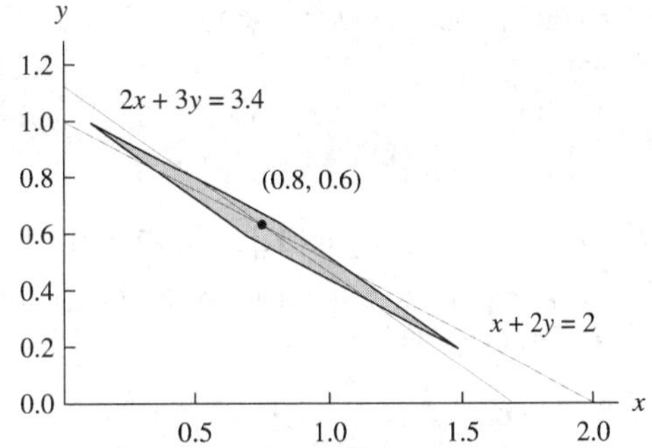

图 3.4　两个方程都"几乎满足"的区域

当包含多个方程时,病态情况可能有变换很大的结果。设求解三次多项式 $y = c_1x^3 + c_2x^2 + c_3x + c_4$,它经过 4 个点(2,8),(3,27),(4,64),(5,125)。很明显,$y = x^3$ 是要找的三次多项式。第 5 章将介绍最小二乘法。利用最小二乘法寻找系数需要求解如下线性方程组:

$$\begin{bmatrix} 20514 & 4424 & 978 & 224 \\ 4424 & 978 & 224 & 54 \\ 978 & 224 & 54 & 14 \\ 224 & 54 & 14 & 4 \end{bmatrix} \begin{bmatrix} c_1 \\ c_2 \\ c_3 \\ lc_4 \end{bmatrix} = \begin{bmatrix} 20514 \\ 4424 \\ 978 \\ 224 \end{bmatrix}$$

使用一个精度有 9 位有效数字的计算机来计算系数,可得

$$c_1 = 1.000004, \quad c_2 = -0.000038, \quad c_3 = 0.000126, \quad c_4 = -0.000131$$

尽管计算结果接近真实值 $c_1 = 1, c_2 = c_3 = c_4 = 0$,但可看出结果中很容易产生误差。如果进一步将上三角矩阵中的系数 $a_{11} = 20514$ 改为 $a_{11} = 20515$,并求解这个被扰动的方程组,使用同样的计算机,计算的结果为

$$c_1 = 0.642857, \quad c_2 = 3.75000, \quad c_3 = -12.3928, \quad c_4 = 12.7500$$

这是一个无意义的答案,不易检查出病态情况。如果轻微扰动方程组的系数,使得结果改变很大,则可认为线性方程组为病态线性方程组。与此相关的灵敏度分析通常在高级数值分析教材中介绍。

3.4.4　MATLAB 实现

在程序 3.2 中,MATLAB 语句[A B]用来构造线性方程组 $\boldsymbol{AX} = \boldsymbol{B}$ 的增广矩阵,`max` 命令用于偏序选主元策略中的主元选择。一旦得到等价的上三角矩阵[$\boldsymbol{U}|\boldsymbol{Y}$],将它分成 $\boldsymbol{U}$ 和 $\boldsymbol{Y}$,程序 3.1 用来执行回代法(`backsub(U,Y)`)。在下面的例子中显示了这些过程和命令的使用情况。

例 3.19　(a) 使用 MATLAB 构造例 3.16 中的增广矩阵;(b) 使用 `max` 命令求系数矩阵 $\boldsymbol{A}$ 第 1 列中绝对值最大的元素;(c) 将增广矩阵(11)分解成系数矩阵 $\boldsymbol{U}$ 和常数矩阵 $\boldsymbol{Y}$,形成上三角线性方程组 $\boldsymbol{UX} = \boldsymbol{Y}$。

解:

(a)

```
>> A=[1 2 1 4;2 0 4 3;4 2 2 1;-3 1 3 2];
>> B=[13 28 20 6]';
>> Aug=[A B]
   Aug=
       1 2 1 4 13
       2 0 4 3 28
       4 2 2 1 20
      -3 1 3 2 6
```

(b) 在下面的 MATLAB 显示中,a 是矩阵 **A** 第 1 列中绝对值最大的元素,j 是行数。

```
>>[a,j]=max(abs(A(1:4,1)))
a=
   4
j=
   3
```

(c) 设 Augup = [$\boldsymbol{U}|\boldsymbol{Y}$]是增广矩阵(11)中的上三角矩阵。

```
>> Augup=[1 2 1 4 13;0 -4 2 -5 2;0 0 -5 -7.5 -35;0 0 0 -9 -18];
>> U=Augup(1:4,1:4)
U=
   1.0000 2.0000 1.0000  4.0000
    0     -4.0000 2.0000 -5.0000
    0      0     -5.0000 -7.5000
    0      0      0      -9.0000
>> Y=Augup(1:4,5)
Y=
    13
     2
   -35
   -18
```

■

程序 3.2(上三角变换和回代过程) 为构造 $\boldsymbol{AX}=\boldsymbol{B}$ 的解,首先将增广矩阵[$\boldsymbol{A}|\boldsymbol{B}$]变换成上三角矩阵,再执行回代过程。

```
function X = uptrbk(A,B)
%Input  - A is an N x N nonsingular matrix
%       - B is an N x 1 matrix
%Output - X is an N x 1 matrix containing the solution to AX=B.
%Initialize X and the temporary storage matrix C
     [N N]=size(A);
     X=zeros(N,1);
     C=zeros(1,N+1);
%Form the augmented matrix:Aug=[A|B]
     Aug=[A B];
for p=1:N-1
   %Partial pivoting for column p
   [Y,j]=max(abs(Aug(p:N,p)));
   %Interchange row p and j
   C=Aug(p,:);
   Aug(p,:)=Aug(j+p-1,:);
   Aug(j+p-1,:)=C;
if Aug(p,p)==0
   'A was singular.  No unique solution'
   break
end
%Elimination process for column p
   for k=p+1:N
      m=Aug(k,p)/Aug(p,p);
      Aug(k,p:N+1)=Aug(k,p:N+1)-m*Aug(p,p:N+1);
   end
end
%Back Substitution on [U|Y] using Program 3.1
X=backsub(Aug(1:N,1:N),Aug(1:N,N+1));
```

3.4.5 习题

在习题 1 到习题 4 中，证明线性方程组 $\boldsymbol{AX}=\boldsymbol{B}$ 等价于上三角线性方程组 $\boldsymbol{UX}=\boldsymbol{Y}$，并求解方程组。

1. $$\begin{aligned}2x_1+4x_2-6x_3&=-4\\x_1+5x_2+3x_3&=10\\x_1+3x_2+2x_3&=5\end{aligned}\qquad\begin{aligned}2x_1+4x_2-6x_3&=-4\\3x_2+6x_3&=12\\3x_3&=3\end{aligned}$$

2. $$\begin{aligned}x_1+x_2+6x_3&=7\\-x_1+2x_2+9x_3&=2\\x_1-2x_2+3x_3&=10\end{aligned}\qquad\begin{aligned}x_1+x_2+6x_3&=7\\3x_2+15x_3&=9\\12x_3&=12\end{aligned}$$

3. $$\begin{aligned}2x_1-2x_2+5x_3&=6\\2x_1+3x_2+x_3&=13\\-x_1+4x_2-4x_3&=3\end{aligned}\qquad\begin{aligned}2x_1-2x_2+5x_3&=6\\5x_2-4x_3&=7\\0.9x_3&=1.8\end{aligned}$$

4. $$\begin{aligned}-5x_1+2x_2-x_3&=-1\\x_1+0x_2+3x_3&=5\\3x_1+x_2+6x_3&=17\end{aligned}\qquad\begin{aligned}-5x_1+2x_2-x_3&=-1\\0.4x_2+2.8x_3&=4.8\\-10x_3&=-10\end{aligned}$$

5. 求解抛物线 $y=A+Bx+Cx^2$ 的参数，抛物线经过点(1,4)，(2,7)和(3,14)。
6. 求解抛物线 $y=A+Bx+Cx^2$ 的参数，抛物线经过点(1,6)，(2,5)和(3,2)。
7. 求解三次曲线 $y=A+Bx+Cx^2+Dx^3$ 的参数，三次曲线经过点(0,0)，(1,1)，(2,2)和(3,2)。

在习题 8 到习题 10 中，证明线性方程组 $\boldsymbol{AX}=\boldsymbol{B}$ 与上三角线性方程组 $\boldsymbol{UX}=\boldsymbol{Y}$ 等价，并求解方程组。

8. $$\begin{aligned}4x_1+8x_2+4x_3+0x_4&=8\\x_1+5x_2+4x_3-3x_4&=-4\\x_1+4x_2+7x_3+2x_4&=10\\x_1+3x_2+0x_3-2x_4&=-4\end{aligned}\qquad\begin{aligned}4x_1+8x_2+4x_3+0x_4&=8\\3x_2+3x_3-3x_4&=-6\\4x_3+4x_4&=12\\x_4&=2\end{aligned}$$

9. $$\begin{aligned}2x_1+4x_2-4x_3+0x_4&=12\\x_1+5x_2-5x_3-3x_4&=18\\2x_1+3x_2+x_3+3x_4&=8\\x_1+4x_2-2x_3+2x_4&=8\end{aligned}\qquad\begin{aligned}2x_1+4x_2-4x_3+0x_4&=12\\3x_2-3x_3-3x_4&=12\\4x_3+2x_4&=0\\3x_4&=-6\end{aligned}$$

10. $$\begin{aligned}x_1+2x_2+0x_3-x_4&=9\\2x_1+3x_2-x_3+0x_4&=9\\0x_1+4x_2+2x_3-5x_4&=26\\5x_1+5x_2+2x_3-4x_4&=32\end{aligned}\qquad\begin{aligned}x_1+2x_2+0x_3-x_4&=9\\-x_2-x_3+2x_4&=-9\\-2x_3+3x_4&=-10\\1.5x_4&=-3\end{aligned}$$

11. 求解下列线性方程组。

$$\begin{aligned}x_1+2x_2\qquad\qquad&=7\\2x_1+3x_2-x_3\qquad&=9\\4x_2+2x_3+3x_4&=10\\2x_3-4x_4&=12\end{aligned}$$

12. 求解下列线性方程组。

$$\begin{aligned} x_1 + x_2 \qquad\qquad &= 5 \\ 2x_1 - x_2 + 5x_3 \qquad &= -9 \\ 3x_2 - 4x_3 + 2x_4 &= 19 \\ 2x_3 + 6x_4 &= 2 \end{aligned}$$

13. Rockmore 公司考虑购买一台新的计算机,或者是 DoGood 174,或者是 MightDo 11。公司通过求解下列线性方程组来测试计算机的能力。

$$\begin{aligned} 34x + 55y - 21 &= 0 \\ 55x + 89y - 34 &= 0 \end{aligned}$$

DoGood 174 计算机的结果是 $x = -0.11$ 和 $y = 0.45$,将它们代入方程组进行精确性检查得到

$$\begin{aligned} 34 \times (-0.11) + 55 \times (0.45) - 21 &= 0.01 \\ 55 \times (-0.11) + 89 \times (0.45) - 34 &= 0.00 \end{aligned}$$

MightDo 11 计算机的结果是 $x = -0.99$ 和 $y = 1.01$,将它们代入方程组进行精确性检查得到

$$\begin{aligned} 34 \times (-0.99) + 55 \times (1.01) - 21 &= 0.89 \\ 55 \times (-0.99) + 89 \times (1.01) - 34 &= 1.44 \end{aligned}$$

哪一个计算机的答案更好? 为什么?

14. 利用(i) 偏序选主元策略的高斯消去法和(ii) 按比例偏序选主元策略的高斯消去法,求解下列线性方程组。

(a)
$$\begin{aligned} 2x_1 - 3x_2 + 100x_3 &= 1 \\ x_1 + 10x_2 - 0.001x_3 &= 0 \\ 3x_1 - 100x_2 + 0.01x_3 &= 0 \end{aligned}$$

(b)
$$\begin{aligned} x_1 + 20x_2 - x_3 + 0.001x_4 &= 0 \\ 2x_1 - 5x_2 + 30x_3 - 0.1x_4 &= 1 \\ 5x_1 + x_2 - 100x_3 - 10x_4 &= 0 \\ 2x_1 - 100x_2 - x_3 + x_4 &= 0 \end{aligned}$$

15. 希尔伯特(Hilbert)矩阵是一个典型的病态矩阵,如果对它的系数进行微小扰动,可对线性方程组的解产生极大的改变。

(a) 用 4×4 阶希尔伯特矩阵求解 $\boldsymbol{AX} = \boldsymbol{B}$ 的精确解(将所有的元素用分数表示并进行精确计算):

$$\boldsymbol{A} = \begin{bmatrix} 1 & \frac{1}{2} & \frac{1}{3} & \frac{1}{4} \\ \frac{1}{2} & \frac{1}{3} & \frac{1}{4} & \frac{1}{5} \\ \frac{1}{3} & \frac{1}{4} & \frac{1}{5} & \frac{1}{6} \\ \frac{1}{4} & \frac{1}{5} & \frac{1}{6} & \frac{1}{7} \end{bmatrix}, \quad \boldsymbol{B} = \begin{bmatrix} 1 \\ 0 \\ 0 \\ 0 \end{bmatrix}$$

(b) 使用精度为 4 位有效数字的算术计算求解 $\boldsymbol{AX} = \boldsymbol{B}$:

$$\boldsymbol{A} = \begin{bmatrix} 1.0000 & 0.5000 & 0.3333 & 0.2500 \\ 0.5000 & 0.3333 & 0.2500 & 0.2000 \\ 0.3333 & 0.2500 & 0.2000 & 0.1667 \\ 0.2500 & 0.2000 & 0.1667 & 0.1429 \end{bmatrix}, \quad \boldsymbol{B} = \begin{bmatrix} 1 \\ 0 \\ 0 \\ 0 \end{bmatrix}$$

注意:(b)中的系数矩阵是(a)中系数矩阵的近似。

3.4.6 算法与程序

1. 许多科学应用包含的矩阵带有很多零。在实际情况中很重要的**三角形线性方程组**(见习题 11 和习题 12)有如下形式:

$$
\begin{aligned}
&d_1x_1 + c_1x_2 &&= b_1\\
&a_1x_1 + d_2x_2 + c_2x_3 &&= b_2\\
&\quad a_2x_2 + d_3x_3 + c_3x_4 &&= b_3\\
&\quad\cdot\quad\cdot\quad\cdot &&\ \ \cdot\\
&\qquad\cdot\quad\cdot\quad\cdot &&\ \ \cdot\\
&\qquad\quad\cdot\quad\cdot\quad\cdot &&\ \ \cdot\\
&\qquad a_{N-2}x_{N-2} + d_{N-1}x_{N-1} + c_{N-1}x_N &&= b_{N-1}\\
&\qquad\qquad a_{N-1}x_{N-1} + d_Nx_N &&= b_N
\end{aligned}
$$

构造一个程序求解三角形线性方程组。可假定不需要行变换,而且可用第 k 行消去第 $k+1$ 行的 x_k。

2. 使用程序 3.2 求 6 次多项式 $y = a_1 + a_2x + a_3x^2 + a_4x^3 + a_5x^4 + a_6x^5 + a_7x^6$ 的系数,它经过点 (0,1),(1,3),(2,2),(3,1),(4,3),(5,2),(6,1)。使用 `plot` 命令画出多项式,标出给出的经过点,并解释图中的误差。
3. 使用程序 3.2 求解线性方程组 $\boldsymbol{AX} = \boldsymbol{B}$,其中 $\boldsymbol{A} = [a_{ij}]_{N\times N}$,$a_{ij} = i^{j-1}$;$\boldsymbol{B} = [b_{ij}]_{N\times 1}$,其中 $b_{11} = N$,且当 $i \geqslant 2$ 时有 $b_{i1} = (i^N - 1)/(i-1)$。设 $N = 3,7,11$,精确解为 $\boldsymbol{X} = [1\quad 1\quad \cdots\quad 1\quad 1]$。解释计算结果与精确解的偏差。
4. 构造一个程序,将程序 3.2 中的偏序选主元策略改成按比例偏序选主元策略。
5. 使用上题中构造的按比例偏序选主元策略程序求解第 3 题中 $N = 11$ 的线性方程组。解释计算结果为什么更好。
6. 修改程序 3.2,使得它能有效地求解具有相同系数矩阵 $\boldsymbol{A}$ 但常数矩阵 $\boldsymbol{B}$ 不同的 M 线性方程组集合。M 线性方程组集合如下所示:
$$\boldsymbol{AX}_1 = \boldsymbol{B}_1,\quad \boldsymbol{AX}_2 = \boldsymbol{B}_2,\quad \cdots,\quad \boldsymbol{AX}_M = \boldsymbol{B}_M$$
7. 下面的习题虽然是针对 3×3 维矩阵的,但其概念可用于 $N\times N$ 维矩阵。如果矩阵 $\boldsymbol{A}$ 非奇异,则 $\boldsymbol{A}^{-1}$ 存在,而且 $\boldsymbol{AA}^{-1} = \boldsymbol{I}$。设 $\boldsymbol{C}_1,\boldsymbol{C}_2,\boldsymbol{C}_3$ 是 $\boldsymbol{A}^{-1}$ 的列,而 $\boldsymbol{E}_1,\boldsymbol{E}_2,\boldsymbol{E}_3$ 是 $\boldsymbol{I}$ 的列。方程 $\boldsymbol{AA}^{-1} = \boldsymbol{I}$ 可表示为
$$\boldsymbol{A}[\boldsymbol{C}_1\quad \boldsymbol{C}_2\quad \boldsymbol{C}_3] = [\boldsymbol{E}_1\quad \boldsymbol{E}_2\quad \boldsymbol{E}_3]$$
则上式等价于三个线性方程组
$$\boldsymbol{AC}_1 = \boldsymbol{E}_1,\quad \boldsymbol{AC}_2 = \boldsymbol{E}_2,\quad \boldsymbol{AC}_3 = \boldsymbol{E}_3$$
这样求 $\boldsymbol{A}^{-1}$ 等价于求解三个线性方程组。
使用程序 3.2 或上题中的程序求解下面每个矩阵的逆。通过计算 $\boldsymbol{AA}^{-1}$ 和使用命令 `inv(A)` 检查答案,并解释可能的差异。
(a) $\begin{bmatrix} 2 & 0 & 1\\ 3 & 2 & 5\\ 1 & -1 & 0 \end{bmatrix}$　　(b) $\begin{bmatrix} 16 & -120 & 240 & -140\\ -120 & 1200 & -2700 & 1680\\ 240 & -2700 & 6480 & -4200\\ -140 & 1680 & -4200 & 2800 \end{bmatrix}$

3.5　三角分解法

在 3.3 节中可以看到,求解上三角线性方程组很容易。现在介绍将给定矩阵 $\boldsymbol{A}$ 分解成下三角矩阵 $\boldsymbol{L}$ 和上三角矩阵 $\boldsymbol{U}$ 的乘积的概念,其中下三角矩阵 $\boldsymbol{L}$ 的主对角线为 1,上三角矩阵 $\boldsymbol{U}$ 的对角线元素非零。为了方便表示,主要使用 4×4 维矩阵表达各种概念,但这些概念可用于任意 $N\times N$ 维矩阵。

定义 3.4 如果非奇异矩阵 $\boldsymbol{A}$ 可表示为下三角矩阵 $\boldsymbol{L}$ 和上三角矩阵 $\boldsymbol{U}$ 的乘积：

$$\boldsymbol{A}=\boldsymbol{L}\boldsymbol{U} \tag{1}$$

则 $\boldsymbol{A}$ 存在一个三角分解。

用矩阵形式可表示为

$$\begin{bmatrix} a_{11} & a_{12} & a_{13} & a_{14} \\ a_{21} & a_{22} & a_{23} & a_{24} \\ a_{31} & a_{32} & a_{33} & a_{34} \\ a_{41} & a_{42} & a_{43} & a_{44} \end{bmatrix} = \begin{bmatrix} 1 & 0 & 0 & 0 \\ m_{21} & 1 & 0 & 0 \\ m_{31} & m_{32} & 1 & 0 \\ m_{41} & m_{42} & m_{43} & 1 \end{bmatrix} \begin{bmatrix} u_{11} & u_{12} & u_{13} & u_{14} \\ 0 & u_{22} & u_{23} & u_{24} \\ 0 & 0 & u_{33} & u_{34} \\ 0 & 0 & 0 & u_{44} \end{bmatrix}$$ ▲

矩阵 $\boldsymbol{A}$ 非奇异的条件意味着对所有 k 有 $u_{kk}\neq 0$。$\boldsymbol{L}$ 中的元素表示为 m_{ij}。选择 m_{ij} 而不是 l_{ij} 的原因将在后面解释。

3.5.1 线性方程组的解

设线性方程组 $\boldsymbol{AX}=\boldsymbol{B}$ 的系数矩阵 $\boldsymbol{A}$ 存在三角分解(1)，则线性方程组可表示为

$$\boldsymbol{LUX}=\boldsymbol{B} \tag{2}$$

而方程组的解可通过定义 $\boldsymbol{Y}=\boldsymbol{UX}$ 并求解下面的两个方程组得到。

首先对方程组 $\boldsymbol{LY}=\boldsymbol{B}$ 求解 $\boldsymbol{Y}$，然后对方程组 $\boldsymbol{UX}=\boldsymbol{Y}$ 求解 $\boldsymbol{X}$。 (3)

必须首先求解下三角线性方程组

$$\begin{aligned} y_1 \qquad\qquad\qquad\qquad &= b_1 \\ m_{21}y_1 + y_2 \qquad\qquad\quad &= b_2 \\ m_{31}y_1 + m_{32}y_2 + y_3 \qquad &= b_3 \\ m_{41}y_1 + m_{42}y_2 + m_{43}y_3 + y_4 &= b_4 \end{aligned} \tag{4}$$

得到 y_1,y_2,y_3,y_4。然后使用它们求解上三角线性方程组

$$\begin{aligned} u_{11}x_1 + u_{12}x_2 + u_{13}x_3 + u_{14}x_4 &= y_1 \\ u_{22}x_2 + u_{23}x_3 + u_{24}x_4 &= y_2 \\ u_{33}x_3 + u_{34}x_4 &= y_3 \\ u_{44}x_4 &= y_4 \end{aligned} \tag{5}$$

例 3.20 利用三角分解法和如下事实：

$$\boldsymbol{A}=\begin{bmatrix} 1 & 2 & 4 & 1 \\ 2 & 8 & 6 & 4 \\ 3 & 10 & 8 & 8 \\ 4 & 12 & 10 & 6 \end{bmatrix} = \begin{bmatrix} 1 & 0 & 0 & 0 \\ 2 & 1 & 0 & 0 \\ 3 & 1 & 1 & 0 \\ 4 & 1 & 2 & 1 \end{bmatrix} \begin{bmatrix} 1 & 2 & 4 & 1 \\ 0 & 4 & -2 & 2 \\ 0 & 0 & -2 & 3 \\ 0 & 0 & 0 & -6 \end{bmatrix} = \boldsymbol{LU}$$

求解

$$\begin{aligned} x_1 + 2x_2 + 4x_3 + x_4 &= 21 \\ 2x_1 + 8x_2 + 6x_3 + 4x_4 &= 52 \\ 3x_1 + 10x_2 + 8x_3 + 8x_4 &= 79 \\ 4x_1 + 12x_2 + 10x_3 + 6x_4 &= 82 \end{aligned}$$

解：利用前向替换法求解 $\boldsymbol{LY}=\boldsymbol{B}$：

$$\begin{aligned} y_1 \qquad\qquad\qquad &= 21 \\ 2y_1 + y_2 \qquad\qquad &= 52 \\ 3y_1 + y_2 + y_3 \qquad &= 79 \\ 4y_1 + y_2 + 2y_3 + y_4 &= 82 \end{aligned} \tag{6}$$

得到值 $y_1=21, y_2=52-2\times21=10, y_3=79-3\times21-10=6, y_4=82-4\times21-10-2\times6=$

-24，或表示为 $\boldsymbol{Y}=[21\quad 10\quad 6\quad -24]$。接下来表示方程组 $\boldsymbol{UX}=\boldsymbol{Y}$ 为

$$\begin{aligned} x_1+2x_2+4x_3+\ x_4 &= 21 \\ 4x_2-2x_3+2x_4 &= 10 \\ -2x_3+3x_4 &= 6 \\ -6x_4 &= -24 \end{aligned} \tag{7}$$

现在利用回代法可得到值 $x_4=-24/(-6)=4$，$x_3=(6-3\times4)/(-2)=3$，$x_2=(10-2\times4+2\times3)/4=2$，$x_1=21-4-4\times3-2\times2=1$ 或表示为 $\boldsymbol{X}=[1\quad 2\quad 3\quad 4]'$。■

3.5.2　三角分解法

现在讨论如何得到矩阵的三角分解。当利用高斯消去法时，如果行交换变换不是必需的，则倍数 m_{ij} 是 $\boldsymbol{L}$ 中的子对角线元素。

例 3.21　利用高斯消去法构造下列矩阵的三角分解：

$$\boldsymbol{A}=\begin{bmatrix} 4 & 3 & -1 \\ -2 & -4 & 5 \\ 1 & 2 & 6 \end{bmatrix}$$

解：通过将单位矩阵放在 $\boldsymbol{A}$ 的左边来构造矩阵 $\boldsymbol{L}$。对每个用来构造上三角矩阵的行变换，将倍数 m_{ij} 放在左边的对应位置。初始矩阵为

$$\boldsymbol{A}=\begin{bmatrix} 1 & 0 & 0 \\ 0 & 1 & 0 \\ 0 & 0 & 1 \end{bmatrix}\begin{bmatrix} 4 & 3 & -1 \\ -2 & -4 & 5 \\ 1 & 2 & 6 \end{bmatrix}$$

用第 1 行消去矩阵 $\boldsymbol{A}$ 的第 1 列中 a_{11} 下面的元素。第 2 行和第 3 行分别减去第 1 行乘以倍数 $m_{21}=-0.5$ 和 $m_{31}=0.25$。将倍数放到矩阵的左边相应位置，结果为

$$\boldsymbol{A}=\begin{bmatrix} 1 & 0 & 0 \\ -0.5 & 1 & 0 \\ 0.25 & 0 & 1 \end{bmatrix}\begin{bmatrix} 4 & 3 & -1 \\ 0 & -2.5 & 4.5 \\ 0 & 1.25 & 6.25 \end{bmatrix}$$

用第 2 行消去第 2 列中对角线下方的元素。第 3 行减去第 2 行乘以倍数 $m_{32}=-0.5$，再将倍数放入矩阵左边，则可得到矩阵 $\boldsymbol{A}$ 的三角分解：

$$\boldsymbol{A}=\begin{bmatrix} 1 & 0 & 0 \\ -0.5 & 1 & 0 \\ 0.25 & -0.5 & 1 \end{bmatrix}\begin{bmatrix} 4 & 3 & -1 \\ 0 & -2.5 & 4.5 \\ 0 & 0 & 8.5 \end{bmatrix} \tag{8}$$

■

定理 3.10（$\boldsymbol{A}=\boldsymbol{LU}$ 的直接分解，无行交换变换）　设无行交换变换的高斯消去法可求解一般线性方程组 $\boldsymbol{AX}=\boldsymbol{B}$，则矩阵 $\boldsymbol{A}$ 可分解为一个下三角矩阵 $\boldsymbol{L}$ 和一个上三角矩阵 $\boldsymbol{U}$ 的乘积：

$$\boldsymbol{A}=\boldsymbol{LU}$$

而且 $\boldsymbol{L}$ 的对角线元素为 1，$\boldsymbol{U}$ 的对角线元素非零。得到 $\boldsymbol{L}$ 和 $\boldsymbol{U}$ 后，可通过如下步骤得到 $\boldsymbol{X}$：

1. 利用前向替换法对方程组 $\boldsymbol{LY}=\boldsymbol{B}$ 求解 $\boldsymbol{Y}$。
2. 利用回代法对方程组 $\boldsymbol{UX}=\boldsymbol{Y}$ 求解 $\boldsymbol{X}$。

证明：当执行高斯消去过程，并将 $\boldsymbol{B}$ 存入增广矩阵中(增广矩阵有 $N+1$ 列)时，上三角分解处理后的结果是等价的上三角线性方程组 $\boldsymbol{UX}=\boldsymbol{Y}$。矩阵 $\boldsymbol{L},\boldsymbol{U},\boldsymbol{B}$ 和 $\boldsymbol{Y}$ 有如下形式：

$$\boldsymbol{L}=\begin{bmatrix}1 & 0 & 0 & & 0\\ m_{21} & 1 & 0 & \cdots & 0\\ m_{31} & m_{32} & 1 & \cdots & 0\\ \vdots & \vdots & \vdots & & \vdots\\ m_{N1} & m_{N2} & m_{N3} & \cdots & 1\end{bmatrix},\qquad \boldsymbol{B}=\begin{bmatrix}a_{1\,N+1}^{(1)}\\ a_{2\,N+1}^{(2)}\\ a_{3\,N+1}^{(3)}\\ \vdots\\ a_{N\,N+1}^{(N)}\end{bmatrix}$$

$$\boldsymbol{U}=\begin{bmatrix}a_{11}^{(1)} & a_{12}^{(1)} & a_{13}^{(1)} & \cdots & a_{1N}^{(1)}\\ 0 & a_{22}^{(2)} & a_{23}^{(2)} & \cdots & a_{2N}^{(2)}\\ 0 & 0 & a_{33}^{(3)} & \cdots & a_{3N}^{(3)}\\ \vdots & \vdots & \vdots & & \vdots\\ 0 & 0 & 0 & \cdots & a_{NN}^{(N)}\end{bmatrix},\qquad \boldsymbol{Y}=\begin{bmatrix}a_{1\,N+1}^{(1)}\\ a_{2\,N+1}^{(2)}\\ a_{3\,N+1}^{(3)}\\ \vdots\\ a_{N\,N+1}^{(N)}\end{bmatrix}$$

批注　如果只寻找 $\boldsymbol{L}$ 和 $\boldsymbol{U}$，可不需要增广矩阵的第 $N+1$ 列。

第 1 步：将系数存入增广矩阵。$a_{rc}^{(1)}$ 的上标表示位于矩阵 (r,c) 处的值是第一次存放的。

$$\left[\begin{array}{ccccc|c}a_{11}^{(1)} & a_{12}^{(1)} & a_{13}^{(1)} & \cdots & a_{1N}^{(1)} & a_{1\,N+1}^{(1)}\\ a_{21}^{(1)} & a_{22}^{(1)} & a_{23}^{(1)} & \cdots & a_{2N}^{(1)} & a_{2\,N+1}^{(1)}\\ a_{31}^{(1)} & a_{32}^{(1)} & a_{33}^{(1)} & \cdots & a_{3N}^{(1)} & a_{3\,N+1}^{(1)}\\ \vdots & \vdots & \vdots & & \vdots & \vdots\\ a_{N1}^{(1)} & a_{N2}^{(1)} & a_{N3}^{(1)} & \cdots & a_{NN}^{(1)} & a_{N\,N+1}^{(1)}\end{array}\right]$$

第 2 步：消去第 2 行到第 N 行中的 x_1，并将用于消去第 r 行中的 x_1 的倍数 m_{r1} 存入矩阵 $(r,1)$ 处。

$$\begin{aligned}&\text{for } r=2:N\\ &\quad m_{r1}=a_{r1}^{(1)}/a_{11}^{(1)};\\ &\quad a_{r1}=m_{r1};\\ &\quad \text{for } c=2:N+1\\ &\qquad a_{rc}^{(2)}=a_{rc}^{(1)}-m_{r1}*a_{1c}^{(1)};\\ &\quad \text{end}\\ &\text{end}\end{aligned}$$

新的元素写成 $a_{rc}^{(2)}$，表示在矩阵中的位置 (r,c) 处第二次存放的值。执行第 2 步后的结果为

$$\begin{bmatrix}a_{11}^{(1)} & a_{12}^{(1)} & a_{13}^{(1)} & \cdots & a_{1N}^{(1)} & a_{1\,N+1}^{(1)}\\ m_{21} & a_{22}^{(2)} & a_{23}^{(2)} & \cdots & a_{2N}^{(2)} & a_{2\,N+1}^{(2)}\\ m_{31} & a_{32}^{(2)} & a_{33}^{(2)} & \cdots & a_{3N}^{(2)} & a_{3\,N+1}^{(2)}\\ \vdots & \vdots & \vdots & & \vdots & \vdots\\ m_{N1} & a_{N2}^{(2)} & a_{N3}^{(2)} & \cdots & a_{NN}^{(2)} & a_{N\,N+1}^{(2)}\end{bmatrix}$$

第 3 步：消去第 3 行到第 N 行中的 x_2，并将用于消去第 r 行中的 x_2 的倍数 m_{r2} 存入矩阵$(r,2)$处。

```
for r = 3 : N
    m_r2 = a_r2^(2) / a_22^(2);
    a_r2 = m_r2;
    for c = 3 : N + 1
        a_rc^(3) = a_rc^(2) - m_r2 * a_2c^(2);
    end
end
```

新的元素写成 $a_{rc}^{(3)}$，表示在矩阵中的位置(r,c)处第三次存放的值。执行第 3 步后的结果为

$$\left[\begin{array}{ccccc|c} a_{11}^{(1)} & a_{12}^{(1)} & a_{13}^{(1)} & \cdots & a_{1N}^{(1)} & a_{1\,N+1}^{(1)} \\ m_{21} & a_{22}^{(2)} & a_{23}^{(2)} & \cdots & a_{2N}^{(2)} & a_{2\,N+1}^{(2)} \\ m_{31} & m_{32} & a_{33}^{(3)} & \cdots & a_{3N}^{(3)} & a_{3\,N+1}^{(3)} \\ \vdots & \vdots & \vdots & & \vdots & \vdots \\ m_{N1} & m_{N2} & a_{N3}^{(3)} & \cdots & a_{NN}^{(3)} & a_{N\,N+1}^{(3)} \end{array}\right]$$

第 $p+1$ 步：这是一般步骤。消去第 $p+1$ 行到第 N 行中的 x_p，并将用于消去第 r 行中的 x_p 的倍数存入矩阵(r,p)处。

```
for r = p + 1 : N
    m_rp = a_rp^(p) / a_pp^(p);
    a_rp = m_rp;
    for c = p + 1 : N + 1
        a_rc^(p+1) = a_rc^(p) - m_rp * a_pc^(p);
    end
end
```

将第 N 行中的 x_{N-1} 消去后得到的最终结果是

$$\begin{bmatrix} a_{11}^{(1)} & a_{12}^{(1)} & a_{13}^{(1)} & \cdots & a_{1N}^{(1)} & a_{1\,N+1}^{(1)} \\ m_{21} & a_{22}^{(2)} & a_{23}^{(2)} & \cdots & a_{2N}^{(2)} & a_{2\,N+1}^{(2)} \\ m_{31} & m_{32} & a_{33}^{(3)} & \cdots & a_{3N}^{(3)} & a_{3\,N+1}^{(3)} \\ \vdots & \vdots & \vdots & & \vdots & \vdots \\ m_{N1} & m_{N2} & m_{N3} & \cdots & a_{NN}^{(N)} & a_{N\,N+1}^{(N)} \end{bmatrix}$$

上三角处理过程执行完毕。注意只使用了一个数组保存 $\boldsymbol{L}$ 和 $\boldsymbol{U}$ 中的元素。$\boldsymbol{L}$ 中的对角线元素 1 没有保存，而且 $\boldsymbol{L}$ 中位于对角线上方的元素 0 和 $\boldsymbol{U}$ 中位于对角线下方的元素 0 也没有保存。只有用来重构 $\boldsymbol{L}$ 和 $\boldsymbol{U}$ 的系数元素才会被保存！

现在验证 $\boldsymbol{LU} = \boldsymbol{A}$。设 $\boldsymbol{D} = \boldsymbol{LU}$，而且当 $r \leqslant c$ 时，d_{rc} 表示为

$$d_{rc} = m_{r1}a_{1c}^{(1)} + m_{r2}a_{2c}^{(2)} + \cdots + m_{rr-1}a_{r-1c}^{(r-1)} + a_{rc}^{(r)} \tag{9}$$

对第 1 步到第 $p+1=r$ 步使用置换方程，可得到如下置换：

$$\begin{aligned} m_{r1}a_{1c}^{(1)} &= a_{rc}^{(1)} - a_{rc}^{(2)} \\ m_{r2}a_{2c}^{(2)} &= a_{rc}^{(2)} - a_{rc}^{(3)} \\ &\vdots \\ m_{rr-1}a_{r-1c}^{(r-1)} &= a_{rc}^{(r-1)} - a_{rc}^{(r)} \end{aligned} \tag{10}$$

将表达式(10)代入表达式(9),可得到

$$d_{rc} = a_{rc}^{(1)} - a_{rc}^{(2)} + a_{rc}^{(2)} - a_{rc}^{(3)} + \cdots + a_{rc}^{(r-1)} - a_{rc}^{(r)} + a_{rc}^{(r)} = a_{rc}^{(1)}$$

对于其他情况,即当 $r > c$ 时,可进行类似的证明。 ●

3.5.3 计算复杂性

高斯消去法和三角分解法的三角化过程是一样的。如果观察定理 3.10 中增广矩阵的前 N 列,则可得出方法的计算次数。

第 $p+1$ 步的外层循环需要 $N-p = N-(p+1)+1$ 次除法来得到倍数 m_{rp}。而在循环内,对前 N 列,需要 $(N-p)(N-p)$ 次乘法和相同次数的减法来得到新的行元素 $a_{rc}^{(p+1)}$。这个过程对 $p=1,2,\cdots,N-1$ 都要执行。这样 $\boldsymbol{A}=\boldsymbol{LU}$ 的三角分解部分需要

$$\sum_{p=1}^{N-1}(N-p)(N-p+1) = \frac{N^3-N}{3} \qquad \text{次乘法和除法} \tag{11}$$

和

$$\sum_{p=1}^{N-1}(N-p)(N-p) = \frac{2N^3-3N^2+N}{6} \qquad \text{次减法} \tag{12}$$

通过利用下列求和公式可得到式(11)

$$\sum_{k=1}^{M} k = \frac{M(M+1)}{2}, \qquad \sum_{k=1}^{M} k^2 = \frac{M(M+1)(2M+1)}{6}$$

使用变量 $k=N-p$ 重写式(11)可得

$$\begin{aligned}
\sum_{p=1}^{N-1}(N-p)(N-p+1) &= \sum_{p=1}^{N-1}(N-p) + \sum_{p=1}^{N-1}(N-p)^2 \\
&= \sum_{k=1}^{N-1} k + \sum_{k=1}^{N-1} k^2 \\
&= \frac{(N-1)N}{2} + \frac{(N-1)(N)(2N-1)}{6} \\
&= \frac{N^3-N}{3}
\end{aligned}$$

当得到 $\boldsymbol{A}=\boldsymbol{LU}$ 的三角分解后,接下来求解下三角线性方程组 $\boldsymbol{LY}=\boldsymbol{B}$ 将需要 $0+1+\cdots+N-1=(N^2-N)/2$ 次乘法和减法,但不需要除法,因为 $\boldsymbol{L}$ 的对角元素为 1。然后,求解上三角线性方程组 $\boldsymbol{UX}=\boldsymbol{Y}$ 需要 $1+2+\cdots+N=(N^2+N)/2$ 次乘法和除法,还需要 $(N^2-N)/2$ 次减法。这样,求解 $\boldsymbol{LUX}=\boldsymbol{B}$ 需要

N^2 次乘法和除法,以及 N^2-N 次减法

可以看到,整个求解过程中三角分解占了主要的计算量。如果对线性方程组求解多次,而每次的线性方程组的系数矩阵 $\boldsymbol{A}$ 相同,列矩阵 $\boldsymbol{B}$ 不同,则如果保存了三角分解因子,就没有必要每次进行三角分解了。这也是通常选用三角分解法而不是消去法的原因。然而,如果只求解一个线性方程组,则除了三角分解法要保存倍数以外,两种方法是一样的。

3.5.4 置换矩阵

定理 3.10 中 $\boldsymbol{A}=\boldsymbol{LU}$ 的三角分解假设不存在行交换。这可能使得一个非奇异矩阵 $\boldsymbol{A}$ 不能直接分解为 $\boldsymbol{A}=\boldsymbol{LU}$。

例 3.22　证明下列矩阵不能直接分解为 $\boldsymbol{A}=\boldsymbol{LU}$。

$$\boldsymbol{A}=\begin{bmatrix}1&2&6\\4&8&-1\\-2&3&5\end{bmatrix}$$

证明:设 $\boldsymbol{A}$ 存在一个直接 $\boldsymbol{LU}$ 分解,则

$$\begin{bmatrix}1&2&6\\4&8&-1\\-2&3&5\end{bmatrix}=\begin{bmatrix}1&0&0\\m_{21}&1&0\\m_{31}&m_{32}&1\end{bmatrix}\begin{bmatrix}u_{11}&u_{12}&u_{13}\\0&u_{22}&u_{23}\\0&0&u_{33}\end{bmatrix}\tag{13}$$

上式中右边的矩阵 $\boldsymbol{L}$ 和 $\boldsymbol{U}$ 相乘并与对应的矩阵 $\boldsymbol{A}$ 中的元素进行比较。在第 1 列中,$1=1u_{11}$,然后 $4=m_{21}u_{11}=m_{21}$,最后 $-2=m_{31}u_{11}=m_{31}$。在第 2 列中,$2=1u_{12}$,然后 $8=m_{21}u_{12}=4\times 2+u_{22}$,这要求 $u_{22}=0$,最后 $3=m_{31}u_{12}+m_{32}u_{22}=-2\times 2+m_{32}(0)=-4$,这里产生了矛盾,所以 $\boldsymbol{A}$ 没有一个 $\boldsymbol{LU}$ 分解。■

前 N 个正整数 $1,2,\cdots,N$ 的一个置换是这些数的一个确定顺序的排列 $k_1,k_2,\cdots,k_N$。例如,1,4,2,3,5 是 5 个整数 1,2,3,4,5 的置换。在下面的定义中将使用标准基向量 $\boldsymbol{E}_i=[0\quad 0\quad \cdots\quad 0\quad 1_i\quad 0\quad \cdots\quad 0]$,$i=1,2,\cdots,N$。

定义 3.5　$N\times N$ **置换矩阵** $\boldsymbol{P}$ 是在每一行和每一列只有一个元素为 1,而其他元素为 0 的矩阵。$\boldsymbol{P}$ 的每一行是单位矩阵每一行的置换,可表示为

$$\boldsymbol{P}=[\boldsymbol{E}'_{k_1}\quad \boldsymbol{E}'_{k_2}\quad \cdots\quad \boldsymbol{E}'_{k_N}]'\tag{14}$$

$\boldsymbol{P}=[p_{ij}]$ 的元素有如下形式:

$$p_{ij}=\begin{cases}1, & j=k_i\\0, & \text{其他}\end{cases}$$

例如,下列 4×4 矩阵是一个置换矩阵:

$$\boldsymbol{P}=\begin{bmatrix}0&1&0&0\\1&0&0&0\\0&0&0&1\\0&0&1&0\end{bmatrix}=[\boldsymbol{E}'_2\quad \boldsymbol{E}'_1\quad \boldsymbol{E}'_4\quad \boldsymbol{E}'_3]'\tag{15}$$

▲

定理 3.11　设 $\boldsymbol{P}=[\boldsymbol{E}'_{k_1}\quad \boldsymbol{E}'_{k_2}\quad \cdots\quad \boldsymbol{E}'_{k_N}]'$ 是一个置换矩阵。$\boldsymbol{PA}$ 是一个新的矩阵,它的行是将 $\boldsymbol{A}$ 中的行按 $\mathrm{row}_{k_1}\boldsymbol{A},\mathrm{row}_{k_2}\boldsymbol{A},\cdots,\mathrm{row}_{k_N}\boldsymbol{A}$ 调整顺序后形成的。

例 3.23　设 $\boldsymbol{A}$ 为 4×4 矩阵,$\boldsymbol{P}$ 为置换矩阵(15),则 $\boldsymbol{PA}$ 矩阵中的行是将 $\boldsymbol{A}$ 中的行调整顺序后形成的,顺序为第 1,2,3,4 行对应于 $\boldsymbol{A}$ 中的第 2,1,4,3 行。

解:通过计算矩阵乘积,可得

$$\begin{bmatrix}0&1&0&0\\1&0&0&0\\0&0&0&1\\0&0&1&0\end{bmatrix}\begin{bmatrix}a_{11}&a_{12}&a_{13}&a_{14}\\a_{21}&a_{22}&a_{23}&a_{24}\\a_{31}&a_{32}&a_{33}&a_{34}\\a_{41}&a_{42}&a_{43}&a_{44}\end{bmatrix}=\begin{bmatrix}a_{21}&a_{22}&a_{23}&a_{24}\\a_{11}&a_{12}&a_{13}&a_{14}\\a_{41}&a_{42}&a_{43}&a_{44}\\a_{31}&a_{32}&a_{33}&a_{34}\end{bmatrix}$$

■

定理 3.12 如果 $\boldsymbol{P}$ 是一个置换矩阵,则它是非奇异的,且 $\boldsymbol{P}^{-1}=\boldsymbol{P}'$。

定理 3.13 如果 $\boldsymbol{A}$ 是非奇异矩阵,则存在一个置换矩阵 $\boldsymbol{P}$,使得 $\boldsymbol{PA}$ 存在三角分解

$$\boldsymbol{PA}=\boldsymbol{LU} \tag{16}$$

定理的证明可参见高级线性代数教材。

例 3.24 如果将例 3.22 中矩阵的第 2 行和第 3 行进行互换,则得到的 $\boldsymbol{PA}$ 有一个三角分解。

解: 互换第 2 行和第 3 行的置换矩阵为 $\boldsymbol{P}=[\boldsymbol{E}'_1 \quad \boldsymbol{E}'_3 \quad \boldsymbol{E}'_2]'$。计算 $\boldsymbol{PA}$ 的乘积可得

$$\boldsymbol{PA}=\begin{bmatrix}1&0&0\\0&0&1\\0&1&0\end{bmatrix}\begin{bmatrix}1&2&6\\4&8&-1\\-2&3&5\end{bmatrix}=\begin{bmatrix}1&2&6\\-2&3&5\\4&8&-1\end{bmatrix}$$

现在利用不带行交换的高斯消去法,可得:

$$\begin{matrix}\text{pivot}\rightarrow\\ m_{21}=-2\\ m_{31}=\ \ 4\end{matrix}\begin{bmatrix}\underline{1}&2&6\\-2&3&5\\4&8&-1\end{bmatrix}$$

从第 2 行和第 3 列中消去 x_2 后,可得

$$\begin{matrix}\\ \text{pivot}\rightarrow\\ m_{32}=0\end{matrix}\begin{bmatrix}1&2&6\\0&\underline{7}&17\\0&0&-25\end{bmatrix}=\boldsymbol{U}$$

■

3.5.5 扩展高斯消去过程

下面的定理是定理 3.10 的扩展,它包含对行交换的处理。这样三角分解法可用于任何 $\boldsymbol{A}$ 是非奇异矩阵的线性方程组 $\boldsymbol{AX}=\boldsymbol{B}$。

定理 3.14(非直接分解:$\boldsymbol{PA}=\boldsymbol{LU}$) 设 $\boldsymbol{A}$ 是一个 $N\times N$ 矩阵。假设高斯消去法可求解经过行变换的一般线性方程组 $\boldsymbol{AX}=\boldsymbol{B}$,则存在一个置换矩阵 $\boldsymbol{P}$,使得 $\boldsymbol{PA}$ 可分解为一个下三角矩阵 $\boldsymbol{L}$ 和一个上三角矩阵 $\boldsymbol{U}$:

$$\boldsymbol{PA}=\boldsymbol{LU}$$

而且可构造 $\boldsymbol{L}$ 的主对角线元素为 1,$\boldsymbol{U}$ 的主对角线元素非零。可用如下 4 步求出 $\boldsymbol{X}$:

1. 构造矩阵 $\boldsymbol{L}$,$\boldsymbol{U}$ 和 $\boldsymbol{P}$;
2. 计算列向量 $\boldsymbol{PB}$;
3. 用前向替换法对方程组 $\boldsymbol{LY}=\boldsymbol{PB}$ 求解 $\boldsymbol{Y}$;
4. 用回代法对方程组 $\boldsymbol{UX}=\boldsymbol{Y}$ 求解 $\boldsymbol{X}$。

批注 如果要求解多个方程组 $\boldsymbol{AX}=\boldsymbol{B}$,其中矩阵 $\boldsymbol{A}$ 固定,而列矩阵 $\boldsymbol{B}$ 可变。则第 1 步只需要执行一次,第 2 步到第 4 步根据不同的 $\boldsymbol{B}$ 求解 $\boldsymbol{X}$。求解 $\boldsymbol{X}$ 的第 2 步到第 4 步的计算效率很高,需要 $\boldsymbol{O}(N^2)$ 次操作,而高斯消去法需要 $\boldsymbol{O}(N^3)$ 次操作。

3.5.6 MATLAB 实现

MATLAB 命令`[L,U,P]=lu(A)`可得到下三角矩阵 $\boldsymbol{L}$ 和上三角矩阵 $\boldsymbol{U}$(通过对 $\boldsymbol{A}$ 进行三角分解),以及定理 3.14 中的置换矩阵 $\boldsymbol{P}$。

例 3.25 对习题 3.22 中的矩阵 $\boldsymbol{A}$ 使用 MATLAB 命令`[L,U,P]=lu(A)`。验证 $\boldsymbol{A}=\boldsymbol{P}^{-1}\boldsymbol{LU}$(即证明 $\boldsymbol{PA}=\boldsymbol{LU}$)。

```
>>A=[1 2 6 ;4 8 -1;-2 3 -5];
>>[L,U,P]=lu(A)
L=
    1.0000 0       0
    -0.5000 1.0000 0
    0.2500 0       1.0000
U=
    4.0000 8.0000 -1.0000
    0      7.0000 4.5000
    0      0      6.2500
P=
   0 1 0
   0 0 1
   1 0 0

>>inv(P)*L*U
   1  2 6
   4  8 -1
   -2 3 5
```
■

正如前面所指出的,研究人员经常利用的是三角分解法,而不是消去法。在 MATLAB 中的 inv(A)和 det(A)也利用三角分解法。例如,根据线性代数的理论,可知道非奇异矩阵 $\boldsymbol{A}$ 的行列式等于$(-1)^q\det(\boldsymbol{U})$,这里的 $\boldsymbol{U}$ 是矩阵 $\boldsymbol{A}$ 三角分解产生的上三角矩阵,而 q 是从单位矩阵 $\boldsymbol{I}$ 得到 $\boldsymbol{P}$ 所交换的行的次数。由于 $\boldsymbol{U}$ 是上三角矩阵,所以 $\boldsymbol{U}$ 的行列式是它的主对角线元素的乘积(见定理 3.6)。读者可对例 3.25 进行验证,即

$$\det(\boldsymbol{A}) = 175 = (-1)^2(175) = (-1)^2\det(\boldsymbol{U})$$

下面的程序实现了定理 3.10 的证明中描述的处理过程。它是程序 3.2 的扩展,并使用偏序选主元策略。由于偏序选主元带来的行交换被记录在矩阵 $\boldsymbol{R}$ 中。然后在前向替换步骤中使用矩阵 $\boldsymbol{R}$ 求解矩阵 $\boldsymbol{Y}$。

程序 3.3($PA=LU$:带选主元的分解法)　构造线性方程组 $\boldsymbol{AX}=\boldsymbol{B}$ 的解,其中 $\boldsymbol{A}$ 是非奇异矩阵。

```
function X = lufact(A,B)
%Input  - A is an N x N matrix
%       - B is an N x 1 matrix
%Output - X is an N x 1 matrix containing the solution to AX = B.
%Initialize X, Y, the temporary storage matrix C, and the row
% permutation information matrix R
   [N,N]=size(A);
   X=zeros(N,1);
   Y=zeros(N,1);
   C=zeros(1,N);
   R=1:N;
for p=1:N-1
%Find the pivot row for column p
   [max1,j]=max(abs(A(p:N,p)));
%Interchange row p and j
   C=A(p,:);
   A(p,:)=A(j+p-1,:);
   A(j+p-1,:)=C;
   d=R(p);
   R(p)=R(j+p-1);
   R(j+p-1)=d;
```

```
if A(p,p)==0
   'A is singular.  No unique solution'
   break
end
%Calculate multiplier and place in subdiagonal portion of A
   for k=p+1:N
      mult=A(k,p)/A(p,p);
      A(k,p) = mult;
      A(k,p+1:N)=A(k,p+1:N)-mult*A(p,p+1:N);
   end
end
%Solve for Y
Y(1) = B(R(1));
for k=2:N
   Y(k)= B(R(k))-A(k,1:k-1)*Y(1:k-1);
end
%Solve for X
X(N)=Y(N)/A(N,N);
for k=N-1:-1:1
   X(k)=(Y(k)-A(k,k+1:N)*X(k+1:N))/A(k,k);
end
```

3.5.7 习题

1. (a) $\boldsymbol{B}=[-4\quad 10\quad 5]'$, (b) $\boldsymbol{B}=[20\quad 49\quad 32]'$, $\boldsymbol{A}=\boldsymbol{LU}$ 表示为

$$\begin{bmatrix}2&4&-6\\1&5&3\\1&3&2\end{bmatrix}=\begin{bmatrix}1&0&0\\1/2&1&0\\1/2&1/3&1\end{bmatrix}\begin{bmatrix}2&4&-6\\0&3&6\\0&0&3\end{bmatrix}$$

求解 $\boldsymbol{LY}=\boldsymbol{B}$,$\boldsymbol{UX}=\boldsymbol{Y}$,并验证 $\boldsymbol{B}=\boldsymbol{AX}$。

2. (a) $\boldsymbol{B}=[7\quad 2\quad 10]'$, (b) $\boldsymbol{B}=[23\quad 35\quad 7]'$, $\boldsymbol{A}=\boldsymbol{LU}$ 表示为

$$\begin{bmatrix}1&1&6\\-1&2&9\\1&-2&3\end{bmatrix}=\begin{bmatrix}1&0&0\\-1&1&0\\1&-1&1\end{bmatrix}\begin{bmatrix}1&1&6\\0&3&15\\0&0&12\end{bmatrix}$$

求解 $\boldsymbol{LY}=\boldsymbol{B}$,$\boldsymbol{UX}=\boldsymbol{Y}$,并验证 $\boldsymbol{B}=\boldsymbol{AX}$。

3. 对下列矩阵求解它的三角分解 $\boldsymbol{L}$ 和 $\boldsymbol{U}$。

(a) $\begin{bmatrix}-5&2&-1\\1&0&3\\3&1&6\end{bmatrix}$ (b) $\begin{bmatrix}1&0&3\\3&1&6\\-5&2&-1\end{bmatrix}$

4. 对下列矩阵求解它的三角分解 $\boldsymbol{L}$ 和 $\boldsymbol{U}$。

(a) $\begin{bmatrix}4&2&1\\2&5&-2\\1&-2&7\end{bmatrix}$ (b) $\begin{bmatrix}1&-2&7\\4&2&1\\2&5&-2\end{bmatrix}$

5. (a) $\boldsymbol{B}=[8\quad -4\quad 10\quad -4]'$, (b) $\boldsymbol{B}=[28\quad 13\quad 23\quad 4]'$, $\boldsymbol{A}=\boldsymbol{LU}$ 表示为

$$\begin{bmatrix}4&8&4&0\\1&5&4&-3\\1&4&7&2\\1&3&0&-2\end{bmatrix}=\begin{bmatrix}1&0&0&0\\\frac{1}{4}&1&0&0\\\frac{1}{4}&\frac{2}{3}&1&0\\\frac{1}{4}&\frac{1}{3}&-\frac{1}{2}&1\end{bmatrix}\begin{bmatrix}4&8&4&0\\0&3&3&-3\\0&0&4&4\\0&0&0&1\end{bmatrix}$$

求解 $\boldsymbol{LY}=\boldsymbol{B}$,$\boldsymbol{UX}=\boldsymbol{Y}$,并验证 $\boldsymbol{B}=\boldsymbol{AX}$。

6. 对下列矩阵求解它的三角分解 $\boldsymbol{L}$ 和 $\boldsymbol{U}$。

$$\begin{bmatrix} 1 & 1 & 0 & 4 \\ 2 & -1 & 5 & 0 \\ 5 & 2 & 1 & 2 \\ -3 & 0 & 2 & 6 \end{bmatrix}$$

7. 试推导出公式(12)。
8. 证明在下面的情况下三角分解是唯一的：如果矩阵 $\boldsymbol{A}$ 非奇异，而且 $\boldsymbol{L}_1\boldsymbol{U}_1 = \boldsymbol{A} = \boldsymbol{L}_2\boldsymbol{U}_2$，则 $\boldsymbol{L}_1 = \boldsymbol{L}_2$，且 $\boldsymbol{U}_1 = \boldsymbol{U}_2$。
9. 证明定理 3.10 中 $r > c$ 的情况。
10. (a) 通过对下列置换矩阵证明 $\boldsymbol{PP}' = \boldsymbol{I} = \boldsymbol{P}'\boldsymbol{P}$ 来验证定理 3.12。

$$\boldsymbol{P} = \begin{bmatrix} 0 & 1 & 0 & 0 \\ 1 & 0 & 0 & 0 \\ 0 & 0 & 0 & 1 \\ 0 & 0 & 1 & 0 \end{bmatrix}$$

(b) 证明定理 3.12。提示：利用矩阵乘定义和 $\boldsymbol{P}$ 与 $\boldsymbol{P}'$ 的每一行和每一列只有一个元素为 1 的事实。

11. 证明一个 $N \times N$ 上三角矩阵的逆也是一个上三角矩阵。

3.5.8　算法与程序

1. 使用程序 3.3 求解线性方程组 $\boldsymbol{AX} = \boldsymbol{B}$，其中

$$\boldsymbol{A} = \begin{bmatrix} 1 & 3 & 5 & 7 \\ 2 & -1 & 3 & 5 \\ 0 & 0 & 2 & 5 \\ -2 & -6 & -3 & 1 \end{bmatrix} \qquad \boldsymbol{B} = \begin{bmatrix} 1 \\ 2 \\ 3 \\ 4 \end{bmatrix}$$

使用 MATLAB 中的`[L,U,P] = lu(A)`命令检查得到的答案。

2. 使用程序 3.3 求解线性方程组 $\boldsymbol{AX} = \boldsymbol{B}$，其中 $\boldsymbol{A} = [a_{ij}]_{N\times N}$，$a_{ij} = i^{j-1}$；而且 $\boldsymbol{B} = [b_{ij}]_{N\times 1}$，$b_{11} = N$，当 $i \geqslant 2$ 时，$b_{i1} = (i^N - 1)/(i - 1)$。对 $N = 3, 7, 11$ 的情况分别求解。精确解为 $\boldsymbol{X} = [1 \quad 1 \quad \cdots \quad 1 \quad 1]'$。对得到的结果与精确解的差异进行解释。
3. 修改程序 3.3，使得它可以通过重复求解 N 个线性方程组

$$\boldsymbol{AC}_J = \boldsymbol{E}_J,\ \ J = 1\ \ 2, \cdots, N$$

来得到 $\boldsymbol{A}^{-1}$，

则

$$\boldsymbol{A}[\boldsymbol{C}_1 \quad \boldsymbol{C}_2 \quad \cdots \quad \boldsymbol{C}_N] = [\boldsymbol{E}_1 \quad \boldsymbol{E}_2 \quad \cdots \quad \boldsymbol{E}_N]$$

而且

$$\boldsymbol{A}^{-1} = [\boldsymbol{C}_1 \quad \boldsymbol{C}_2 \quad \cdots \quad \boldsymbol{C}_N]$$

保证对 $\boldsymbol{LU}$ 分解只计算一次！

4. 基尔霍夫电压定律说明电路网络中任意单向闭路的电压和为零。对图 3.5 中的电路利用基尔霍夫电压定律进行分析，可得到如下线性方程组：

$$\begin{aligned} (R_1 + R_3 + R_4)I_1 + \quad & R_3 I_2 + & R_4 I_3 &= E_1 \\ R_3 I_1 + (R_2 + R_3 + R_5)I_2 - & & R_5 I_3 &= E_2 \\ R_4 I_1 - \quad & R_5 I_2 + (R_4 + R_5 + R_6)I_3 & &= 0 \end{aligned} \qquad (1)$$

如果

(a) $\boldsymbol{R}_1 = 1, \boldsymbol{R}_2 = 1, \boldsymbol{R}_3 = 2, \boldsymbol{R}_4 = 1, \boldsymbol{R}_5 = 2, \boldsymbol{R}_6 = 4, \boldsymbol{E}_1 = 23, \boldsymbol{E}_2 = 29$

(b) $\boldsymbol{R}_1 = 1, \boldsymbol{R}_2 = 0.75, \boldsymbol{R}_3 = 1, \boldsymbol{R}_4 = 2, \boldsymbol{R}_5 = 1, \boldsymbol{R}_6 = 4, \boldsymbol{E}_1 = 12, \boldsymbol{E}_2 = 21.5$

(c) $\boldsymbol{R}_1 = 1, \boldsymbol{R}_2 = 2, \boldsymbol{R}_3 = 4, \boldsymbol{R}_4 = 3, \boldsymbol{R}_5 = 1, \boldsymbol{R}_6 = 5, \boldsymbol{E}_1 = 41, \boldsymbol{E}_2 = 38$

使用程序 3.3 求解电流 $\boldsymbol{I}_1, \boldsymbol{I}_2, \boldsymbol{I}_3$。

5. 在微积分中,下列积分可通过部分分式技术求出:

$$\int \frac{x^2+x+1}{(x-1)(x-2)(x-3)^2(x^2+1)}\,dx$$

这需要在下列表达式中求出系数 $A_i, i=1,2,\cdots,6$。

$$\frac{x^2+x+1}{(x-1)(x-2)(x-3)^2(x^2+1)} = \frac{A_1}{(x-1)} + \frac{A_2}{(x-2)} + \frac{A_3}{(x-3)^2} + \frac{A_4}{(x-3)} + \frac{A_5x+A_6}{(x^2+1)}$$

使用程序 3.3 求解部分分式的系数。

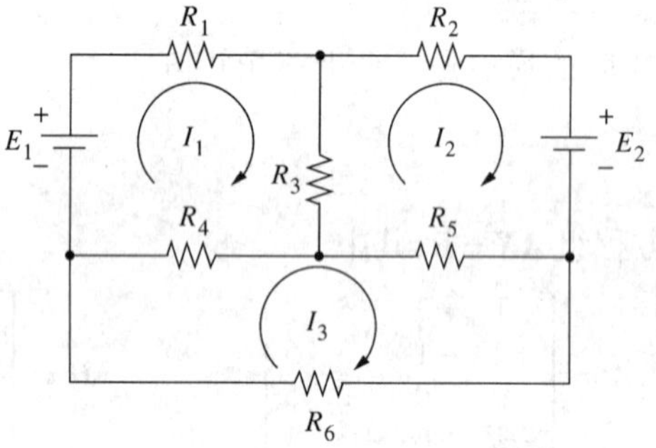

图 3.5 习题 4 中的电路网络

6. 使用程序 3.3 求解线性方程组 $\boldsymbol{AX}=\boldsymbol{B}$,这里矩阵 $\boldsymbol{A}$ 由 MATLAB 命令 `A = rand(10,10)` 和 `B = [1 2 3 ··· 10]'` 生成。在使用程序 3.3 前,需要验证 $\boldsymbol{A}$ 是非奇异矩阵(`det(A)`$\neq$`0`)。通过计算差值 $\boldsymbol{AX}-\boldsymbol{B}$ 来检查结果的精确性,并检查差值接近零的程度(一个精确解使得 $\boldsymbol{AX}-\boldsymbol{B}=\boldsymbol{0}$)。使用通过命令 `A = rand(20,20)` 和 `B = [1 2 3 ··· 20]'` 生成的系数矩阵 $\boldsymbol{A}$,重复上述过程。解释用程序 3.3 求解这两个方程组在精确性上的明显区别。

7. 在 3.1 节的式(8)中定义了 N 维空间中线性组合的概念。例如,向量(4, -3)等价于矩阵 [4 -3]',可表示为[1 0]'与[0 1]'的线性组合:

$$\begin{bmatrix}4\\-3\end{bmatrix} = 4\begin{bmatrix}1\\0\end{bmatrix} + (-3)\begin{bmatrix}0\\1\end{bmatrix}$$

使用程序 3.3 来说明矩阵[1 3 5 7 9]'可表示为如下线性组合,

$$\begin{bmatrix}0\\4\\-2\\3\\-1\end{bmatrix}, \begin{bmatrix}2\\0\\0\\4\\4\end{bmatrix}, \begin{bmatrix}3\\2\\0\\5\\1\end{bmatrix}, \begin{bmatrix}5\\6\\-3\\0\\2\end{bmatrix}, \begin{bmatrix}1\\4\\-2\\7\\0\end{bmatrix}$$

解释为什么任意矩阵$[x_1 \quad x_2 \quad x_3 \quad x_4 \quad x_5]'$可表示为上述矩阵的线性组合。

3.6　求解线性方程组的迭代法

这一节主要讲述如何把第 2 章介绍的迭代法扩展到更高维数。首先考虑用于线性方程组的不动点迭代的扩展。

3.6.1　雅可比迭代

例 3.26　考虑如下方程组：

$$\begin{aligned} 4x - y + z &= 7 \\ 4x - 8y + z &= -21 \\ -2x + y + 5z &= 15 \end{aligned} \tag{1}$$

上述方程可表示成如下形式：

$$\begin{aligned} x &= \frac{7+y-z}{4} \\ y &= \frac{21+4x+z}{8} \\ z &= \frac{15+2x-y}{5} \end{aligned} \tag{2}$$

这样就提出了下列雅可比迭代过程：

$$\begin{aligned} x_{k+1} &= \frac{7+y_k-z_k}{4} \\ y_{k+1} &= \frac{21+4x_k+z_k}{8} \\ z_{k+1} &= \frac{15+2x_k-y_k}{5} \end{aligned} \tag{3}$$

如果从 $\boldsymbol{P}_0=(x_0,y_0,z_0)=(1,2,2)$ 开始，则上式中的迭代将收敛到解 $(2,4,3)$。将 $x_0=1$，$y_0=2$ 和 $z_0=2$ 代入上式中每个方程的右边，即可得到如下新值：

$$\begin{aligned} x_1 &= \frac{7+2-2}{4} = 1.75 \\ y_1 &= \frac{21+4+2}{8} = 3.375 \\ z_1 &= \frac{15+2-2}{5} = 3.00 \end{aligned}$$

新的点 $\boldsymbol{P}_1=(1.75, 3.375, 3.00)$ 比 $\boldsymbol{P}_0$ 更接近 $(2,4,3)$。使用迭代过程(3)生成点的序列 $\{\boldsymbol{P}_k\}$ 将收敛到解 $(2,4,3)$，如表 3.2 所示。■

表 3.2　求解线性方程组(1)的收敛的雅可比迭代

k	x_k	y_k	z_k
0	1.0	2.0	2.0
1	1.75	3.375	3.0
2	1.84375	3.875	3.025
3	1.9625	3.925	2.9625
4	1.99062500	3.97656250	3.00000000
5	1.99414063	3.99531250	3.00093750
⋮	⋮	⋮	⋮
15	1.99999993	3.99999985	2.99999993
⋮	⋮	⋮	⋮
19	2.00000000	4.00000000	3.00000000

这个过程称为**雅可比迭代**,可用来求解某些类型的线性方程组。经过 19 步迭代,迭代过程收敛到一个精度为 9 位有效数字的近似值(2.00000000,4.00000000,3.00000000)。

在求解偏微分方程时,线性方程组经常有多达 100000 个变量。这些方程组的系数矩阵是稀疏矩阵,即系数矩阵中的大多数元素为零。如果非零元素具有一种模式(即三对角方程组),则迭代过程是求解这些大型方程组的有效方法。

有时雅可比迭代法是无效的。通过下面的例子可以看出,重新排列初始线性方程组后,利用雅可比迭代法可产生一个发散的点的序列。

例 3.27 设重新排列线性方程组(1)如下:

$$\begin{aligned} -2x + y + 5z &= 15 \\ 4x - 8y + z &= -21 \\ 4x - y + z &= 7 \end{aligned} \tag{4}$$

这些方程可表示为如下形式:

$$\begin{aligned} x &= \frac{-15 + y + 5z}{2} \\ y &= \frac{21 + 4x + z}{8} \\ z &= 7 - 4x + y \end{aligned} \tag{5}$$

这可以用如下雅可比迭代过程求解:

$$\begin{aligned} x_{k+1} &= \frac{-15 + y_k + 5z_k}{2} \\ y_{k+1} &= \frac{21 + 4x_k + z_k}{8} \\ z_{k+1} &= 7 - 4x_k + y_k \end{aligned} \tag{6}$$

如果从 $\boldsymbol{P}_0 = (x_0, y_0, z_0) = (1,2,2)$ 开始,则利用上式中的迭代将对解(2,4,3)发散。将 $x_0 = 1, y_0 = 2$ 和 $z_0 = 2$ 代入上式中每个方程的右边,即可得到新值 x_1, y_1 和 z_1:

$$\begin{aligned} x_1 &= \frac{-15 + 2 + 10}{2} = -1.5 \\ y_1 &= \frac{21 + 4 + 2}{8} = 3.375 \\ z_1 &= 7 - 4 + 2 = 5.00 \end{aligned}$$

新的点 $\boldsymbol{P}_1 = (-1.5, 3.375, 5.00)$ 比 $\boldsymbol{P}_0$ 更远地偏离解(2,4,3)。利用迭代(6)产生了一个发散序列,如表 3.3 所示。 ■

表 3.3 求解线性方程组(4)的发散的雅可比迭代

k	x_k	y_k	z_k
0	1.0	2.0	2.0
1	−1.5	3.375	5.0
2	6.6875	2.5	16.375
3	34.6875	8.015625	−17.25
4	−46.617188	17.8125	−123.73438
5	−307.929688	−36.150391	211.28125
6	502.62793	−124.929688	1202.56836
⋮	⋮	⋮	⋮

3.6.2　高斯-赛德尔迭代法

有时通过其他方法可使收敛速度加快。观察由雅可比迭代过程(3)产生的 3 个序列$\{x_k\}$，$\{y_k\}$和$\{z_k\}$，它们分别收敛到 2,4 和 3，如表 3.2 所示。由于x_{k+1}被认为是比x_k更好的x的近似值，所以在计算y_{k+1}时用x_{k+1}来替换x_k是合理的。同理，可用x_{k+1}和y_{k+1}计算z_{k+1}。下面的例子显示了对例 3.26 中的方程组使用上述方法的情况。

例 3.28　设给定线性方程组(1)并利用高斯-赛德尔(Gauss-Seidel)迭代过程求解：

$$\begin{aligned} x_{k+1} &= \frac{7+y_k-z_k}{4} \\ y_{k+1} &= \frac{21+4x_{k+1}+z_k}{8} \\ z_{k+1} &= \frac{15+2x_{k+1}-y_{k+1}}{5} \end{aligned} \tag{7}$$

如果从$\boldsymbol{P}_0=(x_0,y_0,z_0)=(1,2,2)$开始，用上式中的迭代可收敛到解(2,4,3)。

将$y_0=2$和$z_0=2$代入上式第一个方程可得

$$x_1=\frac{7+2-2}{4}=1.75$$

将$x_1=1.75$和$z_0=2$代入第二个方程可得

$$y_1=\frac{21+4\times1.75+2}{8}=3.75$$

将$x_1=1.75$和$y_1=3.75$代入第三个方程可得

$$z_1=\frac{15+2\times1.75-3.75}{5}=2.95$$

新的点$\boldsymbol{P}_1=(1.75,3.75,2.95)$比$\boldsymbol{P}_0$更接近解(2,4,3)，而且比例 3.26 中的值更好。用迭代(7)生成序列$\{\boldsymbol{P}_k\}$收敛到(2,4,3)，如表 3.4 所示。■

表 3.4　用于方程组(1)的收敛的高斯-赛德尔迭代

k	x_k	y_k	z_k
0	1.0	2.0	2.0
1	1.75	3.75	2.95
2	1.95	3.96875	2.98625
3	1.995625	3.99609375	2.99903125
⋮	⋮	⋮	⋮
8	1.99999983	3.99999988	2.99999996
9	1.99999998	3.99999999	3.00000000
10	2.00000000	4.00000000	3.00000000

在例 3.26 和例 3.27 中，有必要建立一些判定条件来判断雅可比迭代是否收敛，因此建立了下面的定义。

定义 3.6　设有 $N\times N$ 维矩阵 $\boldsymbol{A}$，如果

$$|a_{kk}|>\sum_{\substack{j=1\\j\neq k}}^{N}|a_{kj}|,\quad k=1,\ 2,\ \cdots,\ N \tag{8}$$

则称 A 具有**严格对角优势**。▲

这表示在矩阵的每一行中,主对角线上的元素的绝对值大于其他元素的绝对值的和。例 3.26 中的线性方程组(1)的系数矩阵具有严格对角优势,原因在于

$$\begin{aligned}&\text{在第 1 行中:} && |4| > |-1| + |1| \\ &\text{在第 2 行中:} && |-8| > |4| + |1| \\ &\text{在第 3 行中:} && |5| > |-2| + |1|\end{aligned}$$

所有的行满足定义 3.6 中的关系式(8),所以线性方程组(1)的系数矩阵 $\boldsymbol{A}$ 具有严格对角优势。

例 3.27 中的线性方程组(4)的系数矩阵 $\boldsymbol{A}$ 不具有严格对角优势,原因在于

$$\begin{aligned}&\text{在第 1 行中:} && |-2| < |1| + |5| \\ &\text{在第 2 行中:} && |-8| > |4| + |1| \\ &\text{在第 3 行中:} && |1| < |4| + |-1|\end{aligned}$$

第 1 行和第 3 行不满足定义 3.6 中的关系式(8),因此线性方程组(4)中的系数矩阵 $\boldsymbol{A}$ 不具有严格对角优势。

现在使雅可比迭代和高斯-赛德尔迭代过程一般化。设有如下线性方程组:

$$\begin{array}{ccccccc}
a_{11}x_1 + a_{12}x_2 & +\cdots+ a_{1j}x_j & +\cdots+ & a_{1N}x_N & = b_1 \\
a_{21}x_1 + a_{22}x_2 & +\cdots+ a_{2j}x_j & +\cdots+ & a_{2N}x_N & = b_2 \\
\vdots \quad\quad \vdots & \vdots & & \vdots & \vdots \\
a_{j1}x_1 + a_{j2}x_2 & +\cdots+ a_{jj}x_j & +\cdots+ & a_{jN}x_N & = b_j \\
\vdots \quad\quad \vdots & \vdots & & \vdots & \vdots \\
a_{N1}x_1 + a_{N2}x_2 & +\cdots+ a_{Nj}x_j & +\cdots+ & a_{NN}x_N & = b_N
\end{array} \tag{9}$$

设第 k 点为 $\boldsymbol{P}_k = (x_1^{(k)}, x_2^{(k)}, \cdots, x_j^{(k)}, \cdots, x_N^{(k)})$,则下一点为 $\boldsymbol{P}_{k+1} = (x_1^{(k+1)}, x_2^{(k+1)}, \cdots, x_j^{(k+1)}, \cdots, x_N^{(k+1)})$。坐标 $\boldsymbol{P}_k$ 的上标(k)可用来标识属于这一点的坐标。迭代公式根据前面的值$(x_1^{(k)}, x_2^{(k)}, \cdots, x_j^{(k)}, \cdots, x_N^{(k)})$,使用线性方程组(9)中的第 j 行求解式 $x_j^{(k+1)}$。

雅可比迭代:

$$x_j^{(k+1)} = \frac{b_j - a_{j1}x_1^{(k)} - \cdots - a_{jj-1}x_{j-1}^{(k)} - a_{jj+1}x_{j+1}^{(k)} - \cdots - a_{jN}x_N^{(k)}}{a_{jj}} \tag{10}$$

其中 $j = 1, 2, \cdots, N$。

雅可比迭代使用所有旧坐标来生成所有新坐标,而高斯-赛德尔迭代尽可能使用新坐标得到更新的坐标。

高斯-赛德尔迭代:

$$x_j^{(k+1)} = \frac{b_j - a_{j1}x_1^{(k+1)} - \cdots - a_{jj-1}x_{j-1}^{(k+1)} - a_{jj+1}x_{j+1}^{(k)} - \cdots - a_{jN}x_N^{(k)}}{a_{jj}} \tag{11}$$

其中 $j = 1, 2, \cdots, N$。

下面的定理给出了雅可比迭代收敛的充分条件。

定理 3.15(雅可比迭代) 设矩阵 $\boldsymbol{A}$ 具有严格对角优势,则 $\boldsymbol{AX} = \boldsymbol{B}$ 有唯一解 $\boldsymbol{X} = \boldsymbol{P}$。利用迭代式(10)可产生一个向量序列 $\{\boldsymbol{P}_k\}$,而且对于任意初始向量 $\boldsymbol{P}_0$,向量序列都将收敛到 $\boldsymbol{P}$。●

证明:可参见有关数值分析的高级教材。

当矩阵 $\boldsymbol{A}$ 具有严格对角优势时,可证明高斯-赛德尔迭代法也会收敛。在大多数情况下,高斯-赛德尔迭代法比雅可比迭代法收敛得更快,因此通常会利用高斯-赛德尔迭代法(可比较例 3.26 和例 3.28)。理解为得到式(11)而对式(10)进行的修改是很重要的。在某些情况下,雅可比迭代会收敛,而高斯-赛德尔迭代不会收敛。

3.6.3　收敛性

比较向量之间的距离是非常必要的,它可以用来判断 $\{\boldsymbol{P}_k\}$ 是否收敛到 $\boldsymbol{P}$。$\boldsymbol{P}=(x_1,x_2,\cdots,x_N)$ 和 $\boldsymbol{Q}=(y_1,y_2,\cdots,y_N)$ 之间的欧几里得距离(见 3.1 节)为

$$\|\boldsymbol{P}-\boldsymbol{Q}\| = \left(\sum_{j=1}^{N}(x_j-y_j)^2\right)^{1/2} \tag{12}$$

它的缺点是需要相当大的计算量,因此引入另一种范数,$\|\boldsymbol{X}\|_1$:

$$\|\boldsymbol{X}\|_1 = \sum_{j=1}^{N}|x_j| \tag{13}$$

下面的结论保证了 $\|\boldsymbol{X}\|_1$ 具有度量的数学结构,因此适合作为一个一般化的“距离公式”。根据线性代数的理论可知,如果两个向量的 $\|*\|_1$ 范数接近,则它们的欧几里得范数 $\|*\|$ 也接近。

定理 3.16　设 $\boldsymbol{X}$ 和 $\boldsymbol{Y}$ 是 N 维向量,c 是一个标量。则函数 $\|\boldsymbol{X}\|_1$ 有如下性质:

$$\|\boldsymbol{X}\|_1 \geqslant 0 \tag{14}$$

$$\|\boldsymbol{X}\|_1 = 0,\text{当且仅当 } \boldsymbol{X}=\boldsymbol{0} \tag{15}$$

$$\|c\boldsymbol{X}\|_1 = |c|\,\|\boldsymbol{X}\|_1 \tag{16}$$

$$\|\boldsymbol{X}+\boldsymbol{Y}\|_1 \leqslant \|\boldsymbol{X}\|_1 + \|\boldsymbol{Y}\|_1 \tag{17}$$

证明:这里只证明性质(17),其他的留给读者作为练习。对于每个 j,实数的三角不等式表示为 $|x_j+y_j| \leqslant |x_j|+|y_j|$。根据这些不等式可得到不等式(17):

$$\|\boldsymbol{X}+\boldsymbol{Y}\|_1 = \sum_{j=1}^{N}|x_j+y_j| \leqslant \sum_{j=1}^{N}|x_j| + \sum_{j=1}^{N}|y_j| = \|\boldsymbol{X}\|_1 + \|\boldsymbol{Y}\|_1$$

可用式(13)定义的范数来定义两点之间的距离。 ●

定义 3.7　设 $\boldsymbol{X}$ 和 $\boldsymbol{Y}$ 是 N 维空间中的两点。可定义 $\boldsymbol{X}$ 和 $\boldsymbol{Y}$ 的距离为 $\|*\|_1$ 范数,表示为

$$\|\boldsymbol{X}-\boldsymbol{Y}\|_1 = \sum_{j=1}^{N}|x_j-y_j|$$ ▲

例 3.29　计算点 $\boldsymbol{P}=(2,4,3)$ 和 $\boldsymbol{Q}=(1.75,3.75,2.95)$ 的欧几里得距离和 $\|*\|_1$ 距离。

解:欧几里得距离为

$$\|\boldsymbol{P}-\boldsymbol{Q}\| = ((2-1.75)^2+(4-3.75)^2+(3-2.95)^2)^{1/2} = 0.3570$$

$\|*\|_1$ 距离为

$$\|\boldsymbol{P}-\boldsymbol{Q}\|_1 = |2-1.75|+|4-3.75|+|3-2.95| = 0.55$$

$\|*\|_1$ 更容易计算,常用来确定 N 维空间中的收敛性。 ■

在程序 3.4 中使用了 MATLAB 命令 `A(j,[1:j -1,j +1:N])`。它有效地选择 A 中第 j 行的所有元素,但不包括位于第 j 列的元素(即 `A(j,j)`)。这种表示可简化程序 3.4 中的雅可比迭代步骤。

在程序 3.4 和程序 3.5 中,使用了 MATLAB 命令 `norm`,它是欧几里得范数。$\| * \|_1$ 也能使用。鼓励读者查阅 MATLAB 中与 `norm` 命令相关的帮助信息和参考信息。

程序 3.4(雅可比迭代) 求解线性方程组 $AX=B$。初始值 $X=P_0$,并生成序列 $\{P_k\}$,最后收敛到解。程序可用的充分条件是 A 具有严格对角优势。

```
function X=jacobi(A,B,P,delta, max1)
% Input  - A is an N x N nonsingular matrix
%        - B is an N x 1 matrix
%        - P is an N x 1 matrix; the initial guess
%        - delta is the tolerance for P
%        - max1 is the maximum number of iterations
% Output - X is an N x 1 matrix: the jacobi approximation to
%          the solution of AX = B
N = length(B);
for k=1:max1
   for j=1:N
      X(j)=(B(j)-A(j,[1:j-1,j+1:N])*P([1:j-1,j+1:N]))/A(j,j);
   end
   err=abs(norm(X'-P));
   relerr=err/(norm(X)+eps);
   P=X';
      if(err<delta)|(relerr<delta)
      break
   end
end
X=X';
```

程序 3.5(高斯-赛德尔迭代) 求解线性方程组 $AX=B$。初始值 $X=P_0$,并生成序列 $\{P_k\}$,最后收敛到解。程序可用的充分条件是 A 具有严格对角优势。

```
function X=gseid(A,B,P,delta, max1)
% Input - A is an N x N nonsingular matrix
%       - B is an N x 1 matrix
%       - P is an N x 1 matrix; the initial guess
%       - delta is the tolerance for P
%       - max1 is the maximum number of iterations
% Output - X is an N x 1 matrix: the gauss-seidel
%          approximation to the solution of AX = B
N = length(B);
for k=1:max1
   for j=1:N
      if j==1
         X(1)=(B(1)-A(1,2:N)*P(2:N))/A(1,1);
      elseif j==N
         X(N)=(B(N)-A(N,1:N-1)*(X(1:N-1))')/A(N,N);
      else
         %X contains the kth approximations and P the (k-1)st
```

```
            X(j)=(B(j)-A(j,1:j-1)*X(1:j-1)'
                -A(j,j+1:N)*P(j+1:N))/A(j,j);
          end
        end
        err=abs(norm(X'-P));
        relerr=err/(norm(X)+eps);
        P=X';
          if(err<delta)|(relerr<delta)
            break
          end
      end
      X=X';
```

3.6.4　习题

在习题 1 到习题 8 中：

(a) 初始值 $\boldsymbol{P}_0 = \boldsymbol{0}$，利用雅可比迭代求解 $\boldsymbol{P}_k, k = 1,2,3$。雅可比迭代收敛到解吗？

(b) 初始值 $\boldsymbol{P}_0 = \boldsymbol{0}$，利用高斯-赛德尔迭代求解 $\boldsymbol{P}_k, k = 1,2,3$。高斯-赛德尔迭代收敛到解吗？

1. $\begin{aligned} 4x - y &= 15 \\ x + 5y &= 9 \end{aligned}$

2. $\begin{aligned} 8x - 3y &= 10 \\ -x + 4y &= 6 \end{aligned}$

3. $\begin{aligned} -x + 3y &= 1 \\ 6x - 2y &= 2 \end{aligned}$

4. $\begin{aligned} 2x + 3y &= 1 \\ 7x - 2y &= 1 \end{aligned}$

5. $\begin{aligned} 5x - y + z &= 10 \\ 2x + 8y - z &= 11 \\ -x + y + 4z &= 3 \end{aligned}$

6. $\begin{aligned} 2x + 8y - z &= 11 \\ 5x - y + z &= 10 \\ -x + y + 4z &= 3 \end{aligned}$

7. $\begin{aligned} x - 5y - z &= -8 \\ 4x + y - z &= 13 \\ 2x - y - 6z &= -2 \end{aligned}$

8. $\begin{aligned} 4x + y - z &= 13 \\ x - 5y - z &= -8 \\ 2x - y - 6z &= -2 \end{aligned}$

9. 设 $\boldsymbol{X} = (x_1, x_2, \cdots, x_N)$。证明 $\|*\|_1$ 范数

$$\|\boldsymbol{X}\|_1 = \sum_{k=1}^{N} |x_k|$$

满足性质(14)到性质(16)。

10. 设 $\boldsymbol{X} = (x_1, x_2, \cdots, x_N)$。证明欧几里得范数

$$\|\boldsymbol{X}\| = \left(\sum_{k=1}^{N} (x_k)^2\right)^{1/2}$$

满足性质(14)到性质(17)。

11. 设 $\boldsymbol{X} = (x_1, x_2, \cdots, x_N)$。证明 $\|*\|_\infty$ 范数

$$\|\boldsymbol{X}\|_\infty = \max_{1 \leqslant k \leqslant N} |x_k|$$

满足性质(14)到性质(17)。

3.6.5　算法与程序

1. 使用程序 3.4 和程序 3.5 求解习题 1 到习题 8 中的线性方程组。使用 `format long` 命令和 `delta` $= 10^{-9}$。

2. 在定理3.14 中,$\boldsymbol{A}$ 具有严格对角优势是充分条件,不是必要条件。使用程序 3.4 和程序 3.5,以及多个不同的初始值 $\boldsymbol{P}_0$,求解下列线性方程组。注意:可能雅可比迭代收敛,但高斯–赛德尔迭代发散。

$$\begin{aligned} x \qquad + z &= 2 \\ -x + y \qquad &= 0 \\ x + 2y - 3z &= 0 \end{aligned}$$

3. 设有如下三角线性方程组,而且系数矩阵具有严格对角优势:

$$\begin{aligned} d_1x_1 + c_1x_2 \qquad\qquad\qquad\qquad\qquad &= b_1 \\ a_1x_1 + d_2x_2 + c_2x_3 \qquad\qquad\qquad\quad &= b_2 \\ a_2x_2 + d_3x_3 + c_3x_4 \qquad\qquad &= b_3 \\ \vdots \qquad\qquad &\;\;\vdots \\ a_{N-2}x_{N-2} + d_{N-1}x_{N-1} + c_{N-1}x_N &= b_{N-1} \\ a_{N-1}x_{N-1} + d_Nx_N &= b_N \end{aligned}$$

(i) 根据方程组(9)、式(10)和式(11),设计一个算法来求解上述方程组。算法必须有效地利用系数矩阵的稀疏性。

(ii) 根据(i)中设计的算法构造一个 MATLAB 程序,并求解下列三角线性方程组。

(a)
$$\begin{aligned} 4m_1 + m_2 \qquad\qquad &= 3 \\ m_1 + 4m_2 + m_3 &= 3 \\ m_2 + 4m_3 + m_4 &= 3 \\ m_3 + 4m_4 + m_5 &= 3 \\ \vdots \qquad \vdots \qquad \vdots \quad &\;\; \vdots \\ m_{48} + 4m_{49} + m_{50} &= 3 \\ m_{49} + 4m_{50} &= 3 \end{aligned}$$

(b)
$$\begin{aligned} 4m_1 + m_2 \qquad\qquad &= 1 \\ m_1 + 4m_2 + m_3 &= 2 \\ m_2 + 4m_3 + m_4 &= 1 \\ m_3 + 4m_4 + m_5 &= 2 \\ \vdots \qquad \vdots \qquad \vdots \quad &\;\; \vdots \\ m_{48} + 4m_{49} + m_{50} &= 1 \\ m_{49} + 4m_{50} &= 2 \end{aligned}$$

4. 利用高斯–赛德尔迭代法求解下列带状方程。

$$\begin{aligned} 12x_1 - 2x_2 + x_3 \qquad\qquad\qquad\qquad &= 5 \\ -2x_1 + 12x_2 - 2x_3 + x_4 \qquad\qquad &= 5 \\ x_1 - 2x_2 + 12x_3 - 2x_4 + x_5 &= 5 \\ x_2 - 2x_3 + 12x_4 - 2x_5 + x_6 &= 5 \\ \vdots \qquad \vdots \qquad \vdots \qquad \vdots \qquad \vdots \quad &\;\;\vdots \\ x_{46} - 2x_{47} + 12x_{48} - 2x_{49} + x_{50} &= 5 \\ x_{47} - 2x_{48} + 12x_{49} - 2x_{50} &= 5 \\ x_{48} - 2x_{49} + 12x_{50} &= 5 \end{aligned}$$

5. 在程序 3.4 和程序 3.5 中,将相邻迭代之间的相对误差作为终止判别条件。在 2.3 节中已讨论了唯一使用这个判别条件的问题。线性方程组 $\boldsymbol{AX}=\boldsymbol{B}$ 可重写为 $\boldsymbol{AX}-\boldsymbol{B}=0$。如果 $\mathbf{X}_k$ 是雅可比迭代或高斯–赛德尔迭代过程中的第 k 个迭代值,则一般情况下**余项** $\boldsymbol{AX}_k-\boldsymbol{B}$ 的范数是一个更适合的终止判别条件。

修改程序 3.4 和程序 3.5,使用余项的范数作为终止判别条件。使用修改后的程序求解上述带状方程组。

3.7　非线性方程组的迭代法:赛德尔法和牛顿法(选读)

本节讨论扩展第 2 章和 3.6 节的迭代法,以求解非线性方程组。考虑下列函数:

$$\begin{aligned} f_1(x, y) &= x^2 - 2x - y + 0.5 \\ f_2(x, y) &= x^2 + 4y^2 - 4 \end{aligned} \tag{1}$$

需要寻找一种方法求解非线性函数构成的方程组

$$f_1(x, y) = 0, \qquad f_2(x, y) = 0 \tag{2}$$

方程 $f_1(x,y)=0$ 和 $f_2(x,y)=0$ 隐含定义了在 xy 平面上的曲线,因此方程组(2)的解是两个曲线都经过一个点,即 $f_1(p,q)=0$ 且 $f_2(p,q)=0$。函数(1)表示的曲线如下:

$$\begin{aligned} x^2 - 2x - y + 0.5 &= 0 \qquad \text{是抛物线} \\ x^2 + 4y^2 - 4 &= 0 \qquad \text{是椭圆} \end{aligned} \tag{3}$$

图 3.6 中的图形显示存在两个解,在$(-0.2,1.0)$和$(1.9,0.3)$附近。

第一种技术是不动点迭代法。必须设计一个方法来一般化序列$\{(p_k,q_k)\}$,使其收敛到解(p,q)。式(3)中的第一个方程可用来这些求解 x,而 y 的一个倍数可加到第二个方程的两边,得到 $x^2+4y^2-8y-4=-8y$。选择增加 $-8y$ 很重要,原因将在以后解释。现在可得到一个等价的方程组:

$$\begin{aligned} x &= \frac{x^2 - y + 0.5}{2} \\ y &= \frac{-x^2 - 4y^2 + 8y + 4}{8} \end{aligned} \tag{4}$$

这两个方程可用来构造递归公式。设初始点为(p_0,q_0),利用下列递归公式计算序列$\{(p_{k+1},q_{k+1})\}$

$$\begin{aligned} p_{k+1} &= g_1(p_k, q_k) = \frac{p_k^2 - q_k + 0.5}{2} \\ q_{k+1} &= g_2(p_k, q_k) = \frac{-p_k^2 - 4q_k^2 + 8q_k + 4}{8} \end{aligned} \tag{5}$$

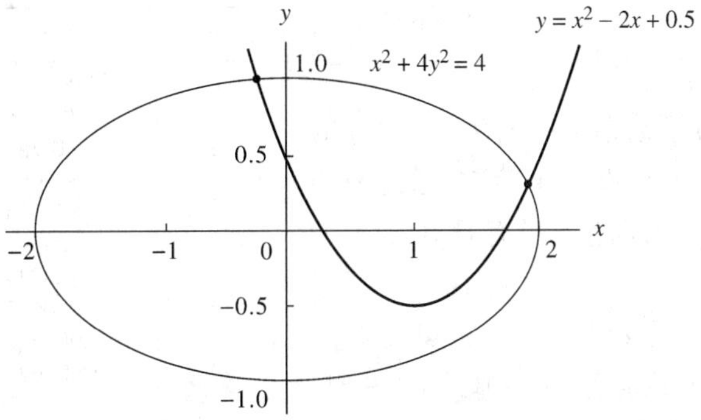

图 3.6　非线性函数 $y=x^2-2x+0.5$ 和 $x^2+4y^2=4$ 的图形

第一种情况:设初始值$(p_0,q_0)=(0,1)$,则

$$p_1 = \frac{0^2 - 1 + 0.5}{2} = -0.25, \qquad q_1 = \frac{-0^2 - 4(1)^2 + 8(1) + 4}{8} = 1.0$$

迭代过程将生成表 3.5 中第一种情况下面的序列。在这种情况下,序列收敛到(0,1)附近的解。

表 3.5 利用序列(5)中的不动点迭代

第一种情况：从 (0,1) 开始			第二种情况：从 (2,0) 开始		
k	p_k	q_k	k	p_k	q_k
0	0.00	1.00	0	2.00	0.00
1	−0.25	1.00	1	2.25	0.00
2	−0.21875	0.9921875	2	2.78125	−0.1328125
3	−0.2221680	0.9939880	3	4.184082	−0.6085510
4	−0.2223147	0.9938121	4	9.307547	−2.4820360
5	−0.2221941	0.9938029	5	44.80623	−15.891091
6	−0.2222163	0.9938095	6	1,011.995	−392.60426
7	−0.2222147	0.9938083	7	512,263.2	−205,477.82
8	−0.2222145	0.9938084	这个序列是发散的		
9	−0.2222146	0.9938084			

第 2 种情况：设初始值$(p_0,q_0)=(2,0)$,则

$$p_1 = \frac{2^2 - 0 + 0.5}{2} = 2.25, \qquad q_1 = \frac{-2^2 - 4(0)^2 + 8\times 0 + 4}{8} = 0.0$$

迭代过程将生成表 3.5 中第二种情况下面的序列。在这种情况下,序列是发散的。

利用公式(5)的迭代过程不能找到第二个解(1.900677,0.3112186)。为了找到这个点,需要另一对不同的迭代公式。在方程组(3)中,将第一个方程加 $-2x$,将第二个方程加 $-11y$,表示为

$$x^2 - 4x - y + 0.5 = -2x, \qquad x^2 + 4y^2 - 11y - 4 = -11y$$

通过上述方程可得到迭代公式

$$\begin{aligned} p_{k+1} = g_1(p_k, q_k) &= \frac{-p_k^2 + 4p_k + q_k - 0.5}{2} \\ q_{k+1} = g_2(p_k, q_k) &= \frac{-p_k^2 - 4q_k^2 + 11q_k + 4}{11} \end{aligned} \tag{6}$$

表 3.6 显示了如何利用迭代公式(6)求第二个解。

表 3.6 使用迭代公式(6)中的不动点迭代

k	p_k	q_k
0	2.00	0.00
1	1.75	0.0
2	1.71875	0.0852273
3	1.753063	0.1776676
4	1.808345	0.2504410
8	1.903595	0.3160782
12	1.900924	0.3112267
16	1.900652	0.3111994
20	1.900677	0.3112196
24	1.900677	0.3112186

3.7.1 理论

为何迭代公式(6)适合求(1.9,0.3)附近的解,而公式(5)不适合求解？在 2.1 节中,通过分析不动点导数的大小可得出思路。当有存在多个变量的函数时,必须使用偏导。将用于存在多个变量的函数的方程组的一般"导数"定义为雅可比矩阵(又称导数矩阵)。这里只介绍一些基本的思想,更多的细节可参见高级微积分教材。

定义 3.8(雅可比矩阵) 设$f_1(x,y)$和$f_2(x,y)$是包含自变量 x 和 y 的函数,则它们的雅可比矩阵 $\boldsymbol{J}(x,y)$表示为

$$\begin{bmatrix} \dfrac{\partial f_1}{\partial x} & \dfrac{\partial f_1}{\partial y} \\ \dfrac{\partial f_2}{\partial x} & \dfrac{\partial f_2}{\partial y} \end{bmatrix} \tag{7}$$

同理，如果 $f_1(x,y,z)$，$f_2(x,y,z)$，$f_3(x,y,z)$ 是包含自变量 x,y,z 的函数，则 3×3 雅可比矩阵 $\boldsymbol{J}(x,y,z)$ 定义为

$$\begin{bmatrix} \dfrac{\partial f_1}{\partial x} & \dfrac{\partial f_1}{\partial y} & \dfrac{\partial f_1}{\partial z} \\ \dfrac{\partial f_2}{\partial x} & \dfrac{\partial f_2}{\partial y} & \dfrac{\partial f_2}{\partial z} \\ \dfrac{\partial f_3}{\partial x} & \dfrac{\partial f_3}{\partial y} & \dfrac{\partial f_3}{\partial z} \end{bmatrix} \tag{8}$$

▲

例 3.30　对下列 3 个函数求解在点 $(1,3,2)$ 处的 3×3 维雅可比矩阵 $\boldsymbol{J}(x,y,z)$。

$$f_1(x,y,z) = x^3 - y^2 + y - z^4 + z^2$$
$$f_2(x,y,z) = xy + yz + xz$$
$$f_3(x,y,z) = \frac{y}{xz}$$

解：雅可比矩阵为

$$\boldsymbol{J}(x,y,z) = \begin{bmatrix} \dfrac{\partial f_1}{\partial x} & \dfrac{\partial f_1}{\partial y} & \dfrac{\partial f_1}{\partial z} \\ \dfrac{\partial f_2}{\partial x} & \dfrac{\partial f_2}{\partial y} & \dfrac{\partial f_2}{\partial z} \\ \dfrac{\partial f_3}{\partial x} & \dfrac{\partial f_3}{\partial y} & \dfrac{\partial f_3}{\partial z} \end{bmatrix} = \begin{bmatrix} 3x^2 & -2y+1 & -4z^3+2z \\ y+z & x+z & y+x \\ -y & 1 & -y \\ x^2z & xz & xz^2 \end{bmatrix}$$

这样，在点 $(1,3,2)$ 处的雅可比矩阵为 3×3 矩阵

$$\boldsymbol{J}(1,3,2) = \begin{bmatrix} 3 & -5 & -28 \\ 5 & 3 & 4 \\ -\frac{3}{2} & \frac{1}{2} & -\frac{3}{4} \end{bmatrix}$$

■

3.7.2　广义微分

对于含多个变量的函数，微分用来表示自变量（independent variables）的变化情况如何影响因变量（dependent variable）。设有如下表达式：

$$u = f_1(x,y,z), \qquad v = f_2(x,y,z), \qquad w = f_3(x,y,z) \tag{9}$$

设已知表达式(9)中函数在点 (x_0,y_0,z_0) 处的值，现在希望可以预测在邻近点 (x,y,z) 处的值。设 $\mathrm{d}u,\mathrm{d}v,\mathrm{d}w$ 表示因变量的微分变化，而 $\mathrm{d}x,\mathrm{d}y,\mathrm{d}z$ 表示自变量的微分变化。这些变化服从如下关系：

$$\begin{aligned} \mathrm{d}u &= \frac{\partial f_1}{\partial x}(x_0,y_0,z_0)\,\mathrm{d}x + \frac{\partial f_1}{\partial y}(x_0,y_0,z_0)\,\mathrm{d}y + \frac{\partial f_1}{\partial z}(x_0,y_0,z_0)\,\mathrm{d}z \\ \mathrm{d}v &= \frac{\partial f_2}{\partial x}(x_0,y_0,z_0)\,\mathrm{d}x + \frac{\partial f_2}{\partial y}(x_0,y_0,z_0)\,\mathrm{d}y + \frac{\partial f_2}{\partial z}(x_0,y_0,z_0)\,\mathrm{d}z \\ \mathrm{d}w &= \frac{\partial f_3}{\partial x}(x_0,y_0,z_0)\,\mathrm{d}x + \frac{\partial f_3}{\partial y}(x_0,y_0,z_0)\,\mathrm{d}y + \frac{\partial f_3}{\partial z}(x_0,y_0,z_0)\,\mathrm{d}z \end{aligned} \tag{10}$$

如果使用向量表示,则关系式(10)可通过使用雅可比矩阵进行简化。函数的变化用 $d\boldsymbol{F}$ 表示,变量的变化用 $\mathrm{d}\boldsymbol{X}$ 表示。

$$\mathrm{d}\boldsymbol{F}=\begin{bmatrix}\mathrm{d}u\\ \mathrm{d}v\\ \mathrm{d}w\end{bmatrix}=\boldsymbol{J}(x_0,y_0,z_0)\begin{bmatrix}\mathrm{d}x\\ \mathrm{d}y\\ \mathrm{d}z\end{bmatrix}=\boldsymbol{J}(x_0,y_0,z_0)\,\mathrm{d}\boldsymbol{X} \tag{11}$$

例 3.31 对如下方程,当自变量从(1,3,2)变化到(1.02,2.97,2.01)时,使用雅可比矩阵求微分变化($\mathrm{d}u,\mathrm{d}v,\mathrm{d}w$):

$$\begin{aligned}u&=f_1(x,y,z)=x^3-y^2+y-z^4+z^2\\ v&=f_2(x,y,z)=xy+yz+xz\\ w&=f_3(x,y,z)=\frac{y}{xz}\end{aligned}$$

解: 利用表达式(11)和例 3.30 的 $\boldsymbol{J}(1,3,2)$,以及微分变化($\mathrm{d}x,\mathrm{d}y,\mathrm{d}z$) = (0.02, -0.03,0.01),可得到

$$\begin{bmatrix}\mathrm{d}u\\ \mathrm{d}v\\ \mathrm{d}w\end{bmatrix}=\begin{bmatrix}3&-5&-28\\ 5&3&4\\ -\frac{3}{2}&\frac{1}{2}&-\frac{3}{4}\end{bmatrix}\begin{bmatrix}0.02\\ -0.03\\ 0.01\end{bmatrix}=\begin{bmatrix}-0.07\\ 0.05\\ -0.0525\end{bmatrix}$$

注意在点(1.02,2.97,2.01)处的函数值接近方程的近似解,即微分值 $\mathrm{d}u=-0.07$, $\mathrm{d}v=0.05$, $\mathrm{d}w=-0.0525$ 与对应的函数值 $f_1(1,3,2)=-17$, $f_2(1,3,2)=11$, $f_3(1,3,2)=1.5$ 相加,表示为

$$\begin{aligned}f_1(1.02,2.97,2.01)&=-17.072\approx-17.07=f_1(1,3,2)+\mathrm{d}u\\ f_2(1.02,2.97,2.01)&=11.0493\approx11.05=f_2(1,3,2)+\mathrm{d}v\\ f_3(1.02,2.97,2.01)&=1.44864\approx1.4475=f_3(1,3,2)+\mathrm{d}w\end{aligned}$$

■

3.7.3 接近不动点处的收敛性

现在给出对 2.1 节中的定义和定理针对二维和三维的扩展,这里没有使用 N 维函数的表示。读者可在许多有关数值分析的教材中找到这些扩展。

定义 3.9 包含两个方程

$$x=g_1(x,y),\qquad y=g_2(x,y) \tag{12}$$

的方程组的不动点是点(p,q),满足 $p=g_1(p,q)$ 且 $q=g_2(p,q)$。在三维情况下,方程组

$$x=g_1(x,y,z),\qquad y=g_2(x,y,z),\qquad z=g_3(x,y,z) \tag{13}$$

的不动点是点(p,q,r),满足 $p=g_1(p,q,r)$, $q=g_2(p,q,r)$ 且 $r=g_3(p,q,r)$。 ▲

定义 3.10 对于方程组(12)中的函数,不动点迭代为

$$p_{k+1}=g_1(p_k,q_k),\qquad q_{k+1}=g_2(p_k,q_k) \tag{14}$$

其中 $k=0,1,\cdots$。同理,对方程组(13)中的函数,不动点迭代为

$$\begin{aligned}p_{k+1}&=g_1(p_k,q_k,r_k)\\ q_{k+1}&=g_2(p_k,q_k,r_k)\\ r_{k+1}&=g_3(p_k,q_k,r_k)\end{aligned} \tag{15}$$

其中 $k=0,1,\cdots$。 ▲

定理 3.17(不动点迭代)　设方程组(12)和方程组(13)中的函数和它们的一阶偏导数分别在包含(p,q)或(p,q,r)的区域内连续。如果初始点值足够接近不动点,则有下面两种情况。

第一种情况(**二维**):如果(p_0,q_0)足够接近(p,q),而且

$$\begin{aligned}\left|\frac{\partial g_1}{\partial x}(p,q)\right|+\left|\frac{\partial g_1}{\partial y}(p,q)\right|&<1\\ \left|\frac{\partial g_2}{\partial x}(p,q)\right|+\left|\frac{\partial g_2}{\partial y}(p,q)\right|&<1\end{aligned}\tag{16}$$

则迭代(14)将收敛到不动点(p,q)。

第二种情况(**三维**):如果(p_0,q_0,r_0)足够接近(p,q,r),而且

$$\begin{aligned}\left|\frac{\partial g_1}{\partial x}(p,q,r)\right|+\left|\frac{\partial g_1}{\partial y}(p,q,r)\right|+\left|\frac{\partial g_1}{\partial z}(p,q,r)\right|&<1\\ \left|\frac{\partial g_2}{\partial x}(p,q,r)\right|+\left|\frac{\partial g_2}{\partial y}(p,q,r)\right|+\left|\frac{\partial g_2}{\partial z}(p,q,r)\right|&<1\\ \left|\frac{\partial g_3}{\partial x}(p,q,r)\right|+\left|\frac{\partial g_3}{\partial y}(p,q,r)\right|+\left|\frac{\partial g_3}{\partial z}(p,q,r)\right|&<1\end{aligned}\tag{17}$$

则迭代(15)将收敛到不动点(p,q,r)。

如果条件(16)或条件(17)不满足,则迭代可能发散。这种情况通常发生在偏导的绝对值的和远远大于 1 的时候。利用定理 3.17 可说明为何迭代(5)可收敛到不动点$(-0.2,1.0)$。计算函数 g_1 和 g_2 的偏导可得

$$\begin{aligned}&\frac{\partial}{\partial x}g_1(x,y)=x, &&\frac{\partial}{\partial y}g_1(x,y)=-\frac{1}{2}\\ &\frac{\partial}{\partial x}g_2(x,y)=-\frac{x}{4}, &&\frac{\partial}{\partial y}g_2(x,y)=-y+1\end{aligned}$$

实际上,对所有的(x,y),如果满足$-0.5<x<0.5$和$0.5<y<1.5$,则函数 g_1 和 g_2 的偏导满足

$$\begin{aligned}\left|\frac{\partial}{\partial x}g_1(x,y)\right|+\left|\frac{\partial}{\partial y}g_1(x,y)\right|&=|x|+|-0.5|<1,\\ \left|\frac{\partial}{\partial x}g_2(x,y)\right|+\left|\frac{\partial}{\partial y}g_2(x,y)\right|&=\frac{|-x|}{4}+|-y+1|<0.625<1\end{aligned}$$

因此,满足式(16)中的偏导条件。而且,根据定理 3.17,不动点迭代将收敛到$(p,q)\approx(-0.2222146,0.9938084)$。在其他不动点$(1.90068,0.31122)$附近,偏导不满足条件(16),所以收敛性得不到保证。即

$$\begin{aligned}\left|\frac{\partial}{\partial x}g_1(1.90068,0.31122)\right|+\left|\frac{\partial}{\partial y}g_1(1.90068,0.31122)\right|&=2.40068>1\\ \left|\frac{\partial}{\partial x}g_2(1.90068,0.31122)\right|+\left|\frac{\partial}{\partial y}g_2(1.90068,0.31122)\right|&=1.16395>1\end{aligned}$$

3.7.4　赛德尔迭代

现在可构造一个与高斯-赛德尔法类似的改进型不动点迭代法。设用 p_{k+1} 计算 q_{k+1}(在三维情况下,用 p_{k+1} 和 q_{k+1} 计算 r_{k+1}),并将这些改进融入公式(14)和公式(15)中时,这个方法称为赛德尔迭代:

$$p_{k+1} = g_1(p_k, q_k), \qquad q_{k+1} = g_2(p_{k+1}, q_k) \tag{18}$$

以及

$$\begin{aligned} p_{k+1} &= g_1(p_k, q_k, r_k) \\ q_{k+1} &= g_2(p_{k+1}, q_k, r_k) \\ r_{k+1} &= g_3(p_{k+1}, q_{k+1}, r_k) \end{aligned} \tag{19}$$

程序 3.6 实现了求解非线性方程组的赛德尔迭代。不动点迭代的实现留给读者。

3.7.5 求解非线性方程组的牛顿法

现在将牛顿法扩展到二维情况。它也可方便地扩展到更高维。

设有方程组

$$\begin{aligned} u &= f_1(x, y) \\ v &= f_2(x, y) \end{aligned} \tag{20}$$

它意味着从 xy 平面到 uv 平面的变换。这里只关心在点(x_0,y_0)处的变换行为,即点(u_0,v_0)。如果两个函数有连续的偏导,则在点(x_0,y_0)处用微分表示下列线性近似方程组是合法的。

$$\begin{aligned} u - u_0 &= \frac{\partial}{\partial x} f_1(x_0, y_0)(x - x_0) + \frac{\partial}{\partial y} f_1(x_0, y_0)(y - y_0) \\ v - v_0 &= \frac{\partial}{\partial x} f_2(x_0, y_0)(x - x_0) + \frac{\partial}{\partial y} f_2(x_0, y_0)(y - y_0) \end{aligned} \tag{21}$$

方程组(21)是一个局部线性变换,它将自变量的微小变化与因变量的微小变化联系起来。当使用雅可比矩阵 $\boldsymbol{J}(x_0,y_0)$时,这个关系可更容易地表示为

$$\begin{bmatrix} u - u_0 \\ v - v_0 \end{bmatrix} = \begin{bmatrix} \frac{\partial}{\partial x} f_1(x_0, y_0) & \frac{\partial}{\partial y} f_1(x_0, y_0) \\ \frac{\partial}{\partial x} f_2(x_0, y_0) & \frac{\partial}{\partial y} f_2(x_0, y_0) \end{bmatrix} \begin{bmatrix} x - x_0 \\ y - y_0 \end{bmatrix} \tag{22}$$

如果方程组(20)用向量函数 $\boldsymbol{V} = \boldsymbol{F}(\boldsymbol{X})$ 表示,这个雅可比矩阵 $\boldsymbol{J}(x,y)$是导数的二维近似,因为关系式(22)可表示为

$$\Delta \boldsymbol{F} \approx \boldsymbol{J}(x_0, y_0)\, \Delta \boldsymbol{X} \tag{23}$$

现在可以利用上式(23)推导二维情况下的牛顿法。

设方程组(20)中,u 和 v 为 0:

$$\begin{aligned} 0 &= f_1(x, y) \\ 0 &= f_2(x, y) \end{aligned} \tag{24}$$

设(p,q)为方程组(24)的一个解,即

$$\begin{aligned} 0 &= f_1(p, q) \\ 0 &= f_2(p, q) \end{aligned} \tag{25}$$

为利用牛顿法求解方程组(24),需要考虑函数在点(p_0,q_0)处的微小变化:

$$\begin{aligned} \Delta u &= u - u_0, \qquad \Delta p = x - p_0 \\ \Delta v &= v - v_0, \qquad \Delta q = y - q_0 \end{aligned} \tag{26}$$

设方程组(20)中$(x,y) = (p,q)$,并利用式(25),可得到$(u,v) = (0,0)$。因此因变量的变化是

$$\begin{aligned} u - u_0 &= f_1(p, q) - f_1(p_0, q_0) = 0 - f_1(p_0, q_0) \\ v - v_0 &= f_2(p, q) - f_2(p_0, q_0) = 0 - f_2(p_0, q_0) \end{aligned} \tag{27}$$

将式(27)中的结果代入式(22)可得线性变换表达式

$$\begin{bmatrix} \frac{\partial}{\partial x}f_1(p_0,q_0) & \frac{\partial}{\partial y}f_1(p_0,q_0) \\ \frac{\partial}{\partial x}f_2(p_0,q_0) & \frac{\partial}{\partial y}f_2(p_0,q_0) \end{bmatrix}\begin{bmatrix}\Delta p\\ \Delta q\end{bmatrix} \approx -\begin{bmatrix} f_1(p_0,q_0)\\ f_2(p_0,q_0)\end{bmatrix} \tag{28}$$

如果式(28)中的雅可比矩阵 $\boldsymbol{J}(p_0,q_0)$ 非奇异,则可解出 $\Delta\boldsymbol{P}=[\Delta p\quad \Delta q]'=[p\ q]'-[p_0\ q_0]$ 为

$$\Delta\boldsymbol{P} \approx -\boldsymbol{J}(p_0,q_0)^{-1}\boldsymbol{F}(p_0,q_0) \tag{29}$$

然后,解 $\boldsymbol{P}[p\quad q]'$ 的下一个近似值 $\boldsymbol{P}_1$ 为

$$\boldsymbol{P}_1=\boldsymbol{P}_0+\Delta\boldsymbol{P}=\boldsymbol{P}_0-\boldsymbol{J}(p_0,q_0)^{-1}\boldsymbol{F}(p_0,q_0) \tag{30}$$

注意上式可是用于一个变量的牛顿法的一般化,即 $p_1=p_0-f(p_0)/f'(p_0)$。

3.7.6　牛顿法概要

设 $\boldsymbol{P}_k$ 已知。

第 1 步:计算函数

$$\boldsymbol{F}(\boldsymbol{P}_k)=\begin{bmatrix} f_1(p_k,q_k)\\ f_2(p_k,q_k)\end{bmatrix}$$

第 2 步:计算雅可比矩阵

$$\boldsymbol{J}(\boldsymbol{P}_k)=\begin{bmatrix} \frac{\partial}{\partial x}f_1(p_k,q_k) & \frac{\partial}{\partial y}f_1(p_k,q_k) \\ \frac{\partial}{\partial x}f_2(p_k,q_k) & \frac{\partial}{\partial y}f_2(p_k,q_k) \end{bmatrix}$$

第 3 步:求线性方程组

$$\boldsymbol{J}(\boldsymbol{P}_k)\Delta\boldsymbol{P}=-\boldsymbol{F}(\boldsymbol{P}_k)$$

的解 $\Delta\boldsymbol{P}$。

第 4 步:计算下一点

$$\boldsymbol{P}_{k+1}=\boldsymbol{P}_k+\Delta\boldsymbol{P}$$

重复上述过程。

例 3.32　设有非线性方程组

$$0=x^2-2x-y+0.5$$
$$0=x^2+4y^2-4$$

设初始值 $(p_0,q_0)=(2.00,0.25)$,用牛顿法计算 (p_1,q_1),(p_2,q_2),(p_3,q_3)。

解:函数向量和雅可比矩阵为

$$\boldsymbol{F}(x,y)=\begin{bmatrix} x^2-2x-y+0.5\\ x^2+4y^2-4\end{bmatrix},\quad \boldsymbol{J}(x,y)=\begin{bmatrix} 2x-2 & -1\\ 2x & 8y\end{bmatrix}$$

在点(2.00,0.25)处的值为

$$\boldsymbol{F}(2.00,0.25)=\begin{bmatrix}0.25\\0.25\end{bmatrix},\quad \boldsymbol{J}(2.00,0.25)=\begin{bmatrix}2.0 & -1.0\\ 4.0 & 2.0\end{bmatrix}$$

微分 Δp 和 Δq 是下列线性方程组的解。

$$\begin{bmatrix}2.0 & -1.0\\4.0 & 2.0\end{bmatrix}\begin{bmatrix}\Delta p\\\Delta q\end{bmatrix}=-\begin{bmatrix}0.25\\0.25\end{bmatrix}$$

通过直接计算可得

$$\Delta \boldsymbol{P}=\begin{bmatrix}\Delta p\\\Delta q\end{bmatrix}=\begin{bmatrix}-0.09375\\0.0625\end{bmatrix}$$

迭代的下一点为

$$\boldsymbol{P}_1=\boldsymbol{P}_0+\Delta\boldsymbol{P}=\begin{bmatrix}2.00\\0.25\end{bmatrix}+\begin{bmatrix}-0.09375\\0.0625\end{bmatrix}=\begin{bmatrix}1.90625\\0.3125\end{bmatrix}$$

同理,可得接下来的两点为

$$\boldsymbol{P}_2=\begin{bmatrix}1.900691\\0.311213\end{bmatrix},\qquad \boldsymbol{P}_3=\begin{bmatrix}1.900677\\0.311219\end{bmatrix}$$

$\boldsymbol{P}_3$ 的值的精度为小数点后 6 位。求解 $\boldsymbol{P}_2$ 和 $\boldsymbol{P}_3$ 的计算过程如表 3.7 所示。■

表 3.7 用牛顿法求解例 3.32 的过程中每个迭代的函数值、雅可比矩阵和微分值

$\boldsymbol{P}_k$	求解线性方程组 $J(\boldsymbol{P}_k)\Delta\boldsymbol{P}=-\boldsymbol{F}(\boldsymbol{P}_k)$	$\boldsymbol{P}_k+\Delta\boldsymbol{P}$
$\begin{bmatrix}2.00\\0.25\end{bmatrix}$	$\begin{bmatrix}2.0 & -1.0\\4.0 & 2.0\end{bmatrix}\begin{bmatrix}-0.09375\\0.0625\end{bmatrix}=-\begin{bmatrix}0.25\\0.25\end{bmatrix}$	$\begin{bmatrix}1.90625\\0.3125\end{bmatrix}$
$\begin{bmatrix}1.90625\\0.3125\end{bmatrix}$	$\begin{bmatrix}1.8125 & -1.0\\3.8125 & 2.5\end{bmatrix}\begin{bmatrix}-0.005559\\-0.001287\end{bmatrix}=-\begin{bmatrix}0.008789\\0.024414\end{bmatrix}$	$\begin{bmatrix}1.900691\\0.311213\end{bmatrix}$
$\begin{bmatrix}1.900691\\0.311213\end{bmatrix}$	$\begin{bmatrix}1.801381 & -1.000000\\3.801381 & 2.489700\end{bmatrix}\begin{bmatrix}-0.000014\\0.000006\end{bmatrix}=-\begin{bmatrix}0.000031\\0.000038\end{bmatrix}$	$\begin{bmatrix}1.900677\\0.311219\end{bmatrix}$

实现牛顿法需要求解多个偏导数。可以利用数值逼近来近似这些偏导数,但必须注意评定适当的步长。在更高维的情况下,有必要利用本章前面讲述的线性方程组求解法求解 $\Delta\boldsymbol{P}$。

3.7.7 MATLAB 实现

程序 3.6(非线性赛德尔迭代)和程序 3.7(牛顿-拉夫森法)需要把非线性方程组 $\boldsymbol{X}=\boldsymbol{G}(\boldsymbol{X})$、非线性方程组 $\boldsymbol{F}(\boldsymbol{X})=\boldsymbol{0}$ 和它的雅可比矩阵 $\boldsymbol{J}\ \boldsymbol{F}$ 分别保存到 M 文件中。例如,把例 3.32 中的非线性方程组和相关的雅可比矩阵分别保存到 F.m 和 JF.m 文件中。

```
function Z=F(X)
x=X(1);y=X(2);
Z=zeros(1,2);
Z(1)=x^2-2*x-y+0.5;
Z(2)=x^2+4y^2-4;
```

```
function W=JF(X)
x=X(1);y=X(2);
W=[2*x-2 -1;2*x 8*y];
```

可利用标准 MATLAB 命令计算这些函数。

```
>>A=feval('F',[2.00 0.25])
A=
   0.2500 0.2500
>>V=JF([2.00 0.25])
B=
   2 -1
   4 2
```

程序 3.6(非线性赛德尔迭代)　求解非线性不动点方程组 $\boldsymbol{X} = \boldsymbol{G}(\boldsymbol{X})$,给定初始近似值 $\boldsymbol{P}_0$,并生成序列 $\{\boldsymbol{P}_k\}$,收敛到解 $\boldsymbol{P}$。

```
function [P,iter] = seidel(G,P,delta, max1)
%Input  - G is the nonlinear system saved in the M-file G.m
%       - P is the initial guess at the solution
%       - delta is the error bound
%       - max1 is the number of iterations
%Output - P is the seidel approximation to the solution
%       - iter is the number of iterations required
N=length(P);
for k=1:max1
   X=P;
   % X is the kth approximation to the solution
   for j=1:N
      A=feval('G',X);
      % Update the terms of X as they are calculated
      X(j)=A(j);
   end
   err=abs(norm(X-P));
   relerr=err/(norm(X)+eps);
   P=X;
   iter=k;
   if(err<delta)|(relerr<delta)
      break
   end
end
```

在下面的程序中,使用 MATLAB 命令 `A\B` 求解线性方程组 $\boldsymbol{AX} = \boldsymbol{B}$(参见 `Q = P - (J\Y')'`)。可使用本章前面开发的程序代替这个 MATLAB 命令。选择适当的程序求解线性方程组依赖于雅可比矩阵的大小和特性。

程序 3.7(牛顿-拉夫森法)　求解非线性方程组 $\boldsymbol{F}(\boldsymbol{X}) = \boldsymbol{0}$,给定初始近似值 $\boldsymbol{P}_0$,并生成序列 $\{\boldsymbol{P}_k\}$,收敛到解 $\boldsymbol{P}$。

```
function [P,iter,err]=newdim(F,JF,P,delta,epsilon,max1)
%Input  - F is the system saved as the M-file F.m
%       - JF is the Jacobian of F saved as the M-file JF.M
%       - P is the initial approximation to the solution
%       - delta is the tolerance for P
%       - epsilon is the tolerance for F(P)
%       - max1 is the maximum number of iterations
%Output - P is the approximation to the solution
%       - iter is the number of iterations required
%       - err is the error estimate for P
Y=feval(F,P);
for k=1:max1
   J=feval(JF,P);
   Q=P-(J\Y')';
   Z=feval(F,Q);
   err=norm(Q-P);
   relerr=err/(norm(Q)+eps);
```

```
    P=Q;
    Y=Z;
    iter=k;
    if (err<delta)|(relerr<delta)|(abs(Y)<epsilon)
       break
    end
end
```

3.7.8 习题

1. 求解下列方程组的不动点。

(a) $x = g_1(x, y) = x - y^2$
$y = g_2(x, y) = -x + 6y$

(b) $x = g_1(x, y) = (x^2 - y^2 - x - 3)/3$
$y = g_2(x, y) = (-x + y - 1)/3$

(c) $x = g_1(x, y) = \sin(y)$
$y = g_2(x, y) = -6x + y$

(d) $x = g_1(x, y, z) = 9 - 3y - 2z$
$y = g_2(x, y, z) = 2 - x + z$
$z = g_3(x, y, z) = -9 + 3x + 4y - z$

2. 求解下列方程组的零点。计算每个方程组在零点处的雅可比矩阵。

(a) $0 = f_1(x, y) = 2x + y - 6$
$0 = f_2(x, y) = x + 2y$

(b) $0 = f_1(x, y) = 3x^2 + 2y - 4$
$0 = f_2(x, y) = 2x + 2y - 3$

(c) $0 = f_1(x, y) = 2x - 4\cos(y)$
$0 = f_2(x, y) = 4x\sin(y)$

(d) $0 = f_1(x, y, z) = x^2 + y^2 - z$
$0 = f_2(x, y, z) = x^2 + y^2 + z^2 - 1$
$0 = f_3(x, y, z) = x + y$

3. 对下列方程组求解一个在 xy 平面的区间,如果(p_0,q_0)位于这个区间,则不动点迭代保证收敛(见定理 3.17)。

$$x = g_1(x, y) = (x^2 - y^2 - x - 3)/3$$
$$y = g_2(x, y) = (x + y + 1)/3$$

4. 用不动点形式重写下列线性方程组。求 x,y,z 的边界,使得对于任意满足边界条件的初始值(p_0,q_0,r_0),不动点迭代保证收敛。

$$\begin{aligned} 6x + y + z &= 1 \\ x + 4y + z &= 2 \\ x + y + 5z &= 0 \end{aligned}$$

5. 对下列给定的非线性方程组(见图 3.7),分别采用(a) 不动点迭代和方程(14),(b) 利用方程(18)的赛德尔迭代。使用初始近似值$(p_0,q_0) = (1.1,2.0)$,计算接下来的 3 个不动点近似值。

$$x = g_1(x, y) = \frac{8x - 4x^2 + y^2 + 1}{8} \quad \text{(双曲线)}$$
$$y = g_2(x, y) = \frac{2x - x^2 + 4y - y^2 + 3}{4} \quad \text{(圆)}$$

6. 对下列非线性方程组(见图 3.8),分别采用(a) 不动点迭代和方程(14),(b) 利用方程(18)的赛德尔迭代。使用初始近似值$(p_0,q_0) = (-0.3,-1.3)$,求接下来的 3 个不动点的近似值。

$$x = g_1(x, y) = \frac{y - x^3 + 3x^2 + 3x}{7} \quad \text{(立方体)}$$
$$y = g_2(x, y) = \frac{y^2 + 2y - x - 2}{2} \quad \text{(抛物线)}$$

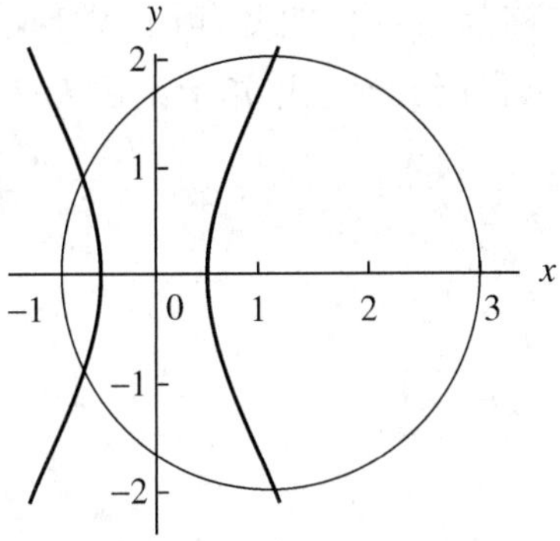

图 3.7　习题 5 中的双曲线和圆

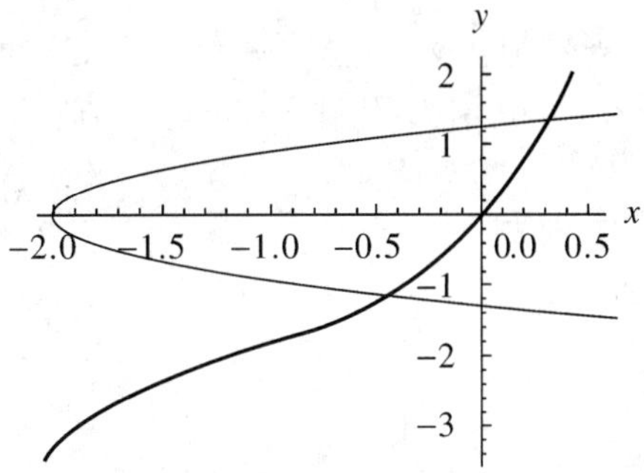

图 3.8　习题 6 中的三次曲线和双曲线

7. 设有非线性方程组

$$0 = f_1(x, y) = x^2 - y - 0.2$$
$$0 = f_2(x, y) = y^2 - x - 0.3$$

这些抛物线交于两点，如图 3.9 所示。

(a) 初始近似值 $(p_0, q_0) = (1.2, 1.2)$，利用牛顿法 2 计算 (p_1, q_1) 和 (p_2, q_2)。

(b) 初始近似值 $(p_0, q_0) = (-0.2, -0.2)$，利用牛顿法计算 (p_1, q_1) 和 (p_2, q_2)。

8. 设有下列非线性方程组，如图 3.10 所示。

$$0 = f_1(x, y) = x^2 + y^2 - 2$$
$$0 = f_2(x, y) = xy - 1$$

(a) 验证解为 $(1,1)$ 和 $(-1,-1)$。

(b) 如果用牛顿法求解，困难是什么？

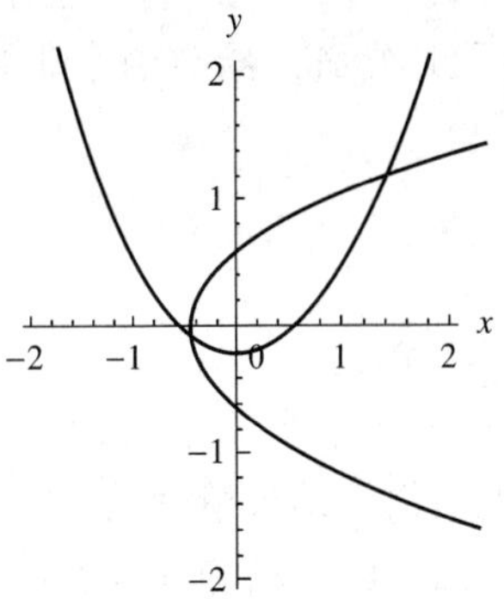

图 3.9　习题 7 中的抛物线

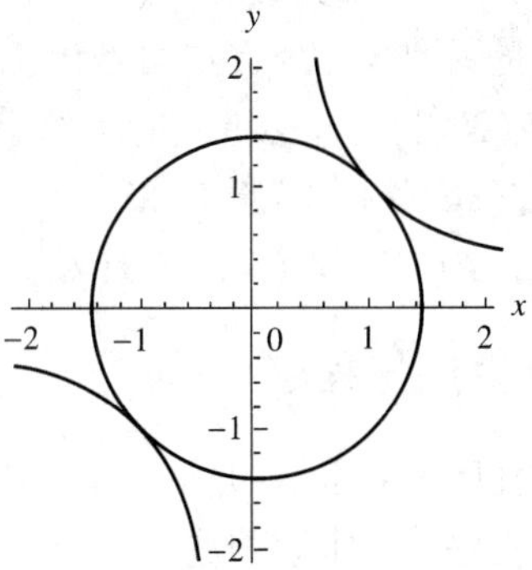

图 3.10　习题 8 中的圆和双曲线

9. 证明求解 3×3 线性方程组的雅可比迭代是不动点迭代(15)的一个特例。验证如果该线性方程组的系数矩阵具有严格对角优势，则满足条件(17)。

10. 证明求解两个方程的牛顿法可表示成不动点迭代的形式：

$$x = g_1(x, y), \quad y = g_2(x, y)$$

其中 $g_1(x,y)$ 和 $g_2(x,y)$ 表示为

$$g_1(x, y) = x - \frac{f_1(x, y)\frac{\partial}{\partial y}f_2(x, y) - f_2(x, y)\frac{\partial}{\partial y}f_1(x, y)}{\det(\boldsymbol{J}(x, y))}$$

$$g_2(x, y) = y - \frac{f_2(x, y)\frac{\partial}{\partial x}f_1(x, y) - f_1(x, y)\frac{\partial}{\partial x}f_2(x, y)}{\det(\boldsymbol{J}(x, y))}$$

11. 可用不动点迭代求解非线性方程组(12)。使用下面的步骤证明条件(16)是保证$\{(p_k, q_k)\}$收敛到(p,q)的充分条件。设有常量K,$0<K<1$,因此对位于矩形区域$R=\{(x,y): a<x<b, c<y<d\}$中的所有$(x,y)$,有

$$\left|\frac{\partial}{\partial x}g_1(x,y)\right|+\left|\frac{\partial}{\partial y}g_1(x,y)\right|<K$$

且

$$\left|\frac{\partial}{\partial x}g_2(x,y)\right|+\left|\frac{\partial}{\partial y}g_2(x,y)\right|<K$$

假设$a<p_0<b$且$c<q_0<d$。定义

$$e_k=p-p_k,\qquad E_k=q-q_k,\qquad r_k=\max\{|e_k|,|E_k|\}$$

对有两个变量的函数,利用如下形式的均值定理:

$$e_{k+1}=\frac{\partial}{\partial x}g_1(a_k^*,q_k)e_k+\frac{\partial}{\partial y}g_1(p,c_k^*)E_k$$
$$E_{k+1}=\frac{\partial}{\partial x}g_2(b_k^*,q_k)e_k+\frac{\partial}{\partial y}g_2(p,d_k^*)E_k$$

其中,a_k^* 和 b_k^* 位于$[a,b]$,而且 c_k^* 和 d_k^* 位于$[c,d]$。证明下列命题。

(a) $|e_1|\leqslant Kr_0$ 且$|E_1|\leqslant Kr_0$。

(b) $|e_2|\leqslant Kr_1\leqslant K^2r_0$ 且$|E_2|\leqslant Kr_1\leqslant K^2r_0$。

(c) $|e_k|\leqslant Kr_{k-1}\leqslant K^kr_0$ 且$|E_k|\leqslant Kr_{k-1}\leqslant K^kr_0$。

(d) $\lim_{n\to\infty}p_k=p$ 且 $\lim_{n\to\infty}q_k=q$。

12. 正如前面指出的,方程组(20)的雅可比矩阵是导数的二维模拟近似。将方程组(20)表示成向量函数$\boldsymbol{V}=\boldsymbol{F}(\boldsymbol{X})$,而且让$\boldsymbol{J}(\boldsymbol{F})$为这个方程组的雅可比矩阵。给定两个非线性方程组$\boldsymbol{V}=\boldsymbol{F}(\boldsymbol{X})$和$\boldsymbol{V}=\boldsymbol{G}(\boldsymbol{X})$,并且给定实数$c$,证明

(a) $\boldsymbol{J}(c\boldsymbol{F}(\boldsymbol{X}))=c\boldsymbol{J}(\boldsymbol{F}(\boldsymbol{X}))$

(b) $\boldsymbol{J}(\boldsymbol{F}(\boldsymbol{X})+\boldsymbol{G}(\boldsymbol{X}))=\boldsymbol{J}(\boldsymbol{F}(\boldsymbol{X}))+\boldsymbol{J}(\boldsymbol{G}(\boldsymbol{X}))$

3.7.9 算法与程序

1. 使用程序3.6求解习题5和习题6中方程组的不动点近似值。结果精确到小数点后10位。
2. 使用程序3.7求解习题7和习题8中方程组的零点近似值。结果精确到小数点后10位。
3. 构造一个程序,利用不动点迭代求解方程组的不动点。使用此程序求解习题5和习题6中方程组的不动点近似值。结果精确到小数点后8位。
4. 使用程序3.7求解下列方程组的零点近似值。结果精确到小数点后10位。

(a)
$$0=x^2-x+y^2+z^2-5$$
$$0=x^2+y^2-y+z^2-4$$
$$0=x^2+y^2+z^2+z-6$$

(b)
$$0=x^2-x+2y^2+yz-10$$
$$0=5x-6y+z$$
$$0=z-x^2-y^2$$

(c) $0 = (x+1)^2 + (y+1)^2 - z$

$0 = (x-1)^2 + y^2 - z$

$0 = 4x^2 + 2y^2 + z^2 - 16$

(d) $0 = 9x^2 + 36y^2 + 4z^2 - 36$

$0 = x^2 - 2y^2 - 20z$

$0 = 16x - x^3 - 2y^2 - 16z^2$

5. 为了求解下列非线性方程组

$$0 = 7x^3 - 10x - y - 1$$
$$0 = 8y^3 - 11y + x - 1$$

使用 MATLAB 在同一坐标画出两个曲线。根据画出的图验证两个曲线有 9 点相交,并估计相交点坐标。根据这些估计值,并使用程序 3.7 求解这些点的近似值,精确到小数点后 9 位。

6. 上题中的方程组可表示为不动点的形式:

$$x = \frac{7x^3 - y - 1}{10}$$
$$y = \frac{8y^3 + x - 1}{11}$$

通过用计算机进行练习可以发现,无论使用什么初始近似值,利用不动点迭代(利用这个特殊的不动点形式)只能找到 9 个相交点中的一个。是否存在其他的不动点形式,可求解方程组中的其他解?

第4章　插值与多项式逼近

计算机软件中经常要用到库函数,如 $\sin(x)$,$\cos(x)$ 和 e^x,它们是用多项式逼近来计算的。虽然目前最先进的逼近方法是有理函数(即多项式的商),但多项式逼近理论更适于作为数值分析的入门课程,因此本章讨论多项式逼近。设在区间[−1,1]上对函数 $f(x) = e^x$ 进行二次多项式逼近,图4.1(a)为其泰勒多项式结果,图4.1(b)为其切比雪夫多项式结果。泰勒多项式的最大误差为0.218282,而切比雪夫多项式的最大误差为0.056468。本章推导考察这些问题所需的基本定理。

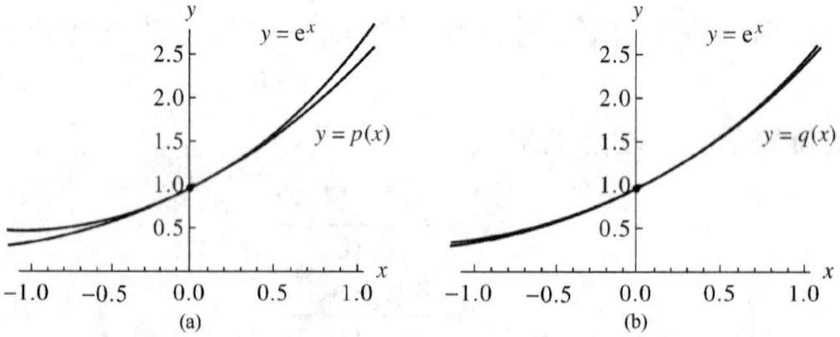

图4.1　(a) 区间[−1,1]上 $f(x) = e^x$ 的泰勒多项式 $p(x) = 1.000000 + 1.000000x + 0.500000x^2$ 逼近;(b)区间[−1,1]上 $f(x) = e^x$ 的切比雪夫多项式 $q(x) = 1.000000 + 1.129772x + 0.532042x^2$ 逼近

与之相关的一个问题是组合多项式的构造。给定平面上的 $n+1$ 个点(其中任意两点都不在同一条垂直线上),组合多项式是过这些点的次数小于 n 的唯一多项式。在已知数据具有高精度的情况下,通常用组合多项式来构造过给定数据点的多项式。构造组合多项式的方法有许多种,如线性方程求解、拉格朗日(Lagrange)系数多项式以及构造牛顿多项式的分段差分和系数表,这3种方法都是数值分析中的重要技术。例如,过5点(1,2),(2,1),(3,5),(4,6)和(5,1)的组合多项式为

$$P(x) = \frac{5x^4 - 82x^3 + 427x^2 - 806x + 504}{24}$$

图4.2绘制了这些点和该多项式的曲线。

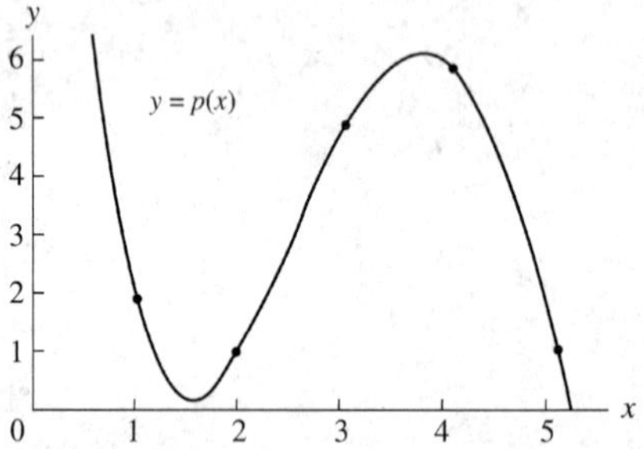

图4.2　过点(1,2),(2,1),(3,5),(4,6)和(5,1)的组合多项式

4.1　泰勒级数和函数计算

极限过程是微积分的基础,例如导数

$$f'(x) = \lim_{h \to 0} \frac{f(x+h) - f(x)}{h}$$

是差商在分子和分母均趋近于零时的极限。泰勒级数是另一种类型的极限过程,即无穷多项相加,并求部分和的极限。它的一个重要应用是表示基本函数:$\sin(x)$,$\cos(x)$,e^x 和 $\ln(x)$ 等。表4.1是一些常用的泰勒级数展开。部分和可求到满足指定的精度要求为止。级数方法用于工程和物理领域中。

表 4.1　一些常用函数的泰勒级数展开

$\sin(x)=x-\dfrac{x^3}{3!}+\dfrac{x^5}{5!}-\dfrac{x^7}{7!}+\cdots$	对所有 x
$\cos(x)=1-\dfrac{x^2}{2!}+\dfrac{x^4}{4!}-\dfrac{x^6}{6!}+\cdots$	对所有 x
$e^x=1+x+\dfrac{x^2}{2!}+\dfrac{x^3}{3!}+\dfrac{x^4}{4!}+\cdots$	对所有 x
$\ln(1+x)=x-\dfrac{x^2}{2}+\dfrac{x^3}{3}-\dfrac{x^4}{4}+\cdots$	$-1\leqslant x\leqslant 1$
$\arctan(x)=x-\dfrac{x^3}{3}+\dfrac{x^5}{5}-\dfrac{x^7}{7}+\cdots$	$-1\leqslant x\leqslant 1$
$(1+x)^p=1+px+\dfrac{p(p-1)}{2!}x^2+\dfrac{p(p-1)(p-2)}{3!}x^3+\cdots$	$\|x\|<1$

怎样利用有限和很好地逼近无限和呢？例如，用表 4.1 中的指数级数来计算 $e=e^1$，它是自然对数和指数函数的基。选择 $x=1$，并计算级数

$$e^1=1+\frac{1}{1!}+\frac{1^2}{2!}+\frac{1^3}{3!}+\frac{1^4}{4!}+\cdots+\frac{1^k}{k!}+\cdots$$

根据 1.1 节无穷级数之和的定义，部分和 S_N 应收敛于一个极限。表 4.2 列出了这些和的值。

表 4.2　用于计算 e 的部分和 S_n

n	$S_n=1+\frac{1}{1!}+\frac{1}{2!}+\cdots+\frac{1}{n!}$
0	1.0
1	2.0
2	2.5
3	2.666666666666⋯
4	2.708333333333⋯
5	2.716666666666⋯
6	2.718055555555⋯
7	2.718253968254⋯
8	2.718278769841⋯
9	2.718281525573⋯
10	2.718281801146⋯
11	2.718281826199⋯
12	2.718281828286⋯
13	2.718281828447⋯
14	2.718281828458⋯
15	2.718281828459⋯

可以将函数的幂级数表示看成一种次数递增多项式的极限过程：只要有足够的项相加，就可以得到精确的逼近。这一点需要精确化，选择什么次数的多项式？怎样计算多项式中各次幂的系数？定理 4.1 回答了这些问题。

定理 4.1（泰勒多项式逼近）　设 $f\in C^{N+1}[a,b]$，而 $x_0\in[a,b]$ 是固定值。如果 $x\in[a,b]$，则有

$$f(x)=P_N(x)+E_N(x)\tag{1}$$

其中 $P_N(x)$ 为用来近似 $f(x)$ 的多项式：

$$f(x)\approx P_N(x)=\sum_{k=0}^{N}\frac{f^{(k)}(x_0)}{k!}(x-x_0)^k\tag{2}$$

误差项 $E_N(x)$ 形如

$$E_N(x)=\frac{f^{(N+1)}(c)}{(N+1)!}(x-x_0)^{N+1}\tag{3}$$

c 为 x 和 x_0 之间的某个值 $c=c(x)$。

证明：证明留给读者作为练习。　●

多项式(2)说明如何计算泰勒多项式的系数。虽然误差项(3)中有一个类似的项，但 $f^{(N+1)}(c)$ 在一个不确定的点 c 处求值，而 c 依赖于 x 的值。因此不能对 $E_N(x)$ 进行求值，而只能用它来确定一个界，作为逼近的精确度。

例 4.1　试证要得到表 4.2 中的 13 位数字的近似 $e=2.718281828459$，只需 15 项。

证明:在点 $x_0=0$ 处将 $f(x)=e^x$ 展开为 15 次泰勒多项式,其中的指数项为 $(x-0)^k=x^k$,而所需的导数项为 $f'(x)=f''(x)=\cdots=f^{(16)}=e^x$,用前 15 个导数项计算系数 $a_k=e^0/k!$,可写为

$$P_{15}(x)=1+x+\frac{x^2}{2!}+\frac{x^3}{3!}+\cdots+\frac{x^{15}}{15!} \tag{4}$$

在式(4)中令 $x=1$,得到部分和 $S_{15}=P_{15}(1)$。余项用于计算逼近的精度:

$$E_{15}(x)=\frac{f^{(16)}(c)x^{16}}{16!} \tag{5}$$

由于选择了 $x_0=0$ 和 $x=1$,因此值 c 位于它们之间(即 $0<c<1$),从而有 $e^c<e^1$。注意表 4.2 中的部分和上限为 3,合并两个不等式,得到 $e^c<3$,代入下面的计算,有

$$|E_{15}(1)|=\frac{|f^{(16)}(c)|}{16!}=\frac{e^c}{16!}<\frac{3}{16!}<1.433844\times10^{-13}$$

因此在近似值 $e\approx2.718281828459$ 中的每一位都是有效数字,因为实际误差(无论是多少)在小数点后第 13 位必然小于 2。 ■

以下讨论有关逼近的一些特点,而不给出定理 4.1 的严格证明(读者可在任何一本微积分标准教材中找到更多详细讨论)。仍以函数 $f(x)=e^x$ 和值 $x_0=0$ 为例,由基本微积分可知,在点 (x, e^x) 处曲线 $y=e^x$ 的斜率为 $f'(x)=e^x$,因此点(0,1)处曲线的斜率为 $f'(0)=1$,点(0,1)处曲线的切线为 $y=1+x$。在定理 4.1 中令 $N=1$ 可得到相同公式,即 $P_1(x)=f(0)+f'(0)x/1!=1+x$,因此 $P_1(x)$ 为该曲线的切线方程,见图 4.3。

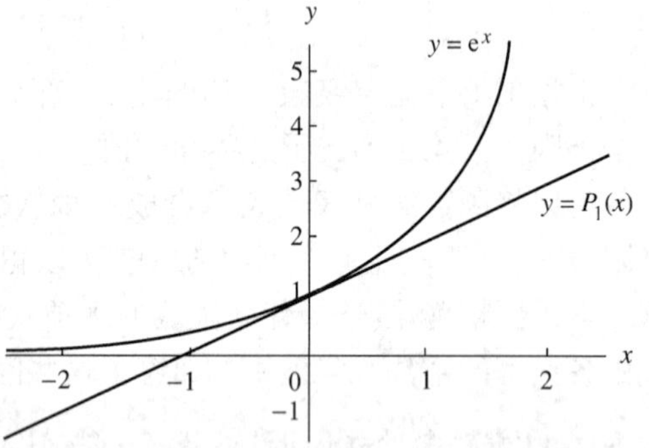

图 4.3 $y=e^x$ 和 $y=P_1=1+x$ 的曲线

可以看出,逼近 $e^x\approx1+x$ 在中心 $x_0=0$ 附近较好,而随着 x 远离 0 点,两条曲线之间的距离增加。两条曲线在(0,1)处的斜率相等,由微积分可知,一条曲线的二阶导数指示它上凹还是下凹。如果曲线 $y=f(x)$ 和 $y=g(x)$ 满足 $f(x_0)=g(x_0)$,$f'(x_0)=g'(x_0)$ 和 $f''(x_0)=g''(x_0)$,则它们在 x_0 处有相同曲率①。对于逼近函数 $f(x)$ 的多项式,这是一个良好的属性,推论 4.1 说明,对 $N\geq2$,泰勒多项式具有这一属性。

推论 4.1 如果 $P_N(x)$ 为定理 4.1 给出的 N 次泰勒多项式,则

$$P_N^{(k)}(x_0)=f^{(k)}(x_0),\quad k=0,\ 1,\ \cdots,\ N \tag{6}$$

证明:令式(2)和式(3)中 $x=x_0$,结果为 $P_N(x_0)=f(x_0)$,则当 $k=0$ 时式(6)成立。对式(2)右端求导,得

$$P_N'(x)=\sum_{k=1}^{N}\frac{f^{(k)}(x_0)}{(k-1)!}(x-x_0)^{k-1}=\sum_{k=0}^{N-1}\frac{f^{(k+1)}(x_0)}{k!}(x-x_0)^k \tag{7}$$

① 曲线 $y=f(x)$ 在 (x_0,y_0) 处的曲率 K 定义为 $K=|f''(x_0)|/(1+[f'(x_0)]^2)^{3/2}$。

令式(7)中 $x=x_0$,则得 $P'_N(x_0)=f'(x_0)$,故当 $k=1$ 时式(6)成立。对式(7)连续求导可证明式(6)对其他等式也成立,详细证明留给读者作为练习。●

由推论 4.1 知,$y=P_2(x)$ 具有属性 $f(x_0)=P_2(x_0)$,$f'(x_0)=P'_2(x_0)$ 和 $f''(x_0)=P''_2(x_0)$,故它们在 x_0 处有相同的曲率。例如,图 4.4 为 $f(x)=e^x$ 和 $P_2(x)=1+x+x^2/2$ 的曲线,可以看出,它们在(0,1)点处有相同的上凹曲线形式。

逼近理论总是试图寻找解析函数[①] $f(x)$ 在区间 $[a,b]$ 上的精确多项式逼近,这是开发计算机软件时使用的技术之一。泰勒多项式的精度随着 N 的增长而提高。通常,任何给定多项式的精度都将随着 x 远离中心点 x_0 而降低,因此必须选择足够大的 N,并限制最大值 $|x-x_0|$,才能使误差不超过给定限度。如果选择区间宽度为 $2R$,而 x_0 位于区间中心(即 $|x-x_0|<R$),则误差绝对值满足关系

$$|误差|=|E_N(x)|\leqslant\frac{MR^{N+1}}{(N+1)!} \tag{8}$$

其中 $M\geqslant\max\{|f^{N+1}(z)|: x_0-R\leqslant z\leqslant x_0+R\}$。如果所有导数一致有界,则式(8)中的误差界正比于 $R^{N+1}/(N+1)$,并且在 N 增加而 R 固定时或 N 固定而 R 趋于零时递减。表 4.3 显示了这两个参数的选择如何影响区间 $|x|\leqslant R$ 内 $e^x\approx P_N(x)$ 的逼近:当 N 最大而 R 最小时误差最小。图 4.5 给出了 P_2,P_3 和 P_4 的曲线。

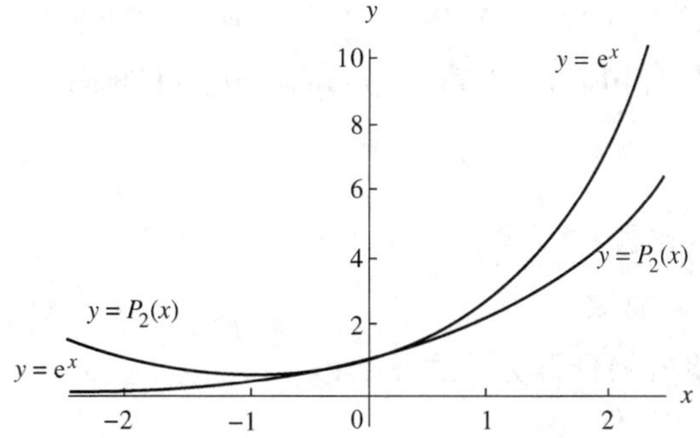

图 4.4　$y=e^x$ 和 $y=P_2(x)=1+x+x^2/2$ 曲线

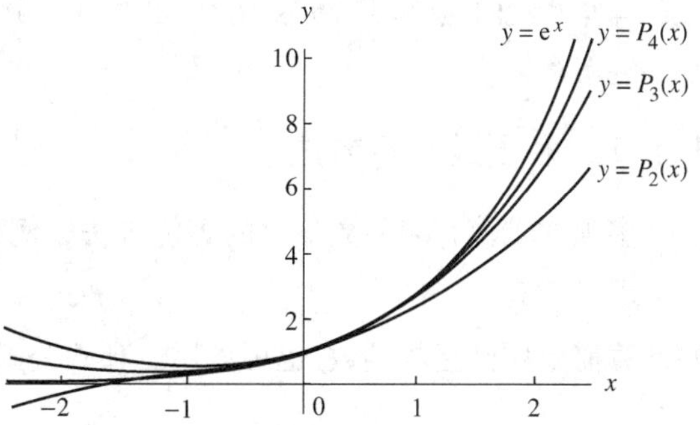

图 4.5　$y=e^x$,$y=P_2(x)$,$y=P_3(x)$ 和 $y=P_4(x)$ 的曲线

表 4.3　在区间 $|误差|<e^RR^{N+1}/(N+1)!$ 上逼近 $e^x\approx P_N(x)$ 的误差界 $|x|\leqslant R$

	$R=2.0$, $\lvert x\rvert\leqslant 2.0$	$R=1.5$, $\lvert x\rvert\leqslant 1.5$	$R=1.0$, $\lvert x\rvert\leqslant 1.0$	$R=0.5$, $\lvert x\rvert\leqslant 0.5$
$e^x\approx P_5(x)$	0.65680499	0.07090172	0.00377539	0.00003578
$e^x\approx P_6(x)$	0.18765857	0.01519323	0.00053934	0.00000256
$e^x\approx P_7(x)$	0.04691464	0.00284873	0.00006742	0.00000016
$e^x\approx P_8(x)$	0.01042548	0.00047479	0.00000749	0.00000001

例 4.2　求逼近多项式 $e^x\approx P_8(x)$ 在区间 $|x|\leqslant 1.0$ 和 $|x|\leqslant 0.5$ 的误差界。

解:若 $|x|\leqslant 1.0$,令 $R=1.0$,由式(8)中的 $|f^{(9)}(c)|=|e^c|\leqslant e^{1.0}=M$ 得

$$|误差|=|E_8(x)|\leqslant\frac{e^{1.0}(1.0)^9}{9!}\approx 0.00000749$$

① 函数 $f(x)$ 在 x_0 处是解析的,是指它在 x_0 附近的一个区间中有连续的各阶导数,并可表示为泰勒级数。

若$|x|\leqslant 0.5$,令$R=0.5$,由式(8)中的$|f^{(9)}(c)|=|e^{c}|\leqslant e^{0.5}=M$有

$$|\text{误差}|=|E_8(x)|\leqslant\frac{e^{0.5}(0.5)^9}{9!}\approx 0.00000001$$ ■

例 4.3 对$f(x)=e^x$,证明$N=9$是使得区间$[-1,1]$上$|\text{误差}|=|E_N(x)|\leqslant 0.0000005$的最小整数,因此可用$P_9(x)$来计算$e^x$的近似值,精确到小数点后6位。

解:需要找到最小整数,使得:

$$|\text{误差}|=|E_N(x)|\leqslant\frac{e^c(1)^{N+1}}{(N+1)!}<0.0000005$$

由例 4.2 知,$N=8$不能满足要求,故试用$N=9$,并发现$|E_N(x)|\leqslant e^1(1)^{9+1}/(9+1)!\leqslant 0.000000749$,该值略大于所需值,因此可以选择$N=10$。但在确定误差界时使用的是$e^c\leqslant e^1$作为粗略估计,因此0.000000749只比实际误差稍大了一点。图4.6显示了$E_9(x)=e^x-P_9(x)$的曲线,注意最大垂直距离在右端点$(1,E_9(1))$处,约为3×10^{-7}。实际上,该区间上的最大误差为$E_9(1)=2.7118281828-2.718281526\approx 3.024\times10^{-7}$,因此$N=9$能够满足需要。 ■

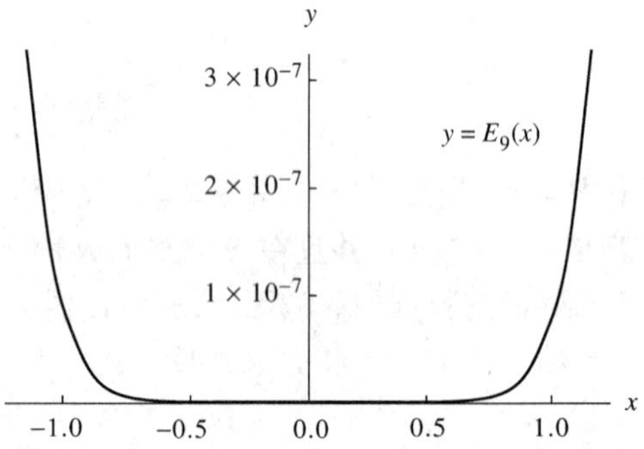

图 4.6 误差$y=E_9(x)=e^x-P_9(x)$的曲线

4.1.1 多项式计算方法

多项式求值有多种数学上的等价方法。例如,函数

$$f(x)=(x-1)^8 \tag{9}$$

的计算需要用到指数函数,也可以用二项式公式将$f(x)$展开为x的幂:

$$\begin{aligned}f(x)&=\sum_{k=0}^{8}\binom{8}{k}x^{8-k}(-1)^k\\&=x^8-8x^7+28x^6-56x^5+70x^4-56x^3+28x^2-8x+1\end{aligned} \tag{10}$$

霍纳方法(见1.1节),也称为**嵌套乘法**,可以用来计算式(10)中的多项式的值,式(10)用霍纳方法改写为

$$f(x)=(((((((x-8)x+28)x-56)x+70)x-56)x+28)x-8)x+1 \tag{11}$$

这样,计算$f(x)$需要7个乘法和8个加(减)法,而消除了指数函数的计算。

下面给出了与表4.1中的泰勒级数和定理4.1中的泰勒多项式相关的定理。

定理 4.2(泰勒级数) 设$f(x)$在包含x_0的区间(a,b)中是解析的。设泰勒多项式(2)趋近于一个极限

$$S(x)=\lim_{N\to\infty}P_N(x)=\lim_{N\to\infty}\sum_{k=0}^{N}\frac{f^{(k)}(x_0)}{k!}(x-x_0)^k \tag{12}$$

则$f(x)$有泰勒级数展开

$$f(x)=\sum_{k=0}^{\infty}\frac{f^{(k)}(x_0)}{k!}(x-x_0)^k \tag{13}$$

证明：直接由 1.1 节中的级数收敛定义得到。极限条件通常描述为当 N 趋于无穷大时，误差项趋于零，因此式(13)成立的一个充要条件是

$$\lim_{N\to\infty}E_N(x)=\lim_{N\to\infty}\frac{f^{(N+1)}(c)(x-x_0)^{N+1}}{(N+1)!}=0 \tag{14}$$

其中 c 依赖于 N 和 x。 ●

4.1.2　习题

1. 设 $f(x)=\sin(x)$，应用定理 4.1，
   (a) 对 $x_0=0$，计算 $P_5(x)$，$P_7(x)$ 和 $P_9(x)$。
   (b) 证明：如果 $|x|\leqslant 1$，则逼近多项式
   $$\sin(x)\approx x-\frac{x^3}{3!}+\frac{x^5}{5!}-\frac{x^7}{7!}+\frac{x^9}{9!}$$
   的误差界为 $|E_9(x)|<1/10!\leqslant 2.75574\times 10^{-7}$。
   (c) 对 $x_0=\pi/4$，计算 $P_5(x)$，其中包含 $(x-\pi/4)$ 的幂函数。
2. 设 $f(x)=\cos(x)$，应用定理 4.1，
   (a) 对 $x_0=0$，计算 $P_4(x)$，$P_6(x)$ 和 $P_8(x)$。
   (b) 证明：如果 $|x|\leqslant 1$，则逼近多项式
   $$\cos(x)\approx 1-\frac{x^2}{2!}+\frac{x^4}{4!}-\frac{x^6}{6!}+\frac{x^8}{8!}$$
   的误差界为 $|E_8(x)|<1/9!\leqslant 2.75574\times 10^{-6}$。
   (c) 对 $x_0=\pi/4$，计算 $P_4(x)$，其中包含 $(x-\pi/4)$ 的幂函数。
3. 函数 $f(x)=x^{1/2}$ 在点 $x_0=0$ 和 $x_0=1$ 附近是否存在泰勒级数展开？试证明你的结论。
4. (a) 求函数 $f(x)=1/(1+x)$ 在 $x_0=0$ 附近的 $N=5$ 的泰勒多项式。
   (b) 求(a)中逼近多项式的误差项 $E_5(x)$。
5. 求函数 $f(x)=e^{-x^2/2}$ 在 $x_0=0$ 附近的 $N=3$ 的泰勒多项式。
6. 求函数 $f(x)=x^3-2x^2+2x$ 在 x_0 附近的 $N=3$ 的泰勒多项式 $x_0=1$，并证明 $f(x)=P_3(x)$。
7. (a) 求函数 $f(x)=x^{1/2}$ 在 $x_0=4$ 附近的 $N=5$ 的泰勒多项式。
   (b) 求函数 $f(x)=x^{1/2}$ 在 $x_0=9$ 附近的 $N=5$ 的泰勒多项式。
   (c) 判断(a)和(b)中哪个多项式更好地逼近 $(6.5)^{1/2}$。
8. 对 $f(x)=(2+x)^{1/2}$，应用定理 4.1，
   (a) 求 $x_0=2$ 附近的泰勒多项式 $P_3(x)$。
   (b) 用 $P_3(x)$ 计算 $3^{1/2}$ 的近似值。
   (c) 求区间 $1\leqslant c\leqslant 3$ 上 $|f^{(4)}(c)|$ 的最大值，并计算 $|E_3(x)|$ 的界。
9. 求在 $x_0=0$ 附近需要展开的泰勒多项式 $P_N(x)$ 的次数，使得对 $e^{0.1}$ 的逼近的误差小于 10^{-6}。
10. 求在 $x_0=\pi$ 附近需要展开的泰勒多项式 $P_N(x)$ 的次数，使得对 $\cos(33\pi/32)$ 的逼近的误差小于 10^{-6}。

11. (a) 求 $F(x)=\int_{-1}^{x}\cos(t^2)\,dt$ 在 $x_0=0$ 附近的 $N=4$ 的泰勒多项式。
   (b) 用泰勒多项式求 $F(0.1)$ 的近似值。
   (c) 求(b)中近似计算的误差界。
12. (a) 对 $|x|<1$ 区间上的几何级数

$$\frac{1}{1+x^2}=1-x^2+x^4-x^6+x^8-\cdots,\quad |x|<1$$

两端逐项积分,得

$$\arctan(x)=x-\frac{x^3}{3}+\frac{x^5}{5}-\frac{x^7}{7}+\cdots,\quad |x|<1$$

   (b) 利用 $\pi/6=\arctan(3^{-1/2})$ 和(a)中的级数,证明

$$\pi=3^{1/2}\times 2\left(1-\frac{3^{-1}}{3}+\frac{3^{-2}}{5}-\frac{3^{-3}}{7}+\frac{3^{-4}}{9}-\cdots\right)$$

   (c) 利用(b)中的级数,计算精确到8位数字的π值(注:$\pi\approx3.14159265358979328 4\cdots$)。
13. 对 $f(x)=\ln(1+x)$,$x_0=0$,应用定理4.1,
   (a) 证明 $f^{(k)}(x)=(-1)^{k-1}((k-1)!)/(1+x)^k$。
   (b) 证明 N 次泰勒多项式为

$$P_N(x)=x-\frac{x^2}{2}+\frac{x^3}{3}-\frac{x^4}{4}+\cdots+\frac{(-1)^{N-1}x^N}{N}$$

   (c) 证明 $P_N(x)$ 的误差项为

$$E_N(x)=\frac{(-1)^N x^{N+1}}{(N+1)(1+c)^{N+1}}$$

   (d) 计算 $P_3(0.5)$,$P_6(0.5)$ 和 $P_9(0.5)$ 并与 $\ln(1.5)$ 进行比较。
   (e) 证明,如果 $0.0\leqslant x\leqslant 0.5$,则逼近多项式

$$\ln(x)\approx x-\frac{x^2}{2}+\frac{x^3}{3}-\cdots+\frac{x^7}{7}-\frac{x^8}{8}+\frac{x^9}{9}$$

具有误差界 $|E_9|\leqslant 0.00009765$。
14. 二项式级数。设 $f(x)=(1+x)^p$,且 $x_0=0$,
   (a) 证明 $f^{(k)}(x)=p(p-1)\cdots(p-k+1)(1+x)^{p-k}$。
   (b) 证明其 N 次泰勒多项式为

$$P_N(x)=1+px+\frac{p(p-1)x^2}{2!}+\cdots+\frac{p(p-1)\cdots(p-N+1)x^N}{N!}$$

   (c) 证明

$$E_N(x)=p(p-1)\cdots(p-N)x^{N+1}/((1+c)^{N+1-p}(N+1)!)$$

   (d) 令 $p=1/2$,计算 $P_2(0.5)$,$P_4(0.5)$ 和 $P_6(0.5)$,并与 $(1.5)^{1/2}$ 进行比较。
   (e) 证明,如果 $0.0\leqslant x\leqslant 0.5$,则逼近多项式

$$(1+x)^{1/2}\approx 1+\frac{x}{2}-\frac{x^2}{8}+\frac{x^3}{16}-\frac{5x^4}{128}+\frac{7x^5}{256}$$

有误差界 $|E_5|\leqslant(0.5)^6(21/1024)=0.0003204\cdots$。
   (f) 证明,如果 $p=N$ 为正整数,则

$$P_N(x) = 1 + Nx + \frac{N(N-1)x^2}{2!} + \cdots + Nx^{N-1} + x^N$$

注意,这是著名的二项式展开。

15. 求解 c,使得对任意 $|x - x_0| < c$,有 $|E_4| < 10^{-6}$。
    (a) 设 $f(x) = \cos(x)$,且 $x_0 = 0$。
    (b) 设 $f(x) = \sin(x)$,且 $x_0 = \pi/2$。
    (c) 设 $f(x) = e^x$,且 $x_0 = 0$。
16. (a) 设 $y = f(x)$ 为偶函数,即对于 f 定义域内的所有 x,$f(-x) = f(x)$,$P_N(x)$ 具有什么性质?
    (b) 设 $y = f(x)$ 为奇函数,即对于 f 定义域内的所有 x,$f(-x) = -f(x)$,$P_N(x)$ 具有什么性质?
17. 设 $y = f(x)$ 为 N 次多项式,如果 $f(x_0) > 0$,且 $f'(x_0), \cdots, f^{(N)}(x_0) \geqslant 0$,证明:$f$ 的所有实根小于 x_0。提示:将 f 在 x_0 附近展开为 N 次泰勒多项式。
18. 设 $f(x) = e^x$,利用定理4.1 计算 $x_0 = 0$ 附近的 $P_N(x)$,$N = 1, 2, 3, \cdots$,证明:$P_N(x)$ 的每个实根有小于等于 1 的重数。注:如果 p 为多项式 $P(x)$ 的 M 重根,则它是 $P'(x)$ 的 $M-1$ 重根。
19. 通过写出 $P_N^{(k)}(x)$ 的表达式和证明

$$P_N^{(k)}(x_0) = f^{(k)}(x_0), \quad k = 2,\ 3,\ \cdots,\ N$$

    完成推论 4.1 的证明。

习题 20 和习题 21 完成了对泰勒定理的证明。

20. 设 $g(t)$ 及其导数 $g^{(k)}(t)$,$k = 1, 2, \cdots, N+1$ 在区间 (a, b) 上连续,x_0 为区间内一点。如果存在两个不同的点 x 和 x_0,满足 $g(x) = 0$,且 $g(x_0) = g'(x_0) = \cdots = g^{(N)}(x_0) = 0$,证明:存在一个值 c 介于 x 和 x_0 之间,满足 $g^{(N+1)}(c) = 0$。
    注:注意 $g(t)$ 为 t 的函数,值 x 和 x_0 应看成与变量 t 相关的常数。
    提示:利用罗尔定理(见 1.1 节,定理 1.5),在以 x_0 和 x 为端点的闭区间上找到点 c_1,满足 $g'(c_1) = 0$。再在以 x_0 和 c_1 为端点的区间上对 $g'(t)$ 应用罗尔定理,找到满足式 c_2 的数,满足 $g''(c_2) = 0$。依次类推,直到找到 c_{N+1},满足 $g^{(N+1)}(c_{N+1}) = 0$。
21. 利用习题 20 的结果和函数

$$g(t) = f(t) - P_N(t) - E_N(x)\frac{(t - x_0)^{N+1}}{(x - x_0)^{N+1}}$$

    其中 $P_N(x)$ 为 N 次泰勒多项式,证明:误差项 $E_N(x) = f(x) - P_N(x)$ 形如

$$E_N(x) = f^{(N+1)}(c)\frac{(x - x_0)^{N+1}}{(N+1)!}$$

    提示:找出 $g^{(N+1)}(t)$,并求其在 $t = c$ 处的值。

4.1.3 算法与程序

MATLAB 的矩阵特性使其能够快速计算一个函数在多个点处的值。例如,如果 `X = [-1 0 1]`,则 `sin(X)` 将得到 `[sin(-1) sin(0) sin(1)]`。类似地,如果 `X = -1:0.1:1`,则 `Y = sin(X)` 将得到与 `X` 同样维数的矩阵 `Y`,其值为正弦函数的值。通过定义矩阵 `D = [X' Y']`,可将这两个行矩阵输出为表的形式。注意:矩阵 `X` 和 `Y` 必须有相同的长度。

1. (a) 用 `plot` 命令,在同一幅图中绘制区间 $-1 \leqslant x \leqslant 1$ 上的 $\sin(x)$,习题 1 中计算出的 $P_5(x)$,$P_7(x)$ 和 $P_9(x)$。
   (b) 创建一个表,它的各列分别由区间$[-1,1]$上的 10 个等距点 x 处的 $\sin(x)$,$P_5(x)$,$P_7(x)$ 和 $P_9(x)$ 值构成。
2. (a) 用 `plot` 命令,在同一幅图中绘制区间 $-1 \leqslant x \leqslant 1$ 上的 $\cos(x)$,习题 2 中计算出的 $P_4(x)$,$P_6(x)$ 和 $P_8(x)$。
   (b) 创建一个表,它的各列分别由区间$[-1,1]$上的 19 个等距点 x 处的 $\cos(x)$,$P_4(x)$,$P_6(x)$ 和 $P_8(x)$ 值构成。

4.2 插值介绍

4.1 节讨论了怎样用泰勒多项式逼近函数 $f(x)$。构造泰勒多项式需要知道 x_0 处的 f 及其导数值,该方法的缺点之一是必须知道函数的高阶导数值,而通常的情况是,它们或者无法得到,或者难以计算。

假设函数 $y=f(x)$ 在 $N+1$ 个点 $(x_0,y_0),\cdots,(x_N,y_N)$ 处的值已知,其中值 x_k 在区间$[a,b]$上,并满足

$$a \leqslant x_0 < x_1 < \cdots < x_N \leqslant b, \qquad y_k = f(x_k)$$

可以构造经过这 $N+1$ 个点的 N 次多项式 $P(x)$,这种构造只需知道 x_k 和 y_k 的数值,而不需要高阶导数值。可在整个区间$[a,b]$上用多项式 $P(x)$ 来逼近 $f(x)$。然而,如果需要知道误差函数 $E(x)=f(x)-P(x)$,则需要知道 $f^{(N+1)}(x)$ 及其值的范围,即

$$M = \max\{|f^{(N+1)}(x)| : a \leqslant x \leqslant b\}$$

统计和科学分析中经常出现函数 $y=f(x)$ 只在 $N+1$ 个点 (x_k,y_k) 处已知的情况,因此需要一种求 $f(x)$ 在其他点上的近似值的方法。如果已知值存在显著误差,则应该考虑第 5 章中的曲线拟合方法。而如果确知 (x_k,y_k) 具有高精度,则应该考虑构造经过这些点的多项式函数 $y=P(x)$。当 $x_0<x<x_N$ 时,近似值 $P(x)$ 称为"**内插值**"(interpolated value);当 $x<x_0$ 或 $x_N<x$ 时,称 $P(x)$ 为"**外插值**"(extrapolated value)。在数值差分、数值积分以及绘制过给定点的曲线的软件算法中,都有用多项式来计算函数的近似值的情况。

简要回顾一下多项式 $P(x)$ 的计算:

$$P(x) = a_N x^N + a_{N-1}x^{N-1} + \cdots + a_2x^2 + a_1x + a_0 \tag{1}$$

霍纳方法是一种有效的计算方法。导数 $P'(x)$ 为

$$P'(x) = Na_Nx^{N-1} + (N-1)a_{N-1}x^{N-2} + \cdots + 2a_2x + a_1 \tag{2}$$

而满足 $I'(x)=P(x)$ 的不定积分 $I(x)=\int P(x)\,\mathrm{d}x$ 为

$$I(x) = \frac{a_Nx^{N+1}}{N+1} + \frac{a_{N-1}x^N}{N} + \cdots + \frac{a_2x^3}{3} + \frac{a_1x^2}{2} + a_0x + C \tag{3}$$

其中 C 为积分常数。算法 4.1(见本节末尾)给出了如何将霍纳方法用于 $P'(x)$ 和 $I(x)$ 的计算。

例 4.4 多项式 $P(x)=-0.02x^3+0.2x^2-0.4x+1.28$ 通过 4 个点:(1,1.06),(2,1.12),(3,1.34)和(5,1.78)。计算,(a) $P(4)$,(b) $P'(4)$,(c) $\int_1^4 P(x)\,\mathrm{d}x$ 和(d) $P(5.5)$,最后(e)表明如何计算 $P(x)$ 的系数。

解: 对 $x=4$,利用算法 4.1(i)~算法 4.1(iii)(等价于表 1.2 中的过程)进行计算:

(a)
$$b_3 = a_3 = -0.02$$
$$b_2 = a_2 + b_3x = 0.2 + (-0.02)(4) = 0.12$$
$$b_1 = a_1 + b_2x = -0.4 + (0.12)(4) = 0.08$$
$$b_0 = a_0 + b_1x = 1.28 + (0.08)(4) = 1.60$$

内插值为 $P(4) = 1.60$，如图 4.7(a) 所示。

(b)
$$d_2 = 3a_3 = -0.06$$
$$d_1 = 2a_2 + d_2x = 0.4 + (-0.06)(4) = 0.16$$
$$d_0 = a_1 + d_1x = -0.4 + (0.16)(4) = 0.24$$

数值导数为 $P'(4) = 0.24$，如图 4.7(b) 所示。

(c)
$$i_4 = \frac{a_3}{4} = -0.005$$
$$i_3 = \frac{a_2}{3} + i_4x = 0.06666667 + (-0.005)(4) = 0.04666667$$
$$i_2 = \frac{a_1}{2} + i_3x = -0.2 + (0.04666667)(4) = -0.01333333$$
$$i_1 = a_0 + i_2x = 1.28 + (-0.01333333)(4) = 1.22666667$$
$$i_0 = 0 + i_1x = 0 + (1.22666667)(4) = 4.90666667$$

于是得 $I(4) = 4.90666667$。同理可计算出，$I(1) = 1.14166667$。因此，$\int_1^4 P(x)\,dx = I(4) - I(1) = 3.765$，如图 4.8 所示。

(d) 对 $x = 5.5$，利用算法 4.1(i) 有
$$b_3 = a_3 = -0.02$$
$$b_2 = a_2 + b_3x = 0.2 + (-0.02)(5.5) = 0.09$$
$$b_1 = a_1 + b_2x = -0.4 + (0.09)(5.5) = 0.095$$
$$b_0 = a_0 + b_1x = 1.28 + (0.095)(5.5) = 1.8025$$

外插值为 $P(5.5) = 1.8025$，如图 4.7(a) 所示。

(e) 用第 3 章的方法来计算系数。设 $P(x) = A + Bx + Cx^2 + Dx^3$，则在 $x = 1,2,3$ 和 5 处分别代入，得到关于 A,B,C 和 D 的线性方程：

$$\begin{aligned}
x = 1:&\quad A + 1B + \ \ 1C + \quad 1D = 1.06\\
x = 2:&\quad A + 2B + \ \ 4C + \quad 8D = 1.12\\
x = 3:&\quad A + 3B + \ \ 9C + \ \ 27D = 1.34\\
x = 5:&\quad A + 5B + 25C + 125D = 1.78
\end{aligned} \tag{4}$$

式(4)的解为 $A = 1.28$，$B = -0.4$，$C = 0.2$ 和 $D = -0.2$。 ■

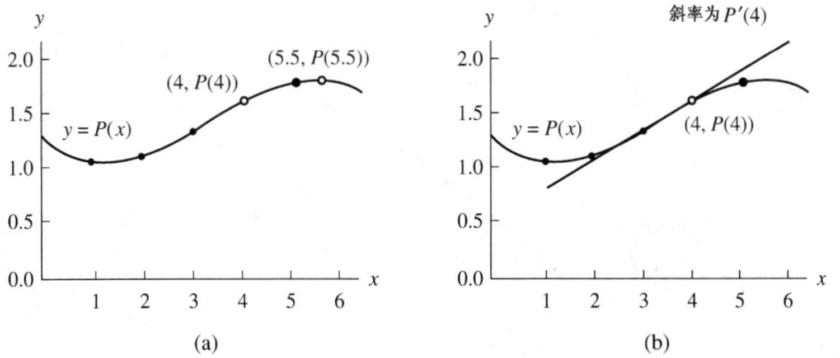

图 4.7　(a) 逼近多项式 $P(x)$ 可用来计算点 $(4,P(4))$ 的内插值和点 $(5.5,P(5))$ 处的外插值；(b) 对逼近多项式 $P(x)$ 求导，且用 $P'(x)$ 计算内插点 $(4,P(4))$ 的斜率

用这种方法来求解系数在数学上是可行的,但有时矩阵难以精确求解。本章设计了专门针对多项式计算的算法。

重新来看用多项式计算已知函数的近似值问题。在4.1节中已经知道,$f(x)=\ln(1+x)$的5次泰勒多项式为

$$T(x)=x-\frac{x^2}{2}+\frac{x^3}{3}-\frac{x^4}{4}+\frac{x^5}{5} \qquad (5)$$

在区间[0,1]上用$T(x)$来近似$\ln(1+x)$,则在$x=0$处其误差为0,而在$x=1$处(见表4.4)误差最大;实际上,$T(1)$与正确值$\ln(2)$之间的误差为13%。本节要找一个能在区间[0,1]上更好地逼近$\ln(1+x)$的5次多项式。例4.5中的多项式$P(x)$是插值多项式,它在区间[0,1]上对$\ln(1+x)$的逼近误差不超过0.00002385。

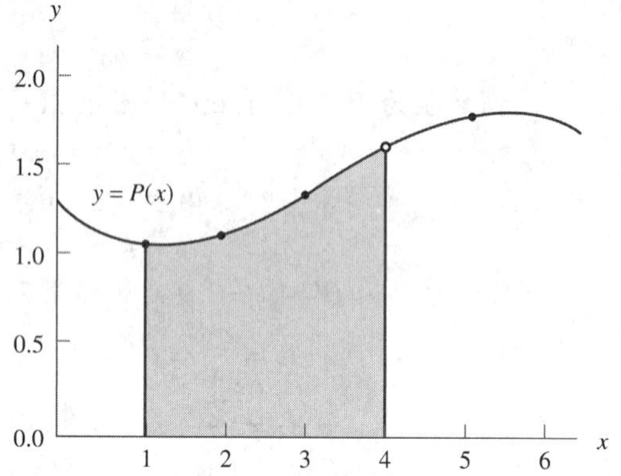

图4.8　对逼近多项式$P(x)$求积分,并用其不定积分计算区间$1\leqslant x\leqslant 4$上曲线下的面积

表4.4　区间[0,1]上的5次泰勒多项式$T(x)$,函数$\ln(1+x)$以及误差$\ln(1+x)-T(x)$的值

x	泰勒多项式 $T(x)$	函数 $\ln(1+x)$	误差 $\ln(1+x)-T(x)$
0.0	0.00000000	0.00000000	0.00000000
0.2	0.18233067	0.18232156	−0.00000911
0.4	0.33698133	0.33647224	−0.00050909
0.6	0.47515200	0.47000363	−0.00514837
0.8	0.61380267	0.58778666	−0.02601601
1.0	0.78333333	0.69314718	−0.09018615

例4.5　考虑函数$f(x)=\ln(1+x)$和基于6个节点$x_k=k/5$,$k=0,1,2,3,4$和5的多项式

$$P(x)=0.02957206x^5-0.12895295x^4+0.28249626x^3-0.48907554x^2+0.99910735x$$

以下是对逼近$P(x)\approx\ln(1+x)$的经验描述:

1. 在每个节点上有$P(x_k)=f(x_k)$(见表4.5)。
2. 区间[−0.1,1.1]上的最大误差在$x=-0.1$处,且对$-0.1\leqslant x\leqslant 1.1$有|误差|≤0.00026334(见图4.10),因此曲线$y=P(x)$与$y=\ln(1+x)$几乎一致(见图4.9)。

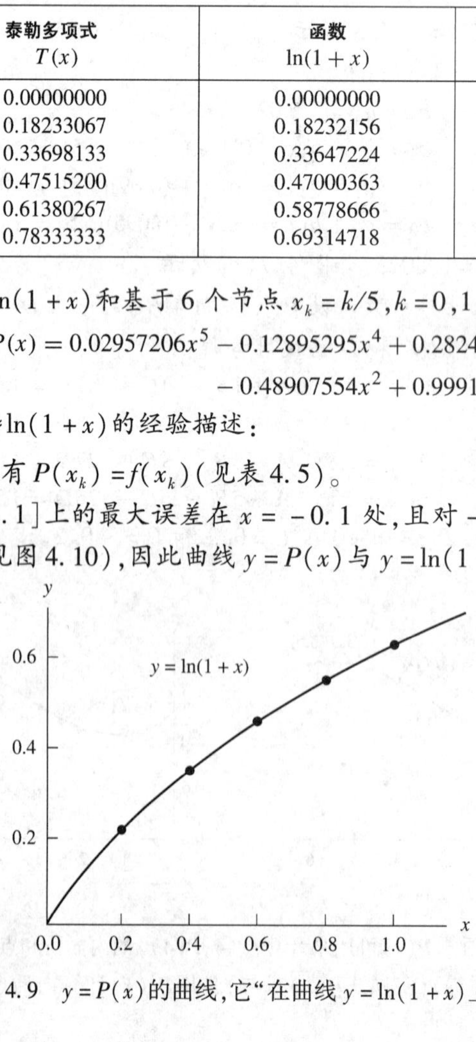

图4.9　$y=P(x)$的曲线,它"在曲线$y=\ln(1+x)$上"

表 4.5　例 4.5 中的逼近多项式 $P(x)$，函数 $f(x)=\ln(1+x)$ 以及误差 $E(x)$ 在区间$[-0.1,1.1]$上的值

x	逼近多项式 $P(x)$	函数 $f(x)=\ln(1+x)$	误差 $E(x)=f(x)-P(x)$
−0.1	−0.10509718	−0.10536052	−0.00026334
0.0	0.00000000	0.00000000	0.00000000
0.1	0.09528988	0.09531018	0.00002030
0.2	0.18232156	0.18232156	0.00000000
0.3	0.26237015	0.26236426	−0.00000589
0.4	0.33647224	0.33647224	0.00000000
0.5	0.40546139	0.40546511	0.00000372
0.6	0.47000363	0.47000363	0.00000000
0.7	0.53063292	0.53062825	−0.00000467
0.8	0.58778666	0.58778666	0.00000000
0.9	0.64184118	0.64185389	0.00001271
1.0	0.69314718	0.69314718	0.00000000
1.1	0.74206529	0.74193734	−0.00012795

3. 区间$[0,1]$上的最大误差在 $x=0.06472456$ 处，且对 $0\leqslant x\leqslant 1$ 有 $|误差|\leqslant 0.00002385$（见图 4.10）。

批注　在节点 x_k 处有 $f(x_k)=P(x_k)$，因此在每一节点处有 $E(x_k)=0$。$E(x)=f(x)-P(x)$ 看起来像一个振动的弹簧，它的节点都在振幅为 0 的横轴上。■

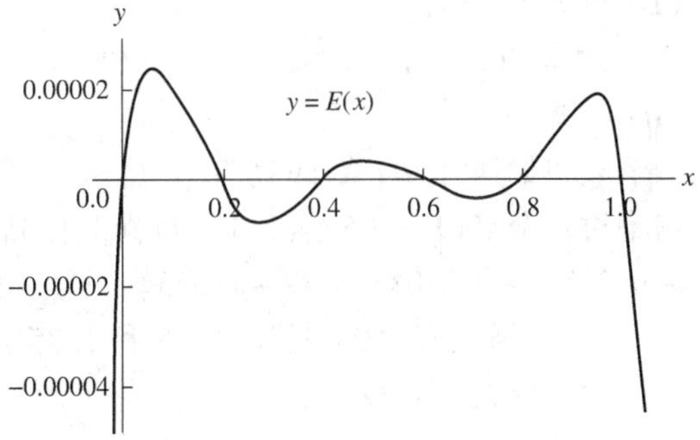

图 4.10　误差曲线 $y=E(x)=\ln(1+x)-P(x)$

算法 4.1（多项式计算）　用霍纳方法计算多项式 $P(x)$，其导数 $P'(x)$ 以及积分 $\int P(x)\,dx$ 的值。

INPUT N	$\{P(x)$ 次数$\}$
INPUT $A(0), A(1), \cdots, A(N)$	$\{P(x)$ 的系数$\}$
INPUT C	{积分常数}
INPUT X	{独立变量}

(i) 计算 $P(x)$ 的算法 $B(N) := A(N)$ FOR $K = N-1$ DOWNTO 0 DO 　　$B(K) := A(K) + B(K+1) * X$ PRINT "The value $P(x)$ is", $B(0)$	压缩版： Poly $:= A(N)$ FOR $K = N-1$ DOWNTO 0 DO 　　Poly $:= A(K) +$ Poly $* X$ PRINT "The value $P(x)$ is", Poly
(ii) 计算 $P'(x)$ 的算法 $D(N-1) := N * A(N)$ FOR $K = N-1$ DOWNTO 1 DO 　　$D(K-1) := K * A(K) + D(K) * X$ PRINT "The value $P'(x)$ is", $D(0)$	压缩版： Deriv $:= N * A(N)$ FOR $K = N-1$ DOWNTO 1 DO 　　Deriv $:= K * A(K) +$ Deriv $* X$ PRINT "The value $P'(x)$ is", Deriv
(iii) 计算 $I(x)$ 的算法 $I(N+1) := A(N)/(N+1)$ FOR $K = N$ DOWNTO 1 DO 　　$I(K) := A(K-1)/K + I(K+1) * X$ $I(0) := C + I(1) * X$ PRINT "The value $I(x)$ is", $I(0)$	压缩版： Integ $:= A(N)/(N+1)$ FOR $K = N$ DOWNTO 1 DO 　　Integ $:= A(K-1)/K +$ Integ $* X$ Integ $:= C +$ Integ $* X$ PRINT "The value $I(x)$ is", Integ

4.2.1 习题

1. 考虑过4个点(1,1.54),(2,1.5),(3,1.42)和(5,0.66)的函数 $P(x) = -0.02x^3 + 0.1x^2 - 0.2x + 1.66$。
   (a) 计算 $P(4)$。
   (b) 计算 $P'(4)$。
   (c) 计算 $P(x)$在区间[1,4]上的定积分。
   (d) 计算外插值 $P(5.5)$。
   (e) 表明如何计算 $P(x)$的系数。
2. 考虑过4个点(0,2.08),(1,2.02),(2,2.00)和(4,1.12)的函数 $P(x) = -0.04x^3 + 0.14x^2 - 0.16x + 2.08$。
   (a) 计算 $P(3)$。
   (b) 计算 $P'(3)$。
   (c) 计算 $P(x)$在区间[0,3]上的定积分。
   (d) 计算外插值 $P(4.5)$。
   (e) 表明如何计算 $P(x)$的系数。
3. 考虑过4个点(1,1.05),(2,1.10),(3,1.35)和(5,1.75)的函数 $P(x) = -0.0292166667x^3 + 0.275x^2 - 0.570833333x + 1.375$。
   (a) 证明:函数值1.05,1.10,1.35和1.75与例4.4中的值相差小于1.8%,而 x^3 和 x 的系数相差大于42%。
   (b) 计算 $P(4)$,并与例4.4相比较。
   (c) 计算 $P'(4)$,并与例4.4相比较。
   (d) 计算 $P(x)$在区间[1,4]上的定积分,并与例4.4相比较。
   (e) 计算外插值 $P(5.5)$,并与例4.4相比较。

   批注 (a)部分表明,插值多项式系数的计算是一个病态问题。

4.2.2 算法与程序

1. 用MATLAB实现算法4.1,多项式 $P(x) = a_N x^N + a_{N-1}x^{N-1} + \cdots + a_2x^2 + a_1x + a_0$ 的系数以 $1 \times N$ 矩阵 $P = [a_N \quad a_{N-1} \quad \cdots \quad a_2 \quad a_1 \quad a_0]$的形式输入。
2. 对以下给定函数:
   (a) $f(x) = e^x$
   (b) $f(x) = \sin(x)$
   (c) $f(x) = (x+1)^{(x+1)}$

   5次插值多项式 $P(x)$过6个点$(0,f(0))$,$(0.2,f(0.2))$,$(0.4,f(0.4))$,$(0.6,f(0.6))$,$(0.8,f(0.8))$和$(1,f(1))$。$P(x)$的6个系数为 $a_0, a_1, \cdots, a_5$,其中

$$P(x) = a_5x^5 + a_4x^4 + a_3x^3 + a_2x^2 + a_1x + a_0$$

   (i) 利用 $x_j = (j-1)/5, j = 1,2,3,4,5,6$,求解 6×6 线性方程组

$$a_0 + a_1x + a_2x^2 + a_3x^3 + a_4x^4 + a_5x^5 = f(x_j)$$

   找出 $P(x)$的系数$\{a_k\}_{k=0}^{5}$。

（ii）利用习题 1 中的 MATLAB 程序分别计算内插值 $P(0.3)$，$P(0.4)$ 和 $P(0.5)$，并与 $f(0.3)$，$f(0.4)$ 和 $f(0.5)$ 比较。

（iii）利用上述 MATLAB 程序，分别计算外插值 $P(-0.1)$ 和 $P(1.1)$，并与 $f(-0.1)$ 和 $f(1.1)$ 比较。

（iv）利用上述 MATLAB 程序，计算 $P(x)$ 在 $[0,1]$ 上的积分，并与 $f(x)$ 在 $[0,1]$ 上的积分进行比较，在同一幅图中绘制 $[0,1]$ 区间上 $f(x)$ 和 $P(x)$ 的曲线。

（v）为 $P(x_k)$，$f(x_k)$ 和 $E(x_k)=f(x_k)-P(x_k)$ 制作一个表，其中 $x_k=k/100$，$k=0,1,\cdots,100$。

3. 一个游乐园的骑马路径采用 3 个多项式来建模。第 1 段路径为 1 次多项式，$P_1(x)$，其水平距离为 100 英尺，起始高度为 110 英尺，在 60 英尺处结束；第 3 段路径也是一个 1 次多项式，$Q_1(x)$，水平距离为 50 英尺，起始高度为 65 英尺，终点高度为 70 英尺。中间段的多项式 $P(x)$（次数为最小可能），其水平距离为 150 英尺。

（a）找出 $P(x)$，$P_1(x)$ 和 $Q_1(x)$ 的表达式，使得 $P(100)=P_1(100)$，$P'(100)=P_1'(100)$，$P(250)=Q_1(250)$ 和 $P'(250)=Q_1'(250)$ 成立，并且 $P(x)$ 的曲率在 $x=100$ 处与 $P_1(x)$ 的曲率相等，而在 $x=250$ 处与 $Q_1(x)$ 的曲率相等。

（b）在同一坐标系中画出 $P_1(x)$，$P(x)$ 和 $Q_1(x)$ 的曲线。

（c）利用算法 4.1(iii)，找出给定水平距离上路径的平均高度。

4.3　拉格朗日逼近

插值就是利用邻近点上已知函数值的加权平均来估计未知函数值。线性插值使用的是过两点的线段，点 (x_0,y_0) 与 (x_1,y_1) 之间的斜率为 $m=(y_1-y_0)/(x_1-x_0)$，直线 $y=m(x-x_0)+y_0$ 的点－斜率公式可写为

$$y=P(x)=y_0+(y_1-y_0)\frac{x-x_0}{x_1-x_0} \tag{1}$$

公式(1)展开的结果是一个次数小于等于 1 的多项式。在 x_0 和 x_1 计算 $P(x)$，得到 y_0 和 y_1：

$$\begin{aligned}P(x_0)&=y_0+(y_1-y_0)(0)=y_0\\P(x_1)&=y_0+(y_1-y_0)(1)=y_1\end{aligned} \tag{2}$$

法国数学家约瑟夫·路易·拉格朗日（Joseph Louis Lagrange）使用略微不同的方法，也得出了该多项式。他注意到该式可以写成

$$y=P_1(x)=y_0\frac{x-x_1}{x_0-x_1}+y_1\frac{x-x_0}{x_1-x_0} \tag{3}$$

式(3)右端的每一项都包含了一个线性因子，因此该式是一个次数小于等于 1 的多项式。式(3)中的商式用

$$L_{1,0}(x)=\frac{x-x_1}{x_0-x_1},\qquad L_{1,1}(x)=\frac{x-x_0}{x_1-x_0} \tag{4}$$

表示。很容易看出，$L_{1,0}(x_0)=1$，$L_{1,0}(x_1)=0$，$L_{1,1}(x_0)=0$ 和 $L_{1,1}(x_1)=1$，因此式(3)中的多项式 $P_1(x)$ 也经过两个给定点：

$$P_1(x_0)=y_0+y_1(0)=y_0,\qquad P_1(x_1)=y_0(0)+y_1=y_1 \tag{5}$$

式(4)中的项 $L_{1,0}(x)$ 和 $L_{1,1}(x)$ 称为基于节点 x_0 和 x_1 的**拉格朗日系数多项式**。利用这种记法，式(3)可写为和式

$$P_1(x) = \sum_{k=0}^{1} y_k L_{1,k}(x) \tag{6}$$

设 y_k 由公式 $y_k = f(x_k)$ 计算。如果在区间 $[x_0, x_1]$ 上用 $P_1(x)$ 逼近 $f(x)$，称该过程为**内插**；如果 $x < x_0$（或 $x_1 < x$），则使用 $P_1(x)$ 称为**外插**。下面的例子表明了这些概念。

例 4.6 考虑 $[0.0, 1.2]$ 上的曲线 $y = f(x) = \cos(x)$。

(a) 利用节点 $x_0 = 0.0$ 和 $x_1 = 1.2$ 构造线性插值多项式 $P_1(x)$。

(b) 利用节点 $x_0 = 0.2$ 和 $x_1 = 1.0$ 构造线性插值多项式 $Q_1(x)$。

解：(a) 利用式(3)，由横坐标 $x_0 = 0.0$ 和 $x_1 = 1.2$ 及纵坐标 $y_0 = \cos(0.0) = 1.000000$ 和 $y_1 = \cos(1.2) = 0.362358$，可得

$$\begin{aligned} P_1(x) &= 1.000000\frac{x-1.2}{0.0-1.2} + 0.362358\frac{x-0.0}{1.2-0.0} \\ &= -0.833333(x-1.2) + 0.301965(x-0.0) \end{aligned}$$

(b) 当使用节点 $x_0 = 0.2$ 和 $x_1 = 1.0$ 及 $y_0 = \cos(0.2) = 0.980067$ 和 $y_1 = \cos(1.0) = 0.540302$ 时，结果为

$$\begin{aligned} Q_1(x) &= 0.980067\frac{x-1.0}{0.2-1.0} + 0.540302\frac{x-0.2}{1.0-0.2} \\ &= -1.225083(x-1.0) + 0.675378(x-0.2) \end{aligned}$$

图 4.11(a)和图 4.11(b)显示了 $y = \cos(x)$ 的图形，并将它分别与 $y = P_1(x)$ 和 $y = Q_1(x)$ 比较。表 4.6 给出了其数值结果，可以看出，$Q_1(x)$ 对满足 $0.1 \leqslant x_k \leqslant 1.1$ 的点 x_k 有较小的误差，表中显示，当采用 $Q_1(x)$ 时，最大误差由 $f(0.6) - P_1(0.6) = 0.144157$ 降至 $f(0.6) - Q_1(0.6) = 0.065151$。■

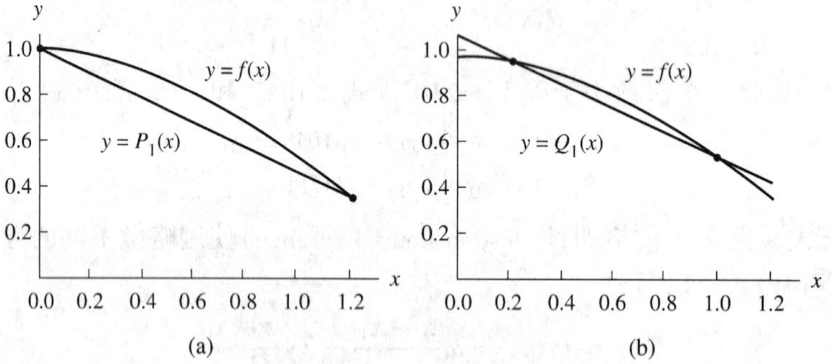

图 4.11 (a) 线性逼近 $y = P_1(x)$，其中节点 $x_0 = 0.0$ 和 $x_1 = 1.2$ 为区间 $[a, b]$ 的端点；(b) 线性逼近 $y = Q_1(x)$，其中节点 $x_0 = 0.2$ 和 $x_1 = 1.0$ 在区间 $[a, b]$ 内

推广式(6)，得到过 $N+1$ 个点 $(x_0, y_0), (x_1, y_1), \cdots, (x_N, y_N)$ 的次数最高为 N 的多项式 $P_N(x)$ 的构造方法，它具有

$$P_N(x) = \sum_{k=0}^{N} y_k L_{N,k}(x) \tag{7}$$

的形式，其中 $L_{N,k}$ 是基于节点

$$L_{N,k}(x) = \frac{(x-x_0)\cdots(x-x_{k-1})(x-x_{k+1})\cdots(x-x_N)}{(x_k-x_0)\cdots(x_k-x_{k-1})(x_k-x_{k+1})\cdots(x_k-x_N)} \tag{8}$$

的拉格朗日系数多项式。很容易看出，$(x-x_k)$和(x_k-x_k)不出现在式(8)的右端。引入乘式表示法，式(8)可写为

$$L_{N,k}(x)=\frac{\prod_{\substack{j=0\\j\neq k}}^{N}(x-x_j)}{\prod_{\substack{j=0\\j\neq k}}^{N}(x_k-x_j)} \tag{9}$$

表 4.6　$f(x)=\cos(x)$与线性逼近 $P_1(x)$和 $Q_1(x)$的比较

x_k	$f(x_k)=\cos(x_k)$	$P_1(x_k)$	$f(x_k)-P_1(x_k)$	$Q_1(x_k)$	$f(x_k)-Q_1(x_k)$
0.0	1.000000	1.000000	0.000000	1.090008	−0.090008
0.1	0.995004	0.946863	0.048141	1.035037	−0.040033
0.2	0.980067	0.893726	0.086340	0.980067	0.000000
0.3	0.955336	0.840589	0.114747	0.925096	0.030240
0.4	0.921061	0.787453	0.133608	0.870126	0.050935
0.5	0.877583	0.734316	0.143267	0.815155	0.062428
0.6	0.825336	0.681179	0.144157	0.760184	0.065151
0.7	0.764842	0.628042	0.136800	0.705214	0.059628
0.8	0.696707	0.574905	0.121802	0.650243	0.046463
0.9	0.621610	0.521768	0.099842	0.595273	0.026337
1.0	0.540302	0.468631	0.071671	0.540302	0.000000
1.1	0.453596	0.415495	0.038102	0.485332	−0.031736
1.2	0.362358	0.362358	0.000000	0.430361	−0.068003

式(9)的表示法表示，分子是线性因子$(x-x_j)$的乘积，但不包含因子$(x-x_k)$。在分母中有类似的构造。

直接计算表明，对每个固定的 k，拉格朗日系数多项式 $L_{N,k}(x)$具有如下性质：

$$\begin{aligned}L_{N,k}(x_j)&=1,\ \ j=k\\ L_{N,k}(x_j)&=0,\ \ j\neq k\end{aligned} \tag{10}$$

直接把这些值代入式(7)，可知多项式曲线 $y=P_N(x)$过点(x_j,y_j)：

$$\begin{aligned}P_N(x_j)&=y_0L_{N,0}(x_j)+\cdots+y_jL_{N,j}(x_j)+\cdots+y_NL_{N,N}(x_j)\\&=y_0(0)+\cdots+y_j(1)+\cdots+y_N(0)=y_j\end{aligned} \tag{11}$$

要证明 $P_N(x)$唯一，需要用到代数基本定理：一个次数小于等于 N 的多项式 $T(x)$至多有 N 个根。换言之，如果 $T(x)$在横坐标上 $N+1$ 个不同点处为0，则它恒为0。设 $P_N(x)$不唯一，则存在另一个次数小于等于 N 的多项式 $Q_N(x)$也通过这 $N+1$ 个点。构造差多项式 $T(x)=P_N(x)-Q_N(x)$。注意到，$T(x)$次数小于等于 N，且对 $j=0,1,\cdots,N$，$T(x_j)=P_N(x_j)-Q_N(x_j)=y_j-y_j=0$，故 $T(x)\equiv 0$，从而 $Q_N(x)=P_N(x)$。

式(7)展开的结果与式(3)类似。过 3 个点(x_0,y_0)，(x_1,y_1)和(x_2,y_2)的拉格朗日二次插值多项式为

$$P_2(x)=y_0\frac{(x-x_1)(x-x_2)}{(x_0-x_1)(x_0-x_2)}+y_1\frac{(x-x_0)(x-x_2)}{(x_1-x_0)(x_1-x_2)}+y_2\frac{(x-x_0)(x-x_1)}{(x_2-x_0)(x_2-x_1)} \tag{12}$$

过 4 个点(x_0,y_0)，(x_1,y_1)，(x_2,y_2)和(x_3,y_3)的拉格朗日三次插值多项式为

$$\begin{aligned}P_3(x)=&\,y_0\frac{(x-x_1)(x-x_2)(x-x_3)}{(x_0-x_1)(x_0-x_2)(x_0-x_3)}+y_1\frac{(x-x_0)(x-x_2)(x-x_3)}{(x_1-x_0)(x_1-x_2)(x_1-x_3)}\\&+y_2\frac{(x-x_0)(x-x_1)(x-x_3)}{(x_2-x_0)(x_2-x_1)(x_2-x_3)}+y_3\frac{(x-x_0)(x-x_1)(x-x_2)}{(x_3-x_0)(x_3-x_1)(x_3-x_2)}\end{aligned} \tag{13}$$

例 4.7　考虑$[0.0,1.2]$上的函数 $y=f(x)=\cos(x)$。

(a) 用 3 个节点 $x_0=0.0$，$x_1=0.6$ 和 $x_2=1.2$ 构造二次插值多项式 $P_2(x)$。

(b) 用 4 个节点 $x_0=0.0, x_1=0.4, x_2=0.8$ 和 $x_3=1.2$ 构造三次插值多项式 $P_3(x)$。

解:(a) 在式(12)中使用 $x_0=0.0, x_1=0.6, x_2=1.2, y_0=\cos(0.0)=1, y_1=\cos(0.6)=0.825336$ 和 $y_2=\cos(1.2)=0.362358$,得

$$\begin{aligned}P_2(x) &= 1.0\frac{(x-0.6)(x-1.2)}{(0.0-0.6)(0.0-1.2)}+0.825336\frac{(x-0.0)(x-1.2)}{(0.6-0.0)(0.6-1.2)}\\&\quad+0.362358\frac{(x-0.0)(x-0.6)}{(1.2-0.0)(1.2-0.6)}\\&=1.388889(x-0.6)(x-1.2)-2.292599(x-0.0)(x-1.2)\\&\quad+0.503275(x-0.0)(x-0.6)\end{aligned}$$

(b) 在式(13)中利用 $x_0=0.0, x_1=0.4, x_2=0.8, x_3=1.2$ 和 $y_0=\cos(0.0)=1.0, y_1=\cos(0.4)=0.921061, y_2=\cos(0.8)=0.696707$ 和 $y_3=\cos(1.2)=0.362358$,得

$$\begin{aligned}P_3(x) &= 1.000000\frac{(x-0.4)(x-0.8)(x-1.2)}{(0.0-0.4)(0.0-0.8)(0.0-1.2)}\\&\quad+0.921061\frac{(x-0.0)(x-0.8)(x-1.2)}{(0.4-0.0)(0.4-0.8)(0.4-1.2)}\\&\quad+0.696707\frac{(x-0.0)(x-0.4)(x-1.2)}{(0.8-0.0)(0.8-0.4)(0.8-1.2)}\\&\quad+0.362358\frac{(x-0.0)(x-0.4)(x-0.8)}{(1.2-0.0)(1.2-0.4)(1.2-0.8)}\\&=-2.604167(x-0.4)(x-0.8)(x-1.2)\\&\quad+7.195789(x-0.0)(x-0.8)(x-1.2)\\&\quad-5.443021(x-0.0)(x-0.4)(x-1.2)\\&\quad+0.943641(x-0.0)(x-0.4)(x-0.8)\end{aligned}$$

$y=\cos(x)$ 和多项式 $y=P_2(x)$ 及 $y=P_3(x)$ 的曲线分别在图 4.12(a)和图 4.12(b)中给出。 ■

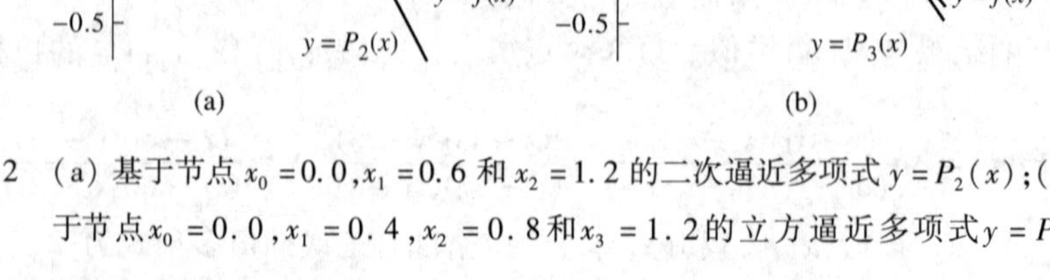

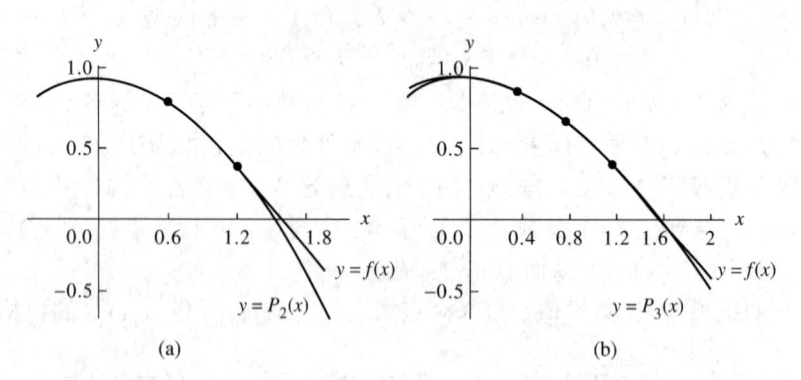

图 4.12 (a) 基于节点 $x_0=0.0, x_1=0.6$ 和 $x_2=1.2$ 的二次逼近多项式 $y=P_2(x)$;(b) 基于节点 $x_0=0.0, x_1=0.4, x_2=0.8$ 和 $x_3=1.2$ 的立方逼近多项式 $y=P_3(x)$

4.3.1 误差项和误差界

在使用拉格朗日多项式来逼近连续函数 $f(x)$ 时,了解其误差项的属性非常重要。它与泰勒多项式的误差项相似,只是用乘积 $(x-x_0)(x-x_1)\cdots(x-x_N)$ 替换了因子 $(x-x_0)^{N+1}$。这与预期相符,因为插值是在 $N+1$ 个节点 x_k 上进行的,在这些节点上有 $E_N(x_k)=f(x_k)-P_N(x_k)=y_k-y_k=0, k=0,1,2,\cdots,N$。

定理 4.3(拉格朗日多项式逼近)　设 $f \in C^{N+1}[a,b]$，且 $x_0, x_1, \cdots, x_N \in [a,b]$ 为 $N+1$ 个节点。如果 $x \in [a,b]$，则

$$f(x) = P_N(x) + E_N(x) \tag{14}$$

其中 $P_N(x)$ 是可以用于逼近 $f(x)$ 的多项式：

$$f(x) \approx P_N(x) = \sum_{k=0}^{N} f(x_k) L_{N,k}(x) \tag{15}$$

误差项 $E_N(x)$ 形如

$$E_N(x) = \frac{(x-x_0)(x-x_1)\cdots(x-x_N) f^{(N+1)}(c)}{(N+1)!} \tag{16}$$

$c = c(x)$ 为区间 $[a,b]$ 内的某个值。

证明：作为一般方法的例子，证明式(16)中 $N=1$ 的情况。一般情况在习题中讨论。首先定义函数 $g(t)$：

$$g(t) = f(t) - P_1(t) - E_1(x)\frac{(t-x_0)(t-x_1)}{(x-x_0)(x-x_1)} \tag{17}$$

注意 x, x_0 和 x_1 是与变量 t 有关的常数，并且 $g(t)$ 在这 3 个点上的值为 0，即

$$g(x) = f(x) - P_1(x) - E_1(x)\frac{(x-x_0)(x-x_1)}{(x-x_0)(x-x_1)} = f(x) - P_1(x) - E_1(x) = 0$$

$$g(x_0) = f(x_0) - P_1(x_0) - E_1(x)\frac{(x_0-x_0)(x_0-x_1)}{(x-x_0)(x-x_1)} = f(x_0) - P_1(x_0) = 0$$

$$g(x_1) = f(x_1) - P_1(x_1) - E_1(x)\frac{(x_1-x_0)(x_1-x_1)}{(x-x_0)(x-x_1)} = f(x_1) - P_1(x_1) = 0$$

设 x 在开区间 (x_0, x_1) 内。在区间 $[x_0, x]$ 上对 $g(t)$ 利用罗尔定理，可找到一个值 d_0，$x_0 < d_0 < x$，满足

$$g'(d_0) = 0 \tag{18}$$

在区间 $[x, x_1]$ 上再次对 $g(t)$ 应用罗尔定理，可找到一个值 d_1，$x < d_1 < x_1$，满足

$$g'(d_1) = 0 \tag{19}$$

式(18)和式(19)说明函数 $g'(t)$ 在 $t = d_0$ 和 $t = d_1$ 处为 0，对 $g'(t)$ 在区间 $[d_0, d_1]$ 上应用罗尔定理，得到值 c，有

$$g^{(2)}(c) = 0 \tag{20}$$

回到式(17)，计算导数 $g'(t)$ 和 $g''(t)$：

$$g'(t) = f'(t) - P_1'(t) - E_1(x)\frac{(t-x_0)+(t-x_1)}{(x-x_0)(x-x_1)} \tag{21}$$

$$g''(t) = f''(t) - 0 - E_1(x)\frac{2}{(x-x_0)(x-x_1)} \tag{22}$$

在式(22)中利用 $P_1(t)$ 的次数为 $N=1$，得到其 2 阶导数 $P''_1(t) \equiv 0$，在点 $t=c$ 处计算式(22)，并利用式(20)得

$$0 = f''(c) - E_1(x)\frac{2}{(x-x_0)(x-x_1)} \tag{23}$$

由式(23)解得 $E_1(x)$，得到形如式(16)的余项：

$$E_1(x) = \frac{(x-x_0)(x-x_1) f^{(2)}(c)}{2!} \tag{24}$$

证毕。　●

下面的结果表明了在下拉格朗日多项式的等距节点 $x_k = x_0 + hk, k = 0, 1, \cdots, N$ 时的特殊情况,该多项式 $P_N(x)$ 只用于求区间 $[x_0, x_N]$ 内的插值。

定理 4.4(等距节点拉格朗日多项式的误差界) 设 $f(x)$ 定义在 $[a, b]$ 上,其中包含等距节点 $x_k = x_0 + hk$,并设 $f(x)$, $f'(x)$ 及其直到 $N+1$ 阶导数分别在子区间 $[x_0, x_1]$, $[x_0, x_2]$ 和 $[x_0, x_3]$ 上连续且有界,即对于 $N = 1, 2, 3$,有

$$|f^{(N+1)}(x)| \leqslant M_{N+1}, \quad x_0 \leqslant x \leqslant x_N \tag{25}$$

对于 $N = 1, 2, 3$,误差项式(16)具有如下的界:

$$|E_1(x)| \leqslant \frac{h^2 M_2}{8} \quad \text{当 } x \in [x_0, x_1] \text{ 时有效} \tag{26}$$

$$|E_2(x)| \leqslant \frac{h^3 M_3}{9\sqrt{3}} \quad \text{当 } x \in [x_0, x_2] \text{ 时有效} \tag{27}$$

$$|E_3(x)| \leqslant \frac{h^4 M_4}{24} \quad \text{当 } x \in [x_0, x_3] \text{ 时有效} \tag{28}$$

证明: 这里只证式(26),其余留给读者。利用变量替换 $x - x_0 = t$ 和 $x - x_1 = t - h$,误差项 $E_1(x)$ 可写为

$$E_1(x) = E_1(x_0 + t) = \frac{(t^2 - ht) f^{(2)}(c)}{2!}, \quad 0 \leqslant t \leqslant h \tag{29}$$

其中导数的界为

$$|f^{(2)}(c)| \leqslant M_2, \quad x_0 \leqslant c \leqslant x_1 \tag{30}$$

现在来确定式(29)分子中 $(t^2 - ht)$ 的界,称该项为 $\Phi(t) = t^2 - ht$。由于 $\Phi'(0) = 2t - h$,故存在一个临界点 $t = h/2$,它是 $\Phi'(t) = 0$ 的解。$\Phi(t)$ 在 $[0, h]$ 上的极值在端点 $\Phi(0) = 0$, $\Phi(h) = 0$,或临界点 $\Phi(h/2) = -h^2/4$ 处得到。由于后者的值最大,故可得

$$|\Phi(t)| = |t^2 - ht| \leqslant \frac{|-h^2|}{4} = \frac{h^2}{4}, \quad 0 \leqslant t \leqslant h \tag{31}$$

利用式(30)和式(31)来估计式(29)分子中的乘积,得

$$|E_1(x)| = \frac{|\Phi(t)||f^{(2)}(c)|}{2!} \leqslant \frac{h^2 M_2}{8} \tag{32}$$

从而式(26)得证。 ●

4.3.2 精度与 $O(h^{N+1})$

定理 4.4 的重要性在于,它给出了线性、二次和三次插值的误差规模的简单关系。在这三种情况中,误差界 $|E_N(x)|$ 在两个方面依赖于 h:h^{N+1} 是显式的,故 $|E_N(x)|$ 正比于 h^{N+1};值 M_{N+1} 依赖于 h,并随着 h 趋近于零而趋近于 $|f^{(N+1)}(x_0)|$。因此,当 h 趋近于零时,$|E_N(x)|$ 收敛于零的速度与 h^{N+1} 收敛于零的速度相同。这一特点用 $\boldsymbol{O}(h^{N+1})$ 表示,式(26)的误差界可表示为

$$|E_1(x)| = \boldsymbol{O}(h^2) \quad \text{当 } x \in [x_0, x_1] \text{ 时有效}$$

用 $h^2(M_2)/8$ 代替式(26)中的 $\boldsymbol{O}(h^2)$,表示误差项的界大致为 h^2 的倍数,即

$$|E_1(x)| \leqslant Ch^2 \approx \boldsymbol{O}(h^2)$$

结果是,如果 $f(x)$ 的导数在区间 $[a, b]$ 上一致有界,并且 $|h| < 1$,则选择大的 N 将得到小的 h^{N+1},而且高次逼近多项式将产生较小的误差。

例 4.8　考虑[0.0,1.2]上的 $y=f(x)=\cos(x)$。利用式(26)~式(28)来确定例 4.6 和例 4.7 中构造的拉格朗日多项式 $P_1(x)$,$P_2(x)$和 $P_3(x)$的误差界。

解:首先确定导数$|f^{(2)}(x)|$,$|f^{(3)}(x)|$和$|f^{(4)}(x)|$在区间[0.0,1.2]上的界 M_2,M_3 和 M_4:

$$|f^{(2)}(x)| = |-\cos(x)| \leqslant |-\cos(0.0)| = 1.000000 = M_2$$

$$|f^{(3)}(x)| = |\sin(x)| \leqslant |\sin(1.2)| = 0.932039 = M_3$$

$$|f^{(4)}(x)| = |\cos(x)| \leqslant |\cos(0.0)| = 1.000000 = M_4$$

对于 $P_1(x)$,节点间距为 $h=1.2$,其误差界为

$$|E_1(x)| \leqslant \frac{h^2 M_2}{8} \leqslant \frac{(1.2)^2 \times (1.000000)}{8} = 0.180000 \tag{33}$$

对于 $P_2(x)$,节点间距为 $h=0.6$,其误差界为

$$|E_2(x)| \leqslant \frac{h^3 M_3}{9\sqrt{3}} \leqslant \frac{(0.6)^3 \times (0.932039)}{9\sqrt{3}} = 0.012915 \tag{34}$$

对于 $P_3(x)$,节点间距为 $h=0.4$,其误差界为

$$|E_3(x)| \leqslant \frac{h^4 M_4}{24} \leqslant \frac{(0.4)^4 \times (1.000000)}{24} = 0.001067 \tag{35}$$

■

由例 4.6 可知,$|E_1(0.6)| = |\cos(0.6) - P_1(0.6)| = 0.144157$,故式(33)中的界 0.180000 是合理的。图 4.13(a)和图 4.13(b)分别显示了误差函数 $E_2(x) = \cos(x) - P_2(x)$和 $E_3(x) = \cos(x) - P_3(x)$,其数值计算在表 4.7 中给出。利用表中的值可以得到$|E_2(1.0)| = |\cos(1.0) - P_2(1.0)| = 0.008416$和$|E_3(0.2)| = |\cos(0.2) - P_3(0.2)| = 0.000855$,它们与式(34)和式(35)中的界 0.012915 和 0.001607 一致。

4.3.3 MATLAB 实现

下面的程序构造各分量为拉格朗日多项式系数的向量,从而计算出过给定点的组合多项式。程序使用了命令 poly 和 conv。poly 命令创建一个向量,其分量为一个多项式的系数,该多项式具有给定的根。conv 命令生成一个向量,其分量为多项式系数,该多项式是另外两个多项式的积。

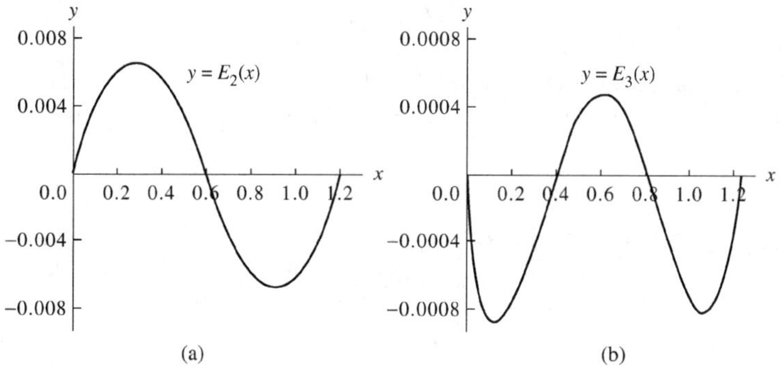

图 4.13　(a) 误差函数 $E_2(x) = \cos(x) - P_2(x)$;(b) 误差函数 $E_3(x) = \cos(x) - P_3(x)$

表 4.7 $f(x)=\cos(x)$ 及二次和三次逼近多项式 $P_2(x)$ 和 $P_3(x)$ 的比较

x_k	$f(x_k)=\cos(x_k)$	$P_2(x_k)$	$E_2(x_k)$	$P_2(x_k)$	$E_2(x_k)$
0.0	1.000000	1.000000	0.0	1.000000	0.0
0.1	0.995004	0.990911	0.004093	0.995835	−0.000831
0.2	0.980067	0.973813	0.006253	0.980921	−0.000855
0.3	0.955336	0.948707	0.006629	0.955812	−0.000476
0.4	0.921061	0.915592	0.005469	0.921061	0.0
0.5	0.877583	0.874468	0.003114	0.877221	0.000361
0.6	0.825336	0.825336	0.0	0.824847	0.00089
0.7	0.764842	0.768194	−0.003352	0.764491	0.000351
0.8	0.696707	0.703044	−0.006338	0.696707	0.0
0.9	0.621610	0.629886	−0.008276	0.622048	−0.000438
1.0	0.540302	0.548719	−0.008416	0.541068	−0.000765
1.1	0.453596	0.459542	−0.005946	0.454320	−0.000724
1.2	0.362358	0.362358	0.0	0.362358	0.0

例 4.9 求两个 1 次多项式 $P(x)$ 和 $Q(x)$ 的积,它们的根分别为 2 和 3。

```
>>P=poly(2)
P=
   1 -2
>>Q=poly(3)
Q=
   1 -3
>>conv(P,Q)
ans=
   1 -5 6
```

因此 $P(x)$ 与 $Q(x)$ 的乘积为 x^2-5x+6。 ■

程序 4.1(拉格朗日逼近) 基于 $N+1$ 个点 $P(x)=\sum_{k=0}^{N} y_k L_{N,k}(x)$, $k=0,1,\cdots,N$ 计算拉格朗日多项式 (x_k,y_k)。

```
function [C,L]=lagran(X,Y)
%Input  - X is a vector that contains a list of abscissas
%       - Y is a vector that contains a list of ordinates
%Output - C is a matrix that contains the coefficients of
%         the Lagrange interpolatory polynomial
%       - L is a matrix that contains the Lagrange
%         coefficient polynomials
w=length(X);
n=w-1;
L=zeros(w,w);
%Form the Lagrange coefficient polynomials
for k=1:n+1
    V=1;
    for j=1:n+1
    if k~=j
    V=conv(V,poly(X(j)))/(X(k)-X(j));
    end
end
    L(k,:)=V;
end
%Determine the coefficients of the Lagrange interpolating
%polynomial
C=Y*L;
```

4.3.4 习题

1. 找出逼近 $f(x)=x^3$ 的拉格朗日多项式。
   (a) 利用节点 $x_0=-1$ 和 $x_1=0$ 求线性插值多项式 $P_1(x)$。
   (b) 利用节点 $x_0=-1,x_1=0$ 和 $x_2=1$ 求二次插值多项式 $P_2(x)$。
   (c) 利用节点 $x_0=-1,x_1=0,x_2=1$ 和 $x_3=2$ 求三次逼近多项式 $P_3(x)$。
   (d) 利用节点 $x_0=1$ 和 $x_1=2$ 求线性插值多项式 $P_1(x)$。
   (e) 利用节点 $x_0=0,x_1=1$ 和 $x_2=2$ 求二次插值多项式 $P_2(x)$。
2. 设 $f(x)=x+2/x$。
   (a) 用基于点 $x_0=1,x_1=2$ 和 $x_2=2.5$ 的二次拉格朗日多项式求 $f(1.5)$ 和 $f(1.2)$ 的近似值。
   (b) 用基于点 $x_0=0.5,x_1=1,x_2=2$ 和 $x_3=2.5$ 的三次拉格朗日多项式求 $f(1.5)$ 和 $f(1.2)$ 的近似值。
3. 设 $f(x)=2\sin(\pi x/6)$，其中 x 为弧度。
   (a) 用基于点 $x_0=0,x_1=1$ 和 $x_2=3$ 的二次拉格朗日插值求 $f(2)$ 和 $f(2.4)$ 的近似值。
   (b) 用基于点 $x_0=0,x_1=1,x_2=3$ 和 $x_3=5$ 的三次拉格朗日插值求 $f(2)$ 和 $f(2.4)$ 的近似值。
4. 设 $f(x)=2\sin(\pi x/6)$，其中 x 为弧度。
   (a) 用基于点 $x_0=0,x_1=1$ 和 $x_2=3$ 的二次拉格朗日插值求 $f(4)$ 和 $f(3.5)$ 的近似值。
   (b) 用基于点 $x_0=0,x_1=1,x_2=3$ 和 $x_3=5$ 的三次拉格朗日插值求 $f(4)$ 和 $f(3.5)$ 的近似值。
5. 写出 $f(x)$ 的 3 次拉格朗日插值多项式的误差项 $E_3(x)$，在节点 $x_0=-1,x_1=0,x_2=3$ 和 $x_4=4$ 处插值结果精确。$f(x)$ 为
   (a) $f(x)=4x^3-3x+2$
   (b) $f(x)=x^4-2x^3$
   (c) $f(x)=x^5-5x^4$
6. 设 $f(x)=x^x$，
   (a) 求节点为 $x_0=1,x_1=1.25$ 和 $x_2=1.5$ 的 2 次拉格朗日多项式 $P_2(x)$。
   (b) 用(a)中的多项式估计 $f(x)$ 在区间 $[1,1.5]$ 上的平均值。
   (c) 利用定理 4.4 中的式(27)，求用 $P_2(x)$ 逼近 $f(x)$ 的误差界。
7. 考虑节点为 x_0,x_1 和 x_2 的 2 次拉格朗日多项式的系数多项式 $L_{2,k}(x)$，定义 $g(x)=L_{2,0}(x)+L_{2,1}(x)+L_{2,2}(x)-1$。
   (a) 证明：g 为次数小于等于 2 的多项式。
   (b) 证明：对 $k=0,1,2,g(x_k)=0$。
   (c) 证明：对任意 $x,g(x)=0$。提示：利用代数基本定理。
8. 设 $L_{N,0}(x),L_{N,1}(x),\cdots$ 和 $L_{N,N}(x)$ 是基于 $N+1$ 个节点 $x_0,x_1,\cdots$ 和 x_N 的拉格朗日多项式的系数多项式，证明：对任意实数 x，$\sum_{k=0}^{N}L_{N,k}(x)=1$。
9. 设 $f(x)$ 为次数小于等于 N 的多项式，$P_N(x)$ 为基于 $N+1$ 个节点 $x_0,x_1,\cdots,x_N$ 的次数小于等于 N 的拉格朗日多项式。证明：对所有 $x,f(x)=P_N(x)$。提示：证明误差项 $E_N(x)$ 恒为零。
10. 考虑区间 $[0,1]$ 上的函数 $f(x)=\sin(x)$，利用定理 4.4 来确定步长 h，使得：
   (a) 线性拉格朗日插值的精度为 10^{-6}（即，求 h 使得 $|E_1(x)|<5\times10^{-7}$）。
   (b) 2 次拉格朗日插值的精度为 10^{-6}（即，求 h 使得 $|E_2(x)|<5\times10^{-7}$）。

(c) 3 次拉格朗日插值的精度为 10^{-6}(即,求 h 使得 $|E_3(x)| < 5\times10^{-7}$)。

11. 由式(16)和 $N=2$,证明不等式(27)。设 $x_1=x_0+h, x_2=x_0+2h$,证明:如果 $x_0\leqslant x\leqslant x_2$,则

$$|x-x_0||x-x_1||x-x_2|\leqslant\frac{2h^3}{3\times3^{1/2}}$$

提示:在区间 $-h\leqslant t\leqslant h$ 上,利用变量替换 $t=x-x_1, t+h=x-x_0$ 和 $t-h=x-x_2$,以及函数 $v(t)=t^3-th^2$。令 $v'(t)=0$ 并求解 t 为 h 的函数。

12. **二维线性插值**。考虑过 3 个点 (x_0,y_0,z_0),(x_1,y_1,z_1) 和 (x_2,y_2,z_2) 的多项式 $z=P(x,y)=A+Bx+Cy$,则 A,B 和 C 为线性方程组

$$\begin{aligned}A+Bx_0+Cy_0&=z_0\\A+Bx_1+Cy_1&=z_1\\A+Bx_2+Cy_2&=z_2\end{aligned}$$

的解。

(a) 求 A,B 和 C,使得 $z=P(x,y)$ 过点(1,1,5),(2,1,3)和(1,2,9)。

(b) 求 A,B 和 C,使得 $z=P(x,y)$ 过点(1,1,2.5),(2,1,0)和(1,2,4)。

(c) 求 A,B 和 C,使得 $z=P(x,y)$ 过点(2,1,5),(1,3,7)和(3,2,4)。

(d) 能否找到值 A,B 和 C,使得 $z=P(x,y)$ 过点(1,2,5),(3,2,7)和(1,2,0)? 为什么?

13. 利用定理 1.7 的广义罗尔定理和函数

$$g(t)=f(t)-P_N(t)-E_n(x)\frac{(t-x_0)(t-x_1)\cdots(t-x_N)}{(x-x_0)(x-x_1)\cdots(x-x_N)}$$

其中 $P_N(x)$ 为 N 次拉格朗日多项式,证明:误差项 $E_N(x)=f(x)-P_N(x)$ 具有形式

$$E_N(x)=(x-x_0)(x-x_1)\cdots(x-x_N)\frac{f^{(N+1)}(c)}{(N+1)!}$$

提示:找出 $g^{(N+1)}(t)$,然后在 $t=c$ 处求其值。

4.3.5 算法与程序

1. 利用程序 4.1,求 4.2.2 节中第 2 题(i)小题,(a),(b)和(c)中插值多项式的系数。在同一坐标系中画出每个函数和对应的插值多项式的曲线。
2. 下表给出了 11 月 8 日美国洛杉矶的一个郊区在 5 小时内的测量温度。

(a) 利用程序 4.1,对表中的数据构造一个拉格朗日插值多项式。

(b) 利用算法 4.1(iii),估计在这 5 小时内的平均温度。

(c) 在同一坐标系中画出表中的数据和由(a)得到的多项式。讨论用(a)中的多项式计算平均温度可能产生的误差。

时间(下午)	华氏度
1	66
2	66
3	65
4	64
5	63
6	63

4.4 牛顿多项式

有时需要找出若干逼近多项式 $P_1(x),P_2(x),\cdots,P_N(x)$,然后从中选择最合适的一个。如

果采用拉格朗日多项式,则由于 $P_{N-1}(x)$ 和 $P_N(x)$ 之间没有构造上的联系,所以每个多项式需要单独构造,而且计算高次多项式需要大量的工作。以下采用一种新方法来构造牛顿多项式,它们具有递归关系:

$$P_1(x) = a_0 + a_1(x - x_0), \tag{1}$$

$$P_2(x) = a_0 + a_1(x - x_0) + a_2(x - x_0)(x - x_1) \tag{2}$$

$$P_3(x) = a_0 + a_1(x - x_0) + a_2(x - x_0)(x - x_1) + a_3(x - x_0)(x - x_1)(x - x_2) \tag{3}$$

$$\vdots$$

$$\begin{aligned} P_N(x) = a_0 &+ a_1(x - x_0) + a_2(x - x_0)(x - x_1) \\ &+ a_3(x - x_0)(x - x_1)(x - x_2) \\ &+ a_4(x - x_0)(x - x_1)(x - x_2)(x - x_3) + \cdots \\ &+ a_N(x - x_0)\cdots(x - x_{N-1}) \end{aligned} \tag{4}$$

其中多项式 $P_N(x)$ 可由 $P_{N-1}(x)$ 通过递归关系

$$P_N(x) = P_{N-1}(x) + a_N(x - x_0)(x - x_1)(x - x_2)\cdots(x - x_{N-1}) \tag{5}$$

得到。

多项式(4)称为具有 N 个**中心** $x_0, x_1, \cdots, x_{N-1}$ 的牛顿多项式,它是线性因子乘积的和,其中的最高次项为

$$a_N(x - x_0)(x - x_1)(x - x_2)\cdots(x - x_{N-1})$$

因此 $P_N(x)$ 是一个次数小于等于 N 的平凡多项式。

例 4.10　给定中心 $x_0 = 1, x_1 = 3, x_2 = 4$ 和 $x_3 = 4.5$ 以及系数 $a_0 = 5, a_1 = -2, a_2 = 0.5, a_3 = -0.1$ 和 $a_4 = 0.003$。求 $P_1(x), P_2(x), P_3(x)$ 和 $P_4(x)$,并对 $k = 1,2,3,4$ 计算 $P_k(2.5)$。

解: 利用式(1)~式(4),有

$$\begin{aligned} P_1(x) &= 5 - 2(x - 1) \\ P_2(x) &= 5 - 2(x - 1) + 0.5(x - 1)(x - 3) \\ P_3(x) &= P_2(x) - 0.1(x - 1)(x - 3)(x - 4) \\ P_4(x) &= P_3(x) + 0.003(x - 1)(x - 3)(x - 4)(x - 4.5) \end{aligned}$$

在 $x = 2.5$ 处计算多项式的值,得到

$$\begin{aligned} P_1(2.5) &= 5 - 2(1.5) = 2 \\ P_2(2.5) &= P_1(2.5) + 0.5(1.5)(-0.5) = 1.625 \\ P_3(2.5) &= P_2(2.5) - 0.1(1.5)(-0.5)(-1.5) = 1.5125 \\ P_4(2.5) &= P_3(2.5) + 0.003(1.5)(-0.5)(-1.5)(-2.0) = 1.50575 \end{aligned}$$

■

4.4.1　嵌套乘法

如果 N 固定并多次对多项式 $P_N(x)$ 求值,则应当使用嵌套乘法。该过程与平凡多项式的嵌套乘法类似,只是必须从独立变量 x 中将中心 x_k 减去。$P_3(x)$ 的嵌套乘法形式为

$$P_3(x) = ((a_3(x - x_2) + a_2)(x - x_1) + a_1)(x - x_0) + a_0 \tag{6}$$

要对给定 x 值计算 $P_3(x)$,从最内层开始,逐步地得到值

$$
\begin{aligned}
S_3 &= a_3 \\
S_2 &= S_3(x - x_2) + a_2 \\
S_1 &= S_2(x - x_1) + a_1 \\
S_0 &= S_1(x - x_0) + a_0
\end{aligned} \tag{7}
$$

值 S_0 即为 $P_3(x)$。

例 4.11 用嵌套乘法计算例 4.10 中的 $P_3(2.5)$。

解:利用式(6),可写出

$$P_3(x) = ((-0.1(x-4)+0.5)(x-3)-2)(x-1)+5$$

式(7)中的值为

$$
\begin{aligned}
S_3 &= -0.1 \\
S_2 &= -0.1(2.5-4)+0.5 = 0.65 \\
S_1 &= 0.65(2.5-3)-2 = -2.325 \\
S_0 &= -2.325(2.5-1)+5 = 1.5125
\end{aligned}
$$

因此,$P_3(2.5)=1.5125$。■

4.4.2 多项式逼近、节点和中心

假设要找出逼近给定函数 $f(x)$ 的所有多项式 $P_1(x),\cdots,P_N(x)$ 的系数 a_k,则 $P_k(x)$ 应该基于中心 $x_0,x_1,\cdots,x_k$,并有节点 $x_0,x_1,\cdots,x_{k+1}$。对多项式 $P_1(x)$,系数 a_0 和 a_1 的含义是类似的。在这种情况下,有

$$P_1(x_0) = f(x_0), \qquad P_1(x_1) = f(x_1) \tag{8}$$

利用式(1)和式(8)求解 a_0,得

$$f(x_0) = P_1(x_0) = a_0 + a_1(x_0 - x_0) = a_0 \tag{9}$$

因此有 $a_0 = f(x_0)$。然后利用式(1),式(8)和式(9),得到

$$f(x_1) = P_1(x_1) = a_0 + a_1(x_1 - x_0) = f(x_0) + a_1(x_1 - x_0)$$

由它可解出 a_1,于是有

$$a_1 = \frac{f(x_1) - f(x_0)}{x_1 - x_0} \tag{10}$$

因此 a_1 是过两点 $(x_0,f(x_0))$ 和 $(x_1,f(x_1))$ 的割线的斜率。

对于 $P_1(x)$ 和 $P_2(x)$,系数 a_0 和 a_1 是相同的。在节点 x_2 处计算式(2),可得

$$f(x_2) = P_2(x_2) = a_0 + a_1(x_2 - x_0) + a_2(x_2 - x_0)(x_2 - x_1) \tag{11}$$

式(9)和式(10)中的值 a_0 和 a_1 可用于式(11)的计算,得到

$$
\begin{aligned}
a_2 &= \frac{f(x_2) - a_0 - a_1(x_2 - x_0)}{(x_2 - x_0)(x_2 - x_1)} \\
&= \left(\frac{f(x_2) - f(x_0)}{x_2 - x_0} - \frac{f(x_1) - f(x_0)}{x_1 - x_0}\right) \Big/ (x_2 - x_1)
\end{aligned}
$$

为了计算方便,该值写为

$$a_2 = \left(\frac{f(x_2) - f(x_1)}{x_2 - x_1} - \frac{f(x_1) - f(x_0)}{x_1 - x_0}\right) \Big/ (x_2 - x_0) \tag{12}$$

将上述两个关于 a_2 的公式写为对公分母 $(x_2-x_1)(x_2-x_0)(x_1-x_0)$ 的商，可以证明两者等价。具体的证明过程留给读者考虑。式(12)中的分子是两个 1 次差商的差，为了继续下面的讨论，需要首先引入差商的概念。

定义 4.1　函数 $f(x)$ 的**差商**定义为

$$\begin{aligned} f[x_k] &= f(x_k) \\ f[x_{k-1}, x_k] &= \frac{f[x_k] - f[x_{k-1}]}{x_k - x_{k-1}} \\ f[x_{k-2}, x_{k-1}, x_k] &= \frac{f[x_{k-1}, x_k] - f[x_{k-2}, x_{k-1}]}{x_k - x_{k-2}} \\ f[x_{k-3}, x_{k-2}, x_{k-1}, x_k] &= \frac{f[x_{k-2}, x_{k-1}, x_k] - f[x_{k-3}, x_{k-2}, x_{k-1}]}{x_k - x_{k-3}} \end{aligned} \tag{13}$$

构造高次差商的递归公式为

$$f[x_{k-j}, x_{k-j+1}, \cdots, x_k] = \frac{f[x_{k-j+1}, \cdots, x_k] - f[x_{k-j}, \cdots, x_{k-1}]}{x_k - x_{k-j}} \tag{14}$$

它用来构造表 4.8 中的差商。▲

$P_N(x)$ 的系数 a_k 依赖于值 $f(x_j)$，$j=0,1,\cdots,k$。下面的定理说明，a_k 可用差商计算：

$$a_k = f[x_0, x_1, \cdots, x_k] \tag{15}$$

表 4.8　$y=f(x)$ 的差商表

x_k	$f[x_k]$	$f[\ ,\ ]$	$f[\ ,\ ,\ ]$	$f[\ ,\ ,\ ,\ ]$	$f[\ ,\ ,\ ,\ ,\ ]$
x_0	$f[x_0]$				
x_1	$f[x_1]$	$f[x_0, x_1]$			
x_2	$f[x_2]$	$f[x_1, x_2]$	$f[x_0, x_1, x_2]$		
x_3	$f[x_3]$	$f[x_2, x_3]$	$f[x_1, x_2, x_3]$	$f[x_0, x_1, x_2, x_3]$	
x_4	$f[x_4]$	$f[x_3, x_4]$	$f[x_2, x_3, x_4]$	$f[x_1, x_2, x_3, x_4]$	$f[x_0, x_1, x_2, x_3, x_4]$

定理 4.5(牛顿多项式)　设 $x_0,x_1,\cdots,x_N$ 是区间 $[a,b]$ 内 $N+1$ 个不同的数，存在唯一的至多 N 次的多项式 $P_N(x)$，具有性质

$$f(x_j) = P_N(x_j),\ \ j = 0, 1, \cdots, N$$

该多项式的牛顿形式为

$$P_N(x) = a_0 + a_1(x - x_0) + \cdots + a_N(x - x_0)(x - x_1)\cdots(x - x_{N-1}) \tag{16}$$

其中 $a_k=f[x_0,x_1,\cdots,x_k]$，$k=0,1,\cdots,N$。

批注　如果 $\{(x_j,y_j)\}_{j=0}^{N}$ 是一组横坐标不同的点，则可用 $f(x_j)$ 来构造过这 $N+1$ 个点的唯一的次数小于等于 N 的多项式。

推论 4.2(牛顿逼近)　设 $P_N(x)$ 是定理 4.5 中给出的牛顿多项式，并用来逼近函数 $f(x)$，即

$$f(x) = P_N(x) + E_N(x) \tag{17}$$

如果 $f\in C^{N+1}[a,b]$，则对每个 $x\in[a,b]$，对应地存在 (a,b) 内的数 $c=c(x)$，使得误差项形如

$$E_N(x) = \frac{(x - x_0)(x - x_1)\cdots(x - x_N)f^{(N+1)}(c)}{(N + 1)!} \tag{18}$$

批注　误差项 $E_N(x)$ 与 4.3 节中等式(16)的拉格朗日插值误差项相同。

从已知的 N 次多项式 $f(x)$ 开始计算其差商表是很有意思的。此时,对所有的 x,$f^{(N+1)}(x)=0$,而计算显示其 $N+1$ 次差商为0。这是因为差商(14)正比于 j 阶导数的数值逼近。

例4.12 设 $f(x)=x^3-4x$。构造基于节点 $x_0=1, x_1=2, \cdots, x_5=6$ 的差商表,并求基于 x_0, x_1, x_2 和 x_3 的牛顿多项式 $P_3(x)$。

其解见表4.9。 ■

$P_3(x)$ 的系数 $a_0=-3, a_1=3, a_2=6$ 和 $a_3=1$ 出现在差商表的对角线上,中心点 $x_0=1, x_1=2$ 和 $x_2=3$ 是第一列的值,由式(3)可写出

$$P_3(x)=-3+3(x-1)+6(x-1)(x-2)+(x-1)(x-2)(x-3)$$

表4.9 用于构造例4.12中的牛顿多项式 $P_3(x)$ 的差商表

x_k	$f[x_k]$	一阶差商	二阶差商	三阶差商	四阶差商	五阶差商
$x_0=1$	-3					
$x_1=2$	0	3				
$x_2=3$	15	15	6			
$x_3=4$	48	33	9	1		
$x_4=5$	105	57	12	1	0	
$x_5=6$	192	87	15	1	0	0

例4.13 基于5个点 $(k, \cos(k))$, $k=0,1,2,3,4$,构造 $f(x)=\cos(x)$ 的差商表,并用它求出系数 a_k 和4个牛顿多项式 $P_k(x)$, $k=1,2,3,4$。

解: 为简单起见,表4.10中列出的结果四舍五入到小数点后7位。在式(16)中使用节点 x_0, x_1, x_2, x_3 和对角元素 a_0, a_1, a_2, a_3, a_4,可写出前4个牛顿多项式:

$$P_1(x)=1.0000000-0.4596977(x-0.0)$$
$$P_2(x)=1.0000000-0.4596977(x-0.0)-0.2483757(x-0.0)(x-1.0)$$
$$P_3(x)=1.0000000-0.4596977(x-0.0)-0.2483757(x-0.0)(x-1.0)$$
$$+0.1465592(x-0.0)(x-1.0)(x-2.0)$$
$$P_4(x)=1.0000000-0.4596977(x-0.0)-0.2483757(x-0.0)(x-1.0)$$
$$+0.1465592(x-0.0)(x-1.0)(x-2.0)$$
$$-0.0146568(x-0.0)(x-1.0)(x-2.0)(x-3.0)$$

表4.10 用于构造例4.13中的牛顿多项式 $P_k(x)$ 的差商表

x_k	$f[x_k]$	$f[\ ,\ ]$	$f[\ ,\ ,\ ]$	$f[\ ,\ ,\ ,\ ]$	$f[\ ,\ ,\ ,\ ,\ ]$
$x_0=0.0$	1.0000000				
$x_1=1.0$	0.5403023	-0.4596977			
$x_2=2.0$	-0.4161468	-0.9564491	-0.2483757		
$x_3=3.0$	-0.9899925	-0.5738457	0.1913017	0.1465592	
$x_4=4.0$	-0.6536436	0.3363499	0.4550973	0.0879318	-0.0146568

下面的计算说明怎样计算系数 a_2。

$$f[x_0, x_1]=\frac{f[x_1]-f[x_0]}{x_1-x_0}=\frac{0.5403023-10000000}{1.0-0.0}=-0.4596977$$

$$f[x_1, x_2] = \frac{f[x_2] - f[x_1]}{x_2 - x_1} = \frac{-0.4161468 - 0.5403023}{2.0 - 1.0} = -0.9564491$$

$$a_2 = f[x_0, x_1, x_2] = \frac{f[x_1, x_2] - f[x_0, x_1]}{x_2 - x_0} = \frac{-0.9564491 + 0.4596977}{2.0 - 0.0} = -0.2483757$$

图 4.14(a)～图 4.14(c)分别绘制了 $y = \cos(x)$，$y = P_1(x)$，$y = P_2(x)$和 $y = P_3(x)$的曲线。为便于计算，需要将表 4.8 中的差商存储在数组 $D(k,j)$ 中，使得

$$D(k, j) = f[x_{k-j}, x_{k-j+1}, \cdots, x_k], \quad j \leqslant k \tag{19}$$

利用式(14)，得到递归计算数组元素的公式：

$$D(k, j) = \frac{D(k, j-1) - D(k-1, j-1)}{x_k - x_{k-j}} \tag{20}$$

注意式(15)中的值 a_k 为对角线元素 $a_k = D(k,k)$。下面给出计算差商及求 $P_N(x)$值的算法，4.4.4 节中的第 2 题讨论了如何修改该算法，使得可以用一个一维数组计算值$\{a_k\}$。 ■

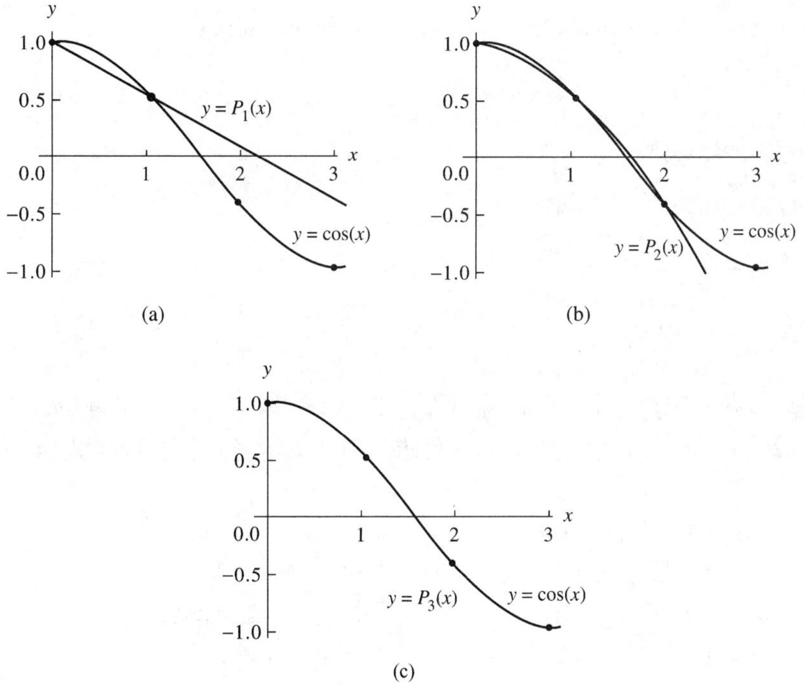

图 4.14　(a) $y = \cos(x)$和基于节点 $x_0 = 0.0$ 和 $x_1 = 1.0$ 的线性牛顿多项式 $y = P_1(x)$；(b) $y = \cos(x)$和基于节点$x_0 = 0.0$，$x_1 = 1.0$和$x_2 = 2.0$的2次牛顿多项式$y = P_2(x)$；(c) $y = \cos(x)$和基于节点$x_0 = 0.0$，$x_1 = 1.0$，$x_2 = 2.0$和$x_3 = 3.0$的3次牛顿多项式$y = P_3(x)$

程序 4.2(牛顿插值多项式)　构造和计算过$(x_k, y_k) = (x_k, f(x_k))$，$k = 0, 1, \cdots, N$ 的次数小于等于 N 的牛顿多项式：

$$\begin{aligned} P(x) = d_{0,0} &+ d_{1,1}(x - x_0) + d_{2,2}(x - x_0)(x - x_1) \\ &+ \cdots + d_{N,N}(x - x_0)(x - x_1)\cdots(x - x_{N-1}) \end{aligned} \tag{21}$$

其中

$$d_{k,0} = y_k, \qquad d_{k,j} = \frac{d_{k,j-1} - d_{k-1,j-1}}{x_k - x_{k-j}}$$

```
function [C,D]=newpoly(X,Y)
%Input  - X is a vector that contains a list of abscissas
%       - Y is a vector that contains a list of ordinates
%Output - C is a vector that contains the coefficients
%         of the Newton intepolatory polynomial
%       - D is the divided-difference table
n=length(X);
D=zeros(n,n);
D(:,1)=Y';
% Use formula (20) to form the divided-difference table
for j=2:n
    for k=j:n
      D(k,j)=(D(k,j-1)-D(k-1,j-1))/(X(k)-X(k-j+1));
   end
end
%Determine the coefficients of the Newton interpolating
%polynomial
C=D(n,n);
for k=(n-1):-1:1
   C=conv(C,poly(X(k)));
   m=length(C);
   C(m)=C(m)+D(k,k);
end
```

4.4.3 习题

在习题 1 ~ 习题 4 中，利用中心点 x_0, x_1, x_2 和 x_3，系数 a_0, a_1, a_2, a_3 和 a_4，求牛顿多项式 $P_1(x), P_2(x), P_3(x)$ 和 $P_4(x)$，并在点 $x = c$ 处求其值。提示：使用式(1) ~ 式(4)和例 4.9 中的技术。

1. $a_0 = 4$ $\quad a_1 = -1$ $\quad a_2 = 0.4$ $\quad a_3 = 0.01$ $\quad a_4 = -0.002$
   $x_0 = 1$ $\quad x_1 = 3$ $\quad x_2 = 4$ $\quad x_3 = 4.5$ $\quad c = 2.5$
2. $a_0 = 5$ $\quad a_1 = -2$ $\quad a_2 = 0.5$ $\quad a_3 = -0.1$ $\quad a_4 = 0.003$
   $x_0 = 0$ $\quad x_1 = 1$ $\quad x_2 = 2$ $\quad x_3 = 3$ $\quad c = 2.5$
3. $a_0 = 7$ $\quad a_1 = 3$ $\quad a_2 = 0.1$ $\quad a_3 = 0.05$ $\quad a_4 = -0.04$
   $x_0 = -1$ $\quad x_1 = 0$ $\quad x_2 = 1$ $\quad x_3 = 4$ $\quad c = 3$
4. $a_0 = -2$ $\quad a_1 = 4$ $\quad a_2 = -0.04$ $\quad a_3 = 0.06$ $\quad a_4 = 0.005$
   $x_0 = -3$ $\quad x_1 = -1$ $\quad x_2 = 1$ $\quad x_3 = 4$ $\quad c = 2$

在习题 5 ~ 习题 8 中：

(a) 计算函数的差商表。

(b) 写出牛顿多项式 $P_1(x), P_2(x), P_3(x)$ 和 $P_4(x)$。

(c) 在给定值 x 处求(b)中牛顿多项式的值。

(d) 比较(c)中的结果与实际函数值 $f(x)$。

5. $f(x) = x^{1/2}$

$x = 4.5, 7.5$

k	x_k	$f(x_k)$
0	4.0	2.00000
1	5.0	2.23607
2	6.0	2.44949
3	7.0	2.64575
4	8.0	2.82843

6. $f(x) = 3.6/x$

$x = 2.5, 3.5$

k	x_k	$f(x_k)$
0	1.0	3.60
1	2.0	1.80
2	3.0	1.20
3	4.0	0.90
4	5.0	0.72

7. $f(x) = 3\sin^2(\pi x/6)$

$x = 1.5, 3.5$

k	x_k	$f(x_k)$
0	0.0	0.00
1	1.0	0.75
2	2.0	2.25
3	3.0	3.00
4	4.0	2.25

8. $f(x) = e^{-x}$

$x = 0.5, 1.5$

k	x_k	$f(x_k)$
0	0.0	1.00000
1	1.0	0.36788
2	2.0	0.13534
3	3.0	0.04979
4	4.0	0.01832

9. 考虑 $M+1$ 个点$(x_0, y_0), \cdots, (x_M, y_M)$。

(a) 如果$(N+1)$次差商为 0，则证明$(N+2)$直到 M 次差商都为 0。

(b) 如果$(N+1)$次差商为 0，则证明存在一个 N 次多项式 $P_N(x)$，使得

$$P_N(x_k) = y_k, \quad k = 0,\ 1,\ \cdots,\ M$$

在习题 10 ~ 习题 12 中，用第 9 题的结果找出过 $M+1$ 个点$(N<M)$的多项式 $P_N(x)$。

10.

x_k	y_k
0	−2
1	2
2	4
3	4
4	2
5	−2

11.

x_k	y_k
1	8
2	17
3	24
4	29
5	32
6	33

12.

x_k	y_k
0	5
1	5
2	3
3	5
4	17
5	45
6	95

13. 利用推论 4.2，当在区间$[0,\pi]$上用中心点为 $x_0=0, x_1=\pi/2$ 和 $x_2=\pi$的牛顿多项式 $P_2(x)$ 逼近$f(x)=\cos(\pi x)$时，计算其最大误差$(|E_2(x)|)$的界。

4.4.4 算法与程序

1. 用程序 4.2 重新计算 4.3.3 节中的第 2 题。
2. 在程序 4.2 中，矩阵 D 用来保存差商表。

(a) 证明下面的修改是计算牛顿插值多项式的等价方法。

```
for k=0:N
  A(k)=Y(k);
end
for j=1:N
    for k=N:-1:j
```

```
        A(k)=(A(k)-A(k-1))/(X(k)-X(k-j));
    end
end
```

(b) 利用该修正程序重新计算上题。

4.5 切比雪夫多项式(选读)

考虑$f(x)$在区间$[-1,1]$上基于节点$-1\leqslant x_0<x_1<\cdots<x_N\leqslant 1$的多项式插值。拉格朗日多项式和牛顿多项式都满足

$$f(x)=P_N(x)+E_N(x)$$

其中,

$$E_N(x)=Q(x)\frac{f^{(N+1)}(c)}{(N+1)!} \tag{1}$$

$Q(x)$为$N+1$次多项式:

$$Q(x)=(x-x_0)(x-x_1)\cdots(x-x_N) \tag{2}$$

利用了关系式

$$|E_N(x)|\leqslant|Q(x)|\frac{\max_{-1\leqslant x\leqslant 1}\{|f^{(N+1)}(x)|\}}{(N+1)!}$$

下面要根据切比雪夫的推导,选择节点集$\{x_k\}_{k=0}^N$,使$\max_{-1\leqslant x\leqslant 1}\{|Q(x)|\}$最小。这将需要讨论切比雪夫多项式及其性质,表4.11列出了切比雪夫多项式的前8项。

表4.11 切比雪夫多项式 $T_0(x)$ 到 $T_7(x)$

$T_0(x)=1$
$T_1(x)=x$
$T_2(x)=2x^2-1$
$T_3(x)=4x^3-3x$
$T_4(x)=8x^4-8x^2+1$
$T_5(x)=16x^5-20x^3+5x$
$T_6(x)=32x^6-48x^4+18x^2-1$
$T_7(x)=64x^7-112x^5+56x^3-7x$

4.5.1 切比雪夫多项式性质

性质1 递归关系

切比雪夫多项式可以按如下方法生成。设$T_0(x)=1$和$T_1(x)=x$,利用递归关系

$$T_k(x)=2xT_{k-1}(x)-T_{k-2}(x),\ k=2,\ 3,\ \cdots \tag{3}$$

性质2 首项系数

当$N\geqslant 1$时,$T_N(x)$中X^N的系数为2^{N-1}。

性质3 对称性

当$N=2M$时,$T_{2M}(x)$为偶函数,即,

$$T_{2M}(-x)=T_{2M}(x) \tag{4}$$

当$N=2M+1$时,$T_{2M+1}(x)$为奇函数,即

$$T_{2M+1}(-x)=-T_{2M+1}(x) \tag{5}$$

性质4 [-1,1]上的三角函数表示

$$T_N(x)=\cos(N\arccos(x)),\quad -1\leqslant x\leqslant 1 \tag{6}$$

性质5 [-1,1]上的不同零点

$T_N(x)$在区间$[-1,1]$上有N个不同的零点x_k(见图4.15):

$$x_k = \cos\left(\frac{(2k+1)\pi}{2N}\right),\quad k=0,\ 1,\ \cdots,\ N-1 \tag{7}$$

这些值称为**切比雪夫点(节点)**。

性质 6　极值

$$|T_N(x)| \leqslant 1,\quad -1 \leqslant x \leqslant 1 \tag{8}$$

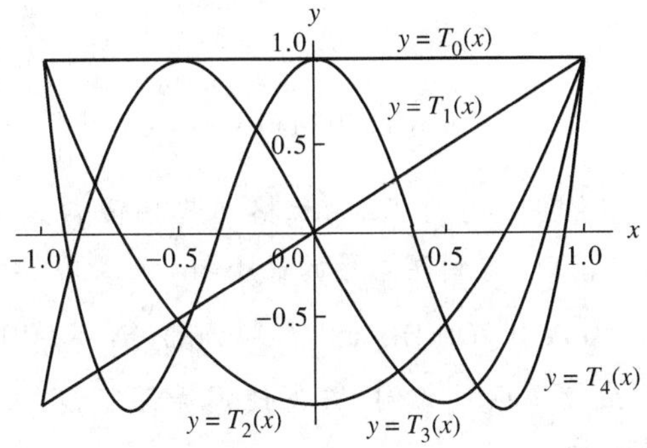

图 4.15　[-1,1]上的切比雪夫多项式 $T_0(x)$, $T_1(x)$, $\cdots$, $T_4(x)$ 曲线

性质 1 通常用来作为高次切比雪夫多项式的定义,下面证明 $T_3(x) = 2xT_2(x) - T_1(x)$。利用表 4.11 中 $T_1(x)$ 和 $T_2(x)$ 的表达式,有

$$2xT_2(x) - T_1(x) = 2x(2x^2-1) - x = 4x^3 - 3x = T_3(x)$$

由递归关系可知,$T_N(x)$ 的首项系数是 $T_{N-1}(x)$ 首项系数的 2 倍,因此可得性质 2。

可以证明,$T_{2M}(x)$ 只包含 x 的偶次幂,而 $T_{2M+1}(x)$ 只包含 x 的奇数次幂,由此可证性质 3。详细证明留给读者完成。

性质 4 的证明利用了三角恒等式

$$\cos(k\theta) = \cos(2\theta)\cos((k-2)\theta) - \sin(2\theta)\sin((k-2)\theta)$$

用 $\cos(2\theta) = 2\cos^2(\theta) - 1$ 和 $\sin(2\theta) = 2\sin(\theta)\cos(\theta)$ 代换,得

$$\cos(k\theta) = 2\cos(\theta)(\cos(\theta)\cos((k-2)\theta) - \sin(\theta)\sin((k-2)\theta)) - \cos((k-2)\theta)$$

简化得

$$\cos(k\theta) = 2\cos(\theta)\cos((k-1)\theta) - \cos((k-2)\theta)$$

最后,代入 $\theta = \arccos(x)$ 得

$$\begin{aligned} &2x\cos((k-1)\arccos(x)) - \cos((k-2)\arccos(x)) \\ &\qquad = \cos(k\arccos(x)),\quad -1 \leqslant x \leqslant 1 \end{aligned} \tag{9}$$

最前面的两个切比雪夫多项式是 $T_0(x) = \cos(0\arccos(x)) = 1$ 和 $T_1(x) = \cos(1\arccos(x)) = x$,设对 $k = 2, 3, \cdots, N-1$,有 $T_k(x) = \cos(k\arccos(x))$。将式(9)代入式(3),得到一般情况:

$$\begin{aligned} T_N(x) &= 2xT_{N-1}(x) - T_{N-2}(x) \\ &= 2x\cos((N-1)\arccos(x)) - \cos((N-2)\arccos(x)) \\ &= \cos(N\arccos(x)),\quad -1 \leqslant x \leqslant 1 \end{aligned}$$

性质 5 和性质 6 是性质 4 的推论。

4.5.2　最小上界

俄罗斯数学家切比雪夫研究了如何使 $|E_N(x)|$ 的上界最小。一种方法是采用区间[-1,1]

上$|Q(x)|$的最大值与区间$[-1,1]$上$|f^{(N+1)}(x)/(N+1)!|$的最大值之积。切比雪夫发现,要使因子$\max\{|Q(x)|\}$最小,应该选择$x_0,x_1,\cdots,x_N$,使得$Q(x)=(1/2^N)T_{N+1}(x)$。

定理 4.6 设N固定,在满足等式(2)的所有$Q(x)$中,从而在区间$[-1,1]$中所有可能的不同节点$\{x_k\}_{k=0}^{N}$中,$T(x)=T_{N+1}(x)/2^N$是唯一具有性质

$$\max_{-1\leqslant x\leqslant 1}\{|T(x)|\}\leqslant\max_{-1\leqslant x\leqslant 1}\{|Q(x)|\}$$

的多项式。并且,

$$\max_{-1\leqslant x\leqslant 1}\{|T(x)|\}=\frac{1}{2^N}\tag{10}$$

该结果可以叙述为,对于区间$[-1,1]$上的拉格朗日插值$f(x)=P_N(x)+E_N(x)$,当节点$\{x_k\}$为切比雪夫点$T_{N+1}(x)$时,得到误差界的最小值

$$(\max\{|Q(x)|\})(\max\{|f^{(N+1)}(x)/(N+1)!|\})$$

以构造$P_3(x)$拉格朗日系数多项式为例,首先使用等距节点,然后再用切比雪夫节点。3次拉格朗日多项式具有形式

$$P_3(x)=f(x_0)L_{3,0}(x)+f(x_1)L_{3,1}(x)+f(x_2)L_{3,2}(x)+f(x_3)L_{3,3}(x)\tag{11}$$

■

4.5.3 等距节点

在区间$[-1,1]$上用至多3次的多项式逼近函数$f(x)$,可直接将等距节点$x_0=-1,x_1=-1/3$,$x_2=1/3$和$x_3=1$代入4.3节中的式(8),简化后得到表4.12中的系数多项式$L_{3,k}(x)$。

表 4.12 基于等距节点 $x_k=-1+2k/3$ 的拉格朗日系数多项式,用来构造 $P_3(x)$

$L_{3,0}(x)=-0.06250000+0.06250000x+0.56250000x^2-0.56250000x^3$
$L_{3,1}(x)=\ \ 0.56250000-1.68750000x-0.56250000x^2+1.68750000x^3$
$L_{3,2}(x)=\ \ 0.56250000+1.68750000x-0.56250000x^2-1.68750000x^3$
$L_{3,3}(x)=-0.06250000-0.06250000x+0.56250000x^2+0.56250000x^3$

4.5.4 切比雪夫节点

在区间$[-1,1]$上用至多3次的多项式逼近函数$f(x)$,使用切比雪夫节点$x_0=\cos(7\pi/8)$,$x_1=\cos(5\pi/8)$,$x_2=\cos(3\pi/8)$和$x_3=\cos(\pi/8)$,系数多项式的计算很烦琐(但可以由计算机来完成),其简化后的系数多项式在表4.13中给出。

表 4.13 基于 $P_3(x)$ 切比雪夫节点 $x_k=\cos((7-2k)\pi/8)$ 的系数多项式,用来构造 $P_3(x)$

$C_0(x)=-0.10355339+0.11208538x+0.70710678x^2-0.76536686x^3$
$C_1(x)=\ \ 0.60355339-1.57716102x-0.70710678x^2+1.84775906x^3$
$C_2(x)=\ \ 0.60355339+1.57716102x-0.70710678x^2-1.84775906x^3$
$C_3(x)=-0.10355339-0.11208538x+0.70710678x^2+0.76536686x^3$

例 4.14 比较分别用表4.12和表4.13的系数多项式得到的$f(x)=e^x$的$N=3$的拉格朗日多项式。

解:采用等距节点的多项式为

$$P(x)=0.99519577+0.99904923x+0.54788486x^2+0.17615196x^3$$

首先由函数求值

$$f(x_0)=e^{(-1)}=0.36787944,\qquad f(x_1)=e^{(-1/3)}=0.71653131$$
$$f(x_2)=e^{(1/3)}=1.39561243,\qquad f(x_3)=e^{(1)}=2.71828183$$

并利用表 4.12 中的系数多项式 $L_{3,k}(x)$，构造线性组合

$$P(x)=0.36787944L_{3,0}(x)+0.71653131L_{3,1}(x)+1.39561243L_{3,2}(x)+2.71828183L_{3,3}(x)$$

用类似的计算过程可得到采用切比雪夫节点的多项式：

$$V(x)=0.99461532+0.99893323x+0.54290072x^2+0.17517569x^3$$

注意其系数与 $P(x)$ 的系数不同，这是使用不同节点和函数值

$$f(x_0)=e^{-0.92387953}=0.39697597$$
$$f(x_1)=e^{-0.38268343}=0.68202877$$
$$f(x_2)=e^{0.38268343}=1.46621380$$
$$f(x_3)=e^{0.92387953}=2.51904417$$

的结果。使用表 4.13 中的系数多项式 $C_k(x)$ 构造线性组合，得到

$$V(x)=0.39697597C_0(x)+0.68202877C_1(x)+1.46621380C_2(x)+2.51904417C_3(x)$$

为了比较 $P(x)$ 与 $V(x)$ 的精度，图 4.16(a) 和图 4.16(b) 中分别绘出了其误差函数的曲线。最大误差 $|e^x-P(x)|$ 在 $x=0.75490129$ 处出现，且

$$|e^x-P(x)|\leqslant 0.00998481,\quad -1\leqslant x\leqslant 1$$

而最大误差 $|e^x-V(x)|$ 在 $x=1$ 处出现，且

$$|e^x-V(x)|\leqslant 0.00665687,\quad -1\leqslant x\leqslant 1$$

注意 $V(x)$ 的最大误差约为 $P(x)$ 误差的 2/3，而且误差在区间上的分布也更均匀。■

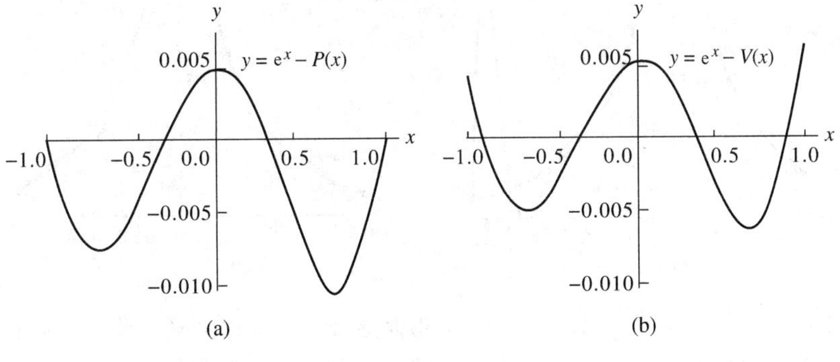

图 4.16 (a) 区间[-1,1]上拉格朗日逼近的误差函数 $y=e^x-P(x)$；(b) 区间[-1,1]上拉格朗日逼近的误差函数 $y=e^x-V(x)$

4.5.5 龙格现象

现在来更进一步考察使用切比雪夫插值节点的优越性。考虑 $f(x)$ 在区间[-1,1]上基于等距节点的拉格朗日插值。当 N 增加时，误差 $E_N(x)=f(x)-P_N(x)$ 随之而趋近于零吗？对于类似 $\sin(x)$ 或 e^x 的函数，其所有导数有同样的常数界 M，答案是肯定的。而在一般情况下，答案是否定的，而且很容易找到序列 $\{P_N(x)\}$ 不收敛的函数。如果 $f(x)=1/(1+12x^2)$，则当 N 趋近于无穷大时，误差项 $E_N(x)$ 的最大值增加。这种不收敛性称为**龙格(Runge)现象**。该函数

基于 11 个等距节点的 10 次拉格朗日多项式在图 4.17(a)中给出,在区间的端点附近发生了剧烈的振荡。当节点数增加时,振荡变得更剧烈。产生这一现象的原因正是由于节点是等距的!

如果用切比雪夫节点来构造 $f(x)=1/(1+12x^2)$ 的 10 次插值多项式,误差就会小得多,如图 4.17(b)所示。使用切比雪夫节点,误差 $E_N(x)$ 将随着 N 趋近于无穷大而趋近于零。一般情况下,如果 $f(x)$ 和 $f'(x)$ 在 $[-1,1]$ 上连续,则可以证明,切比雪夫插值产生的多项式序列 $\{P_N(x)\}$ 在 $[-1.1]$ 上一致收敛于 $f(x)$。

4.5.6　区间变换

有时需要将在区间 $[a,b]$ 上描述的问题变换到区间 $[c,d]$ 上表示,因为在这一区间中问题的解已知。要得到区间 $[a,b]$ 上 $f(x)$ 的逼近 $P_N(x)$,可进行变量变换,使得问题在 $[-1,1]$ 上表示为

$$x=\left(\frac{b-a}{2}\right)t+\frac{a+b}{2}\quad \text{或}\quad t=2\frac{x-a}{b-a}-1 \tag{12}$$

其中 $a\leqslant x\leqslant b$,且 $-1\leqslant t\leqslant 1$。

$T_{N+1}(t)$ 在区间 $[-1,1]$ 上所需的切比雪夫节点为

$$t_k=\cos\left((2N+1-2k)\frac{\pi}{2N+2}\right),\ k=0,\ 1,\ \cdots,\ N \tag{13}$$

利用式(12)可得 $[a,b]$ 上的插值节点:

$$x_k=t_k\frac{b-a}{2}+\frac{a+b}{2},\ k=0,\ 1,\ \cdots,\ N \tag{14}$$

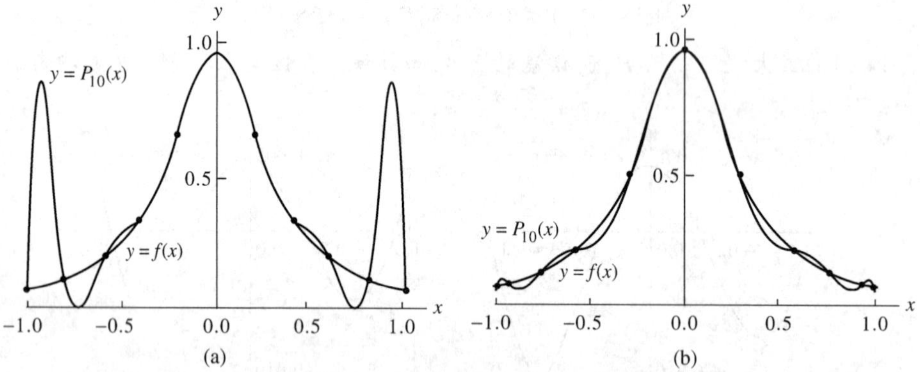

图 4.17　(a) $y=1/(1+12x^2)$ 的多项式逼近,基于 $[-1,1]$ 上的等距节点;(b) $y=1/(1+12x^2)$ 的多项式逼近,基于 $[-1,1]$ 上的切比雪夫节点

定理 4.7(拉格朗日-切比雪夫逼近多项式)　设 $P_N(x)$ 为基于式(14)所给切比雪夫节点的拉格朗日多项式。如果 $f\in C^{N+1}[a,b]$,则

$$|f(x)-P_N(x)|\leqslant\frac{2(b-a)^{N+1}}{4^{N+1}(N+1)!}\max_{a\leqslant x\leqslant b}\{|f^{(N+1)}(x)|\} \tag{15}$$

例 4.15　对 $[0,\pi/4]$ 上的 $f(x)=\sin(x)$,求拉格朗日多项式 $P_5(x)$ 的切比雪夫节点和误差界(15)。

解: 利用式(12),式(13)和式(14)计算节点:

$$x_k = \cos\left(\frac{(11-2k)\pi}{12}\right)\frac{\pi}{8}+\frac{\pi}{8},\quad k=0,\ 1,\ \cdots,\ 5$$

利用式(15)中的界$|f^{(6)}(x)| \leqslant |-\sin(\pi/4)| = 2^{-1/2} = M$，得

$$|f(x)-P_N(x)| \leqslant \left(\frac{\pi}{8}\right)^6\left(\frac{2}{6!}\right)2^{-1/2} \leqslant 0.00000720$$

■

4.5.7　正交性

例 4.14 使用切比雪夫节点来求拉格朗日插值多项式。这意味着，N 次切比雪夫多项式可由以 $T_{N+1}(x)$ 的 $N+1$ 个零点为节点的拉格朗日多项式求得。然而，直接求逼近多项式的方法是将 $P_N(x)$ 表达为表 4.11 中多项式 $T_k(x)$ 的线性组合。因此，切比雪夫插值多项式可写为如下形式：

$$P_N(x) = \sum_{k=0}^{N} c_k T_k(x) = c_0T_0(x) + c_1T_1(x) + \cdots + c_NT_N(x) \tag{16}$$

很容易求解式(16)中的系数$\{c_k\}$，其技术上的证明需要使用如下的正交性质。设

$$x_k = \cos\left(\pi\frac{2k+1}{2N+2}\right),\quad 其中\ k=0,\ 1,\ \cdots,\ N \tag{17}$$

$$\sum_{k=0}^{N} T_i(x_k)T_j(x_k) = 0,\qquad 当\ i \neq j\ 时 \tag{18}$$

$$\sum_{k=0}^{N} T_i(x_k)T_j(x_k) = \frac{N+1}{2},\qquad 当\ i = j \neq 0\ 时 \tag{19}$$

$$\sum_{k=0}^{N} T_0(x_k)T_0(x_k) = N+1 \tag{20}$$

利用性质 4 和等式(18)~等式(20)可以证明如下定理。

定理 4.8（切比雪夫逼近）　$f(x)$在区间$[-1,1]$上次数小于等于 N 的切比雪夫逼近多项式 $P_N(x)$可写为$\{T_j(x)\}$，以及

$$f(x) \approx P_N(x) = \sum_{j=1}^{N} c_jT_j(x)$$

系数$\{c_j\}$可用公式

$$c_0 = \frac{1}{N+1}\sum_{k=0}^{N} f(x_k)T_0(x_k) = \frac{1}{N+1}\sum_{k=0}^{N} f(x_k) \tag{22}$$

和

$$\begin{aligned} c_j &= \frac{2}{N+1}\sum_{k=0}^{N} f(x_k)T_j(x_k) \\ &= \frac{2}{N+1}\sum_{k=0}^{N} f(x_k)\cos\left(\frac{j\pi(2k+1)}{2N+2}\right),\quad j=1,\ 2,\ \cdots,\ N \end{aligned} \tag{23}$$

计算。

例 4.16 求区间[-1,1]上逼近函数 $f(x) = e^x$ 的切比雪夫多项式 $P_3(x)$。

解:利用式(22)和式(23),以及节点 $x_k = \cos(\pi(2k+1)/8)$, $k=0,1,2,3$ 计算系数。

$$c_0 = \frac{1}{4}\sum_{k=0}^{3} e^{x_k} T_0(x_k) = \frac{1}{4}\sum_{k=0}^{3} e^{x_k} = 1.26606568$$

$$c_1 = \frac{1}{2}\sum_{k=0}^{3} e^{x_k} T_1(x_k) = \frac{1}{2}\sum_{k=0}^{3} e^{x_k} x_k = 1.13031500$$

$$c_2 = \frac{1}{2}\sum_{k=0}^{3} e^{x_k} T_2(x_k) = \frac{1}{2}\sum_{k=0}^{3} e^{x_k} \cos\left(2\pi\frac{2k+1}{8}\right) = 0.27145036$$

$$c_3 = \frac{1}{2}\sum_{k=0}^{3} e^{x_k} T_3(x_k) = \frac{1}{2}\sum_{k=0}^{3} e^{x_k} \cos\left(3\pi\frac{2k+1}{8}\right) = 0.04379392$$

故 e^x 的切比雪夫多项式 $P_3(x)$ 为

$$\begin{aligned} P_3(x) = 1.26606568T_0(x) + 1.13031500T_1(x) \\ + 0.27145036T_2(x) + 0.04379392T_3(x) \end{aligned} \tag{24}$$

如果将式(24)展开为 x 的幂函数,结果为

$$P_3(x) = 0.99461532 + 0.99893324x + 0.54290072x^2 + 0.17517568x^3$$

与例 4.14 中的多项式 $V(x)$ 相同。如果计算的目的是求切比雪夫多项式,则最好用式(22)和式(23)。 ■

4.5.8 MATLAB 实现

下面的程序使用 eval 命令,而没有用前面程序中用到的 feval 命令。eval 命令将一个 MATLAB 字符串解释为表达式或语句。例如,下面的命令将快速地计算 $k=0,1,\cdots,5$ 时 $x = k/10$ 处的余弦值:

```
>> x=0:.1:.5;
>> eval('cos(x)')
ans =
   1.0000 0.9950 0.9801 0.9553 0.9211 0.8776
```

程序 4.3(切比雪夫逼近) 构造并计算[-1,1]上的 N 次切比雪夫逼近多项式,其中

$$P(x) = \sum_{j=0}^{N} c_j T_j(x)$$

基于节点

$$x_k = \cos\left(\frac{(2k+1)\pi}{2N+2}\right)$$

```
function [C,X,Y]=cheby(fun,n,a,b)
%Input  - fun is the string function to be approximated
%       - N is the degree of the Chebyshev interpolating
%         polynomial
%       - a is the left end point
%       - b is the right end point
%Output - C is the coefficient list for the polynomial
%       - X contains the abscissas
%       - Y contains the ordinates
```

```
if nargin==2, a=-1;b=1;end
d=pi/(2*n+2);
C=zeros(1,n+1);
for k=1:n+1
   X(k)=cos((2*k-1)*d);
end
X=(b-a)*X/2+(a+b)/2;
x=X;
Y=eval(fun);
for k =1:n+1
   z=(2*k-1)*d;
   for j=1:n+1
      C(j)=C(j)+Y(k)*cos((j-1)*z);
   end
end
C=2*C/(n+1);
C(1)=C(1)/2;
```

4.5.9 习题

1. 利用性质1,
   (a) 由 $T_3(x)$ 和 $T_2(x)$ 构造 $T_4(x)$。
   (b) 由 $T_4(x)$ 和 $T_3(x)$ 构造 $T_5(x)$。
2. 利用性质1,
   (a) 由 $T_5(x)$ 和 $T_4(x)$ 构造 $T_6(x)$。
   (b) 由 $T_6(x)$ 和 $T_5(x)$ 构造 $T_7(x)$。
3. 利用数学归纳法证明性质2。
4. 利用数学归纳法证明性质3。
5. 计算区间 $[-1,1]$ 上 $T_2(x)$ 的最大值和最小值。
6. 计算区间 $[-1,1]$ 上 $T_3(x)$ 的最大值和最小值。
   提示: $T_3'(1/2)=0$ 和 $T_3'(-1/2)=0$。
7. 计算区间 $[-1,1]$ 上 $T_4(x)$ 的最大值和最小值。
   提示: $T_4'(0)=0$, $T_4'(2^{-1/2})=0$ 和 $T_4'(-2^{-1/2})=0$。
8. 设在 $[-1,1]$ 上, $f(x)=\sin(x)$,
   (a) 利用表4.13中的系数多项式求切比雪夫逼近多项式 $P_3(x)$。
   (b) 求误差界 $|\sin(x)-P_3(x)|$。
9. 设在 $[-1,1]$ 上, $f(x)=\ln(x+2)$,
   (a) 利用表4.13中的系数多项式求切比雪夫逼近多项式 $P_3(x)$。
   (b) 求误差界 $|\ln(x+2)-P_3(x)|$。
10. 2次拉格朗日多项式具有

$$f(x)=f(x_0)L_{2,0}(x)+f(x_1)L_{2,1}(x)+f(x_2)L_{2,2}(x)$$

的形式,如果切比雪夫节点采用 $x_0=\cos(5\pi/6)$, $x_1=0$ 和 $x_2=\cos(\pi/6)$,证明:系数多项式为

$$L_{2,0}(x)=-\frac{x}{\sqrt{3}}+\frac{2x^2}{3}$$

$$L_{2,1}(x) = 1 - \frac{4x^2}{3}$$

$$L_{2,2}(x) = \frac{x}{\sqrt{3}} + \frac{2x^2}{3}$$

11. 设在[-1,1]上,$f(x) = \cos(x)$。
    (a) 利用习题 10 中的系数多项式求拉格朗日-切比雪夫逼近多项式 $P_2(x)$。
    (b) 计算误差界$|\cos(x) - P_2(x)|$。
12. 设在[-1,1]上,$f(x) = e^x$。
    (a) 利用习题 10 中的系数多项式求拉格朗日-切比雪夫逼近多项式 $P_2(x)$。
    (b) 计算误差界$|e^x - P_2(x)|$。

习题 13 ~ 习题 15 对区间[-1,1]上函数 $f(x)$ 的泰勒多项式和拉格朗日-切比雪夫逼近多项式进行比较,计算它们的误差界。

13. $f(x) = \sin(x)$, $N = 7$;拉格朗日-切比雪夫逼近多项式为

$$\sin(x) \approx 0.99999998x - 0.16666599x^2 + 0.00832995x^5 - 0.00019297x^7$$

14. $f(x) = \cos(x)$, $N = 6$;拉格朗日-切比雪夫逼近多项式为

$$\cos(x) \approx 1 - 0.49999734x^2 + 0.04164535x^4 - 0.00134608x^6$$

15. $f(x) = e^x$, $N = 7$;拉格朗日-切比雪夫逼近多项式为

$$\begin{aligned} e^x \approx\ & 0.99999980 + 0.99999998x + 0.50000634x^2 \\ & + 0.16666737x^3 + 0.04163504x^4 + 0.00832984x^5 \\ & + 0.00143925x^6 + 0.00020399x^7 \end{aligned}$$

16. 证明等式(18)。
17. 证明等式(19)。

4.5.10 算法与程序

在第 1 题至第 6 题中,当(a) $N = 4$,(b) $N = 5$, (c) $N = 6$ 和(d) $N = 7$ 时,利用程序 4.3 计算[-1,1]上 $f(x)$ 的切比雪夫多项式 $P_N(x)$ 的系数$\{c_k\}$。在每种情况下,在同一坐标系中画出 $f(x)$ 和 $P_N(x)$ 的曲线。

1. $f(x) = e^x$
2. $f(x) = \sin(x)$
3. $f(x) = \cos(x)$
4. $f(x) = \ln(x + 2)$
5. $f(x) = (x + 2)^{1/2}$
6. $f(x) = (x + 2)^{(x+2)}$
7. 利用程序 4.3($N = 5$),求$\int_0^1 \cos(x^2)\,dx$ 的逼近。

4.6 帕德逼近

本节引进函数的有理逼近的概念。在函数 $f(x)$ 的定义域的一个小区间上对它进行逼近。例如 $f(x) = \cos(x)$,只需找到它在区间$[0, \pi/2]$上的逼近公式,然后利用三角恒等式即可计算该区间之外的函数值。

在区间$[a, b]$上 $f(x)$ 的有理逼近是两个 N 次和 M 次多项式 $P_N(x)$ 和 $Q_M(x)$ 的分式。用记

号 $R_{N,M}(x)$ 来表示这一分式：

$$R_{N,M}(x)=\frac{P_N(x)}{Q_M(x)},\quad a\leqslant x\leqslant b \tag{1}$$

逼近的目标是使最大误差尽可能地小。对给定的计算能力，通常可以构造出有理逼近，它在 $[a,b]$ 上的整体误差小于多项式逼近。以下的推导只是一个导论，且仅限于帕德逼近。

帕德（Padé）方法要求 $f(x)$ 及其导数在 $x=0$ 处连续。选择 $x=0$ 这个点有两个原因，第一，它使计算变得简单；第二，可以通过变量变换把计算平移到包含 0 的区间。式(1)中用的多项式为

$$P_N(x)=p_0+p_1x+p_2x^2+\cdots+p_Nx^N \tag{2}$$

和

$$Q_M(x)=1+q_1x+q_2x^2+\cdots+q_Mx^M \tag{3}$$

多项式(2)和多项式(3)的构造为，在 $x=0$ 处，$f(x)$ 和 $R_{N,M}(x)$ 相等，且它们直至 $N+M$ 阶导数也相等。当 $Q_0(x)=1$ 时，该逼近其实就是 $f(x)$ 的麦克劳林（Maclaurin）展开。对于固定的 $N+M$，当 $P_N(x)$ 和 $Q_M(x)$ 有相同次数时，或者当 $P_N(x)$ 的次数比 $Q_M(x)$ 次数高 1 次时误差最小。

注意 $Q_M(x)$ 的常数项为 $q_0=1$。这是允许的，因为它不能为 0，而当 $R_{N,M}(x)$ 和 $P_N(x)$ 被同一常数除时，$Q_M(x)$ 不变。因此有理函数 $R_{N,M}(x)$ 有 $N+M+1$ 个未知系数。设 $f(x)$ 是解析的，且有麦克劳林展开

$$f(x)=a_0+a_1x+a_2x^2+\cdots+a_kx^k+\cdots \tag{4}$$

差 $f(x)Q_M(x)-P_N(x)=Z(x)$ 表示为

$$\left(\sum_{j=0}^{\infty}a_jx^j\right)\left(\sum_{j=0}^{M}q_jx^j\right)-\sum_{j=0}^{N}p_jx^j=\sum_{j=N+M+1}^{\infty}c_jx^j \tag{5}$$

式(5)右端和式的下标选择为 $j=N+M+1$，因为 $f(x)$ 和 $R_{N,M}(x)$ 在 $x=0$ 处的前 $N+M$ 阶导数相等。

将式(5)左端乘开，并令 $k=0,1,\cdots,N+M$ 的 x^j 系数为 0，可得到 $N+M+1$ 阶线性方程组：

$$\begin{aligned}a_0-p_0&=0\\ q_1a_0+a_1-p_1&=0\\ q_2a_0+q_1a_1+a_2-p_2&=0\\ q_3a_0+q_2a_1+q_1a_2+a_3-p_3&=0\\ q_Ma_{N-M}+q_{M-1}a_{N-M+1}+\cdots+a_N-p_N&=0\end{aligned} \tag{6}$$

和

$$\begin{aligned}&q_Ma_{N-M+1}+q_{M-1}a_{N-M+2}+\cdots+q_1a_N+a_{N+1}=0\\ &q_Ma_{N-M+2}+q_{M-1}a_{N-M+3}+\cdots+q_1a_{N+1}+a_{N+2}=0\\ &\qquad\vdots\\ &q_Ma_N+q_{M-1}a_{N+1}+\cdots+q_1a_{N+M-1}+a_{N+M}=0\end{aligned} \tag{7}$$

注意，在每个等式中，相乘的两个因子的下标和相等，且该和从 0 递增到 $N+M$。式(7)中的 M 个等式只包含 N 个未知量 $q_1,q_2,\cdots,q_M$，应该先求解，然后利用等式(6)求出 $p_0,p_1,\cdots,p_N$。

例 4.17 证明帕德逼近

$$\cos(x)\approx R_{4,4}(x)=\frac{15120-6900x^2+313x^4}{15120+660x^2+13x^4} \tag{8}$$

解:区间[-5,5]上 $\cos(x)$ 和 $R_{4,4}(x)$ 的曲线见图 4.18。

如果使用 $\cos(x)$ 的麦克劳林展开,则将得到包含 9 个未知量的 9 个方程式。而 $\cos(x)$ 和 $R_{4,4}(x)$ 都是偶函数,并且包含 x^2 项,因此从 $f(x)=\cos(x^{1/2})$ 开始可简化计算:

$$f(x)=1-\frac{1}{2}x+\frac{1}{24}x^2-\frac{1}{720}x^3+\frac{1}{40320}x^4-\cdots \tag{9}$$

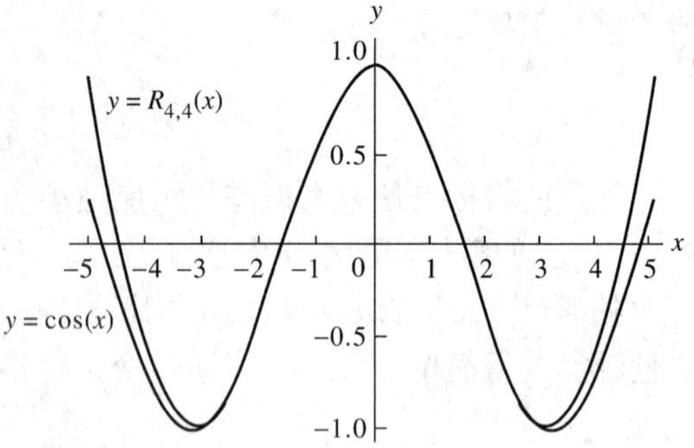

图 4.18 $y=\cos(x)$ 及其帕德逼近 $R_{4,4}(x)$ 的曲线图

在这种情况下,等式(5)变为

$$\left(1-\frac{1}{2}x+\frac{1}{24}x^2-\frac{1}{720}x^3+\frac{1}{40320}x^4-\cdots\right)\left(1+q_1x+q_2x^2\right)-p_0-p_1x-p_2x^2$$
$$=0+0x+0x^2+0x^3+0x^4+c_5x^5+c_6x^6+\cdots$$

比较 x 的前 5 个指数项系数,得到如下的线性方程组:

$$\begin{aligned}1-p_0&=0\\-\frac{1}{2}+q_1-p_1&=0\\\frac{1}{24}-\frac{1}{2}q_1+q_2-p_2&=0\\-\frac{1}{720}+\frac{1}{24}q_1-\frac{1}{2}q_2&=0\\\frac{1}{40320}-\frac{1}{720}q_1+\frac{1}{24}q_2&=0\end{aligned} \tag{10}$$

必须先求解式(10)中的后两个方程,它们可改写为易于求解的形式:

$$q_1-12q_2=\frac{1}{30},\qquad -q_1+30q_2=\frac{-1}{56}$$

先通过等式相加解出 q_2,再求出 q_1

$$\begin{aligned}q_2&=\frac{1}{18}\left(\frac{1}{30}-\frac{1}{56}\right)=\frac{13}{15120}\\q_1&=\frac{1}{30}+\frac{156}{15120}=\frac{11}{252}\end{aligned} \tag{11}$$

利用式(10)的前 3 个方程,显然 $p_0=1$,并利用式(11)中的 q_1 和 q_2,解得 p_1 和 p_2:

$$\begin{aligned}p_1&=-\frac{1}{2}+\frac{11}{252}=-\frac{115}{252}\\p_2&=\frac{1}{24}-\frac{11}{504}+\frac{13}{15120}=\frac{313}{15120}\end{aligned} \tag{12}$$

利用式(11)和式(12)中的系数可构造 $f(x)$ 的有理逼近:

$$f(x)\approx\frac{1-115x/252+313x^2/15120}{1+11x/252+13x^2/15120} \tag{13}$$

由于 $\cos(x)=f(x^2)$,可以用 x^2 代换式(13)中的 x,得到的结果是式(8)中的 $R_{4,4}(x)$ 的公式。 ■

4.6.1 连分式

例 4.17 中的帕德逼近 $R_{4,4}(x)$ 每求 1 个值需要至少 12 个算术运算,而利用连分式可以减少到 7 个运算。从式(8)开始,求其多项式余项：

$$R_{4,4}(x)=\frac{15120/313-(6900/313)x^2+x^4}{15120/13+(660/13)x^2+x^4}$$
$$=\frac{313}{13}-\left(\frac{296280}{169}\right)\left(\frac{12600/823+x^2}{15120/13+(600/13)x^2+x^4}\right)$$

对余项再次进行这一过程,结果为

$$R_{4,4}(x)=\frac{313}{13}-\cfrac{296280/169}{\cfrac{15120/13+(660/13)x^2+x^4}{12600/823+x^2}}$$
$$=\frac{313}{13}-\cfrac{296280/169}{\cfrac{379380}{10699}+x^2+\cfrac{420078960/677329}{12600/823+x^2}}$$

为了计算,将分式写为小数形式,得

$$R_{4,4}(x)=24.07692308-\frac{1753.13609467}{35.45938873+x^2+620.19928277/(15.30984204+x^2)} \tag{14}$$

要计算式(14),首先计算并保存 x^2,然后从分母的最右端开始,依次进行加法,除法,加法,加法,除法和减法。这样总共需要 7 个算法运算来求得式(14)中的连分式 $R_{4,4}(x)$的值。

比较 $R_{4,4}(x)$与 6 次泰勒多项式 $P_6(x)$,当后者写成嵌套形式

$$P_6(x)=1+x^2\left(-\frac{1}{2}+x^2\left(\frac{1}{24}-\frac{1}{720}x^2\right)\right)$$
$$=1+x^2(-0.5+x^2(0.0416666667-0.0013888889x^2)) \tag{15}$$

时也需要 7 个算法运算的值。图 4.19(a)和图 4.19(b)分别给出了[-1,1]上 $E_R(x)=\cos(x)-R_{4,4}(x)$和 $E_P(x)=\cos(x)-P_6(x)$的曲线图。最大误差在端点处出现,分别为 $E_R(1)=-0.0000003599$ 和 $E_P(1)=-0.0000245281$,$R_{4,4}(x)$的最大误差约为 $P_6(x)$的 1.467%。区间越小,帕德逼近优于泰勒逼近越多。在[-0.1,0.1]上,有 $E_R(0.1)=-0.0000000004$ 和 $E_P(0.1)=0.0000000966$,因此 $R_{4,4}(x)$的误差大小约为 $P_6(x)$误差大小的 0.384%。

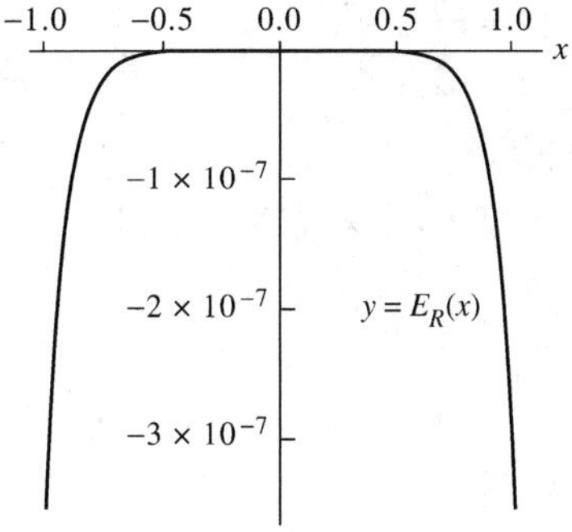

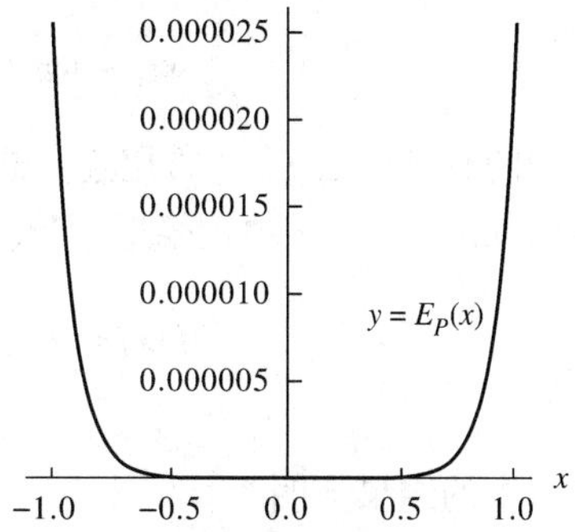

图 4.19　(a) 帕德逼近 $R_{4,4}(x)$的误差 $E_R(x)=\cos(x)-R_{4,4}(x)$曲线;
(b) 泰勒逼近 $P_6(x)$的误差 $E_P(x)=\cos(x)-P_6(x)$曲线

4.6.2 习题

1. 证明帕德逼近：

$$e^x \approx R_{1,1}(x) = \frac{2+x}{2-x}$$

2. (a) 求 $f(x) = \ln(1+x)/x$ 的帕德逼近 $R_{1,1}(x)$。提示：由麦克劳林展开

$$f(x) = 1 - \frac{x}{2} + \frac{x^2}{3} - \cdots$$

开始。

(b) 用(a)中的结果证明逼近

$$\ln(1+x) \approx R_{2,1}(x) = \frac{6x+x^2}{6+4x}$$

3. (a) 求 $f(x) = \tan(x^{1/2})/x^{1/2}$ 的 $R_{1,1}(x)$。提示：由麦克劳林展开

$$f(x) = 1 + \frac{x}{3} + \frac{2x^2}{15} + \cdots$$

开始。

(b) 用(a)中的结果证明逼近

$$\tan(x) \approx R_{3,2}(x) = \frac{15x - x^3}{15 - 6x^2}$$

4. (a) 求 $f(x) = \arctan(x^{1/2})/x^{1/2}$ 的 $R_{1,1}(x)$。提示：由麦克劳林展开

$$f(x) = 1 - \frac{x}{3} + \frac{x^2}{5} - \cdots$$

开始。

(b) 用(a)中的结果证明逼近

$$\arctan(x) \approx R_{3,2}(x) = \frac{15x + 4x^3}{15 + 9x^2}$$

(c) 将(b)中的有理函数 $R_{3,2}(x)$ 用连分式形式表示。

5. (a) 证明帕德逼近：

$$e^x \approx R_{2,2}(x) = \frac{12 + 6x + x^2}{12 - 6x + x^2}$$

(b) 将(a)中的有理函数 $R_{2,2}(x)$ 用连分式形式表示。

6. (a) 求 $f(x) = \ln(1+x)/x$ 的帕德逼近 $R_{2,2}(x)$。提示：由麦克劳林展开

$$f(x) = 1 - \frac{x}{2} + \frac{x^2}{3} - \frac{x^3}{4} + \frac{x^4}{5} - \cdots$$

开始。

(b) 利用(a)中的结果证明

$$\ln(1+x) \approx R_{3,2}(x) = \frac{30x + 21x^2 + x^3}{30 + 36x + 9x^2}$$

(c) 将(b)中的有理函数 $R_{3,2}(x)$ 表示为连分式形式。

7. (a) 求 $f(x) = \tan(x^{1/2})/x^{1/2}$ 的帕德逼近 $R_{2,2}(x)$，提示：由麦克劳林展开

$$f(x)=1+\frac{x}{3}+\frac{2x^2}{15}+\frac{17x^3}{315}+\frac{62x^4}{2835}+\cdots$$

开始。

(b) 利用(a)中的结果证明

$$\tan(x)\approx R_{5,4}(x)=\frac{945x-105x^3+x^5}{945-420x^2+15x^4}$$

(c) 将(b)中的有理函数 $R_{5,4}(x)$ 表示为连分式形式。

8. (a) 求 $f(x)=\arctan(x^{1/2})/x^{1/2}$ 的帕德逼近 $R_{2,2}(x)$，提示：由麦克劳林展开

$$f(x)=1-\frac{x}{3}+\frac{x^2}{5}-\frac{x^3}{7}+\frac{x^4}{9}-\cdots$$

开始。

(b) 利用(a)中的结果证明

$$\arctan(x)\approx R_{5,4}(x)=\frac{945x+735x^3+64x^5}{945+1050x^2+225x^4}$$

(c) 将(b)中的有理函数 $R_{5,4}(x)$ 表示为连分式形式。

9. 证明帕德逼近：

$$e^x\approx R_{3,3}(x)=\frac{120+60x+12x^2+x^3}{120-60x+12x^2-x^3}$$

10. 证明帕德逼近：

$$e^x\approx R_{4,4}(x)=\frac{1680+840x+180x^2+20x^3+x^4}{1680-840x+180x^2-20x^3+x^4}$$

4.6.3 算法与程序

1. 比较对函数 $f(x)=e^x$ 的逼近：

泰勒多项式逼近：　$T_4(x)=1+x+\frac{x^2}{2}+\frac{x^3}{6}+\frac{x^4}{24}$

帕德逼近：　$R_{2,2}(x)=\frac{12+6x+x^2}{12-6x+x^2}$

(a) 在同一坐标系中画出 $f(x)$，$T_4(x)$ 和 $R_{2,2}(x)$ 的曲线。

(b) 分别求出在区间[-1,1]上用 $T_4(x)$ 和 $R_{2,2}(x)$ 逼近 $f(x)$ 的最大误差。

2. 比较对函数 $f(x)=\ln(1+x)$ 的逼近：

泰勒多项式逼近：　$T_5(x)=x-\frac{x^2}{2}+\frac{x^3}{3}-\frac{x^4}{4}+\frac{x^5}{5}$

帕德逼近：　$R_{3,2}(x)=\frac{30x+21x^2+x^3}{30+36x+9x^2}$

(a) 在同一坐标系中画出 $f(x)$，$T_5(x)$ 和 $R_{3,2}(x)$ 的曲线。

(b) 分别求出在区间[-1,1]上用 $T_5(x)$ 和 $R_{3,2}(x)$ 逼近 $f(x)$ 的最大误差。

3. 比较对函数 $f(x)=\tan(x)$ 的逼近：

泰勒多项式逼近：　$T_9(x)=x+\frac{x^3}{3}+\frac{2x^5}{15}+\frac{17x^7}{315}+\frac{62x^9}{2835}$

$$\text{帕德逼近：}\qquad R_{5,4}(x)=\frac{945x-105x^3+x^5}{945-420x^2+15x^4}$$

(a) 在同一坐标系中画出 $f(x)$，$T_9(x)$ 和 $R_{5,4}(x)$ 的曲线。

(b) 分别求出在区间 $[-1,1]$ 上用 $T_9(x)$ 和 $R_{5,4}(x)$ 逼近 $f(x)$ 的最大误差。

4. 比较在区间 $[-1.2,1.2]$ 上对函数 $f(x)=\sin(x)$ 的帕德逼近：

$$R_{5,4}(x)=\frac{166320x-22260x^3+551x^5}{15(11088+364x^2+5x^4)}$$

$$R_{7,6}(x)=\frac{11511339840x-1640635920x^2+52785432x^5-479249x^7}{7(1644477120+39702960x^2+453960x^4+2623x^6)}$$

(a) 在同一坐标系中画出 $f(x)$，$R_{5,4}(x)$ 和 $R_{7,6}(x)$ 的曲线。

(b) 分别求出在区间 $[-1.2,1.2]$ 上用 $R_{5,4}(x)$ 和 $R_{7,6}(x)$ 逼近 $f(x)$ 的最大误差。

5. (a) 利用式(6)和式(7)导出对函数 $f(x)=\cos(x)$ 在 $[-1.2,1.2]$ 上的逼近 $R_{6,6}(x)$ 和 $R_{8,8}(x)$。

(b) 在同一坐标系中画出 $f(x)$，$R_{6,6}(x)$ 和 $R_{8,8}(x)$ 的曲线。

(c) 分别求出在区间 $[-1.2,1.2]$ 上用 $R_{6,6}(x)$ 和 $R_{8,8}(x)$ 逼近 $f(x)$ 的最大误差。

第5章　曲线拟合

在科学技术工程和试验中，经常需要从试验数据中寻找拟合曲线。例如，在 1601 年，德国天文学家 Johannes Kepler 用公式表示了行星运动第三定律，$T = Cx^{3/2}$，其中 x 表示以百万公里为单位的行星到太阳的距离，T 表示以天为单位的轨道运行周期，而 C 是一个常数。对前4 个行星，水星、金星、地球和火星的观察数据对(x, T)分别为$(58,88)$，$(108,225)$，$(150,365)$和$(228,687)$。通过最小二乘法得到的系数 $C = 0.199769$。曲线 $T = 0.199769x^{3/2}$ 和数据点如图 5.1 所示。

5.1　最小二乘拟合曲线

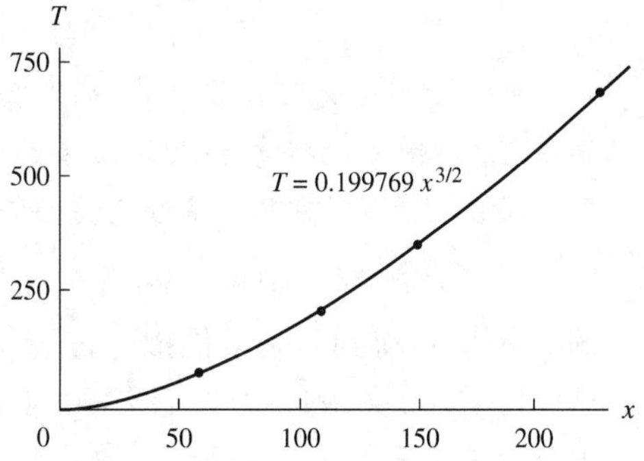

图 5.1　符合开普勒行星运动第三定律的前四个行星的最小二乘拟合曲线

在科学和工程试验中，经常产生一组数据(x_1, y_1)，…，(x_N, y_N)，这里的横坐标$\{x_k\}$是明确的。数值方法的目标之一是确定一个将这些变量联系起来的函数 $y = f(x)$。通常会选择一类可用的函数并确定它们的系数。选择函数的可能性是多种多样的。一般会根据物理情况采用一个基本数学模型来确定函数的形式。这一节主要分析线性函数，其形式为

$$y = f(x) = Ax + B \tag{1}$$

在第 4 章中可以看到如何构造一个多项式经过一个点集。如果所有的数值$\{x_k\}$，$\{y_k\}$已知有多位有效数字精度，则能成功地使用多项式插值；否则，不能使用多项式插值。有些试验是针对特定的设备设计的，因此测试数据点的精度至少有 5 位有效数字。然而，许多试验数据可能只有 3 位或更少的有效数字精度，而且通常在试验中还存在试验误差，所以尽管记录的$\{x_k\}$和$\{y_k\}$有 3 位有效数字，真实值$f(x_k)$满足

$$f(x_k) = y_k + e_k \tag{2}$$

这里 e_k 表示测量误差。

如何找到式(1)经过测试点附近(不总是穿过)的最佳线性逼近表达式？为回答这个问题，首先需要讨论**误差**(又称**偏差**或**残差**)：

$$e_k = f(x_k) - y_k,\quad 1 \leqslant k \leqslant N \tag{3}$$

有多种形式来表示式(3)中的误差，可用来测量曲线 $y = f(x)$ 与测试数据的偏差。

$$\text{最大误差：}\quad E_\infty(f) = \max_{1 \leqslant k \leqslant N} \{|f(x_k) - y_k|\} \tag{4}$$

$$\text{平均误差：}\quad E_1(f) = \frac{1}{N}\sum_{k=1}^{N} |f(x_k) - y_k| \tag{5}$$

$$\text{均方根误差:}\quad E_2(f)=\left(\frac{1}{N}\sum_{k=1}^{N}|f(x_k)-y_k|^2\right)^{1/2} \tag{6}$$

下面的例子显示了当给定一个函数和一组数据后,如何使用这些指标。

例 5.1 给定函数 $y=f(x)=8.6-1.6x$ 和一组数据 $(-1,10),(0,9),(1,7),(2,5),(3,4),(4,3),(5,0)$ 和 $(6,-1)$,比较最大误差、平均误差和均方根误差。

解: 根据表 5.1 中的 $f(x_k)$ 和 e_k 值可求出误差。

$$E_\infty(f)=\max\{0.2,0.4,0.0,0.4,0.2,0.8,0.6,0.0\}=0.8 \tag{7}$$

$$E_1(f)=\frac{1}{8}\times(2.6)=0.325 \tag{8}$$

$$E_2(f)=\left(\frac{1.4}{8}\right)^{1/2}\approx 0.41833 \tag{9}$$

可以看到最大误差值最大,如果有某一点的误差严重,则它决定了 $E_\infty(f)$ 的值。平均误差 $E_1(f)$ 简单地将每个点的误差的绝对值进行平均。由于它的简单性,所以常常被使用。误差 $E_2(f)$ 通常用于需要考虑误差的统计特征的情况。

通过求解式(4)到式(6)中某一个的最小值,可得到一个最佳拟合直线。这样可求出3 条最佳拟合直线。由于第三个指标 $E_2(f)$ 更容易进行最小化计算, 所以通常采用它。■

表 5.1 求例 5.1 中的 $E_1(f)$ 和 $E_2(f)$ 的计算数据

x_k	y_k	$f(x_k)=8.6-1.6x_k$	$\|e_k\|$	e_k^2
−1	10.0	10.2	0.2	0.04
0	9.0	8.6	0.4	0.16
1	7.0	7.0	0.0	0.00
2	5.0	5.4	0.4	0.16
3	4.0	3.8	0.2	0.04
4	3.0	2.2	0.8	0.64
5	0.0	0.6	0.6	0.36
6	−1.0	−1.0	0.0	0.00
			2.6	1.40

5.1.1 求最小二乘曲线

设 $\{(x_k,y_k)\}_{k=1}^{N}$ 是一个 N 个点的集合,其中横坐标 $\{x_k\}$ 是确定的。**最小二乘拟合曲线** $y=f(x)=Ax+B$ 是满足均方根误差 $E_2(f)$ 最小的曲线。

$E_2(f)$ 的值最小当且仅当 $N(E_2(f))^2=\sum_{k=1}^{N}(Ax_k+B-y_k)^2$ 的值最小。后一个值的几何意义是:数据点到曲线的垂直距离平方和的最小值。下面的结论解释了这个过程。

定理 5.1(最小二乘拟合曲线) 设 $\{(x_k,y_k)\}_{k=1}^{N}$ 有 N 个点,其中横坐标 $\{x_k\}_{k=1}^{N}$ 是确定的。最小二乘拟合曲线

$$y=Ax+B$$

的系数是下列线性方程组的解,这些方程称为**正规方程**:

$$\begin{aligned}\left(\sum_{k=1}^{N}x_k^2\right)A+\left(\sum_{k=1}^{N}x_k\right)B&=\sum_{k=1}^{N}x_ky_k\\ \left(\sum_{k=1}^{N}x_k\right)A+NB&=\sum_{k=1}^{N}y_k\end{aligned} \tag{10}$$

证明: 对于直线 $y=Ax+B$,点 (x_k,y_k) 到线上的点 (x_k,Ax_k+B) 的垂直距离为 $d_k=|Ax_k+B-y_k|$,如图 5.2 所示。需要对垂直距离的平方和

$$E(A, B) = \sum_{k=1}^{N}(Ax_k + B - y_k)^2 = \sum_{k=1}^{N} d_k^2 \tag{11}$$

最小化。

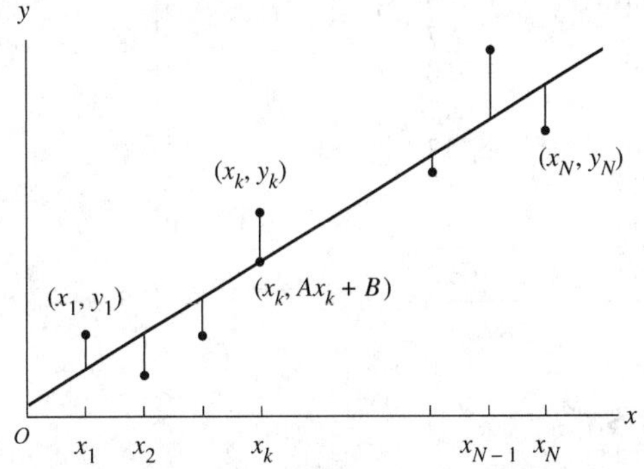

图 5.2　点 $\{(x_k, y_k)\}$ 与最小二乘拟合曲线 $y = Ax + B$ 的垂直距离

通过使偏导数 $\partial E/\partial A$ 和 $\partial E/\partial B$ 为零可得到 $E(A,B)$ 的最小值,并可求出 A 和 B。注意 $\{x_k\}$ 和 $\{y_k\}$ 是式(11)中的常数,而 A 和 B 是变量！将 B 固定,$E(A,B)$ 对 A 求导可得

$$\frac{\partial E(A, B)}{\partial A} = \sum_{k=1}^{N} 2(Ax_k + B - y_k)(x_k) = 2\sum_{k=1}^{N}(Ax_k^2 + Bx_k - x_k y_k) \tag{12}$$

现在将 A 固定,$E(A,B)$ 对 B 求导可得

$$\frac{\partial E(A, B)}{\partial B} = \sum_{k=1}^{N} 2(Ax_k + B - y_k) = 2\sum_{k=1}^{N}(Ax_k + B - y_k) \tag{13}$$

令式(12)和式(13)等于零,利用求和的分配律可得

$$0 = \sum_{k=1}^{N}(Ax_k^2 + Bx_k - x_k y_k) = A\sum_{k=1}^{N} x_k^2 + B\sum_{k=1}^{N} x_k - \sum_{k=1}^{N} x_k y_k \tag{14}$$

$$0 = \sum_{k=1}^{N}(Ax_k + B - y_k) = A\sum_{k=1}^{N} x_k + NB - \sum_{k=1}^{N} y_k \tag{15}$$

可重新排列方程(14)和方程(15),形成方程组的标准形式和并得到正规方程(10)。采用第 3 章中求解线性方程组的技术可求出这个线性方程组的解。然而,程序 5.1 中的方法对数据进行了变换,使得可用良态矩阵(见 5.1.3 节)。●

例 5.2　根据例 5.1 给出的数据点,求其最小二乘拟合曲线。

解: 使用表 5.2 中的值很容易得到正规方程(10)中的和。包含 A 和 B 的线性方程组为

$$\begin{aligned} 92A + 20B &= 25 \\ 20A + \ \ 8B &= 37 \end{aligned}$$

线性方程组的解为 $A \approx -1.6071429$ 和 $B \approx 8.6428571$,因此最小二乘拟合曲线如图 5.3 所示,为

$$y = -1.6071429x + 8.6428571$$

■

表 5.2 求解正规方程的系数

x_k	y_k	x_k^2	$x_k y_k$
−1	10	1	−10
0	9	0	0
1	7	1	7
2	5	4	10
3	4	9	12
4	3	16	12
5	0	25	0
6	−1	36	−6
20	37	92	25

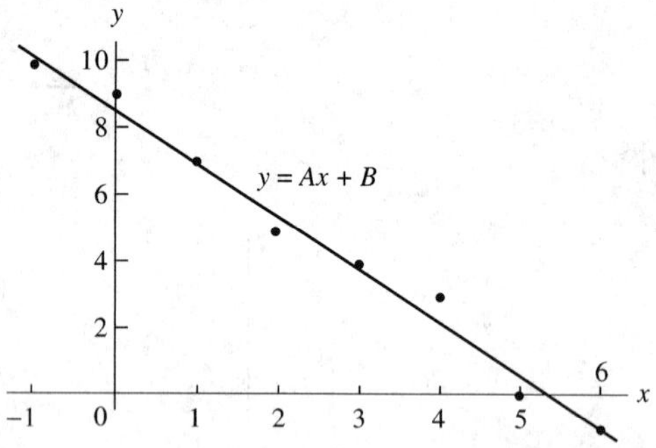

图 5.3 最小二乘拟合曲线 $y = -1.6071429x + 8.6428571$

5.1.2 幂函数拟合 $y = Ax^M$

在某些情况下的拟合函数为 $f(x) = Ax^M$,其中 M 是一个已知常数。图 5.1 中给出的行星运动就是这样的例子。在这种情况下,只有一个参数 A 需要求出。

定理 5.2(幂函数拟合) 设 $\{(x_k, y_k)\}_{k=1}^N$ 有 N 个点,其中横坐标是确定的。最小二乘幂函数拟合曲线 $y = Ax^M$ 的系数 A 为

$$A = \left(\sum_{k=1}^{N} x_k^M y_k\right) \bigg/ \left(\sum_{k=1}^{N} x_k^{2M}\right) \tag{16}$$

使用最小二乘技术,需要求函数 $E(A)$ 的最小值:

$$E(A) = \sum_{k=1}^{N} (Ax_k^M - y_k)^2 \tag{17}$$

在这种情况下,只需求解 $E'(A) = 0$。导数表示为

$$E'(A) = 2\sum_{k=1}^{N} (Ax_k^M - y_k)(x_k^M) = 2\sum_{k=1}^{N} (Ax_k^{2M} - x_k^M y_k) \tag{18}$$

因此系数 A 是如下方程的解:

$$0 = A\sum_{k=1}^{N} x_k^{2M} - \sum_{k=1}^{N} x_k^M y_k \tag{19}$$

上式可简化为式(16)。

例 5.3 试验数据如表 5.3 所示。关系式为 $d = \frac{1}{2}gt^2$,d 表示单位为米的距离,t 表示单位为秒的时间。求重力常数 g。

解:可用表 5.3 中的值求出式(16)所需的和,其中幂 $M = 2$。

系数 $A = 7.68680/1.5664 = 4.9073$,而且可得 $d = 4.9073t^2$ 和 $g = 2A = 9.7146\ \text{m/s}^2$。 ■

下面的构造最小二乘拟合曲线的程序是计算稳定的:即使正规方程(10)是病态的,也可得出可靠解。习题 4 到习题 7 要求读者改进这个程序。

表 5.3　求解幂函数拟合的系数

时间, t_k	距离, d_k	$d_k t_k^2$	t_k^4
0.200	0.1960	0.00784	0.0016
0.400	0.7850	0.12560	0.0256
0.600	1.7665	0.63594	0.1296
0.800	3.1405	2.00992	0.4096
1.000	4.9075	4.90750	1.0000
		7.68680	1.5664

程序 5.1（最小二乘拟合曲线）　根据 N 个数据点 $(x_1, y_1), \cdots, (x_N, y_N)$，构造最小二乘拟合曲线 $y = Ax + B$。

```
function [A,B]=lsline(X,Y)
%Input  - X is the 1xn abscissa vector
%       - Y is the 1xn ordinate vector
%Output - A is the coefficient of x in Ax + B
%       - B is the constant coefficient in Ax + B
xmean=mean(X);
ymean=mean(Y);
sumx2=(X-xmean)*(X-xmean)';
sumxy=(Y-ymean)*(X-xmean)';
A=sumxy/sumx2;
B=ymean-A*xmean;
```

5.1.3　习题

在习题 1 和习题 2 中，根据给出的数据点求出最小二乘拟合曲线 $y = f(x) = Ax + B$，并计算 $E_2(f)$。

1. (a)

x_k	y_k	$f(x_k)$
−2	1	1.2
−1	2	1.9
0	3	2.6
1	3	3.3
2	4	4.0

(b)

x_k	y_k	$f(x_k)$
−6	7	7.0
−2	5	4.6
0	3	3.4
2	2	2.2
6	0	−0.2

(c)

x_k	y_k	$f(x_k)$
−4	−3	−3.0
−1	−1	−0.9
0	0	−0.2
2	1	1.2
3	2	1.9

2. (a)

x_k	y_k	$f(x_k)$
−4	1.2	0.44
−2	2.8	3.34
0	6.2	6.24
2	7.8	9.14
4	13.2	12.04

(b)

x_k	y_k	$f(x_k)$
−6	−5.3	−6.00
−2	−3.5	−2.84
0	−1.7	−1.26
2	0.2	0.32
6	4.0	3.48

(c)

x_k	y_k	$f(x_k)$
−8	6.8	7.32
−2	5.0	3.81
0	2.2	2.64
4	0.5	0.30
6	−1.3	−0.87

3. 根据给出的数据点，求幂函数拟合曲线 $y = Ax$，并计算 $E_2(f)$，其中 $M = 1$，该曲线实际上是经过原点的直线。

(a)

x_k	y_k	$f(x_k)$
−4	−3	−2.8
−1	−1	−0.7
0	0	0.0
2	1	1.4
3	2	2.1

(b)

x_k	y_k	$f(x_k)$
3	1.6	1.722
4	2.4	2.296
5	2.9	2.870
6	3.4	3.444
8	4.6	4.592

(c)

x_k	y_k	$f(x_k)$
1	1.6	1.58
2	2.8	3.16
3	4.7	4.74
4	6.4	6.32
5	8.0	7.90

4. 用下列表达式定义点集$\{(x_k, y_k)\}_{k=1}^{N}$的均值$\bar{x}$和$\bar{y}$。

$$\overline{x} = \frac{1}{N}\sum_{k=1}^{N} x_k, \qquad \overline{y} = \frac{1}{N}\sum_{k=1}^{N} y_k$$

证明点$(\bar{x},\bar{y})$位于根据点集得到的最小二乘拟合曲线上。

5. 证明方程组(10)的解为

$$A = \frac{1}{D}\left(N\sum_{k=1}^{N} x_k y_k - \sum_{k=1}^{N} x_k \sum_{k=1}^{N} y_k\right)$$

$$B = \frac{1}{D}\left(\sum_{k=1}^{N} x_k^2 \sum_{k=1}^{N} y_k - \sum_{k=1}^{N} x_k \sum_{k=1}^{N} x_k y_k\right)$$

其中

$$D = N\sum_{k=1}^{N} x_k^2 - \left(\sum_{k=1}^{N} x_k\right)^2$$

提示：对方程组(10)使用高斯消去法。

6. 证明习题 5 中的 D 非零。

提示：证明 $D = N\sum_{k=1}^{N}(x_k - \bar{x})^2$。

7. 证明最小二乘拟合曲线的系数 A 和 B 可用如下方法计算。首先计算习题 4 中的平均值 $\bar{x}$ 和 $\bar{y}$，然后计算：

$$C = \sum_{k=1}^{N}(x_k - \overline{x})^2, \quad A = \frac{1}{C}\sum_{k=1}^{N}(x_k - \overline{x})(y_k - \overline{y}), \quad B = \overline{y} - A\overline{x}$$

提示：设 $X_k = x_k - \bar{x}$，$Y_k = y_k - \bar{y}$，并求直线 $Y = AX$。

8. 根据下列数据，并使用 $E_2(f)$，求解幂函数拟合曲线 $y = Ax^2$ 和 $y = Bx^3$，并比较哪个曲线更好。

(a)

x_k	y_k
2.0	5.1
2.3	7.5
2.6	10.6
2.9	14.4
3.2	19.0

(b)

x_k	y_k
2.0	5.9
2.3	8.3
2.6	10.7
2.9	13.7
3.2	17.0

9. 根据下列数据，并使用 $E_2(f)$，求解幂函数拟合曲线 $y = A/x$ 和 $y = B/x^2$，并比较哪个曲线更好。

(a)

x_k	y_k
0.5	7.1
0.8	4.4
1.1	3.2
1.8	1.9
4.0	0.9

(b)

x_k	y_k
0.7	8.1
0.9	4.9
1.1	3.3
1.6	1.6
3.0	0.5

10. (a) 推导求解 $y = Ax$ 的最小二乘线性拟合的正规方程。

    (b) 推导求解最小二乘幂函数曲线拟合 $y = Ax^2$ 的正规方程。

    (c) 推导求解最小二乘抛物线函数曲线拟合 $y = Ax^2 + B$ 的正规方程。

11. 设根据点集 $S_N = \{(k/N, (k/N)^2)\}_{k=1}^{N}, N = 2,3,4,\cdots$ 构造最小二乘线性拟合。注意 S_N 中的每个值 N 位于在区间 $[0,1]$ 内的曲线 $f(x) = x^2$ 上。设 $\bar{x}_N$ 和 $\bar{y}_N$ 是给定数据点的平均值(见习题 4)。用 $\widehat{x}$ 表示在区间 $[0,1]$ 内的 x 的平均值,用 $\widehat{y}$ 表示在区间 $[0,1]$ 内的 $f(x) = x^2$ 的平均值。

    (a) 证明 $\lim_{N\to\infty} \bar{x}_N = \widehat{x}$。

    (b) 证明 $\lim_{N\to\infty} \bar{y}_N = \widehat{y}$。

12. 设根据下列点集构造最小二乘线性拟合:

$$S_N = \left\{\left((b-a)\frac{k}{N} + a,\ f\left((b-a)\frac{k}{N} + a\right)\right)\right\}_{k=1}^{N}$$

其中 $N = 2,3,4,\cdots$。设 $y = f(x)$ 为在闭区间 $[a,b]$ 内的可积分函数。重复习题 11 中的(a)和(b)。

5.1.4 算法与程序

1. 胡克(Hooke)定律指出 $F = kx$,其中 F 是拉伸弹簧的拉力(单位为盎司),x 是拉伸的长度(单位为英寸)。根据下列试验数据,使用程序 5.1 求解拉伸常量 k 的近似值。

(a)

x_k	F_k
0.2	3.6
0.4	7.3
0.6	10.9
0.8	14.5
1.0	18.2

(b)

x_k	F_k
0.2	5.3
0.4	10.6
0.6	15.9
0.8	21.2
1.0	26.4

2. 根据下列数据,使用例 5.3 中的幂曲线拟合,写一个程序求解重力常量 g。

(a)

时间 t_k	距离 d_k
0.200	0.1960
0.400	0.7835
0.600	1.7630
0.800	3.1345
1.000	4.8975

(b)

时间 t_k	距离 d_k
0.200	0.1965
0.400	0.7855
0.600	1.7675
0.800	3.1420
1.000	4.9095

3. 下列数据给出了 9 大行星到太阳的距离和它们以天为单位的恒星周期。

行星	到太阳的距离 (km ×10^6)	恒星周期 (天)
Mercury	57.59	87.99
Venus	108.11	224.70
Earth	149.57	365.26
Mars	227.84	686.98
Jupiter	778.14	4332.4
Saturn	1427.0	10759
Uranus	2870.3	30684
Neptune	4499.9	60188
Pluto	5909.0	90710

修改第 2 题中的程序,计算 $E_2(f)$。并使用它求解拟合

(a) 前 4 个行星

(b) 所有 9 个行星

的行星第三运动定律的最小二乘幂函数拟合曲线 $y = Cx^{3/2}$。

4. (a) 根据数据$\{(x_k, y_k)\}_{k=1}^{50}$,其中 $x_k = (0.1)k$ 且 $y_k = x_k + \cos(k^{1/2})$,求解最小二乘线性拟合。

(b) 计算 $E_2(f)$。

(c) 在同一坐标下,画出点集和最小二乘线性拟合曲线。

5.2 曲线拟合

5.2.1 $y = Ce^{Ax}$的线性化方法

设给定点集$(x_1, y_1), (x_2, y_2), \cdots, (x_N, y_N)$,求指数函数的曲线拟合

$$y = Ce^{Ax} \tag{1}$$

第一步是对式(1)两边取对数:

$$\ln(y) = Ax + \ln(C) \tag{2}$$

后引入变量变换:

$$Y = \ln(y), \qquad X = x, \qquad B = \ln(C) \tag{3}$$

变量变换形成线性关系式:

$$Y = AX + B \tag{4}$$

xy 平面上的初始点集(x_k, y_k)变换成 XY 平面上的点集$(X_k, Y_k) = (x_k, \ln(y_k))$。这个过程称为**数据线性化**。这样可用最小二乘曲线(4)拟合点集$\{(X_k, Y_k)\}$。求解 A 和 B 的正规方程为

$$\begin{aligned} \left(\sum_{k=1}^{N} X_k^2\right) A + \left(\sum_{k=1}^{N} X_k\right) B &= \sum_{k=1}^{N} X_k Y_k \\ \left(\sum_{k=1}^{N} X_k\right) A + \quad NB \quad &= \sum_{k=1}^{N} Y_k \end{aligned} \tag{5}$$

求出 A 和 B 后,式(1)中的参数 C 可用下式计算:

$$C = e^B \tag{6}$$

例 5.4 根据 5 个点(0,1.5),(1,2.5),(2,3.5),(3,5.0)和(4,7.5),使用数据线性化方法求解指数曲线拟合 $y = Ce^{Ax}$。

解:使用变换公式(3)将初始点变换成

$$\{(X_k, Y_k)\} = \{(0, \ln(1.5), (1, \ln(2.5)), (2, \ln(3.5)), (3, \ln(5.0)), (4, \ln(7.5))$$
$$= \{(0, 0.40547), (1, 0.91629), (2, 1.25276), (3, 1.60944), (4, 2.01490)\} \qquad (7)$$

这些变换后的点如图 5.4 所示,并具有直线形式。在图 5.4 中,拟合(7)中的点的最小二乘曲线 $Y = AX + B$ 为

$$Y = 0.391202X + 0.457367 \qquad (8)$$

计算正规方程(5)中的系数的过程如表 5.4 所示。

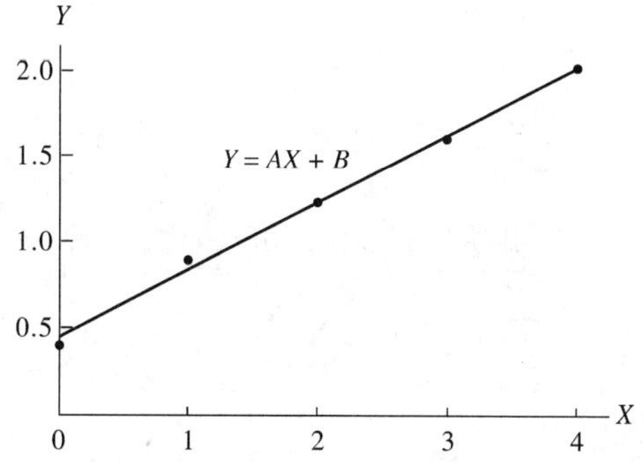

图 5.4　变换后的点集$\{(X_k, Y_k)\}$

表 5.4　根据变换后的数据点集$\{(X_k, Y_k)\}$求正规方程的系数

x_k	y_k	X_k	$Y_k = \ln(y_k)$	X_k^2	$X_k Y_k$
0.0	1.5	0.0	0.405465	0.0	0.000000
1.0	2.5	1.0	0.916291	1.0	0.916291
2.0	3.5	2.0	1.252763	4.0	2.505526
3.0	5.0	3.0	1.609438	9.0	4.828314
4.0	7.5	4.0	2.014903	16.0	8.059612
		10.0 $=\sum X_k$	6.198860 $=\sum Y_k$	30.0 $=\sum X_k^2$	16.309743 $=\sum X_k Y_k$

求解 A 和 B 的线性方程组(5)表示为

$$\begin{aligned} 30A + 10B &= 16.309742 \\ 10A + 5B &= 6.198860 \end{aligned} \qquad (9)$$

解为 $A = 0.3912023$ 和 $B = 0.457367$。通过计算可得 $C = e^{0.457367} = 1.579910$,将 A 和 C 代入方程(1),可得指数曲线拟合(图见 5.5):

$$y = 1.579910e^{0.3912023x}$$

(通过数据线性化进行拟合)　(10)

■

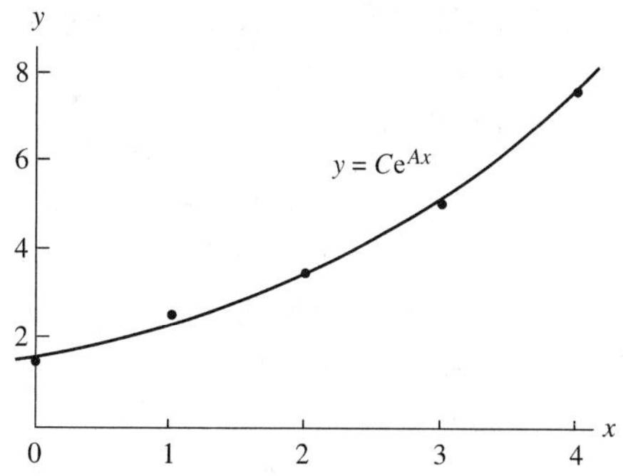

图 5.5　通过数据线性化方法得到的指数曲线拟合 $y = 1.579910e^{0.3912023x}$

5.2.2　求解 $y = Ce^{Ax}$的非线性最小二乘法

设有给定点集$(x_1, y_1), (x_2, y_2), \cdots, (x_N, y_N)$,需要拟合指数曲线:

$$y = Ce^{Ax} \tag{11}$$

采用非线性最小二乘法需要求下式的最小值

$$E(A, C) = \sum_{k=1}^{N}(Ce^{Ax_k} - y_k)^2 \tag{12}$$

对 A 和 C 的 $E(A,C)$ 的偏导数分别为

$$\frac{\partial E}{\partial A} = 2\sum_{k=1}^{N}(Ce^{Ax_k} - y_k)(Cx_k e^{Ax_k}) \tag{13}$$

和

$$\frac{\partial E}{\partial C} = 2\sum_{k=1}^{N}(Ce^{Ax_k} - y_k)(e^{Ax_k}) \tag{14}$$

令偏导数(13)和偏导数(14)为零,并进行简化后,可得正规方程

$$\begin{aligned} C\sum_{k=1}^{N} x_k e^{2Ax_k} - \sum_{k=1}^{N} x_k y_k e^{Ax_k} &= 0 \\ C\sum_{k=1}^{N} e^{Ax_k} - \sum_{k=1}^{N} y_k e^{Ax_k} &= 0 \end{aligned} \tag{15}$$

方程(15)对于未知数 A 和 C 是非线性的,可用牛顿法求解。这是一个耗时的计算,而且其中的迭代需要好的 A 和 C 的初始值。许多软件包有内建的求多变量函数最小值的子程序,可直接用来求解 $E(A,C)$ 的最小值。例如,内德-米德(Nelder-Mead)单纯形算法可直接用来求解方程(12)的最小值,而不用计算方程(13)到方程(15)。

例 5.5 根据 5 个数据点(0,1.5),(1,2.5),(2,3.5),(3,5.0)和(4,7.5),利用最小二乘法求解指数拟合 $y = Ce^{Ax}$。

解: 首先求解 $E(A,C)$ 的最小值,$E(A,C)$ 为

$$\begin{aligned} E(A, C) = (C - 1.5)^2 + (Ce^{A} - 2.5)^2 + (Ce^{2A} - 3.5)^2 \\ + (Ce^{3A} - 5.0)^2 + (Ce^{4A} - 7.5)^2 \end{aligned} \tag{16}$$

使用 MATLAB 中的 fmins 命令求解最小化 $E(A,C)$ 后的 A 和 C 的近似值。首先在 MATLAB 中定义 $E(A,C)$ 为一个 M 文件。

```
function z=E(u)
A=u(1);
C=u(2);
z=(C-1.5).^2+(C.*exp(A)-2.5).^2+(C.*exp(2*A)-3.5).^2+...
   (C.*exp(3*A)-5.0).^2+(C.*exp(4*A)-7.5).^2;
```

在 MATLAB 的命令窗口,使用 fmins 命令和初始值 $A=1.0$ 和 $C=1.0$,可得

```
>>fmins('E',[1 1])
ans =
   0.38357046980073 1.61089952247928
```

这样 5 个数据点的曲线拟合为

$$y = 1.6108995e^{0.3835705} \qquad \text{(非线性最小二乘拟合)} \tag{17}$$

对使用数据线性化法和非线性最小二乘法结果的比较如表 5.5 所示。可看到在系数

上有一些不同。对于插值的目标,在区间[0,4]内,误差不超过2%(如表5.5和图5.6所示)。如果数据中的误差满足正态分布,则式(17)是更好的选择。在选择数据的范围外进行外推,则两个解将发散,当 $x=10$ 时,误差增加到大约6%。■

表 5.5　两个指数拟合的比较

x_k	y_k	$1.5799e^{0.39120x}$	$1.6109e^{0.38357x}$
0.0	1.5	1.5799	1.6109
1.0	2.5	2.3363	2.3640
2.0	3.5	3.4548	3.4692
3.0	5.0	5.1088	5.0911
4.0	7.5	7.5548	7.4713
5.0		11.1716	10.9644
6.0		16.5202	16.0904
7.0		24.4293	23.6130
8.0		36.1250	34.6527
9.0		53.4202	50.8535
10.0		78.9955	74.6287

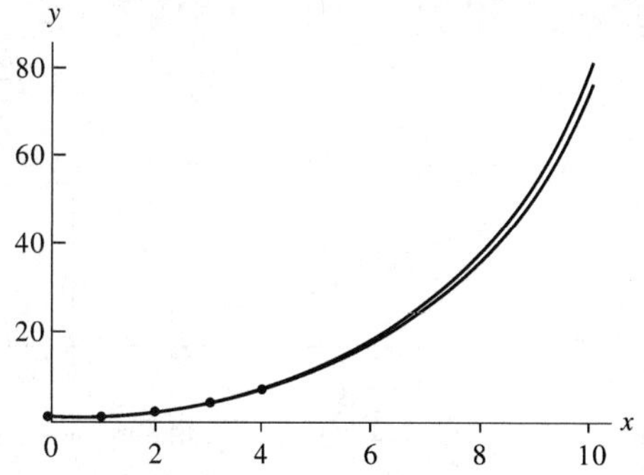

图 5.6　两个指数曲线的图形比较

5.2.3　数据线性化变换

科学家通常使用数据线性化技术来拟合各种曲线,如 $y=Ce^{(Ax)}$,$y=A\ln(x)+B$ 和 $Y=A/x+B$。当选定曲线后,必须为变量找到一个合适的变换,以得到线性表达式。例如,读者可验证通过变量(和常量)变换 $X=xy$,$Y=y$,$C=-1/A$ 和 $D=-B/A$,$y=D/(x+C)$ 可变换成线性表达式 $Y=AX+B$。多种曲线如图5.7所示,其他一些变换如表5.6所示。

表 5.6　在数据线性化中的变量替换

函数, $y=f(x)$	线性变换形式, $Y=AX+B$	变量与常数的变化
$y=\frac{A}{x}+B$	$y=A\frac{1}{x}+B$	$X=\frac{1}{x}, Y=y$
$y=\frac{D}{x+C}$	$y=\frac{-1}{C}(xy)+\frac{D}{C}$	$X=xy, Y=y$ $C=\frac{-1}{A}, D=\frac{-B}{A}$
$y=\frac{1}{Ax+B}$	$\frac{1}{y}=Ax+B$	$X=x, Y=\frac{1}{y}$
$y=\frac{x}{Ax+B}$	$\frac{1}{y}=A\frac{1}{x}+B$	$X=\frac{1}{x}, Y=\frac{1}{y}$
$y=A\ln(x)+B$	$y=A\ln(x)+B$	$X=\ln(x), Y=y$
$y=Ce^{Ax}$	$\ln(y)=Ax+\ln(C)$	$X=x, Y=\ln(y)$ $C=e^B$
$y=Cx^A$	$\ln(y)=A\ln(x)+\ln(C)$	$X=\ln(x), Y=\ln(y)$ $C=e^B$
$y=(Ax+B)^{-2}$	$y^{-1/2}=Ax+B$	$X=x, Y=y^{-1/2}$
$y=Cxe^{-Dx}$	$\ln\left(\frac{y}{x}\right)=-Dx+\ln(C)$	$X=x, Y=\ln\left(\frac{y}{x}\right)$ $C=e^B, D=-A$
$y=\frac{L}{1+Ce^{Ax}}$	$\ln\left(\frac{L}{y}-1\right)=Ax+\ln(C)$	$X=x, Y=\ln\left(\frac{L}{y}-1\right)$ $C=e^B$ 且 L 是给定常数

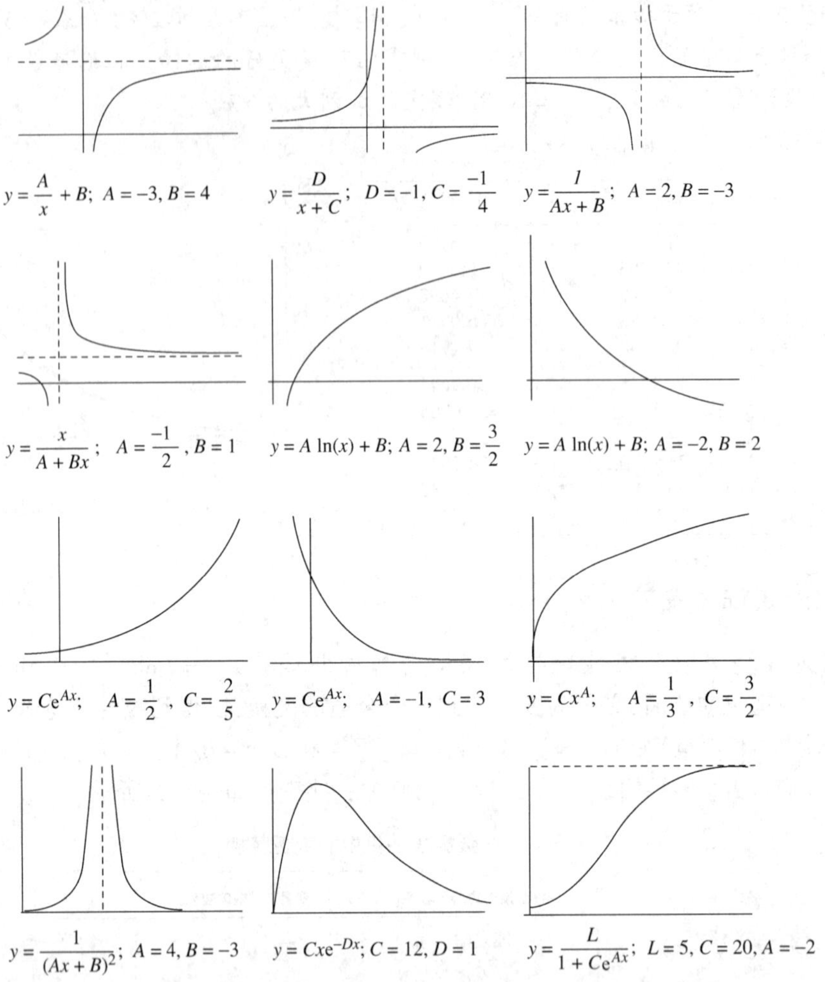

图 5.7　在“数据线性化”中可能使用的曲线

5.2.4　线性最小二乘法

设有 N 个数据点 $\{(x_k, y_k)\}$，并给定 M 个线性独立函数 $\{f_j(x)\}$。为求 M 个系数 $\{c_j\}$，使用由线性组合形成的函数 $f(x)$，表示为

$$f(x)=\sum_{j=1}^{M} c_j f_j(x) \tag{18}$$

求解最小误差平方和，表示为

$$E(c_1, c_2, \cdots, c_M)=\sum_{k=1}^{N}(f(x_k)-y_k)^2=\sum_{k=1}^{N}\left(\left(\sum_{j=1}^{M} c_j f_j(x_k)\right)-y_k\right)^2 \tag{19}$$

为求解 E 的最小值，每个偏导数必须为零（即 $\partial E/\partial c_i=0, i=1,2,\cdots,M$），这样可得到如下方程组：

$$\sum_{k=1}^{N}\left(\left(\sum_{j=1}^{M} c_j f_j(x_k)\right)-y_k\right)(f_i(x_k))=0, \quad i=1,\ 2,\ \cdots,\ M \tag{20}$$

交换方程组(20)中的求和顺序,可得一个 $M \times M$ 线性方程组,未知数是系数 $\{c_j\}$。该方程组称为正规方程:

$$\sum_{j=1}^{M}\left(\sum_{k=1}^{N} f_i(x_k)f_j(x_k)\right)c_j = \sum_{k=1}^{N} f_i(x_k)y_k,\quad i=1,\ 2,\ \cdots,\ M \tag{21}$$

5.2.5　矩阵公式

尽管很容易看出方程组(21)是有 M 个未知数的 M 阶线性方程组,但将它表示成矩阵形式可减少不必要的计算量。关键是构造如下矩阵 $\boldsymbol{F}$ 和 $\boldsymbol{F}'$:

$$\boldsymbol{F} = \begin{bmatrix} f_1(x_1) & f_2(x_1) & \cdots & f_M(x_1) \\ f_1(x_2) & f_2(x_2) & \cdots & f_M(x_2) \\ f_1(x_3) & f_2(x_3) & \cdots & f_M(x_3) \\ \vdots & \vdots & & \vdots \\ f_1(x_N) & f_2(x_N) & \cdots & f_M(x_N) \end{bmatrix}$$

$$\boldsymbol{F}' = \begin{bmatrix} f_1(x_1) & f_1(x_2) & f_1(x_3) & \cdots & f_1(x_N) \\ f_2(x_1) & f_2(x_2) & f_2(x_3) & \cdots & f_2(x_N) \\ \vdots & \vdots & \vdots & & \vdots \\ f_M(x_1) & f_M(x_2) & f_M(x_3) & \cdots & f_M(x_N) \end{bmatrix}$$

设 $\boldsymbol{F}'$ 和列矩阵 $\boldsymbol{Y}$ 的乘积表示为

$$\boldsymbol{F}'\boldsymbol{Y} = \begin{bmatrix} f_1(x_1) & f_1(x_2) & f_1(x_3) & \cdots & f_1(x_N) \\ f_2(x_1) & f_2(x_2) & f_2(x_3) & \cdots & f_2(x_N) \\ \vdots & \vdots & \vdots & & \vdots \\ f_M(x_1) & f_M(x_2) & f_M(x_3) & \cdots & f_M(x_N) \end{bmatrix} \begin{bmatrix} y_1 \\ y_2 \\ \vdots \\ y_N \end{bmatrix} \tag{22}$$

式(22)中乘积 $\boldsymbol{F}'\boldsymbol{Y}$ 的第 i 行的元素与方程(21)中列矩阵的第 i 个元素相同,即

$$\sum_{k=1}^{N} f_i(x_k)y_k = \text{row}_i\,\boldsymbol{F}' \cdot \begin{bmatrix} y_1 & y_2 & \ldots & y_N \end{bmatrix}' \tag{23}$$

设乘积 $\boldsymbol{F}'\boldsymbol{F}$ 是一个 $M \times M$ 矩阵:

$$\boldsymbol{F}'\boldsymbol{F} = \begin{bmatrix} f_1(x_1) & f_1(x_2) & f_1(x_3) & \cdots & f_1(x_N) \\ f_2(x_1) & f_2(x_2) & f_2(x_3) & \cdots & f_2(x_N) \\ \vdots & \vdots & \vdots & & \vdots \\ f_M(x_1) & f_M(x_2) & f_M(x_3) & \cdots & f_M(x_N) \end{bmatrix} \begin{bmatrix} f_1(x_1) & f_2(x_1) & \cdots & f_M(x_1) \\ f_1(x_2) & f_2(x_2) & \cdots & f_M(x_2) \\ f_1(x_3) & f_2(x_3) & \cdots & f_M(x_3) \\ \vdots & \vdots & & \vdots \\ f_1(x_N) & f_2(x_N) & \cdots & f_M(x_N) \end{bmatrix}$$

$\boldsymbol{F}'\boldsymbol{F}$ 中位于第 i 行和第 j 列的元素是方程(21)中第 i 行的系数 c_j,即

$$\sum_{k=1}^{N} f_i(x_k)f_j(x_k) = f_i(x_1)f_j(x_1) + f_i(x_2)f_j(x_2) + \cdots + f_i(x_N)f_j(x_N) \tag{24}$$

当 M 很小时,一个有效计算式(18)中的最小二乘系数的手段是存储矩阵 $\boldsymbol{F}$,计算 $\boldsymbol{F}'\boldsymbol{F}$ 和 $\boldsymbol{F}'\boldsymbol{Y}$,然后求解线性方程组

$$\boldsymbol{F}'\boldsymbol{F}\boldsymbol{C} = \boldsymbol{F}'\boldsymbol{Y} \qquad (\text{求解系数矩阵 } \boldsymbol{C}) \tag{25}$$

5.2.6 多项式拟合

当采用前述的方法使用函数集合$\{f_j(x)=x^{j-1}\}$,索引值范围从$j=1$到$j=M+1$时,函数$f(x)$为M阶多项式

$$f(x)=c_1+c_2x+c_3x^2+\cdots+c_{M+1}x^M \tag{26}$$

现在考虑如何求解最小二乘抛物线拟合,而把扩展到更高维的情况留给读者研究。

定理 5.3 (最小二乘抛物线拟合) 设$\{(x_k,y_k)\}_{k=1}^N$有N个点,横坐标是确定的。最小二乘抛物线的系数表示为

$$y=f(x)=Ax^2+Bx+C \tag{27}$$

求解A,B和C的线性方程组为

$$\begin{aligned}\left(\sum_{k=1}^N x_k^4\right)A+\left(\sum_{k=1}^N x_k^3\right)B+\left(\sum_{k=1}^N x_k^2\right)C&=\sum_{k=1}^N y_kx_k^2\\ \left(\sum_{k=1}^N x_k^3\right)A+\left(\sum_{k=1}^N x_k^2\right)B+\left(\sum_{k=1}^N x_k\right)C&=\sum_{k=1}^N y_kx_k\\ \left(\sum_{k=1}^N x_k^2\right)A+\left(\sum_{k=1}^N x_k\right)B+NC&=\sum_{k=1}^N y_k\end{aligned} \tag{28}$$

证明:通过求如下表达式的最小值可得到A,B和C:

$$E(A,B,C)=\sum_{k=1}^N(Ax_k^2+Bx_k+C-y_k)^2 \tag{29}$$

令偏导数$\partial E/\partial A$,$\partial E/\partial B$,$\partial E/\partial C$为零,可得

$$\begin{aligned}0&=\frac{\partial E(A,B,C)}{\partial A}=2\sum_{k=1}^N(Ax_k^2+Bx_k+C-y_k)^1(x_k^2)\\ 0&=\frac{\partial E(A,B,C)}{\partial B}=2\sum_{k=1}^N(Ax_k^2+Bx_k+C-y_k)^1(x_k)\\ 0&=\frac{\partial E(A,B,C)}{\partial C}=2\sum_{k=1}^N(Ax_k^2+Bx_k+C-y_k)^1(1)\end{aligned} \tag{30}$$

利用加法分配律,可将上式中的A,B和C移到求和的外面,以得到正规方程(28)。

例 5.6 根据 4 个数据点(−3,3)(0,1),(2,1)和(4,3),求解最小二乘抛物线。

解:可用表 5.7 中的项计算线性方程组(28)中的求和计算。

求解A,B和C的线性方程组(28)表示为

$$\begin{aligned}353A+45B+29C&=79\\ 45A+29B+3C&=5\\ 29A+3B+4C&=8\end{aligned}$$

线性方程组的解为$A=585/3278$,$B=-631/3278$,$C=1394/1639$,抛物线为(见图 5.8):

$$y=\frac{585}{3278}x^2-\frac{631}{3278}x+\frac{1394}{1639}=0.178462x^2-0.192495x+0.850519$$ ■

表 5.7 求解例 5.6 中最小二乘抛物线的系数

x_k	y_k	x_k^2	x_k^3	x_k^4	$x_k y_k$	$x_k^2 y_k$
−3	3	9	−27	81	−9	27
0	1	0	0	0	0	0
2	1	4	8	16	2	4
4	3	16	64	256	12	48
3	8	29	45	353	5	79

5.2.7 多项式摆动

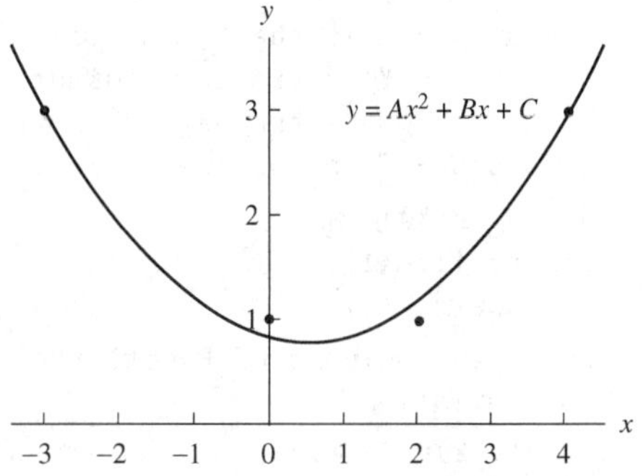

图 5.8 例 5.6 中的最小二乘抛物线

使用最小二乘多项式拟合非线性数据的方法很吸引人,但如果数据不具有多项式特性,则求出的曲线可能产生大的振荡。这种现象称为**多项式摆动**(polynomial wiggle),它在高阶多项式情况下更容易发生。由于这个原因,一般很少使用超过6阶的多项式,除非已知使用的多项式是真实的多项式。

例如,用函数 $f(x)=1.44/x^2+0.24x$ 生成6个数据点(0.25,23.1),(1.0,1.68),(1.5,1.0),(2.0,0.84),(2.4,0.826)和(5.0,1.2576)。使用曲线拟合得到的最小二乘多项式为

$$P_2(x) = 22.93 - 16.96x + 2.553x^2$$
$$P_3(x) = 33.04 - 46.51x + 19.51x^2 - 2.296x^3$$
$$P_4(x) = 39.92 - 80.93x + 58.39x^2 - 17.15x^3 + 1.680x^4$$

和

$$P_5(x) = 46.02 - 118.1x + 119.4x^2 - 57.51x^3 + 13.03x^4 - 1.085x^5$$

这些多项式如图5.9(a)到图5.9(d)所示。注意 $P_3(x)$,$P_4(x)$ 和 $P_5(x)$ 在区间[2,5]内有大的摆动。尽管 $P_5(x)$ 经过6个点,但它的拟合最差。如果必须使用多项式拟合这些数据,则 $P_2(x)$ 是较好的选择。

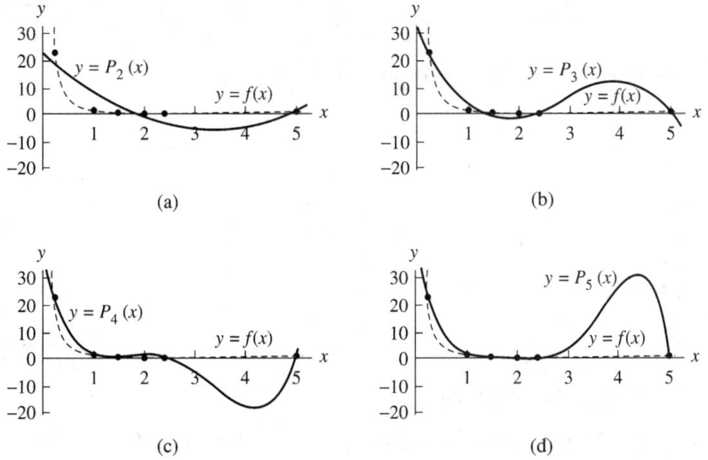

图 5.9 (a) 使用 $P_2(x)$ 拟合数据;(b) 使用 $P_3(x)$ 拟合数据;(c) 使用 $P_4(x)$ 拟合数据;(d) 使用 $P_5(x)$ 拟合数据

下面的程序使用矩阵 $\boldsymbol{F}$,它包含方程(18)中的项 $f_j(x)=x_k^{j-1}$。

程序 5.2 (最小二乘多项式拟合) 构造 M 阶最小二乘多项式

$$P_M(x)=c_1+c_2x+c_3x^2+\cdots+c_Mx^{M-1}+c_{M+1}x^M$$

拟合 N 个数据点 $\{(x_k,y_k)\}_{k=1}^{N}$。

```
function C = lspoly(X,Y,M)
%Input   - X is the 1xn abscissa vector
%        - Y is the 1xn ordinate vector
%        - M is the degree of the least-squares polynomial
% Output - C is the coefficient list for the polynomial
n=length(X);
B=zeros(1:M+1);
F=zeros(n,M+1);
%Fill the columns of F with the powers of X
for k=1:M+1
   F(:,k)=X'.^(k-1);
end
%Solve the linear system from (25)
A=F'*F;
B=F'*Y';
C=A\B;
C=flipud(C);
```

5.2.8 习题

1. 对下列数据集,求解最小二乘抛物线 $f(x)=Ax^2+Bx+C$。

(a)

x_k	y_k
−3	15
−1	5
1	1
3	5

(b)

x_k	y_k
−3	−1
−1	25
1	25
3	1

2. 对下列数据集,求解最小二乘抛物线 $f(x)=Ax^2+Bx+C$。

(a)

x_k	y_k
−2	−5.8
−1	1.1
0	3.8
1	3.3
2	−1.5

(b)

x_k	y_k
−2	2.8
−1	2.1
0	3.25
1	6.0
2	11.5

(c)

x_k	y_k
−2	10
−1	1
0	0
1	2
2	9

3. 对给定的数据集,求解最小二乘曲线:

(a) $f(x)=Ce^{Ax}$,使用表 5.6 中的变量变换 $X=x$,$Y=\ln(y)$ 和 $C=e^B$ 来线性化数据点。

(b) $f(x)=Cx^A$,使用表 5.6 中的变量变换 $X=\ln(x)$,$Y=\ln(y)$ 和 $C=e^B$ 来线性化数据点。

(c) 使用 $E_2(f)$ 判断哪个曲线是最佳拟合。

x_k	y_k
1	0.6
2	1.9
3	4.3
4	7.6
5	12.6

4. 对下面给定的数据集,求解最小二乘曲线:
   (a) $f(x) = Ce^{Ax}$,使用表 5.6 中的变量变换 $X = x, Y = \ln(y)$ 和 $C = e^B$ 线性化数据点。
   (b) $f(x) = 1/(Ax + B)$,使用表 5.6 中的变量变换 $X = x$ 和 $Y = 1/y$ 线性化数据点。
   (c) 使用 $E_2(f)$ 判断哪个曲线是最佳拟合。

x_k	y_k
−1	6.62
0	3.94
1	2.17
2	1.35
3	0.89

5. 对下面给定的数据集,求解最小二乘曲线:
   (a) $f(x) = Ce^{Ax}$,使用表 5.6 中的变量变换 $X = x, Y = \ln(y)$ 和 $C = e^B$ 线性化数据点。
   (b) $f(x) = (Ax + B)^{-2}$,使用表 5.6 中的变量变换 $X = x$ 和 $Y = y^{-1/2}$ 线性化数据点。
   (c) 使用 $E_2(f)$ 判断哪个曲线是最佳拟合。

(i)

x_k	y_k
−1	13.45
0	3.01
1	0.67
2	0.15

(ii)

x_k	y_k
−1	13.65
0	1.38
1	0.49
3	0.15

6. **Logistic 人口增长**。当人口 $P(t)$ 受限于极值 L 时,它符合 Logistic 曲线,具有形式 $P(t) = L/(1 + Ce^{At})$。对下列数据集求解系数 A 和 C,L 是已知的。
   (a) (0, 200), (1, 400), (2, 650), (3, 850), (4, 950) 和 $L = 1000$。
   (b) (0, 500), (1, 1000), (2, 1800), (3, 2800), (4, 3700) 和 $L = 5000$。
7. 利用美国人口数据,求解 Logistic 曲线 $P(t)$。估计 2000 年时的美国人口。

(a) 设 $L = 8 \times 10^8$

年	t_k	P_k
1800	−10	5.3
1850	−5	23.2
1900	0	76.1
1950	5	152.3

(b) 设 $L = 8 \times 10^8$

年	t_k	P_k
1900	0	76.1
1920	2	106.5
1940	4	132.6
1960	6	180.7
1980	8	226.5

在习题 8 到习题 15 中,执行表 5.6 中的变量变换,并对下列每个函数求出线性化表示。

8. $y = \dfrac{A}{x} + B$

9. $y = \dfrac{D}{x + C}$

10. $y = \dfrac{1}{Ax + B}$

11. $y = \dfrac{x}{A + Bx}$

12. $y = A\ln(x) + B$

13. $y = Cx^A$

14. $y = (Ax + B)^{-2}$

15. $y = Cx\mathrm{e}^{-Dx}$

16. (a) 根据定理5.3中的证明过程,推导最小二乘曲线$f(x) = A\cos(x) + B\sin(x)$的正规方程。

(b) 利用(a)的结果,对下列数据集求解最小二乘曲线$f(x) = A\cos(x) + B\sin(x)$。

x_k	y_k
−3.0	−0.1385
−1.5	−2.1587
0.0	0.8330
1.5	2.2774
3.0	−0.5110

17. 针对N个点$(x_1, y_1, z_1), \cdots, (x_N, y_N, z_N)$的最小二乘平面$z = Ax + By + C$,可通过下式的最小化得到。

$$E(A, B, C) = \sum_{k=1}^{N}(Ax_k + By_k + C - z_k)^2$$

试推导正规方程:

$$\left(\sum_{k=1}^{N} x_k^2\right)A + \left(\sum_{k=1}^{N} x_k y_k\right)B + \left(\sum_{k=1}^{N} x_k\right)C = \sum_{k=1}^{N} z_k x_k$$

$$\left(\sum_{k=1}^{N} x_k y_k\right)A + \left(\sum_{k=1}^{N} y_k^2\right)B + \left(\sum_{k=1}^{N} y_k\right)C = \sum_{k=1}^{N} z_k y_k$$

$$\left(\sum_{k=1}^{N} x_k\right)A + \left(\sum_{k=1}^{N} y_k\right)B + NC = \sum_{k=1}^{N} z_k$$

18. 对下列数据集求解最小二乘平面。

(a) (1, 1, 7), (1, 2, 9), (2, 1, 10), (2, 2, 11), (2, 3, 12)

(b) (1, 2, 6), (2, 3, 7), (1, 1, 8), (2, 2, 8), (2, 1, 9)

(c) (3, 1, −3), (2, 1, −1), (2, 2, 0), (1, 1, 1), (1, 2, 3)

19. 设有如下数据表

x_k	y_k
1.0	2.0
2.0	5.0
3.0	10.0
4.0	17.0
5.0	26.0

当对函数$y = D/(x + C)$使用变量变换$X = xy$和$Y = 1/y$后,变换的最小二乘拟合为

$$y = \frac{-17.719403}{x - 5.476617}$$

当对函数$y = 1/(Ax + B)$使用变量变换$X = x$和$Y = 1/y$后,变换的最小二乘拟合为

$$y = \frac{1}{-0.1064253x + 0.4987330}$$

判断哪个拟合更好,为什么其中一个结果是荒谬的。

5.2.9 算法与程序

1. 洛杉矶(美国城市)郊区在 11 月 8 日的温度记录如下表所示。共有 24 个数据点。
   (a) 根据例 5.5 中的处理过程(使用 fmins 命令),对给定的数据集求解最小二乘曲线 $f(x)=A\cos(Bx)+C\sin(Dx)+E$。
   (b) 求 $E_2(f)$。
   (c) 在同一坐标系下画出这些点集和(a)得出的最小二乘曲线。

时间, p.m.	温度	时间, a.m.	温度
1	66	1	58
2	66	2	58
3	65	3	58
4	64	4	58
5	63	5	57
6	63	6	57
7	62	7	57
8	61	8	58
9	60	9	60
10	60	10	64
11	59	11	67
午夜	58	正午	68

5.3 样条函数插值

对 $N+1$ 个点 $\{(x_k,y_k)\}_{k=0}^{N}$ 的多项式插值经常不令人满意。从 5.2 节可知,一个 N 阶多项式可能有 $N-1$ 个相对极大值和极小值,同时曲线可能会摆动,以经过这些点。另一个方法是将图形分段,每段为一个低阶多项式 $S_k(x)$,并在相邻点 (x_k,y_k) 和 (x_{k+1},y_{k+1}) 之间进行插值(见图 5.10)。

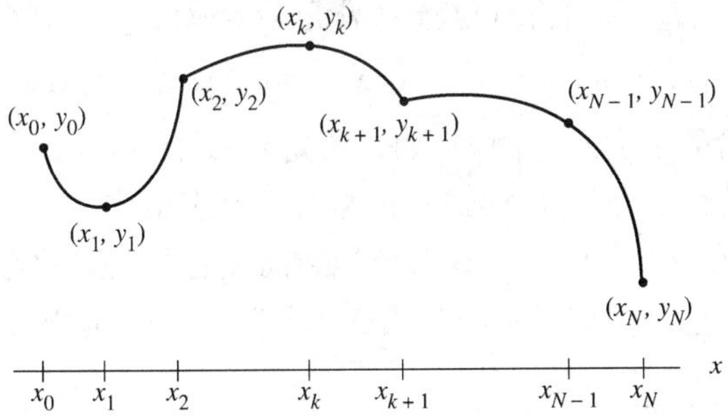

图 5.10 分段多项式插值

两个相邻的曲线部分 $y=S_k(x)$ 和 $y=S_{k+1}(x)$ 分别位于区间 $[x_k,x_{k+1}]$ 和 $[x_{k+1},x_{k+2}]$,并经过共同的**结点**(knot) (x_{k+1},y_{k+1})。曲线的这两部分在结点 (x_{k+1},y_{k+1}) 处连接在一起,而且函数集合 $\{S_k(x)\}$ 形成一个分段多项式曲线,表示为 $S(x)$。

5.3.1 分段线性插值

最简单的多项式是一阶多项式,即经过各点的多项式路径由包含各点的直线段组成。4.3 节的拉格朗日多项式可用来表示分段线性曲线:

$$S_k(x) = y_k \frac{x - x_{k+1}}{x_k - x_{k+1}} + y_{k+1} \frac{x - x_k}{x_{k+1} - x_k}, \quad x_k \leqslant x \leqslant x_{k+1} \tag{1}$$

得到的曲线看起来像折线(见图 5.11)。

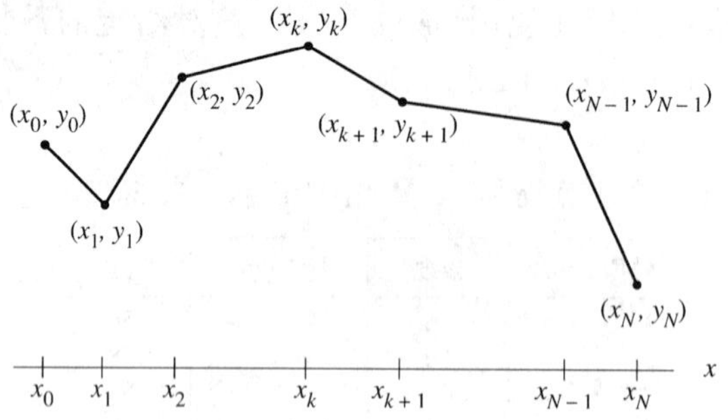

图 5.11 分段线性插值(线性样条曲线)

如果利用线段的点斜率公式,可得到一个等价的表达式:

$$S_k(x) = y_k + d_k(x - x_k)$$

其中 $d_k = (y_{k+1} - y_k)/(x_{k+1} - x_k)$。得到的**线性样条**函数可表示为如下形式:

$$S(x) = \begin{cases} y_0 + d_0(x - x_0) & 当\ x\ 在\ [x_0, x_1]中 \\ y_1 + d_1(x - x_1) & 当\ x\ 在\ [x_1, x_2]中 \\ \vdots & \vdots \\ y_k + d_k(x - x_k) & 当\ x\ 在\ [x_k, x_{k+1}]中 \\ \vdots & \vdots \\ y_{N-1} + d_{N-1}(x - x_{N-1}) & 当\ x\ 在\ [x_{N-1}, x_N]中 \end{cases} \tag{2}$$

对于显式计算 $S(x)$,式(2)的形式好于式(1)。这里假设横坐标按 $x_0 < x_1 < \cdots < x_{N-1} < x_N$ 排序。对于一个固定值 x,通过连续计算差值 $x - x_1, \cdots, x - x_k, x - x_{k+1}$ 直到 $k+1$ 是满足 $x - x_{k+1} < 0$ 的最小整数,可找到包含 x 的区间$[x_k, x_{k+1}]$。因此可找到 k 满足 $x_k \leqslant x \leqslant x_{k+1}$,且样条函数 $S(x)$ 的值表示为

$$S(x) = S_k(x) = y_k + d_k(x - x_k), \quad x_k \leqslant x \leqslant x_{k+1} \tag{3}$$

这些技术可扩展到更高阶的多项式。例如,如果给定奇数个点 $x_0, x_1, \cdots, x_{2M}$,则可对每个子区间$[x_{2k}, x_{2k+2}]$,其中 $k = 0, 1, \cdots, M-1$,构造一个分段二次多项式。采用二次多项式样条的一个缺点是,在偶数点 x_{2k} 处的曲率变化很大,这可能导致曲线有非期望的弯曲或畸变。二次样条曲线的二阶导数在偶数点不连续。如果利用分段三次多项式,则一阶导数和二阶导数都连续。

5.3.2 分段三次样条曲线

对数据集进行多项式曲线拟合在 CAD,CAM 和计算机图形系统中有许多应用。操作者希望画出的经过数据点的无误差光滑曲线。从传统上讲,一般使用曲线板或设计师的样条主观地画出曲线,只要通过眼睛看是光滑的就可以了。从数学角度上分析,在每个区间$[x_k, x_{k+1}]$可构造一个三次函数 $S_k(x)$,使得分段曲线 $y = S(x)$ 和它的一阶导数和二阶导数在更大的区间$[x_0, x_N]$内连续。$S'(x)$ 的连续性意味着曲线 $y = S(x)$ 没有急弯。$S''(x)$ 的连续性意味着每点的**曲率半径**(radius of curvature)有定义。

定义 5.1 设$\{(x_k, y_k)\}_{k=0}^{N}$有 $N+1$ 个点,其中 $a = x_0 < x_1 < \cdots < x_N = b$。如果存在 N 个三次多项

式 $S_k(x)$，系数为 $s_{k,0}, s_{k,1}, s_{k,2}$ 和 $s_{k,3}$，满足如下性质：

$$\begin{array}{lll} \text{I.} & S(x) = S_k(x) = s_{k,0} + s_{k,1}(x-x_k) + s_{k,2}(x-x_k)^2 + s_{k,3}(x-x_k)^3 & \\ & \qquad\qquad x \in [x_k, x_{k+1}], \quad k = 0, 1, \cdots, N-1 & \\ \text{II.} & S(x_k) = y_k & k = 0, 1, \cdots, N \\ \text{III.} & S_k(x_{k+1}) = S_{k+1}(x_{k+1}) & k = 0, 1, \cdots, N-2 \\ \text{IV.} & S'_k(x_{k+1}) = S'_{k+1}(x_{k+1}) & k = 0, 1, \cdots, N-2 \\ \text{V.} & S''_k(x_{k+1}) = S''_{k+1}(x_{k+1}) & k = 0, 1, \cdots, N-2 \end{array}$$

则称函数 $S(x)$ 为**三次样条函数**(cubic spline)。 ▲

性质 I 描述了由分段三次多项式构成的 $S(x)$。性质 II 描述了对给定数据点集的分段三次插值。性质 III 和性质 IV 保证了分段三次多项式函数是一个光滑连续函数。性质 V 保证了函数的二阶导数也是连续的。

5.3.3 三次样条的存在性

是否可能构造一个三次样条满足性质 I 到性质 V？每个三次多项式 $S_k(x)$ 有 4 个未知常数 ($s_{k,0}, s_{k,1}, s_{k,2}$ 和 $s_{k,3}$)，因此需要求解 $4N$ 个系数。宽松的讲，要确定 $4N$ 个自由度或条件。数据点提供了 $N+1$ 个条件，性质 III、性质 IV 和性质 V 都提供了 $N-1$ 个条件，总共确定了 $N+1+3(N-1)=4N-2$ 个条件。这样剩下了两个自由度。可称之为**端点约束**(end-point constraints)：涉及在点 x_0 和 x_N 处的导数 $S'(x)$ 或 $S''(x)$，后面将会讨论到。现在对三次样条进行构造。

由于 $S(x)$ 是分段三次多项式，它的二阶导数 $S''(x)$ 在区间 $[x_0, x_N]$ 内是分段线性的。根据线性拉格朗日插值，$S''(x) = S''_k(x)$ 可表示为：

$$S''_k(x) = S''(x_k)\frac{x - x_{k+1}}{x_k - x_{k+1}} + S''(x_{k+1})\frac{x - x_k}{x_{k+1} - x_k} \tag{4}$$

用 $m_k = S''(x_k)$，$m_{k+1} = S''(x_{k+1})$ 和 $h_k = x_{k+1} - x_k$ 代入上式，可得

$$S''_k(x) = \frac{m_k}{h_k}(x_{k+1} - x) + \frac{m_{k+1}}{h_k}(x - x_k) \tag{5}$$

其中 $x_k \leqslant x \leqslant x_{k+1}$，$k = 0, 1, \cdots, N-1$。将式(5)积分两次，会引入两个积分常数，并得到如下形式：

$$S_k(x) = \frac{m_k}{6h_k}(x_{k+1} - x)^3 + \frac{m_{k+1}}{6h_k}(x - x_k)^3 + p_k(x_{k+1} - x) + q_k(x - x_k) \tag{6}$$

将 x_k 和 x_{k+1} 代入方程(6)中，并使用值 $y_k = S_k(x_k)$ 和 $y_{k+1} = S_k(x_{k+1})$，可分别得到包含 p_k 和 q_k 的方程：

$$y_k = \frac{m_k}{6}h_k^2 + p_k h_k, \qquad y_{k+1} = \frac{m_{k+1}}{6}h_k^2 + q_k h_k \tag{7}$$

求解这两个方程很容易得出 p_k 和 q_k，而且将这些值代入方程(6)中，可得到如下三次多项式方程：

$$\begin{aligned} S_k(x) = & -\frac{m_k}{6h_k}(x_{k+1} - x)^3 + \frac{m_{k+1}}{6h_k}(x - x_k)^3 \\ & + \left(\frac{y_k}{h_k} - \frac{m_k h_k}{6}\right)(x_{k+1} - x) + \left(\frac{y_{k+1}}{h_k} - \frac{m_{k+1} h_k}{6}\right)(x - x_k) \end{aligned} \tag{8}$$

需要注意，表达式(8)可简化为只包含未知系数 $\{m_k\}$ 的形式。为求解这些值，必须使用式(8)的导数，即

$$S'_k(x) = -\frac{m_k}{2h_k}(x_{k+1}-x)^2 + \frac{m_{k+1}}{2h_k}(x-x_k)^2 - \left(\frac{y_k}{h_k} - \frac{m_k h_k}{6}\right) + \frac{y_{k+1}}{h_k} - \frac{m_{k+1}h_k}{h_k} \tag{9}$$

在 x_k 处计算式(9),并简化结果可得到

$$S'_k(x_k) = -\frac{m_k}{3}h_k - \frac{m_{k+1}}{6}h_k + d_k, \qquad \text{其中 } d_k = \frac{y_{k+1}-y_k}{h_k} \tag{10}$$

同理,在式(9)中用 $k-1$ 代替 k 可得到 $S'_{k-1}(x)$,并计算在 x_k 处的解可得

$$S'_{k-1}(x_k) = \frac{m_k}{3}h_{k-1} + \frac{m_{k-1}}{6}h_{k-1} + d_{k-1} \tag{11}$$

利用性质 IV 以及方程(10)和方程(11),可得到包含 m_{k-1},m_k 和 m_{k+1}的重要关系式

$$h_{k-1}m_{k-1} + 2(h_{k-1}+h_k)m_k + h_k m_{k+1} = u_k \tag{12}$$

其中 $u_k = 6(d_k - d_{k-1})$,$k = 1,2,\cdots,N-1$。

5.3.4 构造三次样条

方程组(12)中的未知数是要求的值$\{m_k\}$,而且其他的项是可通过数据点集$\{(x_k,y_k)\}$进行简单数学计算得到的常量。因此,方程组(12)是包含 $N+1$ 个未知数,具有 $N-1$ 个线性方程的不定方程组。所以需要另外两个方程组才能求解。可通过它们消去方程组(12)中第一个方程的 m_0 和第 $N-1$ 个方程的 m_N。针对端点约束的标准策略如表 5.8 所示。

设采用表 5.8 中的策略(v)。如果给定 m_0,则可计算出 h_0m_0,而且方程组(12)的第一个方程(当 $k=1$ 时)为

$$2(h_0+h_1)m_1 + h_1m_2 = u_1 - h_0m_0 \tag{13}$$

表 5.8 针对三次样条的端点约束

策略描述	包含 m_0 和 m_N 的方程
(i) 三次紧压样条,确定$S'(x_0)$,$S'(x_n)$(如果导数已知,这是"最佳选择")	$m_0 = \frac{3}{h_0}(d_0 - S'(x_0)) - \frac{m_1}{2}$ $m_N = \frac{3}{h_{N-1}}(S'(x_N) - d_{N-1}) - \frac{m_{N-1}}{2}$
(ii) natural 三次样条(一条"松弛曲线")	$m_0 = 0, m_N = 0$
(iii) 外推 $S''(x)$到端点	$m_0 = m_1 - \frac{h_0(m_2-m_1)}{h_1}$ $m_N = m_{N-1} + \frac{h_{N-1}(m_{N-1}-m_{N-2})}{h_{N-2}}$
(iv) $S''(x)$是靠近端点的常量	$m_0 = m_1, m_N = m_{N-1}$
(v) 在每个端点处指定 $S''(x)$	$m_0 = S''(x_0), m_N = S''(x_N)$

同理,如果给定 m_N,则可计算出 $h_{N-1}m_N$,而且方程组(12)的最后一个方程(当 $k=N-1$ 时)为

$$h_{N-2}m_{N-2} + 2(h_{N-2}+h_{N-1})m_{N-1} = u_{N-1} - h_{N-1}m_N \tag{14}$$

考虑方程组(12)以及方程(13)和方程(14),其中 $k=2,3,\cdots,N-2$,可形成 $N-1$ 阶线性方程组,包含系数 $m_1,m_2,\cdots,m_{N-1}$。

如果不考虑在表 5.8 中选择的特定策略，可重写方程组(12)中的方程 1 到方程 $N-1$，得到一个包含 $m_1, m_2, \cdots, m_{N-1}$ 的三角线性方程组 $\boldsymbol{HM}=\boldsymbol{V}$，表示为

$$\begin{bmatrix} b_1 & c_1 & & & \\ a_1 & b_2 & c_2 & & \\ & & \ddots & & \\ & & a_{N-3} & b_{N-2} & c_{N-2} \\ & & & a_{N-2} & b_{N-1} \end{bmatrix} \begin{bmatrix} m_1 \\ m_2 \\ \vdots \\ m_{N-2} \\ m_{N-1} \end{bmatrix} = \begin{bmatrix} v_1 \\ v_2 \\ \vdots \\ v_{N-2} \\ v_{N-1} \end{bmatrix} \tag{15}$$

线性方程组(15)具有严格对角优势，并有唯一解(细节参见第 3 章)。当得到系数 $\{m_k\}$ 后，可利用如下公式计算 $S_k(x)$ 的样条系数 $\{s_{k,j}\}$。

$$\begin{aligned} s_{k,0} &= y_k, & s_{k,1} &= d_k - \frac{h_k(2m_k + m_{k+1})}{6} \\ s_{k,2} &= \frac{m_k}{2}, & s_{k,3} &= \frac{m_{k+1} - m_k}{6h_k} \end{aligned} \tag{16}$$

为了更有效地计算，每个三次多项式 $S_k(x)$ 可表示成嵌套乘的形式：

$$S_k(x) = ((s_{k,3}w + s_{k,2})w + s_{k,1})w + y_k, \quad w = x - x_k \tag{17}$$

其中 $S_k(x)$ 在区间 $x_k \leqslant x \leqslant x_{k+1}$ 内使用。

结合表 5.8 中的策略和方程组(12)，可构造在端点处有特殊性质的三次样条。特别是表 5.8 中的 m_0 和 m_N，可用来定制方程组(12)中的第一个和最后一个方程，并形成 $N-1$ 阶方程组(15)。然后可求解对角方程组的系数 $m_1, m_2, \cdots, m_{N-1}$。最后用式(16)求出样条系数。下面指出了对不同类型的样条如何构造方程组。

5.3.5 端点约束

下面的 5 个引理说明了对表 5.8 中的不同端点约束，要求解的三角线性方程组的形式。

引理 5.1[紧压(clamped)样条] *存在唯一的三次样条曲线，其一阶导数的边界条件是 $S'(a)=d_0$ 和 $S'(b)=d_N$。*

证明：求解下列线性方程组

$$\begin{gathered} \left(\frac{3}{2}h_0 + 2h_1\right)m_1 + h_1 m_2 = u_1 - 3(d_0 - S'(x_0)) \\ h_{k-1}m_{k-1} + 2(h_{k-1} + h_k)m_k + h_k m_{k+1} = u_k, \quad k = 2, 3, \cdots, N-2 \\ h_{N-2}m_{N-2} + (2h_{N-2} + \frac{3}{2}h_{N-1})m_{N-1} = u_{N-1} - 3(S'(x_N) - d_{N-1}) \end{gathered}$$

●

批注 紧压样条在端点有斜率。紧压样条可想像为，用外力使柔软而有弹性的木杆经过数据点，并在端点处使其具有固定斜率。这样的样条对于画经过多个点的光滑曲线的绘图员相当有用。

引理 5.2(natural 样条) *存在唯一的三次样条曲线，它的自由边界条件是 $S''(a)=0$ 和 $S''(b)=0$。*

证明：求解下列线性方程组

$$\begin{gathered} 2(h_0 + h_1)m_1 + h_1 m_2 = u_1 \\ h_{k-1}m_{k-1} + 2(h_{k-1} + h_k)m_k + h_k m_{k+1} = u_k, \quad k = 2, 3, \cdots, N-2 \\ h_{N-2}m_{N-2} + 2(h_{N-2} + h_{N-1})m_{N-1} = u_{N-1} \end{gathered}$$

●

批注 natural 样条是柔软有弹性的木杆经过所有数据点形成的曲线,但让端点的斜率自由地在某一位置保持平衡,使得曲线的摇摆最小。它在对有多位有效数字精度的试验数据进行曲线拟合时很有用。

引理 5.3[外推(extrapolated)样条] 存在唯一的三次样条曲线,其中通过对点 x_1 和 x_2 进行外推得到 $S''(a)$,同时通过对点 x_{N-1} 和 x_{N-2} 进行外推得到 $S''(b)$。

证明:求解下列线性方程组:

$$\left(3h_0+2h_1+\frac{h_0^2}{h_1}\right)m_1+\left(h_1-\frac{h_0^2}{h_1}\right)m_2=u_1$$
$$h_{k-1}m_{k-1}+2(h_{k-1}+h_k)m_k+h_km_{k+1}=u_k,\quad k=2,\ 3,\ \cdots,\ N-2$$
$$\left(h_{N-2}-\frac{h_{N-1}^2}{h_{N-2}}\right)m_{N-2}+\left(2h_{N-2}+3h_{N-1}+\frac{h_{N-1}^2}{h_{N-2}}\right)m_{N-1}=u_{N-1}$$

●

批注 外推样条等价于端点处的三次多项式曲线是相邻三次多项式曲线的扩展形成的样条,也就是说,样条曲线在区间$[x_0,x_2]$内形成单个三次多项式曲线,同时在区间$[x_{N-2},x_N]$内形成另一个三次多项式曲线。

引理 5.4[抛物线终结(parabolically terminated)样条] 存在唯一的三次样条曲线,其中在区间$[x_0,x_1]$内 $S'''(x)\equiv 0$,而在$[x_{N-1},x_N]$内 $S'''(x)\equiv 0$。

证明:求解下列线性方程组:

$$(3h_0+2h_1)m_1+h_1m_2=u_1$$
$$h_{k-1}m_{k-1}+2(h_{k-1}+h_k)m_k+h_km_{k+1}=u_k,\quad k=2,\ 3,\ \cdots,\ N-2$$
$$h_{N-2}m_{N-2}+(2h_{N-2}+3h_{N-1})m_{N-1}=u_{N-1}$$

●

批注 在区间$[x_0,x_1]$内 $S''(x)\equiv 0$ 使得在区间$[x_0,x_1]$内三次多项式曲线退化为二次多项式曲线,同时在区间$[x_{N-1},x_N]$内也发生同样的情况。

引理 5.5[端点曲率调整(end-point curvature-adjusted)样条] 存在唯一的三次样条曲线,其中二阶导数的边界条件 $S''(a)$ 和 $S''(b)$ 是确定的。

证明:求解下列线性方程组

$$2(h_0+h_1)m_1+h_1m_2=u_1-h_0S''(x_0)$$
$$h_{k-1}m_{k-1}+2(h_{k-1}+h_k)m_k+h_km_{k+1}=u_k,\quad k=2,\ 3,\ \cdots,\ N-2$$
$$h_{N-2}m_{N-2}+2(h_{N-2}+h_{N-1})m_{N-1}=u_{N-1}-h_{N-1}S''(x_N)$$

●

批注 通过对 $S''(a)$ 和 $S''(b)$ 赋值,可调整每个端点的曲率。

下面的 5 个例子显示了不同样条的行为。通过混合端点条件可得到更广的样条形式,这留给读者进行研究。

例 5.7 求三次紧压样条曲线,经过点(0,0),(1,0.5),(2,2.0)和(3,1.5),且一阶导数的边界条件为 $S'(0)=0.2$ 和 $S'(3)=-1$。

解:首先计算下面的值:

$$h_0 = h_1 = h_2 = 1$$
$$d_0 = (y_1 - y_0)/h_0 = (0.5 - 0.0)/1 = 0.5$$
$$d_1 = (y_2 - y_1)/h_1 = (2.0 - 0.5)/1 = 1.5$$
$$d_2 = (y_3 - y_2)/h_2 = (1.5 - 2.0)/1 = -0.5$$
$$u_1 = 6(d_1 - d_0) = 6(1.5 - 0.5) = 6.0$$
$$u_2 = 6(d_2 - d_1) = 6(-0.5 - 1.5) = -12.0$$

然后利用引理 5.1 得到如下方程组：

$$\left(\frac{3}{2} + 2\right) m_1 + m_2 = 6.0 - 3(0.5 - 0.2) = 5.1$$
$$m_1 + \left(2 + \frac{3}{2}\right) m_2 = -12.0 - 3(-1.0 - (-0.5)) = -10.5$$

将上述方程组进行简化并表示成矩阵形式，可得到

$$\begin{bmatrix} 3.5 & 1.0 \\ 1.0 & 3.5 \end{bmatrix} \begin{bmatrix} m_1 \\ m_2 \end{bmatrix} = \begin{bmatrix} 5.1 \\ -10.5 \end{bmatrix}$$

直接通过计算可得到方程组的解 $m_1 = 2.25$ 和 $m_2 = -3.72$。现在将它们代入表 5.8 的(i)中的方程组，以求解系数 m_0 和 m_3：

$$m_0 = 3(0.5 - 0.2) - \frac{2.52}{2} = -0.36$$
$$m_3 = 3(-1.0 + 0.5) - \frac{-3.72}{2} = 0.36$$

接下来，可求出 $m_0 = -0.36$，$m_1 = 2.25$，$m_2 = -3.72$，$m_3 = 0.36$，并将它们代入方程组(16)求解样条系数。结果为

$$\begin{aligned} S_0(x) &= 0.48x^3 - 0.18x^2 + 0.2x, && 0 \leqslant x \leqslant 1 \\ S_1(x) &= -1.04(x-1)^3 + 1.26(x-1)^2 \\ &\quad + 1.28(x-1) + 0.5, && 1 \leqslant x \leqslant 2 \\ S_2(x) &= 0.68(x-2)^3 - 1.86(x-2)^2 \\ &\quad + 0.68(x-2) + 2.0, && 2 \leqslant x \leqslant 3 \end{aligned} \tag{18}$$

三次紧压样条如图 5.12 所示。■

例 5.8　求 natural 三次样条曲线，经过点(0,0.0)，(1,0.5)，(2,2.0)和(3,1.5)，且自由边界条件为 $S''(x) = 0$ 和 $S''(3) = 0$。

解：使用例 5.7 中计算出的同样的值 $\{h_k\}$，$\{d_k\}$ 和 $\{u_k\}$，然后根据引理 5.2 可得方程

$$2(1+1)m_1 + m_2 = 6.0$$
$$m_1 + 2(1+1)m_2 = -12.0$$

线性方程组的矩阵形式为

$$\begin{bmatrix} 4.0 & 1.0 \\ 1.0 & 4.0 \end{bmatrix} \begin{bmatrix} m_1 \\ m_2 \end{bmatrix} = \begin{bmatrix} 6.0 \\ -12.0 \end{bmatrix}$$

很容易求出 $m_1 = 2.4$ 和 $m_2 = -3.6$。由于 $m_0 = S''(0) = 0$ 和 $m_3 = S''(3) = 0$，所以使用方程组(16)求解样条系数的结果为

$$\begin{aligned} S_0(x) &= 0.4x^3 + 0.1x, && 0 \leqslant x \leqslant 1 \\ S_1(x) &= -(x-1)^3 + 1.2(x-1)^2 \\ &\quad + 1.3(x-1) + 0.5, && 1 \leqslant x \leqslant 2 \\ S_2(x) &= 0.6(x-2)^3 - 1.8(x-2)^2 \\ &\quad + 0.7(x-2) + 2.0, && 2 \leqslant x \leqslant 3 \end{aligned} \tag{19}$$

natural 三次样条曲线如图 5.13 所示。 ■

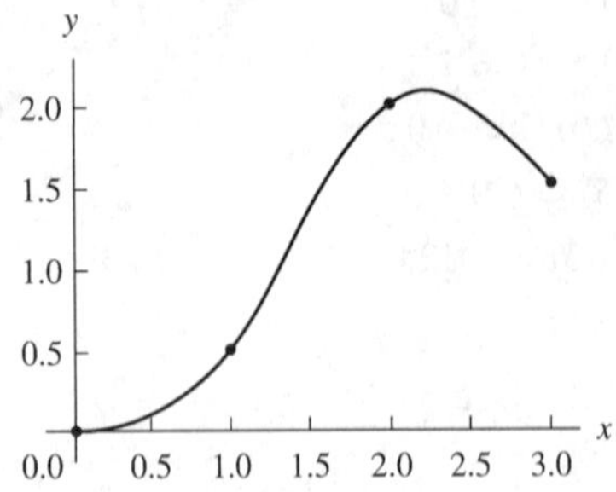

图 5.12 三次紧压样条,边界条件为 $S'(0)=0.2$ 和 $S'(3)=-1$

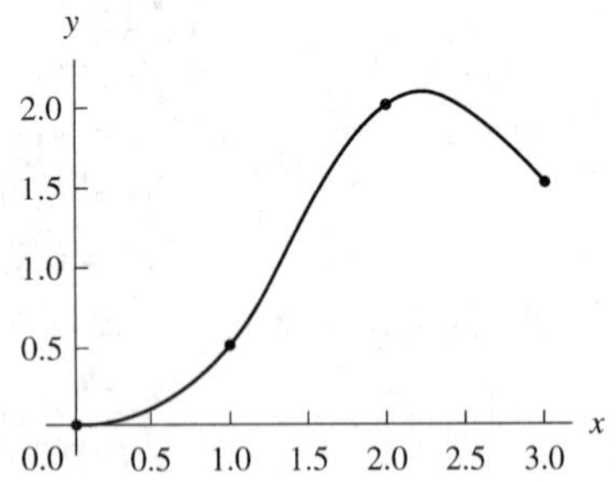

图 5.13 natural 三次样条,边界条件为 $S''(0)=0$ 和 $S''(3)=0$

例 5.9 求外推三次样条曲线,经过点(0,0.0),(1,0.5),(2,2.0)和(3,1.5)。

解: 使用例 5.7 中的值$\{h_k\}$,$\{d_k\}$和$\{u_k\}$,并根据引理 5.3,得线性方程组

$$(3+2+1)m_1+(1-1)m_2=6.0$$
$$(1-1)m_1+(2+3+1)m_2=-12.0$$

其矩阵形式为

$$\begin{bmatrix}6.0 & 0.0\\0.0 & 6.0\end{bmatrix}\begin{bmatrix}m_1\\m_2\end{bmatrix}=\begin{bmatrix}6.0\\-12.0\end{bmatrix}$$

可求出解为 $m_1=1.0$ 和 $m_2=-2.0$。现在将它们代入表 5.8 的(iii)中的方程组,并计算 m_0 和 m_3:

$$m_0=1.0-(-2.0-1.0)=4.0$$
$$m_3=-2.0+(-2.0-1.0)=-5.0$$

最后将$\{m_k\}$代入方程(16)求解样条系数,可得

$$\begin{aligned}S_0(x)&=-0.5x^3+2.0x^2-x, && 0\leqslant x\leqslant 1\\S_1(x)&=-0.5(x-1)^3+0.5(x-1)^2\\&\quad+1.5(x-1)+0.5, && 1\leqslant x\leqslant 2\\S_2(x)&=-0.5(x-2)^3-(x-2)^2\\&\quad+(x-2)+2.0, && 2\leqslant x\leqslant 3\end{aligned}\tag{20}$$

外推三次样条曲线如图 5.14 所示。 ■

例 5.10 求抛物线终结样条曲线,经过点(0,0.0),(1,0.5),(2,2.0)和(3,1.5)。

解: 使用例 5.7 中的值$\{h_k\}$,$\{d_k\}$和$\{u_k\}$,根据引理 5.4 可得

$$(3+2)m_1+m_2=6.0$$
$$m_1+(2+3)m_2=-12.0$$

其矩阵形式为

$$\begin{bmatrix}5.0 & 1.0\\1.0 & 5.0\end{bmatrix}\begin{bmatrix}m_1\\m_2\end{bmatrix}=\begin{bmatrix}6.0\\-12.0\end{bmatrix}$$

可得结果为 $m_1=1.75$ 和 $m_2=-2.75$。由于在每个端点的子区间内 $S'''(x)\equiv 0$,根据表 5.8 的(iv)中的方程组,可得 $m_0=m_1=1.75$ 和 $m_3=m_2=-2.75$。然后将$\{m_k\}$的值代入方程组(16),可得

$$S_0(x) = 0.875x^2 - 0.375x, \qquad 0 \leqslant x \leqslant 1$$
$$S_1(x) = -0.75(x-1)^3 + 0.875(x-1)^2 + 1.375(x-1) + 0.5, \qquad 1 \leqslant x \leqslant 2 \tag{21}$$
$$S_2(x) = -1.375(x-2)^2 + 0.875(x-2) + 2.0, \qquad 2 \leqslant x \leqslant 3$$

抛物线终结样条曲线如图 5.15 所示。■

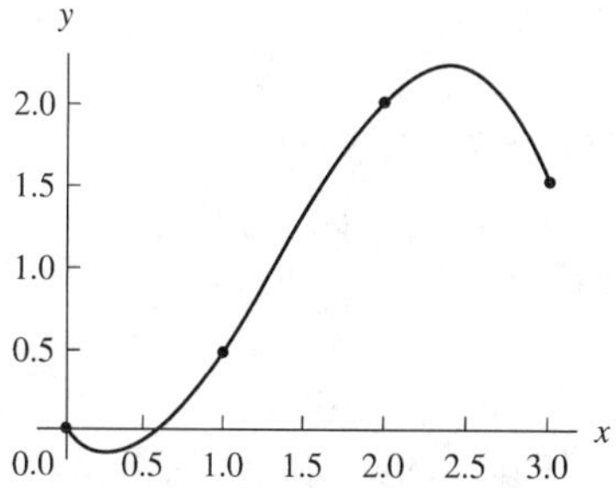

图 5.14　外推三次样条曲线

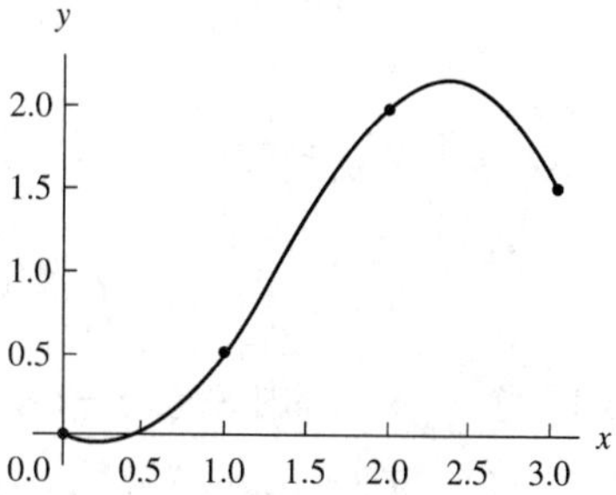

图 5.15　抛物线终结样条曲线

例 5.11　求端点曲率调整样条曲线，经过点(0,0.0)，(1,0.5)，(2,2.0)和(3,1.5)，而且二阶导数边界条件 $S''(0) = -0.3$ 和 $S''(3) = 3.3$。

解： 使用例 5.7 中的值 $\{h_k\}$，$\{d_k\}$ 和 $\{u_k\}$，并根据引理 5.5 可得

$$2(1+1)m_1 + m_2 = 6.0 - (-0.3) = 6.3$$
$$m_1 + 2(1+1)m_2 = -12.0 - (3.3) = -15.3$$

其矩阵形式为

$$\begin{bmatrix} 4.0 & 1.0 \\ 1.0 & 4.0 \end{bmatrix} \begin{bmatrix} m_1 \\ m_2 \end{bmatrix} = \begin{bmatrix} 6.3 \\ -15.3 \end{bmatrix}$$

方程组的解为 $m_1 = 2.7$ 和 $m_2 = -4.5$。根据边界条件可得 $m_0 = S''(0) = -0.3$ 和 $m_3 = S''(3) = 3.3$。将 $\{m_k\}$ 的值代入方程组(16)可得

$$S_0(x) = 0.5x^3 - 0.15x^2 + 0.15x, \qquad 0 \leqslant x \leqslant 1$$
$$S_1(x) = -1.2(x-1)^3 + 1.35(x-1)^2 + 1.35(x-1) + 0.5, \qquad 1 \leqslant x \leqslant 2 \tag{22}$$
$$S_2(x) = 1.3(x-2)^3 - 2.25(x-2)^2 + 0.45(x-2) + 2.0, \qquad 2 \leqslant x \leqslant 3$$

端点曲率调整样条曲线如图 5.16 所示。■

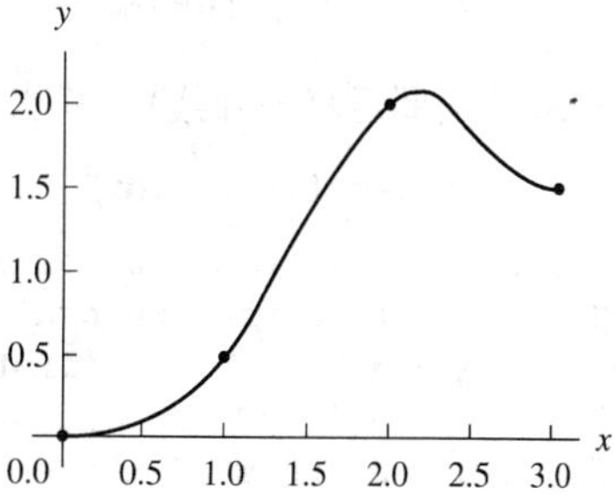

图 5.16　端点曲率调整样条曲线，满足 $S''(0) = -0.3$ 和 $S''(3) = 3.3$

5.3.6　三次样条曲线的适宜性

样条曲线的一个实用性质是它们的摆动极小。因此，所有的函数 $f(x)$ 在区间 $[a,b]$ 内二次连续可微，同时经过给定的数据点集 $\{(x_k, y_k)\}_{k=0}^{N}$，而且三次样条曲线的摆动相对较小。下面的结论解释了这一现象。

定理 5.4（三次样条曲线的极小性质）　设 $f \in C^2[a,b]$，且 $S(x)$ 是唯一经过点 $\{(x_k, f(x_k))\}_{k=0}^{N}$ 的函数 $f(x)$ 的三

次样条插值曲线,并且满足紧压端点条件 $S'(a)=f'(a)$ 和 $S'(b)=f'(b)$,则

$$\int_a^b (S''(x))^2\,dx \leqslant \int_a^b (f''(x))^2\,dx \tag{23}$$

证明:利用分部积分法,并根据端点条件可得

$$\begin{aligned}&\int_a^b S''(x)(f''(x)-S''(x))\,dx\\ &\quad = S''(x)(f'(x)-S'(x))\Big|_{x=a}^{x=b} - \int_a^b S'''(x)(f'(x)-S'(x))\,dx\\ &\quad = 0-0-\int_a^b S'''(x)(f'(x)-S'(x))\,dx\end{aligned}$$

由于在子区间 $[x_k, x_{k+1}]$ 内 $S'''(x)=6s_{k,3}$,所以可推导出

$$\int_{x_k}^{x_{k+1}} S'''(x)(f'(x)-S'(x))\,dx = 6s_{k,3}(f(x)-S(x))\Big|_{x=x_k}^{x=x_{k+1}} = 0$$

其中 $k=0,1,\cdots,N-1$。因此 $\int_a^b S''(x)(f''(x)-S''(x))\,dx=0$,而且可推导出

$$\int_a^b S''(x)f''(x)\,dx = \int_a^b (S''(x))^2\,dx \tag{24}$$

由于 $0\leqslant(f''(x)-S''(x))^2$,可得到积分关系

$$\begin{aligned}0 &\leqslant \int_a^b (f''(x)-S''(x))^2\,dx\\ &= \int_a^b (f''(x))^2\,dx - 2\int_a^b f''(x)S''(x)\,dx + \int_a^b (S''(x))^2\,dx\end{aligned} \tag{25}$$

现在将式(24)的结果代入式(25)可得

$$0\leqslant \int_a^b (f''(x))^2\,dx - \int_a^b (S''(x))^2\,dx$$

重写上式很容易得到关系式(23),定理得证。 ●

下面的程序根据数据点 $\{(x_k,y_k)\}_{k=0}^N$ 构造三次紧压样条插值。输出矩阵 S 的第 $k-1$ 行是 $S_k(x)$,其中 $k=0,1,\cdots,N-1$ 的按降序排列的系数。在习题中,读者要根据其他如表 5.8 和引理 5.2 到引理 5.5 所描述的端点条件,修改下面的程序。

程序 5.3(三次紧压样条曲线) 根据 $N+1$ 个点 $\{(x_k,y_k)\}_{k=0}^N$,构造并计算三次紧压样条插值 $s(x)$。

```
function S=csfit(X,Y,dx0,dxn)

%Input  - X is the 1xn abscissa vector
%       - Y is the 1xn ordinate vector
%       - dx0 = S'(x0) first derivative boundary condition
%       - dxn = S'(xn) first derivative boundary condition
%Output - S: rows of S are the coefficients, in descending
%         order, for the cubic interpolants

N=length(X)-1;
H=diff(X);
D=diff(Y)./H;
```

```
A=H(2:N-1);
B=2*(H(1:N-1)+H(2:N));
C=H(2:N);
U=6*diff(D);
%Clamped spline endpoint constraints
B(1)=B(1)-H(1)/2;
U(1)=U(1)-3*(D(1)-dx0);
B(N-1)=B(N-1)-H(N)/2;
U(N-1)=U(N-1)-3*(dxn-D(N));
for k=2:N-1
   temp=A(k-1)/B(k-1);
   B(k)=B(k)-temp*C(k-1);
   U(k)=U(k)-temp*U(k-1);
end
M(N)=U(N-1)/B(N-1);
for k=N-2:-1:1
   M(k+1)=(U(k)-C(k)*M(k+2))/B(k);
end
M(1)=3*(D(1)-dx0)/H(1)-M(2)/2;
M(N+1)=3*(dxn-D(N))/H(N)-M(N)/2;
for k=0:N-1
   S(k+1,1)=(M(k+2)-M(k+1))/(6*H(k+1));
   S(k+1,2)=M(k+1)/2;
   S(k+1,3)=D(k+1)-H(k+1)*(2*M(k+1)+M(k+2))/6;
   S(k+1,4)=Y(k+1);
end
```

例5.12 求解三次紧压样条曲线,经过点(0,0.0),(1,0.5),(2,2.0)和(3,1.5),而且一阶导数边界条件 $S'(0)=0.2$ 和 $S'(3)=-1$。

解:在 MATLAB 中进行计算:

```
>>X=[0 1 2 3]; Y=[0 0.5 2.0 1.5];dx0=0.2; dxn=-1;
>>S=csfit(X,Y,dx0,dxn)
S =
  0.4800 -0.1800 0.2000 0
 -1.0400  1.2600 1.2800 0.5000
  0.6800 -1.8600 0.6800 2.0000
```

要注意 S 中行的元素是例5.7中方程组(18)对应方程的系数。下面的命令显示了如何使用 polyval 命令画出三次样条插值。产生的图与图5.12相同。

```
>>x1=0:.01:1; y1=polyval(S(1,:),x1-X(1));
>>x2=1:.01:2; y2=polyval(S(2,:),x2-X(2));
>>x3=2:.01:3; y3=polyval(S(3,:),x3-X(3));
>>plot(x1,y1,x2,y2,x3,y3,X,Y,'.')
```

■

5.3.7 习题

1. 设有多项式 $S(x)=a_0+a_1x+a_2x^2+a_3x^3$。

(a) 证明根据条件 $S(1)=1,S'(1)=0,S(2)=2$ 和 $S'(2)=0$ 可得到如下方程组:

$$
\begin{aligned}
a_0 + a_1 + a_2 + a_3 &= 1 \\
a_1 + 2a_2 + 3a_3 &= 0 \\
a_0 + 2a_1 + 4a_2 + 8a_3 &= 2 \\
a_1 + 4a_2 + 12a_3 &= 0
\end{aligned}
$$

(b) 求解(a)中的方程组,并根据结果画出三次多项式曲线。

2. 设有多项式 $S(x) = a_0 + a_1x + a_2x^2 + a_3x^3$。

(a) 证明根据条件 $S(1) = 3, S'(1) = -4, S(2) = 1$ 和 $S'(2) = 2$ 可得到如下方程组:

$$
\begin{aligned}
a_0 + a_1 + a_2 + a_3 &= 3 \\
a_1 + 2a_2 + 3a_3 &= -4 \\
a_0 + 2a_1 + 4a_2 + 8a_3 &= 1 \\
a_1 + 4a_2 + 12a_3 &= 2
\end{aligned}
$$

(b) 求解(a)中的方程组,并根据结果画出三次多项式曲线。

3. 判断下列哪些函数是三次样条。提示:函数$f(x)$是否满足定义 5.1 中的 5 个性质?

(a) $f(x) = \begin{cases} \frac{19}{2} - \frac{81}{4}x + 15x^2 - \frac{13}{4}x^3, & 1 \leqslant x \leqslant 2 \\ \frac{-77}{2} + \frac{207}{4}x - 21x^2 + \frac{11}{4}x^3, & 2 \leqslant x \leqslant 3 \end{cases}$

(b) $f(x) = \begin{cases} 11 - 24x + 18x^2 - 4x^3, & 1 \leqslant x \leqslant 2 \\ -54 + 72x - 30x^2 + 4x^3, & 2 \leqslant x \leqslant 3 \end{cases}$

(c) $f(x) = \begin{cases} 18 - \frac{75}{2}x + 26x^2 - \frac{11}{2}x^3, & 1 \leqslant x \leqslant 2 \\ -70 + \frac{189}{2}x - 40x^2 + \frac{11}{2}x^3, & 2 \leqslant x \leqslant 3 \end{cases}$

(d) $f(x) = \begin{cases} 13 - 31x + 23x^2 - 5x^3, & 1 \leqslant x \leqslant 2 \\ -35 + 51x - 22x^2 + 3x^3, & 2 \leqslant x \leqslant 3 \end{cases}$

4. 求三次紧压样条曲线,经过点$(-3,2)$,$(-2,0)$,$(1,3)$和$(4,1)$,而且一阶导数边界条件 $S'(-3) = -1$ 和 $S'(4) = -1$。

5. 求三次紧压样条曲线,经过点$(-3,2)$,$(-2,0)$,$(1,3)$和$(4,1)$,而且自由边界条件 $S''(-3) = 0$ 和 $S''(4) = 0$。

6. 求外推三次样条曲线,经过点$(-3,2)$,$(-2,0)$,$(1,3)$和$(4,1)$。

7. 求抛物线终结三次样条曲线,经过点$(-3,2)$,$(-2,0)$,$(1,3)$和$(4,1)$。

8. 求曲率调整三次样条曲线,经过点$(-3,2)$,$(-2,0)$,$(1,3)$和$(4,1)$,而且二阶导数边界条件 $S''(-3) = -1$ 和 $S''(4) = 2$。

9. (a) 求三次紧压样条曲线,经过点集$\{(x_k, f(x_k))\}_{k=0}^{3}$,其中$f(x) = x + 2/x$,横坐标为 $x_0 = 1/2$, $x_1 = 1$, $x_2 = 3/2$ 和 $x_3 = 2$。一阶导数边界条件为 $S'(x_0) = f'(x_0)$ 和 $S'(x_3) = f'(x_3)$。在同一坐标系下,画出函数f和三次紧压样条插值。

(b) 求 natural 三次样条曲线,经过点集$\{(x_k, f(x_k))\}_{k=0}^{3}$,其中$f(x) = x + 2/x$,横坐标为 $x_0 = 1/2$, $x_1 = 1$, $x_2 = 3/2$ 和 $x_3 = 2$。二阶导数边界条件为 $S''(x_0) = 0$ 和 $S''(x_3) = 0$。在同一坐标系下,画出函数f和 natural 三次样条插值。

10. (a) 求三次紧压样条曲线,经过点集$\{(x_k, f(x_k))\}_{k=0}^{3}$,其中 $f(x) = \cos(x)^2$,横坐标为 $x_0 = 0$, $x_1 = \sqrt{\pi/2}$, $x_2 = \sqrt{3\pi/2}$和 $x_3 = \sqrt{5\pi/2}$。一阶导数边界条件为 $S'(x_0) = f'(x_0)$ 和 $S'(x_3) = f'(x_3)$。在同一坐标系下,画出函数f和三次紧压样条插值。

(b) 求 natural 三次样条曲线,经过点集$\{(x_k, f(x_k))\}_{k=0}^{3}$,其中 $f(x) = \cos(x)^2$,横坐标为

$x_0=0, x_1=\sqrt{\pi/2}, x_2=\sqrt{3\pi/2}, x_3=\sqrt{5\pi/2}$。二阶导数边界条件为 $S''(x_0)=0$ 和 $S''(x_3)=0$。在同一坐标系下，画出函数 f 和 natural 三次样条插值。

11. 利用下列替换表达式

$$x_{k+1}-x=h_k+(x_k-x)$$

和

$$(x_{k+1}-x)^3=h_k^3+3h_k^2(x_k-x)+3h_k(x_k-x)^2+(x_k-x)^3$$

证明当方程(8)扩展为(x_k-x)的幂的形式时，它的系数是方程组(16)中给出的系数。

12. 设每个三次函数 $S_k(x)$ 在区间$[x_k,x_{k+1}]$内，

(a) 给出计算$\int_{x_k}^{x_{k+1}} S_k(x)\,dx$ 的一个公式。

然后根据下面指出的习题的(a)部分计算$\int_{x_0}^{x_3} S(x)\,dx$。

(b) 习题9　　(c) 习题10

13. 如何结合表5.8的策略(i)和方程组(12)得到引理5.1中的方程。

14. 如何结合表5.8的策略(iii)和方程组(12)得到引理5.3中的方程。

15. (a) 使用点 $x_0=-2$ 和 $x_1=0$，证明函数$f(x)=x^3-x$ 在区间$[-2,0]$内的三次紧压样条插值是其自身。

(b) 使用点 $x_0=-2, x_1=0$ 和 $x_2=2$，证明函数$f(x)=x^3-x$ 在区间$[-2,2]$内的三次紧压样条插值是其自身。

注　f 在 x_1 处有一个拐点(inflection point)。

(c) 根据(a)和(b)的结论，证明任意三阶多项式$f(x)=a_0+a_1x+a_2x^2+a_3x^3$ 在任意闭区间$[a,b]$内的三次紧压样条插值是其自身。

(d) 对于从引理5.2到引理5.5描述的其他4种三次样条插值，有类似(c)的结论吗？

5.3.8 算法与程序

1. 一个轿车在时间 t_k 时经过的距离为 d_k，如下表所示。使用程序5.3，并根据一阶导数边界条件 $S'(0)=0$ 和 $S'(8)=98$，求这些数据的三次紧压样条插值。

时间，t_k	0	2	4	6	8
距离，d_k	0	40	160	300	480

2. 修改程序5.3，根据给定数据点集，求(a) natural 三次样条插值，(b) 外推三次样条插值，(c) 抛物线终结三次样条插值，(d) 端点曲率调整三次样条插值。

3. 使用上题中的程序，根据点(0,1)，(1,0)，(2,0)，(3,1)，(4,2)，(5,2)和(6,1)，求5种不同的三次样条插值，其中 $S'(0)=-0.6, S'(6)=-1.8, S''(0)=1$ 和 $S''(6)=-1$。在同一坐标系中，画出这5个三次样条插值和这些数据点。

4. 使用第2题中的程序，根据点(0,0)，(1,4)，(2,8)，(3,9)，(4,9)，(5,8)和(6,6)，求5种不同的三次样条插值，其中 $S'(0)=1, S'(6)=-2, S''(0)=1$ 和 $S''(6)=-1$。在同一坐标系中，画出这5个三次样条插值和这些数据点。

5. 下面的表给出了在洛杉矶的郊区12小时内每个小时的温度(华氏温度)。根据这些数据求 natural 三次样条插值。在同一坐标系中，画出 natural 三次样条插值和这些数据。根据 natural 三次样条插值和习题12的(a)部分的结论求12小时内的平均温度近似值。

时间, a.m.	度数	时间, a.m.	度数
1	58	7	57
2	58	8	58
3	58	9	60
4	58	10	64
5	57	11	67
6	57	正午	68

6. 使用三次紧压样条插值近似在区间[-3,3]内的函数 $f(x) = x - \cos(x^3)$。

5.4 傅里叶级数和三角多项式

科学家和工程师经常研究一些具有周期性的现象,如光和声音。它们可用函数 $g(x)$ 描述:对所有的 x,有

$$g(x+P)=g(x) \tag{1}$$

数 P 称为函数的**周期**。

设函数的周期为 2π。如果 $g(x)$ 的周期为 P,则 $f(x)=g(Px/2\pi)$ 的周期为 2π。这可通过下式进行验证:

$$f(x+2\pi)=g\left(\frac{Px}{2\pi}+P\right)=g\left(\frac{Px}{2\pi}\right)=f(x) \tag{2}$$

此后,在这一节中,假设函数 $f(x)$ 的周期是 2π,即对所有的 x,有

$$f(x+2\pi)=f(x) \tag{3}$$

通过重复函数在某个长度为 2π 的区间内的图形,可构成整个函数的图形,如图 5.17 所示。

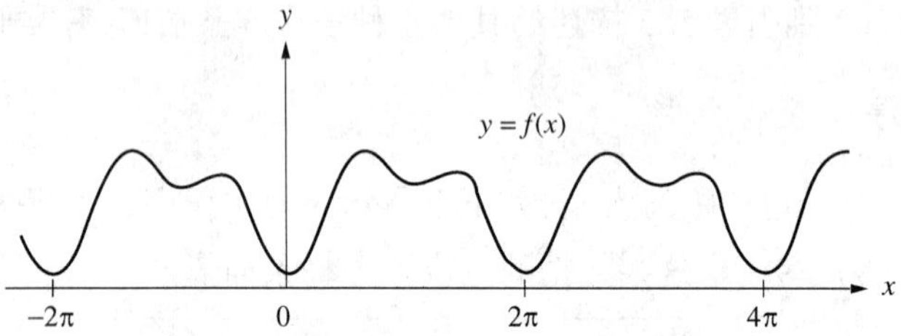

图 5.17 周期为 2π 的连续函数 $f(x)$

例如函数 $\sin(jx)$ 和 $\cos(jx)$,其中 j 是整数,是周期为 2π 的函数。这时会产生下面的问题:一个周期函数是否能表示为包含 $a_j\cos(jx)$ 和 $b_j\sin(jx)$ 的项的和? 下面将看到,对所有感兴趣的情况,答案是肯定的。

定义 5.2 如果存在值 $t_0, t_1, \cdots, t_K$ 满足 $a=t_0<t_1<\cdots<t_K=b$,函数 $f(x)$ 在每个开区间 $t_{i-1}<x<t_i, i=1,2,\cdots,K$ 内是连续的,而且函数在每个端点 t_i 有左极限和右极限,则称函数 $f(x)$ 在区间 $[a,b]$ 内**分段连续**。如图 5.18 所示。 ▲

定义 5.3 设 $f(x)$ 是周期函数,周期为 2π,而且 $f(x)$ 在区间 $[-\pi,\pi]$ 内分段连续,则 $f(x)$ 的**傅里叶级数** $S(x)$ 表示为

$$S(x)=\frac{a_0}{2}+\sum_{j=1}^{\infty}(a_j\cos(jx)+b_j\sin(jx)) \tag{4}$$

这里的系数 a_j 和 b_j 可用欧拉公式计算得到：

$$a_j = \frac{1}{\pi}\int_{-\pi}^{\pi} f(x)\cos(jx)\,\mathrm{d}x, \quad j = 0,\ 1,\ \cdots \tag{5}$$

和

$$b_j = \frac{1}{\pi}\int_{-\pi}^{\pi} f(x)\sin(jx)\,\mathrm{d}x, \quad j = 1,\ 2,\ \cdots \tag{6}$$

▲

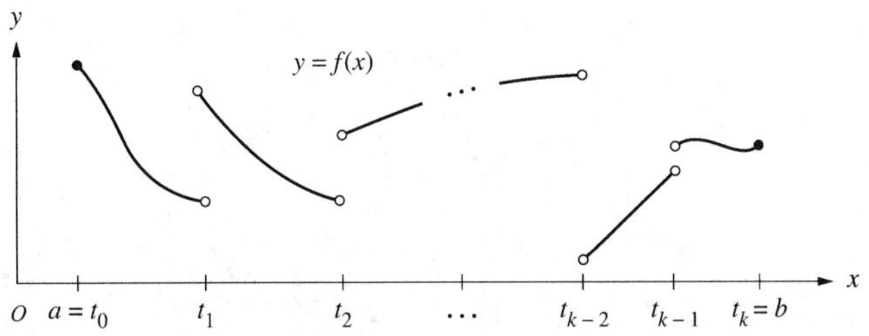

图 5.18　在区间[a,b]内的分段连续函数

引入傅里叶级数(4)中的常数项 $a_0/2$ 的因子$\frac{1}{2}$，使得 a_0 可通过设 $j=0$ 并计算公式(5)得到。下面讨论了傅里叶级数的收敛性。

定理 5.5(傅里叶级数展开)　设 $S(x)$ 是 $f(x)$ 在区间[$-\pi,\pi$]内的傅里叶级数。如果 $f'(x)$ 在区间[$-\pi,\pi$]内是分段连续的，而且在区间内的每个端点有左导数和右导数，则 $S(x)$ 对于所有 $x\in[-\pi,\pi]$ 是收敛的。对于所有的点 $x\in[-\pi,\pi]$，存在关系式

$$S(x) = f(x)$$

其中 $f(x)$ 是连续的。如果 $x=a$ 是函数 f 的不连续点，则

$$S(a) = \frac{f(a^-) + f(a^+)}{2}$$

这里 $f(a^-)$ 和 $f(a^+)$ 分别表示左极限和右极限。这样，可得到傅里叶级数扩展表达式：

$$f(x) = \frac{a_0}{2} + \sum_{j=1}^{\infty}(a_j\cos(jx) + b_j\sin(jx)) \tag{7}$$

在本小节最后，有推导公式(5)和公式(6)的简明描述。

例 5.13　设在区间 $-\pi<x<\pi$ 内有函数 $f(x)=x/2$，周期性满足 $f(x+2\pi)=f(x)$，证明它的傅里叶级数可表示为

$$f(x) = \sum_{j=1}^{\infty}\frac{(-1)^{j+1}}{j}\sin(jx) = \sin(x) - \frac{\sin(2x)}{2} + \frac{\sin(3x)}{3} - \cdots$$

解：利用欧拉公式和分部积分法可得

$$a_j = \frac{1}{\pi}\int_{-\pi}^{\pi}\frac{x}{2}\cos(jx)\,\mathrm{d}x = \frac{x\sin(jx)}{2\pi j} + \frac{\cos(jx)}{2\pi j^2}\Big|_{-\pi}^{\pi} = 0$$

其中 $j=1,2,3,\cdots$，和

$$b_j = \frac{1}{\pi}\int_{-\pi}^{\pi}\frac{x}{2}\sin(jx)\,\mathrm{d}x = \frac{-x\cos(jx)}{2\pi j} + \frac{\sin(jx)}{2\pi j^2}\Big|_{-\pi}^{\pi} = \frac{(-1)^{j+1}}{j}$$

其中 $j=1,2,3,\cdots$。系数 a_0 为

$$a_0 = \frac{1}{\pi}\int_{-\pi}^{\pi}\frac{x}{2}\,\mathrm{d}x = \frac{x^2}{4\pi}\Big|_{-\pi}^{\pi} = 0$$

通过计算可知余弦函数的系数为零。函数$f(x)$和部分和

$$S_2(x) = \sin(x) - \frac{\sin(2x)}{2}$$

$$S_3(x) = \sin(x) - \frac{\sin(2x)}{2} + \frac{\sin(3x)}{3}$$

和

$$S_4(x) = \sin(x) - \frac{\sin(2x)}{2} + \frac{\sin(3x)}{3} - \frac{\sin(4x)}{4}$$

如图 5.19 所示。 ■

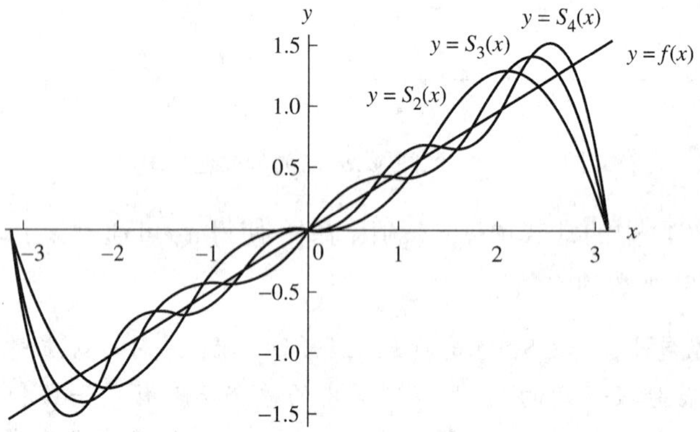

图 5.19 在区间$[-\pi,\pi]$内的函数$f(x)=x/2$和三角近似$S_2(x)$，$S_3(x)$和$S_4(x)$

下面是傅里叶级数的一些一般性质。相关证明留给读者作为练习。

定理 5.6（余弦级数） 设$f(x)$是偶函数，即对所有的x有$f(-x)=f(x)$。如果$f(x)$的周期为2π，而且$f(x)$和$f'(x)$是分段连续的，则$f(x)$的傅里叶级数只包含余弦项：

$$f(x) = \frac{a_0}{2} + \sum_{j=1}^{\infty} a_j\cos(jx) \tag{8}$$

其中

$$a_j = \frac{2}{\pi}\int_0^{\pi} f(x)\cos(jx)\,\mathrm{d}x, \quad j = 0, 1, \cdots \tag{9}$$

定理 5.7（正弦级数） 设$f(x)$是奇函数，即对所有的x有$f(-x)=-f(x)$。如果$f(x)$的周期为2π，而且$f(x)$和$f'(x)$是分段连续的，则$f(x)$的傅里叶级数只包含正弦项

$$f(x) = \sum_{j=1}^{\infty} b_j\sin(jx) \tag{10}$$

其中

$$b_j = \frac{2}{\pi}\int_0^{\pi} f(x)\sin(jx)\,\mathrm{d}x, \quad j = 1, 2, \cdots \tag{11}$$

例 5.14 设在区间$-\pi<x<\pi$内有函数$f(x)=|x|$，周期性满足$f(x+2\pi)=f(x)$，证明它具有傅里叶余弦级数表达式

$$f(x) = \frac{\pi}{2} - \frac{4}{\pi}\sum_{j=1}^{\infty}\frac{\cos((2j-1)x)}{(2j-1)^2}$$
$$= \frac{\pi}{2} - \frac{4}{\pi}\left(\cos(x) + \frac{\cos(3x)}{3^2} + \frac{\cos(5x)}{5^2} + \cdots\right) \tag{12}$$

证明:由于函数$f(x)$为偶函数,因此根据定理5.6,只需计算系数$\{a_j\}$:

$$a_j = \frac{2}{\pi}\int_0^{\pi} x\cos(jx)\,\mathrm{d}x = \frac{2x\sin(jx)}{\pi j} + \frac{2\cos(jx)}{\pi j^2}\Big|_0^{\pi}$$
$$= \frac{2\cos(j\pi)-2}{\pi j^2} = \frac{2((-1)^j-1)}{\pi j^2}, \quad j = 1,\ 2,\ 3,\ \cdots$$

由于当j是偶数时有$((-1)^j-1)=0$,所以余弦级数只有奇数项。而奇数系数具有下列模式:

$$a_1 = \frac{-4}{\pi}, \qquad a_3 = \frac{-4}{\pi 3^2}, \qquad a_5 = \frac{-4}{\pi 5^2}, \qquad \cdots$$

系数a_0为

$$a_0 = \frac{2}{\pi}\int_0^{\pi} x\,\mathrm{d}x = \frac{x^2}{\pi}\Big|_0^{\pi} = \pi$$

这样,可得到式(12)中的系数。 ■

定理5.5中欧拉公式的证明:设傅里叶级数存在且收敛。为确定a_0,可对式(7)的两边进行积分,得到

$$\int_{-\pi}^{\pi} f(x)\,\mathrm{d}x = \int_{-\pi}^{\pi}\left(\frac{a_0}{2} + \sum_{j=1}^{\infty}(a_j\cos(jx) + b_j\sin(jx))\right)\mathrm{d}x$$
$$= \int_{-\pi}^{\pi}\frac{a_0}{2}\,\mathrm{d}x + \sum_{j=1}^{\infty}a_j\int_{-\pi}^{\pi}\cos(jx)\,\mathrm{d}x + \sum_{j=1}^{\infty}b_j\int_{-\pi}^{\pi}\sin(jx)\,\mathrm{d}x \tag{13}$$
$$= \pi a_0 + 0 + 0$$

通过对上式进行一致收敛(参见相关的高级教材)来调整求和与积分的顺序,可得到

$$a_0 = \frac{1}{\pi}\int_{-\pi}^{\pi} f(x)\,\mathrm{d}x \tag{14}$$

为得到a_m,设$m>0$是一个固定整数,在式(7)的两边乘以$\cos(mx)$并积分,可得

$$\int_{-\pi}^{\pi} f(x)\cos(mx)\,\mathrm{d}x = \frac{a_0}{2}\int_{-\pi}^{\pi}\cos(mx)\,\mathrm{d}x + \sum_{j=1}^{\infty}a_j\int_{-\pi}^{\pi}\cos(jx)\cos(mx)\,\mathrm{d}x$$
$$+ \sum_{j=1}^{\infty}b_j\int_{-\pi}^{\pi}\sin(jx)\cos(mx)\,\mathrm{d}x \tag{15}$$

根据三角函数的正交性质,可对方程(15)进行简化。式(15)右边的第一项的值为

$$\frac{a_0}{2}\int_{-\pi}^{\pi}\cos(mx)\,\mathrm{d}x = \frac{a_0\sin(mx)}{2m}\Big|_{-\pi}^{\pi} = 0 \tag{16}$$

通过利用下列三角恒等式可得到包含$\cos(jx)\cos(mx)$的项的值:

$$\cos(jx)\cos(mx) = \frac{1}{2}\cos((j+m)x) + \frac{1}{2}\cos((j-m)x) \tag{17}$$

当$j\neq m$时,根据式(17)可得

$$a_j\int_{-\pi}^{\pi}\cos(jx)\cos(mx)\,\mathrm{d}x=\frac{1}{2}a_j\int_{-\pi}^{\pi}\cos((j+m)x)\,\mathrm{d}x+\frac{1}{2}a_j\int_{-\pi}^{\pi}\cos((j-m)x)\,\mathrm{d}x=0+0=0 \tag{18}$$

当 $j=m$ 时,积分的值为

$$a_m\int_{-\pi}^{\pi}\cos(jx)\cos(mx)\,\mathrm{d}x=a_m\pi \tag{19}$$

通过利用下列三角恒等式可得式(15)中右边包含 $\sin(jx)\cos(mx)$ 的项的值。

$$\sin(jx)\cos(mx)=\frac{1}{2}\sin((j+m)x)+\frac{1}{2}\sin((j-m)x) \tag{20}$$

对于式(20)中的所有 j 和 m,有

$$b_j\int_{-\pi}^{\pi}\sin(jx)\cos(mx)\,\mathrm{d}x=\frac{1}{2}b_j\int_{-\pi}^{\pi}\sin((j+m)x)\,\mathrm{d}x+\frac{1}{2}b_j\int_{-\pi}^{\pi}\sin((j-m)x)\,\mathrm{d}x=0+0=0 \tag{21}$$

因此,把式(16)、式(18)、式(19)和式(21)代入式(15),可得到

$$\pi a_m=\int_{-\pi}^{\pi}f(x)\cos(mx)\,\mathrm{d}x,\quad m=1,\ 2,\ \cdots \tag{22}$$

所以欧拉公式(5)成立。同理可证欧拉公式(6)。 ●

5.4.1 三角多项式逼近

定义 5.4 具有如下形式的级数:

$$T_M(x)=\frac{a_0}{2}+\sum_{j=1}^{M}(a_j\cos(jx)+b_j\sin(jx)) \tag{23}$$

称为 M 阶**三角多项式**(trigonometric polynomial)。 ▲

定理 5.8(离散傅里叶级数) 设有 $N+1$ 个点 $\{(x_j,y_j)\}_{j=0}^{N}$,其中 $y_j=f(x_j)$,而且横坐标之间等距,即

$$x_j=-\pi+\frac{2j\pi}{N},\quad j=0,\ 1,\ \cdots,\ N \tag{24}$$

如果 $f(x)$ 的周期为 2π,而且 $2M<N$,则存在式(23)所示的三角多项式 $T_M(x)$,使得下式的值最小。

$$\sum_{k=1}^{N}(f(x_k)-T_M(x_k))^2 \tag{25}$$

多项式的系数 a_j 和 b_j 可通过如下公式计算:

$$a_j=\frac{2}{N}\sum_{k=1}^{N}f(x_k)\cos(jx_k),\quad j=0,\ 1,\ \cdots,\ M \tag{26}$$

和

$$b_j=\frac{2}{N}\sum_{k=1}^{N}f(x_k)\sin(jx_k),\quad j=1,\ 2,\ \cdots,\ M \tag{27}$$

尽管公式(26)和公式(27)用最小二乘法定义,但可看成欧拉公式(5)和公式(6)的积分的数值近似值。欧拉公式给出了连续函数的傅里叶级数的系数,而公式(26)和公式(27)给出了对数据点集进行曲线拟合的三角多项式系数。下面的例子根据函数 $f(x)=x/2$ 生成数据点集。当使用更多的数据点时,三角多项式的系数更接近傅里叶级数的系数。

例 5.15　根据 12 个等距横坐标点 $x_k=-\pi+k\pi/6, k=1,2,\cdots,12$,求解点集 $\{(x_k,f(x_k))\}_{k=1}^{12}$ 的 5 阶三角多项式逼近,其中 $f(x)=x/2$,并比较使用 60 个点和 360 个点的结果情况与使用例 5.13 中 $f(x)$ 的傅里叶级数展开的前 5 项的结果情况。

解:由于周期展开已知,在非连续点,函数值 $f(\pi)$ 必须利用下列公式进行计算:

$$f(\pi)=\frac{f(\pi^-)+f(\pi^+)}{2}=\frac{\pi/2-\pi/2}{2}=0 \tag{28}$$

函数 $f(x)$ 是一个奇函数,因此余弦项的系数为零,即对于所有的 j 有 $a_j=0$。5 阶三角多项式只包含正弦项,结合公式(28)和公式(27)可得

$$\begin{aligned}T_5(x)=&\,0.9770486\sin(x)-0.4534498\sin(2x)+0.26179938\sin(3x)\\&-0.1511499\sin(4x)+0.0701489\sin(5x)\end{aligned} \tag{29}$$

$T_5(x)$ 的图形如图 5.20 所示。

当插入点增至 60 个和 360 个时,5 阶三角多项式的系数变化很小。当数据点的个数增加越多时,三角多项式的系数越接近 $f(x)$ 的傅里叶级数的系数。结果的比较如表 5.9 所示。■

表 5.9　比较在区间 $f(x)=x/2$ 内的函数[π,π]的三角多项式逼近的系数

	三角多项式系数			傅里叶级数系数
	12 个点	60 个点	360 个点	
b_1	0.97704862	0.99908598	0.99997462	1.0
b_2	−0.45344984	−0.49817096	−0.49994923	−0.5
b_3	0.26179939	0.33058726	0.33325718	0.33333333
b_4	−0.15114995	−0.24633386	−0.24989845	−0.25
b_5	0.07014893	0.19540972	0.19987306	0.2

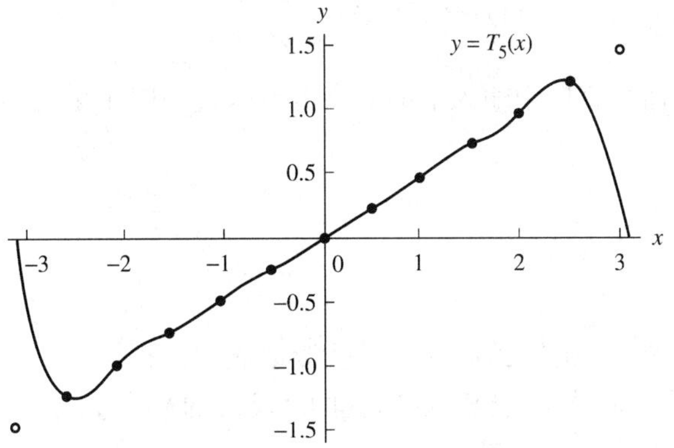

图 5.20　5 阶三角多项式 $T_5(x)$,根据位于 $y=x/2$ 上的 12 个数据点

下面的程序构造了分别包含 M 阶三角多项式(23)的系数 a_j 和 b_j 的矩阵 $\boldsymbol{A}$ 和矩阵 $\boldsymbol{B}$。

程序 5.4(三角多项式)　设 $2M+1\leqslant N$,根据 N 个等距的横坐标值 $x_k=-\pi+2\pi k/N, k=1,2,\cdots,N$,构造 M 阶三角多项式,其形式为

$$P(x)=\frac{a_0}{2}+\sum_{j=1}^{M}(a_j\cos(jx)+b_j\sin(jx))$$

```
function [A,B]=tpcoeff(X,Y,M)
%Input  - X is a vector of equally spaced abscissas in [-pi,pi]
%       - Y is a vector of ordinates
%       - M is the degree of the trigonometric polynomial
%Output - A is a vector containing the coefficients of cos(jx)
%       - B is a vector containing the coefficients of sin(jx)
N=length(X)-1;
max1=fix((N-1)/2);
if M>max1
   M=max1;
end
A=zeros(1,M+1);
B=zeros(1,M+1);
Yends=(Y(1)+Y(N+1))/2;
Y(1)=Yends;
Y(N+1)=Yends;
A(1)=sum(Y);
for j=1:M
   A(j+1)=cos(j*X)*Y';
   B(j+1)=sin(j*X)*Y';
end
A=2*A/N;
B=2*B/N;
A(1)=A(1)/2;
```

下面的短程序计算程序 5.4 的 M 阶三角多项式 $P(x)$ 在点 x 处的值。

```
function z=tp(A,B,x,M)
z=A(1);
for j= 1:M
   z=z+A(j+1)*cos(j*x)+B(j+1)*sin(j*x);
end
```

例如,在 MATLAB 命令窗口中输入下面的命令可迭代与图 5.20 类似的图形。

```
>>x=-pi:.01:pi;
>>y=tp(A,B,x,M);
>>plot(x,y,X,Y,'o')
```

5.4.2 习题

在习题 1 到习题 5 中,求给定函数的傅里叶级数表示。提示:参照例 5.13 和例 5.14 描述的过程。在同一坐标系中画出每个函数和傅里叶级数的部分和 $S_2(x)$, $S_3(x)$ 和 $S_4(x)$,如图 5.19 所示。

1. $f(x)=\begin{cases}-1, & -\pi<x<0\\ 1, & 0<x<\pi\end{cases}$

2. $f(x)=\begin{cases}\frac{\pi}{2}+x, & -\pi\leqslant x<0\\ \frac{\pi}{2}-x, & 0\leqslant x<\pi\end{cases}$

3. $f(x)=\begin{cases}0, & -\pi\leqslant x<0\\ x, & 0\leqslant x<\pi\end{cases}$

4. $f(x)=\begin{cases}-1, & \frac{\pi}{2}<x<\pi\\ 1, & \frac{-\pi}{2}<x<\frac{\pi}{2}\\ -1, & -\pi<x<\frac{-\pi}{2}\end{cases}$

5. $f(x)=\begin{cases}-\pi-x, & -\pi\leqslant x<-\frac{\pi}{2}\\ x, & \frac{-\pi}{2}\leqslant x<\frac{\pi}{2}\\ \pi-x, & \frac{\pi}{2}\leqslant x<\pi\end{cases}$
6. 在习题 1 中,设 $x=\pi/2$,证明

$$\frac{\pi}{4}=1-\frac{1}{3}+\frac{1}{5}-\frac{1}{7}+\cdots$$

7. 在习题 2 中,设 $x=0$,证明

$$\frac{\pi^2}{8}=1+\frac{1}{3^2}+\frac{1}{5^2}+\frac{1}{7^2}+\cdots$$

8. 求解在一个周期范围的区间 $-\pi\leqslant x<\pi$ 内的周期函数 $f(x)=x^2/4$ 的傅里叶余弦级数。
9. 设 $f(x)$ 是周期函数,周期为 $2P$,即对所有的 x,$f(x+2P)=f(x)$。通过适当的变换,证明函数 f 的欧拉公式(5)和欧拉公式(6)为

$$a_0=\frac{1}{P}\int_{-P}^{P}f(x)\,\mathrm{d}x$$
$$a_j=\frac{1}{P}\int_{-P}^{P}f(x)\cos\left(\frac{j\pi x}{P}\right)\mathrm{d}x,\ j=1,\ 2,\ \cdots$$
$$b_j=\frac{1}{P}\int_{-P}^{P}f(x)\sin\left(\frac{j\pi x}{P}\right)\mathrm{d}x,\ j=1,\ 2,\ \cdots$$

在习题 10 到习题 12 中,根据习题 9 的结果,求解给定函数的傅里叶级数。在同一坐标系中画出 $f(x)$,$S_4(x)$ 和 $S_6(x)$。

10. $f(x)=\begin{cases}0, & -2\leqslant x<0\\ 1, & 0\leqslant x<2\end{cases}$
11. $f(x)=\begin{cases}-1, & -3\leqslant x<-1\\ x, & -1\leqslant x<1\\ 1, & 1\leqslant x<3\end{cases}$
12. $f(x)=-x^2+9,\ -3\leqslant x<3$。
13. 证明定理 5.6。
14. 证明定理 5.7。

5.4.3　算法与程序

1. 使用程序 5.4,并且有 12 个横坐标点,参照例 5.15 依据等距点 $\{(x_k,f(x_k))\}_{k=1}^{12}$ 求解 5 阶三角多项式,其中函数 $f(x)$ 为(a) 习题 1,(b) 习题 2,(c) 习题 3 和(d) 习题 4。对每种情况,在同一坐标系中画出 $f(x)$,$T_5(x)$ 和 $\{(x_k,f(x_k))\}_{k=1}^{12}$。
2. 第一次使用 60 个等距数据点,第二次使用 360 个等距数据点,用程序 5.4 求解例 5.15 中 $T_5(x)$ 的系数。
3. 修改程序 5.4,使得当等距数据点位于区间 $[a,b]$ 时,用它求解周期为 $2P=b-a$ 的三角多项式。
4. 使用修改后的程序 5.4 求解 $T_5(x)$,其中

   (a) $f(x)$ 定义于习题 10 中,有 12 个等距的数据点。

   (b) $f(x)$ 定义于习题 12 中,有 60 个等距的数据点。

   对每种情况,在同一坐标系中画出 $T_5(x)$ 和数据点集。
5. 美国洛杉矶郊区 11 月 8 日的温度(华氏温度)如表 5.10 所示。采用 24 小时制。

   (a) 求三角多项式 $T_7(x)$。

(b) 在同一坐标系下,画出图 $T_7(x)$ 和 24 个数据点。

(c) 使用本地的温度情况重新求解问题(a)和问题(b)。

6. 美国阿拉斯加州的费尔班克斯地区的年度温度(华氏温度)如表 5.11 所示。一共有 13 个等距点,即每隔 28 天采集一次。

(a) 求解三角多项式 $T_6(x)$。

(b) 在同一坐标系下,画出图 $T_6(x)$ 和 13 个数据点。

表 5.10 第 5 题的数据

时间, p.m.	温度	时间, a.m.	温度
1	66	1	58
2	66	2	58
3	65	3	58
4	64	4	58
5	63	5	57
6	63	6	57
7	62	7	57
8	61	8	58
9	60	9	60
10	60	10	64
11	59	11	67
午夜	58	正午	68

表 5.11 第 6 题的数据

日期	平均温度
Jan. 1	−14
Jan. 29	−9
Feb. 26	2
Mar. 26	15
Apr. 23	35
May 21	52
June 18	62
July 16	63
Aug. 13	58
Sept. 10	50
Oct. 8	34
Nov. 5	12
Dec. 3	−5

5.5 贝塞尔曲线

20 世纪 70 年代,雷诺汽车公司的 Pierre Bézier 和雪铁龙汽车公司的 Paul de Casteljau 各自独立推导出了 CAD/CAM 应用中的**贝塞尔(Bézier)曲线**。这些参数多项式是一类逼近样条。贝塞尔曲线是 Adobe Illustrator, Macromedia Freehand 和 Fontographer 等软件产品中整个 Adobe PostScript 绘图模型的基础,也是计算机图形学(CAD/CAM,计算机辅助几何设计)中曲线和曲面表示的基本方法。

Casteljau 最初推导的贝塞尔曲线是用递归方法隐式定义的(见下文中的性质 1)。将它们用**伯恩斯坦多项式**(Bernstein polynomial)显式地定义,有助于推导贝塞尔曲线的性质。

定义 5.5 *N 阶伯恩斯坦多项式定义为*

$$B_{i,N}(t)=\binom{N}{i}t^i(1-t)^{N-i}$$

$i=0,1,2,\cdots,N$,其中 $\binom{N}{i}=\dfrac{N!}{i!\ (N-i)!}$。 ▲

一般,N 阶伯恩斯坦多项式有 $N+1$ 个。例如,1,2 和 3 阶伯恩斯坦多项式分别为

$$B_{0,1}=1-t,\ B_{1,1}=t \tag{1}$$

$$B_{0,2}(t)=(1-t)^2,\ B_{1,2}=2t(1-t),\ B_{2,2}(t)=t^2 \tag{2}$$

$$B_{0,3}(t)=(1-t)^3,\ B_{1,3}=3t(1-t)^2,\ B_{2,3}(t)=3t^2(1-t),\ B_{3,3}(t)=t^3 \tag{3}$$

5.5.1 伯恩斯坦多项式的性质

性质 1 递归关系

伯恩斯坦多项式可以用如下方式生成:

令 $B_{0,0}(t)=1$，若 $i<0$ 或 $i>N$，令 $B_{i,N}(t)=0$，并用递归关系

$$B_{i,N}(t)=(1-t)B_{i,N-1}(t)+tB_{i-1,N-1}(t),\quad i=1,2,3,\cdots,N-1 \tag{4}$$

性质 2　区间[0,1]上的非负性

伯恩斯坦多项式在区间[0,1]上非负（见图5.21）。

性质 3　伯恩斯坦多项式的规范性

$$\sum_{i=0}^{N}B_{i,N}(t)=1 \tag{5}$$

将 $x=t$ 和 $y=1-t$ 代入二项式定理

$$(x+y)^N=\sum_{i=0}^{N}\binom{N}{i}x^iy^{N-i}$$

得到

$$\sum_{i=0}^{N}\binom{N}{i}x^iy^{N-i}=(t+(1-t))^N=1^N=1$$

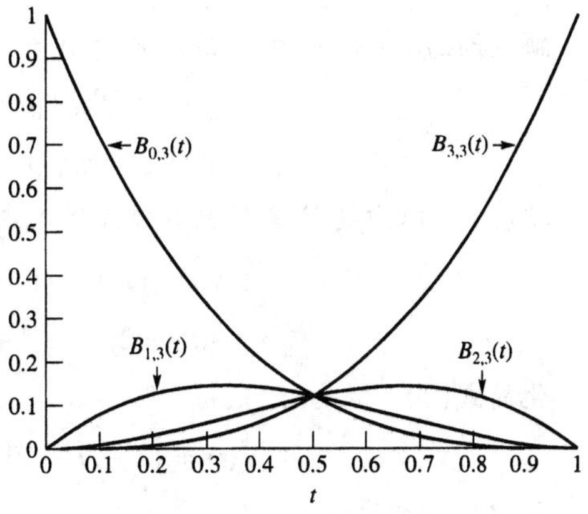

图5.21　3阶伯恩斯坦多项式

性质 4　导数

$$\frac{\mathrm{d}}{\mathrm{d}t}B_{i,N}(t)=N(B_{i-1,N-1}(t)-B_{i,N-1}(t)) \tag{6}$$

对定义5.5中的伯恩斯坦多项式求导，可证明式(6)：

$$\begin{aligned}\frac{\mathrm{d}}{\mathrm{d}t}B_{i,N}(t)&=\frac{\mathrm{d}}{\mathrm{d}t}\binom{N}{i}t^i(1-t)^{N-i}\\&=\frac{iN!}{i!(N-i)!}t^{i-1}(1-t)^{N-i}+\frac{(N-i)N!}{i!(N-i)!}t^i(1-t)^{N-i-1}\\&=\frac{N(N-1)!}{(i-1)!(N-i)!}t^{i-1}(1-t)^{N-i}+\frac{N(N-1)!}{i!(N-i-1)!}t^i(1-t)^{N-i-1}\\&=N\left(\frac{(N-1)!}{(i-1)!(N-i)!}t^{i-1}(1-t)^{N-i}+\frac{(N-1)!}{i!(N-i-1)!}t^i(1-t)^{N-i-1}\right)\\&=N\left(B_{i-1,N-1}(t)-B_{i,N-1}(t)\right)\end{aligned}$$

性质 5　基

N 阶伯恩斯坦多项式（$B_{i,N}(t)$，$i=0,1,\cdots,N$）组成阶数小于等于 N 的所有多项式的一个基空间。

性质5说明，任何阶数小于等于 N 的多项式都可以唯一地表示为伯恩斯坦多项式的线性组合。向量空间的基的概念将在第11章中介绍。

给定一个**控制点集**，$\{\mathbf{P}_i\}_{i=0}^{N}$，一条 N 阶贝塞尔曲线定义为 N 阶伯恩斯坦多项式的加权和。

定义 5.6　给定一个控制点集，$\{\mathbf{P}_i\}_{i=0}^{N}$，其中 $\mathbf{P}_i=(x_i,y_i)$，定义

$$\mathbf{P}(t)=\sum_{i=0}^{N}\mathbf{P}_iB_{i,N}(t) \tag{7}$$

为 ***N* 阶贝塞尔曲线**，其中 $B_{i,N}(t)$，$i=0,1,\cdots,N$ 是 N 阶伯恩斯坦多项式，$t\in[0,1]$。▲

公式(7)中的控制点是表示平面中 x 和 y 坐标的有序对。可将控制点作为向量，而对应的伯恩斯坦多项式作为标量处理，这样公式(7)可参数化表示为 $\mathbf{P}(t)=(x(t),y(t))$，其中

$$x(t)=\sum_{i=0}^{N} x_i B_{i,N}(t), \qquad y(t)=\sum_{i=0}^{N} y_i B_{i,N}(t) \tag{8}$$

$0 \leqslant t \leqslant 1$。函数 $\mathbf{P}(t)$ 称为向量值函数,或等价地说,函数的值域是 xy 平面上的一个点集。

例 5.16 求控制点为(2,2),(1,1.5),(3.5,0)和(4,1)的贝塞尔曲线。

解:将控制点的 x 和 y 坐标,以及 $N=3$ 代入公式(8),得

$$x(t)=2B_{0,3}(t)+1B_{1,3}(t)+3.5B_{2,3}(t)+4B_{3,3}(t) \tag{9}$$

$$y(t)=2B_{0,3}(t)+1.5B_{1,3}(t)+0B_{2,3}(t)+1B_{3,3}(t) \tag{10}$$

将公式(3)中的伯恩斯坦多项式代入式(9)和式(10),得

$$x(t)=2(1-t)^3+3t(1-t)^2+10.5t^2(1-t)+4t^3 \tag{11}$$

$$y(t)=2(1-t)^3+4.5t(1-t)^2+t^3 \tag{12}$$

化简式(11)和式(12),得

$$\mathbf{P}(t)=(2-3t+10.5t^2-5.5t^3,\ 2-1.5t-3t^2+3.5t^3)$$

其中 $0 \leqslant t \leqslant 1$。■

式(11)和式(12)中的函数 $x(t)$ 和 $y(t)$ 是多项式,并在区间 $0 \leqslant t \leqslant 1$ 上连续和可微,因此贝塞尔曲线 $\mathbf{P}(t)$ 在 xy 平面上一阶连续且可微(见图 5.22),其中 $0 \leqslant t \leqslant 1$。注:$\mathbf{P}(0)=(2,2)$ 和 $\mathbf{P}(1)=(4,1)$。曲线在第一个控制点(2,2)处开始,在最后一个控制点(4,1)处结束。

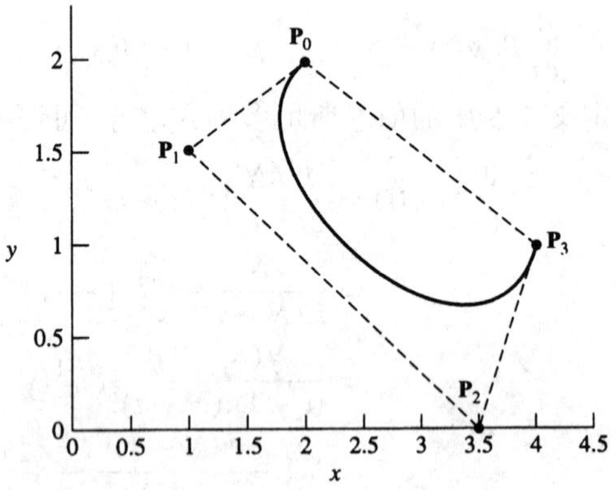

图 5.22 3 阶贝塞尔曲线和控制点的凸包

5.5.2 贝塞尔曲线的性质

性质 1 点 $\mathbf{P}_0$ 和 $\mathbf{P}_1$ 在曲线 $\mathbf{P}(t)$ 上。

将 $t=0$ 代入定义 5.5,得

$$B_{i,N}(0)=\begin{cases}1, & i=0\\ 0, & i\neq 0\end{cases}$$

类似地,对于 $i=N$ 有 $B_{i,N}(1)=1, i=0,1,\cdots,N-1$。将这些结果代入定义 5.6 中,得到

$$\mathbf{P}(0)=\sum_{i=0}^{N}\mathbf{P}_i B_{i,N}(0)=\mathbf{P}_0, \qquad \mathbf{P}(1)=\sum_{i=0}^{N}\mathbf{P}_i B_{i,N}(1)=\mathbf{P}_N$$

因此控制点序列 $\{\mathbf{P}_i\}_{i=0}^{N}$ 中的第一个点和最后一个点就是贝塞尔的端点。注:其他的控制点不一定在曲线上。

例 5.16 中有 4 个控制点,而分量 $x(t)$ 和 $y(t)$ 是 3 阶多项式。一般,当有 $N+1$ 个控制点时,得到的分量是 N 阶多项式。由于多项式是连续的,且有任意阶连续导数,因此定义 5.6 中的贝塞尔曲线也是连续的,且有任意阶连续导数。

性质 2 $\mathbf{P}(t)$ 在区间[0,1]上连续,且有任意阶导数。

$\mathbf{P}(t)$ 对 t 的导数为

$$\begin{aligned}\mathbf{P}'(t) &= \frac{d}{dt}\sum_{i=0}^{N}\mathbf{P}_i B_{i,N}(t)\\ &= \sum_{i=0}^{N}\mathbf{P}_i\frac{d}{dt}B_{i,N}(t)\\ &= \sum_{i=0}^{N}\mathbf{P}_i N(B_{i-1,N-1}(t) - B_{i,N-1}(t))\end{aligned}$$

(伯恩斯坦多项式性质 4)。令 $t=0$,并将 $B_{i,N}(0)=1, i=0$ 和 $B_{i,N}(0)=0, i\geqslant 1$(见定义 5.5)代入 $P'(t)$ 的右端项,简化得

$$\mathbf{P}'(0) = \sum_{i=0}^{N}\mathbf{P}_i N(B_{i-1,N-1}(0) - B_{i,N-1}(0)) = N(\mathbf{P}_1 - \mathbf{P}_0)$$

类似地,$\mathbf{P}'(1)=N(\mathbf{P}_N-\mathbf{P}_{N-1})$。换言之,贝塞尔曲线在端点的切线平行于过端点和相邻控制点的连线。图 5.23 显示了这一性质。

性质 3 $\mathbf{P}'(0)=N(\mathbf{P}_1-\mathbf{P}_0)$ 且 $\mathbf{P}'(1)=N(\mathbf{P}_N-\mathbf{P}_{N-1})$。

最后一个性质基于**凸集**的概念。如果 xy 平面上的子集 C 中任意两点连线上的所有点都是集合 C 中的元素,则称 C 为**凸集**。例如,一条线段或一个圆周及其内部都是凸集,而不含内部的圆周则不是凸集。凸集概念自然地扩展到高维空间。

定义 5.7 集合 C 的**凸包**是包含 C 的所有凸集的交。 ▲

图 5.22 显示了例 5.16 中贝塞尔曲线的控制点的凸包(虚线所示的四边形及其内部)。在每个点处钉一枚图钉,然后用橡皮套在所有图钉上,即可看出 xy 平面上点集 $\{\mathbf{P}_i\}_{i=0}^{N}$ 的凸包。

如果系数集 $m_0, m_1, \cdots, m_N$ 非负,且 $\sum_{i=0}^{N} m_i = 1$,则称和式 $\sum_{i=0}^{N} m_i\mathbf{P}_i$ 为点 $\{\mathbf{P}_i\}_{i=0}^{N}$ 的一个凸组合。点的一个凸组合必定是该点集的凸包的子集。由伯恩斯坦多项式性质 2 和性质 3 知,公式(7)中的贝塞尔曲线是控制点的凸组合,因此它必定落在控制点的凸包内部。

性质 4 贝塞尔曲线落在它的控制点集的凸包内。

该性质说明,N 阶贝塞尔曲线是一条连续曲线,并为其控制点集 $\{\mathbf{P}_i\}_{i=0}^{N}$ 的凸包所限,该曲线分别在点 $\mathbf{P}_0$ 和 $\mathbf{P}_N$ 处开始和结束。贝塞尔观察到,曲线依次被"**拉向**"其余的各个控制点 $\mathbf{P}_1$, $\mathbf{P}_2, \cdots, \mathbf{P}_{N-1}$。例如,如果控制点 $\mathbf{P}_1$ 和 $\mathbf{P}_{N-1}$ 分别替换为 $\mathbf{Q}_1$ 和 $\mathbf{Q}_{N-1}$,后者与前者在端点的同一方向,但更远,则所得的贝塞尔曲线将更靠近端点附近的切线。图 5.23 用例 5.16 中的 $\mathbf{P}(t)$ 和控制点(2,2),(0,1),(3,−1)和(4,1)产生的贝塞尔曲线 $\mathbf{Q}(t)$ 展示这种牵引和切线效果。显然,$\mathbf{Q}_1, \mathbf{P}_1$ 和 $\mathbf{P}_0=\mathbf{Q}_0$ 共线,$\mathbf{Q}_2, \mathbf{P}_2$ 和 $\mathbf{P}_3=\mathbf{Q}_3$ 共线。

贝塞尔曲线的有效性在于,通过对控制点进行微小的调整,可以方便地调整(通过鼠标、键盘或其他图形界面)曲线的形状。图 5.24 显示了 4 条不同阶数的贝塞尔曲线,其控制点依次相连形成多边形路径。可以看出多边形路径形成贝塞尔曲线的略图。改变任意一个控制点的坐标,如 $\mathbf{P}_k$,将使整条曲线在参数区间 $0\leqslant t\leqslant 1$ 的形状发生变化。然而这一变化在一定程度上是局部的,因为对应于控制点 $\mathbf{P}_k$ 的伯恩斯坦多项式 $B_{k,N}$[见公式(7)]在参数值 $t=k/N$ 处有最大值。因此,该贝塞尔曲线形状的最大变化应该在点 $\mathbf{P}(k/N)$ 附近。这样,创建一条特定形状的曲线只需对初始控制点集做相对较少的改变。

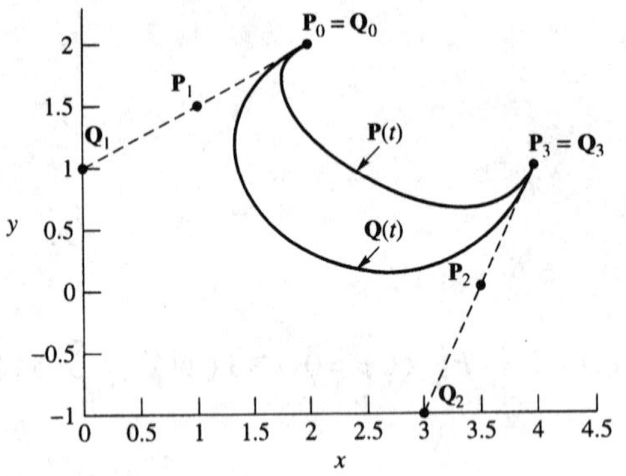

图 5.23 $P(t)$,$Q(t)$和控制点

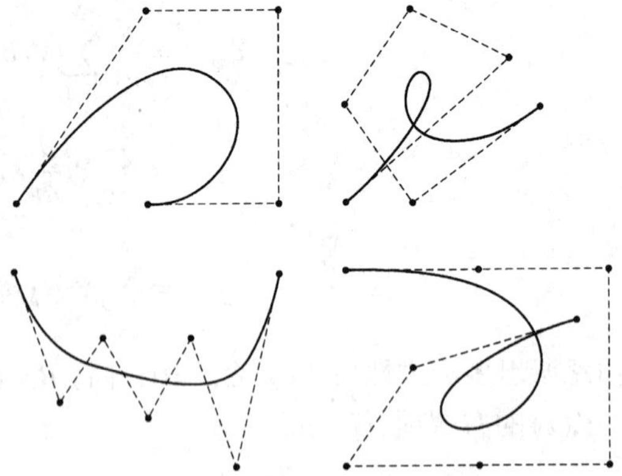

图 5.24 贝塞尔曲线和多边形路径

实际应用中常用共享端点的贝塞尔曲线来组成一条曲线。这一过程与三次样条中的过程类似,要避免高次多项式的振荡特性,需要用一系列三次样条来构建一条三次曲线。性质 4 说明贝塞尔曲线没有高阶多项的振荡性。由于一个控制点的改变就能改变贝塞尔曲线的形状,将这一构造过程分解为一系列贝塞尔曲线,并使控制点变化数最小化的过程较为容易。

例 5.17 利用 4 个控制点集构造组合贝塞尔曲线:

$\{(-9,0),(-8,1),(-8,2.5),(-4,2.5)\}$,$\{(-4,2.5),(-3,3.5),(-1,4),(0,4)\}$,
$\{(0,4),(2,4)(3,4),(5,2)\}$,$\{(5,2),(6,2),(20,3),(18,0)\}$。

解:仿照例 5.16 的过程求解,得

$$\mathbf{P}_1(t) = (-9 + 3t - 3t^2 + 5t^3, 3t + 1.5t^2 - 2t^3)$$
$$\mathbf{P}_2(t) = (-4 + 3t + 3t^2 - 2t^3, 2.5 + 3t - 1.5t^2)$$
$$\mathbf{P}_3(t) = (6t - 3t^2 + 2t^3, 4 - 2t^3)$$
$$\mathbf{P}_4(t) = (5 + 3t + 39t^2 - 29t^3, 2 + 3t^2 - 5t^3)$$

该组合贝塞尔曲线及对应控制点在图 5.25 中给出。 ■

例 5.17 中的贝塞尔曲线在公共端点处并不平滑。要使两条贝塞尔曲线 $\mathbf{P}(t)$ 和 $\mathbf{Q}(t)$ 光滑相交,要求 $\mathbf{P}_N = \mathbf{Q}_0$ 和 $\mathbf{P}'(\mathbf{P}_N) = \mathbf{Q}'(\mathbf{Q}_0)$。性质 3 说明,只需保证控制点 $\mathbf{P}_{N-1}$,$\mathbf{P}_N = \mathbf{Q}_0$ 和 $\mathbf{Q}_1$ 共线即可。例如,3 阶贝塞尔曲线 $\mathbf{P}(t)$ 和 $\mathbf{Q}(t)$ 的控制点集分别为

$$\{(0,3),(1,5),(2,1),(3,3)\} \text{和} \{(3,3),(4,5),(5,1),(6,3)\}$$

显然,控制点(2,1),(3,3)和 (4,5)共线。再仿照例 5.16 求解过程,解得:

$$\mathbf{P}(t) = (3t, 3 + 6t - 18t^2 + 12t^3) \tag{13}$$

$$\mathbf{Q}(t) = (3 + 3t, 3 + 6t - 18t^2 + 12t^3) \tag{14}$$

和

$$\mathbf{P}'(t) = (3, 6 - 36t + 36t^2), \qquad \mathbf{Q}'(t) = (3, 6 - 36t + 36t^2)$$

将 $t = 1$ 和 $t = 0$ 分别代入 $\mathbf{P}'(t)$ 和 $\mathbf{Q}'(t)$,得

$$\mathbf{P}'(1) = (3, 6) = \mathbf{Q}'(0)$$

$\mathbf{P}(t)$ 和 $\mathbf{Q}(t)$ 的曲线及公共端点的光滑性在图 5.26 中给出。

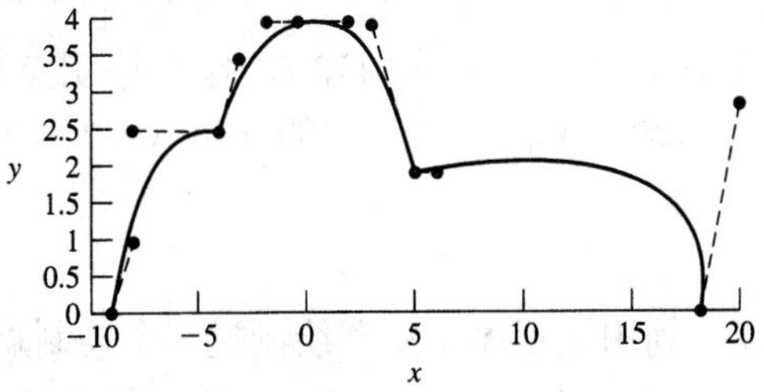

图 5.25　组合贝塞尔曲线

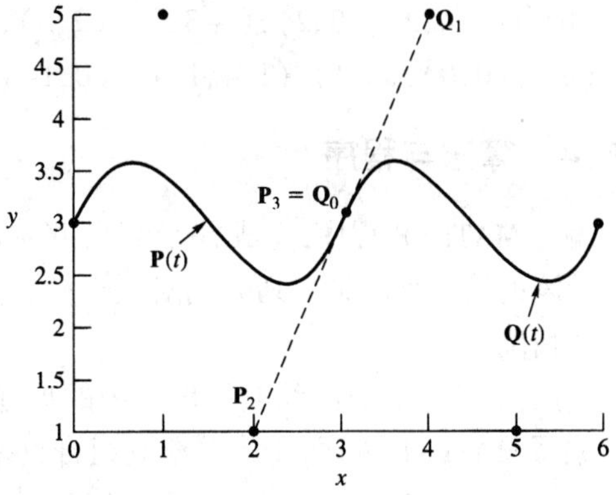

图 5.26　贝塞尔曲线公共端点处的导数匹配

用 MATLAB 的 `plot` 命令来绘制参数曲线。例 5.16 的贝塞尔曲线可以用如下语句绘制：

```
t=0:.01:1;
x=2-3*t+10.5*t.^2-5.5*t.^3;
y=2-1.5*t-3*t.^2+3.5*t.^3;
plot(x,y)
```

5.5.3　习题

1. 将伯恩斯坦多项式 $B_{2,4}(t)$，$B_{3,5}(t)$ 和 $B_{5,7}(t)$ 完全展开。
2. 利用定义 5.5 证明公式(4)。
3. 证明伯恩斯坦多项式在区间[0,1]上非负。
4. 求 $\sum_{i=0}^{3} B_{i,3}(t)$，验证 $N=3$ 时的公式(5)。
5. 利用公式(6)求 $\frac{\mathrm{d}}{\mathrm{d}t}B_{3,5}(t)$ 在 $t=1/3$ 和 $t=2/3$ 处的值。
6. 证明：在区间[0,1]上，$B_{i,N}(t)$ 在 $t=i/N$ 处取得最大值。
7. 利用定义 5.5 证明公式 $B_{i,N}(t)=\frac{i+1}{N+1}B_{i+1,N+1}(t)$。
8. 对下面每个控制点集，求 N 阶贝塞尔曲线。

   (a) $N=3$；{(1,3), (3,1), (2,4), (3,0)}

   (b) $N=4$；{(−2,3), (−1,3), (3,5),(3,4),(2,3)}

   (c) $N=5$；{(1,1),(2,2), (3,4), (4,4), (5,2), (6,1)}
9. 求控制点为(1,1),(2,3),(3,5)和(4,7)的 3 阶贝塞尔曲线。解释为什么通常 $N+1$ 个共线的点会产生线性贝塞尔曲线。
10. 证明：$\mathbf{P}'(1)=N(\mathbf{P}_N-\mathbf{P}_{N-1})$。
11. 证明：

    (a) $\mathbf{P}''(0)=N(N-1)(\mathbf{P}_2-2\mathbf{P}_1+\mathbf{P}_0)$

    (b) $\mathbf{P}''(1)=N(N-1)(\mathbf{P}_N-2\mathbf{P}_{N-1}+\mathbf{P}_{N-2})$
12. 求以下各点集的凸包：

    (a) {(1,1),(3,0),(5, −1),(7, −2)}

(b) $\{(-4,2),(0,2),(-3,5),(2,5),(1,2)\}$

(c) $\{(0,0),(0,1),(1/4,1/4),(0,1/2)\}$

5.5.4 算法与程序

1. 编写 MATLAB 程序,生成并绘制贝塞尔曲线。程序以 $N \times 2$ 矩阵为输入,作为控制点集。矩阵的第一列和第二列分别对应于控制点的 x 坐标和 y 坐标。程序应能处理 $N = 3,4$ 和 5 的情况。
2. 利用上题中的程序,绘制习题 8 中的贝塞尔曲线。
3. 编写 MATLAB 程序,生成并绘制组合贝塞尔曲线。利用该程序生成和绘制过 3 个控制点集 $\{(0,0),(1,2),(1,1),(3,0)\}$,$\{(3,0),(4,-1),(5,-2),(6,1),(7,0)\}$ 和 $\{(7,0),(4,-3),(2,-1),(0,0)\}$ 的贝塞尔曲线。
4. 利用第 1 题和第 3 题的程序,生成:

(a) 无穷大符号:∞。

(b) 小写 β。

第6章 数值微分

数值导数的公式对开发求解常微分方程和偏微分方程边值问题的算法很重要(可参见第9章和第10章)。数值微分的例子通常采用已知的函数,这样数值近似值可以与精确解进行比较。为了说明问题,这里采用贝塞尔(Bessel)方程 $J_1(x)$,它的值列表可在标准参考资料中找到。在区间[0,7]内的 8 个等距点为(0,0.0000),(1,0.4400),(2,0.5767),(3,0.3391),(4,-0.0660),(5,-0.3276),(6,-0.2767)和(7,-0.004)。它的原理是插值多项式的微分。考虑对 $J_1'(2)$ 的求解。插值多项式 $p_2(x) = -0.0710 + 0.6982x - 0.1872x^2$ 经过点(1,0.4400),(2,0.05767)和(3,0.3391),而且可用它求出$J_1'(2) \approx p_2'(2) = -0.0505$。二次多项式 $p_2(x)$ 和它在点(2,$J_1(2)$)的切线如图 6.1(a)所示。如果使用 5 个插值点,可得到更好的近似值。多项式 $p_4(x) = 0.4986x + 0.011x^2 - 0.0813x^3 + 0.0116x^4$ 经过点(0,0.0000),(1,0.4400),(2,0.5767),(3,0.3391)和(4,-0.0660),并可用它求出 $J_1'(2) \approx p_4'(2) = -0.0618$。四次多项式 $p_4(x)$和它在点(2,$J_1(2)$)的切线如图 6.1(b)所示。这个导数的真实值为 $J_1'(2) = -0.0645$,$p_2(x)$和 $p_4(x)$的误差分别为 -0.0140 和 -0.0026。本章主要介绍研究数值微分精确性的相关理论。

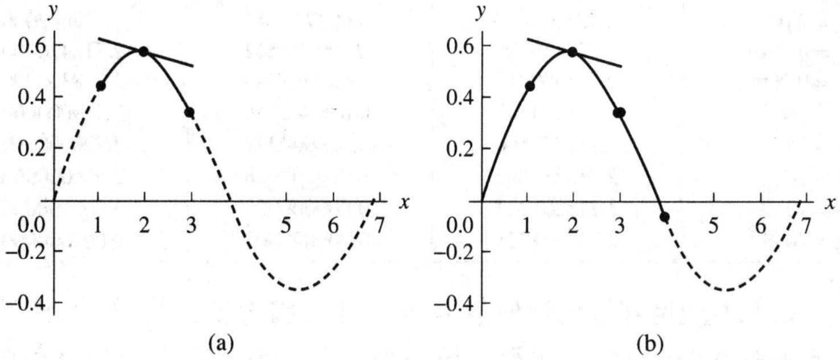

图 6.1 (a) $p_2(x)$在点(2,0.5767)处的切线,斜率为 $p_2'(2) = -0.0505$;
(b) $p_4(x)$在点(2,0.5767)处的切线,斜率为$p_4'(2) = -0.0618$

6.1 导数的近似值

6.1.1 差商的极限

现在研究求解函数 $f(x)$ 的导数近似值的过程,$f(x)$ 的导数可表示为

$$f'(x) = \lim_{h \to 0} \frac{f(x+h) - f(x)}{h} \tag{1}$$

处理过程非常直接,首先选择一个序列$\{h_k\}$,使得 $h_k \to 0$,然后计算序列的极限:

$$D_k = \frac{f(x+h_k) - f(x)}{h_k}, \qquad k = 1,\ 2,\ \cdots,\ n,\ \cdots \tag{2}$$

读者可能注意到上式只计算了序列(2)中有限的项 $D_1, D_2, \cdots, D_N$,而且以 D_N 为答案。这样就

带来了如下问题,为什么要计算 $D_1, D_2, \cdots, D_{N-1}$?选择怎样的 h_N,使得 D_N 很好地逼近导数 $f'(x)$?为了回答这些问题,看看下面的例子就会发现没有简单的解决方法。

例如,设有函数 $f(x) = e^x$,并使用步长 $h = 1$, 1/2 和 1/4 分别构造位于 $(0,1)$ 和 $(h, f(h))$ 之间点的割线。当 h 足够小,割线接近于对应的切线,如图 6.2 所示。尽管图 6.2 显示了式(1)中的处理过程,但要用 $h = 0.00001$ 才能得到可接受的答案,采用这个 h 值,图中的切线和割线将无法区分。

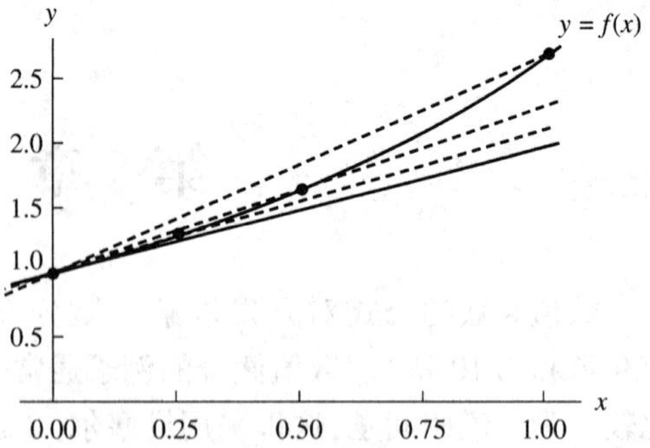

图 6.2　$y = e^x$ 的多个割线

例 6.1　设 $f(x) = e^x$ 且 $x = 1$。使用步长 $h_k = 10^{-k}, k = 1, 2, \cdots, 10$ 计算差商 D_k。精度为小数点后 9 位。

解: 计算 D_k 所需的值 $f(1+h_k)$ 和 $(f(1+h_k) - f(1))/h_k$ 如表 6.1 所示。■

表 6.1　求解 $D_k = (e^{1+h_k} - e)/h_k$ 的差商

h_k	$f_k = f(1+h_k)$	$f_k - e$	$D_k = (f_k - e)/h_k$
$h_1 = 0.1$	3.004166024	0.285884196	2.858841960
$h_2 = 0.01$	2.745601015	0.027319187	2.731918700
$h_3 = 0.001$	2.721001470	0.002719642	2.719642000
$h_4 = 0.0001$	2.718553670	0.000271842	2.718420000
$h_5 = 0.00001$	2.718309011	0.000027183	2.718300000
$h_6 = 10^{-6}$	2.718284547	0.000002719	2.719000000
$h_7 = 10^{-7}$	2.718282100	0.000000272	2.720000000
$h_8 = 10^{-8}$	2.718281856	0.000000028	2.800000000
$h_9 = 10^{-9}$	2.718281831	0.000000003	3.000000000
$h_{10} = 10^{-10}$	2.718281828	0.000000000	0.000000000

最大的值 $h_1 = 0.1$ 不能得到好的近似值 $D_1 \approx f'(1)$,因为步长 h_1 太大,使得两点分割太远,差商是经过这两点的割线的斜率,不能很好地近似切线。当以小数点后 9 位的精度计算公式(2)时,根据 h_9 可得 $D_9 = 3$,而根据 h_{10} 可得 $D_{10} = 0$。如果 h_k 太小,则 $f(x+h_k)$ 和 $f(x)$ 的值将非常接近。根据差值 $f(x+h_k) - f(x)$ 可看出由于两者太接近,使得精度损失。值 $h_{10} = 10^{-10}$ 太小,使得 $f(x+h_{10})$ 和 $f(x)$ 的值相同,因此计算差商为零。在例 6.1 中,极限的算术值为 $f'(1) \approx 2.718281828$。根据 $h_5 = 10^{-5}$ 可得到最佳近似值 $D_5 = 2.7183$。

例 6.1 表明不容易求出式(2)中极限的数值近似解。序列在 D_5 时最接近真实值,然后逐渐偏离 e。在程序 6.1 中,当 $|D_{N+1} - D_N| \geqslant |D_N - D_{N-1}|$ 时,才不会进一步计算序列 $\{D_k\}$ 中的项。这用来确定在项偏离极限前的最佳近似值。当将这个判定条件用于例 6.1 时,可得 $0.0007 = |D_6 - D_5| > |D_5 - D_4| = 0.00012$,因此答案是 D_5。下面将研究根据较大的 h 值,得到合理精度的近似值的公式。

6.1.2　中心差分公式

如果函数 $f(x)$ 在点 x 的左边和右边的值可计算,则最佳二点公式(two-point formula)包含 x 两边的两个对称的横坐标。

定理 6.1[精度为 $O(h^2)$ 的中心差分公式] 设 $f \in C^3[a,b]$，且 $x-h, x, x+h \in [a,b]$，则

$$f'(x) \approx \frac{f(x+h)-f(x-h)}{2h} \tag{3}$$

而且存在数 $c=c(x) \in [a,b]$，满足

$$f'(x) \approx \frac{f(x+h)-f(x-h)}{2h} + E_{\mathrm{trunc}}(f,h) \tag{4}$$

其中

$$E_{\mathrm{trunc}}(f,h) = -\frac{h^2 f^{(3)}(c)}{6} = \boldsymbol{O}(h^2)$$

项 $E(f,h)$ 称为**截断误差**(truncation error)。

证明： 设关于 x 的二阶泰勒展开表达式为 $f(x)=P_2(x)+E_2(x)$，则 $f(x+h)$ 和 $f(x-h)$ 的泰勒展开式为

$$f(x+h) = f(x) + f'(x)h + \frac{f^{(2)}(x)h^2}{2!} + \frac{f^{(3)}(c_1)h^3}{3!} \tag{5}$$

和

$$f(x-h) = f(x) - f'(x)h + \frac{f^{(2)}(x)h^2}{2!} - \frac{f^{(3)}(c_2)h^3}{3!} \tag{6}$$

式(5)减去式(6)，可得

$$f(x+h) - f(x-h) = 2f'(x)h + \frac{((f^{(3)}(c_1) + f^{(3)}(c_2))h^3}{3!} \tag{7}$$

由于 $f^{(3)}(x)$ 是连续的，所以根据中值定理可找到一个值 c，满足

$$\frac{f^{(3)}(c_1) + f^{(3)}(c_2)}{2} = f^{(3)}(c) \tag{8}$$

将它代入式(7)并重新调整项，可得

$$f'(x) = \frac{f(x+h)-f(x-h)}{2h} - \frac{f^{(3)}(c)h^2}{3!} \tag{9}$$

式(9)中右边第一项是中心差分公式(3)，第二项是截断误差。定理得证。 ●

假设三阶导数 $f^{(3)}(c)$ 的值变化不快，则式(4)中的截断误差以与 h^2 同样的方式趋近于零，表示为 $\boldsymbol{O}(h^2)$。当用计算机进行计算时，不宜将 h 选得太小。为此，如果求解 $f'(x)$ 近似值的公式具有精度为 $\boldsymbol{O}(h^4)$ 的截断误差项，则对于计算机计算很有用。

定理 6.2[精度为 $O(h^4)$ 的中心差分公式] 设 $f \in C^5[a,b]$，且 $x-2h, x-h, x, x+h, x+2h \in [a,b]$，则

$$f'(x) \approx \frac{-f(x+2h) + 8f(x+h) - 8f(x-h) + f(x-2h)}{12h} \tag{10}$$

而且存在数 $c=c(x) \in [a,b]$，满足

$$f'(x) = \frac{-f(x+2h) + 8f(x+h) - 8f(x-h) + f(x-2h)}{12h} + E_{\mathrm{trunc}}(f,h) \tag{11}$$

其中

$$E_{\mathrm{trunc}}(f,h) = \frac{h^4 f^{(5)}(c)}{30} = \boldsymbol{O}(h^4)$$

证明：设关于 x 的四阶泰勒展开式为 $f(x)=P_4(x)+E_4(x)$，则 $f(x+h)$ 和 $f(x-h)$ 的泰勒展开式为

$$f(x+h)-f(x-h)=2f'(x)h+\frac{2f^{(3)}(x)h^3}{3!}+\frac{2f^{(5)}(c_1)h^5}{5!} \tag{12}$$

然后使用步长 $2h$ 代替 h，可得到如下近似值：

$$f(x+2h)-f(x-2h)=4f'(x)h+\frac{16f^{(3)}(x)h^3}{3!}+\frac{64f^{(5)}(c_2)h^5}{5!} \tag{13}$$

式(12)中的项乘以 8 并减去式(13)，可消去包含 $f^{(3)}(x)$ 的项，表示为

$$\begin{aligned}&-f(x+2h)+8f(x+h)-8f(x-h)+f(x-2h)\\&=12f'(x)h+\frac{(16f^{(5)}(c_1)-64f^{(5)}(c_2))h^5}{120}\end{aligned} \tag{14}$$

如果 $f^{(5)}(x)$ 的符号只是正或负，而且它的值变化不快，则可在区间 $[x-2h,x+2h]$ 内找到一个值 c，满足

$$16f^{(5)}(c_1)-64f^{(5)}(c_2)=-48f^{(5)}(c) \tag{15}$$

将式(15)代入式(14)，结果为 $f'(x)$，表示为

$$f'(x)=\frac{-f(x+2h)+8f(x+h)-8f(x-h)+f(x-2h)}{12h}+\frac{f^{(5)}(c)h^4}{30} \tag{16}$$

式(16)右边的第一项是中心差分公式(10)，第二项是截断误差。定理得证。 ●

设 $|f^{(5)}(c)|$ 对于 $c\in[a,b]$ 是有界的，则式(11)中的截断误差以与 h^4 相同的方式趋近于零，表示为 $\boldsymbol{O}(h^4)$。现在比较公式(3)和公式(10)。设 $f(x)$ 有 5 阶连续导数，而且 $|f^{(3)}(c)|$ 和 $|f^{(5)}(c)|$ 基本相同，则 4 阶公式(10)的截断误差为 $\boldsymbol{O}(h^4)$，2 阶公式(3)的截断误差为 $\boldsymbol{O}(h^2)$，所以公式(10)的截断误差比公式(3)的截断误差更快地趋近于零。这样在公式(10)中可使用更大的步长。

例 6.2 设 $f(x)=\cos(x)$。

(a) 利用公式(3)和公式(10)，步长分别为 $h=0.1, 0.01, 0.001$ 和 0.0001，计算 $f'(0.8)$ 的近似值。精度为小数点后 9 位。

(b) 与真实值 $f'(0.8)=-\sin(0.8)$ 进行比较。

解：(a) 设 $h=0.01$，根据公式(3)，可得

$$f'(0.8)\approx\frac{f(0.81)-f(0.79)}{0.02}\approx\frac{0.689498433-0.703845316}{0.02}\approx-0.717344150$$

设 $h=0.01$，根据公式(10)，可得

$$\begin{aligned}f'(0.8)&\approx\frac{-f(0.82)+8f(0.81)-8f(0.79)+f(0.78)}{0.12}\\&\approx\frac{-0.682221207+8(0.689498433)-8(0.703845316)+0.710913538}{0.12}\\&\approx-0.717356108\end{aligned}$$

(b) 公式(3)和公式(10)的近似值误差分别为 -0.000011941 和 0.000000017。在本例中，当 $h=0.01$ 时，公式(10)给出的 $f'(0.8)$ 的近似值比公式(3)给出的更好。通过对本例的误差分析可以得出上面的结论。其他的计算如表 6.2 所示。 ■

表6.2 根据公式(3)和公式(10)得到的数值微分

步长	公式(3)的近似值	公式(3)的误差	公式(10)的近似值	公式(10)的误差
0.1	−0.716161095	−0.001194996	−0.717353703	−0.000002389
0.01	−0.717344150	−0.000011941	−0.717356108	0.000000017
0.001	−0.717356000	−0.000000091	−0.717356167	0.000000076
0.0001	−0.717360000	−0.000003909	−0.717360833	0.000004742

6.1.3 误差分析和步长优化

关于数值微分的一个重要课题是研究计算机的舍入误差。下面将对此进行更深入的分析。设用计算机进行数值计算,而且有

$$f(x_0 - h) = y_{-1} + e_{-1}, \qquad f(x_0 + h) = y_1 + e_1$$

其中$f(x_0-h)$和$f(x_0+h)$是数值y_{-1}和y_1的近似值,e_{-1}和e_1分别是相关的舍入误差。下面的结论说明了数值微分中误差分析的复杂特性。

推论6.1(a) 设函数f满足定理6.1中的假设,并利用计算公式

$$f'(x_0) \approx \frac{y_1 - y_{-1}}{2h} \tag{17}$$

则误差分析可通过如下方程进行解释:

$$f'(x_0) = \frac{y_1 - y_{-1}}{2h} + E(f,h) \tag{18}$$

其中

$$\begin{aligned} E(f,h) &= E_{\text{round}}(f,h) + E_{\text{trunc}}(f,h) \\ &= \frac{e_1 - e_{-1}}{2h} - \frac{h^2 f^{(3)}(c)}{6} \end{aligned} \tag{19}$$

这里的**总误差项**$E(f,h)$是舍入误差与截断误差的和。

推论6.1(b) 设函数f满足定理6.1的假设,且进行数值计算。如果$|e_{-1}|\leqslant\epsilon$, $|e_1|\leqslant\epsilon$, $M=\max_{a\leqslant x\leqslant b}\{|f^{(3)}(x)|\}$,则

$$|E(f,h)| \leqslant \frac{\epsilon}{h} + \frac{Mh^2}{6} \tag{20}$$

式(20)右边最小时的h值为

$$h = \left(\frac{3\epsilon}{M}\right)^{1/3} \tag{21}$$

当h较小时,式(19)中包含$(e_1-e_{-1})/2h$的部分相对较大。在例6.2中,当$h=0.0001$时,就会遇到这种情况。舍入误差为

$$f(0.8001) = 0.696634970 + e_1 \qquad \text{其中 } e_1 \approx -0.0000000003$$
$$f(0.7999) = 0.696778442 + e_{-1} \qquad \text{其中 } e_{-1} \approx 0.0000000005$$

截断误差为

$$\frac{-h^2 f^{(3)}(c)}{6} \approx -(0.0001)^2\left(\frac{\sin(0.8)}{6}\right) \approx 0.000000001$$

式(19)中的误差项$E(f,h)$为

$$\begin{aligned} E(f,h) &\approx \frac{-0.0000000003 - 0.0000000005}{0.0002} - 0.000000001 \\ &= -0.000004001 \end{aligned}$$

实际上,当 $h=0.0001$ 时的导数数值近似值可用下式计算

$$f'(0.8)\approx\frac{f(0.8001)-f(0.7999)}{0.0002}=\frac{0.696634970-0.696778442}{0.0002}$$
$$=-0.717360000$$

显然这样少了4位有效数字。误差是 -0.000003909,接近预计的误差 -0.000004001。

当将公式(21)用于例6.2时,可用边界 $|f^{(3)}(x)|\leqslant|\sin(x)|\leqslant1=M$ 和值 $\epsilon=0.5\times10^{-9}$ 计算舍入误差。h 的优化值为 $h=(1.5\times10^{-9}/1)^{1/3}=0.001144714$。当步长 $h=0.001$ 时最接近于优化值0.001144714,而且在包含公式(3)的4个选择中,它给出 $f'(0.8)$ 的最佳近似值(如表6.2和图6.3所示)。

对公式(10)的误差分析和上面的类似。设用计算机进行数值计算,并有函数 $f(x_0+kh)=y_k+e_k$。

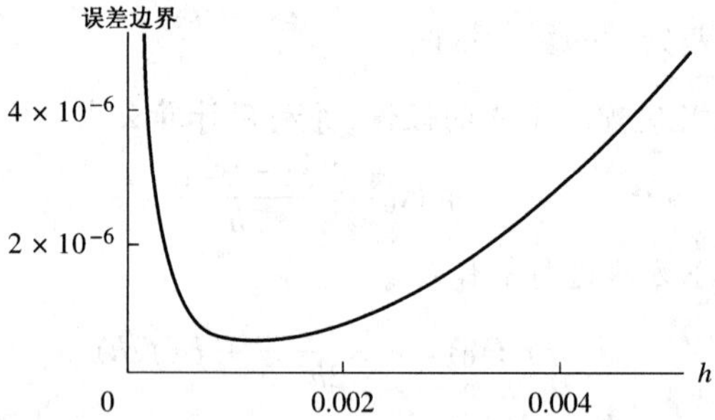

图6.3 将公式(21)用于例6.2中的 $f(x)=\cos(x)$ 时,最佳步长为 $h=0.001144714$

推论6.2(a) 设函数 f 满足定理6.2中的假设,且利用计算公式

$$f'(x_0)\approx\frac{-y_2+8y_1-8y_{-1}+y_{-2}}{12h}\tag{22}$$

误差分析可用下列方程进行解释:

$$f'(x_0)=\frac{-y_2+8y_1-8y_{-1}+y_{-2}}{12h}+E(f,h)\tag{23}$$

其中

$$\begin{aligned}E(f,h)&=E_{\text{round}}(f,h)+E_{\text{trunc}}(f,h)\\&=\frac{-e_2+8e_1-8e_{-1}+e_{-2}}{12h}+\frac{h^4f^{(5)}(c)}{30}\end{aligned}\tag{24}$$

这里的总误差项 $E(f,h)$ 是舍入误差与截断误差的和。

推论6.2(b) 设函数 f 满足定理6.2的假设,且进行数值计算。如果 $|e_k|\leqslant\epsilon$ 且 $M=\max_{a\leqslant x\leqslant b}\{|f^{(5)}(x)|\}$,则

$$|E(f,h)|\leqslant\frac{3\epsilon}{2h}+\frac{Mh^4}{30}\tag{25}$$

式(25)最小时的 h 值为

$$h=\left(\frac{45\epsilon}{4M}\right)^{1/5}\tag{26}$$

当将公式(25)用于例6.2时，可用边界$|f^{(5)}(x)|\le|\sin(x)|\le 1=M$和值$\epsilon=0.5\times 10^{-9}$计算舍入误差。$h$的优化值为$h=(22.5\times10^{-9}/4)^{1/5}=0.022388475$。当步长$h=0.01$时最接近优化值0.022388475，而且在包含公式(10)的4个选择中，它给出了$f'(0.8)$的最佳近似值(如表6.2和图6.4所示)。

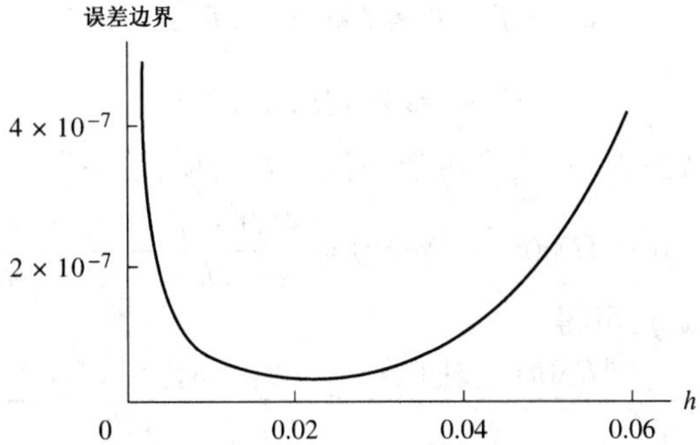

图6.4 将公式(26)用于例6.2中的$f(x)=\cos(x)$时，最佳步长为$h=0.022388475$

通过另一种推导也可得到数值微分公式，即对插值多项式进行微分。例如，经过点(0.7, cos(0.7))，(0.8, cos(0.8))和(0.9, cos(0.9))的2次多项式$p_2(x)$的拉格朗日表达式为

$$p_2(x)=38.2421094(x-0.8)(x-0.9)-69.6706709(x-0.7)(x-0.9)+31.0804984(x-0.7)(x-0.8)$$

将它展开可得

$$p_2(x)=1.046875165-0.159260044x-0.348063157x^2$$

通过类似计算可得到经过点(0.6, cos(0.6))，(0.7, cos(0.7))，(0.8, cos(0.8))，(0.9, cos(0.9))和(1.0, cos(1.0))的4次多项式$p_4(x)$

$$p_4(x)=0.998452927+0.009638391x-0.523291341x^2+0.026521229x^3+0.028981100x^4$$

对这些多项式进行微分，可得$p_2'(0.8)=-0.716161095$和$p_4'(0.8)=-0.717353703$，与表6.2中$h=0.1$下面的值相符。$p_2(x)$和$p_4(x)$以及它们在点(0.8, cos(0.8))的切线分别如图6.5(a)和图6.5(b)所示。

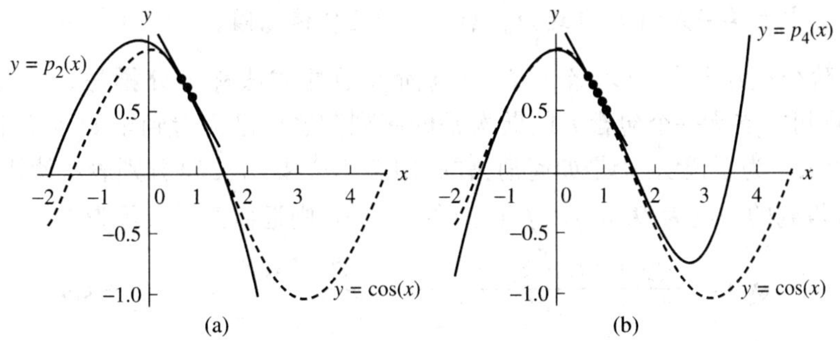

图6.5 (a) $y=\cos(x)$和用来计算$f'(0.8)\approx p_2'(0.8)=-0.716161095$的插值多项式$p_2(x)$的图形；(b) $y=\cos(x)$和用于计算$f'(0.8)\approx p_4'(0.8)=-0.717353703$的插值多项式$p_4(x)$的图形

6.1.4 理查森外推法

这一节将重点研究公式(3)与公式(10)之间的关系。设$f_k=f(x_k)=f(x_0+kh)$,且用$D_0(h)$和$D_0(2h)$分别表示以h和$2h$为步长,根据公式(3)得到的$f'(x_0)$的近似值,表示为

$$f'(x_0)\approx D_0(h)+Ch^2 \tag{27}$$

和

$$f'(x_0)\approx D_0(2h)+4Ch^2 \tag{28}$$

如果对式(27)乘以4,并减去式(28),则可消去包含C的项,结果为

$$3f'(x_0)\approx 4D_0(h)-D_0(2h)=\frac{4(f_1-f_{-1})}{2h}-\frac{f_2-f_{-2}}{4h} \tag{29}$$

对式(29)进一步求解$f'(x_0)$,可得

$$f'(x_0)\approx\frac{4D_0(h)-D_0(2h)}{3}=\frac{-f_2+8f_1-8f_{-1}+f_{-2}}{12h} \tag{30}$$

式(30)中最后一个表达式是中心差分公式(10)。

例 6.3 设$f(x)=\cos(x)$。设$h=0.01$并利用式(27)和式(28),说明式(30)中的线性组合$(4D_0(h)-D_0(2h))/3$如何用来求出式(10)给出的$f'(0.8)$的近似值。精度为小数点后9位。

解:$h=0.01$并利用式(27)和式(28)可得

$$D_0(h)\approx\frac{f(0.81)-f(0.79)}{0.02}\approx\frac{0.689498433-0.703845316}{0.02}\approx-0.717344150$$

和

$$D_0(2h)\approx\frac{f(0.82)-f(0.78)}{0.04}\approx\frac{0.682221207-0.710913538}{0.04}\approx-0.717308275$$

式(30)中的线性组合为

$$f'(0.8)\approx\frac{4D_0(h)-D_0(2h)}{3}\approx\frac{4(-0.717344150)-(-0.717308275)}{3}\approx-0.717356108$$

这与例6.2中直接用式(10)得到的$f'(0.8)$的近似值相同。 ■

这种从低阶公式中推导出求解$f'(x_0)$高阶导数的方法称为**外推法**。相关的证明要求式(3)的误差项可扩展为一个包含h的偶次幂的序列。这里已经看到了如何使用步长h和$2h$消去包含h^2的项。为了说明h^4是如何消去的,用$D_1(h)$和$D_1(2h)$分别表示使用步长h和$2h$,根据公式(16)得到的精度为$\boldsymbol{O}(h^4)$的$f'(x_0)$的近似值,则近似值可表示为

$$f'(x_0)=\frac{-f_2+8f_1-8f_{-1}+f_{-2}}{24h}+\frac{h^4f^{(5)}(c_1)}{30}\approx D_1(h)+Ch^4 \tag{31}$$

和

$$f'(x_0)=\frac{-f_4+8f_2-8f_{-2}+f_{-4}}{12h}+\frac{16h^4f^{(5)}(c_2)}{30}\approx D_1(2h)+16Ch^4 \tag{32}$$

设$f^{(5)}(x)$只为正或负值,而且变化不快,则可用假设$f^{(5)}(c_1)\approx f^{(5)}(c_2)$来消去式(31)和式(32)中的$h^4$,结果为

$$f'(x_0) \approx \frac{16D_1(h) - D_1(2h)}{15} \tag{33}$$

下面的结论描述了提高计算精度的一般形式。

定理 6.3［理查森(Richardson)外推］ 设$f'(x_0)$的两个精度为$O(h^{2k})$的近似值分别为$D_{k-1}(h)$和$D_{k-1}(2h)$，而且它们满足

$$f'(x_0) = D_{k-1}(h) + c_1h^{2k} + c_2h^{2k+2} + \cdots \tag{34}$$

和

$$f'(x_0) = D_{k-1}(2h) + 4^kc_1h^{2k} + 4^{k+1}c_2h^{2k+2} + \cdots \tag{35}$$

这样可得到改进的近似值表达式

$$f'(x_0) = D_k(h) + O(h^{2k+2}) = \frac{4^kD_{k-1}(h) - D_{k-1}(2h)}{4^k - 1} + O(h^{2k+2}) \tag{36}$$

下面的程序实现了精度为$O(h^2)$的中心差分公式，即式(3)，可得到其在给定点的导数近似值。在生成的近似值序列$\{D_k\}$中，D_{k+1}的中心区间是D_k的中心区间的十分之一。输出为矩阵 L =［H′ D′ E′］，其中 H 是包含步长的向量，D 是包含导数近似值的向量，E 是包含误差边界的向量。注：函数 f 作为字符串输入，即′f′。

程序 6.1(使用极限的微分求解) 计算$f'(x)$的近似值，生成序列

$$f'(x) \approx D_k = \frac{f(x + 10^{-k}h) - f(x - 10^{-k}h)}{2(10^{-k}h)}, \quad k = 0, \cdots, n$$

当$|D_{n+1} - D_n| \geqslant |D_n - D_{n-1}|$或$|D_n - D_{n-1}|$小于容差时停止计算。后者用来求最佳近似值$f'(x) \approx D_n$。

```
function [L,n]=difflim(f,x,toler)
%Input - f is the function input as a string 'f'
%       - x is the differentiation point
%       - toler is the tolerance for the error
%Output-L=[H' D' E']:
%           H is the vector of step sizes
%           D is the vector of approximate derivatives
%           E is the vector of error bounds
%      - n is the coordinate of the ``best approximation''
max1=15;
h=1;
H(1)=h;
D(1)=(feval(f,x+h)-feval(f,x-h))/(2*h);
E(1)=0;
R(1)=0;
for n=1:2
   h=h/10;
   H(n+1)=h;
   D(n+1)=(feval(f,x+h)-feval(f,x-h))/(2*h);
   E(n+1)=abs(D(n+1)-D(n));
   R(n+1)=2*E(n+1)-(abs(D(n+1))+abs(D(n))+eps);
end
n=2;
while((E(n)>E(n+1))&(R(n)>toler))&n<max1
```

```
    h=h/10;
    H(n+2)=h;
    D(n+2)=(feval(f,x+h)-feval(f,x-h))/(2*h);
    E(n+2)=abs(D(n+2)-D(n+1));
    R(n+2)=2*E(n+2)-(abs(D(n+2))+abs(D(n+1))+eps);
    n=n+1;
end
n=length(D)-1;
L=[H' D' E'];
```

程序6.2实现了定理6.3(理查森外推)。需要注意的是,第j行中的元素表达式在数学上等价于公式(36)。

程序6.2(利用外推法的微分求解) 为了求解$f'(x)$的数值解,构造包含近似值$D(j,k)$, $k\leqslant j$的表,并将$f'(x)\approx D(n,n)$作为最终答案。近似值$D(j,k)$存放在下三角矩阵中。第一列是

$$D(j,0)=\frac{f(x+2^{-j}h)-f(x-2^{-j}h)}{2^{-j+1}h}$$

第j行的元素为

$$D(j,k)=D(j,k-1)+\frac{D(j,k-1)-D(j-1,k-1)}{4^k-1},\quad 1\leqslant k\leqslant j$$

```
function [D,err,relerr,n]=diffext(f,x,delta,toler)
%Input  -f is the function input as a string 'f'
%       - delta is the tolerance for the error
%       - toler is the tolerance for the relative error
%Output - D is the matrix of approximate derivatives
%       - err is the error bound
%       - relerr is the relative error bound
%       - n is the coordinate of the ''best approximation''
err=1;
relerr=1;
h=1;
j=1;
D(1,1)=(feval(f,x+h)-feval(f,x-h))/(2*h);
while relerr>toler & err>delta &j<12
   h=h/2;
   D(j+1,1)=(feval(f,x+h)-feval(f,x-h))/(2*h);
   for k=1:j
      D(j+1,k+1)=D(j+1,k)+(D(j+1,k)-D(j,k))/((4^k)-1);
   end
   err=abs(D(j+1,j+1)-D(j,j));
   relerr=2*err/(abs(D(j+1,j+1))+abs(D(j,j))+eps);
   j=j+1;
end
[n,n]=size(D);
```

6.1.5 习题

1. 设$f(x)=\sin(x)$,x用弧度表示。
   (a) 步长分别为$h=0.1$,$h=0.01$和$h=0.001$,利用公式(3)计算$f'(0.8)$的近似值。精度为小数点后8位或9位。

(b) 与值 $f'(0.8)=\cos(0.8)$ 进行比较。

(c) 计算截断误差(4)的边界。对所有情况使用

$$|f^{(3)}(c)| \leqslant \cos(0.7) \approx 0.764842187$$

2. 设 $f(x)=e^x$。

(a) 步长分别为 $h=0.1$, $h=0.01$ 和 $h=0.001$, 利用公式(3)计算 $f'(2.3)$ 的近似值。精度为小数点后 8 位或 9 位。

(b) 与值 $f'(2.3)=e^{2.3}$ 进行比较。

(c) 计算截断误差(4)的边界。对所有情况使用

$$|f^{(3)}(c)| \leqslant e^{2.4} \approx 11.02317638$$

3. 设 $f(x)=\sin(x)$, x 用弧度表示。

(a) 步长分别为 $h=0.1$ 和 $h=0.01$, 利用公式(10)计算 $f'(0.8)$ 的近似值, 并与 $f'(0.8)=\cos(0.8)$ 进行比较。

(b) 利用式(29)中的外推公式计算(a)中 $f'(0.8)$ 的近似值。

(c) 计算截断误差(11)的边界。对所有情况使用

$$|f^{(5)}(c)| \leqslant \cos(0.6) \approx 0.825335615$$

4. 设 $f(x)=e^x$。

(a) 步长分别为 $h=0.1$ 和 $h=0.01$, 利用公式(10)计算 $f'(2.3)$ 的近似值, 并与 $f'(2.3)=e^{2.3}$ 进行比较。

(b) 利用式(29)中的外推公式计算(a)中 $f'(2.3)$ 的近似值。

(c) 计算截断误差(11)的边界。对所有情况使用

$$|f^{(5)}(c)| \leqslant e^{2.5} \approx 12.18249396$$

5. 比较数值微分公式(3)和公式(10)。设 $f(x)=x^3$, 求解 $f'(2)$ 的近似值。

(a) $h=0.05$, 利用公式(3)。

(b) $h=0.05$, 利用公式(10)。

(c) 计算截断误差(4)和截断误差(11)的边界。

6. (a) 根据泰勒定理证明

$$f(x+h) = f(x) + hf'(x) + \frac{h^2 f^{(2)}(c)}{2}, \qquad |c-x| < h$$

(b) 根据(a)的结论, 证明方程(2)中的差商的误差精度为 $\boldsymbol{O}(h) = -hf^{(2)}(c)/2$。

(c) 为什么公式(3)好于公式(2)?

7. **偏微分公式**。$f(x,y)$ 关于 x 的偏导 $f_x(x,y)$ 可通过固定 y 并对 x 求导得到。同理, $f(x,y)$ 关于 y 的偏导 $f_y(x,y)$ 可通过固定 x 并对 y 求导得到。修改公式(3)可得到偏导表达式

$$\begin{aligned} f_x(x,y) &= \frac{f(x+h,y)-f(x-h,y)}{2h} + \boldsymbol{O}(h^2) \\ f_y(x,y) &= \frac{f(x,y+h)-f(x,y-h)}{2h} + \boldsymbol{O}(h^2) \end{aligned} \tag{1}$$

(a) 设 $f(x,y)=xy/(x+y)$。步长分别为 $h=0.1, 0.01$ 和 0.001, 用公式(1)计算 $f_x=(2,3)$ 和 $f_y(2,3)$ 的近似值。与通过对 $f(x,y)$ 求偏导得到的值进行比较。

(b) 设 $z=f(x,y)=\arctan(y/x)$, z 用弧度表示, 步长分别为 $h=0.1, 0.01$ 和 0.001。用(1)

中的公式计算 $f_x(3,4)$ 和 $f_y(3,4)$ 的近似值。与通过对 $f(x,y)$ 进行偏导后得到的结果进行比较。

8. 补充说明根据方程(31)和方程(32)得到方程(33)的细节。
9. (a) 证明式(21)是使式(20)的右边最小化的 h 值。
   (b) 证明式(26)是使式(25)的右边最小化的 h 值。
10. 电压值 $E=E(t)$ 满足关系式 $E(t)=L(dI/dt)+RI(t)$,其中 R 是电阻,L 是电感。设 $L=0.05$ 和 $R=2$,而且 $I(t)$ 的值如下表所示。

t	$I(t)$
1.0	8.2277
1.1	7.2428
1.2	5.9908
1.3	4.5260
1.4	2.9122

   (a) 通过数值微分,求 $I'(1.2)$,并用它计算 $E(1.2)$。
   (b) 比较计算结果和 $I(t)=10e^{-t/10}\sin(2t)$。
11. 一个物体的运动距离 $D=D(t)$ 如下表所示。

t	$D(t)$
8.0	17.453
9.0	21.460
10.0	25.752
11.0	30.301
12.0	35.084

   (a) 通过数值微分求速率 $V(10)$。
   (b) 比较计算结果和 $D(t)=-70+7t+70e^{-t/10}$。
12. 设 $f(x)$ 如下表所示。固有的舍入误差的边界为 $|e_k|\leqslant 5\times10^{-6}$。在计算中使用舍入值。

x	$f(x)=\cos(x)$
1.100	0.45360
1.190	0.37166
1.199	0.36329
1.200	0.36236
1.201	0.36143
1.210	0.35302
1.300	0.26750

   (a) $h=0.1$ 和 $h=0.01$ 和 $h=0.001$,用公式(17)求解 $f'(1.2)$ 的近似值。
   (b) 比较计算结果和 $f'(1.2)=-\sin(1.2)\approx-0.93204$。
   (c) 针对(a)中的 3 种情况求解式(19)中的总误差界。
13. 设 $f(x)$ 如下表所示。固有的舍入误差边界为 $|e_k|\leqslant 5\times10^{-6}$。在计算中使用舍入值。

x	$f(x)=\ln(x)$
2.900	1.06471
2.990	1.09527
2.999	1.09828
3.000	1.09861
3.001	1.09895
3.010	1.10194
3.100	1.13140

(a) $h=0.1, h=0.01, h=0.001$，用公式(17)求解 $f'(3.0)$ 的近似值。

(b) 比较计算结果和 $f'(3.0)=\frac{1}{3}\approx 0.33333$。

(c) 针对(a)中的 3 种情况求解式(19)中的总误差界。

14. 设 $f(x_k)$ 值的精度为小数点后 3 位，固有舍入误差为 5×10^{-4}，并且假设 $|f^{(3)}(c)|\leqslant 1.5$，$|f^{(5)}(c)|\leqslant 1.5$。

(a) 求公式(17)的最佳步长 h。

(b) 求公式(22)的最佳步长 h。

15. 设 $f(x)$ 的值如下表所示。固有舍入误差界为 $|e_k|\leqslant 5\times 10^{-6}$。在计算中使用舍入值。

x	$f(x)=\cos(x)$
1.000	0.54030
1.100	0.45360
1.198	0.36422
1.199	0.36329
1.200	0.36236
1.201	0.36143
1.202	0.36049
1.300	0.26750
1.400	0.16997

(a) $h=0.1, h=0.001$，用公式(22)求 $f'(1.2)$ 的近似值。

(b) 针对(a)中的两种情况求解式(24)中的总误差界。

16. 设 $f(x)$ 的值如下表所示。固有的舍入误差界为 $|e_k|\leqslant 5\times 10^{-6}$。在计算中使用舍入值。

x	$f(x)=\ln(x)$
2.800	1.02962
2.900	1.06471
2.998	1.09795
2.999	1.09828
3.000	1.09861
3.001	1.09895
3.002	1.09928
3.100	1.13140
3.200	1.16315

(a) $h=0.1, h=0.001$，用公式(22)求 $f'(3.0)$ 的近似值。

(b) 针对(a)中的两种情况求解式(24)中的总误差界。

6.1.6　算法和程序

1. 用程序 6.1 求解下列函数在 x 处的导数近似值，精度为小数点后 13 位。注：有必要改写程序中的 `max1` 的值和 `h` 的初始值。

(a) $f(x)=60x^{45}-32x^{33}+233x^5-47x^2-77;\ x=1/\sqrt{3}$

(b) $f(x)=\tan\left(\cos\left(\dfrac{\sqrt{5}+\sin(x)}{1+x^2}\right)\right);\ x=\dfrac{1+\sqrt{5}}{3}$

(c) $f(x)=\sin(\cos(1/x));\ x=1/\sqrt{2}$

(d) $f(x)=\sin(x^3-7x^2+6x+8);\ x=\dfrac{1-\sqrt{5}}{2}$

(e) $f(x)=x^{x^x};\ x=0.0001$

2. 修改程序 6.1,实现精度为 $O(h^4)$ 的中心差分公式(10)。用这个程序求解上题中给出的函数导数的近似值。精度为小数点后 13 位。
3. 使用程序 6.2 求解第 1 题中函数导数的近似值。精度为小数点后 13 位。注:有必要改变 `err`,`relerr` 和 `h` 的初始值。

6.2 数值差分公式

6.2.1 更多的中心差分公式

在前面的小节中,求解 $f'(x_0)$ 的公式需要函数在 x 的两边值可计算,所以它们称为中心差分公式。可用泰勒级数构造求解高阶导数的公式。精度为 $O(h^2)$ 和 $O(h^4)$ 的公式如表 6.3 和表 6.4 所示。在表中,按常规有 $f_k = f(x_0 + kh)$,$k = -3, -2, -1, 0, 1, 2, 3$。

表 6.3 精度为 $O(h^2)$ 的中心差分公式

$$f'(x_0) \approx \frac{f_1 - f_{-1}}{2h}$$

$$f''(x_0) \approx \frac{f_1 - 2f_0 + f_{-1}}{h^2}$$

$$f^{(3)}(x_0) \approx \frac{f_2 - f_1 + 2f_{-1} - f_{-2}}{2h^3}$$

$$f^{(4)}(x_0) \approx \frac{f_2 - 4f_1 + 6f_0 - 4f_{-1} + f_{-2}}{h^4}$$

表 6.4 精度为 $O(h^4)$ 的中心差分公式

$$f'(x_0) \approx \frac{-f_2 + 8f_1 - 8f_{-1} + f_{-2}}{12h}$$

$$f''(x_0) \approx \frac{-f_2 + 16f_1 - 30f_0 + 16f_{-1} - f_{-2}}{12h^2}$$

$$f^{(3)}(x_0) \approx \frac{-f_3 + 8f_2 - 13f_1 + 13f_{-1} - 8f_{-2} + f_{-3}}{8h^3}$$

$$f^{(4)}(x_0) \approx \frac{-f_3 + 12f_2 - 39f_1 + 56f_0 - 39f_{-1} + 12f_{-2} - f_{-3}}{6h^4}$$

为了说明问题,下面用泰勒展开式推导表 6.3 中精度为 $O(h^2)$ 的 $f''(x)$ 的公式,其展开式为

$$f(x+h) = f(x) + hf'(x) + \frac{h^2 f''(x)}{2} + \frac{h^3 f^{(3)}(x)}{6} + \frac{h^4 f^{(4)}(x)}{24} + \cdots \qquad (1)$$

和

$$f(x-h) = f(x) - hf'(x) + \frac{h^2 f''(x)}{2} - \frac{h^3 f^{(3)}(x)}{6} + \frac{h^4 f^{(4)}(x)}{24} - \cdots \qquad (2)$$

将式(1)和式(2)相加,将消去包含奇数次导数 $f'(x)$, $f^{(3)}(x)$, $f^{(5)}(x)$, …的项,表示为

$$f(x+h) + f(x-h) = 2f(x) + \frac{2h^2 f''(x)}{2} + \frac{2h^4 f^{(4)}(x)}{24} + \cdots \qquad (3)$$

求解式(3)可得 $f''(x)$,表示为

$$f''(x) = \frac{f(x+h) - 2f(x) + f(x-h)}{h^2} - \frac{2h^2 f^{(4)}(x)}{4!} - \frac{2h^4 f^{(6)}(x)}{6!} - \cdots - \frac{2h^{2k-2} f^{(2k)}(x)}{(2k)!} - \cdots \tag{4}$$

如果将式(4)中的序列在 4 阶导数处进行截断,则在区间$[x-h, x+h]$内有一个值 c,满足

$$f''(x_0) = \frac{f_1 - 2f_0 + f_{-1}}{h^2} - \frac{h^2 f^{(4)}(c)}{12} \tag{5}$$

这样可得到$f''(x)$近似值的公式:

$$f''(x_0) \approx \frac{f_1 - 2f_0 + f_{-1}}{h^2} \tag{6}$$

例 6.4　设$f(x) = \cos(x)$。

(a) $h = 0.1, 0.01$ 和 0.001,利用公式(6)求解$f''(0.8)$的近似值。精度为小数点后 9 位。

(b) 比较计算结果和真实值$f''(0.8) = -\cos(0.8)$。

解:

(a) 当 $h = 0.01$ 时,计算过程如下:

$$\begin{aligned} f''(0.8) &\approx \frac{f(0.81) - 2f(0.80) + f(0.79)}{0.0001} \\ &\approx \frac{0.689498433 - 2(0.696706709) + 0.703845316}{0.0001} \\ &\approx -0.696690000 \end{aligned}$$

(b) 近似值结果的误差为 -0.000016709。其他的计算如表 6.5 所示。在误差分析中将解释在此例中为何 $h = 0.01$ 是最佳的。■

6.2.2　误差分析

表 6.5　求解例 6.4 中 $f''(x)$ 的数值近似值

步长	公式(6)的近似值	公式(6)的误差
$h = 0.1$	-0.696126300	-0.000580409
$h = 0.01$	-0.696690000	-0.000016709
$h = 0.001$	-0.696000000	-0.000706709

设$f_k = y_k + e_k$,其中 e_k 是计算$f(x_k)$产生的误差,包括测量中的噪声和舍入误差,则公式(6)可表示为

$$f''(x_0) = \frac{y_1 - 2y_0 + y_{-1}}{h^2} + E(f, h) \tag{7}$$

数值导数式(7)的误差项 $E(h, f)$包含舍入误差和截断误差:

$$E(f, h) = \frac{e_1 - 2e_0 + e_{-1}}{h^2} - \frac{h^2 f^{(4)}(c)}{12} \tag{8}$$

如果设每个误差 e_k 的量级为ϵ,同时误差是累积的,而且$|f^{(4)}(x)| \leqslant M$,则可得到如下误差界:

$$|E(f, h)| \leqslant \frac{4\epsilon}{h^2} + \frac{Mh^2}{12} \tag{9}$$

如果 h 较小,则舍入误差带来的 $4\epsilon/h^2$ 就会较大。当 h 较大时,$Mh^2/12$ 也会较大。可通过求下式的最小值得到最佳步长。

$$g(h) = \frac{4\epsilon}{h^2} + \frac{Mh^2}{12} \tag{10}$$

设 $g'(h) = 0$,可得 $-8\epsilon/h^3 + Mh/6 = 0$,即 $h^4 = 48\epsilon/M$,这样可得到优化值:

$$h = \left(\frac{48\epsilon}{M}\right)^{1/4} \tag{11}$$

当将公式(11)代入例6.4中,使用边界$|f^{(4)}(x)|\leqslant|\cos(x)|\leqslant 1=M$和值$\epsilon=0.5\times10^{-9}$,可得到优化步长为$h=(24\times10^{-9}/1)^{1/4}=0.01244666$,而且可看到$h=0.01$时最接近优化值。

由于舍入误差部分与h的平方成反比,所以当h变小时,这一项会变大。这有时称为**步长的两难问题**(step-size dilemma)。对此问题的一个部分解决方法是用一个高阶公式,使得用较大的h值可得到所需精度的近似值。表6.4中求精度为$\boldsymbol{O}(h^4)$的$f''(x_0)$的公式为

$$f''(x_0)=\frac{-f_2+16f_1-30f_0+16f_{-1}-f_{-2}}{12h^2}+E(f,h) \tag{12}$$

公式(12)中的误差项有如下表达式:

$$E(f,h)=\frac{16\epsilon}{3h^2}+\frac{h^4f^{(6)}(c)}{90} \tag{13}$$

其中c位于区间$[x-2h,x+2h]$。$|E(f,h)|$的边界为

$$|E(f,h)|\leqslant\frac{16\epsilon}{3h^2}+\frac{h^4M}{90} \tag{14}$$

其中$|f^{(6)}(x)|\leqslant M$。h的优化值为

$$h=\left(\frac{240\epsilon}{M}\right)^{1/6} \tag{15}$$

例6.5 设$f(x)=\cos(x)$。

(a) $h=1.0$,0.1和0.01,利用公式(12)求$f''(0.8)$的近似值。精度为小数点后9位。

(b) 比较计算结果和真实值$f''(0.8)=-\cos(0.8)$。

(c) 求优化步长。

解:

(a) 当$h=0.1$时,

$$\begin{aligned}&f''(0.8)\\&\approx\frac{-f(1.0)+16f(0.9)-30f(0.8)+16f(0.7)-f(0.6)}{0.12}\\&\approx\frac{-0.540302306+9.945759488-20.90120127+12.23747499-0.825335615}{0.12}\\&\approx-0.696705958\end{aligned}$$

(b) 计算结果的误差为-0.000000751。其他的计算结果和误差如表6.6所示。

(c) 当采用公式(15)时,可使用边界$|f^{(6)}(x)|\leqslant|\cos(x)|\leqslant 1=M$和值$\epsilon=0.5\times10^{-9}$。根据这些值可得到优化步长$h=(120\times10^{-9}/1)^{1/6}=0.070231219$。 ■

表6.6 例6.5中求解$f''(x)$的数值近似值

步长	公式(12)的近似值	公式(12)的误差
$h=1.0$	−0.689625413	−0.007081296
$h=0.1$	−0.696705958	−0.000000751
$h=0.01$	−0.696690000	−0.000016709

一般来说,如果进行数值微分计算,计算结果只有计算机表示能力的一半精度。除非碰巧找到一个优化步长,否则通常会丢失多位有效数字。所以,在进行数值微分计算时要小心处理。当对精度有限的试验数据进行计算时,困难更大。如果必须根据数据集求数值导数,应该先用最小二乘法进行曲线拟合,然后对曲线函数进行微分。

6.2.3 拉格朗日多项式微分

如果函数必须在 x_0 的某一边计算,则不能使用中心差分公式。位于 x_0 的右边(左边 1)的等距横坐标的公式称为前向(后向)差分公式。通过对拉格朗日插值多项式进行差分可得到这些公式。一些常用的前向和后向差分公式如表 6.7 所示。

表 6.7 精度为 $O(h^2)$ 的前向差分公式和后向差分公式

$f'(x_0) \approx \dfrac{-3f_0 + 4f_1 - f_2}{2h}$	(前向微分)
$f'(x_0) \approx \dfrac{3f_0 - 4f_{-1} + f_{-2}}{2h}$	(后向微分)
$f''(x_0) \approx \dfrac{2f_0 - 5f_1 + 4f_2 - f_3}{h^2}$	(前向微分)
$f''(x_0) \approx \dfrac{2f_0 - 5f_{-1} + 4f_{-2} - f_{-3}}{h^2}$	(后向微分)
$f^{(3)}(x_0) \approx \dfrac{-5f_0 + 18f_1 - 24f_2 + 14f_3 - 3f_4}{2h^3}$	
$f^{(3)}(x_0) \approx \dfrac{5f_0 - 18f_{-1} + 24f_{-2} - 14f_{-3} + 3f_{-4}}{2h^3}$	
$f^{(4)}(x_0) \approx \dfrac{3f_0 - 14f_1 + 26f_2 - 24f_3 + 11f_4 - 2f_5}{h^4}$	
$f^{(4)}(x_0) \approx \dfrac{3f_0 - 14f_{-1} + 26f_{-2} - 24f_{-3} + 11f_{-4} - 2f_{-5}}{h^4}$	

例 6.6 推导公式

$$f''(x_0) \approx \frac{2f_0 - 5f_1 + 4f_2 - f_3}{h^2}$$

解: 基于 4 点 x_0, x_1, x_2 和 x_3 的 $f(t)$ 的拉格朗日插值多项式为

$$\begin{aligned}f(t) \approx\ & f_0\frac{(t-x_1)(t-x_2)(t-x_3)}{(x_0-x_1)(x_0-x_2)(x_0-x_3)} + f_1\frac{(t-x_0)(t-x_2)(t-x_3)}{(x_1-x_0)(x_1-x_2)(x_1-x_3)} \\ & + f_2\frac{(t-x_0)(t-x_1)(t-x_3)}{(x_2-x_0)(x_2-x_1)(x_2-x_3)} + f_3\frac{(t-x_0)(t-x_1)(t-x_2)}{(x_3-x_0)(x_3-x_1)(x_3-x_2)}\end{aligned}$$

对上式求两次导可得

$$\begin{aligned}f''(t) \approx\ & f_0\frac{2((t-x_1)+(t-x_2)+(t-x_3))}{(x_0-x_1)(x_0-x_2)(x_0-x_3)} + f_1\frac{2((t-x_0)+(t-x_2)+(t-x_3))}{(x_1-x_0)(x_1-x_2)(x_1-x_3)} \\ & + f_2\frac{2((t-x_0)+(t-x_1)+(t-x_3))}{(x_2-x_0)(x_2-x_1)(x_2-x_3)} + f_3\frac{2((t-x_0)+(t-x_1)+(t-x_2))}{(x_3-x_0)(x_3-x_1)(x_3-x_2)}\end{aligned}$$

用 $t = x_0$ 替换并根据 $x_i - x_j = (i-j)h$,可得

$$\begin{aligned}f''(x_0) \approx\ & f_0\frac{2((x_0-x_1)+(x_0-x_2)+(x_0-x_3))}{(x_0-x_1)(x_0-x_2)(x_0-x_3)} \\ & + f_1\frac{2((x_0-x_0)+(x_0-x_2)+(x_0-x_3))}{(x_1-x_0)(x_1-x_2)(x_1-x_3)} \\ & + f_2\frac{2((x_0-x_0)+(x_0-x_1)+(x_0-x_3))}{(x_2-x_0)(x_2-x_1)(x_2-x_3)}\end{aligned}$$

$$+ f_3 \frac{2((x_0 - x_0) + (x_0 - x_1) + (x_0 - x_2))}{(x_3 - x_0)(x_3 - x_1)(x_3 - x_2)}$$

$$= f_0 \frac{2((-h) + (-2h) + (-3h))}{(-h)(-2h)(-3h)} + f_1 \frac{2((0) + (-2h) + (-3h))}{(h)(-h)(-2h)}$$

$$+ f_2 \frac{2((0) + (-h) + (-3h))}{(2h)(h)(-h)} + f_3 \frac{2((0) + (-h) + (-2h))}{(3h)(2h)(h)}$$

$$= f_0 \frac{-12h}{-6h^3} + f_1 \frac{-10h}{2h^3} + f_2 \frac{-8h}{-2h^3} + f_3 \frac{-6h}{6h^3} = \frac{2f_0 - 5f_1 + 4f_2 - f_3}{h^2}$$

这样即可得到所需公式。 ■

例 6.7 推导公式

$$f'''(x_0) \approx \frac{-5f_0 + 18f_1 - 24f_2 + 14f_3 - 3f_4}{2h^3}$$

解: 基于 5 点 x_0, x_1, x_2, x_3 和 x_4 的 $f(t)$ 的拉格朗日插值多项式为

$$f(t) \approx f_0 \frac{(t - x_1)(t - x_2)(t - x_3)(t - x_4)}{(x_0 - x_1)(x_0 - x_2)(x_0 - x_3)(x_0 - x_4)}$$

$$+ f_1 \frac{(t - x_0)(t - x_2)(t - x_3)(t - x_4)}{(x_1 - x_0)(x_1 - x_2)(x_1 - x_3)(x_1 - x_4)}$$

$$+ f_2 \frac{(t - x_0)(t - x_1)(t - x_3)(t - x_4)}{(x_2 - x_0)(x_2 - x_1)(x_2 - x_3)(x_2 - x_4)}$$

$$+ f_3 \frac{(t - x_0)(t - x_1)(t - x_2)(t - x_4)}{(x_3 - x_0)(x_3 - x_1)(x_3 - x_2)(x_3 - x_4)}$$

$$+ f_4 \frac{(t - x_0)(t - x_1)(t - x_2)(t - x_3)}{(x_4 - x_0)(x_4 - x_1)(x_4 - x_2)(x_4 - x_3)}$$

对上式求 3 次导,将替换 $x_i - x_j = (i - j)h$ 代入分母中可得

$$f'''(t) \approx f_0 \frac{6((t - x_1) + (t - x_2) + (t - x_3) + (t - x_4))}{(-h)(-2h)(-3h)(-4h)}$$

$$+ f_1 \frac{6((t - x_0) + (t - x_2) + (t - x_3) + (t - x_4))}{(h)(-h)(-2h)(-3h)}$$

$$+ f_2 \frac{6((t - x_0) + (t - x_1) + (t - x_3) + (t - x_4))}{(2h)(h)(-h)(2h)}$$

$$+ f_3 \frac{6((t - x_0) + (t - x_1) + (t - x_2) + (t - x_4))}{(3h)(2h)(h)(-h)}$$

$$+ f_4 \frac{6((t - x_0) + (t - x_1) + (t - x_2) + (t - x_3))}{(4h)(3h)(2h)(h)}$$

用 $t = x_0$ 替换并根据 $t - x_j = x_0 - x_j = -jh$,可得

$$f'''(x_0) \approx f_0 \frac{6((-h) + (-2h) + (-3h) + (-4h))}{24h^4} + f_1 \frac{6((0) + (-2h) + (-3h) + (-4h))}{-6h^4}$$

$$+ f_2 \frac{6((0) + (-h) + (-3h) + (-4h))}{4h^4} + f_3 \frac{6((0) + (-h) + (-2h) + (-4h))}{-6h^4}$$

$$+ f_4 \frac{6((0) + (-h) + (-2h) + (-3h))}{24h^4}$$

$$= f_0 \frac{-60h}{24h^4} + f_1 \frac{54h}{6h^4} + f_2 \frac{-48h}{4h^4} + f_3 \frac{42h}{6h^4} + f_4 \frac{-36h}{24h^4}$$

$$= \frac{-5f_0 + 18f_1 - 24f_2 + 14f_3 - 3f_4}{2h^3}$$

这样即可得到所需公式。 ■

6.2.4 牛顿多项式微分

在这一节中将研究求$f'(x_0)$近似值,精度为$\boldsymbol{O}(h^2)$的3个公式之间的关系,并给出计算数值导数的一般算法。在4.3节中,根据点t_0,t_1和t_2,使用下列2次牛顿多项式$P(t)$可近似$f(t)$。

$$P(t)=a_0+a_1(t-t_0)+a_2(t-t_0)(t-t_1) \tag{16}$$

其中$a_0=f(t_0),a_1=(f(t_1)-f(t_0))/(t_1-t_0)$,且

$$a_2=\frac{\dfrac{f(t_2)-f(t_1)}{t_2-t_1}-\dfrac{f(t_1)-f(t_0)}{t_1-t_0}}{t_2-t_0}$$

$P(t)$的导数为

$$P'(t)=a_1+a_2((t-t_0)+(t-t_1)) \tag{17}$$

而且当$t=t_0$时,结果为

$$P'(t_0)=a_1+a_2(t_0-t_1)\approx f'(t_0) \tag{18}$$

用于公式(16)到公式(18)的点集$\{t_k\}$不必是等距的。选择不同的横坐标可导出不同的求解$f'(x)$近似值的公式。

情况(i):如果$t_0=x,t_1=x+h,t_2=x+2h$,则

$$a_1=\frac{f(x+h)-f(x)}{h}$$
$$a_2=\frac{f(x)-2f(x+h)+f(x+2h)}{2h^2}$$

将这些值代入式(18)中,可得

$$P'(x)=\frac{f(x+h)-f(x)}{h}+\frac{-f(x)+2f(x+h)-f(x+2h)}{2h}$$

通过简化可得

$$P'(x)=\frac{-3f(x)+4f(x+h)-f(x+2h)}{2h}\approx f'(x) \tag{19}$$

这就是$f'(x)$的二阶前向差分公式。

情况(ii):如果$t_0=x,t_1=x+h,t_2=x-h$,则

$$a_1=\frac{f(x+h)-f(x)}{h}$$
$$a_2=\frac{f(x+h)-2f(x)+f(x-h)}{2h^2}$$

将这些值代入式(18)中,可得

$$P'(x)=\frac{f(x+h)-f(x)}{h}+\frac{-f(x+h)+2f(x)-f(x-h)}{2h}$$

通过简化可得

$$P'(x)=\frac{f(x+h)-f(x-h)}{2h}\approx f'(x) \tag{20}$$

这就是$f'(x)$的二阶中心差分公式。

情况(iii):如果$t_0=x,t_1=x-h,t_2=x-2h$,则

$$a_1 = \frac{f(x) - f(x-h)}{h}$$
$$a_2 = \frac{f(x) - 2f(x-h) + f(x-2h)}{2h^2}$$

将这些值代入式(18)并进行简化可得

$$P'(x) = \frac{3f(x) - 4f(x-h) + f(x-2h)}{2h} \approx f'(x) \tag{21}$$

这就是 $f'(x)$ 的二阶后向差分公式。

根据点 $t_0, t_1, \cdots, t_N$ 近似 $f(t)$ 的 N 次牛顿多项式 $P(t)$ 表示为

$$\begin{aligned} P(t) = & a_0 + a_1(t-t_0) + a_2(t-t_0)(t-t_1) \\ & + a_3(t-t_0)(t-t_1)(t-t_2) + \cdots + a_N(t-t_0)\cdots(t-t_{N-1}) \end{aligned} \tag{22}$$

$P(t)$ 的导数为

$$\begin{aligned} P'(t) = & a_1 + a_2((t-t_0) + (t-t_1)) \\ & + a_3((t-t_0)(t-t_1) + (t-t_0)(t-t_2) + (t-t_1)(t-t_2)) \\ & + \cdots + a_N \sum_{k=0}^{N-1} \prod_{\substack{j=0 \\ j \neq k}}^{N-1} (t-t_j) \end{aligned} \tag{23}$$

当在 $t = t_0$ 处计算 $P'(t)$ 时,式中有许多项为零,这样 $P'(t_0)$ 可简化为

$$\begin{aligned} P'(t_0) = & a_1 + a_2(t_0-t_1) + a_3(t_0-t_1)(t_0-t_2) + \cdots \\ & + a_N(t_0-t_1)(t_0-t_2)(t_0-t_3)\cdots(t_0-t_{N-1}) \end{aligned} \tag{24}$$

方程(24)右边的第 k 个部分和是根据前 k 个点的 k 次牛顿多项式的导数。如果

$$|t_0 - t_1| \leqslant |t_0 - t_2| \leqslant \cdots \leqslant |t_0 - t_N|$$

并且 $\{(t_j, 0)\}_{j=0}^{N}$ 形成在实数轴上的 $N+1$ 个等距点,则第 k 个部分和是精度为 $\boldsymbol{O}(h^{k-1})$ 的 $f'(t_0)$ 的近似值。

设 $N=5$。如果有 5 个点 $t_k = x + hk, k = 0,1,2,3$ 和 4 则式(24)等价于精度为 $\boldsymbol{O}(h^4)$ 的 $f'(x)$ 的前向差分公式。如果有 5 个点 $\{t_k\}$,其中 $t_0 = x, t_1 = x+h, t_2 = x-h, t_3 = x+2h$ 和 $t_4 = x-2h$,则式(24)是精度为 $\boldsymbol{O}(h^4)$ 的 $f'(x)$ 的中心差分公式。当 5 个点是 $t_k = x - kh$ 时,式(24)是精度为 $\boldsymbol{O}(h^4)$ 的 $f'(x)$ 的后向差分公式。

下面的程序是程序 4.2 的扩展,可用来实现公式(24)。数据点之间不需要等距,而且它只计算一点的导数 $f'(x_0)$。

程序 6.3(基于 $N+1$ 个点的差分求解) 通过构造下列 N 次牛顿多项式求解 $f'(x)$ 的近似值:

$$\begin{aligned} P(x) = & a_0 + a_1(x-x_0) + a_2(x-x_0)(x-x_1) \\ & + a_3(x-x_0)(x-x_1)(x-x_2) + \cdots + a_N(x-x_0)\cdots(x-x_{N-1}) \end{aligned}$$

将 $f'(x_0) \approx P'(x_0)$ 作为最终结果。在 x_0 处使用这个方法。可通过重新排列点的顺序为 $\{x_k, x_0, \cdots, x_{k-1}, x_{k+1}, \cdots, x_N\}$ 来计算 $f'(x_k) \approx P'(x_k)$。

```
function [A,df]=diffnew(X,Y)
%Input  - X is the 1xn abscissa vector
%       - Y is the 1xn ordinate vector
%Output - A is the 1xn vector containing the coefficients of
%         the Nth-degree Newton polynomial
%       - df is the approximate derivative
```

```
A=Y;
N=length(X);
for j=2:N
   for k=N:-1:j
      A(k)=(A(k)-A(k-1))/(X(k)-X(k-j+1));
   end
end
x0=X(1);
df=A(2);
prod=1;
n1=length(A)-1;
for k=2:n1
   prod=prod*(x0-X(k));
   df=df+prod*A(k+1);
end
```

6.2.5　习题

1. 设 $f(x)=\ln(x)$，保证计算精度为小数点后 8 位或 9 位。
   (a) $h=0.05$，利用公式(6)计算 $f''(5)$ 的近似值。
   (b) $h=0.01$，利用公式(6)计算 $f''(5)$ 的近似值。
   (c) $h=0.1$，利用公式(12)计算 $f''(5)$ 的近似值。
   (d) 上述答案中，哪个最精确？
2. 设 $f(x)=\cos(x)$，保证计算精度为小数点后 8 位或 9 位。
   (a) $h=0.05$，利用公式(6)计算 $f''(1)$ 的近似值。
   (b) $h=0.01$，利用公式(6)计算 $f''(1)$ 的近似值。
   (c) $h=0.1$，利用公式(12)计算 $f''(1)$ 的近似值。
   (d) 上述答案中，哪个最精确？
3. 设 $f(x)=\ln(x)$ 的数据值如下表所示，精度为小数点后 4 位。
   (a) $h=0.05$，利用公式(6)计算 $f''(5)$ 的近似值。
   (b) $h=0.01$，利用公式(6)计算 $f''(5)$ 的近似值。
   (c) $h=0.05$，利用公式(12)计算 $f''(5)$ 的近似值。
   (d) 上述答案中，哪个最精确？

x	$f(x)=\ln(x)$
4.90	1.5892
4.95	1.5994
5.00	1.6094
5.05	1.6194
5.10	1.6292

4. 设 $f(x)=\cos(x)$ 的数据值如下表所示，精度为小数点后 4 位。
   (a) $h=0.05$，利用公式(6)计算 $f''(1)$ 的近似值。
   (b) $h=0.01$，利用公式(6)计算 $f''(1)$ 的近似值。
   (c) $h=0.05$，利用公式(12)计算 $f''(1)$ 的近似值。
   (d) 上述答案中，哪个最精确？

x	$f(x)=\cos(x)$
0.90	0.6216
0.95	0.5817
1.00	0.5403
1.05	0.4976
1.10	0.4536

5. $h=0.01$，利用数值微分公式(6)求下列函数的 $f''(1)$ 的近似值。
   (a) $f(x)=x^2$　　(b) $f(x)=x^4$
6. $h=0.1$，利用数值微分公式(12)求下列函数的 $f''(1)$ 的近似值。
   (a) $f(x)=x^4$　　(b) $f(x)=x^6$
7. 对 $f(x+h)$，$f(x-h)$，$f(x+2h)$ 和 $f(x-2h)$ 进行泰勒扩展并推导中心差分公式：

$$f^{(3)}(x)\approx\frac{f(x+2h)-2f(x+h)+2f(x-h)-f(x-2h)}{2h^3}$$

8. 对$f(x+h)$,$f(x-h)$,$f(x+2h)$和$f(x-2h)$进行泰勒扩展并推导中心差分公式：

$$f^{(4)}(x) \approx \frac{f(x+2h)-4f(x+h)+6f(x)-4f(x-h)+f(x-2h)}{h^4}$$

9. 根据下表中的 4 个数据点,求解精度为$\boldsymbol{O}(h^2)$的$f'(x_k)$的近似值。

(a)

x	$f(x)$
0.0	0.989992
0.1	0.999135
0.2	0.998295
0.3	0.987480

(b)

x	$f(x)$
0.0	0.141120
0.1	0.041581
0.2	−0.058374
0.3	−0.157746

10. 利用近似值表达式

$$f'\left(x+\frac{h}{2}\right) \approx \frac{f_1-f_0}{h}, \qquad f'\left(x-\frac{h}{2}\right) \approx \frac{f_0-f_{-1}}{h}$$

推导近似值表达式

$$f''(x) \approx \frac{f_1-2f_0+f_{-1}}{h^2}$$

11. 根据公式(16)到公式(18),基于点$t_0=x$,$t_1=x+h$和$t_2=x+3h$,推导求解$f'(x)$的公式。
12. 根据公式(16)到公式(18),基于点$t_0=x$,$t_1=x-h$和$t_2=x+2h$,推导求解$f'(x)$的公式。
13. 特定微分方程的数值解需要精度为$\boldsymbol{O}(h^2)$的$f''(x)+f'(x)$的近似值。
   (a) 通过对精度为$\boldsymbol{O}(h^2)$的$f'(x)$和$f''(x)$求和,求$f''(x)+f'(x)$的中心差分公式。
   (b) 通过对精度为$\boldsymbol{O}(h^2)$的$f'(x)$和$f''(x)$求和,求$f''(x)+f'(x)$的前向差分公式。
   (c) 如果将求解$f'(x)$的精度为$\boldsymbol{O}(h^4)$的公式与求解$f''(x)$的精度为$\boldsymbol{O}(h^2)$的公式相加,情况会怎样?
14. 求证下面论述的问题。通过泰勒公式可得到如下表达式：

$$f(x+h)=f(x)+hf'(x)+\frac{h^2f''(x)}{2}+\frac{h^3f^{(3)}(c)}{6}$$

和

$$f(x-h)=f(x)-hf'(x)+\frac{h^2f''(x)}{2}-\frac{h^3f^{(3)}(c)}{6}$$

将它们相加可得

$$f(x+h)+f(x-h)=2f(x)+h^2f''(x)$$

并可得到求解$f''(x)$的精确公式

$$f''(x)=\frac{f(x+h)-2f(x)+f(x-h)}{h^2}$$

6.2.6 算法与程序

1. 修改程序 6.3,使得可用它计算$P'(x_M)$,$M=1,2,\cdots,N+1$。

第7章　数 值 积 分

数值积分是工程师和科学家使用的基本工具，用来计算无法解析求解的定积分的近似解。例如，在统计热动力学中，计算固体的热容量的德拜(Debye)模型涉及如下函数：

$$\Phi(x)=\int_0^x \frac{t^3}{e^t-1}\,dt$$

由于不存在 $\Phi(x)$ 的解析表达，因此必须用数值积分方法来得到其近似值。例如，$\Phi(x)$ 是区间 $0\leqslant t\leqslant 5$ 上曲线 $y=f(t)=t^3/(e^t-1)$ 之下的面积(见图7.1)。$\Phi(5)$ 的数值近似为

$$\Phi(5)=\int_0^5 \frac{t^3}{e^t-1}\,dt\approx 4.8998922$$

$\Phi(x)$ 的每个值必须由一次数值积分计算得到，表7.1列出了在区间[1,10]上的一些近似值。

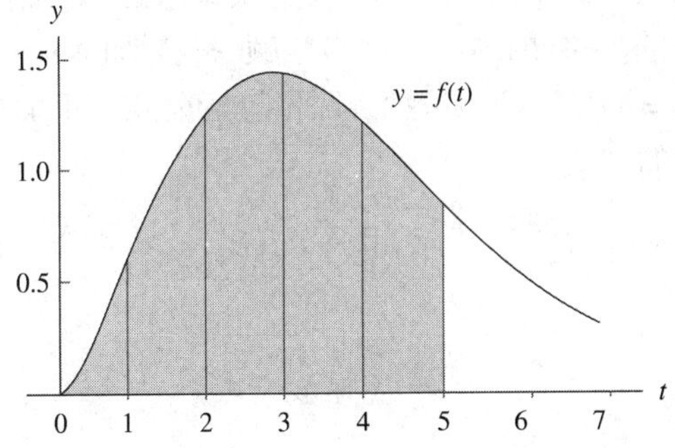

图7.1　$0\leqslant t\leqslant 5$ 上曲线 $y=f(t)$ 之下的面积

表7.1　$\Phi(x)$ 的值

x	$\Phi(x)$
1.0	0.2248052
2.0	1.1763426
3.0	2.5522185
4.0	3.8770542
5.0	4.8998922
6.0	5.5858554
7.0	6.0031690
8.0	6.2396238
9.0	6.3665739
10.0	6.4319219

本章的目的是推导数值积分的基本原理。在第9章中，利用数值积分公式导出了微分方程求解的预报-校正方法。

7.1　积分简介

数值积分的目的是，通过在有限个采样点上计算 $f(x)$ 的值来逼近 $f(x)$ 在区间 $[a,b]$ 上的定积分。

定义7.1　设 $a=x_0<x_1<\cdots<x_M=b$。称形如

$$Q[f]=\sum_{k=0}^{M} w_k f(x_k)=w_0 f(x_0)+w_1 f(x_1)+\cdots+w_M f(x_M) \tag{1}$$

且具有性质

$$\int_a^b f(x)\,dx=Q[f]+E[f] \tag{2}$$

的公式为数值积分或**面积**公式。项 $E[f]$ 称为积分的**截断误差**(truncation error)，值 $\{x_k\}_{k=0}^{M}$ 称为**面积节点**(quadrature node)，$\{w_k\}_{k=0}^{M}$ 称为**权**(weight)。▲

根据应用的需要，节点 $\{x_k\}$ 的选择有很多种方法。梯形公式、辛普森(simpson)公式和布尔

(Boole)公式,都选择的是等距节点;而高斯-勒让德(Gauss-Legendre)公式中的节点则选择为某些勒让德多项式的零点。当积分公式用于求微分方程的预报公式时,所有节点都要小于 b。对于任何应用,都需要了解一些关于数值解的精度问题。

定义 7.2 面积公式的精度为正整数 n,n 使得对所有次数 $i \leqslant n$ 的多项式 $P_i(x)$,都满足 $E[P_i]=0$,而对某些次数为 $n+1$ 的多项式 $P_{n+1}(x)$ 有 $E[P_{n+1}] \neq 0$。 ▲

通过研究 $f(x)$ 为多项式时的情形可以预测 $E[P_i]$ 的形式,考虑任意 i 次多项式

$$P_i(x) = a_i x^i + a_{i-1} x^{i-1} + \cdots + a_1 x + a_0$$

如果 $i \leqslant n$,则对所有 x,有 $P_i^{(n+1)}(x) \equiv 0$,并且对所有的 x,式 $P_{n+1}^{(n+1)}(x) = (n+1)!a_{n+1}$ 成立。因此,截断误差的一般形式为

$$E[f] = K f^{(n+1)}(c) \tag{3}$$

也就不足为奇了,其中 K 是一个合理选择的常数,n 为精度。该一般结果的证明可在数值积分的高级教程中找到。

面积公式的推导有时是基于多项式插值的。前面已经讨论过,过 $M+1$ 个等距点 $\{(x_k, f(x_k))\}_{k=0}^{M}$,存在唯一的次数小于等于 M 的多项式 $P_M(x)$。当用该多项式来近似 $[a,b]$ 上的 $f(x)$ 时,$P_M(x)$ 的积分就近似等于 $f(x)$ 的积分,这一结果的公式称为**牛顿-科特斯(Newton-Cotes)公式**(见图 7.2)。当使用采样点 $x_0=a$ 和 $x_M=b$ 时,称为**闭型**牛顿-科特斯公式。下面的结果给出了使用的多项式次数为 $M=1,2,3$ 和 4 时的公式。

定理 7.1(闭型牛顿-科特斯面积公式) 设 $x_k = x_0 + kh$ 为等距节点,且 $f_k = f(x_k)$。前 4 个闭型牛顿-科特斯面积公式为

$$\int_{x_0}^{x_1} f(x)\,\mathrm{d}x \approx \frac{h}{2}(f_0 + f_1) \quad \text{(梯形公式)} \tag{4}$$

$$\int_{x_0}^{x_2} f(x)\,\mathrm{d}x \approx \frac{h}{3}(f_0 + 4f_1 + f_2) \quad \text{(辛普森公式)} \tag{5}$$

$$\int_{x_0}^{x_3} f(x)\,\mathrm{d}x \approx \frac{3h}{8}(f_0 + 3f_1 + 3f_2 + f_3) \quad \text{(辛普森}\tfrac{3}{8}\text{公式)} \tag{6}$$

$$\int_{x_0}^{x_4} f(x)\,\mathrm{d}x \approx \frac{2h}{45}(7f_0 + 32f_1 + 12f_2 + 32f_3 + 7f_4) \quad \text{(布尔公式)} \tag{7}$$

推论 7.1(牛顿-科特斯公式精度) 设 $f(x)$ 充分可微,则牛顿-科特斯面积公式的 $E[f]$ 包含一个高阶的导数项。梯形公式的精度为 $n=1$。如果 $f \in C^2[a,b]$,则

$$\int_{x_0}^{x_1} f(x)\,\mathrm{d}x = \frac{h}{2}(f_0 + f_1) - \frac{h^3}{12} f^{(2)}(c) \tag{8}$$

辛普森公式的精度为 $n=3$。如果 $f \in C^4[a,b]$,则

$$\int_{x_0}^{x_2} f(x)\,\mathrm{d}x = \frac{h}{3}(f_0 + 4f_1 + f_2) - \frac{h^5}{90} f^{(4)}(c) \tag{9}$$

辛普森 $\frac{3}{8}$ 公式的精度为 $n=3$。如果 $f \in C^4[a,b]$,则

$$\int_{x_0}^{x_3} f(x)\,\mathrm{d}x = \frac{3h}{8}(f_0 + 3f_1 + 3f_2 + f_3) - \frac{3h^5}{80} f^{(4)}(c) \tag{10}$$

布尔公式的精度为 $n=5$。如果 $f\in C^6[a,b]$，则

$$\int_{x_0}^{x_4} f(x)\,\mathrm{d}x = \frac{2h}{45}(7f_0+32f_1+12f_2+32f_3+7f_4)-\frac{8h^7}{945}f^{(6)}(c) \tag{11}$$

定理7.1的证明 从基于 $x_0,x_1,\cdots,x_M$ 的 $f(x)$ 的拉格朗日逼近多项式 $P_M(x)$ 开始。用它来逼近

$$f(x)\approx P_M(x)=\sum_{k=0}^{M} f_k L_{M,k}(x) \tag{12}$$

其中 $f_k=f(x_k)$，$k=0,1,\cdots,M$。积分的一种逼近方法是用多项式 $P_M(x)$ 来代替被积函数 $f(x)$，这是得到牛顿-科特斯公式的一般方法：

$$\begin{aligned}\int_{x_0}^{x_M} f(x)\,\mathrm{d}x &\approx \int_{x_0}^{x_M} P_M(x)\,\mathrm{d}x\\ &= \int_{x_0}^{x_M}\left(\sum_{k=0}^{M} f_k L_{M,k}(x)\right)\mathrm{d}x = \sum_{k=0}^{M}\left(\int_{x_0}^{x_M} f_k L_{M,k}(x)\,\mathrm{d}x\right)\\ &= \sum_{k=0}^{M}\left(\int_{x_0}^{x_M} L_{M,k}(x)\,\mathrm{d}x\right)f_k = \sum_{k=0}^{M} w_k f_k\end{aligned} \tag{13}$$

式(13)中系数 w_k 的计算细节是烦琐的。以下给出辛普森公式的一个例证，其中 $M=2$，这种情况下用到了逼近多项式

$$P_2(x)=f_0\frac{(x-x_1)(x-x_2)}{(x_0-x_1)(x_0-x_2)}+f_1\frac{(x-x_0)(x-x_2)}{(x_1-x_0)(x_1-x_2)}+f_2\frac{(x-x_0)(x-x_1)}{(x_2-x_0)(x_2-x_1)} \tag{14}$$

由于 f_0，f_1 和 f_2 对于积分运算而言是常数，因此由式(13)得到

$$\begin{aligned}\int_{x_0}^{x_2} f(x)\,\mathrm{d}x &\approx f_0\int_{x_0}^{x_2}\frac{(x-x_1)(x-x_2)}{(x_0-x_1)(x_0-x_2)}\,\mathrm{d}x + f_1\int_{x_0}^{x_2}\frac{(x-x_0)(x-x_2)}{(x_1-x_0)(x_1-x_2)}\,\mathrm{d}x\\ &\quad + f_2\int_{x_0}^{x_2}\frac{(x-x_0)(x-x_1)}{(x_2-x_0)(x_2-x_1)}\,\mathrm{d}x\end{aligned} \tag{15}$$

引入变量代换，用 $\mathrm{d}x=h\mathrm{d}t$ 替换 $x=x_0+ht$。新的积分限从 $t=0$ 到 $t=2$。等距节点 $x_k=x_0+kh$ 变为 $x_k-x_j=(k-j)h$ 和 $x-x_k=h(t-k)$，这可使式(15)简化为

$$\begin{aligned}\int_{x_0}^{x_2} f(x)\,\mathrm{d}x &\approx f_0\int_0^2\frac{h(t-1)h(t-2)}{(-h)(-2h)}h\,\mathrm{d}t + f_1\int_0^2\frac{h(t-0)h(t-2)}{(h)(-h)}h\,\mathrm{d}t\\ &\quad + f_2\int_0^2\frac{h(t-0)h(t-1)}{(2h)(h)}h\,\mathrm{d}t\\ &= f_0\frac{h}{2}\int_0^2(t^2-3t+2)\,\mathrm{d}t - f_1h\int_0^2(t^2-2t)\,\mathrm{d}t + f_2\frac{h}{2}\int_0^2(t^2-t)\,\mathrm{d}t\\ &= f_0\frac{h}{2}\left(\frac{t^3}{3}-\frac{3t^2}{2}+2t\right)\Bigg|_{t=0}^{t=2} - f_1h\left(\frac{t^3}{3}-t^2\right)\Bigg|_{t=0}^{t=2}\\ &\quad + f_2\frac{h}{2}\left(\frac{t^3}{3}-\frac{t^2}{2}\right)\Bigg|_{t=0}^{t=2}\\ &= f_0\frac{h}{2}\left(\frac{2}{3}\right) - f_1h\left(\frac{-4}{3}\right) + f_2\frac{h}{2}\left(\frac{2}{3}\right)\\ &= \frac{h}{3}(f_0+4f_1+f_2)\end{aligned} \tag{16}$$

证明完毕。7.2 节将给出推论 7.1 的一个例证。 ●

例 7.1 考虑函数 $f(x)=1+e^{-x}\sin(4x)$，等距面积节点为 $x_0=0.0, x_1=0.5, x_2=1.0, x_3=1.5$ 和 $x_4=2.0$，对应的函数值为 $f_0=1.00000, f_1=1.55152, f_2=0.72159, f_3=0.93765$ 和 $f_4=1.13390$。应用面积公式(4)~公式(7)来计算其值。

解：步长为 $h=0.5$，计算得

$$\int_0^{0.5} f(x)\,\mathrm{d}x \approx \frac{0.5}{2}(1.00000+1.55152)=0.63788$$

$$\int_0^{1.0} f(x)\,\mathrm{d}x \approx \frac{0.5}{3}(1.00000+4(1.55152)+0.72159)=1.32128$$

$$\int_0^{1.5} f(x)\,\mathrm{d}x \approx \frac{3(0.5)}{8}(1.00000+3(1.55152)+3(0.72159)+0.93765)$$
$$=1.64193$$

$$\int_0^{2.0} f(x)\,\mathrm{d}x \approx \frac{2(0.5)}{45}(7(1.00000)+32(1.55152)+12(0.72159)$$
$$+32(0.93765)+7(1.13390))=2.29444$$ ■

注意，上面的例子用公式(4)~公式(7)来计算不同区间上的定积分的近似值，这一点十分重要。图 7.2(a)~图 7.2(d)分别显示了曲线 $y=f(x)$、拉格朗日多项式 $y=P_1(x)$，$y=P_2(x)$，$y=P_3(x)$ 和 $y=P_4(x)$ 下的面积。

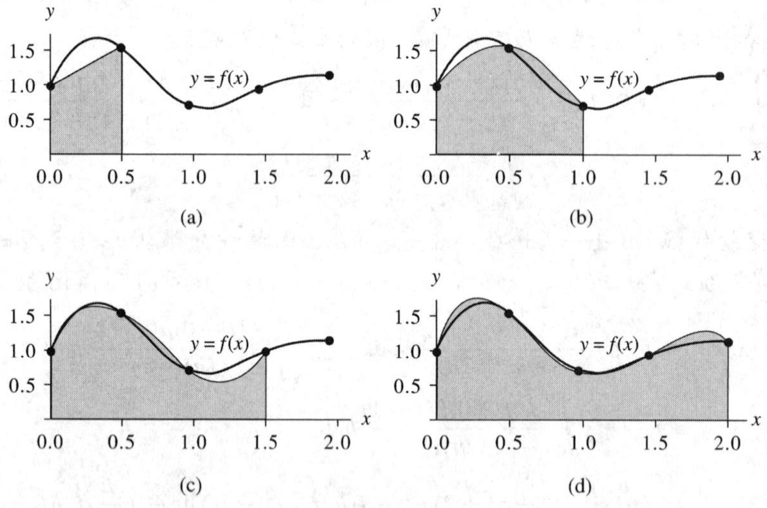

图 7.2 (a) 区间 $[x_0,x_1]=[0.0,0.5]$ 上 $y=P_1(x)$ 的梯形公式；
(b) 区间 $[x_0,x_2]=[0.0,1.0]$ 上 $y=P_2(x)$ 的辛普森公式；
(c) 区间 $[x_0,x_3]=[0.0,1.5]$ 上 $y=P_3(x)$ 的辛普森 $\frac{3}{8}$ 公式；
(d) 区间 $[x_0,x_4]=[0.0,2.0]$ 上 $y=P_4(x)$ 的布尔公式

例 7.1 中的面积公式使用了步长 $h=0.5$。如果固定区间 $[a,b]$ 的端点，则必须对每个公式使用不同的步长。梯形公式、辛普森公式、辛普森 $\frac{3}{8}$ 公式和布尔公式的步长分布别为 $h=b-a$，$h=(b-a)/2$，$h=(b-a)/3$ 和 $h=(b-a)/4$。下面的例子显示了这一点。

例 7.2　考虑函数 $f(x)=1+e^{-x}\sin(4x)$ 在固定区间 $[a,b]=[0,1]$ 上的积分。应用公式(4)～公式(7)来计算其值。

解：对于梯形公式，$h=1$，

$$\int_0^1 f(x)\,dx \approx \frac{1}{2}(f(0)+f(1))$$
$$=\frac{1}{2}(1.00000+0.72159)=0.86079$$

对于辛普森公式，$h=1/2$，

$$\int_0^1 f(x)\,dx \approx \frac{1/2}{3}(f(0)+4f(\tfrac{1}{2})+f(1))$$
$$=\frac{1}{6}(1.00000+4(1.55152)+0.72159)=1.32128$$

对于辛普森$\frac{3}{8}$公式，$h=1/3$，

$$\int_0^1 f(x)\,dx \approx \frac{3(1/3)}{8}(f(0)+3f(\tfrac{1}{3})+3f(\tfrac{2}{3})+f(1))$$
$$=\frac{1}{8}(1.00000+3(1.69642)+3(1.23447)+0.72159)=1.31440$$

对于布尔公式，$h=1/4$，结果为

$$\int_0^1 f(x)\,dx \approx \frac{2(1/4)}{45}(7f(0)+32f(\tfrac{1}{4})+12f(\tfrac{1}{2})+32f(\tfrac{3}{4})+7f(1))$$
$$=\frac{1}{90}(7(1.00000)+32(1.65534)+12(1.55152)$$
$$+32(1.06666)+7(0.72159))=1.30859$$

该定积分的真解为

$$\int_0^1 f(x)\,dx = \frac{21e-4\cos(4)-\sin(4)}{17e}=1.3082506046426\cdots$$

布尔公式的近似结果 1.30859 最好。图 7.3(a)～图 7.3(d)分别给出了拉格朗日多项式 $P_1(x)$，$P_2(x)$，$P_3(x)$ 和 $P_4(x)$ 下的面积。 ■

要对面积公式进行公平的比较，必须在每种方法中进行相同次数的函数求值。下一个例子比较各种方法在给定区间$[a,b]$上的积分，每种方法都进行 5 次函数求值 $f_k=f(x_k)$，$k=0,1,\cdots,4$。当在 4 个子区间$[x_0,x_1]$，$[x_1,x_2]$，$[x_2,x_3]$和$[x_3,x_4]$上使用梯形公式时，称之为**组合梯形公式**(composite trapezoidal rule)：

$$\int_{x_0}^{x_4} f(x)\,dx = \int_{x_0}^{x_1} f(x)\,dx+\int_{x_1}^{x_2} f(x)\,dx+\int_{x_2}^{x_3} f(x)\,dx+\int_{x_3}^{x_4} f(x)\,dx$$
$$\approx \frac{h}{2}(f_0+f_1)+\frac{h}{2}(f_1+f_2)+\frac{h}{2}(f_2+f_3)+\frac{h}{2}(f_3+f_4) \tag{17}$$
$$=\frac{h}{2}(f_0+2f_1+2f_2+2f_3+f_4)$$

对辛普森公式也可以使用相同的方法，当在两个子区间$[x_0,x_2]$和$[x_2,x_4]$上应用辛普森公式时，称之为**组合辛普森公式**(composite simpson's rule)：

$$\int_{x_0}^{x_4} f(x)\,\mathrm{d}x = \int_{x_0}^{x_2} f(x)\,\mathrm{d}x + \int_{x_2}^{x_4} f(x)\,\mathrm{d}x$$

$$\approx \frac{h}{3}(f_0 + 4f_1 + f_2) + \frac{h}{3}(f_2 + 4f_3 + f_4) \tag{18}$$

$$= \frac{h}{3}(f_0 + 4f_1 + 2f_2 + 4f_3 + f_4)$$

下面的例子比较由式(17)、式(18)和式(7)得到的结果。

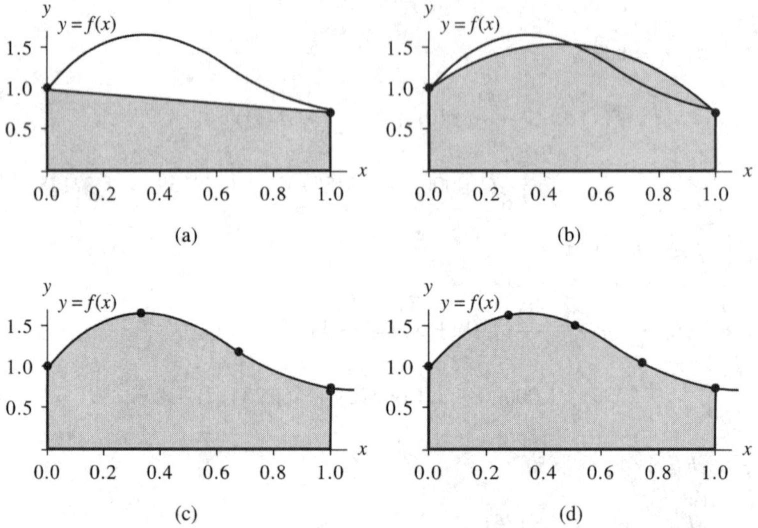

图 7.3 (a) 区间[0,1]上的梯形公式结果为 0.86079;(b) 区间[0,1]上的辛普森公式结果为 1.32128;(c) 区间[0,1]上的辛普森$\frac{3}{8}$公式结果为1.31440;(d) 区间[0,1]上的布尔公式结果为1.30859

例 7.3 函数$f(x)=1+e^{-x}\sin(4x)$在区间$[a,b]=[0,1]$上积分。进行 5 次函数求值,比较组合梯形公式、组合辛普森公式及布尔公式的结果。

解:相同的步长为$h=1/4$,由组合梯形公式(17)得

$$\int_0^1 f(x)\,\mathrm{d}x \approx \frac{1/4}{2}(f(0) + 2f(\tfrac{1}{4}) + 2f(\tfrac{1}{2}) + 2f(\tfrac{3}{4}) + f(1))$$

$$= \frac{1}{8}(1.00000 + 2(1.65534) + 2(1.55152) + 2(1.06666) + 0.72159)$$

$$= 1.28358$$

由组合辛普森公式(18)得

$$\int_0^1 f(x)\,\mathrm{d}x \approx \frac{1/4}{3}(f(0) + 4f(\tfrac{1}{4}) + 2f(\tfrac{1}{2}) + 4f(\tfrac{3}{4}) + f(1))$$

$$= \frac{1}{12}(1.00000 + 4(1.65534) + 2(1.55152) + 4(1.06666) + 0.72159)$$

$$= 1.30938$$

布尔公式的结果在例 7.2 中已经求得为

$$\int_0^1 f(x)\,\mathrm{d}x \approx \frac{2(1/4)}{45}(7f(0) + 32f(\tfrac{1}{4}) + 12f(\tfrac{1}{2}) + 32f(\tfrac{3}{4}) + 7f(1))$$

$$= 1.30859$$

积分的真解为

$$\int_0^1 f(x)\,dx = \frac{21e - 4\cos(4) - \sin(4)}{17e} = 1.3082506046426\cdots$$

辛普森公式所得的结果 1.30938 要大大优于梯形公式得到的 1.28358，而布尔公式的结果 1.30859 仍是最接近真值的。图 7.4(a)和图 7.4(b)分别给出了梯形和抛物线下的面积。 ■

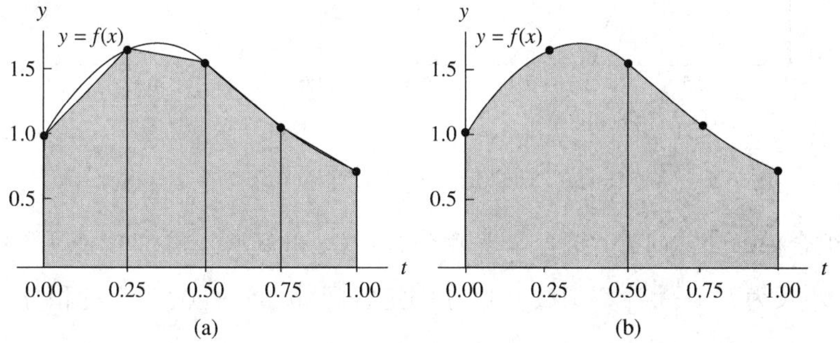

图 7.4 (a) 组合梯形的结果为 1.28358；(b) 组合辛普森公式的结果为 1.30938

例 7.4 求辛普森$\frac{3}{8}$公式的精度。

解： 在区间[0,3]上对 5 个测试函数 $f(x)=1$，$f(x)=x$，$f(x)=x^2$，$f(x)=x^3$ 和 $f(x)=x^4$ 应用辛普森$\frac{3}{8}$公式足以说明问题。对前 4 个函数，辛普森$\frac{3}{8}$公式是精确的。

$$\int_0^3 1\,dx = 3 = \frac{3}{8}(1+3(1)+3(1)+1)$$

$$\int_0^3 x\,dx = \frac{9}{2} = \frac{3}{8}(0+3(1)+3(2)+3)$$

$$\int_0^3 x^2\,dx = 9 = \frac{3}{8}(0+3(1)+3(4)+9)$$

$$\int_0^3 x^3\,dx = \frac{81}{4} = \frac{3}{8}(0+3(1)+3(8)+27)$$

函数 $f(x)=x^4$ 是使得该公式不精确的最低次的 x 幂函数。

$$\int_0^3 x^4\,dx = \frac{243}{5} \approx \frac{99}{2} = \frac{3}{8}(0+3(1)+3(16)+81)$$

故辛普森$\frac{3}{8}$公式的精度为 $n=3$。 ■

7.1.1 习题

1. 应用面积公式(4)～公式(7)，计算函数 $f(x)$ 在固定区间 $[a,b]=[0,1]$ 上的积分。梯形公式、辛普森公式、辛普森$\frac{3}{8}$公式和布尔公式的步长分别为 $h=1$，$h=\frac{1}{2}$，$h=\frac{1}{3}$ 和 $h=\frac{1}{4}$。

   (a) $f(x)=\sin(\pi x)$

   (b) $f(x)=1+e^{-x}\cos(4x)$

   (c) $f(x)=\sin(\sqrt{x})$

   批注 定积分的真解为：(a) $2/\pi = 0.636619772367\cdots$，(b) $(18e-\cos(4)+4\sin(4))/$

(17e) = 1.007459631397…, (c) $2(\sin(1)-\cos(1))=0.602337357879\cdots$

函数的曲线分别在图 7.5(a) ~ 图 7.5(c)中给出。

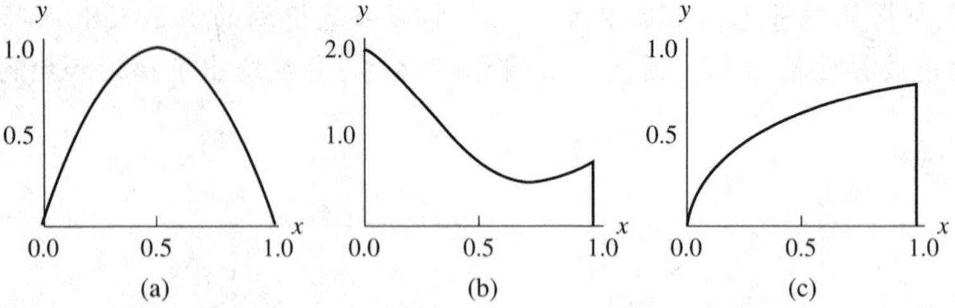

图 7.5 (a) $y=\sin(\pi x)$; (b) $y=1+e^{-x}\cos(4x)$; (c) $y=\sin(\sqrt{x})$

2. 分别应用组合梯形公式(17)、组合辛普森公式(18)和布尔公式(7),使用 5 个等距节点上的函数值,步长为 $h=\frac{1}{4}$,计算函数 $f(x)$ 在固定区间 $[a,b]=[0,1]$ 上的积分。

   (a) $f(x)=\sin(\pi x)$

   (b) $f(x)=1+e^{-x}\cos(4x)$

   (c) $f(x)=\sin(\sqrt{x})$

3. 证明辛普森公式在任意区间 $[a,b]$ 上对函数 $f(x)=x^2$ 和 $f(x)=x^3$ 有精确解,即

   (a) $\int_a^b x^2\mathrm{d}x=\frac{b^3}{3}-\frac{a^3}{3}$　　　　(b) $\int_a^b x^3\mathrm{d}x=\frac{b^4}{4}-\frac{a^4}{4}$

4. 对拉格朗日插值多项式

$$P_1(x)=f_0\frac{x-x_1}{x_0-x_1}+f_1\frac{x-x_0}{x_1-x_0}$$

   在区间 $[x_0,x_1]$ 上积分,并证明梯形公式。

5. 求梯形公式的精度,只需对 $[0,1]$ 上的 3 个函数 $f(x)=1$, $f(x)=x$ 和 $f(x)=x^2$ 应用梯形公式即可。

6. 求辛普森公式的精度,只需对 $[0,2]$ 上的 5 个测试函数 $f(x)=1$, $f(x)=x$, $f(x)=x^2$, $f(x)=x^3$ 和 $f(x)=x^4$ 应用辛普森公式即可。将结果与辛普森 $\frac{3}{8}$ 公式的精度相比较。

7. 求布尔公式的精度,只需对 $[0,4]$ 上的 7 个函数 $f(x)=1$, $f(x)=x$, $f(x)=x^2$, $f(x)=x^3$, $f(x)=x^4$, $f(x)=x^5$ 和 $f(x)=x^6$ 应用布尔公式即可。

8. 习题 5 ~ 习题 7 和例 7.4 中的区间选择是为了简化面积节点的计算,但在任何函数 f 可积的闭区间 $[a,b]$ 上,公式(4) ~ 公式(7)的精度与习题 5 ~ 习题 7 及例 7.4 所求的精度相同。区间 $[a,b]$ 上的面积公式可由区间 $[c,d]$ 上的面积公式通过如下变量代换得到:

$$x=g(t)=\frac{b-a}{d-c}t+\frac{ad-bc}{d-c}$$

   其中, $\mathrm{d}x=\frac{b-a}{d-c}\mathrm{d}t$。

   (a) 证明: $x=g(t)$ 是过点 (c,a) 和 (d,b) 的一条直线。

   (b) 证明:梯形公式在区间 $[a,b]$ 上与区间 $[0,1]$ 上有相同的精度。

   (c) 证明:辛普森公式在区间 $[a,b]$ 上与区间 $[0,2]$ 上有相同的精度。

   (d) 证明:布尔公式在区间 $[a,b]$ 上与区间 $[0,4]$ 上有相同的精度。

9. 用拉格朗日多项式插值推导辛普森 $\frac{3}{8}$ 公式。提示:变量代换后,可得与式(16)相近的积分:

$$\int_{x_0}^{x_3} f(x)\,\mathrm{d}x \approx -f_0\frac{h}{6}\int_0^3 (t-1)(t-2)(t-3)\,\mathrm{d}t + f_1\frac{h}{2}\int_0^3 (t-0)(t-2)(t-3)\,\mathrm{d}t$$
$$-f_2\frac{h}{2}\int_0^3 (t-0)(t-1)(t-3)\,\mathrm{d}t + f_3\frac{h}{6}\int_0^3 (t-0)(t-1)(t-2)\,\mathrm{d}t$$
$$= f_0\frac{h}{6}\left(\frac{-t^4}{4} + 2t^3 - \frac{11t^2}{2} + 6t\right)\Bigg|_{t=0}^{t=3} + f_1\frac{h}{2}\left(\frac{t^4}{4} - \frac{5t^3}{3} + 3t^2\right)\Bigg|_{t=0}^{t=3}$$
$$+ f_2\frac{h}{2}\left(\frac{-t^4}{4} + \frac{4t^3}{3} - \frac{3t^2}{2}\right)\Bigg|_{t=0}^{t=3} + f_3\frac{h}{6}\left(\frac{t^4}{4} - t^3 + t^2\right)\Bigg|_{t=0}^{t=3}$$

10. 基于 5 次拉格朗日逼近多项式,用 6 个等距节点 $x_k = x_0 + kh, k = 0,1,\cdots,5$ 推导闭型牛顿–科特斯公式。
11. 在定理 7.1 的证明中,辛普森公式由基于 3 个等距节点 x_0,x_1 和 x_2 的 2 次拉格朗日多项式的积分推导。试用基于 3 个等距节点 x_0,x_1 和 x_2 的 2 次牛顿多项式的积分推导出辛普森公式。

7.2 组合梯形公式和辛普森公式

直观地求区间$[a,b]$上曲线 $y=f(x)$ 下面积的方法是,用区间$\{[x_k,x_{k+1}]\}$上的一系列梯形的面积逼近求解。

定理 7.2(组合梯形公式) 设等距节点$[x_k,x_{k+1}]$,$k=0,1,\cdots,M$ 将区间$[a,b]$划分为宽度为 $h=(b-a)/M$的 M 个子区间 $x_k=a+kh$。**M 个子区间的组合梯形公式**有 3 种等价表示方法:

$$T(f,h) = \frac{h}{2}\sum_{k=1}^{M}(f(x_{k-1}) + f(x_k)) \tag{1a}$$

或

$$T(f,h) = \frac{h}{2}(f_0 + 2f_1 + 2f_2 + 2f_3 + \cdots + 2f_{M-2} + 2f_{M-1} + f_M) \tag{1b}$$

或

$$T(f,h) = \frac{h}{2}(f(a) + f(b)) + h\sum_{k=1}^{M-1} f(x_k) \tag{1c}$$

它们是区间$[a,b]$上 $f(x)$ 积分的逼近,记为

$$\int_a^b f(x)\,\mathrm{d}x \approx T(f,h) \tag{2}$$

证明: 在每个子区间$[x_{k-1},x_k]$上应用梯形公式(见图 7.6)。利用子区间上积分的可加性:

$$\int_a^b f(x)\,\mathrm{d}x = \sum_{k=1}^{M}\int_{x_{k-1}}^{x_k} f(x)\,\mathrm{d}x \approx \sum_{k=1}^{M}\frac{h}{2}(f(x_{k-1}) + f(x_k)) \tag{3}$$

由于 $h/2$ 为常数,由加法分配律可得公式(1a)。公式(1b)为公式(1a)的展开式。公式(1c)是将公式(1b)中所有被 2 乘的项写在一起的形式。 ●

用分段线性多项式逼近函数 $f(x)=2+\sin(2\sqrt{x})$,其结果是有的地方为闭形式的逼近,有的地方为开形式的逼近。为了保证精度,必须在许多子区间上应用组合梯形公式。下面的例子在区间$[1,6]$上进行数值积分,区间$[0,1]$上的积分留给读者作为练习。

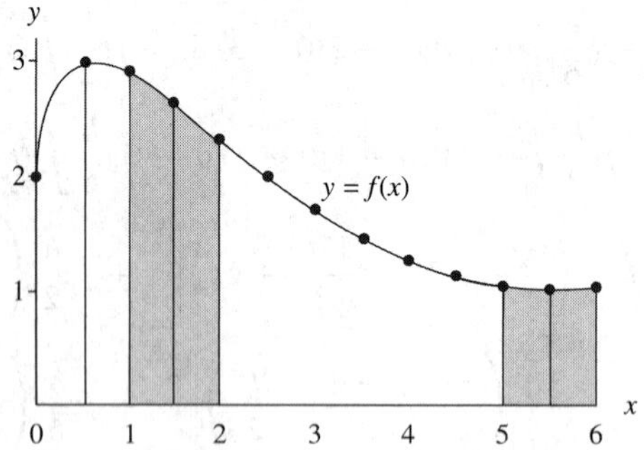

图 7.6 用组合梯形公式逼近曲线 $y=2+\sin(2\sqrt{x})$ 下的面积

例 7.5 对函数 $f(x)=2+\sin(2\sqrt{x})$，利用组合梯形公式和 11 个采样点计算区间 $[1,6]$ 上的 $f(x)$ 的积分的近似值。

解：用 $M=10$ 和 $h=(6-1)/10=1/2$ 生成 11 个采样点，利用公式(1c)，计算得

$$
\begin{aligned}
T(f,\frac{1}{2}) &= \frac{1/2}{2}(f(1)+f(6))\\
&\quad+\frac{1}{2}(f(\tfrac{3}{2})+f(2)+f(\tfrac{5}{2})+f(3)+f(\tfrac{7}{2})+f(4)+f(\tfrac{9}{2})+f(5)+f(\tfrac{11}{2}))\\
&= \frac{1}{4}(2.90929743+1.01735756)\\
&\quad+\frac{1}{2}(2.63815764+2.30807174+1.97931647+1.68305284+1.43530410\\
&\quad+1.24319750+1.10831775+1.02872220+1.00024140)\\
&= \frac{1}{4}(3.92665499)+\frac{1}{2}(14.42438165)\\
&= 0.98166375+7.21219083=8.19385457
\end{aligned}
$$

■

定理 7.3（组合辛普森公式） 设 $x_k=a+kh, k=0,1,\cdots,2M$ 将区间 $[a,b]$ 划分为 $2M$ 个宽度为 $h=(b-a)/(2M)$ 的等距子区间 $[x_k,x_{k+1}]$。它们的**组合辛普森公式**有 3 种等价表示方法：

$$S(f,h)=\frac{h}{3}\sum_{k=1}^{M}(f(x_{2k-2})+4f(x_{2k-1})+f(x_{2k})) \tag{4a}$$

或

$$
\begin{aligned}
S(f,h)=\frac{h}{3}(&f_0+4f_1+2f_2+4f_3\\
&+\cdots+2f_{2M-2}+4f_{2M-1}+f_{2M})
\end{aligned} \tag{4b}
$$

或

$$S(f,h)=\frac{h}{3}(f(a)+f(b))+\frac{2h}{3}\sum_{k=1}^{M-1}f(x_{2k})+\frac{4h}{3}\sum_{k=1}^{M}f(x_{2k-1}) \tag{4c}$$

它们是对 $f(x)$ 在 $[a,b]$ 上积分的逼近，写为

$$\int_a^b f(x)\,\mathrm{d}x\approx S(f,h) \tag{5}$$

证明：在每个子区间 $[x_{2k-2},x_{2k}]$ 上应用辛普森公式(见图 7.7)，利用子区间上积分的可加性：

$$\int_a^b f(x)\,\mathrm{d}x = \sum_{k=1}^{M}\int_{x_{2k-2}}^{x_{2k}} f(x)\,\mathrm{d}x \approx \sum_{k=1}^{M}\frac{h}{3}(f(x_{2k-2}) + 4f(x_{2k-1}) + f(x_{2k})) \tag{6}$$

由于 $h/3$ 为常数，可由加法分配律得到公式(4a)，公式(4b)是公式(4a)的展开形式，公式(4c)是将公式(4b)中的被 2 乘和被 4 乘的项写在一起的形式。 ●

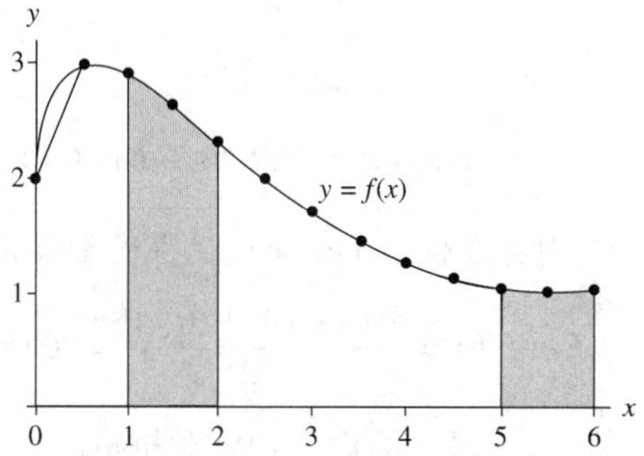

图 7.7 用组合辛普森公式逼近曲线 $y = 2 + \sin(2\sqrt{x})$ 下的面积

用分段 2 次多项式逼近函数 $f(x) = 2 + \sin(2\sqrt{x})$，得到的结果在有些地方是闭形式的，在有些地方是非闭形式的。为了保证精度，必须在许多子区间上应用组合辛普森公式。下面的例子在区间[1,6]上进行数值积分，区间[0,1]上的积分留给读者作为练习。

例 7.6 对函数 $f(x) = 2 + \sin(2\sqrt{x})$，利用组合辛普森公式和 11 个采样点来计算区间[1,6]上的 $f(x)$ 的积分的近似值。

解： 用 $M = 5$ 和 $h = (6-1)/10 = 1/2$ 生成 11 个采样点，利用公式(4c)，计算得

$$\begin{aligned}
S(f,\frac{1}{2}) &= \frac{1}{6}(f(1) + f(6)) + \frac{1}{3}(f(2) + f(3) + f(4) + f(5)) \\
&\quad + \frac{2}{3}(f(\tfrac{3}{2}) + f(\tfrac{5}{2}) + f(\tfrac{7}{2}) + f(\tfrac{9}{2}) + f(\tfrac{11}{2})) \\
&= \frac{1}{6}(2.90929743 + 1.01735756) \\
&\quad + \frac{1}{3}(2.30807174 + 1.68305284 + 1.24319750 + 1.02872220) \\
&\quad + \frac{2}{3}(2.63815764 + 1.97931647 + 1.43530410 + 1.10831775 + 1.00024140) \\
&= \frac{1}{6}(3.92665499) + \frac{1}{3}(6.26304429) + \frac{2}{3}(8.16133735) \\
&= 0.65444250 + 2.08768143 + 5.44089157 = 8.18301550
\end{aligned}$$

■

7.2.1 误差分析

下面两个结果的重要性在于，它们指出组合梯形公式和组合辛普森公式的误差项 $E_T(f,h)$ 和 $E_S(f,h)$ 分别具有阶数 $\boldsymbol{O}(h^2)$ 和 $\boldsymbol{O}(h^4)$。这说明当步长 h 向零的方向减少时，辛普森公式的误差比梯形公式的误差更快地收敛到零。当 $f(x)$ 的导数已知时，可用公式

$$E_T(f,h)=\frac{-(b-a)f^{(2)}(c)h^2}{12},\qquad E_S(f,h)=\frac{-(b-a)f^{(4)}(c)h^4}{180}$$

来估计得到给定精度的近似所需的子区间数。

推论 7.2(梯形公式的误差分析) 设区间$[a,b]$划分为宽度为 $h=(b-a)/M$ 的 M 个子区间 $[x_k,x_{k+1}]$,组合梯形公式

$$T(f,h)=\frac{h}{2}(f(a)+f(b))+h\sum_{k=1}^{M-1}f(x_k) \tag{7}$$

是对积分

$$\int_a^b f(x)\,\mathrm{d}x=T(f,h)+E_T(f,h) \tag{8}$$

的逼近。如果$f\in C^2[a,b]$,则存在值 c,$a<c<b$,使得误差项 $E_T(f,h)$具有形式

$$E_T(f,h)=\frac{-(b-a)f^{(2)}(c)h^2}{12}=\boldsymbol{O}(h^2) \tag{9}$$

证明:首先确定公式在区间$[x_0,x_1]$上的误差项。对拉格朗日多项式 $P_1(x)$及其余项进行积分,得

$$\int_{x_0}^{x_1}f(x)\,\mathrm{d}x=\int_{x_0}^{x_1}P_1(x)\,\mathrm{d}x+\int_{x_0}^{x_1}\frac{(x-x_0)(x-x_1)f^{(2)}(c(x))}{2!}\,\mathrm{d}x \tag{10}$$

在区间$[x_0,x_1]$上,项$(x-x_0)(x-x_1)$符号不变,而$f^{(2)}(c(x))$连续。因此由积分第二中值定理知,存在值 c_1,使得

$$\int_{x_0}^{x_1}f(x)\,\mathrm{d}x=\frac{h}{2}(f_0+f_1)+f^{(2)}(c_1)\int_{x_0}^{x_1}\frac{(x-x_0)(x-x_1)}{2!}\,\mathrm{d}x \tag{11}$$

对式(11)右端的积分进行变量代换 $x=x_0+ht$:

$$\begin{aligned}\int_{x_0}^{x_1}f(x)\,\mathrm{d}x&=\frac{h}{2}(f_0+f_1)+\frac{f^{(2)}(c_1)}{2}\int_0^1 h(t-0)h(t-1)h\,\mathrm{d}t\\&=\frac{h}{2}(f_0+f_1)+\frac{f^{(2)}(c_1)h^3}{2}\int_0^1(t^2-t)\,\mathrm{d}t\\&=\frac{h}{2}(f_0+f_1)-\frac{f^{(2)}(c_1)h^3}{12}\end{aligned} \tag{12}$$

将所有区间$[x_k,x_{k+1}]$上的误差项相加,可得

$$\begin{aligned}\int_a^b f(x)\,\mathrm{d}x&=\sum_{k=1}^{M}\int_{x_{k-1}}^{x_k}f(x)\,\mathrm{d}x\\&=\sum_{k=1}^{M}\frac{h}{2}(f(x_{k-1})+f(x_k))-\frac{h^3}{12}\sum_{k=1}^{M}f^{(2)}(c_k)\end{aligned} \tag{13}$$

第一个和式为组合梯形公式 $T(f,h)$。在第二项中,将一个 h 因子用等式 $h=(b-a)/M$ 替换,得

$$\int_a^b f(x)\,\mathrm{d}x=T(f,h)-\frac{(b-a)h^2}{12}\left(\frac{1}{M}\sum_{k=1}^{M}f^{(2)}(c_k)\right)$$

括号中的项可看成 2 阶导数的一个均值,因此可用$f^{(2)}(c)$替换,从而得到

$$\int_a^b f(x)\,\mathrm{d}x = T(f,h) - \frac{(b-a)f^{(2)}(c)h^2}{12}$$

推论 7.2 得证。●

推论 7.3（辛普森公式的误差分析） 设$[a,b]$划分为宽度为 $h=(b-a)/(2M)$ 的 $2M$ 个等宽度子区间$[x_k,x_{k+1}]$，组合辛普森公式

$$S(f,h) = \frac{h}{3}(f(a)+f(b)) + \frac{2h}{3}\sum_{k=1}^{M-1} f(x_{2k}) + \frac{4h}{3}\sum_{k=1}^{M} f(x_{2k-1}) \tag{14}$$

是积分

$$\int_a^b f(x)\,\mathrm{d}x = S(f,h) + E_S(f,h) \tag{15}$$

的逼近。并且，如果$f\in C^4[a,b]$，则存在值 c，$a<c<b$，使得误差项 $E_S(f,h)$ 具有

$$E_S(f,h) = \frac{-(b-a)f^{(4)}(c)h^4}{180} = \boldsymbol{O}(h^4) \tag{16}$$

的形式。

例 7.7 对$f(x)=2+\sin(2\sqrt{x})$，计算在区间$[1,6]$上使用组合梯形公式，且子区间数分别为 10，20，40，80 和 160 时的误差。

解：表 7.2 列出了逼近值 $T(f,h)$ 的各项。$f(x)$ 的不定积分为

$$F(x) = 2x - \sqrt{x}\cos(2\sqrt{x}) + \frac{\sin(2\sqrt{x})}{2}$$

而定积分的真值为

$$\int_1^6 f(x)\,\mathrm{d}x = F(x)\Big|_{x=1}^{x=6} = 8.1834792077$$

该值用来计算表 7.2 中的 $E_T(f,h)=8.1834792077-T(f,h)$。可以看到，当 h 减半时，误差项序列 $E_T(f,h)$ 的衰减因子约为$\frac{1}{4}$。这一点很重要，因为它验证了误差的阶为 $\boldsymbol{O}(h^2)$。■

表 7.2　$f(x)=2+\sin(2\sqrt{x})$ 在$[1,6]$上的组合梯形公式

M	h	$T(f,h)$	$E_T(f,h)=\boldsymbol{O}(h^2)$
10	0.5	8.19385457	−0.01037540
20	0.25	8.18604926	−0.00257006
40	0.125	8.18412019	−0.00064098
80	0.0625	8.18363936	−0.00016015
160	0.03125	8.18351924	−0.00004003

例 7.8 对$f(x)=2+\sin(2\sqrt{x})$，计算在区间$[1,6]$上使用组合辛普森公式，且子区间数分别为 10，20，40，80 和 160 时的误差。

解：表 7.3 列出了逼近值 $S(f,h)$ 的各项。积分的真值为 $E_S(f,h)=8.1834792077-S(f,h)$，它用来计算表 7.3 中的 $E_S(f,h)$。可以看到，当 h 减半时，误差项序列$E_S(f,h)$的衰减因子约为$\frac{1}{16}$。这验证了误差的阶为 $\boldsymbol{O}(h^4)$。■

表 7.3 区间[1,6]上 $f(x)=2+\sin(2\sqrt{x})$ 的组合辛普森公式

M	h	$S(f,h)$	$E_S(f,h)=O(h^4)$
5	0.5	8.18301549	0.00046371
10	0.25	8.18344750	0.00003171
20	0.125	8.18347717	0.00000204
40	0.0625	8.18347908	0.00000013
80	0.03125	8.18347920	0.00000001

例 7.9 计算 M 和步长 h，使得组合梯形公式对逼近 $\int_2^7 dx/x \approx T(f,h)$ 的误差 $E_T(f,h)$ 小于 5×10^{-9}。

解：被积函数为 $f(x)=1/x$，其前 2 阶导数为 $f'(x)=-1/x^2$ 和 $f^{(2)}(x)=2/x^3$。区间[2,7]上 $|f^{(2)}(x)|$ 的最大值在端点 $x=2$ 处取得，从而对 $2\leqslant c\leqslant 7$，有界 $|f^{(2)}(c)|\leqslant|f^{(2)}(2)|=\frac{1}{4}$。代入公式(9)，得

$$|E_T(f,h)|=\frac{|-(b-a)f^{(2)}(c)h^2|}{12}\leqslant\frac{(7-2)\frac{1}{4}h^2}{12}=\frac{5h^2}{48} \tag{17}$$

步长 h 和 M 满足关系 $h=5/M$，代入式(17)，得关系式

$$|E_T(f,h)|\leqslant\frac{125}{48M^2}\leqslant 5\times10^{-9} \tag{18}$$

重写式(18)，使之易于求解 M：

$$\frac{25}{48}\times10^9\leqslant M^2 \tag{19}$$

对式(19)求解，得 $22821.77\leqslant M$。由于 M 必须为整数，选择 $M=22822$，对应的步长为 $h=5/22822=0.000219086846$。如果用这么多次函数求值来计算组合梯形公式的值，函数的舍入误差很有可能会产生相当大的误差。用该值进行计算，结果为

$$T\left(f,\frac{5}{22822}\right)=1.252762969$$

与真值 $\int_2^7 dx/x=\ln(x)|_{x=2}^{x=7}=1.252762968$ 相比，误差比预测的小。这是因为 $|f^{(2)}(c)|$ 的界使用了 $\frac{1}{4}$。实验表明，要达到精度 5×10^{-9}，需要 10001 次函数求值，当使用 $M=10000$ 进行计算时，结果为

$$T\left(f,\frac{5}{10000}\right)=1.252762973$$ ■

组合梯形公式通常要求大量的函数求值才能得到准确的答案。下面的例子使用辛普森公式，需要的函数求值比组合梯形公式少得多。

例 7.10 计算 M 和步长 h，使得组合辛普森公式对逼近 $\int_2^7 dx/x\approx S(f,h)$ 的误差 $E_S(f,h)$ 小于 5×10^{-9}。

解：被积函数为 $f(x)=1/x$，而 $f^{(4)}(x)=24/x^5$。区间[2,7]上 $|f^{(4)}(c)|$ 的最大值在端点 $x=2$ 处取得，从而对 $2\leqslant c\leqslant 7$，有界

$$|f^{(4)}(c)|\leqslant|f^{(4)}(2)|=\frac{3}{4}$$

代入公式(16)，得

$$|E_S(f,h)| = \frac{|-(b-a)f^{(4)}(c)h^4|}{180} \leqslant \frac{(7-2)\frac{3}{4}h^4}{180} = \frac{h^4}{48} \tag{20}$$

步长 h 和 M 满足关系 $h=5/(2M)$，代入式(20)，得关系式

$$|E_S(f,h)| \leqslant \frac{625}{768M^4} \leqslant 5\times 10^{-9} \tag{21}$$

重写式(21)，使之易于求解 M：

$$\frac{125}{768}\times 10^9 \leqslant M^4 \tag{22}$$

对式(22)求解，得 $112.95 \leqslant M$。由于 M 必须为整数，因此选择 $M=113$，对应的步长为 $h=5/226=0.02212389381$。用组合辛普森公式计算，结果为

$$S\left(f,\frac{5}{226}\right)=1.252762969$$

与 $\int_2^7 \mathrm{d}x/x = \ln(x)|_{x=2}^{x=7} = 1.252762968$ 一致。实验表明，得到精度 5×10^{-9} 需要大约 129 次函数求值。当用 $M=64$ 进行计算时，结果为

$$S\left(f,\frac{5}{128}\right)=1.252762973$$

■

于是可知，使用 229 次 $f(x)$ 求值的组合辛普森公式与使用 22823 次 $f(x)$ 求值的组合梯形公式得到同样的精度。在例 7.10 中，辛普森公式的函数 $f(x)$ 求值次数只有梯形公式的 $\frac{1}{100}$。

程序 7.1（组合梯形公式） 通过 $f(x)$ 的 $M+1$ 个等步长采样点 $x_k=a+kh, k=0,1,2,\cdots,M$ 逼近积分

$$\int_a^b f(x)\,\mathrm{d}x \approx \frac{h}{2}(f(a)+f(b)) + h\sum_{k=1}^{M-1} f(x_k)$$

注意，$x_0=a, x_M=b$。

```
function s=traprl(f,a,b,M)
%Input  - f is the integrand input as a string 'f'
%       - a and b are upper and lower limits of integration
%       - M is the number of subintervals
%Output - s is the trapezoidal rule sum
h=(b-a)/M;
s=0;
for k=1:(M-1)
   x=a+h*k;
   s=s+feval(f,x);
end
s=h*(feval(f,a)+feval(f,b))/2+h*s;
```

程序 7.2（组合辛普森公式） 通过 $f(x)$ 的 $2M+1$ 个等步长采样点 $x_k=a+kh, k=0,1,2,\cdots,2M$ 逼近积分

$$\int_a^b f(x)\,\mathrm{d}x \approx \frac{h}{3}(f(a)+f(b)) + \frac{2h}{3}\sum_{k=1}^{M-1} f(x_{2k}) + \frac{4h}{3}\sum_{k=1}^{M} f(x_{2k-1})$$

注意,$x_0=a$,$x_{2M}=b$。

```
function s=simprl(f,a,b,M)
%Input   - f is the integrand input as a string 'f'
%        - a and b are upper and lower limits of integration
%        - M is the number of subintervals
% Output - s is the simpson rule sum
h=(b-a)/(2*M);
s1=0;
s2=0;
for k=1:M
   x=a+h*(2*k-1);
   s1=s1+feval(f,x);
end
for k=1:(M-1)
   x=a+h*2*k;
   s2=s2+feval(f,x);
end
s=h*(feval(f,a)+feval(f,b)+4*s1+2*s2)/3;
```

7.2.2 习题

1. (i) 用组合梯形公式和 $M=10$ 求下列每个积分。
   (ii) 用组合辛普森公式和 $M=5$ 求下列每个积分。
   (a) $\int_{-1}^{1}(1+x^2)^{-1}\mathrm{d}x$　(b) $\int_0^1(2+\sin(2\sqrt{x}))\mathrm{d}x$　(c) $\int_{0.25}^{4}\mathrm{d}x/\sqrt{x}$
   (d) $\int_0^4 x^2\mathrm{e}^{-x}\mathrm{d}x$　(e) $\int_0^2 2x\cos(x)\mathrm{d}x$　(f) $\int_0^{\pi}\sin(2x)\mathrm{e}^{-x}\mathrm{d}x$
2. **曲线长**。曲线 $y=f(x)$ 在区间 $a\leqslant x\leqslant b$ 的弧长为

$$\text{长度}=\int_a^b\sqrt{1+(f'(x)^2)}\,\mathrm{d}x$$

   (i) 用组合梯形公式和 $M=10$ 求下列每个函数的弧长。
   (ii) 用组合辛普森公式和 $M=5$ 求下列每个函数的弧长。
   (a) $f(x)=x^3$,$0\leqslant x\leqslant 1$
   (b) $f(x)=\sin(x)$,$0\leqslant x\leqslant \pi/4$
   (c) $f(x)=\mathrm{e}^{-x}$,$0\leqslant x\leqslant 1$
3. **表面积**。曲线 $y=f(x)$,$a\leqslant x\leqslant b$,绕 x 轴旋转得到的立体表面积为

$$\text{面积}=2\pi\int_a^b f(x)\sqrt{1+(f'(x))^2}\,\mathrm{d}x$$

   (i) 用组合梯形公式和 $M=10$ 求下列每个表面积。
   (ii) 用组合辛普森公式和 $M=5$ 求下列每个表面积。
   (a) $f(x)=x^3$,$0\leqslant x\leqslant 1$
   (b) $f(x)=\sin(x)$,$0\leqslant x\leqslant \pi/4$
   (c) $f(x)=\mathrm{e}^{-x}$,$0\leqslant x\leqslant 1$
4. (a) 证明:梯形公式($M=1$,$h=1$)对区间$[0,1]$上形如 $f(x)=c_1x+c_0$ 的次数小于等于 1 的多项式是精确的。

（b）利用被积函数$f(x)=c_2x^2$，证明：梯形公式（$M=1,h=1$）在区间$[0,1]$上有误差项

$$E_T(f,h)=\frac{-(b-a)f^{(2)}(c)h^2}{12}$$

5. （a）证明：辛普森公式（$M=1,h=1$）对区间$[0,2]$上形如$f(x)=c_3x^3+c_2x^2+c_1x+c_0$的次数小于等于 3 的多项式是精确的。

（b）利用被积函数$f(x)=c_3x^4$，证明：辛普森公式（$M=1,h=1$）在区间$[0,2]$上有误差项

$$E_S(f,h)=\frac{-(b-a)f^{(4)}(c)h^4}{180}$$

6. 用待定系数法推导梯形公式（$M=1,h=1$）。

（a）求常数w_0和w_1，使得$\int_0^1 g(t)\,dt=w_0g(0)+w_1g(1)$对函数$g(t)=1$和$g(t)=t$是精确的。

（b）利用关系式$f(x_0+ht)=g(t)$和变量替换$x=x_0+ht$及$dx=h\,dt$，将梯形公式由区间$[0,1]$平移到区间$[x_0,x_1]$。

（a）的提示：可以得到关于两个未知量w_0和w_1的线性方程组。

7. 用待定系数法推导出辛普森公式（$M=1,h=1$）。

（a）求常数w_0,w_1和w_2，使得$\int_0^2 g(t)\,dt=w_0g(0)+w_1g(1)+w_2g(2)$对函数$g(t)=1$，$g(t)=t$和$g(t)=t^2$精确。

（b）利用关系式$f(x_0+ht)=g(t)$和变量替换$x=x_0+ht$及$dx=h\,dt$，将梯形公式由区间$[0,2]$平移到区间$[x_0,x_2]$。

（a）的提示：可以得到关于 3 个未知量w_0,w_1和w_2的线性方程组。

8. 求M和步长h，使得用M个子区间的组合梯形公式计算以下函数时具有精度5×10^{-9}。

（a）$\int_{-\pi/6}^{\pi/6}\cos(x)\,dx$　（b）$\int_2^3\frac{1}{5-x}\,dx$　（c）$\int_0^2 xe^{-x}\,dx$

（c）的提示：$f^{(2)}(x)=(x-2)e^{-x}$。

9. 计算M和步长h，使得用$2M$个子区间的组合辛普森公式计算以下函数时具有精度5×10^{-9}。

（a）$\int_{-\pi/6}^{\pi/6}\cos(x)\,dx$　（b）$\int_2^3\frac{1}{5-x}\,dx$　（c）$\int_0^2 xe^{-x}\,dx$

（c）的提示：$f^{(4)}(x)=(x-4)e^{-x}$。

10. 考虑定积分$\int_{-0.1}^{0.1}\cos(x)\,dx=2\sin(0.1)=0.1996668333$，下表给出了组合梯形公式得到的近似值。计算$E_T(f,h)=0.199668-T(f,h)$，并说明其精度为$\boldsymbol{O}(h^2)$。

M	h	$S(f,h)$	$E_T(f,h)=\boldsymbol{O}(h^2)$
1	0.2	0.1990008	
2	0.1	0.1995004	
4	0.05	0.1996252	
8	0.025	0.1996564	
16	0.0125	0.1996642	

11. 考虑定积分$\int_{-0.75}^{0.75}\cos(x)\,dx=2\sin(0.75)=1.363277520$，下表给出了组合辛普森公式得到的近似值。计算$E_S(f,h)=1.3632775-S(f,h)$，并说明其精度为$\boldsymbol{O}(h^4)$。

M	h	$S(f,h)$	$E_S(f,h)=O(h^4)$
1	0.75	1.3658444	
2	0.375	1.3634298	
4	0.1875	1.3632869	
8	0.09375	1.3632781	

12. **中点公式**。区间$[x_0,x_1]$上的中点公式为

$$\int_{x_0}^{x_1} f(x)\,\mathrm{d}x = 2hf(x_0+h)+\frac{h^3}{3}f''(c), \qquad h=\frac{x_1-x_0}{2}$$

(a) 将$f(x)$的不定积分$F(x)$在点x_0+h展开为泰勒级数,并证明$[x_0,x_1]$上的中点公式。

(b) 利用(a)的结果,证明:区间$[a,b]$上$f(x)$积分的组合中点公式为

$$M(f,h)=h\sum_{k=1}^{N} f\left(a+\left(k-\frac{1}{2}\right)h\right), \qquad h=\frac{b-a}{N}$$

它是$f(x)$在区间$[a,b]$上的积分的一种逼近,写为

$$\int_a^b f(x)\,\mathrm{d}x \approx M(f,h)$$

(c) 证明:(b)的误差项$E_M(f,h)$为

$$E_M(f,h)=\frac{h^3}{3}\sum_{k=1}^{N} f^{(2)}(c_k)=\frac{(b-a)f^{(2)}(c)h^2}{3}=O(h^2)$$

13. 用中点公式和$M=10$求习题 1 中的积分的近似值。
14. 证明推论 7.3。

7.2.3 算法与程序

1. (a) 对习题 1 中的每个积分,计算M和步长h,使得用组合梯形公式计算得到精确到小数点后 9 位的结果。用程序 7.1 计算每个积分。

   (b) 对习题 1 中的每个积分,计算M和步长h,使得用组合辛普森公式计算得到精确到小数点后 9 位结果。用程序 7.2 计算每个积分。
2. 用程序 7.2 求习题 2 中的定积分,精确到小数点后 11 位。
3. 修改组合梯形公式,使之可以求只有若干点函数值已知的函数积分。将程序 7.1 修改为求区间$[a,b]$上过M个给定点的函数$f(x)$的积分逼近。注意节点不需要等距。利用该程序求过点$\{(\sqrt{k^2+1},k^{1/3})\}_{k=0}^{13}$的函数的积分逼近。
4. 修改组合辛普森公式,使之可以求只有若干点函数值已知的函数积分。将程序 7.2 改写为求区间$[a,b]$上过M个给定点的函数$f(x)$的积分逼近。注意节点不需要等距。利用该程序求过点$\{(\sqrt{k^2+1},k^{1/3})\}_{k=0}^{13}$的函数的积分逼近。
5. 修改程序 7.1,使之用组合中点公式(见习题 12)来逼近函数$f(x)$在$[a,b]$上的积分。利用该程序求习题 1 中的定积分,精确到小数点后 11 位。
6. 使用本节的任意算法,求下面每个定积分的逼近,精确到小数点后 10 位。

   (a) $\int_{1/7\pi}^{1/4\pi} \sin(1/x)\,\mathrm{d}x$ (b) $\int_{\frac{1}{5\pi}+10^{-5}}^{\frac{1}{4\pi}-10^{-5}} \frac{1}{\sin(1/x)}\,\mathrm{d}x$
7. 下面的例子说明如何用辛普森公式来求积分方程的近似解。用辛普森公式和$h=1/2$来求解方程$v(x)=x^2+0.1\int_0^1(x^2+t)v(t)\,\mathrm{d}t$。令$t_0=0$,$t_1=1/2$和$t_2=1$,则

$$\int_0^1 (x^2+t)v(t)\,\mathrm{d}t \approx \frac{1/2}{3}\Big((x_n^2+0)v_0 + 4(x_n^2+\frac{1}{2})v_1 + (x_n^2+1)v_2\Big)$$

令

$$v(x_n) = x_n^2 + 0.1(\frac{1}{6}\Big((x_n^2+0)v_0 + 4(x_n^2+\frac{1}{2})v_1 + (x_n^2+1)v_2)\Big) \tag{1}$$

将 $x_0=0, x_1=1/2$ 和 $x_2=1$ 代入式(1)，得线性方程组

$$\begin{aligned} v_0 &= 0 + \frac{1}{60}((0)v_0 + 2v_1 + v_2) \\ v_1 &= \frac{1}{4} + \frac{1}{60}\Big(\frac{1}{4}v_0 + 3v_1 + \frac{5}{4}v_2\Big) \\ v_2 &= 1 + \frac{1}{60}(v_0 + 6v_1 + 2v_2) \end{aligned} \tag{2}$$

将方程组(2)的解($v_0=0.0273, v_1=0.2866, v_2=1.0646$)代入方程(1)并简化之，得

$$v(x) \approx 1.037305x^2 + 0.027297 \tag{3}$$

(a) 作为验证，将该解代入积分方程的右端，对其进行积分，并与式(3)的结果比较。

(b) 利用组合辛普森公式和 $h=0.5$ 来求积分方程

$$v(x) = x^2 + 0.1\int_0^1 (x^2+t)v(t)\,\mathrm{d}t$$

的近似解。并用(a)中的过程验证该解。

7.3 递归公式与龙贝格积分

本节讨论如何用梯形公式的线性组合计算辛普森逼近。使用的子区间数越多，则逼近的精度越高。如何选择子区间的数目？采用 2 个子区间，4 个子区间，…，不断进行试验，直至得到想要的精度，这个过程能够帮助回答这一问题。首先要生成一个梯形公式的序列 $\{T(J)\}$，当子区间数目增加一倍时，函数求值的次数也增加了近一倍，因为必须在所有先前的点和先前区间的中点处对函数进行求值(见图 7.8)。定理 7.4 说明了如何消除冗余的函数求值和求和运算。

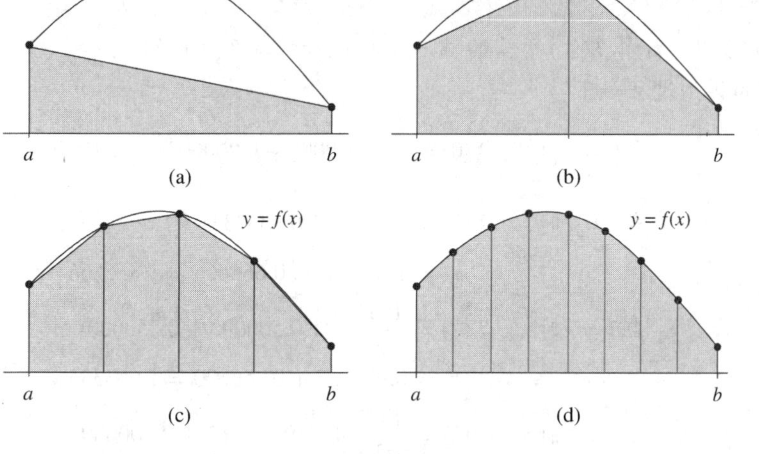

图 7.8　(a) $T(0)$ 为 $2^0=1$ 个梯形的面积；(b) $T(1)$ 为 $2^1=2$ 个梯形的面积；(c) $T(2)$ 为 $2^2=4$ 个梯形的面积；(d) $T(3)$ 为 $2^3=8$ 个梯形的面积

定理7.4(连续梯形公式) 设 $J \geqslant 1$,点 $\{x_k = a + kh\}$ 将 $[a, b]$ 划分为 $2^J = 2M$ 个宽度为 $(b-a)/2^J$ 的子区间。梯形公式 $T(f,h)$ 和 $T(f,2h)$ 满足如下关系:

$$T(f,h) = \frac{T(f,2h)}{2} + h\sum_{k=1}^{M} f(x_{2k-1}) \tag{1}$$

定义7.3(梯形公式序列) 定义 $T(0) = (h/2)(f(a) + f(b))$,它是步长为 $h = b - a$ 的梯形公式。对于所有 $J \geqslant 1$,定义 $T(J) = T(f,h)$,其中 $T(f,h)$ 是步长为 $h = (b-a)/2^J$ 的梯形公式。

▲

推论7.4(递归梯形公式) 由 $T(0) = (h/2)(f(a) + f(b))$ 开始,梯形公式序列 $\{T(J)\}$ 可由以下递归公式生成:

$$T(J) = \frac{T(J-1)}{2} + h\sum_{k=1}^{M} f(x_{2k-1}), \qquad J = 1,\ 2,\ \cdots \tag{2}$$

其中 $h = (b-a)/2^J$,$\{x_k = a + kh\}$。

证明:对偶节点 $x_0 < x_2 < \cdots < x_{2M-2} < x_{2M}$,使用步长为 $2h$ 的梯形公式:

$$T(J-1) = \frac{2h}{2}(f_0 + 2f_2 + 2f_4 + \cdots + 2f_{2M-4} + 2f_{2M-2} + f_{2M}) \tag{3}$$

对所有节点 $x_0 < x_1 < x_2 < \cdots < x_{2M-1} < x_{2M}$,使用步长为 h 的梯形公式:

$$T(J) = \frac{h}{2}(f_0 + 2f_1 + 2f_2 + \cdots + 2f_{2M-2} + 2f_{2M-1} + f_{2M}) \tag{4}$$

收集公式(4)中下标为奇数和偶数的项,得

$$T(J) = \frac{h}{2}(f_0 + 2f_2 + \cdots + 2f_{2M-2} + f_{2M}) + h\sum_{k=1}^{M} f_{2k-1} \tag{5}$$

将式(3)代入式(5),得 $T(J) = T(J-1)/2 + h\sum_{k=1}^{M} f_{2k-1}$,证毕。 ●

例7.11 用连续梯形公式计算积分 $\int_1^5 dx/x = \ln(5) - \ln(1) = 1.609437912$ 的逼近 $T(0)$,$T(1)$,$T(2)$ 和 $T(3)$。

解:表7.4给出了计算 $T(3)$ 所需的端点函数值和计算 $T(1)$,$T(2)$ 和 $T(3)$ 所需的中点函数值。求值的详细过程如下:

$$当 h = 4 时: \quad T(0) = \frac{4}{2}(1.000000 + 0.200000) = 2.400000$$

$$\begin{aligned}当 h = 2 时: \quad T(1) &= \frac{T(0)}{2} + 2(0.333333)\\ &= 1.200000 + 0.666666 = 1.866666\end{aligned}$$

$$\begin{aligned}当 h = 1 时: \quad T(2) &= \frac{T(1)}{2} + 1(0.500000 + 0.250000)\\ &= 0.933333 + 0.750000 = 1.683333\end{aligned}$$

$$\begin{aligned}当 h = \frac{1}{2} 时: \quad T(3) &= \frac{T(2)}{2} + \frac{1}{2}(0.666667 + 0.400000\\ &\qquad + 0.285714 + 0.222222)\\ &= 0.841667 + 0.787302 = 1.628968\end{aligned}$$

■

下面的结果说明了梯形公式与辛普森公式之间的重要关系。用步长 $2h$ 和 h 计算梯形公式的结果分别为 $T(f,2h)$ 和 $T(f,h)$，它们可以组合得到辛普森公式：

$$S(f,h)=\frac{4T(f,h)-T(f,2h)}{3} \tag{6}$$

表 7.4 用来计算 $T(1)$，$T(2)$ 和 $T(3)$ 的 9 个点的函数值

x	$f(x)=\frac{1}{x}$	计算 $T(0)$ 的端点	计算 $T(1)$ 需要的中点	计算 $T(2)$ 需要的中点	计算 $T(3)$ 需要的中点
1.0	1.000000	1.000000			
1.5	0.666667				0.666667
2.0	0.500000			0.500000	
2.5	0.400000				0.400000
3.0	0.333333		0.333333		
3.5	0.285714				0.285714
4.0	0.250000			0.250000	
4.5	0.222222				0.222222
5.0	0.200000	0.200000			

定理 7.5（递归辛普森公式） 设 $\{T(J)\}$ 为由推论 7.4 产生的梯形公式序列，如果 $J\geqslant 1$，且 $S(J)$ 为区间 $[a,b]$ 的 2^J 个辛普森公式，则 $S(J)$ 和 $T(J-1)$ 与 $T(J)$ 满足关系式：

$$S(J)=\frac{4T(J)-T(J-1)}{3},\qquad J=1,\ 2,\ \cdots \tag{7}$$

证明：由步长为 h 的梯形公式 $T(J)$ 得到逼近

$$\begin{aligned}\int_a^b f(x)\,\mathrm{d}x &\approx \frac{h}{2}(f_0+2f_1+2f_2+\cdots+2f_{2M-2}+2f_{2M-1}+f_{2M})\\ &=T(J)\end{aligned} \tag{8}$$

由步长为 $2h$ 的梯形公式 $T(J-1)$ 得到逼近

$$\int_a^b f(x)\,\mathrm{d}x \approx h(f_0+2f_2+\cdots+2f_{2M-2}+f_{2M})=T(J-1) \tag{9}$$

将式(8)乘以 4，得

$$\begin{aligned}4\int_a^b f(x)\,\mathrm{d}x &\approx h(2f_0+4f_1+4f_2+\cdots+4f_{2M-2}+4f_{2M-1}+2f_M)\\ &=4T(J)\end{aligned} \tag{10}$$

式(10)减去式(9)得

$$\begin{aligned}3\int_a^b f(x)\,\mathrm{d}x &\approx h(f_0+4f_1+2f_2+\cdots+2f_{2M-2}+4f_{2M-1}+f_{2M})\\ &=4T(J)-T(J-1)\end{aligned} \tag{11}$$

该式重写为

$$\begin{aligned}\int_a^b f(x)\,\mathrm{d}x &\approx \frac{h}{3}(f_0+4f_1+2f_2+\cdots+2f_{2M-2}+4f_{2M-1}+f_{2M})\\ &=\frac{4T(J)-T(J-1)}{3}.\end{aligned} \tag{12}$$

式(12)中的中项为辛普森公式 $S(J)=S(f,h)$，从而定理得证。 ●

例 7.12 用连续辛普森公式求例 7.11 中的积分的逼近 $S(1)$,$S(2)$和 $S(3)$。

解:利用例 7.11 中的结果和 $J=1,2$ 和 3 的公式(7),计算得

$$S(1)=\frac{4T(1)-T(0)}{3}=\frac{4(1.866666)-2.400000}{3}=1.688888$$

$$S(2)=\frac{4T(2)-T(1)}{3}=\frac{4(1.683333)-1.866666}{3}=1.622222$$

$$S(3)=\frac{4T(3)-T(2)}{3}=\frac{4(1.628968)-1.683333}{3}=1.610846$$

■

7.1 节中的布尔公式由定理 7.1 给出,它是通过对基于节点 x_0,x_1,x_2,x_3 和 x_4 的 4 次拉格朗日多项式求积分得到的。另一种建立布尔公式的方法在习题中给出。如果在区间$[a,b]$上对宽度为 $h=(b-a)/(4M)$ 的 $4M$ 个等间距子区间上应用 M 次布尔公式,则称之为**组合布尔公式**:

$$B(f,h)=\frac{2h}{45}\sum_{k=1}^{M}(7f_{4k-4}+32f_{4k-3}+12f_{4k-2}+32f_{4k-1}+7f_{4k}) \tag{13}$$

下面的定理给出连续布尔公式和辛普森公式的关系。

定理 7.6(递归布尔公式) 设$\{S(J)\}$为由定理 7.5 产生的辛普森公式序列,如果 $J\geqslant 2$ 且 $B(J)$ 为区间$[a,b]$上 2^J 个子区间的布尔公式,则 $B(J)$ 与辛普森公式 $S(J-1)$ 和 $S(J)$ 满足关系

$$B(J)=\frac{16S(J)-S(J-1)}{15},\qquad J=2,\ 3,\ \cdots \tag{14}$$

证明:留给读者作为练习。 ●

例 7.13 用连续布尔公式求例 7.11 中积分的逼近 $B(2)$ 和 $B(3)$。

解:利用例 7.12 中的结果和 $J=2$ 和 $J=3$ 时的公式(14),计算得

$$B(2)=\frac{16S(2)-S(1)}{15}=\frac{16(1.622222)-1.688888}{15}=1.617778$$

$$B(3)=\frac{16S(3)-S(2)}{15}=\frac{16(1.610846)-1.622222}{15}=1.610088$$

■

读者可能对上述讨论的目的感到疑惑,以下将证明公式(7)和公式(14)都是龙贝格(Romberg)积分的特例。对例 7.11 积分的下一级逼近为

$$\frac{64B(3)-B(2)}{63}=\frac{64(1.610088)-1.617778}{63}=1.609490$$

该答案精确到小数点后 5 位。

7.3.1 龙贝格积分

7.2 节已经讨论过,组合梯形公式和组合辛普森公式的误差项 $E_T(f,h)$ 和 $E_S(f,h)$ 分别具有 $\boldsymbol{O}(h^2)$ 和 $\boldsymbol{O}(h^4)$ 的阶数。不难证明,组合布尔公式的误差项 $E_B(f,h)$ 具有阶数 $\boldsymbol{O}(h^6)$。因此,有规律:

$$\int_a^b f(x)\,\mathrm{d}x=T(f,h)+\boldsymbol{O}(h^2) \tag{15}$$

$$\int_a^b f(x)\,\mathrm{d}x=S(f,h)+\boldsymbol{O}(h^4) \tag{16}$$

$$\int_a^b f(x)\,\mathrm{d}x = B(f,h) + \boldsymbol{O}(h^6) \tag{17}$$

式(15)~式(17)中的余项的规律可以这样推广:设用步长 h 和 $2h$ 得到一个逼近公式的两个结果,则两个结果的代数运算将得到改进的答案。每次改进将误差项的阶由 $\boldsymbol{O}(h^{2N})$ 提高到 $\boldsymbol{O}(h^{2N+2})$。该过程称为**龙贝格积分**,它有自己的优点和缺点。

在布尔公式之后很少用到牛顿–科特斯公式。这是因为 9 点牛顿–科特斯面积公式中有负的权值,而所有超过 10 个点的公式中都有负的权,这会导致由舍入带来的误差。龙贝格积分的优点在于它的所有的权都是正的,而且它使用等距的节点,易于计算横坐标的值。

龙贝格积分的一个缺点是,为了将误差由 $\boldsymbol{O}(h^{2N})$ 降低到 $\boldsymbol{O}(h^{2N+2})$,函数求值次数增加了一倍。使用连续公式能减少计算量。龙贝格积分的推导基于理论上的假设:如果对所有的 N 有 $f\in C^N[a,b]$,则梯形公式的误差项可以表示为一个只包含 h 的偶数次幂的级数,即,

$$\int_a^b f(x)\,\mathrm{d}x = T(f,h) + E_T(f,h) \tag{18}$$

其中,

$$E_T(f,h) = a_1h^2 + a_2h^4 + a_3h^6 + \cdots \tag{19}$$

由于公式(19)中只包含 h 的偶数次项,可以连续地使用理查森改进,首先消去 a_1,接着消去 a_2,然后是 a_3,依次类推。该过程产生偶数阶次的误差项 $\boldsymbol{O}(h^4)$,$\boldsymbol{O}(h^6)$,$\boldsymbol{O}(h^8)$ 等。下面将证明,第一次的改进结果是 $2M$ 个区间上的辛普森公式。由 $T(f,2h)$ 和 $T(f,h)$ 以及等式

$$\int_a^b f(x)\,\mathrm{d}x = T(f,2h) + a_1 4h^2 + a_2 16h^4 + a_3 64h^6 + \cdots \tag{20}$$

和

$$\int_a^b f(x)\,\mathrm{d}x = T(f,h) + a_1h^2 + a_2h^4 + a_3h^6 + \cdots \tag{21}$$

将式(21)乘以 4,得

$$4\int_a^b f(x)\,\mathrm{d}x = 4T(f,h) + a_1 4h^2 + a_2 4h^4 + a_3 4h^6 + \cdots \tag{22}$$

式(22)减去式(20)可消去 a_1,结果为

$$3\int_a^b f(x)\,\mathrm{d}x = 4T(f,h) - T(f,2h) - a_2 12h^4 - a_3 60h^6 - \cdots \tag{23}$$

式(23)除以 3,并对其中的系数重新命名,可得

$$\int_a^b f(x)\,\mathrm{d}x = \frac{4T(f,h) - T(f,2h)}{3} + b_1h^4 + b_2h^6 + \cdots \tag{24}$$

与式(6)相同,式(24)右端的第一项为辛普森公式 $S(f,h)$,这说明 $E_S(f,h)$ 只包含 h 的偶数幂次项:

$$\int_a^b f(x)\,\mathrm{d}x = S(f,h) + b_1h^4 + b_2h^6 + b_3h^8 + \cdots \tag{25}$$

要证明第二次的改进结果是布尔公式,由式(25)开始,写出包含 $S(f,2h)$ 的公式:

$$\int_a^b f(x)\,\mathrm{d}x = S(f,2h) + b_1 16h^4 + b_2 64h^6 + b_3 256h^8 + \cdots \tag{26}$$

从式(25)和式(26)中消去 b_1 后,得到包含布尔公式的结果:

$$\begin{aligned}\int_a^b f(x)\,\mathrm{d}x &= \frac{16S(f,h)-S(f,2h)}{15}-\frac{b_2 48h^6}{15}-\frac{b_3 240h^8}{15}-\cdots\\ &= B(f,h)-\frac{b_2 48h^6}{15}-\frac{b_3 240h^8}{15}-\cdots\end{aligned} \tag{27}$$

龙贝格积分的一般规律基于引理 7.1。

引理 7.1(龙贝格积分的理查森改进) 给定 Q 的两个逼近 $R(2h,K-1)$ 和 $R(h,K-1)$,满足

$$Q = R(h,K-1)+c_1h^{2K}+c_2h^{2K+2}+\cdots \tag{28}$$

和

$$Q = R(2h,K-1)+c_1 4^K h^{2K}+c_2 4^{K+1}h^{2K+2}+\cdots \tag{29}$$

其改进的逼近形如

$$Q = \frac{4^K R(h,K-1)-R(2h,K-1)}{4^K-1}+O(h^{2K+2}) \tag{30}$$

证明:证明留给读者。●

定义 7.4 定义 $[a,b]$ 上 $f(x)$ 的面积公式序列 $\{R(J,K):J\geqslant K\}_{J=0}^{\infty}$ 如下:

$$\begin{aligned}&R(J,0)=T(J),J\geqslant 0,\text{为连续梯形公式};\\ &R(J,1)=S(J),J\geqslant 1,\text{为连续辛普森公式};\\ &R(J,2)=B(J),J\geqslant 2,\text{为连续布尔公式}。\end{aligned} \tag{31}$$

■

第一个公式 $\{R(J,0)\}$ 用来产生第一次改进 $\{R(J,1)\}$,后者又用来产生第二次改进 $\{R(J,2)\}$。前面已知有规律

$$\begin{aligned}R(J,1)&=\frac{4^1R(J,0)-R(J-1,0)}{4^1-1}, \qquad J\geqslant 1\\ R(J,2)&=\frac{4^2R(J,1)-R(J-1,1)}{4^2-1}, \qquad J\geqslant 2\end{aligned} \tag{32}$$

它们是用式(31)中的符号来表示的式(24)和式(27)。构造改进的一般公式为

$$R(J,K)=\frac{4^KR(J,K-1)-R(J-1,K-1)}{4^K-1}, \qquad J\geqslant K \tag{33}$$

为计算方便,值 $R(J,K)$ 组织为龙贝格积分表,如表 7.5 所示。

表 7.5　龙贝格积分表

J	$R(J,0)$ 梯形公式	$R(J,1)$ 辛普森公式	$R(J,2)$ 布尔公式	$R(J,3)$ 第3次改进	$R(J,4)$ 第4次改进
0	$R(0,0)$				
1	$R(1,0)$	$R(1,1)$			
2	$R(2,0)$	$R(2,1)$	$R(2,2)$		
3	$R(3,0)$	$R(3,1)$	$R(3,2)$	$R(3,3)$	
4	$R(4,0)$	$R(4,1)$	$R(4,2)$	$R(4,3)$	$R(4,4)$

例 7.14 利用龙贝格积分计算定积分

$$\int_0^{\pi/2}(x^2+x+1)\cos(x)\,\mathrm{d}x=-2+\frac{\pi}{2}+\frac{\pi^2}{4}=2.038197427067\cdots$$

的近似值。

解：表 7.6 给出了计算过程。每一列的数都收敛到 2.038197427067…，辛普森公式列比梯形公式列收敛速度快。在本例中，相邻的两列中右边的列收敛速度快于左边的列。

考查误差项 $E(J,K)=-2+\pi/2+\pi^2/4-R(J,K)$，则更容易看出表 7.6 中龙贝格值的收敛。设区间宽度为 $h=b-a$，并且 $f(x)$ 的更高阶导数在同一量级上，龙贝格表第 K 列的误差以 $1/2^{2K+2}=1/4^{K+1}$ 的衰减比例逐行递减。误差 $E(J,0)$ 的衰减因子为 1/4，误差 $E(J,1)$ 的衰因子为 1/16，依次类推。考查表 7.7 中的 $\{E(J,K)\}$ 可以看出这一点。■

表 7.6　例 7.14 的龙贝格积分表

J	$R(J,0)$ 梯形公式	$R(J,1)$ 辛普森公式	$R(J,2)$ 布尔公式	$R(J,3)$ 第3次改进
0	0.785398163397			
1	1.726812656758	2.040617487878		
2	1.960534166564	2.038441336499	2.038296259740	
3	2.018793948078	2.038213875249	2.038198711166	2.038197162776
4	2.033347341805	2.038198473047	2.038197446234	2.038197426156
5	2.036984954990	2.038197492719	2.038197427363	2.038197427064

表 7.7　例 7.14 的龙贝格误差表

J	h	$E(J,0)=\boldsymbol{O}(h^2)$	$E(J,1)=\boldsymbol{O}(h^4)$	$E(J,2)=\boldsymbol{O}(h^6)$	$E(J,3)=\boldsymbol{O}(h^8)$
0	$b-a$	−1.252799263670			
1	$\frac{b-a}{2}$	−0.311384770309	0.002420060811		
2	$\frac{b-a}{4}$	−0.077663260503	0.000243909432	0.000098832673	
3	$\frac{b-a}{8}$	−0.019403478989	0.000016448182	0.000001284099	−0.000000264291
4	$\frac{b-a}{16}$	−0.004850085262	0.000001045980	0.000000019167	−0.000000000912
5	$\frac{b-a}{32}$	−0.001212472077	0.000000065651	0.000000000296	−0.000000000003

定理 7.7（龙贝格积分的精度）　设 $f\in C^{2K+2}[a,b]$，则龙贝格逼近的截断误差由公式

$$\begin{aligned}\int_a^b f(x)\,\mathrm{d}x &= R(J,K)+b_K h^{2K+2} f^{(2K+2)}(c_{J,K}) \\ &= R(J,K)+\boldsymbol{O}(h^{2K+2})\end{aligned} \tag{34}$$

给出，其中 $h=(b-a)/2^J$ 为依赖于 K 的常数，且 $c_{J,K}\in[a,b]$。

例 7.15　应用定理 7.7，并证明

$$\int_0^2 10x^9\,\mathrm{d}x = 1024 \equiv R(4,4)$$

证明：被积函数为 $f(x)=10x^9$，且 $f^{(10)}(x)\equiv 0$。故 $K=4$ 值可使误差项恒为零，通过数值计算可得 $R(4,4)=1024$。■

程序 7.3（递归梯形公式）　利用梯形公式和连续增加的 $[a,b]$ 子区间数来逼近

$$\int_a^b f(x)\,\mathrm{d}x \approx \frac{h}{2}\sum_{k=1}^{2^J}(f(x_{k-1})+f(x_k))$$

第 J 次迭代在 2^J+1 个等距点处对 $f(x)$ 采样。

```
function T=rctrap(f,a,b,n)
%Input  - f is the integrand input as a string 'f'
%       - a and b are upper and lower limits of integration
%       - n is the number of times for recursion
%Output - T is the recursive trapezoidal rule list
M=1;
h=b-a;
T=zeros(1,n+1);
T(1)=h*(feval(f,a)+feval(f,b))/2;
for j=1:n
   M=2*M;
   h=h/2;
   s=0;
   for k=1:M/2
      x=a+h*(2*k-1);
      s=s+feval(f,x);
   end
   T(j+1)=T(j)/2+h*s;
end
```

程序 7.4(龙贝格积分) 生成 $J \geqslant K$ 的逼近表 $R(J,K)$，并以 $R(J+1,J+1)$ 为最终解来逼近积分

$$\int_a^b f(x)\,\mathrm{d}x \approx R(J,J)$$

逼近 $R(J,K)$ 存在于一个特别的下三角矩阵中，第 0 列元素 $R(J,0)$ 用基于 2^J 个 $[a,b]$ 子区间的连续梯形方法计算，然后利用龙贝格公式计算 $R(J,K)$。当 $1 \leqslant K \leqslant J$ 时，第 J 行的元素为

$$R(J,K) = R(J,K-1) + \frac{R(J,K-1)-R(J-1,K-1)}{4^K-1}$$

当 $|R(J,J)-R(J+1,J+1)| <$ `tol` 时，程序在第 $(J+1)$ 行结束。

```
function [R,quad,err,h]=romber(f,a,b,n,tol)
%Input  - f is the integrand input as a string 'f'
%       - a and b are upper and lower limits of integration
%       - n is the maximum number of rows in the table
%       - tol is the tolerance
%Output - R is the Romberg table
%       - quad is the quadrature value
%       - err is the error estimate
%       - h is the smallest step size used
M=1;
h=b-a;
err=1;
J=0;
R=zeros(4,4);
R(1,1)=h*(feval(f,a)+feval(f,b))/2;
```

```
while((err>tol)&(J<n))|(J<4)
   J=J+1;
   h=h/2;
   s=0;
   for p=1:M
      x=a+h*(2*p-1);
      s=s+feval(f,x);
   end
   R(J+1,1)=R(J,1)/2+h*s;
   M=2*M;
   for K=1:J
      R(J+1,K+1)=R(J+1,K)+(R(J+1,K)-R(J,K))/(4^K-1);
   end
   err=abs(R(J,J)-R(J+1,K+1));
end
quad=R(J+1,J+1);
```

7.3.2 习题

1. 对下面每个定积分,构造(手工计算)一个 3 行的龙贝格表(见表 7.5)。

(a) $\int_0^3 \frac{\sin(2x)}{1+x^2}\,\mathrm{d}x = 0.4761463020\cdots$

(b) $\int_0^3 \sin(4x)\mathrm{e}^{-2x}\,\mathrm{d}x = 0.1997146621\cdots$

(c) $\int_{0.04}^1 \frac{1}{\sqrt{x}}\,\mathrm{d}x = 1.6$

(d) $\int_0^2 \frac{1}{x^2+\frac{1}{10}}\,\mathrm{d}x = 4.4713993943\cdots$

(e) $\int_{1/(2\pi)}^2 \sin\left(\frac{1}{x}\right)\mathrm{d}x = 1.1140744942\cdots$

(f) $\int_0^2 \sqrt{4-x^2}\,\mathrm{d}x = \pi = 3.1415926535\cdots$

2. 设连续梯形公式收敛到 L,即 $\lim_{J\to\infty} T(J) = L$。

(a) 证明:连续辛普森公式收敛到 L,即 $\lim_{J\to\infty} S(J) = L$。

(b) 证明:连续布尔公式收敛到 L,即 $\lim_{J\to\infty} B(J) = L$。

3. (a) 证明:布尔公式($M=1,h=1$)对区间$[0,4]$上形如$f(x) = c_5x^5 + c_4x^4 + \cdots + c_1x + c_0$ 的阶数小于等于 5 的多项式是精确的。

(b) 利用被积函数$f(x) = c_6x^6$,证明:布尔公式($M=1,h=1$)在区间$[0,4]$上的误差项为

$$E_B(f,h) = \frac{-2(b-a)f^{(6)}(c)h^6}{945}$$

4. 利用待定系数法推导布尔公式($M=1,h=1$),即计算常数 w_0,w_1,w_2,w_3 和 w_4,使得

$$\int_0^4 g(t)\,\mathrm{d}t = w_0g(0) + w_1g(1) + w_2g(2) + w_3g(3) + w_4g(4)$$

对函数 $g(t) = 1,t,t^2,t^3$ 和 t^4 是精确的。提示:将可得到线性方程组

$$\begin{aligned} w_0+w_1+\ \ w_2+\ \ w_3+\ \ \ w_4&=4\\ w_1+\ 2w_2+\ 3w_3+\ \ 4w_4&=8\\ w_1+\ 4w_2+\ 9w_3+\ 16w_4&=\frac{64}{3}\\ w_1+\ 8w_2+27w_3+\ 64w_4&=64\\ w_1+16w_2+81w_3+256w_4&=\frac{1024}{5} \end{aligned}$$

5. 对 $J=2$ 的情况,证明关系式 $B(J)=(16S(J)-S(J-1))/15$。利用信息:

$$S(1)=\frac{2h}{3}(f_0+4f_2+f_4)$$

和

$$S(2)=\frac{h}{3}(f_0+4f_1+2f_2+4f_3+f_4)$$

6. **辛普森 $\frac{3}{8}$ 公式**。考虑闭区间 $[x_0,x_3]$ 上的梯形公式:步长为 $3h$ 的公式 $T(f,3h)=(3h/2)(f_0+f_3)$ 和步长为 h 的公式 $T(f,h)=(h/2)(f_0+2f_1+2f_2+f_3)$,证明:利用线性组合 $(9T(f,h)-T(f,3h))/8$ 可得到辛普森$\frac{3}{8}$公式。
7. 利用等式(25)和等式(26)证明等式(27)。
8. 利用等式(28)和等式(29)证明等式(30)。
9. 求最小整数 K,使得
   (a) $\int_0^2 8x^7\,dx=256\equiv R(K,K)$。
   (b) $\int_0^2 11x^{10}\,dx=2048\equiv R(K,K)$。
10. 用龙贝格积分计算积分(i) $\int_0^1\sqrt{x}dx$ 和(ii) $\int_0^1 2t^2\,dt$ 的逼近结果在下表中给出:

(i) 的逼近	(ii) 的逼近
$R(0,0)=0.5000000$	$R(0,0)=1.0000000$
$R(1,1)=0.6380712$	$R(1,1)=0.6666667$
$R(2,2)=0.6577566$	$R(2,2)=0.6666667$
$R(3,3)=0.6636076$	$R(3,3)=0.6666667$
$R(4,4)=0.6655929$	$R(4,4)=0.6666667$

   (a) 利用变量替换 $x=t^2$ 和 $dx=2t\,dt$,证明:两个积分有同样的数值。
   (b) 讨论为什么积分(i)的收敛速度较慢,而积分(ii)的收敛速度较快。
11. **基于中点公式的龙贝格积分**。就效率和收敛速度而言,组合中点公式比组合梯形公式好。中点公式具有如下属性:$\int_a^b f(x)\,dx=M(f,h)+E_M(f,h)$,公式 $M(f,h)$ 和误差项 $E_M(f,h)$ 由下式给出:

$$M(f,h)=h\sum_{k=1}^{N}f\left(a+\left(k-\frac{1}{2}\right)h\right),\qquad h=\frac{b-a}{N}$$

和

$$E_M(f,h)=a_1h^2+a_2h^4+a_3h^6+\cdots$$

   (a) 由

$$M(0)=(b-a)f\left(\frac{a+b}{2}\right)$$

开始,推导连续中点公式,以计算

$$M(J)=M(f,h_J)=h_J\sum_{k=1}^{2^J}f\left(a+\left(k-\frac{1}{2}\right)h_J\right)$$

其中 $h_J=\dfrac{b-a}{2^J}$。

(b) 给出如何用连续中点公式替换龙贝格积分中的连续梯形公式。

7.3.3 算法与程序

1. 利用程序 7.4 求习题 1 中的积分,精确到小数点后 11 位。
2. 利用程序 7.4 求下面两个定积分,精确到小数点后 10 位。两个定积分的精确值都是π。解释两个龙贝格序列中明显的积分速度差别。

   (a) $\int_0^2\sqrt{4x-x^2}\,\mathrm{d}x$ (b) $\int_0^1\frac{4}{1+x^2}\,\mathrm{d}x$
3. 正态概率密度函数为 $f(t)=(1/\sqrt{2\pi})\mathrm{e}^{-t^2/2}$,而累积分布为由积分 $\Phi(x)=\frac{1}{2}+(1/\sqrt{2\pi})\int_0^x\mathrm{e}^{-t^2/2}\mathrm{d}t$ 定义的函数。计算有 8 位有效数字的 $\Phi(0.5)$,$\Phi(1.0)$,$\Phi(1.5)$,$\Phi(2.0)$,$\Phi(2.5)$,$\Phi(3.0)$,$\Phi(3.5)$ 和 $\Phi(4.0)$ 的值。
4. 修改程序 7.3,使它当连续梯形公式的相邻值 $T(K-1)$ 和 $T(K)$ 相差小于 5×10^{-6} 时终止。
5. 修改程序 7.3,使它也能同时计算连续辛普森公式和布尔公式。
6. 修改程序 7.4,使它用连续中点公式进行龙贝格积分(利用习题 11 中的结果),并用该程序求下面的积分,精确到小数点后 10 位。

   (a) $\int_0^1\frac{\sin(x)}{x}\,\mathrm{d}x$ (b) $\int_{-1}^1\sqrt{1-x^2}\,\mathrm{d}x$
7. 在程序 7.4 中,给定定积分的逼近值保存在一个下三角矩阵的对角线上。修改程序 7.4,使得顺序计算龙贝格积分表的行,其结果保存在一个 $n\times1$ 的矩阵 R 中,从而节省空间。利用第 1 题来检验你的程序。

7.4 自适应积分

组合积分公式要求使用等距节点。典型的情况是,在整个积分区间使用相同的小步长 h,以保证整体精度。这并没有考虑到曲线的某些部分变化剧烈,需要比其他部分多加考虑的情况,因此引入一种能够在函数值变化大的区间采用较小步长的方法是很有用的。该技术称为**自适应积分**,它的基础是辛普森公式。

辛普森公式使用 $[a_k,b_k]$ 上的两个子区间:

$$S(a_k,b_k)=\frac{h}{3}(f(a_k)+4f(c_k)+f(b_k)) \tag{1}$$

其中 $c_k=\frac{1}{2}(a_k+b_k)$ 是区间 $[a_k,b_k]$ 的中心,且 $h=(b_k-a_k)/2$。更进一步,如果 $f\in C^4[a_k,b_k]$,则存在一个值 $d_1\in[a_k,b_k]$,使得

$$\int_{a_k}^{b_k}f(x)\,\mathrm{d}x=S(a_k,b_k)-h^5\frac{f^{(4)}(d_1)}{90} \tag{2}$$

7.4.1 区间细分

区间$[a_k,b_k]$的4个子区间上的组合辛普森公式可用另一种方法实现:先将该区间划分为两个相等的子区间$[a_{k1},b_{k1}]$和$[a_{k2},b_{k2}]$,并在两段上递归地应用公式(1)。这只需要增加两个$f(x)$求值计算,其结果为

$$S(a_{k1},b_{k1})+S(a_{k2},b_{k2})=\frac{h}{6}(f(a_{k1})+4f(c_{k1})+f(b_{k1}))+\frac{h}{6}(f(a_{k2})+4f(c_{k2})+f(b_{k2})) \tag{3}$$

其中,$a_{k1}=a_k,b_{k1}=a_{k2}=c_k,b_{k2}=b_k,c_{k1}$是$[a_{k1},b_{k1}]$的中点,$c_{k2}$是$[a_{k2},b_{k2}]$的中点。公式(3)中的步长为$h/2$,因此等式右端有因子$h/6$。进一步,如果$f\in C^4[a,b]$,则存在值$d_2\in[a_k,b_k]$,使得

$$\int_{a_k}^{b_k}f(x)\,\mathrm{d}x=S(a_{k1},b_{k1})+S(a_{k2},b_{k2})-\frac{h^5}{16}\frac{f^{(4)}(d_2)}{90} \tag{4}$$

设$f^{(4)}(d_1)\approx f^{(4)}(d_2)$,则可由式(2)和式(4)的右端得到关系

$$S(a_k,b_k)-h^5\frac{f^{(4)}(d_2)}{90}\approx S(a_{k1},b_{k1})+S(a_{k2},b_{k2})-\frac{h^5}{16}\frac{f^{(4)}(d_2)}{90} \tag{5}$$

它可写为

$$-h^5\frac{f^{(4)}(d_2)}{90}\approx\frac{16}{15}(S(a_{k1},b_{k1})+S(a_{k2},b_{k2})-S(a_k,b_k)) \tag{6}$$

将式(6)代入式(4),得到误差估计:

$$\left|\int_{a_k}^{b_k}f(x)\,\mathrm{d}x-S(a_{k1},b_{k1})-S(a_{k2},b_{k2})\right|\approx\frac{1}{15}|S(a_{k1},b_{k1})+S(a_{k2},b_{k2})-S(a_k,b_k)| \tag{7}$$

由于假设$f^{(4)}(d_1)\approx f^{(4)}(d_2)$,因此在使用该方法时用$\frac{1}{10}$替换式(7)右端的$\frac{1}{15}$。这样就使得下面的测试是合理的。

7.4.2 精度测试

设对区间$[a_k,b_k]$指定容差$\epsilon_k>0$。如果

$$\frac{1}{10}|S(a_{k1},b_{k1})+S(a_{k2},b_{k2})-S(a_k,b_k)|<\epsilon_k \tag{8}$$

则推断

$$\left|\int_{a_k}^{b_k}f(x)\,\mathrm{d}x-S(a_{k1},b_{k1})-S(a_{k2},b_{k2})\right|<\epsilon_k \tag{9}$$

于是利用组合辛普森公式(3)逼近积分

$$\int_{a_k}^{b_k}f(x)\,\mathrm{d}x\approx S(a_{k1},b_{k1})+S(a_{k2},b_{k2}) \tag{10}$$

且该逼近在区间$[a_k,b_k]$上的误差限为ϵ_k。

通过应用辛普森公式(1)和公式(3)实现自适应积分。从$\{[a_0,b_0],\epsilon_0\}$开始,其中ϵ_0是区间$[a_0,b_0]$上数值积分的容差。该区间细分为两个子区间,分别记为$[a_{01},b_{01}]$和$[a_{02},b_{02}]$。如果通过了精度测试(8),则在区间$[a_0,b_0]$上应用积分公式(3),过程结束;否则,如果没有通过测试,则将两个子区间重新标记为$[a_1,b_1]$和$[a_2,b_2]$,其上分别采用容差$\epsilon_1=\frac{1}{2}\epsilon_0$和$\epsilon_2=\frac{1}{2}\epsilon_0$。这样就得到了两个子区间及其相应的容差,对它们进一步细分和测试:$\{[a_1,b_1],\epsilon_1\}$和$\{[a_2,b_2],\epsilon_2\}$,其中$\epsilon_1+\epsilon_2=\epsilon_0$。如果必须继续进行自适应积分,则必须进一步细分子区间并进行测试,每个子区间都有相应的容差。

在第 2 步中首先考虑$\{[a_1,b_1],\epsilon_1\}$,并将区间$[a_1,b_1]$细分为$[a_{11},b_{11}]$和$[a_{12},b_{12}]$。如果它们按照容差ϵ_1通过了精度测试(8),则在区间$[a_1,b_1]$上应用公式(3)能保证此区间上的精度;否则,如果不能以容差ϵ_1通过精度测试(8),则第 3 步必须对两个子区间$[a_{11},b_{11}]$和$[a_{12},b_{12}]$细分,并以减小的容差$\frac{1}{2}\epsilon_1$进行测试。在第 2 步中还要考察$\{[a_2,b_2],\epsilon_2\}$,并将$[a_2,b_2]$细分为$[a_{21},b_{21}]$和$[a_{22},b_{22}]$,如果它们按照容差ϵ_2通过了测试(8),则在区间$[a_2,b_2]$上应用公式(3)能保证此区间上的精度;否则,如果不能以容差ϵ_2通过精度测试(8),则第 3 步必须对两个子区间$[a_{21},b_{21}]$和$[a_{22},b_{22}]$细分,并以减小的容差$\frac{1}{2}\epsilon_2$进行测试。因此,第 2 步可能生成 3 或 4 个子区间,需要不断地重新标记。3 个子区间重新标记为$\{\{[a_1,b_1],\epsilon_1\},\{[a_2,b_2],\epsilon_2\},\{[a_3,b_3],\epsilon_3\}\}$,其中$\epsilon_1+\epsilon_2+\epsilon_3=\epsilon_0$。4 个子区间则重新标记为$\{\{[a_1,b_1],\epsilon_1\},\{[a_2,b_2],\epsilon_2\},\{[a_3,b_3],\epsilon_3\},\{[a_4,b_4],\epsilon_4\}\}$,其中$\epsilon_1+\epsilon_2+\epsilon_3+\epsilon_4=\epsilon_0$。

如果必须继续进行自适应积分,则必须以各自相应的容差测试较小的区间。公式(4)中的误差项显示,每一次对一个较小的区间进行细分,误差的衰减因子大约为$\frac{1}{16}$。因此该过程将在有限步之后停止。该方法的实现过程中需要一个信号变量,用以指示每个子区间是否通过了精度测试。为避免不必要的$f(x)$求值计算,函数值可以在对应于每个子区间的一个数据表中给出。该过程的细节将在程序 7.6 中给出。

例 7.16　用自适应积分求定积分$\int_0^4 13(x-x^2)e^{-3x/2}dx$的数值逼近,起始容差为$\epsilon_0=0.00001$。

解:该方法的实现需要 20 个子区间,表 7.8 列出了每个子区间$[a_k,b_k]$,组合辛普森公式$S(a_{k1},b_{k1})+S(a_{k2},b_{k2})$,该逼近的误差界以及相应的容差$\epsilon_k$。将所有的辛普森公式逼近相加,得到积分的近似值

$$\int_0^4 13(x-x^2)e^{-3x/2}\,dx \approx -1.54878823413 \tag{11}$$

积分的真值为

$$\int_0^4 13(x-x^2)e^{-3x/2}\,dx = \frac{4108e^{-6}-52}{27} = -1.5487883725279481333 \tag{12}$$

因此,上述自适应积分的误差为

$$|-1.54878837253-(-1.54878823413)|=0.00000013840 \tag{13}$$

它小于给定的容差$\epsilon_0=0.00001$。该自适应方法使用了区间$[0,4]$的 20 个子区间,用了 81

次函数求值。图7.9显示了 $y=f(x)$ 曲线和这20个子区间,在原点附近函数值变化大的部分区间宽度较小。

在该自适应方法的区间细分和精度测试过程中,前4个宽度为0.25的区间被二分为宽度为0.03125的8个子区间。如果在整个区间[0,4]中都使用该步长,则需要 $M=128$ 个子区间来进行组合辛普森公式的计算,其近似结果为 -1.54878844029,误差值为0.0000006776。虽然组合辛普森公式的误差将近是自适应积分方法误差的一半,但它多用了176个函数求值计算,而精度的提高微不足道,因此自适应积分的计算量节省是显著的。 ■

表7.8 $f(x)=13(x-x^2)e^{-3x/2}$ 的自适应积分计算

a_k	b_k	$S(a_{k1},b_{k1})+S(a_{k2},b_{k2})$	式(8)左端下误差界	区间 $[a_k,b_k]$ 的容差 ϵ_k
0.0	0.0625	0.02287184840	0.00000001522	0.00000015625
0.0625	0.125	0.05948686456	0.00000001316	0.00000015625
0.125	0.1875	0.08434213630	0.00000001137	0.00000015625
0.1875	0.25	0.09969871532	0.00000000981	0.00000015625
0.25	0.375	0.21672136781	0.00000025055	0.000003125
0.375	0.5	0.20646391592	0.00000018402	0.000003125
0.5	0.625	0.17150617231	0.00000013381	0.000003125
0.625	0.75	0.12433363793	0.00000009611	0.000003125
0.75	0.875	0.07324515141	0.00000006799	0.000003125
0.875	1.0	0.02352883215	0.00000004718	0.000003125
1.0	1.125	−0.02166038952	0.00000003192	0.000003125
1.125	1.25	−0.06065079384	0.00000002084	0.000003125
1.25	1.5	−0.21080823822	0.00000031714	0.00000625
1.5	2.0	−0.60550965007	0.00000003195	0.00000125
2.0	2.25	−0.31985720175	0.00000008106	0.000000625
2.25	2.5	−0.30061749228	0.00000008301	0.000000625
2.5	2.75	−0.27009962412	0.00000007071	0.000000625
2.75	3.0	−0.23474721177	0.00000005447	0.000000625
3.0	3.5	−0.36389799695	0.00000103699	0.00000125
3.5	4.0	−0.24313827772	0.00000041708	0.00000125
	合计	−1.54878823413	0.00000296809	0.00001

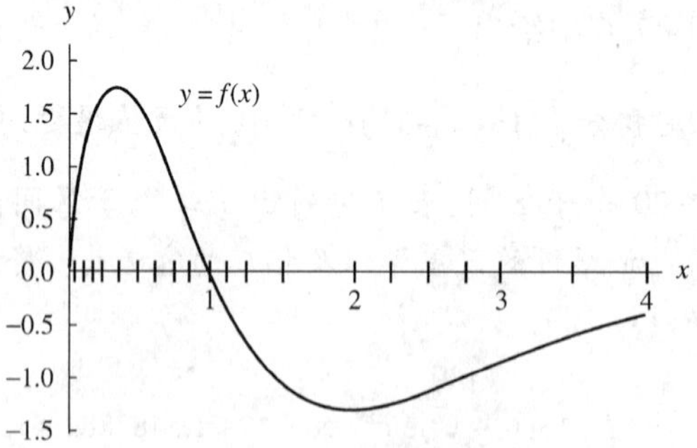

图7.9 自适应积分中[0,4]的子区间

程序7.5,srule,是对7.1节中辛普森公式的改进。它将区间[$a0$,$b0$]上辛普森公式的结果输出为向量Z。程序7.6调用srule,求自适应积分过程中各子区间上的积分。

程序7.5(辛普森公式) 用辛普森公式逼近积分

$$\int_{a0}^{b0} f(x)\,dx \approx \frac{h}{3}(f(a0)+4f(c0)+f(b0))$$

其中 $c0=(a0+b0)/2$。

```
function Z=srule(f,a0,b0,tol0)
%Input   - f is the integrand input as a string 'f'
%        - a0 and b0 are upper and lower limits of integration
%        - tol0 is the tolerance
% Output - Z is a 1x6 vector [a0 b0 S S2 err tol1]
h=(b0-a0)/2;
C=zeros(1,3);
C=feval(f,[a0 (a0+b0)/2 b0]);
S=h*(C(1)+4*C(2)+C(3))/3;
S2=S;
tol1=tol0;
err=tol0;
Z=[a0 b0 S S2 err tol1];
```

程序7.6生成矩阵 SRmat,quad(定积分的自适应数值积分近似值)和 err(逼近的误差限)。SRmat 的行由自适应积分的端点、辛普森公式近似值及子段的误差限组成。

程序7.6(使用辛普森公式的自适应积分) 逼近积分

$$\int_a^b f(x)\,\mathrm{d}x \approx \sum_{k=1}^{M}(f(x_{4k-4})+4f(x_{4k-3})+2f(x_{4k-2})+4f(x_{4k-1})+f(x_{4k}))$$

对 $4M$ 个子区间 $[x_{4k-4},x_{4k}]$ 使用组合辛普森公式,其中 $[a,b]=[x_0,x_{4M}]$ 和 $x_{4k-4+j}=x_{4k-4}+jh_k$,$k=1,\cdots,M,j=1,\cdots,4$。

```
function [SRmat,quad,err]=adapt(f,a,b,tol)
%Input  - f is the integrand input as a string 'f'
%       - a and b are upper and lower limits of integration
%       - tol is the tolerance
%Output - SRmat is the table of values
%       - quad is the quadrature value
%       - err is the error estimate
%Initialize values
SRmat = zeros(30,6);
iterating=0;
done=1;
SRvec=zeros(1,6);
SRvec=srule(f,a,b,tol);
SRmat(1,1:6)=SRvec;
m=1;
state=iterating;
while(state==iterating)
   n=m;
   for j=n:-1:1
      p=j;
      SR0vec=SRmat(p,:);
      err=SR0vec(5);
      tol=SR0vec(6);
      if (tol<=err)
         %Bisect interval,apply Simpson's rule
```

```
            %recursively, and determine error
            state=done;
            SR1vec=SR0vec;
            SR2vec=SR0vec;
            a=SR0vec(1);
            b=SR0vec(2);
            c=(a+b)/2;
            err=SR0vec(5);
            tol=SR0vec(6);
            tol2=tol/2;
            SR1vec=srule(f,a,c,tol2);
            SR2vec=srule(f,c,b,tol2);
            err=abs(SR0vec(3)-SR1vec(3)-SR2vec(3))/10;
            %Accuracy test
            if (err<tol)
               SRmat(p,:)=SR0vec;
               SRmat(p,4)=SR1vec(3)+SR2vec(3);
               SRmat(p,5)=err;
            else
               SRmat(p+1:m+1,:)=SRmat(p:m,:);
               m=m+1;
               SRmat(p,:)=SR1vec;
               SRmat(p+1,:)=SR2vec;
               state=iterating;
            end
         end
      end
   end
   quad=sum(SRmat(:,4));
   err=sum(abs(SRmat(:,5)));
   SRmat=SRmat(1:m,1:6);
```

7.4.3 算法与程序

1. 用程序 7.6 求以下定积分的近似值,起始容差 $\epsilon_0=0.00001$。

   (a) $\int_0^3 \frac{\sin(2x)}{1+x^5}\,\mathrm{d}x$　　(b) $\int_0^3 \sin(4x)\mathrm{e}^{-2x}\,\mathrm{d}x$　　(c) $\int_{0.04}^1 \frac{1}{\sqrt{x}}\,\mathrm{d}x$

   (d) $\int_0^2 \frac{1}{x^2+\frac{1}{10}}\,\mathrm{d}x$　　(e) $\int_{1/(2\pi)}^2 \sin\left(\frac{1}{x}\right)\mathrm{d}x$　　(f) $\int_0^2 \sqrt{4x-x^2}\,\mathrm{d}x$

2. 对上题中的每个定积分,绘制一个类似于图 7.9 的图。提示:`SRmat` 的第一列包含了自适应积分过程的子区间端点(除 b 外)。语句 If `T = SRmat(:,1)` and `Z = zeros(length(T))'`, then `plot(T,Z,'.')`将画出子区间(除右端点 b 外)。
3. 修改程序 7.6,使得在每个子区间$[a_k, b_k]$上应用布尔公式。
4. 使用上题中修改后的程序,计算第 1 题中定积分的近似值,并绘制类似于图 7.9 的图。

7.5 高斯-勒让德积分(选读)

计算曲线

$$y=f(x),\qquad -1\leqslant x\leqslant 1$$

下的面积。如果只允许进行两次函数求值,什么方法能产生最好的答案呢?从前面的讨论已经知道,梯形公式是计算曲线下面积的方法,并且它在端点$(-1,f(-1))$和$(1,f(1))$处求两次函数。但是如果$y=f(x)$的曲线为下凹的,则逼近的误差为曲线和连接两个端点的直线之间区域的面积,另一个例子在图7.10(a)中给出。

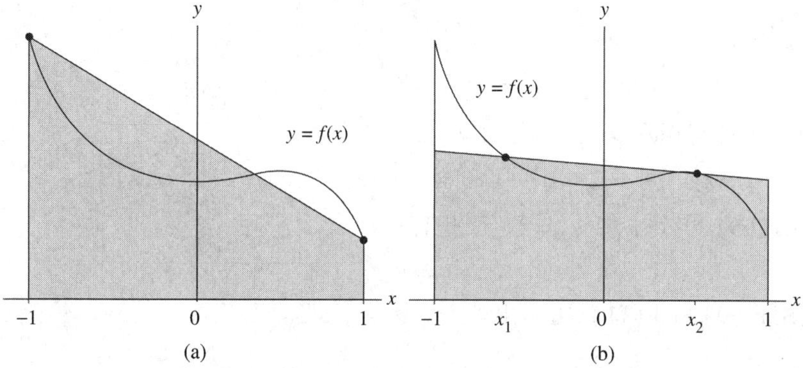

图7.10 (a) 使用横坐标 -1 和 1 的梯形逼近;(b) 使用横坐标 x_1 和 x_2 的梯形逼近

如果能用区间$[-1,1]$内的节点x_1和x_2,则过点$(x_1,f(x_1))$和$(x_2,f(x_2))$的直线与曲线相交,并且直线下的面积更接近曲线下的面积,如图7.10(b)所示。直线方程为

$$y=f(x_1)+\frac{(x-x_1)(f(x_2)-f(x_1))}{x_2-x_1} \tag{1}$$

而直线下的梯形面积为

$$A_{\text{trap}}=\frac{2x_2}{x_2-x_1}f(x_1)-\frac{2x_1}{x_2-x_1}f(x_2) \tag{2}$$

注意,梯形公式是式(2)的一种特例,当选择$x_1=-1$,$x_2=1$和$h=2$时,有

$$T(f,h)=\frac{2}{2}f(x_1)-\frac{-2}{2}f(x_2)=f(x_1)+f(x_2)$$

用待定系数法找出横坐标x_1,x_2和权w_1,w_2,使得公式

$$\int_{-1}^{1}f(x)\,\mathrm{d}x\approx w_1f(x_1)+w_2f(x_2) \tag{3}$$

对3次多项式,即$f(x)=a_3x^3+a_2x^2+a_1x+a_0$是精确的。由于式(3)中有4个系数$w_1$,$w_2$,$x_1$和$x_2$待定,因此可选择4个条件来满足。利用积分的可加性,只需使式(3)对4个函数$f(x)=1$,$f(x)=x$,$f(x)=x^2$,$f(x)=x^3$是精确的即可。4个积分条件为

$$\begin{aligned}
f(x)=1: &\quad \int_{-1}^{1}1\,\mathrm{d}x=2=w_1+w_2\\
f(x)=x: &\quad \int_{-1}^{1}x\,\mathrm{d}x=0=w_1x_1+w_2x_2\\
f(x)=x^2: &\quad \int_{-1}^{1}x^2\,\mathrm{d}x=\frac{2}{3}=w_1x_1^2+w_2x_2^2\\
f(x)=x^3: &\quad \int_{-1}^{1}x^3\,\mathrm{d}x=0=w_1x_1^3+w_2x_2^3
\end{aligned} \tag{4}$$

求解非线性方程组

$$w_1 + w_2 = 2 \tag{5}$$

$$w_1x_1 = -w_2x_2 \tag{6}$$

$$w_1x_1^2 + w_2x_2^2 = \frac{2}{3} \tag{7}$$

$$w_1x_1^3 = -w_2x_2^3 \tag{8}$$

用式(8)除以式(6),得

$$x_1^2 = x_2^2 \quad \text{或} \quad x_1 = -x_2 \tag{9}$$

由式(9),并将式(6)左端除以 x_1,右端除以 $-x_2$,得

$$w_1 = w_2 \tag{10}$$

将式(10)代入式(5),得到 $w_1 + w_2 = 2$。于是有

$$w_1 = w_2 = 1 \tag{11}$$

在式(7)中应用式(9)和式(11),可写出

$$w_1x_1^2 + w_2x_2^2 = x_2^2 + x_2^2 = \frac{2}{3} \quad \text{或} \quad x_2^2 = \frac{1}{3} \tag{12}$$

最后,由式(12)和式(9)可知节点为

$$-x_1 = x_2 = 1/3^{1/2} \approx 0.5773502692$$

这样就找到了2点高斯-勒让德公式的节点和权。由于该公式对3次多项式是精确的,因此误差项包含4阶导数。

定理7.8(2点高斯-勒让德公式) 如果f在$[-1,1]$上连续,则

$$\int_{-1}^{1} f(x)\,\mathrm{d}x \approx G_2(f) = f\left(\frac{-1}{\sqrt{3}}\right) + f\left(\frac{1}{\sqrt{3}}\right) \tag{13}$$

高斯-勒让德公式 $G_2(f)$ 的精度为 $n=3$。如果$f \in C^4[-1,1]$,则

$$\int_{-1}^{1} f(x)\,\mathrm{d}x = f\left(\frac{-1}{\sqrt{3}}\right) + f\left(\frac{1}{\sqrt{3}}\right) + E_2(f) \tag{14}$$

其中

$$E_2(f) = \frac{f^{(4)}(c)}{135} \tag{15}$$

例7.17 利用2点高斯-勒让德公式逼近

$$\int_{-1}^{1} \frac{\mathrm{d}x}{x+2} = \ln(3) - \ln(1) \approx 1.09861$$

并将结果与 $h=2$ 的梯形公式 $T(f,h)$ 和 $h=1$ 的辛普森公式 $S(f,h)$ 比较。

解: 设 $G_2(f)$ 表示2点高斯-勒让德公式,则

$$\begin{aligned} G_2(f) &= f(-0.57735) + f(0.57735) \\ &= 0.70291 + 0.38800 = 1.09091 \end{aligned}$$

$$\begin{aligned} T(f,2) &= f(-1.00000) + f(1.00000) \\ &= 1.00000 + 0.33333 = 1.33333 \end{aligned}$$

$$S(f,1) = \frac{f(-1) + 4f(0) + f(1)}{3} = \frac{1 + 2 + \frac{1}{3}}{3} = 1.11111$$

误差分别为0.00770,-0.23472和-0.01250,由此可见,高斯-勒让德公式效果最佳。注

意高斯-勒让德公式只需要2次函数求值，而辛普森公式需要3次。在本例中，$G_2(f)$的误差规模约为$S(f,1)$误差规模的61%。■

一般的N点高斯-勒让德公式对次数小于等于$(2N-1)$的多项式是精确的，数值积分公式为

$$G_N(f) = w_{N,1}f(x_{N,1}) + w_{N,2}f(x_{N,2}) + \cdots + w_{N,N}f(x_{N,N}) \tag{16}$$

所需的横坐标$x_{N,k}$和权$w_{N,k}$已制成表，便于使用。表7.9列出了直至8点的值，该表中还包含了对应于$E_N(f)$的误差项$G_N(f)$的形式，它可用来确定高斯-勒让德积分公式的精度。

表7.9 高斯-勒让德节点和权

$$\int_{-1}^{1} f(x)\,\mathrm{d}x = \sum_{k=1}^{N} w_{N,k} f(x_{N,k}) + E_N(f)$$

N	横坐标 $x_{N,k}$	权重 $w_{N,k}$	截断误差 $E_N(f)$
2	−0.5773502692 0.5773502692	1.0000000000 1.0000000000	$\dfrac{f^{(4)}(c)}{135}$
3	±0.7745966692 0.0000000000	0.5555555556 0.8888888888	$\dfrac{f^{(6)}(c)}{15,750}$
4	±0.8611363116 ±0.3399810436	0.3478548451 0.6521451549	$\dfrac{f^{(8)}(c)}{3,472,875}$
5	±0.9061798459 ±0.5384693101 0.0000000000	0.2369268851 0.4786286705 0.5688888888	$\dfrac{f^{(10)}(c)}{1,237,732,650}$
6	±0.9324695142 ±0.6612093865 ±0.2386191861	0.1713244924 0.3607615730 0.4679139346	$\dfrac{f^{(12)}(c)2^{13}(6!)^4}{(12!)^3 13!}$
7	±0.9491079123 ±0.7415311856 ±0.4058451514 0.0000000000	0.1294849662 0.2797053915 0.3818300505 0.4179591837	$\dfrac{f^{(14)}(c)2^{15}(7!)^4}{(14!)^3 15!}$
8	±0.9602898565 ±0.7966664774 ±0.5255324099 ±0.1834346425	0.1012285363 0.2223810345 0.3137066459 0.3626837834	$\dfrac{f^{(16)}(c)2^{17}(8!)^4}{(16!)^3 17!}$

表7.9中的值没有简洁的表示形式，因此该方法在手工计算时没有多少吸引力；但当这些值保存在计算机中时，查找起来非常便捷。这些节点实际上是勒让德多项式的根，而对应的权则需要通过求解方程组得到。3点高斯-勒让德公式的节点分别是$-(0.6)^{1/2}$，0和$(0.6)^{1/2}$，对应的权为5/9，8/9和5/9。

定理7.9（3点高斯-勒让德公式） 如果f在$[-1,1]$上连续，则

$$\int_{-1}^{1} f(x)\,\mathrm{d}x \approx G_3(f) = \frac{5f(-\sqrt{3/5}) + 8f(0) + 5f(\sqrt{3/5})}{9} \tag{17}$$

高斯-勒让德公式$G_3(f)$的精度为$n=5$。如果$f\in C^6[-1,1]$，则

$$\int_{-1}^{1} f(x)\,\mathrm{d}x = \frac{5f(-\sqrt{3/5}) + 8f(0) + 5f(\sqrt{3/5})}{9} + E_3(f) \tag{18}$$

其中

$$E_3(f) = \frac{f^{(6)}(c)}{15750} \tag{19}$$

例 7.18 证明 3 点高斯-勒让德公式对

$$\int_{-1}^{1} 5x^4\,\mathrm{d}x = 2 = G_3(f)$$

是精确的。

证明:由于被积函数是 $f(x)=5x^4$,并且 $f^{(6)}(x)=0$,因此由式(19)直接得到 $E_3(f)=0$。但在本例中用式(17)进行计算更有启发性:

$$G_3(f) = \frac{5(5)(0.6)^2 + 0 + 5(5)(0.6)^2}{9} = \frac{18}{9} = 2$$ ■

下面的结果说明如何改变积分变量,使得可以在区间$[a,b]$上应用高斯-勒让德公式。

定理 7.10(高斯-勒让德变换) 设区间$[-1,1]$上的 N 点高斯-勒让德公式的横坐标$\{x_{N,k}\}_{k=1}^{N}$和权$\{w_{N,k}\}_{k=1}^{N}$已知。要在区间$[a,b]$上应用公式,可使用变量替换

$$t = \frac{a+b}{2} + \frac{b-a}{2}x, \qquad \mathrm{d}t = \frac{b-a}{2}\,\mathrm{d}x \tag{20}$$

而由关系式

$$\int_a^b f(t)\,\mathrm{d}t = \int_{-1}^{1} f\left(\frac{a+b}{2} + \frac{b-a}{2}x\right)\frac{b-a}{2}\,\mathrm{d}x \tag{21}$$

可得积分公式

$$\int_a^b f(t)\,\mathrm{d}t = \frac{b-a}{2}\sum_{k=1}^{N} w_{N,k}\,f\left(\frac{a+b}{2} + \frac{b-a}{2}x_{N,k}\right) \tag{22}$$

例 7.19 利用 3 点高斯-勒让德公式逼近

$$\int_1^5 \frac{\mathrm{d}t}{t} = \ln(5) - \ln(1) \approx 1.609438$$

并将结果与 $h=1$ 的布尔公式 $B(2)$ 的结果相比较。

解:这里 $a=1$ 而 $b=5$,因此由式(22)得

$$\begin{aligned} G_3(f) &= (2)\frac{5f(3-2(0.6)^{1/2}) + 8f(3+0) + 5f(3+2(0.6)^{1/2})}{9} \\ &= (2)\frac{3.446359 + 2.666667 + 1.099096}{9} = 1.602694 \end{aligned}$$

由例 7.13 可知布尔公式的结果为 $B(2)=1.617778$,误差分别为 0.006744 和 -0.008340,因此对本例而言高斯-勒让德公式略优。注意,高斯-勒让德公式只需要进行 3 次函数求值,而布尔公式需要 5 次。本例中的两个误差具有相同的规模。 ■

高斯-勒让德积分公式极为精确,因此当需要计算多个性质相同的积分时应认真考虑。在这种情况下,应该如下进行:先选出几个有代表性的积分,包括可能出现最坏情况的积分,以确定获得需要精度所需的采样点数 N。然后固定 N,对所有积分都使用 N 点高斯-勒让德公式计算。

对给定值 N,程序 7.7 要求表 7.9 中的横坐标和权分别保存在 $1\times N$ 矩阵 $\boldsymbol{A}$ 和 $\boldsymbol{W}$ 中,这可在 MATLAB 的命令窗口中实现,或将矩阵存为 M 文件。将表 7.9 保存在 35×2 的矩阵 $\boldsymbol{G}$ 中更为便利,$\boldsymbol{G}$ 的第一列为横坐标,第二列是对应的权。从而对给定的 N,矩阵 $\boldsymbol{A}$ 和 $\boldsymbol{W}$ 为 $\boldsymbol{G}$ 的子矩阵。例如,如果 $N=3$,则 `A=G(3:5,1)'`,而 `W=G(3:5,2)'`。

程序 7.7(高斯-勒让德求积公式) 利用$f(x)$在N个非等步长点$\{t_{N,k}\}_{k=1}^{N}$的采样值逼近积分

$$\int_a^b f(x)\,\mathrm{d}x \approx \frac{b-a}{2}\sum_{k=1}^{N} w_{N,k} f(t_{N,k})$$

使用变量替换

$$t = \frac{a+b}{2} + \frac{b-a}{2}x, \quad \mathrm{d}t = \frac{b-a}{2}\,\mathrm{d}x$$

横坐标$\{x_{N,k}\}_{k=1}^{N}$和权$\{w_{N,k}\}_{k=1}^{N}$必须从表中取得。

```
function quad=gauss(f,a,b,A,W)
%Input  - f is the integrand input as a string 'f'
%       - a and b are upper and lower limits of integration
%       - A is the 1 x N vector of abscissas from Table 7.9
%       - W is the 1 x N vector of weights from Table 7.9
%Output - quad is the quadrature value
N=length(A);
T=zeros(1,N);
T=((a+b)/2)+((b-a)/2)*A;
quad=((b-a)/2)*sum(W.*feval(f,T));
```

7.5.1 习题

在习题1～习题4中,(a) 证明两个积分等价;(b) 计算$G_2(f)$。

1. $\int_0^2 6t^5\,\mathrm{d}t = \int_{-1}^1 6(x+1)^5\,\mathrm{d}x$
2. $\int_0^2 \sin(t)\,\mathrm{d}t = \int_{-1}^1 \sin(x+1)\,\mathrm{d}x$
3. $\int_0^1 \frac{\sin(t)}{t}\,\mathrm{d}t = \int_{-1}^1 \frac{\sin((x+1)/2)}{x+1}\,\mathrm{d}x$
4. $\frac{1}{\sqrt{2\pi}}\int_0^1 \mathrm{e}^{-t^2/2}\,\mathrm{d}t = \frac{1}{\sqrt{2\pi}}\int_{-1}^1 \frac{\mathrm{e}^{-(x+1)^2/8}}{2}\,\mathrm{d}x$
5. $\frac{1}{\pi}\int_0^{\pi} \cos(0.6\sin(t))\,\mathrm{d}t = 0.5\int_{-1}^1 \cos\left(0.6\sin\left((x+1)\frac{\pi}{2}\right)\right)\mathrm{d}x$
6. 利用表7.9中的$E_N(f)$和定理7.10中的变量代换求出最小整数N,使得对

   (a) $\int_0^2 8x^7\,\mathrm{d}x = 256 = G_N(f)$

   (b) $\int_0^2 11x^{10}\,\mathrm{d}x = 2048 = G_N(f)$

   有$E_N(f)=0$。
7. 求下列勒让德多项式的根,并将它们与表7.9中的横坐标相比较。

   (a) $P_2(x) = (3x^2-1)/2$

   (b) $P_3(x) = (5x^3-3x)/2$

   (c) $P_4(x) = (35x^4-30x^2+3)/8$
8. 在闭区间$[-1,1]$上2点高斯-勒让德公式的截断误差项为$f^{(4)}(c_1)/135$。在$[a,b]$上辛普森公式的截断误差为$-h^5f^{(4)}(c_2)/90$。比较当$[a,b]=[-1,1]$时的两个截断误差,你认为哪个更好,为什么?
9. 3点高斯-勒让德公式为

$$\int_{-1}^{1} f(x)\,\mathrm{d}x \approx \frac{5f(-(0.6)^{1/2}) + 8f(0) + 5f((0.6)^{1/2})}{9}$$

证明该公式对$f(x)=1$,$f(x)=x$,$f(x)=x^2$,$f(x)=x^3$,$f(x)=x^4$,$f(x)=x^5$ 是精确的。提示:如果f为奇函数,即$f(-x)=-f(x)$,则f在$[-1,1]$上的积分为 0。

10. 3 点高斯-勒让德公式在区间$[-1,1]$上的截断误差为$f^{(6)}(c_1)/15750$,在区间$[a,b]$上布尔公式的截断误差为$-8h^7f^{(6)}(c^2)/945$,比较当$[a,b]=[-1,1]$时的两个误差项,哪种方法更好?为什么?

11. 用以下步骤推导 3 点高斯-勒让德公式。已知横坐标是 3 次勒让德多项式的根。

$$x_1 = -(0.6)^{1/2}, \qquad x_2 = 0, \qquad x_3 = (0.6)^{1/2}$$

求权 w_1,w_2,w_3,使得

$$\int_{-1}^{1} f(x)\,\mathrm{d}x \approx w_1 f(-(0.6)^{1/2}) + w_2 f(0) + w_3 f((0.6)^{1/2})$$

对函数$f(x)=1$,$f(x)=x$ 和$f(x)=x^2$ 是精确的。提示:首先得出线性方程组

$$\begin{aligned} w_1 + w_2 + w_3 &= 2 \\ -(0.6)^{1/2}w_1 + (0.6)^{1/2}w_3 &= 0 \\ 0.6w_1 + 0.6w_3 &= \frac{2}{3} \end{aligned}$$

然后求解。

12. 在实际运算中,如果要对许多同一类型的积分求值,就要先进行初步分析,以确定获得需要的精度所需的函数求值数。设需要 17 次求值,比较龙贝格积分结果 $R(4,4)$ 和高斯-勒让德结果 $G_{17}(f)$。

7.5.2 算法与程序

1. 对习题 1 ~ 习题 5 中的每个积分,用程序 7.7 求 $G_6(f)$,$G_7(f)$ 和 $G_8(f)$。

2. (a) 修改程序 7.7,使之可计算 $G_1(f)$,$G_2(f)$,$\cdots$,$G_8(f)$,当逼近结果 $G_{N-1}(f)$ 和 $G_N(f)$ 的相对误差小于预设值 `tol`,即

$$\frac{2|G_{N-1}(f) - G_N(f)|}{|G_{N-1}(f) + G_N(f)|} < \mathtt{tol}$$

时停止。

提示:如同上节最后所讨论的,将表 7.9 以 35×2 矩阵 $\boldsymbol{G}$ 保存在 M 文件中。

(b) 利用(a)中的程序求习题 1 ~ 习题 5 中的积分,精确到小数点后 5 位。

3. (a) 用 6 点高斯-勒让德公式求积分方程

$$v(x) = x^2 + 0.1\int_{0}^{3} (x^2 + t)v(t)\,\mathrm{d}t$$

的近似解。将该近似解代入积分式的右端项,并简化之。

(b) 用 8 点高斯-勒让德公式重做(a)。

第8章 数值优化

机械工程中用二维波动方程来对矩形平板的振动建模。如果平板的4个边都被固定住,则可用双重傅里叶级数表示其正弦振荡。设某时刻 t 点 (x,y) 处的高度 $z=f(x,y)$ 由函数

$$z=f(x,y)=0.02\sin(x)\sin(y)-0.03\sin(2x)\sin(y)$$
$$+0.04\sin(x)\sin(2y)+0.08\sin(2x)\sin(2y)$$

给出。最大变形点在哪里呢?分别观察图8.1(a)和图8.1(b)所绘制的三维图和等值线图,可以看出,区间 $0\leqslant x\leqslant\pi,0\leqslant y\leqslant\pi$ 内有两个局部极小值点和两个局部极大值点。可以用数值方法确定其近似位置:

$$f(0.8278,2.3322)=-0.1200,\qquad f(2.5351,0.6298)=-0.0264$$

为局部极小值,而

$$f(0.9241,0.7640)=0.0998,\qquad f(2.3979,2.2287)=0.0853$$

为局部极大值。

本章简单介绍求单变量和多变量函数局部极值的基本方法。

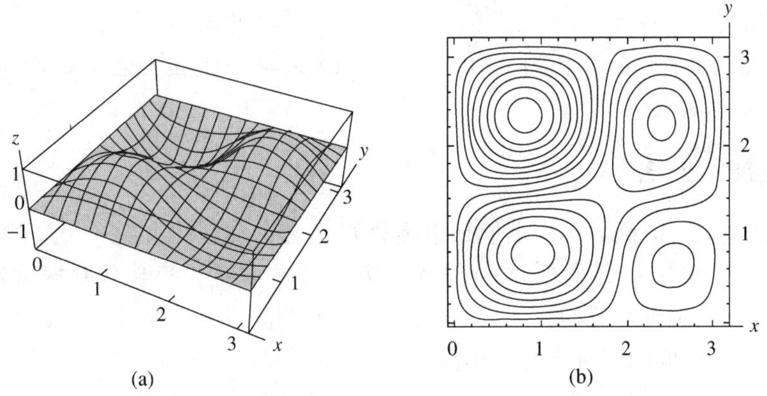

图8.1 (a)振动平板的位移函数 $z=f(x,y)$;(b)振动平板的等值线图 $f(x,y)=C$

8.1 单变量函数的极小值

定义8.1 如果存在包含 p 的开区间 I,使得对所有 $x\in I$,有 $f(p)\leqslant f(x)$,则称函数 f 在 $x=p$ 处有**局部极小值**。类似地,如果对所有 $x\in I$,有 $f(x)\leqslant f(p)$,则称 f 在 $x=p$ 处有**局部极大值**。如果 f 在点 $x=p$ 处有局部极大值或极小值,则称 f 在 $x=p$ 处有**局部极值**。▲

定义8.2 设 $f(x)$ 定义在区间 I 上。

(i) 若对所有 $x_1<x_2$,有当 $x_1,x_2\in I$ 时 $f(x_1)<f(x_2)$,则称 f 在区间 I 上**递增**。

(ii) 若对所有 $x_1<x_2$,有当 $x_1,x_2\in I$ 时 $f(x_1)>f(x_2)$,则称 f 在区间 I 上**递减**。▲

定理8.1 设 $f(x)$ 在区间 $I=[a,b]$ 上连续,并在 (a,b) 上可微。

(i) 若对所有 $x\in(a,b)$ 有 $f'(x)>0$,则 $f(x)$ 在 I 上递增。

(ii) 若对所有 $x\in(a,b)$ 有 $f'(x)<0$,则 $f(x)$ 在 I 上递减。

定理 8.2 设 $f(x)$ 定义在区间 $I=[a,b]$ 上,并在内点 $p\in(a,b)$ 处有局部极值。若 $f(x)$ 在 $x=p$ 处可微,则 $f'(p)=0$。

定理 8.3(一阶导数测试) 设 $f(x)$ 在 $I=[a,b]$ 上连续,并设除 $x=p$ 处外,$f'(x)$ 对所有 $x\in(a,b)$ 都有定义。

(i) 若在 (a,p) 上 $f'(x)<0$,而在 (p,b) 上 $f'(x)>0$,则 $f(p)$ 是局部极小值。

(ii) 若在 (a,p) 上 $f'(x)>0$,而在 (p,b) 上 $f'(x)<0$,则 $f(p)$ 是局部极大值。

定理 8.4 (二阶导数测试) 设 f 在区间 $[a,b]$ 上连续,并且 f' 和 f'' 在区间 (a,b) 上有定义。又设 $p\in(a,b)$ 是关键点,即 $f'(p)=0$。

(i) 若 $f''(p)>0$,则 $f(p)$ 是 f 的一个局部极小值。

(ii) 若 $f''(p)<0$,则 $f(p)$ 是 f 的一个局部极大值。

(iii) 若 $f''(p)=0$,则结果不确定。

例 8.1 利用二阶导数测试,对函数 $f(x)=x^3+x^2-x+1$ 在区间 $[-2,2]$ 上的局部极值进行分类。

解: 一阶导数为 $f'(x)=3x^2+2x-1=(3x-1)(x+1)$,二阶导数为 $f''(x)=6x+2$。有两个点满足 $f'(x)=0$,即 $x=1/3$,$x=-1$。

情况(i): 在 $x=1/3$ 处,$f'(1/3)=0$,而 $f''(1/3)=4>0$,因此在 $x=1/3$ 处 $f(x)$ 有一个局部极小值。

情况(ii): 在 $x=-1$ 处,$f'(-1)=0$,而 $f''(-1)=-4<0$,因此在 $x=-1$ 处 $f(x)$ 有一个局部极大值。 ■

8.1.1 分类搜索方法

另一种方法是通过对函数多次求值来求函数 $f(x)$ 在给定区间上的一个局部极小值。要减少函数求值的次数,确定在哪里求 $f(x)$ 值的好策略非常重要。**黄金分割搜索法**和**斐波那契(Fibonacci)搜索法**是两种有效的方法。使用这两种方法来求 $f(x)$ 的极小值必须满足特定的条件,以保证在给定的区间内有合适的极小值。

定义 8.3 如果存在唯一的 $p\in I$,使得

(1) $f(x)$ 在 $[a,p]$ 上递减,

(2) $f(x)$ 在 $[p,b]$ 上递增,

则函数 $f(x)$ 在 $I=[a,b]$ 上是**单峰的**。 ▲

1. 黄金分割搜索

如果已知 $f(x)$ 在 $[a,b]$ 上是单峰的,则有可能找到该区间的一个子区间,$f(x)$ 在该子区间上取得极小值。一种方法是选择两个内点 $c<d$,这样就有 $a<c<d<b$。$f(x)$ 的单峰特性保证了函数值 $f(c)$ 和 $f(d)$ 小于 $\max\{f(a),f(b)\}$。这时有两种情况要考虑,见图 8.2。

如果 $f(c)\leqslant f(d)$,则最小值必然落在子区间 $[a,d]$ 中。可将 b 替换为 d,并在新区间 $[a,d]$ 上继续搜索。如果 $f(d)<f(c)$,则最小值必然落在子区间 $[c,b]$ 中。将 a 替换为 c,并在新区间 $[c,b]$ 中继续搜索。

选择内点 c 和 d,使得区间 $[a,c]$ 与 $[d,b]$ 对称,即 $b-d=c-a$,其中

$$c = a + (1-r)(b-a) = ra + (1-r)b \tag{3}$$

$$d = b - (1-r)(b-a) = (1-r)a + rb \tag{4}$$

并且 $1/2 < r < 1$（以保证 $c < d$）。

如果 $f(c) \leq f(d)$，则从右侧压缩，使用 $[a, d]$

如果 $f(d) < f(c)$，则从左侧压缩，使用 $[c, b]$

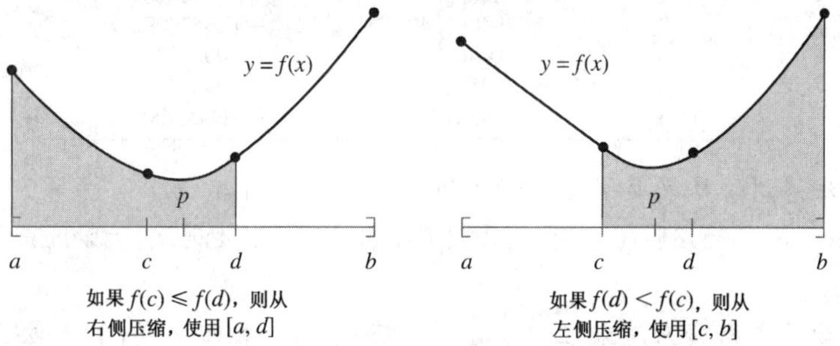

图 8.2 黄金分割搜索方法的决策过程

希望 r 在每个子区间上保持为常数。并且，旧的内点中的一个应该是新子区间的一个内点，而另一个则应该是新子区间的一个端点（见图 8.3）。这样，在每次迭代中只需要找一个新的点，只需要一次新的函数求值计算。如果 $f(c) \leq f(d)$，并且只能进行一次新的函数求值，则必须要求

$$\frac{d-a}{b-a} = \frac{c-a}{d-a}$$

$$\frac{r(b-a)}{b-a} = \frac{(1-r)(b-a)}{r(b-a)}$$

$$\frac{r}{1} = \frac{1-r}{r}$$

$$r^2 + r - 1 = 0$$

$$r = \frac{-1 \pm \sqrt{5}}{2}$$

解得 $r = (-1+\sqrt{5})/2$（黄金分割比例）。类似地，如果 $f(d) < f(c)$，则解得 $r = (-1+\sqrt{5})/2$。

从右侧压缩，新区间为 $[0, r]$

从左侧压缩，新区间为 $[1-r, 1]$

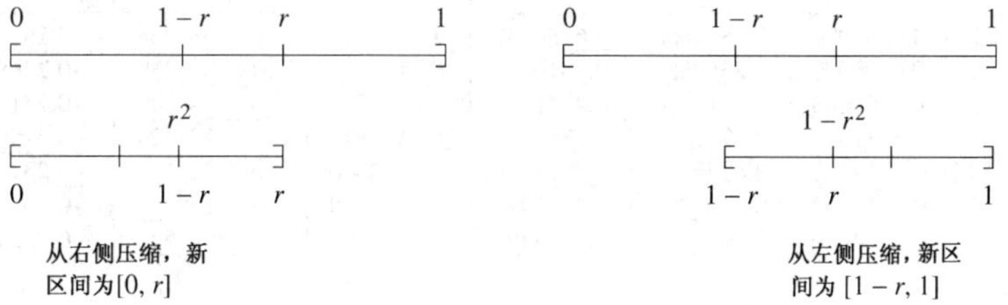

图 8.3 黄金分割搜索方法中的区间

下面的例子比较求根方法和黄金分割搜索方法。

例 8.2 求单峰函数 $f(x) = x^2 - \sin(x)$ 在区间 $[0, 1]$ 上的极小值。

解：通过解 $f'(x) = 0$ 求解。可以通过求根方法来确定导数 $f'(x) = 2x - \cos(x)$ 在何处为 0。由于 $f'(0) = -1 < 0, f'(1) = 1.4596977 > 0$，由中值定理可知 $f'(x)$ 的一个根落在区间 $[0, 1]$ 内。表 8.1 给出初值为 $p_0 = 0$ 和 $p_1 = 1$ 的割线方法的结果。

表 8.1 求解 $f'(x)=2x-\cos(x)=0$ 的割线方法

k	p_k	$2p_k-\cos(p_k)$
0	0.0000000	−1.00000000
1	1.0000000	1.45969769
2	0.4065540	−0.10538092
3	0.4465123	−0.00893398
4	0.4502137	0.00007329
5	0.4501836	−0.00000005

割线方法得到的结果是 $f'(0.4501836)=0$。2 阶导数为 $f''(x)=2+\sin(x)$，计算得 $f''(0.4501836)=2.435131>0$。因此，由定理 8.4(二阶导数测试)，极小值为 $f(0.4501836)=-0.2324656$。

通过黄金分割搜索方法求解。 令 $a_0=0$ 而 $b_0=1$。根据公式(3)和公式(4)分别得到

$$c_0=0+\left(1-\frac{-1+\sqrt{5}}{2}\right)(1-0)=\frac{3-\sqrt{5}}{2}\approx 0.38919660$$

$$d_0=1-\left(1-\frac{-1+\sqrt{5}}{2}\right)(1-0)=\frac{-1+\sqrt{5}}{2}\approx 0.6180340$$

计算得 $f(c_0)=-0.22684748$ 和 $f(d_0)=-0.19746793$。由于 $f(c_0)<f(d_0)$，新的子区间为 $[a_0,d_0]=[0.00000000,0.6180340]$。令 $a_1=a_0$，$b_1=d_0$，$d_1=c_0$，并由公式(3)求得 c_1：

$$\begin{aligned}c_1&=a_1+(1-r)(b_1-a_1)\\&=0+\left(1-\frac{-1+\sqrt{5}}{2}\right)(0.6180340-0)\\&\approx 0.2360680\end{aligned}$$

计算并比较 $f(c_1)$ 和 $f(d_1)$，以确定新的子空间，并继续迭代过程。表 8.2 列出了部分计算结果。

表 8.2 求 $f(x)=x^2-\sin(x)$ 的极小值的黄金分割搜索法

k	a_k	c_k	d_k	b_k	$f(c_k)$	$f(d_k)$
0	0.0000000	0.3819660	0.6180340	1	−0.22684748	−0.19746793
1	0.0000000	0.2360680	0.3819660	0.6180340	−0.17815339	−0.22684748
2	0.2360680	0.3819660	0.4721360	0.6180340	−0.22684748	−0.23187724
3	0.3819660	0.4721360	0.5278640	0.6180340	−0.23187724	−0.22504882
4	0.3819660	0.4376941	0.4721360	0.5278640	−0.23227594	−0.23187724
5	0.3819660	0.4164079	0.4376941	0.4721360	−0.23108238	−0.23227594
6	0.4164079	0.4376941	0.4508497	0.4721360	−0.23227594	−0.23246503
⋮	⋮	⋮	⋮	⋮	⋮	⋮
21	0.4501574	0.4501730	0.4501827	0.4501983	−0.23246558	−0.23246558
22	0.4501730	0.4501827	0.4501886	0.4501983	−0.23246558	−0.23246558
23	0.4501827	0.4501886	0.4501923	0.4501983	−0.23246558	−0.23246558

在第 23 次迭代时，区间收缩为 $[a_{23},b_{23}]=[0.4501827,0.4501983]$。该区间的宽度为 0.0000156。而在该区间的两个端点处求得的函数值在小数点后有 8 位相同，即 $f(a_{23})\approx-0.23246558\approx f(b_{23})$，因此算法结束。搜索法的一个问题是，函数在极小值附近可能比较平缓，从而限制了精度。割线方法能够求得更精确的解 $p_5=0.4501836$。

尽管本例中黄金分割搜索法的速度较慢，但它的优点是可用于 $f(x)$ 不可微的情况。■

2. 斐波那契搜索

在黄金分割搜索法中，第一次迭代中进行了两次函数求值，而在后续的每次迭代中则只进

行一次函数求值。r 的值对每个子区间相同，当 $|b_k - a_k|$ 或 $|f(b_k) - f(a_k)|$ 满足预定义的容差时，迭代结束。斐波那契搜索法与黄金分割搜索法的不同之处在于，r 的值并不是常数。并且，子区间数（迭代数）是由指定的容差决定的。

斐波那契搜索基于公式

$$F_0 = 0,\ F_1 = 1 \tag{5}$$

$$F_n = F_{n-1} + F_{n-2} \tag{6}$$

$n=2,3,\cdots$ 定义的斐波那契序列 $\{F_k\}_{k=0}^{\infty}$。因此斐波那契数为 0，1，1，2，3，5，8，13，21，…。

设给定函数 $f(x)$ 在区间 $[a_0, b_0]$ 上是单峰的。与黄金分割搜索法中一样，也要选择一个值 $r_0(1/2 < r_0 < 1)$，使得内点 c_0 和 d_0 可以在下一个子区间上使用，从而只需一次新的函数求值计算。不失一般性，设 $f(c_0) > f(d_0)$，它满足 $a_1 = a_0, b_1 = d_0$ 和 $d_1 = c_0$（见图 8.4）。如果只能进行一次新的函数求值计算，则为子区间 $[a_1, b_1]$ 选择 $r_1(1/2 < r_1 < 1)$，使得

$$\begin{aligned}
d_0 - c_0 &= b_1 - d_1 \\
(2r_0 - 1)(b_0 - a_0) &= (1 - r_1)(b_1 - a_1) \\
(2r_0 - 1)(b_0 - a_0) &= (1 - r_1)(r_0(b_0 - a_0)) \\
2r_0 - 1 &= (1 - r_1)r_0 \\
r_1 &= \frac{1 - r_0}{r_0}
\end{aligned}$$

由公式(6)，将 $r_0 = F_{n-1}/F_n, n \geqslant 4$ 代入最后一个等式，得

$$\begin{aligned}
r_1 &= \frac{1 - \frac{F_{n-1}}{F_n}}{\frac{F_{n-1}}{F_n}} \\
&= \frac{F_n - F_{n-1}}{F_{n-1}} \\
&= \frac{F_{n-2}}{F_{n-1}}
\end{aligned}$$

因此有 $F_n = F_{n-1} + F_{n-2}$。斐波那契搜索可以从 $r_0 = F_{n-1}/F_n$ 开始，对 $k = 1, 2, \cdots, n-3$，用 $r_k = F_{n-1-k}/F_{n-k}$。注意 $r_{n-3} = F_2/F_3 = 1/2$，因此这一步中无须增加新的点。因此，这一过程总共需要 $(n-3)+1 = n-2$ 步。

将第 k 个子区间的长度按因子 $r_k = F_{n-1-k}/F_{n-k}$ 缩减，得到第 $(k+1)$ 个子区间。最后一个子区间的长度为

$$\begin{aligned}
\frac{F_{n-1}F_{n-2}\cdots F_2}{F_nF_{n-1}\cdots F_3}(b_0 - a_0) &= \frac{F_2}{F_n}(b_0 - a_0) \\
&= \frac{1}{F_n}(b_0 - a_0) = \frac{b_0 - a_0}{F_n}
\end{aligned}$$

如果极小值横坐标的容差为 ϵ，则需要找到最小的 n，使得

$$\frac{b_0 - a_0}{F_n} < \epsilon \quad \text{或} \quad F_n > \frac{b_0 - a_0}{\epsilon} \tag{7}$$

按照要求，由公式

$$c_k = a_k + \left(1 - \frac{F_{n-k-1}}{F_{n-k}}\right)(b_k - a_k) \tag{8}$$

$$d_k = a_k + \frac{F_{n-k-1}}{F_{n-k}}(b_k - a_k) \quad (9)$$

可找到第 k 个子区间$[a_k, b_k]$的内点 c_k 和 d_k。

注:公式(8)和公式(9)中 n 的值由不等式(7)求得。

每次迭代需要确定两个新的内点,一个来自于前一次迭代,另一个来自于公式(8)或公式(9)。当 $r_0 = F_2/F_3 = 1/2$ 时,两个内点将在区间中点重合。为了区分它们,引入一个小的区别常数 e。当使用公式(8)或公式(9)时,$(b_k - a_k)$的系数分别是 $1/2 - e$ 或 $1/2 + e$。

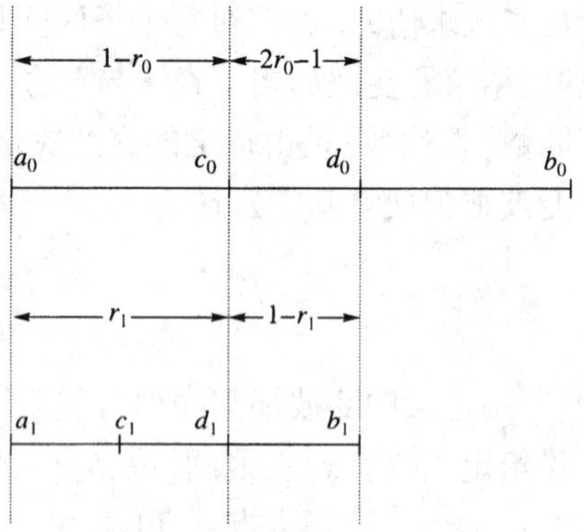

图 8.4 斐波那契搜索区间$[a_0, b_0]$和$[a_1, b_1]$

例 8.3 用斐波那契搜索方法求函数 $f(x) = x^2 - \sin(x)$ 在区间$[0,1]$上的极小值。容差为 $\epsilon = 10^{-4}$,区别常数为 $e = 0.01$。

解:满足

$$F_n > \frac{b_0 - a_0}{\epsilon} = \frac{1-0}{10^{-4}} = 10000$$

的最小整数为 $F_{21} = 10946$。因此 $n = 21$。令 $a_0 = 0$ 且 $b_0 = 1$,由公式(8)和公式(9)得

$$c_0 = 0 + \left(1 - \frac{F_{20}}{F_{21}}\right)(1-0) \approx 0.3819660$$

$$d_0 = 0 + \frac{F_{20}}{F_{21}}(1-0) \approx 0.6180340$$

令 $a_1 = a_0, b_1 = d_0$ 和 $d_1 = c_0$,由于 $f(0.3819660) = -0.2268475$ 和 $f(0.6180340) = -0.1974679$,其中 $f(d_0) \geqslant f(c_0)$。新的包含极小值 f 的子区间是$[a_1, b_1] = [0, 0.6180340]$。利用公式(8)来计算内点 c_1:

$$\begin{aligned} c_1 &= a_1 + \left(1 - \frac{F_{21-1-1}}{F_{21-1}}\right)(b_1 - a_1) \\ &= 0 + \left(1 - \frac{F_{19}}{F_{20}}\right)(0.6180340 - 0) \\ &\approx 0.2360680 \end{aligned}$$

计算并比较 $f(c_1)$和 $f(d_1)$,以确定新的子区间$[a_2, b_2]$,并继续进行迭代过程。表 8.3 给出了部分计算结果。

在第 17 次迭代中,区间宽度缩小为$[a_{17}, b_{17}] = [0.4501188, 0.4503928]$,其中 $c_{17} = 0.4502101$,$d_{17} = 0.4503105$,而 $f(d_{17}) \geqslant f(c_{17})$,因此$[a_{18}, b_{18}] = [0.4501188, 0.4503015]$,$d_{18} = 0.4502101$。在这一步区间收缩 $r_{18} = 1 - F_2/F_3 = 1 - 1/2 = 1/2$,用区别常数为 $e = 0.01$ 计算 c_{18}:

$$\begin{aligned} c_{18} &= a_{18} + (0.5 - 0.01)(b_{18} - a_{18}) \\ &= 0.4501188 - 0.49(0.450315 - 0.4501188) \\ &\approx 0.4502083 \end{aligned}$$

由于 $f(d_{18}) \geqslant f(c_{18})$,最后的子区间为$[a_{19}, b_{19}] = [0.4501188, 0.4502101]$,其宽度为 0.0000913。选择该区间的中点为极小值点,因此极小值为 $f(0.4501645) = -0.2324656$。■

斐波那契搜索法和黄金分割搜索法都可用于 $f(x)$ 不可微的情况。需要注意的是,对于小的 n 值,斐波那契搜索法比黄金分割搜索法更为有效,而对于大的 n 值,两者几乎相同。

表 8.3 使用斐波那契搜索法求 $f(x) = x^2 - \sin(x)$ 的极小值

k	a_k	c_k	d_k	b_k
0	0.0000000	0.3819660	0.6180340	1.0000000
1	0.0000000	0.2360680	0.3819660	0.6180340
2	0.2360680	0.3819660	0.4721359	0.6180340
3	0.3819660	0.4721359	0.5278641	0.6180340
4	0.3819660	0.4376941	0.4721359	0.5278641
⋮	⋮	⋮	⋮	⋮
16	0.4499360	0.4501188	0.4502102	0.4503928
17	0.4501188	0.4502101	0.4503015	0.4503928
18	0.4501188	0.4502083	0.4502101	0.4503015

8.1.2 利用导数求极小值

设 $f(x)$ 在区间 $[a,b]$ 上是单峰的,并在 $x = p$ 处有唯一极小值。并设 $f'(x)$ 在 (a,b) 上所有的点处有定义。令初始点 p_0 在 (a,b) 内。若 $f'(p_0) < 0$,则极小值点 p 在 p_0 右侧;若 $f'(p_0) > 0$,则极小值点 p 在 p_0 左侧(见图 8.5)。

1. 对极小值分类

首先求出 3 个测试值

$$p_0, \quad p_1 = p_0 + h, \quad p_2 = p_0 + 2h \tag{10}$$

使得

$$f(p_0) > f(p_1), \quad f(p_1) < f(p_2) \tag{11}$$

成立。

设 $f'(p_0) < 0$,则 $p_0 < p$,且应该选择正的步长 h。容易找到 h,使公式(10)中的 3 个点满足公式(11)。在公式(10)中,如果满足条件 $a + 1 < b$,则令 $h = 1$;如果条件不满足,则令 $h = 1/2$,依次类推。

情况(i): 若式(11)满足则结束。

情况(ii): 若 $f(p_0) > f(p_1)$ 且 $f(p_1) > f(p_2)$,则说明 $p_2 < p$。那么,需要检测更靠右的点。将步长加倍,并重复检测过程。

情况(iii): 若 $f(p_0) \leq f(p_1)$,表明 h 太大,已经跳过了 p。那么,需要检测更靠近 p_0 的点。将步长减半,并重复检测过程。

当 $f'(p_0) > 0$ 时,应该选择负的步长 h,并用类似于上面的分类进行处理。

若 $f'(p_0) < 0$,则 p 落在区间 $[p_0, b]$ 内

若 $f'(p_0) > 0$,则 p 落在区间 $[a, p_0]$ 内

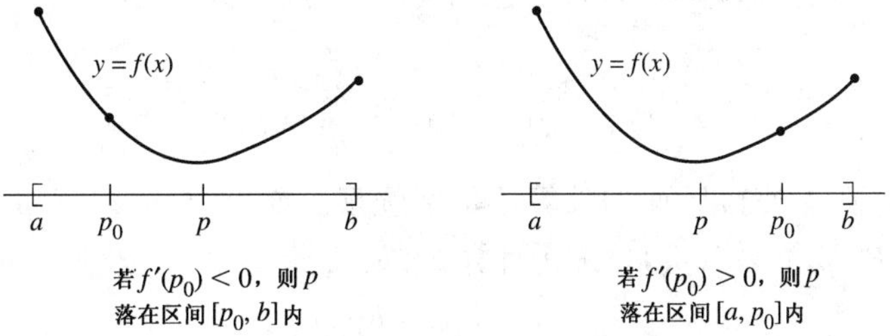

图 8.5 用 $f'(x)$ 来求区间 $[a,b]$ 上单峰函数 $f(x)$ 的极小值

2. 求极小值 p 的二次逼近方法

最后得到 3 个满足式(11)的点,如式(10)所示。可以用二次插值来求 p 的近似值 $p_{\min}$。基

于式(10)的节点的拉格朗日多项式为

$$Q(x)=\frac{y_0(x-p_1)(x-p_2)}{2h^2}-\frac{y_1(x-p_0)(x-p_2)}{h^2}+\frac{y_2(x-p_0)(x-p_1)}{2h^2} \tag{12}$$

其中 $y_i=f(p_i),i=0,1,2$。$Q(x)$的导数为

$$Q'(x)=\frac{y_0(2x-p_1-p_2)}{2h^2}-\frac{y_1(2x-p_0-p_2)}{h^2}+\frac{y_2(2x-p_0-p_1)}{2h^2} \tag{13}$$

以 $Q'(p_0+h_{\min})$的形式求解 $Q'(x)=0$,得

$$\begin{aligned}0=&\frac{y_0(2(p_0+h_{\min})-p_1-p_2)}{2h^2}-\frac{y_1(4(p_0+h_{\min})-2p_0-2p_2)}{2h^2}\\&+\frac{y_2(2(p_0+h_{\min})-p_0-p_1)}{2h^2}\end{aligned} \tag{14}$$

将式(14)中的各项乘以 $2h^2$,并合并包含 $h_{\min}$的项:

$$\begin{aligned}-h_{\min}(2y_0-4y_1+2y_2)&=y_0(2p_0-p_1-p_2)\\&\quad-y_1(4p_0-2p_0-2p_2)+y_2(2p_0-p_0-p_1)\\&=y_0(-3h)-y_1(-4h)+y_2(-h)\end{aligned}$$

由上式易解得 $h_{\min}$:

$$h_{min}=\frac{h(4y_1-3y_0-y_2)}{4y_1-2y_0-2y_2} \tag{15}$$

值 $p_{\min}=p_0+h_{\min}$比 p_0 更好地逼近 p,因此可以用 $p_{\min}$代替 p_0,并重复上面列出的两个计算过程,求出新的 h 和新的 $h_{\min}$。重复这一迭代过程,直到得到所需的精度。细节在程序 8.3 中给出。

这一算法中目标函数 f 的导数在式(13)中隐式地用来确定二次插值多项式的极小值点。读者应当注意的是,程序 8.3 中并没有使用导数。下面的方法使用了 f 和 f'的值。

3. 求极小值 p 的三次逼近方法

另一种方法是找过目标函数 f 两点的 3 次多项式的极小值,该方法直接使用函数和导数求值。设 f 是单峰函数,并在区间$[a,b]$上可微,在 $x=p$ 处有唯一极小值。令 $p_0=a$,利用中值定理估计一个初始步长 h,使得 p_1 接近 p:

$$h=\frac{2(f(b)-f(a))}{f'(a)}$$

这样有 $p_1=p_0+h$。关于极小值处横坐标 p_2 的 3 次多项式为:

$$P(x)=\frac{\alpha}{h^3}(x-p_2)^3+\frac{\beta}{h^2}(x-p_2)^2+f(p_2)$$

注意

$$P'(x)=\frac{3\alpha}{h^3}(x-p_2)^2+\frac{2\beta}{h^2}(x-p_2) \tag{17}$$

分母中引入的 $h=x_1-x_0$ 使得后面的计算不那么烦琐。要求 $P(p_0)=f(p_0)$,$P(p_1)=f(p_1)$,$P'(p_0)=f'(p_0)$和 $P'(p_1)=f'(p_1)$。为了计算 p_2,定义

$$p_2=p_0+h\gamma \tag{18}$$

(见图 8.5),由式(16)和式(17)可得

$$F=f(p_1)-f(p_0)=\alpha(3\gamma^2-3\gamma+1)+\beta(1-2\gamma) \tag{19}$$

$$G=h(f'(p_1)-f'(p_0))=3\alpha(1-2\gamma)+2\beta \tag{20}$$

$$hf'(p_0) = 3\alpha\gamma^2 - 2\beta\gamma \tag{21}$$

关于 α 求解式(19)、式(20)和式(21)组成的方程组：

$$\alpha = G - 2(F - f'(p_0)h) \tag{22}$$

这样就从式(20)和式(21)中消去了 β，得到

$$3\alpha\gamma^2 + (G - 3\alpha)\gamma + hf'(p_0) = 0 \tag{23}$$

解式(23)得

$$\gamma = \frac{-2hf'(p_0)}{(G - 3\alpha) \pm \sqrt{(G - 3\alpha)^2 - 12\alpha hf'(p_0))}}$$

(见 1.3 节中的习题 12)。一般，式(16)中的 2 次项占优，因此 α 应当很小。由于希望 γ 的值较小，令

$$\gamma = \frac{-2hf'(p_0)}{(G - 3\alpha) + \sqrt{(G - 3\alpha)^2 - 12\alpha hf'(p_0))}} \tag{24}$$

将 γ 的计算值代入式(18)，解得 p_2 的值。要继续迭代过程，令 $h = p_2 - p_1$，并在公式(18)、公式(19)、公式(20)、公式(22)和公式(24)中分别用 p_1 和 p_2 替换 p_0 和 p_1。上面描述的算法不是分类方法，因此确定终止标准更为困难。一种方法是要求 $|f'(p_k)| < \epsilon$，因为 $f'(p) = 0$。

例 8.4 用三次搜索法求函数 $f(x) = x^2 - \sin(x)$ 在区间 $[0, 1]$ 上的极小值。

解：f 的导数是 $f'(x) = 2x - \cos(x)$。将 $f(0) = 0$，$f(1) = 0.5852902$ 和 $f'(0) = -1$ 代入 $h_1 = 2(f(b) - f(a))/f'(a)$，得到 $h_1 = -0.3170580$。从而

$$p_1 = p_0 + h_1 = 0 + (-0.3170580) = -0.3170580$$
$$f(p_1) = f(-0.3170580) = 0.4122984$$
$$f'(p_1) = f'(-0.3170580) = -0.8496310$$

将 h_1，$f(p_0)$，$f(p_1)$，$f'(p_0)$ 和 $f'(p_1)$ 代入公式(19)、公式(20)、公式(22)和公式(24)，得

$$F = 0.4122984$$
$$G = 0.1852484$$
$$\alpha = -0.0052323$$
$$\gamma = -1.4202625$$

因此有

$$p_2 = p_1 + h_1\gamma = -0.3170580 + (-0.3170580)(-1.4202625) = 0.4503056$$

再令 $h_2 = p_2 - p_1 = 0.7673637$，并继续迭代过程。表 8.4 中的结果使用的终止条件是 $f'(p_k) < 10^{-7}$。$p_5 = 0.4501836$ 处的函数值为 $f(p_5) = -0.2324656$，它比例 8.2 中割线法求得的极小值更精确。 ■

表 8.4 利用三次搜索法求函数 $f(x) = x^2 - \sin(x)$ 的极小值

k	p_{k-1}	h_k	p_k
1	0.0000000	−0.3170580	−0.3170580
2	−0.3170580	0.7673637	0.4503056
3	0.4503056	0.0001217	0.4501810
4	0.4501810	0.0002433	0.4504272
5	0.4504272	0.0002436	0.4501836

程序 8.1(黄金分割搜索法求极小值) 用黄金分割搜索法求 $f(x)$ 在区间 $[a, b]$ 上的近似极小值点。仅当 $f(x)$ 在区间 $[a, b]$ 上是单峰的时才能用该算法。

```
function[S,E,G]=golden(f,a,b,delta,epsilon)
%Input  - f is the object function input as a string 'f'
%       - a and b are the end points of the interval
%       - delta is the tolerance for the abscissas
%       - epsilon is the tolerance for the ordinates
%Output - S=(p,yp) contains the abscissa p and
%         the ordinate yp of the minimum
%       - E=(dp,dy) contains the error bounds for p and yp
%       - G is an n x 4 matrix:  the kth row contains
%         [ak ck dk bk]; the values of a, c, d, and b at the
%         kth iteration
r1=(sqrt(5)-1)/2;
r2=r1^2;
h=b-a;
ya=feval(f,a);
yb=feval(f,b);
c=a+r2*h;
d=a+r1*h;
yc=feval(f,c);
yd=feval(f,d);
k=1;
A(k)=a;B(k)=b;C(k)=c;D(k)=d;
while(abs(yb-ya)>epsilon)|(h>delta)
   k=k+1;
   if(yc<yd)
      b=d;
      yb=yd;
      d=c;
      yd=yc;
      h=b-a;
      c=a+r2*h;
      yc=feval(f,c);
   else
      a=c;
      ya=yc;
      c=d;
      yc=yd;
      h=b-a;
      d=a+r1*h;
      yd=feval(f,d);
   end
   A(k)=a;B(k)=b;C(k)=c;D(k)=d;
end
dp=abs(b-a);
dy=abs(yb-ya);
p=a;
yp=ya;
if(yb<ya)
   p=b;
   yp=yb;
end
G=[A' C' D' B'];
S=[p yp];
E=[dp dy];
```

程序 8.2 使用如下 M 文件计算斐波那契数。

```
function y=fib(n)
fz(1)=1; fz(2)=1;
for k=3:n
   fz(k)=fz(k-1)+fz(k-2);
end
y=fz(n);
```

程序 8.2(斐波那契搜索法求极小值) 用斐波那契搜索法求 $f(x)$ 在区间 $[a,b]$ 上的近似极小值。仅当 $f(x)$ 在区间 $[a,b]$ 上是单峰的时才能用该算法。

```
function X=fibonacci(f,a,b,tol,e)
%Input- f, the object function as a string
%       a, the left endpoint of the interval
%       b, the right endpoint of the interval
%       tol, length of uncertainty
%       e, distinguishability constant
%Output-X, x and y coordinates of minimum
%Note:  this function calls the m-file fib.m
%Determine n
i=1;
F=1;
while F<=(b-a)/tol
   F=fib(i);
   i=i+1;
end
%Initialize values
n=i-1;
A=zeros(1,n-2);B=zeros(1,n-2);
A(1)=a;
B(1)=b;
c=A(1)+(fib(n-2)/fib(n))*(B(1)-A(1));
d=A(1)+(fib(n-1)/fib(n))*(B(1)-A(1));
k=1;
%Compute Iterates
while k =n-3
   if feval(f,c)>feval(f,d)
      A(k+1)=c;
      B(k+1)=B(k);
      c=d;
      d=A(k+1)+(fib(n-k-1)/fib(n-k))*(B(k+1)-A(k+1));
   else
      A(k+1)=A(k);
      B(k+1)=d;
      d=c;
      c=A(k+1)+(fib(n-k-2)/fib(n-k))*(B(k+1)-A(k+1));
   end
   k=k+1;
end
%Last iteration using distinguishability constant e
if feval(f,c)>feval(f,d)
   A(n-2)=c;
   B(n-2)=B(n-3);
```

```
        c=d;
        d=A(n-2)+(0.5+e)*(B(n-2)-A(n-2));
    else
        A(n-2)=A(n-3);
        B(n-2)=d;
        d=c;
        c=A(n-2)+(0.5-e)*(B(n-2)-A(n-2));
    end
%Output:  Use midpoint of last interval for abscissa
if feval(f,c)>feval(f,d)
    a=c;b=B(n-2);
else
    a=A(n-2);b=d;
end
X=[(a+b)/2 feval(f,(a+b)/2)];
```

程序 8.3(用 2 次插值求局部极小值) 求函数 $f(x)$ 在区间 $[a,b]$ 上的局部极小值,从初始近似点 p_0 开始,然后在区间 $[a,p_0]$ 和 $[p_0,b]$ 上进行搜索。

```
function[p,yp,dp,dy,P]=quadmin(f,a,b,delta,epsilon)
%Input   - f is the object function input as a string 'f'
%        - a and b are the end points of the interval
%        - delta is the tolerance for the abscissas
%        - epsilon is the tolerance for the ordinates
%Output  - p is the abscissa of the minimum
%        - yp is the ordinate of the minimum
%        - dp is the error bound for p
%        - dy is the error bound for yp
%        - P is the vector of iterations
p0=a;
maxj=20;
maxk=30;
big=1e6;
err=1;
k=1;
P(k)=p0;
cond=0;
h=1;
if (abs(p0)>1e4),h=abs(p0)/1e4;end
while(k<maxk&err>epsilon&cond~=5)
    f1=(feval(f,p0+0.00001)-feval(f,p0-0.00001))/0.00002;
    if(f1>0),h=-abs(h);end
    p1=p0+h;
    p2=p0+2*h;
pmin=p0;
y0=feval(f,p0);
y1=feval(f,p1);
y2=feval(f,p2);
ymin=y0;
cond=0;
j=0;
%Determine h so that y1<y0&y1<y2
while(j<maxj&abs(h)>delta&cond==0)
```

```
    if (y0<=y1),
       p2=p1;
       y2=y1;
       h=h/2;
       p1=p0+h;
       y1=feval(f,p1);
    else
       if(y2<y1),
          p1=p2;
          y1=y2;
          h=2*h;
          p2=p0+2*h;
          y2=feval(f,p2);
       else
          cond=-1;
       end
    end
 j=j+1;
 if(abs(h)>big|abs(p0)>big),cond=5;end
 end
 if(cond==5),
    pmin=p1;
    ymin=feval(f,p1);
 else
    %Quadratic interpolation to find yp
    d=4*y1-2*y0-2*y2;
    if(d<0),
       hmin=h*(4*y1-3*y0-y2)/d;
    else
       hmin=h/3;
       cond=4;
    end
    pmin=p0+hmin;
    ymin=feval(f,pmin);
    h=abs(h);
    h0=abs(hmin);
    h1=abs(hmin-h);
    h2=abs(hmin-2*h);
       %Determine magnitude of next h
       if(h0<h),h=h0;end
       if(h1<h),h=h1;end
       if(h2<h),h=h2;end
       if(h==0),h=hmin;end
       if(h<delta),cond=1;end
       if (abs(h)>big|abs(pmin)>big),cond=5;end
       %Termination test for minimization
       e0=abs(y0-ymin);
       e1=abs(y1-ymin);
       e2=abs(y2-ymin);
       if(e0~=0 & e0<err),err=e0;end
       if(e1~=0 & e1<err),err=e1;end
       if(e2~=0 & 2<err),err=e2;end
       if(e0~=0 & e1==0 & e2==0),error=0;end
       if(err<epsilon),cond=2;end
```

```
        p0=pmin;
        k=k+1;
        P(k)=p0;
    end
    if(cond==2&h<delta),cond=3;end
end
p=p0;
dp=h;
yp=feval(f,p);
dy=err;
```

8.1.3 习题

1. 利用定理 8.1,判断以下函数哪些是递增的,哪些是递减的。
   (a) $f(x)=2x^3-9x^2+12x-5$
   (b) $f(x)=x/(x+1)$
   (c) $f(x)=(x+1)/x$
   (d) $f(x)=x^x$
2. 用定义 8.3 说明下列函数是给定区间上的单峰函数。
   (a) $f(x)=x^2-2x+1$; $[0,4]$
   (b) $f(x)=\cos(x)$; $[0,4]$
   (c) $f(x)=x^x$; $[0.1,10]$
   (d) $f(x)=-x(3-x)^{5/3}$; $[0,3]$
3. 利用定理 8.3 和定理 8.4,找出以下函数在给定区间上的所有局部极大值和极小值。
   (a) $f(x)=4x^3-8x^2-11x+5$; $[0,2]$
   (b) $f(x)=x+3/x^2$; $[0.5,3]$
   (c) $f(x)=(x+2.5)/(4-x^2)$; $[-1.9,1.9]$
   (d) $f(x)=\mathrm{e}^x/x^2$; $[0.5,3]$
   (e) $f(x)=-\sin(x)-\sin(3x)/3$; $[0,2]$
   (f) $f(x)=-2\sin(x)+\sin(2x)-2\sin(3x)/3$; $[1,3]$
4. 求抛物线 $y=x^2$ 上与点$(3,1)$最近的点。
5. 求曲线 $y=\sin(x)$上与点$(2,1)$最近的点。
6. 求圆周 $x^2+y^2=25$ 上与弦 AB($A=(3,4)$和 $B=(-1,\sqrt{24})$)最远的点。
7. 用黄金分割搜索法,对以下函数求$[a_k,b_k]$,$k=0,1,2$。四舍五入取 5 位有效数字。注:这些函数在给定区间上都是单峰的。
   (a) $f(x)=\mathrm{e}^x+2x+\frac{x^2}{2}$; $[-2.4,-1.6]$
   (b) $f(x)=-\sin(x)-x+\frac{x^2}{2}$; $[0.8,1.6]$
   (c) $f(x)=\frac{x^2}{2}-4x-x\cos(x)$; $[0.5,2.5]$
   (d) $f(x)=x^3-5x^2+23$; $[1,5]$
8. 用斐波那契搜索法,对习题 7 中的函数求$[a_k,b_k]$,$k=0,1,2$。四舍五入取 5 位有效数字。设 F_{10}是满足某个给定容差ϵ的最小斐波那契数。
9. 对习题 7 中的函数用二次插值方法进行 2 次迭代,四舍五入取 5 位有效数字。

10. 对习题 7 中的函数用三次插值方法进行 2 次迭代,求 p_1 和 p_2。四舍五入取 5 位有效数字。
11. 将黄金分割搜索法应用于给定区间,求第 k 个子区间的宽度。
   (a) $[0, 1]$, $k = 4$
   (b) $[-2.3, -1.6]$, $k = 5$
   (c) $[-4.6, 3.5]$, $k = 10$
12. 对以下给定区间和值ϵ,求满足不等式(7)的最小斐波那契数 F_n。
   (a) $[-0.1, 3.4]$, $\epsilon = 10^{-4}$
   (b) $[-2.3, 5.3]$, $\epsilon = 10^{-6}$
   (c) $[3.33, 3.99]$, $\epsilon = 10^{-8}$
13. 用代数方法证明等式

$$1 - \frac{F_{n-k-1}}{F_{n-k}} = \frac{F_{n-k-2}}{F_{n-k}}$$

14. 证明公式(19)、公式(20)和公式(21)。
15. 证明公式(22)。
16. 证明公式(23)。
17. **二分搜索法**(Dichotomous search method)。二分搜索法是另一类不用导数来求单峰函数 f 在闭区间$[a_0, b_0]$上极小值的分类搜索方法。值 c_1 和 d_0 关于区间的中点$(a_0 + b_0)/2$ 对称,距中点距离为ϵ。根据值$f(c_0)$和$f(d_0)$得到一个新的子区间。通过计算 c_1 和 d_1,重复该过程。
   输入:区分常数ϵ,子区间的最终长度 tol。当 $b_k - a_k \geqslant \text{tol}$ 时,令

$$c_k = \frac{a_k + b_k}{2} - \epsilon, \qquad d_k = \frac{a_k + b_k}{2} + \epsilon$$

   如果$f(c_k) < f(d_k)$,则令 $a_{k+1} = a_k$ 和 $b_{k+1} = d_k$,否则令 $a_{k+1} = c_k$ 和 $b_{k+1} = b_k$。令 $k = k+1$,继续下一循环。
   (a) 用二分搜索法,四舍五入到 5 位有效数字,对函数$f(x) = e^x + 2x + x^2/2$ 在区间$[-2.4, -1.6]$上求$[a_1, b_1]$和$[a_2, b_2]$。区分常数取$\epsilon = 0.1$。
   (b) 证明第 k 个子区间的长度由公式

$$b_k - a_k = \frac{1}{2^k}(b_0 - a_0) + 2\epsilon\left(1 - \frac{1}{2^k}\right)$$

   描述。
   (c) 对(a)中的函数,求值 k,使得 $b_k - a_k < 10^{-4}$,其中$\epsilon = 10^{-6}$。
18. **三次分类搜索法**(Cubic bracketing search method)。设 f 是单峰的,并在区间$[a_0, b_0]$上可微。要找一种利用导数的搜索方法,求与 f 和 f'在端点 a_0 和 b_0 处一致的三次多项式的极小值横坐标 $p_{\min}$。令

$$P(x) = \alpha(x - a_0)^3 + \beta(x - a_0)^2 + \gamma(x - a_0) + \rho$$

   其中 $P(a_0) = f(a_0)$,$P(b_0) = f(b_0)$,$P'(a_0) = f'(a_0)$和 $P'(b_0) = f'(b_0)$。若$f(p_{\min}) > 0$,则令 $b_1 = p_{\min}$,$a_1 = a_0$,否则令 $a_1 = p_{\min}$ 和 $b_1 = b_0$。继续该迭代过程,直到第 k 个子区间小于指定的误差 $b_k - a_k < \epsilon$。与本节中介绍的三次搜索方法一样,还要求系数 α, β, γ 和 ρ 的显式公式。
   (a) 证明:$p_{\min} = a_0 + \dfrac{-\beta + \sqrt{\beta^2 - 3\alpha\gamma}}{3\alpha}$。

(b) 证明：$\rho = P(a_0) = f(a_0)$，$\gamma = P'(a_0) = f'(a_0)$。

(c) 证明：$\alpha = \dfrac{G-2D}{b_0-a_0}$，$\beta = 3D - G$，其中 $F = \dfrac{f(b_0)-f(a_0)}{b_0-a_0}$，$D = \dfrac{F-\gamma}{b_0-a_0}$，$G = \dfrac{f'(b_0)-f'(a_0)}{b_0-a_0}$。

(d) 利用三次搜索法，四舍五入到 5 位有效数字，对函数 $f(x) = e^x + 2x + x^2/2$ 在区间 $[a_0, b_0] = [-2.4, -1.6]$ 上求 $[a_1, b_1]$ 和 $[a_2, b_2]$。

8.1.4 算法与程序

1. 用程序 8.1 求习题 7 中各函数的局部极小值，精确到小数点后 6 位。
2. 用程序 8.2 求习题 7 中各函数的局部极小值，精确到小数点后 6 位。
3. 用程序 8.3 求习题 7 中各函数的局部极小值，精确到小数点后 6 位，从给定区间的中点开始。
4. 用程序 8.1 和/或程序 8.3 求函数 $f(x) = \cos^2(x) - \sin(x)$ 在区间 $[0, 2\pi]$ 上的所有局部极大值，精确到小数点后 6 位。
5. 用程序 8.1 和/或程序 8.3 求下面函数在区间 $[0,2]$ 上的所有局部极大值和局部极小值，精确到小数点后 6 位。

$$f(x) = \frac{x^3 + x^2 - 12x - 12}{2x^6 - 3x^5 - 4x^4 + 9x^2 + 12x - 18}$$

6. 编写 MATLAB 程序，实现 8.1 节中的三次逼近方法。并用该程序求习题 7 中各函数的局部极小值，精确到小数点后 6 位。
7. 编写 MATLAB 程序，实现习题 17 中的二分搜索法。并用该程序求习题 7 中各函数的局部极小值，精确到小数点后 6 位。
8. 用程序 8.1 和/或程序 8.3，求以下函数的所有局部极小值和局部极大值，精确到小数点后 6 位。
   (a) 过点 (0.0, 0.0)，(1.0, 0.5)，(2.0, 2.0) 和 (3.0, 1.5) 的外插三次样条函数。
   (b) 过点 (0.0, 0.0)，(1.0, 0.5)，(2.0, 2.0) 和 (3.0, 1.5)，并抛物线性终止的三次样条函数。
9. 用程序 8.1 和/或程序 8.3，找出 5.4.3 节 5(b) 中的三角函数 $T_7(x)$ 的所有局部极小值和局部极大值，精确到小数点后 6 位。

8.2 内德-米德方法和鲍威尔方法

8.1 节中的定义自然地扩展为多变量函数。设函数 $f(x_1, x_2, \cdots, x_N)$ 定义在区域

$$R = \left\{(x_1, x_2, \ldots, x_N) : \sum_{k=1}^{N}(x_k - p_k)^2 < r^2\right\} \tag{1}$$

上。如果

$$f(p_1, p_2, \cdots, p_N) \leqslant f(x_1, x_2, \cdots, x_N) \tag{2}$$

对所有的点 $(x_1, x_2, \cdots, x_N)$ 都成立，则函数 $f(x_1, x_2, \cdots, x_N)$ 在点 $(p_1, p_2, \cdots, p_N)$ 处有局部极小值。如果

$$f(p_1, p_2, \cdots, p_N) \geqslant f(x_1, x_2, \cdots, x_N) \tag{3}$$

对所有的点 $(x_1, x_2, \cdots, x_N) \in R$ 都成立，则函数 $f(x_1, x_2, \cdots, x_N)$ 在点 $(p_1, p_2, \cdots, p_N)$ 处有局部极大值。

通过讨论两个独立变量的函数$f(x,y)$,即可简单介绍多变量函数求极值问题。双独立变量函数的图形可以看成一个几何表面(见图 8.1)。对函数$f(x,y)$进行二阶偏导数测试求极值可以看成定理 8.4 的扩展。

定理 8.5(二阶偏导数测试) 设$f(x,y)$及其一阶和二阶偏导数在区域R上连续。设点$(p,q)\in R$是一个临界点,即$f_x(p,q)=0$且$f_y(p,q)=0$。可用高阶偏导数来确定临界点的属性。

(i) 若$f_{xx}(p,q)f_{yy}(p,q)-f_{xy}^2(p,q)>0$且$f_{xx}(p,q)>0$,则$f(p,q)$是$f$的局部极小值。

(ii) 若$f_{xx}(p,q)f_{yy}(p,q)-f_{xy}^2(p,q)>0$且$f_{xx}(p,q)<0$,则$f(p,q)$是$f$的局部极大值。

(iii) 若$f_{xx}(p,q)f_{yy}(p,q)-f_{xy}^2(p,q)<0$,则$f(x,y)$在$(p,q)$没有局部极值。

(iv) 若$f_{xx}(p,q)f_{yy}(p,q)-f_{xy}^2(p,q)=0$,则结果不确定。

例 8.5 求函数$f(x,y)=x^2-4x+y^2-y-xy$的极小值。

解:一阶偏导数为

$$f_x(x,y)=2x-4-y,\quad f_y(x,y)=2y-1-x$$

令偏导数等于 0,得到线性方程组

$$\begin{aligned}2x-y&=4\\-x+2y&=1\end{aligned}\tag{4}$$

求解式(4),得$(x,y)=(3,2)$。$f(x,y)$的二阶偏导数为

$$f_{xx}(x,y)=2,\quad f_{yy}(x,y)=2,\quad f_{xy}(x,y)=-1$$

易知它是定理 8.5 中的第(i)种情况,即

$$f_{xx}(3,2)f_{yy}(3,2)-f_{xy}^2(3,2)=3>0,\qquad f_{xx}(3,2)=2>0$$

因此,$f(x,y)$在点(3,2)处有局部极小值,$f(3,2)=-7$。 ■

黄金分割搜索法和斐波那契搜索法都不直接使用目标函数$f(x)$的导数,它们只进行函数值比较。多变量目标函数$f(x_1,x_2,\cdots,x_N)$的极值直接搜索法也具有这一性质,它对函数的可微性不做显性或隐性的假设。因此,对于非光滑(不可微)目标函数而言,直接方法特别有用。

8.2.1 内德-米德方法

内德(Nelder)和米德(Mead)提出了单纯形法,可用于求解多变量函数的局部极小值。对于双变量函数,单纯形即为三角形,而该方法是一个模式搜索过程:比较三角形 3 个顶点处的函数值,$f(x,y)$值最大的顶点为最差顶点,用一个新的顶点代替最差顶点,形成新的三角形式,然后继续这一过程。这一过程生成一系列三角形(它们可能具有不同的形状),函数在其顶点处的值越来越小。随着三角形的减小就可以找到极小值点的坐标。

算法描述中使用了术语"**单纯形**"(N维空间中的广义三角形),它将找到N变量函数的极小值。该算法有效且紧凑。

1. 初始三角形 *BGW*

设要求函数$f(x,y)$的极小值。首先,给定三角形的 3 个顶点$\boldsymbol{V}_k=(x_k,y_k)$,$k=1,2,3$。在这 3 个点上对函数$f(x,y)$求值:$z_k=f(x_k,y_k)$,$k=1,2,3$。下标编号满足$z_1\leqslant z_2\leqslant z_3$。用

$$\boldsymbol{B}=(x_1,y_1),\qquad \boldsymbol{G}=(x_2,y_2),\qquad \boldsymbol{W}=(x_3,y_3)\tag{5}$$

来帮助记忆:$\boldsymbol{B}$是最佳顶点,$\boldsymbol{G}$是次最佳顶点,而$\boldsymbol{W}$是最差顶点。

2. 良边的中点

构造过程使用了连接 $\boldsymbol{B}$ 和 $\boldsymbol{G}$ 的线段的中点。它可由平均坐标得到：

$$\boldsymbol{M}=\frac{\boldsymbol{B}+\boldsymbol{G}}{2}=\left(\frac{x_1+x_2}{2},\frac{y_1+y_2}{2}\right) \tag{6}$$

3. 反射点 R

沿着三角形的边由 $\boldsymbol{W}$ 向 $\boldsymbol{B}$ 方向和由 $\boldsymbol{W}$ 向 $\boldsymbol{G}$ 方向，函数的值递减，因此以点 $\boldsymbol{B}$ 和 $\boldsymbol{G}$ 连线为分界线，与 $\boldsymbol{W}$ 相对的点的函数值 $f(x,y)$ 会较小。选择测试点 $\boldsymbol{R}$ 为关于边 $\overline{\boldsymbol{BG}}$ 对三角形进行的"反射"。要确定点 $\boldsymbol{R}$，首先找到边 $\overline{\boldsymbol{BG}}$ 的中点 $\boldsymbol{M}$，然后从点 $\boldsymbol{W}$ 到 $\boldsymbol{M}$ 画线段，称其长度为 d。从 $\boldsymbol{M}$ 点做该线段的延长线，长度为 d，得到点 $\boldsymbol{R}$(见图 8.6)。$\boldsymbol{R}$ 的向量公式为

$$\boldsymbol{R}=\boldsymbol{M}+(\boldsymbol{M}-\boldsymbol{W})=2\boldsymbol{M}-\boldsymbol{W} \tag{7}$$

4. 开拓点 E

如果 $\boldsymbol{R}$ 处的函数值比 $\boldsymbol{W}$ 处的函数值小，则求解的方向是正确的。可能极小值点的位置只比点 $\boldsymbol{R}$ 略远一点。因此，将过 $\boldsymbol{M}$ 和 $\boldsymbol{R}$ 的线段延长到点 $\boldsymbol{E}$，构成一个新的开拓三角形 $\boldsymbol{BGE}$。点 $\boldsymbol{E}$ 沿着连结 $\boldsymbol{M}$ 和 $\boldsymbol{R}$ 的线段的方向延长距离 d(见图 8.7)。如果 $\boldsymbol{E}$ 处的函数值比 $\boldsymbol{R}$ 处的小，则该顶点比 $\boldsymbol{R}$ 好。点 $\boldsymbol{E}$ 的向量公式为

$$\boldsymbol{E}=\boldsymbol{R}+(\boldsymbol{R}-\boldsymbol{M})=2\boldsymbol{R}-\boldsymbol{M} \tag{8}$$

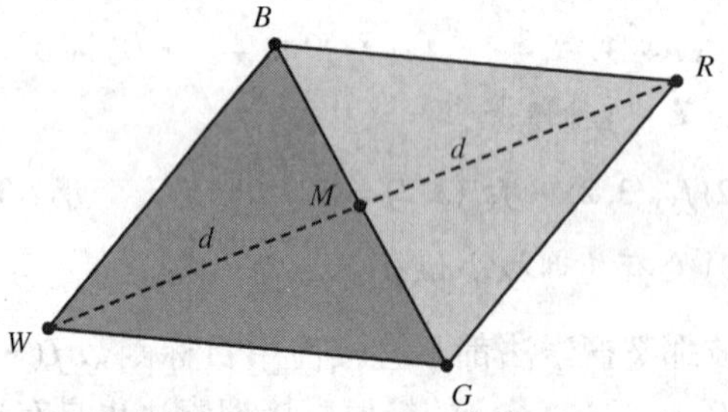

图 8.6　内德-米德方法的三角形 $\triangle BGW$，中点 $\boldsymbol{M}$ 和反射点 $\boldsymbol{R}$

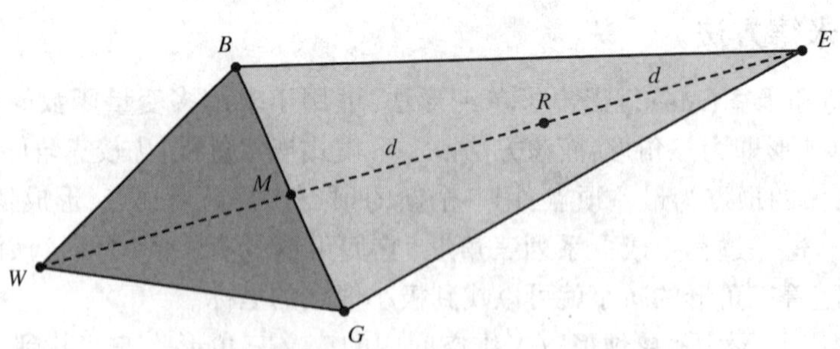

图 8.7　三角形 $\triangle BGW$，点 $\boldsymbol{R}$ 和开拓点 $\boldsymbol{E}$

5. 收缩点 C

如果点 $\boldsymbol{R}$ 和 $\boldsymbol{W}$ 的函数值相等，则需要测试另一个点。或许点 $\boldsymbol{M}$ 处的函数值较小，但是为了保证构成三角形，不能用点 $\boldsymbol{M}$ 替代 $\boldsymbol{W}$。分别考虑两个线段 $\overline{\boldsymbol{WM}}$ 和 $\overline{\boldsymbol{MR}}$ 上的点 $\boldsymbol{C}_1$ 和 $\boldsymbol{C}_2$(见图 8.8)。具有较小函数值的点为 $\boldsymbol{C}$，并由此构成三角形 $\boldsymbol{BGC}$。注意，在二维情况下，在点 $\boldsymbol{C}_1$ 和 $\boldsymbol{C}_2$ 之间选择看起来不合适，但在高维情况下这一点非常重要。

6. 向 B 方向收缩

如果点 $\boldsymbol{C}$ 处的函数值不小于 $\boldsymbol{W}$ 处的值，则点 $\boldsymbol{G}$ 和 $\boldsymbol{W}$ 必将向 $\boldsymbol{B}$ 的方向收缩(见图8.9)。点 $\boldsymbol{G}$ 置换为 $\boldsymbol{M}$，点 $\boldsymbol{W}$ 置换为 $\boldsymbol{S}$，后者是连接 $\boldsymbol{B}$ 和 $\boldsymbol{W}$ 的线段中点。

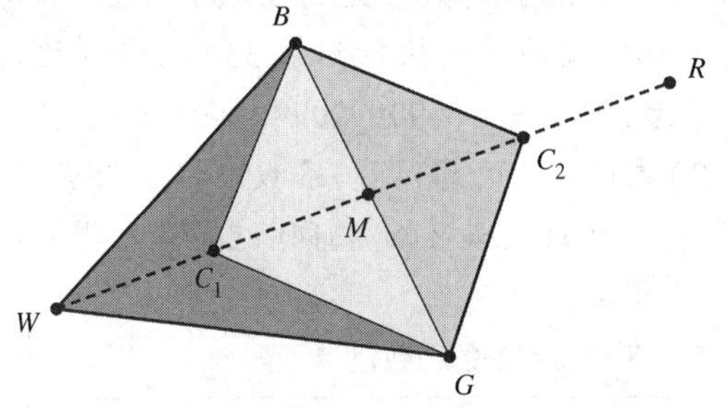

图8.8 内德-米德方法的收缩点 $\boldsymbol{C}_1$ 和 $\boldsymbol{C}_2$

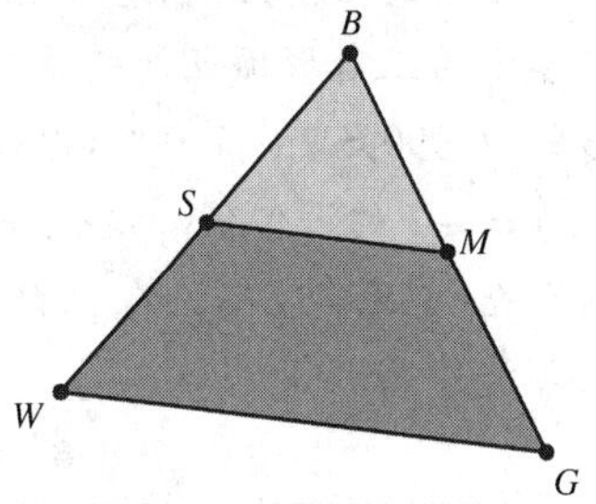

图8.9 向 $\boldsymbol{B}$ 收缩三角形

7. 每一步的逻辑判断

高效的算法应当只在必要的时候进行函数求值。在每一步中找到一个新的点替代 $\boldsymbol{W}$。一旦找到这个点，这一步的迭代就完成了。二维情况的逻辑细节在表8.5中给出。

表8.5 内德-米德方法的逻辑判断

IF $f(R) < f(G)$, THEN Perform Case (i) {either reflect or extend}
ELSE Perform Case (ii) {either contract or shrink}

BEGIN {Case (i).}	BEGIN {Case (ii).}
IF $f(B) < f(R)$ THEN	IF $f(R) < f(W)$ THEN
replace W with R	replace W with R
ELSE	Compute $C = (W + M)/2$
	or $C = (M + R)/2$ and $f(C)$
Compute E and $f(E)$	IF $f(C) < f(W)$ THEN
IF $f(E) < f(B)$ THEN	replace W with C
replace W with E	ELSE
ELSE	Compute S and $f(S)$
replace W with R	replace W with S
ENDIF	replace G with M
ENDIF	ENDIF
END {Case (i).}	END {Case (ii).}

例8.6 用内德-米德方法求函数 $f(x,y) = x^2 - 4x + y^2 - y - xy$ 的极小值。从以下3个顶点开始：

$$\boldsymbol{V}_1 = (0, 0), \qquad \boldsymbol{V}_2 = (1.2, 0.0), \qquad \boldsymbol{V}_3 = (0.0, 0.8)$$

解：函数 $f(x,y)$ 在顶点处的值为

$$f(0,0) = 0.0, \quad f(1.2, 0.0) = -3.36, \quad f(0.0, 0.8) = -0.16$$

比较它们的值，确定 $\boldsymbol{B}$，$\boldsymbol{G}$ 和 $\boldsymbol{W}$：

$$\boldsymbol{B} = (1.2, 0.0), \qquad \boldsymbol{G} = (0.0, 0.8), \qquad \boldsymbol{W} = (0, 0)$$

顶点 $\boldsymbol{W} = (0,0)$ 将被替代，点 $\boldsymbol{M}$ 和 $\boldsymbol{R}$ 为

$$\boldsymbol{M} = \frac{\boldsymbol{B} + \boldsymbol{G}}{2} = (0.6, 0.4), \qquad \boldsymbol{R} = 2\boldsymbol{M} - \boldsymbol{W} = (1.2, 0.8)$$

函数值 $f(\boldsymbol{R}) = f(1.2, 0.8) = -4.48$ 小于 $f(\boldsymbol{G})$，因此这是情况(i)。由于 $f(\boldsymbol{R}) \leqslant f(\boldsymbol{B})$，移动的方向是正确的，顶点 $\boldsymbol{E}$ 由

$$E = 2R - M = 2(1.2, 0.8) - (0.6, 0.4) = (1.8, 1.2)$$

构造。函数值 $f(\boldsymbol{E}) = f(1.8, 1.2) = -5.88$ 小于 $f(\boldsymbol{B})$,新的三角形顶点为

$$V_1 = (1.8, 1.2), \quad V_2 = (1.2, 0.0), \quad V_3 = (0.0, 0.8)$$

继续该过程,得到朝着解点(3,2)收敛的一系列三角形(见图 8.10)。表 8.6 给出了迭代中各步的三角形顶点处的函数值。计算机实现的算法执行到第 33 步,得到的最佳顶点为 $\boldsymbol{B} = (2.99996456, 1.99983839)$,函数值为 $f(\boldsymbol{B}) = -6.99999998$。它是例 8.5 中求得的 $f(3,2) = -7$ 的近似值。迭代在到达(3,2)之前停止的原因是,函数在极小值点附近平缓。经过检查(见表 8.6),函数值 $f(\boldsymbol{B})$,$f(\boldsymbol{G})$ 和 $f(\boldsymbol{W})$(见表 8.6)相同(这是舍入误差的一个例子),算法终止。■

表 8.6 例 8.6 中各三角形顶点处的函数值

k	最佳点	较好点	最差点
1	$f(1.2, 0.0) = -3.36$	$f(0.0, 0.8) = -0.16$	$f(0.0, 0.0) = 0.00$
2	$f(1.8, 1.2) = -5.88$	$f(1.2, 0.0) = -3.36$	$f(0.0, 0.8) = -0.16$
3	$f(1.8, 1.2) = -5.88$	$f(3.0, 0.4) = -4.44$	$f(1.2, 0.0) = -3.36$
4	$f(3.6, 1.6) = -6.24$	$f(1.8, 1.2) = -5.88$	$f(3.0, 0.4) = -4.44$
5	$f(3.6, 1.6) = -6.24$	$f(2.4, 2.4) = -6.24$	$f(1.8, 1.2) = -5.88$
6	$f(2.4, 1.6) = -6.72$	$f(3.6, 1.6) = -6.24$	$f(2.4, 2.4) = -6.24$
7	$f(3.0, 1.8) = -6.96$	$f(2.4, 1.6) = -6.72$	$f(2.4, 2.4) = -6.24$
8	$f(3.0, 1.8) = -6.96$	$f(2.55, 2.05) = -6.7725$	$f(2.4, 1.6) = -6.72$
9	$f(3.0, 1.8) = -6.96$	$f(3.15, 2.25) = -6.9525$	$f(2.55, 2.05) = -6.7725$
10	$f(3.0, 1.8) = -6.96$	$f(2.8125, 2.0375) = -6.95640625$	$f(3.15, 2.25) = -6.9525$

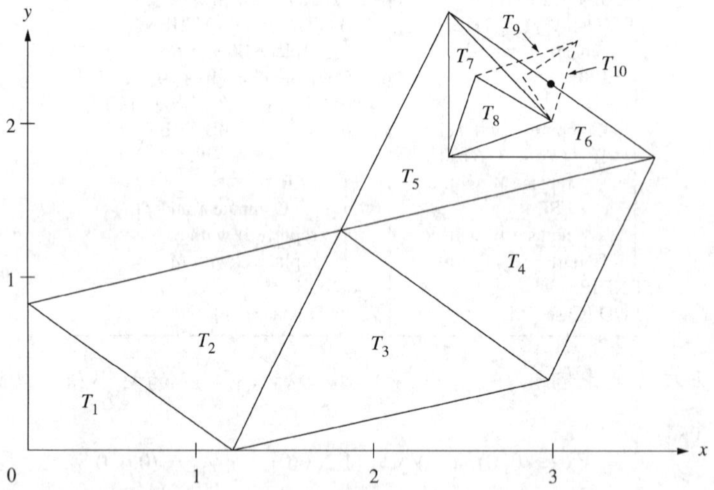

图 8.10 内德-米德方法中的三角形系列 $\{T_k\}$,收敛到点(3,2)

8.2.2 鲍威尔方法

设 $\boldsymbol{X}_0$ 是函数 $z = f(x_1, x_2, \cdots, x_N)$ 极小值点的初始估计。假设函数的偏导数不可得。一种直观上很有吸引力的方法是,通过连续地沿着每个标准基向量方向找极小值,来求下一个近似的 $\boldsymbol{X}_1$。该方法生成一系列点 $\boldsymbol{X}_0 = \boldsymbol{P}_0, \boldsymbol{P}_1, \boldsymbol{P}_2 \cdots, \boldsymbol{P}_N = \boldsymbol{X}_1$。沿着函数 f 的每个标准基向量是一个单变量函数,这样就可以在一个函数为单峰的区间上用黄金分割搜索法或斐波那契搜索法(见 8.1 节)来求 f 的极小值。重复该迭代过程,生成点序列 $\{\boldsymbol{X}_k\}_{k=0}^{\infty}$。遗憾的是,通常由于多变量函数的几何特点,该方法的效率不高。但从点 $\boldsymbol{X}_0$ 到点 $\boldsymbol{X}_1$ 这一步正是**鲍威尔(Powell)方法**的第一步。

鲍威尔方法的核心是,在上述过程中增加两个步骤:在某种程度上,向量 $P_N - P_0$ 代表着每次迭代过程移动的**平均方向**。因此确定点 X_1 为沿向量 $P_N - P_0$ 方向的函数 f 取得极小值的点。与前面一样,沿着这一方向的 f 是单变量函数,因此可用黄金分割搜索法或斐波那契搜索法。最后,用向量 $P_N - P_0$ 代替下一迭代过程中的某个方向向量。对新的方向向量集开始迭代,并生成点序列 $\{X_k\}_{k=0}^{\infty}$。这一过程的描述如下。

设 X_0 是函数 $z = f(x_1, x_2, \cdots, x_N)$ 极小值点位置的初始估计,$\{E_k = [0\ 0\ \cdots\ 0\ 1_k\ 0\ \cdots\ 0]: K = 1, 2, \cdots, N\}$ 为标准基向量,

$$U = [U_1'\ U_2'\ \cdots\ U_N'] = [E_1'\ E_2'\ \cdots\ E_N'] \tag{9}$$

且 $i = 0$。

(i) 令 $P_0 = X_i$。

(ii) 对 $k = 1, 2, \cdots, N$,求值 γ_k,使得 $f(P_{k-1} + \gamma_k U_k)$ 极小,并令 $P_k = P_{k-1} + \gamma_k U_k$。

(iii) 令 $i = i + 1$。

(iv) 对 $j = 1, 2, \cdots, N-1$,令 $U_j = U_{j+1}$。令 $U_N = P_N - P_0$。

(v) 求值 γ,使得 $f(P_0 + \gamma U_N)$ 极小。令 $X_i = P_0 + \gamma U_N$。

(vi) 重复第(i)步到第(v)步。

例 8.7　用前述过程对方程 $f(x, y) = \cos(x) + \sin(y)$ 求 X_1 和 X_2。初始点为 $X_0 = (5.5, 2)$。

解:令 $U = \begin{bmatrix} 1 & 0 \\ 0 & 1 \end{bmatrix}$,且 $P_0 = X_0 = (5.5, 2)$。当 $i = 1$ 时,函数

$$\begin{aligned} f(P_0 + \gamma_1 U_1) &= f((5.5, 2) + \gamma_1(1, 0)) \\ &= f(5.5 + \gamma_1, 2) \\ &= \cos(5.5 + \gamma_1) + \sin(2) \end{aligned}$$

有极小值 $\gamma_1 = -2.3584042$,因此($P_1 = (3.1415958, 2)$。当 $i = 2$ 时,函数

$$\begin{aligned} f(P_1 + \gamma_2 U_2) &= f((3.1415958, 2) + \gamma_2(0, 1)) \\ &= f(3.1415982, 2 + \gamma_2) \\ &= \cos(3.1415982) + \sin(2 + \gamma_2) \end{aligned}$$

在 $\gamma_2 = 2.7123803$ 处有极小值,因此 $P_2 = (3.1415958, 4.7123803)$。令 $U_2'(P_2 - P_0)'$,且

$$U = \begin{bmatrix} 0 & -2.3584042 \\ 1 & 2.7123803 \end{bmatrix}$$

函数

$$\begin{aligned} f(P_0 + \gamma U_2) &= f((5.5, 2) + \gamma(-2.3584042, 2.7123803)) \\ &= f(5.5 - 2.3584042\gamma, 2 + 2.7123903\gamma) \\ &= \cos(5.5 - 2.3584042\gamma) + \sin(2 + 2.7123803\gamma) \end{aligned}$$

在 $\gamma = 0.9816697$ 处有极小值,从而有 $X_1 = (3.1848261, 4.6626615)$。

令 $P_0 = X_1$。当 $i = 1$ 时,函数

$$\begin{aligned} f(P_0 + \gamma_1 U_1) &= f((3.1848261, 4.6626615) + \gamma_1(0, 1)) \\ &= f(3.1848261, 4.6626615 + \gamma_1) \\ &= \cos(3.1848261) + \sin(4.6626615 + \gamma_1) \end{aligned}$$

在 $\gamma_1 = 0.0497117$ 处有极小值,从而有 $P_1 = (3.1848261, 4.7123732)$。当 $i = 2$ 时,函数

$$
\begin{aligned}
f(\boldsymbol{P}_1+\gamma_2\boldsymbol{U}_2) &= f((3.1848261, 4.7123732)+\gamma_2(-2.3584042, 2.7123809)) \\
&= f(3.1848261-2.3584042\gamma_2, 4.7123732+2.7123809\gamma_2) \\
&= \cos(3.1848261-2.3584042\gamma_2)+\sin(4.7123732+2.7123809\gamma_2)
\end{aligned}
$$

在 $\gamma_2=0.0078820$ 处有极小值,从而有 $\boldsymbol{P}_2=(3.1662373, 4.7337521)$。令 $\boldsymbol{U}_2'=(\boldsymbol{P}_2-\boldsymbol{P}_0)'$且

$$
\mathbf{U}=\begin{bmatrix} -2.3584042 & -0.0185889 \\ 2.7123803 & 0.0710906 \end{bmatrix}
$$

函数

$$
\begin{aligned}
f(\boldsymbol{P}_0+\gamma\boldsymbol{U}_2) &= f((3.1848261, 4.6626615)+\gamma(-0.0185889, 0.0710906)) \\
&= f(3.1848261-0.0185889\gamma, 4.6626615+0.0710906\gamma) \\
&= \cos(3.1848261-0.0185889\gamma)+\sin(4.6626615+0.0710906\gamma)
\end{aligned}
$$

在 $\gamma=0.8035684$ 处有极小值,因此 $\boldsymbol{X}_2=(3.1698887, 4.7197876)$。

函数 $f(x,y)=\cos(x)+\sin(y)$ 在点 $\boldsymbol{P}=(\pi, 3\pi/2)$ 处有相对极小值。函数 f 在图 8.11 中给出,而图 8.12 则显示了函数 f 的等值线和点 $\boldsymbol{X}_0$,$\boldsymbol{X}_1$ 和 $\boldsymbol{X}_2$ 的相对位置。■

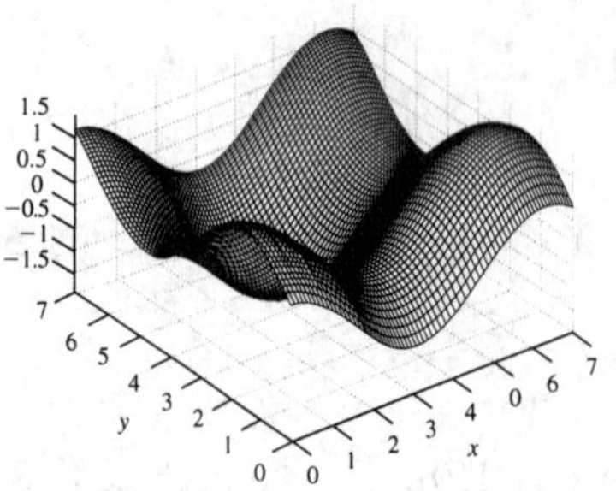

图 8.11 函数 $f(x,y)=\cos(x)+\sin(y)$ 的图

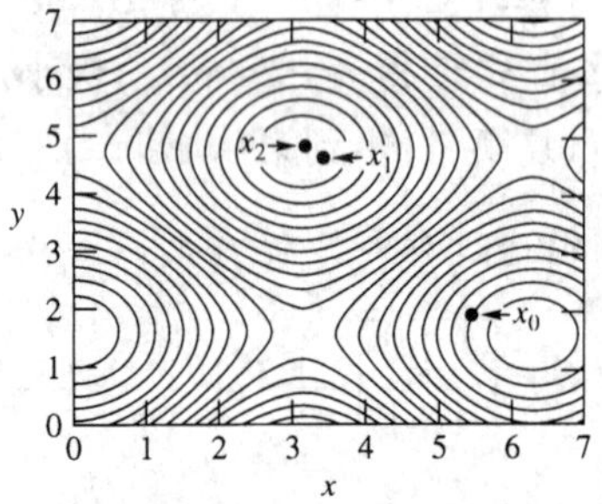

图 8.12 函数 $f(x,y)=\cos(x)+\sin(y)$ 的等值线图

前述过程的第(iv)步中,抛弃了第一个向量 $\boldsymbol{U}_1$,而将平均方向向量 $\boldsymbol{P}_N-\boldsymbol{P}_0$ 加入方向向量表中。实际上,如果抛弃 f 减小最快的方向向量 $\boldsymbol{U}_r$,结果将更好。$\boldsymbol{U}_r$ 看起来是平均向量 $\boldsymbol{U}_N=\boldsymbol{P}_N-\boldsymbol{P}_0$ 的主要分量。因此,随着迭代次数的增加,方向向量集将趋向于变得**线性相关**。当这一集合成为线性相关的时,它将会丢掉一个或多个方向,因此可能出现点集 $\{\boldsymbol{X}\}_{k=0}^{\infty}$ 并不收敛于局部极小值点的情况。并且,在第(iv)步中假设了平均方向是继续搜索的良好方向,但这有可能并不是实际情况。

1. 鲍威尔方法概要

(i) 令 $\boldsymbol{P}_0=\boldsymbol{X}_i$。

(ii) 对 $k=1,2,\cdots,N$,求 γ_k 的值,使得 $f(\boldsymbol{P}_{k-1}+\gamma_k\boldsymbol{U}_k)$ 最小,并令 $\boldsymbol{P}_k=\boldsymbol{P}_{k-1}+\gamma_k\boldsymbol{U}_k$。

(iii) 令 r 和 $\boldsymbol{U}_r$ 分别为第(ii)步的所有向量中使得 f 减小的最大量及其方向。

(iv) 令 $i=i+1$。

(v) 如果 $f(2\boldsymbol{P}_N-\boldsymbol{P}_0)\geqslant f(\boldsymbol{P}_0)$ 或 $2(f(\boldsymbol{P}_0)-2f(\boldsymbol{P}_N)+f(2\boldsymbol{P}_N-\boldsymbol{P}_0))(f(\boldsymbol{P}_0)-f(\boldsymbol{P}_N)-r)^2\geqslant r(f(\boldsymbol{P}_0)-f(2\boldsymbol{P}_N-\boldsymbol{P}_0))^2$,则令 $\boldsymbol{X}_i=\boldsymbol{P}_N$,并返回第(i)步;否则,执行第(vi)步。

(vi) 令 $\boldsymbol{U}_r=\boldsymbol{P}_N-\boldsymbol{P}_0$。

(vii) 求 γ,使得 $f(\boldsymbol{P}_0+\gamma\boldsymbol{U}_r)$ 最小。令 $\boldsymbol{X}_i=\boldsymbol{P}_0+\gamma\boldsymbol{U}_r$。

(viii) 重复第(i)步到第(vii)步。

如果第(v)步中的条件满足,则方向集不变。第(v)步中的第一个不等式说明,平均方向

$\boldsymbol{P}_N-\boldsymbol{P}_0$ 上 f 不再减小。第二个不等式说明，f 沿最大下降方向 $\boldsymbol{U}_r$ 的减小不是 f 在第(ii)步中减小量的主要部分。如果不满足第(v)步的条件，则用第(ii)步中的平均方向 $\boldsymbol{P}_N-\boldsymbol{P}_0$ 替换最速下降方向 $\boldsymbol{U}_r$。在第(vii)步中，求函数在该方向的极小值。第(v)步和第(vii)步中使用的终止条件通常基于 $\|\boldsymbol{X}_i-\boldsymbol{X}_{i-1}\|$ 或 $\|f(\boldsymbol{X}_i)\|$ 的大小。

程序 8.4 要求目标函数 f 保存为 M 文件。f 的参数应当为 $1\times N$ 矩阵。例如，下面的程序将例 8.7 中的函数保存为 M 文件。

```
function z=f(V)
z=0;x=V(1);y=V(2);
z=cos(x)+sin(y);
```

程序 8.4(内德-米德求极小值方法)　求 $f(x_1,x_2,\cdots,x_N)$ 的近似极小值，其中 f 是 N 个实变量的连续函数，给定 $N+1$ 个初始点 $\boldsymbol{V}_k=(v_{k,1},\cdots,v_{k,N})$，$k=0,1,\cdots,N$。

```
function[V0,y0,dV,dy]=nelder(F,V,min1,max1,epsilon,show)
%Input  - F is the object function input as a string 'F'
%       - V is a 3 x n matrix containing starting simplex
%       - min1 & max1 are minimum and maximum number
%         of iterations
%       - epsilon is the tolerance
%       - show == 1 displays iterations (P and Q)
%Output - V0 is the vertex for the minimum
%       - y0 is the function value F(V0)
%       - dV is the size of the final simplex
%       - dy is the error bound for the minimum
%       - P is a matrix containing the vertex iterations
%       - Q is an array containing the iterations for F(P
if nargin==5,
   show=0;
end
[mm n]=size(V);
% Order the vertices
for j=1:n+1
   Z=V(j,1:n);
   Y(j)=feval(F,Z);
end
[mm lo]=min(Y);
[mm hi]=max(Y);
li=hi;
ho=lo;
for j=1:n+1
   if(j~=lo&j~=hi&Y(j)<=Y(li))
      li=j;
   end
   if(j~=hi&j~=lo&Y(j)>=Y(ho))
      ho=j;
   end
end
cnt=0;
% Start of Nelder-Mead algorithm
while(Y(hi)>Y(lo)+epsilon&cnt<max1)|cnt<min1
```

```
S=zeros(1,1:n);
for j=1:n+1
   S=S+V(j,1:n);
end
M=(S-V(hi,1:n))/n;
R=2*M-V(hi,1:n);
yR=feval(F,R);
if(yR<Y(ho))
   if(Y(li)<yR)
      V(hi,1:n)=R;
      Y(hi)=yR;
   else
      E=2*R-M;
      yE=feval(F,E);
      if(yE<Y(li))
         V(hi,1:n)=E;
         Y(hi)=yE;
      else
         V(hi,1:n)=R;
         Y(hi)=yR;
      end
   end
else
   if(yR<Y(hi))
      V(hi,1:n)=R;
      Y(hi)=yR;
   end
   C=(V(hi,1:n)+M)/2;
   yC=feval(F,C);
   C2=(M+R)/2;
   yC2=feval(F,C2);
   if(yC2<yC)
      C=C2;
      yC=yC2;
   end
   if(yC<Y(hi))
      V(hi,1:n)=C;
      Y(hi)=yC;
   else
      for j=1:n+1
         if(j~=lo)
            V(j,1:n)=(V(j,1:n)+V(lo,1:n))/2;
            Z=V(j,1:n);
            Y(j)=feval(F,Z);
         end
      end
   end
end
[mm lo]=min(Y);
[mm hi]=max(Y);
li=hi;
ho=lo;
for j=1:n+1
   if(j~=lo&j~=hi&Y(j)<=Y(li))
      li=j;
```

```
        end
        if(j~=hi&j~=lo&Y(j)>=Y(ho))
           ho=j;
        end
     end
     cnt=cnt+1;
     P(cnt,:)=V(lo,:);
     Q(cnt)=Y(lo);
end
% End of Nelder-Mead algorithm
%Determine size of simplex
snorm=0;
for j=1:n+1
     s=norm(V(j)-V(lo));
     if(s>=snorm)
        snorm=s;
     end
end
Q=Q';
V0=V(lo,1:n);
y0=Y(lo);
dV=snorm;
dy=abs(Y(hi)-Y(lo));
if (show==1)
     disp(P);
     disp(Q);
end
```

8.2.3　习题

1. 用定理 8.5 求下列函数的局部极小值。
   (a) $f(x, y) = x^3 + y^3 - 3x - 3y + 5$
   (b) $f(x, y) = x^2 + y^2 + x - 2y - xy + 1$
   (c) $f(x, y) = x^2y + xy^2 - 3xy$
   (d) $f(x, y) = (x - y)/(x^2 + y^2 + 2)$
   (e) $f(x, y) = 100(y - x^2)^2 + (1 - x)^2$
2. 令 $\boldsymbol{B} = (2, -3)$, $\boldsymbol{G} = (1,1)$, $\boldsymbol{W} = (5,2)$。求点 $\boldsymbol{M}$,$\boldsymbol{R}$ 和 $\boldsymbol{E}$ 以及所得的概略三角形。
3. 令 $\boldsymbol{B} = (-1,2)$, $\boldsymbol{G} = (-2, -5)$, $\boldsymbol{W} = (3,1)$。求点 $\boldsymbol{M}$,$\boldsymbol{R}$ 和 $\boldsymbol{E}$ 以及所得的概略三角形。
4. 令 $\boldsymbol{B} = (0,0,0)$, $\boldsymbol{G} = (1,1,0)$, $\boldsymbol{P} = (0,0,1)$ 和 $\boldsymbol{W} = (0,0,1)$。
   (a) 画出四边形 $\boldsymbol{BGPW}$ 的略图。
   (b) 求 $\boldsymbol{M} = (\boldsymbol{B} + \boldsymbol{G} + \boldsymbol{P})/3$。
   (c) 求 $\boldsymbol{R} = 2\boldsymbol{M} - \boldsymbol{W}$,并画出四边形 $\boldsymbol{BGPR}$ 的略图。
   (d) 求 $\boldsymbol{E} = 2\boldsymbol{R} - \boldsymbol{M}$,并画出四边形 $\boldsymbol{BGPE}$ 的略图。
5. 令 $\boldsymbol{B} = (0,0,0)$, $\boldsymbol{G} = (0,2,0)$, $\boldsymbol{P} = (0,1,1)$, $\boldsymbol{W} = (2,1,0)$。与习题 4 同样求解。
6. 按照例 8.7 的过程,求函数 $f(x,y) = x^3 + y^3 - 3x - 3y + 5$ 的 $\boldsymbol{X}_1$。初始点为 $\boldsymbol{P}_0 = (1/2,1/3)$。
7. 按照例 8.7 的过程,求函数 $f(x,y) = x^2y + xy^2 - 3xy$ 的 $\boldsymbol{X}_1$。初始点为 $\boldsymbol{P}_0 = (1/2,1/3)$。
8. 用向量证明,$\boldsymbol{M} = (\boldsymbol{B} + \boldsymbol{G})/2$ 是连接点 $\boldsymbol{B}$ 和 $\boldsymbol{G}$ 的线段的中点。

9. 给出等式(7)的向量证明。
10. 给出等式(8)的向量证明。
11. 用向量证明,三角形中线的交点位于各顶点到对边中点的 2/3 处。

8.2.4 算法与程序

1. 用程序 8.4 求习题 1 中各函数的极小值,精确到小数点后 8 位。用以下给出的初始顶点。
   (a) (1,2),(2,0)和(2,2)
   (b) (0,0),(2,0)和(2,1)
   (c) (0,0),(2,0)和(2,1)
   (d) (0,0),(0,1)和(1,1)
   (e) (0,0),(1,0)和(0,2)
2. 用程序 8.4 求以下函数的局部极小值,精确到小数点后 8 位。
   (a) $f(x,y,z)=2x^2+2y^2+z^2-2xy+yz-7y-4z$
   从(1,1,1),(0,1,0),(1,0,1)和(0,0,1)开始。
   (b) $f(x,y,z,u)=2(x^2+y^2+z^2+u^2)-x(y+z-u)+yz-3x-8y-5z-9u$
   从(1,1,1,1)附近开始搜索。
   (c) $f(x,y,z,u)=xyzu+\dfrac{1}{x}+\dfrac{1}{y}+\dfrac{1}{z}+\dfrac{1}{u}$
   从(0.7,0.7,0.7,0.7)附近开始搜索。
3. 编写 MATLAB 程序,实现鲍威尔方法。
4. 用第 3 题中的鲍威尔方法程序,计算第 1 题中各函数的局部极小值,精确到小数点后 7 位。从给定顶点附近的一个值开始。
5. 用第 3 题中的鲍威尔方法程序,计算第 2 题中各函数的局部极小值,精确到小数点后 7 位。从给定顶点附近的一个值开始。
6. 求表面 $z=x^2+y^2$ 上与点(2,3,1)距离最小的点,精确到小数点后 7 位。
7. 某公司有 5 个工厂 A,B,C,D 和 E,分别位于 xy 平面上的(10,10),(30,50),(16.667,29),(0.555,29.888)和(22.2221,49.998)处。设两点的距离代表工厂之间开车的距离,以英里为单位。公司计划在平面上某点处建设仓库。预期平均每周工厂 A,B,C,D 和 E 将分别有 10,18,20,14 和 25 次运输。理想情况下,要使每周运输车辆的里程最小,仓库应建在何处?
8. 在上题中,如果受地域所限,仓库必须建在曲线 $y=x^2$ 上,则它应该位于何处?

8.3 梯度和牛顿方法

这一节讨论求 N 个变量的函数 $f(\boldsymbol{X})$ 的极小值,其中 $\boldsymbol{X}=(x_1,x_2,\cdots,x_N)$,且 f 的偏导数可得。

8.3.1 最速下降法(梯度方法)

定义 8.4 设 $z=f(\boldsymbol{X})$ 是 $\boldsymbol{X}$ 的函数,对 $k=1,2,\cdots,N$,$\partial f(\boldsymbol{X})/\partial x_k$ 存在。f 的**梯度**记为 $\nabla f(\boldsymbol{X})$,是向量

$$\nabla f(\boldsymbol{X})=\left(\frac{\partial f(\boldsymbol{X})}{\partial x_1},\frac{\partial f(\boldsymbol{X})}{\partial x_2},\cdots,\frac{\partial f(\boldsymbol{X})}{\partial x_N}\right) \tag{1}$$

▲

例 8.8 求函数$f(x,y)=\dfrac{x-y}{x^2+y^2+2}$在点$(-3,-2)$处的梯度。

解: 将$x=-3$和$y=-2$代入

$$f_x(x,y)=\frac{-x^2+2xy+y^2+2}{(x^2+y^2+2)^2},\qquad f_y(x,y)=\frac{-x^2-2xy+y^2-2}{(x^2+y^2+2)^2}$$

得

$$\nabla f(-3,-2)=(f_x(-3,-2),f_y(-3,-2))=\left(-\frac{9}{225},\frac{19}{225}\right)$$ ■

式(1)中的梯度向量在局部指向$f(\boldsymbol{X})$增加得最快的方向。因此$-\nabla f(\boldsymbol{X})$在局部指向下降得最快的方向。从点$\boldsymbol{P}_0$开始,沿着过$\boldsymbol{P}_0$,方向为$\boldsymbol{S}_0=-\nabla f(\boldsymbol{P}_0)/\|-\nabla f(\boldsymbol{P}_0)\|$的直线搜索,到达点$\boldsymbol{P}_1$。当点$\boldsymbol{X}$满足约束$\boldsymbol{X}=\boldsymbol{P}_0+\gamma\boldsymbol{S}_0$时,在该点处取得局部极小值。由于偏导数可得,因此极小化过程应该使用8.1节中介绍的二次或三次近似方法。

然后计算$-\nabla f(\boldsymbol{P}_1)$,并沿方向$\boldsymbol{S}_1=-\nabla f(\boldsymbol{P}_1)/\|-\nabla f(\boldsymbol{P}_1)\|$搜索,到达点$\boldsymbol{P}_2$。当$\boldsymbol{X}$满足约束$\boldsymbol{X}=\boldsymbol{P}_1+\gamma\boldsymbol{S}_1$时,该点处取得局部极小值。迭代该计算过程,得到点序列$\{\boldsymbol{P}_k\}_{k=0}^{\infty}$,满足$f(\boldsymbol{P}_0)>f(\boldsymbol{P}_1)>\cdots>f(\boldsymbol{P}_k)>\cdots$。如果$\lim_{k\to\infty}\boldsymbol{P}_k=\boldsymbol{P}$,则$f(\boldsymbol{P})$是$f(\boldsymbol{X})$的一个局部极小值。

梯度方法概要

设$\boldsymbol{P}_k$已知。

(i) 求梯度向量$\nabla f(\boldsymbol{P}_k)$。

(ii) 计算搜索方向$\boldsymbol{S}_k=-\nabla f(\boldsymbol{P}_k)/\|-\nabla f(\boldsymbol{P}_k)\|$。

(iii) 在区间$[0,b]$上对$\Phi(\gamma)=f(\boldsymbol{P}_k+\gamma\boldsymbol{S}_k)$进行单参数极小化,$b$为一个较大值。这一过程将产生值$\gamma=h_{\min}$,它是$\Phi(\gamma)$的一个局部极小值点。关系式$\Phi(h_{\min})=f(\boldsymbol{P}_k+h_{\min}\boldsymbol{S}_k)$表明,它是$f(\boldsymbol{X})$沿搜索线$\boldsymbol{X}=\boldsymbol{P}_k+h_{\min}\boldsymbol{S}_k$的一个极小值。

(iv) 构造下一个点$\boldsymbol{P}_{k+1}=\boldsymbol{P}_k+h_{\min}\boldsymbol{S}_k$。

(v) 进行极小化过程的终止判断,即函数值$f(\boldsymbol{P}_k)$和$f(\boldsymbol{P}_{k+1})$是否足够接近,并且距离$\|\boldsymbol{P}_{k+1}-\boldsymbol{P}_k\|$是否足够小?

重复该过程。

例 8.9 用梯度法求函数$f(x,y)=\dfrac{x-y}{x^2+y^2+2}$的$\boldsymbol{P}_1$和$\boldsymbol{P}_2$。初始点$\boldsymbol{P}_0=(-3,-2)$。

解: 当$\boldsymbol{P}_0=(-3,-2)$时,

$$\begin{aligned}\boldsymbol{S}_0&=\frac{1}{\|-\nabla f(\boldsymbol{P}_0)\|}(-\nabla f(\boldsymbol{P}_0))\\&=\frac{1}{\|-\nabla f(-3,-2)\|}(-\nabla f(-3,-2))\\&=(-0.4280863,0.9037378)\end{aligned}$$

函数

$$\begin{aligned}f(\boldsymbol{P}_0+\gamma\boldsymbol{S}_0)&=f((-3,-2)+\gamma(-0.4280863,0.9037378))\\&=f(-3-0.4280863\gamma,-2+0.9037378\gamma)\\&=\frac{(-3-0.4280863\gamma)-(-2+0.9037378\gamma)}{(-3-0.4280863\gamma)^2+(-2+0.9037378\gamma)^2+2}\end{aligned}$$

在$\gamma=h_{\min_0}=4.8186760$处有极小值(见程序8.3,二次插值)。因此

$$\begin{aligned}\boldsymbol{P}_1 &= \boldsymbol{P}_0 + h_{\min_0}\boldsymbol{S}_0\\ &= (-3,-2) + 4.8186760(-0.4280863, 0.9037378)\\ &= (-5.0628094, 2.3548199)\end{aligned}$$

当 $\boldsymbol{P}_1 = (-5.0628094, 2.3548199)$ 时，

$$\begin{aligned}\boldsymbol{S}_1 &= \frac{1}{\|-\nabla f(\boldsymbol{P}_1)\|}(-\nabla f(\boldsymbol{P}_1))\\ &= \frac{1}{\|-\nabla f(-5.0628094, 2.3548199)\|}(-\nabla f(-5.0628094, 2.3548199))\\ &= (0.9991231, -0.0418690)\end{aligned}$$

函数

$$\begin{aligned}f(\boldsymbol{P}_1+\gamma\boldsymbol{S}_1) &= f((-5.0628094, 2.3548199) + \gamma(0.9991231, -0.0418690))\\ &= f(-5.0628094 + 0.9991231\gamma, 2.3545199 - 0.0418690\gamma)\\ &= \frac{(-5.0628094 + 0.9991231\gamma) - (2.3545199 - 0.0418690\gamma)}{(-5.0628094 + 0.9991231\gamma)^2 + (2.3545199 - 0.0418690\gamma)^2 + 2}\end{aligned}$$

在 $\gamma = h_{\min_1} = 2.7708281$ 处有极小值(见程序 8.3，二次插值)。因此

$$\begin{aligned}\boldsymbol{P}_2 &= \boldsymbol{P}_1 + h_{\min_1}\boldsymbol{S}_0\\ &= (-5.0628094, 2.3548199) + 2.7708281(0.9991231, -0.0418690)\\ &= (-2.2944111, 2.2388080)\end{aligned}$$

函数 $f(x,y) = (x-y)/(x^2+y^2+2)$ 在 $\boldsymbol{P} = (-1,1)$ 处有相对极小值。图 8.13 显示了函数 f 的一个等值线图，以及点 $\boldsymbol{P}_0$，$\boldsymbol{P}_1$，$\boldsymbol{P}_2$ 和 $\boldsymbol{P}$ 的相对位置。表 8.7 中列出了更多的计算结果。 ■

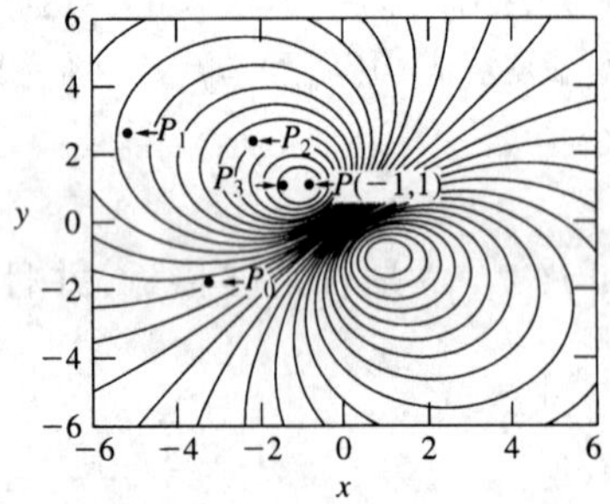

图 8.13 函数 $f(x,y) = (x-y)/(x^2+y^2+2)$ 的等值线图和梯度方法

表 8.7 函数 $f(x,y) = (x-y)/(x^2+y^2+2)$ 的梯度方法

k	x_k	y_k	$f(x_k, y_k)$
0	−3.0000000	−2.0000000	−0.0666667
1	−5.0628094	2.3548199	−0.2235760
2	−2.2944111	2.2388080	−0.3692574
3	−1.3879337	1.3859313	−0.4743948
4	−1.0726050	1.0724933	−0.4987762
5	−1.0035351	1.0035334	−0.4999969
6	−1.0000091	1.0000091	−0.5000000
7	−1.0000000	1.0000000	−0.5000000

前面的讨论说明梯度法的解析和几何方面的优点。该方法是从梯度的几何含义上自然延伸出来的。然而，对于 N 变量函数 $f(x_1, x_2, \cdots, x_N)$ 而言，收敛到一个极小值的速度可能很慢。通常，函数 f 的极小值在几何上使得值 $h_{\min}$ 很小，这导致需要大量的极小化过程，见第(iii)步。

8.3.2 牛顿方法

8.1 节中的二次逼近方法生成了一个二阶拉格朗日多项式序列。它的隐含假设是，在极小值附近，二次多项式与目标函数 $y=f(x)$ 的形状相似，使得所得的二次多项式的极小值序列收敛到目标函数 f 的极小值。**牛顿方法**将这一过程扩展到 N 个独立变量的函数 $z=f(x_1, x_2, \cdots, x_N)$。从初始点 $\boldsymbol{P}_0$ 开始，递归地构造出一个 N 变量的二阶多项式序列。如果目标函数是良态的，并且初始点在实际极小值附近，则该二次多项式的极小值序列将收敛到目标函数的极小值。

该过程将使用目标函数的一阶和二阶偏导数,而梯度方法只用到一阶偏导数,因此可以期望牛顿方法比梯度方法更有效。

定义 8.5　设 $z=f(\boldsymbol{X})$ 是 $\boldsymbol{X}$ 的函数,对于 $i,j=1,2,\cdots,N$, $\dfrac{\partial^2 f(\boldsymbol{X})}{\partial x_i \partial x_j}$ 存在。f 在 $\boldsymbol{X}$ 处的**黑森(Hessian)矩阵**记为 $\boldsymbol{H}f(\boldsymbol{X})$,是一个 $N\times N$ 矩阵

$$\boldsymbol{H}f(\boldsymbol{X}) = \left[\frac{\partial^2 f(\boldsymbol{X})}{\partial x_i \partial x_j}\right]_{N\times N} \tag{2}$$

其中 $i,j=1,2,\cdots,N$。 ▲

可以将函数 f 的黑森矩阵看成函数的**二阶导数**的函数(当 $N=1$ 时的情形)。不难证明,f 的黑森矩阵与 f 的梯度的雅可比矩阵(见 3.7 节)相同:

$$\boldsymbol{H}f(\boldsymbol{X}) = \mathbf{J}\nabla f(\boldsymbol{X}) \tag{3}$$

例 8.10　求函数 $f(x,y)=(x-y)/(x^2+y^2+2)$ 在点 $(-3,-2)$ 处的黑森矩阵。

解: 由例 8.8 知,

$$f_x(x,y) = \frac{-x^2+2xy+y^2+2}{(x^2+y^2+2)^2}, \qquad f_y(x,y) = \frac{-x^2-2xy+y^2-2}{(x^2+y^2+2)^2}$$

二阶偏导数为

$$f_{xx}(x,y) = \frac{2(x^3-3x^2y-3x(y^2+2)+y(y^2+2))}{(x^2+y^2+2)^3}$$
$$f_{xy}(x,y) = \frac{2(x^3+3x^2y+x(2-3y^2)-y(y^2+2))}{(x^2+y^2+2)^3}$$
$$f_{yx}(x,y) = \frac{2(x^3+3x^2y+x(2-3y^2)-y(y^2+2))}{(x^2+y^2+2)^3}$$
$$f_{yy}(x,y) = -\frac{2(2x+x^3-6y-3x^2y-3xy^2+y^3)}{(x^2+y^2+2)^3}$$

在 $(x,y)=(-3,-2)$ 处求黑森矩阵

$$\boldsymbol{H}f(x,y) = \begin{bmatrix} f_{xx}(x,y) & f_{xy}(x,y) \\ f_{yx}(x,y) & f_{yy}(x,y) \end{bmatrix}$$

得

$$\boldsymbol{H}f(-3,-2) = \frac{1}{3375}\begin{bmatrix} 138 & -78 \\ -78 & -122 \end{bmatrix}$$ ■

定义 8.6　$f(\boldsymbol{X})$ 在中心 $\boldsymbol{A}$ 处的**二阶泰勒多项式**为

$$Q(\boldsymbol{X}) = f(\boldsymbol{A}) + \nabla f(\boldsymbol{A})\cdot(\boldsymbol{X}-\boldsymbol{A}) + \frac{1}{2}(\boldsymbol{X}-\boldsymbol{A})\boldsymbol{H}f(\boldsymbol{A})(\boldsymbol{X}-\boldsymbol{A})' \tag{4}$$

▲

m 阶泰勒多项式的数学描述可在大多数向量或高级微积分教材中找到。

例 8.11　计算函数 $f(x,y)=(x-y)/(x^2+y^2+2)$ 在中心 $\boldsymbol{A}=(-3,-2)$ 处的二阶泰勒多项式。将 f 的梯度作为一个 1×2 矩阵。

解: 由例 8.8 和例 8.10 可知,

$$\nabla f(-3,-2)=[f_x(-3,-2),\ f_y(-3,-2)]=\left[\frac{9}{225},-\frac{19}{225}\right]$$

$$\boldsymbol{H}f(-3,-2)=\frac{1}{3375}\begin{bmatrix}138 & -78\\ -78 & -122\end{bmatrix}$$

从而有

$$Q(x,y)=-\frac{1}{15}+\frac{1}{225}[\ 9\quad -19\ ]\cdot[\ x+3\quad y+2\ ]$$
$$+\frac{1}{2}[\ x+3\quad y+2\ ]\left(\frac{1}{3375}\right)\begin{bmatrix}138 & -78\\ -78 & -122\end{bmatrix}[\ x+3\quad y+2\ ]'$$
$$=\frac{69x^2-61y^2+393x-763y-78xy-481}{3375}$$

在无二义性的情况下,结果中省去了 1×1 矩阵的矩阵表示。 ■

设 $z=f(x_1,x_2,\cdots,x_N)$ 的一阶和二阶偏导数存在,并在包含 $\boldsymbol{P}_0$ 的一个区间内连续,并在点 $\boldsymbol{P}$ 处有极小值。用 $\boldsymbol{P}_0$ 代换式(4)中的 $\boldsymbol{A}$,得

$$Q(\boldsymbol{X})=f(\boldsymbol{P}_0)+\nabla f(\boldsymbol{P}_0)\cdot(\boldsymbol{X}-\boldsymbol{P}_0)+\frac{1}{2}(\boldsymbol{X}-\boldsymbol{P}_0)\boldsymbol{H}f(\boldsymbol{P}_0)(\boldsymbol{X}-\boldsymbol{P}_0)' \tag{5}$$

它是一个 N 变量的二阶多项式,其中 $\boldsymbol{X}=[x_1\ x_2\ \cdots x_N]$。$Q(\boldsymbol{X})$ 的一个极小值在

$$\nabla Q(\boldsymbol{X})=\boldsymbol{0} \tag{6}$$

或

$$\nabla f(\boldsymbol{P}_0)+(\boldsymbol{X}-\boldsymbol{P}_0)(\boldsymbol{H}f(\boldsymbol{P}_0))'=\boldsymbol{0} \tag{7}$$

处取得。若 $\boldsymbol{P}_0$ 在点 $\boldsymbol{P}$(f 的极小值点)附近,则 $\boldsymbol{H}f(\boldsymbol{P}_0)$ 可逆,由式(7)可解得 $\boldsymbol{X}$:

$$\boldsymbol{X}=\boldsymbol{P}_0-\nabla f(\boldsymbol{P}_0)((\boldsymbol{H}f(\boldsymbol{P}_0))^{-1})' \tag{8}$$

用 $\boldsymbol{P}_1$ 替换式(8)中的 $\boldsymbol{P}_0$,得

$$\boldsymbol{P}_1=\boldsymbol{P}_0-\nabla f(\boldsymbol{P}_0)((\boldsymbol{H}f(\boldsymbol{P}_0))^{-1})' \tag{9}$$

用 $\boldsymbol{P}_{k-1}$ 替换式(9)中的 $\boldsymbol{P}_0$,则有以下一般规律:

$$\boldsymbol{P}_k=\boldsymbol{P}_{k-1}-\nabla f(\boldsymbol{P}_{k-1})((\boldsymbol{H}f(\boldsymbol{P}_{k-1}))^{-1})' \tag{10}$$

方程(7)中用黑森矩阵的逆来求解 $\boldsymbol{X}$。用第 3 章中的方法来求解方程(7)所表示的线性方程组可能会更好。通常,第 3 章中的方法更可靠、更有效。读者应当明白,矩阵求逆只是理论上的工具,用它进行计算则效率较低。

例 8.12 应用公式(10),求函数 $f(x,y)=(x-y)/(x^2+y^2+2)$ 的 $\boldsymbol{P}_1$ 和 $\boldsymbol{P}_2$。初始点 $\boldsymbol{P}_0=[-0.3\ 0.2]$。

解:若 $\boldsymbol{P}_0=[-0.3\ 0.2]$,则

$$\nabla f(\boldsymbol{P}_0)=[0.4033591\quad -0.4254006]$$

$$\boldsymbol{H}f(\boldsymbol{P}_0)=\begin{bmatrix}0.4476594 & -0.1955793\\ -0.1955793 & 0.3801897\end{bmatrix}$$

$$(\boldsymbol{H}f(\boldsymbol{P}_0))^{-1}=\begin{bmatrix}2.8814429 & 1.4822882\\ 1.4822882 & 3.3927931\end{bmatrix}$$

将 $\boldsymbol{P}_0$,$\nabla f(\boldsymbol{P}_0)$ 和 $(\boldsymbol{H}f(\boldsymbol{P}_0))^{-1}$ 代入式(10),得

$$P_1 = \begin{bmatrix}-0.3 & 0.2\end{bmatrix} - \begin{bmatrix}0.4033591 & -0.4254006\end{bmatrix}\begin{bmatrix}2.8814429 & 1.4822882 \\ 1.4822882 & 3.3927931\end{bmatrix}$$
$$= \begin{bmatrix}-0.8316899 & 1.0454017\end{bmatrix}$$

若 $P_1 = [-0.8316899 \quad 1.0454017]$，则

$$\nabla f(P_1) = \begin{bmatrix}0.0462373 & 0.0097785\end{bmatrix}$$
$$Hf(P_1) = \begin{bmatrix}0.3027529 & -0.0212462 \\ -0.0212462 & 0.2513046\end{bmatrix}$$
$$(Hf(P_1))^{-1} = \begin{bmatrix}3.3227373 & 0.2809163 \\ -0.2809163 & 4.0029851\end{bmatrix}$$

将 P_1，$\nabla f(P_1)$ 和 $(Hf(P_1))^{-1}$ 代入式(10)，得

$$P_2 = \begin{bmatrix}-0.8316899 & 1.0454017\end{bmatrix}$$
$$- \begin{bmatrix}0.0462373 & 0.0097785\end{bmatrix}\begin{bmatrix}3.3227373 & 0.2809163 \\ -0.2809163 & 4.0029851\end{bmatrix}$$
$$= \begin{bmatrix}-0.9880713 & 0.9932699\end{bmatrix}$$

该过程看起来收敛到 $P = [-1 \quad 1]$，函数 f 的一个极小值点。在第 5 次迭代时，$P_5 = [-1 \quad 1]$。■

应当注意的是，公式(9)与 3.7 节中的公式(30)是等价的(对两边进行转置)。同样，公式(10)与 3.7 节中列出的牛顿方法的步骤(iv)等价。因此，可用程序 3.7(牛顿-拉夫森方法)来生成收敛到 P 的序列 $\{P_k\}_{k=0}^{\infty}$(而无须使用逆矩阵)。

对牛顿方法而言，好的初始点是保证收敛的必要条件。这与用牛顿-拉夫森方法求解 $f(x)=0$ 的近似解的情形相似。与本节前面的例子不同的是，例 8.12 中的初始点不是 $P_0 = [-3 \quad -2]$。事实上，读者可以证明，对这一初始点，牛顿方法不收敛。

以公式(10)中的表达式

$$-\nabla f(P_{k-1})((Hf(P_{k-1}))^{-1})'$$

为搜索方向，对牛顿方法进行改进。这与梯度方法中使用搜索方向 S_k 是类似的。与梯度方法一样，在搜索方向上进行单变量极小化(线性搜索)。通常，改进的牛顿方法更可靠。

改进的牛顿方法概要

设 P_k 已知。

(i) 计算搜索方向 $S_k = -\nabla f(P_{k-1})((Hf(P_{k-1}))^{-1})'$。

(ii) 在区间 $[0, b]$ 上对 $\Phi(\gamma) = f(P_k + \gamma S_k)$ 进行单变量极小化，b 为较大值。得到值 $\gamma = h_{\min}$，它是 $\Phi(\gamma)$ 的极小值点。关系式 $\Phi(h_{\min} = f(Pk + h_{\min} S_k)$ 表明，它是 $f(X)$ 沿搜索线 $X = P_k + h_{\min} S_k$ 的一个极小值。

(iii) 构造下一点，$P_{k+1} = P_k + h_{\min} S_k$。

(iv) 进行终止条件测试，即函数值 $f(P_k)$ 和 $f(P_{k+1})$ 是否足够相近，距离 $\|P_{k+1} - P_k\|$ 是否足够小？

重复上述过程。

本节的方法要求函数 $z = f(x_1, x_2, \cdots, x_N)$ 的梯度和黑森矩阵以 M 文件保存(8.2 节中有将 f 保存为 M 文件的方法)。以函数 $f(x,y) = x^2 + y^2 - xy - 4x - y$ 为例，梯度和黑森矩阵的 M 文件分别为

```
function z=G(V)
z=zeros(1,2);
x=V(1);y=V(2);
g=[2x-4-y 2*y-1-x];
z=-(1/norm(g))*g;
function z=H(V)
z=zeros(2,2);
x=V(1);y=V(2);
z=[2 -1;-1 2];
```

程序 8.5(最速下降法或梯度法) 用数值方法求$f(\boldsymbol{X})$的近似局部极小值,其中f为N个实数变量的连续函数,$\boldsymbol{X}=(x_1,x_2,\cdots,x_N)$,从点$\boldsymbol{P}_0$开始,使用梯度方法。

```
function[P0,y0,err]=grads(F,G,P0,max1,delta,epsilon,show)
%Input  - F is the object function input as a string 'F'
%       - G =-(1/norm(grad F))*grad F; the search direction
%         input as a string 'G'
%       - P0 is the initial starting point
%       - max1 is the maximum number of iterations
%       - delta is the tolerance for hmin in the single
%         parameter minimization in the search direction
%       - epsilon is the tolerance for the error in y0
%       - show; if show==1 the iterations are displayed
%Output - P0 is the point for the minimum
%       - y0 is the function value F(P0)
%       - err is the error bound for y0
%       - P is a vector containing the iterations
if nargin==5,show=0;end
[mm n]=]size(P0);
maxj=10; big=1e8; h=1;
P=zeros(maxj,n+1);
len=norm(P0);
y0=feval(F,P0);
if (len>e4),h=len/1e4;end
err=1;cnt=0;cond=0;
P(cnt+1,:)=[P0 y0];
while(cnt<max1&cond~=5&(h>delta|err>epsilon))
   %Compute search direction
   S=feval(G,P0);
   %Start single parameter quadratic minimization
   P1=P0+h*S;
   P2=P0+2*h*S;
   y1=feval(F,P1);
   y2=feval(F,P2);
   cond=0;j=0;
   while(j<maxj&cond==0)
      len=norm(P0);
      if (y0<y1)
      P2=P1;
      y2=y1;
      h=h/2;
      P1=P0+h*S;
      y1=feval(F,P1);
   else
      if(y2<y1)
```

```
            P1=P2;
            y1=y2;
            h=2*h;
            P2=P0+2*h*S;
            y2=feval(F,P2);
         else
            cond=-1;
         end
      end
      j=j+1;
      if(h<delta),cond=1;end
      if(abs(h)>big|len>big),cond=5;end
   end
   if(cond==5)
      Pmin=P1;
      ymin=y1;
   else
      d=4*y1-2*y0-2*y2;
      if(d<0)
         hmin=h*(4*y1-3*y0-y2)/d;
      else
         cond=4;
         hmin=h/3;
      end
      %Construct the next point
      Pmin=P0+hmin*S;
      ymin=feval(F,Pmin);
      %Determine magnitude of next h
      h0=abs(hmin);
      h1=abs(hmin-h);
      h2=abs(hmin-2*h);
      if(h0<h),h=h0;end
      if(h1<h),h=h1;end
      if(h2<h),h=h2;end
      if(h==0),h=hmin;end
      if(h<delta),cond=1;end
      %Termination test for minimization
      e0=abs(y0-ymin);
      e1=abs(y1-ymin);
      e2=abs(y2-ymin);
      if(e0~=0&e0<err),err=e0;end
      if(e1~=0&e1<err),err=e1;end
      if(e2~=0&e2<err),err=e2;end
      if(e0==0&e1==0&e2==0),err=0;end
      if(err<epsilon),cond=2;end
      if(cond==2&h<delta),cond=3;end
   end
   cnt=cnt+1;
   P(cnt+1,:)=[Pmin ymin];
   P0=Pmin;
   y0=ymin;
   end
   if(show==1)
      disp(P);
   end
```

8.3.3 习题

1. 求下列函数在给定点处的梯度。

(a) $f(x,y)=x^2+y^3-3x-3y+5$,在点$(-1,2)$处。

(b) $f(x,y)=100(y-x^2)^2+(1-x)^2$,在点$(1/2,4/3)$处。

(c) $f(x,y,z)=\cos(xy)-\sin(xz)$,在点$(0,\pi,\pi/2)$处。

2. 用梯度方法求习题 1 中各函数及初始点的 $\boldsymbol{P}_1$ 和 $\boldsymbol{P}_2$。
3. 求习题 1 中各函数及初始点的黑森矩阵。
4. 计算习题 1 中各函数以给定点为中心的二阶泰勒多项式。
5. 用公式(10)求习题 1 中各函数及给定初始点的 $\boldsymbol{P}_1$ 和 $\boldsymbol{P}_2$。
6. 用改进的牛顿方法求习题 1 中各函数及给定初始点的 $\boldsymbol{P}_1$。
7. 证明公式(3)对例 8.10 中的函数为真。
8. 对 $N=2$ 的情形证明公式(7),即 $z=f(x_1,x_2)$。
9. 由公式(7)推导公式(8)。

8.3.4 算法与程序

1. 用程序 8.5 求习题 1(a)和习题 1(b)中各函数的极小值,要求精确到小数点后 8 位。使用初始点 $\boldsymbol{P}_0=(0.3,0.4)$。
2. 在程序 8.5 中,迭代结果的 x 和 y 坐标分别存放在矩阵 $\boldsymbol{P}$ 的前两列中。修改程序 8.5,使之在同一坐标系中绘出迭代结果的 x 和 y 坐标。提示:将命令 `plot(P(:,1),P(:,2),'.')`加入到程序中。用该程序对习题 1(a)和习题 1(b)中的函数进行计算,初始点为 $\boldsymbol{P}_0=(-0.2,0.3)$。
3. 编写 MATLAB 程序,实现牛顿方法见公式(10)。用该程序求习题 1(a)和习题 1(b)中函数的极小值,精确到小数点后 8 位。初始点为 $\boldsymbol{P}_0=(0.3,0.4)$。
4. 编写 MATLAB 程序,实现改进的牛顿方法。
5. 用上题中的程序求下列函数的局部极小值,精确到小数点后 8 位。

   (a) $f(x,y,z)=2x^2+2y^2+z^2-2xy+yz-7y-4z$, $\boldsymbol{P}_0=(0.5,0.4,0.5)$

   (b) $f(x,y,z,u)=2(x^2+y^2+z^2+u^2)-x(y+z-u)+yz-3x-8y-5z-9u$, $\boldsymbol{P}_0=(1,1,1,1)$

   (c) $f(x,y,z,u)=xyzu+\dfrac{1}{x}+\dfrac{1}{y}+\dfrac{1}{z}+\dfrac{1}{u}$, $\boldsymbol{P}_0=(0.7,0.7,0.7,0.7)$
6. 用程序 8.5 求上题中各函数的局部极小值,精确到小数点后 8 位。初始点选择为给定点附近的点。
7. 求表面 $z=x^2+y^2$ 上与点(2,3,1)距离最近的点,精确到小数点后 7 位。
8. 某公司有 5 个工厂 A,B,C,D 和 E,分别位于 xy 平面上的点(10,10),(30,50),(16.667,29),(0.555,29.888)和(22.2221,49.988)处。设两点之间的距离表示在工厂之间开车的距离,以英里为单位。公司计划在平面上某点处建造一座仓库,预期平均每周到 A,B,C,D 和 E 工厂分别有 10,18,20,14 和 25 次送货。理想情况下,要使每周送货车的里程最小,仓库应建在 xy 平面上的什么位置?
9. 在上题中,如果由于地域的限制,仓库必须建在曲线 $y=x^2$ 上,则它应该建在何处?

第 9 章　微分方程求解

科学和工程中建立数学模型时经常用到微分方程。由于它们通常没有已知的解析解，因而需要求其数值近似解。作为例子，考虑种群动力学中的一个非线性系统，它是洛特卡–沃尔泰拉(Lotka-Volterra)方程的修正：

$$x' = f(t, x, y) = x - xy - \frac{1}{10}x^2, \qquad y' = g(t, x, y) = xy - y - \frac{1}{20}y^2$$

初始条件是 $x(0) = 2$ 和 $y(0) = 1$，$0 \leqslant t \leqslant 30$。尽管数值解只是一个数值列表，但画出连接近似点 $\{(x_k, y_k)\}$ 得到的多边形路径和轨线还是有助于了解问题，如图 9.1 所示。本章给出求解常微分方程、微分方程组和边界值问题的标准方法。

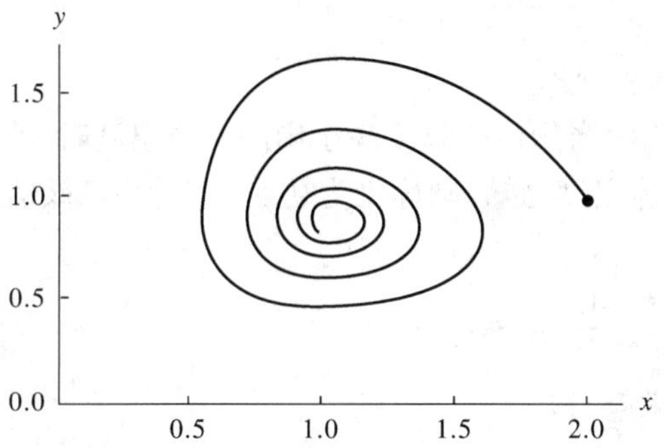

图 9.1　非线性系统微分方程 $x' = f(t, x, y)$ 和 $y' = g(t, x, y)$ 的轨线

9.1　微分方程导论

方程

$$\frac{\mathrm{d}y}{\mathrm{d}t} = 1 - \mathrm{e}^{-t} \tag{1}$$

是一个微分方程，因为它包含"未知函数" $y = y(t)$ 的导数 $\mathrm{d}y/\mathrm{d}t$。由于只有独立变量 t 出现在式(1)的右端项中，因此 $1 - \mathrm{e}^{-t}$ 的不定积分是方程的一个解。可由积分公式求解 $y(t)$：

$$y(t) = t + \mathrm{e}^{-t} + C \tag{2}$$

其中 C 为积分常数。式(2)中的所有函数都是方程(1)的解，因为它们都能满足 $y'(t) = 1 - \mathrm{e}^{-t}$，构成了图 9.2 中的曲线族。

积分方法可用于求解式(2)中函数的显式公式。图 9.2 显示，在这样的解中有 1 个自由度，即积分常量 C。通过改变 C 的值可以向上或向下"移动解曲线"，从而可以找到过任意需要点的曲线。然而世界的奥秘极少表现为显式的公式，通常只能考查一个变量的变化如何影响另一个变量。将这种方法翻译为数学模型，得到的就是包含未知函数的变化率及自变量和/或应变量的方程。

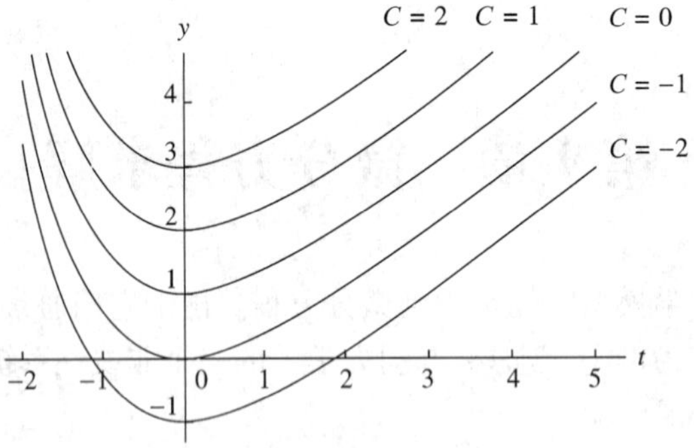

图9.2 解曲线 $y(t)=t+e^{-t}+C$

考虑一个冷却物体的温度 $y(t)$。可以想像,温度的变化率与该物体和周围介质的温差相关。经验规律能够验证这一猜想。牛顿冷却定律说明,温度变化率直接与温差成正比。如果 A 是周围介质的温度,而 $y(t)$ 为物体在时刻 t 时的温度,则

$$\frac{\mathrm{d}y}{\mathrm{d}t}=-k(y-A) \tag{3}$$

其中 k 为正常数。负号是因为当物体的温度高于周围介质温度时,$\mathrm{d}y/\mathrm{d}t$ 为负值。

如果时刻 $t=0$ 时的物体温度已知,则称之为初始条件,并将该信息包含在问题描述中。通常需要求解

$$\frac{\mathrm{d}y}{\mathrm{d}t}=-k(y-A), \qquad y(0)=y_0 \tag{4}$$

可用变量分离技术来求解,得

$$y=A+(y_0-A)e^{-kt} \tag{5}$$

选择不同的 y_0 将得到不同的解曲线,而且没有把一条曲线变换为另一条曲线的简单方法。初始值决定了最终的解。图9.3显示了若干解曲线,可以看出,当 t 增大时,物体温度趋近于房间温度。如果 $y_0<A$,则物体变热而不是冷却。

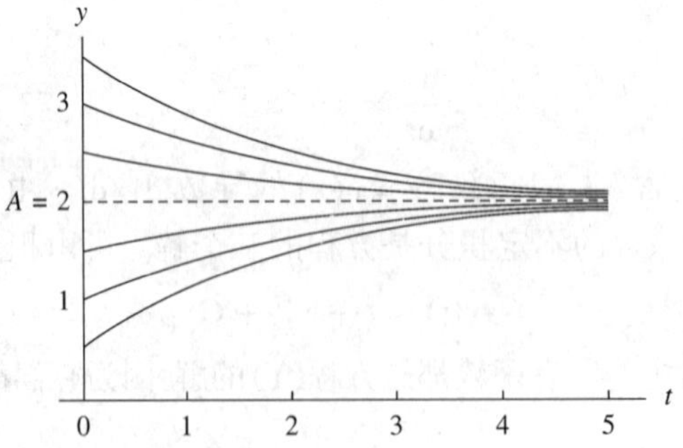

图9.3 牛顿冷却(及加热)定律 $y=A+(y_0-A)e^{-kt}$ 的解曲线

9.1.1 初值问题

定义9.1 **初值问题**(initial value problem,简称I.V.P.)

$$y'=f(t,y), \qquad y(t_0)=y_0 \tag{6}$$

在区间$[t_0,b]$上的解是一个可微函数$y=y(t)$，使得

$$y(t_0)=y_0,\qquad y'(t)=f(t,y(t)),\qquad t\in[t_0,b] \tag{7}$$

注意解曲线必须过初始点(t_0,y_0)。▲

9.1.2　几何解释

在矩形区域$R=\{(t,y):a\leqslant t\leqslant b,\ c\leqslant y\leqslant d\}$中的每个点$(t,y)$处，解曲线$y=y(t)$的斜率都可由隐式公式$m=f(t,y(t))$得到。因此，整个矩形区域中的$m_{i,j}=f(t_i,y_j)$都可以计算出来，并且每个值$m_{i,j}$表示与过点$(t_i,y_j)$的解曲线相切的直线的斜率。

斜率场(或方向场)是指示该区域中斜率$\{m_{i,j}\}$的图，用来显示解曲线如何被斜率约束。要沿一条解曲线运动，必须从初始点开始，检查斜率场，以确定沿哪个方向前进，然后在水平方向由t_0到t_0+h前进一小步，同时在垂直方向上移动大约$hf(t_0,y_0)$的距离，使得结果有正确的斜率。解曲线上的下一个点为(t_1,y_1)。重复该过程，沿该曲线运动，由于该过程只进行有限步，该方法将产生一个近似解。

例 9.1　$y'=(t-y)/2$在矩形区域$R=\{(t,y):0\leqslant t\leqslant 5,\ 0\leqslant y\leqslant 4\}$中的斜率场如图 9.4 所示。图中显示了具有以下初始值的解曲线：

1. 对$y(0)=1$，解为$y(t)=3e^{-t/2}-2+t$。
2. 对$y(0)=4$，解为$y(t)=6e^{-t/2}-2+t$。■

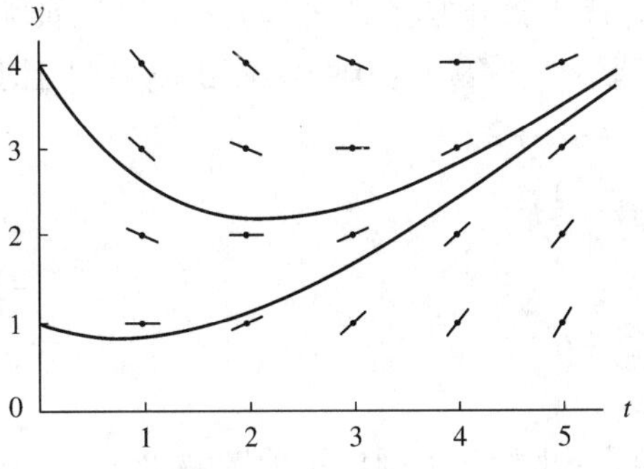

图 9.4　微分方程$y'=f(t,y)=(t-y)/2$的斜率场

定义 9.2　给定矩形$R=\{(t,y):a\leqslant t\leqslant b,\ c\leqslant y\leqslant d\}$，设$f(t,y)$在$R$上连续。对任意$(t,y_1)$，$(t,y_2)\in R$，如果存在常数$L>0$具有性质

$$|f(t,y_1)-f(t,y_2)|\leqslant L\,|y_1-y_2| \tag{8}$$

则称f在R上的变量y满足**利普希茨**(Lipschitz)**条件**。常数L称为f的**利普希茨常数**。▲

定理 9.1　设$f(t,y)$定义在区域R上，如果存在一个常数$L>0$，使得

$$|f_y(t,y)|\leqslant L,\qquad (t,y)\in R \tag{9}$$

则f在区域R上的变量y满足利普希茨条件，利普希茨常数为L。

证明：固定t，并由均值定理得c_1满足$y_1<c_1<y_2$，使得

$$\begin{aligned}|f(t,y_1)-f(t,y_2)|&=|f_y(t,c_1)(y_1-y_2)|\\&=|f_y(t,c_1)||y_1-y_2|\leqslant L|y_1-y_2|\end{aligned}$$ ●

定理 9.2(存在性和唯一性) 设 $f(t,y)$ 在区域 $R=\{(t,y):t_0\leqslant t\leqslant b, c\leqslant y\leqslant d\}$ 上连续,如果 f 在区域 R 上的变量 y 满足利普希茨条件,并且 $(t_0,y_0)\in R$,则初值问题(6),$y'=f(t,y)$,$y(t_0)=y_0$,在某个子区间 $t_0\leqslant t\leqslant t_0+\delta$ 上有唯一解 $y=y(t)$。

对函数 $f(t,y)=(t-y)/2$ 应用定理 9.1 和定理 9.2,偏导数为 $f_y(t,y)=-1/2$。由于 $|f_y(t,y)|\leqslant\frac{1}{2}$,且根据定理 9.1,利普希茨常数为 $L=\frac{1}{2}$,故由定理 9.2 可知初值问题有惟一解。

利用 MATLAB 中的 meshgrid 和 quiver 命令可以构造出斜率场和解曲线的草图。以下 M 文件将生成一个类似于图 9.4 的图形。通常,必须仔细地避免 y' 无定义的点 (t,y)。

```
[t,y]=meshgrid(1:5,4:-1:1);
dt=ones(5,4);
dy=(t-y)/2;
quiver(t,y,dt,dy);
hold on
x=0:.01:5;
z1=3*exp(-x/2)-2+x;
z2=6*exp(-x/2)-2+x;
plot(x,z1,x,z2)
hold off
```

9.1.3 习题

在习题 1 ~ 习题 5 中:

(a) 通过将 $y(t)$ 和 $y'(t)$ 代入微分方程 $y'(t)=f(t,y(t))$,证明 $y(t)$ 为微分方程的解。

(b) 利用定理 9.1,在矩形 $R=\{(t,y): 0\leqslant t\leqslant 3,\ 0\leqslant y\leqslant 5\}$ 上求利普希茨常数 L。

1. $y'=t^2-y, y(t)=Ce^{-t}+t^2-2t+2$
2. $y'=3y+3t, y(t)=Ce^{3t}-t-\frac{1}{3}$
3. $y'=-ty, y(t)=Ce^{-t^2/2}$
4. $y'=e^{-2t}-2y, y(t)=Ce^{-2t}+te^{-2t}$
5. $y'=2ty^2, y(t)=1/(C-t^2)$

在习题 6 ~ 习题 9 中,在同一坐标系上画出矩形区域 $R=\{(t,y): 0<t\leqslant 4,\ 0<y\leqslant 4\}$ 上的斜率场 $m_{i,j}=f(t_i,y_j)$ 和它所指示的解曲线。

6. $y'=-t/y, y(t)=(C-t^2)^{1/2}, C=1,2,4,9$
7. $y'=t/y, y(t)=(C+t^2)^{1/2}, C=-4,-1,1,4$
8. $y'=1/y, y(t)=(C+2t)^{1/2}, C=-4,-2,0,2$
9. $y'=y^2, y(t)=1/(C-t), C=1,2,3,4$
10. 这是一个有“两个解”的初值问题的例子:$y'=\frac{3}{2}y^{1/3}, y(0)=0$。

    (a) 证明:$y(t)=0, t\geqslant 0$ 是一个解。

    (b) 证明:$y(t)=t^{3/2}, t\geqslant 0$ 是一个解。

    (c) 这是否与定理 9.2 矛盾?为什么?
11. 考虑初值问题

$$y'=(1-y^2)^{1/2},\quad y(0)=0$$

(a) 证明:$y(t)=\sin(t)$ 是 $[0,\ \pi/4]$ 上的一个解。

(b) 求解存在的最大区间。

12. 证明定积分 $\int_a^b f(t)\,dt$ 可通过解以下初值问题计算：

$$y' = f(t), \qquad a \leqslant t \leqslant b, \qquad y(a) = 0$$

在习题 13 ~ 习题 15 中，求初值问题的解。

13. $y' = 3t^2 + \sin(t), y(0) = 2$

14. $y' = \dfrac{1}{1+t^2}, y(0) = 0$

15. $y' = e^{-t^2/2}, y(0) = 0$。提示：答案必须表示为确定的积分。

16. 考虑一阶微分方程

$$y'(t) + p(t)y(t) = q(t)$$

证明：一般解 $y(t)$ 可用两个特殊积分求出。首先定义 $F(t)$ 如下：

$$F(t) = e^{\int p(t)\,dt}$$

然后，定义 $y(t)$ 为

$$y(t) = \frac{1}{F(t)}\left(\int F(t)q(t)\,dt + C\right)$$

提示：对乘积 $F(t)y(t)$ 求导。

17. 考虑放射物的衰减。如果 $y(t)$ 是 t 时刻放射物的量，则 $y(t)$ 将逐渐减少。实验表明，$y(t)$ 的变化率与未衰减物质的量成正比。于是放射物衰减的初值问题为

$$y' = -ky, \qquad y(0) = y_0$$

(a) 证明其解为 $y(t) = y_0 e^{-kt}$。

(b) 放射物质的半衰期是初始物质衰减一半所需的时间，^{14}C 的半衰期是 5730 年。请给出求 t 时刻 ^{14}C 的量的公式 $y(t)$。提示：求 k，使得 $y(5730) = 0.5y_0$。

(c) 分析一块木头后知，其中的 ^{14}C 的量是树木活着时的 0.712，该木头样本的年代有多久？

(d) 在某个时刻，一种放射物质的量为 10 mg，23 s 之后，该物质只剩 1 mg。该物质的半衰期为多少？

在习题 18 和习题 19 中，推导初值问题的方程并求解。

18. 一个新的职业足球联赛的年度售票量计划以正比于 t 时刻的销售量和上限 3 亿美元之差的速度增长。假设最初的年售票量为 0 美元，并且必须在 3 年后达到 4000 万美元(否则联赛取消)。基于这些假设，年销售量需要多久能达到 2200 万美元？

19. 一个新图书馆的内部容量为 5 百万立方英尺。通风系统以每分钟 4.5 万立方英尺的速度引入新鲜空气。在通风系统打开之前，图书馆内部的二氧化碳和外面新鲜空气中的二氧化碳量分别为 0.4% 和 0.5%。求通风系统打开 2 小时之后图书馆中的二氧化碳百分比。

9.2　欧拉方法

应该相信，不是所有的初值问题都有显式解，而且通常不可能找到解 $y(t)$ 的公式。例如，不存在 $y' = t^3 + y^2, y(0) = 0$ 这种“闭形式表示”的解。因此，对于科学和工程目的，需要有计算近似解的方法。如果需要解具有多位有效数字，则需要更多的计算量和复杂的算法。

第一种方法称为欧拉方法，它用来体现先进方法包含的概念。由于它随着步数增加而产生的累积误差较大，因此用途有限；然而研究它也很重要，因为它的误差分析更易懂。

设$[a,b]$为求解良态初值问题$y'=f(t,y)$,$y(a)=y_0$的区间。实际上,下面的过程不是要找到满足该初值问题的可微函数,而是要生成点集$\{(t_k,y_k)\}$,并且将这些点作为近似解,即$y(t_k)\approx y_k$。如何构造"近似满足微分方程"的"点集"呢?首先为这些点选择横坐标,为方便起见,将区间$[a,b]$划分为M个等距子区间,并选择网格点

$$t_k=a+kh,\qquad k=0,\ 1,\ \cdots,\ M,\qquad h=\frac{b-a}{M}\tag{1}$$

值h称为**步长**。然后在$[t_0,\ t_M]$上近似求解

$$y'=f(t,y),\qquad y(t_0)=y_0\tag{2}$$

设$y(t)$,$y'(t)$和$y''(t)$连续,利用泰勒定理将$y(t)$在$t=t_0$处展开,对每个值t,存在一个t_0和t之间的值c_1,使得

$$y(t)=y(t_0)+y'(t_0)(t-t_0)+\frac{y''(c_1)(t-t_0)^2}{2}\tag{3}$$

将$y'(t_0)=f(t_0,y(t_0))$和$h=t_1-t_0$代入等式(3),得到$y(t_1)$的表示:

$$y(t_1)=y(t_0)+hf(t_0,y(t_0))+y''(c_1)\frac{h^2}{2}\tag{4}$$

如果步长h足够小,则可以忽略二次项(包含h^2的项),得到

$$y_1=y_0+hf(t_0,y_0)\tag{5}$$

这就是**欧拉近似**。

重复该过程,就能得到近似解曲线$y=y(t)$的一个点序列。欧拉方法的一般步骤是

$$t_{k+1}=t_k+h,\quad y_{k+1}=y_k+hf(t_k,y_k),\quad k=0,\ 1,\ \cdots,\ M-1\tag{6}$$

例 9.2 利用欧拉方法求下面初值问题的近似解

$$y'=Ry,\text{在}[0,1]\text{上},y(0)=y_0,\text{且}R\text{为常数}\tag{7}$$

解: 首先必须选择步长,然后用式(6)中的第二个公式计算纵坐标。该公式有时称为**差分方程**,在此情况下它是

$$y_{k+1}=y_k(1+hR),\quad k=0,\ 1,\ \cdots,\ M-1\tag{8}$$

递归地跟踪解值,得到

$$\begin{aligned}y_1&=y_0(1+hR)\\y_2&=y_1(1+hR)=y_0(1+hR)^2\\&\vdots\\y_M&=y_{M-1}(1+hR)=y_0(1+hR)^M\end{aligned}\tag{9}$$

大多数问题没有显式的求解公式,每个点必须由前一点计算;但初值问题(7)很幸运地有显式的解

$$t_k=kh,\quad y_k=y_0(1-hR)^k,\quad k=0,\ 1,\ \cdots,\ M\tag{10}$$

公式(10)可看成"复利"公式,而欧拉方法则给出未来的本金值。 ■

例 9.3 设存入 1000 美元,且在 5 年期间连续得到 10%的复利,求在 5 年后值为多少。

解: 用欧拉方法和$h=1$,$h=\frac{1}{12}$及$h=\frac{1}{360}$计算初值问题的近似解$y(5)$:

$$y' = 0.1y \quad \text{在 } [0,5] \text{ 上}, \quad y(0) = 1000$$

将 $R = 0.1$ 代入公式(10)得到表 9.1。■

表 9.1　例 9.3 中的复利

步长 h	迭代次数 M	$y(5)$ 的逼近 y_M
1	5	$1000\left(1+\frac{0.1}{1}\right)^{5} = 1610.51$
$\frac{1}{12}$	60	$1000\left(1+\frac{0.1}{12}\right)^{60} = 1645.31$
$\frac{1}{360}$	1800	$1000\left(1+\frac{0.1}{360}\right)^{1800} = 1648.61$

考虑用不同的数值 y_5，y_{60} 和 y_{1800}。它们由不同的步长得到，而且反映了求 $y(5)$ 近似所用的不同计算量。该初值问题的解为 $y(5) = 1000e^{0.5} = 1648.72$；如果不用闭形公式(10)，则需要 1800 次欧拉方法的迭代才能得到 y_{1800}，而且答案只有 5 位有效数字！

如果银行家们要求初值(7)的近似解，他们会因公式(10)的显式公式而选择欧拉方法。更复杂的方法没有计算 y_k 的显示公式，但需要较少的计算量。

9.2.1　几何描述

如果从点 (t_0, y_0) 开始，计算斜率 $m_0 = f(t_0, y_0)$ 的值，并在水平方向移动 h，在竖直方向移动 $hf(t_0, y_0)$，则效果是沿着 $y(t)$ 的切线方向移动，并将到达点 (t_1, y_1)（见图 9.5）。注意 (t_1, y_1) 并不在想要的解曲线上！但是这里计算的是近似值，因此必须使用 (t_1, y_1)，并通过计算斜率 $m_1 = f(t_1, y_1)$ 得到下一个竖直位移 $hf(t_1, y_1)$，找到 (t_2, y_2) 并继续计算。

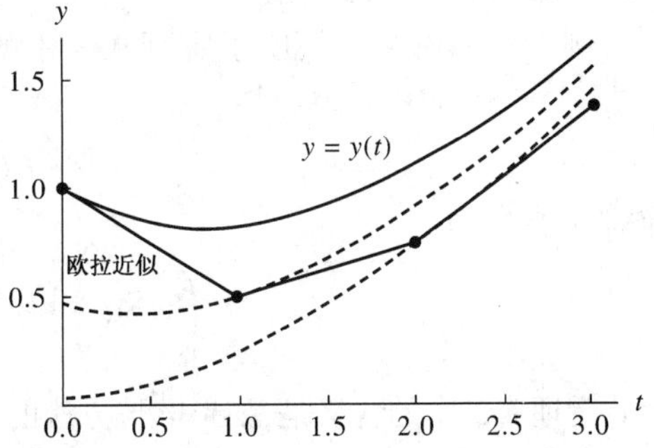

图 9.5　$y_{k-1} = y_k + hf(t_k, y_k)$ 的欧拉近似

9.2.2　步长与误差

这里引入的求初值问题近似解的方法称为**差分方法**或**离散变量法**。它求离散点集上的近似解，这个离散点集称为**网格(或格网)**。基本的单步长方法形如 $y_{k+1} = y_k + h\Phi(t_k, y_k)$，其中的 Φ 称为**增量函数**。

任何求解初值问题的离散变量法都有两个误差源：离散误差和舍入误差。

定义 9.3(离散误差)　设 $y = y(t)$ 是初值问题的唯一解，$\{(t_k, y_k)\}_{k=0}^{M}$ 是离散近似解集。

全局离散误差 e_k 定义为

$$e_k = y(t_k) - y_k, \quad k = 0, 1, \cdots, M \tag{11}$$

它是唯一解与离散方法得到的解之间的差。

局部离散误差 ϵ_{k+1} 定义为

$$\epsilon_{k+1} = y(t_{k+1}) - y_k - h\Phi(t_k, y_k), \quad k = 0, 1, \cdots, M-1 \tag{12}$$

它是从 t_k 到 t_{k+1} 这一步计算的误差。▲

在推导欧拉方法的公式(6)时,每步忽略的项为 $y^{(2)}(c_k)(h^2/2)$。如果这是每步唯一的误差,那么在区间$[a,b]$的末端,进行了 M 步之后,累积误差将是

$$\sum_{k=1}^{M} y^{(2)}(c_k)\frac{h^2}{2} \approx My^{(2)}(c)\frac{h^2}{2} = \frac{hM}{2}y^{(2)}(c)h = \frac{(b-a)y^{(2)}(c)}{2}h = \boldsymbol{O}(h^1)$$

可能有其他的误差,但这一估计占了主要部分。该内容的详细讨论可在微分方程数值方法的高级教程中找到。

定理 9.3(欧拉方法的精度) 设 $y(t)$ 是初值问题(2)的解,如果 $y(t)\in C^2[t_0,b]$ 且 $\{(t_k,y_k)\}_{k=0}^{M}$ 是由欧拉方法计算的近似值序列,则

$$\begin{aligned}|e_k| &= |y(t_k)-y_k| = \boldsymbol{O}(h)\\ |\epsilon_{k+1}| &= |y(t_{k+1})-y_k-hf(t_k,y_k)| = \boldsymbol{O}(h^2)\end{aligned} \tag{13}$$

区间末端的误差称为**最终全局误差**(final global error,简称 F. G. E.):

$$E(y(b),h) = |y(b)-y_M| = \boldsymbol{O}(h) \tag{14}$$

批注 最终全局误差 $E(y(b),h)$ 用来研究不同步长的误差特点,它可使我们了解要得到精确的近似所需的计算量。

例 9.4 和例 9.5 说明了定理 9.3 中的概念。如果用步长 h 和 $h/2$ 进行近似计算,则对于 h,有

$$E(y(b),h) \approx Ch \tag{15}$$

而对 $h/2$ 有

$$E\left(y(b),\frac{h}{2}\right) \approx C\frac{h}{2} = \frac{1}{2}Ch \approx \frac{1}{2}E(y(b),h) \tag{16}$$

因此定理 9.3 中的含义是,如果欧拉方法的步长减小$\frac{1}{2}$,则可期望最终全局误差减少约$\frac{1}{2}$。

例 9.4 利用欧拉方法求解$[0,3]$上的初值问题

$$y' = \frac{t-y}{2}, \qquad y(0)=1$$

比较 $h=1, h=\frac{1}{2}, h=\frac{1}{4}$ 和 $h=\frac{1}{8}$ 的解。

解: 图 9.6 显示 4 个欧拉解和精确解曲线 $y(t)=3e^{-t/2}-2+t$,表 9.2 给出了选定横坐标上分别用 4 个步长求解的值。对步长 $h=0.25$,计算为

$$y_1 = 1.0+0.25\left(\frac{0.0-1.0}{2}\right) = 0.875$$

$$y_2 = 0.875+0.25\left(\frac{0.25-0.875}{2}\right) = 0.796875$$

$$\vdots$$

重复该迭代过程,直到最后一步:

$$y(3)\approx y_{12} = 1.440573+0.25\left(\frac{2.75-1.440573}{2}\right) = 1.604252$$ ■

表 9.2　[0,3]上 $y' = (t-y)/2, y(0) = 1$ 的不同步长欧拉方法的比较

t_k	y_k				$y(t_k)$ 精确值
	$h=1$	$h=\frac{1}{2}$	$h=\frac{1}{4}$	$h=\frac{1}{8}$	
0	1.0	1.0	1.0	1.0	1.0
0.125				0.9375	0.943239
0.25			0.875	0.886719	0.897491
0.375				0.846924	0.862087
0.50		0.75	0.796875	0.817429	0.836402
0.75			0.759766	0.786802	0.811868
1.00	0.5	0.6875	0.758545	0.790158	0.819592
1.50		0.765625	0.846386	0.882855	0.917100
2.00	0.75	0.949219	1.030827	1.068222	1.103638
2.50		1.211914	1.289227	1.325176	1.359514
3.00	1.375	1.533936	1.604252	1.637429	1.669390

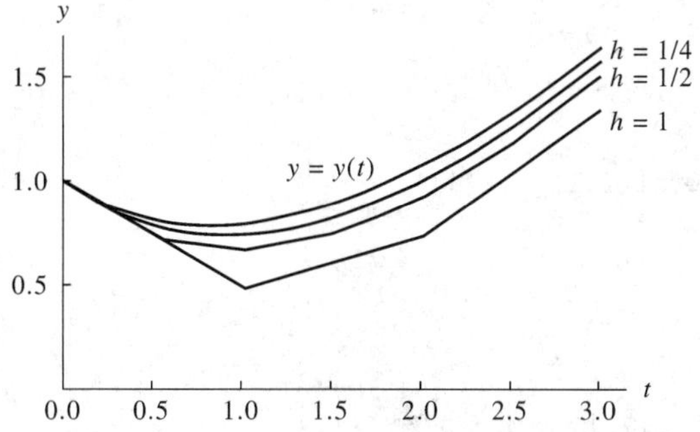

图 9.6　[0,3]上 $y' = (t-y)/2$,初值条件为 $y(0) = 1$ 的不同步长欧拉解的比较

例 9.5　比较步长分别为 $1, \frac{1}{2}, \cdots, \frac{1}{64}$ 时用欧拉方法求解[0,3]上的初值问题

$$y' = \frac{t-y}{2}, \qquad y(0) = 1$$

的最终全局误差。

解:表 9.3 给出几个步长下的最终全局误差。它显示,当步长减少 $\frac{1}{2}$ 时,$y(3)$ 的近似值也近似减少 $\frac{1}{2}$。对更小的步长,定理 9.3 的结论显而易见:

$$E(y(3), h) = y(3) - y_M = \boldsymbol{O}(h^1) \approx Ch, \qquad C = 0.256$$ ■

表 9.3　[0,3]上 $y' = (t-y)/2, y(0) = 1$ 的步长与最终全局误差的关系

步长 h	步数 M	$y(3)$ 的近似值 y_M	t=3 处的最终全局误差 $y(3) - y_M$	$\boldsymbol{O}(h) \approx Ch$ 其中 $C = 0.256$
1	3	1.375	0.294390	0.256
$\frac{1}{2}$	6	1.533936	0.135454	0.128
$\frac{1}{4}$	12	1.604252	0.065138	0.064
$\frac{1}{8}$	24	1.637429	0.031961	0.032
$\frac{1}{16}$	48	1.653557	0.015833	0.016
$\frac{1}{32}$	96	1.661510	0.007880	0.008
$\frac{1}{64}$	192	1.665459	0.003931	0.004

程序 9.1(欧拉方法) 通过计算

$$y_{k+1} = y_k + hf(t_k, y_k), \quad k = 0, 1, \cdots, M-1$$

求$[a,b]$上的初值问题 $y' = f(t,y)$, $y(a) = y_0$ 的近似解。

```
function E=euler(f,a,b,ya,M)
%Input  - f is the function entered as a string 'f'
%       - a and b are the left and right end points
%       - ya is the initial condition y(a)
%       - M is the number of steps
%Output - E=[T' Y'] where T is the vector of abscissas and
%         Y is the vector of ordinates
h=(b-a)/M;
T=zeros(1,M+1);
Y=zeros(1,M+1);
T=a:h:b;
Y(1)=ya;
for j=1:M
   Y(j+1)=Y(j)+h*feval(f,T(j),Y(j));
end
E=[T' Y'];
```

9.2.3 习题

在习题 1 ~ 习题 5 中,用欧拉方法求解微分方程。

(a) 令 $h = 0.2$,手工计算 2 步;再令 $h = 0.1$,手工计算 4 步。

(b) 比较精确解 $y(0.4)$与(a)中的两个近似解。

(c) 当 h 减半时,(a)中的最终全局误差是否和预期相符?

1. $y' = t^2 - y$, $y(0) = 1$, $y(t) = -e^{-t} + t^2 - 2t + 2$
2. $y' = 3y + 3t$, $y(0) = 1$, $y(t) = \frac{4}{3}e^{3t} - t - \frac{1}{3}$
3. $y' = -ty$, $y(0) = 1$, $y(t) = e^{-t^2/2}$
4. $y' = e^{-2t} - 2y$, $y(0) = \frac{1}{10}$, $y(t) = \frac{1}{10}e^{-2t} + te^{-2t}$
5. $y' = 2ty^2$, $y(0) = 1$, $y(t) = 1/(1 - t^2)$
6. **Logistic 人口增长**。设美国的人口曲线 $P(t)$符合一个 Logistic 曲线的微分方程 $P' = aP - bP^2$。令 t 表示 1900 年以后的年,步长为 $h = 10$,值 $a = 0.02$ 和 $b = 0.00004$ 产生一个人口模型。手工计算找出 $P(t)$的欧拉近似值,并填写下表,每个值 P_k 舍入到十分位。

年	t_k	$P(t_k)$ 实际值	P_k 欧拉近似值
1900	0.0	76.1	76.1
1910	10.0	92.4	89.0
1920	20.0	106.5	______
1930	30.0	123.1	______
1940	40.0	132.6	138.2
1950	50.0	152.3	______
1960	60.0	180.7	______
1970	70.0	204.9	202.8
1980	80.0	226.5	______

7. 证明当用欧拉方法求解[a,b]上的初值问题

$$y' = f(t), \qquad y(a) = y_0 = 0$$

时,结果为

$$y(b) \approx \sum_{k=0}^{M-1} f(t_k)h$$

它是逼近区间[a,b]上$f(t)$的定积分的黎曼(Riemann)和。

8. 说明欧拉方法不能求初值问题:

$$y' = f(t, y) = 1.5y^{1/3}, \qquad y(0) = 0$$

的近似解 $y(t) = t^{3/2}$。证明你的结论,其中遇到了什么困难?

9. 能用欧拉方法求解[0,3]上的初值问题

$$y' = 1 + y^2, \qquad y(0) = 0?$$

吗? 提示:精确解为 $y(t) = \tan(t)$。

9.2.4 算法与程序

对于下面的第 1 题至第 5 题,用欧拉方法求解微分方程。

(a) 令 $h = 0.1$,程序 9.1 执行 20 步,然后令 $h = 0.05$,程序 9.1 执行 40 步。

(b) 比较(a)中的两个近似解与精确解 $y(2)$。

(c) 当 h 减半时,(a)中的最终全局误差是否和预期相符?

(d) 在同一坐标系上画出两个近似解和精确解。提示:程序 9.1 输出的矩阵 `E` 是近似解的 x 和 y 坐标,命令 `plot(E(:,1),E(:,2))`将画出与图 9.6 类似的图。

1. $y' = t^2 - y, \quad y(0) = 1, \quad y(t) = -e^{-t} + t^2 - 2t + 2$
2. $y' = 3y + 3t, \quad y(0) = 1, \quad y(t) = \frac{4}{3}e^{3t} - t - \frac{1}{3}$
3. $y' = -ty, \quad y(0) = 1, \quad y(t) = e^{-t^2/2}$
4. $y' = e^{-2t} - 2y, \quad y(0) = \frac{1}{10}, \quad y(t) = \frac{1}{10}e^{-2t} + te^{-2t}$
5. $y' = 2ty^2, \quad y(0) = 1, \quad y(t) = 1/(1 - t^2)$
6. 考虑[0,5]上的 $y' = 0.12y$, $y(0) = 1000$。

   (a) 应用公式(10),求出 $y(5)$的欧拉近似值,步长分别为 $h = 1$, $h = \frac{1}{12}$和 $h = \frac{1}{360}$。

   (b) (a)中当 h 趋近于零时的极限是什么?

7. **指数种群增长**。某一种群以正比于当前数量的速度增长,且遵循[0,5]上的初值问题

$$y' = 0.02y, \qquad y(0) = 5000$$

   (a) 应用公式(10),求出 $y(5)$的欧拉逼近,步长为 $h = 1$, $h = \frac{1}{12}$和 $h = \frac{1}{360}$。

   (b) (a)中当 h 趋近于零时的极限是什么?

8. 一名跳伞运动员自飞机上跳下,降落伞打开之前的空气阻力正比于 $v^{3/2}$(v 为速度)。设时间区间为[0,6],向下方向的微分方程为

$$v' = 32 - 0.032v^{3/2}, \qquad v(0) = 0$$

   用欧拉方法和 $h = 0.05$ 估计 $v(6)$的值。

9. **流行病模型**。流行病的数学模型描述如下:设有 L 个成员的构成的群落,其中有 P 个感染

个体,Q 为未感染个体。令 $y(t)$ 表示时刻 t 感染个体的数量。对于温和的疾病,如普通感冒,每个个体保持存活,流行病从感染者传播到未感染者。由于两组间有 PQ 种可能的接触,$y(t)$ 的变化率正比于 PQ。故该问题可以描述为初值问题:

$$y' = ky(L-y) \qquad y(0) = y_0$$

(a) 用 $L=25000$, $k=0.00003$, $h=0.2$ 和初值条件 $y(0)=250$,并用程序 9.1 计算[0,60]上的欧拉近似解。

(b) 画出(a)中的近似解。

(c) 通过求(a)中欧拉方法的纵坐标平均值来估计平均感染个体的数目。

(d) 通过用曲线拟合(a)中的数据,并用定理 1.10(积分均值定理),估计平均感染个体的数目。

10. 考虑一阶积分 - 常微分方程(integro-ordinary differential equation)

$$y' = 1.3y - 0.25y^2 - 0.0001y\int_0^t y(\tau)\,\mathrm{d}\tau$$

(a) 在区间[0,20]上,用欧拉方法和 $h=0.2$, $y(0)=250$ 以及梯形公式求方程的近似解。提示:欧拉方法(6)的一般步长为

$$y_{k+1} = y_k + h\left(1.3y_k - 0.25y_k^2 - 0.0001y_k\int_0^{t_k} y(\tau)\,\mathrm{d}\tau\right)$$

如果梯形公式用于逼近积分,则该表达式为

$$y_{k+1} = y_k + h(1.3y_k - 0.25y_k^2 - 0.0001y_kT_k(h))$$

其中 $T_0(h)=0$ 且

$$T_k(h) = T_{k-1}(h) + \frac{h}{2}(y_{k-1}+y_k), \quad k = 0, 1, \cdots, 99$$

(b) 用初值 $y(0)=200$ 和 $y(0)=300$ 重复(a)的计算。

(c) 在同一坐标系中画出(a)和(b)的近似解。

9.3 休恩方法

休恩(Heun)方法引入一种新的思路,来构造求解$[a,b]$上的初值问题

$$y'(t) = f(t, y(t)), \qquad y(t_0) = y_0 \tag{1}$$

要得到解$[t_1, y_1]$,可以用微积分基本定理,在$[t_0, t_1]$上对 $y'(t)$ 积分得

$$\int_{t_0}^{t_1} f(t, y(t))\,\mathrm{d}t = \int_{t_0}^{t_1} y'(t)\,\mathrm{d}t = y(t_1) - y(t_0) \tag{2}$$

其中 $y'(t)$ 的不定积分为待求函数 $y(t)$。对 $y(t_1)$ 求解方程(2),结果为

$$y(t_1) = y(t_0) + \int_{t_0}^{t_1} f(t, y(t))\,\mathrm{d}t \tag{3}$$

然后可用数值积分方法逼近(3)中的定积分,如果采用步长为 $h=t_1-t_0$ 的梯形公式,则结果为

$$y(t_1) \approx y(t_0) + \frac{h}{2}(f(t_0, y(t_0)) + f(t_1, y(t_1))) \tag{4}$$

注意公式(4)的右端包含了待定值 $y(t_1)$。要继续求解,需要 $y(t_1)$ 的一个估计值,欧拉方法的解能够满足这一目的,将它代入(4)后,得到求解 (t_1, y_1) 的公式,称为**休恩(Heun)方法**:

$$y_1 = y(t_0) + \frac{h}{2}(f(t_0, y_0) + f(t_1, y_0 + hf(t_0, y_0))) \tag{5}$$

重复这个过程,得到逼近解曲线 $y = y(t)$ 的一系列点,在每一步中都用欧拉方法作为预报,然后用梯形公式进行校正,得到最终的值。休恩方法的一般步骤为

$$\begin{aligned} p_{k+1} &= y_k + hf(t_k, y_k), \qquad t_{k+1} = t_k + h \\ y_{k+1} &= y_k + \frac{h}{2}(f(t_k, y_k) + f(t_{k+1}, p_{k+1})) \end{aligned} \tag{6}$$

注意休恩方法中微分和积分的作用,在点 (t_0, y_0) 处画出解曲线 $y = y(t)$ 的切线,用它求得预报点 (t_1, p_1)。观察图 9.7 中 $z = f(t, y(t))$ 的曲线,考虑点 (t_0, y_0) 和 (t_1, f_1),其中 $f_0 = f(t_0, y_0)$,$f_1 = f(t_1, p_1)$。顶点为 (t_0, f_0) 和 (t_1, f_1) 的梯形面积是式(3)积分的逼近,它用来得到式(5)中的最终结果。

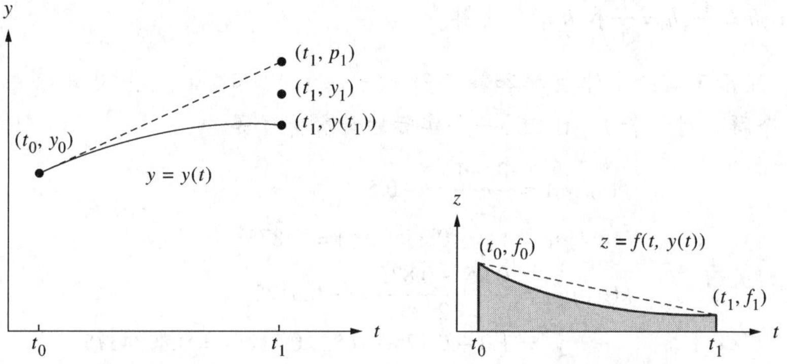

(a) 微分预报子:
$p_1 = y_0 + hf(t_0, y_0)$

(b) 积分校正子:
$y_1 - y_0 = \frac{h}{2}(f_0 + f_1)$

图 9.7　休恩方法推导过程中的 $y = y(t)$ 和 $z = f(t, y(t))$ 曲线

9.3.1　步长与误差

积分公式(3)中梯形公式的误差项为

$$-y^{(2)}(c_k)\frac{h^3}{12} \tag{7}$$

如果每步中的误差仅由式(7)给出,则在 M 步后休恩方法的累积误差将是

$$-\sum_{k=1}^{M} y^{(2)}(c_k)\frac{h^3}{12} \approx \frac{b-a}{12} y^{(2)}(c)h^2 = \boldsymbol{O}(h^2) \tag{8}$$

下面的定理很重要,因为它说明了最终全局误差与步长的关系,指出了要用休恩方法得到精确的逼近需要多大的计算量。

定理 9.4(休恩方法的精度)　设 $y(t)$ 为初值问题(1)的解,如果 $y(t) \in C^3[t_0, b]$,并且 $\{(t_k, y_k)\}_{k=0}^{M}$ 是休恩方法产生的一个近似值序列,则

$$\begin{aligned} |e_k| &= |y(t_k) - y_k| = \boldsymbol{O}(h^2), \\ |\epsilon_{k+1}| &= |y(t_{k+1}) - y_k - h\Phi(t_k, y_k)| = \boldsymbol{O}(h^3) \end{aligned} \tag{9}$$

其中，$\Phi(t_k, y_k) = y_k + (h/2)(f(t_k, y_k) + f(t_{k+1}, y_k + hf(t_k, y_k)))$。

特别地，区间终点处的最终全局误差满足

$$E(y(b), h) = |y(b) - y_M| = \boldsymbol{O}(h^2) \tag{10}$$

例 9.6 和例 9.7 是定理 9.4 的例证。如果以步长 h 和 $h/2$ 计算近似值，则对步长 h 有

$$E(y(b), h) \approx Ch^2 \tag{11}$$

而对步长 $h/2$ 有，

$$E\left(y(b), \frac{h}{2}\right) \approx C\frac{h^2}{4} = \frac{1}{4}Ch^2 \approx \frac{1}{4}E(y(b), h) \tag{12}$$

因此定理 9.4 的含义是，如果休恩方法中的步长减少$\frac{1}{2}$，则可期望最终全局误差降至大约$\frac{1}{4}$。

例 9.6 利用休恩方法求解区间[0,3]上的初值问题

$$y' = \frac{t-y}{2}, \qquad y(0) = 1$$

比较 $h = 1$，$h = \frac{1}{2}$，$h = \frac{1}{4}$和 $h = \frac{1}{8}$的解。

解：图 9.8 显示了前两个休恩解和精确解 $y(t) = 3e^{-t/2} - 2 + t$。表 9.4 给出了在所选横坐标处的 4 个解。对步长 $h = 0.25$，一个实际的计算例子是

$$\begin{aligned}
f(t_0, y_0) &= \frac{0-1}{2} = -0.5 \\
p_1 &= 1.0 + 0.25(-0.5) = 0.875 \\
f(t_1, p_1) &= \frac{0.25 - 0.875}{2} = -0.3125 \\
y_1 &= 1.0 + 0.125(-0.5 - 0.3125) = 0.8984375
\end{aligned}$$

重复该迭代过程直到最后一步，得：

$$y(3) \approx y_{12} = 1.511508 + 0.125(0.619246 + 0.666840) = 1.672269$$ ■

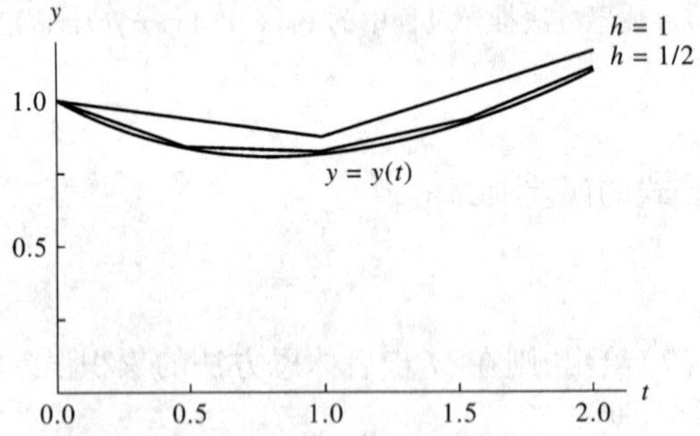

图 9.8 区间[0,2]上初值问题 $y' = (t-y)/2$，$y(0) = 1$ 的不同步长休恩方法结果的比较

例 9.7 用休恩方法求解区间[0,3]上的初值问题

$$y' = \frac{t-y}{2}, \qquad y(0) = 1$$

比较步长 h 分别为 $1, \frac{1}{2}, \cdots, \frac{1}{64}$时的最终全局误差。

解：表 9.5 给出了最终全局误差，它表明，当步长减少$\frac{1}{2}$时，$y(3)$近似值的误差降至大约$\frac{1}{4}$：

$$E(y(3), h) = y(3) - y_M = \boldsymbol{O}(h^2) \approx Ch^2, \quad C = -0.0432$$ ■

表 9.4　区间[0,3]上初值问题 $y'=(t-y)/2, y(0)=1$ 的不同步长休恩方法解的比较

t_k	y_k				$y(t_k)$ 精确值
	$h=1$	$h=\frac{1}{2}$	$h=\frac{1}{4}$	$h=\frac{1}{8}$	
0	1.0	1.0	1.0	1.0	1.0
0.125				0.943359	0.943239
0.25			0.898438	0.897717	0.897491
0.375				0.862406	0.862087
0.50		0.84375	0.838074	0.836801	0.836402
0.75			0.814081	0.812395	0.811868
1.00	0.875	0.831055	0.822196	0.820213	0.819592
1.50		0.930511	0.920143	0.917825	0.917100
2.00	1.171875	1.117587	1.106800	1.104392	1.103638
2.50		1.373115	1.362593	1.360248	1.359514
3.00	1.732422	1.682121	1.672269	1.670076	1.669390

表 9.5　区间[0,3]上初值问题 $y'=(t-y)/2, y(0)=1$ 的休恩方法的步长与最终全局误差的关系

步长 h	步数 M	$y(3)$ 的近似值 y_M	t=3 处的最终全局误差 $y(3)-y_M$	$O(h^2)\approx Ch^2$ 其中 $C=-0.0432$
1	3	1.732422	−0.063032	−0.043200
$\frac{1}{2}$	6	1.682121	−0.012731	−0.010800
$\frac{1}{4}$	12	1.672269	−0.002879	−0.002700
$\frac{1}{8}$	24	1.670076	−0.000686	−0.000675
$\frac{1}{16}$	48	1.669558	−0.000168	−0.000169
$\frac{1}{32}$	96	1.669432	−0.000042	−0.000042
$\frac{1}{64}$	192	1.669401	−0.000011	−0.000011

程序 9.2(休恩方法)　通过计算

$$y_{k+1}=y_k+\frac{h}{2}(f(t_k,y_k)+f(t_{k+1},y_k+hf(t_k,y_k)))$$

求$[a,b]$上的初值问题 $y'=(t-y)$，$y(a)=y_0$ 的近似解，其中 $k=0,1,\cdots,M-1$。

```
function H=heun(f,a,b,ya,M)
%Input  - f is the function entered as a string 'f'
%       - a and b are the left and right end points
%       - ya is the initial condition y(a)
%       - M is the number of steps
%Output - H=[T'Y'] where T is the vector of abscissas and
%         Y is the vector of ordinates
h=(b-a)/M;
T=zeros(1,M+1);
Y=zeros(1,M+1);
T=a:h:b;
Y(1)=ya;
for j=1:M
    k1=feval(f,T(j),Y(j));
    k2=feval(f,T(j+1),Y(j)+h*k1);
    Y(j+1)=Y(j)+(h/2)*(k1+k2);
end
H=[T'Y'];
```

9.3.2 习题

在习题1~习题5中,用休恩方法求解微分方程。

(a) 令 $h=0.2$,手工计算2步;再令 $h=0.1$,手工计算4步。

(b) 比较精确解 $y(0.4)$ 与(a)中的两个近似解。

(c) 当 h 减半时,(a)中的最终全局误差是否和预期相符?

1. $y'=t^2-y,\quad y(0)=1,\quad y(t)=-e^{-t}+t^2-2t+2$
2. $y'=3y+3t,\quad y(0)=1,\quad y(t)=\frac{4}{3}e^{3t}-t-\frac{1}{3}$
3. $y'=-ty,\quad y(0)=1,\quad y(t)=e^{-t^2/2}$
4. $y'=e^{-2t}-2y,\quad y(0)=\frac{1}{10},\quad y(t)=\frac{1}{10}e^{-2t}+te^{-2t}$
5. $y'=2ty^2,\quad y(0)=1,\quad y(t)=1/(1-t^2)$

   注意,即使解曲线在 $t=1$ 处没有定义,休恩方法也会产生 $y(1)$ 的近似值。
6. 证明当用休恩方法求解区间 $[a,b]$ 上的初值问题 $y'=f(t)$, $y(a)=y_0=0$ 时,结果为

$$y(b)=\frac{h}{2}\sum_{k=0}^{M-1}(f(t_k)+f(t_{k+1}))$$

   它是区间 $[a,b]$ 上 $f(t)$ 的定积分的梯形逼近公式。
7. 引理7.1(见7.3节)讨论的理查森改进可与休恩方法一起使用,如果休恩方法采用步长 h,则有

$$y(b)\approx y_h+Ch^2$$

   如果休恩方法使用步长 $2h$,则有

$$y(b)\approx y_{2h}+4Ch^2$$

   可消去包含 Ch^2 的项,得到改进的 $y(b)$ 的逼近,结果为

$$y(b)\approx\frac{4y_h-y_{2h}}{3}$$

   用改进方法计算例9.7中的数据,可得到 $y(3)$ 的更好的近似,求下表中缺少的项。

h	y_h	$(4y_h-y_{2h})/3$
1	1.732422	______
1/2	1.682121	1.665354
1/4	1.672269	______
1/8	1.670076	______
1/16	1.669558	1.669385
1/32	1.669432	______
1/64	1.669401	______

8. 说明用休恩方法不能逼近初值问题:

$$y'=f(t,y)=1.5y^{1/3},\qquad y(0)=0$$

   的解 $y(t)=t^{3/2}$。证明你的结论,其中遇到了什么困难?

9.3.3 算法与程序

对于下面的第1题至第5题,用休恩方法求解微分方程。

(a) 令 $h=0.1$,程序9.2执行20步,然后令 $h=0.05$,程序9.2执行40步。

(b) 比较(a)中的两个近似解与精确解 $y(2)$。

(c) 当 h 减半时,(a)中的最终全局误差是否和预期相符?

(d) 将两个近似解和精确解画在同一坐标系中。提示:程序 9.2 输出的矩阵 `H` 是近似解的 x 和 y 坐标,命令 `plot(H(:,1),H(:,2))` 将画出与图 9.8 类似的图。

1. $y' = t^2 - y,\quad y(0) = 1,\quad y(t) = -e^{-t} + t^2 - 2t + 2$
2. $y' = 3y + 3t,\quad y(0) = 1,\quad y(t) = \frac{4}{3}e^{3t} - t - \frac{1}{3}$
3. $y' = -ty,\quad y(0) = 1,\quad y(t) = e^{-t^2/2}$
4. $y' = e^{-2t} - 2y,\quad y(0) = \frac{1}{10},\quad y(t) = \frac{1}{10}e^{-2t} + te^{-2t}$
5. $y' = 2ty^2,\quad y(0) = 1,\quad y(t) = 1/(1 - t^2)$
6. 考虑竖直发射并竖直下落的弹射体。如果空气阻力正比于速度,则速度 $v(t)$ 的初值问题为

$$v' = -32 - \frac{K}{M}v, \qquad v(0) = v_0$$

其中 v_0 是初始速度,M 为质量,K 为空气阻力系数。设 $v_0 = 160$ ft/s,而 $K/M = 0.1$,利用休恩方法和 $h = 0.5$ 求区间 $[0,30]$ 上

$$v' = -32 - 0.1v, \qquad v(0) = 160$$

的解。

将计算机解和精确解 $v(t) = 480e^{-t/10} - 320$ 画在同一坐标系中。注意极限速度为 -320 ft/s。

7. 在心理学中,刺激-响应的韦弗-费克纳(Wever-Fechner)定律说明,反应 R 的变化率 dR/dS 反比于刺激。阈值为刺激可被稳定探测到的最低水平。该模型的初值问题为

$$R' = \frac{k}{S}, \qquad R(S_0) = 0$$

设 $S_0 = 0.1$ 而 $R(0.1) = 0$。用休恩方法和 $h = 0.1$ 求区间 $[0.1, 5.1]$ 上

$$R' = \frac{1}{S}, \qquad R(0.1) = 0$$

的解。

8. (a) 编写程序实现习题 7 中讨论的理查森改进。

(b) 利用该程序求前面的第 1 题至第 5 题在区间 $[0,2]$ 上的近似解,初始步长为 $h = 0.05$。程序应当在两个相邻的理查森改进值之间的差别小于 10^{-6} 时停止。

9.4 泰勒级数法

泰勒级数法有着广泛的应用,并且是比较求解初值问题的各种不同数值方法的标准,它可设计为具有任意指定的精度。下面首先将泰勒定理用新的公式表示,使之适合于求解微分方程。

定理 9.5(泰勒定理) 设 $y(t) \in C^{N+1}[t_0, b]$,且 $y(t)$ 在不动点 $t = t_k \in [t_0, b]$ 处有 N 次泰勒级数展开:

$$y(t_k + h) = y(t_k) + hT_N(t_k, y(t_k)) + O(h^{N+1}) \tag{1}$$

其中,

$$T_N(t_k, y(t_k)) = \sum_{j=1}^{N} \frac{y^{(j)}(t_k)}{j!} h^{j-1} \tag{2}$$

$y^{(j)}(t) = f^{(j-1)}(t, y(t))$ 表示函数 f 关于 t 的 $(j-1)$ 次全导数。求导公式可以递归地计算:

$$
\begin{aligned}
y'(t) &= f \\
y''(t) &= f_t + f_y y' = f_t + f_y f \\
y^{(3)}(t) &= f_{tt} + 2f_{ty}y' + f_y y'' + f_{yy}(y')^2 \\
&= f_{tt} + 2f_{ty}f + f_{yy}f^2 + f_y(f_t + f_y f) \\
y^{(4)}(t) &= f_{ttt} + 3f_{tty}y' + 3f_{tyy}(y')^2 + 3f_{ty}y'' \\
&\quad + f_y y''' + 3f_{yy}y'y'' + f_{yyy}(y')^3 \\
&= (f_{ttt} + 3f_{tty}f + 3f_{tyy}f^2 + f_{yyy}f^3) + f_y(f_{tt} + 2f_{ty}f + f_{yy}f^2) \\
&\quad + 3(f_t + f_y f)(f_{ty} + f_{yy}f) + f_y^2(f_t + f_y f)
\end{aligned}
\tag{3}
$$

并且一般有

$$y^{(N)}(t) = P^{(N-1)}f(t, y(t)) \tag{4}$$

其中 P 为导数算子

$$P = \left(\frac{\partial}{\partial t} + f\frac{\partial}{\partial y}\right)$$

区间$[t_0,t_M]$上初值问题 $y'(t)=f(t,y)$ 的近似数值解可由各子区间$[t_k,t_{k+1}]$上的公式(1)来推导。N 次泰勒方法的一般步骤为

$$y_{k+1} = y_k + d_1 h + \frac{d_2 h^2}{2!} + \frac{d_3 h^3}{3!} + \cdots + \frac{d_N h^N}{N!} \tag{5}$$

其中在各步 $k=0,1,\cdots,M-1$ 有 $d_j=y^{(j)}(t_k)$,$j=1,2,\cdots,N$。

N 次泰勒方法的最终全局误差是 $\boldsymbol{O}(h^{N+1})$ 阶的,因此可选择所需大小的 N,使得误差足够小。如果 N 固定,则理论上可以推导出步长 h,使之满足任意想要的最终全局误差。然而在实际运算中,通常用 h 和 $h/2$ 计算两个近似结果集,然后比较其结果。

定理 9.6(N 次泰勒方法的精度) 设 $y(t)$ 为初值问题的解。如果 $y(t)\in C^{N+1}[t_0,b]$,而 $\{(t_k,y_k)\}_{k=0}^{M}$为 N 次泰勒方法产生的近似序列,则

$$
\begin{aligned}
|e_k| &= |y(t_k) - y_k| = \boldsymbol{O}(h^N) \\
|\epsilon_{k+1}| &= |y(t_{k+1}) - y_k - hT_N(t_k, y_k)| = \boldsymbol{O}(h^{N+1})
\end{aligned}
\tag{6}
$$

特别地,区间终点处的最终全局误差满足

$$E(y(b), h) = |y(b) - y_M| = \boldsymbol{O}(h^N) \tag{7}$$

例 9.8 和例 9.9 是显示了 $N=4$ 时的定理 9.6 的例证。如果用 h 和 $h/2$ 计算,则对步长 h 可得

$$E(y(b), h) \approx Ch^4 \tag{8}$$

而对步长 $h/2$,有

$$E\left(y(b), \frac{h}{2}\right) \approx C\frac{h^4}{16} = \frac{1}{16}Ch^4 \approx \frac{1}{16}E(y(b), h) \tag{9}$$

因此定理 9.6 的含义是,如果 4 次泰勒方法中的步长减少$\frac{1}{2}$,则可期望最终全局误差降至约$\frac{1}{16}$。

例 9.8 用 4 次泰勒方法在区间$[0,3]$上求解 $y'=(t-y)/2$,$y(0)=1$。比较步长 h 分别为 1,$\frac{1}{2}$,$\frac{1}{4}$和$\frac{1}{8}$时的结果。

解: 首先必须求出 $y(t)$ 的导数。由于解 $y(t)$ 是 t 的函数,对式 $y'(t)=f(t,y(t))$关于 t 求

导,得到 $y^{(2)}(t)$。然后重复该过程得到高阶导数。

$$y'(t)=\frac{t-y}{2}$$

$$y^{(2)}(t)=\frac{\mathrm{d}}{\mathrm{d}t}\left(\frac{t-y}{2}\right)=\frac{1-y'}{2}=\frac{1-(t-y)/2}{2}=\frac{2-t+y}{4}$$

$$y^{(3)}(t)=\frac{\mathrm{d}}{\mathrm{d}t}\left(\frac{2-t+y}{4}\right)=\frac{0-1+y'}{4}=\frac{-1+(t-y)/2}{4}=\frac{-2+t-y}{8}$$

$$y^{(4)}(t)=\frac{\mathrm{d}}{\mathrm{d}t}\left(\frac{-2+t-y}{8}\right)=\frac{-0+1-y'}{8}=\frac{1-(t-y)/2}{8}=\frac{2-t+y}{16}$$

要求出 y_1,必须在点 $(t_0,y_0)=(0,1)$ 处求上述导数,计算得

$$d_1=y'(0)=\frac{0.0-1.0}{2}=-0.5$$

$$d_2=y^{(2)}(0)=\frac{2.0-0.0+1.0}{4}=0.75$$

$$d_3=y^{(3)}(0)=\frac{-2.0+0.0-1.0}{8}=-0.375$$

$$d_4=y^{(4)}(0)=\frac{2.0-0.0+1.0}{16}=0.1875$$

然后将导数 $\{d_j\}$ 和 $h=0.25$ 代入式(5),用嵌套乘法来计算值 y_1:

$$y_1=1.0+0.25\left(-0.5+0.25\left(\frac{0.75}{2}+0.25\left(\frac{-0.375}{6}+0.25\left(\frac{0.1875}{24}\right)\right)\right)\right)$$
$$=0.8974915$$

计算出解点为 $(t_1,y_1)=(0.25,0.8974915)$。

要计算 y_2,必须在点 $(t_1,y_1)=(0.25,0.8974915)$ 处计算导数 $\{d_j\}$。计算量非常大,手算十分烦琐,计算的结果为

$$d_1=y'(0.25)=\frac{0.25-0.8974915}{2}=-0.3237458$$

$$d_2=y^{(2)}(0.25)=\frac{2.0-0.25+0.8974915}{4}=0.6618729$$

$$d_3=y^{(3)}(0.25)=\frac{-2.0+0.25-0.8974915}{8}=-0.3309364$$

$$d_4=y^{(4)}(0.25)=\frac{2.0-0.25+0.8974915}{16}=0.1654682$$

然后将这些导数 $\{d_j\}$ 和 $h=0.25$ 代入式(5),用嵌套乘法计算 y_2:

$$y_2=0.8974915+0.25\Bigg(-0.3237458$$
$$+0.25\left(\frac{0.6618729}{2}+0.25\left(\frac{-0.3309364}{6}+0.25\left(\frac{0.1654682}{24}\right)\right)\right)\Bigg)$$
$$=0.8364037$$

解点为 $(t_2,y_2)=(0.50,0.8364037)$。表9.6给出了各种不同步长的解值。■

例9.9　比较例9.8中 $[0,3]$ 上 $y'=(t-y)/2, y(0)=1$ 的泰勒解的最终全局误差。

解:表9.7列出了采用这些步长时的最终全局误差,它显示当步长减少 $\frac{1}{2}$ 时,式 $y(3)$ 的误差降至大约 $\frac{1}{16}$:

$$E(y(3),h)=y(3)-y_M=\boldsymbol{O}(h^4)\approx Ch^4,\quad C=-0.000614$$ ■

表 9.6 区间[0,3]上 $y'=(t-y)/2, y(0)=1$ 的 $N=4$ 次泰勒解比较

t_k	y_k				$y(t_k)$ 精确解
	$h=1$	$h=\frac{1}{2}$	$h=\frac{1}{4}$	$h=\frac{1}{8}$	
0	1.0	1.0	1.0	1.0	1.0
0.125				0.9432392	0.9432392
0.25			0.8974915	0.8974908	0.8974917
0.375				0.8620874	0.8620874
0.50		0.8364258	0.8364037	0.8364024	0.8364023
0.75			0.8118696	0.8118679	0.8118678
1.00	0.8203125	0.8196285	0.8195940	0.8195921	0.8195920
1.50		0.9171423	0.9171021	0.9170998	0.9170997
2.00	1.1045125	1.1036826	1.1036408	1.1036385	1.1036383
2.50		1.3595575	1.3595168	1.3595145	1.3595144
3.00	1.6701860	1.6694308	1.6693928	1.6693906	1.6693905

表 9.7 区间[0,3]上 $y'=(t-y)/2$ 的泰勒解的步长与最终全局误差的关系

步长 h	步数 M	$y(3)$ 的近似值 y_M	$t=3$ 处的最终全局误差 $y(3)-y_M$	$O(h^4)\approx Ch^4$ 其中 $C=-0.000614$
1	3	1.6701860	−0.0007955	−0.0006140
$\frac{1}{2}$	6	1.6694308	−0.0000403	−0.0000384
$\frac{1}{4}$	12	1.6693928	−0.0000023	−0.0000024
$\frac{1}{8}$	24	1.6693906	−0.0000001	−0.0000001

下面的程序需要将导数 y', y'', y''' 和 y'''' 保存在名为 `df` 的 M 文件中,例如,如下 M 文件将例 9.8中的导数保存为程序 9.3 所需的格式:

```
function z=df(t,y)
z=[(t-y)/2 (2-t+y)/4 (-2+t-y)/8 (2-t+y)/16];
```

程序 9.3(4 次泰勒方法) 通过计算 y', y'', y''' 和 y'''',并在每一步中使用泰勒多项式,求$[a,b]$上初值问题 $y'=f(t,y), y(a)=y_0$ 的近似解。

```
function T4=taylor(df,a,b,ya,M)

%Input  - df=[y' y'' y''' y''''] entered as a string 'df'
%         where y'=f(t,y)
%       - a and b are the left and right end points
%       - ya is the initial condition y(a)
%       - M is the number of steps
%Output - T4=[T' Y'] where T is the vector of abscissas and
%         Y is the vector of ordinates

h=(b-a)/M;
T=zeros(1,M+1);
Y=zeros(1,M+1);
T=a:h:b;
Y(1)=ya;
for j=1:M
   D=feval(df,T(j),Y(j));
   Y(j+1)=Y(j)+h*(D(1)+h*(D(2)/2+h*(D(3)/6+h*D(4)/24)));
end
T4=[T' Y'];
```

9.4.1 习题

在习题1～习题5中，用 $N=4$ 的泰勒方法求解微分方程。

(a) 令 $h=0.2$，手工计算2步；再令 $h=0.1$，手工计算4步。

(b) 比较精确解 $y(0.4)$ 与(a)中的两个近似解。

(c) 当 h 减半时，(a)中的最终全局误差是否和预期相符？

1. $y'=t^2-y,\quad y(0)=1,\quad y(t)=-e^{-t}+t^2-2t+2$
2. $y'=3y+3t,\quad y(0)=1,\quad y(t)=\frac{4}{3}e^{3t}-t-\frac{1}{3}$
3. $y'=-ty,\quad y(0)=1,\quad y(t)=e^{-t^2/2}$
4. $y'=e^{-2t}-2y,\quad y(0)=\frac{1}{10},\quad y(t)=\frac{1}{10}e^{-2t}+te^{-2t}$
5. $y'=2ty^2,\quad y(0)=1,\quad y(t)=1/(1-t^2)$
6. 引理7.1(见7.3节)讨论的理查森改进可与泰勒方法一起使用。如果 $N=4$ 的泰勒方法采用步长 h，则有 $y(b)\approx y_h+Ch^4$。如果 $N=4$ 泰勒方法使用步长 $2h$，则有 $y(b)\approx y_{2h}+16Ch^4$。可消去包含 Ch^4 的项，得到改进的 y(b)的逼近，结果为

$$y(b)\approx\frac{16y_h-y_{2h}}{15}$$

用改进方法计算例9.9中的数据，可得到 $y(3)$ 的更好的近似。求下表中缺少的项。

h	y_h	$(16y_h-y_{2h})/15$
1.0	1.6701860	________
0.5	1.6694308	________
0.25	1.6693928	________
0.125	1.6693906	________

7. 说明当 N 次泰勒方法采用步长 h 和 $h/2$ 时，步长为 $h/2$ 的最终全局误差降至约 2^{-N}。
8. 说明用泰勒方法不能逼近初值问题：$y'=f(t,y)=1.5y^{1/3}$，$y(0)=0$ 的解 $y(t)=t^{3/2}$。证明你的结论，其中遇到了什么困难？
9. (a) 证明：在区间[0,1)上初值问题 $y'=y^2$，$y(0)=1$ 的解为 $y(t)=1/(1-t)$。

   (b) 证明：在区间[0, π/4)上的初值问题 $y'=1+y^2$，$y(0)=1$ 的解为 $y(t)=\tan(t+\pi/4)$。

   (c) 用(a)和(b)中的结果说明，初值问题 $y'=t^2+y^2$，$y(0)=1$ 在π/4和1之间有一竖直渐近线(其位置在 $t=0.96981$ 附近)。
10. 考虑初值问题 $y'=1+y^2$，$y(0)=1$。

    (a) 求 $y^{(2)}(t)$，$y^{(3)}(t)$ 和 $y^{(4)}(t)$ 的表达式。

    (b) 计算 $t=0$ 处的导数值，并用它们求 $\tan(t)$ 的麦克劳林展开的前5项。

9.4.2 算法与程序

在第1题至第5题中，用 $N=4$ 的泰勒方法求解微分方程。

(a) 令 $h=0.1$，程序9.3执行20步，然后令 $h=0.05$，程序9.3执行40步。

(b) 比较(a)中的两个近似解与精确解 $y(2)$。

(c) 当 h 减半时,(a)中的最终全局误差是否和预期相符?

(d) 在同一坐标系中画出两个近似解和精确解。提示:程序 9.3 输出的矩阵 `T4` 是近似解的 x 和 y 坐标,命令 `plot(T4(:,1),T4(:,2))`将画出与图 9.6 类似的图。

1. $y' = t^2 - y,\quad y(0) = 1,\quad y(t) = -e^{-t} + t^2 - 2t + 2$
2. $y' = 3y + 3t,\quad y(0) = 1,\quad y(t) = \frac{4}{3}e^{3t} - t - \frac{1}{3}$
3. $y' = -ty,\quad y(0) = 1,\quad y(t) = e^{-t^2/2}$
4. $y' = e^{-2t} - 2y,\quad y(0) = \frac{1}{10},\quad y(t) = \frac{1}{10}e^{-2t} + te^{-2t}$
5. $y' = 2ty^2,\quad y(0) = 1,\quad y(t) = 1/(1 - t^2)$
6. (a) 编写实现习题 6 中讨论的理查森改进的程序。

   (b) 利用该程序求区间[0,0.8]上的初值问题 $y' = t^2 + y^2, y(0) = 1$ 的近似解 $y(0.8)$。$t = 0.8$时的真值已知为 $y(0.8) = 5.8486168$。初始步长为 $h = 0.05$。程序应当在两个相邻的理查森改进值之间的差的绝对值小于 10^{-6}时停止。
7. (a) 修改程序 9.3,使之进行 $N = 3$ 的泰勒方法计算。

   (b) 用(a)中的程序求解区间[0,0.8]上的初值问题 $y' = t^2 + y^2, y(0) = 1$。分别利用步长 $h = 0.05, h = 0.025, h = 0.0125$ 和 $h = 0.00625$ 计算近似解,并在同一坐标系中画出 4 个近似解。

9.5 龙格–库塔方法

泰勒方法的优点是最终全局误差的阶为 $O(h^N)$,并且可以通过选择较大的 N 来得到较小的误差。然而泰勒方法的缺点是,需要先确定 N,并且要计算高阶导数,它们可能十分复杂。每个龙格–库塔(Runge-Kutta)方法都由一个合适的泰勒方法推导而来,使得其最终全局误差为$O(h^N)$。一种折中方法是每步进行若干次函数求值,从而省去高阶导数计算。这种方法可构造任意 N 阶精度的近似公式。最常用的是 $N = 4$ 的龙格–库塔方法,它适用于一般的应用,因为它非常精确、稳定,且易于编程。许多专家声称,没有必要使用更高阶的方法,因为提高的精度与增加的计算量相抵消。如果需要更高的精度,则应该使用更小的步长或某种自适应方法。

4 阶龙格–库塔方法(RK4)可模拟 $N = 4$ 的泰勒方法的精度。它基于如下对 y_{k+1}的计算:

$$y_{k+1} = y_k + w_1k_1 + w_2k_2 + w_3k_3 + w_4k_4 \tag{1}$$

其中 k_1, k_2, k_3 和 k_4 形如

$$\begin{aligned} k_1 &= hf(t_k, y_k) \\ k_2 &= hf(t_k + a_1h, y_k + b_1k_1) \\ k_3 &= hf(t_k + a_2h, y_k + b_2k_1 + b_3k_2) \\ k_4 &= hf(t_k + a_3h, y_k + b_4k_1 + b_5k_2 + b_6k_3) \end{aligned} \tag{2}$$

通过与 $N = 4$ 阶的泰勒级数方法的系数匹配,使得局部误差为 $O(h^5)$,龙格和库塔得出了如下方程组:

$$
\begin{aligned}
b_1 &= a_1 \\
b_2 + b_3 &= a_2 \\
b_4 + b_5 + b_6 &= a_3 \\
w_1 + w_2 + w_3 + w_4 &= 1 \\
w_2 a_1 + w_3 a_2 + w_4 a_3 &= \frac{1}{2} \\
w_2 a_1^2 + w_3 a_2^2 + w_4 a_3^2 &= \frac{1}{3} \\
w_2 a_1^3 + w_3 a_2^3 + w_4 a_3^3 &= \frac{1}{4} \\
w_3 a_1 b_3 + w_4(a_1 b_5 + a_2 b_6) &= \frac{1}{6} \\
w_3 a_1 a_2 b_3 + w_4 a_3(a_1 b_5 + a_2 b_6) &= \frac{1}{8} \\
w_3 a_1^2 b_3 + w_4(a_1^2 b_5 + a_2^2 b_6) &= \frac{1}{12} \\
w_4 a_1 b_3 b_6 &= \frac{1}{24}
\end{aligned} \tag{3}
$$

该方程组有 11 个方程和 13 个未知量，必须补充两个条件才能求解。最有用的选择是

$$
a_1 = \frac{1}{2}, \qquad b_2 = 0 \tag{4}
$$

其余变量的解为

$$
\begin{aligned}
&a_2 = \frac{1}{2}, \quad a_3 = 1, \quad b_1 = \frac{1}{2}, \quad b_3 = \frac{1}{2}, \quad b_4 = 0, \quad b_5 = 0, \quad b_6 = 1 \\
&w_1 = \frac{1}{6}, \quad w_2 = \frac{1}{3}, \quad w_3 = \frac{1}{3}, \quad w_4 = \frac{1}{6}
\end{aligned} \tag{5}
$$

将式(4)和式(5)中的值代入式(2)和式(1)，得到标准的 $N=4$ 阶龙格-库塔方法，其描述如下。自初始点 (t_0, y_0) 开始，利用

$$
y_{k+1} = y_k + \frac{h(f_1 + 2f_2 + 2f_3 + f_4)}{6} \tag{6}
$$

生成近似值序列，其中

$$
\begin{aligned}
f_1 &= f(t_k, y_k) \\
f_2 &= f\left(t_k + \frac{h}{2}, y_k + \frac{h}{2} f_1\right) \\
f_3 &= f\left(t_k + \frac{h}{2}, y_k + \frac{h}{2} f_2\right) \\
f_4 &= f(t_k + h, y_k + h f_3)
\end{aligned} \tag{7}
$$

9.5.1 关于该方法的讨论

式(7)的完整推导超出了本书的范围，可在高级教程中找到，但从这里也能了解一些情况。考虑解曲线 $y = y(t)$ 在第一个子区间 $[t_0, t_1]$ 上的曲线，式(7)中的函数值是该曲线斜率的近似值。其中，f_1 是左端点的斜率，f_2 和 f_3 为中间两点的斜率的估计，而 f_4 是右端点的斜率，见图 9.9(a)。然后通过对斜率函数

$$y(t_1) - y(t_0) = \int_{t_0}^{t_1} f(t, y(t))\,\mathrm{d}t \tag{8}$$

积分得到下一个点(t_1, y_1)。

如果应用辛普森公式和步长 $h/2$,式(8)的积分近似为

$$\int_{t_0}^{t_1} f(t, y(t))\,\mathrm{d}t \approx \frac{h}{6}(f(t_0, y(t_0)) + 4f(t_{1/2}, y(t_{1/2})) + f(t_1, y(t_1))) \tag{9}$$

其中 $t_{1/2}$为区间中点。需要 3 次函数求值,因此显然可以选择$f(t_0, y(t_0)) = f_1$ 和$f(t_1, y(t_1)) \approx f_4$。中点的值则选择为$f_2$ 和f_3 的平均值:

$$f(t_{1/2}, y(t_{1/2})) \approx \frac{f_2 + f_3}{2}$$

将这些值代入式(9),并用它和式(8)求 y_1:

$$y_1 = y_0 + \frac{h}{6}\left(f_1 + \frac{4(f_2 + f_3)}{2} + f_4\right) \tag{10}$$

该式简化后得到式(6)和 $k = 0$。式(9)的积分图见图 9.9(b)。

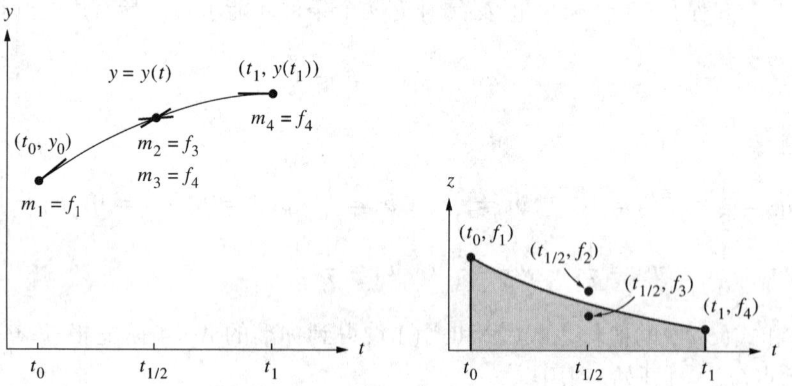

(a) 解曲线$y = y(t)$的预报斜率m_j

(b) 积分逼近:

$$y(t_1) - y_0 = \frac{h}{6}(f_1 + 2f_2 + 2f_3 + f_4)$$

图 9.9 $N = 4$ 阶龙格-库塔方法中的 $y = y(t)$ 和 $z = f(t, y(t))$ 曲线

9.5.2 步长与误差

步长为 $h/2$ 的辛普森方法的误差项为

$$-y^{(4)}(c_1)\frac{h^5}{2880} \tag{11}$$

如果每一步的唯一误差如式(11)所示,那么 M 步之后 RK4 方法的累积误差为

$$-\sum_{k=1}^{M} y^{(4)}(c_k)\frac{h^5}{2880} \approx \frac{b-a}{5760} y^{(4)}(c)h^4 \approx \boldsymbol{O}(h^4) \tag{12}$$

下面的定理阐述最终全局误差与步长的关系,它说明使用 RK4 方法时需要多大的计算量。

定理 9.7(龙格-库塔方法的精度)　设 $y(t)$ 为初值问题的解，如果 $y(t) \in C^5[t_0, b]$，且 $\{(t_k, y_k)\}_{k=0}^{M}$ 为 4 阶龙格-库塔方法产生的近似解序列，则

$$\begin{aligned} |e_k| &= |y(t_k) - y_k| = \boldsymbol{O}(h^4) \\ |\epsilon_{k+1}| &= |y(t_{k+1}) - y_k - hT_N(t_k, y_k)| = \boldsymbol{O}(h^5) \end{aligned} \tag{13}$$

特别地，在区间的末端，最终全局误差满足

$$E(y(b), h) = |y(b) - y_M| = \boldsymbol{O}(h^4) \tag{14}$$

例 9.10 和例 9.11 是定理 9.7 的例证，如果用步长 h 和 $h/2$ 进行近似计算，则步长为 h 时有

$$E(y(b), h) \approx Ch^4 \tag{15}$$

而步长为 $h/2$ 时有

$$E\left(y(b), \frac{h}{2}\right) \approx C\frac{h^4}{16} = \frac{1}{16}Ch^4 \approx \frac{1}{16}E(y(b), h) \tag{16}$$

因此定理 9.7 的含义是，如果 RK4 中的步长减少$\frac{1}{2}$，则可期望最终全局误差降至大约$\frac{1}{16}$。

例 9.10　用 RK4 方法求解区间$[0,3]$上的初值问题 $y' = (t - y)/2, y(0) = 1$。比较步长 h 分别为 $1, \frac{1}{2}, \frac{1}{4}$和$\frac{1}{8}$时的解。

解：表 9.8 给出了选定横坐标上的近似解值。步长 $h = 0.25$ 的一个计算实例是

$$\begin{aligned} f_1 &= \frac{0.0 - 1.0}{2} = -0.5 \\ f_2 &= \frac{0.125 - (1 + 0.25(0.5)(-0.5))}{2} = -0.40625 \\ f_3 &= \frac{0.125 - (1 + 0.25(0.5)(-0.40625))}{2} = -0.4121094 \\ f_4 &= \frac{0.25 - (1 + 0.25(-0.4121094))}{2} = -0.3234863 \\ y_1 &= 1.0 + 0.25\left(\frac{-0.5 + 2(-0.40625) + 2(-0.4121094) - 0.3234863}{6}\right) \\ &= 0.8974915 \end{aligned}$$

■

表 9.8　比较区间$[0,3]$上 $y' = (t - y)/2, y(0) = 1$ 的不同步长时的 RK4 解

t_k	y_k				$y(t_k)$ 精确解
	$h = 1$	$h = \frac{1}{2}$	$h = \frac{1}{4}$	$h = \frac{1}{8}$	
0	1.0	1.0	1.0	1.0	1.0
0.125				0.9432392	0.9432392
0.25			0.8974915	0.8974908	0.8974917
0.375				0.8620874	0.8620874
0.50		0.8364258	0.8364037	0.8364024	0.8364023
0.75			0.8118696	0.8118679	0.8118678
1.00	0.8203125	0.8196285	0.8195940	0.8195921	0.8195920
1.50		0.9171423	0.9171021	0.9170998	0.9170997
2.00	1.1045125	1.1036826	1.1036408	1.1036385	1.1036383
2.50		1.3595575	1.3595168	1.3595145	1.3595144
3.00	1.6701860	1.6694308	1.6693928	1.6693906	1.6693905

例 9.11　比较用 RK4 方法求解区间[0,3]上初值问题 $y'=(t-y)/2, y(0)=1$ 时的最终全局误差，步长 h 分别为 $1, \frac{1}{2}, \frac{1}{4}$ 和 $\frac{1}{8}$。

解：表 9.9 列出了不同步长的最终全局误差，它说明当步长减为 1/2 时，$y(3)$ 的近似值的误差降至大约 $\frac{1}{16}$。

$$E(y(3),h) = y(3) - y_M = \boldsymbol{O}(h^4) \approx Ch^4, \quad C = -0.000614$$ ■

表 9.9　区间[0,3]上 $y'=(t-y)/2, y(0)=1$ 的 RK4 解的步长与最终全局误差的关系

步长 h	步数 M	$y(3)$ 的近似值 y_M	$t=3$ 处的最终全局误差 $y(3)-y_M$	$\boldsymbol{O}(h^4) \approx Ch^4$ 其中 $C=-0.000614$
1	3	1.6701860	−0.0007955	−0.0006140
$\frac{1}{2}$	6	1.6694308	−0.0000403	−0.0000384
$\frac{1}{4}$	12	1.6693928	−0.0000023	−0.0000024
$\frac{1}{8}$	24	1.6693906	−0.0000001	−0.0000001

对比例 9.10 与例 9.11 及例 9.8 与例 9.9，可以看出"RK4 方法模拟了 $N=4$ 阶的泰勒级数方法"的含义。对于这些例子，两种方法在给定区间上得到完全相同的解集 $\{(t_k, y_k)\}$，RK4 方法的优点很明显，它既不需要高阶导数的计算公式，也不需要在程序中计算高阶导数。

确定龙格-库塔解的精度并不容易。可以估计 $y^{(4)}(c)$ 的规模并使用公式(12)，另一种方法是用较小的步长重复该算法，并比较结果。第三种方法是自适应地确定步长，这在程序 9.5 中实现。9.6 节将讨论如何改变多步长方法中的步长。

9.5.3　$N=2$ 的龙格-库塔方法

2 阶龙格-库塔方法(RK2)模拟 2 阶泰勒级数方法的精度。尽管该方法用起来不如 RK4，但它的证明更易于理解，更能显示其中的原理。首先写出 $y(t+h)$ 的泰勒级数公式：

$$y(t+h) = y(t) + hy'(t) + \frac{1}{2}h^2 y''(t) + C_T h^3 + \cdots \tag{17}$$

其中 C_T 为包含 $y(t)$ 的 3 阶导数的常数，而级数中的其他项包含幂 $h^j, j>3$。

式(17)中的 $y'(t)$ 和 $y''(t)$ 必须表示为 $f(t,y)$ 及其偏导数的函数。由于

$$y'(t) = f(t,y) \tag{18}$$

可以用双变量函数的链式求导规则对式(18)关于 t 求导，结果为

$$y''(t) = f_t(t,y) + f_y(t,y)y'(t)$$

利用式(18)，可以得到

$$y''(t) = f_t(t,y) + f_y(t,y)f(t,y) \tag{19}$$

将式(18)和式(19)代入式(17)，得到 $y(t+h)$ 的泰勒展开：

$$\begin{aligned} y(t+h) = y(t) &+ hf(t,y) + \frac{1}{2}h^2 f_t(t,y) \\ &+ \frac{1}{2}h^2 f_y(t,y)f(t,y) + C_T h^3 + \cdots \end{aligned} \tag{20}$$

考虑 $N=2$ 阶的龙格-库塔方法，它用两个函数值的线性组合来表示 $y(t+h)$：

$$y(t+h)=y(t)+Ahf_0+Bhf_1 \tag{21}$$

其中

$$\begin{aligned} f_0 &= f(t,y) \\ f_1 &= f(t+Ph, y+Qhf_0) \end{aligned} \tag{22}$$

下面用两个独立变量的函数的泰勒多项式逼近来展开 $f(t,y)$（见 9.5.5 节），得出 f_1 的表达式：

$$f_1=f(t,y)+Phf_t(t,y)+Qhf_y(t,y)f(t,y)+C_Ph^2+\cdots \tag{23}$$

其中 C_P 包含 $f(t,y)$ 的 2 阶偏导数。然后在式(21)中应用式(23)，得到 $y(t+h)$ 的 RK2 表示：

$$\begin{aligned} y(t+h)=y(t)&+(A+B)hf(t,y)+BPh^2f_t(t,y) \\ &+BQh^2f_y(t,y)f(t,y)+BC_Ph^3+\cdots \end{aligned} \tag{24}$$

比较式(20)和式(24)中相似的项，得出如下结论：

$$hf(t,y)=(A+B)hf(t,y) \qquad \text{表明}\quad 1=A+B$$

$$\frac{1}{2}h^2f_t(t,y)=BPh^2f_t(t,y) \qquad \text{表明}\quad \frac{1}{2}=BP$$

$$\frac{1}{2}h^2f_y(t,y)f(t,y)=BQh^2f_y(t,y)f(t,y) \qquad \text{表明}\quad \frac{1}{2}=BQ$$

因此，如果要求 A,B,P 和 Q 满足关系

$$A+B=1, \qquad BP=\frac{1}{2}, \qquad BQ=\frac{1}{2} \tag{25}$$

则式(24)中的 RK2 方法将与式(20)中的泰勒方法有相同的精度。

由于方程组(25)只有 3 个等式，却有 4 个未知量，它的解是不定的，因此允许选定其中的一个系数。有几种特殊的选择已在参考文献中讨论过了，这里举出其中的两个为例。

情况(i)：选择 $A=\frac{1}{2}$，由此可得 $B=\frac{1}{2}$，$P=1$ 和 $Q=\frac{1}{2}$。将这些参数代入式(21)，得到：

$$y(t+h)=y(t)+\frac{h}{2}(f(t,y)+f(t+h,y+hf(t,y))) \tag{26}$$

当用该方法生成 $\{(t_k,y_k)\}$ 时，结果为休恩方法。

情况(ii)：选择 $A=0$，由此可得 $B=1$，$P=\frac{1}{2}$ 和 $Q=\frac{1}{2}$。将这些参数代入式(21)，得到

$$y(t+h)=y(t)+hf\left(t+\frac{h}{2}, y+\frac{h}{2}f(t,y)\right) \tag{27}$$

当用此方法生成 $\{(t_k,y_k)\}$ 时，称为**改进的欧拉-柯西方法**（modified Euler-cauchy method）。

9.5.4　龙格-库塔-费尔伯格方法

要保证初值问题的解的精确性，一种方法是分别用步长 h 和 $h/2$ 进行两次求解，并比较较大步长所对应的网格点处的结果。但这样对较小的步长将需要大量计算，而且当结果不够好时必须重新计算。

龙格-库塔-费尔伯格（Runge-Kutta-Fehlbrg）方法，记为 RKF45，试图解决这一问题。它用一个过程来确定是否使用了正确的步长 h。在每一步中，使用两个不同的求近似解的方法，并比较其结果。如果两个结果相近，则接受该近似；如果两个答案的差超出了指定的精度，则减小步长；如果答案超过了要求的有效位数，则增加步长。

每一步要求使用下面 6 个值：

$$
\begin{aligned}
k_1 &= hf(t_k, y_k) \\
k_2 &= hf\left(t_k + \frac{1}{4}h, y_k + \frac{1}{4}k_1\right) \\
k_3 &= hf\left(t_k + \frac{3}{8}h, y_k + \frac{3}{32}k_1 + \frac{9}{32}k_2\right) \\
k_4 &= hf\left(t_k + \frac{12}{13}h, y_k + \frac{1932}{2197}k_1 - \frac{7200}{2197}k_2 + \frac{7296}{2197}k_3\right) \\
k_5 &= hf\left(t_k + h, y_k + \frac{439}{216}k_1 - 8k_2 + \frac{3680}{513}k_3 - \frac{845}{4104}k_4\right) \\
k_6 &= hf\left(t_k + \frac{1}{2}h, y_k - \frac{8}{27}k_1 + 2k_2 - \frac{3544}{2565}k_3 + \frac{1859}{4104}k_4 - \frac{11}{40}k_5\right)
\end{aligned} \tag{28}
$$

然后用 4 阶龙格-库塔方法求出初值问题的一个近似解：

$$y_{k+1} = y_k + \frac{25}{216}k_1 + \frac{1408}{2565}k_3 + \frac{2197}{4101}k_4 - \frac{1}{5}k_5 \tag{29}$$

其中用了 4 个函数值 f_1, f_3, f_4 和 f_5。注意公式(29)中没有使用 f_2。用 5 阶龙格-库塔方法得到更好的解：

$$z_{k+1} = y_k + \frac{16}{135}k_1 + \frac{6656}{12825}k_3 + \frac{28561}{56430}k_4 - \frac{9}{50}k_5 + \frac{2}{55}k_6 \tag{30}$$

最佳步长 sh 可以通过当前步长值乘以标量 s 得到，标量 s 为

$$s = \left(\frac{\text{tol}\, h}{2|z_{k+1} - y_{k+1}|}\right)^{1/4} \approx 0.84\left(\frac{\text{tol}\, h}{|z_{k+1} - y_{k+1}|}\right)^{1/4} \tag{31}$$

其中 tol 为指定的误差控制容差。

公式(31)的推导可在数值分析的高级教程中找到。固定步长不是最佳策略，尽管它所产生的值看起来更好，认识这一点很重要。如果需要不在表中的值，则需要使用多项式插值。

例 9.12 比较区间[0,1.4]上的初值问题

$$y' = 1 + y^2, \qquad y(0) = 0$$

的 RKF45 和 RK4 解。

解：RKF45 程序采用误差控制容差 2×10^{-5}。它自动改变步长，并生成表 9.10 中的 10 个近似解。RK4 程序使用先验步长 $h = 0.1$，它需要计算机生成表 9.11 中的 14 个等距点上的近似值。它们在右端点处的近似值分别为

$$y(1.4) \approx y_{10} = 5.7985045, \qquad y(1.4) \approx y_{14} = 5.7919748$$

而 RKF45 和 RK4 的误差分别为

$$E_{10} = -0.0006208, \qquad E_{14} = 0.0059089$$

RKF45 方法有较小的误差。 ■

程序 9.4(4 阶龙格-库塔方法) 用公式

$$y_{k+1} = y_k + \frac{h}{6}(k_1 + 2k_2 + 2k_3 + k_4)$$

计算 $[a,b]$ 上的初值问题 $y' = f(t,y)$，$y(a) = y_0$ 的近似解。

表 9.10 $y' = 1 + y^2, y(0) = 0$ 的 RKF45 解

k	t_k	RK45 近似值 y_k	真解 $y(t_k) = \tan(t_k)$	误差 $y(t_k) - y_k$
0	0.0	0.0000000	0.0000000	0.0000000
1	0.2	0.2027100	0.2027100	0.0000000
2	0.4	0.4227933	0.4227931	−0.0000002
3	0.6	0.6841376	0.6841368	−0.0000008
4	0.8	1.0296434	1.0296386	−0.0000048
5	1.0	1.5574398	1.5774077	−0.0000321
6	1.1	1.9648085	1.9647597	−0.0000488
7	1.2	2.5722408	2.5721516	−0.0000892
8	1.3	3.6023295	3.6021024	−0.0002271
9	1.35	4.4555714	4.4552218	−0.0003496
10	1.4	5.7985045	5.7978837	−0.0006208

表 9.11 $y' = 1 + y^2, y(0) = 0$ 的 RK4 解

k	t_k	RK4 近似值 y_k	真解 $y(t_k) = \tan(t_k)$	误差 $y(t_k) - y_k$
0	0.0	0.0000000	0.0000000	0.0000000
1	0.1	0.1003346	0.1003347	0.0000001
2	0.2	0.2027099	0.2027100	0.0000001
3	0.3	0.3093360	0.3093362	0.0000002
4	0.4	0.4227930	0.4227932	0.0000002
5	0.5	0.5463023	0.5463025	0.0000002
6	0.6	0.6841368	0.6841368	0.0000000
7	0.7	0.8422886	0.8422884	−0.0000002
8	0.8	1.0296391	1.0296386	−0.0000005
9	0.9	1.2601588	1.2601582	−0.0000006
10	1.0	1.5574064	1.5574077	0.0000013
11	1.1	1.9647466	1.9647597	0.0000131
12	1.2	2.5720718	2.5721516	0.0000798
13	1.3	3.6015634	3.6021024	0.0005390
14	1.4	5.7919748	5.7978837	0.0059089

```
function R=rk4(f,a,b,ya,M)
%Input  - f is the function entered as a string 'f'
%       - a and b are the left and right end points
%       - ya is the initial condition y(a)
%       - M is the number of steps
%Output - R=[T' Y'] where T is the vector of abscissas
%         and Y is the vector of ordinates
h=(b-a)/M;
T=zeros(1,M+1);
Y=zeros(1,M+1);
T=a:h:b;
Y(1)=ya;
for j=1:M
   k1=h*feval(f,T(j),Y(j));
   k2=h*feval(f,T(j)+h/2,Y(j)+k1/2);
   k3=h*feval(f,T(j)+h/2,Y(j)+k2/2);
   k4=h*feval(f,T(j)+h,Y(j)+k3);
   Y(j+1)=Y(j)+(k1+2*k2+2*k3+k4)/6;
end
R=[T' Y'];
```

下面的程序实现式(28)～式(31)描述的龙格-库塔-费尔伯格方法。

程序 9.5(龙格-库塔-费尔伯格方法) 用误差控制和步长方法求解$[a,b]$上的初值问题 $y'=f(t,y), y(a)=y_0$ 的近似解。

```
function R=rkf45(f,a,b,ya,M,tol)
%Input  - f is the function entered as a string 'f'
%       - a and b are the left and right end points
%       - ya is the initial condition y(a)
%       - M is the number of steps
%       - tol is the tolerance
%Output - R=[T' Y'] where T is the vector of abscissas
%         and Y is the vector of ordinates
%Enter the coefficients necessary to calculate the
%values in (28) and (29)
a2=1/4;b2=1/4;a3=3/8;b3=3/32;c3=9/32;a4=12/13;
b4=1932/2197;c4=-7200/2197;d4=7296/2197;a5=1;
b5=439/216;c5=-8;d5=3680/513;e5=-845/4104;a6=1/2;
b6=-8/27;c6=2;d6=-3544/2565;e6=1859/4104;
f6=-11/40;r1=1/360;r3=-128/4275;r4=-2197/75240;r5=1/50;
r6=2/55;n1=25/216;n3=1408/2565;n4=2197/4104;n5=-1/5;
big=1e15;
h=(b-a)/M;
hmin=h/64;
hmax=64*h;
max1=200;
Y(1)=ya;
T(1)=a;
j=1;
br=b-0.00001*abs(b);
while (T(j)<b)
   if ((T(j)+h)>br)
      h=b-T(j);
   end
   %Calculation of values in (28) and (29)
   k1=h*feval(f,T(j),Y(j));
   y2=Y(j)+b2*k1;
if big<abs(y2)break,end
k2=h*feval(f,T(j)+a2*h,y2);
y3=Y(j)+b3*k1+c3*k2;
if big<abs(y3)break,end
k3=h*feval(f,T(j)+a3*h,y3);
y4=Y(j)+b4*k1+c4*k2+d4*k3;
if big<abs(y4)break,end
k4=h*feval(f,Y(j)+a4*h,y4);
y5=Y(j)+b5*k1+c5*k2+d5*k3+e5*k4;
if big<abs(y5)break,end
k5=h*feval(f,T(j)+a5*h,y5);
y6=Y(j)+b6*k1+c6*k2+d6*k3+e6*k4+f6*k5;
if big<abs(y6)break,end
k6=h*feval(f,Y(j)+a6*h,y6);
err=abs(r1*k1+r3*k3+r4*k4+r5*k5+r6*k6);
ynew=Y(j)+n1*k1+n3*k3+n4*k4+n5*k5;
%Error and step size control
if((err<tol)|(h<2*hmin))
```

```
    Y(j+1)=ynew;
    if((T(j)+h)>br)
      T(j+1)=b;
    else
      T(j+1)=T(j)+h;
    end
    j=j+1;
end
if (err==0)
    s=0;
else
    s=0.84*(tol*h/err)^(0.25);
end
if((s<0.75)&(h>2*hmin))
    h=h/2;

end
if((s>1.50)&(2*h<hmax))
h=2*h;
end
if((big<abs(Y(j)))|(max1==j)),break,end
M=j;
if (b>T(j))
    M=j+1;
else
    M=j;
    end
end
R=[T' Y'];
```

9.5.5 习题

在习题 1 ~ 习题 5 中,用 $N=4$ 的龙格-库塔方法求解微分方程。

(a) 令 $h=0.2$,手工计算 2 步;再令 $h=0.1$,手工计算 4 步。

(b) 比较精确解 $y(0.4)$ 与(a)中的两个近似解。

(c) 当 h 减半时,(a)中的最终全局误差是否和预期相符?

1. $y' = t^2 - y, \quad y(0) = 1, \quad y(t) = -\mathrm{e}^{-t} + t^2 - 2t + 2$
2. $y' = 3y + 3t, \quad y(0) = 1, \quad y(t) = \frac{4}{3}\mathrm{e}^{3t} - t - \frac{1}{3}$
3. $y' = -ty, \quad y(0) = 1, \quad y(t) = \mathrm{e}^{-t^2/2}$
4. $y' = \mathrm{e}^{-2t} - 2y, \quad y(0) = \frac{1}{10}, \quad y(t) = \frac{1}{10}\mathrm{e}^{-2t} + t\mathrm{e}^{-2t}$
5. $y' = 2ty^2, \quad y(0) = 1, \quad y(t) = 1/(1 - t^2)$
6. 证明:用 $N=4$ 的龙格-库塔方法求解区间$[a,b]$上的初值问题 $y'=f(t)$,$y(a)=0$ 的结果为

$$y(b) \approx \frac{h}{6}\sum_{k=0}^{M-1}(f(t_k) + 4f(t_{k+1/2}) + f(t_{k+1}))$$

其中 $h=(b-a)/M$,$t_k=a+kh$,$t_{k+1/2}=a+\left(k+\frac{1}{2}\right)h$,它是$[a,b]$上 $f(t)$ 的定积分的辛普森逼近(步长为 $h/2$)。

7. 引理 7.1(见 7.3 节)讨论的理查森改进可与泰勒方法一起使用,如果 $N=4$ 的龙格-库塔方法采用步长 h,则有

$$y(b) \approx y_h + Ch^4$$

如果 $N=4$ 的龙格-库塔方法使用步长 $2h$,则有

$$y(b) \approx y_{2h} + 16Ch^4$$

消去包含 Ch^4 的项,得到改进的 $y(b)$的逼近,结果为

$$y(b) \approx \frac{16y_h - y_{2h}}{15}$$

用改进方法计算例 9.11 中的数据,可得到 $y(3)$的更好的近似。填写下表中缺少的项。

h	y_h	$(16y_h - y_{2h})/15$
1	1.6701860	______
$\frac{1}{2}$	1.6694308	______
$\frac{1}{4}$	1.6693928	______
$\frac{1}{8}$	1.6693906	______

对习题 8 和习题 9,带两个变量(t 和 y)的函数 $f(t,y)$在点(a,b)处的 $N=2$ 次泰勒多项式为

$$P_2(t,y) = f(a,b) + f_t(a,b)(t-a) + f_y(a,b)(y-b)$$
$$+ \frac{f_{tt}(a,b)(t-a)^2}{2} + f_{ty}(a,b)(t-a)(y-b) + \frac{f_{yy}(a,b)(y-b)^2}{2}$$

8. (a) 求 $f(t,y)=y/t$ 在$(1,1)$处的 $N=2$ 次泰勒多项式。
   (b) 求 $P_2(1.05,1.1)$,并与 $f(1.05,1.1)$比较。
9. (a) 求 $f(t,y)=(1+t-y)^{1/2}$在$(0,0)$处的 $N=2$ 次泰勒多项式。
   (b) 求 $P_2(0.04,0.08)$,并与 $f(0.04,0.08)$比较。

9.5.6 算法与程序

对于第 1 题至第 5 题,用 $N=4$ 的龙格-库塔方法求解微分方程。

(a) 令 $h=0.1$,程序 9.4 执行 20 步,然后令 $h=0.05$,程序 9.4 执行 40 步。

(b) 比较(a)中的两个近似解与精确解 $y(2)$。

(c) 当 h 减半时,(a)中的最终全局误差是否和预期相符?

(d) 在同一坐标系中画出两个近似解和精确解。提示:程序 9.4 输出的矩阵 `R` 是近似解的 x 和 y 坐标,命令 `plot(R(:,1),R(:,2))`将画出与图 9.6 类似的图。

1. $y' = t^2 - y,\quad y(0) = 1,\quad y(t) = -e^{-t} + t^2 - 2t + 2$
2. $y' = 3y + 3t,\quad y(0) = 1,\quad y(t) = \frac{4}{3}e^{3t} - t - \frac{1}{3}$
3. $y' = -ty,\quad y(0) = 1,\quad y(t) = e^{-t^2/2}$
4. $y' = e^{-2t} - 2y,\quad y(0) = \frac{1}{10},\quad y(t) = \frac{1}{10}e^{-2t} + te^{-2t}$
5. $y' = 2ty^2,\quad y(0) = 1,\quad y(t) = 1/(1-t^2)$

对于第 6 题和第 7 题,用龙格-库塔-费尔伯格方法求解微分方程。

(a) 用程序 9.5,初始步长为 $h=0.1$,容差为 $\text{tol}=10^{-7}$。

(b) 比较精确解 $y(b)$与近似解。

(c) 在同一坐标系中画出精确解与近似解。

6. 在区间$[0,3]$上,$y'=9te^{3t}$,$y(0)=0$,$y(t)=3te^{3t}-e^{3t}+1$。

7. 在区间[0,1]上,$y' = 2\arctan(t)$,$y(0) = 0$,$y(t) = 2t\arctan(t) - \ln(1+t^2)$。

8. 在一个化学反应中,一个 A 分子与一个 B 分子结合生成一个 C 分子。时刻 t 时 C 的浓度 $y(t)$为一个初值问题

$$y' = k(a-y)(b-y), \qquad y(0) = 0$$

其中 k 为正常数,a 和 b 分别为 A 和 B 的初始浓度。设 $k = 0.01$,$a = 70$ mmol/L,$b = 50$ mmol/L。用 $N = 4$ 阶的龙格–库塔方法和 $h = 0.5$ 计算区间[0,20]上的解。

批注　可将你的计算结果与精确解 $y(t) = 350(1 - e^{-0.2t})/(7 - 5e^{-0.2t})$ 比较。注意当 $t \to +\infty$ 时,极限值为 50。

9. 通过求解合适的初值问题,制作如下积分的一个函数值表:

$$f(x) = \frac{1}{2} + \frac{1}{\sqrt{2\pi}}\int_0^x e^{-t^2/2}\,dt, \qquad 0 \leqslant x \leqslant 3$$

利用 $N = 4$ 阶的龙格–库塔方法和 $h = 0.1$ 进行计算,得到的解应该与下表中的值吻合。

批注　这是一个生成标准正态分布面积表的好方法。

x	$f(x)$
0.0	0.5
0.5	0.6914625
1.0	0.8413448
1.5	0.9331928
2.0	0.9772499
2.5	0.9937903
3.0	0.9986501

10. (a) 编写程序,实现习题 7 中讨论的理查森改进方法。

(b) 用(a)中的程序求[0,0.8]上的初值问题 $y' = t^2 + y^2$,$y(0) = 1$ 的解 $y(0.8)$的近似值。$t = 0.8$ 时的真值已知为 $y(0.8) = 5.8486168$。由步长 $h = 0.05$ 开始,程序应当在两个连续理查森改进的差的绝对值小于 10^{-7}时停止。

11. 考虑 1 阶积分–常微分(integro-ordinary)方程:

$$y' = 1.3y - 0.25y^2 - 0.0001y\int_0^t y(\tau)\,d\tau$$

(a) 在区间[0,20]上,用 4 阶龙格–库塔方法和 $h = 0.2$,$y(0) = 250$ 以及梯形公式求方程的近似解(见 9.2.4 节中的第 10 题)。

(b) 用初值 $y(0) = 200$ 和 $y(0) = 300$ 重复(a)的计算。

(c) 在同一坐标系中画出(a)和(b)的近似解。

9.6　预报–校正方法

欧拉方法、休恩方法、泰勒方法以及龙格–库塔方法都称为单步长方法,因为它们只利用前一个点的信息来计算下一个点,即计算(t_1, y_1)时只使用了初始点(t_0, y_0)。一般地,只有 y_k 用来计算 y_{k+1}。当计算出若干个点之后,就可以利用几个已计算出的点来计算下一个点。以亚当斯–巴什福斯 4 步法的推导为例,计算 y_{k+1}需要 $y_{k-3}, y_{k-2}, y_{k-1}$和 y_k。该方法不是自启动的,要生成点$\{(t_k, y_k): k \geqslant 4\}$,必须先给出其 4 个初始点$(t_0, y_0)$,$(t_1, y_1)$,$(t_2, y_2)$和$(t_3, y_3)$(可用前面各节中的方法完成)。

多步法的一个优点是,可以确定它的局部截断误差(local truncation error,简称 L. T. E.),并可以包含一个校正项,用于在每一步计算中改善解的精确度。该方法还可以确定步长是否小到能得到 y_{k+1} 的精确值,同时又大到能够免除不必要的和费时的计算。使用预报子和校正子的组合在每一步只需要进行两次函数 $f(t,y)$ 求值。

9.6.1 亚当斯-巴什福斯-莫尔顿方法

亚当斯-巴什福斯-莫尔顿方法(Adams-Bashforth-Moulton)是由基本微积分定理推导出的多步法:

$$y(t_{k+1}) = y(t_k) + \int_{t_k}^{t_{k+1}} f(t, y(t))\,\mathrm{d}t \tag{1}$$

预报子使用基于点 (t_{k-3}, f_{k-3}), (t_{k-2}, f_{k-2}), (t_{k-1}, f_{k-1}) 和 (t_k, f_k) 的 $f(t, y(t))$ 的拉格朗日多项式逼近值,并在区间 $[t_k, t_{k+1}]$ 上对式(1)积分,这个过程产生亚当斯-巴什福斯预报子:

$$p_{k+1} = y_k + \frac{h}{24}(-9f_{k-3} + 37f_{k-2} - 59f_{k-1} + 55f_k) \tag{2}$$

校正子的推导类似。这时可以使用刚刚计算出的值 p_{k+1}。基于点 (t_{k-2}, f_{k-2}), (t_{k-1}, f_{k-1}), (t_k, f_k) 和新的点 $(t_{k+1}, f_{k+1}) = (t_{k+1}, f(t_{k+1}, p_{k+1}))$ 构造 $f(t, y(t))$ 的一个新的拉格朗日多项式逼近,然后在区间 $[t_k, t_{k+1}]$ 上对该多项式积分,即可得到亚当斯-莫尔顿校正子:

$$y_{k+1} = y_k + \frac{h}{24}(f_{k-2} - 5f_{k-1} + 19f_k + 9f_{k+1}) \tag{3}$$

图 9.10 分别给出了推导公式(2)和公式(3)时拉格朗日多项式的节点。

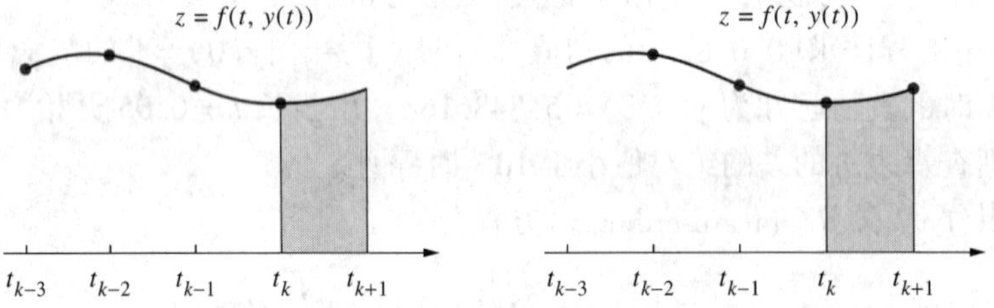

(a) 亚当斯-巴什福斯预报子的4个节点(使用了外插方法)

(b) 亚当斯-莫尔顿校正子的4个节点(使用了内插方法)

图 9.10 区间 $[t_k, t_{k-1}]$ 上的亚当斯-巴什福斯方法积分

9.6.2 误差估计与校正

计算预报子和校正子的数值积分公式的误差项都是 $\boldsymbol{O}(h^5)$ 阶的,公式(2)和公式(3)的局部截断误差分别为

$$y(t_{k+1}) - p_{k+1} = \frac{251}{720} y^{(5)}(c_{k+1})h^5 \qquad \text{(预报子的局部截断误差)} \tag{4}$$

$$y(t_{k+1}) - y_{k+1} = \frac{-19}{720} y^{(5)}(d_{k+1})h^5 \qquad \text{(校正子的局部截断误差)} \tag{5}$$

设 h 很小,且 $y^{(5)}(t)$ 在区间 $[t_k, t_{k+1}]$ 上近似为常数,则可消去式(4)和式(5)中的5阶导数项,得到结果

$$y(t_{k+1}) - y_{k+1} \approx \frac{-19}{270}(y_{k+1} - p_{k+1}) \tag{6}$$

预报-校正方法的重要性是显然的：公式(6)给出的近似误差估计基于两个计算值 p_{k+1} 和 y_{k+1}，而没有使用高阶导数 $y^{(5)}(t)$。

9.6.3　实际考虑

校正子(3)在计算 y_{k+1} 时用了近似公式 $f_{k+1} \approx f(t_{k+1}, p_{k+1})$。由于 y_{k+1} 也是 $y(t_{k+1})$ 的估计值，因此可将它用于校正子(3)来产生新的 f_{k+1} 近似值，这样又将产生一个新的 y_{k+1} 估计值。然而，当预报子的该迭代过程继续时，它将收敛于式(3)的一个不动点，而不是微分方程的不动点。如果需要更高的精确度，则减小步长更为有效。

公式(6)可用来确定何时改变步长，尽管有不少现成的精致方法，这里还是说明如何将步长减为 $h/2$ 或增至 $2h$。设 $\text{RelErr} = 5 \times 10^{-6}$ 是相对误差标准，并令 $\text{Small} = 10^{-5}$。

$$\text{若}\quad \frac{19}{270}\frac{|y_{k+1} - p_{k+1}|}{|y_{k+1}| + \text{Small}} > \text{RelErr}, \qquad \text{则设}\ h = \frac{h}{2} \tag{7}$$

$$\text{若}\quad \frac{19}{270}\frac{|y_{k+1} - p_{k+1}|}{|y_{k+1}| + \text{Small}} < \frac{\text{RelErr}}{100}, \qquad \text{则设}\ h = 2h \tag{8}$$

当预报子和校正子的差超过 5 位有效数字时，式(7)会将步长减小；如果它们有 7 位或更多有效数字一致时，式(8)会将步长增加。应该对这些参数进行微调，使之适合不同的计算机。

步长减小需要 4 个新的开始值，用 $f(t, y(t))$ 的 4 次插值来提供区间 $[t_{k-2}, t_{k-1}]$ 和 $[t_{k-1}, t_k]$ 中的点的值，后续计算中用到的 4 个网格点 $t_{k-3/2}, t_{k-1}, t_{k-1/2}$ 和 t_k 在图 9.11 中给出。

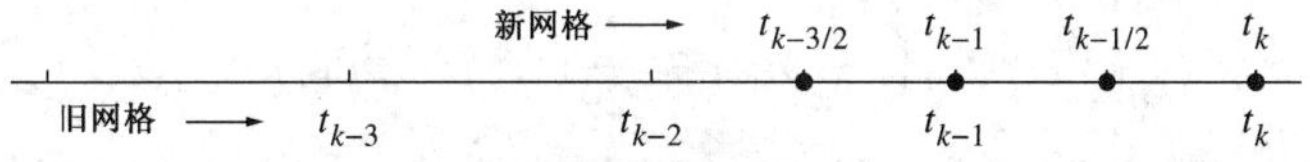

图 9.11　在自适应方法中将步长减为 $h/2$

步长为 $h/2$ 时用于计算新的开始值的插值公式为

$$\begin{aligned} f_{k-1/2} &= \frac{-5f_{k-4} + 28f_{k-3} - 70f_{k-2} + 140f_{k-1} + 35f_k}{128} \\ f_{k-3/2} &= \frac{3f_{k-4} - 20f_{k-3} + 90f_{k-2} + 60f_{k-1} - 5f_k}{128} \end{aligned} \tag{9}$$

增加步长较为简单，需要 7 个前面的值来使步长加倍。每隔一个点省略一个点即可得到 4 个新的点，如图 9.12 所示。

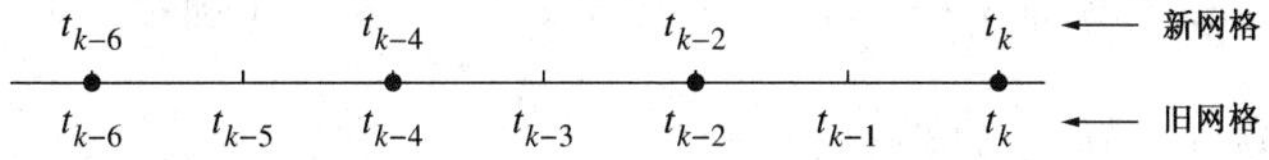

图 9.12　在自适应方法中将步长加倍

9.6.4　米尔恩-辛普森方法

另一种普遍的预报-校正方法是米尔恩-辛普森(Milne-Simpson)方法。其预报子基于在区间 $[t_{k-3}, t_{k+1}]$ 上对 $f(t, y(t))$ 的积分：

$$y(t_{k+1}) = y(t_{k-3}) + \int_{t_{k-3}}^{t_{k+1}} f(t, y(t))\,\mathrm{d}t \tag{10}$$

预报子使用$f(t,y(t))$的基于点(t_{k-3},f_{k-3}),(t_{k-2},f_{k-2}),(t_{k-1},f_{k-1})和(t_k,f_k)的拉格朗日多项式逼近,在区间$[t_{k-3},t_{k+1}]$上对它积分,得到米尔恩预报子:

$$p_{k+1} = y_{k-3} + \frac{4h}{3}(2f_{k-2} - f_{k-1} + 2f_k) \tag{11}$$

校正子的推导类似。此时值p_{k+1}已知,基于点(t_{k-1},f_{k-1}),(t_k,f_k)和新点$(t_{k+1},f_{k+1}) = (t_{k+1},f(t_{k+1},p_{k+1}))$构造$f(t,y(t))$的新的拉格朗日多项式,然后在区间$[t_{k-1},t_{k+1}]$上对该多项式积分,结果为大家所熟悉的辛普森公式:

$$y_{k+1} = y_{k-1} + \frac{h}{3}(f_{k-1} + 4f_k + f_{k+1}) \tag{12}$$

9.6.5 误差估计与校正

计算预报子和校正子的数值积分公式的误差项都是$\boldsymbol{O}(h^5)$阶的,公式(11)和公式(12)的局部截断误差为

$$y(t_{k+1}) - p_{k+1} = \frac{28}{90}y^{(5)}(c_{k+1})h^5 \qquad \text{(预报子的局部截断误差)} \tag{13}$$

$$y(t_{k+1}) - y_{k+1} = \frac{-1}{90}y^{(5)}(d_{k+1})h^5 \qquad \text{(校正子的局部截断误差)} \tag{14}$$

设h足够小,使得$y^{(5)}(t)$在区间$[t_{k-3},t_{k+1}]$上近乎为常数,则可消去式(13)和式(14)中的5阶导数项,结果为

$$y(t_{k+1}) - p_{k+1} \approx \frac{28}{29}(y_{k+1} - p_{k+1}) \tag{15}$$

公式(15)给出的预报子误差估计基于两个计算值p_{k+1}和y_{k+1},而没有使用高阶导数$y^{(5)}(t)$,可用它来改进预报值。假设每步中预报和校正值的差缓慢变化,则在式(15)中可用p_k和y_k分别替代p_{k+1}和y_{k+1},得到如下的修正:

$$m_{k+1} = p_{k+1} + 28\frac{y_k - p_k}{29} \tag{16}$$

在校正过程中用该修正值代替p_{k+1},公式(12)变为

$$y_{k+1} = y_{k-1} + \frac{h}{3}(f_{k-1} + 4f_k + f(t_{k+1}, m_{k+1})) \tag{17}$$

因此,改进(修正)的米尔恩-辛普森方法为

$$\begin{aligned}
p_{k+1} &= y_{k-3} + \frac{4h}{3}(2f_{k-2} - f_{k-1} + 2f_k) && \text{(预报子)} \\
m_{k+1} &= p_{k+1} + 28\frac{y_k - p_k}{29} && \text{(修正子)} \\
f_{k+1} &= f(t_{k+1}, m_{k+1}) && \\
y_{k+1} &= y_{k-1} + \frac{h}{3}(f_{k-1} + 4f_k + f_{k+1}) && \text{(校正子)}
\end{aligned} \tag{18}$$

汉明(Hamming)方法是另一种重要的方法,这里省略其推导,只在本节末尾给出了一个程序。最后要提醒注意的是,所有预报-校正方法都存在稳定性问题,这是较深的内容,有兴趣的读者可深入探讨。

例 9.13　用亚当斯-巴什福斯-莫尔顿方法、米尔恩-辛普森方法、汉明方法和 $h=\frac{1}{8}$ 计算$[0,3]$上的初值问题

$$y' = \frac{t-y}{2}, \qquad y(0)=1$$

的近似值。

解：用龙格-库塔方法得到初始值

$$y_1 = 0.94323919, \quad y_2 = 0.89749071, \quad y_3 = 0.86208736$$

然后由程序 9.6 和程序 9.8 生成表 9.12 中的值，表中每一项误差以 10^{-8} 的倍数给出。每一项至少有 6 位有效数字。在本例中，汉明方法产生的是最佳结果。■

表 9.12　亚当斯-巴什福斯-莫尔顿方法、米尔恩-辛普森方法以及汉明方法求解 $y'=(t-y)/2, y(0)=1$ 的比较

k	亚当斯-巴什福斯-莫尔顿方法	误差	米尔恩-辛普森	误差	汉明方法	误差
0.0	1.00000000	0E−8	1.00000000	0E−8	1.00000000	0E−8
0.5	0.83640227	8E−8	0.83640231	4E−8	0.83640234	1E−8
0.625	0.81984673	16E−8	0.81984687	2E−8	0.81984688	1E−8
0.75	0.81186762	22E−8	0.81186778	6E−8	0.81186783	1E−8
0.875	0.81194530	28E−8	0.81194555	3E−8	0.81194558	0E−8
1.0	0.81959166	32E−8	0.81959190	8E−8	0.81959198	0E−8
1.5	0.91709920	46E−8	0.91709957	9E−8	0.91709967	−1E−8
2.0	1.10363781	51E−8	1.10363822	10E−8	1.10363834	−2E−8
2.5	1.35951387	52E−8	1.35951429	10E−8	1.35951441	−2E−8
2.625	1.43243853	52E−8	1.43243899	6E−8	1.43243907	−2E−8
2.75	1.50851827	52E−8	1.50851869	10E−8	1.50851881	−2E−8
2.875	1.58756195	51E−8	1.58756240	6E−8	1.58756248	−2E−8
3.0	1.66938998	50E−8	1.66939038	10E−8	1.66939050	−2E−8

9.6.6　正确的步长

本书所选的方法是有目的的。第一，它们的推导对于入门教程而言足够简单；第二，更高级的方法有类似的推导；第三，大多数本科问题可用这些方法之一来解决。然而，当用预报-校正方法在大区间上求解初值问题 $y'=f(t,y)$，$y(t_0)=y_0$ 时，有时会出现问题。

如果 $f_y(t,y)<0$，而步长过大，则预报-校正方法可能不稳定。根据经验，当小误差递减传播时，结果稳定；当小误差递增传播时，结果不稳定。当在大区间上使用的步长太大时，会出现不稳定，有时表现为计算解的振荡性。采用较小的步长可使振幅减小。公式(7)～公式(9)给出了如何修改这些算法。如果使用步长控制，则应该使用如下的误差估计：

$$y(t_k) - y_k \approx 19\frac{p_k - y_k}{270} \qquad \text{（亚当斯-巴什福斯-莫尔顿方法）} \qquad (19)$$

$$y(t_k) - y_k \approx \frac{p_k - y_k}{29} \qquad \text{（米尔恩-辛普森方法）} \qquad (20)$$

$$y(t_k) - y_k \approx 9\frac{p_k - y_k}{121} \qquad \text{（汉明方法）} \qquad (21)$$

所有这些方法的校正过程都是一类不动点迭代过程。可以证明，这些方法的步长 h 必须满足以下条件：

$$h \ll \frac{2.66667}{|f_y(t,y)|} \qquad \text{（亚当斯-巴什福斯-莫尔顿方法）} \qquad (22)$$

$$h \ll \frac{3.00000}{|f_y(t, y)|} \quad (\text{米尔恩–辛普森方法}) \tag{23}$$

$$h \ll \frac{2.66667}{|f_y(t, y)|} \quad (\text{汉明方法}) \tag{24}$$

式(22) ~ 式(24)中的记号 << 表示“远远小于”,下面的例子说明应该使用更严格的不等式:

$$h < \frac{0.75}{|f_y(t, y)|} \quad (\text{亚当斯–巴什福斯–莫尔顿方法}) \tag{25}$$

$$h < \frac{0.45}{|f_y(t, y)|} \quad (\text{米尔恩–辛普森方法}) \tag{26}$$

$$h < \frac{0.69}{|f_y(t, y)|} \quad (\text{汉明方法}) \tag{27}$$

不等式(25) ~ 不等式(27)可在数值分析的高级教程上找到。

例 9.14 分别用亚当斯–巴什福斯–莫尔顿方法、米尔恩–辛普森方法和汉明方法积分求区间[0,10]上

$$y' = 30 - 5y, \quad y(0) = 1$$

的近似解。

解:3 种方法都是 $\boldsymbol{O}(h^4)$阶的,当 3 种方法都采用 $N = 120$ 步时,每种方法的最大误差出现在不同的位置:

$$y(0.41666667) - y_5 \approx -0.00277037 \quad (\text{亚当斯–巴什福斯–莫尔顿方法})$$

$$y(0.33333333) - y_4 \approx -0.00139255 \quad (\text{米尔恩–辛普森方法})$$

$$y(0.33333333) - y_4 \approx -0.00104982 \quad (\text{汉明方法})$$

在右端点 $t = 10$ 处,误差分别为

$$y(10) - y_{120} \approx 0.00000000 \quad (\text{亚当斯–巴什福斯–莫尔顿方法})$$

$$y(10) - y_{120} \approx 0.00001015 \quad (\text{米尔恩–辛普森方法})$$

$$y(10) - y_{120} \approx 0.00000000 \quad (\text{汉明方法})$$

亚当斯–巴什福斯–莫尔顿方法和汉明方法在右端点都有 8 位精确数字。 ■

注意,当步长过大时,计算解在真解附近振荡。图 9.13 显示了这一现象,其中较小的步数由经验得出,使得振荡大约为同样大小;由公式(25) ~ 公式(27)得到衰减振荡所需的步数。

下面的 3 个程序都要求 T 和 Y 的前 4 个坐标值为由其他方法得到的开始值。考虑例 9.13,步长为 $h = \frac{1}{8}$,区间为[0,3]。下面的 MATLAB 命令将生成正确的输入向量 T 和 Y。

```
>>T=zeros(1,25);
>>Y=zeros(1,25);
>>T=0:1/8:3;
>>Y(1:4)=[1 0.94323919 0.89749071 0.86208736];
```

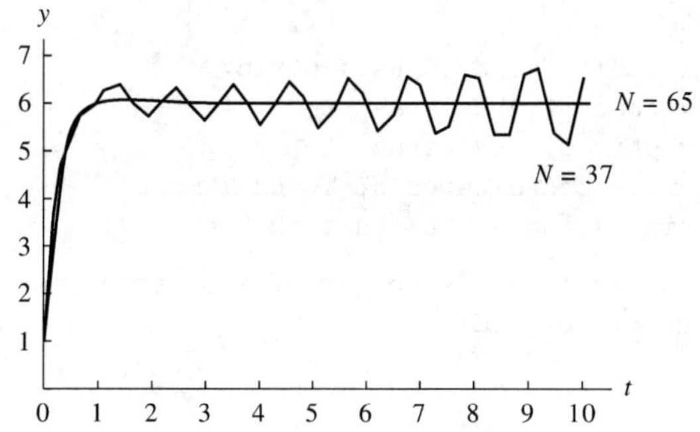

(a)

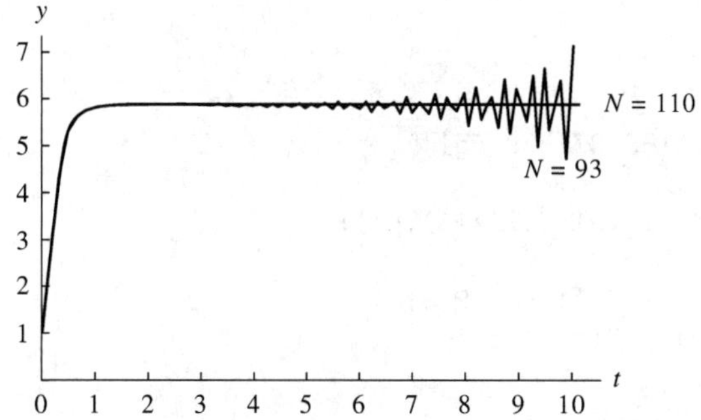

(b)

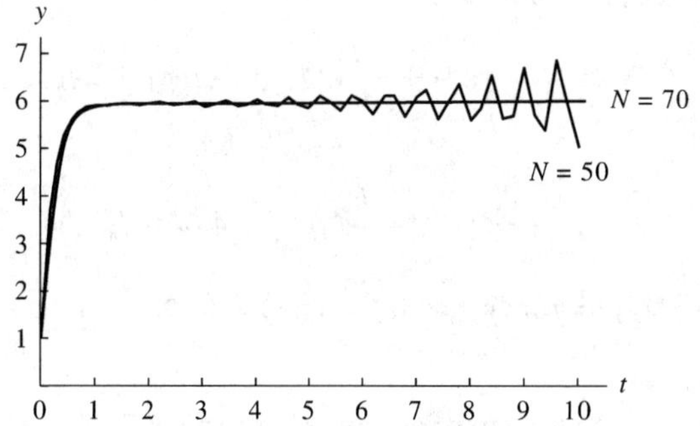

(c)

图 9.13　(a) 当 $N=37$ 步时，$y'=30-5y$ 的亚当斯-巴什福斯-莫尔顿解是振荡的，当 $N=65$ 时解稳定，因为 $h=10/65=0.1538\approx0.15=0.75/5=0.75/|f_y(t,y)|$；(b) 当 $N=93$ 时，$y'=30-5y$ 的米尔恩-辛普森解是振荡的，当 $N=110$ 时解稳定，因为 $h=10/110=0.0909\approx0.09=0.45/5=0.45/|f_y(t,y)|$；(c) 当 $N=50$ 步时，$y'=30-5y$ 的汉明解是振荡的，当 $N=70$ 时解稳定，因为 $h=10/70=0.1428\approx0.138=0.69/5=0.69/|f_y(t,y)|$

程序 9.6(亚当斯-巴什福斯-莫尔顿方法)　用预报子

$$p_{k+1}=y_k+\frac{h}{24}(-9f_{k-3}+37f_{k-2}-59f_{k-1}+55f_k)$$

和校正子

$$y_{k+1}=y_k+\frac{h}{24}(f_{k-2}-5f_{k-1}+19f_k+9f_{k+1})$$

求区间 $[a,b]$ 上初值问题 $y'=f(t,y)$，$y(a)=y_0$ 的近似解。

```
function A=abm(f,T,Y)
%Input  - f is the function entered as a string 'f'
%       - T is the vector of abscissas
%       - Y is the vector of ordinates
%Remark.  The first four coordinates of T and Y must
%         have starting values obtained with RK4
%Output - A=[T' Y'] where T is the vector of abscissas and
%         Y is the vector of ordinates
n=length(T);
if n<5,break,end;
F=zeros(1,4);
F=feval(f,T(1:4),Y(1:4));
h=T(2)-T(1);
for k=4:n-1
   %Predictor
   p=Y(k)+(h/24)*(F*[-9 37 -59 55]');
   T(k+1)=T(1)+h*k;
   F=[F(2) F(3) F(4) feval(f,T(k+1),p)];
   %Corrector
   Y(k+1)=Y(k)+(h/24)*(F*[1 -5 19 9]');
   F(4)=feval(f,T(k+1),Y(k+1));
end
A=[T' Y'];
```

程序 9.7（米尔恩-辛普森方法） 用预报子

$$p_{k+1} = y_{k-3} + \frac{4h}{3}(2f_{k-2} - f_{k-1} + 2f_k)$$

和校正子

$$y_{k+1} = y_{k-1} + \frac{h}{3}(f_{k-1} + 4f_k + f_{k+1})$$

求区间$[a,b]$上初值问题$y'=f(t,y)$,$y(a)=y_0$的近似解。

```
function M=milne(f,T,Y)
%Input  - f is the function entered as a string 'f'
%       - T is the vector of abscissas
%       - Y is the vector of ordinates
%Remark.  The first four coordinates of T and Y must
%         have starting values obtained with RK4
%Output - M=[T' Y'] where T is the vector of abscissas and
%         Y is the vector of ordinates
n=length(T);
if n<5,break,end;
F=zeros(1,4);
F=feval(f,T(1:4),Y(1:4));
h=T(2)-T(1);
pold=0;
yold=0;
for k=4:n-1
   %Predictor
   pnew=Y(k-3)+(4*h/3)*(F(2:4)*[2 -1 2]');
   %Modifier
   pmod=pnew+28*(yold-pold)/29;
```

```
   T(k+1)=T(1)+h*k;
   F=[F(2) F(3) F(4) feval(f,T(k+1),pmod)];
   %Corrector
   Y(k+1)=Y(k-1)+(h/3)*(F(2:4)*[1 4 1]');
   pold=pnew;
   yold=Y(k+1);
   F(4)=feval(f,T(k+1),Y(k+1));
end
M=[T' Y'];
```

程序 9.8（汉明方法） 用预报子

$$p_{k+1} = y_{k-3} + \frac{4h}{3}(2f_{k-2} - f_{k-1} + 2f_k)$$

和校正子

$$y_{k+1} = \frac{-y_{k-2} + 9y_k}{8} + \frac{3h}{8}(-f_{k-1} + 2f_k + f_{k+1})$$

求区间$[a,b]$上初值问题 $y' = f(t,y)$，$y(a) = y_0$ 的近似解。

```
function H=hamming(f,T,Y)
%Input  - f is the function entered as a string 'f'
%       - T is the vector of abscissas
%       - Y is the vector of ordinates
%Remark.  The first four coordinates of T and Y must
%         have starting values obtained with RK4
%Output - H=[T' Y'] where T is the vector of absc
%         Y is the vector of ordinates
n=length(T);
if n<5,break,end;
F=zeros(1,4);
F=feval(f,T(1:4),Y(1:4));
h=T(2)-T(1);
pold=0;
cold=0;
for k=4:n-1
   %Predictor
   pnew=Y(k-3)+(4*h/3)*(F(2:4)*[2 -1 2]');
   %Modifier
   pmod=pnew+112*(cold-pold)/121;
   T(k+1)=T(1)+h*k;
   F=[F(2) F(3) F(4) feval(f,T(k+1),pmod)];
   %Corrector
   cnew=(9*Y(k)-Y(k-2)+3*h*(F(2:4)*[-1 2 1]'))/8;
   Y(k+1)=cnew+9*(pnew-cnew)/121;
   pold=pnew;
   cold=cnew;
   F(4)=feval(f,T(k+1),Y(k+1));
end
H=[T' Y'];
```

9.6.7　习题

在习题 1 ~ 习题 3 中，用亚当斯-巴什福斯-莫尔顿方法和给定的 3 个开始值 y_1，y_2 和 y_3 以

及步长 $h=0.05$,手工计算初值问题的下两个值 y_4 和 y_5,并将结果与精确解 $y(t)$ 进行比较。

1. 在区间[0,5]上,$y'=t^2-y$,$y(0)=1$,$y(t)=-e^{-t}+t^2-2t+2$

   $y(0.05)=0.95127058$

   $y(0.10)=0.90516258$

   $y(0.15)=0.86179202$

2. 在区间[0,5]上,$y'=y+3t-t^2$,$y(0)=1$,$y(t)=2e^t+t^2-t-1$

   $y(0.05)=1.0550422$

   $y(0.10)=1.1203418$

   $y(0.15)=1.1961685$

3. 在区间[1,1.4]上,$y'=-t/y$,$y(1)=1$,$y(t)=(2-t^2)^{1/2}$

   $y(1.05)=0.94736477$

   $y(1.10)=0.88881944$

   $y(1.15)=0.82310388$

   在习题 4 ~ 习题 6 中,用米尔恩-辛普森方法和给定的 3 个开始值 y_0,y_2 和 y_3 以及步长 $h=0.05$,手工计算初值问题的下两个值 y_4 和 y_5,并将结果与精确解 $y(t)$ 进行比较。

4. 在区间[0,5]上,$y'=e^{-t}-y$,$y(0)=1$,$y(t)=te^{-t}+e^{-t}$

   $y(0.05)=0.99879090$

   $y(0.10)=0.99532116$

   $y(0.15)=0.98981417$

5. 在区间[0,0.95]上,$y'=2ty^2$,$y(0)=1$,$y(t)=1/(1-t^2)$

   $y(0.05)=1.0025063$

   $y(0.10)=1.0101010$

   $y(0.15)=1.0230179$

6. 在区间[0,0.75]上,$y'=1+y^2$,$y(0)=1$,$y(t)=\tan(t+\pi/4)$

   $y(0.05)=1.1053556$

   $y(0.10)=1.2230489$

   $y(0.15)=1.3560879$

   在习题 7 ~ 习题 9 中,用汉明方法,给定的 3 个开始值 y_1,y_2 和 y_3 以及步长 $h=0.05$,手工计算初值问题的下两个值 y_4 和 y_5,并将结果与精确解 $y(t)$ 进行比较。

7. 在区间[0,5]上,$y'=2y-y^2$,$y(0)=1$,$y(t)=1+\tanh(t)$

   $y(0.05)=1.0499584$

   $y(0.10)=1.0996680$

   $y(0.15)=1.1488850$

8. 在区间[0,1.55]上,$y'=(1-y^2)^{1/2}$,$y(0)=0$,$y(t)=\sin(t)$

   $y(0.05)=0.049979169$

   $y(0.10)=0.099833417$

   $y(0.15)=0.14943813$

9. 在区间[0,1.55]上,$y'=y^2\sin(t)$,$y(0)=1$,$y(t)=\sec(t)$

   $y(0.05)=1.0012513$

$y(0.10)=1.0050209$

$y(0.15)=1.0113564$

9.6.8 算法与程序

1. (a) 用程序 9.6 求解习题 1 ~ 习题 3 的微分方程。
   (b) 在同一坐标系中画出你的近似解和精确解。
2. (a) 用程序 9.7 求解习题 4 ~ 习题 6 的微分方程。
   (b) 在同一坐标系中画出你的近似解和精确解。
3. (a) 用程序 9.8 求解习题 7 ~ 习题 9 的微分方程。
   (b) 在同一坐标系中画出你的近似解和精确解。
4. 使用程序 9.6 和 $N=37$ 及 $N=65$ 求解 $[0,10]$ 上的初值问题

$$y'=30-5y,\qquad y(0)=1$$

   作出类似于图 9.13 的图。
5. 对于 $[1,20]$ 上的初值问题 $y'=45-9y, y(1)=0$,
   (a) 用不等式(22),求对亚当斯-巴什福斯-莫尔顿方法,什么步长可能是不稳定的。
   (b) 基于(a)中的结果,选择步长 h_s 和 h_u,使亚当斯-巴什福斯-莫尔顿方法分别为稳定的和不稳定的。对每种步长,用龙格-库塔方法生成 3 个开始值 y_1, y_2 和 y_3。
   (c) 用程序 9.6 分别生成两个步长的逼近值。
   (d) 用(c)中的结果,作出类似于图 9.13 的图,你会发现可能有必要用多个步长值进行实验。

9.7 微分方程组

本节是对微分方程组的入门介绍。为说明概念,考虑初值问题

$$\begin{aligned}\frac{dx}{dt}&=f(t,x,y)\\ \frac{dy}{dt}&=g(t,x,y),\end{aligned}\qquad \begin{cases}x(t_0)=x_0\\ y(t_0)=y_0\end{cases}\tag{1}$$

式(1)的解是一对可微函数 $x(t)$ 和 $y(t)$。当将 $t, x(t)$ 和 $y(t)$ 代入 $f(t,x,y)$ 和 $g(t,x,y)$ 时,结果分别等于导数函数 $x'(t)$ 和 $y'(t)$,即

$$\begin{aligned}x'(t)&=f(t,x(t),y(t))\\ y'(t)&=g(t,x(t),y(t))\end{aligned}\qquad \begin{cases}x(t_0)=x_0\\ y(t_0)=y_0\end{cases}\tag{2}$$

例如,考虑微分方程组

$$\begin{aligned}\frac{dx}{dt}&=x+2y\\ \frac{dy}{dt}&=3x+2y,\end{aligned}\qquad \begin{cases}x(0)=6\\ y(0)=4\end{cases}\tag{3}$$

该初值问题的解为

$$\begin{aligned}x(t)&=4e^{4t}+2e^{-t}\\ y(t)&=6e^{4t}-2e^{-t}\end{aligned}\tag{4}$$

直接将 $x(t)$ 和 $y(t)$ 代入式(3)右端计算式(4)的导数函数,并将其代入式(3)左端,得

$$16e^{4t} - 2e^{-t} = (4e^{4t} + 2e^{-t}) + 2(6e^{4t} - 2e^{-t})$$
$$24e^{4t} + 2e^{-t} = 3(4e^{4t} + 2e^{-t}) + 2(6e^{4t} - 2e^{-t})$$

9.7.1 数值解

考虑微分

$$dx = f(t, x, y)\,dt, \qquad dy = g(t, x, y)\,dt \tag{5}$$

可得出式(1)在区间 $a \leqslant t \leqslant b$ 上的数值解。

易得求解该方程组的欧拉方法,将差分式 $dt = t_{k+1} - t_k$, $dx = x_{k+1} - x_k$ 和 $dy = y_{k+1} - y_k$ 代入式(5),得

$$\begin{aligned} x_{k+1} - x_k &\approx f(t_k, x_k, y_k)(t_{k+1} - t_k) \\ y_{k+1} - y_k &\approx g(t_k, x_k, y_k)(t_{k+1} - t_k) \end{aligned} \tag{6}$$

将区间分为 M 个子区间,宽度为 $h = (b-a)/M$,网格点为 $t_{k+1} = t_k + h$。把它们代入式(6)中可得欧拉方法的递归公式:

$$\begin{aligned} t_{k+1} &= t_k + h, \\ x_{k+1} &= x_k + hf(t_k, x_k, y_k), \\ y_{k+1} &= y_k + hg(t_k, x_k, y_k), \qquad k = 0,\ 1, \cdots,\ M-1 \end{aligned} \tag{7}$$

要得到合理的精确度,应该使用更高阶的方法。例如,4 阶龙格-库塔公式为

$$\begin{aligned} x_{k+1} &= x_k + \frac{h}{6}(f_1 + 2f_2 + 2f_3 + f_4) \\ y_{k+1} &= y_k + \frac{h}{6}(g_1 + 2g_2 + 2g_3 + g_4) \end{aligned} \tag{8}$$

其中,

$$\begin{aligned} f_1 &= f(t_k, x_k, y_k), & g_1 &= g(t_k, x_k, y_k) \\ f_2 &= f\left(t_k + \frac{h}{2}, x_k + \frac{h}{2}f_1, y_k + \frac{h}{2}g_1\right), & g_2 &= g\left(t_k + \frac{h}{2}, x_k + \frac{h}{2}f_1, y_k + \frac{h}{2}g_1\right) \\ f_3 &= f\left(t_k + \frac{h}{2}, x_k + \frac{h}{2}f_2, y_k + \frac{h}{2}g_2\right), & g_3 &= g\left(t_k + \frac{h}{2}, x_k + \frac{h}{2}f_2, y_k + \frac{h}{2}g_2\right) \\ f_4 &= f(t_k + h, x_k + hf_3, y_k + hg_3), & g_4 &= g(t_k + h, x_k + hf_3, y_k + hg_3) \end{aligned}$$

例 9.15 用式(8)给出的龙格-库塔方法计算区间[0.0,0.2]上式(3)的数值解,采用 10 个子区间,步长 $h = 0.02$。

解: 第一个点为 $t_1 = 0.02$,计算 x_1 和 y_1 所需的中间计算为

$$f_1 = f(0.00, 6.0, 4.0) = 14.0 \qquad g_1 = g(0.00, 6.0, 4.0) = 26.0$$
$$x_0 + \frac{h}{2}f_1 = 6.14 \qquad y_0 + \frac{h}{2}g_1 = 4.26$$
$$f_2 = f(0.01, 6.14, 4.26) = 14.66 \qquad g_2 = g(0.01, 6.14, 4.26) = 26.94$$
$$x_0 + \frac{h}{2}f_2 = 6.1466 \qquad y_0 + \frac{h}{2}g_2 = 4.2694$$
$$f_3 = f(0.01, 6.1466, 4.2694) = 14.6854$$
$$g_3 = f(0.01, 6.1466, 4.2694) = 26.9786$$
$$x_0 + hf_3 = 6.293708 \qquad y_0 + hg_3 = 4.539572$$
$$f_4 = f(0.02, 6.293708, 4.539572) = 15.372852$$
$$g_4 = f(0.02, 6.293708, 4.539572) = 27.960268$$

用它们得到最终的计算结果：

$$x_1 = 6 + \frac{0.02}{6}(14.0 + 2(14.66) + 2(14.6854) + 15.372852) = 6.29354551$$

$$y_1 = 4 + \frac{0.02}{6}(26.0 + 2(26.94) + 2(26.9786) + 27.960268) = 4.53932490$$

表 9.13 给出了所有的计算结果。■

数值解在每一步都有一定的误差。上面的例子中误差递增，并在右端点 $t = 0.2$ 处达到最大值：

$$x(0.2) - x_{10} = 10.5396252 - 10.5396230 = 0.0000022$$
$$y(0.2) - y_{10} = 11.7157841 - 11.7157807 = 0.0000034$$

表 9.13　$x'(t) = x + 2y, y'(t) = 3x + 2y, x(0) = 6, y(0) = 4$ 的龙格-库塔解

k	t_k	x_k	y_k
0	0.00	6.00000000	4.00000000
1	0.02	6.29354551	4.53932490
2	0.04	6.61562213	5.11948599
3	0.06	6.96852528	5.74396525
4	0.08	7.35474319	6.41653305
5	0.10	7.77697287	7.14127221
6	0.12	8.23813750	7.92260406
7	0.14	8.74140523	8.76531667
8	0.16	9.29020955	9.67459538
9	0.18	9.88827138	10.6560560
10	0.20	10.5396230	11.7157807

9.7.2　高阶微分方程

高阶微分方程包含高阶导数 $x''(t)$ 和 $x'''(t)$ 等。它们出现在物理和工程问题的数学模型中，例如

$$mx''(t) + cx'(t) + kx(t) = g(t)$$

表示一个弹性系数为 k 的弹簧带着质量为 m 的物体的力学系统。设阻尼正比于速度，函数 $g(t)$ 为外力。通常的情况是，已知某一时刻 t_0 的位置 $x(t_0)$ 和速度 $x'(t_0)$。

通过求解 2 阶导数，可将问题描述为 2 阶初值问题

$$x''(t) = f(t, x(t), x'(t)), \qquad x(t_0) = x_0, \qquad x'(t_0) = y_0 \tag{9}$$

使用变量替换

$$x'(t) = y(t) \tag{10}$$

可将 2 阶微分方程重新表示为两个 1 阶问题的方程组，这样就有 $x''(t) = y'(t)$，而式(9)中的微分方程变为方程组：

$$\begin{aligned} \frac{dx}{dt} &= y \\ \frac{dy}{dt} &= f(t, x, y), \end{aligned} \qquad \begin{cases} x(t_0) = x_0 \\ y(t_0) = y_0 \end{cases} \tag{11}$$

可以用龙格-库塔之类的方法求解式(11)，并得到两个序列 $\{x_k\}$ 和 $\{y_k\}$。第一个序列就是式(9)的数值解。下面的例子可看成阻尼谐振运动。

例 9.16 考虑 2 阶初值问题

$$x''(t)+4x'(t)+5x(t)=0, x(0)=3, x'(0)=-5$$

(a) 写出等价的两个 1 阶问题组成的方程组。

(b) 用龙格-库塔方法求解区间[0,5]上重新描述的方程,使用 $M=50$ 个宽度为 $h=0.1$ 的子区间。

(c) 比较数值解与精确解:

$$x(t)=3e^{-2t}\cos(t)+e^{-2t}\sin(t)$$

解:(a) 微分方程的形式为

$$x''(t)=f(t,x(t),x'(t))=-4x'(t)-5x(t)$$

(b) 用变量替换式(10),得到问题的新的方程描述:

$$\frac{dx}{dt}=y \qquad \frac{dy}{dt}=-5x-4y, \qquad \begin{cases} x(0)=3 \\ y(0)=-5 \end{cases}$$

(c) 表 9.14 给出了数值计算的解。表中没有列出值 $\{y_k\}$(因为它是附加的),而是列出了真解 $\{x(t_k)\}$ 以供比较。 ■

表 9.14 $x''(t)+4x'(t)+5x(t)=0$ 的龙格-库塔解,初值条件为 $x(0)=3$ 和 $x'(0)=-5$

k	t_k	x_k	$x(t_k)$
0	0.0	3.00000000	3.00000000
1	0.1	2.52564583	2.52565822
2	0.2	2.10402783	2.10404686
3	0.3	1.73506269	1.73508427
4	0.4	1.41653369	1.41655509
5	0.5	1.14488509	1.14490455
10	1.0	0.33324302	0.33324661
20	2.0	−0.00620684	−0.00621162
30	3.0	−0.00701079	−0.00701204
40	4.0	−0.00091163	−0.00091170
48	4.8	−0.00004972	−0.00004969
49	4.9	−0.00002348	−0.00002345
50	5.0	−0.00000493	−0.00000490

9.7.3 习题

在习题 1 ~ 习题 4 中,用步长 $h=0.05$ 和

(a) 欧拉方法(7),手工计算(x_1,y_1)和(x_2,y_2)。

(b) 龙格-库塔方法(8),手工计算(x_1,y_1)。

1. 在区间 $0\leqslant t\leqslant 1.0$ 上求解方程组 $x'=2x+3y, y'=2x+y$,初值为 $x(0)=-2.7$ 和 $y(0)=2.8$。步长使用 $h=0.05$。图 9.14 给出了解集构成的多边形路径,可将它与解析解进行比较:

$$x(t)=-\frac{69}{25}e^{-t}+\frac{3}{50}e^{4t}, \qquad y(t)=\frac{69}{25}e^{-t}+\frac{1}{25}e^{4t}$$

2. 在区间 $0\leqslant t\leqslant 2$ 上求解方程组 $x'=3x-y, y'=4x-y$,初值条件为 $x(0)=0.2$ 和 $y(0)=0.5$。步长使用 $h=0.05$。图 9.15 给出了解集构成的多边形路径,可将它与解析解进行比较:

$$x(t)=\frac{1}{5}e^{t}-\frac{1}{10}te^{t}, \qquad y(t)=\frac{1}{2}e^{t}-\frac{1}{5}te^{t}$$

3. 在区间 $0 \leqslant t \leqslant 2$ 上求解方程组 $x' = x - 4y, y' = x + y$，初值条件为 $x(0) = 2$ 和 $y(0) = 3$。步长使用 $h = 0.05$。图 9.16 给出了解集构成的多边形路径，可将它与解析解进行比较：

$$x(t) = -2e^t + 4e^t \cos^2(t) - 12e^t \cos(t) \sin(t)$$

和

$$y(t) = -3e^t + 6e^t \cos^2(t) + 2e^t \cos(t) \sin(t)$$

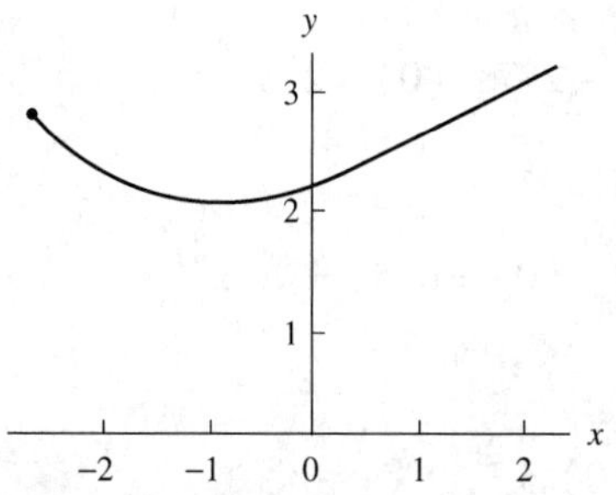

图 9.14　方程组 $x' = 2x + 3y, y' = 2x + y$ 在区间[0.0, 1.0]上的解

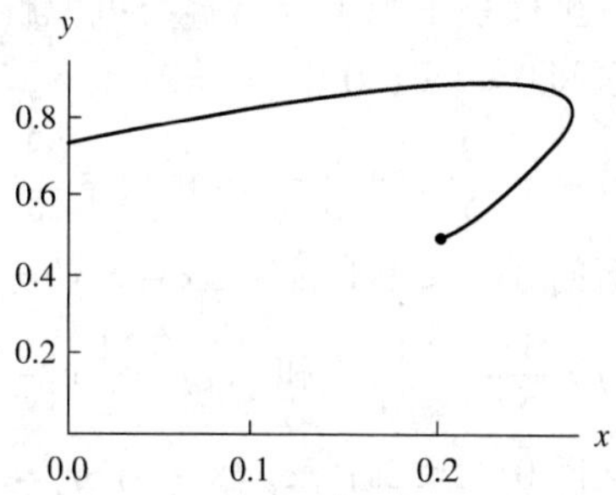

图 9.15　方程组 $x' = 3x - y, y' = 4x - y$ 在区间[0.0, 2.0]上的解

4. 在区间 $0 \leqslant t \leqslant 1.2$ 上求解方程组 $x' = y - 4x, y' = x + y$，初值条件为 $x(0) = 1$ 和 $y(0) = 1$，步长 $h = 0.05$。图 9.17 给出了解集构成的多边形路径，可将它与解析解进行比较：

$$x(t) = \frac{3e^{-\sqrt{29}t/2} - 3e^{\sqrt{29}t/2}}{2\sqrt{29}e^{3t/2}} + \frac{e^{-\sqrt{29}t/2} + e^{\sqrt{29}t/2}}{2e^{3t/2}}$$

和

$$y(t) = \frac{-7e^{-\sqrt{29}t/2} + 7e^{\sqrt{29}t/2}}{2\sqrt{29}e^{3t/2}} + \frac{e^{-\sqrt{29}t/2} + e^{\sqrt{29}t/2}}{2e^{3t/2}}$$

在习题 5 ~ 习题 8 中，

(a) 证明函数 $x(t)$ 为解。

(b) 将 2 阶微分方程重新用两个 1 阶方程的方程组表示出来。

(c) 用 $h = 0.1$ 和欧拉方法，手工计算 x_1 和 x_2。

(d) 用 $h = 0.05$ 和龙格-库塔方法手工计算 x_1。

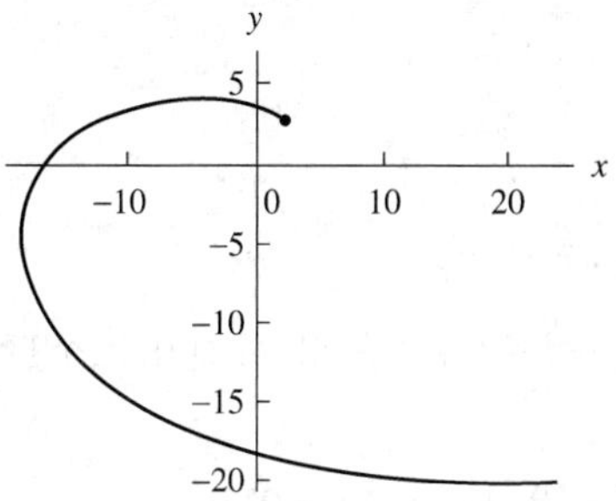

图 9.16　方程组 $x' = x - 4y, y' = x + y$ 在区间[0.0, 2.0]上的解

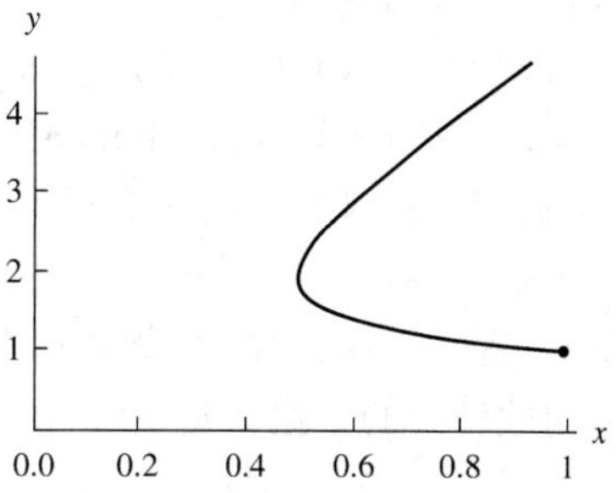

图 9.17　方程组 $x' = y - 4x, y' = x + y$ 在区间[0.0, 1.2]上的解

5. $2x''(t) - 5x'(t) - 3x(t) = 45e^{2t}, x(0) = 2, x'(0) = 1, x(t) = 4e^{-t/2} + 7e^{3t} - 9e^{2t}$。

6. $x''(t) + 6x'(t) + 9x(t) = 0, x(0) = 4$ 和 $x'(0) = -4, x(t) = 4e^{3t} + 8te^{-3t}$。

7. $x''(t) + x(t) = 6\cos(t), x(0) = 2, x'(0) = 3, x(t) = 2\cos(t) + 3\sin(t) + 3t\sin(t)$。

8. $x''(t)+3x'(t)=12, x(0)=5, x'(0)=1, x(t)=4+4t+e^{-3t}$。

9.7.4 算法与程序

1. 编写程序,用 $N=4$ 的龙格-库塔方法(8)求解方程组。
   在第2题至第5题中,用步长 $h=0.05$,在计算机上用上述龙格-库塔方法求解方程组。在同一坐标系中画出解析解与近似解。
2. 在区间 $0\leqslant t\leqslant 1.0$ 上,$x'=2x+3y, y'=2x+y, x(0)=-2.7, y(0)=2.8$,
   $x(t)=-\frac{69}{25}e^{-t}+\frac{3}{50}e^{4t}$ 和 $y(t)=\frac{69}{25}e^{-t}+\frac{1}{25}e^{4t}$。
3. 在区间 $0\leqslant t\leqslant 2$ 上,$x'=3x-y, y'=4x-y, x(0)=0.2, y(0)=0.5$,
   $x(t)=\frac{1}{5}e^{t}-\frac{1}{10}te^{t}$ 和 $y(t)=\frac{1}{2}e^{t}-\frac{1}{5}te^{t}$。
4. 在区间 $0\leqslant t\leqslant 2$ 上,$x'=x-4y, y'=x+y, x(0)=2, y(0)=3$,
   $x(t)=-2e^{t}+4e^{t}\cos^2(t)-12e^{t}\cos(t)\sin(t)$
   $y(t)=-3e^{t}+6e^{t}\cos^2(t)+2e^{t}\cos(t)\sin(t)$
5. 在区间 $0\leqslant t\leqslant 1.2$ 上,$x'=y-4x, y'=x+y, x(0)=1, y(0)=1$,
   $$x(t)=\frac{3e^{-\sqrt{29}t/2}-3e^{\sqrt{29}t/2}}{2\sqrt{29}e^{3t/2}}+\frac{e^{-\sqrt{29}t/2}+e^{\sqrt{29}t/2}}{2e^{3t/2}}$$
   $$y(t)=\frac{-7e^{-\sqrt{29}t/2}+7e^{\sqrt{29}t/2}}{2\sqrt{29}e^{3t/2}}+\frac{e^{-\sqrt{29}t/2}+e^{\sqrt{29}t/2}}{2e^{3t/2}}$$
   在第6题至第9题中:
   (a) 将2阶微分方程重新表示为由两个1阶方程组成的方程组。
   (b) 用第1题中的龙格-库塔算法程序,在区间[0,2]上用步长 $h=0.05$ 求解方程组。
   (c) 在同一坐标系中画出解析解与近似解。
6. $2x''(t)-5x'(t)-3x(t)=45e^{2t}, x(0)=2, x'(0)=1$,
   $x(t)=4e^{-t/2}+7e^{3t}-9e^{2t}$
7. $x''(t)+6x'(t)+9x(t)=0, x(0)=4, x'(0)=-4$,
   $x(t)=4e^{-3t}+8te^{-3t}$
8. $x''(t)+x(t)=6\cos(t), x(0)=2, x'(0)=3$,
   $x(t)=2\cos(t)+3\sin(t)+3t\sin(t)$
9. $x''(t)+3x'(t)=12, x(0)=5, x'(0)=1$,
   $x(t)=4+4t+e^{-3t}$
   在第10题至第19题中,用龙格-库塔方法程序求解微分方程或方程组,并画出每个近似解。
10. 有周期性外力的共振弹簧系统可用模型
    $$x''(t)+25x(t)=8\sin(5t),\qquad x(0)=0,\qquad x'(0)=0$$
    来表示。在区间[0,2]上用 $M=40$ 步,$h=0.05$ 求解。
11. 某个RLC电路的数学模型为
    $$Q''(t)+20Q'(t)+125Q(t)=9\sin(5t)$$
    $Q(0)=0$ 和 $Q'(0)=0$。在区间[0,2]上用 $M=40$ 步,$h=0.05$ 求解。注:$I(t)=Q'(t)$ 为时刻 t 的电流。

12. 在时刻 t，单摆与纵轴的夹角为 $x(t)$，设无摩擦力，则运动的方程为

$$mlx''(t) = -mg\sin(x(t))$$

其中 m 为质量，l 为弦长。在区间[0,2]上用 $M=40$ 步，$h=0.05$ 求解，如果 $g=32\ \text{ft/s}^2$，且

(a) $l=3.2$ ft，$x(0)=0.3$，$x'(0)=0$。

(b) $l=0.8$ ft，$x(0)=0.3$，$x'(0)=0$。

13. **捕食者-被捕食者模型**。非线性微分方程的一个例子是捕食者-被捕食者模型。设 $x(t)$ 和 $y(t)$ 分别表示兔子和狐狸在时刻 t 的数量，捕食者-被捕食者模型表明，$x(t)$ 和 $y(t)$ 满足

$$x'(t) = Ax(t) - Bx(t)y(t)$$
$$y'(t) = Cx(t)y(t) - Dy(t)$$

一个典型的计算机模拟可使用系数

$$A = 2,\quad B = 0.02,\quad C = 0.0002,\quad D = 0.8$$

如果

(a) $x(0)=3000$ 只兔子，$y(0)=120$ 只狐狸，

(b) $x(0)=5000$ 只兔子，$y(0)=100$ 只狐狸，

在区间[0,5]上用 $M=50$ 步和 $h=0.2$ 求解。

14. 在区间[0,8]上用 $h=0.1$ 求解 $x'=x-xy$，$y'=-y+xy$，$x(0)=4$ 和 $y(0)=1$。该系统的轨线形成闭路径，解集构成的多边形路径是图 9.18 中的一条曲线。

15. 在[0,4]上用 $h=0.1$ 求解 $x'=-3x-2y-2xy^2$，$y'=2x-y+2y^3$，$x(0)=0.8$ 和 $y(0)=0.6$。对于该系统，原点是渐近稳定的螺旋点，解集构成的多边形路径是图 9.19 中的一条曲线。

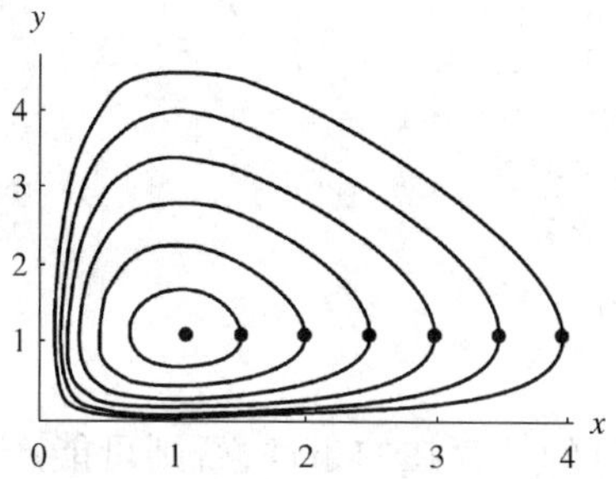

图 9.18　方程组 $x'=x-xy$，$y'=-y+xy$ 的解

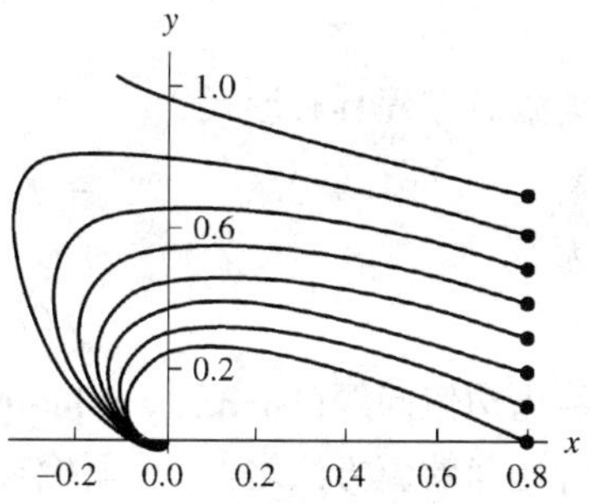

图 9.19　方程组 $x'=-3x-2y-2xy^2$ 和 $y'=2x-y+2y^3$ 的解

16. 在[0.0,1.5]上用 $h=0.05$ 求解 $x'=y^2-x^2$，$y'=2xy$，$x(0)=2.0$ 和 $y(0)=0.1$。对于该系统，在原点处有一个不稳定鞍点，解集构成的多边形路径是图 9.20 中的一条曲线。

17. 在[0,5]上用 $h=0.1$ 求解 $x'=1-y$，$y'=x^2-y^2$，$x(0)=-1.2$，$y(0)=0.0$。对于该系统，点(1,1)为一个渐近稳定螺旋点，点(−1,1)为一个不稳定鞍点，解集构成的多边形路径是图 9.21中的一条曲线。

18. 在[0,2]上用 $h=0.025$ 求解 $x'=x^3-2xy^2$，$y'=2x^2y-y^3$，$x(0)=1.0$ 和 $y(0)=0.2$。对于该系统，原点处为一个不稳定临界点，解集构成的多边形路径是图 9.22 中的一条曲线。

19. 在[0.0,1.6]上用 $h=0.02$ 求解 $x'=x^2-y^2$，$y'=2xy$，$x(0)=2.0$ 和 $y(0)=0.6$。对于该系统，原点处为一个不稳定临界点，解集构成的多边形路径是图 9.23 中的一条曲线。

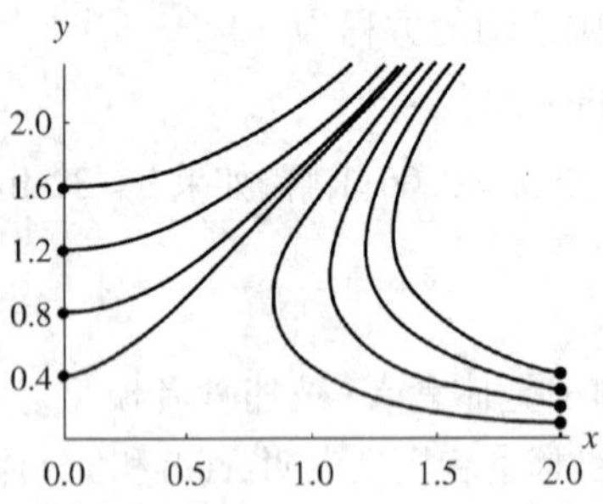

图 9.20 方程组 $x'=y^2-x^2$ 和 $y'=2xy$ 的解

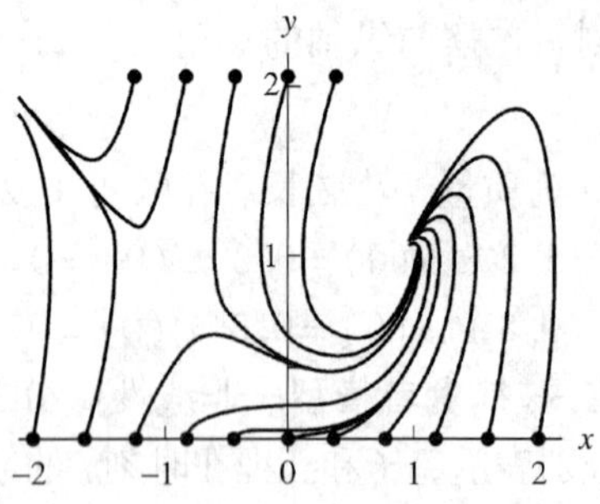

图 9.21 方程组 $x'=1-y$ 和 $y'=x^2-y^2$ 的解

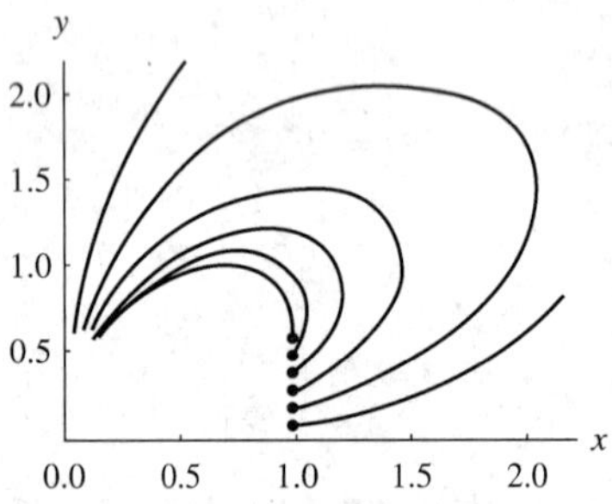

图 9.22 方程组 $x'=x^3-2xy^2$ 和 $y'=2x^2y-y^3$ 的解

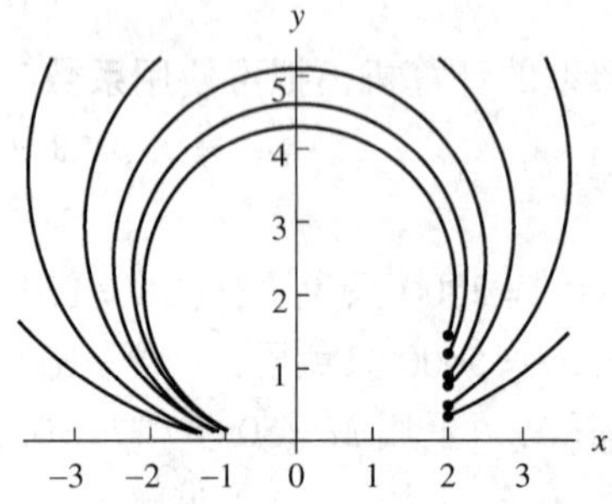

图 9.23 方程组 $x'=x^2-y^2$ 和 $y'=2xy$ 的解

9.8 边值问题

另一类微分方程具有形式

$$x''=f(t,x,x'),\qquad a\leqslant t\leqslant b \tag{1}$$

边界条件为

$$x(a)=\alpha,\qquad x(b)=\beta \tag{2}$$

这类问题称为**边值问题**(boundary value problem)。

在进行任何数值方法之前,必须检查保证方程(1)的解存在的条件,否则可能产生无意义的结果。下面的定理给出了一般的条件。

定理 9.8(边值问题) 设 $f(t,x,y)$ 在区间 $R=\{(t,x,y):a\leqslant t\leqslant b,-\infty<x<\infty,-\infty<y<\infty\}$ 上连续,且 $\partial f/\partial x=f_x(t,x,y)$ 和 $\partial f/\partial y=f_y(t,x,y)$ 在 R 上也连续,如果存在常数 $M>0$,使 f_x 和 f_y 对于所有 $(t,x,y)\in R$ 满足

$$f_x(t,x,y)>0 \tag{3}$$

$$|f_y(t,x,y)|\leqslant M \tag{4}$$

则边值问题

$$x''=f(t,x,x'),\qquad x(a)=\alpha,\qquad x(b)=\beta \tag{5}$$

在 $a\leqslant t\leqslant b$ 上有唯一解 $x=x(t)$。

其中,用记号 $y=x'(t)$ 来表示函数 $f(t,x,x')$ 中的第三个变量。最后值得一提的是,线性微分方程的特殊情况。

推论 9.1(线性边值问题) 设定理 9.8 中的 f 具有 $f(t,x,y)=p(t)y+q(t)x+r(t)$ 的形式，且 f 及其偏导数 $\partial f/\partial x=q(t)$ 和 $\partial f/\partial y=p(t)$ 在 R 上连续。如果存在常数 $M>0$，使得 $p(t)$ 和 $q(t)$ 满足

$$q(t)>0 \quad \text{对于所有 } t\in[a,b] \tag{6}$$

$$|p(t)|\leqslant M=\max_{a\leqslant t\leqslant b}\{|p(t)|\} \tag{7}$$

则**线性边值问题**

$$x''=p(t)x'(t)+q(t)x(t)+r(t), \qquad x(a)=\alpha, \qquad x(b)=\beta \tag{8}$$

在 $a\leqslant t\leqslant b$ 上有唯一解 $x=x(t)$。

9.8.1 分解为两个初值问题：线性打靶法

利用方程的线性结构和两个特殊的初值问题，可辅助线性边值问题的求解。设 $u(t)$ 为初值问题

$$u''=p(t)u'(t)+q(t)u(t)+r(t), \qquad u(a)=\alpha, \qquad u'(a)=0 \tag{9}$$

的唯一解。并设 $v(t)$ 为初值问题

$$v''=p(t)v'(t)+q(t)v(t), \qquad v(a)=0, \qquad v'(a)=1 \tag{10}$$

的唯一解，则线性组合

$$x(t)=u(t)+Cv(t) \tag{11}$$

为 $x''=p(t)x'(t)+q(t)x(t)+r(t)$ 的一个解，因为

$$\begin{aligned}x''=u''+Cv''&=p(t)u'(t)+q(t)u(t)+r(t)+p(t)Cv'(t)+q(t)Cv(t)\\&=p(t)(u'(t)+Cv'(t))+q(t)(u(t)+Cv(t))+r(t)\\&=p(t)x'(t)+q(t)x(t)+r(t)\end{aligned}$$

将边界值代入方程(11)的解 $x(t)$，有

$$\begin{aligned}x(a)&=u(a)+Cv(a)=\alpha+0=\alpha\\x(b)&=u(b)+Cv(b)\end{aligned} \tag{12}$$

在方程(12)中代入边界条件 $x(b)=\beta$，得 $C=(\beta-u(b))/v(b)$。因此，如果 $v(b)\neq 0$，则方程(8)的唯一解为

$$x(t)=u(t)+\frac{\beta-u(b)}{v(b)}v(t) \tag{13}$$

批注 如果 q 满足推论 9.1 的假设，则该公式将排除解 $v(t)\equiv 0$，因此式(13)为要求的解形式。详细推导留给读者作为习题。

例 9.17 求解区间[0,4]上的边值问题

$$x''(t)=\frac{2t}{1+t^2}x'(t)-\frac{2}{1+t^2}x(t)+1$$

边界条件为 $x(0)=1.25$ 和 $x(4)=-0.95$。

解：函数 p,q 和 r 分别为 $p(t)=2t/(1+t^2)$，$q(t)=-2/(1+t^2)$ 和 $r(t)=1$。用步长 $h=0.2$ 的 4 阶龙格–库塔方法构造方程(9)和方程(10)的数值解 $\{u_j\}$ 和 $\{v_j\}$。$u(t)$ 的近似值 $\{u_j\}$ 在表 9.15 的第一列中给出。然后在式(13)中用 $u(4)\approx u_{20}=-2.893535$ 和 $v(4)\approx v_{20}=4$ 构造

$$w_j = \frac{b-u(4)}{v(4)}v_j = 0.485884v_j$$

则所要求的近似解为 $\{x_j\}=\{u_j+w_j\}$。表 9.15 列出了计算值,图 9.24 画出了它们的曲线。读者可证明,$v(t)=t$ 是边值问题(10)的解析解,即

$$v''(t) = \frac{2t}{1+t^2}v'(t) - \frac{2}{1+t^2}v(t)$$

初值条件为 $v(0)=0, v'(0)=1$。

表 9.15 方程 $\{x_j\}=\{u_j+w_j\}$ 的近似解 $x''(t)=\frac{2t}{1+t^2}x'(t)-\frac{2}{1+t^2}+1$

t_j	u_j	w_j	$x_j = u_j + w_j$
0.0	1.250000	0.000000	1.250000
0.2	1.220131	0.097177	1.317308
0.4	1.132073	0.194353	1.326426
0.6	0.990122	0.291530	1.281652
0.8	0.800569	0.388707	1.189276
1.0	0.570844	0.485884	1.056728
1.2	0.308850	0.583061	0.891911
1.4	0.022522	0.680237	0.702759
1.6	−0.280424	0.777413	0.496989
1.8	−0.592609	0.874591	0.281982
2.0	−0.907039	0.971767	0.064728
2.2	−1.217121	1.068944	−0.148177
2.4	−1.516639	1.166121	−0.350518
2.6	−1.799740	1.263297	−0.536443
2.8	−2.060904	1.360474	−0.700430
3.0	−2.294916	1.457651	−0.837265
3.2	−2.496842	1.554828	−0.942014
3.4	−2.662004	1.652004	−1.010000
3.6	−2.785960	1.749181	−1.036779
3.8	−2.864481	1.846358	−1.018123
4.0	−2.893535	1.943535	−0.950000

表 9.16 给出了步长分别为 $h=0.2$ 和 $h=0.1$,用线性打靶方法求得的近似解与解析解

$$x(t) = 1.25 + 0.4860896526t - 2.25t^2 + 2t\arctan(t) - \frac{1}{2}\ln(1+t^2) + \frac{1}{2}t^2\ln(1+t^2)$$

的比较。图 9.25 画出了 $h=0.2$ 时近似解的曲线。表 9.16 中还列出了近似解的误差,由于龙格-库塔方法解的误差为 $\boldsymbol{O}(h^4)$ 阶,步长 $h=0.1$ 的解误差约为步长 $h=0.2$ 的$\frac{1}{16}$。 ■

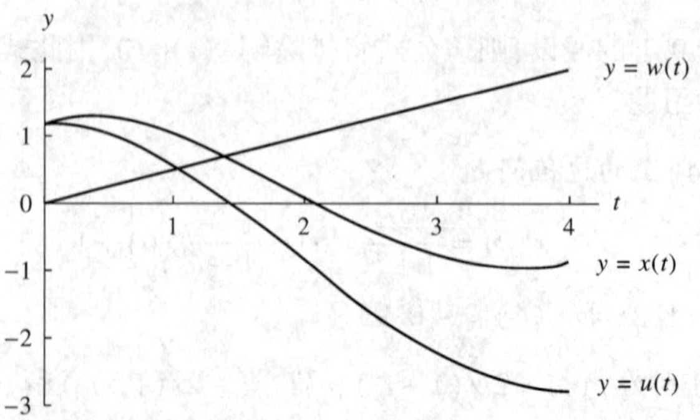

图 9.24 $u(t)$ 和 $w(t)$ 的数值近似解,用于构造 $x''(t)=\frac{2t}{1+t^2}x'(t)-\frac{2}{1+t^2}x(t)+1$ 的解 $x(t)=u(t)+w(t)$

表 9.16　$x''(t)=\frac{2t}{1+t^2}x'(t)-\frac{2}{1+t^2}x(t)+1$ 的数值近似解

t_j	x_j $h=0.2$	$x(t_j)$ 精确解	$x(t_j)-x_j$ 误差	t_j	x_j $h=0.1$	$x(t_j)$ 精确解	$x(t_j)-x_j$ 误差
0.0	1.250000	1.250000	0.000000	0.0	1.250000	1.250000	0.000000
				0.1	1.291116	1.291117	0.000001
0.2	1.317308	1.317350	0.000042	0.2	1.317348	1.317350	0.000002
				0.3	1.328986	1.328990	0.000004
0.4	1.326426	1.326505	0.000079	0.4	1.326500	1.326505	0.000005
				0.5	1.310508	1.310514	0.000006
0.6	1.281652	1.281762	0.000110	0.6	1.281756	1.281762	0.000006
0.8	1.189276	1.189412	0.000136	0.8	1.189404	1.189412	0.000008
1.0	1.056728	1.056886	0.000158	1.0	1.056876	1.056886	0.000010
1.2	0.891911	0.892086	0.000175	1.2	0.892076	0.892086	0.000010
1.6	0.496989	0.497187	0.000198	1.6	0.497175	0.497187	0.000012
2.0	0.064728	0.064931	0.000203	2.0	0.064919	0.064931	0.000012
2.4	−0.350518	−0.350325	0.000193	2.4	−0.350337	−0.350325	0.000012
2.8	−0.700430	−0.700262	0.000168	2.8	−0.700273	−0.700262	0.000011
3.2	−0.942014	−0.941888	0.000126	3.2	−0.941895	−0.941888	0.000007
3.6	−1.036779	−1.036708	0.000071	3.6	−1.036713	−1.036708	0.000005
4.0	−0.950000	−0.950000	0.000000	4.0	−0.950000	−0.950000	0.000000

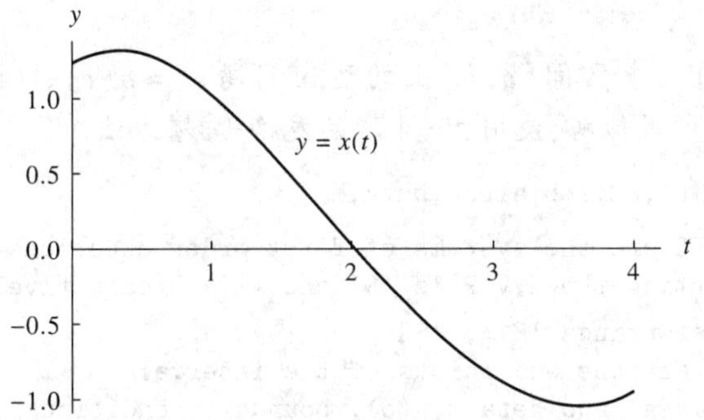

图 9.25　方程 $x''(t)=\frac{2t}{1+t^2}x'(t)-\frac{2}{1+t^2}x(t)+1$ 的数值近似曲线(采用 $h=0.2$)

程序 9.10 需要调用程序 9.9 来求解初值问题式(9)和式(10),程序 9.9 用修正的 $N=4$ 阶龙格-库塔方法求微分方程组的近似解,因此需要将方程(9)和方程(10)保存为 9.7 节中方程组(11)的形式。作为示例,考虑例 9.17 中的边值问题,下面名为 F1 的 M 文件将初值问题(9)保存为微分方程组的形式。

```
function Z=F1(t,Z)
x=Z(1);y=Z(2);
Z=[y,2*t*y/(1+t^2)-2*x/(1+t^2)+1];
```

类似地,名为 F2 的 M 文件将初值问题(10)以合适的形式保存(只需令 F1 中的 $r(t)=0$)。使用命令 plot(L(:,1),L(:,2))可以画出程序 9.10 得到的近似解。

程序 9.9(方程组的 $N=4$ 的龙格-库塔方法)　求区间$[a,b]$上的微分方程组

$$x_1'(t)=f_1(t,x_1(t),\cdots,x_n(t))$$
$$\vdots \qquad\qquad \vdots$$
$$x_n'(t)=f_n(t,x_1(t),\cdots,x_n(t))$$

的近似解,初值条件为 $x_1(a)=\alpha_1,\cdots,x_n(a)=\alpha_n$。

```
function [T,Z]=rks4(F,a,b,Za,M)
%Input  - F is the system input as a string 'F'
%       - a and b are the end points of the interval
%       - Za=[x(a) y(a)] are the initial conditions
%       - M is the number of steps
%Output - T is the vector of steps
%       - Z=[x1(t)...xn(t)]; where xk(t) is the approximation
%         to the kth dependent variable
h=(b-a)/M;
T=zeros(1,M+1);
Z=zeros(M+1,length(Za));
T=a:h:b;
Z(1,:)=Za;
for j=1:M
   k1=h*feval(F,T(j),Z(j,:));
   k2=h*feval(F,T(j)+h/2,Z(j,:)+k1/2);
   k3=h*feval(F,T(j)+h/2,Z(j,:)+k2/2);
   k4=h*feval(F,T(j)+h,Z(j,:)+k3);
   Z(j+1,:)=Z(j,:)+(k1+2*k2+2*k3+k4)/6;
end
```

程序 9.10(线性打靶法) 求区间 $[a,b]$ 上的边值问题 $x''=p(t)x'(t)+q(t)x(t)+r(t)$，$x(a)=\alpha, x(b)=\beta$ 的近似解，使用 $N=4$ 阶的龙格-库塔方法。

```
function L=linsht(F1,F2,a,b,alpha,beta,M)
%Input  - F1 and F2 are the systems of first-order equations
%         representing the I.V.P.'s (9) and (10), respectively;
%         input as strings 'F1', 'F2'
%       - a and b are the end points of the interval
%       - alpha = x(a) and beta = x(b); boundary conditions
%       - M is the number of steps
%Output - L =[T' X]; where T' is the (M+1)x1 vector of
%         abscissas and X is the (M+1)x1 vector of ordinates
%Solve the system F1
Za=[alpha,0];
[T,Z]=rks4(F1,a,b,Za,M);
U=Z(:,1);
%Solve the system F2
Za=[0,1];
[T,Z]=rks4(F2,a,b,Za,M);
V=Z(:,1);
%Calculate the solution to the boundary value problem
X=U+(beta-U(M+1))*V/V(M+1);
L=[T' X];
```

9.8.2 习题

1. 证明函数 $x(t)$ 为边值问题的解。

(a) 在区间 $[1,3]$ 上，$x''=(-2/t)x'+(2/t^2)x+(10\cos(\ln(t)))/t2$，$x(1)=1$ 和 $x(3)=-1$，

$$x(t)=\frac{4.335950689-0.3359506908t^3-3t^2\cos(\ln(t))+t^2\sin(\ln(t))}{t^2}$$

(b) 在区间[0,4]上,$x'' = -2x' - 2x + e^{-t} + \sin(2t)$,$x(0) = 0.6$ 和 $x(4) = -0.1$,

$$x(t) = \frac{1}{5} + e^{-t} - \frac{1}{5}e^{-t}\cos(t) - \frac{2}{5}\cos^2(t) + 3.670227413e^{-t}\sin(t) - \frac{1}{5}\cos(t)\sin(t)$$

(c) 在区间[0,2]上,$x'' = -4x' - 4x + 5\cos(4t) + \sin(2t)$,$x(0) = 0.75$,$x(2) = 0.25$,

$$x(t) = -\frac{1}{40} + 1.025e^{-2t} - 1.915729975te^{-2t} + \frac{19}{20}\cos^2(t) - \frac{6}{5}\cos^4(t) - \frac{4}{5}\cos(t)\sin(t) + \frac{8}{5}\cos^3(t)\sin(t)$$

(d) 在区间[1,6]上,$x'' + (1/t)x' + (1 - 1/(4t^2))x = 0$,$x(1) = 1$,$x(6) = 0$,

$$x(t) = \frac{0.2913843206\cos(t) + 1.001299385\sin(t)}{\sqrt{t}}$$

(e) 在区间[0.5,4.5]上,$x'' - (1/t)x' + (1/t^2)x = 1$,$x(0.5) = 1$,$x(4.5) = 2$,

$$x(t) = t^2 - 0.2525826491t - 2.528442297t\ln(t)$$

2. 习题 1(e)中的边值问题是否满足推论 9.1 中的假设？解释之。
3. 如果 q 满足推论 9.1 中的假设,试说明 $v(t) \equiv 0$ 为边值问题

$$v'' = p(t)v'(t) + q(t)v(t), \qquad v(a) = 0, \qquad v(b) = 0$$

的唯一解。

9.8.3 算法与程序

1. (a) 用程序 9.9 和程序 9.10 求解习题 1 中的每个边值问题,步长为 $h = 0.05$。
   (b) 在同一坐标系中画出近似解和真实解。
2. 类比于程序 9.9,分别基于如下方法构造程序:
   (a) 休恩方法。
   (b) 亚当斯-巴什福斯-莫尔顿方法。
   (c) 汉明方法。
3. (a) 修改程序 9.10,使之调用上题中的各个程序。
   (b) 用上述程序求解习题 1 中的每个边值问题,步长为 $h = 0.05$。
   (c) 在同一坐标系中画出求得的近似解和真实解。

9.9 有限差分方法

一定的 2 阶边值问题可以用差商近似导数的方法来求解。考虑$[a,b]$上的线性方程

$$x'' = p(t)x'(t) + q(t)x(t) + r(t) \tag{1}$$

边值条件为 $x(a) = \alpha$,$x(b) = \beta$。点 $a = t_0 < t_1 < \cdots < t_N = b$ 将区间$[a,b]$划分为 N 个子区间,其中 $h = (b-a)/N$,且对 $j = 0,1,\cdots,N$,$t_j = a + jh$。用第 6 章讨论的中心差分公式来近似导数

$$x'(t_j)=\frac{x(t_{j+1})-x(t_{j-1})}{2h}+\boldsymbol{O}(h^2) \tag{2}$$

和

$$x''(t_j)=\frac{x(t_{j+1})-2x(t_j)+x(t_{j-1})}{h^2}+\boldsymbol{O}(h^2) \tag{3}$$

首先,用 x_j 替换式(2)和式(3)右端项中的 $x(t_j)$ 项,并将结果代入式(1),得到

$$\frac{x_{j+1}-2x_j+x_{j-1}}{h^2}+\boldsymbol{O}(h^2)=p(t_j)\left(\frac{x_{j+1}-x_{j-1}}{2h}+\boldsymbol{O}(h^2)\right)+q(t_j)x_j+r(t_j) \tag{4}$$

然后略去式(4)中的项 $\boldsymbol{O}(h^2)$,并引入记号 $p_j=p(t_j)$,$q_j=q(t_j)$ 和 $r_j=r(t_j)$,得到差分方程

$$\frac{x_{j+1}-2x_j+x_{j-1}}{h^2}=p_j\frac{x_{j+1}-x_{j-1}}{2h}+q_jx_j+r_j \tag{5}$$

用它来计算微分方程(1)的数值近似解。式(5)的两端同乘以 h^2,合并包含 x_{j-1},x_j 和 x_{j+1} 的项,并将它们组织为线性方程组:

$$\left(\frac{-h}{2}p_j-1\right)x_{j-1}+(2+h^2q_j)x_j+\left(\frac{h}{2}p_j-1\right)x_{j+1}=-h^2r_j \tag{6}$$

$j=1,2,\cdots,N-1$,其中 $x_0=\alpha$ 和 $x_N=\beta$。方程组(6)是我们熟悉的三对角形式,以矩阵方式表示能看得更清楚:

$$\begin{bmatrix} 2+h^2q_1 & \frac{h}{2}p_1-1 & & & & \\ \frac{-h}{2}p_2-1 & 2+h^2q_2 & \frac{h}{2}p_2-1 & & & \boldsymbol{O} \\ & \frac{-h}{2}p_j-1 & 2+h^2q_j & \frac{h}{2}p_j-1 & & \\ \boldsymbol{O} & & \frac{-h}{2}p_{N-2}-1 & 2+h^2q_{N-2} & \frac{h}{2}p_{N-2}-1 \\ & & & \frac{-h}{2}p_{N-1}-1 & 2+h^2q_{N-1} \end{bmatrix}\begin{bmatrix} x_1\\ x_2\\ x_j\\ x_{N-2}\\ x_{N-1}\end{bmatrix}$$

$$=\begin{bmatrix} -h^2r_1+e_0\\ -h^2r_2\\ -h^2r_j\\ -h^2r_{N-2}\\ -h^2r_{N-1}+e_N\end{bmatrix}$$

其中,

$$e_0=\left(\frac{h}{2}p_1+1\right)\alpha,\qquad e_N=\left(\frac{-h}{2}p_{N-1}+1\right)\beta$$

当用步长 h 进行计算时,数值近似解为离散点集 $\{(t_j,x_j)\}$,如果解析解 $x(t_j)$ 已知,则可将 x_j 和 $x(t_j)$ 进行比较。

例 9.18 求解区间[0,4]上的边值问题

$$x''(t)=\frac{2t}{1+t^2}x'(t)-\frac{2}{1+t^2}x(t)+1$$

$x(0)=1.25, x(4)=-0.95$。

解：函数 p,q 和 r 分别为 $p(t)=2t/(1+t^2)$，$q(t)=-2/(1+t^2)$ 和 $r(t)=1$。利用方程组(6)，用有限差分方法构造数值解 $\{x_j\}$。表 9.17 中给出了对应于步长 $h_1=0.2, h_2=0.1, h_3=0.05$ 和 $h_4=0.025$ 的近似解值 $\{x_{j,1}\}, \{x_{j,2}\}, \{x_{j,3}\}$ 和 $\{x_{j,4}\}$。图 9.26 画出了当$h_1=0.2$ 时的点 $\{(t_j, x_{j,1})\}$ 构成的多边形路径。步长为 $h_2=0.1$ 时生成的序列有 41 项，而步长为 $\{x_{j,2}\}$ 时生成的序列只有 21 项，对应于表 9.17 中的值 $\{t_j\}$。类似地，序列 $\{x_{j,3}\}$ 和 $\{x_{j,4}\}$ 分别是用步长 $h_3=0.05$ 和 $h_4=0.025$ 生成的部分值，它们对应于表 9.17 中的 21 个值 $\{t_j\}$。

表 9.17　$x''(t)=\dfrac{2t}{1+t^2}x'(t)-\dfrac{2}{1+t^2}x(t)+1$ 的数值近似解

t_j	$x_{j,1}$ $h=0.2$	$x_{j,2}$ $h=0.1$	$x_{j,3}$ $h=0.05$	$x_{j,4}$ $h=0.025$	$x(t_j)$ 精确解
0.0	1.250000	1.250000	1.250000	1.250000	1.250000
0.2	1.314503	1.316646	1.317174	1.317306	1.317350
0.4	1.320607	1.325045	1.326141	1.326414	1.326505
0.6	1.272755	1.279533	1.281206	1.281623	1.281762
0.8	1.177399	1.186438	1.188670	1.189227	1.189412
1.0	1.042106	1.053226	1.055973	1.056658	1.056886
1.2	0.874878	0.887823	0.891023	0.891821	0.892086
1.4	0.683712	0.698181	0.701758	0.702650	0.702947
1.6	0.476372	0.492027	0.495900	0.496865	0.497187
1.8	0.260264	0.276749	0.280828	0.281846	0.282184
2.0	0.042399	0.059343	0.063537	0.064583	0.064931
2.2	−0.170616	−0.153592	−0.149378	−0.148327	−0.147977
2.4	−0.372557	−0.355841	−0.351702	−0.350669	−0.350325
2.6	−0.557565	−0.541546	−0.537580	−0.536590	−0.536261
2.8	−0.720114	−0.705188	−0.701492	−0.700570	−0.700262
3.0	−0.854988	−0.841551	−0.838223	−0.837393	−0.837116
3.2	−0.957250	−0.945700	−0.942839	−0.942125	−0.941888
3.4	−1.022221	−1.012958	−1.010662	−1.010090	−1.009899
3.6	−1.045457	−1.038880	−1.037250	−1.036844	−1.036709
3.8	−1.022727	−1.019238	−1.018373	−1.018158	−1.018086
4.0	−0.950000	−0.950000	−0.950000	−0.950000	−0.950000

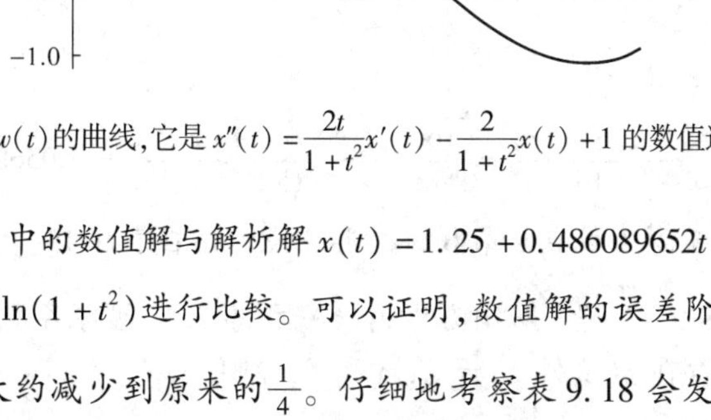

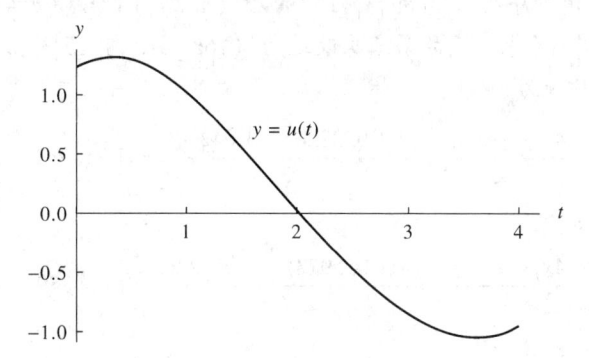

图 9.26　$x(t)=u(t)+w(t)$ 的曲线，它是 $x''(t)=\dfrac{2t}{1+t^2}x'(t)-\dfrac{2}{1+t^2}x(t)+1$ 的数值近似解（步长为 $h=0.2$）

下面将表 9.17 中的数值解与解析解 $x(t)=1.25+0.486089652t-2.25t^2+2t\arctan(t)-\frac{1}{2}\ln(1+t^2)+\frac{1}{2}t^2\ln(1+t^2)$ 进行比较。可以证明，数值解的误差阶数为 $\boldsymbol{O}(h^2)$，因此当步长减少 $\frac{1}{2}$ 时，误差大约减少到原来的 $\frac{1}{4}$。仔细地考察表 9.18 会发现的确如此。例如，当

$t_j=1.0$时,步长h_1,h_2,h_3和h_4的误差分别为$e_{j,1}=0.014780$,$e_{j,2}=0.003660$,$e_{j,3}=0.000913$和$e_{j,4}=0.000228$。其比值分别为$e_{j,2}/e_{j,1}=0.003660/0.014780=0.2476$,$e_{j,3}/e_{j,2}=0.000913/0.003660=0.2495$和$e_{j,4}/e_{j,3}=0.000228/0.000913=0.2497$,它们都接近$\frac{1}{4}$。

表9.18 有限差分方法的数值近似误差

t_j	$x(t_j)-x_{j,1}=e_{j,1}$	$x(t_j)-x_{j,2}=e_{j,2}$	$x(t_j)-x_{j,3}=e_{j,3}$	$x(t_j)-x_{j,4}=e_{j,4}$
	$h_1=0.2$	$h_2=0.1$	$h_3=0.05$	$h_4=0.025$
0.0	0.000000	0.000000	0.000000	0.000000
0.2	0.002847	0.000704	0.000176	0.000044
0.4	0.005898	0.001460	0.000364	0.000091
0.6	0.009007	0.002229	0.000556	0.000139
0.8	0.012013	0.002974	0.000742	0.000185
1.0	0.014780	0.003660	0.000913	0.000228
1.2	0.017208	0.004263	0.001063	0.000265
1.4	0.019235	0.004766	0.001189	0.000297
1.6	0.020815	0.005160	0.001287	0.000322
1.8	0.021920	0.005435	0.001356	0.000338
2.0	0.022533	0.005588	0.001394	0.000348
2.2	0.022639	0.005615	0.001401	0.000350
2.4	0.022232	0.005516	0.001377	0.000344
2.6	0.021304	0.005285	0.001319	0.000329
2.8	0.019852	0.004926	0.001230	0.000308
3.0	0.017872	0.004435	0.001107	0.000277
3.2	0.015362	0.003812	0.000951	0.000237
3.4	0.012322	0.003059	0.000763	0.000191
3.6	0.008749	0.002171	0.000541	0.000135
3.8	0.004641	0.001152	0.000287	0.000072
4.0	0.000000	0.000000	0.000000	0.000000

最后说明如何使用理查森改进方法,通过对看来不甚精确的值$\{x_{j,1}\}$,$\{x_{j,2}\}$,$\{x_{j,3}\}$和$\{x_{j,4}\}$的外插得到具有6位有效数字的近似值。通过生成外插序列$\{z_{j,1}\}=\{(4x_{j,2}-x_{j,1})/3\}$消去近似序列$\{x_{j,1}\}$和$\{x_{j,2}\}$中的误差项$\boldsymbol{O}(h^2)$和$\boldsymbol{O}((h/2)^2)$。类似地,通过生成$\{z_{j,2}\}=\{(4x_{j,3}-x_{j,2})/3\}$,消去序列$\{x_{j,2}\}$和$\{x_{j,3}\}$中的$\boldsymbol{O}((h/2)^2)$和$\boldsymbol{O}((h/4)^2)$。已知2阶理查森改进适用于序列$\{z_{j,1}\}$和$\{z_{j,2}\}$,故第三次改进为$\{(16z_{j,2}-z_{j,1})/15\}$。以对应于$t_j=1.0$的外插值为例,第一次外插值为

$$\frac{4x_{j,2}-x_{j,1}}{3}=\frac{4(1.053226)-1.042106}{3}=1.056932=z_{j,1}$$

第二次外插结果为

$$\frac{4x_{j,3}-x_{j,2}}{3}=\frac{4(1.055973)-1.053226}{3}=1.056889=z_{j,2}$$

第三次外插包含项$z_{j,1}$和$z_{j,2}$:

$$\frac{16z_{j,2}-z_{j,1}}{15}=\frac{16(1.056889)-1.056932}{15}=1.056886$$

最后的计算结果精确到小数点后第6位。其他点的值在表9.19中给出。 ■

程序9.12调用程序9.11解三对角方程组(6),程序9.12要求系数函数$p(t)$,$q(t)$和$r(t)$[边值问题(1)]分别保存在M文件`p.m`,`q.m`和`r.m`中。

表 9.19　用有限差分方法得到的数值逼近的外插 $\{x_{j,1}\}$，$\{x_{j,2}\}$ 和 $\{x_{j,3}\}$

t_j	$\frac{4x_{j,2}-x_{j,1}}{3}=z_{j,1}$	$\frac{4x_{j,3}-x_{j,2}}{3}=z_{j,2}$	$\frac{16z_{j,2}-z_{j,1}}{3}$	$x(t_j)$ 精确解
0.0	1.250000	1.250000	1.250000	1.250000
0.2	1.317360	1.317351	1.317350	1.317350
0.4	1.326524	1.326506	1.326504	1.326505
0.6	1.281792	1.281764	1.281762	1.281762
0.8	1.189451	1.189414	1.189412	1.189412
1.0	1.056932	1.056889	1.056886	1.056886
1.2	0.892138	0.892090	0.892086	0.892086
1.4	0.703003	0.702951	0.702947	0.702948
1.6	0.497246	0.497191	0.497187	0.497187
1.8	0.282244	0.282188	0.282184	0.282184
2.0	0.064991	0.064935	0.064931	0.064931
2.2	−0.147918	−0.147973	−0.147977	−0.147977
2.4	−0.350268	−0.350322	−0.350325	−0.350325
2.6	−0.536207	−0.536258	−0.536261	−0.536261
2.8	−0.700213	−0.700259	−0.700263	−0.700262
3.0	−0.837072	−0.837113	−0.837116	−0.837116
3.2	−0.941850	−0.941885	−0.941888	−0.941888
3.4	−1.009870	−1.009898	−1.009899	−1.009899
3.6	−1.036688	−1.036707	−1.036708	−1.036708
3.8	−1.018075	−1.018085	−1.018086	−1.018086
4.0	−0.950000	−0.950000	−0.950000	−0.950000

程序 9.11（三对角方程组）　求解三对角方程组 $\boldsymbol{CX}=\boldsymbol{B}$，其中 $\boldsymbol{C}$ 为三对角矩阵。

```
function X=trisys(A,D,C,B)
%Input  - A is the subdiagonal of the coefficient matrix
%       - D is the main diagonal of the coefficient matrix
%       - C is the superdiagonal of the coefficient matrix
%       - B is the constant vector of the linear system
%Output - X is the solution vector
N=length(B);
for k=2:N
   mult=A(k-1)/D(k-1);
   D(k)=D(k)-mult*C(k-1);
   B(k)=B(k)-mult*B(k-1);
end
X(N)=B(N)/D(N);
for k= N-1:-1:1
   X(k)=(B(k)-C(k)*X(k+1))/D(k);
end
```

程序 9.12（有限差分方法）　用 $O(h^2)$ 阶的有限差分方法求区间 $[a,b]$ 上边值问题 $x''=p(t)x'(t)+q(t)x(t)+r(t)$，$x(a)=\alpha$，$x(b)=\beta$ 的逼近。

批注　网格为 $a=t_1<\cdots<t_{N+1}=b$，解点为 $\{(t_j,x_j)\}_{j=1}^{N+1}$。

```
function F=findiff(p,q,r,a,b,alpha,beta,N)
%Input  - p,q,and r are the coefficient functions of (1)
%         input as strings; 'p','q','r'
%       - a and b are the left and right end points
%       - alpha=x(a) and beta=x(b)
%       - N is the number of steps
```

```
%Output - F=[T' X']:where T' is the 1xN vector of abscissas
%         and X' is the 1xN vector of ordinates
%Initialize vectors and h
T=zeros(1,N+1);
X=zeros(1,N-1);
Va=zeros(1,N-2);
Vb=zeros(1,N-1);
Vc=zeros(1,N-2);
Vd=zeros(1,N-1);
h=(b-a)/N;
%Calculate the constant vector B in AX=B
Vt=a+h:h:a+h*(N-1);
Vb=-h^2*feval(r,Vt);
Vb(1)=Vb(1)+(1+h/2*feval(p,Vt(1)))*alpha;
Vb(N-1)=Vb(N-1)+(1-h/2*feval(p,Vt(N-1)))*beta;
%Calculate the main diagonal of A in AX=B
Vd=2+h^2*feval(q,Vt);
%Calculate the superdiagonal of A in AX=B
Vta=Vt(1,2:N-1);
Va=-1-h/2*feval(p,Vta);
%Calculate the subdiagonal of A in AX=B
Vtc=Vt(1,1:N-2);
Vc=-1+h/2*feval(p,Vtc);
%Solve AX=B using trisys
X=trisys(Va,Vd,Vc,Vb);
T=[a,Vt,b];
X=[alpha,X,beta];
F=[T' X'];
```

9.9.1 习题

习题 1 ~ 习题 3 为用有限差分方法求 $x(a+0.5)$ 的近似值。

(a) 令 $h_1=0.5$,手工计算 1 步,然后令 $h_2=0.25$,手工计算 2 步。

(b) 用(a)中的结果进行外插,得到更好的结果,即 $z_{j,1}=(4x_{j,2}-x_{j,1})/3$。

(c) 对比(a)和(b)得到的结果与精确解 $x(a+0.5)$。

1. 在区间[0,1]上,$x''=2x'-x+t^2-1$,$x(0)=5$ 和 $x(1)=10$,
$x(t)=t^2+4t+5$

2. 在区间[1,6]上,$x''+(1/t)x'+(1-1/(4t^2))x=0$ 和 $x(1)=1$,$x(6)=0$,
$$x(t)=\frac{0.2913843206\cos(t)+1.001299385\sin(t)}{\sqrt{t}}$$

3. 在区间[0.5,4.5]上,$x''-(1/t)x'+(1/t^2)x=1$,$x(0.5)=1$,$x(4.5)=2$,
$x(t)=t^2-0.2525826491t-2.528442297t\ln(t)$

4. 设 p,q,r 在区间$[a,b]$上连续,且当 $a\leqslant t\leqslant b$ 时 $q(t)\geqslant 0$。如果 h 满足 $0<h<2/M$,其中 $M=\max_{a\leqslant t\leqslant b}\{|p(t)|\}$,证明:式(6)的系数矩阵严格对角占优,并且存在唯一解。

5. 设 $p(t)\equiv C_1>0$ 且 $q(t)\equiv C_2>0$。

(a) 写出该条件的三对角线性方程组。

(b) 证明:该三对角线性方程组严格对角占优,且如果 $C_1/C_2\leqslant h$,则它有唯一解。

9.9.2　算法与程序

1. 利用程序 9.11 和程序 9.12 求解边值问题，用步长 $h=0.1$ 和 $h=0.01$。在同一坐标系中画出两个近似解和真实解。

   (a) 在区间 $[0,1]$ 上，$x''=2x'-x+t^2-1, x(0)=5, x(1)=10, x(t)=t^2+4t+5$

   (b) 在区间 $[1,6]$ 上，$x''+(1/t)x'+(1-1/(4t^2))x=0, x(1)=1, x(6)=0$，

   $$x(t)=\frac{0.2913843206\cos(t)+1.001299385\sin(t)}{\sqrt{t}}$$

   (c) 在区间 $[0.5,4.5]$ 上，$x''-(1/t)x'+(1/t^2)x=1, x(0.5)=1, x(4.5)=2$，
   $x(t)=t^2-0.2525826491t-2.528442297t\ln(t)$

在第 2 题至第 7 题中，用程序 9.11 和程序 9.12 求解边值问题，分别用步长 $h=0.2, h=0.1$ 和 $h=0.05$。在同一坐标系中画出 3 个解。

2. 在区间 $[1,3]$ 上，$x''=(-2/t)x'+(2/t^2)x+(10\cos(\ln(t)))/t^2, x(1)=1, x(3)=-1$。
3. 在区间 $[0,3]$ 上，$x''=-5x'-6x+te^{-2t}+3.9\cos(3t), x(0)=0.95, x(3)=0.15$。
4. 在区间 $[0,2]$ 上，$x''=-4x'-4x+5\cos(4t)+\sin(2t), x(0)=0.75, x(2)=0.25$。
5. 在区间 $[0,4]$ 上，$x''=-2x'-2x+e^{-t}+\sin(2t), x(0)=0.6, x(4)=-0.1$。
6. 在区间 $[1,6]$ 上，$x''+(2/t)x'-(2/t^2)x=\sin(t)/t^2, x(1)=-0.02, x(6)=0.02$。
7. 在区间 $[1,6]$ 上，$x''+(1/t)x'+(1-1/(4t^2))x=\sqrt{t}\cos(t), x(1)=1.0, x(6)=-0.5$。
8. 构造程序，调用程序 9.11 和程序 9.12，进行例 9.18 和例 9.19 中的外插过程。
9. 对每个边值问题，用上题中的程序和步长 $h=0.1, h=0.05, h=0.025$ 构造类似于表 9.19 的表，并在同一坐标系中画出外插结果和真实解。

   (a) 在区间 $[0,1]$ 上，$x''=2x'-x+t^2-1, x(0)=5, x(1)=10, x(t)=t^2+4t+5$

   (b) 在区间 $[1,6]$ 上，$x''+(1/t)x'+(1-1/(4t^2))x=0, x(1)=1, x(6)=0$，

   $$x(t)=\frac{0.2913843206\cos(t)+1.001299385\sin(t)}{\sqrt{t}}$$

   (c) 在区间 $[0.5,4.5]$ 上，$x''-(1/t)x'+(1/t^2)x=1, x(0.5)=1, x(4.5)=2$，
   $x(t)=t^2-0.2525826491t-2.528442297t\ln(t)$

第 10 章　偏微分方程数值解

应用科学、物理、工程领域中的许多问题可建立偏微分方程的数学模型。包含多个自变量的微分方程称为**偏微分方程**(partial differential equation,简称 PDE)。理解求 PDE 的近似解所用到的基本原理,并不需要专门学习 PDE 课程。本章主要研究有限差分方法,它们以函数的一阶和二阶导数的近似公式为基础。对 3 种方程进行了分类,并对每种方程介绍一个对应的物理问题。一个偏微分方程的表示如下:

$$A\Phi_{xx} + B\Phi_{xy} + C\Phi_{yy} = f(x, y, \Phi, \Phi_x, \Phi_y) \tag{1}$$

其中 A,B 和 C 是常数,称为**拟线性**(quasilinear)数。有 3 种拟线性方程:

如果 $B^2 - 4AC < 0$,称为**椭圆型**方程　(2)

如果 $B^2 - 4AC = 0$,称为**抛物型**方程　(3)

如果 $B^2 - 4AC > 0$,称为**双曲型**方程　(4)

以振弦(vibrating string)的一维模型为例,它是双曲型方程。位置 $u(x,t)$ 由波动方程、给定的初始位置、速度函数和边界值确定。波动方程为

$$\rho u_{tt}(x, y) = T u_{xx}(x, t), \qquad 0 < x < L, \qquad 0 < t < \infty \tag{5}$$

初始位置和速度函数为

$$\begin{aligned} u(x, 0) &= f(x), \qquad t = 0, \qquad 0 \leqslant x \leqslant L \\ u_t(x, 0) &= g(x), \qquad t = 0, \qquad 0 < x < L \end{aligned} \tag{6}$$

边界值为

$$\begin{aligned} u(0, t) &= 0, \qquad x = 0, \qquad 0 \leqslant t < \infty \\ u(L, t) &= 0, \qquad x = L, \qquad 0 \leqslant t < \infty \end{aligned} \tag{7}$$

常量 ρ 是单位长度弦的质量,T 是弦的张力。固定端点位于(0,0)和(L,0)的弦如图 10.1 所示。

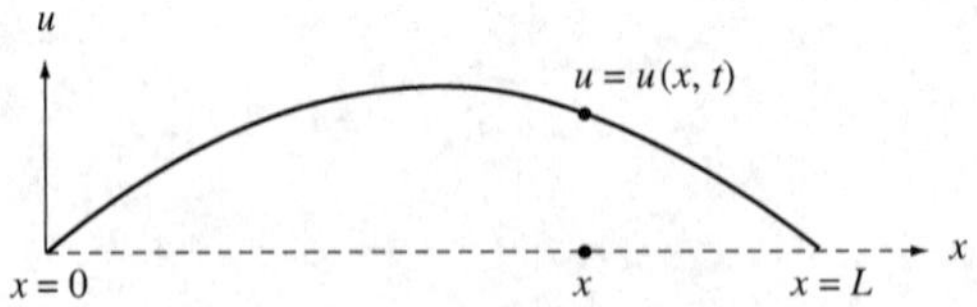

图 10.1　振弦的波动方程模型

长度为 L 的绝缘杆中的一维热流模型是抛物型方程,如图 10.2 所示。热传导方程涉及在时间 t 和位置 x 处的温度 $u(x,t)$,表示为

$$\kappa u_{xx}(x, t) = \sigma\rho u_t(x, t), \qquad 0 < x < L, \qquad 0 < t < \infty \tag{8}$$

在 $t = 0$ 时的温度分布为

$$u(x, 0) = f(x), \qquad t = 0, \qquad 0 \leqslant x \leqslant L \tag{9}$$

杆端点的边界值为

$$u(0,t)=c_1,\qquad x=0,\qquad 0\leqslant t<\infty$$
$$u(L,t)=c_2,\qquad x=L,\qquad 0\leqslant t<\infty \tag{10}$$

常量 κ 是导热率的系数,σ 是具体的热量,ρ 是杆的密度。

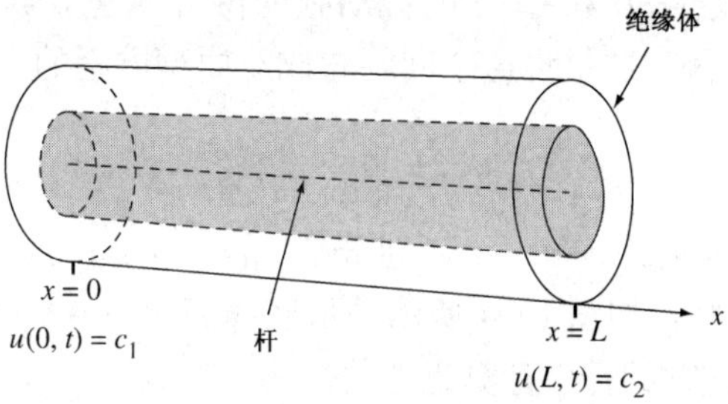

图 10.2　绝缘杆温度的热传导方程模型

势函数 $u(x,y)$ 是椭圆型方程,它可以表示平面矩形区域中的稳态静电势能或温度的分布。用矩形区域中的拉普拉斯方程可对这些情况建模:

$$u_{xx}(x,y)+u_{yy}(x,y)=0,\qquad 0<x<1,\qquad 0<y<1 \tag{11}$$

其边界条件如下:

$u(x,0)=f_1(x)$,其中 $y=0$ 且 $0\leqslant x\leqslant 1$　　(位于底部)
$u(x,1)=f_2(x)$,其中 $y=1$ 且 $0\leqslant x\leqslant 1$　　(位于顶部)
$u(0,y)=f_3(y)$,其中 $x=0$ 且 $0\leqslant y\leqslant 1$　　(位于左部)
$u(1,y)=f_4(y)$,其中 $x=1$ 且 $0\leqslant y\leqslant 1$　　(位于右部)

在正方形区域 $R=\{(x,y):0\leqslant x\leqslant 1,0\leqslant y\leqslant 1\}$ 内,边界函数为 $f_1(x)=0,f_2(x)=\sin(\pi x)$,$f_3(y)=0$ 和 $f_4(y)=0$ 的 $u(x,y)$ 等高线图如图 10.3 所示。

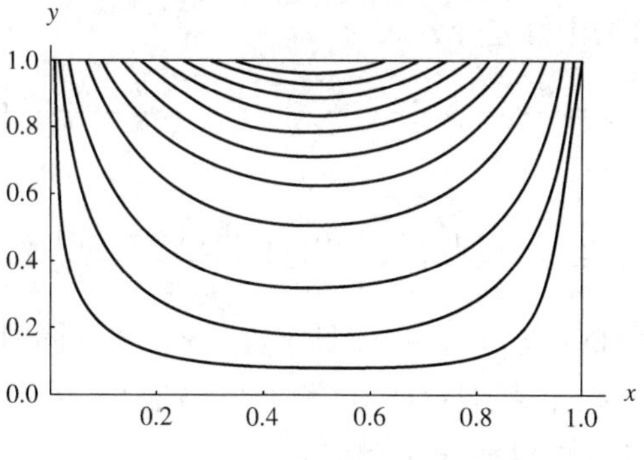

图 10.3　拉普拉斯方程 $u(x,y)=C$ 的解的曲线

10.1　双曲型方程

10.1.1　波动方程

双曲型偏微分方程的一个例子是波动方程,表示为

$$u_{tt}(x,t)=c^2u_{xx}(x,t),\qquad 0<x<a,\qquad 0<t<b \tag{1}$$

其边界条件为

$$\begin{array}{lll} u(0,t)=0, & u(a,t)=0, & 0\leqslant t\leqslant b \\ u(x,0)=f(x), & & 0\leqslant x\leqslant a \\ u_t(x,0)=g(x), & & 0<x<a \end{array} \tag{2}$$

用波动方程可对固定位置为 $x=0$ 和 $x=a$ 的振动弦的位置 u 建立数学模型。结果通过傅里叶级数可得到波动方程的解析解,这里将这个问题看成双曲型方程的一个原型。

10.1.2 差分公式

将矩形 $R=\{(x,t):0\leqslant x\leqslant a, 0\leqslant t\leqslant b\}$ 划分成 $(n-1)*(m-1)$ 个小矩形,长宽分别为 $\Delta x=h$ 和 $\Delta t=k$,形成一个网格,如图 10.4 所示。从底线 $t=t_1=0$ 开始,$u(x_i,t_1)=f(x_i)$。可通过求解差分公式的方法在连续的行内计算近似值

$$\{u_{i,j}: i=1,2,\cdots,n\},\quad j=2,3,\cdots,m$$

网格点的真实值为 $u(x_i,t_j)$。

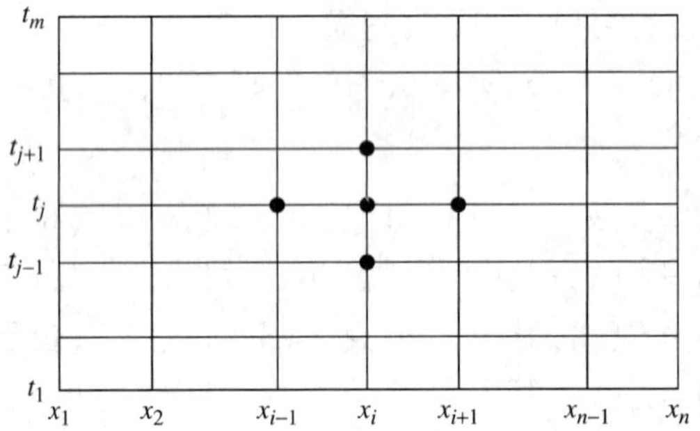

图 10.4 在区域 R 中求解 $u_{tt}(x,t)=c^2u_{xx}(x,t)$ 的网格

求 $u_{tt}(x,t)$ 和 $u_{xx}(x,t)$ 的中心差分公式为

$$u_{tt}(x,t)=\frac{u(x,t+k)-2u(x,t)+u(x,t-k)}{k^2}+\boldsymbol{O}(k^2) \tag{3}$$

和

$$u_{xx}(x,t)=\frac{u(x+h,t)-2u(x,t)+u(x-h,t)}{h^2}+\boldsymbol{O}(h^2) \tag{4}$$

在每一行的网格间距是均匀的:$x_{i+1}=x_i+h$(且 $x_{i-1}=x_i-h$);同时它在每一列也是均匀的:$t_{j+1}=t_j+k$(且 $t_{j-1}=t_j-k$)。接下来,将 $\boldsymbol{O}(k^2)$ 和 $\boldsymbol{O}(h^2)$ 去掉,用式(3)和式(4)中的 $u_{i,j}$ 近似 $u(x_i,t_j)$,并按顺序代入式(1),可得到差分公式

$$\frac{u_{i,j+1}-2u_{i,j}+u_{i,j-1}}{k^2}=c^2\frac{u_{i+1,j}-2u_{i,j}+u_{i-1,j}}{h^2} \tag{5}$$

可用它来近似方程(1)。为了方便,可将 $r=ck/h$ 代入式(5),得到如下关系式:

$$u_{i,j+1}-2u_{i,j}+u_{i,j-1}=r^2(u_{i+1,j}-2u_{i,j}+u_{i-1,j}) \tag{6}$$

设第 j 行和第 $j-1$ 行的近似值已知,可用方程(6)求网格的第 $j+1$ 行:

$$u_{i,j+1}=(2-2r^2)u_{i,j}+r^2(u_{i+1,j}+u_{i-1,j})-u_{i,j-1} \tag{7}$$

其中 $i=2,3,\cdots,n-1$。根据方程(7)右边的 4 个已知值可得到近似值 $u_{i,j+1}$,如图 10.5 所示。

使用式(7)时必须注意,如果计算的某个阶段带来的误差最终会越来越小,则方法是稳定

的。为了保证式(7)的稳定性,必须使 $r=ck/h\leqslant 1$。还存在其他一些差分公式方法,称为隐式方法,它们更难实现,但对 r 无稳定性限制。

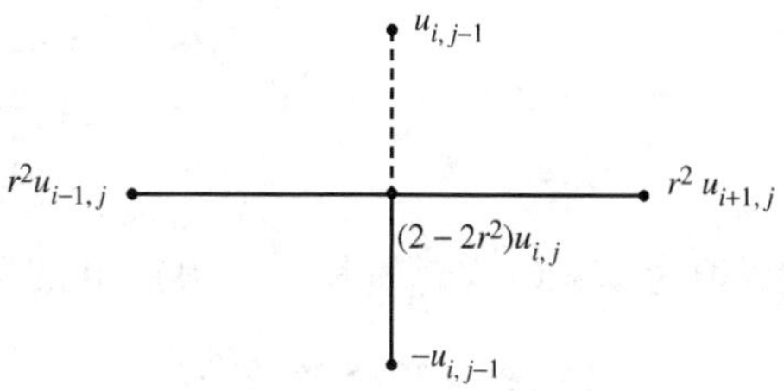

图 10.5　波动方程的模板

10.1.3　初始值

为了用式(7)计算第 3 行的值,必须给出起始两行($j=1$ 和 $j=2$)的值。由于第 2 行的值没有给出,边界函数 $g(x)$ 可用来帮助产生第 2 行的近似值。在边界处固定 $x=x_i$,并关于$(x_i,0)$对 $u(x,t)$进行一阶泰勒展开。值 $u(x_i,k)$满足

$$u(x_i,k)=u(x_i,0)+u_t(x_i,0)k+\boldsymbol{O}(k^2) \tag{8}$$

然后在式(8)中用 $u(x_i,0)=f(x_i)=f_i$ 和 $u_t(x_i,0)=g(x_i)=g_i$ 可得到计算第 2 行的近似值公式:

$$u_{i,2}=f_i+kg_i,\quad i=2,\ 3,\ \cdots,\ n-1 \tag{9}$$

通常 $u(x_i,t_2)\neq u_{i,2}$,而且式(9)引入的误差将传播到整个网格,当实现式(7)中的格式时,误差不会减少。因此,使步长 k 很小,使得式(9)中的 $u_{i,2}$不会有太大截断误差的思路是明智的。

通常边界函数 $f(x)$在区间内有二阶导数 $f''(x)$。在这种情况下,使 $u_{xx}(x,0)=f''(x)$,这样有利于用二阶泰勒公式构造第 2 行的值。为此,可回到波动方程,并使用二阶偏导的关系得到

$$u_{tt}(x_i,0)=c^2u_{xx}(x_i,0)=c^2f''(x_i)=c^2\frac{f_{i+1}-2f_i+f_{i-1}}{h^2}+\boldsymbol{O}(h^2) \tag{10}$$

二阶泰勒公式为

$$u(x,k)=u(x,0)+u_t(x,0)k+\frac{u_{tt}(x,0)k^2}{2}+\boldsymbol{O}(k^3) \tag{11}$$

在 $x=x_i$ 处利用公式(11),并结合式(9)和式(10),可得到

$$u(x_i,k)=f_i+kg_i+\frac{c^2k^2}{2h^2}(f_{i+1}-2f_i+f_{i-1})+\boldsymbol{O}(h^2)\boldsymbol{O}(k^2)+\boldsymbol{O}(k^3) \tag{12}$$

用 $r=ck/h$,可简化式(12),并得到一个改进的对第 2 行的近似值差分公式:

$$u_{i,2}=(1-r^2)f_i+kg_i+\frac{r^2}{2}(f_{i+1}+f_{i-1}) \tag{13}$$

其中 $i=2,3,\cdots,n-1$。

10.1.4　达朗贝尔方法

法国数学家 Jean Le Rond d'Alembert(1717-1783)发现

$$u(x,t)=F(x+ct)+G(x-ct) \tag{14}$$

是波动方程(1)在区间 $0\leqslant x\leqslant a$ 上的一个解,这里设 F',F'',G'和 G''都存在,且 F 和 G 的周期为 $2a$,而且对所有的 z,都有关系式 $F(-z)=-F(z)$,$F(z+2a)=F(z)$,$G(-z)=-G(z)$和 $G(z+2a)=G(z)$。可通过直接替换对其进行检查。式(14)的二阶偏导数为

$$u_{tt}(x,t)=c^2F''(x+ct)+c^2G''(x-ct) \tag{15}$$

$$u_{xx}(x,t)=F''(x+ct)+G''(x-ct) \tag{16}$$

将这些值代入式(1)可得到期望的关系式:

$$\begin{aligned} u_{tt}(x,t) &= c^2F''(x+ct)+c^2G''(x-ct) \\ &= c^2(F''(x+ct)+G''(x-ct)) \\ &= c^2u_{xx}(x,t) \end{aligned}$$

边界值为 $u(x,0)=f(x)$ 和 $u_t(x,0)=0$ 的特解要求 $F(x)=G(x)=f(x)/2$,这留给读者进行检验。

10.1.5 给定的两个确定行

式(7)产生的数值近似值的精度依赖于将偏微分方程转变成差分公式时带来的截断误差。尽管无法知道网格中第 2 行的精确值,但如果已知这样的知识,则沿 t 轴用增量 $k=ch$ 可生成整个网格其他点的精确值。

定理 10.1 设波动方程(1)的两行的精确值为 $u_{i,1}=u(x_i,0)$ 和 $u_{i,2}=u(x_i,k)$,$i=1,2,\cdots,n$。如果沿 t 轴的步长为 $k=h/c$,则 $r=1$ 且式(7)可表示为

$$u_{i,j+1}=u_{i+1,j}+u_{i-1,j}-u_{i,j-1} \tag{17}$$

而且,用式(17)得到的整个网格的差分解是差分公式的精确解(忽略计算机的舍入误差)。

证明: 使用达朗贝尔方法和关系式 $ck=h$。将 $x_i-ct_j=(i-1)h-c(j-1)k=(i-1)h-(j-1)h=(i-j)h$ 和 $x_i+ct_j=(i+j-2)h$ 用于式(14)中,可得到 $u_{i,j}$ 的特定形式:

$$u_{i,j}=F((i-j)h)+G((i+j-2)h) \tag{18}$$

其中 $i=1,2,\cdots,n$ 且 $j=1,2,\cdots,m$。将公式用于式(17)右边的项 $u_{i+1,j}$,$u_{i-1,j}$ 和 $u_{i,j-1}$,可得

$$\begin{aligned} &u_{i+1,j}+u_{i-1,j}-u_{i,j-1} \\ &\quad= F((i+1-j)h)+F((i-1-j)h) \\ &\qquad -F((i-(j-1))h)+G((i+1+j-2)h) \\ &\qquad +G((i-1+j-2)h)-G((i+j-1-2)h) \\ &\quad= F((i-(j+1))h)+G((i+j+1-2)h)=u_{i,j+1} \end{aligned}$$

其中 $i=1,2,\cdots,n$ 且 $j=1,2,\cdots,m$。 ●

警告 当用基于式(9)和式(13)的数值计算来构造第 2 行的近似值 $u_{i,2}$ 时,定理 10.1 不保证数值解是精确的。实际上,如果对于某些 i,$1\leqslant i\leqslant n$,有 $u_{i,2}\neq u(x_i,k)$,则可能引入截断误差 。正因为如此,要通过利用式(13)中的二阶泰勒多项式尽力得到第 2 行的最可能的值。

例 10.1 用差分方法求解波动方程:

$$u_{tt}(x,t)=4u_{xx}(x,t), \qquad 0<x<1, \qquad 0<t<0.5 \tag{19}$$

边界条件为

$$\begin{aligned} &u(0,t)=0, && u(1,t)=0, && 0\leqslant t\leqslant 0.5 \\ &u(x,0)=f(x)=\sin(\pi x)+\sin(2\pi x), && && 0\leqslant x\leqslant 1 \\ &u_t(x,0)=g(x)=0, && && 0\leqslant x\leqslant 1 \end{aligned} \tag{20}$$

解: 为了方便,选择 $h=0.1$ 和 $k=0.05$。由于 $c=2$,这样 $r=ck/h=2(0.05)/0.1=1$。由于 $g(x)=0$ 且 $r=1$,可用式(13)产生第 2 行,表示为

$$u_{i,2}=\frac{f_{i-1}+f_{i+1}}{2}, \qquad i=2,\ 3,\ \cdots,\ 9 \tag{21}$$

将 $r=1$ 代入式(7)中,可得到简化的差分公式

$$u_{i,j+1} = u_{i+1,j} + u_{i-1,j} - u_{i,j-1} \tag{22}$$

连续利用公式(21)和公式(22)计算行值,可得到 $u(x,t)$ 的近似值,如表 10.1 所示,其中 $0 < x_i < 1$ 且 $0 \leqslant t_j \leqslant 0.50$。

表 10.1 中的数值在精度为小数点后 6 位或更高精度时与下列解析解是一致的:

$$u(x,t) = \sin(\pi x)\cos(2\pi t) + \sin(2\pi x)\cos(4\pi t)$$

图 10.6 是表 10.1 中数据的三维图形表示。 ■

表 10.1　满足边界条件(20)的波动方程(19)的近似值解

t_j	x_2	x_3	x_4	x_5	x_6	x_7	x_8	x_9	x_{10}
0.00	0.896802	1.538842	1.760074	1.538842	1.000000	0.363271	−0.142040	−0.363271	−0.278768
0.05	0.769421	1.328438	1.538842	1.380037	0.951056	0.428980	0.000000	−0.210404	−0.181636
0.10	0.431636	0.769421	0.948401	0.951056	0.809017	0.587785	0.360616	0.181636	0.068364
0.15	0.000000	0.051599	0.181636	0.377381	0.587785	0.740653	0.769421	0.639384	0.363271
0.20	−0.380037	−0.587785	−0.519421	−0.181636	0.309017	0.769421	1.019421	0.951056	0.571020
0.25	−0.587785	−0.951056	−0.951056	−0.587785	0.000000	0.587785	0.951056	0.951056	0.587785
0.30	−0.571020	−0.951056	−1.019421	−0.769421	−0.309017	0.181636	0.519421	0.587785	0.380037
0.35	−0.363271	−0.639384	−0.769421	−0.740653	−0.587785	−0.377381	−0.181636	−0.051599	0.000000
0.40	−0.068364	−0.181636	−0.360616	−0.587785	−0.809017	−0.951056	−0.948401	−0.769421	−0.431636
0.45	0.181636	0.210404	0.000000	−0.428980	−0.951056	−1.380037	−1.538842	−1.328438	−0.769421
0.50	0.278768	0.363271	0.142040	−0.363271	−1.000000	−1.538842	−1.760074	−1.538842	−0.896802

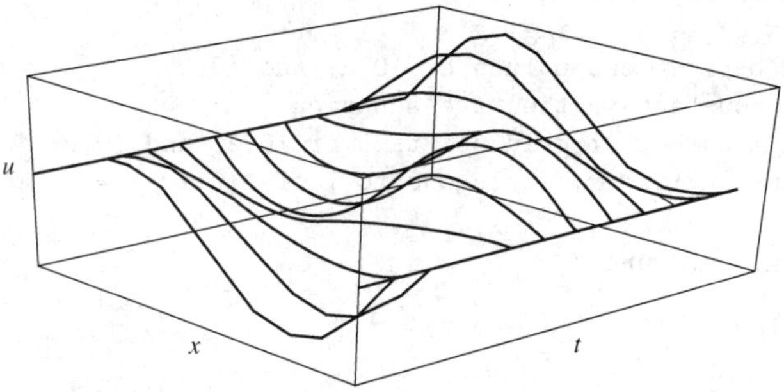

图 10.6　满足边界条件(20)的波动方程(19)所表示的振弦

例 10.2　用差分方法求解波动方程:

$$u_{tt}(x,t) = 4u_{xx}(x,t), \qquad 0 < x < 1, \qquad 0 < t < 0.5 \tag{23}$$

边界条件为

$$\begin{aligned} &u(0,t) = 0, \qquad u(1,t) = 0, \qquad 0 \leqslant t \leqslant 1 \\ &u(x,0) = f(x) = \begin{cases} x, & 0 \leqslant x \leqslant \frac{3}{5} \\ 1.5 - 1.5x, & \frac{3}{5} \leqslant x \leqslant 1 \end{cases} \\ &u_t(x,0) = g(x) = 0, \qquad 0 < x < 1 \end{aligned} \tag{24}$$

解:为了方便,选择 $h = 0.1$ 且 $k = 0.05$。由于 $c = 2$,这样 $r = 1$。连续利用公式(21)和公式(22)计算行值可得到 $u(x,t)$ 的近似值,如表 10.2 所示,其中 $0 \leqslant x_i \leqslant 1$ 且 $0 \leqslant t_j \leqslant 0.50$。图 10.7 是表 10.2 中数据的三维图形表示。 ■

程序 10.1 求解波动方程(1)和波动方程(2)的近似值解。通过使用命令 `mesh(U)` 或 `surf(U)` 可得到输出矩阵 U 的三维图形表示。而且,使用命令 `contour(U)` 可得到与图 10.3 类似的图形,而使用 `contour3(U)` 可得到类似图 10.7 的三维图形。

表 10.2 满足边界条件(24)的波动方程(23)的近似值解

t_j	x_2	x_3	x_4	x_5	x_6	x_7	x_8	x_9	x_{10}
0.00	0.100	0.200	0.300	0.400	0.500	0.600	0.450	0.300	0.150
0.05	0.100	0.200	0.300	0.400	0.500	0.475	0.450	0.300	0.150
0.10	0.100	0.200	0.300	0.400	0.375	0.350	0.325	0.300	0.150
0.15	0.100	0.200	0.300	0.275	0.250	0.225	0.200	0.175	0.150
0.20	0.100	0.200	0.175	0.150	0.125	0.100	0.075	0.050	0.025
0.25	0.100	0.075	0.050	0.025	0.000	−0.025	−0.050	−0.075	−0.100
0.30	−0.025	−0.050	−0.075	−0.100	−0.125	−0.150	−0.175	−0.200	−0.100
0.35	−0.150	−0.175	−0.200	−0.225	−0.250	−0.275	−0.300	−0.200	−0.100
0.40	−0.150	−0.300	−0.325	−0.350	−0.375	−0.400	−0.300	−0.200	−0.100
0.45	−0.150	−0.300	−0.450	−0.475	−0.500	−0.400	−0.300	−0.200	−0.100
0.50	−0.150	−0.300	−0.450	−0.600	−0.500	−0.400	−0.300	−0.200	−0.100

程序 10.1(用差分方法求解波动方程) 求解在区间 $R=\{(x,t):0\leqslant x\leqslant a,0\leqslant t\leqslant b\}$ 上,边界条件为 $u(0,t)=0,u(a,t)=0$,其中$0\leqslant t\leqslant b$,且 $u(x,0)=f(x),u_t(x,0)=g(x)$,其中$0\leqslant x\leqslant a$ 的波动方程 $u_{tt}(x,t)=c^2u_{xx}(x,t)$。

```
function U = finedif(f,g,a,b,c,n,m)

%Input  - f=u(x,0) as a string 'f'
%       - g=ut(x,0) as a string 'g'
%       - a and b right end points of [0,a] and [0,b]
%       - c the constant in the wave equation
%       - n and m number of grid points over [0,a] and [0,b]
%Output - U solution matrix; analogous to Table 10.1

%Initialize parameters and U
h=a/(n-1);
k=b/(m-1);
r=c*k/h;
r2=r^2;
r22=r^2/2;
s1=1-r^2;
s2=2-2*r^2;
U=zeros(n,m);

%Compute first and second rows
for i=2:n-1
   U(i,1)=feval(f,h*(i-1));
   U(i,2)=s1*feval(f,h*(i-1))+k*feval(g,h*(i-1)) ...
      +r22*(feval(f,h*i)+feval(f,h*(i-2)));
end

%Compute remaining rows of U
for j=3:m,
   for i=2:(n-1),
      U(i,j) = s2*U(i,j-1)+r2*(U(i-1,j-1)+U(i+1,j-1))-U(i,j-2);
   end
end

U=U';
```

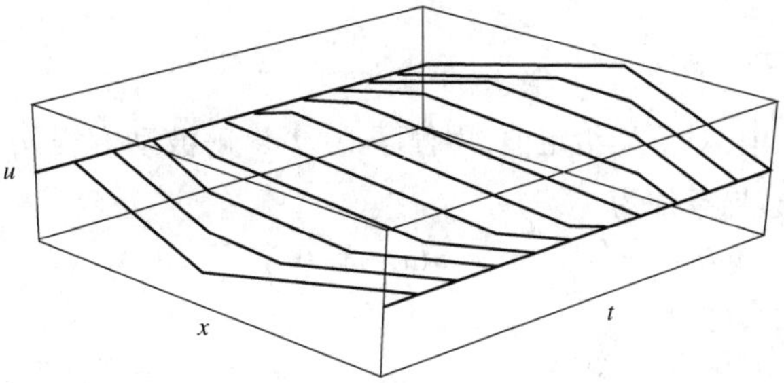

图 10.7　满足边界条件(24)的波动方程(23)所表示的振弦

10.1.6　习题

1. (a) 通过直接替换法验证 $u(x,t)=\sin(n\pi x)\cos(2n\pi t)$ 是波动方程 $u_{tt}(x,t)=4u_{xx}(x,t)$ 的解，其中 $n=1,2,\cdots$。
   (b) 通过直接替换法验证 $u(x,t)=\sin(n\pi x)\cos(cn\pi t)$ 是波动方程 $u_{tt}(x,t)=c^2u_{xx}(x,t)$ 的解，其中 $n=1,2,\cdots$。
2. 设初始位置和速度分别为 $u(x,0)=f(x)$ 和 $u_t(x,0)\equiv 0$，证明这种情况的达朗贝尔解为
$$u(x,t)=\frac{f(x+ct)+f(x-ct)}{2}$$
3. 当 $h=2ck$ 时，求解差分公式(7)的简化表达式。

在习题 4 和习题 5 中，用差分方法计算给定波动方程前 3 行的近似值解。可用计算器进行计算。

4. $u_{tt}(x,t)=4u_{xx}(x,t)$，其中 $0\leqslant x\leqslant 1$ 且 $0\leqslant t\leqslant 0.5$，边界条件为
$$\begin{aligned} &u(0,t)=0, \quad u(1,t)=0, && 0\leqslant t\leqslant 0.5\\ &u(x,0)=f(x)=\sin(\pi x), && 0\leqslant x\leqslant 1\\ &u_t(x,0)=g(x)=0, && 0\leqslant x\leqslant 1\end{aligned}$$
设 $h=0.2$，$k=0.1$ 和 $r=1$。
5. $u_{tt}(x,t)=4u_{xx}(x,t)$，其中 $0\leqslant x\leqslant 1$ 且 $0\leqslant t\leqslant 0.5$，边界条件为
$$u(0,t)=0, \quad u(1,t)=0, \quad 0\leqslant t\leqslant 0.5$$
$$u(x,0)=f(x)=\begin{cases}\dfrac{5x}{2}, & 0\leqslant x\leqslant \frac{3}{5}\\[2mm] \dfrac{15-15x}{4}, & \frac{3}{5}\leqslant x\leqslant 1\end{cases}$$
$$u_t(x,0)=g(x)=0, \quad 0<x<1$$
设 $h=0.2$，$k=0.1$，$r=1$。
6. 设初始位置和速度分别为 $u(x,0)=f(x)$ 和 $u_t(x,0)=g(x)$，证明这种情况下的达朗贝尔解为
$$u(x,t)=\frac{f(x+ct)+f(x-ct)}{2}+\frac{1}{2c}\int_{x-ct}^{x+ct}g(s)\,\mathrm{d}s$$
7. 对于方程 $u_{tt}(x,t)=9u_{xx}(x,t)$，为了得到差分公式 $u_{i,j+1}=u_{i+1,j}+u_{i-1,j}-u_{i,j-1}$，$h$ 和 k 必须满足什么关系?
8. 当试图用差分方法求解 $u_{tt}(x,t)=4u_{xx}(x,t)$，并选择 $k=0.02$ 和 $h=0.03$ 时，会有什么困难?

10.1.7 算法与程序

在第1题至第8题中,对下列给定值,用程序10.1求解波动方程 $u_{tt}(x,t)=c^2u_{xx}(x,t)$,其中$0\leqslant x\leqslant a$且$0\leqslant t\leqslant b$,边界条件为

$$\begin{aligned}
&u(0,t)=0, \qquad u(a,t)=0, && 0\leqslant t\leqslant b\\
&u(x,0)=f(x), && 0\leqslant x\leqslant a\\
&u_t(x,0)=g(x), && 0\leqslant x\leqslant a
\end{aligned}$$

用 surf 和 contour 命令画出得到的近似值解。

1. 设 $a=1,b=1,c=1,f(x)=\sin(\pi x),g(x)=0$。为了方便选择 $h=0.1$ 和 $k=0.1$。
2. 设 $a=1,b=1,c=1,f(x)=x-x^2,g(x)=0$。为了方便选择 $h=0.1$ 和 $k=0.1$。
3. 设 $a=1,b=1,c=1,f(x)=\begin{cases}2x, & 0\leqslant x\leqslant \dfrac{1}{2}\\ 2-2x, & \dfrac{1}{2}\leqslant x\leqslant 1\end{cases}$

   $g(x)=0,h=0.1$ 和 $k=0.1$。
4. 设 $a=1,b=1,c=2,f(x)=\sin(\pi x),g(x)=0,h=0.1$ 和 $k=0.05$。
5. 设 $a=1,b=1,c=2,f(x)=x-x^2,g(x)=0,h=0.1$ 和 $k=0.05$。
6. 设 $c=2$ 和 $k=0.05$,重复第3题。
7. 设 $f(x)=\sin(2\pi x)+\sin(4\pi x)$,重复第1题。
8. 设 $c=2,f(x)=\sin(2\pi x)+\sin(4\pi x),k=0.05$,重复第1题。

10.2 抛物型方程

10.2.1 热传导方程

设有一个一维热传导方程,它是抛物型方程,表示为

$$u_t(x,t)=c^2u_{xx}(x,t), \qquad 0\leqslant x<a, \qquad 0<t<b \tag{1}$$

初始条件为

$$u(x,0)=f(x), \qquad t=0, \qquad 0\leqslant x\leqslant a \tag{2}$$

边界条件为

$$\begin{aligned}
u(0,t)&=g_1(t)\equiv c_1, \qquad x=0, \qquad 0\leqslant t\leqslant b\\
u(a,t)&=g_2(t)\equiv c_2, \qquad x=a, \qquad 0\leqslant t\leqslant b
\end{aligned} \tag{3}$$

热传导方程是初始温度分布函数为$f(x)$,端点有常温 c_1 和 c_2的绝缘杆上温度的数学模型。尽管通过傅里叶级数可得到方程的解析解,但这里将它作为求解抛物型方程数值解的一个原型。

10.2.2 差分公式

设将矩形 $R=\{(x,t):0\leqslant x\leqslant a,0\leqslant t\leqslant b\}$ 分割成$(n-1)*(m-1)$个小矩形,长宽分别为$\Delta x=h$ 和 $\Delta t=k$,如图10.8所示。从最下面的行($t=t_1=0$)开始,初始值为 $u(x_i,t_1)=f(x_i)$。下面将介绍在连续行$\{u(x_i,t_j):i=1,2,\cdots,n\}$内,其中$j=2,3,\cdots,m$,求解网格节点$u(x,t)$的数值近似值的方法。

求解 $u_t(x,t)$和 $u_{xx}(x,t)$的差分公式为

$$u_t(x,t) = \frac{u(x,t+k)-u(x,t)}{k} + \boldsymbol{O}(k) \tag{4}$$

和

$$u_{xx}(x,t) = \frac{u(x-h,t)-2u(x,t)+u(x+h,t)}{h^2} + \boldsymbol{O}(h^2) \tag{5}$$

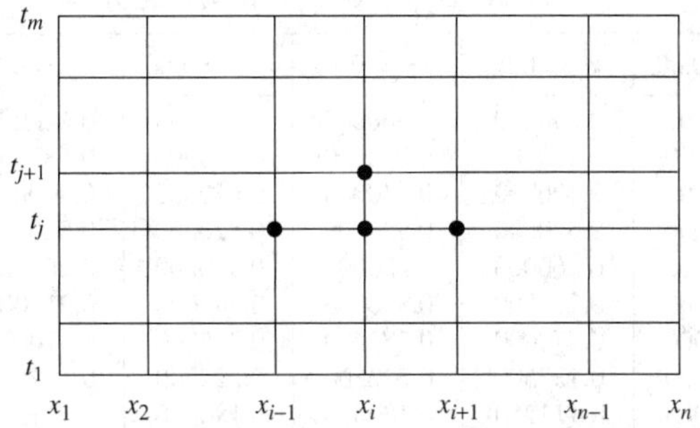

图 10.8 在区间 R 内求解 $u_t(x,t)=c^2u_{xx}(x,t)$ 的网格

每一行的网格间距是均匀的：$x_{i+1}=x_i+h$ 且 $x_{i-1}=x_i-h$，而且每一列的网格间距也是均匀的：$t_{j+1}=t_j+k$。接下来，将 $\boldsymbol{O}(k)$ 和 $\boldsymbol{O}(h^2)$ 去掉，将式(4)和式(5)中 $u(x_i,t_j)$ 的近似值 $u_{i,j}$ 按顺序代入式(1)中，可得

$$\frac{u_{i,j+1}-u_{i,j}}{k} = c^2\frac{u_{i-1,j}-2u_{i,j}+u_{i+1,j}}{h^2} \tag{6}$$

上式是式(1)的解的近似值。为了方便，将 $r=c^2k/h^2$ 代入式(6)，可得到显式前向差分公式

$$u_{i,j+1} = (1-2r)u_{i,j} + r(u_{i-1,j}+u_{i+1,j}) \tag{7}$$

设行 j 的近似值已知，通过公式(7)可得到网格中的第 $j+1$ 行。注意此公式显式地根据 $u_{i-1,j}$，$u_{i,j}$ 和 $u_{i+1,j}$ 给出了 $u_{i,j+1}$。公式(7)的计算模板表示如图 10.9 所示。

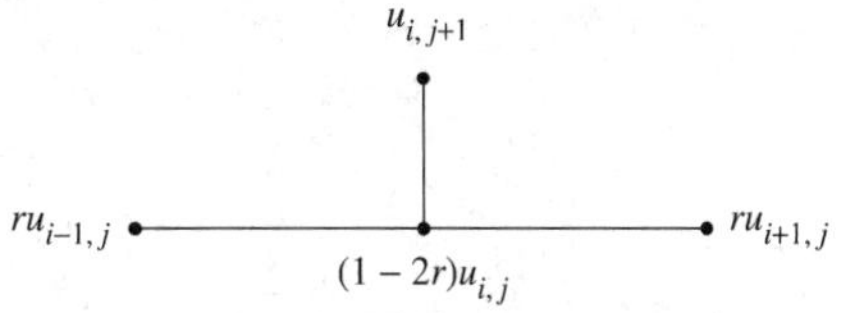

图 10.9 前向差分模板

公式(7)的简单性有助于对它的使用。然而，使其稳定是非常重要的。如果计算中某个阶段引入的误差不会扩大整个结果的误差，则这个方法是**稳定**的。显式前向差分公式(7)是稳定的，当且仅当 r 满足 $0 \leqslant r \leqslant \frac{1}{2}$。这意味着步长 k 必须满足 $k \leqslant h^2/(2c^2)$。如果条件得不到满足，则在 $\{u_{i,j}\}$ 行引入的误差会扩大接下来的 $\{u_{i,p}\}$ 行的误差，其中 $p>j$。下面的例子说明了这些情况。

例 10.3 用前向差分法求解热传导方程

$$u_t(x,t) = u_{xx}(x,t), \qquad 0<x<1, \qquad 0<t<0.20 \tag{8}$$

初始条件为

$$u(x,0) = f(x) = 4x-4x^2, \qquad t=0, \qquad 0 \leqslant x \leqslant 1 \tag{9}$$

边界条件为

$$\begin{aligned} u(0,t) &= g_1(t) \equiv 0, \qquad x=0, \qquad 0 \leqslant t \leqslant 0.20 \\ u(1,t) &= g_2(t) \equiv 0, \qquad x=1, \qquad 0 \leqslant t \leqslant 0.20 \end{aligned} \tag{10}$$

解： 首先采用步长 $\Delta x = h = 0.2$ 和 $\Delta t = k = 0.02$，而且 $c=1$，因此 $r=0.5$。网格有 $n=6$ 列，$m=11$ 行。在这种情况下，公式(7)变成

$$u_{i,j+1} = \frac{u_{i-1,j} + u_{i+1,j}}{2} \tag{11}$$

当 $r=0.5$ 时,公式(11)是稳定的,而且可用来产生 $u(x,t)$ 的合理精度的近似值。网格中连续行的值如表 10.3 所示。表 10.3 的三维表示如图 10.10 所示。

表 10.3 $r=0.5$,利用前向差分法

	$x_1 = 0.00$	$x_2 = 0.20$	$x_3 = 0.40$	$x_4 = 0.60$	$x_5 = 0.80$	$x_6 = 1.00$
$t_1 = 0.00$	0.000000	0.640000	0.960000	0.960000	0.640000	0.000000
$t_2 = 0.02$	0.000000	0.480000	0.800000	0.800000	0.480000	0.000000
$t_3 = 0.04$	0.000000	0.400000	0.640000	0.640000	0.400000	0.000000
$t_4 = 0.06$	0.000000	0.320000	0.520000	0.520000	0.320000	0.000000
$t_5 = 0.08$	0.000000	0.260000	0.420000	0.420000	0.260000	0.000000
$t_6 = 0.10$	0.000000	0.210000	0.340000	0.340000	0.210000	0.000000
$t_7 = 0.12$	0.000000	0.170000	0.275000	0.275000	0.170000	0.000000
$t_8 = 0.14$	0.000000	0.137500	0.222500	0.222500	0.137500	0.000000
$t_9 = 0.16$	0.000000	0.111250	0.180000	0.180000	0.111250	0.000000
$t_{10} = 0.18$	0.000000	0.090000	0.145625	0.145625	0.090000	0.000000
$t_{11} = 0.20$	0.000000	0.072812	0.117813	0.117813	0.072812	0.000000

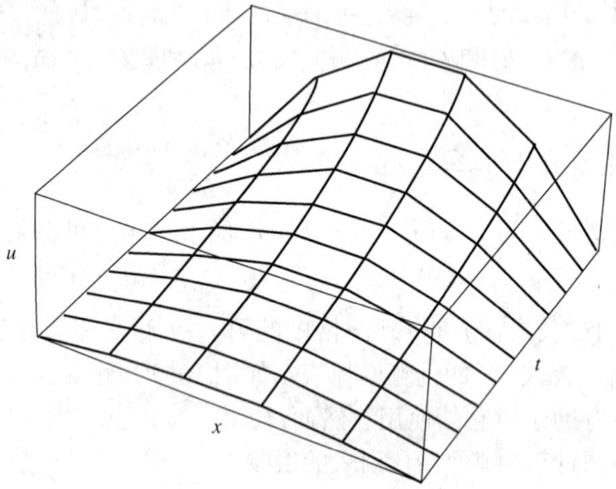

图 10.10 $r=0.5$,利用前向差分法

对于第二种情况,采用步长 $\Delta x = h = 0.2$ 和 $\Delta t = k = \frac{1}{30} \approx 0.033333$,因此 $r = 0.833333$。在这种情况下,公式(7)变成

$$u_{i,j+1} = -0.666665 u_{i,j} + 0.833333(u_{i-1,j} + u_{i+1,j}) \tag{12}$$

此时公式(12)是不稳定的,因为 $r > \frac{1}{2}$,而且在接下来的行计算中误差会扩大。$u(x,t)$,其中 $0 \leqslant t \leqslant 0.33333$ 的不精确的近似值如表 10.4 所示。表 10.4 中数据的三维表示如图 10.11 所示。 ■

差分公式(7)的精度为 $\boldsymbol{O}(k) + \boldsymbol{O}(h^2)$。因为项 $\boldsymbol{O}(k)$ 随着 k 趋近于零而线性减小,所以使它的值小可得到更好的近似值。然而,稳定性需求需要考虑更多。设网格的解精度不够,而且 $\Delta x = h_0$ 和 $\Delta t = k_0$ 必须减小。为简单起见,设新的 x 增量为 $\Delta x = h_1 = h_0/2$。如果采用同样的 r,则 k_1 必须满足

$$k_1 = \frac{r(h_1)^2}{c^2} = \frac{r(h_0)^2}{4c^2} = \frac{k_0}{4}$$

这使得沿 x 轴和 t 轴的网格点的数量分别增加到 2 倍和 4 倍。这样，当减小网格大小时，会增加 8 倍的计算量。通常不应该这样做，而是需要开发更有效的无稳定性限制的方法。通过增加方法的复杂性可达到所需的无条件稳定性。

表 10.4　$r = 0.833333$，利用前向差分法

	$x_1 = 0.00$	$x_2 = 0.20$	$x_3 = 0.40$	$x_4 = 0.60$	$x_5 = 0.80$	$x_6 = 1.00$
$t_1 = 0.000000$	0.000000	0.640000	0.960000	0.960000	0.640000	0.000000
$t_2 = 0.033333$	0.000000	0.373333	0.693333	0.693333	0.373333	0.000000
$t_3 = 0.066667$	0.000000	0.328889	0.426667	0.426667	0.328889	0.000000
$t_4 = 0.100000$	0.000000	0.136296	0.345185	0.345185	0.136296	0.000000
$t_5 = 0.133333$	0.000000	0.196790	0.171111	0.171111	0.196790	0.000000
$t_6 = 0.166667$	0.000000	0.011399	0.192510	0.192510	0.011399	0.000000
$t_7 = 0.200000$	0.000000	0.152826	0.041584	0.041584	0.152826	0.000000
$t_8 = 0.233333$	0.000000	−0.067230	0.134286	0.134286	−0.067230	0.000000
$t_9 = 0.266667$	0.000000	0.156725	−0.033644	−0.033644	0.156725	0.000000
$t_{10} = 0.300000$	0.000000	−0.132520	0.124997	0.124997	−0.132520	0.000000
$t_{11} = 0.333333$	0.000000	0.192511	−0.089601	−0.089601	0.192511	0.000000

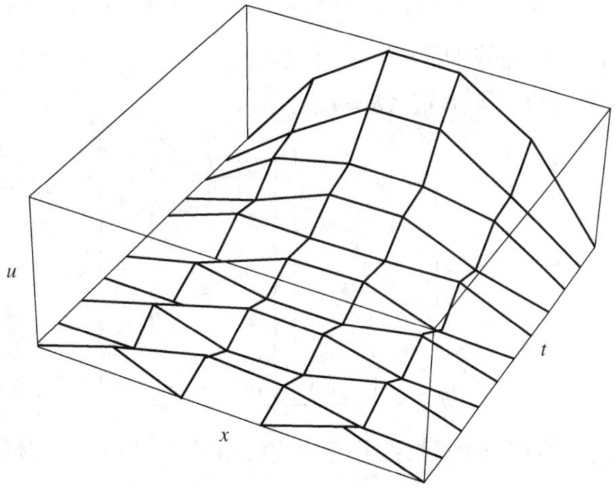

图 10.11　$r = 0.833333$，利用前向差分法

10.2.3　克兰克-尼科尔森法

由 John Crank 和 Phyllis Nicholson 发明的隐式差分格式是基于求解网格中在行之间的点 $(x, t+k/2)$ 处的方程(1)的数值近似解。而且求解 $u_t(x, t+k/2)$ 的近似值公式是从中心差分公式中得到的，表示为

$$u_t\left(x, t+\frac{k}{2}\right) = \frac{u(x, t+k) - u(x, t)}{k} + \boldsymbol{O}(k^2) \tag{13}$$

$u_{xx}(x, t+k/2)$ 的近似值是 $u_{xx}(x, t)$ 和 $u_{xx}(x, t+k)$ 近似值的平均值，精度为 $\boldsymbol{O}(h^2)$：

$$\begin{aligned} u_{xx}\left(x, t+\frac{k}{2}\right) = &\frac{1}{2h^2}(u(x-h, t+k) - 2u(x, t+k) + u(x+h, t+k) \\ &+ u(x-h, t) - 2u(x, t) + u(x+h, t)) + \boldsymbol{O}(h^2) \end{aligned} \tag{14}$$

与上一个推导类似，将式(13)和式(14)代入式(1)中，并忽略误差项 $\boldsymbol{O}(h^2)$ 和 $\boldsymbol{O}(k^2)$，然后可得到采用符号 $u_{i,j} = u(x_i, t_j)$ 表示的差分公式：

$$\frac{u_{i,j+1}-u_{i,j}}{k}=c^2\frac{u_{i-1,j+1}-2u_{i,j+1}+u_{i+1,j+1}+u_{i-1,j}-2u_{i,j}+u_{i+1,j}}{2h^2} \tag{15}$$

而且可在式(15)中使用替换 $r=c^2k/h^2$。但是需要求解 3 个“还没有计算的”值 $u_{i-1,j+1}$,$u_{i,j+1}$ 和 $u_{i+1,j+1}$。通过将它们放到公式的左边来完成。重新排列式(15)中的项可得到隐式差分公式

$$\begin{aligned}&-ru_{i-1,j+1}+(2+2r)u_{i,j+1}-ru_{i+1,j+1}\\&\qquad=(2-2r)u_{i,j}+r(u_{i-1,j}+u_{i+1,j})\end{aligned} \tag{16}$$

其中 $i=2,3,\cdots,n-1$。式(16)右边的项都是已知的。因此式(16)可形成三角线性方程组$\boldsymbol{AX}=\boldsymbol{B}$。在式(16)中使用了 6 个点,并结合了数值差分基于的中间网格点,如图 10.12 所示。

有时通过使 $r=1$ 来实现式(16)。在这种情况下,沿 t 轴的增量为 $\Delta t=k=h^2/c^2$,同时式(16)可简化为

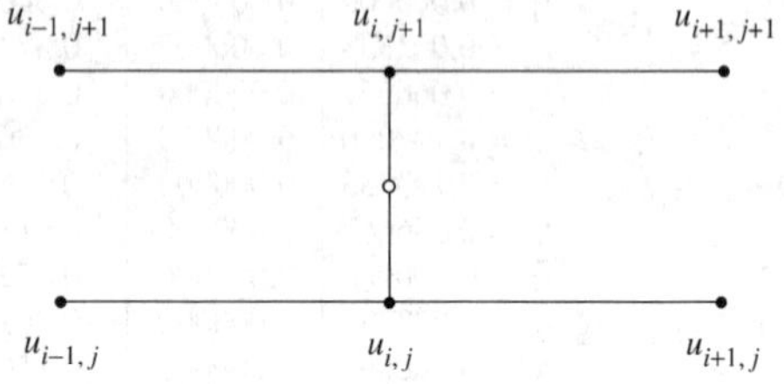

图 10.12 克兰克-尼科尔森法的模板

$$-u_{i-1,j+1}+4u_{i,j+1}-u_{i+1,j+1}=u_{i-1,j}+u_{i+1,j} \tag{17}$$

其中 $i=2,3,\cdots,n-1$。边界条件分别用于第一个方程 $u_{1,j}=u_{1,j+1}=c_1$ 和最后一个方程 $u_{n,j}=u_{n,j+1}=c_2$ 中。式(17)可表示为三角矩阵形式 $\boldsymbol{AX}=\boldsymbol{B}$。

$$\begin{bmatrix}4&-1&&&&&\\-1&4&-1&&&\boldsymbol{O}&\\&&\ddots&&&&\\&&-1&4&-1&&\\&&&&\ddots&&\\&\boldsymbol{O}&&&-1&4&-1\\&&&&&-1&4\end{bmatrix}\begin{bmatrix}u_{2,j+1}\\u_{3,j+1}\\\vdots\\u_{p,j+1}\\\vdots\\u_{n-2,j+1}\\u_{n-1,j+1}\end{bmatrix}=\begin{bmatrix}2c_1+u_{3,j}\\u_{2,j}+u_{4,j}\\\vdots\\u_{p-1,j}+u_{p+1,j}\\\vdots\\u_{n-3,j}+u_{n-1,j}\\u_{n-2,j}+2c_2\end{bmatrix}$$

当克兰克-尼科尔森法用计算机实现时,线性方程组 $\boldsymbol{AX}=\boldsymbol{B}$ 可通过直接解法或迭代法得到。

例 10.4 利用克兰克-尼科尔森法求解方程

$$u_t(x,t)=u_{xx}(x,t),\qquad 0<x<1,\qquad 0<t<0.1 \tag{18}$$

初始条件为

$$u(x,0)=f(x)=\sin(\pi x)+\sin(3\pi x),\qquad t=0,\qquad 0\leqslant x\leqslant 1 \tag{19}$$

边界条件为

$$\begin{aligned}u(0,t)&=g_1(t)\equiv 0,\qquad x=0,\qquad 0\leqslant t\leqslant 0.1\\u(1,t)&=g_2(t)\equiv 0,\qquad x=1,\qquad 0\leqslant t\leqslant 0.1\end{aligned}$$

解:为简单起见,使用步长 $\Delta x=h=0.1$ 和 $\Delta t=k=0.01$,所以 $r=1$。网格有 $n=11$ 列和 $m=11$ 行。求解 $0<x_i<1$ 和 $0\leqslant t_j\leqslant 0.1$ 时用算法所得的值如表 10.5 所示。

现在比较利用克兰克-尼科尔森法得到的值和解析解 $u(x,t)=\sin(\pi x)e^{-\pi^2 t}+\sin(3\pi x)e^{-9\pi^2 t}$,最后一行的真实值如下:

t_{11}	0.115285	0.219204	0.301570	0.354385	0.372569	0.354385	0.301570	0.219204	0.115285

表 10.5 中数据的三维表示如图 10.13 所示。 ■

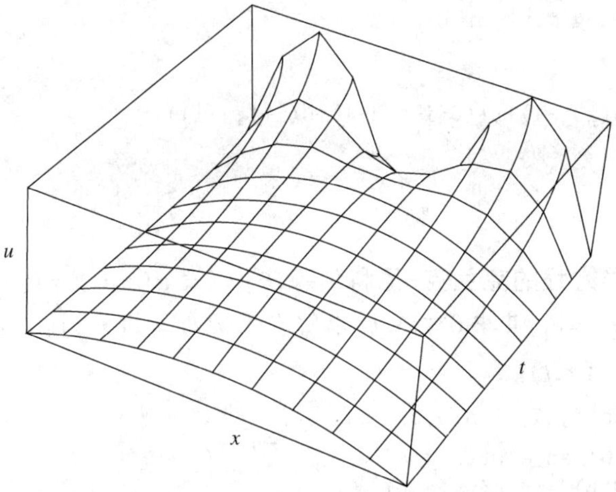

图 10.13　克兰克-尼科尔森法的 $u = u(x_i, t_j)$

表 10.5　$t_j = (j-1)/100$ 用克兰克-尼科尔森法求解出的值 $u(x_i, t_j)$

	$x_2 = 0.1$	$x_3 = 0.2$	$x_4 = 0.3$	$x_5 = 0.4$	$x_6 = 0.5$	$x_7 = 0.6$	$x_8 = 0.7$	$x_9 = 0.8$	$x_{10} = 0.9$
t_1	1.118034	1.538842	1.118034	0.363271	0.000000	0.363271	1.118034	1.538842	1.118034
t_2	0.616905	0.928778	0.862137	0.617659	0.490465	0.617659	0.862137	0.928778	0.616905
t_3	0.394184	0.647957	0.718601	0.680009	0.648834	0.680009	0.718601	0.647957	0.394184
t_4	0.288660	0.506682	0.625285	0.666493	0.673251	0.666493	0.625285	0.506682	0.288660
t_5	0.233112	0.425766	0.556006	0.625082	0.645788	0.625082	0.556006	0.425766	0.233112
t_6	0.199450	0.372035	0.499571	0.575402	0.600242	0.575402	0.499571	0.372035	0.199450
t_7	0.175881	0.331490	0.451058	0.525306	0.550354	0.525306	0.451058	0.331490	0.175881
t_8	0.157405	0.298131	0.408178	0.477784	0.501545	0.477784	0.408178	0.298131	0.157405
t_9	0.141858	0.269300	0.369759	0.433821	0.455802	0.433821	0.369759	0.269300	0.141858
t_{10}	0.128262	0.243749	0.335117	0.393597	0.413709	0.393597	0.335117	0.243749	0.128262
t_{11}	0.116144	0.220827	0.303787	0.356974	0.375286	0.356974	0.303787	0.220827	0.116144

程序 10.2（用于热传导方程的前向差分法） 设 $u(x,0) = f(x)$，其中 $0 \leqslant x \leqslant a$，而且 $u(0,t) = c_1$，$u(a,t) = c_2$，其中 $0 \leqslant t \leqslant b$，求解在区间 $R = \{(x,t): 0 \leqslant x \leqslant a, 0 \leqslant t \leqslant b\}$ 内的近似值 $u_t(x,t) = c^2 u_{xx}(x,t)$。

```
function U=forwdif(f,c1,c2,a,b,c,n,m)
%Input  - f=u(x,0) as a string 'f'
%       - c1=u(0,t) and c2=u(a,t)
%       - a and b right end points of [0,a] and [0,b]
%       - c the constant in the heat equation
%       - n and m number of grid points over [0,a] and [0,b]
%Output - U solution matrix; analogous to Table 10.4
%Initialize parameters and U
h=a/(n-1);
k=b/(m-1);
r=c^2*k/h^2;
s=1-2*r;
U=zeros(n,m);

%Boundary conditions
U(1,1:m)=c1;
U(n,1:m)=c2;

%Generate first row
U(2:n-1,1)=feval(f,h:h:(n-2)*h)';
```

```
%Generate remaining rows of U
for j=2:m
   for i=2:n-1
      U(i,j)=s*U(i,j-1)+r*(U(i-1,j-1)+U(i+1,j-1));
   end
end
U=U';
```

程序 10.3(用于热传导方程的克兰克-尼科尔森法) 设 $u(x,0)=f(x)$,其中 $0\leqslant x\leqslant a$,而且 $u(0,t)=c_1$,$u(a,t)=c_2$,其中 $0\leqslant t\leqslant b$,求解在区间 $R=\{(x,t):0\leqslant x\leqslant a,0\leqslant t\leqslant b\}$ 内的近似值 $u_t(x,t)=c^2u_{xx}(x,t)$。

```
function U=crnich(f,c1,c2,a,b,c,n,m)
%Input  - f=u(x,0) as a string 'f'
%       - c1=u(0,t) and c2=u(a,t)
%       - a and b right end points of [0,a] and [0,b]
%       - c the constant in the heat equation
%       - n and m number of grid points over [0,a] and [0,b]
%Output - U solution matrix; analogous to Table 10.5
%Initialize parameters and U
h=a/(n-1);
k=b/(m-1);
r=c^2*k/h^2;
s1=2+2/r;
s2=2/r-2;
U=zeros(n,m);
%Boundary conditions
U(1,1:m)=c1;
U(n,1:m)=c2;
%Generate first row
U(2:n-1,1)=feval(f,h:h:(n-2)*h)';
%Form the diagonal and off-diagonal elements of A and
%the constant vector B and solve tridiagonal system AX=B
Vd(1,1:n)=s1*ones(1,n);
Vd(1)=1;
Vd(n)=1;
Va=-ones(1,n-1);
Va(n-1)=0;
Vc=-ones(1,n-1);
Vc(1)=0;
Vb(1)=c1;
Vb(n)=c2;
for j=2:m
   for i=2:n-1
      Vb(i)=U(i-1,j-1)+U(i+1,j-1)+s2*U(i,j-1);
   end
   X=trisys(Va,Vd,Vc,Vb);
   U(1:n,j)=X';
end
U=U'
```

10.2.4　习题

1. (a) 用直接替代法验证 $u(x,t)=\sin(n\pi x)e^{-4n^2\pi^2 t}$ 是热传导方程 $u_t(x,t)=4u_{xx}(x,t)$ 的解，其中 $n=1,2,\cdots$。
   (b) 用直接替代法验证 $u(x,t)=\sin(n\pi x)e^{-(cn\pi)^2 t}$ 是热传导方程 $u_t(x,t)=c^2u_{xx}(x,t)$ 的解，其中 $n=1,2,\cdots$。
2. 如果在公式(7)中利用 $\Delta t=k=h^2/c^2$，可能会产生什么后果？

　　在习题 3 到习题 4 中，利用前向差分法计算给定热传导方程近似解的前 3 行。可使用计算器计算。

3. $u_t(x,t)=u_{xx}(x,t)$，其中 $0<x<1$ 且 $0\leqslant t\leqslant 0.1$，初始条件为 $u(x,0)=f(x)=\sin(\pi x)$，其中 $t=0$ 且 $0\leqslant x\leqslant 1$，边界条件为

$$u(0,t)=c_1=0,\qquad x=0,\qquad 0\leqslant t\leqslant 0.1$$
$$u(1,t)=c_2=0,\qquad x=1,\qquad 0\leqslant t\leqslant 0.1$$

   设 $h=0.2$，$k=0.02$ 和 $r=0.5$。
4. $u_t(x,t)=u_{xx}(x,t)$，其中 $0<x<1$ 且 $0\leqslant t\leqslant 0.1$，初始条件为 $u(x,0)=f(x)=1-|2x-1|$，其中 $t=0$ 且 $0\leqslant x\leqslant 1$，边界条件为

$$u(0,t)=c_1=0,\qquad x=0,\qquad 0\leqslant t\leqslant 0.1$$
$$u(1,t)=c_2=0,\qquad x=1,\qquad 0\leqslant t\leqslant 0.1$$

5. 设 $\Delta t=k=h^2/(2c^2)$。
   (a) 利用公式(16)并进行简化。
   (b) 将公式(a)部分用矩阵形式 $\boldsymbol{AX}=\boldsymbol{B}$ 表示。
   (c) (b)部分中的矩阵具有严格对角优势吗？为什么？
6. 证明 $u(x,t)=\sum_{j=1}^{N}a_j e^{-(j\pi)^2 t}\sin(j\pi x)$ 是在区间 $0\leqslant x\leqslant 1$ 和 $0<t$ 内 $u_t(x,t)=u_{xx}(x,t)$ 的解。边界值为 $u(0,t)=0$，$u(1,t)=0$ 和 $u(x,0)=\sum_{j=1}^{N}a_j\sin(j\pi x)$。
7. 设例 10.4 的解析解为 $u(x,t)=\sin(\pi x)e^{-\pi^2 t}+\sin(3\pi x)e^{-(3\pi)^2 t}$。
   (a) 让 x 固定，求解 $\lim_{t\to\infty}u(x,t)$。
   (b) 解在物理上的意义是什么？
8. 需要求解抛物型方程 $u_t(x,t)-u_{xx}(x,t)=h(x)$。
   (a) 推导这种情况下的显式差分公式。
   (b) 推导这种情况下的隐式差分公式。
9. 设使用式(11)，而且 $f(x)\geqslant 0$，$g_1(t)=0$ 和 $g_2(t)=0$。
   (a) 证明在第 $j+1$ 行中 $u(x_i,t_{j+1})$ 的极大值小于或等于第 j 行中 $u(x_i,t_j)$ 的极大值。
   (b) 猜测当 n 趋于无穷大时，第 n 行的元素极大值 $u(x_i,t_n)$。

10.2.5　算法与程序

　　在第 1 题和第 2 题中，对给定的值，使用程序 10.3 求解热传导方程 $u_t(x,t)=c^2u_{xx}(x,t)$，其中 $0<x<1$ 且 $0<t<0.1$，初始条件为 $u(x,0)=f(x)$，其中 $t=0$ 且 $0\leqslant x\leqslant 1$，边界条件为

$$u(0,t)=c_1=0,\qquad x=0,\qquad 0\leqslant t\leqslant 0.1$$
$$u(1,t)=c_2=0,\qquad x=1,\qquad 0\leqslant t\leqslant 0.1$$

使用 surf 和 contour 命令画近似值解。

1. 使用$f(x)=\sin(\pi x)+\sin(2\pi x)$,$h=0.1$,$k=0.01$ 和 $r=1$。
2. 使用$f(x)=3-|3x-1|-|3x-2|$,$h=0.1$,$k=0.01$ 和 $r=1$。
3. (a) 修改程序 10.2 和程序 10.3,以接受边界条件 $u(0,t)=g_1(t)\neq 0$ 且 $u(a,t)=g_2(t)\neq 0$。
   (b) 用修改过的显式差分公式(参见程序 10.3)求解第 1 题和第 2 题中的热传导方程。边界条件为:
   $$u(0,t)=g_1(t)=t^2,\qquad x=0,\qquad 0\leqslant t<0.1$$
   $$u(1,t)=g_2(t)=e^t,\qquad x=1,\qquad 0\leqslant t\leqslant 0.1$$
   其中 $c_1=c_2=0$。
   (c) 使用 surf 和 contour 画出近似值解。
4. 根据习题 8 的(a)和(b),分别构造程序实现显式前向差分公式和隐式差分公式。
5. 使用上题中的程序求解热传导方程 $u_t(x,t)-u_{xx}(x,t)=\sin(x)$,其中 $0<x<1$ 且 $0<t<0.20$,初始条件为 $u(x,0)=f(x)=\sin(\pi x)+\sin(3\pi x)$,边界条件为
   $$u(0,t)=c_2=0,\qquad x=0,\qquad 0\leqslant t\leqslant 0.20$$
   $$u(1,t)=c_2=0,\qquad x=1,\qquad 0\leqslant t\leqslant 0.20$$
   设 $h=0.2$,$k=0.0$ 和 $r=0.5$。

10.3 椭圆型方程

常见的椭圆型偏微分方程包括拉普拉斯方程、泊松方程和亥姆霍茨方程。函数 $u(x,y)$ 的拉普拉斯表示为

$$\nabla^2 u=u_{xx}+u_{yy}\tag{1}$$

用这个符号可表示拉普拉斯方程、泊松方程和亥姆霍茨方程如下:

$$\nabla^2 u=0\qquad \text{拉普拉斯方程}\tag{2}$$

$$\nabla^2 u=g(x,y)\qquad \text{泊松方程}\tag{3}$$

$$\nabla^2 u+f(x,y)u=g(x,y)\qquad \text{亥姆霍茨方程}\tag{4}$$

在通常情况下,函数 u 中平面矩形区域 R 的边界值是已知的。通过有限差分法技术可求出上述方程的数值解。

10.3.1 拉普拉斯差分方程

拉普拉斯算符必须表示成离散的形式,以进行数值计算。$f''(x)$的近似值公式为

$$f''(x)=\frac{f(x+h)-2f(x)+f(x-h)}{h^2}+\boldsymbol{O}(h^2)\tag{5}$$

当将它用于函数 $u(x,y)$来近似 $u_{xx}(x,y)$和 $u_{yy}(x,y)$,并将结果加起来,可得到

$$\nabla^2 u=\frac{u(x+h,y)+u(x-h,y)+u(x,y+h)+u(x,y-h)-4u(x,y)}{h^2}+\boldsymbol{O}(h^2)\tag{6}$$

设将矩形 $R=\{(x,y):0\leqslant x\leqslant a,0\leqslant y\leqslant b,b/a=m/n\}$ 划分成$(n-1)\times(m-1)$个小矩形(即 $a=nh$且 $b=mh$),如图 10.14 所示。

为了求解拉普拉斯方程,可构造如下近似值表达式:

$$\frac{u(x+h,y)+u(x-h,y)+u(x,y+h)+u(x,y-h)-4u(x,y)}{h^2}=0\tag{7}$$

其中在所有的内部网格点$(x,y)=(x_i,y_j)$，$i=2,\cdots,n-1$ 且 $j=2,\cdots,m-1$ 的精度为 $\boldsymbol{O}(h^2)$。这些网格点间距均匀：$x_{i+1}=x_i+h$，$x_{i-1}=x_i-h$，$y_{i+1}=y_i+h$，$y_{i-1}=y_i-h$。用 $u_{i,j}$近似$u(x_i,y_j)$，则式(7)可表示为

$$\nabla^2 u_{i,j}\approx\frac{u_{i+1,j}+u_{i-1,j}+u_{i,j+1}+u_{i,j-1}-4u_{i,j}}{h^2}=0 \tag{8}$$

这就是拉普拉斯方程的 **5 点差分公式**。$u_{i,j}$与它的 4 个邻接点 $u_{i+1,j}$，$u_{i-1,j}$，$u_{i,j+1}$和 $u_{i,j-1}$建立了联系，如图 10.15 所示。式(8)中的项 h^2 可被消去，得到拉普拉斯计算公式

$$u_{i+1,j}+u_{i-1,j}+u_{i,j+1}+u_{i,j-1}-4u_{i,j}=0 \tag{9}$$

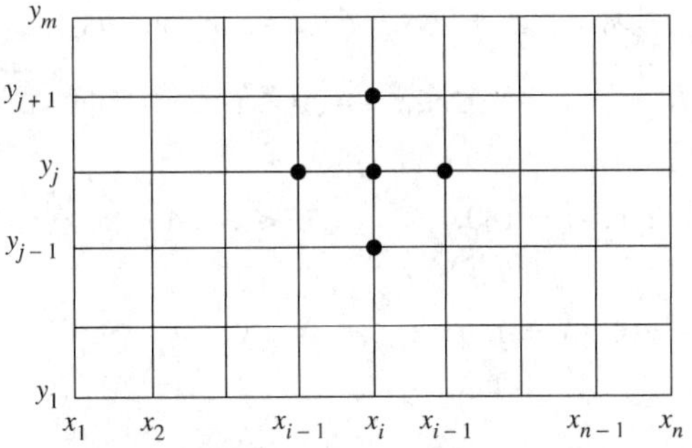

图 10.14　用于拉普拉斯差分方程的网格

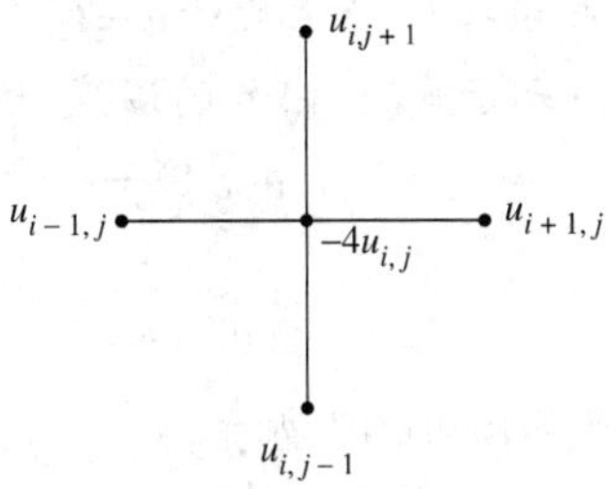

图 10.15　拉普拉斯模板

10.3.2　建立线性方程组

设在如下边界网格点的值 $u(x,y)$是已知的：

$$\begin{aligned}
&u(x_1,y_j)=u_{1,j}, && 2\leqslant j\leqslant m-1 && (\text{在左边})\\
&u(x_i,y_1)=u_{i,1}, && 2\leqslant i\leqslant n-1 && (\text{在底部})\\
&u(x_n,y_j)=u_{n,j}, && 2\leqslant j\leqslant m-1 && (\text{在右边})\\
&u(x_i,y_m)=u_{i,m}, && 2\leqslant i\leqslant n-1 && (\text{在顶部})
\end{aligned}$$

对区域 R 中的每个内部点应用拉普拉斯计算公式(9)，可得到由$(n-2)$个变量和$(n-2)$个方程组成的线性方程组。通过求解线性方程组可得到区域 R 中的内部点的近似值$u(x,y)$。例如，设区域是正方形，$n=m=5$，9 个内部网格点的未知数值 $u(x_i,y_j)$用 $p_1,p_2,\cdots,p_9$ 来标识，它们的位置如图 10.16 所示。

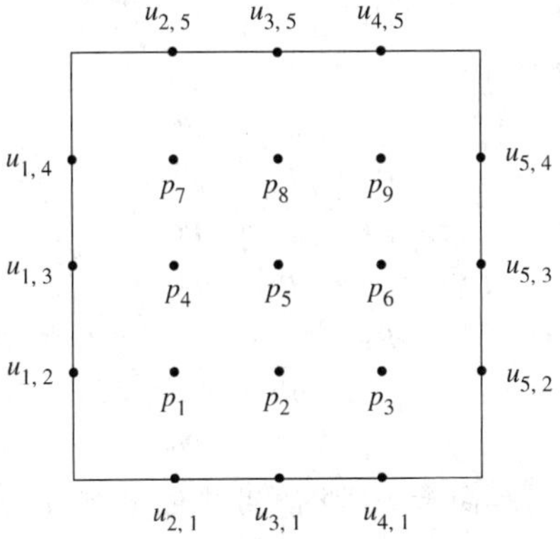

图 10.16　一个 5×5 网格，边界点的值已知

对每个内部网格点运用拉普拉斯计算公式(9)可得到由 9 个方程组成的 $\boldsymbol{AP}=\boldsymbol{B}$ 线性方程组:

$$
\begin{aligned}
-4p_1 + p_2 + p_4 &= -u_{2,1} - u_{1,2} \\
p_1 - 4p_2 + p_3 + p_5 &= -u_{3,1} \\
p_2 - 4p_3 + p_6 &= -u_{4,1} - u_{5,2} \\
p_1 - 4p_4 + p_5 + p_7 &= -u_{1,3} \\
p_2 + p_4 - 4p_5 + p_6 + p_8 &= 0 \\
p_3 + p_5 - 4p_6 + p_9 &= -u_{5,3} \\
p_4 - 4p_7 + p_8 &= -u_{2,5} - u_{1,4} \\
p_5 + p_7 - 4p_8 + p_9 &= -u_{3,5} \\
p_6 + p_8 - 4p_9 &= -u_{4,5} - u_{5,4}
\end{aligned}
$$

例 10.5 求拉普拉斯方程 $\nabla^2 u=0$ 在区间 $R=\{(x,y):0\leqslant x\leqslant 4, 0\leqslant y\leqslant 4\}$ 内的近似值,其中 $u(x,y)$ 表示点 (x,y) 处的温度,边界值为

$$u(x,0)=20,\qquad u(x,4)=180,\qquad 0<x<4$$

和

$$u(0,y)=80,\qquad u(4,y)=0,\qquad 0<y<4$$

网格点如图 10.17 所示。

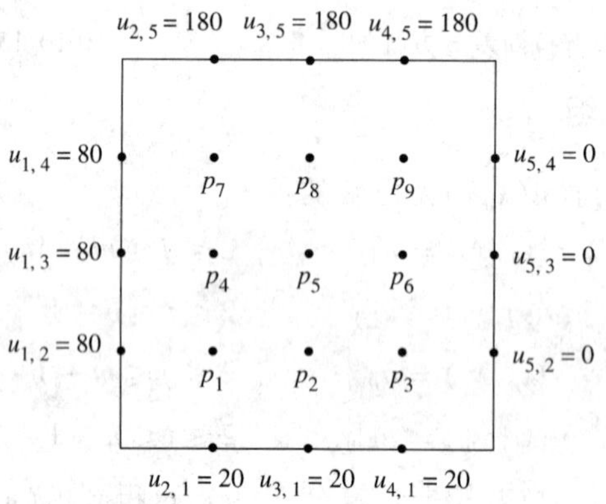

图 10.17 例 10.5 中的 5×5 网格

在这个情况下运用公式(9),可得到线性方程组 $\boldsymbol{AP}=\boldsymbol{B}$,表示为

$$
\begin{aligned}
-4p_1 + p_2 + p_4 &= -100 \\
p_1 - 4p_2 + p_3 + p_5 &= -20 \\
p_2 - 4p_3 + p_6 &= -20 \\
p_1 - 4p_4 + p_5 + p_7 &= -80 \\
p_2 + p_4 - 4p_5 + p_6 + p_8 &= 0 \\
p_3 + p_5 - 4p_6 + p_9 &= 0 \\
p_4 - 4p_7 + p_8 &= -260 \\
p_5 + p_7 - 4p_8 + p_9 &= -180 \\
p_6 + p_8 - 4p_9 &= -180
\end{aligned}
$$

通过高斯消去法可得到解向量 $\boldsymbol{P}$(或使用其他更有效的方法,如用于五角方程组的三角算法扩展方法)。内部网格点温度的向量表示为

$$\boldsymbol{P} = [p_1 \quad p_2 \quad p_3 \quad p_4 \quad p_5 \quad p_6 \quad p_7 \quad p_8 \quad p_9]'$$
$$= [55.7143 \;\; 43.2143 \;\; 27.1429 \;\; 79.6429 \;\; 70.0000 \;\; 45.3571 \;\; 112.857 \;\; 111.786 \;\; 84.2857]'$$

■

10.3.3　导数边界条件

诺伊曼(Neumann)边界条件确定了 $u(x,y)$ 沿边法线(normal to an edge)的方向导数。这里使用零法线导数条件

$$\frac{\partial}{\partial N}u(x, y) = 0 \tag{10}$$

对于热传导而言,这表示边是热绝缘的,而且经过边的热通量为零。

设 $x = x_n$ 和矩形区域 $R = \{(x,y): 0 \leqslant x \leqslant a, 0 \leqslant y \leqslant b\}$ 的右边 $x = a$。沿边使用法线边界条件为

$$\frac{\partial}{\partial x}u(x_n, y_j) = u_x(x_n, y_j) = 0 \tag{11}$$

设点 (x_n, y_j) 的拉普拉斯差分方程为

$$u_{n+1,j} + u_{n-1,j} + u_{n,j+1} + u_{n,j-1} - 4u_{n,j} = 0 \tag{12}$$

值 $u_{n+1,j}$ 是未知的,因为它位于区域 R 之外。然而,可利用数值差分公式

$$\frac{u_{n+1,j} - u_{n-1,j}}{2h} \approx u_x(x_n, y_j) = 0 \tag{13}$$

得到近似值 $u_{n+1,j} \approx u_{n-1,j}$,精度为 $\boldsymbol{O}(h^2)$。当在式(12)中使用这个近似值时,结果为

$$2u_{n-1,j} + u_{n,j+1} + u_{n,j-1} - 4u_{n,j} = 0$$

这个公式将函数值 $u_{n,j}$ 与邻接点的值 $u_{n-1,j}$, $u_{n,j+1}$ 和 $u_{n,j-1}$ 联系起来。

其他边的计算模板的推导过程是类似的(见图 10.18)。诺伊曼计算模板的 4 种情况如下所示:

$$2u_{i,2} + u_{i-1,1} + u_{i+1,1} - 4u_{i,1} = 0 \quad (\text{底边}) \tag{14}$$
$$2u_{i,m-1} + u_{i-1,m} + u_{i+1,m} - 4u_{i,m} = 0 \quad (\text{顶边}) \tag{15}$$
$$2u_{2,j} + u_{1,j-1} + u_{1,j+1} - 4u_{1,j} = 0 \quad (\text{左边}) \tag{16}$$
$$2u_{n-1,j} + u_{n,j-1} + u_{n,j+1} - 4u_{n,j} = 0 \quad (\text{右边}) \tag{17}$$

设沿区域 R 的边界部分使用导数条件 $\partial u(x,y)/\partial N = 0$,将已知的边界值 $u(x,y)$ 用在边界的其他位置,则求解在边界点 $u(x_i, y_j)$ 的近似值等式将涉及诺伊曼计算模板式(14)到式(17)。拉普拉斯计算公式(9)可用来求解区域 R 的内部点近似值 $u(x_i, y_j)$。

例 10.6　求解矩形区域 $R = \{(x,y): 0 \leqslant x \leqslant 4, 0 \leqslant y \leqslant 4\}$ 内的拉普拉斯方程 $\nabla^2 u = 0$ 的近似值,其中 $u(x,y)$ 表示点 (x,y) 处的温度,而且边界值如图 10.19 所示,为:

$$\begin{aligned} u(x, 4) &= 180, & 0 < x < 4 \\ u_y(x, 0) &= 0, & 0 < x < 4 \\ u(0, y) &= 80, & 0 \leqslant y < 4 \\ u(4, y) &= 0, & 0 \leqslant y < 4 \end{aligned}$$

解: 将诺伊曼计算公式(14)用于边界点 q_1, q_2 和 q_3,并将拉普拉斯计算公式(9)用于其他点 $q_4, q_5, \cdots, q_{12}$,则可得到包含 12 个方程和 12 个未知数的线性方程组 $\boldsymbol{AQ} = \boldsymbol{B}$:

$$\begin{aligned}
-4q_1+q_2+2q_4 &= -80\\
q_1-4q_2+q_3+2q_5 &= 0\\
q_2-4q_3+2q_6 &= 0\\
q_1-4q_4+q_5+q_7 &= -80\\
q_2+q_4-4q_5+q_6+q_8 &= 0\\
q_3+q_5-4q_6+q_9 &= 0\\
q_4-4q_7+q_8+q_{10} &= -80\\
q_5+q_7-4q_8+q_9+q_{11} &= 0\\
q_6+q_8-4q_9+q_{12} &= 0\\
q_7-4q_{10}+q_{11} &= -260\\
q_8+q_{10}-4q_{11}+q_{12} &= -180\\
q_9+q_{11}-4q_{12} &= -180
\end{aligned}$$

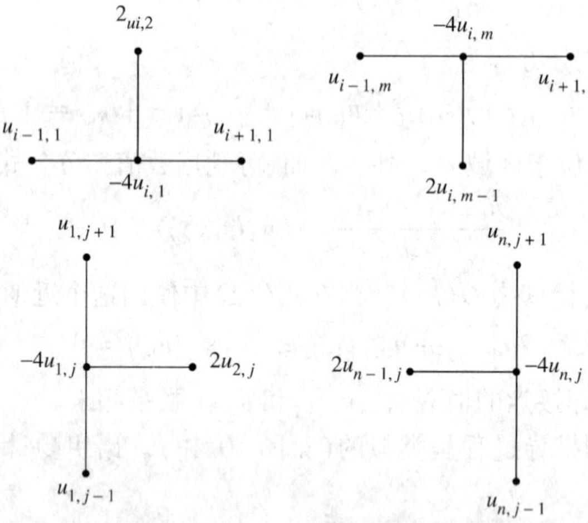

图 10.18 诺伊曼模板

通过高斯消去法(或使用其他更有效的方法,如用于五角方程组的三角算法扩展方法)可求出解向量 $\boldsymbol{Q}$。沿低边的内部网格点温度的向量表示为

$$\begin{aligned}\boldsymbol{Q} &= [q_1\ q_2\ q_3\ q_4\ q_5\ q_6\ q_7\ q_8\ q_9\ q_{10}\ q_{11}\ q_{12}]'\\ &= [71.8218\ \ 56.8543\ \ 32.2342\ \ 75.2165\ \ 61.6806\ \ 36.0412\\ &\quad\ 87.3636\ \ 78.6103\ \ 50.2502\ \ 115.628\ \ 115.147\ \ 86.3492]'\end{aligned}$$ ■

10.3.4 迭代方法

前面的方法显示了如何通过构造一个线性方程组并对其进行求解来解拉普拉斯方程。这个方法的缺点是存储空间较大,每个内部网格点会引入一个要求解的方程。由于要得到更好的近似值需要更细粒度的网格,所以需要更多的方程。例如,具有狄利克雷边界条件的拉普拉斯方程的解需要求解$(n-2)(m-2)$个方程形成的方程组。如果将

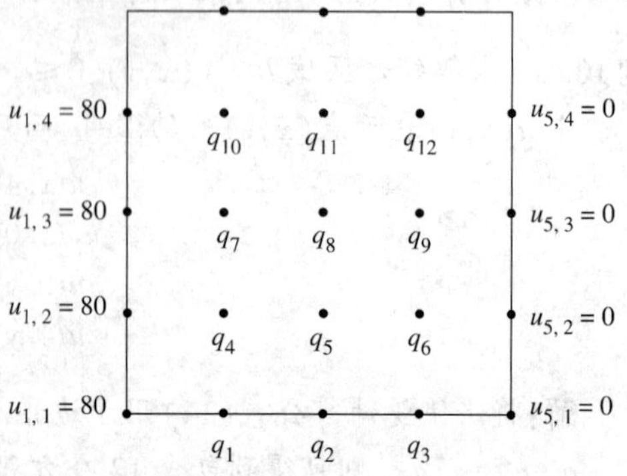

图 10.19 例 10.6 中的 5×5 网格

R 分成适当的 10×10 小矩形,则有包含 91 个未知数的 91 个方程,因此需要减少存储量。如果采用迭代法,则这个网格只需要存储 100 个数值近似值 $\{u_{i,j}\}$。

从下列拉普拉斯差分方程开始

$$u_{i+1,j}+u_{i-1,j}+u_{i,j+1}+u_{i,j-1}-4u_{i,j}=0 \tag{18}$$

且设边界值 $u(x,y)$ 在下列网格点上是已知的:

$$\begin{aligned}
u(x_1,y_j)&=u_{1,j}, && 2\leqslant j\leqslant m-1 && (\text{在左边})\\
u(x_i,y_1)&=u_{i,1}, && 2\leqslant i\leqslant n-1 && (\text{在底部})\\
u(x_n,y_j)&=u_{n,j}, && 2\leqslant j\leqslant m-1 && (\text{在右边})\\
u(x_i,y_m)&=u_{i,m}, && 2\leqslant i\leqslant n-1 && (\text{在顶部})
\end{aligned} \tag{19}$$

重写等式(18)为如下形式,以方便迭代处理:

$$u_{i,j}=u_{i,j}+r_{i,j} \tag{20}$$

其中

$$r_{i,j}=\frac{u_{i+1,j}+u_{i-1,j}+u_{i,j+1}+u_{i,j-1}-4u_{i,j}}{4},2\leqslant i\leqslant n-1 \text{ 和 } 2\leqslant j\leqslant m-1 \tag{21}$$

必须得到所有内部网格点的初始值。常量 K 是式(19)中 $2n+2m-4$ 个边界值的平均值,它可用于得到内部网格点的初始值。一个迭代过程包括将公式(20)应用到所有内部网格点。用公式(20)对所有内部网格点连续执行迭代,直到公式(20)右边的余项 $r_{i,j}$"减小到零"(即 $|r_{i,j}|<\epsilon,2\leqslant i\leqslant n-1$ 且 $2\leqslant j\leqslant m-1$)。通过利用**逐次超松弛法**(SOR)可提高所有余项 $\{r_{i,j}\}$ 减小到零的收敛速度。逐次超松弛法使用迭代公式

$$\begin{aligned}
u_{i,j}&=u_{i,j}+\omega\left(\frac{u_{i+1,j}+u_{i-1,j}+u_{i,j+1}+u_{i,j-1}-4u_{i,j}}{4}\right)\\
&=u_{i,j}+\omega r_{i,j}
\end{aligned} \tag{22}$$

其中参数 ω 位于 $1\leqslant\omega<2$ 范围内。在逐次超松弛法中,对所有网格点应用公式(22),直到 $|r_{i,j}|<\epsilon$。ω 的优化选择基于用于线性方程组的特征值迭代矩阵,而且在这种情况下可通过下面的公式得到:

$$\omega=\frac{4}{2+\sqrt{4-\left(\cos\left(\frac{\pi}{n-1}\right)+\cos\left(\frac{\pi}{m-1}\right)\right)^2}} \tag{23}$$

如果诺伊曼边界条件中边界的某些地方有特殊性,则必须重写式(14)到式(17),以适合迭代过程。包含松弛参数 ω 的 4 种计算公式如下:

$$u_{i,1}=u_{i,1}+\omega\left(\frac{2u_{i,2}+u_{i-1,1}+u_{i+1,1}-4u_{i,1}}{4}\right) \qquad (\text{底边}) \tag{24}$$

$$u_{i,m}=u_{i,m}+\omega\left(\frac{2u_{i,m-1}+u_{i-1,m}+u_{i+1,m}-4u_{i,m}}{4}\right) \qquad (\text{顶边}) \tag{25}$$

$$u_{i,j}=u_{i,j}+\omega\left(\frac{2u_{2,j}+u_{1,j-1}+u_{1,j+1}-4u_{1,j}}{4}\right) \qquad (\text{左边}) \tag{26}$$

$$u_{n,j}=u_{n,j}+\omega\left(\frac{2u_{n-1,j}+u_{n,j-1}+u_{n,j+1}-4u_{n,j}}{4}\right) \qquad (\text{右边}) \tag{27}$$

例 10.7 用迭代法求解在区域 $R=\{(x,y):0\leqslant x\leqslant 4,0\leqslant y\leqslant 4\}$ 内的拉普拉斯方程 $\nabla^2=0$ 的近似值解,边界值为

$$u(x,0)=20,\qquad u(x,4)=180,\qquad 0<x<4$$

和

$$u(0,y)=80,\qquad u(4,y)=0,\qquad 0<y<4$$

解:将区域分成 64 个小区间,间距为 $\Delta x=h=0.5$ 和 $\Delta y=h=0.5$。内部网格点的初始值设为 $u_{i,j}=70, i=2,\cdots,8$ 且 $j=2,\cdots,8$。然后,用带参数 $\omega=1.44646$ 的逐次超松弛法求解,在公式(23)中,$n=9$ 且 $m=9$。经过 19 次迭代,余项被统一归约(即 $|r_{i,j}|\leqslant 0.000606<0.001$)。近似值解如表 10.6 所示。由于边界函数在边角处不连续,所以将边界值 $u_{1,1}=50, u_{9,1}=10, u_{1,9}=130$ 和 $u_{9,9}=90$ 引入表 10.6 和图 10.20 中,在计算内部点时不会使用这些值。表 10.6 中数据的三维表示如图 10.20 所示。 ■

表 10.6 狄利克雷条件的拉普拉斯方程的近似值解

	x_1	x_2	x_3	x_4	x_5	x_6	x_7	x_8	x_9
y_9	130.000	180.000	180.000	180.000	180.000	180.000	180.000	180.000	90.0000
y_8	80.000	124.821	141.172	145.414	144.005	137.478	122.642	88.6070	0.0000
y_7	80.000	102.112	113.453	116.479	113.126	103.266	84.4844	51.7856	0.0000
y_6	80.000	89.1736	94.0499	93.9210	88.7553	77.9737	60.2439	34.0510	0.0000
y_5	80.000	80.5319	79.6515	76.3999	70.0003	59.6301	44.4667	24.1744	0.0000
y_4	80.000	73.3023	67.6241	62.0267	55.2159	46.0796	33.8184	18.1798	0.0000
y_3	80.000	65.0528	55.5159	48.8671	42.7568	35.6543	26.5473	14.7266	0.0000
y_2	80.000	51.3931	40.5195	35.1691	31.2899	27.2335	21.9900	14.1791	0.0000
y_1	50.000	20.0000	20.0000	20.0000	20.0000	20.0000	20.0000	20.0000	10.0000

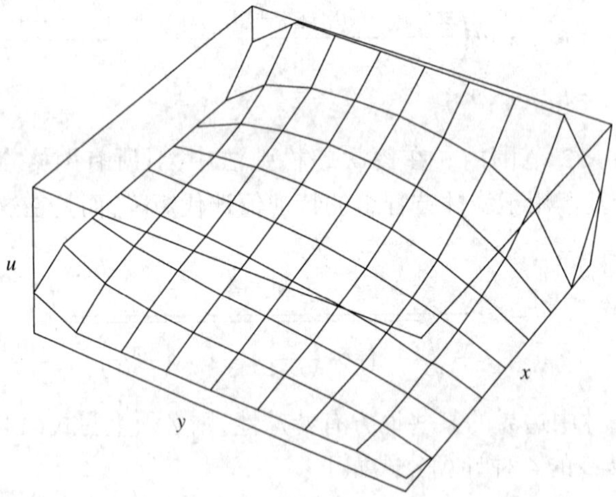

图 10.20 带狄利克雷边界值的 $u=u(x,y)$

例 10.8 利用迭代法求解在区域 $R=\{(x,y):0\leqslant x\leqslant 4,0\leqslant y\leqslant 4\}$ 内的拉普拉斯方程 $\nabla^2 u=0$ 的近似值解,其中边界值为

$$\begin{aligned}
u(x,4)&=180, & y&=4, & 0&<x<4\\
u_y(x,0)&=0, & y&=0, & 0&<x<4\\
u(0,y)&=80, & x&=0, & 0&\leqslant y<4\\
u(4,y)&=0, & x&=4, & 0&\leqslant y<4
\end{aligned}$$

解：将区域分成 64 个小区间，间距为 $\Delta x = h = 0.5$ 和 $\Delta y = h = 0.5$。沿着 $y = y_1 = 0$ 的边使用通过线性插值得到的初始值。内部网格点的初始值设为 $u_{i,j} = 70, i = 2, \cdots, 8$ 且 $j = 2, \cdots, 8$。然后，用带参数 $\omega = 1.44646$（见例 10.7）的逐次超松弛法（SOR 法）求解。经过 29 次迭代后，余项同意归约，即 $|r_{i,j}| \leqslant 0.000998 < 0.001$，得到的近似值如表 10.7 所示。由于边界函数在边角处不连续，所以将边界值 $u_{1,9} = 130, u_{9,9} = 90$ 引入表 10.7 和图 10.21 中，在计算内部点时不会使用这些值。表 10.7 中数据的三维表示如图 10.21 所示。■

表 10.7 混合边界条件的拉普拉斯方程的近似值解

	x_1	x_2	x_3	x_4	x_5	x_6	x_7	x_8	x_9
y_9	130.000	180.000	180.000	180.000	180.000	180.000	180.000	180.000	90.0000
y_8	80.000	126.457	142.311	146.837	145.468	138.762	123.583	89.1008	0.0000
y_7	80.000	103.518	115.951	119.568	116.270	105.999	86.4683	52.8201	0.0000
y_6	80.000	91.6621	98.4053	99.2137	94.0461	82.4936	63.4715	35.7113	0.0000
y_5	80.000	84.7247	86.7936	84.8347	78.2063	66.4578	49.2124	26.5538	0.0000
y_4	80.000	80.4424	79.2089	75.1245	67.4860	55.9185	40.3665	21.2915	0.0000
y_3	80.000	77.8354	74.4742	68.9677	60.6944	49.3635	35.0435	18.2459	0.0000
y_2	80.000	76.4244	71.8842	65.5772	56.9600	45.7972	32.1981	16.6485	0.0000
y_1	80.000	75.9774	71.0605	64.4964	55.7707	44.6670	31.3032	16.1500	0.0000

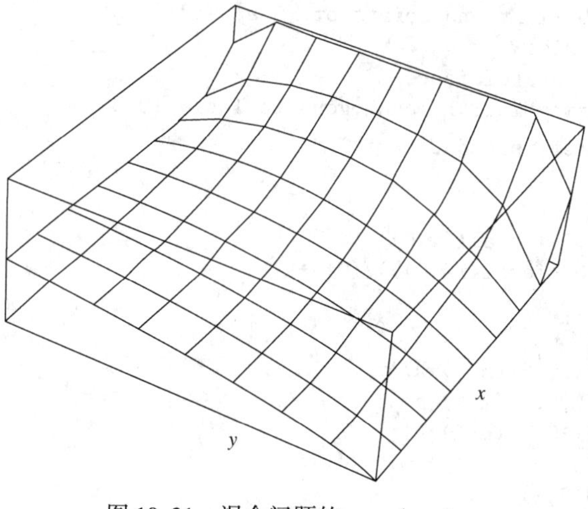

图 10.21 混合问题的 $u = u(x, y)$

10.3.5 泊松方程和亥姆霍茨方程

设泊松方程为

$$\nabla^2 u = g(x, y) \tag{28}$$

使用符号 $g_{i,j} = g(x_i, y_j)$，则矩形网格内求解方程(28)的公式(20)的一般化形式为

$$u_{i,j} = u_{i,j} + \frac{u_{i+1,j} + u_{i-1,j} + u_{i,j+1} + u_{i,j-1} - 4u_{i,j} - h^2 g_{i,j}}{4} \tag{29}$$

设亥姆霍茨方程为

$$\nabla^2 u + f(x, y)u = g(x, y) \tag{30}$$

使用符号 $f_{i,j} = f(x_i, y_j)$，则矩形网格内求解方程(30)的公式(20)的一般化形式为

$$u_{i,j} = u_{i,j} + \frac{u_{i+1,j} + u_{i-1,j} + u_{i,j+1} + u_{i,j-1} - (4 - h^2 f_{i,j})u_{i,j} - h^2 g_{i,j}}{4 - h^2 f_{i,j}} \tag{31}$$

在习题中将对这些公式进行详细分析。

10.3.6 改进

通过修改式(8)可得到求解拉普拉斯方程的 9 **点差分公式**:

$$\nabla^2 u_{i,j} \approx \frac{1}{6h^2}(u_{i+1,j-1} + u_{i-1,j-1} + u_{i+1,j+1} + u_{i-1,j+1} + 4u_{i+1,j} + 4u_{i-1,j} + 4u_{i,j+1} + 4u_{i,j-1} - 20u_{i,j}) = 0$$

当用 9 点差分公式和 5 点差分公式求解拉普拉斯方程时,如公式(8)所示,它的截断误差精度为 $\boldsymbol{O}(h^4)$ 和 $\boldsymbol{O}(h^2)$,因此用 9 点差分公式得到的解的精度更好。

程序 10.4(求解拉普拉斯方程的狄利克雷法) 求解在区域 $R=\{(x,y):0\leqslant x\leqslant a, 0\leqslant y\leqslant b\}$ 内的 $u_{xx}(x,y)+u_{yy}(x,y)=0$ 的近似值解,而且满足条件 $u(x,0)=f_1(x)$,$u(x,b)=f_2(x)$,其中 $0\leqslant x\leqslant a$ 且 $u(0,y)=f_3(y)$,$u(a,y)=f_4(y)$,其中 $0\leqslant y\leqslant b$。设 $\Delta x=\Delta y=h$,而且存在整数 n 和 m,使得 $a=nh$,$b=mh$。

```
function U=dirich(f1,f2,f3,f4,a,b,h,tol,max1)
%Input  - f1,f2,f3,f4 are boundary functions input as strings
%       - a and b right end points of [0,a] and [0,b]
%       - h step size
%       - tol is the tolerance
%Output - U solution matrix; analogous to Table 10.6
%Initialize parameters and U
n=fix(a/h)+1;
m=fix(b/h)+1;
ave=(a*(feval(f1,0)+feval(f2,0)) ...
   +b*(feval(f3,0)+feval(f4,0)))/(2*a+2*b);
U=ave*ones(n,m);
%Boundary conditions
U(1,1:m)=feval(f3,0:h:(m-1)*h)';
U(n,1:m)=feval(f4,0:h:(m-1)*h)';
U(1:n,1)=feval(f1,0:h:(n-1)*h);
U(1:n,m)=feval(f2,0:h:(n-1)*h);
U(1,1)=(U(1,2)+U(2,1))/2;
U(1,m)=(U(1,m-1)+U(2,m))/2;
U(n,1)=(U(n-1,1)+U(n,2))/2;
U(n,m)=(U(n-1,m)+U(n,m-1))/2;
%SOR parameter
w=4/(2+sqrt(4-(cos(pi/(n-1))+cos(pi/(m-1)))^2));
%Refine approximations and sweep operator throughout
%the grid
err=1;
cnt=0;
while((err>tol)&(cnt<=max1))
   err=0;
   for j=2:m-1
      for i=2:n-1
         relx=w*(U(i,j+1)+U(i,j-1)+U(i+1,j)+U(i-1,j)-4*U(i,j))/4;
         U(i,j)=U(i,j)+relx;
         if (err<=abs(relx))
         err=abs(relx);
         end
      end
```

```
    end
  cnt=cnt+1;
  end
  U=flipud(U');
```

10.3.7　习题

1. (a) 确定包含 4 个未知数 p_1,p_2,p_3 和 p_4 的方程组,用于求解在区域 $R=\{(x,y):0\leqslant x\leqslant 3,0\leqslant y\leqslant 3\}$ 内的谐波函数 $u(x,y)$ 的近似值解(见图 10.22)。边界值为

$$u(x,0)=10,\qquad u(x,3)=90,\qquad 0<x<3$$
$$u(0,y)=70,\qquad u(3,y)=0,\qquad 0<y<3$$

(b) 求解(a)中方程组的未知数 p_1,p_2,p_3 和 p_4。

2. (a) 确定包含 6 个未知数 $q_1,q_2,\cdots,q_6$ 的方程组,用来求解在区域 $R=\{(x,y):0\leqslant x\leqslant 3,0\leqslant y\leqslant 3\}$ 内的谐波函数 $u(x,y)$ 的近似值解(见图 10.23)。边界值为

$$u(x,3)=90,\qquad u_y(x,0)=90,\qquad 0<x<3$$
$$u(0,y)=70,\qquad u(3,y)=0,\qquad 0\leqslant y<3$$

(b) 求解(a)中方程组的未知数 $q_1,q_2,\cdots,q_6$。

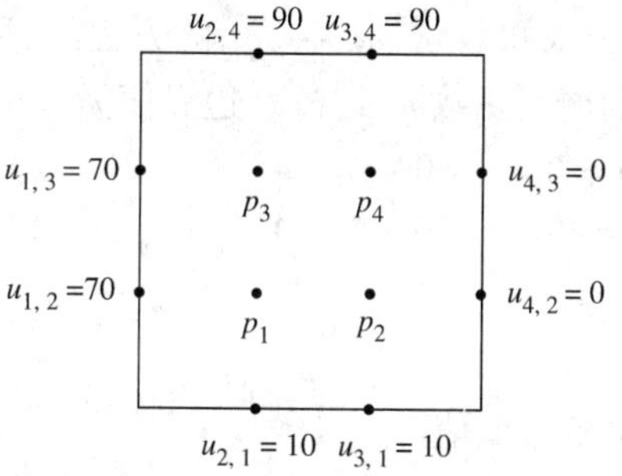

图 10.22　习题 1 的网格

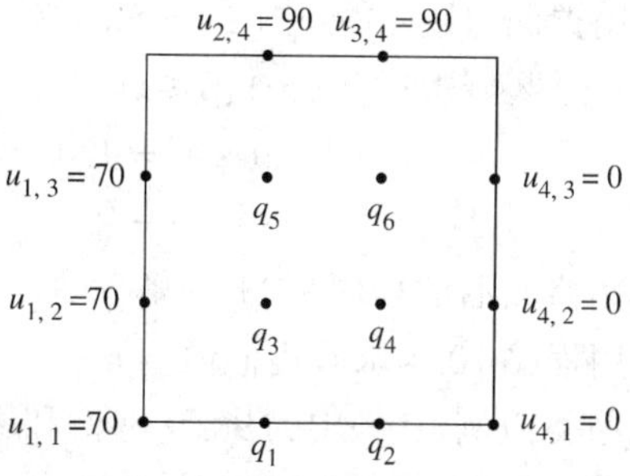

图 10.23　习题 2 的网格

3. (a) 证明 $u(x,y)=a_1\sin(x)\sinh(y)+b_1\sinh(x)\sin(y)$ 是拉普拉斯方程的一个解。

(b) 证明 $u(x,y)=a_n\sin(nx)\sinh(ny)+b_n\sinh(nx)\sin(ny)$ 是拉普拉斯方程的解,其中 $n=1,2,\cdots$。

4. 设 $u(x,y)=x^2-y^2$,确定值 $u(x+h,y)$,$u(x-h,y)$,$u(x,y+h)$,$u(x,y-h)$,将它们代入等式(7)中并进行简化。

5. (a) 设有函数 $u(x,y)=ax^2+bxy+cy^2+dx+ey+f$。求保证 $u_{xx}+u_{yy}=0$ 的系数关系式。

(b) 设有(a)中的函数 u。求保证 $u_{xx}+u_{yy}=-1$ 的系数关系式。

(c) 求(a)中函数 $u(x,y)$ 的多项式系数,除了满足(a)中的条件外,还要满足边界条件 $u(x,0)=0$ 和 $u(x,\beta)=0$。

(d) 求(a)中函数 $u(x,y)$ 的多项式系数,除了满足(b)中的条件外,还要满足边界条件 $u(x,0)=0$ 和 $u(x,\beta)=0$。

6. 求解在区域 $R=\{(x,y):0\leqslant x\leqslant 1,0\leqslant y\leqslant 1\}$ 内的 $u_{xx}+u_{yy}=-4u$,边界值为

$$u(x,y)=\cos(2x)+\sin(2y)$$

7. 确定有 4 个未知数 p_1,p_2,p_3 和 p_4 的方程组,以实现在 4×4 网格(见图 10.24)上的拉普拉斯 9 点微分方程。

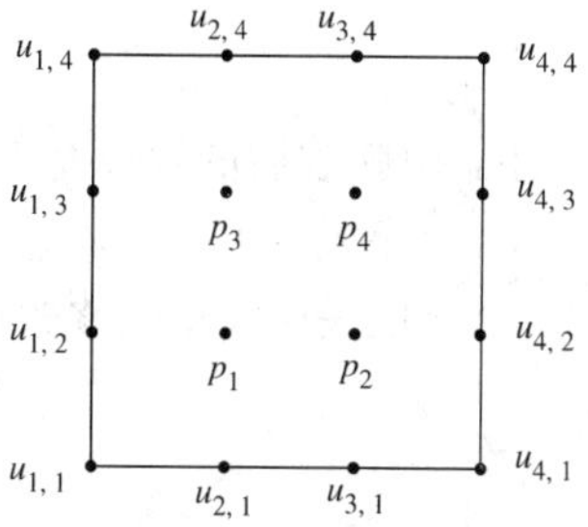

图 10.24　习题 7 的网格

10.3.8 算法与程序

1. (a) 用程序 10.4 计算矩形区域 $R=\{(x,y):0\leqslant x\leqslant 1.5, 0\leqslant y\leqslant 1.5\}$ 内的谐波函数$u(x,y)$的近似值。$h=0.5$,边界值为

$$u(x,0)=x^4,\qquad u(x,1.5)=x^4-13.5x^2+5.0625,\qquad 0\leqslant x\leqslant 1.5$$
$$u(0,y)=y^4,\qquad u(1.5,y)=y^4-13.5y^2+5.0625,\qquad 0\leqslant y\leqslant 1.5$$

(b) 用 surf 命令画出(a)中的近似值解,并与精确解 $u(x,y)=x^4-6x^2y^2+y^4$ 进行比较。

2. 修改程序 9.11(三角方程组),使其可求解五对角方程组。

3. (a) 用类似习题 10.5 的 5×5 网格,确定有 9 个未知数 $p_1,p_2,p_3,\cdots,p_9$ 的方程组,用来求解矩形区域 $R=\{(x,y):0\leqslant x\leqslant 4, 0\leqslant y\leqslant 4\}$ 内的谐波函数 $u(x,y)$。边界值为

$$u(x,0)=10,\qquad u(x,4)=120,\qquad 0<x<4$$
$$u(0,y)=90,\qquad u(4,y)=40,\qquad 0<y<4$$

(b) 用修改后的程序 9.11 求解 $p_1,p_2,\cdots,p_9$。

(c) 用程序 10.4 求解近似值。

(d) 用类似例 10.7 中的 9×9 网格和程序 10.4 求解近似值。

4. (a) 用类似习题 10.6 中的 5×5 网格,确定有 12 个未知数 $q_1,q_2,\cdots,q_{12}$的方程组,用来求解矩形区域 $R=\{(x,y):0\leqslant x\leqslant 4, 0\leqslant y\leqslant 4\}$ 内的谐波函数 $u(x,y)$。边界值为

$$u(x,4)=120\qquad u_y(x,y)=0\qquad 0<x<4$$
$$u(0,y)=90\qquad u(4,y)=40\qquad 0\leqslant y<4$$

(b) 用修改后的程序 9.11 求解 $q_1,q_2,\cdots,q_{12}$。

(c) 用程序 10.4 求解近似值。

(d) 用类似例 10.8 中的 9×9 网格和程序 10.4 求解近似值。

5. (a) 用 5×5 网格,确定有 9 个未知数 $p_1,p_2,p_3,\cdots,p_9$ 的方程组,用来求解矩形区域 $R=\{(x,y):0\leqslant x\leqslant 1, 0\leqslant y\leqslant 1\}$ 内的有 $g(x,y)=2$ 的泊松方程的解 $u(x,y)$。边界值为

$$u(x,0)=x^2,\qquad u(x,1)=(x-1)^2,\qquad 0\leqslant x\leqslant 1$$
$$u(0,y)=y^2,\qquad u(1,y)=(y-1)^2,\qquad 0\leqslant y\leqslant 1$$

(b) 用修改后的程序 9.11 求解 $p_1,p_2,\cdots,p_9$。

(c) 用程序 10.4 求解近似值。

(d) 用 9×9 网格和修改后的程序 10.4 求解近似值。

6. (a) 用 5×5 网格,确定有 9 个未知数 $p_1,p_2,p_3,\cdots,p_9$ 的方程组,用来求解矩形区域 $R=\{(x,y):0\leqslant x\leqslant 1, 0\leqslant y\leqslant 1\}$ 内的有 $g(x,y)=y$ 的泊松方程的解 $u(x,y)$。边界值为

$$u(x,0)=x^3,\qquad u(x,1)=x^3,\qquad 0\leqslant x\leqslant 1$$
$$u(0,y)=0,\qquad u(1,y)=1,\qquad 0\leqslant y\leqslant 1$$

(b) 用修改后的程序 9.11 求解 $p_1,p_2,\cdots,p_9$。

(c) 用程序 10.4 求解近似值。

(d) 用 9×9 网格和修改后的程序 10.4 求解近似值。

第 11 章　特征值与特征向量

在一些工程系统的设计中,会用到**断裂的最大应力理论**(maximum stress theory of failure)的情况。该理论基于刚体最大应力确定其断裂的假设。相关的数学结论是线性系统 $\boldsymbol{Y}=\boldsymbol{AX}$ 的主轴理论。在二维空间中,存在基向量 $\boldsymbol{U}_1$ 和 $\boldsymbol{U}_2$,这两个向量变换的效果是按 λ_1 和 λ_2 的比例分别沿与 $\boldsymbol{U}_1$ 和 $\boldsymbol{U}_2$ 平行的方向拉伸。对于下列对称矩阵:

$$\begin{bmatrix} 3.8 & 0.6 \\ 0.6 & 2.2 \end{bmatrix}$$

主方向是 $\boldsymbol{U}_1=[3\quad 1]'$ 和 $\boldsymbol{U}_2=[-1\quad 3]'$,对应的特征值分别是 $\lambda_1=4$ 和 $\lambda_2=2$。向量 $\boldsymbol{V}_1$ 和 $\boldsymbol{V}_2$ 的映像分别是 $\boldsymbol{V}_1=\boldsymbol{AU}_1=[12\quad 4]'=4[3\quad 1]'$ 和 $\boldsymbol{V}_2=\boldsymbol{AU}_2=[-2\quad 6]'=2[-1\quad 3]'$。该变换将如图 11.1(a)所示的四分之一圆弧进行拉伸,变成如图 11.1(b)所示的四分之一椭圆。

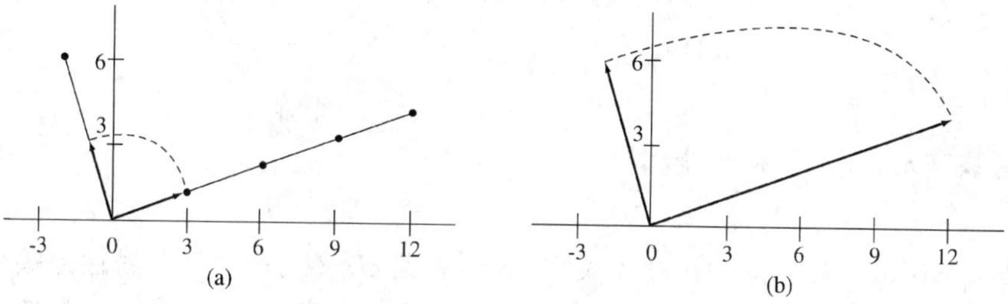

图 11.1　(a) $\boldsymbol{Y}=\boldsymbol{AX}$ 变换前向量 $\boldsymbol{U}_1=[3\quad 1]'$ 与 $\boldsymbol{U}_2=[-1\quad 3]'$ 的映像;
(b) 向量 $\boldsymbol{V}_1=\boldsymbol{AU}_1=[12\quad 4]'$ 和 $\boldsymbol{V}_2=\boldsymbol{AU}_2=[-2\quad 6]'$ 的映像

11.1　齐次方程组:特征值问题

11.1.1　背景

先回顾一下线性代数的一些知识,这里将其中的一些定理证明留做练习,有兴趣的读者也可以在线性代数的相关部分找到其他一些定理的证明。

第 3 章讲述了如何求解包含 n 个未知变量和 n 个方程的线性方程组。它假设矩阵的行列式非零,因此解是唯一的。对于齐次方程组 $\boldsymbol{AX}=\boldsymbol{0}$。如果 $\det(\boldsymbol{A})\neq 0$,则其唯一解就是平凡解 $\boldsymbol{X}=\boldsymbol{0}$。如果 $\det(\boldsymbol{A})=0$,则存在非平凡解。设 $\det(\boldsymbol{A})=0$,考虑下列齐次线性方程组的解:

$$\begin{aligned} a_{11}x_1+a_{12}x_2+\cdots+a_{1n}x_n &= 0 \\ a_{21}x_1+a_{22}x_2+\cdots+a_{2n}x_n &= 0 \\ \vdots \qquad \vdots \qquad\qquad \vdots \quad & \quad \vdots \\ a_{n1}x_1+a_{n2}x_2+\cdots+a_{nn}x_n &= 0 \end{aligned}$$

该系统总有平凡解 $x_1=0, x_2=0, \cdots, x_n=0$。用高斯消去法可以得到该方程组的解。

例 11.1　求下列齐次方程组的非平凡解:

$$\begin{aligned} x_1 + 2x_2 - x_3 &= 0 \\ 2x_1 + x_2 + x_3 &= 0 \\ 5x_1 + 4x_2 + x_3 &= 0 \end{aligned}$$

解:首先用高斯消去法消掉 x_1,得到下面的结果:

$$\begin{aligned} x_1 + 2x_2 - x_3 &= 0 \\ -3x_2 + 3x_3 &= 0 \\ -6x_2 + 6x_3 &= 0 \end{aligned}$$

由于第三个方程可以由第二个方程两边同时乘以 2 得到,因此该系统可以简化为如下包含三个变量的方程:

$$\begin{aligned} x_1 + x_2 &= 0 \\ -x_2 + x_3 &= 0 \end{aligned}$$

然后任取其中一个变量作为参数。例如,令 $x_3 = t$,则从第二个方程可以得到 $x_2 = t$,进而根据第一个方程得到 $x_1 = -t$,因此该系统的解可以表示为

$$\begin{aligned} x_1 &= -t \\ x_2 &= t \\ x_3 &= t \end{aligned} \quad \text{或} \quad \boldsymbol{X} = \begin{bmatrix} -t \\ t \\ t \end{bmatrix} = t\begin{bmatrix} -1 \\ 1 \\ 1 \end{bmatrix}$$

其中 t 是任意实数。 ■

定义 11.1 (线性无关) 如果下列等式

$$c_1\boldsymbol{U}_1 + c_2\boldsymbol{U}_2 + \cdots + c_n\boldsymbol{U}_n = \boldsymbol{0} \tag{2}$$

只有当 $c_1 = 0, c_2 = 0, \cdots, c_n = 0$ 时才成立,则称向量 $\boldsymbol{U}_1, \boldsymbol{U}_2, \cdots, \boldsymbol{U}_n$ 是**线性无关**的。如果一组向量不是线性无关的,就称它们是**线性相关**的。换句话说,如果存在一组不全为 0 的整数集合 $\{c_1, c_2, \cdots, c_n\}$,使得等式(2)成立,则这组向量就是线性相关的。 ▲

$\Re^2$ 中的两个向量是线性无关的,当且仅当它们不平行。$\Re^3$ 中的三个向量是线性无关的,当且仅当它们不在同一个平面内。

定理 11.1 向量 $\boldsymbol{U}_1, \boldsymbol{U}_2, \cdots, \boldsymbol{U}_n$ 是线性相关的,当且仅当至少有一个向量是其他向量的线性组合。

向量空间有一个很有用的特点:能够从向量空间中找到一个较小的向量子集,使得能够用它们的线性组合表示向量空间中的任何一个向量。由此产生了下面的定义。

定义 11.2 设 $S = \{\boldsymbol{U}_1, \boldsymbol{U}_2, \cdots, \boldsymbol{U}_m\}$ 是向量空间 $\Re^n$ 中 m 个向量的集合,如果对于 $\Re^n$ 中的任何一个向量 $\boldsymbol{X}$,都存在唯一的一组标量 $\{c_1, c_2, \cdots, c_m\}$,使得 $\boldsymbol{X}$ 可以表示为如下形式:

$$\boldsymbol{X} = c_1\boldsymbol{U}_1 + c_2\boldsymbol{U}_2 + \cdots + c_m\boldsymbol{U}_m \tag{3}$$

则称集合 S 是 $\Re^n$ 的一组**基**。 ▲

定理 11.2 在 $\Re^n$ 中任何线性无关的 n 个向量都是 $\Re^n$ 的一组基。$\Re^n$ 中的任何一个向量 $\boldsymbol{X}$ 都可以唯一地表示为基向量的线性组合,如式(3)所示。

定理 11.3 设 $\boldsymbol{K}_1, \boldsymbol{K}_2, \cdots, \boldsymbol{K}_m$ 是空间 $\Re^n$ 中的一组向量,

如果 $m > n$,则这组向量是线性相关的。 (4)

如果 $m = n$,则这组向量是线性相关的,当且仅当 $\det(\boldsymbol{K}) = 0$,其中 $\boldsymbol{K} = [\boldsymbol{K}_1\ \boldsymbol{K}_2 \cdots \boldsymbol{K}_m]$。 (5)

11.1.2 特征值

应用数学中有时会遇到如下问题：$A-\lambda I$ 的奇异性如何判定（其中 λ 是参数）？一组向量 $\{A^jX_0\}_{j=0}^{\infty}$ 的结果是怎样的？线性变换的几何特征是什么？在许多学科中，比如经济学、工程领域以及物理学，许多问题的求解都涉及到这些问题，特征值和特征向量的理论非常有助于回答这些问题。

设 A 是一个 $n\times n$ 方阵，X 是一个 n 维向量，乘积 $Y=AX$ 可以看成 n 维空间内的线性变换。如果能够找到一个标量 λ，使得存在一个非零向量 X，满足

$$AX=\lambda X \tag{6}$$

则可以认为线性变换 $T(X)=AX$ 将 X 映射为 λX，此时称 X 是对应于特征值 λ 的特征向量 X。它们形成了 A 的一个特征对（eigenpair）λ,X。通常标量 λ 和向量 X 可以是复数。为了简单起见，本书一般用实数来举例说明。但是，所讲的技术和结论可以很容易地扩展到复数情况。用单位矩阵 I 来重写公式(6)，可以得到 $AX=\lambda IX$，从而进一步可以写成线性方程组的标准形式：

$$(A-\lambda I)X=\mathbf{0} \tag{7}$$

公式(7)表示矩阵 $(A-\lambda I)$ 和非零向量 X 的乘积是零向量！根据定理 3.5，该线性方程组有非平凡解，当且仅当矩阵 $A-\lambda I$ 是奇异的，即：

$$\det(A-\lambda I)=0 \tag{8}$$

该行列式可以表示为如下形式：

$$\begin{vmatrix} a_{11}-\lambda & a_{12} & \cdots & a_{1n} \\ a_{21} & a_{22}-\lambda & \cdots & a_{2n} \\ \vdots & \vdots & \cdots & \vdots \\ a_{n1} & a_{n2} & \cdots & a_{nn}-\lambda \end{vmatrix}=0 \tag{9}$$

将行列式(9)展开后，可以得到一个 n 阶多项式，被称为**特征多项式**：

$$\begin{aligned} p(\lambda) &= \det(A-\lambda I) \\ &= (-1)^n(\lambda^n+c_1\lambda^{n-1}+c_2\lambda^{n-2}+\cdots+c_{n-1}\lambda+c_n) \end{aligned} \tag{10}$$

n 阶多项式一共有 n 个根（可以有重根），将每个根 λ 代入公式(7)，可以得到一个有非平凡解向量 X 的欠定方程组。如果 λ 是实数，就可以构造一个实特征向量 X。为了强调这种情况，给出如下定义。

定义 11.3　如果 A 是一个 $n\times n$ 实矩阵，则它的 n 个**特征值** $\lambda_1,\lambda_2,\cdots,\lambda_n$ 是下面 n 阶特征多项式的实根或复根：

$$p(\lambda)=\det(A-\lambda I) \tag{11}$$

▲

定义 11.4　如果 λ 是 A 的特征值并且非零向量 V 具有如下特性：

$$AV=\lambda V \tag{12}$$

则 V 称为矩阵 A 对应于特征值 λ 的**特征向量**。▲

特征多项式(11)可以分解为如下形式：

$$p(\lambda)=(-1)^n(\lambda-\lambda_1)^{m_1}(\lambda-\lambda_2)^{m_2}\cdots(\lambda-\lambda_k)^{m_k} \tag{13}$$

其中 m_j 是特征值 λ_j 的**重复度**。所有特征值的重复度之和为 n,即有

$$n = m_1 + m_2 + \cdots + m_k$$

下面 3 个定理用于判定特征值的存在性。

定理 11.4 (a) 对于每个唯一的特征值 λ 至少有一个与该特征值相应的特征向量 $\boldsymbol{V}$。

(b) 如果特征值 λ 的重复度为 r,则至多有 r 个与该特征值相应的线性无关的特征向量 $\boldsymbol{V}_1, \boldsymbol{V}_2, \cdots, \boldsymbol{V}_r$。

定理 11.5 设 $\boldsymbol{A}$ 是一个方阵,$\lambda_1, \lambda_2, \cdots, \lambda_k$ 是 $\boldsymbol{A}$ 的互不相同的特征值,对应的特征向量分别是 $\boldsymbol{V}_1, \boldsymbol{V}_2, \cdots, \boldsymbol{V}_k$,则 $\{\boldsymbol{V}_1, \boldsymbol{V}_2, \cdots, \boldsymbol{V}_k\}$ 是一组线性无关的向量集合。

定理 11.6 如果 $n \times n$ 矩阵 $\boldsymbol{A}$ 的特征值是互不相同的,则存在 n 个线性无关的特征向量 $\boldsymbol{V}_j$,其中 $j = 1, 2, \cdots, n$。

定理 11.4 经常以如下的方式应用。将重复度 $r \geqslant 1$ 的特征值 λ 代入下列方程:

$$(\boldsymbol{A} - \lambda \boldsymbol{I})\boldsymbol{V} = \boldsymbol{0} \tag{14}$$

采用高斯消去法就可以得到高斯归约形,包含有 n 个变量,$n-k$ 个方程,其中 $1 \leqslant k \leqslant r$。因此可供选择的自由变量有 k 个,通过一定的方式选择自由变量,可以得到与 λ 对应的 k 个线性无关的解向量 $\boldsymbol{V}_1, \boldsymbol{V}_2, \cdots, \boldsymbol{V}_k$。

例 11.2 求下列矩阵的特征值 λ_j 和对应的特征向量 $\boldsymbol{V}_j$。

$$\boldsymbol{A} = \begin{bmatrix} 3 & -1 & 0 \\ -1 & 2 & -1 \\ 0 & -1 & 3 \end{bmatrix}$$

证明这些特征向量是线性无关的。

证明:特征方程 $\det(\boldsymbol{A} - \lambda \boldsymbol{I}) = 0$ 为

$$\begin{vmatrix} 3-\lambda & -1 & 0 \\ -1 & 2-\lambda & -1 \\ 0 & -1 & 3-\lambda \end{vmatrix} = -\lambda^3 + 8\lambda^2 - 19\lambda + 12 = 0 \tag{15}$$

也可表示为 $-(\lambda-1)(\lambda-3)(\lambda-4)=0$,故可得到 3 个特征值 $\lambda_1 = 1$,$\lambda_2 = 3$ 和 $\lambda_3 = 4$。

情况(i):将 $\lambda_1 = 1$ 代入式(14)可得

$$\begin{aligned} 2x_1 - x_2 \quad\quad &= 0 \\ -x_1 + x_2 - x_3 &= 0 \\ -x_2 + 2x_3 &= 0 \end{aligned}$$

由于第一个方程加上第二个方程的两倍,然后再加上第三个方程的和为 0,因此该方程组可以归结为由两个方程和三个未知变量构成的方程组:

$$\begin{aligned} 2x_1 - x_2 &= 0 \\ -x_2 + 2x_3 &= 0 \end{aligned}$$

令 $x_2 = 2a$,其中 a 是任意常数,从而根据第一个方程和第二个方程可以分别得到 $x_1 = a$ 和 $x_3 = a$。因此第一个特征对为 $\lambda_1 = 1$,$\boldsymbol{V}_1 = [a \quad 2a \quad a]' = a[1 \quad 2 \quad 1]'$。

情况(ii):将 $\lambda_2 = 3$ 代入式(14)可以得到

$$\begin{aligned} -x_2 \quad\quad &= 0 \\ -x_1 - x_2 - x_3 &= 0 \\ -x_2 \quad\quad &= 0 \end{aligned}$$

它等价于如下两个方程组成的方程组：

$$\begin{aligned} x_1 + x_3 &= 0 \\ x_2 \quad\ &= 0 \end{aligned}$$

令 $x_1 = b$，其中 b 是任意常数，可以得到 $x_3 = -b$，因此第二个特征对为 $\lambda_2 = 3$ 和 $V_2 = [b \quad 0 \quad -b]' = b[1 \quad 0 \quad -1]'$。

情况(iii)：将 $\lambda_3 = 4$ 代入式(14)，可以得到

$$\begin{aligned} -x_1 - \ x_2 \qquad &= 0 \\ -x_1 - 2x_2 - x_3 &= 0 \\ -x_2 - x_3 &= 0 \end{aligned}$$

它等价于

$$\begin{aligned} x_1 + x_2 \qquad &= 0 \\ x_2 + x_3 &= 0 \end{aligned}$$

令 $x_3 = c$，其中 c 是常数，根据第二个方程可以得到 $x_2 = -c$，然后根据第一个方程可以得到 $x_1 = c$。因此第三个特征对为 $\lambda_3 = 4$ 和 $V_3 = [c \quad -c \quad c]' = c[1 \quad -1 \quad 1]'$。

可以用定理 11.5 证明这些向量是线性无关的。但是，回顾一下关于线性代数的有关知识，根据定理 11.3，可得行列式

$$\det([\boldsymbol{V}_1 \ \ \boldsymbol{V}_2 \ \ \boldsymbol{V}_3]) = \begin{vmatrix} a & b & c \\ 2a & 0 & -c \\ a & -b & c \end{vmatrix} = -6abc$$

由于 $\det([\boldsymbol{V}_1 \quad \boldsymbol{V}_2 \quad \boldsymbol{V}_3]) \neq 0$，因此根据定理 11.3，向量 $\boldsymbol{V}_1$，$\boldsymbol{V}_2$ 和 $\boldsymbol{V}_3$ 是线性无关的。■

例 11.2 给出了当维数 n 很小时手工计算特征值的方法：(1) 求特征多项式的系数；(2) 求它的根；(3) 求齐次线性方程组 $(\boldsymbol{A} - \lambda\boldsymbol{I})\boldsymbol{V} = \boldsymbol{0}$ 的非零解。这里采用最常见的手段研究幂方法、雅可比方法和 QR 算法。QR 方法及其改进已经应用于专业软件包，如 EISPACK 和 MATLAB。

在式(12)中，由于 $\boldsymbol{V}$ 右乘矩阵 $\boldsymbol{A}$，因此被称为相应于特征值 λ 的**右特征向量**。当然也存在左特征向量 $\boldsymbol{Y}$ 满足

$$\boldsymbol{Y}'\boldsymbol{A} = \lambda\boldsymbol{Y}' \tag{16}$$

一般情况下，左特征向量 $\boldsymbol{Y}$ 与右特征向量 $\boldsymbol{V}$ 是不同的，但如果 $\boldsymbol{A}$ 是一个实对称矩阵，即 $\boldsymbol{A}' = \boldsymbol{A}$，则

$$\begin{aligned} (\boldsymbol{AV})' &= \boldsymbol{V}'\boldsymbol{A}' = \boldsymbol{V}'\boldsymbol{A} \\ (\lambda\boldsymbol{V})' &= \lambda\boldsymbol{V}' \end{aligned} \tag{17}$$

所以当 $\boldsymbol{A}$ 是实对称矩阵时，左右特征向量相同。在本书以后的部分只讨论右特征向量。

特征值乘以一个常量仍然是特征值 $\boldsymbol{V}$。设 c 是一个标量，从下面的推导可以看出 $c\boldsymbol{V}$ 也是一个特征值：

$$\boldsymbol{A}(c\boldsymbol{V}) = c(\boldsymbol{AV}) = c(\lambda\boldsymbol{V}) = \lambda(c\boldsymbol{V}) \tag{18}$$

为了得到唯一的形式，可以用下列方法将特征向量进行归一化。可以使用下列向量范数：

$$\|\boldsymbol{X}\|_\infty = \max_{1 \leqslant k \leqslant n} \{|x_k|\} \tag{19}$$

或

$$\|\boldsymbol{X}\|_2 = \left(\sum_{k=1}^{n} |x_k|^2\right)^{1/2} \tag{20}$$

这里必须满足 $\|\boldsymbol{X}\|_\infty = 1$ 或 $\|\boldsymbol{X}\|_2 = 1$。

11.1.3 对角化

对于如下形式的对角矩阵 $\boldsymbol{D}$,可以比较容易地理解特征值的情况:

$$\boldsymbol{D}=\operatorname{diag}(\lambda_1,\lambda_2,\ldots,\lambda_n)=\begin{bmatrix}\lambda_1 & 0 & \cdots & 0\\ 0 & \lambda_2 & \cdots & 0\\ \vdots & \vdots & \cdots & \vdots\\ 0 & 0 & \cdots & \lambda_n\end{bmatrix} \tag{21}$$

令 $\boldsymbol{E}_j=[0\ 0\ \cdots\ 0\ 1\ 0\ \cdots\ 0]'$是标准基向量,其中第 j 个分量为 1,其他的都是 0,从而有

$$\boldsymbol{D}\boldsymbol{E}_j=\begin{bmatrix}0 & 0 & \cdots & 0 & \lambda_j & 0 & \cdots & 0\end{bmatrix}'=\lambda_j\boldsymbol{E}_j \tag{22}$$

它表示矩阵 $\boldsymbol{D}$ 的特征对是 λ_j 和 $\boldsymbol{E}_j$,其中 $j=1,2,\cdots,n$。如果有一种简单方法可以将矩阵 $\boldsymbol{A}$ 转换为对角阵,就可以得到特征值,基于这一考虑,产生了如下定义。

定义 11.5 设有 $n\times n$ 矩阵 $\boldsymbol{A}$ 和 $\boldsymbol{B}$,如果存在一个非奇异矩阵 $\boldsymbol{K}$,使得

$$\boldsymbol{B}=\boldsymbol{K}^{-1}\boldsymbol{A}\boldsymbol{K} \tag{23}$$

则称矩阵 $\boldsymbol{A}$ 和 $\boldsymbol{B}$ 是**相似的**。 ▲

定理 11.7 如果 $\boldsymbol{A}$ 和 $\boldsymbol{B}$ 是相似矩阵,λ 是矩阵 $\boldsymbol{A}$ 对应于特征向量 $\boldsymbol{V}$ 的特征值,那么 λ 也是矩阵 $\boldsymbol{B}$ 的特征值。设 $\boldsymbol{K}^{-1}\boldsymbol{A}\boldsymbol{K}=\boldsymbol{B}$,则 $\boldsymbol{Y}=\boldsymbol{K}^{-1}\boldsymbol{V}$ 是 $\boldsymbol{B}$ 对应于特征值 λ 的特征向量。

对于一个 $n\times n$ 矩阵 $\boldsymbol{A}$,如果它和一个对角矩阵相似,则称它是**可对角化**的。下面的定理展示了特征向量在矩阵对角化过程中的作用。

定理 11.8(对角化) 矩阵 $\boldsymbol{A}$ 和一个对角矩阵 $\boldsymbol{D}$ 相似,当且仅当它有 n 个线性无关的特征向量。如果 $\boldsymbol{A}$ 和 $\boldsymbol{D}$ 相似,则有

$$\begin{aligned}\boldsymbol{V}^{-1}\boldsymbol{A}\boldsymbol{V}&=\boldsymbol{D}=\operatorname{diag}(\lambda_1,\lambda_2,\cdots,\lambda_n)\\ \boldsymbol{V}&=\begin{bmatrix}\boldsymbol{V}_1 & \boldsymbol{V}_2 & \cdots & \boldsymbol{V}_n\end{bmatrix}\end{aligned} \tag{24}$$

其中 n 个特征对是 λ_j 和 $\boldsymbol{V}_j$,$j=1,2,\cdots,n$。

定理 11.8 蕴涵着这样一个结论,即具有 n 个不同特征值的矩阵 $\boldsymbol{A}$ 是可对角化的。

例 11.3 证明下列矩阵是可对角化的:

$$\boldsymbol{A}=\begin{bmatrix}3 & -1 & 0\\ -1 & 2 & -1\\ 0 & -1 & 3\end{bmatrix}$$

解:在例 11.2 中,已知其特征值为 $\lambda_1=1$,$\lambda_2=3$ 和 $\lambda_3=4$,由特征向量组成的矩阵为

$$\boldsymbol{V}=\begin{bmatrix}\boldsymbol{V}_1 & \boldsymbol{V}_2 & \boldsymbol{V}_3\end{bmatrix}=\begin{bmatrix}1 & 1 & 1\\ 2 & 0 & -1\\ 1 & -1 & 1\end{bmatrix}$$

其逆矩阵 $\boldsymbol{V}^{-1}$ 为

$$\boldsymbol{V}^{-1}=\begin{bmatrix}\frac{1}{6} & \frac{1}{3} & \frac{1}{6}\\ \frac{1}{2} & 0 & -\frac{1}{2}\\ \frac{1}{3} & -\frac{1}{3} & \frac{1}{3}\end{bmatrix}$$

其余的部分留给读者根据式(24)来计算该乘积。

$$\begin{bmatrix} \frac{1}{6} & \frac{1}{3} & \frac{1}{6} \\ \frac{1}{2} & 0 & -\frac{1}{2} \\ \frac{1}{3} & -\frac{1}{3} & \frac{1}{3} \end{bmatrix} \begin{bmatrix} 3 & -1 & 0 \\ -1 & 2 & -1 \\ 0 & -1 & 3 \end{bmatrix} \begin{bmatrix} 1 & 1 & 1 \\ 2 & 0 & -1 \\ 1 & -1 & 1 \end{bmatrix} = \begin{bmatrix} 1 & 0 & 0 \\ 0 & 3 & 0 \\ 0 & 0 & 4 \end{bmatrix}$$

这里说明了 A 是可对角化的，即 $V^{-1}AV = D = \text{diag}(1,3,4)$。■

关于矩阵结构和其特征值的更一般的结论可参见下面的定理。

定理 11.9［舒尔（Schur）定理］ 设 A 是任意一个 $n \times n$ 矩阵，存在一个非奇异的矩阵 P，具有性质$T = P^{-1}AP$，其中 T 是一个上三角矩阵，T 的对角线上的元素就是 A 的特征值。

在一些工程结构分析中，要求 $\Re^n$ 的基由矩阵 A 的特征向量组成，这样使得映射 $Y = T(X) = AX$的可视化过程更容易。特征对 λ_j, V_j 具有将 V_j 通过 T 映射为 $\lambda_j V_j$ 的特性，在下面的定理中将使用这一特性。

定理 11.10 设 A 是一个 $n \times n$ 矩阵，并且具有 n 个线性无关的特征对 λ_j, V_j，其中 $j = 1,2,\cdots,n$，则$\Re^n$ 中的任意向量 X 可以唯一地用这些特征向量的线性组合来表示：

$$X = c_1 V_1 + c_2 V_2 + \cdots + c_n V_n \tag{25}$$

线性变换 $T(X) = AX$ 将 X 映射为

$$Y = T(X) = c_1 \lambda_1 V_1 + c_2 \lambda_2 V_2 + \cdots + c_n \lambda_n V_n \tag{26}$$

例 11.4 设 3×3 矩阵 A 的特征值为 $\lambda_1 = 2, \lambda_2 = -1$ 和 $\lambda_3 = 4$，对应的特征向量分别为 $V_1 = [1 \quad 2 \quad -2]'$，$V_2 = [-2 \quad 1 \quad 1]'$和 $V_3 = [1 \quad 3 \quad -4]'$，如果 $X = [-1 \quad 2 \quad 1]'$，求 X 经过 $T(X) = AX$ 映射后的 X 的映像。

解： 首先将 X 表示为特征值的线性组合，这可以通过求解下面的关于 c_1, c_2 和 c_3 的方程得到：

$$[-1 \ \ 2 \ \ 1]' = c_1[1 \ \ 2 \ \ -2]' + c_2[-2 \ \ 1 \ \ 1]' + c_3[1 \ \ 3 \ \ -4]'$$

这等价于求解线性方程组

$$\begin{aligned} c_1 - 2c_2 + \ \ c_3 &= -1 \\ 2c_1 + \ \ c_2 + 3c_3 &= \ \ 2 \\ -2c_1 + \ \ c_2 - 4c_3 &= \ \ 1 \end{aligned}$$

解为 $c_1 = 2, c_2 = 1$ 和 $c_3 = -1$，根据定义 11.4，可以通过计算 $T(X)$ 得到特征值

$$\begin{aligned} T(X) &= A(2V_1 + V_2 - V_3) \\ &= 2AV_1 + AV_2 - AV_3 \\ &= 2(2V_1) - V_2 - 4V_3 \\ &= [2 \ \ -5 \ \ 7]' \end{aligned}$$

■

11.1.4 对称性的优势

如果不借助于专业的软件包，如 EISPACK 或 MATLAB，很难判断一个矩阵有多少线性无关的特征向量，但是对于实对称矩阵，它一定有 n 个实特征向量，对于重复度为 m_j 的特征值，它有 m_j 个线性无关的特征向量，因此每一个实对称矩阵是可对角化的。

定义 11.6 设有一组向量$\{V_1, V_1, \cdots, V_n\}$，如果

$$V_j' V_k = 0, \qquad j \neq k \tag{27}$$

则称这组向量是**正交**的。 ▲

定义 11.7 设$\{\boldsymbol{V}_1, \boldsymbol{V}_1, \cdots, \boldsymbol{V}_n\}$是一组正交向量,如果它们都是单位范数(unit norm)的,即

$$\begin{aligned} \boldsymbol{V}_j'\boldsymbol{V}_k &= 0, \quad && j \neq k \\ \boldsymbol{V}_j'\boldsymbol{V}_j &= 1, \quad && j = 1, 2, \cdots, n \end{aligned} \tag{28}$$

则称这组向量为**标准正交**的。 ▲

定理 11.11 一组标准正交向量是线性无关的。

批注 标准正交向量不包含零向量。

定义 11.8 设有一个 $n \times n$ 矩阵 $\boldsymbol{A}$,如果 $\boldsymbol{A}'$ 是 $\boldsymbol{A}$ 的逆,即

$$\boldsymbol{A}'\boldsymbol{A} = \boldsymbol{I} \tag{29}$$

则称 A 为**正交矩阵**,它等价于

$$\boldsymbol{A}^{-1} = \boldsymbol{A}' \tag{30}$$

也就是说,$\boldsymbol{A}$ 是正交的,当且仅当矩阵 $\boldsymbol{A}$ 的列(和行)形成一组标准正交向量。 ▲

定理 11.12 如果 $\boldsymbol{A}$ 是一个实对称矩阵,则存在一个正交矩阵 $\boldsymbol{K}$,使得

$$\boldsymbol{K}'\boldsymbol{A}\boldsymbol{K} = \boldsymbol{K}^{-1}\boldsymbol{A}\boldsymbol{K} = \boldsymbol{D} \tag{31}$$

其中 $\boldsymbol{D}$ 是以 $\boldsymbol{A}$ 的特征值为对角线的对角阵。

推论 11.1 如果 $\boldsymbol{A}$ 是一个 $n \times n$ 实对称矩阵,则 $\boldsymbol{A}$ 的 n 个线性无关的特征向量可形成一组正交向量。

推论 11.2 实对称矩阵的特征值都是实数。

定理 11.13 对称矩阵不同的特征值对应的特征向量是正交的。

定理 11.14 对称矩阵 $\boldsymbol{A}$ 是正定的,当且仅当 $\boldsymbol{A}$ 的所有特征值是正的。

11.1.5 特征值范围估计

如果能够给出矩阵 $\boldsymbol{A}$ 特征值大小的一个范围,在许多情况下是很有用的。下面就这一问题进行讨论。

定义 11.9 设 $\|\boldsymbol{X}\|$ 是向量范数,则对应的**自然矩阵范数**(natural matrix norm)为

$$\|\boldsymbol{A}\| = \max_{\|\boldsymbol{X}\|=1} \left\{ \frac{\|\boldsymbol{A}\boldsymbol{X}\|}{\|\boldsymbol{X}\|} \right\} \tag{32}$$

范数 $\|\boldsymbol{A}\|_\infty$ 可表示为

$$\|\boldsymbol{A}\|_\infty = \max_{1 \leqslant i \leqslant n} \left\{ \sum_{j=1}^{n} |a_{ij}| \right\} \tag{33}$$

▲

定理 11.15 如果 λ 是矩阵 $\boldsymbol{A}$ 的任意特征值,则对于所有自然矩阵范数 $\|\boldsymbol{A}\|$,有

$$|\lambda| \leqslant \|\boldsymbol{A}\| \tag{34}$$

定理 11.16[格尔施戈林(Gerschgorin)圆盘定理] 设 $\boldsymbol{A}$ 是一个 $n \times n$ 矩阵,其中 C_j 表示位于

复平面 $z=x+iy$ 上，以 a_{jj} 为圆心，以

$$r_j = \sum_{k=1,k\neq j}^{n} |a_{jk}|, \qquad j=1,2,\cdots,n \tag{35}$$

为半径的圆盘，即 C_j 包含所有满足条件

$$C_j = \{z: |z-a_{jj}| \leqslant r_j\} \tag{36}$$

的复数 $z=x+iy$。如果 $S=\cup_{i=1}^{n} C_i$，则 $\boldsymbol{A}$ 的所有特征值包含在集合 S 中。进一步可得，以上 k 个圆盘的并如果与其余的 $n-k$ 个圆盘不交叉，则它们一定包含 k 个特征值（包括重复的特征根）。

定理 11.17（谱半径定理）　设 $\boldsymbol{A}$ 是一个对称阵，则 $\boldsymbol{A}$ 的谱半径为 $\|\boldsymbol{A}\|_2$ 并且满足下列关系：

$$\|\boldsymbol{A}\|_2 = \max\{|\lambda_1|, |\lambda_2|, \cdots, |\lambda_n|\} \tag{37}$$

11.1.6　方法综述

对于中等规模的对称矩阵，使用雅可比方法是安全的。对于非常大的对称矩阵（n 为几百以上），最好先用 Householder 方法得到三角阵的形式，然后使用 QR 算法。和实对称矩阵不同，实非对称矩阵可具有复数特征值和特征向量。

对于拥有主特征值（dominant eigenvalue）的矩阵，可以使用幂方法得到主特征向量。使用紧缩技术可以先得到几个子占优特征向量。对于实非对称矩阵，Householder 方法可以得到海森伯格（Hessenberg）矩阵，然后使用 LR 或者 QR 算法。

11.1.7　习题

1. 对于下面每个矩阵，求（i）特征多项式 $p(\lambda)$，（ii）特征值，（iii）每个特征值对应的特征向量。

（a）$\boldsymbol{A}=\begin{bmatrix}1 & 2\\ 3 & 2\end{bmatrix}$　（b）$\boldsymbol{A}=\begin{bmatrix}1 & 6\\ 9 & 2\end{bmatrix}$　（c）$\boldsymbol{A}=\begin{bmatrix}-2 & 3\\ 3 & -2\end{bmatrix}$

（d）$\boldsymbol{A}=\begin{bmatrix}1 & 2 & 1\\ 0 & 1 & 2\\ -1 & 3 & 2\end{bmatrix}$　（e）$\boldsymbol{A}=\begin{bmatrix}1 & 1 & 1 & 1\\ 0 & 2 & 2 & 3\\ 0 & 0 & 3 & 2\\ 0 & 0 & 0 & 4\end{bmatrix}$

2. 确定习题 1 中每个矩阵的谱半径。
3. 确定习题 1 中每个矩阵的范数 $\|\boldsymbol{A}\|_2$ 和 $\|\boldsymbol{A}\|_\infty$。
4. 判定习题 1 中哪些矩阵是可对角化的。对于习题 1 中每个可对角化的矩阵，根据定理 11.8，求出矩阵 $\boldsymbol{V}$ 和 $\boldsymbol{D}$，计算式（24）中矩阵的乘积。
5. （a）对于任意固定值 θ，证明

$$\boldsymbol{R}=\begin{bmatrix}\cos\theta & \sin\theta\\ -\sin\theta & \cos\theta\end{bmatrix}$$

是一个正交阵。

批注　矩阵 $\boldsymbol{R}$ 称为**旋转矩阵**。

（b）确定使矩阵 $\boldsymbol{R}$ 的所有特征值都是实数的 θ 的所有值。

6. 在 3.2 节中介绍了平面旋转变换 $\boldsymbol{R}_x(\alpha)$，$\boldsymbol{R}_y(\beta)$ 和 $\boldsymbol{R}_z(\gamma)$，

（a）对于任何固定的 α,β 和 γ，证明 $\boldsymbol{R}_x(\alpha)$，$\boldsymbol{R}_y(\beta)$ 和 $\boldsymbol{R}_z(\gamma)$ 两两都是正交矩阵；

(b) 确定 α,β 和 γ 的所有取值,使得矩阵 $\boldsymbol{R}_x(\alpha)$,$\boldsymbol{R}_y(\beta)$ 和 $\boldsymbol{R}_z(\gamma)$ 的特征值都是实数。

7. 令 $\boldsymbol{A}=\begin{bmatrix} a+3 & 2 \\ 2 & a \end{bmatrix}$,

(a) 证明其特征多项式为 $p(\lambda)=\lambda^2-(3+2a)\lambda+a^2+3a-4$。

(b) 证明 $\boldsymbol{A}$ 的特征值为 $\lambda_1=a+4$ 和 $\lambda_2=a-1$。

(c) 证明 $\boldsymbol{A}$ 的特征向量为 $\boldsymbol{V}_1=[2\quad 1]'$ 和 $\boldsymbol{V}_2=[-1\quad 2]'$。

8. 设 λ,$\boldsymbol{V}$ 是矩阵 $\boldsymbol{A}$ 的特征对,如果 k 是一个正整数,证明 λ^k,$\boldsymbol{V}$ 是矩阵 $\boldsymbol{A}^k$ 的特征对。

9. 设 $\boldsymbol{V}$ 是矩阵 $\boldsymbol{A}$ 相应于特征值 $\lambda=3$ 的特征向量,证明 $\lambda=9$ 是矩阵 $\boldsymbol{A}^2$ 相应于向量 $\boldsymbol{V}$ 的特征值。

10. 设 $\boldsymbol{V}$ 是矩阵 $\boldsymbol{A}$ 相应于特征值 $\lambda=2$ 的特征向量,证明 $\lambda=\frac{1}{2}$ 是矩阵 $\boldsymbol{A}^{-1}$ 相应于向量 $\boldsymbol{V}$ 的特征值。

11. 设 $\boldsymbol{V}$ 是矩阵 $\boldsymbol{A}$ 相应于特征值 $\lambda=5$ 的特征向量,证明 $\lambda=4$ 是矩阵 $\boldsymbol{A}-\boldsymbol{I}$ 相应于向量 $\boldsymbol{V}$ 的特征值。

12. 设 $\boldsymbol{A}$ 是一个 $n\times n$ 方阵,其特征多项式 $p(\lambda)$ 为

$$\begin{aligned} p(\lambda) &= \det(\boldsymbol{A}-\lambda\boldsymbol{I}) \\ &= (-1)^n(\lambda^n+c_1\lambda^{n-1}+c_2\lambda^{n-2}+\cdots+c_{n-1}\lambda+c_n) \end{aligned}$$

(a) 证明 $p(\lambda)$ 的常数项为 $c_n=(-1)^n\det(\boldsymbol{A})$。

(b) 证明 λ^{n-1} 的系数为 $c_1=-(a_{11}+a_{22}+\cdots+a_{nn})$。

13. 设 $\boldsymbol{A}$ 与一个对角阵相似,即有

$$\boldsymbol{V}^{-1}\boldsymbol{A}\boldsymbol{V}=\boldsymbol{D}=\operatorname{diag}(\lambda_1,\lambda_2,\cdots,\lambda_n)$$

如果 k 是一个正整数,证明

$$\boldsymbol{A}^k=\boldsymbol{V}\operatorname{diag}(\lambda_1^k,\lambda_2^k,\cdots,\lambda_n^k)\boldsymbol{V}^{-1}$$

11.2 幂方法

下面介绍求主特征对的幂法。如果已知一个比较好的初始近似值,则求任意特征值的反幂法非常实用。有时一些其他求特征值的机制收敛得更快,但是精度有限。用反幂法可以对该数值结果进行优化,得到更高的精度。在进行详细讨论之前,需要如下的定义。

定义 11.10 如果 λ_1 是矩阵 $\boldsymbol{A}$ 的特征值,并且其绝对值比 $\boldsymbol{A}$ 的任何其他特征值的绝对值大,则称它为**主特征值**(dominant eigenvalue)。相应于主特征值 λ_1 的特征向量 $\boldsymbol{V}_1$ 称为**主特征向量**(dominant eigenvector)。 ▲

定义 11.11 如果特征向量 $\boldsymbol{V}$ 中绝对值最大的分量为 1,则称其是**归一化**的(normalized)。 ▲

通过形成新的向量 $\boldsymbol{V}=(1/c)[v_1\quad v_2\quad\cdots\quad v_n]'$,其中 $c=v_j$ 且 $|v_j|=\max_{1\leqslant i\leqslant n}\{|v_i|\}$,可将特征向量 $[v_1\quad v_2\quad\cdots\quad v_n]'$ 进行归一化。

设矩阵 $\boldsymbol{A}$ 有一个主特征值 λ,而且对应于 λ 有唯一的归一化特征向量 $\boldsymbol{V}$。通过下面称为**幂法**(power method)的迭代过程可求出特征对 λ,$\boldsymbol{V}$。从下列向量开始:

$$\boldsymbol{X}_0=[1\ 1\ \cdots\ 1]' \tag{1}$$

用如下递归公式递归生成序列 $\{\boldsymbol{X}_k\}$:

$$\begin{aligned} \boldsymbol{Y}_k &= \boldsymbol{A}\boldsymbol{X}_k \\ \boldsymbol{X}_{k+1} &= \frac{1}{c_{k+1}}\boldsymbol{Y}_k \end{aligned} \tag{2}$$

其中 c_{k+1} 是 $\boldsymbol{Y}_k$ 绝对值最大的分量。序列 $\{\boldsymbol{X}_k\}$ 和 $\{c_k\}$ 将分别收敛到 $\boldsymbol{V}$ 和 λ：

$$\lim_{k\to\infty} \boldsymbol{X}_k = \boldsymbol{V}, \qquad \lim_{k\to\infty} c_k = \lambda \tag{3}$$

批注　如果 $\boldsymbol{X}_0$ 是一个特征向量且 $\boldsymbol{X}_0 \neq \boldsymbol{V}$，则必须选择其他初始向量。

例 11.5　用幂法求下列矩阵的主特征值和主特征向量。

$$\boldsymbol{A} = \begin{bmatrix} 0 & 11 & -5 \\ -2 & 17 & -7 \\ -4 & 26 & -10 \end{bmatrix}$$

解：令初始向量为 $\boldsymbol{X}_0 = [1 \quad 1 \quad 1]'$，用式(2)生成向量序列 $\{\boldsymbol{X}_k\}$ 和常量序列 $\{c_k\}$。第一次迭代可得到

$$\begin{bmatrix} 0 & 11 & -5 \\ -2 & 17 & -7 \\ -4 & 26 & -10 \end{bmatrix}\begin{bmatrix} 1 \\ 1 \\ 1 \end{bmatrix} = \begin{bmatrix} 6 \\ 8 \\ 12 \end{bmatrix} = 12\begin{bmatrix} \frac{1}{2} \\ \frac{2}{3} \\ 1 \end{bmatrix} = c_1\boldsymbol{X}_1$$

第二次迭代可得到

$$\begin{bmatrix} 0 & 11 & -5 \\ -2 & 17 & -7 \\ -4 & 26 & -10 \end{bmatrix}\begin{bmatrix} \frac{1}{2} \\ \frac{2}{3} \\ 1 \end{bmatrix} = \begin{bmatrix} \frac{7}{3} \\ \frac{10}{3} \\ \frac{16}{3} \end{bmatrix} = \frac{16}{3}\begin{bmatrix} \frac{7}{16} \\ \frac{5}{8} \\ 1 \end{bmatrix} = c_2\boldsymbol{X}_2$$

迭代过程生成序列 $\{\boldsymbol{X}_k\}$（其中 $\boldsymbol{X}_k$ 是归一化向量）：

$$12\begin{bmatrix} \frac{1}{2} \\ \frac{2}{3} \\ 1 \end{bmatrix}, \ \frac{16}{3}\begin{bmatrix} \frac{7}{16} \\ \frac{5}{8} \\ 1 \end{bmatrix}, \ \frac{9}{2}\begin{bmatrix} \frac{5}{12} \\ \frac{11}{18} \\ 1 \end{bmatrix}, \ \frac{38}{9}\begin{bmatrix} \frac{31}{76} \\ \frac{23}{38} \\ 1 \end{bmatrix}, \ \frac{78}{19}\begin{bmatrix} \frac{21}{52} \\ \frac{47}{78} \\ 1 \end{bmatrix}, \ \frac{158}{39}\begin{bmatrix} \frac{127}{316} \\ \frac{95}{158} \\ 1 \end{bmatrix}, \ \cdots$$

向量序列收敛到 $\boldsymbol{V} = \left[\frac{2}{3} \quad \frac{3}{5} \quad 1\right]'$，而且常量序列收敛到 $\lambda = 4$（见表 11.1）。可证明收敛的速率为线性的。■

表 11.1　在例 11.5 中用幂法求解归一化主特征向量 $\boldsymbol{V} = \left[\frac{2}{5} \quad \frac{3}{5} \quad 1\right]'$ 和对应的特征值 $\lambda = 4$

$\boldsymbol{AX}_k =$	$\boldsymbol{Y}_k$	=	$c_{k+1}\boldsymbol{X}_{k+1}$
$\boldsymbol{AX}_0 =$	[6.000000　8.000000　12.00000]′	=	12.00000[0.500000　0.666667　1]′ $= c_1\boldsymbol{X}_1$
$\boldsymbol{AX}_1 =$	[2.333333　3.333333　5.333333]′	=	5.333333[0.437500　0.625000　1]′ $= c_2\boldsymbol{X}_2$
$\boldsymbol{AX}_2 =$	[1.875000　2.750000　4.500000]′	=	4.500000[0.416667　0.611111　1]′ $= c_3\boldsymbol{X}_3$
$\boldsymbol{AX}_3 =$	[1.722222　2.555556　4.222222]′	=	4.222222[0.407895　0.605263　1]′ $= c_4\boldsymbol{X}_4$
$\boldsymbol{AX}_4 =$	[1.657895　2.473684　4.105263]′	=	4.105263[0.403846　0.602564　1]′ $= c_5\boldsymbol{X}_5$
$\boldsymbol{AX}_5 =$	[1.628205　2.435897　4.051282]′	=	4.051282[0.401899　0.601266　1]′ $= c_6\boldsymbol{X}_6$
$\boldsymbol{AX}_6 =$	[1.613924　2.417722　4.025316]′	=	4.025316[0.400943　0.600629　1]′ $= c_7\boldsymbol{X}_7$
$\boldsymbol{AX}_7 =$	[1.606918　2.408805　4.012579]′	=	4.012579[0.400470　0.600313　1]′ $= c_8\boldsymbol{X}_8$
$\boldsymbol{AX}_8 =$	[1.603448　2.404389　4.006270]′	=	4.006270[0.400235　0.600156　1]′ $= c_9\boldsymbol{X}_9$
$\boldsymbol{AX}_9 =$	[1.601721　2.402191　4.003130]′	=	4.003130[0.400117　0.600078　1]′ $= c_{10}\boldsymbol{X}_{10}$
$\boldsymbol{AX}_{10} =$	[1.600860　2.401095　4.001564]′	=	4.001564[0.400059　0.600039　1]′ $= c_{11}\boldsymbol{X}_{11}$

定理 11.18（幂法）　设 $n \times n$ 矩阵 $\boldsymbol{A}$ 有 n 个不同的特征值 $\lambda_1, \lambda_2, \cdots, \lambda_n$，而且它们按绝对值大小排列，即

$$|\lambda_1| > |\lambda_2| \geqslant |\lambda_3| \geqslant \cdots \geqslant |\lambda_n| \tag{4}$$

如果选择适当的 $\boldsymbol{X}_0$，则通过下列递归公式可生成序列 $\{\boldsymbol{X}_k = [x_1^{(k)} \ x_2^{(k)} \ \cdots x_n^{(k)}]'\}$ 和 $\{c_k\}$。

$$\boldsymbol{Y}_k = \boldsymbol{AX}_k \tag{5}$$

和

$$\boldsymbol{X}_{k+1}=\frac{1}{c_{k+1}}\boldsymbol{Y}_k \tag{6}$$

其中

$$c_{k+1}=x_j^{(k)},\qquad x_j^{(k)}=\max_{1\leqslant i\leqslant n}\{|x_i^{(k)}|\} \tag{7}$$

这两个序列分别收敛到特征向量 $\boldsymbol{V}_1$ 和特征值 λ_1。即

$$\lim_{k\to\infty}\boldsymbol{X}_k=\boldsymbol{V}_1,\qquad \lim_{k\to\infty}c_k=\lambda_1 \tag{8}$$

证明:由于 $\boldsymbol{A}$ 有 n 个特征值,所以有对应的特征向量 $V_j, j=1,2,\cdots,n$。而且它们是线性无关的且归一化的,可形成一个 n 维空间的基。因此初始向量 $\boldsymbol{X}_0$ 可表示为它们的一个线性组合

$$\boldsymbol{X}_0=b_1\boldsymbol{V}_1+b_2\boldsymbol{V}_2+\cdots+b_n\boldsymbol{V}_n \tag{9}$$

设 $\boldsymbol{X}_0=[x_1\quad x_2\quad\cdots\quad x_n]'$,且 $b_1\neq 0$,而且 $\boldsymbol{X}_0$ 的分量满足 $\max_{1\leqslant j\leqslant n}\{|x_j|\}=1$。因为 $\{\boldsymbol{V}_j\}_{j=1}^n$ 是 $\boldsymbol{A}$ 的特征向量,归一化乘积 $\boldsymbol{AX}_0$ 可得到

$$\begin{aligned}\boldsymbol{Y}_0=\boldsymbol{AX}_0&=\boldsymbol{A}(b_1\boldsymbol{V}_1+b_2\boldsymbol{V}_2+\cdots+b_n\boldsymbol{V}_n)\\&=b_1\boldsymbol{AV}_1+b_2\boldsymbol{AV}_2+\cdots+b_n\boldsymbol{AV}_n\\&=b_1\lambda_1\boldsymbol{V}_1+b_2\lambda_2\boldsymbol{V}_2+\cdots+b_n\lambda_n\boldsymbol{V}_n\\&=\lambda_1\left(b_1\boldsymbol{V}_1+b_2\left(\frac{\lambda_2}{\lambda_1}\right)\boldsymbol{V}_2+\cdots+b_n\left(\frac{\lambda_n}{\lambda_1}\right)\boldsymbol{V}_n\right)\end{aligned} \tag{10}$$

和

$$\boldsymbol{X}_1=\frac{\lambda_1}{c_1}\left(b_1\boldsymbol{V}_1+b_2\left(\frac{\lambda_2}{\lambda_1}\right)\boldsymbol{V}_2+\cdots+b_n\left(\frac{\lambda_n}{\lambda_1}\right)\boldsymbol{V}_n\right)$$

经过 k 个迭代后,可得到

$$\begin{aligned}\boldsymbol{Y}_{k-1}&=\boldsymbol{AX}_{k-1}\\&=\boldsymbol{A}\frac{\lambda_1^{k-1}}{c_1c_2\cdots c_{k-1}}\left(b_1\boldsymbol{V}_1+b_2\left(\frac{\lambda_2}{\lambda_1}\right)^{k-1}\boldsymbol{V}_2+\cdots+b_n\left(\frac{\lambda_n}{\lambda_1}\right)^{k-1}\boldsymbol{V}_n\right)\\&=\frac{\lambda_1^{k-1}}{c_1c_2\cdots c_{k-1}}\left(b_1\boldsymbol{AV}_1+b_2\left(\frac{\lambda_2}{\lambda_1}\right)^{k-1}\boldsymbol{AV}_2+\cdots+b_n\left(\frac{\lambda_n}{\lambda_1}\right)^{k-1}\boldsymbol{AV}_n\right)\\&=\frac{\lambda_1^{k-1}}{c_1c_2\cdots c_{k-1}}\left(b_1\lambda_1\boldsymbol{V}_1+b_2\left(\frac{\lambda_2}{\lambda_1}\right)^{k-1}\lambda_2\boldsymbol{V}_2+\cdots+b_n\left(\frac{\lambda_n}{\lambda_1}\right)^{k-1}\lambda_n\boldsymbol{V}_n\right)\\&=\frac{\lambda_1^{k}}{c_1c_2\cdots c_{k-1}}\left(b_1\boldsymbol{V}_1+b_2\left(\frac{\lambda_2}{\lambda_1}\right)^{k}\boldsymbol{V}_2+\cdots+b_n\left(\frac{\lambda_n}{\lambda_1}\right)^{k}\boldsymbol{V}_n\right)\end{aligned} \tag{11}$$

和

$$\boldsymbol{X}_k=\frac{\lambda_1^{k}}{c_1c_2\cdots c_k}\left(b_1\boldsymbol{V}_1+b_2\left(\frac{\lambda_2}{\lambda_1}\right)^{k}\boldsymbol{V}_2+\cdots+b_n\left(\frac{\lambda_n}{\lambda_1}\right)^{k}\boldsymbol{V}_n\right)$$

由于设 $|\lambda_j|/|\lambda_1|<1, j=2,3,\cdots,n$,可得到

$$\lim_{k\to\infty}b_j\left(\frac{\lambda_j}{\lambda_1}\right)^k\boldsymbol{V}_j=\boldsymbol{0},\qquad j=2,\ 3,\ \cdots,\ n \tag{12}$$

因此可进一步得到

$$\lim_{k\to\infty} \boldsymbol{X}_k = \lim_{k\to\infty} \frac{b_1\lambda_1^k}{c_1c_2\cdots c_k}\boldsymbol{V}_1 \tag{13}$$

由于要求 $\boldsymbol{X}_k$ 和 $\boldsymbol{V}_1$ 是归一化的，而且最大分量为 1，因此式(13)左边的向量极限将归一化，使得其最大分量为 1。这样式(13)右边的 $\boldsymbol{V}_1$ 的标量乘数的极限存在，且为 1，即

$$\lim_{k\to\infty} \frac{b_1\lambda_1^k}{c_1c_2\cdots c_k} = 1 \tag{14}$$

因此向量序列 $\{\boldsymbol{X}_k\}$ 收敛到主特征值：

$$\lim_{k\to\infty} \boldsymbol{X}_k = \boldsymbol{V}_1 \tag{15}$$

在式(14)中按顺序用 $k-1$ 替换 k，可得到

$$\lim_{k\to\infty} \frac{b_1\lambda_1^{k-1}}{c_1c_2\cdots c_{k-1}} = 1$$

在式(14)两边除以上面的结果，可得到

$$\lim_{k\to\infty} \frac{\lambda_1}{c_k} = \lim_{k\to\infty} \frac{b_1\lambda_1^k/(c_1c_2\cdots c_k)}{b_1\lambda_1^{k-1}/(c_1c_2\cdots c_{k-1})} = \frac{1}{1} = 1$$

因此常数序列 $\{c_k\}$ 收敛到主特征值：

$$\lim_{k\to\infty} c_k = \lambda_1 \tag{16}$$

证毕。 ●

11.2.1　收敛速度

根据式(12)，可以看出 $\boldsymbol{X}_k$ 中的系数 $\boldsymbol{V}_j$ 按比例 $(\lambda_j/\lambda_1)^k$ 趋近于零，而且 $\{\boldsymbol{X}_k\}$ 收敛到 $\boldsymbol{V}_1$ 的速度由项 $(\lambda_2/\lambda_1)^k$ 决定，所以收敛速度是线性的。同理，常量序列 $\{c_k\}$ 收敛到 λ_1 的速度也是线性的。埃特金 Δ^2 方法可用来求解任意线性收敛序列 $\{p_k\}$ 并形成收敛得更快的新序列

$$\left\{\widehat{p}_k = \frac{(p_{k+1}-p_k)^2}{p_{k+2}-2p_{k+1}+p_k}\right\}$$

在例 11.4 中，埃特金 Δ^2 法可用来加速常数序列 $\{c_k\}$ 的收敛，也可加速向量序列 $\{\boldsymbol{X}_k\}$。幂法和埃特金加速法的结果比较如表 11.2 所示。

表 11.2　比较幂法和用埃特金 Δ^2 技术的幂法加速的收敛速度

$c_k\boldsymbol{Y}_k$				$\widehat{c}_k\widehat{\boldsymbol{X}}_k$				
$c_1\boldsymbol{X}_1$	= 12.000000[0.5000000	0.6666667	1]′;	4.3809524[0.4062500	0.6041667	1]′	=	$\widehat{c}_1\widehat{\boldsymbol{X}}_1$
$c_2\boldsymbol{X}_2$	= 5.3333333[0.4375000	0.6250000	1]′;	4.0833333[0.4015152	0.6010101	1]′	=	$\widehat{c}_2\widehat{\boldsymbol{X}}_2$
$c_3\boldsymbol{X}_3$	= 4.5000000[0.4166667	0.6111111	1]′;	4.0202020[0.4003759	0.6002506	1]′	=	$\widehat{c}_3\widehat{\boldsymbol{X}}_3$
$c_4\boldsymbol{X}_4$	= 4.2222222[0.4078947	0.6052632	1]′;	4.0050125[0.4000938	0.6000625	1]′	=	$\widehat{c}_4\widehat{\boldsymbol{X}}_4$
$c_5\boldsymbol{X}_5$	= 4.1052632[0.4038462	0.6025641	1]′;	4.0012508[0.4000234	0.6000156	1]′	=	$\widehat{c}_5\widehat{\boldsymbol{X}}_5$
$c_6\boldsymbol{X}_6$	= 4.0512821[0.4018987	0.6012658	1]′;	4.0003125[0.4000059	0.6000039	1]′	=	$\widehat{c}_6\widehat{\boldsymbol{X}}_6$
$c_7\boldsymbol{X}_7$	= 4.0253165[0.4009434	0.6006289	1]′;	4.0000781[0.4000015	0.6000010	1]′	=	$\widehat{c}_7\widehat{\boldsymbol{X}}_7$
$c_8\boldsymbol{X}_8$	= 4.0125786[0.4004702	0.6003135	1]′;	4.0000195[0.4000004	0.6000002	1]′	=	$\widehat{c}_8\widehat{\boldsymbol{X}}_8$
$c_9\boldsymbol{X}_9$	= 4.0062696[0.4002347	0.6001565	1]′;	4.0000049[0.4000001	0.6000001	1]′	=	$\widehat{c}_9\widehat{\boldsymbol{X}}_9$
$c_{10}\boldsymbol{X}_{10}$	= 4.0031299[0.4001173	0.6000782	1]′;	4.0000012[0.4000000	0.6000000	1]′	=	$\widehat{c}_{10}\widehat{\boldsymbol{X}}_{10}$

11.2.2　移位反幂法

现在对移位反幂法(shifted-inverse power method)进行分析。这种方法需要一个特征值的

好的近似值,然后利用迭代可得到一个精确的解。首先使用其他方法,如 QM 法和吉文斯(Givens)法得到一个初始近似值。对于复数特征值、重复特征值、存在绝对值相等或近似相等的特征值的情况,可导致计算困难,并需要更高级的方法。这里主要考虑特征值唯一的情况。移位反幂法主要基于下面 3 个结论(定理的证明留给读者作为练习)。

定理 11.19(移位特征值) 设 $\lambda, \boldsymbol{V}$ 为 $\boldsymbol{A}$ 的特征对。如果 α 是任意常量,则 $\lambda-\alpha, \boldsymbol{V}$ 是矩阵 $\boldsymbol{A}-\alpha\boldsymbol{I}$ 的特征对。

定理 11.20(逆特征值) 设 $\lambda, \boldsymbol{V}$ 是 $\boldsymbol{A}$ 的特征对。如果 $\lambda \neq 0$,则 $1/\lambda, \boldsymbol{V}$ 是矩阵 $\boldsymbol{A}^{-1}$ 的特征对。

定理 11.21 设 $\lambda, \boldsymbol{V}$ 是 $\boldsymbol{A}$ 的特征对。如果 $\alpha \neq \lambda$,则 $1/(\lambda-\alpha), \boldsymbol{V}$ 是矩阵 $(\boldsymbol{A}-\alpha\boldsymbol{I})^{-1}$ 的特征对。

定理 11.22(移位反幂法) 设 $n \times n$ 矩阵 $\boldsymbol{A}$ 有不同的特征值 $\lambda_1, \lambda_2, \cdots, \lambda_n$。考虑特征值 λ_j,可选择常量 α,使得 $\mu_1 = 1/(\lambda_j-\alpha)$ 是 $(\boldsymbol{A}-\alpha\boldsymbol{I})^{-1}$ 的主特征值。而且,如果选择适当的 $\boldsymbol{X}_0$,则可通过下列递归公式得到序列 $\{\boldsymbol{X}_k = [x_1^{(k)} \quad x_2^{(k)} \quad \cdots \quad x_n^{(k)}]'\}$ 和 $\{c_k\}$:

$$\boldsymbol{Y}_k = (\boldsymbol{A}-\alpha\boldsymbol{I})^{-1}\boldsymbol{X}_k \tag{17}$$

和

$$\boldsymbol{X}_{k+1} = \frac{1}{c_{k+1}}\boldsymbol{Y}_k \tag{18}$$

其中

$$c_{k+1} = x_j^{(k)}, \qquad x_j^{(k)} = \max_{1\leqslant j\leqslant n}\{|x_i^{(k)}|\} \tag{19}$$

这两个序列将收敛到矩阵 $(\boldsymbol{A}-\alpha\boldsymbol{I})^{-1}$ 的主特征对 $\mu_1, \boldsymbol{V}_j$。最后,通过下面的计算可得到矩阵 $\boldsymbol{A}$ 对应的特征值。

$$\lambda_j = \frac{1}{\mu_1} + \alpha \tag{20}$$

批注 为了实现定理 11.22,通过一个线性方程组求解器求解线性方程组 $(\boldsymbol{A}-\alpha\boldsymbol{I})\boldsymbol{Y}_k = \boldsymbol{X}_k$,可得到每一步的 $\boldsymbol{Y}_k$。

证明:不失一般性,设 $\lambda_1 < \lambda_2 < \cdots < \lambda_n$,选择一个数 $\alpha(\alpha \neq \lambda_j)$,使得它最接近 λ_j(见图 11.2),即

$$|\lambda_j - \alpha| < |\lambda_i - \alpha|, \qquad i = 1,\ 2,\ \cdots,\ j-1,\ j+1,\ \cdots,\ n \tag{21}$$

根据定理 11.21,$1/(\lambda_j-\alpha), \boldsymbol{V}$ 是矩阵 $(\boldsymbol{A}-\alpha\boldsymbol{I})^{-1}$ 的一个特征对。关系式(21)意味着对每个 $i \neq j$,有 $1/|\lambda_i-\alpha| < 1/|\lambda_j-\alpha|$,因此 $\mu_1 = 1/(\lambda_j-\alpha)$ 是矩阵 $(\boldsymbol{A}-\alpha\boldsymbol{I})^{-1}$ 的主特征值。移位反幂法用修改的幂法来确定特征对 $\mu_1, \boldsymbol{V}_j$。然后根据 $\lambda_j = 1/\mu_1 + \alpha$ 可得到矩阵 $\boldsymbol{A}$ 的特征值。●

例 11.6 用移位反幂法求解矩阵

$$\boldsymbol{A} = \begin{bmatrix} 0 & 11 & -5 \\ -2 & 17 & -7 \\ -4 & 26 & -10 \end{bmatrix}$$

的特征对。

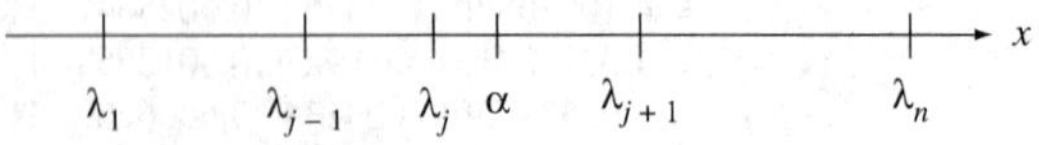

图 11.2 移位反幂法中 α 的位置

矩阵 $\boldsymbol{A}$ 的特征值为 $\lambda_1 = 4, \lambda_2 = 2$ 和 $\lambda_3 = 1$,对每种情况分别选择适当的 α 和初始向量。

情况(i)：对于特征值 $\lambda_1=4$，选择 $\alpha=4.2$ 和初始向量 $X_0=[1\quad 1\quad 1]'$。首先，形成矩阵 $A-4.2I$，求解可得：

$$\begin{bmatrix} -4.2 & 11 & -5 \\ -2 & 12.8 & -7 \\ -4 & 26 & -14.2 \end{bmatrix} Y_0 = X_0 = \begin{bmatrix} 1 \\ 1 \\ 1 \end{bmatrix}$$

还得到向量 $Y_0=[-9.545454545\quad -14.09090909\quad -23.18181818]'$。然后，计算 $c_1=-23.18181818$ 和 $X_1=[0.4117647059\quad 0.6078431373\quad 1]'$。迭代生成的值如表 11.3 所示。序列 $\{c_k\}$ 收敛到 $\mu_1=-5$，这是 $(A-4.2I)^{-1}$ 的主特征值，而 $\{X_k\}$ 收敛到 $V_1=\left[\frac{2}{5}\quad \frac{3}{5}\quad 1\right]'$。通过计算 $\lambda_1=1/\mu_1+\alpha=1/(-5)+4.2=-0.2+4.2=4$，可得到 A 的特征值 λ_1。

表 11.3　在例 11.6 中求矩阵 $(A-4.2I)^{-1}$ 特征对的移位反幂法：收敛到特征向量 $V=\left[\frac{2}{5}\quad \frac{3}{5}\quad 1\right]'$ 和 $\mu_1=-5$

$(A-\alpha I)^{-1}X_k$	=	$c_{k+1}X_{k+1}$				
$(A-\alpha I)^{-1}X_0$	=	−23.18181818 [0.4117647059	0.6078431373	1]′	=	c_1X_1
$(A-\alpha I)^{-1}X_1$	=	−5.356506239 [0.4009983361	0.6006655574	1]′	=	c_2X_2
$(A-\alpha I)^{-1}X_2$	=	−5.030252609 [0.4000902120	0.6000601413	1]′	=	c_3X_3
$(A-\alpha I)^{-1}X_3$	=	−5.002733697 [0.4000081966	0.6000054644	1]′	=	c_4X_4
$(A-\alpha I)^{-1}X_4$	=	−5.000248382 [0.4000007451	0.6000004967	1]′	=	c_5X_5
$(A-\alpha I)^{-1}X_5$	=	−5.000022579 [0.4000000677	0.6000000452	1]′	=	c_6X_6
$(A-\alpha I)^{-1}X_6$	=	−5.000002053 [0.4000000062	0.6000000041	1]′	=	c_7X_7
$(A-\alpha I)^{-1}X_7$	=	−5.000000187 [0.4000000006	0.6000000004	1]′	=	c_8X_8
$(A-\alpha I)^{-1}X_8$	=	−5.000000017 [0.4000000001	0.6000000000	1]′	=	c_9X_9

情况(ii)：对于特征值 $\lambda_2=2$，选择 $\alpha=2.1$ 和初始向量 $X_0=[1\quad 1\quad 1]'$。形成矩阵 $A-2.1I$，求解可得：

$$\begin{bmatrix} -2.1 & 11 & -5 \\ -2 & 14.9 & -7 \\ -4 & 26 & -12.1 \end{bmatrix} Y_0 = X_0 = \begin{bmatrix} 1 \\ 1 \\ 1 \end{bmatrix}$$

还可得到向量 $Y_0=[11.05263158\quad 21.57894737\quad 42.63157895]'$。然后，计算 $c_1=42.63157895$ 和 $X_1=[0.2592592593\quad 0.5061728395\quad 1]'$。迭代生成的值如表 11.4 所示。$(A-2.1I)^{-1}$ 的主特征值是 $\mu_1=-10$，而矩阵 A 的特征对为 $\lambda_2=1/(-10)+2.1=-0.1+2.1=2$ 和 $V_2=\left[\frac{1}{4}\quad \frac{1}{2}\quad 1\right]'$。

情况(iii)：对于特征值 $\lambda_3=1$，选择 $\alpha=0.875$ 和初始向量 $X_0=[0\quad 1\quad 1]'$。通过迭代生成的值如表 11.5 所示。矩阵 $(A-0.875I)^{-1}$ 的主特征值为 $\mu_1=8$，而矩阵 A 的特征对为 $\lambda_3=1/8+0.875=0.125+0.875=1$ 和 $V_3=\left[\frac{1}{2}\quad \frac{1}{2}\quad 1\right]'$。经过 7 个迭代后，初始向量为 $[0\quad 1\quad 1]'$ 的向量序列 $\{X_k\}$ 收敛。当 $X_0=[1\quad 1\quad 1]'$ 时，收敛过程将非常漫长。 ■

程序 11.1(幂法)　计算 $n\times n$ 矩阵 A 的主特征值 λ_1 和对应的特征向量 V_1。设 n 个特征值满足性质 $|\lambda_1|>|\lambda_2|\geqslant|\lambda_3|\geqslant\cdots\geqslant|\lambda_n|>0$。

表 11.4 在例 11.6 中用移位反幂法求矩阵 $(A-2.1I)^{-1}$ 的特征对:收敛到特征向量 $V=\begin{bmatrix}\frac{1}{4} & \frac{1}{2} & 1\end{bmatrix}'$ 和 $\mu_1=-10$

$(A-\alpha I)^{-1}X_k$	=	$c_{k+1}X_{k+1}$				
$(A-\alpha I)^{-1}X_0$	=	42.63157895 [0.2592592593	0.5061728395	1]′	=	c_1X_1
$(A-\alpha I)^{-1}X_1$	=	−9.350227420 [0.2494788047	0.4996525365	1]′	=	c_2X_2
$(A-\alpha I)^{-1}X_2$	=	−10.03657511 [0.2500273314	0.5000182209	1]′	=	c_3X_3
$(A-\alpha I)^{-1}X_3$	=	−9.998082009 [0.2499985612	0.4999990408	1]′	=	c_4X_4
$(A-\alpha I)^{-1}X_4$	=	−10.00010097 [0.2500000757	0.5000000505	1]′	=	c_5X_5
$(A-\alpha I)^{-1}X_5$	=	−9.999994686 [0.2499999960	0.4999999973	1]′	=	c_6X_6
$(A-\alpha I)^{-1}X_6$	=	−10.00000028 [0.2500000002	0.5000000001	1]′	=	c_7X_7

表 11.5 在例 11.6 中用移位反幂法求矩阵 $(A-0.875I)^{-1}$ 的特征对:收敛到特征向量 $V=\begin{bmatrix}\frac{1}{2} & \frac{1}{2} & 1\end{bmatrix}'$ 和 $\mu_1=8$

$(A-\alpha I)^{-1}X_k$	=	$c_{k+1}X_{k+1}$				
$(A-\alpha I)^{-1}X_0$	=	−30.40000000 [0.5052631579	0.4947368421	1]′	=	c_1X_1
$(A-\alpha I)^{-1}X_1$	=	8.404210526 [0.5002004008	0.4997995992	1]′	=	c_2X_2
$(A-\alpha I)^{-1}X_2$	=	8.015390782 [0.5000080006	0.4999919994	1]′	=	c_3X_3
$(A-\alpha I)^{-1}X_3$	=	8.000614449 [0.5000003200	0.4999996800	1]′	=	c_4X_4
$(A-\alpha I)^{-1}X_4$	=	8.000024576 [0.5000000128	0.4999999872	1]′	=	c_5X_5
$(A-\alpha I)^{-1}X_5$	=	8.000000983 [0.5000000005	0.4999999995	1]′	=	c_6X_6
$(A-\alpha I)^{-1}X_6$	=	8.000000039 [0.5000000000	0.5000000000	1]′	=	c_7X_7

```
function [lambda,V]=power1(A,X,epsilon,max1)
%Input  - A is an nxn matrix
%       - X is the nx1 starting vector
%       - epsilon is the tolerance
%       - max1 is the maximum number of iterations
%Output - lambda is the dominant eigenvalue
%       - V is the dominant eigenvector
%Initialize parameters
lambda=0;
cnt=0;
err=1;
state=1;
while ((cnt<=max1)&(state==1))
   Y=A*X;
   %Normalize Y
   [m j]=max(abs(Y));
   c1=m;
   dc=abs(lambda-c1);
   Y=(1/c1)*Y;
   %Update X and lambda and check for convergence
   dv=norm(X-Y);
   err=max(dc,dv);
   X=Y;
   lambda=c1;
   state=0;
   if(err>epsilon)
      state=1;
   end
   cnt=cnt+1;
end
V=X;
```

程序 11.2（移位反幂法） 计算 n×n 矩阵 $\boldsymbol{A}$ 的主特征值 λ_j 和对应的特征向量 $\boldsymbol{V}_j$。设 n 个特征值满足 $\lambda_1 < \lambda_2 < \cdots < \lambda_n$，且 α 是一个实数，对每个 $i = 1, 2, \cdots, j-1, j+1, \cdots, n$ 满足 $|\lambda_j - \alpha| < |\lambda_i - \alpha|$。

```
function [lambda,V]=invpow(A,X,alpha,epsilon,max1)
%Input  - A is an nxn matrix
%       - X is the nx1 starting vector
%       - alpha is the given shift
%       - epsilon is the tolerance
%       - max1 is the maximum number of iterations
%Output - lambda is the dominant eigenvalue
%       - V is the dominant eigenvector
%Initialize the matrix A-alphaI and parameters
[n n]=size(A);
A=A-alpha*eye(n);
lambda=0;
cnt=0;
err=1;
state=1;
while ((cnt<=max1)&(state==1))
   %Solve system AY=X
   Y=A\X;
   %Normalize Y
   [m j]=max(abs(Y));
   c1=m;
   dc=abs(lambda-c1);
   Y=(1/c1)*Y;
   %Update X and lambda and check for convergence
   dv=norm(X-Y);
   err=max(dc,dv);
   X=Y;
   lambda=c1;
   state=0;
   if (err>epsilon)
      state=1;
   end
   cnt=cnt+1;
end
lambda=alpha+1/c1;
V=X;
```

11.2.3　习题

1. 设 $\lambda, \boldsymbol{V}$ 是矩阵 $\boldsymbol{A}$ 的特征对。如果 α 是任意常量，证明 $\lambda - \alpha, \boldsymbol{V}$ 是矩阵 $\boldsymbol{A} - \alpha \boldsymbol{I}$ 的特征对。
2. 设 $\lambda, \boldsymbol{V}$ 是矩阵 $\boldsymbol{A}$ 的特征对。如果 $\lambda \neq 0$，证明 $1/\lambda, \boldsymbol{V}$ 是矩阵 $\boldsymbol{A}^{-1}$ 的特征对。
3. 设 $\lambda, \boldsymbol{V}$ 是矩阵 $\boldsymbol{A}$ 的特征对。如果 $\alpha \neq \lambda$，证明 $1/(\lambda - \alpha), \boldsymbol{V}$ 是矩阵 $(\boldsymbol{A} - \alpha \boldsymbol{I})^{-1}$ 的特征对。
4. **压缩技术**（deflation techniques）。设 $\lambda_1, \lambda_2, \lambda_3, \cdots, \lambda_n$ 是矩阵 $\boldsymbol{A}$ 的特征值，对应的特征向量为 $\boldsymbol{V}_1, \boldsymbol{V}_2, \boldsymbol{V}_3, \cdots, \boldsymbol{V}_n$，而且 λ_1 的重复次数为 1。如果 $\boldsymbol{X}$ 是任意满足 $\boldsymbol{X}'\boldsymbol{V}_1 = 1$ 的向量，证明矩阵

$$\boldsymbol{B} = \boldsymbol{A} - \lambda_1 \boldsymbol{V}_1 \boldsymbol{X}'$$

有特征值 $0, \lambda_2, \lambda_3, \cdots, \lambda_n$，对应的特征向量为 $\boldsymbol{V}_1, \boldsymbol{W}_2, \boldsymbol{W}_3, \cdots, \boldsymbol{W}_n$，其中 $\boldsymbol{V}_j$ 和 $\boldsymbol{W}_j$ 有如下关系式：

$$V_j=(\lambda-\lambda_1)W_j+\lambda_1(X'W_j)V_1,\qquad j=2,\ 3,\ \cdots,\ n$$

5. **马尔可夫过程和特征值**。一个马尔可夫过程可通过一个所有元素是正值,且列元素和为 1 的方阵 $\boldsymbol{A}$ 描述。令 $\boldsymbol{P}_0=[x^{(0)}\quad y^{(0)}]'$记录在一个城市中分别使用品牌 X 和 Y 的人数。每个月人们决定使用同样的品牌或更换品牌。用户从品牌 X 更换到品牌 Y 的概率是 0.3。用户从品牌 Y 更换到品牌 X 的概率为 0.2。这个过程的转换矩阵为

$$\boldsymbol{P}_{k+1}=\boldsymbol{A}\boldsymbol{P}_k=\begin{bmatrix}0.8&0.3\\0.2&0.7\end{bmatrix}\begin{bmatrix}x^{(k)}\\y^{(k)}\end{bmatrix}$$

如果对某些 j 有 $\boldsymbol{AP}_j=\boldsymbol{P}_j$,则 $\boldsymbol{P}_j=\boldsymbol{V}$ 称为马尔可夫过程的稳态分布。这样,如果有一个稳态分布,则 $\lambda=1$ 必须是 $\boldsymbol{A}$ 的特征值。而且,稳态分布 $\boldsymbol{V}$ 是特征值 $\lambda=1$ 对应的特征向量[即求解 $(\boldsymbol{A}-\boldsymbol{I})\boldsymbol{V}=\boldsymbol{0}$]。

(a) 根据上面的例子,验证 $\lambda=1$ 是转换矩阵 $\boldsymbol{A}$ 的特征值。

(b) 验证与 $\lambda=1$ 对应的特征向量集为 $\{t[3/2\quad 1]':t\in\Re,t\neq 0\}$。

(c) 设城市的人口为 50000。利用(b)的结论验证稳态分布为[30000　20000]′。

11.2.4 算法与程序

在第 1 题至第 4 题中,

(a) 使用程序 11.1 求解给定矩阵的主特征对。

(b) 使用程序 11.2 求解其他的特征对。

1. $\boldsymbol{A}=\begin{bmatrix}7&6&-3\\-12&-20&24\\-6&-12&16\end{bmatrix}$

2. $\boldsymbol{A}=\begin{bmatrix}-14&-30&42\\24&49&-66\\12&24&-32\end{bmatrix}$

3. $\boldsymbol{A}=\begin{bmatrix}2.5&-2.5&3.0&0.5\\0.0&5.0&-2.0&2.0\\-0.5&-0.5&4.0&2.5\\-2.5&-2.5&5.0&3.5\end{bmatrix}$

4. $\boldsymbol{A}=\begin{bmatrix}2.5&-2.0&2.5&0.5\\0.5&5.0&-2.5&-0.5\\-1.5&1.0&3.5&-2.5\\2.0&3.0&-5.0&3.0\end{bmatrix}$

5. 设用户从品牌 X 更换到品牌 Y 或品牌 Z 的概率分别是 0.4 和 0.2。用户从品牌 Y 更换到品牌 X 或品牌 Z 的概率分别是 0.2 和 0.2。用户从品牌 Z 更换到品牌 X 或品牌 Y 的概率分别是 0.1 和 0.1。马尔可夫过程的转换矩阵是

$$\boldsymbol{P}_{k+1}=\boldsymbol{A}\boldsymbol{P}_k=\begin{bmatrix}0.4&0.2&0.1\\0.4&0.6&0.1\\0.2&0.2&0.8\end{bmatrix}\begin{bmatrix}x^{(k)}\\y^{(k)}\\z^{(k)}\end{bmatrix}$$

(a) 验证 $\lambda=1$ 是矩阵 $\boldsymbol{A}$ 的特征值。

(b) 确定人数为 80000 时的稳态分布。

6. 设咖啡工业有 5 个品牌 B_1,B_2,B_3,B_4 和 B_5。设每个客户每个月买 3 磅咖啡,每个月一共有 6 千万磅咖啡卖出。不考虑品牌,每磅咖啡的利润为 1 美元。设使用如下的针对咖啡销售的置换矩阵,这里 a_{ij} 表示客户从买品牌 B_j 变到买品牌 B_i 的概率。

$$\boldsymbol{A}=\begin{bmatrix}0.1&0.2&0.2&0.6&0.2\\0.1&0.1&0.1&0.1&0.2\\0.1&0.3&0.4&0.1&0.2\\0.3&0.3&0.1&0.1&0.2\\0.4&0.1&0.2&0.1&0.2\end{bmatrix}$$

一个广告代理保证品牌 B_1 的生产商每年可得到 4 千万美元的利润,通过广告它们能将矩阵 $\boldsymbol{A}$ 的

第一列变成[0.3　0.1　0.1　0.2　0.3]′。品牌 B_1 的生产商能聘用这个广告代理吗?

7. 基于习题 4 中的压缩技术写一个程序,用来求解给定矩阵的所有特征值。可调用程序 11.1 来确定每次迭代时的主特征值和对应的特征向量。

8. 使用上题中的程序求解下面矩阵的所有特征值。

(a) $\boldsymbol{A} = \begin{bmatrix} 1 & 2 & -1 \\ 1 & 0 & 1 \\ 4 & -4 & 5 \end{bmatrix}$

(b) $\boldsymbol{A} = [a_{ij}]$, 其中 $a_{ij} = \begin{cases} i+j, & i=j \\ ij, & i \neq j \end{cases}$　且 $i, j = 1, 2, \cdots, 15$

11.3　雅可比方法

雅可比(Jacobi)方法是一个容易理解的求解对称矩阵所有特征对的算法。这个方法很可靠,而且产生的结果精度一致。对于高达 10 阶的矩阵,使用这种算法非常具有竞争力。如果不主要考虑速度问题,用它求解高达 20 阶的矩阵是可行的。

对于实对称矩阵,用雅可比方法一定可以求出解。这个限制不严重,因为在应用数学和工程中的问题经常包含对称矩阵。从理论角度分析,这种方法体现了在更复杂算法中用到的技术。从指导的角度看,仔细研究雅可比方法的细节是非常值得的。

11.3.1　平面旋转变换

首先考虑一些坐标变换的几何背景。设 $\boldsymbol{X}$ 表示一个在 n 维空间的向量,设有线性变换 $\boldsymbol{Y}=\boldsymbol{RX}$,其中 $\boldsymbol{R}$ 是 $n\times n$ 矩阵:

$$\boldsymbol{R} = \begin{bmatrix} 1 & \cdots & 0 & \cdots & 0 & \cdots & 0 \\ \vdots & & & & & & \vdots \\ 0 & \cdots & \cos\phi & \cdots & \sin\phi & \cdots & 0 \\ \vdots & & & & & & \vdots \\ 0 & \cdots & -\sin\phi & \cdots & \cos\phi & \cdots & 0 \\ \vdots & & & & & & \vdots \\ 0 & \cdots & 0 & \cdots & 0 & \cdots & 1 \end{bmatrix} \begin{matrix} \\ \\ \leftarrow \text{第 } p \text{ 行} \\ \\ \leftarrow \text{第 } q \text{ 行} \\ \\ \\ \end{matrix}$$

$$\begin{matrix} \uparrow & \qquad & \uparrow \\ \text{第 } p \text{ 列} & & \text{第 } q \text{ 列} \end{matrix}$$

$\boldsymbol{R}$ 的所有非对角线元素为零或常量值 $\pm\sin\phi$,$\boldsymbol{R}$ 的所有对角线元素为 1 或 $\cos\phi$。变换 $\boldsymbol{Y}=\boldsymbol{RX}$ 的效果很容易领会,可表示为:

$$\begin{aligned} y_j &= x_j & \text{当 } j \neq p \text{ 且 } j \neq q \\ y_p &= x_p \cos\phi + x_q \sin\phi \\ y_q &= -x_p \sin\phi + x_q \cos\phi \end{aligned}$$

这个变换可看成在 n 维空间中,以角度 ϕ,沿 $x_p x_q$ 平面旋转。通过选择适当的角度 ϕ,可使得在映像中 $y_p=0$ 或 $y_q=0$。逆变换 $\boldsymbol{X}=\boldsymbol{R}^{-1}\boldsymbol{Y}$ 表示以角度 $-\phi$,沿 $x_p x_q$ 旋转。$\boldsymbol{R}$ 是一个正交矩阵,即

$$\boldsymbol{R}^{-1} = \boldsymbol{R}' \quad \text{或} \quad \boldsymbol{R}'\boldsymbol{R} = \boldsymbol{I}$$

11.3.2 相似和正交变换

设特征值问题为

$$AX = \lambda X \tag{1}$$

设 $\boldsymbol{K}$ 是非奇异矩阵,而 $\boldsymbol{B}$ 定义为

$$B = K^{-1}AK \tag{2}$$

对式(2)的两边都右乘 $\boldsymbol{K}^{-1}\boldsymbol{X}$,可得到

$$\begin{aligned} BK^{-1}X &= K^{-1}AKK^{-1}X = K^{-1}AX \\ &= K^{-1}\lambda X = \lambda K^{-1}X \end{aligned} \tag{3}$$

这里定义变量变换为

$$Y = K^{-1}X \quad 或 \quad X = KY \tag{4}$$

当将式(4)代入式(3),可得到

$$BY = \lambda Y \tag{5}$$

比较式(1)和式(5),可以看出相似变换式(2)没有改变特征值 λ,特征向量不同,但与式(4)中的变量变换有关。

设矩阵 $\boldsymbol{R}$ 是正交矩阵(即 $\boldsymbol{R}^{-1}=\boldsymbol{R}'$),且 $\boldsymbol{D}$ 定义为

$$D = R'AR \tag{6}$$

在式(6)的两边都右乘 $\boldsymbol{R}'\boldsymbol{X}$,可得到

$$DR'X = R'ARR'X = R'AX = R'\lambda X = \lambda R'X \tag{7}$$

可定义变量变换

$$Y = R'X \quad 或 \quad X = RY \tag{8}$$

将式(8)代入式(7)可得

$$DY = \lambda Y \tag{9}$$

式(1)和式(9)的特征值相同。然而,对于式(9),变量变换式(8)使得从 $\boldsymbol{X}$ 变换到 $\boldsymbol{Y}$,再从 $\boldsymbol{Y}$ 变换到 $\boldsymbol{X}$ 更容易,因为 $\boldsymbol{R}^{-1}=\boldsymbol{R}'$。

设 $\boldsymbol{A}$ 是对称矩阵(即 $\boldsymbol{A}=\boldsymbol{A}'$),由于 $\boldsymbol{D}$ 是对称矩阵,则可得到

$$D' = (R'AR)' = R'A(R')' = R'AR = D \tag{10}$$

因此可知:如果 $\boldsymbol{A}$ 是对称矩阵且 $\boldsymbol{R}$ 是正交矩阵,式(6)中的 $\boldsymbol{A}$ 到 $\boldsymbol{D}$ 的变换没有改变对称性和特征值。特征向量的关系由变量变换式(8)决定。

11.3.3 雅可比变换序列

设有实对称矩阵 $\boldsymbol{A}$,则构造正交矩阵序列 $\boldsymbol{R}_1,\boldsymbol{R}_2,\cdots,\boldsymbol{R}_n$ 如下:

$$\begin{aligned} D_0 &= A \\ D_j &= R_j' D_{j-1} R_j, \qquad j = 1,\ 2,\ \cdots \end{aligned} \tag{11}$$

下面将描述如何构造序列$\{\boldsymbol{R}_j\}$满足

$$\lim_{j\to\infty} D_j = D = \operatorname{diag}(\lambda_1, \lambda_2, \cdots, \lambda_n) \tag{12}$$

在实际情况下,当非对角元素接近零时,构造过程停止。那么,可得到

$$D_n \approx D \tag{13}$$

构造过程产生了

$$D_n = R'_n R'_{n-1} \cdots R'_1 A R_1 R_2 \cdots R_{n-1} R_n \tag{14}$$

如果定义

$$R = R_1 R_2 \cdots R_{n-1} R_n \tag{15}$$

则 $R^{-1}AR = D_k$，这意味着

$$AR = RD = R\,\mathrm{diag}(\lambda_1, \lambda_2, \cdots, \lambda_n) \tag{16}$$

令 R 的列用向量 $X_1, X_2, \cdots, X_n$ 表示，则 R 可表示为列向量的行向量：

$$R = [X_1 \;\; X_2 \;\; \cdots \;\; X_n] \tag{17}$$

式(16)中列的乘积的表示形式如下：

$$[AX_1 \;\; AX_2 \;\; \cdots \;\; AX_n] \approx [\lambda_1 X_1 \;\; \lambda_2 X_2 \;\; \cdots \;\; \lambda_n X_n] \tag{18}$$

从式(17)到式(18)，可以看出向量 X_j（是 R 的第 j 列）是对应于特征值 λ_j 的特征向量。

11.3.4 一般步骤

雅可比迭代的每一步要使两个非对角元素 d_{pq} 和 d_{qp} 为零。用 R_1 表示使用的第一个正交矩阵，设

$$D_1 = R'_1 A R_1 \tag{19}$$

使元素 d_{pq} 和 d_{qp} 为零，其中 R_1 的形式为

$$R_1 = \begin{bmatrix} 1 & \cdots & 0 & \cdots & 0 & \cdots & 0 \\ \vdots & & & & & & \vdots \\ 0 & \cdots & c & \cdots & s & \cdots & 0 \\ \vdots & & & & & & \vdots \\ 0 & \cdots & -s & \cdots & c & \cdots & 0 \\ \vdots & & & & & & \vdots \\ 0 & \cdots & 0 & \cdots & 0 & \cdots & 1 \end{bmatrix} \begin{matrix} \\ \\ \leftarrow \text{第 } p \text{ 行} \\ \\ \leftarrow \text{第 } q \text{ 行} \\ \\ \\ \end{matrix} \tag{20}$$

↑ 第 p 列　↑ 第 q 列

这里除了位于第 p 行第 q 列的元素 s 和位于第 q 行第 p 列的元素 $-s$ 以外，R_1 的所有非对角元素为零。而且，除了两个位置在第 p 行第 p 列和第 q 行第 q 列的对角元素为 c，其他的对角元素为 1。当 $c = \cos\phi$ 且 $s = \sin\phi$ 时，这个矩阵是一个平面旋转矩阵。

必须验证变换式(19)只改变第 p 行和第 q 行，以及第 p 列和第 q 列。对 A 右乘(postmultiplication) R_1，可得到 $B = AR_1$：

$$B = \begin{bmatrix} a_{11} & \cdots & a_{1p} & \cdots & a_{1q} & \cdots & a_{1n} \\ a_{p1} & \cdots & a_{pp} & \cdots & a_{pq} & \cdots & a_{pn} \\ a_{q1} & \cdots & a_{qp} & \cdots & a_{qq} & \cdots & a_{qn} \\ a_{n1} & \cdots & a_{np} & \cdots & a_{nq} & \cdots & a_{nn} \end{bmatrix} \begin{bmatrix} 1 & \cdots & 0 & \cdots & 0 & \cdots & 0 \\ 0 & \cdots & c & \cdots & s & \cdots & 0 \\ 0 & \cdots & -s & \cdots & c & \cdots & 0 \\ 0 & \cdots & 0 & \cdots & 0 & \cdots & 1 \end{bmatrix} \tag{21}$$

通过计算可以看到，变换对从 1 到 $p-1$，从 $p+1$ 到 $q-1$ 以及从 $q+1$ 到 n 的列没有改变。因此只是第 p 列和第 q 列发生了改变。

$$\begin{aligned} b_{jk} &= a_{jk} && \text{当 } k \neq p \text{ 且 } k \neq q \\ b_{jp} &= c a_{jp} - s a_{jq}, && j = 1, 2, \cdots, n \\ b_{jq} &= s a_{jp} + c a_{jq}, && j = 1, 2, \cdots, n \end{aligned} \tag{22}$$

同理,对 $\boldsymbol{A}$ 右乘 $\boldsymbol{R}_1'$ 只改变第 p 行和第 q 行。因此,变换

$$\boldsymbol{D}_1 = \boldsymbol{R}_1' \boldsymbol{A} \boldsymbol{R}_1 \tag{23}$$

只改变 $\boldsymbol{A}$ 的第 p 行和第 q 行以及第 p 列和第 q 列。$\boldsymbol{D}_1$ 的元素 d_{jk} 可通过下列公式计算:

$$\begin{aligned} d_{jp} &= c a_{jp} - s a_{jq} && \text{当 } j \neq p \text{ 且 } j \neq q \\ d_{jq} &= s a_{jp} + c a_{jq} && \text{当 } j \neq p \text{ 且 } j \neq q \\ d_{pp} &= c^2 a_{pp} + s^2 a_{qq} - 2cs a_{pq} \\ d_{qq} &= s^2 a_{pp} + c^2 a_{qq} + 2cs a_{pq} \\ d_{pq} &= (c^2 - s^2) a_{pq} + cs(a_{pp} - a_{qq}) \end{aligned} \tag{24}$$

$\boldsymbol{D}_1$ 的其他元素可根据其对称性得到。

11.3.5 使 d_{pq} 和 d_{qp} 为零

雅可比迭代的每一步要使得两个非对角元素 d_{pq} 和 d_{qp} 为零。显然的策略是令

$$c = \cos\phi, \qquad s = \sin\phi \tag{25}$$

其中 ϕ 是使上述元素为零需旋转的角度。这里需要使用一些三角恒等式的技巧。用于式(25)的对于 $\cot\phi$ 的恒等式定义为

$$\theta = \cot 2\phi = \frac{c^2 - s^2}{2cs} \tag{26}$$

设 $a_{pq} \neq 0$,且需要得到 $d_{pq} = 0$。那么,通过式(24)中的最后一个等式可得到

$$0 = (c^2 - s^2) a_{pq} + cs(a_{pp} - a_{qq}) \tag{27}$$

通过重新排列可得到 $(c^2 - s^2)/(cs) = (a_{qq} - a_{pp})/a_{pq}$,将它代入式(26)中求解 θ,可得到

$$\theta = \frac{a_{qq} - a_{pp}}{2a_{pq}} \tag{28}$$

尽管可使用式(28),式(25)和式(26)计算 c 和 s,但如果计算 $\tan\phi$ 并将它用于后面的计算,可传播小的截断误差。因此,定义

$$t = \tan\phi = \frac{s}{c} \tag{29}$$

对式(26)的分母和分子同除以 c^2,可得到

$$\theta = \frac{1 - s^2/c^2}{2s/c} = \frac{1 - t^2}{2t}$$

这样可得到方程

$$t^2 + 2t\theta - 1 = 0 \tag{30}$$

由于 $t = \tan\phi$,使用式(30)的较小的根对应于较小的旋转角度 $|\phi| \leqslant \pi/4$。求解这个根的二次公式的表示形式为

$$t = -\theta \pm (\theta^2 + 1)^{1/2} = \frac{\operatorname{sign}(\theta)}{|\theta| + (\theta^2 + 1)^{1/2}} \tag{31}$$

其中当 $\theta \geqslant 0$ 时有 $\operatorname{sign}(\theta) = 1$,且当 $\theta < 0$ 时有 $\operatorname{sign}(\theta) = -1$。然后用下列公式计算 c 和 s:

$$c = \frac{1}{(t^2+1)^{1/2}} \qquad (32)$$
$$s = ct$$

11.3.6　一般步骤小结

现在描述使元素 d_{pq} 为零的计算过程。首先，选择第 p 行和第 q 列，满足 $a_{pq} \neq 0$，形成初值

$$\theta = \frac{a_{qq} - a_{pp}}{2a_{pq}}$$
$$t = \frac{\text{sign}(\theta)}{|\theta| + (\theta^2+1)^{1/2}} \qquad (33)$$
$$c = \frac{1}{(t^2+1)^{1/2}}$$
$$s = ct$$

第二步是构造 $\boldsymbol{D} = \boldsymbol{D}_1$，使用下面的计算过程：

$$d_{pq} = 0;$$
$$d_{qp} = 0;$$
$$d_{pp} = c^2 a_{pp} + s^2 a_{qq} - 2csa_{pq};$$
$$d_{qq} = s^2 a_{pp} + c^2 a_{qq} + 2csa_{pq};$$

```
for     j = 1 : N
  if    (j ~= p)    and    (j ~= q)                    (34)
    d_jp = c a_jp - s a_jq;
    d_pj = d_jp;
    d_jq = c a_jq + s a_jp;
    d_qj = d_jq;
  end
end
```

11.3.7　修正矩阵的特征值

由于需要得到矩阵乘积 $\boldsymbol{R}_1\boldsymbol{R}_2\cdots\boldsymbol{R}_n$。所以当在第 n 步迭代停止时，要计算

$$\boldsymbol{V}_n = \boldsymbol{R}_1\boldsymbol{R}_2\cdots\boldsymbol{R}_n \qquad (35)$$

其中 $\boldsymbol{V}_n$ 是正交矩阵。这需要保留当前矩阵 $\boldsymbol{V}_j$，$j=1,2,\cdots,n$。首先，令初始矩阵 $\boldsymbol{V}=\boldsymbol{I}$。用向量变量 **XP** 和 **XQ** 分别来存储 $\boldsymbol{V}$ 的第 p 列和第 q 列。然后在每一步中，执行下面的计算：

```
for     j = 1 : N
    XP_j = v_jp;
    XQ_j = v_jq;
end
for     j = 1 : N                                      (36)
    v_jp = c XP_j - s XQ_j;
    v_jq = s XP_j + c XQ_j;
end
```

11.3.8 消去 a_{pq} 的策略

通过下列非对角元素的平方和可看出雅可比方法的收敛速度:

$$S_1 = \sum_{\substack{j,k=1 \\ k \neq j}}^{n} |a_{jk}|^2 \tag{37}$$

$$S_2 = \sum_{\substack{j,k=1 \\ k \neq j}}^{n} |d_{jk}|^2, \qquad \boldsymbol{D}_1 = \boldsymbol{R}'\boldsymbol{A}\boldsymbol{R} \tag{38}$$

读者可验证式(34)能用来证明

$$S_2 = S_1 - 2|a_{pq}|^2 \tag{39}$$

在每一步中,令 S_j 表示 $\boldsymbol{D}_j$ 的非对角元素的平方和,则序列 $\{S_j\}$ 单调递减,且趋近于零。如果选择雅可比的初始算法,则在每一步中,使绝对值最大的非对角元素 a_{pq} 为零,且包含一个搜索过程来计算

$$\max\{\boldsymbol{A}\} = \max_{p<q}\{|a_{pq}|\} \tag{40}$$

这个选择保证了 $\{S_j\}$ 收敛到零。这样就证明了 $\{\boldsymbol{D}_j\}$ 收敛到 $\boldsymbol{D}$,而且 $\{\boldsymbol{V}_j\}$ 收敛到特征值的矩阵 $\boldsymbol{V}$。

雅可比搜索比较耗时,因为在一个循环中,它需要 $(n^2 - n)/2$ 量级的比较。这对于 n 很大的情况不合适。一个更好的策略是循环雅可比方法,它按一定的循环次序将矩阵的非对角元素消去。设允许偏差为ϵ,则可对矩阵进行扫描,而且若发现元素 a_{pq} 比ϵ大,则使它为零。对于矩阵的一次扫描,首先检查第 1 行的元素 $a_{12}, a_{13}, \cdots, a_{1n}$,然后是第 2 行的元素 $a_{23}, a_{24}, \cdots, a_{2n}$,等等。可以证明雅可比方法和循环雅可比方法以二次方的收敛速率收敛。循环雅可比方法首先观察每次迭代对角元素平方和的增量,即如果

$$T_0 = \sum_{j=1}^{n} |a_{jj}|^2 \tag{41}$$

且

$$T_1 = \sum_{j=1}^{n} |d_{jj}|^2$$

则

$$T_1 = T_0 + 2|a_{pq}|^2$$

这样,序列 $\{\boldsymbol{D}_j\}$ 收敛到对角矩阵 $\boldsymbol{D}$。注意,对角元素的平均大小可通过公式 $(T_0/n)^{1/2}$ 得到。非对角元素的绝对值可与$\epsilon(T_0/n)^{1/2}$进行比较,其中ϵ是预先指定的允许偏差。这样,如果

$$|a_{pq}| > \epsilon\left(\frac{T_0}{n}\right)^{1/2} \tag{42}$$

则使元素 a_{pq} 为零。

这种方法的一个变形称为阈值雅可比法,留给读者进行研究。

例 11.7 用雅可比迭代将下列对称矩阵变换成三角形式：

$$\begin{bmatrix} 8 & -1 & 3 & -1 \\ -1 & 6 & 2 & 0 \\ 3 & 2 & 9 & 1 \\ -1 & 0 & 1 & 7 \end{bmatrix}$$

解：计算细节留给读者完成。使 $a_{13}=3$ 为零的第一个旋转变换矩阵为

$$\boldsymbol{R}_1 = \begin{bmatrix} 0.763020 & 0.000000 & 0.646375 & 0.000000 \\ 0.000000 & 0.000000 & 0.000000 & 0.000000 \\ -0.646375 & 0.000000 & 0.763020 & 0.000000 \\ 0.000000 & 0.000000 & 0.000000 & 0.000000 \end{bmatrix}$$

计算 $\boldsymbol{A}_2=\boldsymbol{R}_1\boldsymbol{A}_1\boldsymbol{R}_1$ 的结果为

$$\boldsymbol{A}_2 = \begin{bmatrix} 5.458619 & -2.055770 & 0.000000 & -1.409395 \\ -2.055770 & 6.000000 & 0.879665 & 0.000000 \\ 0.000000 & 0.879665 & 11.541381 & 0.116645 \\ -1.409395 & 0.000000 & 0.116645 & 7.000000 \end{bmatrix}$$

接下来，使元素 $a_{12}=-2.055770$ 为零后，可得到

$$\boldsymbol{A}_3 = \begin{bmatrix} 3.655795 & 0.000000 & 0.579997 & -1.059649 \\ 0.000000 & 7.802824 & 0.661373 & 0.929268 \\ 0.579997 & 0.661373 & 11.541381 & 0.116645 \\ -1.059649 & 0.929268 & 0.116645 & 7.000000 \end{bmatrix}$$

经过 10 次迭代，可得到

$$\boldsymbol{A}_{10} = \begin{bmatrix} 3.295870 & 0.002521 & 0.037859 & 0.000000 \\ 0.002521 & 8.405210 & -0.004957 & 0.066758 \\ 0.037859 & -0.004957 & 11.704123 & -0.001430 \\ 0.000000 & 0.066758 & -0.001430 & 6.594797 \end{bmatrix}$$

再经过 6 次迭代，可得到接近下列对角矩阵的对角元素：

$$\boldsymbol{D} = \mathrm{diag}(3.295699, 8.407662, 11.704301, 6.592338)$$

然而，非对角元素不是足够小，再经过 3 个迭代后，它们的绝对值小于 10^{-6}。这样，特征向量是矩阵 $\boldsymbol{V}=\boldsymbol{R}_1\boldsymbol{R}_2\cdots\boldsymbol{R}_{18}$ 的列，即

$$\boldsymbol{V} = \begin{bmatrix} 0.528779 & -0.573042 & 0.582298 & 0.230097 \\ 0.591967 & 0.472301 & 0.175776 & -0.628975 \\ -0.536039 & 0.282050 & 0.792487 & -0.071235 \\ 0.287454 & 0.607455 & 0.044680 & 0.739169 \end{bmatrix}$$

■

程序 11.3（求解特征值和特征向量的雅可比迭代） 求 $n\times n$ 实对称矩阵 $\boldsymbol{A}$ 的全部特征对 $\{\lambda_j,\boldsymbol{V}_j\}_{j=1}^{n}$。

```
function [V,D]=jacobi1(A,epsilon)
%Input  - A is an nxn matrix
%       - epsilon is the tolerance
%Output - V is the nxn matrix of eigenvectors
%       - D is the diagonal nxn matrix of eigenvalues
%Initialize V,D,and parameters
D=A;
[n,n]=size(A);
V=eye(n);
state=1;
```

```
%Calculate row p and column q of the off-diagonal element
%of greatest magnitude in A
[m1 p]=max(abs(D-diag(diag(D))));
[m2 q]=max(m1);
p=p(q);
while(state==1)
   %Zero out Dpq and Dqp
   t=D(p,q)/(D(q,q)-D(p,p));
   c=1/sqrt(t^2+1);
   s=c*t;
   R=[c s;-s c];
   D([p q],:)=R'*D([p q],:);
   D(:,[p q])=D(:,[p q])*R;
   V(:,[p q])=V(:,[p q])*R;
   [m1 p]=max(abs(D-diag(diag(D))));
   [m2 q]=max(m1);
   p=p(q);
   if (abs(D(p,q))<epsilon*sqrt(sum(diag(D).^2)/n))
      state=0;
   end
end
D=diag(diag(D));
```

11.3.9 习题

1. **质量弹簧系统**(mass-spring systems)。设无阻尼质量弹簧系统如图 11.3 所示。描述静态平衡态位置的数学模型如下所示:

$$\begin{bmatrix} k_1+k_2 & -k_2 & 0 \\ -k_2 & k_2+k_3 & -k_3 \\ 0 & -k_3 & k_3 \end{bmatrix}\begin{bmatrix} x_1(t) \\ x_2(t) \\ x_3(t) \end{bmatrix}+\begin{bmatrix} m_1 & 0 & 0 \\ 0 & m_2 & 0 \\ 0 & 0 & m_3 \end{bmatrix}\begin{bmatrix} x_1''(t) \\ x_2''(t) \\ x_3''(t) \end{bmatrix}=\begin{bmatrix} 0 \\ 0 \\ 0 \end{bmatrix}$$

(a) 使用替换 $x_j(t)=v_j\sin(\omega t+\theta)$, $j=1,2,3$,其中 θ 是一个常量,证明数学模型的解可表示为

$$\begin{bmatrix} \dfrac{k_1+k_2}{m_1} & \dfrac{-k_2}{m_1} & 0 \\ \dfrac{-k_2}{m_2} & \dfrac{k_2+k_3}{m_2} & \dfrac{-k_3}{m_2} \\ 0 & \dfrac{-k_3}{m_3} & \dfrac{k_3}{m_3} \end{bmatrix}\begin{bmatrix} v_1 \\ v_2 \\ v_3 \end{bmatrix}=\omega^2\begin{bmatrix} v_1 \\ v_2 \\ v_3 \end{bmatrix}$$

(b) 令 $\lambda=\omega^2$,则(a)的 3 个解为特征对 λ_j, $\boldsymbol{V}_j=[v_1^{(j)}\quad v_2^{(j)}\quad v_3^{(j)}]'$,其中 $j=1,2,3$。证明它们可用来形成 3 个基本解:

$$\boldsymbol{X}_j(t)=\begin{bmatrix} v_1^{(j)}\sin(\omega_j t+\theta) \\ v_2^{(j)}\sin(\omega_j t+\theta) \\ v_3^{(j)}\sin(\omega_j t+\theta) \end{bmatrix}=\sin(\omega_j t+\theta)\begin{bmatrix} v_1^{(j)} \\ v_2^{(j)} \\ v_3^{(j)} \end{bmatrix}$$

其中 $\omega_j=\sqrt{\lambda_j}$, $j=1,2,3$。

批注 这 3 个解称为**振荡的 3 个基本模型**。

2. 设差分方程形成的**齐次线性系统**为

$$\begin{aligned} x_1'(t) &= x_1(t)+x_2(t) \\ x_2'(t) &= -2x_1(t)+4x_2(t) \end{aligned}$$

可表示成矩阵形式：

$$X'(t) = \begin{bmatrix} x_1'(t) \\ x_2'(t) \end{bmatrix} = \begin{bmatrix} 1 & 1 \\ -2 & 4 \end{bmatrix} \begin{bmatrix} x_1(t) \\ x_2(t) \end{bmatrix} = AX(t)$$

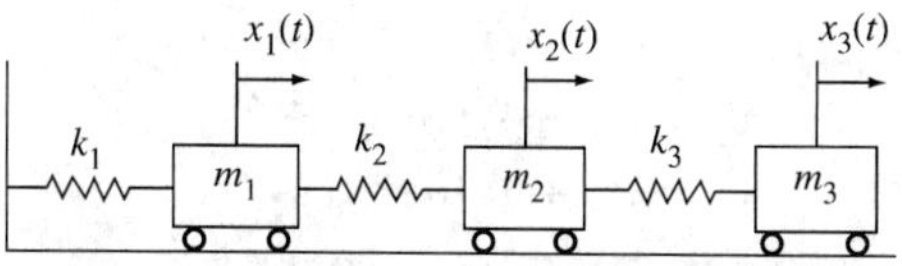

图 11.3　一个未压缩的质量弹簧系统

(a) 验证 2，[1　1]′和 3，[1　2]′是矩阵 $\boldsymbol{A}$ 的特征对。

(b) 通过直接替换成矩阵形式，验证 $\boldsymbol{X}(t) = e^{2t}[1 \quad 1]'$和 $\boldsymbol{X}(t) = e^{3t}[1 \quad 2]'$是方程组的解。

(c) 通过直接替换成矩阵形式，验证 $\boldsymbol{X}(t) = c_1e^{2t}[1 \quad 1]' + c_2e^{3t}[1 \quad 2]'$是方程组的通解。

批注　如果矩阵 $\boldsymbol{A}$ 有 n 个不同的特征值，则它有 n 个线性无关的特征向量。在这种情况下，差分方程的齐次方程组的通解可表示为一个线性组合：即 $\boldsymbol{X}(t) = c_1e^{\lambda_1 t}\boldsymbol{V}_1 + c_2e^{\lambda_2 t}\boldsymbol{V}_2 + \cdots + c_ne^{\lambda_n t}\boldsymbol{V}_n$。

3. 使用习题 2 中的技术求解下列初始值问题。

(a) $\begin{aligned} x_1' &= 4x_1 + 2x_2 \\ x_2' &= 3x_1 - x_2 \end{aligned}$　　$\begin{cases} x_1(0) = 1 \\ x_2(0) = 2 \end{cases}$

(b) $\begin{aligned} x_1' &= 2x_1 - 12x_2 \\ x_2' &= x_1 - 5x_2 \end{aligned}$　　$\begin{cases} x_1(0) = 2 \\ x_2(0) = 2 \end{cases}$

(c) $\begin{aligned} x_1' &= x_2 \\ x_2' &= x_3 \\ x_3' &= 8x_1 - 14x_2 + 7x_3 \end{aligned}$　　$\begin{cases} x_1(0) = 1 \\ x_2(0) = 2 \\ x_3(0) = 3 \end{cases}$

11.3.10　算法与程序

1. 用程序 11.3 求解给定矩阵的特征对，允许偏差为$\epsilon = 10^{-7}$。比较计算结果与用 MATLAB 命令 `eig` 得到的结果(输入`[V,D] = eig(A)`)。

(a) $A = \begin{bmatrix} 4 & 3 & 2 & 1 \\ 3 & 4 & 3 & 2 \\ 2 & 3 & 4 & 3 \\ 1 & 2 & 3 & 4 \end{bmatrix}$

(b) $A = \begin{bmatrix} 2.25 & -0.25 & -1.25 & 2.75 \\ -0.25 & 2.25 & 2.75 & 1.25 \\ -1.25 & 2.75 & 2.25 & -0.25 \\ 2.75 & 1.25 & -0.25 & 2.25 \end{bmatrix}$

(c) $A = [a_{ij}]$,　其中 $a_{ij} = \begin{cases} i + j, & i = j \\ ij, & i \neq j \end{cases}$　　$i, j = 1, 2, \cdots, 30$

(d) $A = [a_{ij}]$,　其中 $a_{ij} = \begin{cases} \cos(\sin(i + j)), & i = j \\ i + ij + j, & i \neq j \end{cases}$　　$i, j = 1, 2, \cdots, 40$

2. 用习题 1 中的技术和程序 11.3，根据下列系数，求解特征对和振荡的 3 个基本模型。

(a) $k_1 = 3, k_2 = 2, k_3 = 1, m_1 = 1, m_2 = 1, m_3 = 1$

(b) $k_1 = \frac{1}{2}, k_2 = \frac{1}{4}, k_3 = \frac{1}{4}, m_1 = 4, m_2 = 4, m_3 = 4$

(c) $k_1 = 0.2, k_2 = 0.4, k_3 = 0.3, m_1 = 2.5, m_2 = 2.5, m_3 = 2.5$

3. 用习题 2 中的技术和程序 11.3 求解下列差分方程的齐次方程组的通解。

(a)
$$\begin{aligned} x_1' &= 4x_1 + 3x_2 + 2x_3 + x_4 \\ x_2' &= 3x_1 + 4x_2 + 3x_3 + 2x_4 \\ x_3' &= 2x_1 + 3x_2 + 4x_3 + 3x_4 \\ x_4' &= x_1 + 2x_2 + 3x_3 + 4x_4 \end{aligned}$$

(b)
$$\begin{aligned} x_1' &= 5x_1 + 4x_2 + 3x_3 + 2x_4 + x_5 \\ x_2' &= 4x_1 + 5x_2 + 4x_3 + 3x_4 + 2x_5 \\ x_3' &= 3x_1 + 4x_2 + 5x_3 + 4x_4 + 3x_5 \\ x_4' &= 2x_1 + 3x_2 + 4x_3 + 5x_4 + 4x_5 \\ x_5' &= x_1 + 2x_2 + 3x_3 + 4x_4 + 5x_5 \end{aligned}$$

4. 修改程序 11.3 实现循环雅可比法。
5. 用上题第 1 题中的程序求解第 1 题中的对称矩阵,在满足给定允许偏差的条件下,比较上题中程序的迭代次数和使用程序 11.3 的迭代次数。

11.4 对称矩阵的特征值

11.4.1 Householder 法

在雅可比法中,每一次变换产生两个值为零的非对角元素,但接下来的迭代使得它们变成非零,因此需要许多迭代才能使得非对角元素足够接近零。现在研究一种方法,它可以在一次迭代中产生多个值为零的非对角元素,而且在接下来的迭代中使它们保持为零。首先研究这个方法中的一个重要步骤。

定理 11.23(Householder 反射) 如果 $\boldsymbol{X}$ 和 $\boldsymbol{Y}$ 是具有相同范数(norm)的向量,则存在一个正交对称矩阵 $\boldsymbol{P}$,满足

$$\boldsymbol{Y} = \boldsymbol{P}\boldsymbol{X} \tag{1}$$

其中

$$\boldsymbol{P} = \boldsymbol{I} - 2\boldsymbol{W}\boldsymbol{W}' \tag{2}$$

且

$$\boldsymbol{W} = \frac{\boldsymbol{X} - \boldsymbol{Y}}{\|\boldsymbol{X} - \boldsymbol{Y}\|_2} \tag{3}$$

由于 $\boldsymbol{P}$ 既是正交的,又是对称的,所以它满足

$$\boldsymbol{P}^{-1} = \boldsymbol{P} \tag{4}$$

证明:根据式(3)并定义 $\boldsymbol{W}$ 为在方向 $\boldsymbol{X} - \boldsymbol{Y}$ 上的单位向量,因此式

$$\boldsymbol{W}'\boldsymbol{W} = 1 \tag{5}$$

且

$$\boldsymbol{Y} = \boldsymbol{X} + c\boldsymbol{W} \tag{6}$$

其中 $c = -\|\boldsymbol{X} - \boldsymbol{Y}\|_2$。由于 $\boldsymbol{X}$ 和 $\boldsymbol{Y}$ 的范数相同,根据向量加的平行四边形规则,可知 $\boldsymbol{Z} = (\boldsymbol{X} + \boldsymbol{Y})/2 = \boldsymbol{X} + (c/2)\boldsymbol{W}$ 与 $\boldsymbol{W}$ 正交(如图 11.4 所示)。这意味着

$$\boldsymbol{W}'(\boldsymbol{X} + \frac{c}{2}\boldsymbol{W}) = 0$$

使用式(5)扩展前面的等式可得到

$$W'X + \frac{c}{2}W'W = W'X + \frac{c}{2} = 0 \tag{7}$$

关键的步骤是用式(7)并把 c 表示为如下形式：

$$c = -2(W'X) \tag{8}$$

将式(8)代入式(6)可知

$$Y = X + cW = X - 2W'XW$$

由于 $W'X$ 是一个标量,使用最后一个等式可表示为

$$Y = X - 2WW'X = (I - 2WW')X \tag{9}$$

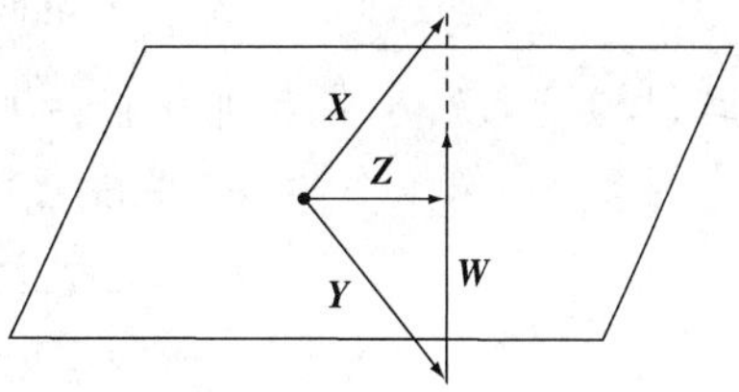

图 11.4　Householder 反射中的向量 **W**,**X**,**Y** 和 **Z**

根据式(9),可知 $P = I - 2WW'$。由于

$$\begin{aligned} P' &= (I - 2WW')' = I - 2(WW')' \\ &= I - 2WW' = P \end{aligned}$$

所以矩阵 P 是对称矩阵。

根据下面的推导可知 P 是正交的：

$$\begin{aligned} P'P &= (I - 2WW')(I - 2WW') \\ &= I - 4WW' + 4WW'WW' \\ &= I - 4WW' + 4WW' = I \end{aligned}$$

证毕。●

可以观察到映射 $Y = PX$ 实际上是沿方向为 Z 的线反射 X,因此将它命名为 **Householder 反射**。

推论 11.3(第 k 个 Householder 矩阵)　设 A 是 $n \times n$ 矩阵,且 X 是任意向量。如果 k 是一个整数,满足 $1 \leqslant k \leqslant n-2$,则可构造向量 W_k 和矩阵 $P_k = I - 2W_kW'_k$,满足

$$P_kX = P_k \begin{bmatrix} x_1 \\ \vdots \\ x_k \\ x_{k+1} \\ x_{k+2} \\ \vdots \\ x_n \end{bmatrix} = \begin{bmatrix} x_1 \\ \vdots \\ x_k \\ -S \\ 0 \\ \vdots \\ 0 \end{bmatrix} = Y \tag{10}$$

证明:关键是定义值 S 满足 $\|X\|_2 = \|Y\|_2$,然后应用定理 11.23。S 必须满足

$$S^2 = x_{k+1}^2 + x_{k+2}^2 + \cdots + x_n^2 \tag{11}$$

可通过计算 X 和 Y 的范数进行验证：

$$\begin{aligned} \|X\|_2 &= x_1^2 + x_2^2 + \cdots + x_n^2 \\ &= x_1^2 + x_2^2 + \cdots + x_k^2 + S^2 \\ &= \|Y\|_2 \end{aligned} \tag{12}$$

通过利用定理 11.23 中的等式(3),可得到向量 W,表示为

$$\begin{aligned} W &= \frac{1}{R}(X - Y) \\ &= \frac{1}{R}[0 \ \ldots \ 0 \ (x_{k+1} + S) \ x_{k+2} \ \ldots \ x_n]' \end{aligned} \tag{13}$$

当令 S 的符号与 x_{k+1} 的符号相同时,截断误差传播会减少,因此可计算

$$S = \text{sign}(x_{k+1})(x_{k+1}^2 + x_{k+2}^2 + \cdots + x_n^2)^{1/2} \tag{14}$$

选择式(13)中的数 R,使得 $\| \boldsymbol{W} \|_2 = 1$ 且满足

$$\begin{aligned} R^2 &= (x_{k+1} + S)^2 + x_{k+2}^2 + \cdots + x_n^2 \\ &= 2x_{k+1}S + S^2 + x_{k+1}^2 + x_{k+2}^2 + \cdots + x_n^2 \\ &= 2x_{k+1}S + 2S^2 \end{aligned} \tag{15}$$

因此矩阵 $\boldsymbol{P}_k$ 可表示为

$$\boldsymbol{P}_k = \boldsymbol{I} - 2\boldsymbol{W}\boldsymbol{W}' \tag{16}$$

■

11.4.2 Householder 变换

设 $\boldsymbol{A}$ 是 $n \times n$ 对称矩阵。则经过 $(n-2)$ 次 $\boldsymbol{PAP}$ 形式的变换可将 $\boldsymbol{A}$ 归约到对称三角矩阵。下面分析当 $n=5$ 时的处理过程。第一次的变换定义为 $\boldsymbol{P}_1\boldsymbol{A}\boldsymbol{P}_1$,其中 $\boldsymbol{P}_1$ 根据推论 11.3 构造,向量 $\boldsymbol{X}$ 是矩阵 $\boldsymbol{A}$ 的第一列。$\boldsymbol{P}_1$ 的一般形式为

$$\boldsymbol{P}_1 = \begin{bmatrix} 1 & 0 & 0 & 0 & 0 \\ 0 & p & p & p & p \\ 0 & p & p & p & p \\ 0 & p & p & p & p \\ 0 & p & p & p & p \end{bmatrix} \tag{17}$$

其中字母 p 表示 $\boldsymbol{P}_1$ 中的一些元素。$\boldsymbol{P}_1\boldsymbol{A}\boldsymbol{P}_1$ 变换不影响 $\boldsymbol{A}$ 中的元素 a_{11}:

$$\boldsymbol{P}_1\boldsymbol{A}\boldsymbol{P}_1 = \begin{bmatrix} a_{11} & v_1 & 0 & 0 & 0 \\ u_1 & w_1 & w & w & w \\ 0 & w & w & w & w \\ 0 & w & w & w & w \\ 0 & w & w & w & w \end{bmatrix} = \boldsymbol{A}_1 \tag{18}$$

u_1 表示的元素是指由于左乘 $\boldsymbol{P}_1$ 被改变的元素;v_1 表示的元素是指由于右乘 $\boldsymbol{P}_1$ 被改变的元素。由于 $\boldsymbol{A}_1$ 是对称矩阵,所以 $u_1 = v_1$。w 表示的元素是指由于左乘和右乘被改变的元素。由于 $\boldsymbol{X}$ 是 $\boldsymbol{A}$ 的第一列,使用式(10)意味着 $u_1 = -S$。

对式(18)中的矩阵 $\boldsymbol{A}_1$ 进行第二次 Householder 变换,表示为 $\boldsymbol{P}_2\boldsymbol{A}\boldsymbol{P}_2$,其中 $\boldsymbol{P}_2$ 是根据推论 11.3构造的,向量 $\boldsymbol{X}$ 是矩阵 $\boldsymbol{A}_1$ 的第二列。$\boldsymbol{P}_2$ 的形式为

$$\boldsymbol{P}_2 = \begin{bmatrix} 1 & 0 & 0 & 0 & 0 \\ 0 & 1 & 0 & 0 & 0 \\ 0 & 0 & p & p & p \\ 0 & 0 & p & p & p \\ 0 & 0 & p & p & p \end{bmatrix} \tag{19}$$

其中 p 表示 $\boldsymbol{P}_2$ 中的一些元素。左上角的 2×2 单位块保证了第一步中得到的结果在第二次变换 $\boldsymbol{P}_2\boldsymbol{A}_1\boldsymbol{P}_2$ 中不会改变。第二次变换后的结果为

$$\boldsymbol{P}_2\boldsymbol{A}_1\boldsymbol{P}_2 = \begin{bmatrix} a_{11} & v_1 & 0 & 0 & 0 \\ u_1 & w_1 & v_2 & 0 & 0 \\ 0 & u_2 & w_2 & w & w \\ 0 & 0 & w & w & w \\ 0 & 0 & w & w & w \end{bmatrix} = \boldsymbol{A}_2 \tag{20}$$

元素 u_2 和 v_2 由于 $\boldsymbol{P}_2$ 左乘和右乘而被改变。而且其他的元素 w 也被改变了。

对式(20)中的矩阵 $\boldsymbol{A}_2$ 进行第三次 Householder 变换，表示为 $\boldsymbol{P}_3\boldsymbol{A}_2\boldsymbol{P}_3$，根据推论，且 $\boldsymbol{X}$ 是 $\boldsymbol{A}_2$ 的第三行，可得到 $\boldsymbol{P}_3$ 为

$$\boldsymbol{P}_3 = \begin{bmatrix} 1 & 0 & 0 & 0 & 0 \\ 0 & 1 & 0 & 0 & 0 \\ 0 & 0 & 1 & 0 & 0 \\ 0 & 0 & 0 & p & p \\ 0 & 0 & 0 & p & p \end{bmatrix} \tag{21}$$

由于 3×3 的单位块保证了 $\boldsymbol{P}_3\boldsymbol{A}_2\boldsymbol{P}_3$ 不会影响 $\boldsymbol{A}_2$ 中位于左上角的 3×3 块，且可以得到

$$\boldsymbol{P}_3\boldsymbol{A}_2\boldsymbol{P}_3 = \begin{bmatrix} a_{11} & v_1 & 0 & 0 & 0 \\ u_1 & w_1 & v_2 & 0 & 0 \\ 0 & u_2 & w_2 & v_3 & 0 \\ 0 & 0 & u_3 & w & w \\ 0 & 0 & 0 & w & w \end{bmatrix} = \boldsymbol{A}_3 \tag{22}$$

这样，经过 3 次变换可将 $\boldsymbol{A}$ 归约成三角形式。

由于效率原因，变换 $\boldsymbol{PAP}$ 不用矩阵形式进行计算。通过下面的结论可知，用一些向量操作更有效。

定理 11.24（一次 Householder 变换的计算） 如果 $\boldsymbol{P}$ 是 Householder 矩阵，则变换 $\boldsymbol{PAP}$ 计算过程如下。令

$$\boldsymbol{V} = \boldsymbol{AW} \tag{23}$$

且计算

$$c = \boldsymbol{W}'\boldsymbol{V} \tag{24}$$

和

$$\boldsymbol{Q} = \boldsymbol{V} - c\boldsymbol{W} \tag{25}$$

则可得到

$$\boldsymbol{PAP} = \boldsymbol{A} - 2\boldsymbol{W}\boldsymbol{Q}' - 2\boldsymbol{Q}\boldsymbol{W}' \tag{26}$$

证明：首先有乘积

$$\boldsymbol{AP} = \boldsymbol{A}(\boldsymbol{I} - 2\boldsymbol{W}\boldsymbol{W}') = \boldsymbol{A} - 2\boldsymbol{A}\boldsymbol{W}\boldsymbol{W}'$$

根据式(23)，上式可表示为

$$\boldsymbol{AP} = \boldsymbol{A} - 2\boldsymbol{V}\boldsymbol{W}' \tag{27}$$

应用式(27)，可得到

$$\boldsymbol{PAP} = (\boldsymbol{I} - 2\boldsymbol{W}\boldsymbol{W}')(\boldsymbol{A} - 2\boldsymbol{V}\boldsymbol{W}') \tag{28}$$

当将上式进行扩展时，$2(2\boldsymbol{WW}'\boldsymbol{VW}')$ 项被分成两部分，式(28)可表示为

$$\boldsymbol{PAP} = \boldsymbol{A} - 2\boldsymbol{W}(\boldsymbol{W}'\boldsymbol{A}) + 2\boldsymbol{W}(\boldsymbol{W}'\boldsymbol{V}\boldsymbol{W}') - 2\boldsymbol{V}\boldsymbol{W}' + 2\boldsymbol{W}(\boldsymbol{W}'\boldsymbol{V})\boldsymbol{W}' \tag{29}$$

根据假设可知 $\boldsymbol{A}$ 是对称的，所以可使用 $(\boldsymbol{W}'\boldsymbol{A}) = (\boldsymbol{W}'\boldsymbol{A}') = \boldsymbol{V}'$。观察到 $(\boldsymbol{W}'\boldsymbol{V})$ 是一个标量，因此它可与任意项交换。根据另一个标量 $\boldsymbol{W}'\boldsymbol{V} = (\boldsymbol{W}'\boldsymbol{V})'$ 可得到 $\boldsymbol{W}'\boldsymbol{VW}' = (\boldsymbol{W}'\boldsymbol{V})\boldsymbol{W}' = \boldsymbol{W}'(\boldsymbol{W}'\boldsymbol{V}) = \boldsymbol{W}'(\boldsymbol{W}'\boldsymbol{V})' = ((\boldsymbol{W}'\boldsymbol{V})\boldsymbol{W})' = (\boldsymbol{W}'\boldsymbol{VW})'$。将这些结果用于式(29)的项中，可得到

$$\boldsymbol{PAP} = \boldsymbol{A} - 2\boldsymbol{W}\boldsymbol{V}' + 2\boldsymbol{W}(\boldsymbol{W}'\boldsymbol{V}\boldsymbol{W})' - 2\boldsymbol{V}\boldsymbol{W}' + 2\boldsymbol{W}'\boldsymbol{V}\boldsymbol{W}\boldsymbol{W}' \tag{30}$$

将分配律用于式(30)中，可得到

$$\boldsymbol{PAP} = \boldsymbol{A} - 2\boldsymbol{W}(\boldsymbol{V}' - (\boldsymbol{W}'\boldsymbol{V}\boldsymbol{W})') - 2(\boldsymbol{V} - \boldsymbol{W}'\boldsymbol{V}\boldsymbol{W})\boldsymbol{W}' \tag{31}$$

最后,将式(25)中 $\boldsymbol{Q}$ 的定义用于式(31),则结果为式(26)。证毕。 ●

11.4.3 三角形式归约

设 $\boldsymbol{A}$ 是 $n \times n$ 矩阵,令

$$\boldsymbol{A}_0 = \boldsymbol{A} \tag{32}$$

构造 Householder 矩阵序列 $\boldsymbol{P}_1, \boldsymbol{P}_2, \cdots, \boldsymbol{P}_{n-1}$,满足

$$\boldsymbol{A}_k = \boldsymbol{P}_k \boldsymbol{A}_{k-1} \boldsymbol{P}_k, \qquad k = 1,\ 2,\ \cdots,\ n-2 \tag{33}$$

这里 $\boldsymbol{A}_k$ 在列 $1,2,\cdots,k$ 中的子对角线下的元素为零。这个处理过程称为 **Householder 法**。

例 11.8 用 Householder 法将下列矩阵归约成对称三角形式:

$$\boldsymbol{A}_0 = \begin{bmatrix} 4 & 2 & 2 & 1 \\ 2 & -3 & 1 & 1 \\ 2 & 1 & 3 & 1 \\ 1 & 1 & 1 & 2 \end{bmatrix}$$

求解的细节留给读者。用常量 $S = 3$ 和 $R = 30^{1/2} = 5.477226$ 构造向量

$$\boldsymbol{W}' = \frac{1}{\sqrt{30}}[0\ \ 5\ \ 2\ \ 1] = [0.000000\ \ 0.912871\ \ 0.365148\ \ 0.182574]$$

根据矩阵乘 $\boldsymbol{V} = \boldsymbol{A}\boldsymbol{W}$,可得到

$$\boldsymbol{V}' = \frac{1}{\sqrt{30}}[0\ \ -12\ \ 12\ \ 9]$$
$$= [0.000000\ \ -2.190890\ \ 2.190890\ \ 1.643168]$$

计算常量 $c = \boldsymbol{W}'\boldsymbol{V}$ 为

$$c = -0.9$$

计算向量 $\boldsymbol{Q} = \boldsymbol{V} - c\boldsymbol{W} = \boldsymbol{V} + 0.9\boldsymbol{W}$ 为

$$\boldsymbol{Q}' = \frac{1}{\sqrt{30}}[0.000000\ \ -7.500000\ \ 13.800000\ \ 9.900000]$$
$$= [0.000000\ \ -1.369306\ \ 2.519524\ \ 1.807484]$$

计算 $\boldsymbol{A}_1 = \boldsymbol{A}_0 - 2\boldsymbol{W}\boldsymbol{Q}' - 2\boldsymbol{Q}\boldsymbol{W}'$ 为

$$\boldsymbol{A}_1 = \begin{bmatrix} 4.0 & -3.0 & 0.0 & 0.0 \\ -3.0 & 2.0 & -2.6 & -1.8 \\ 0.0 & -2.6 & -0.68 & -1.24 \\ 0.0 & -1.8 & -1.24 & 0.68 \end{bmatrix}$$

最后,使用常量 $S = -3.1622777$, $R = 6.0368737$, $c = -1.2649111$ 和向量

$$\boldsymbol{W}' = [0.000000\ \ 0.000000\ \ -0.954514\ \ -0.298168]$$
$$\boldsymbol{V}' = [0.000000\ \ 0.000000\ \ 1.018797\ \ 0.980843]$$
$$\boldsymbol{Q}' = [0.000000\ \ 0.000000\ \ -0.188578\ \ 0.603687]$$

推导出三角矩阵 $\boldsymbol{A}_2 = \boldsymbol{A}_1 - 2\boldsymbol{W}\boldsymbol{Q}' - 2\boldsymbol{Q}\boldsymbol{W}'$ 为

$$\boldsymbol{A}_2 = \begin{bmatrix} 4.0 & -3.0 & 0.0 & 0.0 \\ -3.0 & 2.0 & 3.162278 & 0.0 \\ 0.0 & 3.162278 & -1.4 & -0.2 \\ 0.0 & 0.0 & -0.2 & 1.4 \end{bmatrix}$$

■

程序 11.4(三角形式归约)　用 $n-2$ 次 Householder 变换将 $n\times n$ 对称矩阵 $\boldsymbol{A}$ 归约成三角形式。

```
function T=house (A)
%Input  - A is an nxn symmetric matrix
%Output - T is a tridiagonal matrix
[n,n]=size(A);
for k=1:n-2
   %Construct W
   s=norm(A(k+1:n,k));
   if (A(k+1,k)<0)
      s=-s;
   end
   r=sqrt(2*s*(A(k+1,k)+s));
   W(1:k)=zeros(1,k);
   W(k+1)=(A(k+1,k)+s)/r;
   W(k+2:n)=A(k+2:n,k)'/r;
   %Construct V
   V(1:k)=zeros(1,k);
   V(k+1:n)=A(k+1:n,k+1:n)*W(k+1:n)';
   %Construct Q
   c=W(k+1:n)*V(k+1:n)';
   Q(1:k)=zeros(1,k);
   Q(k+1:n)=V(k+1:n)-c*W(k+1:n);
   %Form Ak
   A(k+2:n,k)=zeros(n-k-1,1);
   A(k,k+2:n)=zeros(1,n-k-1);
   A(k+1,k)=-s;
   A(k,k+1)=-s;
   A(k+1:n,k+1:n)=A(k+1:n,k+1:n) ...
   -2*W(k+1:n)'*Q(k+1:n)-2*Q(k+1:n)'*W(k+1:n);
end
T=A;
```

11.4.4　QR 法

设 $\boldsymbol{A}$ 是实对称矩阵。在上一节中,研究了如何用 Householder 法构造一个相似三角矩阵。QR 法可求解一个三角矩阵的所有特征值。平面旋转变换与雅可比法中的变换类似,它构造了正交矩阵 $\boldsymbol{Q}_1=\boldsymbol{Q}$ 和上三角矩阵 $\boldsymbol{U}_1=\boldsymbol{U}$,使得 $\boldsymbol{A}_1=\boldsymbol{A}$ 可分解为

$$\boldsymbol{A}_1=\boldsymbol{Q}_1\boldsymbol{U}_1 \tag{34}$$

然后形成乘积

$$\boldsymbol{A}_2=\boldsymbol{U}_1\boldsymbol{Q}_1 \tag{35}$$

由于 $\boldsymbol{Q}_1$ 是正交的,可用式(34)得到

$$\boldsymbol{Q}_1'\boldsymbol{A}_1=\boldsymbol{Q}_1'\boldsymbol{Q}_1\boldsymbol{U}_1=\boldsymbol{U}_1 \tag{36}$$

因此,$\boldsymbol{A}_2$ 可用下列公式计算:

$$\boldsymbol{A}_2=\boldsymbol{Q}_1'\boldsymbol{A}_1\boldsymbol{Q}_1 \tag{37}$$

由于 $\boldsymbol{Q}_1'=\boldsymbol{Q}_1^{-1}$,因此 $\boldsymbol{A}_2$ 与 $\boldsymbol{A}_1$ 相似,有相同的特征值。一般而言,构造正交矩阵 $\boldsymbol{Q}_k$ 和上三角矩阵 $\boldsymbol{U}_k$,使得

$$\boldsymbol{A}_k=\boldsymbol{Q}_k\boldsymbol{U}_k \tag{38}$$

然后定义

$$\boldsymbol{A}_k+1=\boldsymbol{U}_k\boldsymbol{Q}_k=\boldsymbol{Q}_k'\boldsymbol{A}_k\boldsymbol{Q}_k \tag{39}$$

$\boldsymbol{Q}_k'=\boldsymbol{Q}_k^{-1}$ 意味着 $\boldsymbol{A}_{k+1}$ 与 $\boldsymbol{A}_k$ 相似。一个重要的结论是 $\boldsymbol{A}_k$ 与 $\boldsymbol{A}$ 相似,所以它们有相同的结构。特别是如果 $\boldsymbol{A}$ 具有三角形式,则对于所有的 k,$\boldsymbol{A}_k$ 也具有三角形式。设 $\boldsymbol{A}$ 表示为

$$\boldsymbol{A}=\begin{bmatrix} d_1 & e_1 & & & & \\ e_1 & d_2 & e_2 & & & \\ & e_2 & d_3 & \cdots & & \\ & & \vdots & d_{n-2} & e_{n-2} & \\ & & & e_{n-2} & d_{n-1} & e_{n-1} \\ & & & & e_{n-1} & d_n \end{bmatrix} \tag{40}$$

可找到一个平面旋转变换矩阵 $\boldsymbol{P}_{n-1}$ 使得 $\boldsymbol{A}$ 中位于$(n,n-1)$处的元素为零,即

$$\boldsymbol{P}_{n-1}\boldsymbol{A}=\begin{bmatrix} d_1 & e_1 & & & & \\ e_1 & d_2 & e_2 & & & \\ & e_2 & d_3 & \cdots & & \\ & & \vdots & d_{n-2} & q_{n-2} & r_{n-2} \\ & & & e_{n-2} & p_{n-1} & q_{n-1} \\ & & & & 0 & p_n \end{bmatrix} \tag{41}$$

和下面的过程类似,可构造一个平面旋转变换矩阵 $\boldsymbol{P}_{n-2}$,使得 $\boldsymbol{P}_{n-1}\boldsymbol{A}$ 中位于$(n-1,n-2)$处的元素为零。结果 $n-1$ 步后,可得到

$$\boldsymbol{P}_1\cdots\boldsymbol{P}_{n-1}\boldsymbol{A}=\begin{bmatrix} p_1 & q_1 & r_1 & \cdots & & & \\ 0 & p_2 & q_2 & \ddots & & & \\ 0 & 0 & p_3 & \ddots & r_{n-4} & & \\ & & \vdots & \ddots & q_{n-3} & r_{n-3} & \\ & & & & p_{n-2} & q_{n-2} & r_{n-2} \\ & & & & 0 & p_{n-1} & q_{n-1} \\ & & & & 0 & 0 & p_n \end{bmatrix}=\boldsymbol{U} \tag{42}$$

由于每个变换矩阵是正交矩阵,所以式(42)意味着

$$\boldsymbol{Q}=\boldsymbol{P}_{n-1}'\boldsymbol{P}_{n-2}'\cdots\boldsymbol{P}_1' \tag{43}$$

用 $\boldsymbol{Q}$ 直接乘 $\boldsymbol{U}$ 可使得第二下对角线下方的元素为零。$\boldsymbol{A}_2$ 的三角形式意味着第二上对角线上方的元素为零。由于项 r_j 只用于计算零元素,所以序列$\{r_j\}$不需要被计算机使用和存储。

对于每个平面旋转变换矩阵 $\boldsymbol{P}_j$,要存储系数 c_j 和 s_j。不需要显式存储 $\boldsymbol{Q}$,而用序列$\{c_j\}$和$\{s_j\}$计算

$$\boldsymbol{A}_2=\boldsymbol{U}\boldsymbol{Q}=\boldsymbol{U}\boldsymbol{P}_{n-1}'\boldsymbol{P}_{n-2}'\cdots\boldsymbol{P}_1' \tag{44}$$

11.4.5 加速移位

即使是对于维数较小的矩阵,QR 法的收敛速度还是较慢 。通过一种移位技术可加速 QR 法的收敛速度。如果 λ_j 是矩阵 $\boldsymbol{A}$ 的特征值,则 λ_j-s_i 是矩阵 $B=\boldsymbol{A}-s_i\boldsymbol{I}$ 的特征值。将上述思路融入下面的步骤中:

$$\boldsymbol{A}_i-s_i\boldsymbol{I}=\boldsymbol{U}_i\boldsymbol{Q}_i \tag{45}$$

则可得到

$$A_{i+1} = U_i Q_i, \qquad i = 1,\ 2,\ \cdots,\ k_j \tag{46}$$

其中$\{s_i\}$是和为λ_j的序列,其中$\lambda_j = s_1 + s_2 + \cdots + s_{kj}$。

在每个阶段,根据矩阵右下角的 4 个元素可得到正确的移位。从求λ_1开始,并计算下面2×2矩阵的特征值:

$$\begin{bmatrix} d_{n-1} & e_{n-1} \\ e_{n-1} & d_n \end{bmatrix} \tag{47}$$

它们是x_1和x_2,且是下列二次方程的根:

$$x^2 - (d_{n-1} + d_n)x + d_{n-1}d_n - e_{n-1}e_{n-1} = 0 \tag{48}$$

选择式(45)中的值s_i为最接近d_n的方程(48)的根。

这样重复执行带移位的 QR 法,直到$e_{n-1}\approx0$,即可得到第一个特征值$\lambda_1 = s_1 + s_2 + \cdots + s_{k1}$。对上面的$(n-1)$行重复执行类似的过程可得到$e_{n-2}\approx0$和下一个特征值$\lambda_2$。持续对子矩阵执行迭代,直到得到$e_2\approx0$和特征值$\lambda_{n-2}$。最后用二次方程求解最后两个特征值。分析程序 11.5 可了解详细的细节。

例 11.9　求如下矩阵的特征值:

$$M = \begin{bmatrix} 4 & 2 & 2 & 1 \\ 2 & -3 & 1 & 1 \\ 2 & 1 & 3 & 1 \\ 1 & 1 & 1 & 2 \end{bmatrix}$$

解:在例 11.8 中,构造了类似M的三角矩阵A_1。矩阵A_1为

$$A_1 = \begin{bmatrix} 4 & -3 & 0 & 0 \\ -3 & 2 & 3.16228 & 0 \\ 0 & 3.16228 & -1.4 & -0.2 \\ 0 & 0 & -0.2 & 1.4 \end{bmatrix}$$

它的右下角的 4 个元素为$d_3 = -1.4$,$d_4 = 1.4$,$e_3 = -0.2$和$e_4 = -0.2$,且可用来形成二次方程

$$x^2 - (-1.4 + 1.4)x + (-1.4)(1.4) - (-0.2)(-0.2) = x^2 - 2 = 0$$

通过计算可得到根$x_1 = -1.41421$和$x_2 = 1.41421$。选择最接近d_4的根作为第一个移位$s_1 = 1.41421$,且第一个移位的矩阵为

$$A_1 - s_1 I = \begin{bmatrix} 2.58579 & -3 & 0 & 0 \\ -3 & 0.58579 & 1.74806 & 0 \\ 0 & 1.74806 & -2.81421 & -1.61421 \\ 0 & 0 & -1.61421 & -0.01421 \end{bmatrix}$$

接下来,$A_1 - s_1 I = Q_1 U_1$的分解计算结果如下所示:

$$Q_1 U_1 = \begin{bmatrix} -0.65288 & -0.38859 & -0.55535 & 0.33814 \\ 0.75746 & -0.33494 & -0.47867 & 0.29145 \\ 0 & 0.85838 & -0.43818 & 0.26610 \\ 0 & 0 & 0.52006 & 0.85413 \end{bmatrix}$$
$$\times \begin{bmatrix} -3.96059 & 2.40235 & 2.39531 & 0 \\ 0 & 3.68400 & -3.47483 & -0.17168 \\ 0 & 0 & -0.38457 & 0.08024 \\ 0 & 0 & 0 & -0.06550 \end{bmatrix}$$

然后按逆序计算矩阵乘,可得到

$$A_2 = U_1 Q_1 = \begin{bmatrix} 4.40547 & 2.79049 & 0 & 0 \\ 2.79049 & -4.21663 & -0.33011 & 0 \\ 0 & -0.33011 & 0.21024 & -0.03406 \\ 0 & 0 & -0.03406 & -0.05595 \end{bmatrix}$$

第二次移位是 $s_2 = -0.06024$,且第二次移位的矩阵为 $A_2 - s_2 I = Q_2 U_2$,且

$$A_3 = U_2 Q_2 = \begin{bmatrix} 4.55257 & -2.65725 & 0 & 0 \\ -2.65725 & -4.26047 & 0.01911 & 0 \\ 0 & 0.01911 & 0.29171 & 0.00003 \\ 0 & 0 & 0.00003 & 0.00027 \end{bmatrix}$$

第三次移位是 $s_3 = 0.00027$,且第三次移位的矩阵为 $A_3 - s_3 I = Q_3 U_3$,且

$$A_4 = U_3 Q_3 = \begin{bmatrix} 4.62640 & 2.53033 & 0 & 0 \\ 2.53033 & -4.33489 & -0.00111 & 0 \\ 0 & -0.00111 & 0.29150 & 0 \\ 0 & 0 & 0 & 0 \end{bmatrix}$$

通过下面的计算可得到精度为小数点后5位的第一个特征值:

$$\lambda_1 = s_1 + s_2 + s_3 = 1.41421 - 0.06023 + 0.00027 = 1.35425$$

将 λ_1 放到 A_4 的右下角位置,然后重复执行上面的过程,但只对矩阵上面 3×3 块进行改变。A_4 为

$$A_4 = \begin{bmatrix} 4.62640 & 2.53033 & 0 & 0 \\ 2.53033 & -4.33489 & -0.00111 & 0 \\ 0 & -0.00111 & 0.29150 & 0 \\ 0 & 0 & 0 & 1.35425 \end{bmatrix}$$

用同样的方法,将矩阵的第2行和第3列中的项归约到零:

$$s_4 = 0.29150, \qquad A_4 - s_4 I = Q_4 U_4, \qquad A_5 = U_4 Q_4$$

这样,第二个特征值为

$$\lambda_2 = \lambda_1 + s_4 = 1.35425 + 0.29150 = 1.64575$$

最后,将 λ_2 放入 A_5 中的(3,3)处,可表示为

$$A_5 = \begin{bmatrix} 4.26081 & -2.65724 & 0 & 0 \\ -2.65724 & -4.55232 & 0 & 0 \\ 0 & 0 & 1.64575 & 0 \\ 0 & 0 & 0 & 1.35425 \end{bmatrix}$$

最后需要计算 A_5 的 2×2 左上角块的特征值。特征方程为

$$x^2 - (-4.26081 + 4.55232)x + (4.26081)(-4.55232) - (2.65724)(2.65724) = 0$$

简化为

$$x^2 + 0.29151x - 26.45749 = 0$$

方程的根为 $x_1 = 5.00000$ 和 $x_2 = -5.29150$,则最后两个特征值为

$$\lambda_3 = \lambda_2 + x_1 = 1.64575 + 5.0000 = 6.64575$$

和

$$\lambda_4 = \lambda_2 + x_2 = 1.64575 - 5.29150 = -3.64575$$ ■

程序11.5可用来求解一个对称三角矩阵的所有特征值。它直接基于前面的讨论,但有两

个显著的不同。首先,用 MATLAB 命令 eig 求 2×2 子矩阵(47)的特征方程(48)的根。其次,用MATLAB命令[Q,R]=qr(B)完成式(45)中矩阵 $\boldsymbol{A}_i - s_i\boldsymbol{I}$ 的分解,结果产生一个正交矩阵 Q 和一个上三角矩阵 R,满足 B=Q*R。

程序 11.5(带移位的 QR 法)　用带移位的 QR 法求解一个对称三对角矩阵 $\boldsymbol{A}$ 的特征值。

```
function D=qr2(A,epsilon)

%Input  - A is a symmetric tridiagonal nxn matrix
%       - epsilon is the tolerance
%Output - D is the nx1 vector of eigenvalues

%Initialize parameters
[n,n]=size(A);
m=n;
D=zeros(n,1);
B=A;

while (m>1)
   while (abs(B(m,m-1))>=epsilon)

      %Calculate shift
      S=eig(B(m-1:m,m-1:m));
      [j,k]=min([abs(B(m,m)*[1 1]'-S)]);

      %QR factorization of B
      [Q,U]=qr(B-S(k)*eye(m));

      %Calculate next B
      B=U*Q+S(k)*eye(m);
   end

   %Place mth eigenvalue in A(m,m)
   A(1:m,1:m)=B;

   %Repeat process on the m-1 x m-1 submatrix of A
   m=m-1;
   B=A(1:m,1:m);
end
D=diag(A);
```

11.4.6　习题

1. 在定理 11.23 中,解释 $\boldsymbol{Z}$ 与 $\boldsymbol{W}$ 正交的原因。
2. 如果 $\boldsymbol{X}$ 是任意向量且 $\boldsymbol{P}=\boldsymbol{I}-2\boldsymbol{X}\boldsymbol{X}'$,证明 $\boldsymbol{P}$ 是对称矩阵。
3. 设 $\boldsymbol{X}$ 是任意向量且 $\boldsymbol{P}=\boldsymbol{I}-2\boldsymbol{X}\boldsymbol{X}'$,

   (a) 求 $\boldsymbol{P}'\boldsymbol{P}$。

   (b) $\boldsymbol{P}$ 是正交矩阵的附加必要条件是什么?

11.4.7　算法和程序

在第 1 题至第 6 题中,

(a) 用程序 11.4 将给定矩阵归约到三角形式。

(b) 用程序 11.5 求给定矩阵的特征值。

1. $\begin{bmatrix} 3 & 2 & 1 \\ 2 & 3 & 2 \\ 1 & 2 & 3 \end{bmatrix}$ 2. $\begin{bmatrix} 4 & 3 & 2 & 1 \\ 3 & 4 & 3 & 2 \\ 2 & 3 & 4 & 3 \\ 1 & 2 & 3 & 4 \end{bmatrix}$ 3. $\begin{bmatrix} 2.75 & -0.25 & -0.75 & 1.25 \\ -0.25 & 2.75 & 1.25 & -0.75 \\ -0.75 & 1.25 & 2.75 & -0.25 \\ 1.25 & -0.75 & -0.25 & 2.75 \end{bmatrix}$

4. $\begin{bmatrix} 3.6 & 4.4 & 0.8 & -1.6 & -2.8 \\ 4.4 & 2.6 & 1.2 & -0.4 & 0.8 \\ 0.8 & 1.2 & 0.8 & -4.0 & -2.8 \\ -1.6 & -0.4 & -4.0 & 1.2 & 2.0 \\ -2.8 & 0.8 & -2.8 & 2.0 & 1.8 \end{bmatrix}$

5. $\boldsymbol{A} = [a_{ij}]$, 其中 $a_{ij} = \begin{cases} i+j, & i=j \\ ij, & i \neq j \end{cases}$ $i, j = 1, 2, \cdots, 30$

6. $\boldsymbol{A} = [a_{ij}]$, 其中 $a_{ij} = \begin{cases} \cos(\sin(i+j)), & i=j \\ i+ij+j, & i \neq j \end{cases}$ $i, j = 1, 2, \cdots, 40$

7. 写一个程序,可用 QR 法求解对称矩阵。
8. 修改程序 11.5,以上题中的程序为子程序。用修改后的程序求解第 1 题至第 6 题中的特征值。

附录 A MATLAB 简介

这个附录介绍了如何使用 MATLAB 软件包进行编程。这里假设读者对高级语言编程有一定的经验,而且熟悉循环、分支和子程序调用等编程技术。这些技术可直接应用到 MATLAB 的窗口环境中。

MATLAB 是一个基于矩阵的数学软件包。这个软件包包括了一个数值程序扩展库,可方便地画出二维和三维图形,并且有高级编程格式。由于 MATLAB 可快速地实现并修改程序,使得它成为开发和执行本书中各种算法的合适工具。

通过下面对 MATLAB 的介绍,读者可对 MATLAB 有初步的了解。通过示例可展示 MATLAB 命令窗口的典型输入和输出。如果需要了解各种命令、选项和例子的更多信息,可使用 MATLAB 软件中的在线帮助、参考手册和用户手册。

算术符号

+	加
-	减
*	乘
/	除
^	幂
pi, e, i	常量

例:
```
>>(2+3*pi)/2
ans =
    5.7124
```

内置函数

下面列出了 MATLAB 中的一些函数。接下来的例子显示了如何结合函数和算术符号。通过 MATLAB 的在线帮助可查出关于其他函数的描述。

```
abs(#)   cos(#)   exp(#)    log(#)     log10(#)   cosh(#)
sin(#)   tan(#)   sqrt(#)   floor(#)   acos(#)    tanh(#)
```

例:
```
>>3*cos(sqrt(4.7))
ans =
    -1.6869
```

默认的公式保留 5 位有效数字。输入命令 `format long` 将显示 15 位有效数字。

例:
```
>>format long
3*cos(sqrt(4.7))
ans =
    -1.68686892236893
```

赋值语句

通过等号可将表达式赋值给变量。

例：
```
>>a=3-floor(exp(2.9))
a=
     -15
```
把分号放在表达式的结尾可使计算机不回显(输出)。

例：
```
>>b=sin(a);
>>2*b^2
ans=
     0.8457
```
注意：b 不显示。

函数定义

在 MATLAB 的编辑器或调试器中,通过构建 M 文件(以 .m 结尾的文件)可定义一个函数。完成函数定义后,就可像使用内置函数一样使用用户定义的函数。

例：把函数 $\mathrm{fun}(x)=1+x-x^2/4$ 写入 M 文件 fun.m 中。在编辑器或调试器中输入如下内容：
```
function y=fun(x)
y=1+x-x.^2/4;
```
这里将简要解释“.^”。变量可用不同的符号表示,且函数可用不同的名字表示,但要使用统一的格式。一旦把函数存入 M 文件 fun.m 中,则可作为一个函数在 MATLAB 命令窗口中调用。
```
>>cos(fun(3))
ans=
     -0.1782
```
对函数进行求值的一个有用且有效的方法是使用 feval 命令。这个命令需要被调函数名构成的字符串。

例：
```
>>feval('fun',4)
ans=
     1
```

矩阵

MATLAB 中的所有变量都被看成矩阵或数组。可直接输入矩阵：

例：
```
>>A=[1 2 3;4 5 6;7 8 9]
A=
     1 2 3
     4 5 6
     7 8 9
```
分号用来分隔矩阵的行。注意,矩阵中的元素需要用空格隔开。一个矩阵也可一行一行地输入。

例：
```
>>A=[1 2 3
     4 5 6
     7 8 9]
A =
     1 2 3
     4 5 6
     7 8 9
```
矩阵可用内置函数生成。

例：
```
>>Z=zeros(3,5);        构建一个3×5零矩阵
>>X=ones(3,5);         构建一个元素为1的3×5矩阵
>>Y=0:0.5:2            构建并显示一个1×5矩阵
Y=
0 0.5000 1.0000 1.5000 2.0000

>>cos(Y)               通过计算Y中每项的余弦值
                       构建一个1×5矩阵
ans=
     1.0000 0.8776 0.5403 0.0707 -0.4161
```

矩阵的组成部分可通过多种方法进行操作。

例：
```
>>A(2,3)               选择A中的一项
ans=
     6
>>A(1:2,2:3)           选择A中的一个子矩阵
ans=
     2 3
     5 6
>>A([1 3],[1 3])       选择A的子矩阵的另一种方法
ans=
     1 3
     7 9
>>A(2,2)=tan(7.8);     给A中的一项赋新值
```

与矩阵相关的其他命令的信息可通过 MATLAB 在线帮助或查询 MATLAB 相关文档找到。

矩阵运算

+	加
-	减
*	乘
^	幂
'	共轭转置

例：
```
>>B=[1 2;3 4];
>>C=B'                 C是B的转置矩阵
C=
     1 3
     2 4
>>3*(B*C)^3            3(BC)^3
ans=
      13080 29568
      29568 66840
```

数组运算

MATLAB 软件包的一个最有用的特征是 MATLAB 函数可对矩阵中的每个函数进行运算。前面对 1×5 矩阵的元素进行余弦计算的例子说明了这种情况。矩阵的加、减和标量乘是面向元素的，但矩阵的乘、除和幂运算不是这样。通过符号“. *”、“. /”和“. ^”可实现面向元素的矩阵的乘、除和幂运算。理解怎样使用和何时使用这些运算非常重要。矩阵运算对有效构造和执行 MATLAB 程序以及图形相当关键。

例:
```
>>A=[1 2;3 4];
>>A^2                 得到矩阵乘积AA
ans=
     7 10
     15 22
>>A.^2                对A的每个矩阵元素进行平方运算
ans=
     1 4
     9 16
>>cos(A./2)           对A的每个矩阵元素先
                      除以2,再进行余弦运算
ans=
     0.8776  0.5403
     0.0707 -0.4161
```

图形

MATLAB 可生成曲线和曲面的二维和三维图形。有关 MATLAB 图形的操作和其他特征可参考 MATLAB 的在线帮助和文档。

可用 plot 命令生成二维函数的图形。下面的例子将产生函数 $y=\cos(x)$ 和 $y=\cos^2(x)$ 在区间$[0,\pi]$内的图形。

例:
```
>>x=0:0.1:pi;
>>y=cos(x);
>>z=cos(x).^2;
>>plot(x,y,x,z,'o')
```

第一行以步长 0.1 确定了区域。接下来的行定义了两个函数。注意,前三行以分号结尾。分号可禁止矩阵 x,y,z 在命令窗口上的回显。第四行包含画图的 plot 命令。plot 的前两项是 x 和 y,画出函数 $y=\cos(x)$。第三项和第四项是 x 和 z,画出函数 $y=\cos^2(x)$。最后的项是'o',表示在每一点(x_k,z_k),其中 $z_k=\cos^2(x_k)$,用 o 画图。

在第三行使用了数组运算“.^”。首先对矩阵 x 中的每个元素进行余弦运算,再用“.^”命令对矩阵 cos(x)中的每个元素进行平方运算。

画图命令 fplot 是 plot 命令的一个有用的备选命令。命令的格式是 fplot('name',[a,b],n)。这个命令在区间$[a,b]$内,通过采样函数 name.m 的 n 个点,画出函数的图形。n 的默认值是 25。

例:
```
>>fplot('tanh',[-2,2])   在区间[-2, 2]中画函数 y = tanh(x)
```

plot 和 plot3 命令可分别画出在二维和三维空间中的参数曲线。这对于二维和三维微分方程解的可视化很有帮助。

例:椭圆函数 $c(t)=(2\cos(t),3\sin(t))$,其中 $0\leqslant t\leqslant 2\pi$ 的图形可用下面的命令产生:

```
>>t=0:0.2:2*pi;
>>plot(2*cos(t),3*sin(t))
```

例:曲线函数 $c(t)=(2\cos(t),t^2,1/t)$,其中 $0.1\leqslant t\leqslant 4\pi$ 的图形可用下面的命令产生:

```
>>t=0.1:0.1:4*pi;
>>plot3(2*cos(t),t.^2,1./t)
```

通过使用 meshgrid 命令可得到函数在区域内的矩形子集,并可用 mesh 或 surf 命令得到函数的三维曲面。这对于偏微分方程解的三维可视化很有帮助。

例：
```
>>x=-pi:0.1:pi;
>>y=x;
>>[x,y]=meshgrid(x,y);
>>z=sin(cos(x+y));
>>mesh(z)
```

循环和条件

关系运算符

==	等于
~=	不等于
<	小于
>	大于
<=	小于等于
>=	大于等于

逻辑运算符

~	非	(补)
&	与	(如果两个操作数都为真，则为真)
|	或	(如果任一个操作数为真，则为真)

布尔值

1	真
0	假

在 MATLAB 中的 for，if 和 while 语句与其他编程语言的用法类似。这些语句有如下基本形式：

```
for (loop-variable = loop-expression)
        executable-statements
end

if (logical-expression)
        executable-statements
else (logical- expression)
        executable-statements

end

while (while-expression)
        executable-statements
end
```

下面的例子显示了如何使用嵌套循环生成一个矩阵。下面的文件保存为 nest.m。在 MATLAB 命令窗口中输入 nest 可产生一个矩阵 A。注意，当从左上角观察矩阵时，会发现矩阵 A 的元素与 Pascal 三角矩阵的元素相同。

例：
```
for i=1:5
  A(i,1)=1;A(1,i)=1;
end
for i=2:5
  for j=2:5
    A(i,j)=A(i,j-1)+A(i-1,j);
  end
end
A
```

break 命令用来退出循环。

例:
```
for k=1:100
  x=sqrt(k);
  if ((k>10)&(x-floor(x)==0))
    break
  end
end
k
```

disp 命令可用来显示文本或矩阵。

例:
```
n=10;
k=0;
while k<=n
  x=k/3;
  disp([x x^2 x^3])
  k=k+1;
end
```

程序

构造程序的有效途径是使用用户定义的函数。这些函数被存为 M 文件。程序允许用户确定输入和输出的参数。这样它们就可作为子程序被其他程序调用。下面的例子可得到带质数的 Pascal 三角矩阵。在 MATLAB 的编辑器或调试器中输入下面的函数,并存成名为 pasc.m 的 M 文件。

例:
```
function P=pasc(n,m)
%Input  - n is the number of rows
%       - m is the prime number
%Output - P is Pascal's triangle

for j=1:n
   P(j,1)=1;P(1,j)=1;
 end
 for k=2:n
   for j=2:n
     P(k,j)=rem(P(k,j-1)+P(k-1,j),m);
   end
 end
```

现在在 MATLAB 命令窗口中输入 P = pasc(5,3),可看到 Pascal 三角模 3 的前 5 行。也可试着输入 P = pasc(175,3)(注意加分号),再输入 spy(P)(可生成具有较大 n 值的稀疏矩阵)。

小结

到目前为止,读者可创建和修改基于本书中算法的程序。其他有关 MATLAB 的命令和信息可参考 MATLAB 的在线帮助和文档。

部分习题答案

第 1 章　预备知识

1.1

1. (a) $L=2$, $\{\epsilon_n\}=\left\{\frac{1}{2n+1}\right\}$, $\lim_{n\to\infty}\epsilon_n=0$
3. (a) $c=1-\sqrt{2}$
4. (a) $M_1=-5/4$, $M_2=5$
5. (a) $c=0$
6. (a) $c=1$
7. $c=4/3$
9. (a) $x^2\cos(x)$
10. (a) $c=\pm\sqrt{13/3}$
11. (a) 2　　(b) 1
15. $13\pi/3$,应用积分均值定理。
16. 令 $P(x)$ 的 n 个根为 $x_0, x_1, \cdots, x_{n-1}$。验证广义罗尔定理的假设成立。因此,存在 $c\in(a,b)$,满足 $P^{(n-1)}(c)=0$。

1.2

1. (a) 计算机计算出的结果不是 0,因为 0.1 不是精确的二进制小数表示。
   (b) 0(精确解)。
2. (a) 21　　(c) 254
3. (a) 0.84375　　(c) 0.6640625
4. (a) 1.4140625
5. (a) $\sqrt{2}-1.4140625=0.000151062\cdots$
6. (a) 10111_2　　(c) 101111010_2
7. (a) 0.0111_2　　(c) 0.10111_2
8. (a) $0.0\overline{0011}_2$　　(c) $0.\overline{001}_2$
9. (a) $0.006250000\cdots$
11. 用 $c=\frac{3}{16}$ 和 $r=\frac{1}{16}$ 求解得 $S=\dfrac{\frac{3}{16}}{1-\frac{1}{16}}=\frac{1}{5}$
13. (a)
$$\frac{1}{3}\approx 0.1011_2\times 2^{-1} = 0.1011_2\times 2^{-1}$$
$$\frac{\frac{1}{5}}{\frac{8}{15}}\approx 0.1101_2\times 2^{-2} = \frac{0.01101_2\times 2^{-1}}{0.100011_2\times 2^{-0}}$$

$$\frac{8}{15} \approx 0.1001_2 \times 2^{-0} = 0.1001_2 \times 2^0$$

$$\frac{\frac{1}{6}}{\frac{7}{10}} \approx 0.1011_2 \times 2^{-2} = \frac{0.001011_2 \times 2^{-0}}{0.101111_2 \times 2^{-0}} \approx \boxed{0.1100_2}$$

14. (a) $10 = 101_3$ (c) $421 = 120121_3$

15. (a) $\frac{1}{3} = 0.1_3$ (b) $\frac{1}{2} = 0.\overline{1}_3$

16. (a) $10 = 20_5$ (c) $721 = 10341_5$

17. (b) $\frac{1}{2} = 0.\overline{2}_5$

1.3

1. (a) $x = 2.71828182$, $\hat{x} = 2.7182$, $(x - \hat{x}) = 0.00008182$,
   $(x - \hat{x})/x = 0.00003010$,4 位有效数字

2. $\frac{1}{4} + \frac{1}{4^3 3} + \frac{1}{4^5 5(2!)} + \frac{1}{4^7 7(3!)} = \frac{292807}{1146880} = 0.2553074428 = \hat{p}$

   $p - \hat{p} = 0.0000000178$, $(p - \hat{p})/p = 0.0000000699$

3. (a) $p_1 + p_2 = 1.414 + 0.09125 = 1.505$, $p_1 p_2 = (1.414)(0.09125) = 0.1290$

4. 误差包含精度损失。

   (a) $\frac{0.70711385222 - 0.70710678119}{0.00001} = \frac{0.00000707103}{0.000001} = 0.707103$

5. (a) $\ln((x+1)/x)$ 或 $\ln(1 + 1/x)$ (c) $\cos(2x)$

6. (a)
$$\begin{aligned} P(2.72) &= (2.72)^3 - 3(2.72)^2 + 3(2.72) - 1 = 20.12 - 22.19 + 8.16 - 1 \\ &= -2.07 + 8.16 - 1 = 6.09 - 1 = 5.09 \\ Q(2.72) &= ((2.72 - 3)2.72 + 3)2.72 - 1 = ((-0.28)2.72 + 3)2.72 - 1 \\ &= (-0.7616 + 3)2.72 - 1 = (2.238)2.72 - 1 = 6.087 - 1 \\ &= 5.087 \\ R(2.72) &= (2.72 - 1)^3 = (1.72)^3 = 5.088 \end{aligned}$$

7. (a) 0.498 (b) 0.499

9.
$$\frac{1}{1-h} + \cos(h) = 2 + h + \frac{h^2}{2}h^3 + \boldsymbol{O}(h^4)$$
$$\frac{1}{1-h}\cos(h) = 1 + h + \frac{h^2}{2} + \frac{h^3}{2} + \boldsymbol{O}(h^4)$$

第2章 非线性方程 $f(x) = 0$ 的解法

2.1

1. (a) $g \in C[0,1]$,g 把区间$[0,1]$映射到$[3/4,1] \subseteq [0,1]$,且$|g'(x)| = |-x/2| = x/2 \leqslant 1/2 < 1$ 在区间$[0,1]$内。因此定理2.2的假设成立,且 g 在区间$[0,1]$内有唯一不动点。

2. (a) $g(2) = -4 + 8 - 2 = 2$, $g(4) = -4 + 16 - 8 = 4$

   (b)

$p_0 = 1.9$	$E_0 = 0.1$	$R_0 = 0.05$
$p_1 = 1.795$	$E_1 = 0.205$	$R_1 = 0.1025$
$p_2 = 1.5689875$	$E_2 = 0.4310125$	$R_2 = 0.21550625$
$p_3 = 1.04508911$	$E_3 = 0.95491089$	$R_3 = 0.477455444$

(e) (b)中的序列将不收敛到 $P=2$。(c)中的序列收敛到 $P=4$。

4. $P=2$, $g'(2)=5$，迭代将不收敛到 $P=2$。

5. $P=2n\pi$，其中 n 是任意整数，$g'(P)=1$。定理 2.3 没有给出与收敛有关的信息。

9. (a) $g(3)=0.5(3)+1.5=3$

(c) 用数学归纳法证明。根据(b) 的结论，如果 $n=1$，则 $|P-p_1|=|P-p_0|/2^1$。归纳假设：设 $|P-p_k|=|P-p_0|/2^k$，证明当 $n=k+1$ 时，命题为真：

$$\begin{aligned}|P-p_{k+1}| &= |P-p_k|/2 && \text{(根据(b))}\\ &= (|P-p_0|/2^k)/2 && \text{(归纳假设)}\\ &= |P-p_0|/2^{k+1}\end{aligned}$$

10. (a) $\dfrac{|p_{k+1}-p_k|}{|p_{k+1}|}=\left|\dfrac{\frac{p_k}{2}-p_k}{\frac{p_k}{2}}\right|=1$

2.2

1. $I_0=(0.11+0.12)/2=0.115$ $\quad A(0.115)=254403$

$I_1=(0.11+0.115)/2=0.1125$ $\quad A(0.1125)=246072$

$I_2=(0.1125+0.115)/2=0.11375$ $\quad A(0.11375)=250198$

3. 存在多种选择，使在区间 $[a,b]$ 内 $f(a)$ 与 $f(b)$ 的符号相反。下面的答案是其中一个选择。

(a) $f(1)<0$ 且 $f(2)>0$，因此在区间 $[1,2]$ 内有一个根；$f(-1)<0$ 且 $f(-2)>0$，因此在区间 $[-2,-1]$ 内有一个根。

(c) $f(3)<0$ 且 $f(4)>0$，因此在区间 $[3,4]$ 内有一个根。

4. $c_0=-1.8300782$, $c_1=-1.8409252$, $c_2=-1.8413854$, $c_3=-1.8414048$

6. $c_0=3.6979549$, $c_1=3.6935108$, $c_2=3.6934424$, $c_3=3.6934414$

11. 寻找 N，使得 $\dfrac{7-2}{2^{N+1}}<5\times10^{-9}$。

14. 使用二分法不会收敛到 $x=2$（假设 $c_n\neq2$）。

2.3

1. 在 $x=-0.7$ 附近有一个根。可用区间 $[-1,0]$。

3. 在 $x=1$ 附近有一个根。可用区间 $[-2,2]$。

5. 在 $x=1.4$ 附近有一个根。可用区间 $[1,2]$。在 $x=3$ 附近有第二个根。可用区间 $[2,4]$。

2.4

1. (a) $$p_k=g(p_{k-1})=\frac{p_{k-1}^2-2}{2p_{k-1}-1}$$

(b) $p_0=-1.5$, $p_1=0.125$, $p_2=2.6458$, $p_3=1.1651$

3. (a) $p_k=g(p_{k-1})=\frac{3}{4}p_{k-1}+\frac{1}{2}$

(b) $p_0=2.1$, $p_1=2.075$, $p_2=2.0561$, $p_3=2.0421$, $p_4=2.0316$

5. (a) $p_k=g(p_{k-1})=p_{k-1}+\cos(p_{k-1})$

7. (a) $g(p_{k-1})=p_{k-1}^2/(p_{k-1}-1)$

(b) $p_0 = 0.20$
$p_1 = -0.05$
$p_2 = -0.002380953$
$p_3 = -0.000005655$
$p_4 = -0.000000000$
$\lim_{n\to\infty} p_k = 0.0$

(c) $p_0 = 20.0$
$p_1 = 21.05263158$
$p_2 = 22.10250034$
$p_3 = 23.14988809$
$p_4 = 24.19503505$
$\lim_{n\to\infty} p_k = \infty$

8. $p_0 = 2.6$, $p_1 = 2.5$, $p_2 = 2.41935484$, $p_3 = 2.41436464$

14. 不能,因为$f'(x)$在根$p=0$处不连续。也可用$g(p_{k-1}) = -2p_{k-1}$计算项,并观察到序列发散。

22. (a) $$g(x) = x - \frac{x^2-a}{2x}\left(1 - \frac{(x^2-a)2}{2(2x)^2}\right)^{-1} = \frac{x(x^2+3a)}{3x^2+a}$$

$$g(x) = \frac{15x+x^3}{5+3x^2}$$

$p_1 = 2.2352941176$, $p_2 = 2.2360679775$, $p_3 = 2.2360679775$

(b) $$g(x) = \frac{2+4x+2x^2+x^3}{3+4x+2x^2}$$

$p_1 = -2.0130081301$, $p_2 = -2.0000007211$, $p_3 = -2.0000000000$

2.5

2. (a) $$\Delta^2 p_n = \Delta(\Delta p_n) = \Delta(p_{n+1} - p_n) = (p_{n+2} - p_{n+1}) - (p_{n+1} - p_n)$$
$$= p_{n+2} - 2p_{n+1} + p_n = 2(n+2)^2 + 1 - 2(2(n+1)^2 + 1)$$
$$+ 2n^2 + 1 = 4$$

6. $p_n = 1/(4^n + 4^{-n})$

n	p_n	q_n, 埃特金方法
0	0.5	−0.26437542
1	0.23529412	−0.00158492
2	0.06225681	−0.00002390
3	0.01562119	−0.00000037
4	0.00390619	
5	0.00097656	

7. $g(x) = (6+x)^{1/2}$

n	p_n	q_n, 埃特金方法
0	2.5	3.00024351
1	2.91547595	3.00000667
2	2.98587943	3.00000018
3	2.99764565	3.00000001
4	2.99960758	
5	2.99993460	

9. $\cos(x) - 1 = 0$

n	p_n,斯蒂芬森方法
0	0.5
1	0.24465808
2	0.12171517
3	0.00755300
4	0.00377648
5	0.00188824
6	0.00000003

11. 无限序列的和是 $S=99$。

n	S_n	T_n
1	0.99	98.9999988
2	1.9701	99.0000017
3	2.940399	98.9999988
4	3.90099501	98.9999992
5	4.85198506	
6	5.79346521	

13. 无限序列的和是 $S=4$。

15. 用米勒方法求解 $f(x)=x^3-x-2$。

n	p_n	$f(p_n)$
0	1.0	−2.0
1	1.2	−1.472
2	1.4	−0.656
3	1.52495614	0.02131598
4	1.52135609	−0.00014040
5	1.52137971	−0.00000001

第 3 章　线性方程组 $AX=B$ 的数值解法

3.1

1. (i) (a) $(1,4)$　(b) $(5,-12)$　(c) $(9,-12)$　(d) 5　(e) $(-26,72)$　(f) -38　(g) $2\sqrt{1465}$

2. $\theta=\arccos(-16/21)\approx 2.437045$ rad

3. (a) 设 $\boldsymbol{X},\boldsymbol{Y}\neq\boldsymbol{0}$。$\boldsymbol{X}\cdot\boldsymbol{Y}=\boldsymbol{0}$ 当且仅当 $\cos(\theta)=0$，当且仅当 $\theta=(2n+1)\frac{\pi}{2}$，当且仅当 $\boldsymbol{X}$ 和 $\boldsymbol{Y}$ 是正交的。

6. (c) $a_{ji}=\begin{cases} ji, & j=i \\ j-ji+i, & j\neq i\end{cases} = \begin{cases} ij, & i=j \\ i-ij+j, & i\neq j\end{cases} = a_{ij}$

3.2

1. $\boldsymbol{AB}=\begin{bmatrix}-11 & -12\\ 13 & -24\end{bmatrix}$,　$\boldsymbol{BA}=\begin{bmatrix}-15 & 10\\ -12 & -20\end{bmatrix}$

3. (a) $(\boldsymbol{AB})\boldsymbol{C}=\boldsymbol{A}(\boldsymbol{BC})=\begin{bmatrix}2 & -5\\ -88 & -56\end{bmatrix}$

5. (a) 33　　(c) 行列式不存在，因为矩阵不是方阵。

8. $(\boldsymbol{AB})(\boldsymbol{B}^{-1}\boldsymbol{A}^{-1})=\boldsymbol{A}(\boldsymbol{BB}^{-1})\boldsymbol{A}^{-1}=(\boldsymbol{AI})\boldsymbol{A}^{-1}=\boldsymbol{AA}^{-1}=\boldsymbol{I}$，$(\boldsymbol{B}^{-1}\boldsymbol{A}^{-1})(\boldsymbol{AB})=\boldsymbol{I}$，$(\boldsymbol{AB})^{-1}=\boldsymbol{B}^{-1}\boldsymbol{A}^{-1}$。

10. (a) MN　　(b) $M(N-1)$

13. $\boldsymbol{XX}'=[6]$,　$\boldsymbol{X}'\boldsymbol{X}=\begin{bmatrix}1 & -1 & 2\\ -1 & 1 & -2\\ 2 & -2 & 4\end{bmatrix}$

3.3

1. $x_1=2, x_2=-2, x_3=1, x_4=3, \det(\boldsymbol{A})=120$

5. $x_1=3, x_2=2, x_3=1, x_4=-1, \det(\boldsymbol{A})=-24$

3.4

1. $x_1=-3, x_2=2, x_3=1$
5. $y=5-3x+2x^2$
10. $x_1=1, x_2=3, x_3=2, x_4=-2$
15. (a) 希尔伯特矩阵 **A** 的解:

    $x_1=16, x_2=-120, x_3=240, x_4=-140$

    (b) 其他矩阵 **A** 的解:

    $x_1=18.73, x_2=-149.6, x_3=310.1, x_4=-185.1$

3.5

1. (a) $\boldsymbol{Y}'=[-4\ \ 12\ \ 3]$, $\boldsymbol{X}'=[-3\ \ 2\ \ 1]$

    (b) $\boldsymbol{Y}'=[20\ \ 39\ \ 9]$, $\boldsymbol{X}'=[5\ \ 7\ \ 3]$

3. (a) $\begin{bmatrix}-5 & 2 & -1\\ 1 & 0 & 3\\ 3 & 1 & 6\end{bmatrix}=\begin{bmatrix}1 & 0 & 0\\ -0.2 & 1 & 0\\ -0.6 & 5.5 & 1\end{bmatrix}\begin{bmatrix}-5 & 2 & -1\\ 0 & 0.4 & 2.8\\ 0 & 0 & -10\end{bmatrix}$

5. (a) $\boldsymbol{Y}'=[8\ \ -6\ \ 12\ \ 2]$, $\boldsymbol{X}'=[3\ \ -1\ \ 1\ \ 2]$

    (b) $\boldsymbol{Y}'=[28\ \ 6\ \ 12\ \ 1]$, $\boldsymbol{X}'=[3\ \ 1\ \ 2\ \ 1]$

6. $\boldsymbol{A}=\boldsymbol{LU}$

$$\boldsymbol{LU}=\begin{bmatrix}1 & 0 & 0 & 0\\ 2 & 1 & 0 & 0\\ 5 & 1 & 1 & 0\\ -3 & -1 & -1.75 & 1\end{bmatrix}\begin{bmatrix}1 & 1 & 0 & 4\\ 0 & -3 & 5 & -8\\ 0 & 0 & -4 & -10\\ 0 & 0 & 0 & -7.5\end{bmatrix}$$

3.6

1. (a) 雅可比迭代

    $P_1=(3.75, 1.8)$

    $P_2=(4.2, 1.05)$

    $P_3=(4.0125, 0.96)$

    迭代收敛到(4,1)。

    (b) 高斯-赛德尔迭代

    $P_1=(3.75, 1.05)$

    $P_2=(4.0125, 0.9975)$

    $P_3=(3.999375, 1.000125)$

    迭代收敛到(4,1)。

3. (a) 雅可比迭代

    $P_1=(-1, -1)$

    $P_2=(-4, -4)$

    $P_3=(-13, -13)$

    迭代发散且偏离解 $P=(0.5, 0.5)$

    (b) 高斯-赛德尔迭代

    $P_1=(-1, -4)$

    $P_2=(-13, -40)$

    $P_3=(-121, -361)$

    迭代发散且偏离解 $P=(0.5, 0.5)$

5. (a) 雅可比迭代

    $P_1=(2, 1.375, 0.75)$

    $P_2=(2.125, 0.96875, 0.90625)$

    $P_3=(2.0125, 0.95703125, 1.0390625)$

    迭代收敛到 $P=(2,1,1)$

    (b) 高斯-赛德尔迭代

$P_1=(2,0.875,1.03125)$

$P_2=(1.96875,1.01171875,0.989257813)$

$P_3=(2.00449219,0.99753418,1.0017395)$

迭代收敛到 $P=(2,1,1)$

9. (15) $\| \boldsymbol{X} \|_1 = \sum_{k=1}^{N} |x_k| = 0$，当且仅当 $|x_k| = 0, k = 0,1,\cdots,N$，当且仅当 $\boldsymbol{X} = 0$

(16) $\| c\boldsymbol{X} \|_1 = \sum_{k=1}^{N} |cx_k| = \sum_{k=1}^{N} |c||x_k| = |c| \sum_{k=1}^{N} |x_k| = |c| \, \| \boldsymbol{X} \|_1$

3.7

1. (a) $x=0, y=0$ (c) $x=0, y=n\pi$

2. (a) $x=4, y=-2$ (c) $x=0, y=(2n+1)\pi/2; x=2(-1)^n, y=n\pi$

5. $\boldsymbol{J}(x,y)=\begin{bmatrix} 1-x & y/4 \\ (1-x)/2 & (2-y)/2 \end{bmatrix}$, $\boldsymbol{J}(1.1,2.0)=\begin{bmatrix} -0.1 & 0.5 \\ -0.05 & 0.0 \end{bmatrix}$

	固定点迭代		塞德尔迭代	
k	p_k	q_k	p_k	q_k
0	1.1	2.0	1.1	2.0
1	1.12	1.9975	1.12	1.9964
2	1.1165508	1.9963984	1.1160016	1.9966327
∞	1.1165151	1.9966032	1.1165151	1.9966032

7. $0=x^2-y-0.2, 0=y^2-x-0.3$

$\boldsymbol{P}_k$	线性系统 $\boldsymbol{J}(\boldsymbol{P}_k)d\boldsymbol{P}=-\boldsymbol{F}(\boldsymbol{P}_k)$ 的解	$\boldsymbol{P}_k+d\boldsymbol{P}$
$\begin{bmatrix}1.2\\1.2\end{bmatrix}$	$\begin{bmatrix}2.4 & -1.0\\-1.0 & 2.4\end{bmatrix}\begin{bmatrix}-0.0075630\\0.0218487\end{bmatrix}=-\begin{bmatrix}0.04\\-0.06\end{bmatrix}$	$\begin{bmatrix}1.192437\\1.221849\end{bmatrix}$
$\begin{bmatrix}1.192437\\1.221849\end{bmatrix}$	$\begin{bmatrix}2.384874 & -1.0\\-1.0 & 2.443697\end{bmatrix}\begin{bmatrix}-0.0001278\\-0.0002476\end{bmatrix}=-\begin{bmatrix}0.0000572\\0.0004774\end{bmatrix}$	$\begin{bmatrix}1.192309\\1.221601\end{bmatrix}$

(a) 因此，$(p_1,q_1)=(1.192437,1.221849)$，$(p_2,q_2)=(1.192309,1.221601)$

$\boldsymbol{P}_k$	线性系统 $\boldsymbol{J}(\boldsymbol{P}_k)d\boldsymbol{P}=-\boldsymbol{F}(\boldsymbol{P}_k)$ 的解	$\boldsymbol{P}_k+d\boldsymbol{P}$
$\begin{bmatrix}-0.2\\-0.2\end{bmatrix}$	$\begin{bmatrix}-0.4 & -1.0\\-1.0 & -0.4\end{bmatrix}\begin{bmatrix}-0.0904762\\0.0761905\end{bmatrix}=-\begin{bmatrix}0.04\\-0.06\end{bmatrix}$	$\begin{bmatrix}-0.2904762\\-0.1238095\end{bmatrix}$
$\begin{bmatrix}-0.2904762\\-0.1238095\end{bmatrix}$	$\begin{bmatrix}-0.5809524 & -1.0\\-1.0 & -0.2476190\end{bmatrix}\begin{bmatrix}0.0044128\\0.0056223\end{bmatrix}=-\begin{bmatrix}0.0081859\\0.0058050\end{bmatrix}$	$\begin{bmatrix}-0.2860634\\-0.1181872\end{bmatrix}$

(b) 因此，$(p_1,q_1)=(-0.2904762,-0.1238095)$，$(p_2,q_2)=(-0.2860634,-0.1181872)$

8. (b) 解的雅可比行列式为 $|\boldsymbol{J}(1,1)|=0$ 和 $|\boldsymbol{J}(-1,-1)|=0$。牛顿法取决于能够求解矩阵是 $\boldsymbol{J}(p_n,q_n)$，且 (p_n,q_n) 接近一个解的线性方程组。对于此例，方程组是病态的，因此很难求出精确的解。实际上，接近解的一些值有 $\boldsymbol{J}(x_0,y_0)=0$，例如 $\boldsymbol{J}(1.0001,1.0001)=0$。

12. (a) 注意：对于导数有 $\frac{\partial}{\partial x}(cf(x,y))=c\frac{\partial}{\partial x}f(x,y)$。$\boldsymbol{F}(\boldsymbol{X})$ 定义为 $\boldsymbol{F}(\boldsymbol{X})=[f_1(x_1,\cdots,x_n)\cdots f_m(x_1,\cdots,x_n)]'$。这样，根据标量乘法，有 $c\boldsymbol{F}(\boldsymbol{X})=[cf_1(x_1,\cdots,x_n)\cdots cf_m(x_1,\cdots,x_n)]'$。$\boldsymbol{J}(c\boldsymbol{F}(\boldsymbol{X}))=[j_{ik}]_{m\times n}$，其中 $j_{ik}=\frac{\partial}{\partial x_k}(cf_i(x_1,\cdots,x_n))=c\frac{\partial}{\partial x_k}f_i(x_1,\cdots,x_n)$。因此，根据标量乘法的定义，有 $\boldsymbol{J}(c\boldsymbol{F}(\boldsymbol{X}))=c\boldsymbol{J}(\boldsymbol{F}(\boldsymbol{X}))$。

第 4 章 插值与多项式逼近

4.1

1. (a) $P_5(x) = x - x^3/3! + x^5/5!$

   $P_7(x) = x - x^3/3! + x^5/5! - x^7/7!$

   $P_9(x) = x - x^3/3! + x^5/5! - x^7/7! + x^9/9!$

   (b) $|E_9(x)| = |\sin(c)x10/10!| \leqslant (1)(1)^{10}/10! = 0.0000002755$

   (c) $P_5(x) = 2^{-1/2}(1 + (x - \pi/4) - (x - \pi/4)^2/2 - (x - \pi/4)^3/6 + (x - \pi/4)^4/24 + (x - \pi/4)^5/120)$

3. 在 $x_0 = 0$ 处,$f(x)$的导数无定义。但在 $x_0 = 1$ 处,$f(x)$的导数有定义。

5. $P_3(x) = 1 + 0x - x^2/2 + 0x^3 = 1 - x^2/2$

8. (a) $f(2) = 2, f'(2) = \dfrac{1}{4}, f''(2) = -\dfrac{1}{32}, f^{(3)}(2) = \dfrac{3}{256}$

   $P_3(x) = 2 + (x-2)/4 - (x-2)^2/64 + (x-2)^3/512$

   (b) $P_3(1) = 1.732421875$;$3^{1/2} = 1.732050808$

   (c) $f^{(4)}(x) = -15(2+x)^{-7/2}/16$;当 $x = 1$ 且 $|f^{(4)}(x)| \leqslant |f^{(4)}(1)| \leqslant 3^{-7/2}(15/16) \approx 0.020046$ 时,$|f^{(4)}(x)|$在区间 $1 \leqslant x \leqslant 3$ 内有最大值。因此,$|E_3(x)| \leqslant \dfrac{(0.020046)(1)^4}{4!} = 0.00083529$。

13. (d) $P_3(0.5) = 0.41666667$

    $P_6(0.5) = 0.40468750$

    $P_9(0.5) = 0.40553230$

    $\ln(1.5) = 0.40546511$

14. (d) $P_2(0.5) = 1.21875000$

    $P_4(0.5) = 1.22607422$

    $P_6(0.5) = 1.22660828$

    $(1.5)^{1/2} = 1.22474487$

4.2

1. (a) 用 $x = 4$ 可得 $b_3 = -0.02, b_2 = 0.02, b_1 = -0.12, b_0 = 1.18$,因此 $P(4) = 1.18$。

   (b) 用 $x = 4$ 可得 $d_2 = -0.06, d_1 = -0.04, d_0 = -0.36$,因此 $P'(4) = -0.36$。

   (c) 用 $x = 4$ 可得 $i_4 = -0.005, i_3 = 0.01333333, i_2 = -0.04666667, i_1 = 1.47333333, i_0 = 5.89333333$,因此 $I(4) = 5.89333333$。同理用 $x = 1$ 可得 $I(1) = 1.58833333$。

   $\int_1^4 P(x)\,dx = I(4) - I(1) = 5.89333333 - 1.58833333 = 4.305$

   (d) 用 $x = 5.5$ 可得 $b_3 = -0.02, b_2 = -0.01, b_1 = -0.255, b_0 = 0.2575$。因此 $P(5,5) = 0.2575$。

4.3

1. (a) $P_1(x) = -1(x-0)/(-1-0) + 0 = x + 0 = x$

(b) $P_2(x) = -1\dfrac{(x-0)(x-1)}{(-1-0)(-1-1)} + 0 + \dfrac{(x+1)(x-0)}{(1+1)(1-0)}$

$= -0.5(x)(x-1) + 0.5(x)(x+1) = 0x^2 + x + 0 = x$

(c) $P_3(x) = -1\dfrac{(x)(x-1)(x-2)}{(-1)(-2)(-3)} + 0 + \dfrac{(x+1)(x)(x-2)}{(2)(1)(-1)}$

$+8\dfrac{(x+1)(x)(x-1)}{(3)(2)(1)} = x^3 + 0x^2 + 0x + 0 = x^3$

(d) $P_1(x) = 1(x-2)/(1-2) + 8(x-1)/(2-1) = 7x - 6$

(e) $P_2(x) = 0 + \dfrac{(x)(x-2)}{(1)(-1)} + 8\dfrac{(x)(x-1)}{(2)(1)} = 3x^2 - 2x$

5. (c) $f^{(4)}(c) = 120(c-1)$ 对所有 c 成立，因此 $E_3(x) = 5(x+1)(x)(x-3)(x-4)(c-1)$

10. $|f^{(2)}(c)| \leqslant |-\sin(1)| = 0.84147098 = M_2$

(a) $h^2M_2/8 = h^2(0.84147098)/8 < 5\times10^{-7}$

12. (a) $z = 3 - 2x + 4y$

4.4

1.

$P_1(x) = 4 - (x-1)$

$P_2(x) = 4 - (x-1) + 0.4(x-1)(x-3)$

$P_3(x) = P_2(x) + 0.01(x-1)(x-3)(x-4)$

$P_4(x) = P_3(x) - 0.002(x-1)(x-3)(x-4)(x-4.5)$

$P_1(2.5) = 2.5,\ P_2(2.5) = 2.2,\ P_3(2.5) = 2.21125,\ P_4(2.2) = 2.21575$

5.

$f(x) = x^{1/2}$

$P_4(x) = 2.0 + 2.3607(x-4) - 0.01132(x-4)(x-5)$

$+ 0.00091(x-4)(x-5)(x-6)$

$- 0.00008(x-4)(x-5)(x-6)(x-7)$

$P_1(4.5) = 2.11804,\ P_2(4.5) = 2.12086,\ P_3(4.5) = 2.12121,\ P_4(4.5) = 2.12128$

6.

$f(x) = 3.6/x$

$P_4(x) = 3.6 - 1.8(x-1) + 0.6(x-1)(x-2) - 0.15(x-1)(x-2)(x-3)$

$+ 0.03(x-1)(x-2)(x-3)(x-4)$

$P_1(2.5) = 0.9,\ P_2(2.5) = 1.35,\ P_3(2.5) = 1.40625,\ P_4(2.5) = 1.423125$

4.5

9. (a) $\ln(x+2) \approx 0.69549038 + 0.49905042x - 0.14334605x^2 + 0.04909073x^3$

(b) $|f^{(4)}(x)|/(2^3(4!)) \leqslant |-6|/(2^3(4!)) = 0.03125000$

11. (a) $\cos(x) \approx 1 - 0.46952087x^2$

(b) $|f^{(3)}(x)|/(2^2(3!)) \leqslant |\sin(1)|/(2^2(3!)) = 0.03506129$

13. 泰勒多项式的误差界为

$$\frac{|f^{(8)}(x)|}{8!} \leqslant \frac{|\sin(1)|}{8!} = 0.00002087$$

极小极大逼近的误差界为

$$\frac{|f^{(8)}(x)|}{2^7(8!)} \leqslant \frac{|\sin(1)|}{2^7(8!)} = 0.00000016$$

4.6

1. $1=p_0, 1+q_1=p_1, \frac{1}{2}+q_1=0, q_1=-\frac{1}{2}, p_1=\frac{1}{2}$

   $e^x \approx R_{1,1}(x)=(2+x)/(2-x)$

3. $1=p_0, \frac{1}{3}+2q_1/15=p_1, \frac{2}{15}+q_1/3=0, q_1=-\frac{2}{5}, p_1=-\frac{1}{15}$

5. $1=p_0, 1+q_1=p_1, \frac{1}{2}+q_1+q_2=p_2$

   首先求解方程组$\begin{cases}\frac{1}{6}+\frac{q_1}{2}+q_2=0\\ \frac{1}{24}+\frac{q_1}{6}+\frac{q_2}{2}=0\end{cases}$

   得 $q_1=-\frac{1}{2}, q_2=\frac{1}{12}, p_1=\frac{1}{2}, p_2=\frac{1}{12}$

7. (a) $1=p_0, \frac{1}{3}+q_1=p_1, \frac{2}{15}+q_1/3+q_2=p_2$

   首先求解方程组$\begin{cases}\frac{17}{315}+\frac{2q_1}{15}+\frac{q_2}{3}=0\\ \frac{62}{2835}+\frac{17q_1}{315}+\frac{q_2}{15}=0\end{cases}$

   得 $q_1=-\frac{4}{9}, q_2=\frac{1}{63}, p_1=-\frac{1}{9}, p_2=\frac{1}{945}$

第5章 曲线拟合

5.1

1. (a) $10A+0B=7$

   $0A+5B=13$

   $y=0.70x+2.60, E_2(f)\approx 0.2449$

2. (a) $40A+0B=58$

   $0A+5B=31.2$

   $y=1.45x+6.24, E_2(f)\approx 0.8958$

3. (c) $\sum_{k=1}^{5} x_k y_k \Big/ \sum_{k=1}^{5} x_k^2 = 86.9/55 = 1.58$

   $y=1.58x, E_2(f)\approx 0.1720$

11. (a) $y=1.6866x^2, E_2(f)\approx 1.3$

    $y=0.5902x^3, E_2(f)\approx 0.29$ 这是最佳解

5.2

1. (a) $164A + 20C = 186$

$20B = -34$

$20A + 4C = 26$

$y = 0.875x^2 - 1.70x + 2.125 = 7/8x^2 - 17/10x + 17/8$

3. (a) $15A + 5B = -0.8647$

$5A + 5B = 4.2196$

$y = 3.8665e^{-0.5084x}$, $E_1(f) \approx 0.10$

6.

	线性化	极小化最小二乘
(a)	$\dfrac{1000}{1 + 4.3018e^{-1.0802t}}$	$\dfrac{1000}{1 + 4.2131e^{-1.0456t}}$
(b)	$\dfrac{5000}{1 + 8.9991e^{-0.81138t}}$	$\dfrac{5000}{1 + 8.9987e^{-0.81157t}}$

18. (a) $14A + 15B + 8C = 82$

$15A + 19B + 9C = 93$

$8A + 9B + 5C = 49$

$A = 2.4, B = 1.2, C = 3.8$, 得到 $z = 2.4x + 1.2y + 3.8$

5.3

4. $h_0 = 1$ $\quad d_0 = -2$

$h_1 = 3$ $\quad d_1 = 1$ $\quad u_1 = 18$

$h_2 = 3$ $\quad d_2 = -2/3$ $\quad u_2 = -10$

求解方程组 $\begin{cases} \dfrac{15}{2}m_1 + m_2 = 21 \\ 3m_1 + \dfrac{21}{2}m_2 = -15 \end{cases}$ 可得 $m_1 = \dfrac{314}{101}$ 和 $m_2 = -\dfrac{234}{101}$

则 $m_0 = -\dfrac{460}{101}$ 且 $m_3 = \dfrac{856}{303}$，三次样条为

$$S_0(x) = \frac{129}{101}(x+3)^3 - \frac{230}{101}(x+3)^2 - (x+3) + 2, \qquad -3 \leqslant x \leqslant -2$$

$$S_1(x) = -\frac{274}{909}(x+2)^3 + \frac{157}{101}(x+2)^2 - \frac{96}{101}(x+2), \qquad -2 \leqslant x \leqslant 1$$

$$S_2(x) = \frac{779}{2727}(x-1)^3 - \frac{117}{101}(x-1)^2 + \frac{72}{303}(x-1) + 3, \qquad 1 \leqslant x \leqslant 4$$

5. $h_0 = 1$ $\quad d_0 = -2$

$h_1 = 3$ $\quad d_1 = 1$ $\quad u_1 = 18$

$h_2 = 3$ $\quad d_2 = -2/3$ $\quad u_2 = -10$

求解方程组 $\begin{cases} 8m_1 + 3m_2 = 18 \\ 3m_1 + 12m_2 = -10 \end{cases}$ 解得 $m_1 = \dfrac{82}{29}$ 和 $m_2 = -\dfrac{134}{87}$

设 $m_0 = 0 = m_3$，三次样条为

$$S_0(x)=\frac{41}{87}(x+3)^3-\frac{215}{87}(x+3)+2,\qquad -3\leqslant x\leqslant -2$$
$$S_1(x)=-\frac{190}{783}(x+2)^3+\frac{41}{29}(x+2)^2-\frac{92}{87}(x+2),\qquad -2\leqslant x\leqslant 1$$
$$S_2(x)=\frac{67}{783}(x-1)^3-\frac{67}{87}(x-1)^2+\frac{76}{87}(x-1)+3,\qquad 1\leqslant x\leqslant 4$$

6. $h_0=1$ $\quad d_0=-2$

$h_1=3$ $\quad d_1=1$ $\quad u_1=18$

$h_2=3$ $\quad d_2=-2/3$ $\quad u_2=-10$

求解方程组$\begin{cases}\frac{28}{3}m_1+\frac{8}{3}m_2=18\\ 0m_1+18m_2=-10\end{cases}$ 可得 $m_1=\frac{263}{126}$和 $m_2=-\frac{5}{9}$

则 $m_0=\frac{187}{63}$和 $m_3=-\frac{403}{126}$。三次样条为

$$S_0(x)=-\frac{37}{252}(x+3)^3+\frac{187}{126}(x+3)^2-\frac{841}{252}(x+3)+2,\quad -3\leqslant x\leqslant -2$$
$$S_1(x)=-\frac{37}{252}(x+2)^3+\frac{263}{252}(x+2)^2-\frac{17}{21}(x+2),\qquad -2\leqslant x\leqslant 1$$
$$S_2(x)=-\frac{37}{252}(x-1)^3-\frac{5}{18}(x-1)^2+\frac{125}{84}(x-1)+3,\qquad 1\leqslant x\leqslant 4$$

5.4

1. $f(x)=\frac{4}{\pi}\left(\sin(x)+\frac{\sin(3x)}{3}+\frac{\sin(5x)}{5}+\frac{\sin(7x)}{7}+\cdots\right)$

3. $f(x)=\frac{\pi}{4}+\sum_{j=1}^{\infty}\left(\frac{(-1)^j-1}{\pi j^2}\right)\cos(jx)-\sum_{j=1}^{\infty}\left(\frac{(-1)^j}{j}\right)\sin(jx)$

5. $f(x)=\frac{4}{\pi}\left(\sin(x)-\frac{\sin(3x)}{3^2}+\frac{\sin(5x)}{5^2}-\frac{\sin(7x)}{7^2}+\cdots\right)$

12. $f(x)=6+\frac{36}{\pi^2}\sum_{j=1}^{\infty}\left(\frac{(-1)^{j+1}}{j^2}\right)\cos\left(\frac{j\pi x}{3}\right)$

5.5

1. $B_{2,4}(t)=6t^2-12t^3+6t^4$

$B_{3,5}(t)=10t^3-20t^4+10t^5$

$B_{5,7}(t)=21t^5-42t^6+21t^7$

3. 提示:二项式系数是非负的,且对于 $t\in[0,1]$,t^i 和$(1-t)^{N-i}$是非负的,通过式(4)和数学归纳法可以证明。

5. $\frac{d}{dt}B_{3,5}(t)=5(B_{2,4}(t)-B_{3,4}(t))=5(6t^2(1-t)^2-4t^3(1-2))$

$\frac{d}{dt}B_{3,5}(1/3)=80/81$ 和$\frac{d}{dt}B_{3,5}(2/3)=-40/81$

7.
$$tB_{i,N}(t)=\binom{N}{i}t^{i+1}(1-t)^{N-i}$$
$$=\binom{N}{i}t^{i+1}(1-t)^{(N+1)-(i+1)}$$

$$= \frac{\binom{N}{i}}{\binom{N+1}{i+1}} B_{i+1,N+1}(t)$$

$$= \frac{i+1}{N+1} B_{i+1,N+1}(t)$$

8. (a) $P(t) = (1 + 6t - 9t^2 + 5t^3, 3 - 12t + 27t^2 - 18t^3)$

   (b) $P(t) = (-2 + 4t + 18t^2 - 28t^3 + 10t^4, 3 + 12t^2 - 20t^3 + 8t^4)$

   (c) $P(t) = (1 + 5t, 1 + 5t + 10t^2 - 30t^3 + 15t^4)$

9. $P(t) = (1 + 3t, 1 + 6t)$

第6章　数值微分

6.1

1. $f(x) = \sin(x)$

h	逼近 $f'(x)$，式(3)	逼近误差	截断误差界
0.1	0.695546112	0.001160597	0.001274737
0.01	0.696695100	0.000011609	0.000012747
0.001	0.696706600	0.000000109	0.000000127

3. $f(x) = \sin(x)$

h	逼近 $f'(x)$，式 (10)	逼近误差	截断误差界
0.1	0.696704390	0.000002320	0.000002322
0.01	0.696706710	−0.000000001	0.000000000

5. $f(x) = x^3$　　(a) $f'(2) \approx 12.0025000$　　(b) $f'(2) \approx 12.0000000$

   (c) 对于(a)：$\boldsymbol{O}(h^2) = -(0.05)^2 f^{(3)}(c)/6 = -0.0025000$；

   对于(b)：$\boldsymbol{O}(h^4) = -(0.05)^4 f^{(3)}(c)/30 = -0.0000000$

7. $f(x,y) = xy/(x+y)$

   (a) $f_x(x,y) = (y/(x+y))^2, f_x(2,3) = 0.36$

h	逼近 $f_y(2, 3)$	逼近误差
0.1	0.360144060	−0.000144060
0.01	0.360001400	−0.000001400
0.001	0.360000000	0.000000000

$f_y(x,y) = (x/(x+y))^2, f_y(2,3) = 0.16$

h	逼近 $f_y(2, 3)$	逼近误差
0.1	0.160064030	−0.000064030
0.01	0.160000600	−0.000000600
0.001	0.160000000	0.000000000

10. (a) 根据公式(3)可得到 $I'(1.2) \approx -13.5840$ 和 $E(1.2) \approx 11.3024$。根据公式(10)可得到 $I'(1.2) \approx -13.6824$ 和 $E(1.2) \approx 11.2975$。

    (b) 使用微分法可得 $I'(1.2) \approx -13.6793$ 和 $E(1.2) \approx 11.2976$。

12.

h	逼近 $f'(x)$，式(17)	逼近误差	式(19)，总误差界 |round-off| + |trunc|
0.1	−0.93050	−0.00154	0.00005 + 0.00161 = 0.00166
0.01	−0.93200	−0.00004	0.00050 + 0.00002 = 0.00052
0.001	−0.93000	−0.00204	0.00500 + 0.00000 = 0.00500

15. $f(x)=\cos(x)$, $f^{(5)}(x)=-\sin(x)$

应用边界 $|f^{(5)}(x)|\leqslant\sin(1.4)\approx 0.98545$。

h	逼近 $f'(x)$, 式(22)	逼近误差	式(24), 总误差界 |round-off| + |trunc|
0.1	−0.93206	0.00002	0.00008 + 0.00000 = 0.00008
0.01	−0.93208	0.00004	0.00075 + 0.00000 = 0.00075
0.001	−0.92917	−0.00287	0.00750 + 0.00000 = 0.00750

6.2

1. $f(x)=\ln(x)$

   (a) $f''(5)\approx -0.040001600$ (b) $f''(5)\approx -0.040007900$

   (c) $f''(5)\approx -0.039999833$ (d) $f''(5)=-0.04000000=-1/5^2$

   (b) 的答案最精确。

3. $f(x)=\ln(x)$

   (a) $f''(5)\approx 0.0000$ (b) $f''(5)\approx -0.0400$

   (c) $f''(5)\approx 0.0133$ (d) $f''(5)=-0.0400=-1/5^2$

   (b) 的答案最精确。

5. (a) $f(x)=x^2$, $f''(1)\approx 2.0000$

   (b) $f(x)=x^4$, $f''(1)\approx 12.0002$

9. (a)

x	$f'(x)$
0.0	0.141345
0.1	0.041515
0.2	−0.058275
0.3	−0.158025

第 7 章 数值积分

7.1

1. (a) $f(x)=\sin(\pi x)$

   梯形法则 0.0

   辛普森法则 0.666667

   辛普森$\frac{3}{8}$法则 0.649519

   布尔法则 0.636165

   (c) $f(x)=\sin(\sqrt{x})$

   梯形法则 0.420735

   辛普森法则 0.573336

   辛普森$\frac{3}{8}$法则 0.583143

   布尔法则 0.593376

2. (a) $f(x)=\sin(\pi x)$

   组合梯形法则 0.603553

   组合辛普森法则 0.638071

   布尔法则 0.636165

   (b) $f(x)=\sin(\sqrt{x})$

   组合梯形法则 0.577889

组合辛普森法则 0.592124

布尔法则 0.593376

7.2

1. (a) $F(x)=\arctan(x), F(1)-F(-1)=\pi/2\approx 1.57079632679$

(i) $M=10, h=0.2, T(f,h)=1.56746305691, E_T(f,h)=0.00333326989$

(ii) $M=5, h=0.2, S(f,h)=1.57079538809, E_S(f,h)=0.00000093870$

(c) $F(x)=2\sqrt{x}, F(4)-F\left(\frac{1}{2}\right)=3$

(i) $M=10, h=0.375, T(f,h)=3.04191993765$

$E_T(f,h)=-0.04191993765$

(ii) $M=5, h=0.375, S(f,h)=3.00762208163, E_S(f,h)=-0.00762208163$

2. (a) $\int_0^1 \sqrt{1+9x^4}\,dx=1.54786565469019$

(i) $M=10, T(f,1/10)=1.55260945$

(ii) $M=5, S(f,1/10)=1.54786419$

3. (a) $2\pi\int_0^1 x^3\sqrt{1+9x^4}\,dx=3.5631218520124$

(i) $M=10, T(f,1/10)=3.64244664$

(ii) $M=5, S(f,1/10)=3.56372816$

8. (a) 使用边界$|f^{(2)}(x)|=|-\cos(x)|\leqslant|\cos(0)|=1$，可得$((\pi/3-0)h^2)/12\leqslant 5\times 10^{-9}$，然后替换$h=\pi/(3M)$，可得$\pi^3/162\times 10^8\leqslant M^2$。求解可得$4374.89\leqslant M$；由于$M$必须是整数，所以$M=4375$和$h=0.000239359$。

9. (a) 使用边界$|f^{(4)}(x)|=|\cos(x)|\leqslant|\cos(0)|=1$，可得$((\pi/3-0)h^4)/180\leqslant 5\times 10^{-9}$，然后替换$h=\pi/(6M)$，可得$\pi^5/34992\times 10^7\leqslant M^4$；由于$M$必须是整数，所以$M=18$和$h=0.029088821$。

10.

M	h	$T(f,h)$	$E_T(f,h)=O(h^2)$
1	0.2	0.1990008	0.0006660
2	0.1	0.1995004	0.0001664
4	0.05	0.1996252	0.0000416
8	0.025	0.1996564	0.0000104
16	0.0125	0.1996642	0.0000026

7.3

1. (a)

J	$R(J,0)$	$R(J,1)$	$R(J,2)$
0	−0.00171772		
1	0.02377300	0.03226990	
2	0.60402717	0.79744521	0.84845691

(c)

J	$R(J,0)$	$R(J,1)$	$R(J,2)$
0	2.88		
1	2.10564024	1.84752031	
2	1.78167637	1.67368841	1.66209962

10. 对于$\int_0^1\sqrt{x}\,dx$，龙贝格积分收敛缓慢，其原因在于被积函数$f(x)=\sqrt{x}$的高阶导数的范围不在$x=0$附近。

7.5

1. $\int_0^2 6t^5 \mathrm{d}t = 64$ (b) $G(f,2) = 58.6666667$

3. $\int_0^1 \sin(t)/t\ \mathrm{d}t \approx 0.9460831$ (b) $G(f,2) = 0.9460411$

6. (a) $N = 4$ (b) $N = 6$

8. 如果4阶导数变化不剧烈,则 $\left|\frac{f^{(4)}(c_1)}{135}\right| < \left|\frac{-f^{(4)}(c_2)}{90}\right|$,高斯-勒让德公式的截断误差项将小于辛普森公式的截断误差项。

第8章 数值优化

8.1

1. (a) $f'(x) = 6x^2 - 18x + 12 = 6(x-1)(x-2)$
   在区间$(-\infty, 1)$:$f'(x) > 0$,因此f递增。
   在区间$(1,2)$:$f'(x) < 0$,因此f递减。
   在区间$(2,\infty)$:$f'(x) > 0$,因此f递增。
   (b) 对于f函数的域中的所有x,有$f'(x) = \frac{1}{x^2+1}$,因此对于f函数的域中的所有x,f函数是递增的。
   (c) 对于f函数的域中的所有x,有$f'(x) = -1/x^2 < 0$,因此对于f函数的域中的所有x,f函数是递减的。
   (d) $f'(x) = x^x(a + \ln(x))$
   在区间$(0, \mathrm{e}^{-1})$:$f'(x) < 0$,因此f递增。
   在区间$(\mathrm{e}^{-1}, \infty)$:$f'(x) > 0$,因此$f$递减。

3. (a) $f'(x) = 12x^3 - 16x - 11$;局部极小值位于$x = 11/6$
   (b) $f'(x) = 1 - 6/x^3$;局部极小值位于$x = \sqrt[3]{6}$
   (c) $f'(x) = (x^2 + 5x + 4)/(4 - x^2)^2$;局部极小值位于$x = -1$
   (d) $f'(x) = \mathrm{e}^x(x-2)/x^3$;局部极小值位于$x = 2$
   (e) $f'(x) = -\cos(x) - \cos(3x)$;局部极小值位于$x = 0.785398163$

5. 求距离平方的极小值$d(x) = (x-2)^2 + (\sin(x) - 1)^2$;$d'(x) = 2(x - 2 + \sin(x)\cos(x) - \cos(x))$。极小值位于$x = 1.96954061$。

7. (a) $[a_0, b_0] = [-2.4000, -1.6000]$, $[a_1, b_1] = [-2.4000, -1.9056]$, $[a_2, b_2] = [-2.4000, -1.6000]$
   (b) $[a_0, b_0] = [0.8000, 1.6000]$, $[a_1, b_1] = [1.1056, 1.6000]$, $[a_2, b_2] = [1.1056, 1.4111]$
   (c) $[a_0, b_0] = [0.5000, 2.5000]$, $[a_1, b_1] = [1.2639, 2.5000]$, $[a_2, b_2] = [1.7361, 2.5000]$
   (d) $[a_0, b_0] = [1.000, 5.0000]$, $[a_1, b_1] = [2.5279, 5.0000]$, $[a_2, b_2] = [2.5279, 4.0557]$

9. (a) $p_0 = -2.4000$, $p_{\min_1} = -2.1220$, $p_{\min_2} = -2.1200$
   (b) $p_0 = 0.8000$, $p_{\min_1} = 1.2776$, $p_{\min_2} = 1.2834$
   (c) $p_0 = 0.5000$, $p_{\min_1} = 1.9608$, $p_{\min_2} = 1.8920$
   (d) $p_0 = 1.0000$, $p_{\min_1} = 2.8750$, $p_{\min_2} = 3.3095$

11. (a) $b_k - a_k = \left(\frac{-1+\sqrt{5}}{2}\right)^4 (1 - 0) = 0.14590$

(b) $b_k - a_k = \left(\frac{-1+\sqrt{5}}{2}\right)^5(-1.6-(-2.3)) = 0.063119$

8.2

1. (a) $f_x(x,y) = 3x^2 - 3, f_y(x,y) = 3y^2 - 3$

   临界点:(1,1),(1,-1),(-1,1),(-1,-1)。局部极小值位于(1,1)

   (b) $f_x(x,y) = 2x - y + 1,\ f_y(x,y) = 2y - x - 2$

   临界点:(0,1)。局部极小值位于(0,1)

   (c) $f_x(x,y) = 2xy + y^2 - 3y, f_y(x,y) = x^2 + 2xy - 3x$

   临界点:(0,0),(0,3),(3,0),(1,1)。局部极小值位于(1,1)

3. $$\boldsymbol{M} = \frac{1}{2}(\boldsymbol{B} + \boldsymbol{G}) = (-3/2, -3/2)$$
$$\boldsymbol{R} = 2\boldsymbol{M} - \boldsymbol{W} = (-6, -4)$$
$$\boldsymbol{E} = 2\boldsymbol{R} - \boldsymbol{M} = (-21/2, -13/2)$$

5. $$\boldsymbol{M} = \frac{1}{3}(\boldsymbol{B} + \boldsymbol{G} + \boldsymbol{P}) = \frac{1}{3}(0, 3, 1)$$
$$\boldsymbol{R} = 2\boldsymbol{M} - \boldsymbol{W} = (-2, 1, 2/3)$$
$$\boldsymbol{E} = 2\boldsymbol{R} - \boldsymbol{M} = (-4, 1, 1)$$

9. 沿$\overline{BG}$“反射”三角形意味着向量 $\boldsymbol{W}$,$\boldsymbol{M}$ 和 $\boldsymbol{R}$ 的终点位于同一线段上。这样,根据标量乘和向量加的定义,可得到 $\boldsymbol{R} - \boldsymbol{W} = (2\boldsymbol{M} - \boldsymbol{W})$ 或 $\boldsymbol{R} = 2\boldsymbol{M} - \boldsymbol{W}$。

8.3

1. (a) $\nabla f(x,y) = (2x-3, 3y^2-3)\ \nabla f(-1,2) = (2(-1)-3, 3(2)^2-3) = (-5,9)$

   (b) $\nabla f(x,y) = (200(y-x^2)(-2x) - 2(1-x), 200(y-x^2))$

   $$\nabla f(1/2,4/3) = \left(200\left(\frac{4}{3}-\left(\frac{1}{2}\right)^2\right)\left(-2\left(\frac{1}{2}\right)\right) - 2\left(1-\frac{1}{2}\right), 200\left(\frac{4}{3}-\left(\frac{1}{2}\right)^2\right)\right)$$

   (c) $\nabla f(x,y,z) = (-y\sin(xy) - z\cos(xz), -x\sin(xy), -x\cos(xz))$

   $$\nabla f(0,\pi,\pi/2) = \left(-\pi\sin(0) - \frac{\pi}{2}\cos\ \cos(0), -0\sin(0), -0\cos(0)\right) = (-\pi/2, 0, 0)$$

3. (a) $\begin{bmatrix} 2 & 0 \\ 0 & 12 \end{bmatrix}$

   (b) $\begin{bmatrix} -\frac{694}{3} & -200 \\ -200 & 200 \end{bmatrix}$

   (c) $\begin{bmatrix} -\pi^2 & 0 & -1 \\ 0 & 0 & 0 \\ -1 & 0 & 0 \end{bmatrix}$

5. (a) 如果 $\boldsymbol{P}_0 = (-1,2)$,则

$$\boldsymbol{P}_1 = \boldsymbol{P}_0 - \nabla f(\boldsymbol{P}_0)((\boldsymbol{H}f(\boldsymbol{P}_0))^{-1})' = \left(\frac{3}{2}, \frac{5}{4}\right)$$
$$\boldsymbol{P}_2 = \boldsymbol{P}_1 - \nabla f(\boldsymbol{P}_1)((\boldsymbol{H}f(\boldsymbol{P}_1))^{-1})' = \left(\frac{3}{2}, \frac{41}{40}\right)$$

(b) 如果 $\boldsymbol{P}_0=(0.5,1.33333)$,则

$$\boldsymbol{P}_1=\boldsymbol{P}_0-\nabla f(\boldsymbol{P}_0)((\boldsymbol{H}f(\boldsymbol{P}_0))^{-1})'=(0.498424, 0.248424)$$
$$\boldsymbol{P}_2=\boldsymbol{P}_1-\nabla f(\boldsymbol{P}_1)((\boldsymbol{H}f(\boldsymbol{P}_1))^{-1})'=(0.493401, 0.24342)$$

(c) 矩阵 $\boldsymbol{H}f(\boldsymbol{P}_0)$不可逆。

9. 对于 $\boldsymbol{X}$,解式(7)

$$\nabla(\boldsymbol{P}_0)+(\boldsymbol{X}-\boldsymbol{P}_0)(\boldsymbol{H}f(\boldsymbol{P}_0))'=0$$

可得

$$(\boldsymbol{X}-\boldsymbol{P}_0)(\boldsymbol{H}f(\boldsymbol{P}_0))'=-\nabla f(\boldsymbol{P}_0)$$

假设$(\boldsymbol{H}f(\boldsymbol{P}_0))'$是可逆的

$$\boldsymbol{X}-\boldsymbol{P}_0=-\nabla f(\boldsymbol{P}_0((\boldsymbol{H}f(\boldsymbol{P}_0))')^{-1}$$
$$\boldsymbol{X}=\boldsymbol{P}-\nabla f(\boldsymbol{P}_0((\boldsymbol{H}f(\boldsymbol{P}_0))^{-1})'$$

如果矩阵 $\boldsymbol{A}$ 是可逆的,则$(A')^{-1}=(A^{-1})'$。

第 9 章 微分方程求解

9.1

1. (b) $L=1$ 3. (b) $L=3$ 5. (b) $L=60$

10. (c) 不矛盾,因为当 $t=0$ 时,$f_y(t,y)=\dfrac{1}{2}y^{-2/3}$不连续,而且 $\lim_{y\to 0}f_y(t,y)=\infty$。

13. $y(t)=t^3-\cos(t)+3$

15. $y(t)=\int_0^t e^{-s^2/2}ds$

17. (b) $y(t)=y_0e^{-0.000120968t}$ (c) 2808 年 (d) 6.9237 s

9.2

1. (a)

t_k	y_k $(h=0.1)$	y_k $(h=0.2)$
0.0	1	1
0.1	0.90000	
0.2	0.81100	0.80000
0.3	0.73390	
0.4	0.66951	0.64800

3. (a)

t_k	y_k $(h=0.1)$	y_k $(h=0.2)$
0.0	1	1
0.1	1.00000	
0.2	0.99000	1.00000
0.3	0.97020	
0.4	0.94109	0.96000

6. $P_{k+1}=P_k+(0.02P_k-0.00004P_k^2)10,k=1,2,\cdots,8$。

年	t_k	在t_k, $P(t_k)$处的实际人口	P_k	
			每一步的欧拉近似值	更多位数的欧拉近似值
1900	0.0	76.1	76.1	76.1
1910	10.0	92.4	89.0	89.0035
1920	20.0	106.5	103.6	103.6356
1930	30.0	123.1	120.0	120.0666
1940	40.0	132.6	138.2	138.3135
1950	50.0	152.3	158.2	158.3239
1960	60.0	180.7	179.8	179.9621
1970	70.0	204.9	202.8	203.0000
1980	80.0	226.5	226.9	227.1164

9. 不能。对于任意 M,使用欧拉法可得到 $0 < y_1 < y_2 < \cdots < y_M$。数学解为 $y(t) = \tan(t)$,且 $y(3) < 0$。

9.3

1. (a)

t_k	y_k $(h=0.1)$	y_k $(h=0.2)$
0	1	1
0.1	0.90550	
0.2	0.82193	0.82400
0.3	0.75014	
0.4	0.69093	0.69488

3. (a)

t_k	y_k $(h=0.1)$	y_k $(h=0.2)$
0	1	1
0.1	0.99500	
0.2	0.98107	0.98000
0.3	0.95596	
0.4	0.92308	0.92277

7. 采用理查森改进可求解在区间[0,3]内的 $y' = (t - y)/2$,其中 $y(0) = 1$。下面的表项是 $y(3)$的近似值。

k	y_k	$(4y_k - y_{2k})/3$
1	1.732422	
1/2	1.682121	1.665354
1/4	1.672269	1.668985
1/8	1.670076	1.669345
1/16	1.669558	1.669385
1/32	1.669432	1.669390
1/64	1.669401	1.669391

8. $y' = f(t,y) = 1.5y^{1/3}$, $f_y(t,t) = 0.5y^{-2/3}$, $f_y(0,0)$不存在。对于包含(0,0)的任意矩形区域,不适合求解初值问题。

9.4

1. (a)

t_k	y_k $(h=0.1)$	y_k $(h=0.2)$
0	1	1
0.1	0.90516	
0.2	0.82127	0.82127
0.3	0.74918	
0.4	0.68968	0.68968

3. (a)

t_k	y_k $(h=0.1)$	y_k $(h=0.2)$
0	1	1
0.1	0.99501	
0.2	0.98020	0.98020
0.3	0.96000	
0.4	0.92312	0.92313

6. 用泰勒方法的理查森改进求解在区间[0,3]内的 $y'=(t-y)/2$ 的近似值,其中 $y(0)=1$。右侧表项是 $y(3)$ 的近似值。

h	y_k	$(16y_h-y_{2h})/15$
1	1.6701860	
1/2	1.6694308	1.6693805
1/4	1.6693928	1.6693903
1/8	1.6693906	1.6693905

9.5

1. (a)

t_k	$y_k(h=0.1)$	$y_k=(h=0.2)$
0	1	1
0.1	0.90516	
0.2	0.82127	0.82127
0.3	0.74918	
0.4	0.68968	0.68969

3. (a)

t_k	$y_k(h=0.1)$	$y_k=(h=0.2)$
0	1	1
0.1	0.99501	
0.2	0.98020	0.98020
0.3	0.95600	
0.4	0.92312	0.92312

9.6

1. $y_4=0.82126825, y_5=0.78369923$
2. $y_4=0.74832050, y_5=0.66139979$

3. $y_4 = 0.98247692, y_5 = 0.97350099$

7. $y_4 = 1.1542232, y_5 = 1.2225213$

9.7

1. (a) $(x_1, y_1) = (-2.5500000, 2.6700000)$

   $(x_2, y_2) = (-2.4040735, 2.5485015)$

   (b) $(x_1, y_1) = (-2.5521092, 2.6742492)$

1. (b) $x' = y$

   $y = 1.5x + 2.5y + 22.5e^{2t}$

   (c) $x_1 = 2.05, x_2 = 2.17$

   (d) $x_1 = 2.0875384$

9.8

2. 不满足。$q(t) = -1/t^2 < 0, t \in [0.5, 4.5]$。

9.9

1. (a) $h_1 = 0.5, x_1 = 7.2857149$

   $h_2 = 0.25, x_1 = 6.0771913, x_2 = 7.2827443$

2. (a) $h_1 = 0.5, x_1 = 0.85414295$

   $h_2 = 0.25, x_1 = 0.93524622, x_2 = 0.83762911$

第 10 章 偏微分方程数值解

10.1

4.

t_j	x_2	x_3	x_4	x_5
0.0	0.587785	0.951057	0.951057	0.587785
0.1	0.475528	0.769421	0.769421	0.475528
0.2	0.181636	0.293893	0.293893	0.181636

5.

t_j	x_2	x_3	x_4	x_5
0.0	0.500	1.000	1.500	0.750
0.1	0.500	1.000	0.875	0.800
0.2	0.500	0.375	0.300	0.125

10.2

3.

$x_1 = 0.0$	$x_2 = 0.2$	$x_3 = 0.4$	$x_4 = 0.6$	$x_5 = 0.8$	$x_6 = 1.0$
0.0	0.587785	0.951057	0.951057	0.587785	0.0
0.0	0.475528	0.769421	0.769421	0.475528	0.0
0.0	0.384710	0.622475	0.622475	0.384710	0.0

10.3

1. (a)

$$\begin{aligned} -4p_1 + p_2 + p_3 \quad\quad &= -80 \\ p_1 - 4p_2 \quad\quad + p_4 &= -10 \\ p_1 \quad\quad - 4p_3 + p_4 &= -160 \\ p_2 + p_3 - 4p_4 &= -90 \end{aligned}$$

   (b) $p_1 = 41.25, p_2 = 23.75, p_3 = 61.25, p_4 = 43.75$

5. (a) $u_{xx} + u_{yy} = 2a + 2c = 0$, 若 $a = -c$
6. 判定 $u(x,y) = \cos(2x) + \sin(2y)$ 是否是解,由于它也定义在 R 区间内,即 $u_{xx} + u_{yy} = -4\cos(2x) - 4\sin(2y) = -4(\cos(2x) + \sin(2y)) = -4u$。

第11章 特征值与特征向量

11.1

1. (a) $|\boldsymbol{A} - \lambda\boldsymbol{I}| = \lambda^2 - 3\lambda - 4 = 0$ 意味着 $\lambda_1 = -1$ 且 $\lambda_2 = 4$。把每个特征值代入 $|\boldsymbol{A} - \lambda\boldsymbol{I}| = 0$ 并求解,可分别得到 $\boldsymbol{V}_1 = [-1 \quad 1]'$ 和 $\boldsymbol{V}_2 = [2/3 \quad 1]'$。

10. 如果 $\lambda = 2$ 是矩阵 $\boldsymbol{A}$ 对应于特征向量 $\boldsymbol{V}$ 的特征值,则 $\boldsymbol{AV} = 2\boldsymbol{V}$。等式两边左乘 $\boldsymbol{A}^{-1}$,得到 $\boldsymbol{A}^{-1}\boldsymbol{AV} = \boldsymbol{A}^{-1}(2\boldsymbol{V})$ 或 $\boldsymbol{V} = 2\boldsymbol{A}^{-1}\boldsymbol{V}$,因此 $\boldsymbol{A}^{-1}\boldsymbol{V} = \dfrac{1}{2}\boldsymbol{V}$。

11.2

1. $(\boldsymbol{A} - \alpha\boldsymbol{I})\boldsymbol{V} = \boldsymbol{AV} - \alpha\boldsymbol{IV} = \boldsymbol{AV} - \alpha\boldsymbol{V} = \lambda\boldsymbol{V} - \alpha\boldsymbol{V} = (\lambda - \alpha)\boldsymbol{V}$,因此 $(\lambda - \alpha)\boldsymbol{V}$ 是 $\boldsymbol{A} - \alpha\boldsymbol{I}$ 的特征对。

5. (a) $|\boldsymbol{A} - 1\boldsymbol{I}| = \begin{vmatrix} -0.2 & 0.3 \\ 0.2 & -0.3 \end{vmatrix} = 0$

   (b) $\begin{bmatrix} -0.2 & 0.3 & 0 \\ 0.2 & -0.3 & 0 \end{bmatrix}$ 等价于 $\begin{bmatrix} -0.2 & 0.3 & 0 \\ 0 & 0 & 0 \end{bmatrix}$,这样 $-0.2x + 0.3y = 0$。令 $y = t$,则 $x = 3/2$ 对应于 $\lambda = 1$ 的特征向量为 $\{t[3/2 \quad 1]' : t \in \Re, t \neq 0\}$。

   (c) (b)中的特征对意味着从长远看,对于50000人而言,使用品牌 $\boldsymbol{X}$ 和 $\boldsymbol{Y}$ 的人口比例为3:2,即 $[30000 \quad 20000]'$。

11.3

3. (a) 矩阵 $\boldsymbol{A} = \begin{bmatrix} 4 & 2 \\ 3 & -1 \end{bmatrix}$ 的特征对是 $5, [2 \quad 1]'$ 和 $-2, [-1/3 \quad 1]$。这样,通解是 $\boldsymbol{X}(t) = c_1 e^{5t}[2 \quad 1]' + c_2 e^{-2t}[-1/3 \quad 1]'$。令 $t = 0$,求解 c_1 和 c_2,即 $[1 \quad 2]' = c_1[2 \quad 1]' + c_2[-1/3 \quad 1]'$,因此 $c_1 = 0.7143$ 和 $c_2 = 1.2857$。

11.4

1. 根据式(3)有 $\boldsymbol{W} = \dfrac{\boldsymbol{X} - \boldsymbol{Y}}{\|\boldsymbol{X} - \boldsymbol{Y}\|_2}$,且根据图11.4,有 $\boldsymbol{Z} = \dfrac{1}{2}(\boldsymbol{X} + \boldsymbol{Y})$。计算点积:

$$\frac{\boldsymbol{X} - \boldsymbol{Y}}{\|\boldsymbol{X} - \boldsymbol{Y}\|_2} \cdot \frac{1}{2}(\boldsymbol{X} + \boldsymbol{Y}) = \frac{(\boldsymbol{X} - \boldsymbol{Y}) \cdot (\boldsymbol{X} + \boldsymbol{Y})}{2\|\boldsymbol{X} - \boldsymbol{Y}\|_2}$$
$$= \frac{\boldsymbol{X} \cdot \boldsymbol{X} + \boldsymbol{X} \cdot \boldsymbol{Y} - \boldsymbol{Y} \cdot \boldsymbol{X} - \boldsymbol{Y} \cdot \boldsymbol{Y}}{2\|\boldsymbol{X} - \boldsymbol{Y}\|_2} = \frac{\|\boldsymbol{X}\|^2 - \|\boldsymbol{Y}\|^2}{2\|\boldsymbol{X} - \boldsymbol{Y}\|_2} = 0$$

   因为 $\boldsymbol{X}$ 和 $\boldsymbol{Y}$ 有相同的范数。

2. $\boldsymbol{P}' = (\boldsymbol{I} - 2\boldsymbol{X}\boldsymbol{X}')' = \boldsymbol{I}' - 2(\boldsymbol{X}\boldsymbol{X}')' = \boldsymbol{I} - 2(\boldsymbol{X}')'\boldsymbol{X}' = \boldsymbol{I} - 2\boldsymbol{X}\boldsymbol{X}' = \boldsymbol{P}$

中英文术语对照

A

Accelerating convergence	加速收敛
Adam-Bashforth-Moulton method	亚当斯-巴什福斯-莫尔顿法
Adaptive quadrature	自适应积分
Aitken's process	埃特金过程
Approximate significant digits	近似有效位
Approximation of data	数据逼近
Approximation of functions	函数逼近
Augmented matrix	增广矩阵

B

Back substitution	回代
Backward difference	后向差分
Basis	基
Bernstein polynomials	伯恩斯坦多项式
Bézier Curves	贝塞尔曲线
Binary numbers	二进制数
Binomial series	二项式级数
Bisection method	二分法
Bolzano's method	波尔查诺二分法
Boole's rule	布尔法则
Boundary value problems	边界值问题
Bracketing methods	分类方法

C

Central difference	中心插分
Characteristic polynomial	特征多项式
Chebyshev nodes	切比雪夫节点
Chebyshev polynomial	切比雪夫多项式
Chopped number	截断数
Composite Simpson's rule	组合辛普森法则
Composite trapezoidal rule	组合梯形法则
Computer accuracy	计算机精度
Continuous function	连续函数
Convergence	收敛
Convex hull	凸包
Convex set	凸集
Corrector formula	校正公式
Crank-Nicholson method	克兰克-尼科尔森法
Cube-root algorithm	立方根算法
Cubic approximation	三次逼近
Cubic bracketing search method	三次分类搜索法
Cubic spline	三次样条函数

D

D'Alembert's solution	达朗贝尔方法
Deflation of eigenvalues	特征值压缩
Derivative	导数
Determinant	行列式
Dichotomous search method	二分搜索法
Difference	差分
Difference equation	差分方程
Differential equation	微分方程
Digit	数
Dirichlet method for Laplace's equation	用于拉普拉斯方程的狄利克雷法
Distance between points	点间的距离
Divided differences	均差
Division	除法
Dot product	点积
Double precision	双精度
Double root	重根

E

Eigenvalues	特征值
Eigenvectors	特征向量
Elementary row operations	初等行运算
Elementary transformations	初等变换
Elliptic equations	椭圆型方程
Endpoint contraints for splines	样条的端点约束
Epidemic model	传染病模型
Equivalent linear systems	等价线形方程组
Error	误差

Euclidean norm	欧几里得范数
Euler formulas	欧拉公式
Euler's method	欧拉法
Even function	偶函数
Exponential fit	指数拟合
Extrapolated value	外推值
Extreme value theorem	极值定理

F

False position method	试位法
Fibonacci search	斐波那契搜索
Final global error	最终全局误差
Finite-difference method	有限差分法
First derivative test	一阶求导测试
Fixed-point iteration	不动点迭代
Floating-point number	浮点数
Forward difference	前向差分
Forward difference method	前向差分法
Forward substitution	前向替换
Fourier series	傅里叶级数
Fractions, binary	分数,二进制
Fundamental theorem of calculus	微积分基本定理

G

Gauss-Legendre integration	高斯-勒让德积分
Gauss-Seidel iteration	高斯-赛德尔积分
Gaussian elimination	高斯消去法
Generalized Rolle's theorem	广义罗尔定理
Geometric series	几何级数
Gerschgorin's circle theorem	格尔施戈林圆盘定理
Golden ratio search	黄金分割搜索
Gradient	梯度
Graphical analysis	图形分析

H

Halley's method	哈利法
Hamming's method	汉明法
Heat equation	热传导方程
Helmholtz's equation	亥姆霍茨方程
Hessian matrix	黑森矩阵
Heun's method	休恩法
Higher derivatives	高阶导数
Hilbert matrix	希尔伯特矩阵
Hooke's law	胡克定律
Horner's method	Horner 法
Householder's method	Householder 法
Hyperbolic equations	双曲线方程

I

Ill-conditioning	病态
Initial value problem	初始值问题
Integration	积分
Intermediate value theorem	中值定理
Interpolation	插值
Iteration methods	迭代方法

J

Jacobi iteration for linear systems	求解线性方程组的雅可比迭代
Jacobi's method for eigenvalues	求解特征值的雅可比法
Jacobian matrix	雅可比矩阵

L

Lagrange polynomials	拉格朗日多项式
Laplace's equation	拉普拉斯方程
Least-squares data fitting	最小二乘数据拟合
Length of a curve	曲线长度
Length of a vector	向量长度
Limit	极限
Linear approximation	线性逼近
Linear combination	线性组合
Linear convergence	线性收敛
Linear independence	线性无关
Linear least-squares fit	线性最小二乘拟合
Linear system	线性方程组
Lipschitz condition	利普希茨条件
Location of roots	根的位置
Logistic rule of population growth	种群增长的 Logistic 规则
Loss of significance	精度损失
Lower triangular determinant	下三角行列式
LU factorization	LU 分解

M

Machine numbers	机器数
Maclaurin series	麦克劳林级数

Mantissa	尾数
Markov process	马尔可夫过程
Matrix	矩阵
Mean of data	均值
Mean value theorems	均值定理
Midpoint rule	中值规则
Milne-Simpson method	米尔恩-辛普森法
Minimax approximation	极小极大逼近
Minimum	最小值
Modified Euler method	改进的欧拉法
Modified Newton's method	改进的牛顿法
Muller's method	米勒法
Multiple root	多重根
Multistep methods	多步法
Natural cubic splines	自然三次样条
Near-minimax approximation	接近极小极大逼近
Nelder-Mead method	内德-米德法
Nested multiplication	嵌套乘法
Neumann boundary conditions	诺伊曼边界条件
Newton divided differences	牛顿均差
Newton polynomial	牛顿多项式
Newton systems	牛顿方程组
Newton's method	牛顿法
Newton-Cotes formulas	牛顿-科特斯公式
Newton-Raphson formula	牛顿-拉夫森法公式
Nodes	节点
Norm	范数
Normal equations	正规方程
Numerical differentiation	数值微分
Numerical integration	数值积分

O

Odd function	奇函数
Optimization	优化
Optimum step size	最优步长
Order	阶
Orthogonal polynomials	正交多项式

P

Padé approximation	帕德逼近
Parabolic equation	抛物线方程
Partial derivative	偏导数
Partial differential equations	偏微分方程
Partial pivoting	部分旋转(选主元)
Periodic function	周期函数
Piecewise	分段
Pivoting	选主元
Plane rotations	平面旋转
Poisson's equation	泊松方程
Polynomials	多项式
Powell's method	鲍威尔法
Power method	幂法
Predator-prey model	扑食者-被扑食者模型
Predictor-corrector method	预测-校正法
Projectile motion	抛物运动
Propagation of error	误差传播

Q

QR method	QR 法
Quadratic approximation	二次逼近
Quadratic convergence	二次收敛
Quadratic formula	二次公式
Quadrature	积分

R

Radioactive decay	放射性衰减
Rational function	有理函数
Regula falsi method	试位法
Relative error	相对误差
Residual	余数
Richardson	理查森法
Rolle's theorem	罗尔定理
Romberg integration	龙贝格积分
Root	根
Root finding	求根
Root-mean-square error	均方误差
Rotation	旋转
Rounding error	舍入误差
Row operations	行运算
Runge phenomenon	龙格现象
Runge-Kutta methods	龙格-库塔法

S

Scaled partial pivoting	按比例偏序旋转(选主元)
Schur	舒尔(定理)
Scientific notation	科学记数法

Secant method 割线法
Second derivative test 二阶导数测试
Second partial derivative 二阶偏导
Seidel iteration 赛德尔迭代
Sequence 序列
Sequential integration 连续积分
Series 级数
Shooting method 打靶法
Significant digits 有效位数
Similarity transformation 相似变换
Simple root 单根
simplex 单一的
Simpson's rule 辛普森法则
Single precision 单精度
Single-step methods 单步法
Slope methods 斜率法
SOR method SOR 法
Spectral radius theorem 谱半径定理
Splines 样条
Square-root algorithm 求平方根算法
Stability of differential equations 微分方程的稳定性
Steepest descent 最速下降法
Steffensen's method 斯蒂芬森法
Step size 步长
Stopping criteria 停止条件
Successive over-relaxation 连续超松弛
Surface area 表面积
Synthetic division 综合除法
Systems 方程组

T

Taylor polynomial 泰勒多项式
Taylor series 泰勒级数
Taylor's method 泰勒法
Termination criterion 终止条件
Transformation, elementary 变换,初等
Trapezoidal rule 梯形法则
Triangular factorization 三角形分解
Trigonometric polynomials 三角多项式
Truncation error 截断(不舍入)误差

U

Unstable error 不稳误差
Upper-triangularization 上三角形化

V

Vectors 向量

W

Wave equation 波动方程
Weights, for integration rules 权重,用于积分规则
Wiggle 摆动

Z

Zeros 零点